现代化学专著系列·典藏版　36

# 稀土发光材料
## ——基础与应用

洪广言　编著

科学出版社

北京

## 内 容 简 介

发光材料在现代生产、生活中起着极其重要的作用。稀土发光材料已成为发光材料的主流，并在众多领域处于主导地位，显示出稀土发光材料无可比拟的优势。本书是针对当前稀土发光材料的发展趋势，结合作者数十年来在此领域研究的积累，归纳总结而成的。本书在阐述稀土与发光材料知识的基础上，较系统而全面地介绍用于气体放电灯、长余辉、白光 LED、真空紫外、阴极射线、X 射线、闪烁体、电致发光、多光子、低维等各种稀土发光材料的基础与应用，以及稀土发光材料的制备。全书共分十四章，并设附录。

本书可供科研、企业和生产单位的有关人员以及大专院校相关专业的教师、研究生和高年级学生参考。

**图书在版编目（CIP）数据**

现代化学专著系列：典藏版/江明，李静海，沈家骢，等编著. —北京：科学出版社，2017.1

ISBN 978-7-03-051504-9

Ⅰ.①现… Ⅱ.①江… ②李… ③沈… Ⅲ.①化学 Ⅳ.①O6

中国版本图书馆 CIP 数据核字(2017)第 013428 号

责任编辑：杨　震　黄　海 / 责任校对：林青梅
责任印制：张　伟 / 封面设计：铭轩堂

科 学 出 版 社 出版

北京东黄城根北街 16 号
邮政编码：100717
http://www.sciencep.com

北京厚诚则铭印刷科技有限公司印刷
科学出版社发行　各地新华书店经销

\*

2017 年 1 月第 一 版　　开本：720×1000 B5
2017 年 1 月第一次印刷　　印张：37
字数：731 000
定价：7980.00 元（全 45 册）

# 序　言

我国是稀土资源大国,加强稀土元素在各个领域中的应用,是我国稀土工作者义不容辞的责任。在众多的稀土应用领域中,稀土发光材料最能发挥这一族元素本征特性,并具有不可替代性。

稀土元素具有未充满的 4f 电子壳层,其原子或离子的光谱可观察到的谱线多达 3 万余条,其发射光谱可从紫外、可见到红外。稀土元素可用电子束、电场、X 射线、天然或人造放射性物质的辐射等进行激发从而产生发光现象,又因 4f 电子具有长的激发态寿命,成为制备激光材料的基础,稀土离子的发光源于 4f 层电子之间的跃迁,使稀土发光材料的谱线窄、色度纯,所有这些特性奠定了发展稀土发光材料的基础。

每年在稀土材料中稀土发光材料的论文数名列前茅。稀土发光材料所应用的稀土总量不多,据统计仅占我国应用量的 4%～5%,但因大部分涉及高技术领域,所以产值很高。我国经四十多年的努力在稀土发光材料的研发方面已形成一支强大的科研队伍及具有规模生产的大型企业,其中三基色灯用荧光粉的产量占世界总产量的 60%～70%,但就整体发光材料的科研与生产水平而言,还与先进国家有一定差距,特别是缺少原创性科研成果,许多重要荧光材料的制备工艺均受制于国外专利。

关于稀土发光材料的专著国内已先后出版过 2 本,但因该领域发展快,新材料、新工艺、新应用领域不断涌现,洪广言研究员撰写该数十万字的专著正是适应当前科研及生产的急需,也是他长期从事科研实践的总结。该书的特点是全面、系统地论述了稀土发光材料的各个领域,既有传统阴极射线发光材料又有最近发展的 LED、上转换与量子切割、低维发光材料,既有通俗易懂的基础知识,又有发光材料的制备方法,特别是收集了大量各类材料的激发及发射光谱谱图,因而兼具稀土发光材料手册的功能。鉴于上述原因,该书的读者面应会比较广泛,无论科研、教学还是生产企业的工作人员均能受益,我相信该书的出版,将有助于我国稀土发光材料的发展。本人并非稀土发光材料的专家,对该领域略知一二,故序言中有不妥之处尚请广大读者批评指正。

中国科学院院士

中国科学院长春应用化学研究所研究员

倪嘉缵

2010 年 8 月 14 日

# 前　言

稀土元素特殊的电子构型,使其具有优异的光、电、磁特性并成为新材料的宝库。稀土发光材料则是此宝库中最艳丽的瑰宝并已广泛地应用于照明、显示和检测三大领域,也形成相当规模的产业并正在向高新技术领域拓展。

我国稀土资源的储量、产量、应用量均占世界首位,这为我国稀土发光材料的发展奠定了物质基础。同时稀土发光材料的广泛应用,不仅使其在国民经济和国防建设中占有越来越重要的地位,而且也加速推进了我国稀土产业的发展,大大提高了稀土产品的附加值。

我国稀土发光材料的研究与开发,起始于 20 世纪 60 年代中后期,进入 70 年代后得到较大的发展,研制出高压汞灯用的 $Y(P,V)O_4$:Eu 红粉、用于彩色电视的 $Y_2O_3$:Eu 和 $Y_2O_2S$:Eu 红粉;80 年代开发出灯用稀土三基色荧光粉、X 射线增感屏、红外变可见上转换材料、稀土闪烁体等;90 年代开发出稀土长余辉材料、PDP 用的稀土荧光粉等多种荧光粉;21 世纪初又大力开发白光 LED 用稀土荧光粉。

经过我国科技工作者不懈的努力,稀土发光材料现已成为发光材料的主流,并在灯用三基色荧光粉、长余辉材料、白光 LED 荧光粉、量子切割和上转换材料等众多领域处于主导地位,显示出稀土发光材料无可比拟的优势。目前,稀土发光材料正在向高效、节能方向发展。尽管如此,我国稀土发光材料总体研究水平仍落后于国外,缺乏原创性的成果及专利。

作者于 20 世纪 60 年代初曾从事稀土分离、提取和基本性质的研究,自 70 年代初开始涉足稀土激光和发光材料的研究,先后研制稀土三基色荧光粉、上转换材料、长余辉材料、PDP 用荧光粉、白光 LED 荧光粉等,并取得相应的成果。40 余年来的工作实践,在稀土发光材料领域中曾得到众多老师的指导并与日本、法国、韩国、美国等学者合作开展了稀土发光材料的相关研究,积累了一些经验和知识,随着稀土发光材料的飞速发展,萌发结合自己的科研实践,编写一本具有基础性、实用性的稀土发光材料专著的想法,以期为祖国稀土事业的发展尽微薄之力。

关于发光材料的报道甚多,散见于文献以及稀土和发光的专著中。稀土发光材料的专著仅见 2003 年出版的《稀土发光材料及其应用》和 2005 年出版的《稀土发光材料》。

期待着本书能反映稀土发光材料的进展和成果,尽可能将稀土发光材料与器件原理表述清楚,并总结一些规律。同时,除介绍稀土发光材料外,也对发光和稀土方面的相关知识作一介绍；展示大量的光谱和数据以供参考；力求通俗、易懂，深入浅出。若本书能给读者点滴收益，本人甚感欣慰。

　　本书引用了大量的文献、资料，这是前人辛勤劳动的结果，作者对他们表示深深的谢意。本书实际上是在前人工作基础上的归纳、整理，并结合自己的工作和体会而编写。

　　稀土发光材料涵盖的知识面广泛，涉及应用领域众多，文献资料也较为丰富，由于本人能力有限、知识贫乏，因此，在编写过程中难免有不当之处，遗漏之处一定很多，诚请读者批评指正。

　　在历时四年多的编写过程中，得到许多同仁和学生的热情关怀与帮助，特别是袁雅忱老师的全力支持，在此深表感谢。

　　感谢稀土资源利用国家重点实验室给予经费资助。

　　衷心感谢倪嘉缵院士为本书写序。

　　本书献给已故母亲，是她教导我要诚实、善良、勤奋、爱国。

洪广言

2010 年秋于长春

# 目　　录

# 第1章　发光材料的基础知识

## 1.1　发　　光

### 1.1.1　光与电磁波辐射

光是能量的一种形态,光能从一个物体传播到另一个物体,在传播过程中无需任何物质作为媒介。这种能量的传递方式被称为辐射。辐射的含义是指能量从能源出发沿直线向四面八方传播,但实际上它并不总是沿直线方向传播的,特别是在通过物质时方向会有所改变。辐射的形式是多种多样的,光曾被认为是粒子束,但后来证明,用波动来描述光的特性更为恰当,光线的方向也就是波传播的方向。约在100年前,人们证实光的本质是电磁波,后来发现在波长范围极其宽广的电磁波中,光波仅占很小的部分(图1-1)。

电磁波可见部分的波长范围约在 390~770nm。在这个范围内的各种波长都可凭眼睛的颜色感觉来加以区分。紫色(390~446nm),蓝色(446~492nm),绿色(492~578nm),黄色(578~592nm),以及橙色(592~620nm)和红色(620~770nm)。由单一波长组成的光称为单色光,实际上,严格的单色光几乎不存在,所有光源所产生的光均占据一段波带,有的可能很窄,例如,激光可认为是最接近理想单色光的光源。

波长超过可见光的紫色和红色两端的电磁辐射分别称为紫外辐射和红外辐射。紫外辐射的短波段可以延伸到 10nm,红外辐射的长波段人为地规定到 1mm左右,再长的波段则属于无线电波的范围。虽然眼睛不能观察到紫外辐射和红外辐射的存在,但能从生理上感觉到,如果辐射强度足够强的话,人们会感到皮肤发热。这表明所有辐射一旦被吸收都能产生热,并不是人们通常所认为的只有红外辐射才伴有发热效应。此外,波长小于 320nm 的紫外辐射对生物组织有损害,照射皮肤过久,往往会使皮肤发红和起疱。

### 1.1.2　人眼的视觉特性

光源与显示器件发射的可见光辐射刺激人眼引起的明暗和颜色的感觉,除了取决于辐射对人眼产生的物理刺激外,还取决于人眼的视觉特性。发光效果最终是由人眼来评价的,能量参数并未考虑人眼的视觉作用,发光效果必须用基于人眼视觉的光量参数来描述。因此,在讨论发光材料及其器件的性能时,有必要了解人

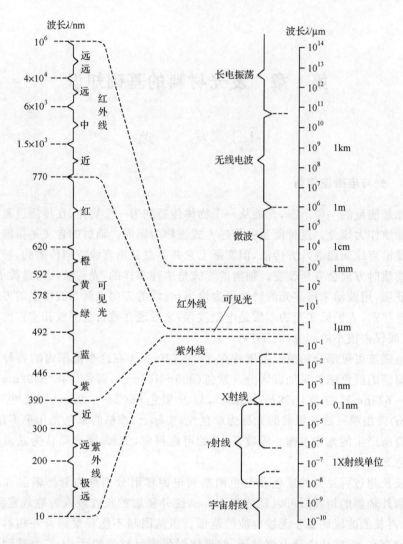

图 1-1　电磁波频谱

眼的视觉特性。

人眼的视网膜上布满了大量的感光细胞,感光细胞有两种:①柱状细胞,灵敏度高,能感受极微弱的光;②锥状细胞,灵敏度较低,但能很好地区分颜色。人眼的视觉特性和大脑视觉区域的生理功能决定了客观光波刺激人眼而引起的主观效果。不同波长的光,人眼的感受程度不同,即人眼对各种颜色光感受的灵敏度是不同的,对绿光的灵敏度最高,而对红光的灵敏度要低得多。不同的观察者对各种波长的光的灵敏度也有所不同;而且,人眼对光感受的灵敏度还与观察者的年龄及健康状况有关,这会给光的度量带来很大的困难。因此,光的度量必须有一个统一的标准,国际照明委员会(CIE)根据各国测试和研究的结果,提出平均人眼对各种波长的光的相对灵敏度值(光谱光视觉函数)(图1-2)。

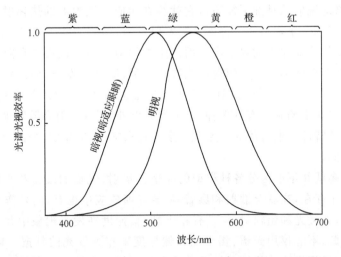

图 1-2　CIE 标准观察者的人眼的相对光谱灵敏度(光谱光视效率)

在亮度超过 10cd/m² 的环境里最大的视觉响应峰值在光谱绿区中的 555nm 处。这条视觉函数曲线是在进行大量实验基础上于 1924 年得到国际上公认的,也称为明视觉的光谱光视效率。当环境亮度低于 10cd/m² 时,属于暗视觉的范围。眼睛适应暗视觉状态约需 30min 时间,此时的最大视觉响应峰值在 507nm。

当景物的亮度增加到 10cd/m² 以上时,除了明亮度增加外,还可以发现三个现象:第一,中心凹的察觉开始变得和边缘部分的察觉一样容易,随后还会显得更容易。第二,可以感觉到颜色,开始时很弱,随后逐渐增强。第三,随着亮度的增加,对不同光的波长的灵敏度向长波移动。

对光辐射的探测和计量存在着辐射度学和光度学两种不同的体系。辐射度学适用于整个电磁辐射波段,是用纯客观的物理量,不考虑人眼的视觉效果来描述光辐射,通常用于非可见光区的辐射;光度学物理量是考虑了人的视觉效果的生理物理量,可以反映人眼的视觉明暗特性,用于评价可见光区域的辐射。辐射度学和光度学之间有着密切的关系,前者是后者的基础。

### 1.1.3　发光

#### 1. 发光的本质

发光是物体的一种辐射形式,这种辐射的持续时间要超过光的振动周期。有人定义发光是物体内部以某种方式吸收能量后转化为光辐射的过程。但并非所有光辐射都称为发光,发光只是光辐射中具有特定物理意义的一部分。光辐射分为平衡辐射和非平衡辐射两大类。平衡辐射是炽热物体的光辐射,故又称为热辐射。它起因于物体的温度,只要物体具有一定的温度,这个物体就处于该温度下的热平衡状态(严格地说应该是准平衡态),它就存在相应于该温度的热辐射。因此热辐射体的光谱只取决于辐射体的温度及其发射本领。非平衡辐射是在某种外界作用的激发下,物体偏离原来的热平衡态而产生的辐射。如果该物体在向平衡态恢复的过程中,其多余的能量以光辐射形式进行发射,则称为发光,因此发光是叠加在热辐射背景上的一种非平衡辐射。至于哪种辐射占主导地位,要看具体的条件。值得提出的是非平衡辐射有许多种,除了发光以外,还有反射和散射等。

光辐射的特征一般可用 5 个宏观光学参量来描述,即亮度、光谱、相干性、偏振度和辐射时间。

亮度的高低并不能区分各种类型的非平衡辐射;光谱的改变及非相干性不仅在发光现象中存在,在联合散射和康普顿-吴有训效应中也有,而且作为在特定条件下的发光,如激光和超辐射,均具有相干性;偏振度在发光现象中并没有普遍性的特点。因此,不能仅用光谱、相干性和偏振度来作为发光的判据。1933 年瓦维洛夫提出"如果超出物体热辐射的部分具有显著超过光振动周期的一定时间的辐射时间,这部分辐射称为发光"。辐射时间是指去掉激发后辐射还可延续的时间。而反射、散射、轫致辐射等都是几乎无惯性的,辐射期间在光波振动周期的量级在 $10^{-14}$ s 以下,但发光的辐射周期在 $10^{-11}$ s 以上。因此,用辐射时间作为判据很容易把发光与辐射、散射这一类非平衡辐射区分开来。辐射时间是一个宏观参量,可以直接测量,也反映了发光过程的本质,是一个实际的物理判据。

近代物理研究表明,光的吸收和发射是原子(分子或离子)体系在不同能量状态间跃迁的结果。这一过程可分为二种:在没有外界作用的情况下处于基态的原子数目总是占绝大多数。当原子受到能量为 $h\nu_{21}(E_2-E_1)$ 的光子照射时,处于低能态 $E_1$ 的原子会吸收能量而跃迁到高能态 $E_2$,这个过程称为受激吸收(简称吸收)。处于激发态 $E_2$ 的原子其能量较高,属于介稳状态,会跃迁到低能态 $E_1$,放出相应的能量,这个过程称为自发发射。而处于高能态 $E_2$ 的原子,在外来光子的激励下,也会跃迁到低能态 $E_1$,并放出与外来光子有着完全相同特性的光子,即频率相同,相位相同,传播方向相同,偏振方向相同,这个过程称为受激发射(又称感生发射)。我们所讨论的发光现象,大多都是自发发射现象。原子处于激发状态有一定的时间,称为原子在该激发状态的平均寿命,根据近代测量的结果表明,原子的平均寿命 $>10^{-11}$ s。由此可见,辐射时间就是原子处于激发态的平均寿命,因此,用辐射时间作为发光的判据,把发光的宏观量和微观机理联系起来,更能反映出发光过程的本质。

根据发光的定义,通常可以用图 1-3 来描述发光过程。即发光离子 A 在某一个基质中吸收了能量(或被激发,excitation),经过转化并发出光辐射,A 离子通常也称为发光中心(luminescent center)或激活剂。例如,$Y_2O_3$∶$Eu^{3+}$红色荧光粉中$Y_2O_3$为基质,$Eu^{3+}$为激活剂。从能级的角度来描述图1-3则为在基质中激活剂A吸收能量,跃迁到一个激发态$A^*$。激发态能量通过辐射跃迁(R),发出光辐射回到基态。有时激发态的能量往往会变为基质的振动,形成无辐射跃迁(NR)回到基态,因此,为了获得高效发光必须抑制无辐射跃迁。

许多情况下材料发光比图1-3更为复杂,往往由于激发能量不被激活剂吸收,或吸收较弱,而必须加入另一个离子到基质中,这个离子可以吸收激发能量,然后转移给激活剂,再由激活剂发光(图1-4)。这种情况下,该离子被称为敏化离子或敏化剂。

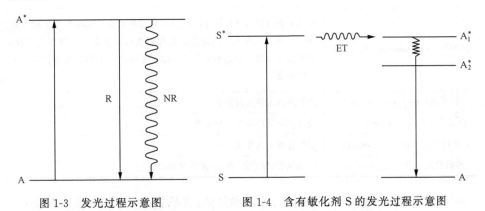

图1-3　发光过程示意图　　　　　　图1-4　含有敏化剂S的发光过程示意图

例如,灯用荧光粉$Ca_5(PO_4)_3F$∶$Sb^{3+}$,$Mn^{2+}$中存在着

$$Sb^{3+} + h\nu \longrightarrow (Sb^{3+})^*$$
$$(Sb^{3+})^* + Mn^{2+} \longrightarrow Sb^{3+} + (Mn^{2+})^*$$
$$(Mn^{2+})^* \longrightarrow Mn^{2+} + h\nu^*$$

某些情况下,基质也能传递激发能量给激活剂,起敏化作用。例如,在$YVO_4$∶$Eu^{3+}$中,钒酸根($VO_4^{3-}$)能有效地吸收紫外光并传递给$Eu^{3+}$,而得到$Eu^{3+}$的红色发射。

### 2. 发光的分类与应用

发光能用许多方式激发,如用紫外光激发的光致发光,用一定能量电子束激发的阴极射线发光,用电激发的电致发光等。以激发方式可将发光类型做如下分类,主要情况列于表1-1。

**表 1-1　以激发方式划分的发光类型**

| | |
|---|---|
| 光致发光(photoluminescence,PL) | 用紫外、可见或红外辐射激发材料而产生的发光,如日光灯 |
| 放射线发光(radioluminescence) | 由放射性物质的射线激发物质产生的发光。如用钷($^{147}$Pm)的 β 射线激发 ZnS∶Cu 产生的发光 |
| X 射线发光(X-ray luminescence) | 由 X 射线激发物质产生的发光现象,如 X 射线荧光屏 |
| 电致发光(electroluminescence) | 在电场或电流作用下引起固体发光的现象通称为电致发光。目前常见的电致发光有三种形态:结型、薄膜和粉末 |
| 阴极射线发光<br>(cathodoluminescence) | 受高速电子束撞击所引起的发光称为阴极射线发光,各种示波管、显像管、雷达指示管是典型的阴极射线发光器件 |
| 热释发光(thermoluminescence) | 发光体在温度升高后储存的能量以光的形式释放出来的现象称为热释发光或加热发光。其发光强度与温度的关系称为热释发光曲线。热释发光反映了固体中电子陷阱的深度和分布,可以测量物体所受辐射的计量 |
| 声发光(sonoluminescence) | 用超声激发使材料发光 |
| 化学发光(chemiluminescence) | 通过化学反应激发物质发光 |
| 生物发光(bioluminescence) | 生物过程中的发光 |
| 摩擦发光(triboluminescence) | 用机械能(即摩擦、高压)激发材料的发光 |

　　自然界的很多物体(包括固体、液体和气体,有机物和无机物)都具有发光性能。就固体发光材料而言,其包括有机材料和无机材料两大类。目前无机发光材料的研究与应用已经相当深入,稀土发光材料已趋于主导地位,而有机发光材料的研究正在蓬勃发展,本书将详细介绍稀土发光材料。

　　要区别某一材料是否发光并没有明显的界线。一般条件下不发光的材料在非常强的激发下也可能有微弱的发光;有些材料需要提高纯度,发光才能增强;有些材料纯度高但需要掺入一些杂质才能有好的发光。在技术应用中广泛采用的材料是掺杂材料,一般杂质含量很少,约占 $10^{-3}$。有的发光材料中含有不止一种杂质。通过杂质的掺入可以改变发光材料的性能,包括效率、余辉、光谱等,在电致发光材料中杂质还可用来改变导电类型及电阻率等参量。

　　各种发光材料按一定的技术要求制成不同的发光器件,在外界的激发下发光。在使用发光材料和器件时,应该先了解它们的性能,然后根据具体需要决定实施方案。实际应用对发光材料和器件的要求主要是发光效率、亮度、余辉及光谱等基本特征。

　　利用发光作为光源是照明技术的一次革命。从古代的钻木取火到近代的白炽灯照明,虽然技术上有了飞跃的变革,但它们的原理完全相同,均依靠热辐射。白炽灯在照明中起了极大的作用,但它在依靠热辐射得到光的过程中很大一部分能量变成热能而白白消耗掉,其效率只有 15lm/W。而利用光致发光材料制成的日光灯作为照明光源,它不仅可以模拟太阳的光色,减轻眼睛的疲劳、提高功效,而且效率已高达 100lm/W 以上,由此将节约大量的电能。

发光材料和器件的一项十分重要的应用是显示。显示技术是把客观世界获得的信息,用人的眼睛觉察到的方式显示出来的技术。在生产、军事、科学实验和日常生活中具有重要的应用,并成为人们生活之必需,其发展也极其迅速。从家用的彩色阴极射线电视机到目前的高清晰度大屏幕的彩色等离子体平板显示器,从计算机显示屏到手机显示屏,品种繁多,目前正在往小型化、集成化以及高清晰大屏幕显示方向发展。

光电子学器件是把光学的耦合和电学的耦合综合在一起,既利用电子又利用光子作为信息载体的基本元件。利用发光器件和适当的光电器件等结合,可以实现全固体化的丰富多彩的应用,如用 X 射线或红外光图像转换成可见光图像的图像转换器,实现图像储存、光放大以及逻辑电路、振荡器、放大器、继电器等功能的光电子学器件。它们之所以受到各方面的重视,其原因在于它可以增大耦合通道中的信息量,提高处理速度和抗干扰本领,便于小型化。

发光在核辐射场的探测辐射剂量的记录方面也获得广泛的应用,具有放射发光性能的闪烁体是构成闪烁计数器的主要部件。而闪烁计数器是辐射场探测的重要方法之一。利用放射发光和热释光的原理制作的剂量计,在辐射剂量学中一直受到重视。

此外,发光在农业上选种,工业中的分析、染色,医学诊断,水利勘探,以及化学分析,分子生物学和考古学中都有不同程度的应用。

发光学是一门实验科学,它起始于光致发光的研究。发光现象早为人们所知,远在公元 445 年我国的《后汉书》中就有关于"夜光璧"的记载("夜光璧"有许多品种,经过加热或摩擦就会在黑暗中观察到发光。现在看来可能是一种热释光现象)。把发光现象作为实验科学的对象是到 17 世纪以后才开始的。1852 年斯托克斯(Stokes)提出关于光致发光的第一个规律:发光的波长大于激发光的波长。1878 年有人报道了在低气压下的真空放电引起玻璃管壁发光的现象,开始了对阴极射线发光的研究。以后有人发现具有荧光性能的材料中,发光性能不仅与基质有关还取决于杂质。到了 19 世纪末 20 世纪初,对发光现象的研究导致了物理学的两大重要发现,即 X 射线和天然放射性。伦琴在 1895 年研究真空放电时发现,即使以挡光黑纸包住放电管后,管外的发光材料 $BaPt(CN)_4$ 仍可以发光,从而发现了 X 射线。贝克勒选用硫酸钾铀作发光材料,发现了核辐射。由于这两个重大发现,发光现象也开始得到了实际应用。

与此同时,1905 年爱因斯坦在理论上以光子的概念解释了斯托克斯规律的含义,1913 年玻尔提出了原子结构的量子论,为发光物理奠定了基础,从而成为发光学发展进程中的转折点。

目前固体发光的发展主要在于:①发展材料制备技术和方法,开展材料设计和探索新型发光材料;②进行学科交叉,丰富发光现象,扩大应用范围;③更加深入研究极端条件下如低温、强电场、高激发密度和强度的发光现象;④加强技术集成和应用开发。

人们很早就发现了稀土离子在固体中的发光现象。早在 1909 年 Urbain 就报道了掺 $Eu^{3+}$ 的 $Gd_2O_3$ 具有高效的阴极射线发光和光致发光性能,20 世纪 30~40 年代也将 $Eu^{3+}$、$Sm^{3+}$ 和 $Ce^{3+}$ 激活的碱金属硫化物用作红外磷光体,1942 年 Weissman 研究发现 $Eu^{3+}$ 与某些有机配位体形成螯合物时,在紫外线照射下具有极高的发光效率。但是由于当时稀土的分离提纯技术水平所限,难以获得高纯度的单一稀土氧化物,而且价格昂贵,限制了稀土发光材料的发展。

50 年代末稀土分离提纯技术取得突破性进展,60 年代随着科学技术的迅速发展,激光的出现及对激光材料的深入研究,促进了稀土发光材料的迅速发展。特别是 1964 年前后,高效稀土红色发光材料 $YVO_4$:$Eu^{3+}$ 的研制成功,以及后来 $Y_2O_3$:$Eu^{3+}$,$Y_2O_2S$:$Eu^{3+}$ 等红色发光材料在彩色电视机中的应用,取代了原来效率低的 $Mn^{2+}$ 激活的磷酸锌,使彩电水平获得一次飞跃;$Y(V,P)O_4$:$Eu^{3+}$ 用于高压汞灯,显色指数得以改善。稀土发光材料不仅在照明领域,而且在显示领域,特别是在高清晰度大屏幕平板显示等方面获得重要的应用。目前,稀土发光材料的研究和开发已覆盖了整个发光领域,并形成了一定的工业生产规模和市场,稀土发光材料已成为当前发光材料的主导。

稀土发光材料也成为高纯单一稀土的主要消费市场,据报道,65％以上的高纯稀土用于发光材料。

稀土发光材料具有许多优点:

① 吸收能量的能力强,转换效率高;

② 可发射从紫外到红外的光,特别是在可见光区有很强的发射能力;

③ 荧光寿命从纳秒到毫秒,跨越 6 个数量级;

④ 它们的物理化学性能稳定,能承受大功率的电子束、高能射线和强紫外光的作用等。

## 1.2 发光材料的主要特性与规律

### 1.2.1 光谱与能级

1. 吸收光谱(absorption spectrum)

当光照射到发光材料上,一部分被反射、散射,一部分透过,余下来的是被吸收。只有那些被吸收的光才可能对发光起作用,但也不是所有被吸收的各个波长的光都能起激发作用。哪些波长能被吸收,吸收多少,则取决于发光材料的特性。

发光材料对光的吸收和一般物质一样,都遵循 Beer 定律,即

$$I(\lambda) = I_0(\lambda)e^{-k_\lambda x}, \text{或} \quad \log\frac{I_0}{I} = k_\lambda x$$

式中,$I_0(\lambda)$ 为波长 $\lambda$ 的光照射到物质的强度;$I(\lambda)$ 为光通过厚度 $x$ 的发光材料后的强度;$k_\lambda$ 是不依赖光强,但随波长而变化的函数,称为吸收系数,材料的吸收系数随波长(或频率)的变化曲线称为吸收光谱。发光材料的吸收光谱主要取决于基质、激活剂和其他杂质,它们可以产生宽的吸收带或窄的吸收线。图 1-5 示出 $Y_2O_2S:Eu^{3+}$ 的吸收光谱。

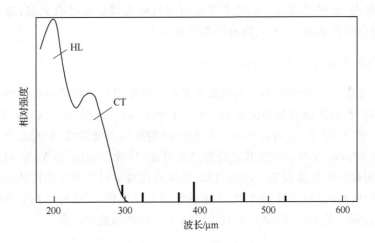

图 1-5 $Y_2O_2S:Eu^{3+}$ 的吸收光谱

2. 漫反射光谱(diffuse reflection spectrum)

如果材料是一块单晶,经过适当地光学加工(如切割、抛光等),利用分光光度计并考虑到反射的损失,就可以测得该材料的吸收光谱。但是大多数实用的发光材料并非单晶,而是粉末,并由众多的微小晶粒组成,这给精确测量吸收光谱带来

很大的困难。此时,只能通过测定材料的反射光谱来估计它对光的吸收。当光线投射到粗糙表面时,光线向四面八方散射和反射,称为漫反射。一般粗糙表面、粉末漫反射就较强,反射光的总量和入射光的总量的比值称为漫反射率,漫反射率随入射波长(或频率)变化的谱图称为漫反射光谱,有时简称为反射光谱。

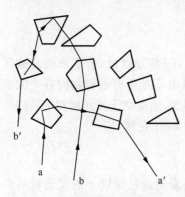

图 1-6　光线照射到杂乱的微小晶体的情况

图 1-6 示出光线照射到粉末材料中的微小晶体上的情况。可以看到,光线 a 和 b 经过多次折射、反射后,又返回到原来入射的那一面。如果材料对这个波长的光有很强的吸收,那么不等到光线 b′ 折回到粉末表面强度就减为 0,则 b′ 几乎看不见,这表明反射率很小。如果材料对该波长的光无吸收,则 b′ 的强度就比 b 小不了多少,这说明反射率很大,接近 100%。当粉末层足够厚时,光在粉末中通过无数次折射和反射,最后不是被吸收就是折回到入射的那一侧。由此,我们就可以理解为什么反射率能够反映材料的吸收能力。同时也应知道,经过多次折射与反射,吸收与反射的数量关系十分复杂。因此,我们只能说如果材料对某波长的吸收强,反射率就低,反之,吸收弱,反射率就高。但绝不能认为漫反射光谱就是吸收光谱,这两种光谱包含着完全不同的概念,它们既有联系又有区别。

### 3. 激发光谱(excitation spectrum)

激发光谱是指发光的某一谱线或谱带的强度随激发光波长或频率的变化。它反映不同波长的光激发材料的效果。图 1-7 中实线是 $Y_3Al_5O_{12}$:Ce 的激发光谱,从图中可见,尽管在 230nm、270nm 和 350nm 附近均有激发峰,但对发光起最大贡献的则是 470nm 左右。对比其漫反射光谱可知,尽管 300nm 处 $Y_3Al_5O_{12}$:Ce 也有吸收,但却不能激发发光。由此可知,激发光谱表示对发光起作用的激发光的波长范围,而吸收光谱(或反射光谱)和激发光谱相互比较,不仅可以判断哪些吸收对发光有用,哪些是不起作用的,而且还可以了解材料的更多信息。

### 4. 发射光谱(emission spectrum)

发光材料的发射光谱,有时也称为荧光光谱(fluorescence spectrum)或发光光谱(luminescence spectrum),它是指发光能量按波长或频率的分布。有些发光材料的发射光谱是连续的谱带,如图 1-8 所示的 ZnS:Cu 的发射光谱分布在很宽的波长范围。经过解析得知,它包含两个谱带,蓝带(446nm),绿带(523nm),每个带都像一个钟形,如图 1-8 中的虚线所示。

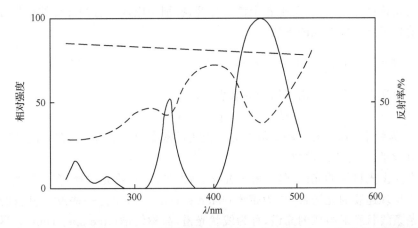

图 1-7　$Y_3Al_5O_{12}$ 和 $Y_3Al_5O_{12}$：Ce 的漫反射光谱（虚线）和 $Y_3Al_5O_{12}$：Ce 的激发光谱（实线）

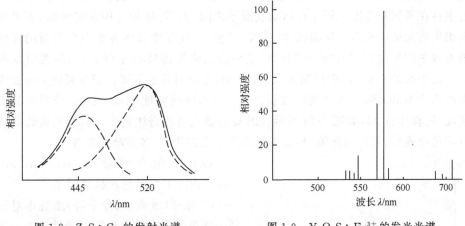

图 1-8　ZnS：Cu 的发射光谱　　　　　　图 1-9　$Y_2O_2S$：$Eu^{3+}$ 的发光光谱

　　有些材料的发光谱带比较窄,并且在低温下(液氮或液氦温度下)呈现出分裂结构,即分解成许多谱线。还有一些材料在室温下的发射光谱就是谱线。如图 1-9 所示,以三价稀土离子为激活剂的材料常有这种光谱。由于这种材料的三价稀土离子的光谱结构与自由的三价稀土离子非常相似,因此,可以根据谱线的位置来确定各条谱线的来源。这对研究发光中心及其在晶格中的位置很有用处,也可以利用某些特征谱线作为结构探针。应该注意的是发射光谱为带谱,即使在低温度下也不显示谱线的发光材料,要确定它们的发光中心是很复杂的。

　　发射光谱的形状取决于发光中心的结构。因此,来源于不同发光中心有不同的发光谱带,也具有不同的性能。当温度升高时,一些谱带会减弱,而另一些谱带相对地增强。值得注意的是,对同一个谱带一般都有同样的性能。因此,在研究材料的发光特性时，应该注意把各个谱带分开，特别是应该将有些交叠的谱带分开才能更清楚了解材料发光的本质。

5. 谱线形状（spectral-line shape）

一般光谱的形状可用高斯函数来表示，即

$$E_\nu = E_{\nu_0} \exp\left[-\alpha(\nu-\nu_0)^2\right]$$

式中，$\nu$ 为频率；$E_\nu$ 为在频率 $\nu$ 附近的发光能量密度相对值；$E_{\nu_0}$ 为在峰值频率 $\nu_0$ 时的相对能量；$\alpha$ 为正的常数。

有些发光材料的光谱（包括发射光谱、激发光谱、吸收光谱等）在一较宽的波长范围内呈现连续的光谱带，称为带谱（band spectrum），而另一些发光材料的光谱由一条条线状发射组成的光谱，称为线状光谱，简称线谱（line spectrum）。尽管线谱的每条谱线的波长范围都很窄，但仍然有一定的宽度。严格地说，带谱和线谱之间并无定量的分界线，而是人们感观的一种认识。其原因是由于原子体系中的各能级存在着固有宽度和原子热运动及原子之间（光学）碰撞等因素的影响，原子辐射出来的光谱线总有一定的频率（或波长）展宽，使光谱线中各个单色分量的强度随着频率的变化呈现出"钟形"分布，这种谱线强度按频率分布 $I(\nu)$，称为谱线形状。在中心频率 $\nu_0$ 处，强度最大；在 $\nu_0$ 两侧，强度对称地下降。辐射频谱分布曲线上的两个半最大强度点之间的波长之差，称为谱线宽度（line width）或常称为半宽度，简称线宽 $\Delta\nu$，如图 1-10 所示，AB 即为该光谱的谱线宽度。典型的谱线形状有洛伦兹线形、高斯线形等，相应的线宽有洛伦兹线宽、多普勒线宽等。

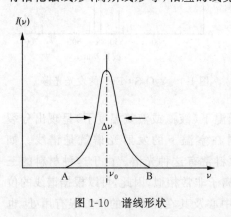

图 1-10　谱线形状

（1）洛伦兹线形（Lorentzian line shape）由以下两种物理机理构成。

① 原子（或离子、分子等）系统本身的各个能级的固有宽度使辐射光谱产生一定的频率展宽。这种与环境、条件等外界因素无关，而仅由原子本性所引起的谱线加宽，称为自然加宽，谱线宽度称为自然线宽。不同元素的原子，或同一原子的不同谱线，它们的自然加宽的线宽不同。

② 在一定气压下的原子体系，由于发光原子与周围原子的（光学）碰撞而受到扰动，使原子发出的光波的位相在碰撞前后发生无规的变化，这相当于缩短了波列的有效长度，从而引起原子发射谱线的频谱展开，称为碰撞加宽，相应的谱线形状也称为洛伦兹线形。

当碰撞加宽与自然加宽两种机理同时起作用时，谱线形状仍为洛伦兹线形，而线宽等于两者之和。

（2）高斯线形（Gaussian line shape）又称多普勒线形。发光原子无规热运动引起的多普勒效应，造成原子辐射谱线的频谱展开，称为多普勒加宽，相应的谱线形状称为高斯线形，谱线宽度称为多普勒线宽。

（3）均匀加宽（homogeneous broadening）与非均匀加宽。由于多种物理因素作用，每一谱线都有一定的频率变宽。如果谱线加宽的机理对所有发光粒子的影响均相同，这样形成的频谱展宽称为均匀加宽。如果谱线加宽的机理对不同发光粒子所产生的影响不同，由此形成的频谱展宽，称为非均匀加宽。

### 6. 能级图

众所周知，物质的原子由原子核和核外电子两部分组成，电子围绕着原子核旋转，由量子理论可以得知，电子只能在某些符合一定条件的轨道上旋转，这些轨道称为稳定轨道或量子轨道。电子在这些稳定轨道上旋转时，完全不放出能量，而处于"稳定"状态。通常原子有许多轨道，不同轨道的电子所处的能量状态不同，形成不同的能级（energy level）。电子的轨道离核越远，原子所含的能量越大。原子在稳定状态时，各电子都位于离核最近的相应轨道，这时原子所含的能量最低。当原子从外面获得能量时，某些轨道上的电子可以跃迁到具有较高能量轨道或能级上，而处于激发状态，整个原子也称为被激发的原子。当电子从较高能级跃迁到一个较低能级时，则会放出能量，可能发光。放出辐射能的频率 $\nu$ 与始态能量 $E_2$ 和终态能量 $E_1$ 的差值具有下列关系：

$$\nu = \frac{E_2 - E_1}{h}$$

式中，$h$ 为普朗克常量，等于 $6.62 \times 10^{-27}$ erg·s。

按照量子理论，辐射能的吸收或发射不是连续的，而是一份一份地吸收或发射，每一份的辐射能（也称为量子）所代表的能量 $E$ 和辐射能的频率 $\nu$ 有关，即 $E = h\nu$，频率越大，亦就是波长越短，量子的数值越大，能量越高。辐射光的量子，又称为光子。

原子或分子以及它们组成的体系有许多特定的、各不相同的能量状态，其中最低的能量状态称为基态（ground state），而能量高于基态的一切状态称为激发态（excitation state）。处于激发态的微观粒子均存在跃迁回基态的可能性，因为激发态不是最稳定状态。

在某些情况下，对应于某一能量 $E$ 的能级，微观体系可以有 $n$ 个不同的状态，这种情况称为能级简并（degeneracy of energy level），同一个能级的不同状态数 $g$，称为该能级的简并度。与其相反，微观体系在电场、磁场等的作用下，使原来简并的能级分裂成 $n$ 个能级的现象称为能级的分裂（split of energy level）。

按照微观粒子(包括原子、离子、分子或某些基团等)体系容许具有的能量大小,由低到高地按次序用一些线段表示出来,则称为体系的能级图(energy level diagram)。能级的数目是无限的,通常只画出与所研究问题有关的能级的能级图,如图 1-11 所示。

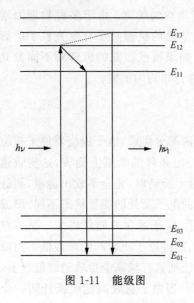

图 1-11　能级图

用来表示原子(或离子)所处能量状态的符号,称为光谱项(spectral term)。其能量状态与总自旋量子数 $S$,总轨道量子数 $L$ 和总角动量量子数 $J$ 有关,光谱项通常表示为 $^{2S+1}L_J$。对应 $L$ 为 $0,1,2,3,4,5\cdots$数值,分别用 S、P、D、F、G、H$\cdots$表示。例如,三价镨离子 $Pr^{3+}$,有 2 个自旋平行的 f 电子,则 $S=\frac{1}{2}+\frac{1}{2}=1$,对于 f 电子,磁量数 $m$ 共有 7 个:$3,2,1,0,-1,-2,-3$,要使 $L=\sum\limits_{i=1}^{2}l_i$ 为最大,2 个电子应该有最大的 $M=\sum m$,这就是 2 个电子分别应占有 $m=3,2$,因此 $M=5$,即 $L=5$。而 $J$ 的取值范围,对于轻稀土 $J=|L-S|$;则 $J=4$,因此 $Pr^{3+}$ 的基态光谱项为 $^3H_4$。

光谱与能级具有必然的联系,光谱是能级之间跃迁的宏观反映,并通过光谱的测定、分析,可以确定出能级的位置和结构。而能级则是形成光谱的内在本质,根据能级可以预测光谱的位置、形态。利用光谱与能级能说明一系列发光的机理和规律。有些能级容易测到光谱,而有些能级不易测到光谱,这与电子在该能级的停留时间有关。

### 7. 斯托克斯定律和反斯托克斯发光(anti-Stokes' luminescence)

将光致发光材料的发射光谱和激发光谱加以比较,就会发现,在绝大多数情况下发光谱带总是位于相应的激发谱带的长波边。也就是说,发光的光子能量必然小于激发光的光子能量。发光物质的发光波长一般总是大于激发光波长,这一规律称为斯托克斯定律(Stokes' law)。激发能量与发射能量之差称为斯托克斯位移。可以根据发光中心的能级结构来粗略地说明斯托克斯定律。图 1-11 是发光中心的能级结构示意图。下面一组代表基态,$E_{01}$,$E_{02}$,$E_{03}\cdots$分别代表基态的不同振动能级;上面一组是激发态,也有不同的振动能级 $E_{11}$,$E_{12}$,$E_{13}\cdots$。假定体系吸收了一个光子 $h\nu$ 从 $E_{01}$ 跃迁到 $E_{12}$。体系在 $E_{12}$ 会与周围环境相互作用,放出其一部分能量,转移到 $E_{11}$,然后从 $E_{11}$ 跃迁回基态 $E_{01}$,这时发出光子 $h\nu_1$。因为转移过程已经损耗了一部分能量,所以发出的光子的能量必然小于激发光子的能量。由于体系的能量是在和周围环境达到热平衡后在振动能级上分布的,大致上与 exp $(-\Delta E/RT)$ 成正比,其中 $\Delta E$ 是较高振动能级与最低振动能级间的距离,体系与周围晶格的热平衡所需的时间远远短于电子在激发态的寿命。由此可知,体系一旦被激发到高的振动能级,绝大多数会趋于低的振动能级。因此,发光的光子能量必然小于激发光子的能量。

但是也存着这样的概率,即激发态中心从周围环境中获得能量,从 $E_{12}$ 转移到 $E_{13}$,然后从 $E_{13}$ 跃迁到 $E_{01}$。这样发光光子的能量就有可能大于激发光子的能量。这种发光称为反斯托克斯发光,尽管这种概率很小,但在实际中是存在的,常常被看做是一种例外情况,由于它的强度很低,没有实用价值。因此,过去认为,反斯托克斯发光只有理论上的意义。

20 世纪 60 年代末,发现了一系列上转换材料(up-conversion material),它们用近红外线($\sim$1000nm)激发,可以得到红色、绿色甚至蓝色的发光。这种材料能将能量小的光子向上转换成能量大的光子,并已获得应用,特别是当前红外发光二极管在波长可调与能量上的突破,在应用上具有更大的竞争力。这种反斯托克斯发光的产生是通过吸收 2 个激发光子而发出 1 个大能量的光子来实现。这同我们前面所讲的那种由晶格振动取得能量的情况明显不同。已经报道,利用双光子或多光子"合成"一个大光子的过程是多种多样的,然而大部分的上转换发光与稀土离子有关,并成为当前发光研究热点之一,本书将在有关章节专门讨论。

### 1.2.2　位形坐标图

许多有关发光材料光谱的实验数据,可以利用简单的位形坐标图(简称位形坐标,configuration coordinate)予以解释。位形坐标图是描述发光离子和它周围的晶格离子所形成体系的能量(包括电子能量,离子势能以及电子和离子间的相互作用能)与周围晶格离子位置之间关系的图形。

自由离子的吸收光谱与发射光谱的能量相同,并且都是窄带谱或锐线谱 $(0.01 \text{cm}^{-1})$。而晶体中的离子与自由离子不同,在晶体中的离子的发射光谱的能量均低于吸收光谱的能量,而且由于晶格振动对离子的影响多呈现宽带谱 $(1000 \text{cm}^{-1})$,与发光中心离子相联系的电子跃迁可以与基质晶体原子(离子)交换能量,因此,发光中心离子与周围晶格离子之间的相对位置、振动频率以及中心离子的能级都要受到晶格场的影响,由此可将激活剂离子和其周围晶格离子看做一个整体来考虑。由于原子的质量比电子大得多,运动也慢得多。因此,在电子的迅速跃迁过程中,晶体中原子间的相对位置和运动速度,可以近似地认为基本不变,这常称为弗兰克-康登(Franck-Condon)原理。这样就可以采用位形坐标来表示一个体系:纵坐标表示晶体中发光中心的势能,它包括电子和离子的势能和相互作用在内的整个体系的能量;横坐标表示中心离子和周围离子的"位形",意思就是位置。它包括离子之间相对位置等因素在内的一个笼统的位置概念。在多数情况下,周围离子不只是一个,要用坐标来描述它们的位置是有困难的。

图1-12示出位形坐标图。图中下面那条曲线 I 表示电子在基态时体系的能量和离子位移的关系,曲线的最低点 A 代表离子在平衡位置时的能量。以 A 点为中心,离子在振动中,其振幅为 $A'A''$,振动越大,$A'A''$ 越长。图1-12中上面的那条曲线 II 表示体系处于激发态的情况。根据弗兰克-康登原理,当发光中心吸收一个光子 $h\nu$ 使电子发生跃迁时,体系的能量垂直地从 A 升高到 B。箭头是垂直的,表示当电子跃迁时,离子位置还没有来得及变化。因为基态的振动是按高斯分布的,所以激发态的能量也按高斯分布在 $E'\sim E''$ 之间。电子到达激发态以后,电子的能量变化和中心离子电子云的变化反过来影响邻近离子的平衡位置,在 $10^{-12}$ s 之内,使周围离子处于一个新的平衡点 C。在这个过程中,电子把一部分能量交给了周围的离子,变成它们的振动能,并通过它们传给整个晶体,散发为热,同时体系的能量从 B 下降到 C,电子在激发态停留约 $10^{-8}\sim 10^{-3}$ s,然后从 C 跃迁回到基态的 D 点。箭头 CD 表示发光中心发射一个光子 $h\nu_1$,然后电子从 D 弛豫回到 A 点,此时,又散发一些热给晶体,体系能量降低,由此完成一个跃迁周期。激发能 $\Delta E_{AB}$ 大于发射能 $\Delta E_{CD}$。上述情况表明,每当有电子跃迁发生时,必然会有一定的能量传递给晶格,散发为热。图1-12中所画出一些横线表示离子的振动能级。电子跃迁以后,离子可能处于很高的振动能级,因而在它回到平衡位置的过程(称为晶格弛豫过程)中可以放出大量声子。

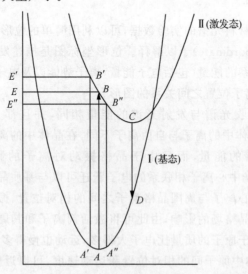

图1-12 位形坐标图

利用位形位标可以定性地解释晶体发光中的一些问题。

(1) 解释激发能和发射能之间的斯托克斯(Stokes)位移。从位形坐标图上看出,每当有电子跃迁发生时,必然有一定的能量传递给晶格,散发为热,故发射的光子能量总是要低于激发光子的能量,$h\nu > h\nu_1$,即发射光谱峰值波长总是要大于激发光谱的峰值波长。这就是 Stokes 定律。

(2) 解释吸收光谱在高温时谱带展宽。因为离子在晶格中是在其平衡点附近振动,在吸收激发光子时,离子可以处于 $A'A''$ 之间的任何位置上。所以吸收光谱就包括许多频率(或波长)而形成宽带。温度越高,$A'A''$ 振幅越宽,谱带也越宽。在简谐振动中,振动能($\approx KT$)与振幅的平方成正比。因此,在较高温度下吸收带宽与绝对温度的平方成正比。

(3) 解释晶体发光的温度猝灭。绝大多数发光材料,当温度升高到一定程度时,发光强度会明显降低,这称为温度猝灭。在位形坐标图中表示为基态和激发态的两条曲线在 $T$ 处相交,如图 1-13 所示。当发光中心被激发到 $B$ 点时,如果温度较高时,有可能得到更多的振动能使体系的能量升高到 $T$ 点,因为 $T$ 点同时也是基态曲线上的一个点。所以就有可能沿着 $T \rightarrow D \rightarrow A$ 这段弛豫回到 $A$ 点。在此过程中,体系从激发态无辐射地降低到基态的平衡点 $A$,即发生了发光的温度猝灭的现象。

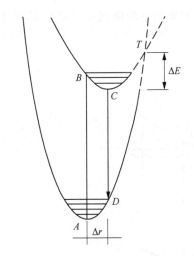

图 1-13　发光的温度猝灭的位形坐标图

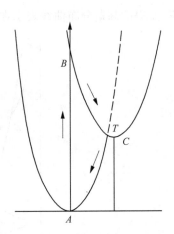

图 1-14　不发光材料的位形图

在表示发光体系的位形坐标图中,如果基态和激发态的两条曲线左右错开得越远,即 $\Delta r$ 越大,则交点 $T$ 和激发态的最低点 $C$ 相距越近,则温度猝灭现象在不太高的温度下就会发生,也就是猝灭温度 $T_g$ 应该低。反之,如果 $\Delta r$ 小,$T_g$ 就高。因此,如果知道离子间的相对位置 $\Delta r$ 的大小就可以判断材料发光的猝灭温度 $T_g$

的高低。

（4）解释材料不发光。如果激发态的位形曲线和基态的位形曲线彼此错开较远，激发态曲线上的平衡点处在基态曲线的范围之外，如图 1-14 所示。在这样的体系中，当发光中心离子被激发时，在体系尚未达到激发态的平衡点之间，就会先到两条曲线的交点，然后激发态便沿着基态的曲线无辐射地弛豫到基态平衡点，因此，这种材料就根本不会发光。

另有一种情况，就是图中的两条曲线发生相交。如图中 $T$ 点，当离子的振动能级恰好也处在该点时，电子就有可能从激发态跃迁到基态，或从基态跃迁到激发态而不发射或不吸收光子。具体分析证明，这种跃迁是可能的，被称为无辐射跃迁。特别值得注意的是，只有当原子振动的能量等于或高于曲线交点 $T$ 所对应的能量时，这种无辐射跃迁才可能发生，而原子在热运动中获得这样能量的几率为 $e^{-\Delta\varepsilon/KT}$，$\Delta\varepsilon$ 为离子处于 $T$ 点和平衡位置时的能量之差。因此，这种过程的几率是随温度的增加而指数式增加的。

（5）说明激发光谱和发射光谱属于高斯分布线形。首先，必须意识到所观察的光谱带大多数是在几秒的时间内测得的大量的单个跃迁的统计和。当体系在能级 $A_1A_2$ 振动时（图 1-15），在吸收光子的那一时刻的核间距完全是随机的。类似地，由激发态的寿命决定的发射时间可在 $10^{-8}\sim10^{-3}$ s 内变化，因而在 $B_1B_2$ 的位置也是随机的。作为中心极限定理的结果，位置的这种随机变化必定具有高斯几率，所得的高斯分布曲线表示在 $A_1A_2$ 之下。

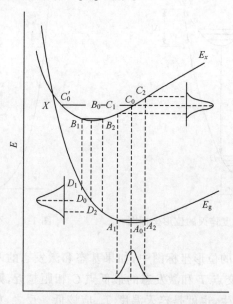

图 1-15　表达荧光粉发射带和激发带产生的位形坐标模型

吸收的光子能量可能在 $A_1C_1$ 和 $A_2C_2$ 之间变化,由于在 $C_1$ 点和 $C_2$ 点之间的势能曲线 $E_x$ 差不多是一条直线。因此,我们可能把给出激发时位置的高斯函数转换到势能曲线上,得到表示吸收光子能量变化的高斯函数。类似的过程得出比激发带更宽的高斯型的发射带。

随着温度的升高,振动幅度 $A_1A_2$ 或 $B_1B_2$ 增加,因而激发带和发射带将随温度增加而变宽。由于即使在绝对零度时也还有剩余的零点振动能,因此,吸收带和发射带总有一定的带宽。

(6) 发射波长随温度变化。仔细地看图 1-15,我们发现两条势能曲线的交点 $X$ 比能级 $C_0C_0'$ 高很多,所以通过途径 $C_0 \rightarrow C_0' \rightarrow X \rightarrow A_0$ 而返回基态的可能性可以忽略不计。但图 1-16 的情况与上面完全不同。这里,交点 $X$ 是在 $CC'$ 的下方,所以极可能返回基态而不发光。从实验中发现,对多数发光材料在某一临界温度以下,在发射曲线下方的积分面积几乎是恒定的,而达到临界温度时,则很快下降,这与位形坐标模型提出的机理相符。在图 1-16 中我们还发现当温度升高(B 情况温度>A 情况温度)时,激发带和发射带都位移。对于选定的参量,激发峰略移向紫外区,而发射峰略向长波方向移动。

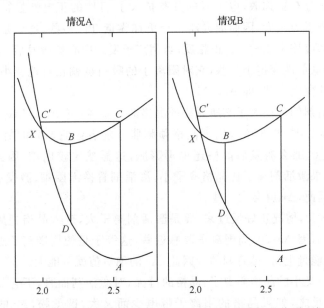

图 1-16　温度对发射和吸收波长以及荧光粉猝灭的影响的位形坐标图

图 1-17 中,有两条激发态曲线,可以描述同一晶格中的两种不同激活剂的行为,将有助于扩展位形坐标图的应用范围。

在位形坐标图中,$\Delta r$ 可以大于 0,也可以小于 0,可视体系而异。以 $KCl:Tl$ 为例,基态 $Tl^+$ 的电子为 $6s^2$,发光中心 $Tl^+$ 在激发以后,电子由 $6s \rightarrow 6p$,离核更远,

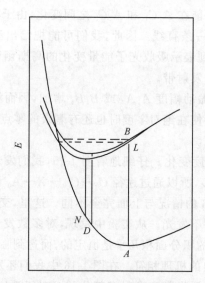

图 1-17　同一基质中的两种不同的激活剂的位形坐标模型

也就是说电子分布更弥散,电子云的分布扩大了,$Tl^+$ 的正电性显得更强,它对周围负离子的吸引力更大,因而周围离子会更加靠近 $Tl^+$ 一些,这就是说,所有阳离子被激发后都应该是 $\Delta r < 0$。正相反,当阴离子发光中心被激发后,电子云变得弥散,阴离子的电负性变得小一些,它对阳离子的吸引也就相对地变小些,从而位形的平衡距离就变大一些,即 $\Delta r > 0$。

如果激活剂的半径大于它所置换的晶格离子半径,例如 $Eu^{3+}$(0.98Å)或 $Ce^{3+}$(1.07Å)置换 $Lu^{3+}$(0.85Å),周围晶格须膨胀才能容纳它,而如果激发的是阴离子,应有 $\Delta r > 0$,那么激发后晶格还得再膨胀,这显然比较困难,因此,$\Delta r$ 将会较小。反之,如果激活剂离子比晶格离子小,激活剂置换无困难,激发后,$\Delta r$ 要变大也无困难。因此,$\Delta r$ 就会大一些。

对于 $\Delta r < 0$,情况正好反过来,要是激活剂离子大,进入晶格把周围离子挤远些,但在激发后因 $\Delta r < 0$,周围离子要靠近些,这等于是使周围离子近于恢复到原来的位置,从能量上讲,是有利的。因此,$\Delta r$ 的绝对值就可能大。

带电多而又小的晶格阳离子,晶格的键强,对激活剂而言,不管 $\Delta r$ 是正是负,都不会太大;反之,如果晶格的阳离子带电少而又大,键就松,$\Delta r$ 的绝对值应该较大。

实际材料的例子,如当研究 $Eu^{3+}$ 的激发光谱时,由于 $Eu^{3+}$ 和晶格氧(或硫)离子组成复合离子,$Eu^{3+}$ 除了可以直接被激发到 4f 高能态以外,还可以被激发到电荷迁移态,即电子从氧离子(或硫离子)的 2p 态转移到 $Eu^{3+}$ 的 4f 态。这样一来,$Eu^{3+}$ 就变成 $Eu^{2+}$,而 $O^{2-}$ 或 $S^{2-}$ 变成 $O^-$ 或 $S^-$,这时铕和氧(或硫)离子之间的距离就变大了。因为 $Eu^{2+}$ 和 $O^-$ 之间的吸引力显然比 $Eu^{3+}$ 和 $O^{2-}$ 之间的吸引力小，所以 $\Delta r > 0$。如果 $Eu^{3+}$ 是被激发到 4f 态中的较高能态，由于电子组态没有变化，对周围离子的影响很小，因此 $\Delta r = 0$。

因此，激发到电荷迁移态的 $Eu^{3+}$ 发光就容易受到温度猝灭，而激发到 4f 高能态的发光应该基本上没有温度猝灭。$Y_2O_3$：Eu 就是这样。当它被激发到 4f 高能态时，猝灭温度高达 800K，而如果被激发到电荷迁移态，猝灭温度就低得多。

另外，激发到电荷迁移态的 $Eu^{3+}$ 发光，其猝灭温度的高低应该和它所置换的阳离子的大小有关。由于 $\Delta r > 0$，对比 $Eu^{3+}$ 小一些的离子，$\Delta r$ 较小，猝灭温度就高，而对比 $Eu^{3+}$ 大的离子，$\Delta r$ 较大，猝灭温度就低，表 1-2 中的例子证实这个结论。

表 1-2　$Ln_{0.9}Eu_{0.1}SO_6$ 的猝灭温度

| 稀土离子 Ln | Lu | Y | Gd | La |
|---|---|---|---|---|
| 离子半径/Å | 0.85 | 0.92 | 0.97 | 1.14 |
| 电荷迁移态的激发波长/nm | 270 | 270 | 275 | 290 |
| 量子效率/%<br>（用相应的电荷迁移态激发波长） | 60 | 55 | 50 | 35 |
| 猝灭温度/K | 750 | 750 | 700 | 600 |

$Eu^{3+}$ 的离子半径是 0.98Å，可以看到，随着基质稀土离子的增大，猝灭温度逐渐降低，发光效率也随着降低。

位形坐标只是一个笼统的概念。使用一个坐标代表许多原子的位置是不行的。但是这也不能一概而论，对于某些具体的发光材料，有时候利用一个位置坐标，也可以得到相当好的结果。

### 1.2.3　发光的亮度与效率

#### 1. 光源的辐射特性

发光是物体内部以某种方式吸收能量后转化为光辐射的过程，发光属于热力学非平衡辐射，其重要特征之一是亮度。

光源辐射出来的光（包括红外线、可见光和紫外线）的能量称为光源的辐射能量 $Q_e$，当这些能量被物质吸收时，可能转换成其他形式的能量，如热能、电能等。辐射能的单位是 cal（卡）、erg（尔格）、J（焦耳）；它们之间的关系是 1 cal ＝ 4.18 J，1 J ＝ $10^7$ erg。

在单位时间内通过某一面积的辐射能量称为经过该面积的辐射通量，而光源在单位时间内辐射出的总能量称为光源的辐射通量。辐射通量也可称为辐射功率，其计量单位是 J/s，erg/s 或 cal/s 等。

以辐射的形式发射、传播和接收的功率,其单位以瓦[特](W)表示。

光源在某一方向的辐射强度 $I_e$ 是指光源在包含该方向的立体角 $\Omega$ 内发射的辐射通量 $\Phi_e$ 与立体角 $\Omega$ 之比,$I_e = \Phi_e/\Omega$。由于光源在各个方向的辐射强度一般是不均匀的,这里表示的辐射强度是立体角 $\Omega$ 内的平均辐射强度。辐射强度的单位是 W/Sr(瓦/球面度)。

一个有一定面积的光源,如果它表面上的发光面积 $S$ 在各个方向(在半个空间内)的总辐射通量为 $\Phi_e$,则该发光面 $S$ 的辐射出度为 $M_e = \Phi_e/S$。$M_e$ 相当于单位面积的辐射通量,常以 W/m$^2$ 表示。

光源在给定方向上的辐射亮度 $L_e(\varphi,\theta)$ 又称为辐射率,是光源在该方向上的单位投影面积,在单位立体角中的辐射通量,即 $L_e(\varphi,\theta) = \Phi_e(\varphi,\theta)/S\cos\theta \cdot \Omega$,其中 $L_e$ 的单位是 W/(m$^2$ · Sr)。

光源发出的光往往由许多波长的光组成,为了研究各种波长光的单独辐射的能量,还需要对单一波长的光辐射作相应的规定。

光源发出的光在单位波长间隔内的辐射通量称为光谱辐射通量,也称为辐射通量的光谱密度 $\Phi_\lambda$,$\Phi_\lambda = \Delta\Phi_e/\Delta\lambda$。由于光源发出的各种波长的光谱辐射通量 $\Phi_\lambda$ 一般是不同的,因此应取微小的波长间隔。$\Phi_\lambda$ 的单位是 W/m。

同样,可将光源发出的光在每单位波长间隔内的辐射出度称为光谱辐射出度 $M_\lambda$。光谱辐射出度 $M_\lambda$ 的单位为 W/m$^2$,而光源发出的光在每单位波长间隔内的辐射亮度为光谱辐射亮度 $L_\lambda$,光谱辐射亮度 $L_\lambda$ 的单位为 W/(m$^2$ · Sr)。

### 2. 光度量及其单位

光辐射特性中所描述的辐射特性的物理量度单位对整个电磁波谱都有意义。而对于照明光源,又必须引入衡量人眼对照明光源的亮度感觉的物理量,称为光度学,与辐射量相类似,将对照明光源作出光度量的定义。

光源在单位时间内发出的光能量(又称光能,光通量的时间积分定义为这段时间的光能,单位:流明·秒)称为光源的光通量(luminous flux),其表示客观光能量所引起的人眼视觉强弱的物理量,用 $\Phi_v$ 表示。在国际单位制中,光通量单位为流明,符号 lm。

值得注意的是,辐射通量相同、但波长不同的光,光通量是不同的。如当 555nm 的黄绿光与波长为 650nm 的红光辐射通量相等时,前者的光通量是后者的 10 倍。光通量可以用来判断功率与光谱组成均为已知的光所能引起的视觉刺激的强度。

发光强度(luminous intensity)是指光源在某一方向上发光强弱的物理量,一般用 $I_v$ 表示,定义光源在某一方向上的立体角元 $d\Omega$ 内传送的光通量 $d\Phi_v$ 与该立体角元 $d\Omega$ 之比,$I_v = d\Phi_v/d\Omega$,表示该光源在该方向上的发光强度。在数值上,它等于通过单位立体角的光通量。若光源发光是各向同性的,则发光强度在所有方向上都相同,此时各方向发出的总光通量为 $\Phi_v = 4\pi I_v$。各向异性的光源,其发光强度随方向而异。

发光强度的单位为坎德拉(candela),符号为 cd,它是光度学的基本单位,光度学中的其他单位都由它导出。

光源的发光强度一般是对点光源(或光源的大小和使用的照明距离相比很小)的情况而言,如果考虑到有一定表面积的面光源,就要考虑到光源的光出度和光亮度。

光源的光出度就是光源上每单位面积向半个空间内发出的光通量,$M = \Phi/s$。由于光源表面各处的光出度不相同,严格地讲,应该取微小的面积 $ds$,而由它向半个空间内发出的光通量为 $d\Phi$,则此发光表面的光出度为 $M = d\Phi/ds$。光出度在数值上等于通过单位面积所传送的光通量。光出度的单位为流明/米$^2$,符号 $lm/m^2$。

表示表面被照明程度的量称为光照度(illuminance),简称照度 $E$。它是每单位面积上受到光通量数:$E = \Phi/s$。表面上一点的光照度定义为入射在此点所在面元上的光通量 $d\Phi$,与该面元面积 $ds$ 的比值,$E = d\Phi/ds$。在数值上,它等于投射在单位面积上的光通量。发光强度的点光源在距其 $r$ 处的一点的照度为 $E = \frac{I}{r^2}\cos i$,其中 $i$ 为点光源到该点连线与表面法线的夹角。光照度的国际单位为勒克斯(lux),符号为 lx。实用单位制中,它的单位为辐透(phot),符号为 ph。

对于受照后成为面光源的表面来说,其光出度与光照度成正比,$M = \rho E$,其中 $\rho$ 是小于 1 的系数,称为漫反射率,它与表面的性质有关。

光源在某一方向的光亮度,简称亮度,又称发光率(brightness),是表示发光表面上一点在某方向发光强弱的物理量。它定义为光源表面上一点所在面元在 $\theta$ 方向($\theta$ 为发光方向与表面法线的夹角)的发光强度 $dI$ 与该面元(面积为 $ds$)和垂直于 $\theta$ 方向中的平面上的正投影面积 $ds\cos\theta$ 之比,即 $L = dI/(\cos\theta ds)$。在数值上,$L$ 等于发光面在垂直于 $\theta$ 方向的平面上单位正投影面积的发光强度,一般它是表面发光点的位置和发光方向 $\theta$ 的函数。$L$ 也可以表示非发光表面(如光学系统所成的像)的亮度。散射物体表面的亮度 $L$ 与照度 $E$ 的关系为 $L = \frac{\rho}{\pi} E$,其中 $\rho$ 为散射系数。发光度 $M$ 和亮度的关系为 $M = \iint L\cos\theta d\Omega$。其积分范围为 $2\pi$ 立体角(遍及发光面外的各个方向)。在国际单位制中,亮度的单位为坎德拉/米$^2$,称为尼特(nit),符号为 $cd/m^2$。亮度的其他单位有熙提(stilb),即坎德拉/厘米$^2$(cd/cm$^2$),符号为 sb;朗伯$\left(\text{lambert},1\text{ 朗伯} = \frac{1}{\pi}\text{熙提} = \frac{10^4}{\pi}\text{尼特}\right)$等。散射物体表面亮度的单位为阿熙提(apostilb),符号为 asb。

　　在光度学中,采用光强度的单位作为基本单位。光强度的单位 cd(烛光)最早是以某种一定规格的蜡烛作为标准,后来有了电灯,就以某种特殊规格的电灯来替代。但这两种方法的再现性和稳定性都很差,作为光度标准都不够精确,自 1948 年起就采用黑体作为标准。1967 年第十三届国际计量大会决定将坎德拉定义为在 101325N/m² 压力下,处于铂凝固温度的黑体的 1/6×10⁵m² 表面在垂直方向上的发光强度为 1cd。到 1979 年随着测量技术的发展及存在的问题,并根据光度学发光量与能量之间的关系,规定为坎德拉是光源在给定方向上的发光强度,该光源发出频率为 540×10¹² Hz(λ＝555nm) 的单色光,且在此方向上的辐射强度为 1/683W/Sr,即在该方向的发光强度为 1/683cd。

　　光强度的单位确定以后,就可以导出其他的光度量单位。光强度为 1cd 的一个点光源,在单位立体角内发射的光通量就定义为 1 lm。若这个点光源是各向同性的,则发出的总光通量为 4π lm。

### 3. 发光效率

　　发光效率是发光体的重要物理参考量,通常有三种表示法:即量子效率 $\eta_q$,功率效率(或能量效率)$\eta_p$ 和光度效率(或流明效率)$\eta_l$。

　　量子效率(quantum efficiency)是指发光体发射的光子数 $N_f$ 与激发时吸收的光子(或电子)数 $N_x$ 之比;即

$$\eta_q = \frac{N_f}{N_x}$$

　　众所周知,一般发光过程总有能量损失,激发光光子的能量总是大于发射光光子的能量,当激发光波长比发光波长短很多时,这种能量损失就很大。如果日光灯中激发波长为 254nm(汞线),发光的平均波长可以算作为 550nm。因此,即使量子效率为 1(或 100%),但斯托克斯能量损失却有 1/2 以上,所以量子效率仅反映发光体中光子转换的效率,取决于发光材料的特性,而不能反映能量的损失。

　　功率效率或能量效率(energy efficiency)是指发射光的光功率(能量)与激发时输入的电功率(能量)或被吸收的光功率(或能量)之比,即

$$\eta_p = \frac{P_f}{P_x}$$

这是一个无量纲的小于 1 的百分数。

　　在实际中,我们希望光源耗电越少越好,即同功率的光源,其光通量越大越好。这样就提出一个消耗一定的电功率能发射多少光通量的问题。由此引入一个描述电光源(特别是照明光源)的发光效率,即光源所发出的光通量 Φ 与该光源所消耗的电功率之比称为光源的发光效率,简称光效,其单位是流明/瓦,符号 lm/W。

　　作为发光器件来说,它总是作用于人眼的。人的眼睛只能感觉到可见光,而且

在可见光范围内,对于不同波长的光的敏感程度也有很大差别。人眼对 555nm 的绿光最敏感,随着波长的变化其相对的视感度通常用视见函数 $\phi(\lambda)$ 来表示,如图 1-2所示。显然,功率效率很高的发光器件发出的光,人眼看起来不见得很亮。因此,用人眼来衡量一发光器件的功能时,我们就必须引进另外一个参量,称为流明效率或光度效率。流明效率(luminous efficiency)是发射的光通量 $L$(以流明为单位)与激发时输入的电功率或被吸收的其他形式能量总功率 $P_x$ 之比,即

$$\eta_l = \frac{L}{P_x}$$

流明效率与功率效率有如下的关系

$$\eta_l = \eta_p \frac{\int_0^\infty \phi(\lambda) I(\lambda) \,\mathrm{d}\lambda}{\int_0^\infty I(\lambda) \,\mathrm{d}\lambda} \cdot 683 \text{ lm/W} = \eta_p \cdot \eta_b$$

式中,$I(\lambda)$ 为发光强度随波长变化的函数;683 lm/W 为 555nm 绿光的光功当量,即 1W 的光功率相当于 683 lm 的光通量;$\eta_b$ 称为照明效率。

对于光致发光来说,如果激发光是单色或接近单色的,波长为 $\lambda_x$,发射光也是单色或接近单色的,波长为 $\lambda_f$,则量子效率与功率效率有如下关系:

$$\eta_q = \eta_p \frac{\lambda_f}{\lambda_x}$$

反斯托克斯发光是一种多光子过程,即几个"小"光子"合成"一个"大"光子。一种与此相反的过程,也是近年来引人注意的,即一个"大"光子"分裂"成几个"小"光子,称为光子倍增。从能量上看,只要"分裂"出的"小"光子的能量总和不超过"大"光子,这种过程就应该是容许的。但在实际上,光子倍增现象却是罕见的。如果材料在吸收 1 个 254nm 的光子以后,能够转变成 2 个可见光子,即 $\eta_q = 2$,那么,能量损失就非常小,材料的效率就可以翻一番。即使不是全部而只有一部分转变成 2 个可见光子,但若保持 $\eta_q > 1$,也可以提高能量效率。然而,大多数材料的量子效率 $\eta_q$ 都小于 1,$\eta_q$ 接近于 1 就很不错。$\eta_q$ 大于 1 的情况则是近几年才发现的,这又是一个新的突破。

目前,普通白炽灯的光效约　　　10~15 lm/W

高色温钨白炽灯的光效　　　　26~28 lm/W

日光荧光灯的光效　　　　　　50~80 lm/W

稀土三基色灯的光效　　　　　80~100 lm/W

超高压氙灯的光效　　　　　　30~46 lm/W

高压钠灯的光效　　　　　　　100~130 lm/W

金属卤化物灯的光效　　　　　70~90 lm/W

低压钠灯的光效最高约　　　　175 lm/W

　　由此看来,实际上灯的光效远小于 683 lm/W,这是由于电光源不可能把输入的电能全部变成可见光,而可见光也不可能全部集中在 555nm 这根线上。

　　将输入功率全部用来产生可见辐射时,则灯的光效就称为灯的理想光效(也称为光源的辐射发光效率),显然灯的理想光效是由灯在可见区的光谱能量分布情况决定的。既然各种灯在可见光区都有自己独特的光谱能量分布形式,因此就有各自的理想光效。假若全部输入能量都用来产生 555nm 的绿光,则理想光效为 683 lm/W。

　　对于照明光源来说,总希望光效越高越好,以利于节能。已知,对于黑体辐射总辐射按四次方的关系极快地随温度升高而增加,而峰值辐射的波长随温度升高逐渐向短波移动,有更多的辐射落在可见光部分。因此,升高黑体温度对提高它的发光效率是有利的。当黑体温度为 6500K 时,可见光区的辐射在辐射能中占 43%,光效约为 90 lm/W。但是,当黑体温度进一步升高时,由于峰值波长向短波移动,有更多的辐射落在紫外光区域,因此,尽管总的辐射能增加,但可见光占的比例开始减少,光效反而下降。对实际光源来讲,提高光效的重要途径是选择适当的发光物质,使它有更多的辐射落在可见光区,特别是波长接近于 555nm 处。

### 1.2.4　发光寿命

　　在发光特征中 5 个宏观光学参量、光谱亮度、相干性、偏振度和辐射时间中,辐射时间最能反映发光过程的本质。发光和其他的光发射现象的根本区别就在于它的持续时间。这个持续时间来自于电子在各种高能量状态的寿命。

　　首先考虑一种最简单的情况。假定发光材料中某种离子被激发,没有能量传递发生,激发到高能态的电子终究要回到基态。如果在某一时刻 $t$ 共有 $n$ 个电子处在某一激发能级,在 $dt$ 时间内跃迁到基态的电子数目 $dn$ 应该正比于 $n\,dt$,即

$$dn = -\alpha n\,dt \qquad (1\text{-}1)$$

这里比例常数 $\alpha$ 表示电子跃迁到基态的几率。由此可以得到

$$n = n_0 e^{-at} \qquad (1\text{-}2)$$

$n_0$ 是初始时刻($t=0$)被激发的电子数。可以证明,电子在激发态的平均寿命就是 $\dfrac{1}{\alpha} = \tau$。而发光强度 $I$ 应该正比于电子跃迁到基态的速率,即

$$I \propto dn/dt \qquad (1\text{-}3)$$

因此可得

$$I = I_0 e^{-at} \qquad (1\text{-}4)$$

这就是说,发光以指数式形式衰减。在 $\tau$ 时间以后,发光强度将为初始强度的1/e。$\tau$ 也称为衰减常数,发光材料的 $\tau$ 值,短的可达毫微秒数量级,长的可达几秒甚至几十秒。在实验中,如果能测出不同时间的发光强度,在单对数坐标上作图,可以

得到一条直线,其斜率就是 $\alpha$,从而可以得到 $\tau$ 值。

许多发光材料的衰减具有指数形式,与化学反应中的单分子反应方程很相似,所以有人把这种衰减过程称为单分子过程。

指数式衰减,是衰减过程的一种基本形式。有些发光材料的衰减比较复杂一些,但有时可以分解成几个指数式的叠加,发光强度随时间的变化可以写成

$$I = I_{01}e^{-at_1} + I_{02}e^{-at_2} \tag{1-5}$$

有些发光材料如长余辉材料的衰减,更复杂一些,不表现为指数形式,而可以用下式描述:

$$I = At^{-\alpha} \tag{1-6}$$

显然,这个公式不适用于衰减开始的过程,因为当 $t \to 0$ 时,$I \to \infty$。但它可以很好地适用于衰减的中期和后期,很多长余辉材料的衰减都符合这个公式。当余辉长达几小时甚至几十小时,通常 $1 < \alpha < 2$。在双对数坐标上,如以 $I$ 为纵轴,$t$ 为横轴作图,可以得到一条直线,直线的斜率就是 $\alpha$。有时整个衰减过程可以表示为

$$I = I_0(1 + \alpha t)^{-\alpha} \tag{1-7}$$

当 $t$ 很大时,式(1-7)就变成式(1-6)的形式。

如果在激发停止 $t$ 以后,发光材料中有几个自由的正电荷和几个自由的负电荷,假定每对正负电荷复合时就产生一个光子,这样,由于每个电荷可以和几个异号电荷中的任何一个复合,因此

$$I = -\frac{\mathrm{d}n}{\mathrm{d}t} = bn^2 \tag{1-8}$$

解此方程,即得

$$n = \frac{n_0}{1 + n_0 bt}$$

$$I = \frac{n_0 b}{(1 + n_0 bt)^2} \tag{1-9}$$

这和式(1-7)有同样的形式,只是 $\alpha = 2$。这就是说,如果发光过程是一些自由正负电荷的复合,它的衰减过程就会是如式(1-9)所表示的双曲线式。由于参与发光的正负电荷有如化学反应中的两种分子,有人把这种过程称为双分子过程。

但是一般发光材料的衰减遵循式(1-7)的双曲线式,其中 $\alpha \neq 2$,为什么 $\alpha$ 偏离 2,一直是人们关注的问题。

发光过程的持续时间有时相当复杂,一般将荧光寿命(fluorescence life time),描述为当光或其他外界激发能量被发光物质吸收时,它的某些原子和分子就跃迁到激发态。处于激发态的原子或分子有一定的几率恢复到基态,并发出荧光。当外界激发停止后,随着处于激发态的原子或分子的数目的减少,荧光强度随时间按指数规律衰减,即

$$I_t = I_0 e^{-t/\tau} \tag{1-10}$$

式中,$I_0$为激发停止时的初始荧光强度;$t$为时间;$\tau$为原子或分子处于激发态的平均时间,即荧光寿命,等于跃迁几率的倒数。上式表明,荧光寿命也等于外界激发停止后荧光强度减少到初始强度的 $1/e$ 的时间。

需要注意的是发光的衰减,不同于荧光寿命,衰减(decay)表示激发停止后,发光强度随时间而降低的现象。此时的发光也称余辉。其规律很复杂,最简单、最基本的是指数式衰减 $I = I_0 e^{-t/\tau}$ 和双曲线衰减 $I = I_0/(1-6t)^2$。式中:$I_0$为激发停止时的发光强度(cd),$t$是从激发停止时算起的时间(s);$I$是$t$时刻的发光强度(cd);$\tau$为荧光寿命(s),$b$为常数。

余辉(after glow 或 persistence)是余辉时间的简称,对各种发光材料的规定不同,如对于阴极射线发光材料来说,常把衰减到初始亮度 10% 的时间称为余辉时间。余辉时间小于 $1\mu s$,$1\sim10\mu s$ 的称为短余辉,$10\mu s\sim1ms$ 称为中短余辉,$1\sim100ms$ 的称为中余辉,$100ms\sim1s$ 的称为长余辉,大于 1s 的称为极长余辉。目前已研制并获得应用的稀土长余辉材料的余辉时间可达 10 余小时。

发光体受外界激发而发光。在历史上,人们曾将发光现象分为两类,激发作用一停止,发光就随之停止的称为荧光(fluorescence);激发作用停止后,还有余辉的称为磷光(phosphorescence)。但后来发现,所有发光现象都有余辉,于是又常把余辉短于 $10^{-8}$s 的称为荧光,余辉长于 $10^{-8}$s 的称为磷光。$10^{-8}$s 是只考虑偶极矩辐射时孤立原子处于激发态的时间。但实际上,若涉及级次更高的辐射,原子处于激发态的平均寿命可达 $10^{-4}$s 甚至更长时间;随着测量技术的提高,对发光过程的了解越逼深入,人们发现用孤立原子处于激发态的寿命时间作为磷光和荧光的分界不是很确切。在现在工作中,除了习惯上有时沿用这两个名词外,一般不再把发光划分为这样两个不同的过程。

在描述荧光寿命时,务必注意是指哪个能级(或激发态)的寿命,不同能级上电子停留的时间不同,其跃迁到基态的几率也不同。

# 1.3　能量的传递和输运

研究固体发光时,常常把发光过程分成三个阶段,即激发、能量传输和发射光。此处将主要讨论能量传递和输运现象,就是指发光材料受到外界激发后到产生发射光以前这样一段过程中,激发能在晶体中传输的现象。

晶体的某一部分受到外界的激发而吸收的能量,往往以某种方式转移到晶体的另一部分,这类现象极为普遍。在我们仔细观察发光现象时,不难发现,发光材料中吸收激发能的部分常常和形成发射光的部分不一致。那么,晶体的这两个部分之间必然存在着能量的传递和输运过程。而传输能量的几率、效率以及对于环境条件的依赖关系等,都是发光研究中深为关切的问题。为了具体说明这种现象,先举个实例。

锰激活的磷酸钙 $Ca_3(PO_4)_2$ : Mn, 可以用阴极射线激发, 得到橙红色的 $Mn^{2+}$ 中心发光。若以波长为 250nm 的紫外光激发时, 却看不到 $Mn^{2+}$ 中心发光。铈激活的磷酸钙 $Ca_3(PO_4)_2$ : Ce, 却可以在波长为 250nm 的紫外光激发时发光。若以铈和锰一同激活磷酸钙, $Ca_3(PO_4)_2$ : Ce、Mn, 这种材料在 250nm 的紫外光激发时, 不仅有 $Ce^{3+}$ 中心发光, 而且也得到了橙红色的 $Mn^{2+}$ 中心发光。很明显, 这时 $Mn^{2+}$ 中心发光的能量一定来自 $Ce^{3+}$ 中心。也就是说 $Ce^{3+}$ 和 $Mn^{2+}$ 中心之间必定有着能量的传输过程。

从上述例子, 可以清楚地看到晶体吸收了外界的激发能以后, 随着又发生把这些能量重新调整、分布的运动, 也就是能量的传递和输运过程。为了有效地把激发能转变成希望得到的发光, 对能量的传递和输运过程的研究显得十分重要。因为几乎是所有的发光材料中都发生着这种现象, 如敏化剂的敏化, 猝灭剂的猝灭, 电致发光中的载流子运动等, 都和能量的传递和输运过程紧密相关。

### 1.3.1　传递和输运能量的方式

为了避免措词上的含混, 对"传递"和"输运"两个词作如下理解:

"能量传递"是指某一激发的中心把激发能的全部或一部分转交给另一个中心的过程(如前例中 $Ce^{3+}$ 中心的激发能传给 $Mn^{2+}$ 中心, 或另一个 $Ce^{3+}$ 中心的过程)。

"能量输运"则是指借助电子、空穴、激子等的运动, 把激发能从晶体的一部分带到晶体的另一部分的过程。

"能量传输"则是泛指上述两种过程。

传递和输运能量的机理大致有以下四种不同的方式。

(1) 再吸收

再吸收现象也称为自吸收或级联激发(cascade excitation)。它是指晶体的某一部分发光后, 发射光波在晶体中行进而又被晶体本身吸收的现象。这时, 输运能量是靠光子完成的, 要使再吸收发生, 必须有吸收光谱和发射光谱的重叠, 而且输运的速度较高, 输运距离也可近可远。输运过程应较少受温度的影响。

(2) 共振传递

两个中心间若有近场力的相互作用, 一个在激发态的中心有可能把能量传给另一个中心, 而使前者从激发态回到基态, 后者从基态变为激发态。这两个中心能量的变化值应当相等。

泰克斯特(Dexter)首先把这种传递机理用于固体材料中发光中心间的能量传递过程, 并认为中心之间的相互作用力应根据中心的具体情况, 考虑电偶极子、电四极子和磁偶极子之间的相互作用。中心间相距越近时, 量子力学的交换作用会显得越重要,其相互作用强度将会超过电偶极子和磁偶极子的作用。

在绝缘体材料中,尤其是稀土或过渡元素激活的材料以及有机晶体中共振传递是极为重要的能量传递方式。这种方式传递能量的距离可以从一个原子的线度一直到 10nm 左右,而不借助其他近邻原子。但也有人指出从敏化中心到激活中心的传递,可以越过 25~50 个阳离子格点,而从一个敏化中心到另一个敏化中心的传递,可以越过 150~600 个阳离子格点。这种传递能量的方式也被认为不太强烈地依赖于温度。

(3) 借助于载流子的能量输运

在所有的光导型、半导体及半绝缘体材料中,载流子的扩散、漂移现象是主要的能量输运机理。如 II-VI、III-V 和 IV-IV 族材料中大都如此。

很明显,电流和光电导是这种输运机理的特点,而且温度对输运过程会有明显的影响。

(4) 激子的能量传输

随着对激子现象研究的广泛和深入,它在能量传输中的作用也越加显得重要。激子一方面可以看作一个激发中心与其他中心之间通过再吸收、共振传递的机理交出它的激发能,另一方面激子的运动本身也直接把它的激发能从晶体的一部分输运到晶体的另一部分。

激子的出现,往往可以看到它的特征光谱,激子传输能量可以达到极大的距离,例如,CdS 中激子扩散长度可达 0.23cm。离子晶体中激子现象较普遍,在低温和高密度激发下激子的能量交换有更新的现象。

### 1.3.2　中心间共振传递能量的几率计算

假定有两个中心 $S$ 和 $A$,若第一个状态为 $S^* + A$,即 $S$ 中心处于激发态,$A$ 中心处于基态,若第二个状态为 $S + A^*$,即 $S$ 中心回到基态,$A$ 中心被激发到激发态,从状态 $S^* + A$ 变到 $S + A^*$ 发生的几率,也就是从 $S$ 中心把它的激发能 $E = h\nu$ 通过共振传递传给 $A$ 中心的几率。则根据量子力学,当中心 $A$ 和 $S$ 作为电偶极子近似时,可写成

$$P_{SA} = \frac{3}{64\pi^5} \cdot \frac{h^4 c^4}{K^2 R^6} \cdot \frac{\sigma_A}{\tau_s} \int_0^\infty \frac{\varepsilon_s(E)\alpha_A(E)}{E^4} \mathrm{d}E \tag{1-11}$$

式中,$\tau_s$ 是 $S^*$ 态的衰减时间;$R$ 为两个原子核之间距离;$\varepsilon_s(E)$、$\alpha_A(E)$ 分别为 $S$ 中心的发射光谱和 $A$ 中心的吸收光谱。

若 $\sigma_A(E)$ 是 $A$ 中心吸收能量 $E$ 的吸收截面,计算得到从 $S^* + A$ 态到 $S + A^*$ 态的跃迁几率,但其中 $\tau_s$ 为 $S^*$ 态的寿命应比测量所得的寿命 $\tau_s^*$ 为长。如果 $S^*$ 态的发射效率为 $\eta_s$,则应有

$$\tau_s^* = \eta_s \cdot \tau_s \tag{1-12}$$

把式(1-12)代入式(1-11)

$$P_{SA} = \left(\frac{R_0}{R}\right)^6 \cdot \frac{1}{\tau_s^*} \tag{1-13}$$

$$R_0^6 = \frac{3}{64\pi^5} \cdot \frac{h^4 c^4}{K^2} \sigma_A \eta_s \int_0^\infty \frac{\varepsilon_s(E)\alpha_A(E)}{E^4} \mathrm{d}E \tag{1-14}$$

根据上述结果,对式(1-13)、式(1-14)可以讨论如下:

(1) 对于两个可以看作为偶极子的中心 $S$ 和 $A$ 来说,$S^*$ 激发态把能量传给 $A$ 中心,自身回到基态,使 $A$ 中心变成激发态 $A^*$ 的共振传递几率 $P_{SA}$ 与这两个中心的距离 $R$ 的六次方成反比,即 $P_{SA} \propto \left(\frac{1}{R^6}\right)$。也就是说 $S$ 和 $A$ 越靠近则传递几率越大。

(2) $P_{SA}$ 与 $S^*$ 态的寿命成反比,即 $S^*$ 态寿命越长,越不易把能量传递给 $A$ 中心。

(3) $P_{SA}$ 与 $S$ 中心的发射效率 $\eta_s$ 及 $A$ 中心的总吸收截面 $\sigma_A$ 的乘积成正比,也就是说,$S$ 中心发射效率越高,$A$ 中心的吸收截面越大,则能量从 $S$ 传向 $A$ 的可能性越大。

(4) 式(1-14)中,积分号内 $\varepsilon_s(E)\alpha_A(E)$ 对 $\mathrm{d}E$ 的积分说明:相应于某一 $E$ 值,$S$ 中心有发射,还必须同时 $A$ 中心要有吸收,只要其中之一为 0,则传递几率为 0。有发射没有吸收,或有吸收但没有这一波长的发射都不能发生共振传递。也就是要求 $S$ 中心的发射谱和 $A$ 中心的吸收谱有重叠,重叠越大,传递几率越大。

(5) $R_0$ 可以理解为 $S$ 和 $A$ 之间发生能量传递的临界距离。若 $R=R_0$,则 $P_{SA} = \frac{1}{\tau_s^*}$,即在 $S$ 中心于激发态停留的时间中,正好发生传递过程。若 $R>R_0$,则 $P_{SA} < \frac{1}{\tau_s^*}$,即发生共振传递的时间比 $S^*$ 态的寿命还长,这说明不可能发生传递。$R<R_0$ 时则说明传递所需的时间远比 $S^*$ 态的寿命要短,即很容易发生能量传递。

### 1.3.3　借助于载流子的能量输运

对大多数的Ⅱ-Ⅵ族、Ⅲ-Ⅴ族、Ⅳ-Ⅳ族的半导体、半绝缘体和光导体材料来说,载流子运动是传递和输运能量的主要机理。尽管在某些实验条件下,或仔细地分析时,也可以有其他的传递能量机理,但经常地、普遍地却是载流子的输运机理起作用。

**1. 电子、空穴的迁移所造成的能量输运现象**

**(1) 晶体的本征吸收能量可借助空穴的迁移使杂质中心激发而发光**

在 ZnS：Cu 和 CdS：Cu 材料中,常常可以看到这样的现象:用相应于它们本征吸收的光波激发时,可以使它们中的杂质中心激发发光。例如,对于 ZnS：Cu

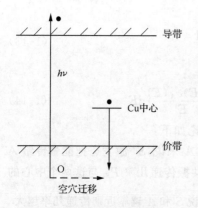

图 1-18 本征吸收以后通过空穴的
迁移而造成 Cu 中心的激发

来说,激发光波长 $\lambda \leqslant 335nm$,对于 CdS:Cu 来说则激发光波长 $\lambda \leqslant 510nm$,这时发生的吸收都属于从价带到导带的跃迁。而它们发光的波长却主要在 Cu 中心相应的波长区。皮耳(Piehl)首先用空穴扩散解释了这种现象。如图 1-18 所示,波长在本征区的吸收在导带中形成电子,价带中形成空穴。接着空穴通过扩散等运动迁移到 Cu 中心附近(如虚线所示),Cu 中心的电子与价带空穴复合后,即于 Cu 中心上俘获了一个空穴,造成了 Cu 中心处于激发态。当导带的电子与 Cu 中心复合时即发出了 Cu 中心的发射光谱。

为了进一步说明上述空穴迁移输运能量的真实性,可以做下面实验:如果改变激发光的波长,只要仍在本征吸收的范围,其发生的量子效率基本上不随波长而变,约为 20%~30%,但是,当激发光波长落到铜中心的特征吸收区时,量子效率可以变得很高,可以大致接近 1。这是因为通过空穴的扩散把能量输运到铜中心的过程必然还会伴随有其他损失能量的可能性,例如导带电子和空穴的复合,但用铜中心直接激发时,这种伴随的损失大大减少,因为 Cu 中心从激发到复合发光并不需要有空穴的迁移。

(2) 猝灭中心的猝灭作用

在 ZnS:Cu 一类的发光材料中,只要放入极微量的猝灭剂,就会大大地降低材料的发光效率。例如,Ni 就是这样的一种猝灭剂,即使当 Ni 的相对含量在 $10^{-6}$ 左右也可以大幅度地猝灭 Cu 中心的发光。这种猝灭现象很难以共振传递来理解,因为这时中心之间相距较远。

Schön-Klasens 提出空穴扩散造成了 Cu 和 Ni 中心之间的能量转移,当 Cu 中心的激发能转移到 Ni 中心,由于后者无辐射跃迁的几率很大,因而削弱了 Cu 中心的发光。其过程(图 1-19)可以理解为:

① 在热运动下,价带电子进入 Cu 中心与 Cu 中心上的空穴复合,而在价带留下一个空穴。这一过程的几率与能量 $W$ 的大小有关,$W$ 为 Cu 中心的能级离价带顶的距离。

② 空穴在价带扩散,到达 Ni 中心附近。

③ Ni 中心上的电子与价带空穴复合。

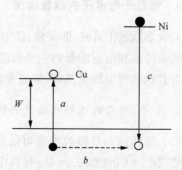

图 1-19 Cu、Ni 中心之间的能量转移模型

　　由于上述三个步骤，原来 Cu 中心上的空穴消失了，使 Cu 中心失去了和导带电子复合发光的机会，而相反在 Ni 中心上出现了一个空穴，使得它又具有了和其他离化的 Cu 中心一起竞争复合导带电子的能力，而 Ni 中心的这种复合过程往往是无辐射的。因此，Cu 中心的发光被 Ni 中心猝灭了。又因为空穴的扩散长度可以很大，例如 CdS 中可以达到 75nm 左右，所以只要极微量的猝灭剂就可以起到猝灭作用。空穴在晶体中的运动过程，可以利用光磁电效应直接测定。

　　（3）ZnS：Cu 在电致发光时，其发光光谱随激发电场的频率和温度而变化

　　以 Cu 为激活剂所制成的硫化锌发光体，在电致发光时，它的颜色随着激发电场的频率提高而变蓝，随着工作温度的升高而变绿，这是很熟悉的现象。这种变化的原因，也是由于空穴的迁移。

　　类似于图 1-19，因为这类电致发光材料中 Cu 造成了深度不同的两类中心，离导带底较远的为蓝中心，离导带底较近的为绿中心。电致发光时的发光颜色是这两类中心共同作用的结果。发光过程中，这两类中心之间还会有空穴的转移过程。但是价带中的电子因为热运动而到达蓝中心的几率较大，因为这类中心离价带顶的能量差较小。相反，价带电子运动到绿中心的几率较小，于是在动态平衡之下，可以认为不断地有空穴从蓝中心转到价带，通过扩散而又进入绿中心。但是，这种转移过程要一定的时间才能完成，随着激发电场频率的提高，两次激发之间的时间间隔缩短，因此空穴的转移量也减少，发光光谱变蓝。相反，当温度上升时，助长了这种转移的几率，所以光谱随之变绿。

## 1.3.4　激子的传递能量的现象

　　激子在能量传输过程的作用很值得注意。但是，这方面的工作还是很初步的。由于激子的类型不同，有的激子在晶体中可以自由运动，它能起到输运能量的作用；有的激子处于束缚状态，因而对于它们的能量传递过程的研究不能完全孤立地进行。输运能量的自由激子在它起初和结束这种过程的时候与其他中心之间仍有传输能量的问题存在，下面我们分别在这两个方面举例说明激子的作用。

### 1. 激子的扩散运动造成能量输运的现象

　　在研究敏化剂和激活剂中心之间能量交换过程时，哈根（Haken）曾提出过一种模型，按这种模型，能量交换应包括两个过程：

　　① 当敏化剂中心 $S$ 从激发态回到基发态时，同时产生了一个激子，激子扩散到激活剂中心 $A$ 的附近。

　　② 当激子的能量交给 $A$ 中心，使 $A$ 进入激发态，而激子就消失了。

　　能量从 $S$ 越过一个空间到达 $A$ 的过程是由激子来完成的。他假定后一过程也有两个可能，一是真实激子的扩散运动，一是借助于晶格中一种假想能级的虚拟

激发状态(virtual excitation)传递。但若是真实激子的扩散,则应从实验上能看到有关激子的各种特征。

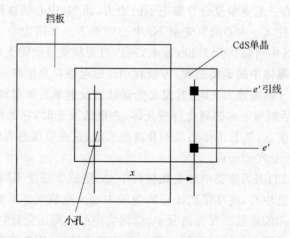

图 1-20　通过移动挡板上的小孔,激发 CdS 单片上的不同位置的实验装置

为了观察激子的真实运动可以做以下的实验,用片状单晶 CdS 为样品,再用一块开有小孔的挡板,使激发光通过小孔落到单晶上,CdS 单晶上有两个固定的电极,可以测定从这两个电极之间流过晶体的电流。实验装置如图 1-20 所示。所使用的激发光子的能量应比 CdS 的禁带宽度小,不使 CdS 发生本征吸收而形成自由电子和空穴,而是形成激子。是否有激子产生可以根据激子具有像类氢光谱那样的特征发光来判断。当激子形成时,实验中可以看到这种发光,并可在电极 $ee'$ 上测定出电流。在稳定激发下,根据电导变化的规律,可以得到电极间连线到小孔位置距离 $x$ 和激子密度的关系:

$$\rho = \rho_0 \exp(-x/L_{激子}) \tag{1-15}$$

实验求得 $L_{激子}$ 为 0.23cm。这就是激子的扩散长度。

### 2. 激子和杂质中心以及晶格热振动之间的能量交换

自由激子可以通过扩散运动输运能量。通常认为,激子把能量交给杂质中心的方式有两种:共振传递和再吸收。共振传递只要把激子看作前面提到的激发中心之一来处理;再吸收则是指激子的发光在晶体中又被其他中心吸收的现象。

激子的能量不仅会传给其他的中心,而且它与晶格振动之间也会发生能量交换。晶格的热振动,使自由激子的能量减少,变成能量较低的激子态,这时激子就被束缚在晶格的某些位置,形成所谓自陷状态。这种激子称为自陷激子。自陷激子的激发态回到基态时又可以把能量通过共振传递或再吸收交给其他中心,也可通过热猝灭,从而无辐射地回到基态。而且自陷激子还可以因为热激发而重新获

得能量又变成自由激子,参加扩散运动。

通过对铕激活的碘化钾和氟化锶的激子激发光谱和温度猝灭的实验结果证明:①自由激子的激发态能量较高。②自由激子与晶格振动交换能量后,进入到能量较低的自陷状态。③自陷状态的激子可以通过共振传递把能量转给其他中心。

### 1.3.5　敏化发光

1. 敏化发光的现象和种类

敏化发光是晶体中能量传输的一种表现。通常把一种杂质中心吸收的能量转移到另一种中心,而使后者发光的现象称为杂质敏化。吸收能量的中心称为敏化中心,发光的中心称为激活中心。如果基质起到敏化剂的作用,则这种现象称为基质敏化。

不论是杂质敏化还是基质敏化,它们传输能量的过程仍是通过再吸收、共振传递、载流子输运和激子输运几种方式进行的。但是往往实际晶体中能量的传输情况较为复杂,可以是几种不同方式的组合,而且有的情况下要区别究竟属于哪一种方式也存在实际困难,除了需要从激活剂的浓度、光谱、发光强度、弛豫时间、温度依赖关系、电导等方面观察外,还应该通过外加电场、磁场等等多种条件综合地分析、判断。

（1）杂质敏化

$Mn^{2+}$ 激活的发光材料是杂质敏化的很常见的例子,这类材料中使用的敏化剂可以有很多种,例如,$Tl^{2+}$、$Sn^{2+}$、$Pb^{2+}$、$Ce^{3+}$、$Sb^{3+}$、$Bi^{3+}$ 和 $Ti^{4+}$ 等都可以作为敏化剂。前面提到的 $Ca_3(PO_4)_2$：$Ce,Mn$ 就是一个例子。

近年来,发现很多稀土元素之间有很多典型的敏化发光现象。由于这类发光材料不伴随有电导,而且由于这类元素往往发出它们离子的特征谱线,对照稀土原子的光谱能级以后,认为这类敏化是由能量的共振传递所引起的。利用这类元素作为基质或激活剂、敏化剂,发现了很多性能优越的材料。如灯用材料、显示材料、上转换材料及多光子现象的材料。稀土相互敏化的现象也十分普遍（表 1-3）。

**表 1-3　稀土等元素相互敏化实例**

| 敏化剂　激活剂 | 基　　质 | 敏化剂　激活剂 | 基　　质 |
|---|---|---|---|
| $Er \rightarrow Tm$ | $CaMoO_4$，　$Y_3Al_5O_{12}$ | $Cr \rightarrow Eu$ | $CaAlO_3$ |
| $Er \rightarrow Ho$ | $CaMoO_4$，　$Y_3Al_5O_{12}$ | $Cr \rightarrow Nd$ | $Y_3Al_5O_{12}$ |
| $Nd \rightarrow Yb$ | $Na_{0.5}Gd_{0.5}WO_4$ | $Cr \rightarrow Tm$ | $Y_3Al_5O_{12}$ |
| $Gd \rightarrow Eu$ | $Gd_2O_3$ | $Cr \rightarrow Ho$ | $Y_3Al_5O_{12}$ |
| $UO_2^{2+} \rightarrow Nd$ | 硅玻璃 | $Yb \rightarrow Er$ | 硅玻璃 |

| 敏化剂　激活剂 | 基　质 | 敏化剂　激活剂 | 基　质 |
|---|---|---|---|
| Gd → Tb | 硅玻璃 | Yb → Tm | $Y_3Al_5O_{12}$ |
| Ce → Nd | $CeF_3$ | Yb → Ho | 硅玻璃 |
| Mn → Nd | 磷玻璃 | Yb,Er,Tm → Ho | $Y_3Al_5O_{12}$ |
| Ag → Nd | 硅玻璃 | Dy → Tb | 硅酸盐玻璃 |

（2）基质敏化

基质敏化的现象也很多，这类现象往往有很大的实际意义，因为基质的原子数大大多于激活剂，因此吸收外界能量的几率也会较大，如果再选取合适的激活剂，得到所需的发光，是很合理的设计方案。

基质的敏化机理正在进一步的研究中，通常认为有如下三种可能性：

① 激发时基质产生自由的电子、空穴，运动到激活剂附近并被它们俘获。

② 产生激子通过扩散被激活中心俘获。

③ 产生俘获激子，通过和激活中心之间的共振传递或再吸收现象而传递能量。

例如，在 KI 发光材料未作掺杂时，有一个 430nm 的发光峰，这是基质的本征发射，但当掺入 $Tl^+$ 以后，这个发光峰就受到削弱，同时出现了另一个与 $Tl^+$ 有关的光谱峰。随着 $Tl^+$ 的浓度增加，削弱基质发光更加严重，而 $Tl^+$ 的发光则显著增强。图 1-21 就是 KI：Tl 的发光光谱随着 $Tl^+$ 浓度变化的实验结果。

2. 敏化发光能量传输过程的分析

要想了解发光材料中能量输运的具体路线并不容易，即需要做出多方面的实验后综合分析才能做出判断。现在以 $Ca_3(PO_4)_2$：Ce,Mn 为例子作简要分析。

（1）首先应当弄清楚发光材料中传输能量的方式

从现象看到激发的 $Ce^{3+}$ 中心一定有能量转移到 $Mn^{2+}$ 中心，但是我们已介绍过传输能量可以有四种方式，在 $Ca_3(PO_4)_2$：Ce,Mn 中是哪一种或哪几种方式为主呢？

由于在 250nm 紫外线激发时，材料没有光电导，也没有激子的发光和吸收，这就可以排除载流子和激子有关的能量传输机理。

我们把 $Ca_3(PO_4)_2$：Ce 和 $Ca_3(PO_4)_2$：Mn 两种发光材料机械混合以后用 250nm 激发，只看到 $Ce^{3+}$ 中心发光，而未曾得到 $Mn^{2+}$ 中心发光，这说明再吸收的传输机理在这种材料中不是主要的。

通过上面几个实验，可以认为 $Ce^{3+}$ 中心到 $Mn^{2+}$ 中心的能量传递主要是通过共振传递机理。

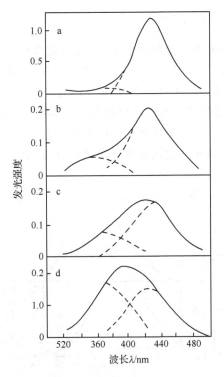

图 1-21　KI：Tl 的发光光谱随 Tl$^+$ 浓度的变化（80K）

a：$6 \times 10^{18} cm^{-3}$；b：$3 \times 10^{17} cm^{-3}$；c：$1 \times 10^{17} cm^{-3}$；d：$5 \times 10^{15} cm^{-3}$

（2）中心之间传递能量的具体路线

由于材料中同时分布着很多 Ce$^{3+}$ 中心和 Mn$^{2+}$ 中心，而且 Ce$^{3+}$ 中心有的被激发，有的则未被激发。此外，若没有充分的证明 Ce$^{3+}$ 和 Mn$^{2+}$ 两种中心在制备过程中一定在空间位置上相关的话，只能认为各自都无规律地平均分布在材料中。

波登（Botden）等曾提出过如下看法：若离子半径比基质离子半径大的杂质和离子半径比基质离子半径小的杂质同时进入基质，往往它们成为近邻，形成体积补偿，使系统的能量降低，成为稳定的状态。在 Ca$_3$(PO$_4$)$_2$ 中 Ce$^{3+}$ 和 Mn$^{2+}$ 也是符合这种道理，那么 Ce$^{3+}$、Mn$^{2+}$ 应当成对，$A$ 的发光也在 $S \to A$ 的能量传递后形成。

通常对于能量传递路线的分析都是从 $S \to A$ 这样一种途径出发考虑的，实际上还存在未被激发的 $S$ 中心，因此应该考虑下面的各种传递的路线：

① $S \to A$

② $S \to S \to A$

③ $S \to X \to \cdots \to A$

实际上 $A$ 的发光为①，②，③的总效果。

### 3. 共振传递时中心和周围的热交换

在共振传递中,如果两个能级完全等同,那么能量可以由前者传递给后者,后者获得能量时又返给前者,这种来回传递的存在就不可能起到敏化作用。

通常认为实际的共振传递过程中,往往伴随着中心与周围环境的能量交换,这种能量交换的结果使激发能量变成晶格的热振动,因此使传递过程向单一方向传递。利用位形坐标模型,可以把这种热交换形象地表示出来。

从图 1-22,可以看到中心之间能量传递过程,可以分为五步来描述:

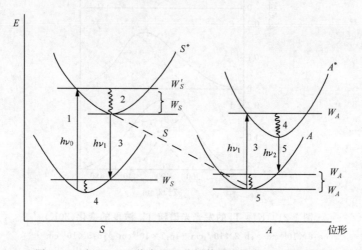

图 1-22　由 $S^* + A$ 状态通过共振传递变为 $S + A^*$ 的过程

(1) $S$ 中心(如敏化中心)吸收能量 $h\nu_0$,从它的基态 $S$ 到达激发态 $S^*$。

(2) 围绕 $S$ 中心的晶格与 $S$ 中心发生能量交换,即声子过程,一部分激发能变成晶格的热运动能。

(3) $S$ 中心通过共振传递把能量交给 $A$ 中心,$S$ 中心由 $S^*$ 回到基态 $S$。$A$ 中心从基态 $A$ 变成激发态 $A^*$,它们能量的变化值都为 $h\nu_1$。

(4) $A$ 中心与周围的晶格发生声子过程,而 $S$ 中心也与周围的晶格发生声子过程,前者到达比较稳定的激发态能级,后者回到类似于未曾激发以前的状态。

(5) $A$ 中心的激发态 $A^*$ 释放能量 $h\nu_2$ 产生发光。

当然,上述描写还是很简单和粗糙的,实际上杂质中心的激发态可以有很多状态,各种状态的能量变化的途径和几率也不相同,而且都与杂质原子本身的结构、进入晶格以后与晶格的相互联系,以及杂质离子之间相互的联系和组合的情况有关。所有这些联系都将对能量传递过程产生重大的影响,从而表现在发光材料的特征上。这方面的研究工作尚在继续深入中。

# 1.4 光 与 颜 色

## 1.4.1 颜色的产生

白光照射在物质上,物质如果完全吸收则呈现黑色,如果对所有波长的吸收程度差不多,则呈现灰色。还有许多物质吸收某些波长的光,同时又对另一些波长有强烈地散射,它就呈现相应的颜色。例如,$CeO_2$ 吸收紫光,散射出黄色的光;$Nd_2O_3$ 吸收绿光,呈现玫瑰红色,物质吸收光的波长与呈现的颜色的关系,如表1-4所示。

表 1-4 吸收光的颜色和观察到的颜色

| 吸收光 | | | 观察到的颜色 |
|---|---|---|---|
| 波长/Å | 频率/cm$^{-1}$ | 颜色 | |
| 4000 | 25000 | 紫 | 绿黄 |
| 4250 | 23500 | 深蓝 | 黄 |
| 4500 | 22200 | 蓝 | 橙 |
| 4900 | 20400 | 蓝绿 | 红 |
| 5100 | 19600 | 绿 | 玫瑰 |
| 5300 | 18900 | 黄绿 | 紫 |
| 5500 | 18500 | 橙黄 | 深蓝 |
| 5900 | 16900 | 橙 | 蓝 |
| 6400 | 15600 | 红 | 蓝绿 |
| 7300 | 13800 | 玫瑰红 | 绿 |

从表 1-4 中可见,凡是能吸收可见光的物质,都能呈现出颜色,吸收光的波长越短,呈现的颜色越浅;吸收光的波长越长,呈现的颜色越深。物质吸收光时,它就从基态跃迁到激发态,因此只要基态和激发态的能级之差等于可见光的能量(即 $13800\sim25000\text{cm}^{-1}$),它就呈现颜色。基态与激发态的能量差越小,呈现的颜色就越深;基态与激发态的能量差大于 $25000\text{cm}^{-1}$,就没有颜色。

从量子力学可以证明,含有自旋平行的电子的离子,如具有 $d^n$ 和 $f^n$ 结构的离子,它们的激发态和基态的能量比较接近,一般只要可见光就能使它们激发,因此这类离子一般是有颜色的(表 1-5)。

**表 1-5 第四周期过渡元素离子的颜色**

| d电子数目 | 价数 | | | | | | |
|---|---|---|---|---|---|---|---|
| | +1 | +2 | +3 | +4 | +5 | +6 | +7 |
| 0 | | | | Ti 无 | V | Cr | Mn |
| 1 | | | Ti 紫 | V 蓝 | | Mn | |
| 2 | | Ti 黑 | V 绿 | | | | |
| 3 | | V 蓝紫 | Cr 蓝紫 | Mn | | | |
| 4 | | Cr 蓝 | Mn 蓝紫 | | | | |
| 5 | | Mn 桃红 | Fe 黄 | | | | |
| 6 | | Fe 绿 | Co | | | | |
| 7 | | Co 桃红 | | | | | |
| 8 | | Ni 绿 | | | | | |
| 9 | | Cu 蓝 | | | | | |
| 10 | Cu 无 | Zn 无 | | | | | |

具有 $f^1$ 至 $f^{13}$ 结构的离子一般是有颜色的,但因 $f^7$ 特别稳定,不易激发,$Gd^{3+}$($f^7$)也是无色的。此外还存在着 $f^n$ 和 $f^{14-n}$ 的颜色大致相似(表 1-6)。

**表 1-6 镧系元素离子在晶体或水溶液中的颜色**

| 原子序数 | 离子 | 4f电子数 | 颜色 | 原子序数 | 离子 | 4f电子数 | 颜色 |
|---|---|---|---|---|---|---|---|
| 57 | $La^{3+}$ | 0 | 无 | 71 | $Lu^{3+}$ | 14 | 无 |
| 58 | $Ce^{3+}$ | 1 | 无 | 70 | $Yb^{3+}$ | 13 | 无 |
| 59 | $Pr^{3+}$ | 2 | 黄绿 | 69 | $Tm^{3+}$ | 12 | 淡绿 |
| 60 | $Nd^{3+}$ | 3 | 红紫 | 68 | $Er^{3+}$ | 11 | 淡红 |
| 61 | $Pm^{3+}$ | 4 | 粉红 | 67 | $Ho^{3+}$ | 10 | 淡黄 |
| 62 | $Sm^{3+}$ | 5 | 淡黄 | 66 | $Dy^{3+}$ | 9 | 淡黄绿 |
| 63 | $Eu^{3+}$ | 6 | 淡粉红 | 65 | $Tb^{3+}$ | 8 | 微淡粉红 |
| 64 | $Gd^{3+}$ | 7 | 无 | 64 | $Gd^{3+}$ | 7 | 无 |

离子是有颜色的,它的化合物就有颜色。例如,$Pr^{3+}$ 是黄绿色的,$PrCl_3$ 和 $Pr(NO_3)_3$ 也都是黄绿色的。但有时无色的离子也能形成有色的化合物,这是离子极化的结果。极化以后,电子能级发生变化,使激发态和基态的能量差变小,因而能吸收可见光而变为有色,一般说来,阴离子比阳离子容易被极化,而大的阴离子又比小的阴离子容易被极化。例如,$S^-$ 比 $O^-$ 易于极化,而 $O^-$ 又比 $OH^-$ 易于极化,所以硫化物的颜色常较氧化物深,而氢氧化物是白色的(除金属离子本身有颜色)。

对于阳离子来说,电荷越大则使阴离子极化能力越大,因此高价金属离子的氧化物的颜色较深。例如,具有相同电子结构的 $K^+$,$Ca^{2+}$,$Sc^{3+}$,$Ti^{4+}$,$V^{5+}$,$Cr^{6+}$ 和 $Mn^{7+}$ 的氧化物的颜色则随着电荷数的增加而加深。

| $K_2O$ | CaO | $Sc_2O_3$ | $TiO_2$ | $V_2O_5$ | $CrO_3$ | $Mn_2O_7$ |
|---|---|---|---|---|---|---|
| 白 | 白 | 白 | 白 | 橙 | 暗红 | 绿紫 |
| | | | $TiO^{2+}$ | $VO_3^-$ | $CrO_4^{2-}$ | $MnO_4^-$ |
| | | | 无 | 黄 | 黄 | 紫 |

金属离子与配位体形成络离子后,可使激发态与基态的能级差有所改变,因而颜色也随着改变,例如硫酸铜溶于水中呈蓝色$[Cu(H_2O)_4^{2+}]$,加入盐酸后呈绿色($CuCl_4^{2-}$),如加入氨水则变深蓝色$[Cu(NH_3)_4^{2+}]$。各种配位体对中心离子的影响大小大致如下:

$$I^- < Br^- < Cl^- < F^- < H_2O < C_2O_4^{2-} < 吡啶 < NH_3 < RNH_2 < NO_2^- < CN^-$$

影响较大的配位体形成的络合物的颜色就较深。

### 1.4.2　三基色原理和色度图

1. 光的基本参量

(1) 亮度　又称明度,是人眼感觉光的明亮程度,它是指与所观察物体明亮程度相对应的视觉特性,亮度感觉是人眼重要的视觉功能。

光源的亮度反映的是光的强弱,光越强,亮度越高;反之亦然。

(2) 色调　用于表征颜色,色调反映颜色的类别,例如,红、绿、蓝就是指色调。可见光有无数种,即光谱色有无数种,所以也可以认为颜色的色调有无数种;然而,实际上很难用肉眼区分相近波长的单色光的颜色差别。文字所描述不同的颜色,通常是把各种光谱色归纳成有限的几种色调,如红、橙、黄、绿、青、蓝、紫等。不同波长的可见光呈不同的颜色,人眼对不同颜色,即不同波长的光的灵敏度也不相同,色调是彩色光最重要的属性。

照明光源和显示器件的色调取决于光源辐射的光谱成分;而物体的色调则由照明光源的光谱成分和物体表面的光谱反射(或光谱透射)特性的综合效果来决定。

(3) 色饱和度　色饱和度是指光呈现彩色的深浅程度(或浓度),同一色调的光,色饱和度越高说明它的颜色越深。色饱和度又体现彩色的纯洁程度,它可以反映光波长范围的大小,波长范围越窄,说明颜色越纯,饱和度越高。显然,光谱的单色光最纯,色饱和度最高,为 100%,而白光中没有哪种色调特别突出,因此,色纯度最低。色饱和度是光颜色纯度的人眼主观评价,色纯度高的彩色,看起来饱和度也高。色纯度与色饱和度之间虽然有密切的对应关系,但都是主观对客观的复杂反映,不能直接等同。

色调和色饱和度统称色度,它既说明光的颜色,又说明颜色的深浅。色调和色饱和度是色度的两个方面,两者也要达到一定差别才能被感知,亮度给人以光强弱的感觉,而色调和色饱和度则产生的是性质差异的感觉。各种颜色都可以用上述3个基本属性来表征,只是彩色(有色)系统具备完整的3个属性,而黑白系列只有亮度,无色调,色饱和度为0。

### 2. 三基色原理

人眼对光产生亮度和颜色的感觉,牛顿确认颜色是一种主观感觉,而不是客观世界的属性。1802年英国物理学家杨格提出了"在人的视网膜中可能存在3种分别对红、绿、蓝色光敏感的感光细胞,由它们感受的混合光刺激产生各种颜色的感觉"的观点。其后,亥姆霍兹在此基础上创立了三基色理论。

三基色原理的基本内容是①将适当选择的3种基色(如红、绿、蓝)按不同比例合成,可以引起不同的彩色感觉;②合成的彩色光的亮度决定于三基色亮度之和,其色度取决于三基色成分的比例;③ 3种基色彼此独立,任一种基色不能由其他两种基色配出。

色觉实验研究证明,自然界中几乎所有彩色都可由三基色组成。

利用三基色原理,可以制造各种颜色要求的荧光灯。三基色原理对彩色电视的意义尤为重要,它使彩色图像的传播大为简化,只需传送3种基色信号,便可得到变化万千、五彩缤纷的图像。首先将摄得的图像的彩色光分解成红、绿、蓝3种单色光信号,再把它们分别进行光电转换,经处理后成为电视信号发送出去,在接收端再将全电视信号恢复为三基色,从而重现发送端的彩色图像。

国际照明协会(CIE)规定三基色红、绿、蓝的标称波长分别为

R λ=700nm; G λ=546.1nm; B λ=435.8nm。

700nm是可见光区红色的末端,546.1nm和435.8nm是汞蒸气放电的两条谱线。

### 3. CIE 色度图

在照明与显示技术中,对颜色效果的要求越来越高,只用语言无法准确地描述颜色,更不能说明相近颜色之间的细微差别。色度学已初步解决了对颜色定量描述的问题,可以根据人的视觉特性用数字定量地表示颜色,并能用物理方法代替人眼来测量颜色,这就是CIE色度图。为了能精确地表征颜色,人们曾建立了各种色度系统的模型,其中CIE标准色度系统是比较完善和精确的系统,在其逐步完善的过程中,派生出多种不同用途的色度系统,应用最为广泛的是1931-CIE标准色度系统。图1-23为1931-CIE标准色度图。

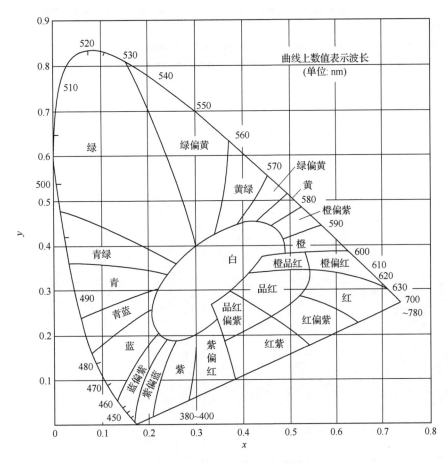

图 1-23 1931-CIE 标准色度图

图中的舌形曲线为单色光谱的轨迹,曲线上每一点代表某一波长的单色光。曲线所包围的区域内的每一点代表一种复合光,即代表一种特定的颜色。自然界中每一种可能的颜色在色度图中都有其相应的位置。色度图上每一点$(x,y)$都代表一种确定的颜色。某一指定点越靠近光谱轨迹(即曲线边缘),颜色越纯,即颜色越正,越鲜艳,即色饱和度越好。中心部分接近白色。

## 参 考 文 献

[1] 中国科学院吉林物理所,中国科学技术大学. 固体发光. 合肥:中国科学技术大学出版社,1976
[2] 徐叙瑢,苏勉曾. 发光学与发光材料. 北京:化学工业出版社,2004
[3] 李建宇. 稀土发光材料及其应用. 北京:化学工业出版社,2003
[4] 陈大华,胡忠浩,胡荣生译. 光源与照明. 上海:复旦大学出版社,1992
[5] 周太明,邵红,凌平译. 灯用荧光粉的工艺和理论. 上海:复旦大学出版社,1989
[6] 丁有生,郑继雨. 电光源原理概论. 上海:上海科学技术文献出版社,1994

[7] William M Yen, Shionoya Shigeo, Yamamoto Hajime. Phosphor Handbook. 2nd ed. New York: CRC Press, 2006.

[8] Blasse G, Grabmaier B C. Luminescent Materials. Berlin: Springer, 1994

[9] Willian M Yen, Marvin J Weber. Inorganic Phosphors. New York: CRC Press, 2004

# 第2章 稀土离子的光谱特性[1-5]

## 2.1 稀土元素和离子的电子组态

稀土元素是一组化学性质十分相似的元素,由钪(21)、钇(39)和从镧(57)到镥(71)的镧系元素等 17 种元素组成。

稀土离子的光谱特性主要取决于稀土离子特殊的电子组态。

钪原子的电子组态为

$$1s^2 2s^2 2p^6 3s^2 3p^6 3d^1 4s^2 \qquad (\text{或}[Ar]3d^1 4s^2)$$

钇原子的电子组态为

$$1s^2 2s^2 2p^6 3s^2 3p^6 3d^{10} 4s^2 4p^6 4d^1 5s^2 \qquad (\text{或}[Kr]4d^1 5s^2)$$

镧系原子的电子组态为

$$1s^2 2s^2 2p^6 3s^2 3p^6 3d^{10} 4s^2 4p^6 4d^{10} 4f^n 5s^2 5p^6 5d^m 6s^2 \qquad (\text{或}[Xe]4f^n 5d^m 6s^2)$$

镧系元素之间的差别仅仅在于 f 壳层中电子填充数目的不同。f 轨道的轨道量子数 $l=3$,故其磁量子数 $m_l(2l+1)$,共有 +3、+2、+1、0、-1、-2、-3 等 7 个子轨道,按照泡利(Pauli)不相容原理,每个子轨道可以容纳 2 个自旋方向相反的电子,则在镧系元素中的 4f 轨道中可容纳 14 个电子,即 $n=2(2l+1)=14$。当镧系原子失去电子后可以形成各种程度的离子状态,各类离子状态的电子组态和基态的情况列于表 2-1。

表 2-1 镧系原子和离子的电子组态

| 镧 系 | RE | RE$^+$ | RE$^{2+}$ | RE$^{3+}$ |
|---|---|---|---|---|
| La | $4f^0 5d6s^2(^2D_{3/2})$ | $4f^0 6s^2(^1S_0)$ | $4f^0 6s(^2S_{1/2})$ | $4f^0 (^1S_0)$ |
| Ce | $4f5d6s^2(^1G_4)$ | $4f5d6s(^2G_{7/2})$ | $4f^2 (^3H_4)$ | $4f (^2F_{5/2})$ |
| Pr | $4f^3 6s^2(^4I_{9/2})$ | $4f^3 6s(^5I_4)$ | $4f^3 (^4I_{9/2})$ | $4f^2 (^3H_4)$ |
| Nd | $4f^4 6s^2(^5I_4)$ | $4f^4 6s(^6I_{7/2})$ | $4f^4 (^5I_4)$ | $4f^3 (^4I_{9/2})$ |
| Pm | $4f^5 6s^2(^6H_{5/2})$ | $4f^5 6s(^7H_2)$ | $4f^5 (^6H_{5/2})$ | $4f^4 (^5I_4)$ |
| Sm | $4f^6 6s^2(^7F_0)$ | $4f^6 6s(^8F_{1/2})$ | $4f^6 (^7F_0)$ | $4f^5 (^6H_{5/2})$ |
| Eu | $4f^7 6s^2(^8S_{7/2})$ | $4f^7 6s(^9S_4)$ | $4f^7 (^8S_{7/2})$ | $4f^6 (^7F_0)$ |
| Gd | $4f^7 5d6s^2(^9D_2)$ | $4f^7 5d6s(^{10}D_{5/2})$ | $4f^7 5d(^9D_2)$ | $4f^7 (^8S_{7/2})$ |

续表

| 镧　系 | RE | RE$^+$ | RE$^{2+}$ | RE$^{3+}$ |
|---|---|---|---|---|
| Tb | $4f^9 6s^2 (^6H_{15/2})$ | $4f^9 6s (^7H_8)$ | $4f^9 (^6H_{15/2})$ | $4f^8 (^7F_6)$ |
| Dy | $4f^{10} 6s^2 (^5I_8)$ | $4f^{10} 6s (^6I_{17/2})$ | $4f^{10} (^5I_8)$ | $4f^9 (^6H_{15/2})$ |
| Ho | $4f^{11} 6s^2 (^4I_{15/2})$ | $4f^{11} 6s (^5I_8)$ | $4f^{11} (^4I_{15/2})$ | $4f^{10} (^5I_8)$ |
| Er | $4f^{12} 6s^2 (^3H_6)$ | $4f^{12} 6s (^4I_{13/2})$ | $4f^{12} (^3H_6)$ | $4f^{11} (^4I_{15/2})$ |
| Tm | $4f^{13} 6s^2 (^2F_{7/2})$ | $4f^{13} 6s (^3F_4)$ | $4f^{13} (^2F_{7/2})$ | $4f^{12} (^3H_6)$ |
| Yb | $4f^{14} 6s^2 (^1S_0)$ | $4f^{14} 6s (^2S_{1/2})$ | $4f^{14} (^1S_0)$ | $4f^{13} (^2F_{7/2})$ |
| Lu | $4f^{14} 5d 6s^2 (^2D_{3/2})$ | $4f^{14} 6s^2 (^1S_0)$ | $4f^{14} 6s (^2S_{1/2})$ | $4f^{14} (^1S_0)$ |

镧系离子的特征价态为$+3$,当形成正三价离子时,其电子组态为

$$RE^{3+} \qquad 1s^2 2s^2 2p^6 3s^2 3p^6 3d^{10} 4s^2 4p^6 4d^{10} 4f^n 5s^2 5p^6$$

从表 2-1 中可知,镧系离子的 4f 电子位于 $5s^2 5p^6$ 壳层之内,稀土离子径向波函数的分布情况如图 2-1。4f 电子受到 $5s^2 5p^6$ 壳层的屏蔽,故受外界的电场、磁场和配位场等影响较小,即使处于晶体中也只能受到晶场微弱作用,故它们的光谱性质受外界的影响较小,形成特有的类原子性质。4f 壳层内电子之间屏蔽作用是不完全的。因此,随着原子序数的增加,有效电荷增加,引起 4f 壳层缩小,出现了所谓的镧系收缩。也就是说,随着 4f 电子数的增加,稀土离子的半径减小。

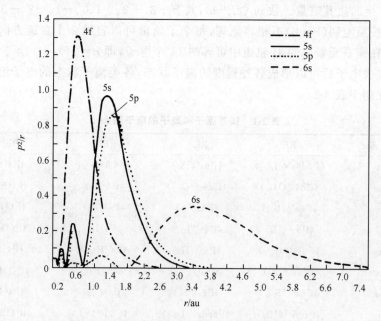

图 2-1　不同波函数的电子密度的径向分布几率

在三价稀土离子中,没有 4f 电子的 $Sc^{3+}$、$Y^{3+}$ 和 $La^{3+}$($4f^0$)及 4f 电子全充满的 $Lu^{3+}$($4f^{14}$)都具有密闭的壳层,因此它们都是无色的离子,具有光学惰性,很适合作为发光材料的基质。而从 $Ce^{3+}$ 的 $4f^1$ 开始逐一填充电子,依次递增至 $Yb^{3+}$ 的 $4f^{13}$,在它们的电子组态中,都含有未成对的 4f 电子,利用这些 4f 电子的跃迁,可以产生发光和激光。因此,它们很合适作为发光材料的激活离子。

当 4f 电子依次填入不同 $m_l$ 值的子轨道时,组成了镧系离子基态的总轨道量子数 $L$、总自旋量子数 $S$、总角动量量子数 $J$ 和基态的光谱项 $^{2S+1}L_J$。三价镧系离子的基态光谱项的量子数 $L$、$S$、$J$ 及旋轨偶合系数 $\zeta_{4f}$ 和基态与其最靠近的另一 $J$ 多重态之间的能量差 $\Delta$ 列于表 2-2,$L$、$S$、$J$ 与 原子序数的关系列于图 2-2。

**表 2-2　三价镧系离子的基态光谱项的量子数 $L$、$S$、$J$ 及旋轨偶合系数 $\zeta_{4f}$ 和基态与最靠近的另一 $J$ 多重态之间的能量差 $\Delta$**

| $RE^{3+}$ | f 电子数 | $L$ | $S$ | $J$ | $\Delta/cm^{-1}$ | $\zeta_{4f}/cm^{-1}$ |
|---|---|---|---|---|---|---|
| La | 0 | 0 | 0 | 0 | | |
| Ce | 1 | 3 | 1/2 | 5/2 | 2200 | 640 |
| Pr | 2 | 5 | 1 | 4 | 2150 | 750 |
| Nd | 3 | 6 | 3/2 | 9/2 | 1900 | 900 |
| Pm | 4 | 6 | 2 | 4 | 1600 | 1070 |
| Sm | 5 | 5 | 5/2 | 5/2 | 1000 | 1200 |
| Eu | 6 | 3 | 3 | 0 | 350 | 1320 |
| Gd | 7 | 0 | 7/2 | 7/2 | | 1620 |
| Tb | 8 | 3 | 3 | 6 | 2000 | 1700 |
| Dy | 9 | 5 | 5/2 | 5/2 | 3300 | 1900 |
| Ho | 10 | 6 | 2 | 8 | 5200 | 2160 |
| Er | 11 | 6 | 3/2 | 15/2 | 6500 | 2440 |
| Tm | 12 | 5 | 1 | 6 | 8300 | 2640 |
| Yb | 13 | 3 | 1/2 | 7/2 | 10300 | 2880 |
| Lu | 14 | 0 | 0 | 0 | | |

由图 2-2 可见,三价镧系离子的总自旋量子数 $S$ 随原子序数的变化属于转折变化,在 $Gd^{3+}$ 处发生转折。总轨道量子数 $L$ 和总角动量量子数 $J$ 随原子序数的变化属于具有双峰的周期性变化。$L$ 随 $4f^n$ 中的电子数 $n$ 和原子序数的变化呈现四分族效应,可分为如下四个分族:

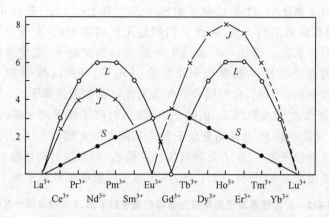

图 2-2　三价稀土离子基态的 $S$、$L$ 和 $J$ 量子数

| RE$^{3+}$= | La | Ce | Pr | Nd | | Pm | Sm | Eu | Gd |
|---|---|---|---|---|---|---|---|---|---|
| L= | S | F | H | I | | I | H | F | S |
| | | | S | F | H | I | I | H | F | S |
| | | | Gd | Tb | Dy | Ho | Er | Tm | Yb | Lu |

这些规律性将是镧系元素磁性、光谱性质、化学性质等规律的内在因素。

## 2.2　稀土离子的光谱项与能级

　　稀土离子在化合物中一般呈现三价,在可见区或红外区所观察到的跃迁都属于 $4f^n$ 组态内的跃迁,即 f-f 跃迁,$4f^n$ 组态和其他组态之间的跃迁一般在紫外区。由于 4f 壳层的轨道量子数 $L=3$,在同一壳层内 $n$ 个等价电子所形成的光谱项数目相当庞大,按目前确定光谱项的一般方法相当麻烦且容易出错。Judd 利用 Racah 群链分支法求 $f^n$ 组态的光谱项比较成功。通常用大写的英文字母 S、P、D、F、G、H、I、K、L…分别表示总轨道量子数 $L=0,1,2,3,4,5,6,7,8…$;用 $2S+1$ 表示光谱项的多重性,用符号 $^{2S+1}L$ 表示光谱项;若 $L$ 与 $S$ 产生耦合作用,光谱项将按总角动量量子数 $J$ 分裂,得到光谱支项用符号 $^{2S+1}L_J$ 表示。

　　根据光谱项和量子力学知识可以计算出各种稀土离子 $4f^n$ 组态的 $J$ 能级的数目,稀土离子的几个最低激发态的组态 $4f^{n-1}5d$、$4f^{n-1}6s$、$4f^{n-1}6p$ 的能级数目,结果均列于表 2-3 中。

**表 2-3　稀土离子各组态的能级数目**

| RE$^{2+}$ | RE$^{3+}$ | N | 基态 | 能级数目 | | | | 总和 |
|---|---|---|---|---|---|---|---|---|
| | | | | $4f^n$ | $4f^{n-1}5d$ | $4f^{n-1}6s$ | $4f^{n-1}6p$ | |
| | La | 0 | $^1S_0$ | 1 | — | — | — | 1 |
| La | Ce | 1 | $^2F_{5/2}$ | 2 | 2 | 1 | 2 | 7 |
| Ce | Pr | 2 | $^3H_4$ | 13 | 20 | 4 | 12 | 49 |
| Pr | Nd | 3 | $^4I_{9/2}$ | 41 | 107 | 24 | 69 | 241 |
| Nd | Pm | 4 | $^5I_4$ | 107 | 386 | 82 | 242 | 817 |
| Pm | Sm | 5 | $^6H_{5/2}$ | 198 | 977 | 208 | 611 | 1994 |
| Sm | Eu | 6 | $^7F_0$ | 295 | 1878 | 396 | 1168 | 3737 |
| Eu | Gd | 7 | $^8S_{7/2}$ | 327 | 2725 | 576 | 1095 | 4723 |
| Gd | Tb | 8 | $^7F_6$ | 295 | 3006 | 654 | 1928 | 5883 |
| Tb | Dy | 9 | $^6H_{15/2}$ | 198 | 2725 | 576 | 1095 | 4594 |
| Dy | Ho | 10 | $^5I_8$ | 107 | 1878 | 396 | 1168 | 3549 |
| Ho | Er | 11 | $^4I_{15/2}$ | 41 | 977 | 208 | 611 | 1837 |
| Er | Tm | 12 | $^3H_6$ | 13 | 386 | 82 | 242 | 723 |
| Tm | Yb | 13 | $^2F_{7/2}$ | 2 | 107 | 24 | 69 | 202 |
| Yb | Lu | 14 | $^1S_0$ | 1 | 20 | 4 | 12 | 37 |

　　三价镧系离子的能级图[6]示于图 2-3,该图对研究和探索稀土发光材料具有重要的指导作用。从图 2-3 可见,Gd 以前的 $f^n$($n=0\sim6$)元素与 Gd 以后的 $f^{14-n}$元素是一对共轭元素,它们具有类似的光谱项,只是由于重镧系元素的自旋轨道偶合系数 $\zeta_{4f}$ 大于轻镧系元素(表 2-2),致使 Gd 以后的 $f^{14-n}$元素的 $J$ 多重态能级之间的间隔大于 Gd 以前的 $f^n$ 元素。

　　镧系元素的自旋-轨道偶合系数 $\zeta_{4f}$ 随原子序数 $Z$ 的变化呈现转折变化(图 2-4)。重镧系元素的 $J$ 多重态之间的差距比相应的轻镧系元素大,表现在从基态至其上最靠近的另一 $J$ 多重态之间的能量差 $\Delta$(表 2-2)也随原子序数的变化呈转折变化(图 2-5)。在重镧系元素中,Yb$^{3+}$ 的 $\Delta$ 值大于 Tm$^{3+}$、Er$^{3+}$、Ho$^{3+}$ 的,这表明在研究稀土的上转换发光材料时可利用 Yb$^{3+}$ 作为敏化离子,由 Yb$^{3+}$ 将能量传递给激活离子 Ho$^{3+}$、Er$^{3+}$ 和 Tm$^{3+}$,同时在研究钬激光晶体时也是用 Yb$^{3+}$、Tm$^{3+}$、Er$^{3+}$ 敏化 Ho$^{3+}$ 的依据。

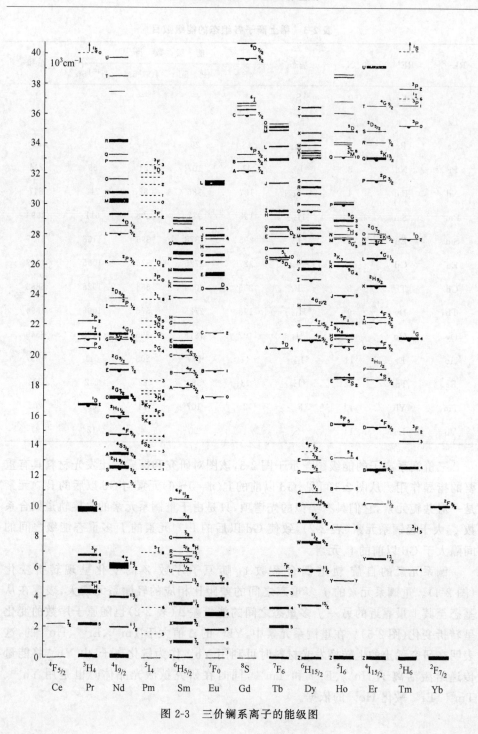

图 2-3　三价镧系离子的能级图

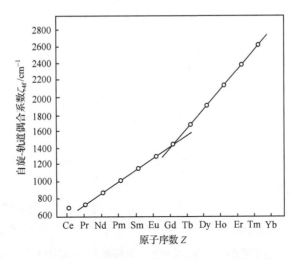

图 2-4　自旋-轨道偶合系数 $\zeta_{4f}$ 随原子序数的变化

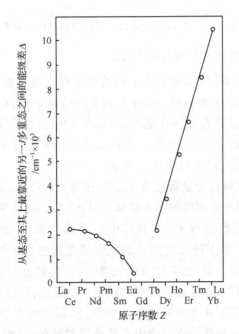

图 2-5　从基态至其上最靠近的另一 $J$ 多重态之间的能量差 $\Delta$ 随原子序数的变化

镧系自由离子受电子互斥(库仑作用)、自旋-轨道偶合、晶场和磁场等作用,对其能级的位置和劈裂都有影响(图 2-6)。从图 2-6 可见,这些微扰引起 $4f^n$ 组态劈裂的大小顺序为电子互斥作用＞自旋-轨道偶合作用＞晶场作用＞磁场作用。

由于 $4f^n$ 轨道受 $5s^2 5p^6$ 的屏蔽,故晶场对 $4f^n$ 电子的作用要比对 d 过渡元素

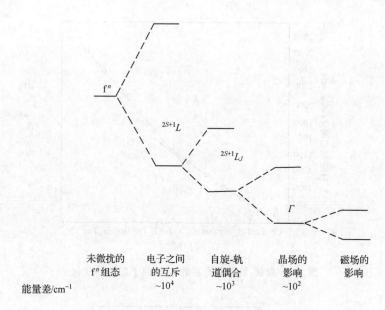

图 2-6　4f$^n$ 组态受微扰所引起的劈裂的示意图

的作用小,引起的能级劈裂只有几百个波数。

能级的简并度与 4f$^n$ 中的电子数 $n$ 的关系呈现出奇偶数变化,当 $n$ 为偶数时(即原子序数为奇数,$J$ 为整数时),每个态是 $2J+1$ 度简并。在晶场的作用下,取决于晶场的对称性,可劈裂为 $2J+1$ 能级。当 $n$ 为奇数时(即原子序数为偶数,$J$ 为半整数时),每个态是 $(2J+1)/2$ 度简并(Kramers 简并),在晶场作用下,取决于晶场时对称性,只能劈裂为 $(2J+1)/2$ 个二重态。

从基态或下能级吸收能量跃迁至上能级称为光的吸收,根据测得的吸收光谱可以计算出能级。图 2-7 列出稀土五磷酸盐(LnP$_5$O$_{14}$)晶体室温下的吸收光谱[7],图 2-8 列出二价稀土离子在 CaF$_2$ 晶体中的吸收光谱[8],图 2-9 是四价 Pr$^{4+}$ 和 Tb$^{4+}$ 的吸收光谱[9]。从上能级或激发态放出能量跃迁至下能级或基态时产生光的发射,可测得其发射光谱(也常称为荧光光谱)。大部分三价稀土离子的吸收和发射主要发生在内层的 4f-4f 能级之间的跃迁。根据选择定则,这种 $\Delta l=0$ 的电偶级跃迁原属禁戒的,但事实上可观察到这种跃迁,其原因在于 4f 组态与相反宇称的组态发生混合,或对称性偏高反演中心使原属禁戒的 f-f 跃迁变为允许跃迁,导致镧系离子的 f-f 跃迁的光谱呈现窄线状、谱线强度较弱(振子强度约 10$^{-6}$ cm)和荧光寿命较长的特点。稀土元素除了 f-f 跃迁外,还有 d-f 跃迁和电荷迁移带跃迁等。已查明[10],在三价稀土离子的 4f$^n$ 组态中共有 1639 个能级,能级之间可能跃迁数高达 199177 个。由此可见,稀土是一个巨大的光学材料宝库,可发掘出更多的新型发光材料。

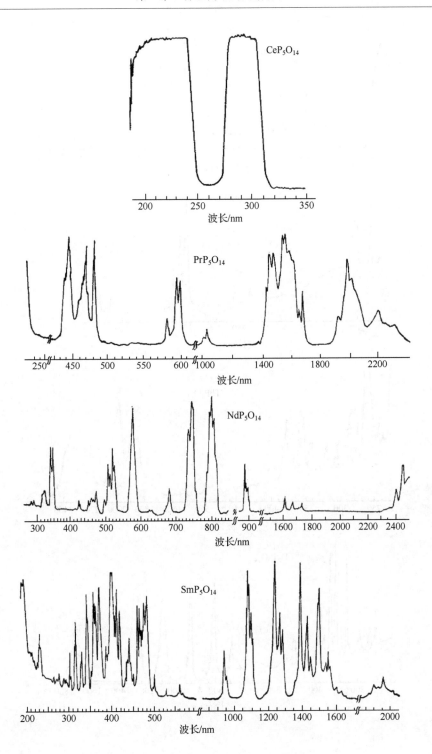

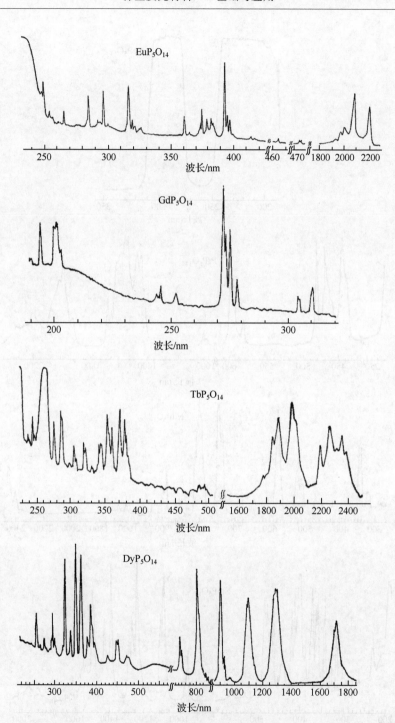

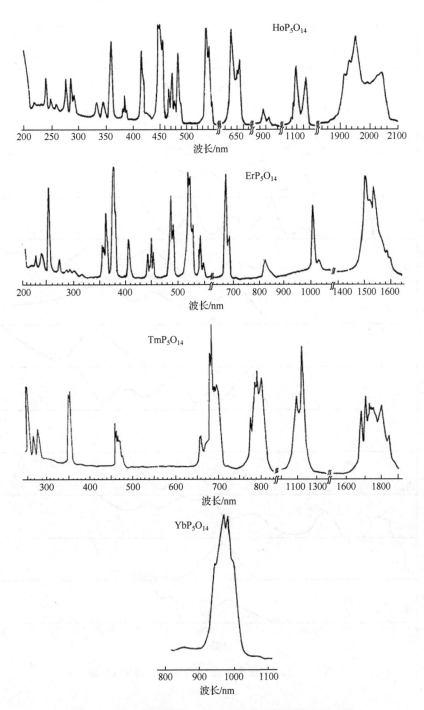

图 2-7　稀土五磷酸盐（LnP₅O₁₄）晶体室温下的吸收光谱

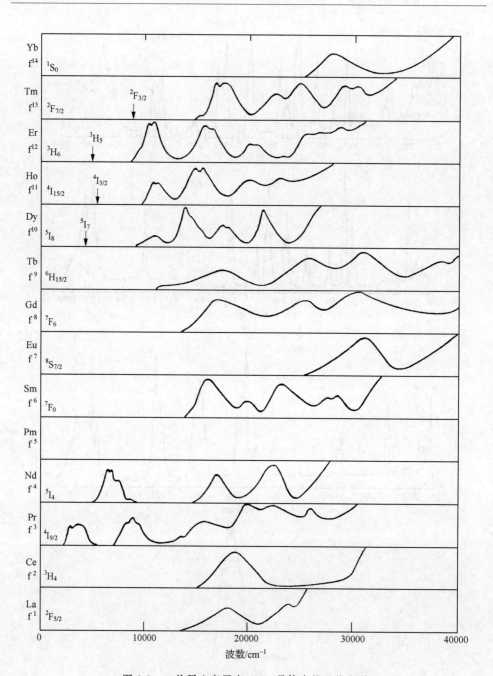

图 2-8　二价稀土离子在 CaF₂ 晶体中的吸收光谱

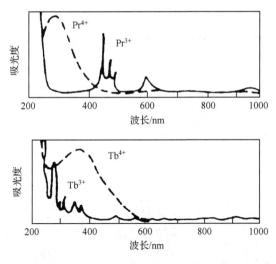

图 2-9　四价离子 $Pr^{4+}$ 和 $Tb^{4+}$ 的吸收光谱

## 2.3　稀土离子的 f-f 跃迁

### 2.3.1　稀土离子的 f-f 跃迁的发光特征

通常见到的稀土离子发光能分为两类,一类是线状光谱的 $f^n$ 组态内跃迁,称为 f-f 跃迁,另一类是宽带光谱的 f-d 跃迁。对于电偶极作用引起的跃迁来说,f-f 跃迁是禁戒的,而 f-d 跃迁是允许跃迁。然而,在固体或溶液中之所以能方便地观察到可见区或红外区的 $4f^n$ 组态内的 f-f 跃迁完全是由于晶场奇次项作用的结果。$f^n$ 组态内的各种状态的宇称是相同的,在原子和离子状态,跃迁矩阵元等于零,所以 $4f^n$ 组态内各状态之间的跃迁是禁戒的,但在凝聚态中,由于奇次项晶场的作用,使相反宇称的 $4f^{n-1}n'l'$ 组态混入到 $4f^n$ 组态之中,这使原来 $4f^n$ 组态内的状态不再是单一的状态,而是两种宇称的混合合,这样在凝聚态中 $4f^n$ 组态内的电偶极跃迁才成为可能。这方面的理论计算工作于 1962 年由 Judd 和 Ofelt 同时解决。

稀土离子的 f-f 跃迁的发光特征归纳如下:

(1) 发射光谱呈线状,受温度的影响很小;

(2) 由于 f 电子处于内壳层,被 $5s^2 5p^6$ 屏蔽,故基质对发射波长的影响不大;

(3) 浓度猝灭小;

(4) 温度猝灭小,即使在 400～500℃ 仍然发光;

(5) 谱线丰富,可从紫外一直到红外。

三价稀土离子在 $Y_2O_3$ 中的激发和发射光谱[5]列于图 2-10。

相对强度

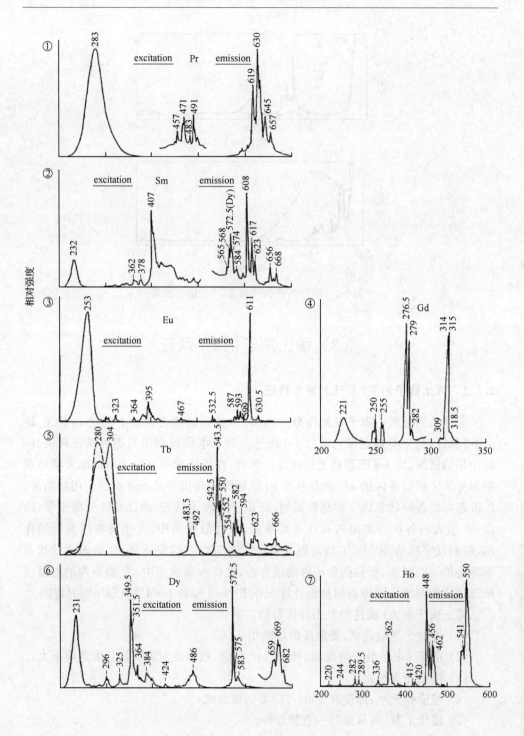

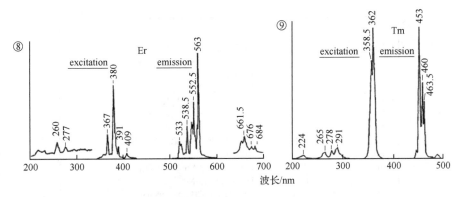

图 2-10　三价稀土离子在 $Y_2O_3$ 中的激发和发射光谱

### 2.3.2　谱线位移

由于镧系离子的 4f 轨道在空间上被 $5s^2 5p^6$ 轨道所屏蔽(图 2-1),总的说来基质(或晶场)对谱线的影响不大。但大量事实表明,屏蔽并不完全,配位场的作用仍不可忽略。例如,以前认为稀土化合物均属于离子型化合物,后来发现有一些镧系化合物并不是纯离子型的,而有一定程度的共价性。这也可以从 f-f 跃迁的光谱谱线在晶场的作用下发生位移得到佐证。

苏锵[3]总结了某些含钕体系的吸收光谱中$^4I_{9/2} - ^2P_{1/2}$跃迁所产生的谱线位移,选择$^2P_{1/2}$能级是因为它不被配位场所劈裂,是一个二重简并的能级,只有一条谱线。其结果列于图 2-11,由图 2-11 可见,在不同配位场的作用下谱线位移可达几百 $cm^{-1}$,而且位移的大小与稀土离子的近邻及次近邻的配位原子电负性有关。

在氯化钕等水溶液中,$Nd^{3+}$以水合离子形式存在,其$^4I_{9/2} - ^2P_{1/2}$跃迁的谱线位于 427.5nm;在掺 $Nd^{3+}$ 的 $LiYF_4$ 晶体中,因 $F^-$ 离子的电负性很强,与稀土离子生成离子型化合物,因此,谱线未发生位移,仍位于 427.2nm;在五磷酸钕晶体($NdP_5O_{14}$)和某些含磷体系中$^4I_{9/2} - ^2P_{1/2}$跃迁的谱线已发生了位移;在二甲亚砜硝酸钕晶体 $Nd(NO_3)_3 \cdot [(CH_3)_2SO]_4$ 中,$Nd^{3+}$的近邻是 4 个二甲亚砜中的氧和 3 个硝酸根中的 6 个氧所形成的十配位,与水合离子比较,化学键中已有一定的共价程度,使谱线发生红移;钕离子在铝酸盐晶体($YAlO_3$ 和 $Y_3Al_5O_{12}$)中,谱线有更大的红移。红移随配位原子的电负性的减小、共价程度增大而增大。

实际中观察到,稀土离子次近邻的第二配位界对谱线位移也有影响。因此,可根据谱线的红移估计镧系离子与配体之间的共价程度。

光谱谱线位移的原因理论上归于电子云扩大效应(nephelauxetic effect)。它是指金属离子的能级(或谱线)在晶体中相对于自由离子状态产生红移。长期以来的工作总结了若干规律,并将这种现象进一步归于晶体中电子间库仑作用参数

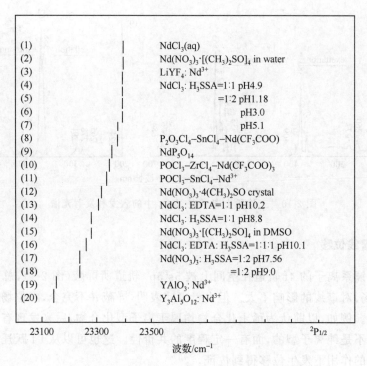

图 2-11　$Nd^{3+}$ 的 $^4I_{9/2}$-$^2P_{1/2}$ 的谱线位移

Slater 积分或 Racah 参数比自由离子状态减小。其原因众说不一，Jørgensen 认为是与金属离子和配位体之间的共价性有关[11]，Newman 认为与配位的极化行为有关[12]，张思远等[1]认为这是一种晶场效应，直接原因是晶场的零次项，微观机理是配位体的极化作用。

根据实验数据按 Slater 参数或 Racah 参数比自由离子减少的数值大小排出下列配位体的次序，称为电子云扩大效应系列。

自由离子 ＜ $F^-$ ＜$O^{2-}$ ＜$Cl^-$ ＜$Br^-$ ＜$I^-$ ≤$S^{2-}$ ＜$Se^{2-}$ ＜$Te^{2-}$

电负性　　　3.9　　3.5　　3.1　　2.9　　2.6　　2.6　　2.4　　2.1

此次序与元素的电负性相一致。

引起谱线位移的电子云扩大效应除了与配位原子的电负性有关外，还与配位数、稀土离子与配体之间的距离有关。随着配位数的减少和稀土离子与配位体之间的距离缩短，电子云扩大效应增大，从而也增大了谱线的红移。

### 2.3.3　谱线强度

镧系离子的 f-f 跃迁主要有电偶极跃迁、磁偶极跃迁和电四极作用。按照电偶

极跃迁的选择规则：$\Delta l = \pm 1$，$\Delta S = 0$，$|\Delta L|$ 和 $|\Delta J| \leqslant 2$ 是宇称禁戒的，对于镧系离子的 f 组态，$l = 3$，f-f 之间的跃迁 $\Delta l = 0$ 则属于宇称禁戒的跃迁。但在实验上却可观察到这些跃迁所产生的光谱，这可解释为晶场势的展开中由于奇宇称项，或由于晶格振动的作用，使相反宇称的 $4f^{n-1}5d$ 和 $4f^{n-1}n'l'$ 组态混入 $4f^n$ 组态中，从而产生弱的"强制"的电偶极跃迁（其振子强度为 $10^{-5} \sim 10^{-6}$）。这方面的理论计算工作于 1962 年由 Judd[13] 和 Ofelt[14] 同时解决，此后对 f-f 跃迁的振子强度和光谱参数进行了大量的定量计算。

Judd 和 Ofelt 根据镧系离子在其周围电场的作用下，$4f^n$ 组态与相反宇称的组态 $4f^{n-1}5d$ 和 $4f^{n-1}n'l'$ 混合而产生"强制"的电偶极跃迁，提出研究镧系离子的谱线强度的 Judd-Ofelt 理论，引进了三个强度参数 $\tau_\lambda (\lambda = 2, 4, 6)$。根据 Judd-Ofelt 理论，电偶极跃迁的振子强度 $P_{ed}$ 写为

$$
\begin{aligned}
P_{ed} &= \sum_{\lambda = 2, 4, 6} \tau_\lambda \sigma \mid \langle f^n(S, L) J \parallel U^{(\lambda)} \parallel f^n(S', L') J' \rangle \mid^2 (2J + 1)^{-1} \\
&= \frac{8\pi^2 mc\sigma}{3h(2J + 1)} \frac{(n^2 + 2)^2}{9n} \sum_{\lambda = 2, 4, 6} \Omega_\lambda \mid \langle f^n(S, L) J \parallel U^{(\lambda)} \parallel f^n(S', L') J' \rangle \mid^2 \\
&= \frac{8\pi^2 mc\sigma}{3h(2J + 1)} \frac{(n^2 + 2)^2}{9n} \frac{S}{e^2}
\end{aligned} \tag{2-1}
$$

$$
\Omega_\lambda = 9.0 \times 10^{-12} \times \frac{9n}{(n^2 + 2)^2} \tau_\lambda \tag{2-2}
$$

式中，$\sigma$ 为跃迁的能量($\text{cm}^{-1}$)；$n$ 为介质的折射率；$\mid \langle \parallel U^{(\lambda)} \parallel \rangle \mid^2$ 为约化矩阵元，从不同始态 $\langle S, L, J \mid$ 至终态 $\mid S', L', J' \rangle$ 之间跃迁的约化矩阵元可从文献中查得[11]。振子强度的实验值可从吸收光谱按下式求得：

$$
P_{exp} = 4.318 \times 10^{-9} \int \varepsilon(\sigma) \, d\sigma \tag{2-3}
$$

式中，$\varepsilon$ 为摩尔消光系数。

将 $P_{exp}$、$\sigma$ 和 $\mid \langle \parallel U^{(\lambda)} \parallel \rangle \mid^2$ 的数据代入上式，用最小二乘法即可标出三个强度参数 $\tau_2$、$\tau_4$、$\tau_6$（或 $\Omega_2$、$\Omega_4$、$\Omega_6$）。

对于具有磁偶极跃迁的谱线，其振子强度的实验值 $P_{exp}$ 应为磁偶极跃迁的振子强度 $P_{md}$ 与电偶极跃迁的振子强度 $P_{ed}$ 之和。

$$
P_{exp} = P_{md} + P_{ed} \tag{2-4}
$$

当 $P_{md}$ 的数值不可忽略时，在计算时应扣除。在 f-f 跃迁中，磁偶极和电四极作用同样对振子强度有贡献，但是数量级比电偶极要小。

在 f-f 跃迁中，当以 Russell-Saunders 耦合时，按照磁偶极跃迁的选择规则：

$\Delta l = 0$，$\Delta S = 0$，$\Delta L = 0$，$\Delta J = 0, \pm 1$（但不发生 $J = 0 \rightarrow J = 0$），f-f 之间的磁偶极跃迁是宇称允许的。按此规则，只有基态光谱项的 $J$ 能级之间的跃迁才不是禁

戒的,但由于镧系离子中存在较强的自旋-轨道耦合,致使按 $L$ 和 $S$ 的选择规则不再是很严格的,因而,在其他能级之间的磁偶极跃迁也可观察到。例如在 $Eu^{3+}$ 的光谱中可观察到 $^7F_0 \rightarrow {}^5D_1$ 的跃迁(约 526nm)和 $^5D_0 \rightarrow {}^7F_1$ 的跃迁(约 590nm)。

磁偶极跃迁的振子强度 $P_{md}$ 可按下式计算:

$$P_{md} = \frac{8\pi^2 mc}{3he^2}\sigma \cdot \left[\frac{\delta(\psi_J; \psi'_{J'})}{(2J+1)}\right]\eta$$

式中,$\sigma$ 为跃迁的能量(cm$^{-1}$);$\eta$ 为介质的折射率;$\delta$ 为谱线强度,它定义为

$$\delta(\psi_J; \psi_{J'}') = \left\{\left(-\frac{e}{2mc}\right)(\psi_J \| L-2S \| \psi'_{J'})\right\}^2$$

稀土离子由基态到激发态的磁偶极跃迁的振子强度 $P_{md}$ 可写成 $P_{md} = \chi_{md}P'$ 形式,其中 $\chi_{md} = \frac{(n^2+2)^2}{9n}$ 为折射率因子,$P'$ 为振子强度参数。$P'$ 值都已经被计算出来[1],利用 $P'$ 和材料的折射率就能够得到各种材料中稀土离子的磁偶极跃迁的振子强度。与电偶极跃迁的振子强度相比,磁偶极跃迁的振子强度在数量级上要小。表 2-4 示出 $LnP_5O_{14}$ 晶体主要吸收峰位置、吸收截面和振子强度[7]。

表 2-4　$LnP_5O_{14}$ 晶体主要吸收峰位置、吸收截面和振子强度

| 稀土离子 | 吸收峰位置 | | | 吸收截面 /×10$^{-20}$ cm | 振子强度 /10$^{-6}$ |
|---|---|---|---|---|---|
| | 光谱项 | 波数/cm$^{-1}$ | 波长/Å | | |
| $Pr^{3+}$ (f$^2$) 基态 $^3H_4$ | $^1D_2$ | 16900 | 5915 | 0.70 | 1.6 |
| | | 17000 | 5880 | | |
| | | 17400 | 5745 | | |
| | $^3P_0$ | 20900 | 4783 | 1.72 | 3.20 |
| $Nd^{3+}$ (f$^3$) 基态 $^4I_{9/2}$ | $^4G_{5/2}$, $^4G_{7/2}$ | 17100 | 5843 | | 5.75 |
| | | 17300 | | 1.16 | |
| | | 17400 | | 2.22 | |
| | | 17500 | | 1.10 | |
| | | 17600 | | | |
| | | 17700 | 5648 | | |
| | $^4D_{3/2}$ $^4D_{5/2}$ $^4D_{1/2}$ $^4D_{11/2}$ | 28100 | 3557 | 1.03 | 7.34 |
| | | 28300 | | 1.40 | |
| | | 28700 | | 1.36 | |
| | | 28900 | 3455 | | |

续表

| 稀土离子 | 吸收峰位置 | | | 吸收截面 /×$10^{-20}$ cm | 振子强度 /$10^{-6}$ |
| --- | --- | --- | --- | --- | --- |
| | 光谱项 | 波数/cm$^{-1}$ | 波长/Å | | |
| Eu$^{3+}$ (f$^6$) 基态$^7$F$_0$ | $^5$D$_0$ | 17100 | 5846 | | |
| Gd$^{3+}$ (f$^7$) 基态$^8$S$_{7/2}$ | $^6$I$_{7/2}$$^6$I$_{9/2}$ $^6$I$_{11/2}$$^6$I$_{15/2}$ | 36000 36400 36600 36800 | 2777 2731 | 1.15 | 2.03 |
| Tb$^{3+}$ (f$^8$) 基态$^7$F$_6$ | $^5$K$_9$ | 38800 | 2576 | 2.02 | 12.8 |
| Ho$^{3+}$ (f$^{10}$) 基态$^5$I$_8$ | $^5$S$_2$ | 18700 | 5346 | | |
| Er$^{3+}$ (f$^{11}$) 基态$^4$I$_{15/2}$ | $^4$S$_{3/2}$ | 18500 18600 | 5403 5374 | 1.22 | 0.76 |
| | $^4$S$_{11/2}$ | 18900 19200 19300 19400 | 5289 5153 | 1.29 2.29 2.20 1.48 | 4.75 |
| Tm$^{3+}$ (f$^{12}$) 基态$^3$H$_6$ | $^1$G$_4$ | 21300 21400 21500 | 4693 4670 4649 | | |
| | $^1$D$_2$ | 27600 27900 28100 | 3622 3583 3557 | 0.78 0.82 0.88 | |
| Yb$^{3+}$ (f$^{13}$) 基态$^2$F$_{7/2}$ | $^2$F$_{5/2}$ | 10200 | 9800 | | |

在 f-f 跃迁中电四极跃迁也是宇称允许的,其振子强度很弱,估计约为 $10^{-11}$。因此,在实验上探测不出来,可以忽略。

### 2.3.4　超敏跃迁

稀土离子大多数的 f-f 跃迁受周围环境的影响很小,然而在大量的实验中发现某些跃迁对周围环境十分敏感,并且可以产生很强的跃迁,这类跃迁称为超敏跃迁。1964 年 Judd 等[15]总结实验规律发现,这种跃迁的选择规则遵循$|\Delta J|=2$,$|\Delta L|\leqslant 2$,

$\Delta S=0$,这个选择定则和电四极跃迁的选择定则相同。对应于这些跃迁的谱线强度随着环境的不同可改变 $2\sim4$ 倍,甚至可以比溶液中相应的跃迁强度大 200 倍以上。同时,由电偶极的 Judd-Ofelt 公式可知,其与 $\Omega_2$ 参数有关,这说明 $\Omega_2$ 参数对周围环境具有特殊的敏感性。人们对这类特殊的跃迁进行仔细研究发现,这类跃迁与稀土离子所处的局部对称性有关,当稀土离子处于对称中心位置时,这类跃迁不存在,如在 $Y_2O_3$:Eu 中的 $S_6$ 格位和 $Cs_2NaEuCl_6$ 中处于 $O_h$ 格位的 $Eu^{3+}$ 都观察不到 $^7F_0\rightarrow{}^5D_2$ 跃迁。研究结果表明,只有稀土离子所处的局部对称性的晶场具有线性晶场项时才能发生这种跃迁。具有线性晶场项的对称性共有 10 个点群,它们是 $C_1$、$C_2$、$C_3$、$C_4$、$C_6$、$C_{2v}$、$C_{3v}$、$C_{4v}$、$C_{6v}$ 和 $C_s$。

根据超敏跃迁的选择规则 $\Delta J=2$,镧系离子中的超敏跃迁如表 2-5 所示。

**表 2-5 镧系离子的超灵敏跃迁**

| $Ln^{3+}$ | 跃 迁 | 能量/cm$^{-1}$ |
|---|---|---|
| $Pr^{3+}$ | $^3H_4\rightarrow{}^3P_2$ | 22500 |
| | $^3H_4\rightarrow{}^1D_2$ | 17000 |
| $Nd^{3+}$ | $^4I_{9/2}\rightarrow{}^4G_{7/2},{}^2K_{13/2}$ | 19200 |
| | $^4I_{9/2}\rightarrow{}^4G_{5/2},{}^2G_{7/2}$ | 17300 |
| $Sm^{3+}$ | $^6H_{5/2}\rightarrow{}^6P_{7/2},{}^4D_{1/2},{}^4F_{9/2}$ | 26600 |
| | $^6H_{5/2}\rightarrow{}^6F_{1/2}$ | 6200 |
| $Eu^{3+}$ | $^7F_0\rightarrow{}^5D_2$ | 21500 |
| $Dy^{3+}$ | $^6H_{15/2}\rightarrow{}^6F_{11/2}$ | 7700 |
| | $^6H_{15/2}\rightarrow{}^4G_{11/2},{}^4I_{15/2}$ | 23400 |
| $Ho^{3+}$ | $^5I_8\rightarrow{}^3H_6$ | 28000 |
| | $^5I_8\rightarrow{}^5G_6$ | 22200 |
| $Er^{3+}$ | $^4I_{15/2}\rightarrow{}^4G_{11/2}$ | 26500 |
| | $^4I_{15/2}\rightarrow{}^2H_{11/2}$ | 19200 |
| $Tm^{3+}$ | $^3H_6\rightarrow{}^3H_4$ | 12600 |

超敏跃迁与稀土离子配位体的种类有关,定量研究光谱强度的数据表明,不同配位体的跃迁强度不同,实验总结的次序是 I＞Br＞Cl＞$H_2O$＞F。产生这样次序的原因是配位体的极化效应[16]。

Henrie 等[17]对镧系离子的超敏跃迁作过评论,认为影响超敏跃迁的谱强强度的因素有:

(1)配位体的碱性越大,超敏跃迁的谱带强度也越大。例如,$Al_2O_3$ 的酸性比 $Y_2O_3$ 大,故碱性按下列的顺序排列:$Y_2O_3$＞$Y_2O_3\cdot Al_2O_3$＞$3Y_2O_3\cdot5Al_2O_3$,所以 $Nd^{3+}$ 的超敏跃迁($^4I_{8/2}\rightarrow{}^4G_{7/2},{}^2K_{15/2}$)的谱带强度随 $Y_2O_3$＞$YAlO_3$＞ $Y_3Al_5O_{12}$ 而

下降。

（2）当近邻配位原子是 O 时，镧系离子与 O 的键长 Ln—O 越短，超敏性越大。例如，在上述 $Y_2O_3$—$Al_2O_3$ 体系中，以 $Nd^{3+}$ 取代了 $Y^{3+}$，故可以认为 Nd—O 的键长相当于 Y—O 的键长。在 $Y_2O_3$ 中 $Y^{3+}$ 是 6 配位的，处于 $C_2$ 格位的 $Y^{3+}$ 的键长分别为 224.9pm（2 个 Y—O 键）、226.1pm（2 个）和 227.8pm（2 个）；处于 $S_6$ 格位的 $Y^{3+}$，其 6 个 Y—O 键长为 226.1pm。而 $Y^{3+}$ 在 $Y_3Al_5O_{12}$ 中是 8 配位的，其 Y—O 键长分别为 230.3pm（4 个 Y—O 键）和 243.2pm（4 个 Y—O 键）。可见，在 $Y_2O_3$ 中的 Y—O 键长明显地短于在 $Y_3Al_5O_{12}$ 中的键长，也即配位数越小，键长越短，超敏性越大。

（3）共价性和轨道重叠越大，超敏跃迁的谱带强度也越大。例如在氧化物中的超敏跃迁的强度大于在氟化物中，即 $Y_2O_3$：$Nd^{3+}$＞$LaF_3$：$Nd^{3+}$，以及 $NdI_3$ 的超敏跃迁强度大于 NdBr。

### 2.3.5　光谱结构与谱线劈裂

如图 2-6 所示，由于晶场的作用和周围环境对称性的改变，可使稀土离子的谱线发生不同程度的劈裂。对称性越低，越能解除一些能级的简并度，而使谱线劈裂越多。

由于能级劈裂数目和跃迁数目都与稀土离子周围环境的对称性有关，因此，可以建立光谱结构和对称性的联系。具有奇数电子的稀土离子产生 Kramers 简并，能级分裂数目少，能级间跃迁特征对晶体对称性的依赖关系也不明显；具有偶数电子的稀土离子由于 Jahn-Teller 效应，使简并能级尽量解除为单能级，降低局部对称性，能级数目增多，并且能级间的跃迁特征和晶体结构有着明显的依赖关系。为了研究这种关系，需要选择偶数电子且能级结构简单的稀土离子作为例子进行说明，其中 $4f^6$ 组态的 $Eu^{3+}$（或 $Sm^{2+}$）是一个理想的离子，它通常作为荧光探针，通过 $Eu^{3+}$ 的荧光光谱结构来探测被取代离子周围的对称性。由于荧光比 X 射线具有更高的灵敏度，探针离子的掺杂量可以很低，并且这种方法方便而直观，因而获得广泛的应用。

在不同点群的对称性中 $Eu^{3+}$（或 $f^6$ 离子）的不同跃迁所产生的荧光谱线的数目已被计算出来，结果见表 2-6。因此，根据 $Eu^{3+}$ 的能级荧光特性和谱线数目，可以很灵敏地了解 $Eu^{3+}$ 近邻环境的对称性、所处格位及不同对称性的格位数目和有无反演中心等结构信息。由于 $Eu^{3+}$ 的基态能级 $^7F_0$ 和主要发射能级 $^5D_0$ 的总角动量量子数 $J$ 都为 0，因此都不被晶场所劈裂，而其余的 $^7F_J$ 的能级则可利用。根据下列的规则可利用荧光光谱进行结构分析。

**表 2-6　32 点群中 $f^6$ 组态的 $^5D_0 \rightarrow {}^7F_J$**

| 晶系 | 点 | 群 | $^7F_J(J=0,1,2,4,6)$的能级数目 | | | | | $^5D_0 \rightarrow {}^7F_J$的跃迁数目 | | | | |
| --- | --- | --- | --- | --- | --- | --- | --- | --- | --- | --- | --- | --- |
| | | | 0 | 1 | 2 | 4 | 6 | 0→0 | 0→1 | 0→2 | 0→4 | 0→6 |
| 三斜 | $C_1$ | 1 | 1 | 3 | 5 | 9 | 13 | 1 | 3 | 5 | 9 | 13 |
| | $C_i$ | $\bar{1}$ | 1 | 3 | 5 | 9 | 13 | 0 | 3 | 0 | 0 | 0 |
| 单斜 | $C_s$ | M | 1 | 3 | 5 | 9 | 13 | 1 | 3 | 5 | 9 | 13 |
| | $C_2$ | 2 | 1 | 3 | 5 | 9 | 13 | 1 | 3 | 5 | 9 | 13 |
| | $C_{2h}$ | 2/m | 1 | 3 | 5 | 9 | 13 | 0 | 3 | 0 | 0 | 0 |
| 正交 | $C_{2v}$ | $Mm^2$ | 1 | 3 | 5 | 9 | 13 | 1 | 3 | 4 | 7 | 10 |
| | $D_2$ | 222 | 1 | 3 | 5 | 9 | 13 | 0 | 3 | 3 | 6 | 9 |
| | $D_{2h}$ | mmm | 1 | 3 | 5 | 9 | 13 | 0 | 3 | 0 | 0 | 0 |
| 四角 | $C_4$ | 4 | 1 | 2 | 4 | 7 | 10 | 1 | 2 | 2 | 5 | 6 |
| | $C_{4v}$ | 4mm | 1 | 2 | 4 | 7 | 10 | 1 | 2 | 2 | 4 | 5 |
| | $S_4$ | $\bar{4}$ | 1 | 2 | 4 | 7 | 10 | 0 | 2 | 3 | 4 | 7 |
| | $D_2^{\ d}$ | $\bar{4}2m$ | 1 | 2 | 4 | 7 | 10 | 0 | 2 | 2 | 3 | 5 |
| | $D_4$ | 422 | 1 | 2 | 4 | 7 | 10 | 0 | 2 | 0 | 3 | 4 |
| | $C_{4h}$ | 4/m | 1 | 2 | 4 | 7 | 10 | 0 | 2 | 0 | 0 | 0 |
| | $D_{4h}$ | 4/mmm | 1 | 2 | 4 | 7 | 10 | 0 | 0 | 0 | 0 | 0 |
| 三角 | $C_3$ | 3 | 1 | 2 | 3 | 6 | 9 | 1 | 2 | 3 | 6 | 9 |
| | $C_{3v}$ | 3m | 1 | 2 | 3 | 6 | 9 | 1 | 2 | 3 | 5 | 7 |
| | $D_3$ | 32 | 1 | 2 | 3 | 6 | 9 | 0 | 2 | 2 | 4 | 6 |
| | $D_{3d}$ | $\bar{3}m$ | 1 | 2 | 3 | 6 | 9 | 0 | 2 | 0 | 0 | 0 |
| | $S_6$ | $\bar{3}$ | 1 | 2 | 3 | 6 | 9 | 0 | 2 | 0 | 0 | 0 |
| 六角 | $C_6$ | 6 | 1 | 2 | 3 | 6 | 9 | 1 | 2 | 2 | 2 | 5 |
| | $C_{6v}$ | 6mm | 1 | 2 | 3 | 6 | 9 | 1 | 2 | 2 | 2 | 4 |
| | $D_6$ | 622 | 1 | 2 | 3 | 6 | 9 | 0 | 2 | 0 | 0 | 3 |
| | $C_{3h}$ | $\bar{6}$ | 1 | 2 | 3 | 6 | 9 | 0 | 2 | 1 | 4 | 4 |
| | $D_{3h}$ | $\bar{6}m2$ | 1 | 2 | 3 | 6 | 9 | 0 | 2 | 1 | 3 | 3 |
| | $C_{6h}$ | 6/m | 1 | 2 | 3 | 6 | 9 | 0 | 2 | 0 | 0 | 0 |
| | $D_{6h}$ | 6/mmm | 1 | 2 | 3 | 6 | 9 | 0 | 2 | 0 | 0 | 0 |
| 立方 | T | 23 | 1 | 1 | 2 | 4 | 6 | 0 | 1 | 1 | 2 | 3 |
| | $T_d$ | $\bar{4}3m$ | 1 | 1 | 2 | 4 | 6 | 0 | 1 | 1 | 1 | 2 |
| | $T_h$ | $M^3$ | 1 | 1 | 2 | 4 | 6 | 0 | 1 | 0 | 0 | 0 |
| | O | 432 | 1 | 1 | 2 | 4 | 6 | 0 | 1 | 0 | 0 | 0 |
| | $O_h$ | $M^3m$ | 1 | 1 | 2 | 4 | 6 | 0 | 1 | 0 | 0 | 0 |

（1）当 $Eu^{3+}$ 处于有严格反演中心的格位时，将以允许的 $^5D_0 \rightarrow {}^7F_1$ 磁偶极跃迁发射橙光（590mm）为主，此时属于 $C_i$、$C_{2h}$、$D_{2h}$、$C_{4h}$、$D_{4h}$、$D_{3h}$、$S_6$、$C_{6h}$、$D_{6h}$、$T_h$、$O_h$ 等 11 种点群对称性。当 $Eu^{3+}$ 处于 $C_i$、$C_{2h}$、$D_{2h}$ 点群对称性时，由于 $^7F_1$ 能级完全解除简并而劈裂成为 3 个状态，故 $^5D_0 \rightarrow {}^7F_1$ 的跃迁可出现 3 根荧光谱线。当 $Eu^{3+}$ 处于 $C_{4h}$、$D_{4h}$、$D_{3h}$、$S_6$、$C_{6h}$、$D_{6h}$ 点群对称性时，$^7F_1$ 能级劈裂为 2 个状态而出现 2 根 $^5D_0 \rightarrow {}^7F_1$ 的谱线。当 $Eu^{3+}$ 处于对称性很高的立方晶系的 $T_h$、$O_h$ 点群时 $^7F_1$ 能级不劈裂，此时只出现 1 根 $^5D_0 \rightarrow {}^7F_1$ 的谱线。

苏锵等[18] 利用格位选择性激发和时间分辨光谱研究了在（$Y_{0.93}Eu_{0.005}$ $Bi_{0.065}$）$_2O_3$ 中 $Eu^{3+}$ 离子的谱线劈裂。与 $Y_2O_3$：Eu 相同，$Eu^{3+}$ 在 $Y_2O_3$ 基质中占有 2 种不同的格位，一种是 $C_2$ 对称性，另一种是 $S_6$ 对称性，从表 2-6 可知这两种对称性中所预期的 $^7F_J$ 的能级数目以及 $^5D_0 \rightarrow {}^7F_J$ 的跃迁数目，实验的荧光光谱示于图 2-12。从图 2-12 中可见，在 580.6nm 出现 1 根属于 $Eu^{3+}$（$S_0$）的 $^5D_0 \rightarrow {}^7F_0$ 跃迁的谱线；在 $^5D_0 \rightarrow {}^7F_1$ 区域观察到 5 根谱线，其中 3 根（587.5、593.1、599.5nm）属于 $Eu^{3+}$（$C_2$），其他 2 根（582.2、595.8nm）属于 $Eu^{3+}$（$S_6$）。由于 $S_6$ 对称性具有对称中心，$^5D_0$ 能级只有磁偶极跃迁 $^5D_0 \rightarrow {}^7F_1$ 是允许的，因此具有较长的荧光寿命

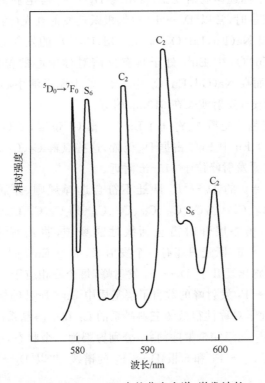

图 2-12　$Eu^{3+}$ 在（$Y_{0.93}Eu_{0.005}Bi_{0.065}$）$_2O_3$ 中的荧光光谱，激发波长 $\lambda_{ex} = 337.1nm$，298K

（~7ms），而位于 $C_2$ 对称性的 $Eu^{3+}$（$C_2$）则不具有对称中心，可观察到更多的 $^5D_0 \rightarrow {}^7F_1$ 跃迁，它的荧光寿命较短（~0.9ms）。因此，可从荧光寿命和时间分辨光谱的测量来区分出这两种不同格位 $Eu^{3+}$（$C_2$）和 $Eu^{3+}$（$S_6$）的 $^5D_0 \rightarrow {}^7F_1$ 跃迁的谱线。也可根据其荧光谱线的劈裂数目，了解 $Eu^{3+}$ 离子周围环境的对称性。

同样，从 $^7F_0 \rightarrow {}^5D_1$ 的激发光谱也可观察到对称性为 $S_6$ 时，$Eu^{3+}$（$S_6$）的 $^5D_1$ 能级劈裂为 2；而对称性为 $C_2$ 时，$Eu^{3+}$（$C_2$）的 $^5D_1$ 能级劈裂为 3（表 2-7）。由于 $^7F_0 \rightarrow {}^5D_1$ 与 $^5D_0 \rightarrow {}^7F_1$ 同属 $J=0 \rightarrow J=1$ 的跃迁，所以谱线的劈裂数与对称性的关系是一样的。

**表 2-7　$Eu^{3+}$ 的 $^7F_0 \rightarrow {}^5D_1$ 的激发光谱（8 K）**

| $Eu^{3+}$（$S_6$）/nm | | $Eu^{3+}$（$C_2$）/nm | |
| --- | --- | --- | --- |
| 526.3 523.9 | $\Delta E = 88cm^{-1}$ | 528.0 527.4 525.9 | $\Delta E = 76cm^{-1}$ |

（2）当 $Eu^{3+}$ 处于偏离反演中心的位置时，由于在 4f 组态中混入了相反宇称的组态，使晶体中的宇称选择规则放宽，将出现 $^5D_0 \rightarrow {}^7F_2$ 等电偶极跃迁。当 $Eu^{3+}$ 处于无反演中心的格位时，常以 $^5D_0 \rightarrow {}^7F_2$ 电偶极跃迁发射红光（约 610nm）为主。

图 2-13 中列出 $Na(Lu, Eu)O_2$ 和 $Na(Gd, Eu)O_2$ 的发射光谱[19]。从图 2-13 可见，在 $Na(Lu, Eu)O_2$ 中 $Eu^{3+}$ 处于具有反演对称中心的位置，其主要发射峰是 $^5D_0 \rightarrow {}^7F_1$ 跃迁，而在 $Na(Gd, Eu)O_2$ 中 $Eu^{3+}$ 处于无反演中心的格位，其主要发射峰为 $^5D_0 \rightarrow {}^7F_2$ 跃迁，发射波长在 610nm 附近。

目前常用的红色荧光粉如 $Y_2O_3$：$Eu^{3+}$ 占据 $C_2$ 位置，$Y_2O_2S$：Eu 中 $Eu^{3+}$ 占据 $C_{3v}$ 位置、$YVO_4$：Eu 中 $Eu^{3+}$ 占据 $D_{2d}$ 位置，这些点群 $C_2$、$C_{2v}$、$D_{2d}$ 均无反演对称中心，故 $Eu^{3+}$ 的主要发射峰位于 610nm 附近。

（3）$J=0 \rightarrow J=0$ 的 $^5D_0 \rightarrow {}^7F_0$ 跃迁不符合选择规则，原属禁戒跃迁。但当 $Eu^{3+}$ 处于 $C_s$、$C_1$、$C_2$、$C_3$、$C_4$、$C_6$、$C_{2v}$、$C_{3v}$、$C_{4v}$、$C_{6v}$（即 $C_s$、$C_n$、$C_{nv}$）10 种点群对称的格位时，由于在晶场势展开时需包括线性晶场项，将出现 $^5D_0 \rightarrow {}^7F_0$ 发射（约 580nm）。因为 $^5D_0 \rightarrow {}^7F_0$ 跃迁只能有一个发射峰，故当 $Eu^{3+}$ 同时存在几种不同的 $C_s$、$C_n$、$C_{nv}$ 格位时，将出现几个 $^5D_0 \rightarrow {}^7F_0$ 发射峰，每个峰相应于一种格位，从而可利用荧光光谱中 $^5D_0 \rightarrow {}^7F_0$ 发射峰的数目了解基质中 $Eu^{3+}$ 所处的格位数。

（4）当 $Eu^{3+}$ 处于对称性很低的三斜晶系的 $C_1$ 和单斜晶系的 $C_s$、$C_2$ 三种点群的格位时，$^7F_1$ 和 $^7F_2$ 能级完全解除简并，分别劈裂为 5 个状态，在荧光光谱中出现 1 根 $^5D_0 \rightarrow {}^7F_0$，3 根 $^5D_0 \rightarrow {}^7F_1$ 和 5 根 $^5D_0 \rightarrow {}^7F_2$ 的谱线，并以 $^5D_0 \rightarrow {}^7F_2$ 跃迁发射红光为主。

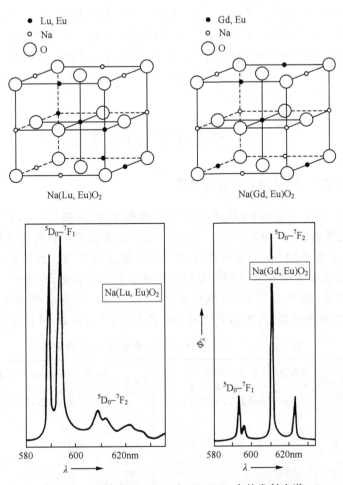

图 2-13　$Eu^{3+}$ 在 $NaLuO_2$ 和 $NaGdO_2$ 中的发射光谱

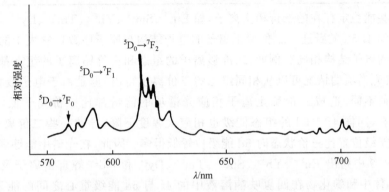

图 2-14　$Ca_2Y_{0.96}Eu_{0.04}SbO_6$ 的荧光光谱图（$\lambda_{ex} = 396nm$）

$Ca_2YSbO_6$ 属单斜晶系（$a = 405.2pm$，$b = 402.1pm$，$c = 406.0pm$，$\beta = 92°52'4''$），当掺入 $Eu^{3+}$ 时，$Eu^{3+}$ 取代 $Y^{3+}$ 的格位，从测得的荧光光谱（图 2-14）可见，在 $^5D_0 \rightarrow {}^7F_0$ 处出现 1 根谱线，在 $^5D_0 \rightarrow {}^7F_1$ 处出现 3 根谱线，在 $^5D_0 \rightarrow {}^7F_2$ 处出现 5 根谱线，以 $^5D_0 \rightarrow {}^7F_2$ 跃迁为主，这表明了 $Eu^{3+}$（$Y^{3+}$）在 $Ca_2YSbO_6$ 中与近邻的氧配位形成 $C_2$ 或 $C_s$ 的点群对称性。

## 2.4　稀土离子的 f-d 跃迁

### 2.4.1　稀土离子的 f-d 跃迁的发光特征

稀土离子除了上述的 f-f 跃迁外，某些三价稀土离子，如 $Ce^{3+}$、$Pr^{3+}$ 和 $Tb^{3+}$ 的 $4f^{n-1}5d$ 的能量较低（$< 50 \times 10^3 cm^{-1}$），在可见区能观察到它们的 4f-5d 的跃迁，而其他三价稀土离子的 5d 态能量较高难以在可见区观察到。其中最有价值的是 $Ce^{3+}$，它的吸收和发射在紫外和可见区均可观察到。对比 $Ce^{3+}$、$Pr^{3+}$、$Tb^{3+}$ 的 4f-5d 吸收带能量（表 2-8）可知[6]，当阴离子 X 相同时，4f-5d 谱带的位置随 $Pr^{3+}$、$Tb^{3+}$、$Ce^{3+}$ 的顺序降低，即越易氧化的三价稀土（$Ce^{3+}$），其 4f-5d 谱带的能量越低。

**表 2-8　$Ce^{3+}$、$Pr^{3+}$、$Tb^{3+}$ 一些卤化物的 4f-5d 吸收带**

| | 吸收带位置 /$10^3 cm^{-1}$ | 摩尔消光系数 $\varepsilon_{max}$ /[L/(mol·cm)] | 半宽度 $\delta$ /$10^3 cm^{-1}$ | | 吸收带位置 /$10^3 cm^{-1}$ | 摩尔消光系数 $\varepsilon_{max}$ /[L/(mol·cm)] | 半宽度 $\delta$ /$10^3 cm^{-1}$ | 溶剂 |
|---|---|---|---|---|---|---|---|---|
| $CeCl_3$ | 33.0 | | | $CeBr_3$ | 32.0 | 800 | 1.3 | |
| $TbCl_3$ | 43.8 | | | $TbBr_3$ | 43.3 | 1500 | 1.5 | 无水乙醇 |
| $PrCl_3$ | 44.2 | | | $PrBr_3$ | 43.8 | 500 | 0.9 | |
| $Ce^{3+}$ | 37.6 | | | | | | | |
| $Tb^{3+}$ | 44.6 | | | | | | | 1mol/L |
| $Pr^{3+}$ | 50.0 | | | | | | | $HClO_4$ |

有些能稳定存在的二价稀土离子，如 $Eu^{2+}$、$Sm^{2+}$、$Yb^{2+}$、$Tm^{2+}$、$Dy^{2+}$、$Nd^{2+}$ 等也观察到 4f-5d 的跃迁。二价稀土离子的电子结构与原子序数比它大 1 的三价稀土离子的电子结构相同。例如，二价钐离子的组态和三价铕离子的组态都是 $4f^6$，因此，其光谱项的情况可以从相同组态的三价离子得出，但是由于电子数相同、中心核电荷不同，造成二价稀土离子相应光谱项的能量都比三价离子低，约降低 20% 左右，同样 $4f^{n-1}5d$ 的组态能级也相应大幅度下降，导致一些二价离子的 5d 组态的能级位置比三价状态时 5d 能级位置低得多。因此，在光谱中能够观察到。

表 2-9 中列出 $Eu^{2+}$、$Yb^{2+}$、$Sm^{2+}$、$Tm^{2+}$、$Dy^{2+}$ 和 $Nd^{2+}$ 等自由离子及它们在 $CaF_2$ 晶体中和碘化物在四氢呋喃溶液中的 4f 与 5d 能级重心之间的能量差 $E_{fd}$ 值。同样也是越易氧化的二价稀土，其 4f-5d 谱带的能量越低。

表 2-9　二价稀土离子 Eu²⁺、Yb²⁺、Sm²⁺、Tm²⁺、Dy²⁺ 和 Nd²⁺ 的 $E_{fd}$

|  | $E_{fd}/10^3\,cm^{-1}$ | | | | | |
| --- | --- | --- | --- | --- | --- | --- |
|  | Eu²⁺ | Yb²⁺ | Sm²⁺ | Tm²⁺ | Dy²⁺ | Nd²⁺ |
| Ln²⁺ 自由离子 | 34.6 | 33.8 | 23.5 | 23.1 | 17.5 | 13.9 |
| Ln²⁺ 在 CaF₂ 晶体中 | 37.7 | 37.3 | 25.6 | 26.5 | 17.8 | 13.6 |
| LnI₂ 在四氢呋喃中 | 34.9 | 32.6 | 22.9 | 23.6 | 17.2 | 11.6 |
| 标准还原电位/V | −0.35 | −1.15 | −1.55 | −2.3 | −2.45 | −2.62 |

　　由于二价稀土离子的激发组态 $4f^{n-1}n'l'$ 能级位置降低,特别是在固体中由于晶场作用,使 $4f^{n-1}5d$ 组态更加下降,McClure 和 Kiss[8] 测得了二价稀土离子在 CaF₂ 晶体中的吸收光谱(图 2-8),图 2-8 中的带状光谱是属于 f-d 跃迁。由于 5d 轨道裸露在外,它受晶场的影响较大。因此,在不同基质中其能级位置将有所有变化,光谱图也不完全相同。图 2-15 列出 Ce³⁺、Eu²⁺ 和 Tb³⁺ 在氧化物基质中的能级图。

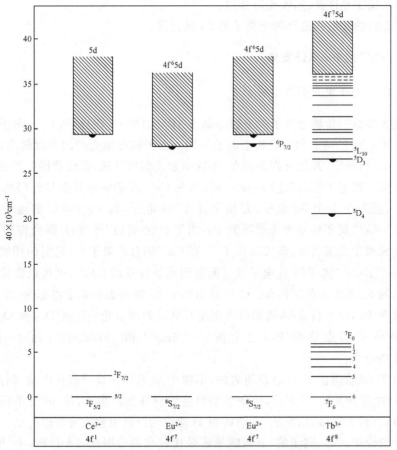

图 2-15　Ce³⁺、Eu²⁺ 和 Tb³⁺ 在氧化物基质中的能级图

$4f^n$-$4f^{n-1}5d$(或 $4f^n$-$4f^{n-1}n'l'$)的组态间的跃迁是允许跃迁,所以具有相当高的跃迁强度,通常比 f-f 跃迁要强 $10^6$ 倍。其跃迁几率也比 f-f 跃迁大得多,一般跃迁几率为 $10^7$ 数量级,并且是宽的发射。

$4f^{n-1}5d$ 组态的能级是二价稀土离子最低激发组态,在发光光谱中十分重要,所涉及这个组态的相互作用比单纯的 $4f^n$ 组态要复杂得多,因为它包含 2 种轨道,对它们能级的计算只能采用近似方法。

在稀土发光材料中最有价值的 f-d 跃迁是三价铈离子和二价铕离子的 f-d 跃迁。总的说来,稀土离子的 f-d 跃迁的发光特征为

(1) 通常发射光谱为宽带;

(2) 由于 5d 轨道裸露在外,晶场环境对光谱影响很大,其发射可以从紫外到红外;

(3) 温度对光谱的影响较大;

(4) 属于允许跃迁,荧光寿命短。

(5) 总的发射强度比稀土离子的 f-f 跃迁强。

### 2.4.2 $Ce^{3+}$ 的 f-d 跃迁发光

1. $Ce^{3+}$ 离子发光的基本特征[20-22]

绝大多数三价稀土离子的发射是属于 4f 层内的 f-f 跃迁,而 $Ce^{3+}$ 离子的发射是属于 f-d 跃迁,与其他三价稀土离子不同。由于铈在地壳中的丰度较高,容易提取分离、价格便宜,并且有许多特点,不仅引起人们的重视,也已获得广泛的应用。

铈原子的电子组态为[Xe]$4f5d6s^2$,而在 $Ce^{3+}$ 离子中除失去最外层的 2 个 6s 电子外,还失去 1 个 5d 电子,并留下 1 个 4f 电子,故 $Ce^{3+}$ 离子的电子组态为[Xe]4f。$Ce^{3+}$ 离子的基态光谱项为 $^2F_J$,由于自旋-轨道(即 S-O)耦合作用使 $^2F$ 能级分裂成两个光谱支项,即 $^2F_{7/2}$ 和 $^2F_{5/2}$,在 $Ce^{3+}$ 的自由离子中,它们的能级差约为 2253cm$^{-1}$。$Ce^{3+}$ 离子的 4f 电子可以激发到能量较低的 5d 态,也可以激发到能量相当高的 6s 态或电荷迁移态。$Ce^{3+}$ 自由离子 5d 激发态的电子组态为[Xe]5d,其光谱项为 $^2D_J$,由于自旋-轨道耦合作用使其劈裂为两个光谱支项 $^2D_{5/2}$ 和 $^2D_{3/2}$,其能级分别位于基态能级 $^2F_{5/2}$ 之上的 52226cm$^{-1}$ 和 49737cm$^{-1}$,而 6s 态则位于 86600cm$^{-1}$。

由于 5d 轨道位于 5s5p 轨道之外,不像 4f 轨道那样被屏蔽在内层,因此,当电子从 4f 能级激发到 5d 态后,该激发态容易受到外场的影响,使 5d 态不再是分立的能级,而成为能带,由此从 5d 能级到 4f 能级的跃迁也就成为带谱。

一般说来,$Ce^{3+}$ 离子的 5d 态能量还是比较高的。因此,5d→$^4F_{7/2}$ 和 $^4F_{5/2}$ 所产生的两个发射带通常位于紫外或蓝区范围内,但在 5d 能级受外场的作用时,其能

级位置会降低很多,甚至使其发射带延伸至红区。所以 $Ce^{3+}$ 离子的发射带位置在不同基质中的差别很大,它可以从紫外区一直到红区,其覆盖范围 $>20000cm^{-1}$,如此宽的变动范围是其他三价稀土离子所不及的。由于 $Ce^{3+}$ 离子的发光是属于 5d-4f 跃迁的带状发射,所以它总的发射强度比三价稀土离子的 f-f 跃迁的线状发射要强。温度对发光强度的影响也比三价稀土离子大。

$Ce^{3+}$ 离子的一个电子在 4f 组态时 $L=3$,而在 5d 组态时 $L=2$,它们的宇称不一样。$Ce^{3+}$ 离子的 5d-4f 跃迁是容许的电偶极子跃迁,在这种容许的 5d-4f 跃迁中,5d 组态的电子寿命非常短,一般在低的 5d 能级中为 30～100ns。虽然 $Eu^{2+}$ 也是属于 5d-4f 跃迁但 $Eu^{2+}$ 有 7 个 4f 电子,它的 5d-4f 跃迁比较复杂,电子寿命就不像 $Ce^{3+}$ 离子那么短。

### 2. $Ce^{3+}$ 离子发光的某些规律

#### (1) 基质的影响

大多数三价稀土离子的能级劈裂受自旋-轨道的影响约为 $10^3 cm^{-1}$,受晶场的影响约为 $10^2 cm^{-1}$。而 $Ce^{3+}$ 离子的 5d 组态却不同,其能级劈裂受自旋-轨道的影响约为 $10^3 cm^{-1}$,但晶场影响的能级劈裂的总量可达 $10^4 cm^{-1}$ 或更大,由此导致 $Ce^{3+}$ 离子在不同的基质中的发射带可能出现于紫外到可见的一个相当宽的范围。现将某些基质中 $Ce^{3+}$ 离子的发光特性列于表 2-10,以及在某些基质中 $Ce^{3+}$ 离子的发射光谱列于图 2-16。

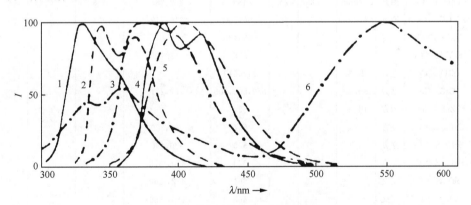

图 2-16　某些基质中 $Ce^{3+}$ 的发射光谱

1—$YPO_4$：Ce；2—$YAl_3B_4O_{12}$：Ce；3—YOCl：Ce；4—$YBO_3$：Ce；5—$Ca_2Al_2SiO_7$：Ce；6—$Y_3Al_5O_{12}$：Ce

从表 2-10 可知,在不同的基质中 $Ce^{3+}$ 离子最短的发射峰位于 300nm 左右,而最长的发射峰位于 668nm 左右,其发射带可能出现的范围是从紫外一直到可见,约跨越 400nm。$Ce^{3+}$ 离子的激发峰的最短波长位于 190nm 左右,而最长的激发峰约 490nm,其激发峰可能出现的范围是从短波紫外到可见,也约跨越 300nm。这

表 2-10　Ce³⁺离子在某些基质中的发光特性

| 组成 | 晶系 | 空间群 | 能量转换效率 η/% | 量子效率 q/% | 发射峰 /nm | 激发峰 /nm | Stokes位移 /10³cm⁻¹ | 荧光寿命 τ/ns 阴极射线(CR) | 荧光寿命 τ/ns 紫外激发 |
|---|---|---|---|---|---|---|---|---|---|
| $LaF_3$：Ce | 六方 | $Pb_3/mcm$ | | | 300,280 | | | | |
| $SrF_2$：Ce | 立方 | Fm3m | | | 310 | 293,205,199,187 | | | |
| $LiYF_4$：Ce | 四方 | $I4_1/a$ | | | 325,305 | 290,240,205,195 | | | 40 |
| $LaPO_4$：Ce | 六方 | $Pb_122$ | 2 | 40 | 336,317 | 276,258,240 | 4.7 | | 35 |
| $YPO_4$：Ce | 四方 | $I4_1/amd$ | 2.5 | 30 | 353,333 | 305,292,253 | 2.8 | 25 | 25 |
| $CeP_5O_{14}$ | 单斜 | $P2_1/c$ | | | 335,314 | 305,247 | 12 | | |
| $LaBO_3$：Ce | 正交 | Pnma | 0.2 | 35 | 376,352,317 | 325,271,241 | 2.4 | 25 | |
| $YBO_3$：Ce | 六方 | $R\bar{3}C$ | 2 | 50 | 415,390 | 365,345,270,245 | 2.0 | 60 | 30 |
| $ScBO_3$：Ce | 六方 | R3C | 2 | 70 | 420,385,330 | 357,321,277,260 | 1.2 | 40 | 35 |
| $LaAlO_3$：Ce | 六方 | R3m | | | | 413,321,250 | | | |
| $Y_4Al_2O_9$：Ce | 单斜 | $P2_1/C$ | | | 357,321 | 307,294,241 | ~4.5 | | |
| $YAl_3B_4O_{12}$：Ce | 四方 | R32 | 2 | 40 | 368,344,305 | 290,240,205,195 | 1.9 | 30 | 25 |
| $Y_3Al_5O_{12}$：Ce | 立方 | Ia/d | 3.5 | ~70 | 549,360,342 | 456,340,270,227 | 3.8 | 70 | 55 |
| $Sc_2Si_2O_7$：Ce | 单斜 | C2/m | 1.5 | 65 | 420,390,335 | 345,300,230 | 3.6 | 35 | 30 |
| $Ca_2Al_2SiO_7$：Ce | 四方 | $P\bar{4}2_1m$ | 4.5 | | 405 | | | 50 | 50 |
| $Ca_2MgSiO_7$：Ce | | | 4 | | 395,370 | | | 80 | 45 |
| LaOCl：Ce | 四方 | P4/nmm | 0.4 | 30 | 360,305 | 286,279,252 | 5.2 | | |
| LaOBr：Ce | 四方 | P4/nmm | 0.2 | 25 | 439 | 352,288 | 5.8 | | |
| YOCl：Ce | 四方 | P4/nmm | 3.5 | 60 | 400,380 | 316,279 | 5.3 | 25 | 25 |
| $NaYO_2$：Ce | | | | | 469,438 | | | | |
| $SrY_2O_4$：Ce | | | | | 575 | 397 | 8 | | |
| $Y_2O_3$：Ce | 立方 | $I2_13$ | | | 517,510 | | | | |
| CaS：Ce | 立方 | Fm3m | | | 550,505,500 | 462,271 | | | 40 |
| ZnS：Ce | 六方 | Pbmc | | | 520 | | | | |
| $CaLa_2S_4$：Ce | 立方 | | | | 554 | 460,380 | | | |
| $SrLa_2S_4$：Ce | 立方 | | | | 560 | 370,490 | | | |
| $BaLa_2S_4$：Ce | 立方 | | | | 570 | 470,378 | | | |
| $BaY_2S_4$：Ce | 正交 | | | | 664 | 472,360 | | | |
| $BaLuS_4$：Ce | 正交 | | | | 668 | 460,350 | | | |
| $Lu_2S_3$：Ce | 三方 | | | | 576 | 480 | | | |
| $\alpha\text{-}La_2S_3$：Ce | 正交 | | | | 630 | 400 | | | |

与其他三价稀土离子相比,可变范围要大得多。对于一个离子在不同的基质中有如此宽的、连续可变的发射峰还是少见的。上述结果表明,基质对 Ce³⁺ 离子的吸收和发射起着十分重要的作用,因此可以选择合适的基质以获得所需的发射波长。

从表 2-10 中的数据能够看出,与 Ce³⁺ 离子直接配位的阴离子的电负性对

$Ce^{3+}$ 离子发射峰位移起着十分重要的作用。比较 $LaF_3$：$Ce$、$SrF_2$：$Ce$、$Y_2O_3$：$Ce$ 和 $CaS$：$Ce$ 的数据可见，随着阴离子的电负性由 F，O，S 依次降低，$Ce^{3+}$ 离子的发射峰和激发峰位置向长波移动。在比较 $LaF_3$：$Ce$ 和 $LaCl_3$：$Ce$ 或 $LaOCl$：$Ce$ 和 $LaOBr$：$Ce$ 的数据，也能观察到，当用 $Cl^-$ 离子取代 $F^-$ 离子或用 $Br^-$ 离子取代 $Cl^-$ 离子时，随着阴离子的电负性减小，$Ce^{3+}$ 离子的发射峰向长波移动。这一现象说明，基质中直接配位的阴离子的电负性减小，它们与 $Ce^{3+}$ 离子的共价程度增加，从而降低了 5d 组态与 4f 组态之间的能量差。通常，$Ce^{3+}$ 在不同基质中的发光特征可由 Ce 与直接配位的阴离子的共价程度来决定，如 $Ce^{3+}$ 离子在硫配位的化合物中发光位于可见区，在氧配位的化合物中发光出现在蓝绿或紫外区，而在氟化物中发光一般位于紫外或近紫外。

Reisfeild[11,23,24]用电子云扩大效应解释了 $Ce^{3+}$ 在不同阴离子配位环境中的光谱位移时，提出了电子云扩大效应参数 $\beta$ 的计算公式。

$$\beta = (\sigma_f - \sigma)/\sigma_f$$

式中，$\sigma$ 为激活离子在最低能量处的吸收峰位；$\sigma_f$ 为激活离子近于自由离子态的吸收峰位。Reisfeild 将 $Ce^{3+}$ 在不同的含氧酸盐基质中的 $\beta$ 值进行分析比较，指出随着电子云扩大效应的增加，$Ce^{3+}$ 的发射波长红移。

从表 2-10 中可见，对均有氧离子直接配位的基质中，$Ce^{3+}$ 离子的发射峰位置在不同的基质中也有很大的变化。Blasse[21]曾指出，只有当基质的影响使 $Ce^{3+}$ 离子的 Stokes 位移较大时才可能获得可见区的发射。表 2-10 中 $SrY_2O_4$：$Ce$ 的 Stokes 位移达 $8\times10^3\,cm^{-1}$，$Ce^{3+}$ 离子的发射峰可达到 575nm。

深入观察基质对 $Ce^{3+}$ 离子发光的影响时，可以看到 $Ce^{3+}$ 离子周围的配位环境以及所处的点阵对称性所引起的晶场劈裂对 $Ce^{3+}$ 离子发射峰的位置也有显著的影响。表 2-11 中列出在某些基质中 $Ce^{3+}$ 离子的 5d 能级和晶场劈裂的结果。

**表 2-11　在某些基质中 $Ce^{3+}$ 离子的 5d 能级和立方晶场劈裂**

| 磷光体组成 | $Ce^{3+}$ 的配位情况与点阵 | 测得的 5d 能级 | 立方晶场的 5d 能级 | 立方晶场的劈裂 | 5d 能级的重心 |
|---|---|---|---|---|---|
| $Y_3Al_5O_{12}$：$Ce$ | 畸变的立方体($D_2$) | 22.0,29.4,\|37.4 | 25.7($e_g$)~40($t_{2g}$) | ~14 | ~34.5 |
| $YAl_3B_4O_{12}$：$Ce$ | 三方棱柱体($D_{3h}$) | 31.0,36.6,39.2 | | ~6.5 | ~35.4 |
| $ScBO_3$：$Ce$ | 畸变的八面体($D_{3d}$) | 28.0,31.2\|36.1,38.5 | ~29.5($t_{2g}$),37.2($e_g$) | ~8 | ~32.5 |
| $Sc_2Si_2O_7$：$Ce$ | 畸变的八面体($D_2$) | 29.0,33.1\|43.5 | ~31($t_{2g}$),~43.5($e_g$) | ~12.5 | ~35 |
| $CeP_5O_{14}$ | ($C_1$) | 33.4\|43.5 | | ~10 | |
| $LiYF_4$：$Ce$ | ($S_4$) | 34.5,41,7\|48.8,51.3 | 38.1~50 | 12 | |
| $SrF_2$：$Ce$ | 畸变的立方体 | 33.6,48.8\|50.3,53.4 | 41.2($e_g$),52.4($t_{2g}$) | 11.2 | 48 |
| free ion | | 33.5 | | | 51 |

从表 2-11 可见,Ce$^{3+}$ 离子的配位环境和点阵对称性对 Ce$^{3+}$ 离子的 5d 能级有较明显的影响。对于同是氧离子配位的情况下,由于周围配位环境和点阵对称性不同,引起 Ce$^{3+}$ 的 5d 能级的晶场劈裂不同,有可能使 5d 能级下降很多,以至于使 Ce$^{3+}$ 的发射峰出现在可见区。表 2-11 中还列出了 Ce$^{3+}$ 离子的 5d 能级的重心。气态时自由 Ce$^{3+}$ 的 5d 能级的重心位于 51000 cm$^{-1}$。当 Ce$^{3+}$ 离子在晶场的作用下产生了劈裂,使其 5d 能级的重心下降。在氟化物中约为 48000 cm$^{-1}$,较自由离子时降低约 6%,而在氧化物中约为 35000 cm$^{-1}$,比自由离子时降低约 30%。这一结果与前面所提到的 Ce$^{3+}$ 离子发射峰位移与直接配位的阴离子的电负性大小有关的结论相一致。从表 2-11 可知,对氟化物而言,即使晶场劈裂很大,也难以获得 Ce$^{3+}$ 的可见区发射。因此可以认为,在寻找 Ce$^{3+}$ 的可见区发光材料时,应选择

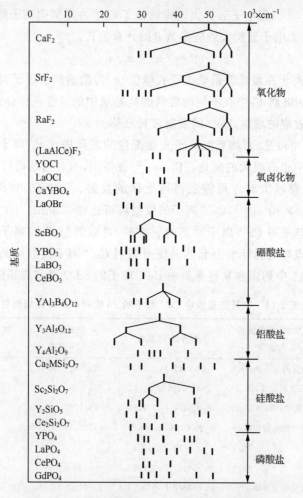

图 2-17　在不同晶场中 Ce$^{3+}$ 5d 激发态能级的能量

氧化物而不选择氟化物,也可选择比氧电负性更小的元素如硫等作为配位阴离子,这样能使化合物的共价程度增加,$Ce^{3+}$ 的 5d 能级的重心降低。图 2-17 示出在不同基质中 $Ce^{3+}$ 5d 激发态能级的能量。

(2) 基质中阳离子的影响

从表 2-12 中列出的以 $Na^+$ 离子作为电荷补偿($Na/Ce=1$)的掺铈碱金属镓酸盐磷光体的发光性能可知,随着基质中阳离子的离子半径增大,电负性减小,磷光体的发射峰向短波方向移动。同样结果在我们所研究的稀土硼酸盐中也能观察到,结果列于表 2-13 中。从表 2-13 的数据可知,在掺 $Ce^{3+}$ 的稀土硼酸盐磷光体中,改变基质中的稀土离子时,随着阳离子半径增大,电负性减小,磷光体的发射峰向短波方向移动。类似的情况在 $Ce^{3+}$ 离子激活的稀土磷酸盐磷光体中也能观察到,$YPO_4$:Ce 的发射峰位于 353 nm 和 333 nm,而用离子半径大、电负性小的 La 替代 Y 时,得到的 $LaPO_4$:Ce 发射峰位于 336 nm 和 317 nm。此结果给我们的启示是,当需要在一个小范围内改变发射峰位置时,可采取改变基质中阳离子的方法。

表 2-12　$MGa_2S_4$:Ce,Na 磷光体阴极射线发光性质

| 磷光体 | $M^{2+}$ 离子半径/Å | 电负性 | 最大发射波长/nm | 效率 $\eta/\%$ | 荧光寿命* | |
|---|---|---|---|---|---|---|
| | | | | | $\tau/\mu s$ | $\beta/\mu s$ |
| $CaGa_2S_4$:Ce,Na | 0.99 | 1.0 | 468 | 4.5 | 0.08 | 1.50 |
| $SrGa_2S_4$:Ce,Na | 1.12 | 1.0 | 455 | 5.0 | 0.08 | 1.55 |
| $BaGa_2$:$S_4$:Ce,Na | 1.34 | 0.9 | 455 | 2.9 | 0.07 | 1.30 |

*$\tau$ 指强度降到 $I_0$ 的 $1/e$ 时的荧光寿命,$\beta$ 指强度到 $I_0$ 的 10% 的荧光寿命。

表 2-13　稀土硼酸盐磷光体中 $Ce^{3+}$ 离子的发光

| 磷光体 | $Ln^{3+}$ 离子半径/Å | 电负性 | 激发峰/nm | 发射峰/nm |
|---|---|---|---|---|
| $LaBO_3$:Ce | 1.02 | 1.1 | 331,280 | 380,356 |
| $GdBO_3$:Ce | 0.94 | 1.2 | 361 | 411,384 |
| $YBO_3$:Ce | 0.89 | 1.2 | 365 | 415,391 |
| $ScBO_3$:Ce | 0.73 | 1.3 | 357 | 420,385,330 |

基质中阳离子的另一个重要作用是作为稀释离子。对于 $Ce^{3+}$ 激活的磷光体,往往需要有一个合适的 $Ce^{3+}$ 浓度才能获得最佳的发光效率。$Ce^{3+}$ 离子浓度偏低,可能造成激活离子浓度过低,发光中心偏少,发光强度低,$Ce^{3+}$ 离子浓度过高时将可能由于浓度猝灭等原因而使发光效率降低。表 2-14 列出在 $Y_{1-x}Ce_xAl_3B_4O_{12}$ 磷光体中 $Ce^{3+}$ 的浓度对量子效率的影响。从表 2-14 中可见,当 $x=0.1$ 时 $Ce^{3+}$ 的量子效率最高。在 $Ce^{3+}$ 激活的稀土硼酸盐磷光体中也观察到类似的情况。在某些 $Ce^{3+}$ 激活的磷光体中,有时能观察到 $Ce^{3+}$ 的发光强度随着稀释离子浓度的增加而

降低,并未出现极大值,如在 $La_{1-x}Ce_xP_5O_4$ 磷光体中(图 2-18)。这种现象可能与 $Ce^{3+}$ 离子在 $LaP_5O_{14}$ 晶体中处于一个孤立的笼状结构之中,浓度猝灭小,仅表现出随着 $Ce^{3+}$ 浓度的减小,发射强度减弱。在 $La_{1-x}Ce_xP_5O_{14}$ 晶体中随着稀释离子的浓度增加,对 $Ce^{3+}$ 离子的荧光寿命并无影响(图 2-19)。

**表 2-14　在 $Y_{1-x}Ce_xAl_3B_4O_{12}$ 中 Ce 浓度与量子效率和寿命的关系**

| X | Ce 的量子效率/% | Ce 的寿命 $\tau$/ns |
|---|---|---|
| 0.01 | 72 | 21 |
| 0.1 | 76 | 23 |
| 0.2 | 68 | 20 |
| 0.3 | 59 | 10 |

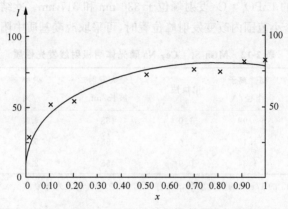

图 2-18　$La_{1-x}Ce_xP_5O_{14}$ 中 $Ce^{3+}$ 的发射强度与浓度的关系

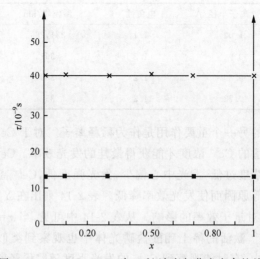

图 2-19　$La_{1-x}Ce_xP_5O_{14}$ 中 $Ce^{3+}$ 浓度与荧光寿命的关系

（3）基质中阴离子基团部分取代的影响

基质中阴离子基团有时包括两个部分，一部分是与阳离子直接配位的离子，另一部分是间接配位的离子。对于直接配位的离子通常起主导作用，前面已经作了讨论。对于间接配位离子的变化对 $Ce^{3+}$ 离子发光的影响虽然报道不多，但从 $Y_3(Al,Ga)_5O_{12}$：Ce 磷光体的阴离子基团中 Al 和 Ga 的比例变化对 $Ce^{3+}$ 离子发光性能的影响（表 2-15）可以得知，当用 $Ga^{3+}$（离子半径 0.62Å，电负性 1.6）部分取代基质中阳离子 $Y^{3+}$ 时，仍能观察到随着取代阳离子的电负性增加，化合物共价程度增加，$Ce^{3+}$ 的发射峰向长波方向移动。当 Ga 部分取代阴离子基团中的 Al（电负性 1.5）时，则发生了相反的情况，即随着 Ga 的含量增加，$Ce^{3+}$ 离子的吸收和发射峰向短波方向移动。这可解释为在阴离子基因中由于 $Ga^{3+}$ 的增加，增加了基团中 $O^{2-}$ 的负电性，使整个阴离子基团的相对电负性增大，化合物的共价程度减弱，使 $Ce^{3+}$ 的发射峰向短波方向移动。由此可知，采用取代阴离子基团中部分间接配位离子的方法能在一定范围内改变 $Ce^{3+}$ 发射峰的位置。

表 2-15　$Y_3(Al,Ga)_5O_{12}$：Ce 磷光体的发光性能

| 磷光体组成 | 阴极射线激发效率 $\eta/\%$ | 较低的吸收带位置 /$10^3 cm^{-1}$ | | 吸收带之间差值 /$10^3 cm^{-1}$ | 可见区的发射带 /$10^3 cm^{-1}$ |
|---|---|---|---|---|---|
| $Y_{1.5}Ga_{1.5}Al_5O_{12}$：Ce | — | 21.5 | 29.6 | 8.1 | 17.4 |
| $Y_3Al_5O_{12}$：Ce | 3.5 | 22.0 | 29.4 | 7.4 | 18.2 |
| $Y_3Al_4GaO_{12}$：Ce | 1.9 | 22.5 | 29.1 | 6.6 | 18.5 |
| $Y_3Al_3Ga_2O_{12}$：Ce | 1.7 | 23.0 | 28.8 | 5.8 | 19.2 |
| $Y_3Al_2Ga_3O_{12}$：Ce | 1.2 | 23.3 | 28.6 | 5.3 | 19.6 |
| $Y_3Ga_5O_{12}$：Ce | — | 23.8 | 28.1 | 4.3 | — |

（4）温度的影响

温度对 $Ce^{3+}$ 离子的发射光谱的影响与其他离子相同，一般在低温下发射峰的位置不变，而强度增加。$SrY_2O_4$：Ce 磷光体在 200K 时的发光强度仅为在 100K 时的 20%。在不少情况下，一些在室温下观察不到 $Ce^{3+}$ 离子的发射峰，而在低温下才能观察到较弱的发射峰如 $LaAlO_3$：Ce。

图 2-20 中示出温度对 $CeP_5O_{14}$ 荧光寿命的影响。结果表明，$CeP_5O_{14}$ 中 $Ce^{3+}$ 离子的荧光寿命受温度的影响并不明显。

3. $Ce^{3+}$ 离子的能量传递与敏化作用

$Ce^{3+}$ 离子具有强而宽的 4f-5d 吸收带，该吸收带可能有效地吸收能量，使 $Ce^{3+}$ 离子本身发光或将能量传递给其他离子起敏化作用；$Ce^{3+}$ 离子所具有的宽带发射随着基质不同而变化，则有利于与激活离子的吸收带匹配，保证具有高的能量传递

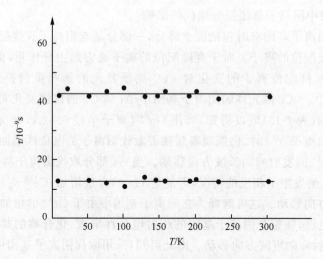

图 2-20　CeP$_5$O$_{14}$ 的荧光寿命与温度的关系

效率;Ce$^{3+}$ 离子的 5d-4f 跃迁是允许的电偶极子跃迁,其 5d 组态的电子寿命非常短(一般为 30～100ns),具有较高的能量传递几率;在大多数基质中 Ce$^{3+}$ 离子的吸收带在紫外或紫区,而其发射峰在紫区和蓝区,因此在灯用发光材料中更多地适用于作敏化离子。由于铈提取容易、价格便宜,用于取代价格较贵的其他稀土元素,更有其实用意义,目前已广泛应用。

　　由于 Ce$^{3+}$ 离子在不同的基质中有不同的吸收和发射峰位置,因此能量传递或敏化作用需要在一定的基质中才能实现。表 2-16 列出在某些基质中 Ce$^{3+}$ 对 Tb$^{3+}$、Eu$^{3+}$、Sm$^{3+}$ 或 Dy$^{3+}$ 实现敏化的可能性。从表 2-16 中可见,在不同基质中,Ce$^{3+}$ 离子的敏化作用各异。

表 2-16　在某些基质中 Ce$^{3+}$→A 的能量传递

| 敏化剂 S | 激活剂 A | YOCl | YBO$_3$ | YAl$_3$B$_4$O$_{12}$ | YPO$_4$ |
|---|---|---|---|---|---|
| Ce | Tb | + | + | + | + |
| Ce | Eu | − | − | − | − |
| Ce | Dy | + | + | + | + |
| Ce | Sm | | + | (+) | − |

注:+代表能够实现敏化;−代表不能起敏化作用。

　　在 Ce$_{0.9}$Ln$_{0.1}$P$_5$O$_{14}$[25] 和 La$_{1-x-y}$Ln$_x$Ce$_y$OBr 基质中 Ce$^{3+}$ 对各稀土离子的敏化作用的结果列于表 2-17 中。从表 2-17 中可知,在不同基质中 Ce$^{3+}$ 以各稀土离子的敏化作用不同,其主要原因是在 Ce$_{0.9}$Ln$_{0.1}$P$_5$O$_{14}$ 中 Ce$^{3+}$ 的发射峰位于 332nm,而在 La$_{1-x-y}$Ln$_x$Ce$_y$OBr 中 Ce$^{3+}$ 的发射带位于 439nm,发射峰位置不同影响与激

活离子的能量传递,当然敏化作用也不同。

**表 2-17　$Ce^{3+}$ 在不同的基质中对各稀土离子的敏化作用**

| 稀土离子 基质 | Pr | Nd | Sm | Eu | Gd | Tb | Dy | Ho | Er | Tm | Yb |
|---|---|---|---|---|---|---|---|---|---|---|---|
| $Ce_{0.9}Ln_{0.1}P_5O_{14}$ | − | + | + | − | + | + | + | + | + | + | − |
| $La_{1-x-y}Ln_xCe_yOBr$ | + | + | − | − | − | + | + | + | + | − | − |

注：+代表能实现敏化;−代表不能实现敏化。

$Ce^{3+}$ 离子的能量传递和敏化作用在文献中已有不少报道。$Ce^{3+}$ 离子能敏化 Nd、Sm、Eu、Tb、Dy 和 Tm 等稀土离子,它也能敏化 Mn、Cr、Ti 等非稀土离子。在某些基质中 $Ce^{3+}$ 离子也能被 $Gd^{3+}$、$Th^{4+}$ 等离子所敏化。现仅举一些具有实用意义的典型例子来说明。

(1) $Ce^{3+}$-$Nd^{3+}$ 的能量传递

Gandy 曾报道过在 Ce-Nd 共激活的硅酸盐玻璃中 $Ce^{3+}$-$Nd^{3+}$ 之间的能量传递情况。Peters 在 $SrGa_2S_4$：Ce,Na 磷光体中加入 $Nd^{3+}$ 离子共激活,观察到 $Ce^{3+}$ 的荧光衰减时间变短,这表明 $Ce^{3+}$ 向 $Nd^{3+}$ 进行了能量传递。光谱测定结果(图 2-21)表明,当用 $Nd^{3+}$ 的 900nm 发射带来做磷光体的激发光谱,可以看出磷光

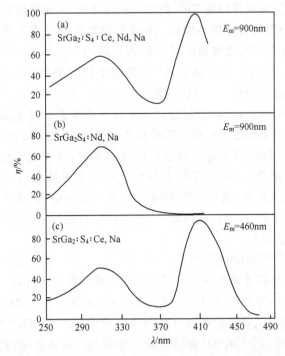

图 2-21　$SrGa_2S_4$：Ce,Nd, Na 中 $Ce^{3+}$→$Nd^{3+}$ 的能量传递

体在 410nm 处有强的吸收带(图 2-21(a)),而当只有 $Nd^{3+}$ 激活时没有这个吸收带(图 2-21(b))。当用 $Ce^{3+}$ 的 460 nm 发射带测定 $SrGa_2S_4$:$Ce$,$Na$ 时,出现 410nm 处 $Ce^{3+}$ 的激发峰(图 2-21(c))。由此证明,410nm 的激发带是属于 $Ce^{3+}$ 的,它对 $Nd^{3+}$ 的 900nm 发射有贡献,这也就证明,在此磷光体中存在着 $Ce^{3+}$ 对 $Nd^{3+}$ 的敏化作用。

$Nd^{3+}$ 离子的吸收属于 f-f 跃迁,其主要吸收峰位于 340~360nm、500~530nm、550~590nm、710~760nm 和 800~860nm。在大多数基质中 $Ce^{3+}$ 的发射带位于紫区,易与 $Nd^{3+}$ 的 340~360nm 吸收峰相匹配,但其能量转换效率较低。若 $Ce^{3+}$ 的发射与 $Nd^{3+}$ 的 500~590nm 吸收相匹配,则能更有利于 $Nd^{3+}$ 的 $1.06\mu m$ 激光发射。根据 $Ce^{3+}$ 在 $Y_3Al_5O_{12}$ 中发射带位于 549nm 附近,生长出 $Ce$、$Nd$ 共掺的 $Y_3Al_5O_{12}$ 激光晶体,获得预期的效果。在该晶体中 $Ce^{3+}$ 不仅吸收了有害的紫外光,防止晶体产生色心,而且能将能量有效地传递给 $Nd^{3+}$,使晶体的激光效率提高50%,这种新型激光晶体已获得应用。

(2) $Ce^{3+} \rightarrow Eu^{2+}$ 的敏化作用

$Ce^{3+}$ 与 $Eu^{3+}$ 共掺的体系中 $Ce^{3+}$ 和 $Eu^{3+}$ 常发生严重的猝灭现象,但 $Ce^{3+}$ 对 $Eu^{2+}$ 的敏化作用已在 $CaS$:$Ce^{3+}$,$Eu^{2+}$ 中观察到,当 $Ce^{3+}$ 加入到 $CaS$:$Eu^{2+}$ 中,磷光体的发光效率明显提高。在碱金属氟硼酸盐中掺入 $Ce^{3+}$ 和 $Eu^{2+}$ 后,在254nm 激发时由于猝灭作用使 $Eu^{2+}$ 的发光强度降低,而用阴极射线或远紫外激发时,$Eu^{2+}$ 的发光强度却有数倍地增强。作者解释为当 $Ce^{3+}$ 离子受激发处于激发态时,一般由 $^2D_{5/2}$ 能级产生无辐射跃迁先回到较低的 $^2D_{3/2}$ 能级,再由 $^2D_{3/2}$ 能级辐射跃迁回到基态 $^2F_{7/2}$ 和 $^2F_{5/2}$。在碱金属氟硼酸盐中 $Ce^{3+}$ 高的 $^2D_{3/2}$ 能级产生分裂,并且分裂后的高能级到基态 $^2F_{7/2}$ 的能级差恰恰与 $Eu^{2+}$ 离子的最大吸收能级($39.4\times10^3 cm^{-1}$)相同。这样,$Ce^{3+}$ 离子通过对大于这一能级差的高能量的吸收,然后经过无辐射共振传递实现敏化作用。实验现象解释为,当用 254 nm 激发时,$Ce^{3+}$ 离子的发射很弱,而 $Eu^{2+}$ 离子却有很强的吸收和发射,两者相互竞争吸收能量,当 $Eu^{2+}$ 的浓度到一定值时,由于 $Eu^{2+}$ 的吸收几乎完全抑制了 $Ce^{3+}$ 的吸收,则 $Ce^{3+}$ 对 $Eu^{2+}$ 起不了敏化作用,也难以观察到 $Ce^{3+}$ 离子的发射,但当用 203nm 激发时,由于 $Ce^{3+}$ 相对于 $Eu^{2+}$ 具有更强的吸收,并能将吸收的能量传递给 $Eu^{2+}$,使 $Eu^{2+}$ 离子发光强度增强数倍。

(3) $Ce^{3+} \rightarrow Tb^{3+}$ 的敏化作用

$Ce^{3+} \rightarrow Tb^{3+}$ 的磷光体是最有实用意义的高效绿色发光材料,已作为灯用发光材料的有 $LaPO_4$:$Ce$,$Tb$,$Y_2SiO_5$:$Ce$,$Tb$,$CeMgAl_{11}O_{19}$:$Tb$ 等。人们曾对磷酸盐、硼酸盐、铝酸盐、溴氧化镧和硅酸盐等基质中 $Ce^{3+}$ 对 $Tb^{3+}$ 的敏化作用进行过研究。文献报道,$Tb^{3+}$ 的 $^5D_4$ 能级的发光可由 480nm 来敏化,它的 $^5D_3$ 能级可由 340~370nm 的光来敏化。在 $(Ce,Tb)MgAl_{11}O_{19}$ 磷光体中 $Tb^{3+}$ 离子在 350~

370nm 处有一个弱的线性吸收带,而此谱线恰好与在此基质中 $Ce^{3+}$ 的 365nm 发射带重合,因此 $Tb^{3+}$ 能被 $Ce^{3+}$ 敏化,并激发到 $^5D_3$ 能级上。$Tb^{3+}$ 离子的 $^5D_3$ 能级产生两种跃迁,一是由 $^5D_3$ 直接跃迁到基质,另一个是 $^5D_3$ 弛豫到 $^5D_4$ ,再由 $^5D_4$ 跃迁到基态产生荧光,在此基质中 $^5D_4$ 的发射强度比前者大得多。在 $Tb^{3+}$ 浓度较高时 $^5D_3$ 往往产生浓度猝灭,只能观察到 $^5D_4—^7F_J$ 的跃迁。

(4) $Ce^{3+} \rightarrow Mn^{2+}$ 的能量传递

$Ce^{3+} \rightarrow Mn^{2+}$ 的能量传递是研究得较早和具有实用意义的课题。在不同的基质中可根据锰离子的价态变化得到红、橙、黄或绿色的发光,洪广言等[26]研究了 $CeP_5O_{14}$ : $Mn^{2+}$ 晶体的发光,观察到当用 254nm 激发时,$CeP_5O_{14}$ 中 $Ce^{3+}$ 离子在 332nm 处有发射峰,而 $LaP_5O_{14}$ : $Mn^{2+}$ 不发光,但当合成 $CeP_5O_{14}$ : $Mn^{2+}$ 晶体时则呈现较强的绿色荧光。这说明 $Ce^{3+}$ 把一部分能量传递给 $Mn^{2+}$ ,并使 $Mn^{2+}$ 发光。从图 2-22 中可见,随着锰含量的增加、$Mn^{2+}$ 的 545nm 的发射增强,与此同时 $Ce^{3+}$ 的 332nm 发射减弱,这表明 $Mn^{2+}$ 离子越多,$Ce^{3+}$ 传递的能量越多,使 $Ce^{3+}$ 的发射减弱。

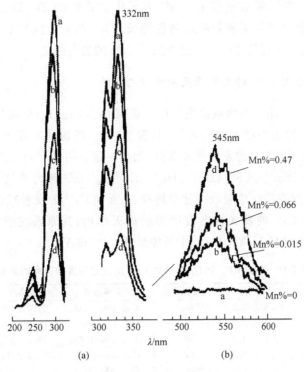

图 2-22　$CeP_5O_{14}$ : Mn 晶体的光谱

(a) 激发光谱;(b) 发射光谱

（5）$Ce^{3+}$ 同时敏化 $Tb^{3+}$ 和 $Mn^{2+}$

值得注意的新动向是 $Ce^{3+}$、$Tb^{3+}$ 和 $Mn^{2+}$ 的三元体系。已报道在 $CaSO_4$ 基质中以 $Ce^{3+}$ 作敏化剂，敏化 $Tb^{3+}$ 和 $Mn^{2+}$，利用 $Ce^{3+}$ 对 $Tb^{3+}$ 和 $Mn^{2+}$ 的有效的能量传递，已获得一种新的绿色磷光体，其量子效率可达 100%。

$Ce^{3+}$ 既能敏化 $Tb^{3+}$，又能敏化 $Mn^{2+}$，而在实际应用中作为敏化剂的 $Ce^{3+}$ 往往过量，为充分利用过量的 $Ce^{3+}$，我们提出了在多元体系中发光增强作用的设想，即可用 1 个敏化剂如 $Ce^{3+}$ 来敏化 2 个相近波长发射的激活剂使发光增强，这设想在掺 $Ce^{3+}$、$Tb^{3+}$、$Mn^{2+}$ 的多铝酸盐中得以实现，在该磷光体中不仅有 $Tb^{3+}$ 的 490nm、541nm、585nm 和 625nm 的发射峰，而且呈现在 510nm 附近的 $Mn^{2+}$ 的发射，所研制的绿色发光材料的亮度优于掺 $Ce^{3+}$、$Tb^{3+}$ 的多铝酸盐。该发光材料已用于灯用稀土三基色荧光粉和测汞仪的显示材料[27]。

（6）$Th^{4+} \rightarrow Ce^{3+}$ 的能量传递

用 $Th^{4+}$ 来敏化 $YPO_4$：Ce 得到一种高效的黑光灯材料，其积分发射强度比 $YPO_4$：Ce 高出 4 倍多，为常用的 $BaSi_2O_5$：Pb 发射强度的 1.5 倍。其能量传递过程是 $Ce^{3+}$ 和 $Th^{4+}$ 吸收能量后，$Ce^{3+}$ 离子由高能级的 $^2D_{5/2}$ 跃迁到 $^2D_{3/2}$，此时 $Th^{4+}$ 离子也由高能级经无辐射跃迁到低能级，$Th^{4+}$ 的低能级与 $Ce^{3+}$ 的 $^2D_{3/2}$ 能级相近，$Th^{4+}$ 把能量传递给 $Ce^{3+}$，由此加强了 $Ce^{3+}$ 的发射强度。

### 4. 稀土离子对 $Ce^{3+}$ 的发光强度和寿命的影响

汤又文等[28]采用蒸发溶液法生长出一系列 $Ce_{0.9}Ln_{0.1}P_5O_{14}$ 晶体，研究了晶体中 $Ln^{3+}$ 对 $Ce^{3+}$ 发光强度和寿命的影响（表 2-18）。所得结果表明，$La^{3+}$、$Lu^{3+}$ 和 $Y^{3+}$ 起稀释作用，使 $Ce^{3+}$ 的发射强度降低；加入一定量的 $Pr^{3+}$ 或 $Gd^{3+}$ 能使 $Ce^{3+}$ 的发射增强；$Nd^{3+}$、$Sm^{3+}$、$Tb^{3+}$、$Dy^{3+}$、$Ho^{3+}$、$Er^{3+}$ 或 $Tm^{3+}$ 等离子与 $Ce^{3+}$ 的能级有重叠，它们之间存在着竞争吸收或能量转移，从而使 $Ce^{3+}$ 的发射减弱；首次注意到 $Eu^{3+}$ 和 $Yb^{3+}$ 对 $Ce^{3+}$ 的发光存在着严重的猝灭作用，其原因在于 $Eu^{3+}$、$Yb^{3+}$ 和 $Ce^{3+}$ 的价态变化，如 $(Ce,Yb)P_5O_{14}$ 中可能形成 $Ce^{4+}$ 和 $Yb^{2+}$。

**表 2-18　$Ce_{0.9}RE_{0.1}P_5O_{14}$ 晶体中 $Ce^{3+}$ 的发光强度和寿命的影响**

| 晶体组成 | 寿命/ns | 相对发光强度 | 晶体组成 | 寿命/ns | 相对发光强度 |
|---|---|---|---|---|---|
| $CeP_5O_{14}$ | $24.8 \pm 0.3$ | 100 | $Ce_{0.9}Dy_{0.1}P_5O_{14}$ | $12.8 \pm 0.3$ | 28 |
| $Ce_{0.9}La_{0.1}P_5O_{14}$ | $25.1 \pm 0.2$ | 86 | $Ce_{0.9}Ho_{0.1}P_5O_{14}$ | $20.2 \pm 0.4$ | 62 |
| $Ce_{0.9}Pr_{0.1}P_5O_{14}$ | $32.7 \pm 1.1$ | 106 | $Ce_{0.9}Er_{0.1}P_5O_{14}$ | $19.3 \pm 0.3$ | 73 |
| $Ce_{0.9}Nd_{0.1}P_5O_{14}$ | $10.0 \pm 0.2$ | 13 | $Ce_{0.9}Tm_{0.1}P_5O_{14}$ | $12.8 \pm 0.2$ | 74 |
| $Ce_{0.9}Sm_{0.1}P_5O_{14}$ | $3.4 \pm 0.4$ | 12 | $Ce_{0.9}Yb_{0.1}P_5O_{14}$ | $1.2 \pm 0.0$ | ～0 |
| $Ce_{0.9}Eu_{0.1}P_5O_{14}$ | $1.4 \pm 0.4$ | ～0 | $Ce_{0.9}Lu_{0.1}P_5O_{14}$ | $6.7 \pm 0.4$ | 67 |
| $Ce_{0.9}Gd_{0.1}P_5O_{14}$ | $28.4 \pm 0.7$ | 104 | $Ce_{0.9}Y_{0.1}P_5O_{14}$ | $23.3 \pm 0.5$ | 65 |
| $Ce_{0.9}Tb_{0.1}P_5O_{14}$ | $5.4 \pm 0.4$ | 19 | | | |

### 2.4.3　$Eu^{2+}$ 的光谱[29,30]

在二价稀土离子的 4f-5d 跃迁中，$Eu^{2+}$ 的光谱近年来更引起人们的重视。一方面是因为 $Eu^{2+}$ 在很多基质中表现为宽带的荧光光谱（d-f 跃迁），发射蓝光，其中 $BaMgAl_{10}O_{17}$：$Eu^{2+}$ 已作为一种重要的灯用蓝色发光材料，$BaFCl$：$Eu^{2+}$ 已作为 X 射线增感屏材料。另一方面，1971 年 Hewes 和 Hoffman[31] 发现 $Eu^{2+}$ 在碱土金属氟铝酸盐中的荧光光谱呈现尖峰发射，其原因是在 $Eu^{2+}$ 的 $4f^7$ 组态内发生 $^6P_{7/2}$ → $^8S_{7/2}$ 的 f-f 跃迁。至于 $Eu^{2+}$ 离子在哪些基质中、具备什么条件出现 f-f 跃迁，又在什么情况下表现出 f-d 跃迁，成为人们所关心的问题，也是探索新材料的关键问题。

#### 1. $Eu^{2+}$ 离子发光的基本特性

$Eu^{2+}$ 离子的电子构型是 $[Xe]4f^75s^25p^6$（与 $Gd^{3+}$ 离子的电子构型相同）。$Eu^{2+}$ 离子的基态中有 7 个电子，这 7 个电子自行排列成 $4f^7$ 构型，基态的光谱项为 $^8S_{7/2}$，最低激发态可由 $4f^7$ 组态内层构成，也可由 $4f^65d^1$ 组态构成。因此，$Eu^{2+}$ 离子所处的晶场环境不同，其电子跃迁形式也会不同。已观察到的 $Eu^{2+}$ 的电子跃迁主要有二种：

(1) f-d 跃迁：从 $4f^65d^1$ 组态到基态 $4f^7$（$^8S_{7/2}$）的允许跃迁。

(2) f-f 跃迁：同一组态内的禁戒跃迁，包括 $4f^7$（$^6P_J$）→$4f^7$（$^8S_{7/2}$）和 $4f^7$（$^6I_J$）→$4f^7$（$^8S_{7/2}$）跃迁。

一般情况下，室温时 $Eu^{2+}$ 离子的 $4f^65d$ 组态能量比 $4f^7$ 组态的能量低，$Eu^{2+}$ 自由离子的 5d 能级为 50803 $cm^{-1}$，因此在大多数 $Eu^{2+}$ 离子激活的材料中都观察不到 f-f 跃迁。

Blasse[32] 指出，稀土离子的发光行为本质上都取决于占据晶格的稀土离子本身的性质，周围环境只起到干扰作用。但是，对于 $Eu^{2+}$ 离子来说，与 $Ce^{3+}$ 一样，具有裸露在外层未被屏蔽的 5d 电子，因此受晶场的影响较为显著。一般地在固体中 5d 能级受晶场影响而产生的劈裂大约为 $10000cm^{-1}$ 左右，由此导致其激发态的总构型非常复杂。

关于 $Eu^{2+}$ 组态内的 f-f 跃迁，Sugar 和 Spector[33] 曾作过详细讨论。表 2-19 中给出几种晶体中 $^6I_J$→$^8S_{7/2}$ 和 $^6P_J$→$^8S_{7/2}$ 的跃迁能量。由表 2-19 中可见，在各种基质中 $Eu^{2+}$ 离子的 f-f 跃迁能量变化很小。

$Eu^{2+}$ 离子的吸收带为宽带，在大多数基质中吸收带位于 240～340 nm 之间。值得注意的是有时所测的漫反射光谱和激发光谱包含着基质的吸收和 $Eu^{2+}$ 离子的 4f-5d 吸收，要严格区分。实验中 $Eu^{2+}$ 的粉末多晶可通过漫反射光谱测得吸收带，但有时因为基质的吸收强烈，在光谱曲线上无法准确认定反射的最小值，也难

以确定 $Eu^{2+}$ 的吸收带,因此采用激发光谱来测得 $Eu^{2+}$ 的吸收带较为有效。

**表 2-19　两种 f-f 跃迁的能量($cm^{-1}$)**

| 晶　体 | $^6I_J \rightarrow {}^8S_{7/2}$ | $^6P_J \rightarrow {}^8S_{7/2}$ |
|---|---|---|
| $MgS：Eu^{2+}$ | 29400 | 27800 |
| $CaS：Eu^{2+}$ | 29100 | 27300 |
| $CaSe：Eu^{2+}$ | 29400 | 27400 |
| $BaFCl：Eu^{2+}$ | 31400 | 28000 |
| 自由离子 $Eu^{2+}$ | 31700 | 28200 |

与 $Ce^{3+}$ 离子的发光规律相似,$Eu^{2+}$ 的 5d 电子易受到各种因素的影响。例如,$Eu^{2+}$ 离子的光谱不仅取决于基质晶格的晶体结构,而且也取决于所选择的阳离子。对于 $BaAl_{12}O_{19}：Eu^{2+}$ 磷光体很容易用 365 nm 激发,但是用同样的波长激发 $CaAl_{12}O_{19}：Eu^{2+}$ 和 $SrAl_{12}O_{19}：Eu^{2+}$ 则不发光(图 2-23)。其原因可能是由于 $Ba^{2+}$ 离子半径比较大,在此结构中比较匹配,而 $Ca^{2+}$、$Sr^{2+}$ 离子的半径较小,导致结构畸变,这种畸变影响 $Eu^{2+}$ 离子的光谱。

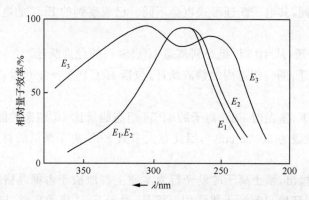

图 2-23　$MAl_{12}O_{19}：Eu^{2+}[M=Ca(E_1)、Sr(E_2)、Ba(E_3)]$ 的激发光谱

Blasse[34] 在讨论 $Eu^{2+}$ 的发光性质时指出,在大多数基质中 $Eu^{2+}$ 离子的 $4f^6$ 组态与 5d 组态是重叠的,因此由 $4f^65d$ 组态跃迁形成的发射光谱是带状谱。由于 5d 电子裸露在 $5s^25p^6$ 的屏蔽之外,f-d 跃迁能量随环境改变而明显变化,所以可通过合理选择基质的化学组成,有可能得到具有特定发射波长的磷光体。例如,在 $Sr_{1-x}Ba_xAl_{12}O_{19}：Eu^{2+}$ 中,随着 $x$ 增加,发射波长有规律地向长波方向移动,而在 $Sr_{1-x}Ba_xAl_2O_4：Eu^{2+}$ 中发射带随 $x$ 增加而有规律地向短波移动。在紫外光激发下 $Eu^{2+}$ 激活的碱土硼磷酸盐磷光体随基质中碱土离子半径增加,发射波长向短波移动(图 2-24)。相反,在 $Eu^{2+}$ 激活的碱土铝酸盐中,随着碱土离子半径增加发射波长却向长波方向移动(图 2-25)。光谱上这种规律性的变化一定程度反映出晶

体结构、组成与发光性能之间的相互关系,但是 Brixner[35] 认为,荧光光谱变化规律的某些规律性,常常是不可靠的,往往会由于原子局部位置对称性微小畸变产生的细小晶场变化而使这些规律遭到破坏。

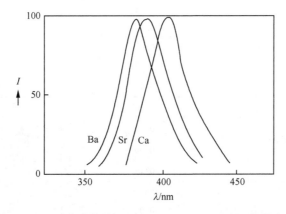

图 2-24　254nm 激发的 MEuBPO$_5$(M＝Ca、Sr、Ba)发射光谱

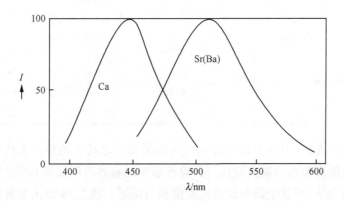

图 2-25　254 nm 激发的 MAl$_2$O$_4$：Eu$^{2+}$(M＝Ca、Sr、Ba)发射光谱(Sr、Ba 重叠)

通常 Eu$^{2+}$ 离子激活的磷光体在低温下都具有较高的量子效率,因为温度对发光的影响十分显著,而这种温度效应又同基质结构密切相关。

Eu$^{2+}$ 激活的磷光体,其 4f$^6$5d 组态的多重态跃迁到基态是一个复杂的允许跃迁,因而寿命很短,但比 Ce$^{3+}$ 离子要长,大都在微秒级。

Eu$^{2+}$ 离子发光的浓度猝灭已经过广泛的研究。实验表明,浓度猝灭的临界浓度大约为 2％(摩尔分数)铕。表 2-20 给出某些 Eu$^{2+}$ 磷光体激活剂浓度与量子效率的结果。

**表 2-20　磷光体中 Eu²⁺ 浓度与量子效率**

| 磷光体 | Eu²⁺ 浓度/mol | 量子效率(254nm 激发)/% |
|---|---|---|
| BaBPO₅：Eu²⁺ | 0.005 | 60 |
| | 0.01 | 65 |
| | 0.02 | 70 |
| | 0.03 | 65 |
| | 0.05 | 60 |
| | 0.10 | 45 |
| BaAl₁₂O₁₉：Eu²⁺ | 0.005 | 50 |
| | 0.02 | 70 |
| | 0.05 | 50 |
| | 0.15 | 20 |
| BaAl₂O₄：Eu²⁺ | 0.005 | 50 |
| | 0.01 | 60 |
| | 0.02 | 60 |
| | 0.03 | 25 |
| | 0.07 | 17 |
| Sr₂P₂O₇：Eu²⁺ | 0.002 | 87 |
| | 0.015 | 84 |
| | 0.020 | 66 |
| | 0.20 | 37 |

　　Blasse[36]指出,在临界浓度范围内相邻铕离子之间平均距离大约等于激活中心之间产生能量传递的临界距离。由猝灭浓度的临界值可以得知 Eu²⁺-Eu²⁺ 平均距离大约是 20Å,而这个值与理论计算值相当接近。图 2-26 示出 2 种磷光体的浓度与量子效率的关系。

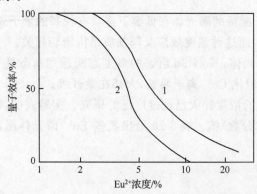

图 2-26　Sr₂MgSi₂O₇：Eu²⁺(1)和 Sr₃MgSi₂O₈：Eu²⁺(2)量子效率与激活剂浓度关系

温度猝灭是 f-d 跃迁的重要特征，Blasse[32,37] 从理论上指出，猝灭温度强烈地依赖于基质晶格的化学组成，而且也取决于激活离子的大小和邻近阳离子电荷高低。设基态与激发态平衡距离为 $\Delta r$，$\Delta r$ 的值取决于发光中心的性质。对 $Eu^{2+}$ 离子而言，因为激发是产生在 4f-5d 吸收带上，所以 $\Delta r$ 是负值。如果这时激活剂离子大于基质晶格离子，则猝灭温度低；如果激活剂离子小于基质晶格离子，则猝灭温度高；如果在 $Eu^{2+}$ 激活的磷光体基质中，含有高电荷的小离子（如硼酸盐、硅酸盐、磷酸盐）时，则猝灭温度也高。实验中观察到在一系列 $Eu^{2+}$ 激活的碱土金属化合物中，发光的猝灭温度随碱土金属离子半径增加而增加（图 2-27）。

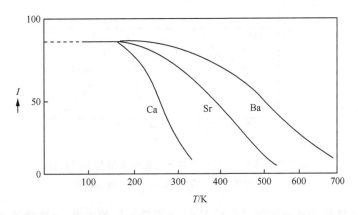

图 2-27　$MBPO_5$：$Eu^{2+}$（M＝Ca、Sr、Ba）发射强度与温度关系

Verstegen[38] 测得 $SrAl_{12}O_{19}$：$Eu^{2+}$ 的荧光寿命，300K 时 $\tau=8\mu s$，77K 时 $\tau=700\mu s$。由这些值和激发态 5d 与 4f 能级之间能量差 $\Delta E$，可以计算出 f-d 和 f-f 的跃迁几率，计算结果为，f-f 跃迁几率是 $1\times10^3 s^{-1}$，f-d 跃迁几率是 $1\times10^6 s^{-1}$。由此可见，温度会影响光谱结构。

压力对 $Eu^{2+}$ 发光也有影响。Tyner 等[39] 研究了高温高压对 $Eu^{2+}$ 激活的碱土磷酸盐发光的影响，发现压力增加能使激发态的一个状态能量转移到另一状态，致使在光谱上发射峰增多。

Machida 等[40] 研究了 $SrB_2O_4$：$Eu^{2+}$ 高压相的发光性质。实验证明，量子效率随着高压相的形成而猛烈增加，并使发射峰位置向长波移动（图 2-28），量子效率也由 1％ 以下提高到 39％。

通常认为 $Eu_2O_3$ 纯度只影响磷光体的亮度，而不影响光谱发射特性。但 Hazapoba[41] 的工作指出，在 $Sr_3(PO_4)_2$：$Eu^{3+}$ 磷光体中稀土杂质含量达到 $10^{-5}$％ 时（主要 $Dy^{3+}$、$Sm^{3+}$ 和 $Tb^{3+}$），发光光谱会产生变化，达到 $10^{-3}$％ 时亮度下降。因此要求稀土杂质含量小于 $10^{-5}$％。

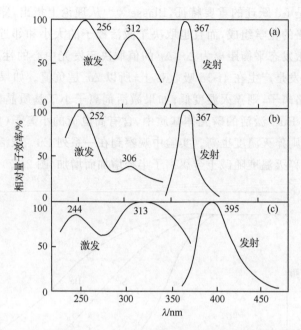

图 2-28　$SrB_2O_4$：$Eu^{2+}$ 各相的激发光谱与发射光谱

(a) 未加压；(b) 加压 15kbar；(c) 加压 30kbar

　　还原条件的选择和控制是合成 $Eu^{2+}$ 激活磷光体的关键，所选择基质的阳离子半径及价态对还原条件的影响也不可忽视。固相反应中 $Eu^{3+}$ 还原为 $Eu^{2+}$ 主要方式有

　　(1) 不加任何还原剂，样品在空气中直接高温灼烧，使部分 $Eu^{3+}$ 离子还原为 $Eu^{2+}$ 离子；

　　(2) 在适当流量的 $NH_3$ 气流中灼烧；

　　(3) 在一定比例的 $H_2/N_2$ 气流中灼烧；

　　(4) 在 CO 气流中灼烧；

　　(5) 在活性炭存在下灼烧；

　　(6) 以金属作还原剂，氩气中灼烧。

　　还原能力强弱直接影响磷光体中铕离子的发光行为和价态。例如，在 $NH_3$ 气流中 1300℃灼烧$(Sr,Mg)_3(PO_4)_2$：$Eu^{2+}$，气体流速为 400mL/min 时，样品在 365nm 激发下发黄光。流速为 130mL/min 时，样品在 365nm 激发下发紫光。据认为，在过强气流时虽然 $Eu^{3+}$ 能充分还原，但在 $Eu^{2+}$ 附近的晶格产生缺陷，并由缺陷形成发光中心，产生新的发射峰。而在太弱气流下灼烧，还原不充分，呈现出 $Eu^{3+}$ 和 $Eu^{2+}$ 的混合光。

2. $Eu^{2+}$ 离子的 f-f 跃迁[30]

$Eu^{2+}$ 离子在大多数基质中均表现为宽带的 $4f^65d$-4f 的跃迁，前面已作了阐述。然而在某些基质中 $Eu^{2+}$ 离子的光谱中有尖峰出现，其来源于(1)在某些特定条件下，少数基质中 $Eu^{2+}$ 离子的 f→d 跃迁也会产生尖峰结构；(2)许多情况下是 $Eu^{2+}$ 离子的 f-f 跃迁。

Blasse[34] 指出，$Eu^{2+}$ 离子产生 f-f 跃迁发射的重要条件之一是 4f5d 组态晶场劈裂的重心应当位于高能态，即 $4f^65d$ 激发态最低能级位于 $4f^7$ 激发态最低能级 $^6P_{7/2}$ 之上。

Fouassier[42] 实验结果表明，当 5d 能带的下限低于 $27000cm^{-1}$ 时，只能观察到 $Eu^{2+}$ 离子的 d→f 跃迁发射；当 5d 能带的下限位于 $27000\sim30000cm^{-1}$ 时，室温下可同时观察到 $Eu^{2+}$ 离子的 d→f 和 f→f 跃迁；当 5d 能带下限位于 $30000cm^{-1}$ 以上时，即使在室温下也能观察到 $4f^7$ 组态内的 f→f 跃迁发射以及伴随的振动耦合线。根据文献的报道，$Eu^{2+}$ 离子在各种基质中 5d 能带的下限所处的最高能态是 $32000cm^{-1}$，而 $^6P_{7/2}$ 平衡能量一般在 $27700\sim28000cm^{-1}$，其 5d 与 $^6P_{7/2}$ 之间能量差最大可达 $4000\sim4300cm^{-1}$。要使 5d 能级下限上升到这样高能态，必须提供一个特殊的结晶学和化学环境，降低晶场强度，使 5d 能级下限向上移动，从而得以实现 $^6P_{7/2}$→$^8S_{7/2}$ 的 f-f 跃迁。因此 Blasse 提出的 $Eu^{2+}$ 离子出现 f-f 条件中特别强调基质的化学组成。$Eu^{2+}$ 离子可以实现 f-f 跃迁(同时包括有 d→f 跃迁)发射的基质已有数十种，主要是氟化物、氯化物、氧化物和硫酸盐等。

表 2-21 中列出了各种基质中不同温度下 $Eu^{2+}$ 离子可产生 f→f 跃迁发射时 5d 能带下限能量和 5d 与 $^6P_{7/2}$ 之间能量差。由表 2-21 中可知，当 5d 与 $^6P_{7/2}$ 之间能量差在 $+2000cm^{-1}$ 以上，室温下就可以观察到单纯的 f-f 跃迁的尖锋发射，能量差在 $+20000cm^{-1}$ 之间，两种跃迁都可观察到。当能量差为较大负值时，即使低温下也只能观察到 d→f 跃迁的宽带发射。

在 $Eu^{2+}$ 的 d-f 和 f-f 两种跃迁发射都能观察到的情况下，由于 5d 与 $^6P_{7/2}$ 之间能量差不同，5d 受晶场影响造成的谱带宽度不同，因此锐线峰值位置与宽带最大中心位置之间距离也有所不同。有时尖峰与宽带中心重叠(图 2-29(a))；有时尖峰重叠在宽带的短波一侧(图 2-29(b))。一般情况下，f-f 跃迁发射峰的位置都在 360nm 附近。

基质的晶体结构是影响 $Eu^{2+}$ 离子电子跃迁的关键因素。$Eu^{2+}$ 离子所受晶场影响取决于 $Eu^{2+}$ 离子在基质晶体中所占据的格位及其所具有的结晶学对称性。

表 2-21 某些基质中 $Eu^{2+}$ 离子 $5d-^6P_{7/2}$ 能量差和跃迁形式

| 含 $Eu^{2+}$ 的化合物 | 测量温度* | 4f→5d 吸收能级的下限能量 /$cm^{-1}$ | $^6P_{7/2}$ 能级 /$cm^{-1}$ | $5d→^6P_{7/2}$ 能量差** /$cm^{-1}$ | 电子跃迁形式 | |
|---|---|---|---|---|---|---|
| $BaSiF_6$ | R. L | 31000 | 27950 | +3050 | f→f | |
| $SrSiF_6$ | R. L | 31000 | 27920 | +3080 | f→f | |
| $BaY_2F_8$ | R. L | 30000 | 27920 | +2080 | f→f | |
| $BaAlF_5$ | R | 29850 | 27910 | +1940 | f→f | |
| $SrAlF_5$ | R | 28571 | 27778 | +793 | f→f | d→f |
| $\gamma$-$SrBeF_4$ | L | 28990 | 27770 | +1220 | f→f | d→f |
| $\beta$-$SrBeF_4$ | R. L | 28990 | 27778 | +1212 | f→f | d→f |
| $BaBeF_4$ | L | 28000 | 27880 | +120 | f→f | d→f |
| $LiBaF_3$ | R | 29400 | 27693 | +1707 | f→f | d→f |
| $EuFCl$ | L | 28000 | 27500 | +452 | f→f | d→f |
| $CaFCl$ | R. L | 27400 | 27400 | 0 | f→f | d→f |
| $SrFCl$ | R. L | 28400 | 27525 | +875 | f→f | d→f |
| $BaFCl$ | R. L | 28700 | 27601 | +1099 | f→f | d→f |
| $KMgF_3$ | R. L | 28412 | 27816 | +1596 | f→f | d→f |
| $NaMgF_3$ | R. L | 28702 | 27722 | +980 | f→f | d→f |
| $KLu_3F_{10}$ | R. L | 29420 | 27879 | +1541 | f→f | d→f |
| $KY_3F_{10}$ | R. L | 29850 | 27886 | +1964 | f→f | (d→f) |
| $BaCaLu_2F_{10}$ | R. L | 28571 | 27855 | +1964 | f→f | (d→f) |
| $LiBaAlF_6$ | R. L | | | +1210 | f→f | (d→f) |
| $SrCaAlF_7$ | L | | 27816 | | f→f | d→f |
| $BaCaAlF_7$ | L | | 27920 | | f→f | d→f |
| $SrBe_2Si_2O_7$ | L | | | +1210 | f→f | d→f |
| $BaBe_2Si_2O_7$ | L | | | +726 | f→f | d→f |
| $SrAl_{12}O_{19}$ | R. L | | | +484 | f→f | d→f |
| $CaBeF_2$ | L | 26600 | 27700 | -1100 | | d→f |
| $CaF_2$ | R. L | 24200 | 27700 | -3500 | | d→f |
| $SrF_2$ | R. L | 25000 | 27700 | -2700 | | d→f |
| $BaF_2$ | R. L | 25500 | 27700 | -2200 | | d→f |

\* R 为室温,L 为液氮温度;\*\* +为 5d 下限位于 $^6P_{7/2}$ 之上,-为 5d 下限位于 $^6P_{7/2}$ 之下。

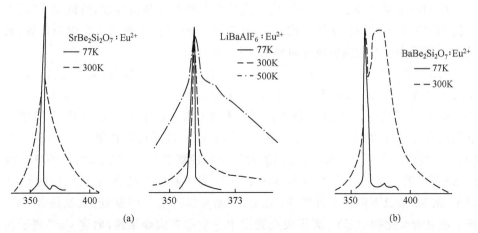

图 2-29　Eu²⁺ 离子 f→f 跃迁发射峰重叠在 d→f 跃迁发射带上的各种类型($\lambda_{ex}=254nm$)

(a) 尖峰重叠在带中心；(b) 尖峰重叠在带的短波一侧

Fouassier 等[42]的实验结果表明，在碱土金属复合氟化物中，配位场强度随碱土金属离子半径增大而减弱。因此，在某些体系中，$Eu^{2+}$ 离子的 f-f 跃迁发射性质与被取代离子半径之间具有许多有趣的规律性。如在 $MAlF_5(M=Ca,Sr,Ba)$ 中，由于 $M^{2+}$ 离子半径不同，当被 $Eu^{2+}$ 离子取代后，产生的电子跃迁形式也不同，因此光谱结构也会不同，即取代 $Ca^{2+}$ 时，$Eu^{2+}$ 是 d→f 跃迁发射；取代 $Sr^{2+}$ 时，d→f 和 f→f跃迁发射均有；取代 $Ba^{2+}$ 时，主要是 f→f 跃迁发射（图 2-30）。

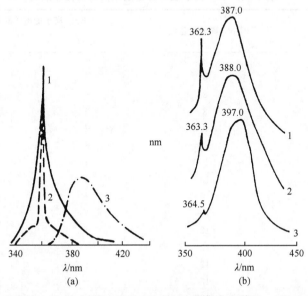

图 2-30　$MAlF_5$：$Eu^{2+}$（a）和 $MFCl$：$Eu^{2+}$（b）的荧光光谱($\lambda_{ex}=254nm$,300K)

(a)1-BaAlF₅，2-SrAlF₅，3-CaAlF₅；(b)1-BaFCl，2-SrFCl，3-CaFCl

在 MFCl(M＝Ca、Sr、Ba)中,由于这种化合物具有各向异性,所以 $Eu^{2+}$ 离子取代 $M^{2+}$ 之后也有两种跃迁形式发射,并且和 d→f 跃迁发射的最大中心位置,都随 $M^{2+}$ 离子半径增大向短波方向移动(图 2-30)。

Blasse 曾经指出,要使 $4f^6 5d$ 组态晶场劈裂重心处于高能态,基质化合物的电子云扩大效应必须很弱,即要含有电负性大的阴离子(如 $F^-$、$Cl^-$ 或 $O^{2-}$ 等)。Fouassier[42]等指出,基质中被取代的阳离子的元素电负性变小,$Eu^{2+}$ 离子 5d 能级下限也会升高,有利于 f→f 跃迁产生。例如含 $Ca^{2+}$ 离子的复合氟化物中,强的晶场使 5d 能级产生严重劈裂,致使其激发态最低能级位于 $^6P_J$ 之下,所以不易实现f→f跃迁。若用离子半径大、电负性小的 $Ba^{2+}$ 离子取代半径小、电负性大的 $Ca^{2+}$ 离子,则 5d 能级下限会上升到 $^6P_J$ 之上,于是可以产生 f→f 跃迁,这就是含 $Ba^{2+}$ 离子的复合氟化物中 $Eu^{2+}$ 离子荧光光谱中一般都有尖峰结构,而含 $Ca^{2+}$ 离子的氟化物中 $Eu^{2+}$ 离子都是带状谱的原因。

$Eu^{2+}$ 离子的配位数对电子跃迁形式的影响是显著的。配位数越大,5d 能级下限升高越多,越有利于 f→f 跃迁的产生。表 2-22 列出 $Eu^{2+}$ 离子在某些基质中的配位数和跃迁形式。从表中可见,氟化物中 $Eu^{2+}$ 离子的实际配位数为 8 时,不产生 f→f 跃迁;配位数为 12 时,即使在室温下也可观察到 $Eu^{2+}$ 离子的 f→f 跃迁,而配位数介于 8~12 时,其发射光谱可能是 f→f、也可能是 d→f 的带状谱,或者是两种跃迁的谱线均有。

表 2-22　$Eu^{2+}$ 离子在各种基质中的配位数和跃迁

| 基质组成 | $Eu^{2+}$ 离子配位数 | $Eu^{2+}$ 离子的电子跃迁形式 | |
| --- | --- | --- | --- |
| | | d→f | f→f |
| $CaF_2$ | 8 | + | − |
| $SrF_2$ | 8 | + | − |
| $BaF_2$ | 8 | + | − |
| $BaMgF_4$ | 8 | + | − |
| $CaBeF_4$ | 8 | + | − |
| $BaCl_2$ | 9 | + | + |
| $\gamma\text{-}SrBeF_4$ | 9 | + | + |
| $\beta\text{-}SrBeF_4$ | 10 | + | + |
| $BaBeF_4$ | 10 | + | + |
| $EuBeF_4$ | 10 | + | + |
| $LiBaF_3$ | 12 | + | + |
| $BaSiF_6$ | 12 | + | + |
| $SrSIF_6$ | 12 | − | + |
| $BaY_2F_8$ | 12 | − | + |
| $KMgF_3$ | 12 | + | + |
| $KY_3F_{10}$ | 12 | (+) | + |

　　基质中阳离子摩尔比的改变也会明显影响 Eu—F 键的离子性特征和配位场。
Blasse[34] 指出，产生 f→f 跃迁的基质中，邻近 Eu²⁺ 离子的阳离子应当半径小电荷
高。这种阳离子的存在可以降低 Eu²⁺ 离子周围的配位场强度。如果适当增大这
种阳离子数目，在一些基质中会使 Eu²⁺ 离子的配位场强度降得更低，以致使 f→f
跃迁发射成为可能。例如，Eu²⁺ 离子在 BaYF₅ 中，即使低温下也观察不到 f→f 跃
迁发射，但增大 Y/Ba 比，使 Y/Ba ⩾ 2 时，室温下就可观察到单纯的 f→f 跃迁
发射。

　　Blasse[34] 最初假定，只有强离子性化合物才有可能实现 Eu²⁺ 的 f→f 跃迁。因
为离子性增强，会减少电子云扩大效应。因此通常选择电负性大的阴离子配位，尤
其是电负性最大的氟离子。

　　Brixner[43] 等在 BaFX(X=Cl,Br,I) 中，详细考察了卤素离子改变对 Eu²⁺ 离子
电子跃迁影响。在 BaFCl：Eu²⁺ 的荧光光谱中，线状的 f→f 跃迁发射峰位于
363nm，但 BaFBr：Eu²⁺ 中 f→f 跃迁发射完全被吸收，即使 77K 下也未观察到，而
且 Eu²⁺ 的特征带状发射也移到了较长波长（由 BaFCl 中的 388nm 移到了 BaFBr
中的 393nm）。其原因在于 EuFBr 较强的共价性以及 EuFBr 中半径较大、电负性
较小的 Br⁻ 离子降低了 $4f^7(^9S_{7/2})\rightarrow 4f^65d$ 的吸收能，致使 5d 能级下限大大下降而
猝灭了 f→f 跃迁发射。在 BaFI 中 Eu²⁺ 离子的 f→f 跃迁发射猝灭更为严重，而且
Eu²⁺ 离子的特征发射也向更长波方向移动（图 2-31）。而纯基质化合物 BaFX(X=
Cl,Br,I) 的荧光发射波长最大中性位置随 X 离子半径增大，电负性减小而向短波
方向移动（BaFCl 为 503nm，BaFBr 为 465nm，BaFI 为 428nm）。

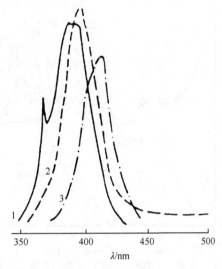

图 2-31　BaFX：Eu²⁺ 的荧光光谱（$\lambda_{ex}=254nm,300K$）

1-BaFCl：Eu²⁺；2-BaFBr：Eu²⁺；3-BaFI：Eu²⁺

在探讨 Eu²⁺ 离子能否实现 f→f 跃迁的判据上,石春山[30]认为,实现 f→f 跃迁,需要综合考虑如下诸因素:

(1) Eu²⁺ 离子必须处于弱晶场之中;

(2) Eu²⁺ 离子一般取代基质中离子半径大、电负性小于或等于 1.0 的阳离子格位;

(3) Eu²⁺ 离子的配位数要高。

(4) 基质中阳离子摩尔比要适当大;

(5) 基质中阴离子的元素电负性要大。

## 2.5　稀土离子的电荷迁移带[3]

所谓电荷迁移带(CTS)是指电子从一个离子上转移到另一个离子时吸收和发射的能量。对于稀土发光材料而言则是电子从配体(氧或卤素等)充满的分子轨道迁移至稀土离子内部的部分填充的 4f 壳层,从而在光谱上产生较宽的电荷迁移带,其中宽度可达 3000~4000cm⁻¹,谱带位置随环境的改变位移较大。目前已知 $Sm^{3+}$、$Eu^{3+}$、$Tm^{3+}$、$Yb^{3+}$ 等三价离子和 $Ce^{4+}$、$Pr^{4+}$、$Tb^{4+}$、$Dy^{4+}$、$Nd^{4+}$ 等四价离子具有电荷迁移带。图 2-32 列出三价稀土离子的电荷迁移带和 4f-5d 跃迁的能级位置。

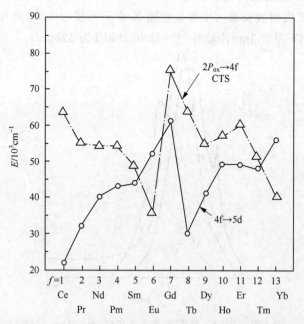

图 2-32　三价稀土离子的电荷迁移带和 4f-5d 跃迁的能级位置

稀土离子的电荷迁移带与同为宽带的 4f-5d 跃迁谱带的区别在于：

(1) f-d 跃迁带取决于环境而发生劈裂，随环境对称性的改变，5d 轨道类似于 d 区过渡离子的 d 轨道而发生劈裂，因此 4f-5d 跃迁是有结构的，可分解为几个峰的宽带；而电荷迁移带无明显的劈裂。

(2) f-d 跃迁带的半宽度一般较小，约 $1300 \text{cm}^{-1}$；而电荷迁移带的半宽度较大，为 $3000 \sim 4000 \text{cm}^{-1}$。

由于在稀土离子的激发光谱中，其 f-f 跃迁都属禁戒跃迁的线带，强度较弱，不利于吸收激发光，成为稀土离子的发光效率不高的原因之一。因此，研究并利用稀土离子的电荷迁移带对激发光的吸收和对稀土激活离子的能量传递，将可能成为提高稀土离子发光效率的途径之一。

### 2.5.1　稀土离子的电荷迁移带与价态和光学电负性

稀土离子的光谱中电荷迁移带所处位置的能量是衡量稀土中心离子从其配体中吸引电子的难易程度；稀土离子的变价是获得电子或失去电子的过程，而电负性是衡量吸引电子能力的大小的参数，三者应有必然的联系。

电荷迁移带的能量 $E_{ct}$ 可以通过吸收光谱或激发光谱求得。Jorgensen[44] 提示了电荷迁移带的能量 $(\text{cm}^{-1})$ 与配体 $(X)$ 及中心离子 $(M)$ 的电负性存在下列关系，这种由光谱法求得的电负性称为光学电负性。

$$E_{ct} = [\chi_{opt}(X) - \chi_{uncorr}(M)] \times 30 \times 10^3 \text{cm}^{-1}$$

式中，X 为卤素离子，它们的光学电负性 $\chi_{opt}(X)$ 与 Pauling 的电负性相同，即 $\chi(F^-) = 3.9, \chi(Cl^-) = 3.0, \chi(Br^-) = 2.8, \chi(I^-) = 2.5$。$\chi_{uncorr}(M)$ 是中心离子未校正的光学电负性。因镧系的配位场效应可忽略，故不需校正。

根据 $LnBr^{2+}$ 在乙醇溶液中的吸收光谱测得的电荷迁移带 $E_{ct}$ 和 $\chi(Br^-)$ 求得 $Sm^{3+}$、$Eu^{3+}$、$Tm^{3+}$ 和 $Yb^{3+}$ 的光学电负性（表 2-23）。从表 2-23 中可见，对于三价 Sm、Eu、Tm、Yb 离子，电荷迁移带的能量 $E_{ct}$ 越小，镧系离子的光学电负性越大，则标准还原电位 $E_{Ln}^{\ominus}(M^{3+} \to M^{2+})$ 越大，其还原形式的离子越稳定，即还原态的二价稀土离子的稳定性按 $Eu^{2+} > Yb^{2+} > Sm^{2+} > Tm^{2+}$ 顺序递减。离子的 $E_{ct}$ 越低，越易被还原。

表 2-23　$Sm^{3+}$、$Eu^{3+}$、$Tm^{3+}$、$Yb^{3+}$ 的电荷迁移带、光学电负性 $\chi_{uncorr}(Ln)$ 和标准还原电位

| $Ln^{3+}$ | $Tm^{3+}$ | $Sm^{3+}$ | $Yb^{3+}$ | $Eu^{3+}$ |
|---|---|---|---|---|
| 在乙醇中 $LnBr^{2+}$ 的 $E_{ct}/10^3 \text{cm}^{-1}$ | 44.5 | 40.2 | 35.5 | 31.2 |
| $\chi_{uncorr}(Ln)$ | 1.3 | 1.45 | 1.6 | 1.75 |
| $E_{Ln}^{\ominus}(M^{3+} \to M^{2+})/V$ | $-2.3 \pm 0.2$ | $-1.55$ | $-1.15$ | $-0.35$ |

根据研究的结果可知,对于四价 Ce、Pr、Nd、Tb 和 Dy 离子,其电荷迁移带的能量 $E_{ct}$ 越小、稀土离子的光学电负性越大,则标准还原电位 $E_{Ln}^{\ominus}$($M^{4+} \rightarrow M^{3+}$)的正值越大($Ce^{4+}$ 为 2.14、$Pr^{4+}$ 为 2.6、$Nd^{4+}$ 为 3.03、$Tb^{4+}$ 为 2.55、$Dy^{4+}$ 为 3.05),其还原形式的离子越稳定,即氧化态的四价稀土离子的稳定性按 $Ce^{4+} > Tb^{4+} > Pr^{4+} \gg Nd^{4+} \approx Dy^{4+}$ 的顺序递减。离子的 $E_{ct}$ 越高,越易被氧化。

稀土离子的价态增大为四价时,电荷迁移带移向低能。当稀土离子的价态增大时,由于离子半径收缩和正电荷增大,增强了它们对 $O^{2-}$ 和卤素 $X^-$ 离子中电子的吸引能力,从而降低了电荷迁移带的能量 $E_{ct}$。在四价稀土离子 $Ce^{4+}$、$Pr^{4+}$、$Tb^{4+}$、($Nd^{4+}$、$Dy^{4+}$)中都可观察到电荷迁移带。Hoefdraad[45] 曾对它们在复合氧化物中的 $E_{ct}$ 进行了研究,其中以 $Ce^{4+}$ 的 $E_{ct}$ 能量最高,一般在($31 \sim 33$)$\times 10^3 cm^{-1}$。其原因在于 $Ce^{4+}$ 的离子半径较大(92pm),因而正电势较其他四价稀土离子小,为使电子从 $O^{2-}$ 或 $X^-$ 迁移至 $Ce^{4+}$ 需要较高的能量。而且 $Ce^{4+}$ 处于较稳定的 $4f^0$ 组态中,故四价状态的 $Ce^{4+}$ 较稳定,不易接受电子而被还原。值得注意的是 $Ce^{3+}$ 的 f-d 跃迁的吸收带也位于 $30 \times 10^3 cm^{-1}$ 附近,当 $Ce^{3+}$ 和 $Ce^{4+}$ 共存时,给研究和测定 $Ce^{4+}$ 的电荷迁移带带来了一定困难。

由于四价的 $Pr^{4+}$ 和 $Tb^{4+}$ 一般只稳定存在于固体化合物中,而且它们不产生光致发光,不能用激发光谱测定其电荷迁移带,因此,只能用反射光谱法进行测定。在复合氧化物中 $Tb^{4+}$ 的 $E_{ct}$ 为($20 \sim 30$)$\times 10^3 cm^{-1}$;$Pr^{4+}$ 的 $E_{ct}$ 为($18.4 \sim 30$)$\times 10^3 cm^{-1}$。近年来,由于观察到一些 $Tb^{4+}$ 和 $Pr^{4+}$ 也可存在于溶液中,则用吸收光谱法测定了它们的电荷迁移带。苏锵报道了在 $KIO_4$-KOH 体系中使 $Tb^{3+}$ 和 $Pr^{3+}$ 氧化成四价,通过吸收光谱测得它们的 $E_{ct}$ 分别为 $Tb^{4+}$ 是 $23.8 \times 10^3 cm^{-1}$ 和 $Pr^{4+}$ 是 $25 \times 10^3 cm^{-1}$。目前有关 $Tb^{4+}$ 和 $Pr^{4+}$ 的电荷迁移带的研究还不多,但由于 $Tb^{4+}$ 和 $Pr^{4+}$ 的化合物中的 $E_{ct}$ 已移至低能的可见区,因此,一些含 $Tb^{4+}$ 和 $Pr^{4+}$ 的化合物都有颜色,并获得了一些应用。例如,在陶瓷工业中利用镨黄着色。

目前已知的四价 $Nd^{4+}$ 和 $Dy^{4+}$ 的化合物只有一种 $Cs_3LnF_7$(Ln=Nd、Dy),其 $E_{ct}$ 约为 $26 \times 10^3 cm^{-1}$ [46]。

### 2.5.2 $Eu^{3+}$ 在复合氧化物中的电荷迁移带

具有电荷迁移带的稀土离子中,对 $Eu^{3+}$ 的含氧化合物研究最多。由于 $Eu^{3+}$ 在彩色电视和灯用发光材料中广泛应用,因此对 $Eu^{3+}$ 的电荷迁移带的研究也更为重要。

$Eu^{3+}$ 在复合氧化物中与近邻的 $O^{2-}$ 和次邻近的 M 形成 $Eu^{3+}—O^{2-}—M$,$O^{2-}$ 的电子从它的充满的 2p 轨道迁移至 $Eu^{3+}$ 离子的部分填充的 $4f^6$ 壳层,从而产生电荷迁移带。此 p 电子迁移的难易和所需能量的大小,取决于 $O^{2-}$ 离子周围的离子对 $O^{2-}$ 离子所产生的势场。如果周围的离子 M 是电荷高和半径小的阳离子,则

在 $O^{2-}$ 离子格位上产生的势场增大,因而需要更大的能量才能使电子从 $O^{2-}$ 迁移至 $Eu^{3+}$ 的 4f 壳层中,故电荷迁移带将移向高能短波长区域。当 M 的电负性大时,由于 $O^{2-}$ 的电子被拉向 M 阳离子的一方,致使 $Eu^{3+}$—$O^{2-}$ 的距离增大,$O^{2-}$ 的波函数与 $Eu^{3+}$ 的波函数混合减小,也即 $Eu^{3+}$ 与晶格的耦合减小,$Eu^{3+}$—$O^{2-}$ 键的共价程度减小和电子云扩大效应减小,这将引起 $Eu^{3+}$ 的 $^5D_0 \rightarrow ^7F_0$ 的红移减小,荧光谱线变窄和相对强度变弱。电荷迁移带将向短波方向移动。

G. Blasse 发现 $Eu^{3+}$ 离子发光的量子效率和猝灭温度随着 $Eu^{3+}$ 的电荷迁移带向短波长移动而增高[47,48]。因此,他提出了获得高效的 $Eu^{3+}$ 的光致发光材料的条件之一是与 $Eu^{3+}$ 配位的 $O^{2-}$ 离子必须处于尽可能高的势场之中。关于 $Eu^{3+}$ 的电荷迁移带的位置($E_{ct}$)与配位数的关系,Hoefdraad[49]认为:$Eu^{3+}$ 的配位数为 6 的八面体中,其电荷迁移带的位置几乎固定,平均为 $42 \times 10^3 \, cm^{-1}$;当配位数为 7 或 8 时,$E_{ct}$ 随基质的不同而异,随 Eu—O 的键长增大而移向低能。

苏锵对 $Eu^{3+}$ 的电荷迁移带进行深入研究后指出,Hoefdraad 提出的 $Eu^{3+}$ 在配位数为 6 的含氧化合物中的 $E_{ct}$ 几乎固定的结论是错误的,并总结如下规律[50]。

(1) 在 Sc-Lu-Y-Gd-La 的序列中,$Eu^{3+}$ 在含 $La^{3+}$ 的基质中的电荷迁移带的 $E_{ct}$ 最低,红移最大(表 2-24)。其原因可能是由于稀土离子半径的大小是按上述顺序从左到右递增,致使在阴离子 $O^{2-}$ 的格位上所产生的势场递减,因此,使电子从 $O^{2-}$ 迁移至 $Eu^{3+}$ 所需的能量 $E_{ct}$ 也按此顺序递减,使含 $La^{3+}$ 的基质时 $E_{ct}$ 最小。

**表 2-24　$Eu^{3+}$ 在不同基质中的电荷迁移带**

| RE³⁺ | 电荷迁移带的位置 $E_{ct}/10^3 \, cm^{-1}$ | | | | | | | | | |
|---|---|---|---|---|---|---|---|---|---|---|
| | RE₂O₃ | RE₂O₂S | RE₂SO₆ | REPO₄ | REBO₃ | REAlO₃ | REOCl | REOBr | REOI | MREO₂ |
| La³⁺ | 33.7 | 27.0 | 34.5 | 37.0 | 37.0 | 32.3 | 33.3 | 30.7 | 30.6 | 36.0(Na) |
| Gd³⁺ | 41.2 | — | — | — | 42.6 | 38.0 | 35.0 | 34.2 | — | 41.1(Na) |
| Y³⁺ | 41.7 | 28.2 | 37.0 | 45.0 | 42.7 | — | 35.4 | 34.6 | — | 42.0(Li) |
| Lu³⁺ | — | — | 37.0 | — | — | — | — | — | — | 43.0(Li) |
| Sc³⁺ | — | — | — | 48.1 | 42.9 | — | — | — | — | |

从表 2-24 的数据可知,$Eu^{3+}$ 在含 La 的复合氧化物中的电荷迁移带的能量 $E_{ct}$ 还没有超过 $37 \times 10^3 \, cm^{-1}$(270nm)的,而最低的 $E_{ct}$ 是在 LaOI:$Eu^{3+}$ 中[51],可低达 $30.6 \times 10^3 \, cm^{-1}$(327nm),故 $Eu^{3+}$ 在其中的发光也是很弱的。

(2) 电负性小的元素和 d 区元素 M($Ti^{4+}$、$Zr^{4+}$、$Nb^{5+}$)使 $Eu^{3+}$ 的电荷迁移带 $E_{ct}$ 的红移大于电负性大的元素和 p 区元素 M($Si^{4+}$、$Sn^{4+}$、$Sb^{5+}$)。

在复合氧化物中,$Eu^{3+}$ 不仅处在近邻的配体 $O^{2-}$ 的包围之中,而且它的次近邻还有一个离子 M 存在,M 的不同将在 $O^{2-}$ 离子格位上产生不同的势场。因此,电荷迁移带的位置 $E_{ct}$ 还取决于 M 的性质。

从所列的表 2-25 可知,在 $LaMSbO_6$:$Eu^{3+}$ 化合物中,当 $M^{4+}$ 的价态相同时,电负性小的 d 区元素($Ti^{4+}$,$Zr^{4+}$)使 $Eu^{3+}$ 的 $E_{ct}$ 的红移大于电负性大的 p 区元素($Si^{4+}$、$Sn^{4+}$)。

**表 2-25　$Eu^{3+}$ 在 $LaMSbO_6$($M=Si^{4+}$、$Sn^{4+}$、$Ti^{4+}$、$Zr^{4+}$)中的电荷迁移带**

| M | p 区元素 | | d 区元素 | |
|---|---|---|---|---|
| | $Si^{4+}$ | $Sn^{4+}$ | $Zr^{4+}$ | $Ti^{4+}$ |
| M 的电负性 | 1.9 | 1.9 | 1.5 | 1.6 |
| 化合物 | $LaSiSbO_6$ | $LaSnSbO_6$ | $LaZrSbO_6$ | $LaTiSbO_6$ |
| 电荷迁移带的位置 $E_{ct}/10^3\ cm^{-1}$ | 37.7 | 38.5~37.0 | 33.6 | 33.9 |

从表 2-25 也可看出,在同属 p 区的元素(O、S、P、B、Al、Cl、Br、I)中,电负性小的元素使 $Eu^{3+}$ 的 $E_{ct}$ 的红移大于电负性大的元素。当 $R_2O_3$ 中的一个 O(电负性为 3.5)被一个电负性较小的 S(电负性为 2.5)取代成为 $R_2O_2S$ 时,$E_{ct}$ 发生红移。在稀土的磷酸盐、硼酸盐和铝酸盐中,$E_{ct}$ 随 $Eu^{3+}$—$O^{2-}$—M 中的 M 的电负性依 P(2.1)、B(2.0)、Al(1.5)的顺序减小而红移。在稀土卤氧化物 ROX 中,$E_{ct}$ 随 X 的电负性按 Cl(3.0)、Br(2.8)、I(2.5)的顺序减小而红移。

(3) 在三价稀土离子中,$Eu^{3+}$ 的电荷迁移带具有最低的能量。

在三价稀土离子中,可被还原的 $Sm^{3+}$、$Eu^{3+}$、$Tm^{3+}$、$Yb^{3+}$ 离子具有电荷迁移带。因为当这些三价稀土离子接受一个电子时可被还原成二价。因此,电荷迁移带的位置 $E_{ct}$ 与这些离子的氧化还原电位 $E_{Ln}^{\ominus}$(Ⅱ-Ⅲ)之间应存在一定的关系。$Ln^{3+}$ 离子的电荷迁移带的能量越低,越容易被还原。由于 $Eu^{3+}$ 的 $4f^6$ 组态最容易接受来自配体的电子而形成稳定的半充满的 $4f^7$ 组态,故在 $Sm^{3+}$、$Eu^{3+}$、$Tm^{3+}$、$Yb^{3+}$ 离子中,$Eu^{3+}$ 的电荷迁移带的能量最低,也最易被还原成二价,因而它的标准还原电位 $E_{Ln}^{\ominus}$(Ⅱ-Ⅲ)的负值最小。

在含氧的化合物中,对 $Eu^{3+}$ 和 $Sm^{3+}$ 在正交晶系的 $A_3RE_2(BO_3)_4$($A^{2+}=Ca^{2+}$、$Sr^{2+}$、$Ba^{2+}$;$RE^{3+}=La^{3+}$、$Gd^{3+}$、$Y^{3+}$)中电荷迁移带的研究结果表明(表 2-26),$Eu^{3+}$ 的 $E_{ct}$ 低于 $Sm^{3+}$ 的 $E_{ct}$,而且它们的 $E_{ct}$ 都按 $Ca^{2+}$(1.0)、$Sr^{2+}$(1.0)、$Ba^{2+}$(0.9)的顺序随电负性的减小和离子半径的增大而下降。这可能是由于在 $Eu^{3+}$—$O^{2-}$—M 中,M 的电负性的减小,减弱了 M 对 $O^{2-}$ 的相互作用,从而有利于 $O^{2-}$ 中的电子迁移至 $Eu^{3+}$,因而降低了 $E_{ct}$。与此同时,碱土金属离子半径随 $Ca^{2+}$、$Sr^{2+}$、$Ba^{2+}$ 的顺序增大,也减弱了在 $O^{2-}$ 离子格位上所产生的势场,从而引起 $E_{ct}$ 按此顺序下降。

**表 2-26　Eu$^{3+}$ 和 Sm$^{3+}$ 在 A$_3$RE$_2$(BO$_3$)$_4$ 中的电荷迁移带**

（M$^{2+}$ ＝Ca$^{2+}$、Sr$^{2+}$、Ba$^{2+}$；RE$^{3+}$ ＝La$^{3+}$、Gd$^{3+}$、Y$^{3+}$）

| RE$^{3+}$ | La$^{3+}$ | | | Gd$^{3+}$ | | | Y$^{3+}$ | | |
|---|---|---|---|---|---|---|---|---|---|
| M$^{2+}$ | Ca$^{2+}$ | Sr$^{2+}$ | Ba$^{2+}$ | Ca$^{2+}$ | Sr$^{2+}$ | Ba$^{2+}$ | Ca$^{2+}$ | Sr$^{2+}$ | Ba$^{2+}$ |
| M 的电负性 | 1.0 | 1.0 | 0.9 | 1.0 | 1.0 | 0.9 | 1.0 | 1.0 | 0.9 |
| Eu$^{3+}$ 的 $E_{ct}/10^3$ cm$^{-1}$ | 37.9 | 36.0 | 34.2 | 38.0 | 37.0 | 36.4 | 37.3 | 37.0 | 36.6 |
| Sm$^{3+}$ 的 $E_{ct}/10^3$ cm$^{-1}$ | 44.4 | 43.9 | 43.3 | 44.3 | 43.8 | 43.4 | 44.4 | 43.8 | 43.3 |

# 参 考 文 献

[1] 张思远，毕宪章. 稀土光谱理论. 长春：吉林科技出版社，1991

[2] 徐光宪. 稀土. 北京：冶金工业出版社，1995

[3] 苏锵. 稀土化学. 郑州：河南科学技术出版社，1993

[4] 张思远. 稀土离子的光谱学—光谱性质和光谱理论. 北京：科学出版社，2008

[5] William M Yen, Shionoya Shigeo, Yamamoto Hajime. Phosphor Handbook. 2nd ed. New York：CRC Press，2006

[6] Dieke G H. Spectra and Energy Levels of Rare Earth Ion in Crystals. New York：John Wiley & Sons，1968

[7] 洪广言，越淑英，刘玉珍等. 稀土化学论文集. 北京：科学出版社，1982

[8] McClure D S, Kiss I. J Chem Phys, 1963, 39(12)：3251

[9] Hobart D E, et al. Inorg Nucl Chem Lett, 1980, 16：321

[10] Kaminskii A A. Phys State Salid, 1985, 87：11

[11] Reisfeild R, Jφrgensen C K. Laser and Excited State of Rare Earths. New York：Springer，1977

[12] Newman D J. Aust J Phys, 1977, 30：315

[13] Judd B R. Phys Rev, 1962, 127：750

[14] Ofelt G. S. J Chem Phys, 1962, 37：511

[15] Judd B R, Joegensen C K. Mol Phys, 1964, 8：281

[16] 张思远. 化学物理学报. 1990, 3：113

[17] Henrie D E, et al. Coord Chem Rev, 1976, 18(2)：199

[18] Su Qiang, et al. J Lumin, 1983, 28(1)：1

[19] Blasse G, Grabmaier B C. Luminescent Materials. Berlin：Springer，1994

[20] 洪广言，李有谟. 发光与显示. 1984, 5(2)：82

[21] Blass G, Bril A. J Chem Phys, 1967, 47 (12)：5139

[22] Bril A, Blasse G, et al. J Electrochem Soc, 1970, 117(3)：346

[23] Reisfeild R, et al. Chem Phys Lett, 1972, 17(2)：248

[24] Reisfeild R. Structure and Bonding, 1973, 13：53

[25] 洪广言，越淑英. 发光学报，1986, 7(2)：200

[26] Hong G Y, Li Y M, Yue S Y. Inorganica Chimica Acta, 1986, (118)：81-83

[27] Hong G Y, Jia Q X, Li Y M. J Luminescence, 1988, 40&41：661-662

[28] 汤又文，洪广言，王文韵. 中国稀土学报，1990, 8(4)：320

［29］石春山. 发光与显示，1982，(4)：1

［30］石春山，叶泽人. 中国稀土学报，1983，1(1)：84

［31］Hewes R A，Hoffman M V. J Lumin，1971，(3)：261

［32］Gschneidner K A jr，Eying L. Handbook on the Physics and Chemistry of Rare Earths. New York：North-Holland Publishing Company，1979

［33］Sugar J，Spector C. J Opt Soc Amer，1974，64：1484

［34］Blasse G. Phys Status Solid，1973，B55：k131

［35］Brixner L H，Bierlein J D，Johnson V E I. du Pont de Nomours and Co，Delaware：E449B Curr Top Mater Sci. (NLD) 1980，4：47-87

［36］Blasse G. J Electrochem Roc，1968，115：1067

［37］Blasse G. J Chemistry Physics，1969，51(8)：3529

［38］Verstegen J M P J. J Luminescence，1974，9：297，ibid. 1974，9：420

［39］Tyner C E. J Chem Phys. 1977，9：4116

［40］Machida K，Adachi G，Shiokawa J，Shimada M，Koizumi M. J Lumin，1980，21：233

［41］Hazapoba B П. ИАН СССР Серия физическая，1961，TXXV (3)：332

［42］Fouassier C，et al. Mater Res Bull，1976，11 (8)：933

［43］Brixner L H，et al. Current Topics in Materials Science，1980，4：47

［44］Jorgensen C K. Mol Phys，1962，5：271

［45］Hoefdraad H E. J Inorg Nud Chem，1975，37：1917

［46］Reisfeld R，Jorgensen C K. Lasers and Excited states of Rare Earths. Berlin：Springer-Verlag，1977

［47］Blasse G. J Chem Phys. 1966，45(7)：2356

［48］Blasse G，Bril A. J Chem Phys，1966，45(9)：3327

［49］Hoefdraad H E. J Sdid State Chem，1975，15：175

［50］Su Qiang，et al. Rare Earths Spectroscopy. Singapore：World Scientific，1990

［51］裴治武，苏锵. 发光与显示，1985，6(4)：329

# 第3章 气体放电灯用稀土发光材料

## 3.1 气体放电与低压汞灯

### 3.1.1 气体放电光源[1]

电光源分为两大类：热辐射发光源和气体放电发光源。与热辐射光源（如白炽灯）相比，气体放电光源具有辐射光谱可调、发光效率高、寿命长、输出光的维持率好等优点。在通常情况下，气体是不导电的，但在强电场、光辐射、粒子轰击和高温加热等特定条件下，气体分子将发生电离，在电离气体中存在着带电和中性的各种粒子，它们之间相互作用，带电粒子不断地从外场中获得能量，并通过碰撞将能量传递给其他粒子，形成激发态粒子，当这些激发态粒子返回基态时，产生电磁辐射。与此同时，电离气体中正负粒子的复合也会产生辐射。利用气体放电及其辐射效应原理制成的光源称为气体放电光源（或气体放电灯）。

气体放电光源利用气体放电产生光辐射，但仅仅依靠气体电离辐射作为光源存在着光效很低，光谱能量分布不符合照明光源的要求，而且有些电离辐射影响人体健康或危及生命，为了获得各种光色，提高光效及保障人们身体健康，在利用气体电离辐射作为照明光源时都必须选择合适的发光材料，对气体电离辐射进行转化，以获得所需的光谱能量分布。

气体放电灯一般是由泡壳、电极以及灯中的填充物质组成。泡壳通常由透明的玻璃或石英按照所需的形状加工而成，有时则要用陶瓷或宝石来做泡壳。电极包括阴极和阳极。在气体放电灯工作时，灯内存在大量电子、正离子等带电粒子，这些粒子在电场作用下形成电流。要维持放电电流，阴极必须源源不断地提供电子（称为电子发射），选择阴极材料时一般希望材料的电子逸出功要小。

在气体放电光源中，所产生的辐射主要是由电极之间所充的气体或金属蒸气的原子相互作用而产生的。填充的物质不同，其辐射必然不同。在选择填充物质时，首先应该考虑它们与泡壳或电极材料不起化学反应，因此，一般情况下选用惰性气体如氩、氖、氦、氙和一些不活泼的金属如汞。对于照明用的气体放电光源，人们总希望发光物质尽可能多地将输入电能转变为可见光辐射。为了获得可见光，就需要跃迁发生在 $1.7\sim3.2\,\mathrm{eV}$（$210\sim400\,\mathrm{nm}$）的发光材料，而为了提高发光效率，将光辐射能量尽可能地集中在 $555\,\mathrm{nm}$ 附近。因此，在实际设计气体放电光源时，必须兼顾光效和显色性。

利用汞蒸气放电而制成的灯统称汞灯。汞又称为水银,故汞灯有时也称为水银灯。汞是唯一的液态金属,在同样温度下比其他任何金属的蒸气压都高。不同汞蒸气压下,其放电特性、光谱辐射能量分布以及启动方式等均有很大的变化。按照汞蒸气压的不同,汞灯可以分为低压汞灯(100~1000Pa)、高压汞灯($10^5$~$10^6$Pa)和超高压汞灯($10^6$~$10^7$Pa)。

### 3.1.2　低压汞灯

利用较低的汞蒸气压放电时辐射的能量作为光源的称为低压汞灯。在低压汞蒸气放电时会获得极高的紫外辐射效率,其放电能量的60%以上转换为253.7nm的紫外辐射,此外,还有相当数量的185nm的紫外辐射[2],仅有2%左右的可见光(表3-1)。但如果选择适当的发光材料,将紫外线转变为可见光,就可以获得发光效率很高的低压汞灯。

表 3-1　低压荧光灯中电能转换为其他形式能量比率

| 能量形式 | 比率/% |
|---|---|
| 光辐射　185nm | 5 |
| 　　　　253.7nm | 60 |
| 其他 | 6 |
| 弹性碰撞损失 | 28 |
| 复合损失 | 1 |

利用低压汞灯蒸汽放电将电能转换为253.7nm紫外线,并由紫外线激发发光材料发出可见光而得到的高效照明光源,称为荧光灯,所用的发光材料也称为荧光粉。

荧光灯是两端装有灯头的玻璃管,管内壁涂覆一层均匀的发光材料。在灯的两端各有一个涂有金属氧化物(电子粉)的双螺旋线圈的电极,它具有良好的电子发射性能。玻璃管内抽真空后,注入少量汞(汞的蒸气压约为0.5~1.4Pa),并充入一定压力的氩气(约为400~500Pa),灯管混合气体中 Hg 蒸气的含量约占0.1%。充入惰性气体的作用是增加碰撞概率,增加汞原子激发和电离的机会,利用彭宁效应(Penning effect)以降低着火电压和提高电离雪崩效应的效率,以及防止灯工作时电极的溅射。荧光灯的结构如图3-1所示。

荧光灯属于光致发光器件(photoluminescence),主要用于照明。荧光灯的发光过程是,当电子与汞原子碰撞后汞原子被激发到激发态,处于激发态的汞原子会自发地跃迁到基态,辐射出253.7nm的紫外光子。这些紫外光子又激发荧光粉,通过荧光粉将紫外辐射转换为可见光。

Ar+Hg 混合气体的电离和激发主要过程:当电子与 Ar 原子碰撞后 Ar 原子

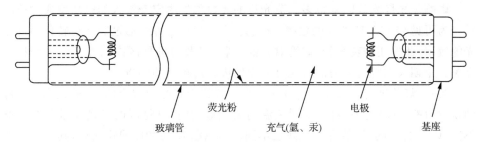

图 3-1 荧光灯的结构

电离(Ar 的电离电压为 15.6eV)到激发态,处于激发态的 Ar 原子会自发地跃迁到亚稳态能级(亚稳态能级为 11.5eV),其亚稳态能级稍高于 Hg 的电离电压(10.38eV),从而将能量传给 Hg 原子,使其激发到激发态,处于激发态的汞原子会自发地跃迁到基态,辐射出 253.7nm 的紫外光子。

Hg 的原子能级非常多,Hg 原子的基态为 $6^1S_0$。其中主要的能级及其跃迁示于图 3-2。

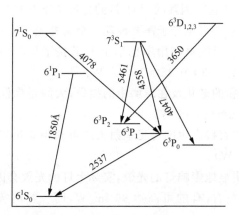

图 3-2 Hg 原子的主要能级图

从图 3-2 中可见各能级间的跃迁而产生辐射的谱线。其中最主要的是 $6^3P_1 \rightarrow 6^1S_0$ 能级间的能量之差为 4.88eV,其辐射波长为 253.7nm,这条谱线的强度很大,而且最易激发,所以称为谐振线,荧光灯就是利用这条谐振线激发荧光粉而发光的。另一条主要的谱线是来自 $6^1P_1$ 到基态 $6^1S_0$ 的跃迁,其波长为 185nm。

荧光灯的工作电压低,工作电流大,属于弧光放电。弧光放电的阴极电位降一般小于 25V,这个阴极电位降决定于阴极表面的材料和气体的组成。具体来说,荧光灯用的是热阴极,它是依靠正离子轰击 Ba-Sr-Ca 阴极产生热电子发射,其热发射电子的阴极电位为 13V,相当于 Ar 的电离电位。

影响荧光灯光效因素很多。荧光灯的光效首先决定于输入的电功率通过放电转化为可见 2537Å 紫外线的效率，又决定于 2537Å 紫外线通过荧光粉转化为可见光的效率，此外还与荧光粉、玻管对光的吸收，以及与可见区内的光谱能量分布等有关。早期人们曾对卤粉的荧光灯的光效进行过粗略的剖析。

第一，灯的理想光效是由灯在可见区的光谱能量分布决定的，它的大小只与灯的视感效率 $V(\lambda)$ 有关，对于不同色温的荧光灯，其在可见区的光谱能量分布情况不同，$V(\lambda)$ 也不同，当然理想光效也不同。对色温为 6500K 的荧光灯，其理想光效 $\eta_{理} = 320$ (lm/W)。

事实上荧光灯不可能达到这样的光效，首先任何放电都不可能把电能全部转化为光能。在低压汞放电中，电能转化为 2537Å 的效率虽然很高，也只有 60% 左右，其余 40% 由于电离弹性碰撞损耗和电极损耗等，因此光效便降为 $320 \times 60\% = 192$ (lm/W)。

第二，荧光粉的量子效率（即可见光子数与紫外光子数的比值）也不可能达到 100%，其中必有一部分紫外光子转化为其他形式的能量消耗掉。通常卤粉的量子效率为 0.85～0.9，由于这一因素的影响，灯的光效又降为 $192 \times 0.85 \approx 163$(lm/W)。

第三，按每获得一个可见光子需要消耗一个紫外光子计算，因为紫外光子的能量均大于可见光子，所以能量利用率也小于 1，若按平均利用率 $\lambda_{可见光}/\lambda_{2537} = 0.45$ 计算，灯的光效又降为 $163 \times 0.45 \approx 73$(lm/W)。

第四，由于荧光粉的老化及在球磨中的损失，大约要降低光效 18%，这样灯的光效就变为 $73 \times 82\% \approx 60$(lm/W)。

由于灯在放电中直接产生的可见辐射大约可获得 5 lm/W，因此，灯的光效将达到 $60 + 5 = 65$(lm/W)。

以上各点都会明显地影响灯的光效，实际上灯的光效会因条件不同产生差别，有的仅为 40 lm/W 左右，有的可高达 90 lm/W，而一般的普通荧光灯在 40～60 lm/W 之间。

在低压荧光灯中，在灯管内壁涂敷的荧光粉对灯的光效、颜色、显色性以及光衰都起着重要作用，其主要作用是将 253.7nm 和 185nm 等紫外辐射转换为所需的可见光或紫外线。因此，对所使用的荧光粉有如下基本要求：

(1) 有合适的吸收和发光。能有效地吸收 253.7nm 紫外辐射，并能有效地传递能量，有效地转换为可见光；

(2) 对可见光的透射率要高（97% 以上），反射率要小；

(3) 高的发光效率和优良的光衰性能。量子效率要高，应接近 0.8～1；

(4) 发光光谱要符合某些特定要求。在 285～720nm 波长范围内具有合适的发光，从而获得所需的颜色，使荧光灯具有良好的显色性，以适宜各种应用要求；

（5）具有稳定的基质结构以及稳定的化学和物理性质。在制灯及电子冲击下不易破坏，如对 185nm 紫外辐射和离子轰击稳定，不吸附汞，使用寿命长等；

（6）原料来源丰富、价格低、无毒且易于生产；

（7）具有较好的温度特性；

（8）具有良好的颗粒特性和分散性。材料颗粒的粒径应控制在一定范围，粒径分布集中，粒度配比适宜，有利于涂管（如卤粉为 $10\mu m$ 左右，稀土三基色粉在 $6\sim 8~\mu m$）。

（9）对制灯工艺有较好的适应性，不与溶剂反应，具有良好的涂敷性能。

从 1938 年荧光灯问世以来，灯用荧光粉已经历了三个发展阶段，其发光效率从 $40\sim 100~lm/W$，荧光灯也经历了三个阶段。

最早用于荧光灯的发光材料是 $CaWO_4$ 蓝粉，$Zn_2SiO_4$：Mn 绿粉和 $CdB_2O_5$：Mn 橙红粉，按一定比例混合制灯后 40W 的荧光灯为 $40~lm/W$，经过发光材料与制灯工艺上的改进，采用 $(Zn,Be)_2SiO_4$：Mn 可提高到 $50~lm/W$ 以上。由于这几种荧光粉的相对密度、粒度不同，不够匹配，铍又有毒性，限制了它们的广泛应用。

1942 年 Mckoag 等发明了锑、锰激活的卤磷酸钙（$3Ca_3(PO_4)_2 \cdot Ca(F,Cl)_2$：Sb,Mn,简称为卤粉）被称为第二代灯用发光材料。自 1948 年开始普遍使用，由于此材料是单一基质，发光效率高、光色可调、原料丰富、价格低廉，至今仍为直管型荧光灯（管径 26 mm、38 mm）用的主要发光材料。但该材料存在着发光光谱中缺少 450nm 以下的蓝光和 600nm 以上的红光，使灯的显色性较差，Ra 值偏低以及在 185nm 紫外作用下，易形成色心，使灯的光衰较大等主要缺陷。

随着对稀土发光基础研究的深入，发现稀土发光材料具有一系列特点：(1) 谱线丰富，发射波长分布区域宽，色彩鲜艳，可在所需的波长范围内选择；(2) 发光光谱属于 f-f 跃迁的窄带发光，发光能量集中、显色性高；(3) 抗紫外线辐照；(4) 高温性能好，能适应高负荷荧光灯的要求；(5) 发光效率高，三基色稀土荧光粉的量子效率均在 90% 以上。

稀土发光材料的这些特点促使人们开发稀土发光材料在气体放电光源中应用的研究，目前已广泛地应用于荧光灯中，并对其发展起着举足轻重的作用[3-6]。

20 世纪 70 年代初期，Koedam[7] 和 Thornton[8] 等提出三基色原理，即适当地选择窄发射带波长（450,550 和 610nm）的荧光粉和调整荧光粉发射带强度的比例，可以制得高光效和高显色性的荧光灯。1974 年飞利浦公司 Verstegen[9] 研制成功稀土铝酸盐的绿粉 $(Ce,Tb)MgAl_{11}O_{19}$（$\lambda_{max}=543nm$）和蓝粉 $BaMg_2Al_{16}O_{27}$：$Eu^{2+}$（$\lambda_{max}\sim 451nm$），加上已知的红粉 $Y_2O_3$：$Eu$（$\lambda_{max}=611nm$），根据三基色原理首次实现高光效和高显色性的统一。由上述三种荧光粉按一定比例混合，可制得 $2300\sim 8000K$ 范围的各种颜色的荧光灯，Ra 值（显色指数）大于 80，光效 $\geqslant 80lm/W$。由于这三种颜色的荧光粉均为稀土荧光粉，故称为灯用稀土三基色荧光粉（简称稀土三基色荧光粉),所制的灯称为稀土三基色荧光灯。由于稀土三基色荧光粉在灯用发光材料的发展中起着里程碑的作用,被誉为是第三代的灯用发光材料。

## 3.2　稀土三基色荧光粉

### 3.2.1　灯用稀土三基色荧光粉

灯用稀土三基色荧光粉由红、绿、蓝三种稀土离子激活的荧光粉组成。它是目前发展最快的发光材料之一,也是目前最重要的稀土发光材料之一[10]。

稀土三基色荧光粉的光效和显色指数均达到较高水平(表 3-2),克服了长期以来采用 $3Ca_3(PO_4)_2 \cdot Ca(F,Cl)_2 : Sb,Mn$ 荧光粉制灯,其光效和光色不能同时兼顾的难题。

表 3-2　　几种荧光粉和灯的流明效率和显色指数

| 荧光粉和灯 | 管径/mm | 功率/W | Ra | lm/W |
|---|---|---|---|---|
| 卤粉(TL/33 型灯) | 38 | 40 | 67 | 80 |
| 磷酸盐(高显色性灯) | 38 | 40 | 85 | 50 |
| 三基色荧光灯 | 38 | 40 | 85 | 80 |
| 三基色荧光灯(TLD/84 灯) | 26 | 36 | 85 | 96 |

稀土三基色荧光粉的主要的优点在于(1) 三种发射光谱相对集中在人眼比较灵敏的区域,视见函数值高,所以在相同条件下可使光效提高约 50%。(2)量子效率比普通荧光粉高 15%。(3)耐高温性能好,在 120℃ 下工作仍能保持高的亮度。(4)抗紫外辐射能力强,粉层表面也可抵挡汞原子层的形成,所以光衰小。

用稀土三基色荧光粉制造的荧光灯不仅在发光效率上较以前的普通照明光源有极大的提高,而且克服了以前的电光源在发光效率和显色性上不能统一的缺点。普通白炽灯和卤钨灯的显色指数较高,但其发光效率太低。普通白炽灯的发光效率可达 20 lm/W,卤钨灯可达 25 lm/W,而目前大功率紧凑型稀土三基色荧光灯的发光效率可达 100 lm/W;普通卤粉荧光灯的光效已达 75~80 lm/W,较普通白炽灯虽有较大提高,但其显色指数仅为 60 左右,显色性太差,稀土三基色荧光灯的显色指数已经可以达到 95 以上,常用的稀土三基色荧光灯的显色指数都达到 80以上。

随着能源危机的加深,世界各国对于节约能源极为重视,而照明则是一个用电较多的方面,一般占总电力消耗的 10% 以上。因此,开展新型、高效省电照明光源就成为一个极为重要而迫切的问题。20 世纪 70 年代末期,荷兰、日本等国综合了荧光灯与白炽灯的特点,研制成功 U 型、H 型等紧凑型节能荧光灯,由此开辟了节电的新途径,被誉为第三代照明光源。由于紧凑型荧光灯的体积小,灯管管径细,紫外线的通量比标准直管型荧光灯高得多,管壁温度高(内壁温度最高可达 $100\sim150℃$),因此要求荧光粉能耐更高的紫外辐射和更高的温度,热猝灭小。对此,一般的卤磷酸钙荧光粉就不能满足要求。稀土三基色荧光粉具备在高强度紫外辐照下,稳定性好,热猝灭温度高,并兼顾高光效和高显色性等优点,可配制成各种色温的稀土三基色荧光粉,已成为制造紧凑型节能荧光灯唯一的荧光粉。紧凑型节能灯的出现,开辟了照明节电的新途径,因此获得很大的发展,由此也推动了新型、高效稀土三基色荧光粉的发展。

　　用稀土三基色荧光粉制成紧凑型节能灯具有明显的节能效果,一支 9W 的 H 灯相当于 40W 的白炽灯,节电 70%。中国是一个能源紧缺的大国,发展和广泛使用稀土三基色荧光灯将大幅度地节电,这对于我国经济建设具有重要的意义;从另一角度来看,减少了照明用电,也减少了发电厂的投资建设,从而减少发电厂排烟,又有利于环境保护和生态平衡。为此,广泛使用节能灯已成为国际社会的"绿色照明"内容之一,目前正在大力推广,许多国家已制定法规,并要求在近几年内取代白炽灯。发展新型稀土三基色荧光粉将促进稀土深加工产业的发展,据统计,目前世界上 65% 高纯稀土用于发光材料。中国稀土资源产量及出口量均已占世界首位,进一步发展稀土深加工产业将有助于提高资源的产值,促进稀土事业的发展,具有重要的社会意义。

　　20 世纪 80 年代以来,日本、美国和欧洲国家在稀土三基色荧光粉领域开展了大量的工作,取得了明显的进展。目前所报道的主要稀土三基色荧光粉列于表 3-3。

表 3-3　主要稀土三基色荧光粉

| 荧光粉组成 | $\eta_q^{254}$ | $\lambda_{max}/nm$ | 颜色 |
|---|---|---|---|
| $Y_2O_3：Eu$ | 0.97 | 613 | 红 |
| $Y_2SiO_5：Ce,Tb$ | | 544 | 绿 |
| $MgAl_{11}O_{19}：Ce,Tb(CAT)$ | 0.90 | 545 | 绿 |
| $MgAl_nO_m：Ce,Tb,Mn$ | | 544 | 绿 |
| $GdMgB_5O_{10}：Ce,Tb(CBT)$ | 0.93 | 545 | 绿 |
| $LaPO_4：Ce,Tb(LAP)$ | 0.93 | 545 | 绿 |
| $La_2O_3·0.9P_2O_5·0.2SiO_2：Ce,Tb$ | | 545 | 绿 |
| $Sr_5(PO_4)_3Cl：Eu^{2+}$ | 0.90 | 445 | 蓝 |
| $BaMgAl_{10}O_{17}：Eu^{2+}(BAM)$ | 0.90 | 450 | 蓝 |
| $Sr_2Al_6O_{11}：Eu^{2+}$ | 0.90 | 460 | 蓝 |

注:$\eta_q^{254}$——254nm 激发下的量子效率。

　　我国在稀土三基色荧光粉的研制与生产方面也做了大量工作,复旦大学[11]、长春应化所[12]、上海跃龙化工厂、北京有色金属研究总院等均进行了研究与生产,自 1990 年后由于国家计委稀土领导小组办公室的积极组织,各行业、部门的支持,我国的稀土三基色荧光粉在数量和质量方面均有明显提高。目前,我国灯用稀土三基色荧光粉产品的质量已接近世界同类产品的水平,其产量近 30 年来取得了显著的增长,从 1985 年的 1.2 吨发展到如今的 6 千吨,并有部分出口。尽管我国灯用稀土三基色荧光粉的产量和用量居世界前列,但质量与世界领先水平相比还有差距。

　　目前商用稀土三基色荧光粉主要是红粉 $Y_2O_3$：$Eu$；绿粉 $CeMgAl_{11}O_{19}$：$Tb$ 或 $(La,Ce,Tb)PO_4$；蓝粉 $BaMgAl_{10}O_{17}$：$Eu$ 或 $Sr_5(PO_4)_3Cl$：$Eu^{2+}$,以下分别作些介绍。

### 1. 红粉

　　氧化钇掺铕($Y_2O_3$：$Eu$)是于 1964 年发现的高效稀土红色荧光粉,是唯一的用于稀土三基色荧光粉中的红粉,其量子效率高,接近于 100%,而且有较好的色纯度和光衰特性。$Y_2O_3$：$Eu$ 也在各发光领域中获得广泛应用。

　　$Y_2O_3$：$Eu$ 属于立方结构,测得的 XRD 与 $Y_2O_3$ 标准卡(JCPDS,25-1200)谱线相似(图 3-3)[41],其差别在于 $Y_2O_3$：$Eu$ 的谱线相对于 $Y_2O_3$ 标准谱线向低角度位移,即各晶面间距变大,其原因在于 $Eu^{3+}$(0.95Å)离子半径大于 $Y^{3+}$(0.88 Å),其晶胞参数 $c$ 约为 10.61Å。

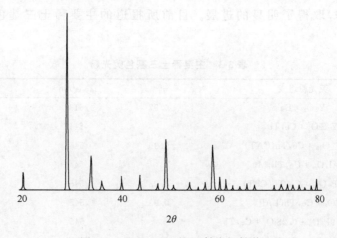

图 3-3　$Y_2O_3$：$Eu$ 的 X 射线衍射谱

　　立方结构的 $Y_2O_3$：$Eu$ 的激发和漫反射光谱示于图 3-4。由图 3-4 可见,$Y_2O_3$：$Eu$ 的吸收主要位于 300nm 以下的短波 UV 区,光谱中的宽谱带属于

$Eu^{3+}$—$O^{2+}$的电荷迁移态(CTB),所以 $Y_2O_3$：Eu 能有效地吸收汞的 253.7nm 辐射,其量子效率接近 100 ％。这个激发带还延伸到 200nm 以下的真空 UV 区。$Y_2O_3$：Eu 的激发和发射光谱示于图 3-5,其发射主峰位于 611nm。

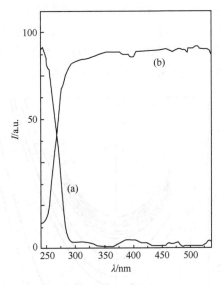

图 3-4　$Y_2O_3$：Eu 的激发光谱(a)和漫反射光谱(b)

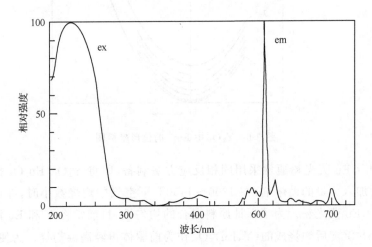

图 3-5　$Y_2O_3$：Eu 的激发和发射光谱

在 $Y_2O_3$：Eu 晶格中,一般 75％$Eu^{3+}$离子占据 $C_2$ 格位,发生以$^5D_0 \rightarrow ^7F_2$受迫允许电偶极跃迁,由于该跃迁($\Delta J = 0, \pm 2$)属超灵敏跃迁,故发射很强的 611nm 红光,其荧光寿命为 1.1ms[13],少数 $Eu^{3+}$ 占据 $S_6$ 格位,发生$^5D_0 \rightarrow ^7F_1$,属禁戒的磁偶极跃迁,发射位于 595nm 附近弱发光,它的寿命为 8ms。

　　Struck 和 Fonger[14]用位形坐标图(图 3-6)对 $Y_2O_3$：Eu 中 $Eu^{3+}$ 的电荷迁移带吸收，$Eu^{3+}$ 的 4f-5d 能级跃迁发射过程予以描述。CTB 吸附能量反馈到 $Eu^{3+}$ 特有的 $^5D_J$ 发射能级。在较低的 $Eu^{3+}$ 浓度下，人们可以观测到 $Eu^{3+}$ 的更高能级 $^5D_1$、$^5D_2$ 甚至 $^5D_3$ 的跃迁发射，这些发射位于光谱的黄区和绿区；而当浓度高时，这些高能级的发射通过交叉弛豫过程而被猝灭，发射主要由能量较低的 $^5D_0 \rightarrow ^7F_J$ 跃迁产生强红光。对于 CRT 彩色电视和灯用红色荧光粉，不希望来自 $^5D_0$ 以上的高能级的发射，因此，在 $Y_2O_2S$ 和 $Y_2O_3$ 中 $Eu^{3+}$ 的浓度高达 4%(原子)。

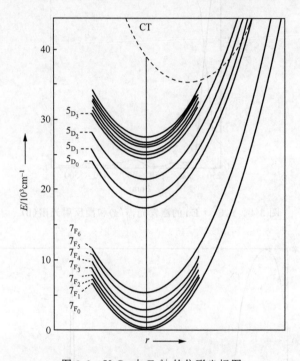

图 3-6　$Y_2O_3$ 中 $Eu^{3+}$ 的位形坐标图

　　$Y_2O_3$：Eu 荧光粉通常采用固相反应方法制备，即将 $Y_2O_3$，$Eu_2O_3$ 按一定比例混合后加入少量的助熔剂，在 1300～1450℃下空气中灼烧数小时，即可制得所需 $Y_2O_3$：Eu 荧光粉。为了保证原料混合的均匀性，目前常将 Y 和 Eu 混合溶液经草酸盐共沉淀后灼烧成的 $(Y,Eu)_2O_3$ 作为前驱体再经高温灼烧。为使 $Y_2O_3$：Eu 荧光粉有强的红光发射，通常需要相对较高的温度，以保证 $Eu^{3+}$ 占据 $C_2$ 格位。

　　采用微米级 $Y_2O_3$，$Eu_2O_3$ 为原料制备 $Y_2O_3$：$Eu^{3+}$ 荧光粉时，通常由于高温固相反应使产物的粒径较大，尽管可以通过研磨使荧光粉变细，但将损失光通量，同时由于颗粒较粗，与绿粉和蓝粉粒度不匹配，影响制灯质量。于德才等[15]采用超微 $(Y,Eu)_2O_3$ 为原料，在 1350～1400℃空气下灼烧制备出细颗粒的 $Y_2O_3$：Eu

荧光粉,其发光强度不亚于市售优质 $Y_2O_3$:Eu 荧光粉,其电镜照片表明,所得细颗粒 $Y_2O_3$:Eu 荧光粉呈亚球形,粒径约为 $2\mu m$,可作为非球磨红粉直接使用。涂管和二次特性表明,其能与绿粉、蓝粉均匀混合,涂敷性能好,并能减少红粉用量,降低成本。

由于 $Y_2O_3$:Eu 荧光粉用价格昂贵的铕作激活剂,因此成本较高。国内外对 $Y_2O_3$:Eu 的研究着重于降低成本和进一步改善荧光粉的性能。尽管 $Y_2O_3$:Eu 红粉的光效已接近极限,没有大幅度提高的可能性,但据专利报道掺杂 La 和 Gd 都能稍微提高 $Y_2O_3$:Eu 的发光亮度,并用其制成的荧光灯有更高的发光效率,也有专利报道在 $Y_2O_3$:Eu 中添加 $Sc_2O_3$、$In_2O_3$ 和 $GeO_2$ 能提高光效。在 $Y_2O_3$:Eu 红粉制备中,往往需要加入少量助熔剂以提高结晶性能和发光效率,报道加入碱金属四硼酸盐如 $Li_2B_4O_7$ 将可提高光效和降低烧结温度。但在降低 $Y_2O_3$:Eu 红粉的成本问题,至今尚未达到预期效果。在专利中曾提出红粉原料中加入适量的 $SiO_2$,可以较大幅度降低成本。$SiO_2$ 的作用机理可能是经灼烧后在荧光粉粒子外面包上一层近乎熔融的 $SiO_2$,这层 $SiO_2$ 明显地减少了原荧光粉粒子对紫外辐照的漫反射损失,大体上抵消了荧光粉中 $Y_2O_3$:Eu 量减少所引起的发光强度的减弱,从而使荧光粉的亮度并不因原料中加入 $SiO_2$ 而降低。为改善稀土三基色荧光粉的性能,国外已开始生产非球磨荧光粉,国内也有相关报道。

2. 绿粉

由于稀土三基色荧光粉中绿粉对荧光粉的光通和光效维持率起主要作用,从表 3-3 可知,绿粉的量子效率尚有提高的余地,因此对绿粉的研究与开发较为活跃。尽管所报道的绿粉种类较多,但目前实用的是铝酸盐或磷酸盐体系,其中日本、俄罗斯主要用磷酸盐体系,美国和欧洲各国用铝酸盐体系。

绿粉主要利用 $Ce^{3+}$ 敏化 $Tb^{3+}$ 的原理,即 $Ce^{3+}$ 吸收 Hg 的 253.7nm 的紫外辐射,然后将吸收的能量传递给附近的 $Tb^{3+}$,$Tb^{3+}$ 的激发态电子经无辐射弛豫到荧光态 $^5D_4$,由 $^5D_4$ 向基态 $^7F_J$ 跃迁,发出绿光。主要的绿粉有 $(Ce,Tb)MgAl_{11}O_{19}$、$(La,Ce,Tb)PO_4$、$(Ce,Gd,Tb)MgB_5O_{10}$、$(Ce,Tb,Y)_2SiO_5$ 等。

(1) 多铝酸盐绿粉 $(Ce,Tb)MgAl_{11}O_{19}$(简称 CAT)

$(Ce,Tb)MgAl_{11}O_{19}$ 铝酸盐绿粉于 1974 年由 Verstegen 等[9]首次用于三基色荧光灯中,由于它具有高的量子效率及优良的热稳定性和化学稳定性,人们对其开展了广泛地研究。

$(Ce,Tb)MgAl_{11}O_{19}$ 属于六方晶系、磁铅矿结构化合物。这类结构的通式为 $M^{2+}Al_{12}O_{19}$ 其中 $M^{2+}$ 可全部被三价 $La^{3+}$、$Ce^{3+}$ 等稀土离子取代,而 $Mg^{2+}$ 起电荷补偿作用,这样 $M^{2+}+Al^{3+}$ 被 $Ln^{3+}+Mg^{2+}$ 取代而得到 $LnMgAl_{11}O_{19}$ 化合物。这种化合物是由含有 3 个氧,1 个稀土和 1 个铝离子的中间层分隔开的一些尖晶石方块所组成。

　　$(Ce_{0.67}，Tb_{0.33})MgAl_{11}O_{19}$ 具有高效发光的原因是通过对 $LaMgAl_{11}O_{19}$ 体系中 $Ce^{3+}$ 和 $Tb^{3+}$ 的发光性质和能量传递的深入研究而获得的。$LaMgAl_{11}O_{19}$：$Ce^{3+}$ 具有高效的 UV 发射，发射峰在 $240\sim360nm$，量子效率高达 65%，并几乎与 $Ce^{3+}$ 浓度无关。而在 $(Ce，Tb)MgAl_{11}O_{19}$ 中存在着从 $Ce^{3+} \rightarrow Tb^{3+}$ 的高效能量传递。研究表明，在 CAT 中，$Ce^{3+} \rightarrow Tb^{3+}$ 的能量传递限制在同一层里最近邻范围内。$Ce^{3+} \rightarrow Tb^{3+}$ 之间的最短距离约为 0.56nm。这样大的距离交换传递的概率低，而主要是偶极子-四极子耦合作用决定能量传递效率。

　　图 3-7 列出 $(Ce,Tb)MgAl_{11}O_{19}$ 的光谱图；其是典型的 $Tb^{3+}$ 的 $^5D_4 \rightarrow ^7F_J(J=6、5、4\cdots)$ 能级跃迁发射，发射主峰位于 544nm；从激发光谱可见 $(Ce,Tb)MgAl_{11}O_{19}$ 在短波 UV 区，特别是对 253.7nm 能很有效地吸收，产生的量子效率 $>90\%$，最高可达 97%。

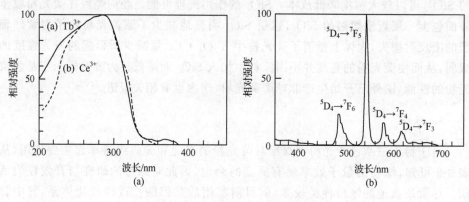

图 3-7　$(Ce,Tb)Mg Al_{11}O_{19}$ 的光谱
(a) 激发光谱　(b) 发射光谱

　　$(Ce,Tb)MgAl_{11}O_{19}$ 绿粉中，$Ce^{3+}$ 的最大吸收峰位于 280nm，发射峰位于 360nm，与 $Tb^{3+}$ 的 340nm 吸收带有较好的重叠。为提高绿粉的光效将改变组分，使 $Ce^{3+}$ 的发射与 $Tb^{3+}$ 的吸收能有更好的重叠，从而增加 $Ce^{3+} \rightarrow Tb^{3+}$ 能量传递效率；改变组分使 $Ce^{3+}$ 的最大吸收峰蓝移，使之与 Hg 辐射有更好的匹配。研究表明，合成的物质 $(Ce,Tb)_{1-x}SrMg_{1-x}Al_{11+x}O_{19}$ 能使亮度有所提高[16]，加入适量的 Mg 有可能改善光色。过量的 $Al_2O_3$ 对荧光粉的光衰有不利的影响[17]。

　　$(Ce,Tb)MgAl_{11}O_{19}$ 的制备通常采用高温固相反应法，即将 $CeO_2$、$Tb_4O_7$、$\alpha$-$Al_2O_3$、碱式碳酸镁(或 MgO)以及合适的助熔剂如氟化物、硼酸盐和氯化物按化学计量比称重、混合、研磨均匀，在 1500℃ 左右高温弱还原气氛中灼烧数小时。产物粉碎、弱酸洗涤、过筛则得产品。另一种工艺是先在 1500℃ 左右高温中灼烧，取出产物粉碎后，再在 1200~1400℃ 下，弱还原气氛中灼烧数小时即可。

值得重视的是在制备(Ce,Tb)MgAl$_{11}$O$_{19}$时,少量稀土杂质会对 CAT 的发光强度产生严重的影响。图 3-8 给出(Ce,Tb)MgAl$_{11}$O$_{19}$的发光强度与杂质 Pr、Nd、Sm 和 Eu 含量的关系[18],其中 Eu,Nd 和 Pr 杂质使荧光粉的发光强度急剧下降,而 Sm 的影响相对较小。因此,在制备荧光粉时必须使用高纯原料,特别是用量较大的 CeO$_2$ 必须使用高纯原料。

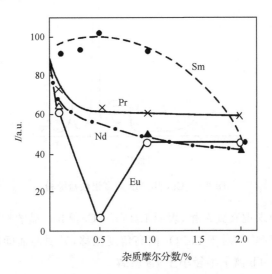

图 3-8　稀土杂质含量对 CAT 的发光强度的影响

(2) Ce,Tb,Mn 的多铝酸盐绿粉

为减少 Tb 的用量,降低成本和提高发光亮度,根据我们对多元体系中发光增强的设想,研制出 Ce,Tb,Mn 的多铝酸盐绿粉[19],其相对亮度优于(Ce,Tb)MgAl$_{11}$O$_{19}$绿粉。从其发光光谱(图 3-9)可见,在 Tb$^{3+}$ 的主要发射峰 542nm 附近还有 Mn$^{2+}$ 的 520nm 发射,这将有利于增加荧光粉的相对发光亮度。并观察到加入适量的助熔剂后,能使荧光粉的粒度细化,比重减小。

(3) 稀土正磷酸盐绿粉　LaPO$_4$：Ce$^{3+}$ Tb$^{3+}$(简称 LAP)

稀土正磷酸盐 LnPO$_4$ 存在两种同质异构体。离子半径较大的(La⋯Gd)具有独居石结构,属单斜晶系;离子半径较小的为磷钇矿结构,属四方晶系。高效的绿色荧光粉 LaPO$_4$：Ce,Tb 及其变体(La ,Ce,Tb)$_2$O$_3$ · 0.9P$_2$O$_5$ · 0.2 SiO$_2$ 均属单斜晶系、独居石结构。

稀土正磷酸盐荧光粉是一类很重要的稀土发光材料,它经历 1964～1975 年第一个活跃期和 1987 年以来第二个活跃期,在克服温度猝灭问题以后,成功地用作荧光灯的绿色荧光粉。

作者测定了[41]国内外部分 LaPO$_4$：Ce,Tb 绿粉的 X 射线衍射数据。结果表

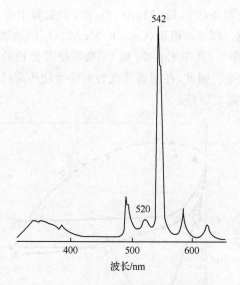

图 3-9　Ce,Tb,Mn 的多铝酸盐绿粉

明,在 X 射线谱中未观察到杂相,表明 LaPO$_4$：Ce,Tb 产品的相比较纯;能观察到 LAP 荧光粉的衍射峰相对于 LaPO$_4$ 向高角度位移,说明晶面间距变小,这可能由镧系收缩及 Ce 和 Tb 离子半径小于 La 所致。

　　LaPO$_4$：Tb$^{3+}$ 的激发光谱是由 Tb$^{3+}$ 的 4f-5d 跃迁激发带和 4f-4f 跃迁弱线谱组成,用 254nm 激发 LaPO$_4$：Tb 时发光效率低,而在 LaPO$_4$：Ce,Tb 中 Ce$^{3+}$ 在 254~290nm 呈现强的吸收,激发带的峰值在 280nm 附近,发射峰位于 320nm 处,因此,用短波 UV 激发 LaPO$_4$：Ce,Tb 时,由于发生能量从 Ce$^{3+}$ 高效地无辐射共振传递给 Tb$^{3+}$,使 Tb$^{3+}$ 的 544nm 发射显著地增强。

　　LaPO$_4$：Ce,Tb 的量子效率高达 90% 以上。图 3-10(a) 给出 LaPO$_4$：Ce,Tb 的激发光谱,它是由 Ce$^{3+}$ 和 Tb$^{3+}$ 的激发光谱所组成;而发射光谱图 3-10(b) 是典

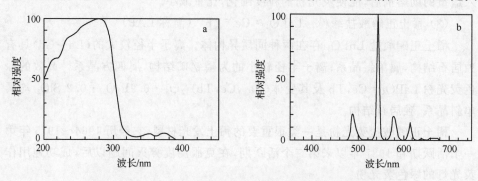

图 3-10　(La ,Ce，Tb)PO$_4$ 的激发光谱(a)和发射光谱(b)

型的 $Tb^{3+}$ 的 $^5D_4 \to {}^7F_J$ 能级跃迁的发射,主发射峰为 $^5D_4 \to {}^7F_5$ 跃迁发射。稀土杂质对 $LaPO_4$：$Ce,Tb$ 的发光性质和温度特性影响很大[20]。随着稀土分离技术水平的提高,目前 $La_2O_3$,$CeO_2$ 及 $Tb_4O_7$ 的原料中 $Nd^{3+}$、$Pr^{3+}$、$Ho^{3+}$、$Er^{3+}$ 等稀土杂质含量甚微。

实用的荧光粉应具有好的热稳定性和温度猝灭特性。早期 LAP 这方面性质很差,经研究发现,加入 $Li^+$ 和硼酸后能克服这些问题。Chauchard 等[21]首先发现 $Li^+$ 不仅可增强 $Eu^{3+}$ 和 $Tb^{3+}$ 离子发光,而且能使 LAP 在高温下仍保持高的效率。$Li^+$ 的掺入大大改善荧光粉的温度猝灭性,并对短波 UV 光吸收有所增强。在 $LaPO_4$：$Ce^{3+}$ 中,加入 $Li^+$ 也有类似作用[22]。加入少量硼酸以后,LAP 荧光粉在 $20\sim350$℃时发光强度几乎保持不变,且比不加硼酸的强度提高 10%。硼酸根置换少部份磷酸根后形成 $(La,Ce,Tb)(PO_4,BO_3)$ 绿色荧光粉,在 20℃ 和 200℃ 时的激发光谱形状没有变化,且具有相同的激发效果。然而对不加硼酸的 $(La,Ce,Tb)PO_4$ 而言,200℃时的发光强度比 20℃ 时下降 20%。硼酸根掺入也可抑制有害的 $Ce^{4+}$ 离子生成,使高温下不发生 $Ce^{3+} \to Ce^{4+}$ 通道的能量传递,保证 $Ce^{3+} \to T_b^{3+}$ 的无辐射能量传递概率不降低。

洪广言等[23]系统地研究 $LaPO_4$：$Ce,Gd,Tb$ 体系的光谱,表明在荧光粉中存在着 $Ce^{3+}$ 敏化 $Tb^{3+}$ 和敏化 $Gd^{3+}$ 的现象,将可能在 $LaPO_4$：$Ce,Tb$ 磷光体中加入少量的 $Gd^{3+}$,可增加发光亮度。此结果表明,$LaPO_4$：$Ce,Gd,Tb$ 是一种新的改进的高效发光材料。

日本东芝曾报道 $La_2O_3 \cdot 0.2SiO_2$：$0.9P_2O_5$：$Ce,Tb$ 的发光亮度比铝酸盐提高 10%,但 Tb 的用量较高。

$LaPO_4$：$Ce,Tb$ 主要采用高温固相反应法合成,直接将所需的 $La_2O_3$、$CeO_2$、$Tb_4O_7$ 及相关的锂盐、硼酸与 $(NH_4)_2HPO_4$ 混合均匀,在弱还原气氛中 $1100\sim1200$℃下灼烧数小时,即得到产品。其中硼酸量在 $1\%\sim3\%$,$Li^+$ 的最佳量约为 10%(摩尔分数),一般选用 $Li_2CO_3$。

另外,可采用稀土草酸盐与磷酸盐为原料,再加入锂盐、硼酸等在高温还原气氛下合成 $LaPO_4$：$Ce,Tb$。采用稀土草酸盐作前驱物的原因在于稀土元素能十分均匀地混合。

(4) $LnMgB_5O_{10}$：$Ce,Tb$ (简称 CBT)

$LnMgB_5O_{10}$ 具有单斜晶系结构。$LnMgB_5O_{10}$ 化合物(Ln＝La…Er)中,稀土原子由 10 个氧原子形成一个非对称的氧多面体,多面体共享并形成一些孤立的"Z"字形键。La 原子由 3 个硼三角体和 3 个硼四面体环绕。Mg 原子位于一个畸变的八面体格位上,与 6 个氧原子配位。$Mn^{2+}$ 可部分取代 $Mg^{2+}$,位于八面体格位上。

在 $LnMgB_5O_{10}$：$Ce$ 荧光粉中,$170\sim280$nm 存在 $Ce^{3+}$ 强的激发带,而 $Ce^{3+}$ 的发射带从 280nm 扩展到 360nm,发射峰位于 300nm 附近,$Ce^{3+}$ 能有效地将能量传递给 $Tb^{3+}$。在 $LnMgB_5O_{10}$ 基质中,加入 $Gd^{3+}$ 离子后,使 $Ce^{3+} \to Tb^{3+}$ 离子间的能

量传递更为有效。在无辐射能量传递过程中，$Gd^{3+}$ 离子起重要的中间体作用，$Ce^{3+} \rightarrow Gd^{3+} \rightarrow Tb^{3+}$。$Gd^{3+}$ 离子的中间体作用可以从图 3-11 中所示结果得到证实[24]。随着 $Gd^{3+}$ 浓度增加，$Ce^{3+}$ 的量子效率 $\eta_q$ 逐渐下降，而 $Tb^{3+}$ 的量子效率 $\eta_q$ 还逐渐增加。当 $La^{3+}$ 全部被 $Gd^{3+}$ 取代后，即在 $GdMgB_5O_{10}$：Ce,Tb 体系中可获得最大量子效率的绿色发光。图 3-12 列出 $GdMgB_5O_{10}$：Ce,Tb 的激发和发射光谱。在 $LnMgB_5O_{10}$：Ce,Tb(Ln=La,Gd,Y)体系中，它们的激发和发射光谱等性质有一些差异[25]，从三种 $LnMgB_5O_{10}$：Ce,Tb 荧光粉的激发光谱（图 3-13）可以得到反映。

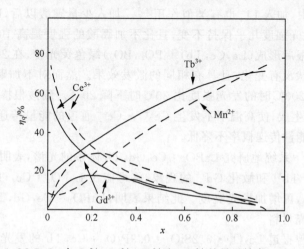

图 3-11　在 $LnMgB_5O_{10}$ 中 $Ce^{3+}$、$Gd^{3+}$、$Tb^{3+}$ 和 $Mn^{2+}$ 的量子效率 $\eta_q$ 与 $Gd(x)$ 的关系
—$(La_{0.94-x}Ce_{0.05}Tb_{0.01}Gd_x)MgB_5O_{10}$；$---(La_{0.94-x}Ce_{0.05}Gd_x)Mg_{0.99}Mn_{0.01}B_5O_{10}$

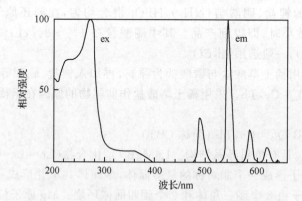

图 3-12　$GdMgB_5O_{10}$：$Ce^{3+}$,$Tb^{3+}$ 激发与发射光谱

　　在 $LnMgB_5O_{10}$ 中占据结晶学格位有两种价态的阳离子——$Ln^{3+}$ 和 $Mg^{2+}$。除了三价稀土 Ce,Gd,Tb 和 Bi 离子可以占据 $Ln^{3+}$ 的格位外，$Mn^{2+}$ 和 $Zn^{2+}$ 离子可以取代位于八面体格位上的 $Mg^{2+}$ 离子，因而可得到 $Mn^{2+}$ 的红光发射，它们属于

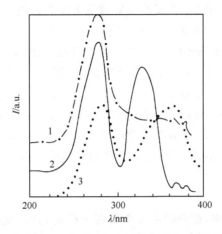

图 3-13　LnMgB$_5$O$_{10}$：0.015Ce，0.020Tb 的激发光谱（监控 542nm 发射）

1—Gd；2—La；3—Y

Mn$^{2+}$ 的 $^4$T$_1$—$^6$A$_1$ 能级跃迁发射。在此体系中，Mn$^{2+}$ 的发光不能直接被 Ce$^{3+}$ 敏化，而 Gd$^{3+}$→Mn$^{2+}$ 的能量传递可以发生。在（La，Ce，Gd）（Mg，Mn）B$_5$O$_{10}$ 体系中，通过 Ce$^{3+}$ → Gd$^{3+}$→Mn$^{2+}$ 的途径中 Gd$^{3+}$ 的中间体作用，使 Mn$^{2+}$ 的红色发光被增强[26]。这种关系如图 3-11 中的虚线所示，当 Gd$^{3+}$ 完全取代时 Ln$^{3+}$，即（Gd，Ce）MgB$_5$O$_{10}$：Mn 红色荧光粉的 $\eta_q$ 达到最佳。因此，在稀土五硼酸盐中，可以同时掺杂两种不相关的激活剂 Tb$^{3+}$ 和 Mn$^{2+}$，得到高效 Mn$^{2+}$ 红色发射和 Tb$^{3+}$ 的绿色发射的（Gd，Ce）MgB$_5$O$_{10}$：Tb$^{3+}$，Mn 多功能荧光粉。GdMgB$_5$O$_{10}$：Ce$^{3+}$，Mn$^{2+}$ 和 GdMgB$_5$O$_{10}$：Ce$^{3+}$，Tb$^{3+}$，Mn$^{2+}$ 的发射光谱示于图 3-14。

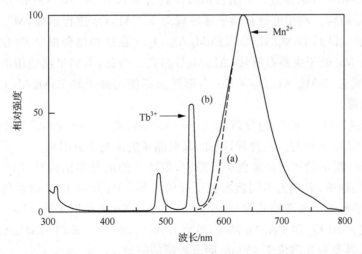

图 3-14　GdMgB$_5$O$_{10}$：Ce$^{3+}$，Mn$^{2+}$（a）和 GdMgB$_5$O$_{10}$：Ce$^{3+}$，Tb$^{3+}$，Mn$^{2+}$ 的发射光谱

$Bi^{3+}$ 激活的 $LnMgB_5O_{10}$ 在短波 UV 激发下发射长波 UV 光,随着温度升高向长波移动,如在液氮温度下 $\lambda=335nm$,室温时 $\lambda=345nm$。激发峰为一个宽带,峰值约为 300nm。在 $GdMgB_5O_{10}$ 中,$Pb^{2+}$ 可以敏化 $Gd^{3+}$,而且能量传递可以通过 $Pb^{2+} \rightarrow Gd^{3+} \rightarrow Mn^{2+}$ 或 $Tb^{3+}$ 有效地进行,$Gd^{3+}$ 依然起中间体作用。

稀土五硼酸盐采用固相反应合成,$CeO_2$,$Gd_2O_3$,$Tb_4O_7$,MgO ,$MnCO_3$ 及 $H_3BO_3$ 等原料混合,磨均后在 $1000\sim1100℃$ 弱还原气氛中灼烧数次。每次灼烧后取出,再磨匀样品,再灼烧。由于该硼酸盐熔点较低,制备时需要严格控制温度。合成温度低,发光亮度不佳,而温度高时样品又易熔融而成块。

**3. 蓝粉**

在三基色荧光粉中,蓝粉的主要作用在于提高光效、改善显色性,其发射波长和光谱功率分布对紧凑型荧光灯的光效、色温、光衰和显色性都有较大影响。目前实用的蓝粉主要是 $Eu^{2+}$ 激活的铝酸盐和卤磷酸盐。其中 $BaMgAl_{10}O_{17}$:$Eu^{2+}$ 是目前在紧凑型荧光灯中使用较多的蓝粉,$Sr_{10}(PO_4)_6Cl_2$:$Eu^{3+}$ 蓝粉也得到广泛应用。

(1) $Eu^{2+}$ 激活的铝酸盐蓝粉 $BaMg_2Al_{16}O_{27}$:$Eu^{2+}$ 和 $BaMgAl_{10}O_{17}$:$Eu^{2+}$(简称 BAM)

BAM 是一大类六角铝酸盐化合物,其组分可在相当大范围内变化,生成各种固熔体和非计量化合物,从而影响蓝粉发光性能。早期使用的蓝色荧光粉 $BaMg_2Al_{16}O_{27}$:$Eu^{2+}$ 晶体结构类似于 $\beta-Al_2O_3$ 的六方铝酸盐。后来 Smets 等[27,28] 在 $Eu^{2+}$ 激活的钡六角铝酸盐的组成和发光性质研究中发现体系中存在富钡相和贫钡相两种铝酸盐。贫钡相铝酸盐具有通式为 $M^+Al_{11}O_{17}$ 和 $M^{2+}Al_{10}O_{17}$ 的 $\beta-Al_2O_3$ 结构。利用电荷补偿平衡原理对 $M^+Al_{11}O_{17}$ 进行组装,$M^+ + Al^{3+} \rightarrow M^{2+} + Mg^{2+}$,得到 $BaMgAl_{10}O_{17}$,$EuMgAl_{10}O_{17}$。在这种化合物中 Ba 位于镜面层(BaO)中,Mg 处于尖晶石基块($Al_{10}MgO_{16}$)内。为此,人们早期使用的蓝色荧光粉的分子式为 $BaMg_2Al_{16}O_{27}$:$Eu^{2+}$,而目前都使用分子式 $BaMgAl_{10}O_{17}$:$Eu^{2+}$ (BAM)蓝粉。

$BaMgAl_{10}O_{17}$:$Eu^{2+}$ 的发射峰位于 $\sim450nm$,属于 $Eu^{2+}$ 的 $4f^65d$ 到 $4f^7$ 的跃迁。由于 5d 电子参与激发过程,因此,其对晶场的影响十分明显。

在 $Eu^{2+}$ 激活的铝酸盐蓝色荧光粉中,阳离子的组分和结构对 $Eu^{2+}$ 的发光性质有显著的影响,表现为不同蓝粉色坐标的差异。Ba 量对 $Eu^{2+}$ 激活的铝酸盐蓝粉有明显的影响。对于通式为 $Ba_xMgAl_{10}O_{16+x}$:Eu 荧光粉来说,当 $x \geqslant 1.3$ 时(富钡相)生成 $\beta'-Al_2O_3$ 和 $\beta-Al_2O_3$ 两相,即为 $1.29Ba_{0.6}Al_2O_3$:Eu 和 $BaMgAl_{10}O_{17}$:Eu 的混合物,其发射光谱位于 450nm 附近较窄的带谱。

在贫钡的六方铝酸盐中,引入 Mg 会严重影响 $Eu^{2+}$ 的发射光谱,其发射光谱和半宽度均变窄。随着 Mg 量增加,发射主峰并不移动,但绿色长波处尾巴逐渐减弱,色坐标 $x$ 值逐渐减小。只有 Mg 量 $x=1$ 时,即 $BaMgAl_{10}O_{17}$:Eu 的蓝色纯度最佳,长波尾巴消失。蓝粉的 $y$ 值对 3200K 暖白色以上色温的三基色荧光粉的光效和显色性均存在影响。兼顾光效和显色性,蓝色荧光粉的发射波长一般在 440～460nm。比较 $BaMg_2Al_{16}O_{27}$:Eu 和 $BaMgAl_{10}O_{17}$:Eu 两种蓝色荧光粉,目前在荧光灯中主要使用 $BaMgAl_{10}O_{17}$:Eu,它的激发和发射光谱示于图 3-15。

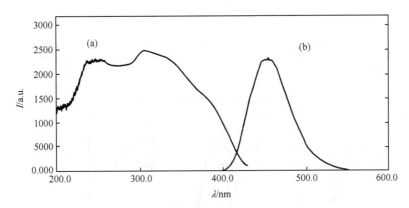

图 3-15　$BaMgAl_{10}O_{17}$:Eu 的激发光谱(a)和发射光谱(b)

$Al^{3+}$ 离子的含量对荧光粉也有明显的影响。$Ba_{0.87}Mg_{2.0}Al_zO_{3+3z/2}$:$Eu_{0.13}^{2+}$ 荧光粉的发射和激发光谱如图 3-16 所示。从图中可见需选择合适的 $z$ 才能具有最佳的发光效果。

对于 $BaMgAl_{10}O_{17}$ 蓝粉而言,随着原料配比,特别是 Ba/Mg 的不同,生成六角铝酸盐的种类将有所不同,因而 $Eu^{2+}$ 的发射波长亦将随之稍有变化,表现为不同蓝粉色坐标的差异。文献[29]对不同发射波长的蓝粉与光效和显色指数的关系作了系统研究,结果示于图 3-17。从图 3-17 可见,当蓝粉的发射波长为 450nm 时,灯的光通量最高,当波长为 440nm 或 460nm 时,光效约下降 1‰～2‰,但当波长超过 460nm 时,光效下降很快。另一方面,蓝粉的发射波长从 440nm 移向 480nm,灯的显色随之增高,而到 490nm 时,显色指数急剧跌落,这一结果可用于设计高显色性、高光效的三基色荧光灯。

研究发现蓝粉 BAM 的色坐标 $y$ 值是其作为三基色荧光粉的一个重要参数,$y$ 值较小的蓝粉使用效果较好,而 Ba 和 Mg 的用量对材料的光谱特性、色坐标 $y$ 值都有很大影响。吴乐琦等[30]研究用 Ca 代替部分 Ba,抑制了 500 nm 以上的长波绿色发射,使色坐标 $y$ 值减小,发射峰强度增高,从而改善了这种蓝色荧光粉的性能。

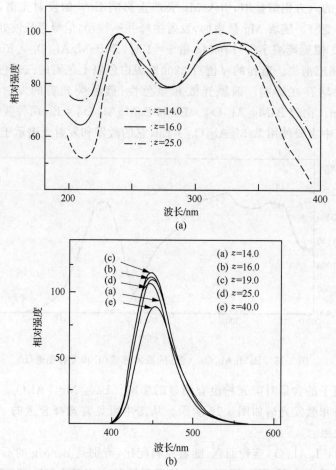

图 3-16　$Ba_{0.87}Mg_{2.0}Al_zO_{3+3z/2}$：$Eu_{0.13}^{2+}$ 的激发光谱(a)和发射光谱(b)

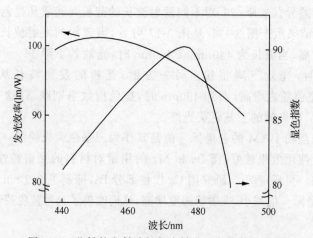

图 3-17　蓝粉的发射波长与光效和显色指数的关系

$Eu^{2+}$ 在 $BaMgAl_{10}O_{17}$ 基质中发射峰绿色拖尾较严重,将使三基色节能灯的光衰大,色温漂移严重,缩短了三基色节能灯的使用寿命。胡爱平[31] 等研究了掺杂 Zn、Li 等不同离子时 $Eu^{2+}$ 在 $BaMgAl_{10}O_{17}$ 基质中的发光,发现在掺杂 Zn 的材料中发射光谱发生蓝移,在一定程度上解决了绿色拖尾问题。

在稀土三基色荧光粉中,相对于红色和绿色荧光粉而言,$BaMgAl_{10}O_{17}$：Eu 蓝粉的品质、光衰和热稳定性一直存在问题,且色坐标的 $y$ 值变化也较大。在制灯过程中,经过 $550℃$ 左右高温烤管和弯管工艺致使蓝色荧光粉性能劣化,灯的光效下降,色温变化。分析 BAM 荧光粉在空气中退火发光强度下降的原因时发现,BAM 中部分 $Eu^{2+}$ 被氧化为 $Eu^{3+}$,生成 $Eu^{3+}MgAl_{11}O_{19}$ 杂相化合物,致使 $Eu^{2+}$ 发光中心数量减少。BAM 中杂相分析指出[32],杂相含量增多,$y$ 值变大,在空气中的热稳定性降低,灯的光衰随之增大。荧光灯在点燃过程中荧光粉对汞的吸附是造成灯光衰的原因之一[33]。对荧光粉采用后处理包膜是一种改善荧光粉热稳定性和减小光衰的有效方法,例如包覆 $SiO_2$、$Al_2O_3$ 和 $Y_2O_3$ 等。

对比了不同组分铝酸盐蓝粉的热稳定性[34]。结果表明,$BaMgAl_{10}O_{17}$：$Eu^{2+}$ 的热稳定性比 $BaMgAl_{14}O_{23}$：$Eu^{2+}$ 好。同样在 $550℃$ 灼烧 10 min,前者亮度基本不变,而后者降为 $80\%$。

BAM 通常采用高温固相反应法制备。一般选用 $BaCO_3$、碱式碳酸镁或 MgO、$Al_2O_3$ 及 $Eu_2O_3$,按化学计量配比称量,加入适量的 $AlF_3$、$BaCl_2$ 等助熔剂,研磨、混合均匀,然后在 $1500℃$ 以上高温中灼烧,取出粉碎后,再在 $1200\sim1400℃$ 弱还原气氛中灼烧数小时。还原气体为$(2\%\sim5\%)H_2+(98\%\sim95\%)N_2$(体积比)。在该气氛中冷却后,产物磨碎、弱酸清洗、过筛、烘干即成产品。另外,也可在不加助熔剂、$1600℃$ 或更高温度下,在还原气氛中合成。

在高温固相反应中,原料颗粒大小与制备的荧光粉颗粒大小一般成正比关系;在 BAM 合成中也是如此。在不使用助熔剂情况下,所用 $Al_2O_3$ 原料颗粒小,合成的 BAM 荧光粉颗粒也小,否则相反。研究发现原料 $Al_2O_3$ 的晶形将制约合成的 BAM 荧光粉的晶形。洪广言等[17] 曾观察到采用不同晶型 $Al_2O_3$ 的($\alpha$- $Al_2O_3$ 或 $\gamma$-$Al_2O_3$)合成的工艺和产品质量均有不同。

(2) $BaMgAl_{10}O_{17}$：$Eu^{2+}$,$Mn^{2+}$（BAM：Eu,Mn）和 $BaMg_2Al_{16}O_{27}$：$Eu^{2+}$,$Mn^{2+}$

$BaMgAl_{10}O_{17}$：$Eu^{2+}$,$Mn^{2+}$（BAM：Eu,Mn）和 $BaMg_2Al_{16}O_{27}$：$Eu^{2+}$,$Mn^{2+}$ 的晶体结构均属于六方铝酸盐结构。其中 $Mn^{2+}$ 取代部分 $Mg^{2+}$,位于 $Mg^{2+}$ 格位上,与四面体上的氧配位。

在铝酸盐中,对 $Eu^{2+}$ 和 $Mn^{2+}$ 的发光性质及 $Eu^{2+}\rightarrow Mn^{2+}$ 的能量传递有过许多研究,在磁铅矿结构基质中不发生 $Eu^{2+}\rightarrow Mn^{2+}$ 的能量传递,而 $\beta$-$Al_2O_3$ 型基质中这种能量传递非常有效。所以在 $Eu^{2+}$ 和 $Mn^{2+}$ 共掺的钡镁铝酸盐中可以发生

$Eu^{2+} \rightarrow Mn^{2+}$ 高效无辐射能量传递，产生一个位于 515nm 的 $Mn^{2+}$ 绿色发射带。Dexter 理论分析表明，$Eu^{2+} \rightarrow Mn^{2+}$ 之间的能量传递属于偶极子-四极子相互作用。

图 3-18，图 3-19 给出 BAM：$Eu^{2+}$，$Mn^{2+}$ 的发射光谱和激发光谱。图 3-18 的发射光谱由 $Eu^{2+}$ 蓝发射带和 $Mn^{2+}$ 绿发射带组成。随着 $Mn^{2+}$ 浓度增加，$Eu^{2+}$ 的蓝发射带减弱，而 $Mn^{2+}$ 的绿发射带逐渐增强。选用 BAM：Eu，Mn 双峰带蓝绿荧光粉制作荧光灯的最大好处是能使灯的显色指数提高，容易使 Ra≥80，而仅用 BAM：Eu，其 Ra 难以≥80，但应该注意，使用这种双峰荧光粉是牺牲了一定的亮度。

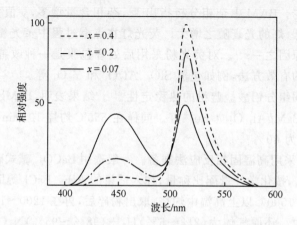

图 3-18　$Ba_{0.8}Mg_{1.93}Al_{16}O_{27}$：$Eu^{2+}_{0.2}$，$Mn^{2+}_x$ 的发射光谱

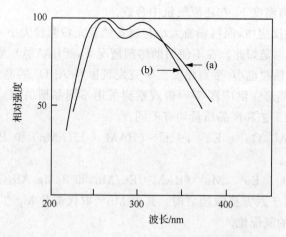

图 3-19　$Ba_{0.8}Mg_{1.93}Al_{16}O_{27}$：$Eu^{2+}_{0.2}$，$Mn^{2+}_{0.07}$ 的激发光谱

（a）对应 $Mn^{2+}$ 发射；（b）对应 $Eu^{2+}$ 的发射

BAM：Eu,Mn 的阴极射线发光的光谱特性与光致发光相似,它对阴极射线激发发光很灵敏,可用来检测 $Eu^{3+}$ 是否全部还原为 $Eu^{2+}$ 离子。

图 3-20 示出 $BaMg_2Al_{16}O_{27}$：$Eu^{2+}$,$Mn^{2+}$ 的温度特性。从图 3-20 可见,随着温度升高,即从室温到 300℃,$BaMg_2Al_{16}O_{27}$：$Eu^{2+}$,$Mn^{2+}$ 的发射光谱中仍呈现 $Eu^{2+}$ 和 $Mn^{2+}$ 两个发射带,但相对发射强度下降。其中 $Eu^{2+}$ 的发射下降较快,而 $Mn^{2+}$ 的发射相对较慢(图 3-21)。

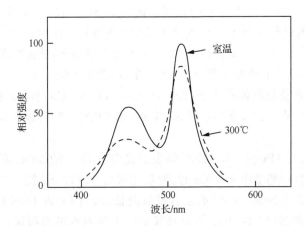

图 3-20　在室温和 300℃下 $BaMg_2Al_{16}O_{27}$：$Eu^{2+}$,$Mn^{2+}$ 的发射光谱

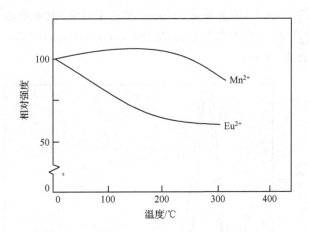

图 3-21　$BaMg_2Al_{16}O_{27}$：$Eu^{2+}$,$Mn^{2+}$ 的温度特性

$BaMgAl_{10}O_{17}$：Eu,Mn 和 $BaMgAl_{16}O_{27}$：Eu,Mn 的合成与单掺 Eu 的钡镁六方铝酸盐荧光粉合成的方法相同,仅增加了 $MnCO_3$。

（3）卤磷酸盐 $Sr_{10}(PO_4)_6Cl_2$：$Eu^{2+}$ 和($Sr$,$Ca$)$_{10}(PO_4)_6Cl_2$：$Eu^{2+}$

$Sr_{10}(PO_4)_6Cl_2$：$Eu^{2+}$ 具有氯磷灰石结构,属于六方晶系。用 Ca 置换其中的一部分 Sr,制成的($Sr_{0.9}$,$Ca_{0.1}$)$_{10}(PO_4)_6Cl_2$：$Eu^{2+}$ 是一类高效的稀土三基色蓝粉,并获

得广泛应用。$Sr_{10}(PO_4)_6Cl_2$：$Eu^{2+}$ 也写作 $Sr_5(PO_4)_3Cl$：$Eu^{2+}$。

$(Sr_{0.9},Ca_{0.1})_{10}(PO_4)_6Cl_2$：$Eu^{2+}$ 的晶体结构也属于六方晶系,晶格参数 $a$ 和 $c$ 分别为 9.78Å 和 7.117Å。晶体中的金属离子($Sr^{2+}$,$Ca^{2+}$)分布于基质的两种不同的晶格中,$Sr$(Ⅰ)的对称性为 $C_3$(4f)群,$Ca^{2+}$ 大部填充于这一格位中。处于 $Sr$(Ⅰ)格位上的每个 $Sr^{2+}$ 或 $Ca^{2+}$ 和氧原子相连,其中 6 个较近的氧原子的键长距离为 2.55Å,3 个较远的键长距离为 2.84Å。$Sr$(Ⅰ)占有 40% 的格位。$Sr$(Ⅱ)的对称性属 $C_{1h}$(6h)群。处于 $Sr$(Ⅱ)位置上的每个 $Sr^{2+}$ 周围一侧有 6 个氧原子,其中 2 个氧原子的键长距离为 2.69Å,2 个氧原子的键长距离为 2.49Å,另外 2 个氧原子的键长距离分别为 2.88Å、2.44Å。另一侧有 2 个氯原子,键长距离为 3.06Å。

由于 $Eu^{2+}$ 离子半径略小于 $Sr^{2+}$ 离子半径,所以 $(Sr_{0.9},Ca_{0.1})_{10}(PO_4)_6Cl_2$：$Eu^{2+}$ 的晶格参数及晶胞体积小于 $(Sr_{0.9},Ca_{0.1})_{10}(PO_4)_6Cl_2$ 基质。激活剂 $Eu^{2+}$ 进入晶格取代 $Sr^{2+}$ 或 $Ca^{2+}$,分别占据 $Sr$(Ⅰ)和 $Sr$(Ⅱ)位置,形成 $Eu$(Ⅰ)和 $Eu$(Ⅱ)发光中心[35]。

$(Sr_{1-x},Ca_x)_{10}(PO_4)_6Cl_2$：$Eu^{2+}$ 的发射光谱由 $Eu^{2+}$ 的 5d-4f 跃迁产生的发光带组成(图 3-22)。基质中不含 Ca 时,发射主峰位于 447nm[图 3-22(a)];随着 Ca 的加入并取代部分 Sr 后,$Eu^{2+}$ 的发射带移向长波,当 Ca 为 1mol 时,$Eu^{2+}$ 的发射带位于 453nm 附近[图 3-22(b)],而且其是一个不对称的发射带。对这一不对称的发射带进行分析,可得到两个峰值,波长分别在 453nm 和 470nm 的发射带,其中 453nm 带属于 $Eu$(Ⅰ)发光中心,470nm 属于 $Eu$(Ⅱ)发光中心[35]。当 Ba、Ca 同时置换 Sr 时,$Eu^{2+}$ 发射带移向短波,如 $(Sr_{0.8},Ca_{0.1},Ba_{0.1})_{10}(PO_4)_6Cl_2$：$Eu^{2+}$ 的发光带则移向短波 445nm。

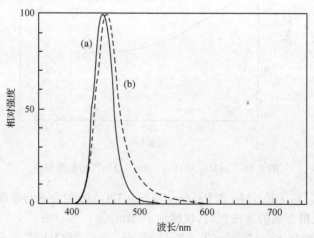

图 3-22　$(Sr,M)_{10}(PO_4)_6Cl_2$：$Eu^{2+}$ 的发射光谱
(a) M= 0;(b) M= 0.1 Ca

若在 $(Sr_{0.9}, Ca_{0.1})_{10}(PO_4)_6Cl_2$ ： $Eu^{2+}$ 中加入一定量的 $B_2O_3$，从而形成 $(Sr, Ca)_{10}(PO_4)_6Cl_2 \cdot 11B_2O_3$ ： $Eu^{2+}$，其激发光谱在紫外区 200～300nm 的激发强度明显增强（图 3-23），使得材料发光亮度增强，但发射峰值波长不变[36]。

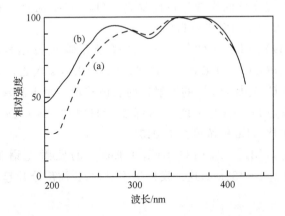

图 3-23　$(Sr, Ca)_{10}(PO_4)_6Cl_2$ ： $Eu^{2+}$ 激发光谱

(a) 未加 $B_2O_3$；(b) 加有 $B_2O_3$

图 3-24 示出 $Sr_{10}(PO_4)_6Cl_2$ ： $Eu^{2+}$ 的温度特性曲线。从图 3-24 中可见，随着温度上升，发光相对亮度明显下降。

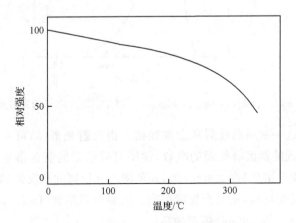

图 3-24　$Sr_{10}(PO_4)_6Cl_2$ ： $Eu^{2+}$ 的温度特性

$Eu^{2+}$ 激活的氯磷酸盐发光材料可按化学比称取 $SrHPO_4$、$SrCO_3$、$SrCl_2$、$CaCl_2$、$BaCl_2$，$B_2O_3$ 和 $Eu_2O_3$，混合均匀，在还原气氛中于 1000～1200℃ 灼烧而成。

（4）$(Ba, Ca, Mg)_{10}(PO_4)_6Cl_2$ ： $Eu^{2+}$

在荧光灯中汞的蓝色谱线会影响灯 Ra 值的提高。为制备高显色性荧光灯，曾采用在涂发光材料薄层之前，先涂一层可遮断汞的蓝色谱线的涂料薄层。但这一涂层不仅吸收汞的蓝色谱线,而且吸收发光材料发出的可见光,由此造成光通量下降。选择发射峰波长分别在 490nm 附近的蓝绿材料和位于 620nm 附近的橙色材料混合制灯,可实现高显色性的要求,如果使蓝绿色材料也能吸收汞的蓝色谱线,将使高显色性荧光灯的光效有可能提高。$(Ba,Ca,Mg)_{10}(PO_4)_6Cl_2:Eu^{2+}$ 是能满足上述要求的蓝绿发光材料。

$(Ba,Ca,Mg)_{10}(PO_4)_6Cl_2:Eu^{2+}$ 也属于氯磷灰石结构,六方晶系。在 $(Ba,Ca,Mg)_{10}(PO_4)_6Cl_2:Eu^{2+}$ 中,Ba 的比例最大,Ca 次之,Mg 含量最低。当 Mg 量不变时,随 Ca 增加,$Eu^{2+}$ 的发射带向长波移动。用于制备高显色性荧光灯的 $(Ba,Ca,Mg)_{10}(PO_4)_6Cl_2:Eu^{2+}$ 蓝绿发光材料中,Ba∶Ca∶Mg=0.825∶0.14∶0.02(摩尔比),Eu 的浓度为 0.015。

$(Ba_{0.825},Ca_{0.14},Mg_{0.02})_{10}(PO_4)_6Cl_2:Eu^{2+}_{0.015}$ 的发射光谱如图 3-25 所示。$Eu^{2+}$ 的发射带的 $\lambda_{max}=483nm$,这一发射带不对称,长波部分升起,这有利于 Ra 和光通的提高。

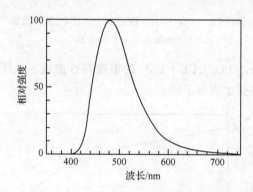

图 3-25　$(Ba_{0.825},Ca_{0.14},Mg_{0.02})_{10}(PO_4)_6Cl_2:Eu^{2+}$ 的发射光谱

图 3-26 为这一材料的反射和激发光谱。由反射光谱(a)可看出,这一发光材料在 400nm 附近的蓝区有很强的吸收,说明可吸收汞的蓝区谱线,起到提高显色性的效果。激发光谱(b)在 200～420nm 范围内有很宽的激发带,表明汞线的蓝区谱线也可激发发光材料,使发光亮度提高。实验中观察到 $(Ba_{0.825},Ca_{0.14},Mg_{0.02})_{10}(PO_4)_6Cl_2:Eu^{2+}_{0.015}$ 对 185nm 辐照较稳定。

$(Ba,Ca,Mg)_{10}(PO_4)_6Cl_2:Eu^{2+}$ 中固定 Mg 和 Eu 的加入量,当 Ca 的加入量在 0～3.0mol 范围内变化时,$Eu^{2+}$ 的发光带峰值可在 435～495nm 范围内改变,发光带半宽度的变化为 40～120nm。Ca 的加入量为 0.4mol,Mg 的加入量为 0.005mol 时,制成的 $(Ba_{0.945},Ca_{0.04},Mg_{0.005})_{10}(PO_4)_6Cl_2:Eu^{2+}$(简称 Ba-CAP)荧光粉的 $Eu^{2+}$ 发光带峰值已移到 445nm。该材料的发光效率高、老化性能优异,可用作三基色荧光灯用荧光粉的蓝色组分。

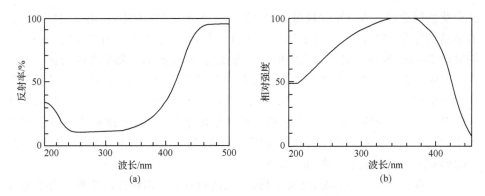

图 3-26　$(Ba_{0.825}，Ca_{0.14}，Mg_{0.02})_{10}(PO_4)_6Cl_2：Eu^{2+}$ 的反射光谱(a)和激发光谱(b)

### 4. 国内外稀土三基色荧光粉的比较

1889 年徐燕等[37]对国内一些外稀土三基色荧光粉性能进行过比较。比较认为,国内绿粉和蓝粉与国外差距较大,杂相较多和粒径分布较宽。根据近年来的发展以及国内稀土三基色荧光粉性能的提高,我们再次对国内外稀土三基色荧光粉进行比较全面地剖析、对比[38-43],结果表明:

(1) 红色荧光粉各国均采用 $Y_2O_3：Eu$,测得的 X 射线衍射谱(图 3-3)与 $Y_2O_3$ 标准卡(JCPPS25-1200)类同,具有相同立方体结构。

绿粉比红粉复杂得多,主要有两种基质结构,即六方晶的多铝酸盐和单斜晶系的磷酸盐。单斜的 $LaPO_4：Ce,Tb$ 的相比较纯,未观测到杂相。六方晶系的多铝酸盐绿粉只有美国样品晶相较纯,荷兰、国产样品中存在 $\alpha\text{-}Al_2O_3$ 相(图 3-27),

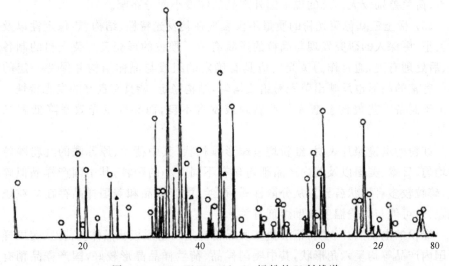

图 3-27　$(Ce,Tb)MgAl_{11}O_{19}$ 绿粉的 X 射线谱

其中荷兰绿粉的 $\alpha$-$Al_2O_3$ 含量很少,大约 5%,而国内的绿粉中 $\alpha$-$Al_2O_3$ 含量较高,最多的估计在 15% 以上。由于混有 $\alpha$-$Al_2O_3$ 杂相,在点灯过程中会形成色心,它们吸收 254nm 紫外辐射和荧光粉的可见光发射,从而影响发光亮度和光衰。

多铝酸盐和卤磷酸盐两种蓝色荧光粉样品的 X 射线衍射谱表明,原苏联和美国的卤磷酸盐($Sr_{10}Cl_2(PO_4)_6$:$Eu^{2+}$)的 X 射线衍射谱与 $Sr_{10}(PO_4)_6Cl_2$ 标准卡(JCPDS 16-666)相同,未观察到杂相。在多铝酸盐体系中,从结构来看荷兰样品为单相,国产样品为二相,而日本、美国样品为三相,它们的主相与 $BaMgAl_{10}O_{17}$(JCPDS 26-163)具有相同的晶系结构。

(2)热稳定性实验表明,红粉最稳定,而蓝粉最差。国内外的蓝粉均存在稳定性的问题。

(3)国内的红粉发光的亮度和光衰稍优于国外,而绿粉稍次于国外,而蓝粉则参差不齐,对蓝粉的研究将是一个重要问题。

(4)荧光粉的粒径是荧光粉质量的重要标志之一。粒径的大小对涂管、光衰等二次特性均具有重大的影响,长期以来对稀土三基色荧光粉的发光特性较为重视,而忽视对粒度的要求。美国样品的红粉不仅平均粒径小,而且粒度分布窄,其他红粉样品尽管平均粒径相近,但从粒度分布来看,国产样品分布最宽,而荷兰、日本样品粒度分布较窄。

从绿粉的粒度分布可见,一般看来磷酸盐的粒度小于铝酸盐绿粉,这可能是由于铝酸盐体系的灼烧温度远高于磷酸盐体系。美国样品的粒度小而分布窄,荷兰的绿粉虽然粒度较大,但分布窄,国内样品稍差。

从粒度分布的结果看出,国内样品较国外样品有明显的差别,特别是与美国、日本、荷兰差别较大。总的说来国外产品的粒度小而分布窄。

(5)稀土三基色荧光粉的质量不仅表现在其发光特性、结构、热稳定性以及颗粒大小,更深入的研究发现与晶粒的形貌有关。颗粒的形貌又与荧光粉的制备工艺、后处理有关,通常作为荧光粉应具有确定的组成与晶体结构并保持一定的晶形。完整的晶形也反映出荧光粉组成均匀,结构稳定,能具有良好的发光特性。往往由于制备工艺欠佳会造成晶粒破碎或发育不良,而导致发光效率降低和光衰增加。

红粉的电镜照片表明,红粉均呈球形颗粒状,其中荷兰、原苏联的红粉颗粒较为均匀,日本、美国以及国内产品则均含有不同大小的颗粒,其中国产样品似碎石块,碎粒较多且形状各异。从分散性看,荷兰、国产样品和美国样品存在颗粒烧结现象,这可能与灼烧温度或助熔剂有关。

绿粉的电镜照片表明,铝酸盐基质绿粉应呈六角形板状晶体。荷兰、美国样品及国内产品等均呈六角形状,其中美国样品、荷兰样品晶形较好,国产样品稍有烧结现象。磷酸盐绿粉的基质的晶形呈颗粒状,其中美国样品的颗粒较为均匀,原苏联样品晶面发育较好,但有碎片。

蓝粉的电镜照片表明,铝酸盐蓝粉均呈六边形状结晶,其中荷兰、日本、美国样品的蓝粉晶体发育较好,晶形比较完整,而国内的两种蓝粉晶形不完整。卤磷酸盐基质蓝粉呈颗粒状,其中原苏联的蓝粉晶体发育较好,晶片清晰可见,美国样品则表面稍有熔融。从形貌特征可见,国外样品晶形完整。

对稀土三基色荧光粉的研究越来越深入,除研究其合成、组成、结构和光谱性质外,还对其应用特性,包括涂敷性能、热稳定性、辐照和颗粒特性日益重视。美国GTE 公司生产不球磨的稀土三基色荧光粉,这样减少由于球磨使晶粒劣化而导致发光强度降低。为降低成本采取所谓的"两次涂层法",即涂一层卤粉,再涂一层三基色粉。由三基色粉作为第二层涂敷在卤粉层上,以减小卤粉承受紫外负荷,部分弥补其稳定性较差的缺点。

稀土三基色荧光粉在制备过程中涉及一系列的化学问题。稀土三基色荧光粉作为一种高技术的发光材料,对原料有极其严格的要求,选择合适的原料是头等重要的问题。国内稀土三基色荧光粉质量存在的问题,往往与原料的质量与稳定性有关;原料的晶型对制备荧光粉也有明显的影响,最典型的是 $Al_2O_3$,它通常有两种晶型,其比重相差较大,配料时体积差别也大,灼烧温度也不同。荧光粉的发光效率取决于其基质,一般按化学组成确定原料配比,但由于某些组分在高温下挥发,在空气中吸湿等原因,往往很难准确称量,对易挥发组分需适当过量,才能保证纯相的荧光粉。为降低反应温度和加速反应,在灼烧时往往都加入少量的助熔剂,助熔剂的种类、用量不同,效果也不同。稀土三基色荧光粉由红、绿、蓝三种荧光粉组成,它们的合成工艺不同,合成过程温度、时间、气氛的选择都会对荧光粉的质量起到明显的影响。如何能制备出颗粒均匀而小、晶化完整、高质量的荧光粉需要长期工作的积累。

针对稀土三基色荧光粉存在的不足,应该继续开展有关荧光粉的深层次研究,系统掌握荧光粉组成、制备工艺和后处理工艺对粉体的晶体结构、颗粒形貌、表面状态等影响规律,尤其是对制灯工艺和制灯后的光效和光衰的影响的规律。拟开展如下研究:

(1)提高荧光粉的发光效率。目前三基色荧光粉中仅红粉的量子效率接近100%,绿粉和蓝粉均有潜力,为此人们正在努力寻找量子效率更高的绿粉和蓝粉。在绿粉中$(Ce,Gd,Tb)MgB_5O_{10}$的量子效率比$(Ce,Tb)MgAl_{12}O_{19}$高,而其他性能尚在比较,要获得效率更高的绿粉除在基质上进行探索外,更需研究新的机制。对于蓝粉还需考虑提高稳定性问题。

(2)降低成本。稀土三基色荧光粉的价格是卤粉的数倍,其荧光粉的费用占荧光灯成本相当大的比重,因此降低成本一直是人们所关注的问题。

(3)减小光衰、优化光效和显色性。三基色荧光粉中各单色粉光衰性能不一致,其中红粉最小,100 小时光衰可小于 1‰,蓝粉和绿粉大约在 5‰~10‰。形成光衰的原因除荧光粉本身特性外,制灯工艺和过程也有重大影响。因此需深入研究荧光粉的特性和制灯过程的物理和化学变化。

(4) 探索新的发光机制,研究新型稀土荧光粉。为研制新型更高效的荧光粉除改进现有材料制备工艺、提高原料纯度等外,需要再开发新的基质,目前由单一化合物向多元化合物发展的趋势。与此同时探索新的发光和敏化机制,如利用 $Gd^{3+}$ 作中间体提高能量转移的效率和多光子稀土发光材料。

(5) 为消除汞的污染,开展无汞荧光灯的研究。目前已有多种无汞荧光灯,如氙气放电灯、氩放电灯、锌、镉、镁灯等,但它们还存在一系列问题,实用价值不大,需要进一步探索。

### 3.2.2　冷阴极荧光灯用稀土三基色荧光粉

目前 LCD 的背光源主要有冷阴极荧光灯(CCFL)、外部电极荧光灯(EEFL)、发光二极管(LED)、有机发光二极管(OLED)、平面光源(FFL)五种。而目前 EEFL 要求电压太高;LED 成本较高,散热性较差;OLED 和 FFL 技术均不是很成熟;唯 CCFL 以技术成熟、直径小、成本低、发光效率高、寿命长、性能稳定等优点已在 LCD 上得到了普遍应用[44]。CCFL 作为 TFT-LCD 面板中的重要部件,其主要功能在于提供面板足够的光源。以目前的技术及生产能力来看,CCFL 在发光效率及生产成本方面的优势,短时间内难以用其他产品替代。随着白光 LED 的飞速发展,将有可能在今后逐渐取代 CCFL。

冷阴极荧光灯是靠管内汞发出 253.7nm 紫外光激发稀土红、绿、蓝三基色荧光粉而发光的,表 3-4 列出了一些典型的可用作 CCFL 背光源的稀土三基色荧光粉及它们的发光颜色与主峰波长[45]。CCFL 的管径细、亮度高、功耗低、寿命长,光效达 50 lm/W,因此要求其所用的荧光粉具有较强的抗紫外光(253.7nm)的能力、光效高、光衰低、寿命长等特点。稀土三基色荧光粉具有发光亮度高、色纯度好、紫外辐射稳定性能好、热猝灭温度高等优点,因此适宜用于 CCFL 荧光灯。

表 3-4　CCFL 用稀土三基色荧光粉

| 荧光粉组成式 | 发光颜色 | 主峰波长/nm |
|:---:|:---:|:---:|
| $Y_2O_3 : Eu^{3+}$ | 红 | 611 |
| $YVO_4 : Eu^{3+}$ | 红 | 619 |
| $(Ce,Tb)MgAl_{11}O_{19}$ | 绿 | 545 |
| $(La,Ce,Tb)PO_4$ | 绿 | 545 |
| $GdMgB_5O_{10} : Ce^{3+}, Tb^{3+}$ | 绿 | 545 |
| $BaMgAl_{10}O_{17} : Eu^{2+}$ | 蓝 | 450 |
| $(Sr,Ca,Ba,Mg)_{10}(PO_4)_6Cl_2 : Eu^{2+}$ | 蓝 | 447 |

在稀土三基色灯粉中,除红粉外,绿粉、蓝粉按基质可分为铝酸盐、磷酸盐和硼酸盐三大体系。目前 CCFL 厂商大多采用铝酸盐类和磷酸盐类这两大体系荧光粉,而且更倾向于采用磷酸盐体系。

## 1. 红粉

表 3-5 列出了用于 CCFL 的两种红色荧光粉的性能比较。由表 3-5 可见,$Y_2O_3$∶$Eu^{3+}$ 的量子效率远远高于 $YVO_4$∶$Eu^{3+}$ [46]。$Y_2O_3$∶$Eu^{3+}$ 具有高的量子效率、很好的色纯度和稳定性,被认为是最好的发红光的氧化物荧光粉之一。而 $YVO_4$∶$Eu^{3+}$ 因其在环境温度高达 250～300℃时仍能保持高的功效,且用 365nm 紫外激发也具有较好的发光,主要应用在高压汞灯上。有时,$YVO_4$∶$Eu^{3+}$ 也用于 CCFL 中来进行颜色校正和提高色域。

**表 3-5　$Y_2O_3$∶$Eu^{3+}$ 和 $YVO_4$∶$Eu^{3+}$ 的物性指标**

| 化学组成 | 真密度/(g/cm³) | 发射主峰/nm | 半峰宽/nm | 量子效率 | 色坐标 |
|---|---|---|---|---|---|
| $Y_2O_3$∶$Eu^{3+}$ | 5.1 | 611 | 5 | 97% | $x=0.640\pm0.005$,<br>$y=0.352\pm0.005$ |
| $YVO_4$∶$Eu^{3+}$ | 4.3 | 619 | 5 | 70% | $x=0.664\pm0.005$,<br>$y=0.330\pm0.005$ |

目前东芝、松下、NEC 等 CCFL 的生产厂家以及三星、LG、松下、奇美等 LCD 面板生产企业的 CCFL 背光源用的红粉均是以 $Y_2O_3$∶$Eu^{3+}$ 为主。

## 2. 绿粉

可用于 CCFL 的绿粉主要有 $(Ce,Tb)MgAl_{11}O_{19}$(CAT)和 $(La,Ce,Tb)PO_4$(LAP)。表 3-6 对 CAT 与 LAP 的物性指标进行了比较。

**表 3-6　CAT 与 LAP 的物性指标**

| | $(Ce,Tb)MgAl_{11}O_{19}$ | $(La,Ce,Tb)PO_4$ |
|---|---|---|
| 真密度/(g/cm³) | 4.3±0.1 | 5.2±0.1 |
| 平均颗粒尺寸/μm | 4.4±0.4 | 3.2±0.3 |
| 色坐标 | $x=0.330\pm0.005$<br>$y=0.595\pm0.005$ | $x=0.344\pm0.003$<br>$y=0.582\pm0.003$ |

由表 3-6 可知,LAP 的真密度大于 CAT;LAP 更容易得到相对小粒度的产品。CCFL 管径细,需使用的荧光粉粒度较细,适宜采用相对粒度小的 LAP 绿粉。同时,LAP 与红粉、磷酸盐蓝粉配粉时的比重、粒度匹配较合理,制灯后的综合性

能更好。LAP 的色坐标 $x$ 值大于 CAT，$y$ 值小于 CAT，配粉时可节省昂贵的红粉，从而降低了成本。

CAT 与 LAP 的发射波长、色坐标很相似，发射带的相对强度和形状也仅有细微差别。在 254nm 紫外辐射下的三基色灯（90～100 lm/W，显色指数 85～90）中，CAT、LAP 的量子效率分别为 0.90、0.93。LAP 比 CAT 的量子效率高出近 3 个百分点。

制备标准色温分别为 3000K、3500K、4100K 的荧光灯，LAP 的三基色混合粉在光通量和显色指数方面均高于 CAT 的三基色混合粉[47]，值得一提的是对 CAT 有猝灭作用的 Fe 并不进入 LAP 晶格[48]，因而它对 LAP 的发光效率不会产生严重影响。而且添加助熔剂硼酸或其他金属氧化物等可使 LAP 的光衰得到明显改善。

CAT 采用高温固相法制备的合成温度高于 1500℃，LAP 采用高温固相法的合成温度为 1100～1300℃；用共沉淀法制得的前驱体作为原料所需要的合成温度约为 1000℃。更为重要的是用共沉淀法的前驱体原料制备的粉体颗粒细小、几乎不用球磨，可直接用于涂管，这样保证了合成粉体晶粒的均匀性和完整性，避免了球磨过程中粉体亮度的下降。

综上分析，LAP 对比 CAT，LAP 在发光亮度、显色指数、量子效率等方面略大于 CAT；LAP 的密度较大，易制得小粒度的产品；与红粉、蓝粉密度匹配性更好；从制灯的工艺来说，采用共沉淀法制备 LAP 的前驱体进行灼烧后几乎可不用研磨，直接用于涂管；而 CAT 合成后的粉体较硬，后处理比较困难，需要研磨，这会导致荧光粉晶体结构的破坏，从而造成荧光粉发光性能劣化。

因为 LAP 拥有更优异的性能，其应用也更普遍，CAT 将逐渐被 LAP 所代替。目前绝大多数用 LAP，如 Nichia、Samsung、LG、Philips 等；较少应用 CAT 的，如三菱化成用的是 $(Ba,Eu)(Mg,Mn)Al_{10}O_{17}$。

3. 蓝粉

在三基色荧光粉中，蓝粉的作用主要在于提高光效、改善显色性，蓝粉的发射波长和光谱功率分布对紧凑型荧光灯的光效、色温、光衰和显色性都有较大影响。蓝粉的光谱功率分布与其基质成分密切相关。目前，商用 CCFL 蓝粉主要有两种，应用较早的是 $BaMgAl_{10}O_{17}:Eu^{2+}$（简称 BAM），后来人们开始使用 $(Sr,Ca,Ba,Mg)_5(PO_4)_3Cl:Eu^{2+}$（简称 SCAP）。

BAM 与 SCAP 的发光性能很类似，仅存在细微差别；而它们在颗粒形貌、制备条件等方面则有较大差别。表 3-7 列出了 BAM 与 SCAP 常见的物性指标的比较[49]。

　　由表 3-7 可见,BAM 与 SCAP 在量子效率、发光主峰、混合粉显色性、色坐标等发光性能方面差别很小,但 BAM 的发射峰的半峰宽略大于 SCAP(图 3-28),这有利于显色指数的提高。

表 3-7　BAM 与 SCAP 的物性指标

| | $BaMgAl_{10}O_{17} : Eu^{2+}$ (BAM) | $(Sr,Ca,Ba,Mg)_5(PO_4)_3Cl : Eu^{2+}$ (SCAP) |
| --- | --- | --- |
| 量子效率 | 0.90 | 0.90 |
| 半峰宽/nm | 51 | 32～43 |
| 发光主峰/nm | 450～465 | 447～453 |
| 混合粉显色性 | 85 | 83 |
| 色坐标 | $x = 0.150 \pm 0.005$ <br> $y = 0.070 \pm 0.005$ | $x = 0.150 \pm 0.005$ <br> $y = 0.070 \pm 0.005$ |
| 真密度/(g/cm³) | $3.8 \pm 0.1$ | $4.2 \pm 0.1$ |

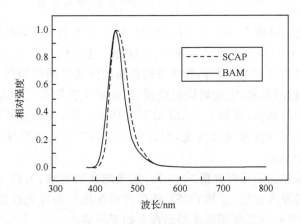

图 3-28　SCAP 与 BAM 的发射光谱

　　SCAP 的发射主峰位于 447nm,钙部分取代锶,其发射光谱向长波方向移动,并且光谱变得不对称,长波方向延伸较大;当 1mol 锶被钙取代,主峰波长位于 452nm。SCAP 可以通过调节基质使得半峰宽变窄、发射主峰蓝移,从而可以提高蓝光的色纯度。此外少量的硼酸盐取代磷酸盐可以提高发光亮度。

　　BAM 的发射主峰在 450nm 附近,用锶部分取代钡或增加锶和钡的比例,发射光谱移向长波,当钡被锶完全取代发射主峰在 465nm。

　　按表 3-7 所示,SCAP 的真密度为 $4.2 g/cm^3$,BAM 的真密度为 $3.8 g/cm^3$,而 CCFL 常用的红粉 $Y_2O_3 : Eu^{3+}$、绿粉 $(La,Ce,Tb)PO_4$ 的真密度分别为 $5.1 g/cm^3$、$5.2 g/cm^3$,因此,在混粉时 SCAP 蓝粉更容易与红、绿粉匹配,不会因密度差别大而

造成分层,影响发光。

图 3-29 为商用 BAM 和 SCAP 的 SEM 形貌照片。图 3-29(a)BAM 的 SEM 照片显示,BAM 的粉体晶粒呈六角形状。图 3-29(b) SCAP 的 SEM 照片显示,SCAP 的粉体晶粒为近球形貌。

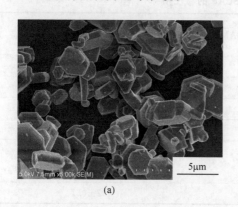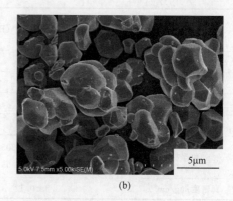

(a)　　　　　　　　　　　　　　　　(b)

图 3-29　BAM(a) 与 SCAP(b) 的 SEM 形貌

SCAP 的烧成温度为 950℃左右,BAM 为 1300~1500℃,SCAP 的烧成温度低 300~400℃,且只需要一次烧结即可合成产品,这有利于节约能源。

综上所述,BAM 和 SCAP 两种体系的蓝粉的发光性能很相似,但 SCAP 的发射谱带略窄、为近球形貌,它的焙烧温度低,后处理工艺简单。因为两种体系的蓝粉的发光性能非常相似,再加上 BAM 应用较早且广泛,其经过基质组分的调节、表面包覆等可适当地改善发光性能,所以目前 CCFL 荧光粉市场上出现了 BAM 与 SCAP 并存的局面。

为了满足液晶显示用背光源对 CCFL 越来越高的要求,人们一直在不断地改进现有荧光粉的发光性能,虽然 CCFL 用荧光粉各组分的发光性能较过去有了很大的改进,但 CCFL 及其所用荧光粉仍存在如下不足:

(1) 色彩表现能力较差:CCFL 的发光原理是用紫外光激发 CCFL 三基色荧光粉而发出不同色温的白光。理论上,当红光 625nm,绿光 535nm 及蓝光 450nm 波长时,可表现出最佳的色彩。而目前 CCFL 荧光粉的红光的峰值在 611nm,绿光在 544nm 及蓝光在 450nm,因此 CCFL 在红光以及绿光部分的色彩表现能力较差,而蓝光较佳。

(2) 色域值较低。在 NTSC 的标准中,以 CCFL 作为背光源的 LCD 的色域值较低,只能达到 70% 左右,在红光以及绿光部分稍弱,因此液晶显示器都有偏蓝的现象。

(3) CCFL 荧光粉的寿命问题,尤其是蓝粉的稳定性较差,光衰较大。由于 CCFL 始终保持高亮度,灯管内的所有荧光粉始终处于最高亮度工作状态,老化速度很快。CCFL 的荧光粉老化速度要比等离子电视的荧光粉老化速度快得多。

（4）温度猝灭特性差，如绿粉 LAP 最大的缺点是温度猝灭特性差，人们通过在灼烧过程中掺杂硼酸和锂盐，较好地克服了 LAP 严重的温度猝灭特性。

为克服 CCFL 及其所用荧光粉的如上不足，人们一直致力于研发新型荧光粉，提高色域值和色纯度，提高荧光粉的寿命、稳定性、光衰性能，提高荧光粉的亮度等。

目前采用的 CCFL 红粉、绿粉、蓝粉分别为 $Y_2O_3$：$Eu^{3+}$、$(La,Ce,Tb)PO_4$、$BaMgAl_{10}O_{17}$：$Eu^{2+}$。其色域值只有 70% 左右。人们提出新荧光粉的组合，其红粉为 $Y(P,V)O_4$：$Eu^{3+}$；绿粉为 $(Ba,Eu)(Mg,Mn)Al_{10}O_{17}$；蓝粉为 $(Sr,Ca,Ba,Mg)_5(PO_4)_3Cl$：$Eu^{2+}$。这种新组合的荧光粉的色域值可以达到 90% 左右，提高了色纯度。其原因在于绿色荧光粉 $(La,Ce,Tb)PO_4$ 的发射光谱处于相当宽的波长范围中，发射主峰为 545nm；另有 3 个侧峰，位置分别在 489 nm、585 nm、620 nm 左右，该绿色发射光谱与红色发射光谱或蓝色发射光谱交叠的波长范围较宽，使显示光中绿色光的色纯度下降。因此，考虑使用 $BaMgAl_{10}O_{17}$：$Eu^{2+}$，$Mn^{2+}$（$Eu^{2+}$ 的发射主峰 450nm；$Mn^{2+}$ 的发射主峰 515nm）代替 $(La,Ce,Tb)PO_4$（发射主峰 545nm）作为绿色荧光粉。$BaMgAl_{10}O_{17}$：$Eu^{2+}$，$Mn^{2+}$ 使蓝绿区光谱发射显著增强，三基色粉发射光谱更具连续性，从而提高了显色性，同时由于 515nm 的 $Mn^{2+}$ 发射峰的引入，导致三基色粉的发射光谱在 $500\sim530$ nm 蓝绿区发射显著增强，因此对总体光通量影响不大[5]；绿色荧光粉 $BaMgAl_{10}O_{17}$：$Eu^{2+}$，$Mn^{2+}$ 的发射光谱位于比 $(La,Ce,Tb)PO_4$ 的发射光谱窄的波长范围中，$Mn^{2+}$ 只有一个 515nm 附近的宽的发射主峰，从而使其发射光谱与红色发射光谱或蓝色发射光谱交叠的波长范围变得更窄，因此提高了显示光中绿色光的色纯度，并很好地显示了绿色。而用 $Y(P,V)O_4$：$Eu^{3+}$（发射主峰 619nm）代替 $Y_2O_3$：$Eu^{3+}$（发射主峰 611nm），使得 CCFL 中红色发射光谱的波长范围位于长的波长侧，这样进一步减小了显示光中绿色光和红色光的交叠[50]。采用新组合的荧光粉，使得显示光中红色光、绿色光、蓝色光相互间的交叠减小，提高了色纯度，并扩展了色彩再现范围。

## 3.3　高压汞灯用稀土发光材料

高压汞荧光灯（简称高压汞灯）是高气压放电光源中最早出现的灯种。从镇流形式上可分为外镇流和自镇流两种。它不仅可以用于照明，还可用于保健、化学合成、塑料及橡胶的老化实验、荧光分析、紫外线探伤等许多领域。由气体放电理论可知，高气压放电的特性与低气压放电的特性有许多不同，而且其结构和所用材料也有很大的差别。

### 3.3.1　高压汞蒸气放电与高压汞灯[1]

汞在低气压放电时,辐射主要是 253.7nm 和 185nm 两条共振线,它们是由三重态的最低激发能级 $6^3P_1$(4.88eV)和单重态最低激发能级 $6^1P_1$(6.71eV)跃迁到基态 $6^1S_0$ 时辐射,而高能级间的辐射很少,因此放电本身只产生很微弱的可见光。只能通过荧光粉将紫外光转化为可见光,才能获得高光效的光源。在气压升高后,放电时的辐射会发生很大的变化。随着气压的升高,有越来越多的处于 $6^3P_1$ 态的汞原子与电子碰撞,电子将被激发到更高的能级,并在高能级之间跃迁,发出可见光,同时其光效也由低到高地变化。当汞蒸气达到 1～5atm(1atm=10325Pa)时光效可达到 40～50 lm/W,此时灯的电参数也易与 220V 相匹配,故高压汞灯通常在这一气压范围工作。在此条件下高压汞灯的光谱能量分布与低压汞灯有明显差别,它们的相对光谱能量分布示于图 3-30。

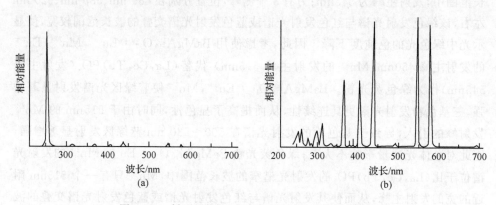

图 3-30　低压汞灯(a)与高压汞灯(b)光谱能量分布

在高气压下,灯内汞原子密度很高,电子的平均自由程变短,电子与汞原子会发生频繁碰撞,并将能量传给汞原子,汞原子之间的相互作用也加强,从而造成所谓压力加宽、碰撞加宽,多普勒效应等现象,导致汞在可见区的特征谱线 404.7nm(紫)、435.8nm(蓝)、546.1nm(绿)、577.0nm 和 579.0nm(黄)等均非常明显。在高气压下汞原子在紫外的特征谱线(如 185.0nm 和 253.7nm)产生明显的自吸收。气压越高,自吸收越严重,所以在高气压汞放电时紫外辐射相对减弱,可见辐射谱强。

高压汞放电的辐射由两部分构成,一是线状光谱,主要是 365.6nm、470.9nm、435.8nm、546.1nm 和 557.0～557.9nm 等谱线;其二是连续光谱成分即特征谱线下的连续背景,主要源于复合发光,以及激发态原子与一般原子的作用引起的韧致辐射;高压汞蒸气中还存在离子与电子的复合过程,将产生连续光谱,尽管其比例不大,但对灯的发光性质有较大影响。

在高压汞灯的可见光谱中缺少 600nm 以上的红光,其中红光仅占总可见辐射的 1%,而日光中红光的成分约占 12%。因此在高压汞灯下被照物体不能很好显示出原来的颜色,显色性差,显色指数(Ra)仅为 22~25,不适宜用作照明光源。为了改善光色,提高显色性有多种方法。如在高压汞灯中加入金属卤化物,利用某些金属的特征光谱弥补汞灯中缺少的可见辐射,但通常采取的方法是在灯的外管内壁涂敷可被 365nm 紫外线激发的红色荧光粉,构成荧光高压汞灯。由高压汞灯的光谱能量分布可知,高压汞灯中近一半的辐射分布在紫外区,主要是 313~365nm 波长的紫外线,如果通过荧光粉将这部分紫外辐射转化为红光,则灯的光色必然会得到改善;显色指数可提高到 40~50;色温也能降至约 5000K。

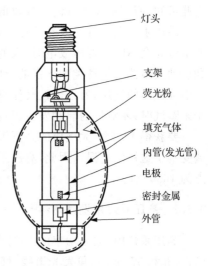

高压汞灯有带玻璃外壳和不带玻璃外壳两大类,前者多用于照明,后者常用作紫外光源。高压汞荧光灯的结构示于图 3-31 。灯的内管为电弧放电发光管,采用耐高温、耐高压的透明石英玻璃制成。管内充一定的汞和 2.5~4.0kPa 的 Ar,发光管两端接电极并密封。放电发光管密封在一个玻璃外壳中,玻璃

图 3-31　高压汞灯的基本结构

内抽真空后充入 $N_2$ 气或 $Ar-N_2$ 混合气体。外壳内壁涂敷发光材料薄层,以改善灯的显色性。

表 3-8　高压汞灯内管的中能量分布

| | 光谱区域 | 比率/% |
|---|---|---|
| 辐射 | 300nm | 7.3 |
| | 302nm | 1.8 |
| | 313nm | 3.0 |
| | 365nm | 4.9 |
| | 其他 UV | 1.8 |
| | 405nm | 2.2 |
| | 436nm | 3.7 |
| | 545nm | 4.2 |
| | 577nm | 4.4 |
| | 其他可见 | 0.5 |
| | 红外 | 15 |
| 对流和传导损失 | | 46.9 |
| 电极损耗 | | 4.3 |
| 合计 | | 100 |

　　高压汞灯的工作特性不同于低压荧光灯,在灯点燃工作后,发光管内汞的蒸气压可高达 300kPa,汞的放电谱线加宽,出现连续背景,紫外区的谱线以 365nm 为最强,在可见区范围出现 405nm、436nm、546nm、577nm 等强的宽谱线。表 3-8 中列出高压汞灯的内管的能量分配情况。由表 3-8 可知,可见光辐射约占 15%,紫外辐射也约占 15%,而近 70% 是以热辐射,对流传导和红外辐射的形式而损失掉。由此可知,高压汞荧光灯的光效要低于低压荧光灯。

　　高压汞放电时灯中虽然也充有惰性气体,但惰性气体对放电的影响与低压汞放电灯完全不同。低压放电时,汞的蒸气远低于惰性气体的气压,由此灯的光参数和启动受惰性气体种类和压强的影响极大。而高压汞放电灯中,汞的工作压远大于惰性气体的气压,所以惰性气体只在启动时,由于汞没有蒸气,惰性气体压强高于汞蒸气时,才对灯的启动发生影响,而对灯的工作特性几乎没有任何影响。

　　要获得 1~5 个大气压的高压汞放电,管壁温度需要达到 350~500℃,一般玻璃受不了这样的高温。因此,高压汞灯放电管必须用耐高温的石英玻璃制成(软化点为 1650℃)。

### 3.3.2　高压汞灯用发光材料[2]

　　高压汞灯中,输入功率的 15% 直接转换为汞的 404.7nm、435.8nm、546.1nm、577 nm 和 579nm 可见发光谱线,灯的发光效率已达 51 lm/W 左右。但由于缺少 600nm 以上的红光,使灯的发光色呈青白色,显色性差,Ra 仅为 22,无法用做照明光源。通过在灯的外管内壁涂敷可被 365nm 紫外线激发的红色发光材料薄层,使灯的显色性明显改进,使高压汞荧光灯用作照明光源成为可能。

　　1950 年最早使用的红色发光材料是锰激活的氟锗酸镁($3.5MgO \cdot 0.5MgF_2 \cdot GeO_2 : Mn^{4+}$),其发光峰在 655nm。灯的发光增加了红色光,改进了灯的显色性能,使 Ra 由 22 提高到 44,但由于这一材料也吸收汞在 404.7nm、435.8nm 的蓝色发光,灯的发光效率并未提高。同一时期采用的红色发光材料还有锰激活的砷酸镁($6MgO \cdot As_2O_5 : Mn^{4+}$),由于该材料中砷有毒性、化学稳定性稍差,影响了它在高压汞荧光灯的应用。

　　1956 年开始使用锡激活的磷酸盐 $[(Sr,M)_3(PO_4)_2 : Sn^{2+}, M = Zn、Mg]$,这一材料的发光峰值在 620nm,对汞的蓝区谱线不吸收。用这一材料制出的高压汞荧光灯,在 Ra=44 时,灯的光效由 51 lm/W 提高到 55~57 lm/W。

　　1966 年铕激活的钒酸钇($YVO_4 : Eu^{3+}$)在高压汞荧光灯中得到应用,灯的 Ra 和发光效率也分别达到 44 lm/W 和 57 lm/W。

　　高压汞荧光灯虽已广泛用于道路、广场、仓库等场所的照明,但 Ra 值仍偏低,尚不宜用作室内照明,高压汞荧光灯是一种功率大、寿命长、可靠性高、光效较好的照明光源。从节能、节约资源的观点来考虑,如何进一步改进灯的显色性、提高光效,使这一光源进入室内照明是人们所关注的一个课题。

Opstelten 等[51]认为在灯中增加 620nm 红光和 470~520nm 蓝绿光,可改进灯的显色性。Soules 等[52]计算出,在高压汞灯中增加 620nm 红光和 490nm 蓝绿光,可使灯的 Ra 值达到最大。利用不同性能的荧光体组合,可制成不同性能的高压汞灯。

1973 年美国威斯汀豪斯公司选用 $Y(V,P)O_4$ ： $Eu^{3+}$ 和 $Sr_{10}(PO_4)_6Cl_2$ ： $Eu^{2+}$ 按 10：1(质量比)混合制出的 400W 高压汞荧光灯的光效为 55 lm/W,Ra 值可达 67。粟津健三等[53]采用 $3.5MgO \cdot 0.5MgF_2 \cdot GeO_2$ ： $Mn^{4+}$ 、 $YVO_4$ ： $Eu^{3+}$ 和 $Sr_2Si_3O_6 \cdot 2SrCl_2$ ： $Eu^{2+}$ ($\lambda_{max} = 485nm$)三种发光材料按一定比例混合,制出的 400W 高压汞荧光灯(4500K)的 Ra 值提高到 55,光效为 62.5 lm/W。神谷明宏等[54]选用 $YVO_4$ ： $Eu^{3+}$ 、 $Y_2SiO_5$ ： $Ce,Tb$($\lambda_{max} = 543nm$)和 $Sr_{10}(PO_4)_6Cl_2$ ： $Eu^{2+}$ 三种发光材料混合,制成的 400W 高压汞荧光灯的 Ra 大于 50,光效可达 62.5 lm/W。灯的光色和白色荧光灯相近,可适应于室内照明。

日本岩崎电气用 $YVO_4$ ： $Eu^{3+}$ 和另一种绿色发光材料 $Y_2O_3 \cdot Al_2O_3$ ： $Tb$($\lambda_{max} = 545nm$)混合制成普通型和球型两种高压汞荧光灯,光效为 60~64 lm/W,已可用作室内照明光源。

高压汞荧光灯中汞线的能量分布和荧光灯明显不同,而且涂敷发光材料的外管内壁的工作温度大 200~250℃。因此,对所用发光材料性能上的要求也与荧光灯用发光材料有所不同。具体要求如下:

(1) 在 254~365nm 范围内的,特别是 365nm 紫外线激发下,有高的发光效率。

(2) 要有好的温度特性,在 200~250℃高温下,发光效率不下降或很少降低。

(3) 对汞的蓝色谱线吸收小。

(4) 对短波紫外线辐照的稳定性要好。

(5) 具有适宜的粒径和粒度分布。

上述要求中最为苛刻的是材料在 200~250℃温度下,仍具有良好的发光性能。这阻碍了不少红色、蓝色发光材料在高压汞荧光灯中的应用。表 3-9 列出主要的高灯压汞灯用荧光粉。

表 3-9　主要的高压汞灯用荧光粉

| 荧光粉组成 | 发光颜色 | 峰值波长/nm | 半宽度/nm | 应用 |
| --- | --- | --- | --- | --- |
| $Y_2O_3$ ： $Eu^{3+}$ | 红 | 512nm | 5 | 标准灯 |
| $YVO_4$ ： $Eu^{3+}$ | 红 | 619nm | 5 | 标准灯 |
| $Y(V,P)O_4$ ： $Eu^{3+}$ | 红 | 619nm | 5 | 标准灯 |
| $(Sr,Mg)_3(PO_4)$ ： $Sn^{2+}$ | 橙红 | 620nm | 40 | 改善灯颜色 |

续表

| 荧光粉组成 | 发光颜色 | 峰值波长/nm | 半宽度/nm | 应用 |
|---|---|---|---|---|
| $3.5MgO \cdot 0.5MgF_2 \cdot GeO_2 : Mn^{2+}$ | 深红 | 655nm | 15 | 改善灯颜色 |
| $Y_2SiO_5 : Ce^{3+}, Tb^{3+}$ | 绿 | 543nm | | 改善灯颜色 |
| $Y_2O_3 \cdot Al_2O_3 : Tb^{3+}$ | 绿 | 545nm | | 改善灯颜色 |
| $Y_3Al_5O_{12} : Ce^{3+}$ | 黄绿 | 540nm | 12 | 低色温灯 |
| $BaMg_2Al_{16}O_{27} : Eu^{2+}, Mn^{2+}$ | 蓝绿 | 450nm,515nm | | 改善灯颜色 |
| $(Ba,Mg)_2Al_{16}O_{24} : Eu^{2+}$ | 蓝 | 450nm | | 改善灯颜色 |
| $Sr_2Si_3O_8 \cdot 2SrCl_2 : Eu^{2+}$ | 蓝绿 | 490nm | 7 | 改善灯颜色 |
| $Sr_{10}(PO_4)_6Cl_2 : Eu^{2+}$ | 蓝 | 447nm | 32 | 改善灯颜色 |
| $(Sr,Mg)_3(PO_4)_2 : Cu^{2+}$ | 蓝绿 | 490nm | 75 | 改善灯颜色 |

**1. 氟锗酸镁**

氟锗酸镁（$3.5MgO \cdot 0.5MgF_2 \cdot GeO_2 : Mn^{4+}$）属斜方晶系，其激发光谱如图 3-32(a)所示[36]。在 $200\sim450$ nm 范围的两个宽激发带，表明紫外～蓝光波长范围都可有效地激发材料发光。材料的发光光谱表示在图 3-32(b)，由 626nm、634nm、642.5nm、653.5nm、659.5nm 等窄带组成，这是 $Mn^{4+}$ 特有的由数条窄带交叠而形成的精细结构。氟锗酸镁在 365nm 紫外辐射激发下的量子效率达到 90%。

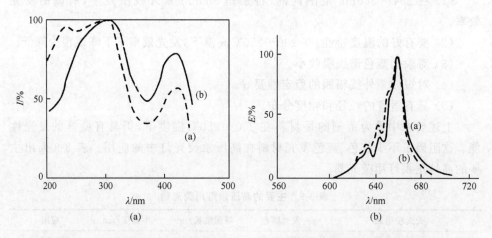

图 3-32　$3.5MgO \cdot 0.5MgF_2 \cdot GeO_2 : Mn^{4+}$ 的激发光谱(a)和发光光谱(b)

由氟锗酸镁的发光亮度-温度关系曲线可知，材料的发光亮度随着温度升高而增强，320℃时达到最大值，约为室温时发光亮度的 2 倍，此后，发光亮度明显降低。

温度关系曲线表明 $3.5MgO \cdot 0.5MgF_2 \cdot GeO_2 ：Mn^{4+}$ 的温度特性是优良而稳定的。

在高压汞灯照射下，$3.5MgO \cdot 0.5MgF_2 \cdot GeO_2 ：Mn^{4+}$ 的体色呈黄色，这是吸收了 404.7nm 和 435.8nm 汞谱线所致，因而也影响了高压汞荧光灯光效的提高。

**2. 钒酸钇铕和钒磷酸钇铕**

钒酸钇（$YVO_4$）的晶体结构属于正方晶系，具有锆石（$ZrSiO_4$）结构。每个 V 原子处在 4 个 O 原子形成的四面体中心，Y 原子被 8 个 O 原子包围，8 个 O 原子形成 2 个畸形四面体。钒酸钇的晶格常数 $a_0 = 7.12Å$、$c_0 = 6.29Å$。钒被部分磷置换形成的钒磷酸钇（$YVPO_4$）固熔体，使晶格常数 $a_0$、$c_0$ 直线减小[55,56]。

$EuVO_4$ 和 $YVO_4$ 具有同样的晶体结构，所以 Eu 很易取代 $YVO_4$ 中的 Y，形成高效的 $YVO_4：Eu^{3+}$ 发光材料。

基质在紫外线激发下发出 $VO_4^{3-}$ 的蓝光，掺入激活剂 Eu 后，形成的 $YVO_4：Eu^{3+}$ 使基质蓝色发光消失，发出 $Eu^{3+}$ 的特征光。在 V—O—$Eu^{3+}$ 基本处在同一条直线，夹角为 170°，而且 $VO_4^{3-}$ 的蓝色宽发光带（$\lambda_{max}$ 约 450nm）和 $Eu^{3+}$ 的吸收线 527nm、466nm、418nm 相重叠，所以 $VO_4^{3-}$ 吸收的激发能能有效地传递给 $Eu^{3+}$，使 $Eu^{3+}$ 能有效地发光。

图 3-33(a) 给出了 $YVO_4：Eu^{3+}$ 和 $Y(V,P)O_4：Eu^{3+}$ 的激发光谱[36]。在 230～330nm 范围的宽激发带是 $VO_4^{3-}$ 所引起。同 $YVO_4：Eu^{3+}$ 相比，$Y(V,P)O_4：Eu^{3+}$ 的宽激发带截止波长移向短波，但 254nm 位置的激发强度未变化，所以在 254nm 紫外射线激发下，$PO_4$ 取代 $VO_4$ 达到 80% 时，也不会使 $Y(V,P)O_4：Eu^{3+}$ 的发光亮度发生变化。而在 365nm 紫外射线激发下，$Y(V,P)O_4：Eu^{3+}$ 的发光亮度则随着 $PO_4$ 的取代量增加而下降。

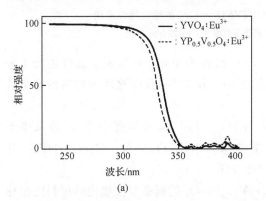 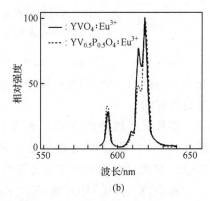

图 3-33　$YVO_4：Eu^{3+}$ 和 $Y(V,P)O_4：Eu^{3+}$ 的激发光谱(a)和发光光谱(b)

在 $YVO_4$：$Eu^{3+}$ 中加入微量 Bi，由于 Bi 在 350nm 附近产生吸收，并把吸收的激发能传递给 $Eu^{3+}$，所以在 365nm 激发下的发光亮度增强。

$YVO_4$：$Eu^{3+}$ 和 $Y(V,P)O_4$：$Eu^{3+}$ 发光光谱如图 3-33(b) 所示[57]。两种材料的发光光谱都由位于 610～620nm 强谱线和 593nm 弱谱线组成。610～620nm 谱线由 $Eu^{3+}$ 的 $^5D_0$—$^7F_2$ 跃迁（属电偶极子跃迁）所引起。次谱线 593nm 属 $^5D_0$—$^7F_1$ 的磁偶极子跃迁。在 $Y(V,P)O_4$：$Eu^{3+}$ 中次谱线 593nm 的相对发光能量增强，有利于材料发光亮度的提高。$YVO_4$：$Eu^{3+}$ 的量子效率已达 90%。

$YVO_4$：$Eu^{3+}$ 和 $Y(V,P)O_4$：$Eu^{3+}$ 具有良好的温度特性。图 3-34 为不同紫外光激发时，$YVO_4$：$Eu^{3+}$ 的温度特性曲线。由图 3-34 可见，温度特性随激发波长改变而明显不同。在 365nm 和高压汞灯中（365nm＋254nm）激发时的发光亮度随着温度升高而显著增强，在 365nm 激发时尤为明显，300℃时的发光亮度比室温时几乎增强了 100 多倍。而在 254nm 紫外光激发时，发光亮度随温度升高略有下降[36]。$Y(V,P)O_4$：$Eu^{3+}$ 具有同样的温度特性，P 的置换量增加时，温度特性更加优异。

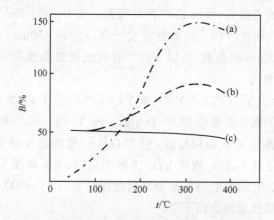

图 3-34　不同紫外光激发时，$YVO_4$：$Eu^{3+}$ 的温度特性曲线
(a) 365nm 激发；(b) 高压汞灯激发；(c) 254nm 激发

用 $YVO_4$：$Eu^{3+}$ 和 $Y(V,P)O_4$：$Eu^{3+}$ 制备的 400W 高压汞荧光灯进行了老化实验，点灯 8000h 的光通维持率分别在 80% 和 85%，说明这两种材料的老化特性是良好的。

制备 $Eu^3$ 激活的 $YVO_4$ 和 $Y(V,P)O_4$：$Eu^{3+}$ 荧光体有干法、湿法及半干法[57,58]，其中最方便的是干法。所用的原料有 $Y_2O_3$、$V_2O_5$、$(NH_4)_2HPO_4$ 和 $Eu_2O_3$，钒的化合物也可选用过量的 $NH_4VO_3$。

对于 $(Y_{1-x}Eu_x)VO_4$ 或 $(Y_{1-x}Eu_x)(V_{1-y}P_y)O_4$ 的制备可按确定的原料配比称量，并加入一定比例的助熔剂（如 $H_3BO_3$），空气中 1000～1200℃ 灼烧 2h 可得到

$YVO_4$：$Eu^{3+}$或 $Y(V,P)O_4$：$Eu^{3+}$。在原料中加入一定量的 Ba,可以提高材料的老化性能。若在 $YVO_4$：$Eu^{3+}$ 的原料配比中,V 过量,典型的配方是 Y：V：Eu(摩尔比)为 1：1.54：0.05。该原料配比的灼烧条件和烧结物的后处理都有较大改变。按上述原料配比称重、混匀,在 900℃灼烧 2h,由于钒酸盐过量甚多,烧结物体色为褐茶色,需经热 NaOH 溶液洗去过量的钒酸盐,经过滤、洗涤、干燥后,再经900℃灼烧 2h,产物用 NaOH 水溶液洗浸洗后水洗、干燥、粉碎、过筛,就得到$YVO_4$：$Eu^{3+}$[58]。

### 3. 硅酸钇铈铽

硅酸钇铈铽($Y_2SiO_5$：$Ce^{3+}$,$Tb^{3+}$)是 20 世纪 70 年代中期开发出的一种绿色发光材料。这一材料同 $YVO_4$：$Eu^{3+}$ 和 $Sr_{10}(PO_4)_6Cl_2$：$Eu^{2+}$ 一起混合,用于高压汞荧光灯以改进灯的显色性和提高光效,同时也可作为三基色发光材料的绿色组分,用于制作三基色荧光灯。

$Y_2SiO_5$：$Tb^{3+}$ 的激发光谱由峰值在 248nm 的宽带组成,在 254nm 光激发下,发出由 $Tb^{3+}$ 的 $^5D_4$—$^7F_J$ 跃迁所一起的 4 条谱线组成的发光光谱。但在 365nm 紫外光激发下,几乎不发光,不能用于高压汞荧光灯。

$Y_2SiO_5$：$Tb^{3+}$ 中加入 $Ce^{3+}$ 制成的 $Y_2SiO_5$：$Ce^{3+}$,$Tb^{3+}$ 的光谱如图 3-35 所示[36]。除了 $Y_2SiO_5$：$Tb^{3+}$ 的 248nm 激发带外,$Ce^{3+}$ 引起在 304nm 和 360nm 附近的强激发带。用 365nm 紫外光激发 $Y_2SiO_5$：$Tb^{3+}$,$Tb^{3+}$ 就会发出 $Tb^{3+}$ 的 4 条特征发光谱线:490nm($^5D_4$—$^7F_6$)、543nm、($^5D_4$—$^7F_5$)、585nm($^5D_4$—$^7F_5$)、620nm($^5D_4$—$^7F_5$)。这是由于 $Ce^{3+}$ 吸收了激发能传递给 $Tb^{3+}$ 而引起的 $Ce^{3+}$—$Tb^{3+}$ 敏化发光。在 254nm 紫外光激发时由于 $Ce^{3+}$ 的敏化,$Tb^{3+}$ 的绿色发光也有所增强。

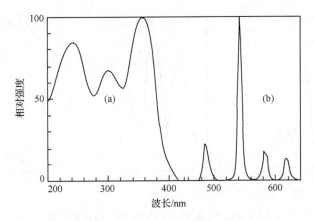

图 3-35　$Y_2SiO_5$：Ce,Tb 的激发光谱(a)和发射光谱(b)

$Ce^{3+}$ 的浓度对 $Tb^{3+}$ 的绿色发光有显著的影响,随激发光波长改变而变化。

254nm 紫外光激发时,Ce/Y(摩尔比)=0.01 的发光最强。当 365nm 紫外光激发时,这一比值为 0.03,$Tb^{3+}$ 的发光强度才达到最大值。$Tb^{3+}$ 的浓度与其发光强度的关系表明,无论是 254nm 激发,还是 365nm 激发,都是 Tb/Y 的比值在 0.1～0.2 附近时,$Tb^{3+}$ 的发光强度达到最大值,$Y_2SiO_5$：$Ce^{3+}$,$Tb^{3+}$ 的量子效率为 0.92。

$Y_2SiO_5$：$Tb^{3+}$ 的温度特性优异,直到近 300℃ 发光强度也未下降。$Ce^{3+}$ 的掺入会引起 $Y_2SiO_5$：$Ce^{3+}$,$Tb^{3+}$ 的温度猝灭现象,温度特性变差。随 $Ce^{3+}$ 的掺入量增加,温度猝灭现象越严重。$Ce^{3+}$ 的浓度为 0.02mol(Ce/Y=0.01)时 200℃ 左右就开始温度猝灭。Ce/Y=0.03 时,不到 150℃,$Y_2SiO_5$：$Ce^{3+}$,$Tb^{3+}$ 的发光强度就急剧下降,因此,对 $Y_2SiO_5$：$Ce^{3+}$,$Tb^{3+}$ 的 $Ce^{3+}$ 的浓度最佳值的确定,应综合考虑 365nm 激发下的发光强度及温度特性二者的关系[36]。

制备 $Y_2SiO_5$：$Ce^{3+}$,$Tb^{3+}$ 的原料是 $Y_2O_3$、$SiO_2$、$Tb_4O_7$ 和 $CeO_2$ 四种原料按确定的配比称量,并加入一定比例的碱金属卤化物(LiF、KF、LiBr 等)作为助熔剂混合均匀,在弱还原气氛中经 1100～1300℃ 灼烧数小时而成。

### 4. 铝酸钇铽

铝酸钇铽($Y_2O_3 \cdot Al_2O_3$：$Tb^{3+}$)与 $YVO_4$：$Eu^{3+}$ 混合制成的高压汞荧光灯,已有产品在市场销售,灯的发光效率可达 60～64 lm/W,可用于室内照明。

$Y_2O_3 \cdot nAl_2O_3$：$Tb^{3+}$ 的激发光谱随 $Al_2O_3$ 的含量改变而变化[36](图 3-36)。Y/Al=0.2 时,275nm 激发带最强。Y/Al=0.6 时,激发带 325nm 最强。Y/Al=1 时,350～380nm 范围的多重激发带最强。这一比值的 $Y_2O_3 \cdot Al_2O_3$：$Tb^{3+}$ 能有效地被 365nm 光激发而具有高的发光效率。

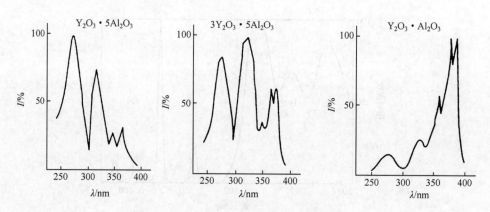

图 3-36　$Y_2O_3 \cdot nAl_2O_3$：$Tb^{3+}$ 的激发光谱

$Y_2O_3 \cdot Al_2O_3$：$Tb^{3+}$ 的发光光谱如图 3-37[36],由 $Tb^{3+}$ 的 $^5D_4$—$^7F_J$($J$=6、5、

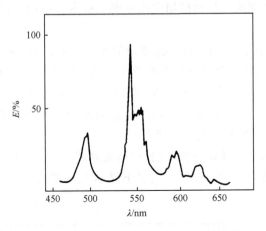

图 3-37　$Y_2O_3 \cdot Al_2O_3$：$Tb^{3+}$ 的发光光谱

4、3)跃迁引起的 490nm、545nm、595nm、620nm 附近的四条谱线组成。$Y_2O_3 \cdot$
$Al_2O_3$：$Tb^{3+}$ 的温度特性优异，在 300℃附近的发光强度几乎不下降。

$Y_2O_3 \cdot Al_2O_3$：$Tb^{3+}$ 由原料 $Y_2O_3 \cdot Al_2O_3 \cdot Tb_4O_7$ 按确定配比称量，比加
入一定量的碱金属氟化物作助熔剂混合均匀后，在弱还原气氛中 1300℃灼烧数小
时而成。

### 5. 氯硅酸锶铕

高压汞荧光灯用发光材料采用发光波长峰值在 620nm 的红色材料和 490nm
的蓝绿色材料混合制灯，可使灯的 Ra 值达到最大值。发光带峰值波长在 490nm
的蓝绿色材料有多种，氯硅酸锶铕（$Sr_2Si_3O_8 \cdot 2SrCl_2$：$Eu^{2+}$）就是其中的一种。

$Sr_2Si_3O_8 \cdot 2SrCl_2$：$Eu^{2+}$ 的激发光谱和发光光谱如图 3-38 所示[36]。在 200～
450nm 范围内有一宽激发带，254nm、365nm 紫外光都可有效地激发材料发光，可

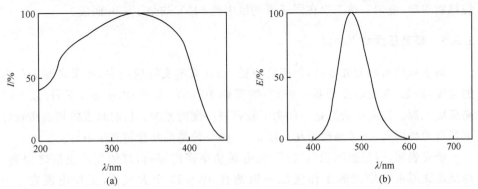

图 3-38　$Sr_2Si_3O_8 \cdot 2SrCl_2$：$Eu^{2+}$ 的激发光谱(a)和发光光谱(b)

用作荧光灯和高压汞荧光灯的灯用发光材料。$Sr_2Si_3O_8 \cdot 2SrCl_2$：$Eu^{2+}$ 的量子效率为 0.93。

$Sr_2Si_3O_8 \cdot 2SrCl_2$：$Eu^{2+}$ 的发光带峰值在 490nm，它是 $Eu^{2+}$ 的 4f-5d 跃迁所引起。随温度升高，这一发光带向短波方向移动，到 250℃ 时已移动向 480nm。有时在发光光谱的 425nm 处会出现一弱发光带，这是 $Sr_2Si_3O_8 \cdot 2SrCl_2$：$Eu^{2+}$ 中残存的杂质相 $SrCl_2$：$Eu^{2+}$ 的 $Eu^{2+}$ 引起，通过对材料进行水洗后，可除去 $SrCl_2$：$Eu^{2+}$，425nm 处的弱发光带也随之消失。

$Sr_2Si_3O_8 \cdot 2SrCl_2$：$Eu^{2+}$ 的温度特性曲线如图 3-39 所示[36]。随温度上升，材料的发光强度缓慢下降，等到 300℃ 时已下降 30% 之多，这表明材料的温度特性不是很好。

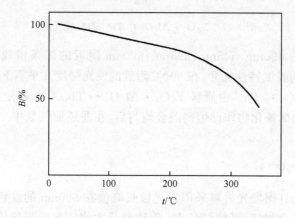

图 3-39　$Sr_2Si_3O_8 \cdot 2SrCl_2$：$Eu^{2+}$ 的温度特性曲线

$Sr_2Si_3O_8 \cdot 2SrCl_2$：$Eu^{2+}$ 由 $SrCO_3$、$SrCl_2$、$SiO_2$、$Eu_2O_3$ 按组分的化学计算比称量用水混合均匀，120℃ 干燥后研细混匀。第一次在空气中 850℃ 灼烧数小时，烧结物粉碎、混匀。第二次在弱还原气氛中经 940℃ 灼烧 1～2h 而成。

### 3.3.3　超高压汞灯[1]

高压汞灯虽然光效较高，但亮度较低，而在某些实际应用中，要求光源有很高的亮度，例如，在光学投影系统中，有的需要 $10^4$ sb（1sb＝$10^4$ cd/m²，下同）以上的高亮度光源。超高压汞灯是一种为了获得高亮度的光源。目前制成的超高压汞灯主要有两种形式：一种是球型超高压汞灯，另一种是毛细管超高压汞灯。

研究表明，通过提高汞蒸气压，使电弧功率密度提高，灯的亮度也随之提高。球型超高压汞灯中汞的工作气压一般约在 10～50 个大气压，工作电流在 2～250A，高亮度可达到 $10^4 \sim 10^5$ sb，光效约为 50～55 lm/W。毛细管超高压汞灯中汞的蒸气在 50～200 个大气压，工作电流在 1～2A，高亮度在 $10^3 \sim 10^5$ sb，光效约

为 $55\sim60\ lm/W$。

随着汞蒸气压的升高和电流密度增大，电子密度、单位长度输入功率和辐射功率、气体温度、电子温度等都相应增大。随着汞蒸气压的升高，原子热激发、热电离的几率增大，共振辐射几乎被高浓度的气体原子完全吸收，紫外辐射也减弱，并且使谱线展宽，特别是带电粒子的复合几率增大而使连续背景越来越强，红色成分也随着气压的升高而增大，低气压几乎没有红色成分，高压汞灯中达到 $1\%\sim2\%$，球型超高压汞灯中达到 4%左右，毛细管超高压汞灯中达到 6%左右。

无论是球型，还是毛细管超高压汞灯均在高温、高压下工作。如球型超高压汞灯的管壁温度在 800K 以上，而毛细管超高压汞灯必须在水冷或压缩空气冷却下工作。

# 3.4　其他灯用稀土发光材料

灯用稀土发光材料品种多，应用面广，除上述所介绍的一些重要的灯用稀土发光材料外，获得应用的灯用稀土发光材料还有许多，处于研究与开发的灯用稀土发光材料更多，现仅选择部分灯用稀土发光材料作简要介绍。

## 3.4.1　磷酸盐荧光粉

磷酸盐荧光粉发展历史悠久。1938 年左右出现碱土金属磷酸盐。20 世纪 60 年代出现稀土激活的碱土磷酸盐并用于复印灯，80 年代后期将 $Ce^{3+}$ 和 $Tb^{3+}$ 共激活的稀土磷酸盐成功地用于稀土三基色灯中，并获得很好的效果。磷酸盐荧光粉合成容易，一般合成的温度比较低；价格便宜，原材料成本低；具有不同的功能、用途广泛等特点。

1. 掺铕焦磷酸盐 $Sr_2P_2O_7 : Eu^{2+}$ 及 $(Sr, Mg)_2P_2O_7 : Eu^{2+}$

碱土焦磷酸盐一般具有双晶或多晶型同质结构。它们的相变转换十分缓慢，故通过快速冷却，能得到在室温下稳定的高温相。$Sr_2P_2O_7$ 是同质双晶体，高温 α 相为正交晶系，在低温下形成 β 相。在 $Ca_2P_2O_7$ 中 β→α 相转变是不可逆的。早期对 $SrO$—$MgO$—$P_2O_5$ 三元体系的相平衡及 $Eu^{2+}$ 激活的 Sr—Mg 焦磷酸盐的发光性质有过报道[59]。

$Sr_2P_2O_7 : Eu^{2+}$ 荧光粉的发射峰位于 420nm 的宽带，$(Sr, Mg)_2P_2O_7 : Eu^{2+}$ 发射峰位于 393nm 附近，而 $\alpha\text{-}Ca_2P_2O_7 : Eu^{2+}$ 的发射峰为 413nm。它们的激发光谱很宽，从短波 UV 区一直延伸到 400nm 附近的蓝紫区。图 3-40 给出它们的激发和发射光谱。这类荧光粉在 $250\sim270$nm 紫外辐射激发下的量子效率达到

90％～95％[59]，并且有良好的温度猝灭特性和热稳定性。它们是一类重要而优良的荧光粉。$(Sr，Mg)_2P_2O_7$：$Eu^{2+}$特别适用于光化学灯、重氮光敏纸复印灯、印刷照相制版、荧光灯以及医疗保健灯。

图 3-40 中列出 $Sr_2P_2O_7$：$Eu^{2+}$、$(Sr，Mg)_2P_2O_7$：$Eu^{2+}$ 和 $Sr_3(PO_4)_2$：$Eu^{2+}$ 的发射与激发光谱。从图 3-40 中可见，它们均有很宽的激发带。当从 $Sr_2P_2O_7$：$Eu^{2+}$ 改变为 $Sr_3(PO_4)_2$：$Eu^{2+}$，$Eu^{2+}$发射峰向短波位移。

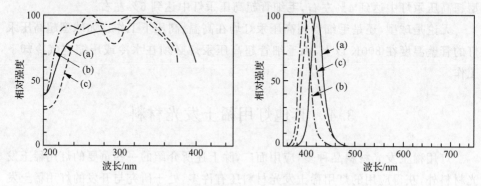

图 3-40　(a) $Sr_2P_2O_7$：$Eu^{2+}$，(b) $(Sr，Mg)_2P_2O_7$：$Eu^{2+}$ 和
(c) $Sr_3(PO_4)_2$：$Eu^{2+}$ 的激发光谱和发射光谱

$Sr_2P_2O_7$：$Eu^{2+}$ 和 $(Sr，Mg)_2P_2O_7$：$Eu^{2+}$ 采用高温固相反应法制备。$(Sr，mg)_2P_2O_7$：$Eu^{2+}$选用 $SrCO_3$ 或 $Sr(NO_3)_2$、$MgNH_4PO_4$、$(NH_4)_2HPO_4$ 及 $Eu_2O_3$ 为原料，按化学配比称量后，仔细研磨、混匀。先在 700～1000℃的空气中灼烧一次，样品冷却后，粉碎，再经 1000～1200℃弱还原气氛中灼烧数小时，可得产品。$Eu^{2+}$的合适浓度约为 2％（摩尔分数）。

### 2. 碱土正磷酸盐

(1) $M_3(PO_4)_2$：Eu (M＝Ca,Sr)

当加热 $Sr_3(PO_4)_2$ 到 1000～1300℃，然后快速冷却到室温时，得到的产物为菱形结构的 $Sr_3(PO_4)_2$，1305℃以上转变为类似 $β$-$Ca_3(PO_4)_2$ 的结构。当 Mg、Ca、Zn 或 Cd 等较小的离子取代 $Sr_3(PO_4)_2$ 中少量 Sr 时，甚至在室温下，可保持与 $β$-$Ca_3(PO_4)_2$ 同晶型结构[60]。所以，这种 $β$-型结构的 $Sr_3(PO_4)_2$ 为较小的外来离子所稳定。$Eu^{2+}$ 激活的 $Sr_3(PO_4)_2$ 相转变温度降低 125～150℃，故在高温灼烧才可获得高亮度荧光粉。

纯的 $Sr_3(PO_4)_2$ 在紫外区有相当弱的发射。对 $Sr_3(PO_4)_2$：$Eu^{2+}$ 而言，发射峰位于 408nm 处（图 3-40），其峰高度室温下仅为 $Sr_2P_2O_7$：Eu 的 70％，但是，在高温下这种情况相反。这说明碱土正磷酸盐发光的温度特性优于碱土焦磷酸盐。

此外，$Sr_3(PO_4)_2:Eu^{2+}$ 的激发光谱不同于焦磷酸盐（图 3-40），其激发光谱中有两个明显分开的激发带。

$Sr_3(PO_4)_2:Eu^{2+}$ 的制备是将 $SrCO_3$、$SrHPO_4$ 及 $Eu_2O_3$ 按化学计量比称量，经研磨、混匀后，在 1200～1250℃下弱还原气氛中灼烧数小时，使 Sr 盐稍过量可改进发光性能。

洪广言等[61]采用沉淀法首先合成磷酸氢钙，然后在还原气氛下、1200℃进行焙烧使其转化为 $Ca_3(PO_4)_2:Ce$。该荧光粉用 254nm 激发时，呈现 $Ce^{3+}$ 的宽带发射，其峰值位于 360nm 附近，可用于消毒灭菌及诱杀害虫。由于采用廉价的铈作激活剂，有利于降低成本。

（2）$M'_{0.2}M''_{2.6}Ce_{0.2}(PO_4)_2$ 磷光体（$M'=$ Li、Na 或 K，$M''=$ $Mg^{2+}$、$Ca^{2+}$、$Sr^{2+}$ 或 $Ba^{2+}$）

洪广言等[62]合成了一系列 $M'_{0.2}M''_{2.6}Ce_{0.2}(PO_4)_2$ 磷光体，从它们的结构特性可知，当变换碱土金属离子（$Mg^{2+}$、$Ca^{2+}$、$Sr^{2+}$ 或 $Ba^{2+}$）时，磷光体的结构产生明显的变化。

$M'_{0.2}Mg_{2.6}Ce_{0.2}(PO_4)_2$ 系单斜晶系（P21/n），$M'_{0.2}Ca_{2.6}Ce_{0.2}(PO_4)_2$ 为六方晶系（R3c），$M'_{0.2}Sr_{2.6}Ce_{0.2}(PO_4)_2$ 和 $M'_{0.2}Ba_{2.6}Ce_{0.2}(PO_4)_2$ 同属六方晶系（R3m）。碱土金属离子相同时，改变碱金属离子（Li、Na 或 K），磷光体结构类型没有变化。

$M'_{0.2}M''_{2.6}Ce_{0.2}(PO_4)_2$ 荧光体中 $Ce^{3+}$ 的 5d-4f 的宽带荧光发射仍在紫外区。

在 Mg、Ca、Sr 等体系中，明显地观察到，随着 $Li^+$、$Na^+$、$K^+$ 的离子半径增加，$Ce^{3+}$ 的 $5d-{}^2F_{5/2}$ 跃迁几率呈现有规律地变化，即 $5d-{}^2F_{7/2}$ 跃迁增强，而 $5d-{}^2F_{5/2}$ 跃迁强度相对减弱。

对于同晶化合物 $M'_{0.2}Sr_{2.6}Ce_{0.2}(PO_4)_2$ 和 $M'_{0.2}Ba_{2.6}Ce_{0.2}(PO_4)_2$ 的光谱结果与文献[63]中所报道的 $Ce^{3+}$ 在 $M_3(PO_4)_2$（M = Sr、Ba）中相似，观察到随着碱土金属离子半径增大，$Ce^{3+}$ 的宽带发射峰向长波移动，Stokes 位移也增大。

在磷光体的相对发光亮度测定结果中观察到一个有趣的现象，即对同一碱金属的 $M'_{0.2}M''_{2.6}Ce_{0.2}(PO_4)_2$ 体系，当碱金属与碱土金属离子半径之和接近 2.0Å 时，磷光体在该体系中的相对发光亮度较强。

3. $2SrO \cdot 0.84P_2O_5 \cdot 0.16B_2O_3:Eu^{2+}$

在焦磷酸锶（$Sr_2P_2O_7$）的基础上，由 16% $B_2O_3$ 取代 $Sr_2P_2O_7$ 中的 $P_2O_5$ 而获得 $2SrO \cdot 0.84P_2O_5 \cdot 0.16B_2O_3$ 基质。该基质和 $Sr_2P_2O_7$ 的晶体结构不同，对比基质也可近似表达为 $Sr_6P_5BO_{20}$。

$2SrO \cdot 0.84P_2O_5 \cdot 0.16B_2O_3:Eu^{2+}$ 荧光粉虽然是由 $Sr_2P_2O_7:Eu^{2+}$ 演变过来，但结构发生了变化，发光性质也不同，其光谱图示于图 3-41。在紫外光激发

下,该荧光粉发射峰位于 480nm,发蓝绿光[图 3-41(b)],这表明组成、结构和晶场环境对 $Eu^{2+}$ 的 5d 电子组态的性质产生重大影响。该荧光粉的发射光谱不对称,意味着包含 2 个 $Eu^{2+}$ 中心。$2SrO \cdot 0.84P_2O_5 \cdot 0.16B_2O_3 : Eu^{2+}$ 的激发光谱[图 3-41(a)]从 200nm 延伸到 440nm 附近一个很完整的吸收带。荧光灯中许多汞线,均能有效地激发它,从而转换成高显色性所需要的蓝绿光,以改善荧光灯的显色。

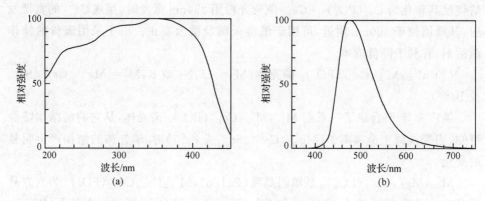

图 3-41　$2SrO \cdot 0.84P_2O_5 \cdot 0.16B_2O_3 : Eu^{2+}$ 的激发光谱(a)和发射光谱(b)

$2SrO \cdot 0.84P_2O_5 \cdot 0.16B_2O_3 : Eu^{2+}$ 荧光粉以 $SrHPO_4$、$SrCO_3$、$H_3BO_3$ 和 $Eu_2O_3$ 为原料,按配比称量,经研磨、混匀后,在弱还原气氛下 $1100\sim1250℃$ 下灼烧数小时。Eu 浓度一般为 2%~3%(摩尔分数)。

### 3.4.2　硅酸盐荧光粉

地壳中含有丰富的硅酸矿物质,如硅灰石矿($CaSiO_3$)、硅锌矿、黄长石等。构成发光材料的硅酸盐的种类也很多。硅酸盐发光材料不仅发现很早,而且是获得应用最早的一类荧光粉,不同硅酸盐发光材料具有不同的发光性质,可用于不同的照明光源和显示器件。例如,$Zn_2SiO_4 : Mn$ 是最早用作荧光灯和 CRT 的绿色荧光粉,并向 PDP、FED 等新领域拓展。

1. $Zn_2SiO_4 : Mn^{2+}$ ——正硅酸盐

$Zn_2SiO_4 : Mn$ 是最早的高效发光材料之一,具有六方晶系的硅锌矿结构,Zn 原子占据 2 个不等当的格位,这 2 个格位在稍微畸变四面体(Td)中都有 4 个最近邻氧原子配位。$Mn^{2+}$ 取代 $Zn^{2+}$,位于四面体格位中,$Zn^{2+}$ 也可被 $Be^{2+}$ 部分取代,形成固熔体,如 $(Zn,Be)_2SiO_4 : Mn$ 黄粉。

$Zn_2SiO_4 : Mn$ 在真空紫外辐射、短波紫外光子($200\sim300nm$)和电子束激发下,均能发射出色纯度很高的强绿光,发射峰位于 525nm 处。在 $Zn_2SiO_4$ 中 $Mn^{2+}$ 的发光可归于 d 电子的 $^4T_{1g} \to {}^6A_1$ 能级跃迁。部分 Zn 被 Be 取代后,$Mn^{2+}$ 离子在 610nm 附近出现一个新的发射带,随着铍取代量增加,荧光粉的发光颜色从绿到橙变化。

$Zn_2SiO_4$:Mn 的制备选用纯度高的 ZnO、$SiO_2$ 和 $MnCO_3$ 作为原料,磨细混匀,先在 1200℃ 空气中灼烧数小时,产物再研磨均匀,再在 1200~1300℃ 空气中或保护性气氛中再灼烧数小时。在保护性气氛中灼烧时应注意 ZnO 可能被还原成 Zn 而逸出。在空气中灼烧应防止二价锰被氧化。合成时,ZnO 与 $SiO_2$ 的配比很重要,理论上 ZnO:$SiO_2$ 的化学计量比为 2:1,但实际上 $SiO_2$ 应过量,才可能获得好的效果。

$Zn_2SiO_4$:Mn 主要应用于绿色彩色荧光灯及静电复印机中。尽管其光效和色纯度都很好,但由于光维持率性能较差,在照明荧光灯中的应用受到限制。

尤洪鹏等[64]采用高温固相反应法以硅酸为原料合成了等离子显示用的荧光粉 $Zn_2SiO_4$:Mn,研究了 $Zn_2SiO_4$:Mn 的 VUV 和 UV 光谱特性,结果表明,波长小于 200nm 的部分的基质吸收带主要是氧的 2p 轨道到锌的 3d 轨道跃迁产生的,波长大于 200nm 的部分的基质吸收带是氧的 2p 轨道到硅的 3p 轨道跃迁吸收。在 VUV 和 UV 激发下,$Mn^{2+}$ 的浓度与发射强度的相关性研究表明,在不同波长激发时荧光体的发射强度随着 $Mn^{2+}$ 浓度的变化存在明显不同。

2. $CaSiO_3$:Ce,Tb

偏硅酸钙 $CaSiO_3$ 的晶体结构比较复杂,有低温 β 相和高温 α 相两种,α 相属单斜晶系,β 相为三斜晶系,它们的相变温度在 1150℃ 左右。不掺杂的 $CaSiO_3$ 在 1150℃ 灼烧形成 α 相。而掺杂 $Pb^{2+}$ 和 $Mn^{2+}$ 后在超过 1200℃ 灼烧仍生成是 β 相。这种结构变化还与激活剂 $Mn^{2+}$、$Ce^{3+}$ 和 $Tb^{3+}$ 浓度有关[65]。掺杂的 β 相偏硅酸钙发光效率高,$CaSiO_3$:Pb,Mn 是第一个双激活的商用发光材料。

在 $CaSiO_3$ 中 $Ce^{3+}$ 发射峰的峰值为 396nm 较强的蓝紫光[65],而 $Ce^{3+}$ 和 $Tb^{3+}$ 共激活时,由于发生高效的 $Ce^{3+} \to Tb^{3+}$ 的无辐射能量传递,使 $Tb^{3+}$ 的绿色发光大大增强[66],特别是在长波 UV 发射激发时,效果显著。

$CaSiO_3$:Ce,Tb 荧光粉合成步骤相对比较复杂,同时需要加电荷补偿剂,在还原气氛中灼烧数小时。$CaSiO_3$:Ce,Tb 是有潜在应用价值的绿色荧光粉。

3. $Y_2SiO_5$:Ce,Tb

正硅酸氧钇 $Y_2SiO_5$ 写成 $Y_2(SiO_4)O$ 从结晶学的角度更为合适。它的晶体结构是由 1 个孤立的 $SiO_4$ 四面体,1 个不与硅成键的氧及 2 个在结晶学不等当的 Y 原子组成。组成为 $Ln_2O_3$:$SiO_2$=1:1 的所有稀土二元化合物都属于这一类,具有单斜晶体结构。$Y_2SiO_5$ 具有低温相和高温相，两相的转变温度约为 1190℃。

$Y_2SiO_5$：Ce 在 300nm 和 350nm 处有两个激发带（图 3-42），而宽带发射光谱位于 410nm 蓝紫光区。

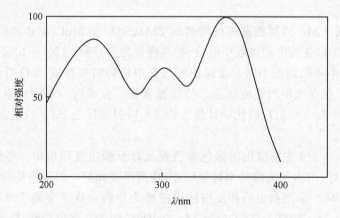

图 3-42　$Y_2SiO_5$：Ce 的激发光谱

$Y_2SiO_5$：Tb 的激发光谱是由 1 个位于 254nm 附近较强的 4f-5d 吸收带和在 290~390nm 之间的一些弱的吸收峰组成，它可以直接被 254nm 激发而发光；$Y_2SiO_5$：Tb 的发射光谱和颜色与 $Tb^{3+}$ 的浓度有关，当 $Tb^{3+}$ 的浓度超过 5% 时往往呈现以 $^5D_3 \rightarrow {}^7F_J$ 跃迁发射，光谱中蓝区较强，而当 $Tb^{3+}$ 的浓度超过 5% 时 $^5D_3 \rightarrow {}^7F_J$ 跃迁发射很弱，主要是 $Tb^{3+}$ 的 $^5D_4 \rightarrow {}^7F_J$ 跃迁发射，发光位于黄绿区。

$Y_2SiO_5$：Ce,Tb 的光谱见图 3-35。该荧光粉的激发光谱表明，它是由 $Tb^{3+}$ 和位于长波 UV 区的 $Ce^{3+}$ 的激发光谱组成。其发射光谱主要是 $Tb^{3+}$ 的 $^5D_4 \rightarrow {}^7F_J$ 的跃迁发射。光谱数据表明，存在着 $Ce^{3+} \rightarrow Tb^{3+}$ 的能量传递，$Ce^{3+}$ 敏化了 $Tb^{3+}$。

在 $Y_2SiO_5$：Ce,Tb 中 Ce 的浓度对发光强度有明显的影响，图 3-43 中列出不同波长激发下 $Y_2SiO_5$：Ce,Tb 的 Ce 浓度与发射强度的关系，从图 3-43 可见选择相匹配的 Ce 浓度对发光强度有重要的作用。

$Y_2SiO_5$：Ce,Tb 的猝灭温度与 $Ce^{3+}$ 也密切有关，图 3-44 示出该荧光粉的温度特性。从图中可知，随着 $Ce^{3+}$ 浓度的增加，猝灭温度下降。因此，对 $Y_2SiO_5$：Ce,Tb 荧光粉，必须选择一个合适的 Ce 浓度。

$Y_2SiO_5$：Ce,Tb 通常采用高温固相反应法制备。将高纯 $Y_2O_3$ 和微细 $SiO_2$ 按化学计量比混合，加入适量的 $CeO_2$ 和 $Tb_4O_7$ 和相应的助熔剂如 KF 或 LiBr 等混合均匀后，在 1200~1450℃ 高温弱还原气氛中灼烧数小时。合成时需使 $Ce^{4+}$ 和 $Tb^{4+}$ 充分还原，同时应防止其他稀土硅酸盐杂相的产生。$Y_2SiO_5$：Ce,Tb 被用于紧凑型荧光灯的绿粉及 UV 白光 LED 的绿成分。

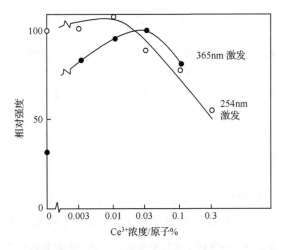

图 3-43　不同波长激发下 $Y_2SiO_5$：Ce,Tb 的 Ce 浓度与发射强度的关系

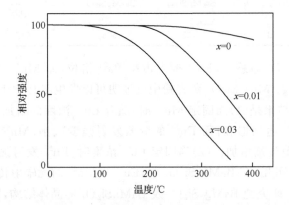

图 3-44　$Y_2SiO_5$：$Ce_x^{3+}$,$Tb^{3+}$ 的温度特性

### 4. $(Y,Gd)_2SiO_5$：Eu

宋桂兰等[67] 利用高温固相反应法合成 $Y_{1.95-x}Gd_xSiO_5$：$Eu_{0.05}$（$x=$ 0.6mol%）荧光粉。结构测定表明所合成的荧光体为单斜晶系的 $X_2$ 型 $Y_2SiO_2$ 相,空间群 B2/b。紫外可见光谱表明,其发射峰位于 612nm,为 $Eu^{3+}$ 的特征的 $^5D_0$—$^7F_2$ 跃迁发射,其激发峰位于 396nm。真空紫外激发光谱表明,随着 $Gd^{3+}$ 含量增加,在 192nm 附近出现了 $Gd^{3+}$ 的激发峰,且此峰的强度随着 $Gd^{3+}$ 含量的增加而增大;同时位于 150～185nm 之间的基质吸收带的强度也增大;而位于 200～300nm 之间的 Eu 电荷迁移带的强度却随着 $Gd^{3+}$ 含量增加而降低。

**5. Eu²⁺激活的 $M_2(Mg,Zn)Si_2O_7(M=Ca,Sr,Ba)$ 碱土焦硅酸盐**

$M_2(Mg,Zn)Si_2O_7$：$Eu^{2+}$（M＝Ca,Sr,Ba）等碱土焦硅酸盐是一大类类质同晶型化合物，它们与黄长石的类质同晶型矿密切相关。$Sr_2MgSi_2O_7$ 和 $Ca_2MgSi_2O_7$ 同构，属四方晶系结构，它们可以形成连续固熔体。在此结构中，2 个 $SiO_4$ 四面体通过共用 1 个氧原子而连在一起形成孤立的 $Si_2O_7$ 基团，这些孤立的基团通过四配位中的 Mg 和八配位中的 Ca 连在一起。在 $Sr_2MgSi_2O_7$ 中，80％的 $Sr^{3+}$ 可以被 $Ba^{2+}$ 取代，形成固熔体。

早在 20 世纪 60～70 年代，$Ce^{3+}$ 激活的 $Ca_2MgSi_2O_7$ 及 $Eu^{2+}$ 激活的 $BaMg$-$Si_2O_7$ 的发光性质已被研究。$M_2MgSi_2O_7$：$0.02Eu^{2+}$（M＝Ca,Sr,Ba）3 种焦硅酸盐在 254nm 激发下，其发射峰位置列于表 3-10，其发光颜色为蓝色、绿色。

表 3-10　一些碱土焦硅酸盐中 $Eu^{2+}$ 离子的发射峰位置

| 组成 | $Ca_2MgSi_2O_7$ | $Sr_2MgSi_2O_7$ | $Ba_2MgSi_2O_7$ | $Ba_2(Mg_{0.5},Zn_{0.5})$ $Si_2O_7$ | $BaMg_2Si_2O_7$ |
|---|---|---|---|---|---|
| 发射峰/nm | 537 | 465 | 505 | 512 | 400 |

在 $BaMg_2Si_2O_7$ 体系中，$Eu^{2+}$ 掺入占据 $Ba^{2+}$ 格位，而 $Mn^{2+}$ 占据 $Mg^{2+}$ 格位。在（Ba，Eu）（Mg，Mn）$_2Si_2O_7$ 荧光粉中已证明可以发生 $Eu^{2+} \rightarrow Mn^{2+}$ 高效无辐射能量传递[68]，其结果是(1)当固定 $Mn^{2+}$ 时，随着 $Eu^{2+}$ 浓度的增加，$Mn^{2+}$ 的红色发光强度逐渐增加，达到饱和；而 $Eu^{2+}$ 的蓝紫发射强度减小，$Mn^{2+}$ 与 $Eu^{2+}$ 发射的红、蓝光强度比值逐渐增加。(2)当固定 $Eu^{2+}$ 浓度时，$Eu^{2+}$ 发射强度随 $Mn^{2+}$ 的增强而急剧下降。可见，在 $BaMg_2Si_2O_7$ 中，$Eu^{2+} \rightarrow Mn^{2+}$ 的无辐射传递是有效的。

苏勉曾等[69]研究纯 $BaMg_2Si_2O_7$ 及 $BaMnSi_2O_7$ 的晶体结构，它们具有空间群为 Ama2 的正交晶系，和 $BaZnSi_2O_7$ 同构。$BaMg_2Si_2O_7$：Eu,Mn 荧光体呈现一个蓝紫发射带（$Eu^{2+}$）和宽红发射带（$Mn^{2+}$）。在这种材料中，确实发生 $Eu^{2+} \rightarrow Mn^{2+}$ 的能量传递。

$Eu^{2+}$ 激活的 $(Ca,Sr)_2MgSi_2O_7$，$MSiO_5$（M＝Ca,Sr,Ba），$BaSi_2O_5$，$BaMg$-$Si_2O_4$ 等碱土硅酸盐在 4.2K 下的发光性质指出，在这些硅酸盐中存在不同性质的碱金属离子键，致使 $Eu^{2+}$ 的发射光谱不同（表 3-10）。

碱土焦酸盐的制备一般是按 $SiCO_3$、$BaO_3$、$MgO$、$ZnO$ 及 $SiO_2$ 的化学计量比称量，并加入一定量的 $Eu_2O_3$ 和助熔剂研磨、混匀，于 1050～1200℃下，在弱还原气氛中灼烧数小时，可制得样品。可选用 $BaCl_2$ 和 $NH_4Cl$ 等作为助熔剂。

**6. $Eu^{2+}$，$Eu^{2+}＋Mn^{2+}$ 或 $Ce^{3+}$ 激活的 $M_3MgSi_2O_8$**

$M_3MgSi_2O_8$ 中 $Ca_3MgSi_2O_8$ 的晶体结构为菱形斜方晶系的镁硅钙石结构。

$Sr_3MgSi_2O_8$ 和 $Ba_3MgSi_2O_8$ 属正交晶系。在镁硅钙石的结构中,有 3 个不等当的 Ca 格位,配位数分别为 8、9、8,此外,还有一个八面体的格位。

　　$Eu^{2+}$ 激活的 $M_3MgSi_2O_8$ 是一类高效的蓝色荧光粉。它们在 253.7nm 激发下的发射光谱示于图 3-45 中,发射光谱均不是高斯分布。这反映出由于存在不等当阳离子格位,形成不同的 $Eu^{2+}$ 发射中心。$Eu^{2+}$ 激活的这类荧光粉的激发光谱很宽,几乎覆盖整个 UV 光谱区,甚至可用蓝光激发,随着 Ca→Sr→Ba 组成变化,发光强度的温度特性逐渐变好。在 $(Ba_{1-x-y}Sr_xCa_y)_3MgSi_2O_8$ $(0 \leqslant x, y \leqslant 1)$ 中,在 $Eu^{2+}$,$Mn^{2+}$ 共掺时,可发生 $Eu^{2+} \rightarrow Mn^{2+}$ 的无辐射能量传递,与在 $BaMg_2Si_2O_7$:$Eu^{2+}$,$Mn^{2+}$ 中相同,$Eu^{2+}$ 离子能有效地敏化 $Mn^{2+}$ 的红色发射,$Eu^{2+}$ 的发射强度随着 $Mn^{2+}$ 的浓度增加而下降,而 $Mn^{2+}$ 的红色发射则增强。

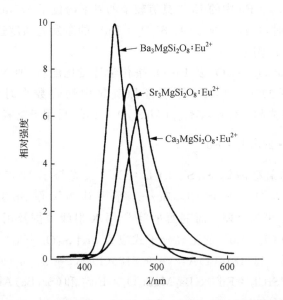

图 3-45　$M_3MgSi_2O_8$:　$Eu^{2+}_{0.04}$(M = Ba Sr, Ca)的发射光谱

　　$Ce^{3+}$ 激活的 $M_3MgSi_2O_8$(M = Ca,Sr,Ba)在 UV 光激发下,发射较强的蓝紫光[70,71]。在这些荧光粉中 $Ce^{3+}$ 和 $Eu^{2+}$ 的激发峰列于表 3-11 中。

表 3-11　$Ce^{3+}$ 和 $Eu^{2+}$ 激活的 $M_3MgSi_2O_8$ 荧光粉的发射峰

| 组成 | $Ca_3MgSi_2O_8$ | $Sr_3MgSi_2O_8$ | $Ba_3MgSi_2O_8$ |
|---|---|---|---|
| $Ce^{3+}$ 发射峰/nm | 397 | 410 | 408 |
| $Eu^{2+}$ 发射峰/nm | 475 | 460 | 440(437) |

　　$M_3MgSi_2O_8$ 的制备是将 $MCO_3$(M = Ca,Sr,Ba)和很细的 $SiO_2$ 按化学计量比混合,加入少量的 $CeO_2$,$Eu_2O_3$ 或 $MnCO_3$ 等激活剂,研细、混匀,在 1100～

1300℃弱还原气氛中灼烧数小时，并在弱还原气氛中冷却，得到产物。$Ba_3MgSi_2O_8$ 荧光粉体系可用于荧光灯的颜色修正和植物生长灯。

### 7. $(Sr,Ba)Al_2Si_2O_8$：Eu

碱土铝硅酸盐 $MAl_2Si_2O_8$ 属长石类，含有三维 Si-Al-O 网络结构，都具有大的晶胞和可供不同离子占用的多种格位的复杂材料。尽管所有碱土金属黄长石的框架结构是相同的，但晶体的对称性是不同的。$CaAl_2Si_2O_8$ 为三斜晶系，有 4 种不等当的格位为 Ca 占有，对 Al 和 Si 有 8 种不等当格位；$SrAl_2Si_2O_8$ 也是三斜晶系；而 $BaAl_2Si_2O_8$ 为单斜晶系，只有 1 种 Ba 格位，4 种不同的可以被 Si 或 Al 占据格位。这种 Sr—Ba 长石结构可以形成固熔体，Sr 和 Ba 长石还具有低温型和高温型。

在 $BaAl_2Si_2O_8$：Eu 中的 $Eu^{2+}$ 具有较窄的发射峰位于 475nm 附近。当 Sr 取代 Ba 达到 60% 时，$(Sr_{0.6},Ba_{0.4})Al_2Si_2O_8$：$Eu^{2+}$ 的激发光强度达到最大，窄谱带发射峰位于 400nm 附近。

将 $SiCO_3$，$BaCO_3$，$Al_2O_3$ 及 $Eu_2O_3$ 按化学计量比配料，加 $NH_4Cl$ 等助熔剂，磨细、混匀后，在 1150～1400℃ 下弱还原气氛中灼烧数小时可制得 $(Sr,Ba)Al_2Si_2O_8$：Eu 荧光粉。$(Sr_{0.6},Ba_{0.4})Al_2Si_2O_8$：$Eu^{2+}$ 可用于重氮复印灯。

### 8. $Sr_2Si_3O_8 \cdot 2SrCl_2$：$Eu^{2+}$

$Eu^{2+}$ 激活的氯硅酸锶 $Sr_4Si_3O_8Cl_4$：$Eu^{2+}$ 荧光粉于 1967 年制得，化学分析确定为 $Sr_5Si_{7.75}O_{20.5} \cdot 5SrCl_2$，Burrus 等[72]认为写作 $Sr_2Si_3O_8 \cdot 2SrCl_2$ 或 $Sr_4Si_3O_8Cl_4$：Eu 更为合理。而荆西平等[73]用 X 射线数据及用 Rietveld 方法分析，认为 $Sr_4Si_3O_8Cl_4$：$Eu^{2+}$ 的正确分子式应为 $Sr_8[Si_4O_{12}]Cl_8$：$Eu^{2+}$，属于四方晶系，晶胞参数 $a=11.1814(1)Å$，$c=9.5186(1)Å$，$z=2$，Sr 只有一个格位。

$Sr_2Si_3O_8 \cdot 2SrCl_2$：$Eu^{2+}$、$Ba_3MgSi_2O_8$：$Eu^{2+}$ 和 $(Sr,Ba)Al_2Si_2O_8$：$Eu^{2+}$ 的

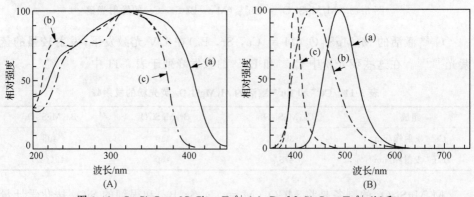

图 3-46　$Sr_2Si_3O_8 \cdot 2SrCl_2$：$Eu^{2+}$ (a)、$Ba_3MgSi_2O_8$：$Eu^{2+}$ (b) 和
$(Sr,Ba)Al_2Si_2O_8$：$Eu^{2+}$ (c) 的激发光谱 (A) 和发射光谱 (B)

激发光谱和发射光谱示于图 3-46。从图 3-46(A)可见其呈现一个很宽的激发带，覆盖全部 UV 区，但短波 UV 光的激发效果不如长波 UV 光。在 254nm 和 365nm 均能有效激发，其发射峰位于 490nm，发射蓝绿光[图 3-46(B)]。

图 3-47，图 3-48 示出在不同温度下 $Sr_2Si_3O_8 \cdot 2SrCl_2$：$Eu^{2+}$ 的发射光谱和相对强度。从图 3-47 可知随着温度升高，发射强度相对减弱，但下降趋势优于 $Sr_{10}(PO_4)_6Cl_2$：$Eu^{2+}$。从图 3-48 可知，当温度上升时(即 250℃)发射峰蓝移。$Sr_2Si_3O_8 \cdot 2SrCl_2$：$Eu^{2+}$ 可用于高压汞灯的蓝绿补偿成分和高显色灯的蓝绿成分。

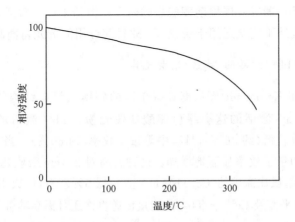

图 3-47　$Sr_2Si_3O_8 \cdot 2SrCl_2$：$Eu^{2+}$ 的温度特性

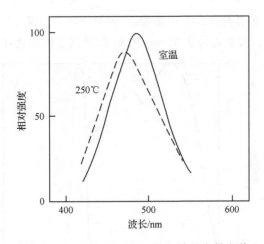

图 3-48　$Sr_2Si_3O_8 \cdot 2SrCl_2$：$Eu^{2+}$ 的发射光谱

$Sr_2Si_3O_8 \cdot 2SrCl_2$：$Eu^{2+}$ 的制备可按 2：3：2 的化学计量比称取 $SiCO_3$，$SiO_2$ 和 $SrCl_2$，加入 0.6%～1% 的 $Eu_2O_3$ 激活剂，用去离子水混匀，调成浆料，在 130℃

烘干后,将料磨细、混匀后于 850℃灼烧 3h,再研磨,于 910～950℃,弱还原气氛中灼烧数小时,产物研细,用热去离子水洗去过剩的 $SrCl_2$。制备产物的结晶性质很大强度上受灼烧条件的影响。若氯被氟或溴取代则产物不发光。

### 3.4.3　硼酸盐荧光粉

稀土离子激活的硼酸盐荧光粉也可构成另一大体系,其组成和结构比较复杂,硼酸盐荧光粉发展历史也比较悠久。碱土硼酸盐、多硼酸盐及稀土硼酸盐等在短波 UV 辐射激发下,均具有较高的效率,随着新技术发展,如无汞荧光灯,真空紫外激发的发光显示器等发展推动硼酸盐的研发。但稀土离子激活的硼酸盐荧光粉除稀土五硼酸盐外不完全适用于荧光灯,故目前灯用的荧光粉商品中并不多。

1. $Mn^{2+}$ 和 $Tb^{3+}$ 激活的 $M_2B_2O_5$ 荧光体

Schetters 和 Kemenade[74] 依据具有单斜的硼镁锰钙矿结构的 $CaMgB_2O_5$ 作为基质,发展 $Tb^{3+}$ 激活的这类绿色硼酸盐荧光粉。$Tb^{3+}$ 激活的 $CaMgB_2O_5$ 对 254nm 紫外吸收较低(约 36%),具有中等量子效率(约 60%)。当 Ca 被部分 Ba 取代后,UV 辐射和量子效率显著地增加。这种材料对 254nm 吸收达到 71.5%,而量子效率高达 84%,虽比商用的 $(Ce,Tb)MgAl_{11}O_{19}$ 低 6% 左右,但成本低,且合成温度也低。利用电荷平衡及 $Ce^{3+} \rightarrow Tb^{3+}$ 的能量传递也许还可提高其量子效率。

2. $SrB_4O_7$：$Eu^{2+}$

$SrB_4O_7$：$Eu^{2+}$ 荧光粉在 254nm 激发下,发射高效的长波 UV 光。它的激发和发射光谱示于图 3-49。发射峰位于 370nm 的宽带,适用于做黑光灯和动物保健灯。

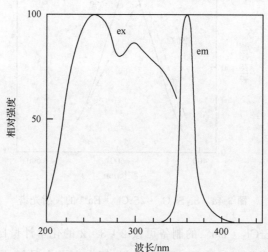

图 3-49　$SrB_4O_7$：$Eu^{2+}$ 荧光粉的激发光谱和发射光谱

### 3.4.4  铝酸盐荧光粉

铝酸盐荧光粉也是一类实用的荧光粉基质,其组成和结构复杂,但品种多,基质的稳定性好,已在照明和显示方面获得广泛的应用,有关章节将分别作详细介绍,现仅介绍 $Sr_4Al_{14}O_{25}$:Eu。

$Sr_4Al_{14}O_{25}$:$Eu^{2+}$ 具有正交结构,空间群 Pmma,晶胞参数 $a = 24.785Å$,$b = 8.487Å$,$c = 4.886Å$,有 2 个不等的 Sr 格位,其中 Sr(Ⅰ)—O 平均距离为 $2.72Å$,Sr(Ⅱ)—O 为 $2.58Å$。

$Sr_4Al_{14}O_{25}$:$Eu^{2+}$ 的发射和激发光谱示于图 3-50。该荧光粉的激发光谱从 200nm 一直延伸到 450nm,用 UV 和蓝紫光(包括太阳光)均能有效激发它,发射蓝绿光。荧光粉的发射光谱起源于 $Eu^{2+}$ 的 5d-4f 组态的跃迁发射。由于 $Sr_4Al_{14}O_{25}$:Eu 荧光粉在 254nm 激发下的发光效率高,发射蓝绿光,发射峰位于 490nm 处,正是荧光灯中缺少的光谱成分,因此,它被用于制作高显色性荧光灯中蓝绿成分,提高灯的显色指数。但是,该荧光粉性能不稳定,近来被 $Eu^{2+}$ 激活的卤磷酸盐取代。对它的深入研究,目前已发展成新的长余辉荧光粉 $Sr_4Al_{14}O_{25}$:Eu,Dy,更详细的描述请见第 4 章。

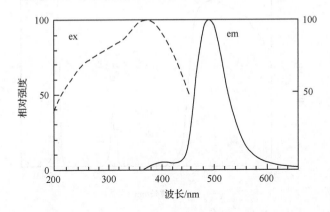

图 3-50  $Sr_4Al_{14}O_{25}$:$Eu^{3+}$ 的发射光谱和激发光谱

$Sr_4Al_{14}O_{25}$:$Eu^{3+}$ 采用高温固相反应法制备。即称取 $SrCO_3$、$\alpha$-$Al_2O_3$ 和 $Eu_2O_3$,再加入适量的助熔剂,在一起研磨、混匀,然后在 1200℃ 下弱还原气氛(如 2% $H_2/N_2$)中灼烧数小时。在同样的气氛中冷却,经粉碎、过筛后,再在弱还原气氛中 1300℃ 灼烧数小时。硼酸盐作为助熔剂较好。$Eu^{3+}$ 离子取代 0.1mol $Sr^{2+}$ 较为合适。

### 3.4.5  钒酸盐荧光粉

钒酸盐是一类好的基质,钒酸根在紫外区具有强的基质吸收可将能量有效地传递给激活离子。有关 $YVO_4$：Eu 在前面已经作了详细介绍，此处仅介绍 $YVO_4$：Dy。

　　$YVO_4$：Dy 属于四方晶系锆石结构。Sommerdijk 等[75]较早地对 $YVO_4$：Dy 荧光粉进行研究。$YVO_4$：Dy 的光谱图示于图 3-51 中，$YVO_4$ 中 $Dy^{3+}$ 的激发光谱从 200nm 延伸到 350nm，激发峰约 300nm，>330nm 的激发效果急剧下降。在 $YVO_4$ 中 $Dy^{3+}$ 的发光起源于基质的能量传递，类似于在 $YVO_4$ 中 $Eu^{3+}$ 的发光。在 UV 光激发下，$YVO_4$：$Dy^{3+}$ 的发射呈现两组锐的 $Dy^{3+}$ 的特征发射峰，分别位于 570nm（黄发射）和 480nm（蓝发射）处。黄发射属于 $Dy^{3+}$ 的 $^4F_{9/2} \rightarrow {}^6H_{13/2}$（$\Delta J=2$）超灵敏跃迁发射，受外界环境影响较大；而蓝发射属于 $^4F_{9/2} \rightarrow {}^6H_{15/2}$ 跃迁，受环境影响较小。在 $YVO_4$ 中 $Dy^{3+}$ 的黄、蓝发射强度比为 3.0，而在 $YPO_4$ 中为 1.8。苏锵等[76]研究了在一些不同基质中 $Dy^{3+}$ 发射的黄蓝强度比的变化，他们认为随着 Dy—O—M 中 M 元素的电负荷性，电荷 $Z$ 与离子半径 $r$ 之比 $Z/r$ 减小，黄蓝强度比增大。在 $YVO_4$ 中由于 $Dy^{3+}$—$Dy^{3+}$ 之间耦合作用容易引发浓度猝灭，因而 $Dy^{3+}$ 的掺杂浓度都很低，通常低于 0.5mol%，约为 $YVO_4$ 中掺 $Eu^{3+}$ 的 1/10，其量子效率约为 0.65。

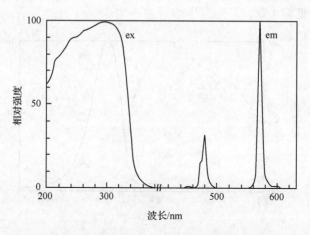

图 3-51　$YVO_4$：$Dy^{3+}$ 的发射和激发光谱

　　$YVO_4$：Dy 荧光粉的制备较为简单，可将 $Y_2O_3$，$Dy_2O_3$ 和 $V_2O_5$ 或 $NH_4VO_3$ 原料混合均匀，在空气中 1000～1300℃下灼烧数小时。由于 $V_2O_5$、$NH_4VO_3$ 在高温下易挥发，需使它们适当过量。产物需洗去过剩的 $V_2O_5$，以保证荧光粉的质量。

# 3.5　金属卤化物灯用稀土发光材料

### 3.5.1　金属卤化物灯[1]

金属卤化物灯是 20 世纪 60 年代发展起来的一种电光源。初期只是为了增加高压汞灯中的红色成分,改善灯的光色而研制的,由于它在光色、光效、多用性等方面都优于高压汞灯,寿命也有新的突破,目前已达 20000h。金属卤化物灯作为新一代优质电光源,具有光效高、光色好、寿命长、功率范围大等优点,正在逐步替代高压汞灯应用于泛光照明领域,在厂矿、场馆、园林、道路、工地、影视等照明领域有很好的应用前景。目前已从大量用于室外照明向室内照明发展,尤其是小功率金属卤化物灯的应用有巨大的潜在市场。

金属卤化物灯是一种气体放电灯,其原理是在放电管内电子、原子、离子之间相互碰撞,而使原子或分子电离,形成激发态,再由电子或离子复合而发光。金属卤化物发光材料是决定金属卤化物灯性能的关键材料。这些卤化物在放电管中受电弧激发后,辐射出元素的特征谱线而发光。稀土金属卤化物发光材料是金属卤化物灯中重要的材料之一。这些卤化物在放电管中受电弧激发后,辐射出稀土元素的特征谱线而发光。

在金属卤化物灯内,尽管参与发光的物质是金属的原子或分子,但充入灯内的并不单是金属,而通常是金属卤化物,其原因在于(1)几乎所有的金属的蒸气压在同一温度下均比该金属的卤化物蒸气压要低得多(钠除外),从而在灯内仅有单纯金属时电弧中金属原子浓度太低,不能产生有效的辐射。而在 1000K 时,几乎所有金属卤化物的蒸气压大于 1 Torr,有利产生有效辐射。(2)金属卤化物(除氟化物外)都不与石英泡壳发生明显的化学作用,而纯金属一般易于与石英玻璃发生化学反应,使泡壳损坏。在元素周期表中几乎所有的金属都能以金属卤化物的形式作为汞电弧中的添加剂使用,有些金属卤化物灯也可以不充入汞。

金属卤化物灯内是一个较其他灯更复杂的化学体系。在灯工作时金属卤化物会不断地进行分解和复合的循环。该循环的过程即灯的发光过程;金属卤化物在管壁工作温度(1000K 左右)下大量蒸发,因浓度梯度而向电弧中心扩散。在电弧中心高温区(4000～6000K)金属卤化物分子分解为金属原子和卤素原子。金属原子在放电过程中产生热激发、热电离,并在复合过程中向外辐射不同能量分布的光谱。由于电弧中心金属原子和卤素原子的浓度较高,它们又会向管壁扩散,在接近管壁的低温区域又重新复合形成金属卤化物分子。正是依靠这种往复循环,不断向电弧提供足够浓度的金属原子参与发光,同时又避免了金属在管壁的沉积。从局部化学平衡的概念出发,在灯中金属卤化物处于可逆反应中:

$$MX_n \underset{\text{低温}}{\overset{\text{高温}}{\rightleftharpoons}} M + nX$$

式中,M 代表金属;X 表示卤素;$n$ 为金属原子价数。

　　原则上,金属的各种卤化物均可用于金属卤化物灯,但目前多数灯采用金属碘化物,也有不少场合使用溴化物或氟化物效果更好;有些金属卤化物虽然在电弧温度下很少分解,但会产生很浓的分子光谱(如卤化锡、卤化铝),也可用它们做分子发光灯。

　　按照金属卤化物灯的光谱特性(图 3-52),可制成不同类型的金属卤化物灯。

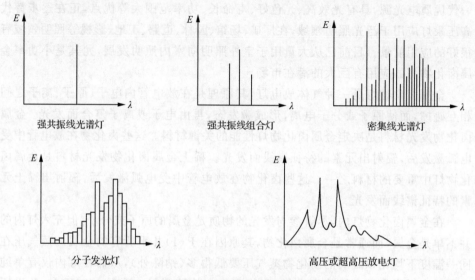

图 3-52　不同类型光谱特性的金属卤化物灯

　　(1) 利用金属具有很强的共振辐射做成色纯度很高的灯,如利用钠在 589.0nm 和 589.6nm 的黄光做成钠灯,主要用于装饰或光谱分析。

　　(2) 选择几种在可见区发出强光谱线的金属碘化物,按一定比例组合,可制成白光或其他彩色的灯。

　　(3) 利用某些金属(如稀土金属)在可见区能发射大量密集的线光谱,得到类似日光的白光,其显色性和光效通常都很高,如碘化铊-碘化钠灯。

　　(4) 利用某些金属卤化物分子发光,制成带状光谱,连续成分很强的分子发光灯。

　　(5) 利用金属蒸气放电灯在高压或超高压下谱线展宽,连续背景加强,显色性改善,亮度增大的特性,可制成金属卤化物的高压或超高压灯。

　　在金属卤化物灯中,充有一定量的汞和一种或几种金属卤化物,同时也充入几十 Torr 惰性气体。但在金属卤化物灯中,汞的辐射所占的比例却很小,其原因在于通常灯内金属的激发电位较低,平均约为 4V 左右,而汞的平均激发电位较高,约为 7.8V。由于电弧的辐射强度由填充元素的激发电位和浓度决定,则受激的金属原子反而比受激的汞原子多,金属的光谱强度也远远超过了汞灯光谱强度。虽然汞在灯中很少发光,但大多数金属卤化物灯内仍要加汞,其原因如下:

(1) 加入汞可以提高灯的发光效率。通常灯中金属原子蒸气压只有 0.001～0.1atm,在低气压下,电弧中心的金属原子和卤素原子向管壁的扩散和复合速度加快,而复合要放出能量,这一循环过程越快,电弧中的能量损失也越大,从而造成灯的发光效率降低。同时,在低气压放电中,管壁温度和电弧中气体的温度也都比较低,相应卤化物的蒸气压也较低,并且卤化物的分解又可能不够,金属原子的激发也相应减少。当加入汞之后,可以建立起高气压($1～10atm$)放电,起到了阻碍金属蒸气压和卤素气体的扩散作用,提高了电弧中的气体的温度,故又称为缓冲气体。选择汞是因其导热系数小,在电弧温度为 5000～7000K 时,电子能量为 0.5～1 eV 时,汞原子与电子弹性碰撞的有效截面约为 300。

(2) 加入汞可以改善灯的电特性,在金属卤化物灯中,如果没有汞,金属卤化物的蒸气压又很低,电子的平均自由程很大,电子的迁移率($\mu_e$)也就很大,因而电位梯度和灯的管压也就很低。加入汞以后,灯内的气压大大升高,电位梯度和管也相应升高。充汞的金属卤化物灯中,由于汞的蒸气压远高于金属卤化物的蒸气压,灯的管压也主要由汞的蒸气压决定,因此汞量必须严格控制。

(3) 加入汞可以改善灯的启动性能。首先汞可以与过量的卤素原子生成卤化汞,减少了卤素原子对电子的吸附,有利于灯的启动。另外充汞与充氩相比,即使工作气压达到一样,但启动前冷态时气压相差大,充氩冷态时需几百 Torr,而汞仅为 $10^{-3}$ Torr 数量级。

金属卤化物灯对卤化物有如下要求:

(1) 在室温下,金属卤化物的蒸气压要低,在可以达到的管壁温度下,金属卤化物具有足够高的蒸气压。金属原子的浓度越大,所发的光谱越强。一般认为金属的碘化物比较适宜。

(2) 金属卤化物在电弧温度下可以完全分解为金属和卤素原子,而在电弧之外又极易重新形成卤化物,且分解温度要高于管壁温度。

(3) 对石英等管壁和电极材料无腐蚀作用。

(4) 金属元素的发射最好在可见区,以利于作为照明光源。

### 3.5.2　稀土金属卤化物灯用发光材料[5]

20 世纪 60 年代以来,人们对金属卤化物灯进行了大量研究,对元素周期表中几乎所有的金属及非金属元素的碘化物都进行过试验;发现有 50 多种金属元素可供选择,其中稀土金属钪、镝、钬、铥、铈、钕等的卤化物都有比较令人满意的结果。

### 1. 稀土金属卤化物灯的发光特性

在金属卤化物灯中,卤化物中金属原子的激发能级远远低于汞和卤素原子的激发能级,因而灯的光谱特性主要由卤化物中的金属元素所决定。稀土金属卤化物灯所辐射的可见光谱比汞灯的谱线丰富得多,为十分密集的线状光谱,谱线之间的间隔非常小,密集的谱线几乎构成连续光谱,其中钪、镝、铒、铥、钬等谱线连续程度较其他稀土元素好(表 3-12)。

表 3-12  Sc、Dy、Ho、Er 等元素发射光谱的主要波长表[77]

| Sc | | Dy | | | Ho | | Er | | |
| --- | --- | --- | --- | --- | --- | --- | --- | --- | --- |
| 301.536 | 402.369 | 302.616 | 358.508 | 404.599 | 288.098 | 404.544 | 275.564 | 328.022 | |
| 326.991 | 405.455 | 313.536 | | 405.058 | 301.460 | 405.393 | 285.983 | 331.242 | 389.625 |
| 327.363 | 408.240 | 314.112 | 359.505 | 407.315 | 308.234 | 406.509 | 289.697 | 331.639 | 390.634 |
| 335.373 | 424.683 | 315.651 | 360.034 | 407.798 | 308.436 | 410.384 | 289.752 | 337.276 | 393.228 |
| | 431.409 | 316.281 | 360.613 | 410.334 | 311.850 | 410.862 | 290.447 | 338.508 | 393.702 |
| 335.968 | 432.074 | 316.997 | 363.025 | 411.134 | | 412.716 | 291.036 | 339.200 | 393.865 |
| 336.895 | 432.501 | | 364.541 | 414.310 | 313.099 | 416.303 | 296.452 | 349.911 | 397.360 |
| | 437.446 | 321.519 | 367.656 | 416.799 | 316.662 | | 300.264 | 359.951 | 397.472 |
| 337.215 | 440.037 | 321.662 | 369.481 | 418.678 | 317.172 | | 307.070 | 359.984 | 400.797 |
| 353.573 | 441.556 | 324.516 | | 419.485 | 317.378 | | 307.253 | 360.489 | 405.547 |
| 355.855 | 552.682 | | 371.008 | 421.175 | 318.150 | | | 361.658 | 408.765 |
| 356.770 | | 325.128 | 372.442 | 422.110 | 328.197 | | 307.334 | 363.207 | 415.110 |
| 357.253 | | 330.888 | 375.737 | 422.514 | 339.898 | | 308.208 | 363.356 | 467.562 |
| 357.635 | | 331.988 | 378.621 | | 341.646 | | 308.403 | 364.593 | |
| | | 338.503 | 378.846 | 425.633 | 342.813 | | 309.314 | 365.039 | |
| 358.094 | | 339.359 | 381.678 | 430.867 | 345.314 | | 309.919 | 369.264 | |
| 358.964 | | 340.779 | 383.650 | 440.938 | 345.600 | | 312.267 | 369.625 | |
| 359.048 | | 344.558 | 384.132 | 444.971 | 347.426 | | 313.278 | 370.763 | |
| 361.384 | | 346.097 | 387.213 | | 348.484 | | 314.113 | 371.239 | |
| 363.075 | | 352.403 | 389.854 | | 349.476 | | 315.428 | 372.955 | |
| 364.279 | | 353.170 | 393.155 | | 351.559 | | 318.192 | 373.127 | |
| 364.531 | | 353.500 | 394.470 | | 379.675 | | 318.342 | 378.684 | |
| | | 353.603 | 396.842 | | 381.073 | | 320.057 | 378.790 | |
| 365.180 | | 353.850 | 397.857 | | 384.386 | | 322.073 | 383.053 | |
| 390.749 | | 355.022 | 398.192 | | 388.896 | | 322.331 | 386.282 | |
| 391.181 | | 355.159 | 398.367 | | 389.102 | | 323.059 | 388.060 | |
| 393.338 | | 356.314 | 399.670 | | 389.688 | | 325.906 | 372.955 | |
| 402.040 | | 357.625 | 400.048 | | | | 326.479 | 388.287 | |
| | | 357.689 | | | 390.568 | | 327.933 | 389.060 | |

注:波长范围 268~360nm(水晶系统);340~560nm(玻璃系统)。

尽管各类稀土金属卤化物灯仍然是在蓝紫光范围的谱线较丰富,而红色光辐射较弱,但与汞灯相比,显色指数达到了 50～90 以上,色温(除钬为 4600K 外)一般在 5000K 以上,有的与 6500K 的日光相近,光效也均在 50～80 lm/W 之间,数据详见表 3-13。一般来说,稀土金属卤化物灯在可见光区仍存在汞的特征谱线(如 404.7nm、435.8nm、546.1nm、577.0nm、579.0nm),但对于不同稀土元素的灯,汞辐射的贡献有所不同,有的被加强,有的被抑制。如在镧、铈等元素的灯中,577.0nm 和 597.0 nm 两条谱线得到加强,而在镝、铒等元素的灯中则被削弱。不同的稀土元素在不同的波长范围有不同的辐射效率,表 3-14 给出了几种稀土元素在不同波长的辐射效率分布情况。

**表 3-13　稀土金属卤化物灯的发光性能**

| 稀土元素 | 光效/(lm/W) | 色温/K | 显色指数 | 稀土元素 | 光效/(lm/W) | 色温/K | 显色指数 |
|---|---|---|---|---|---|---|---|
| La | 51 | 6300 | 65 | Ho | 73 | 4600 | 83 |
| Ce | 78 | 6400 | 76 | Er | 76 | 5400 | 92 |
| Pr | 62 | 5600 | 53 | Tm | 72 | 5500 | 87 |
| Nd | 70 | 5600 | 80 | Yb | 81 | 5100 | 70 |
| Sm | 70 | 6500 | 79 | Lu | 69 | 7000 | 77 |
| Eu | 53 | 6800 | 73 | Y | 60 | 6400 | 64 |
| Gd | 61 | 7000 | 69 | Sc | 54 | 5800 | 90 |
| Tb | 66 | 6800 | 50 | Hg | 51 | 6900 | 29 |
| Dy | 75 | 5300 | 86 | | | | |

**表 3-14　稀土元素在不同波长范围的辐射效率**

| 元素 | 波　　长/nm | | | |
|---|---|---|---|---|
| | 20～300 | 300～400 | 400～700 | 700～900 |
| Dy | 0.01 | 0.16 | 0.8 | 0.01 |
| Er | 0.01 | 0.47 | 0.52 | 0.01 |
| Ho | | 0.40 | 0.59 | 0.01 |
| Sc | 0.02 | 0.41 | 0.56 | |
| Ce | | 0.05 | 0.93 | 0.02 |
| Nd | | 0.04 | 0.93 | 0.03 |

### 2. 多组分稀土卤化物

在制备稀土金属卤化物灯时,为了获得高的光效和良好的显色性,目前已从单一组分的稀土金属卤化物发展到多组分卤化物灯。采用几种稀土金属的组合,或与非金属(如钠或铊)的组合,如 $DyI_3 + HoI_3 + TmI_3$、$DyI_3 + TlI$、$DyI_3 + HoI_3 + NaI$ 和 $ScI_3 + NaI$ 等,以不同的比例添加到灯内,便可达到改善灯的发光性能的目的。例如 Sc-Na 系列,选取的最佳比例可达到很高的光效,400W 灯的光效可达100 lm/W;1000W 灯的光效可达 130 lm/W。

有文献报道[78],钪钠系列和镝系列稀土金属卤化物灯中添加碘化铊 TlI 发光的能量输出随其在灯中的填充量的增加而增加,只要选择适当的组分比例,就可获得不同用途的光色,可以调整光效、色温、显色指数等参数。而对于稀土金属卤化物灯来说,其谱线多而密集,使整个底谱线升高,在总辐射能量中的比例很大,这有利于获得高光效和高显色指数。表 3-15 是添加了 TlI 的复合金属卤化物灯的光参数测试结果;图 3-53 中(a)、(b)和(c)是其中一些镝灯的光谱能量分布情况。

**表 3-15　复合金属卤化物灯的光参数测试结果**

| 灯种 | 发光物质 | 功率 /W | 光通量 /lm | 光效 /(lm/W) | 色温 /K | 显色指数 Ra | 红色比 /% | 色坐标 | | 光色 |
| --- | --- | --- | --- | --- | --- | --- | --- | --- | --- | --- |
| | | | | | | | | $x$ | $y$ | |
| 钪钠镝灯 | Tl, Sc, Na, Dy, Hg | 400 | 39235 | 98.0 | 4627 | 64 | 8.5 | 0.3679 | 0.4344 | 白,微黄 |
| 镝灯-1 | Tl, Na, Cs, Dy, Ho, Er, Hg, Br | 1000 | 93746 | 95.1 | 7103 | 62 | 8.6 | 0.3032 | 0.3242 | 白 |
| 镝灯-2 | Tl, Na, Cs, Dy, Ho, Er, Hg, Br | 400 | 21589 | 58.5 | 5881 | 83 | 13.5 | 0.3225 | 0.3709 | 白 |

以多组分卤化物的形式充入灯内,不仅可以改善灯的光色和显色指数,而且还可以延长灯的使用寿命。例如,在球形镝灯内,使用碘化镝和溴化镝的混合物比单独使用一种卤化物效果更好。只使用碘化镝,光色虽好,但早期发黑严重,灯的寿命短;只使用溴化镝,阴极不易损坏,可减缓灯的发黑,但溴化镝的色温高,显色指数低。采用混合添加的形式,可以综合两者的优点,避免缺点。

### 3. 稀土复合卤化物

稀土金属卤化物属于低挥发性卤化物,仅靠卤化物自身很难在电弧中得到理想的蒸气密度。表 3-16 列出了镝、钪、钠和铊等金属卤化物的熔点、沸点和蒸气压。

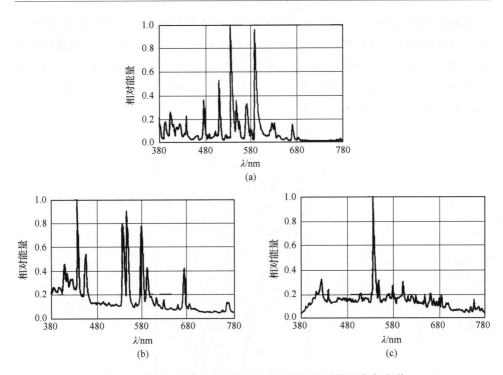

图 3-53 添加 TlI 的稀土金属卤化物灯的相对能量分布光谱

(a) 添加 TlI 的钪钠镝灯；(b) 镝灯-1；(c) 镝灯-2

表 3-16 几种金属卤化物的性质

| 卤化物 | 熔点/℃ | 沸点/℃ | 600℃以下蒸气压/Pa |
|---|---|---|---|
| NaI | 662 | 1304 | 2.02 |
| TlI | 440 | 823 | $4.04 \times 10^3$ |
| DyI$_3$ | 655 | 1317 | 0.51 |
| ScI$_3$ | 609 | 945 | 10.1 |

如果采用提高管壁负载的方法来提高金属卤化物的蒸气密度,则受到管壁材料和电极材料的耐热耐腐蚀性及化学稳定性的限制,目前提高低挥发性金属卤化物蒸气压的有效措施是采用不同金属卤化物形成的复合卤化物。与单一组分相比,金属复合卤化物具有更低的熔点、更高的蒸气压。这样既可以减少卤化物在灯中的填充量,又利于高熔点物质受激发光,而且还可以降低放电管工作温度和管壁负载,从而延长灯的使用寿命。在放电管中,复合卤化物在电弧管的管壁温度下只蒸发而不分解,但复合卤化物的蒸气压明显高于单一组分卤化物的蒸气压(图 3-54)。大量实验证明,在许多复合卤化物中均出现蒸气压升高的现象,例如,复合卤化物 NaI·ScI$_3$ 的蒸气压为 NaI 的 50 倍,ScI$_3$ 的 10 倍;复合卤化物 NaI·

DyI$_3$ 的蒸气压为 DyI$_3$ 的 8 倍(1000K),因此,只要选择组成适当的复合卤化物,就可在电弧管管壁温度相对较低的条件下得到相对较高的原子浓度,从而使放电管获得理想的光效和显色性。目前已采用的稀土金属复合卤化物有 NaI·DyI$_3$、CsI·ScI$_3$、CsI·NdI$_3$、CsI·CeI$_3$、LiI·ScI$_3$、CsI·SmI$_3$、CsI·LaI$_3$ 等,表 3-17 列出几种金属卤化物灯的光电性能[1]。

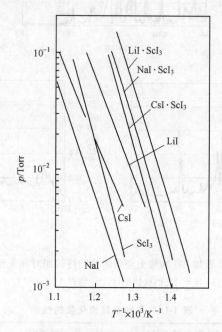

图 3-54　碘化钪、碱金属碘化物及其复合物的蒸气压

**表 3-17　几种这类金属卤化物灯的光电性能**

| 金属卤化物 | 功率/W | 光效/(lm/W) | Ra | $T_c$/K |
|---|---|---|---|---|
| ScI$_3$·NaI(ThI$_4$) | 400 | 100 | 65 | 4000 |
| DyI$_3$·TlI(NaI) | 400 | 80 | 90 | 6000 |
| DyI$_3$·NdI$_3$·CsI | 400 | 80 | 90 | 6500 |
| DyI$_3$·TmI$_3$·HoI$_3$·TlI·NaI | 250 | 80 | 85 | 4200 |
| TmI$_3$·TlI·NaI | 150 | 80 | 80 | 4000 |
| DyI$_3$·TlI | 150 | 80 | 90 | 4800 |
| DyI$_3$·TlI | 400 | 83 | 90 | 6000 |
| DyI$_3$·NdI$_3$·CsI | 50 | 62 | 88 | 6500 |
| HoI$_3$·TlI | 400 | 90 | 90 | 5100 |
| ErI$_3$·TlI | 400 | 90 | 90 | 5500 |

由稀土碘化物与其他金属碘化物组成的三元或多元复合物普遍具有高蒸气压，较高发光效率和 400～500 nm 范围强蓝光发射等特点，可用于印刷、丝印和光刻，其节能效果大大超过氙灯。

研究发现[78]Sc、Ce、Tm 的复合物可获得高光效，Gd 可提高色温，Dy、Er、Tm 可获得很高的显色性，Na、Tl、In、Cs 可调整色温、显色指数和提高蒸气压。

复合卤化物必须同时兼顾各种卤化物的组成、熔点、蒸气压、密度、表面张力、比热容、黏度等多种因素，才能正确设计熔融温度、气体压力等工艺条件，制备组分和粒径符合要求的球状颗粒。

### 4. 稀土卤化物的制备

金属卤化物发光材料的制备工艺复杂、技术难度高。国际上主要是美国的 APL 公司在从事该材料的研发和生产，国内主要是北京有色金属研究总院在从事该材料的研发和生产。

不同的金属卤化物有不同的制备和提纯方法，金属组分采用高纯金属或分析纯试剂为原料，卤素组分采用卤素单质、氢卤酸或卤盐为原料。通过金属与卤素的反应、金属或其氧化物与氢卤酸的反应，以及相应盐类的复分解反应制备粗产物，经提纯可得到纯度 99.9% 以上的产品，常见杂质 Sn、Fe、Mo、Co、Cr、Mn、Sb、Mg、Gd、Cu、Pb、Bi、Ca、Al、Sr 的总量的摩尔分数小于 0.1%[78]。稀土碘化物主要有以下几种制备方法：

（1）稀土氧化物与氢碘酸作用，得到水合碘化物，于保护气氛中脱水，制备无水碘化物（湿法）。如

$$M_2O_3 + HI \rightarrow MI_3 \cdot nH_2O$$

$$MI_3 \cdot nH_2O + NH_4I \rightarrow MI_3 + nH_2O + NH_3 + HI$$

（2）以稀土金属与碘化汞反应制备稀土碘化物。如

$$2M + 3HgI_2 \rightarrow 2MI_2 + 3Hg$$

（3）以稀土金属与单质碘直接作用（干法）。如

$$2M + 3I_2 \rightarrow 2MI_3（M 为金属）$$

（4）金属氧化物复分解。如

$$M_2O_3 + 2AlI_3 \rightarrow 2MI_3 + Al_2O_3$$

为了获得比较纯净含水少的金属卤化物，实验室常用干法制备，即让金属与卤素在其真空中直接加热反应，再经过两次以上的真空升华获得纯的金属卤化物。大批量生产则采用金属和碘化汞置换反应制备，可将定量的金属和碘化汞充入灯内进行置换反应。表 3-18 列出稀土碘化物的沸点和升华温度。

表 3-18　稀土碘化物的沸点和升华温度

| 稀土碘化物 | 沸点/℃ | 升华温度/℃ | 稀土碘化物 | 沸点/℃ | 升华温度/℃ |
|---|---|---|---|---|---|
| $ScI_3$ | 909 | 700 | $GdI_3$ | 1337 | 880 |
| $YI_3$ | 1310 | 900 | $TbI_3$ | 1327 | 900 |
| $LaI_3$ | 1402 | 870 | $DyI_3$ | 1317 | 900 |
| $CeI_3$ | 1397 | 900 | $HoI_3$ | 1297 | 930 |
| $PrI_3$ | 1377 | 880 | $ErI_3$ | 1277 | 950 |
| $NaI_3$ | 1367 | 870 | $TmI_3$ | 1257 | 950 |
| $SmI_3$ | 1577 | — | $YbI_3$ | 1027 | — |
| $EuI_3$ | 1577 | — | $LuI_3$ | 1207 | 940 |

　　大多数金属卤化物都易吸潮,且易于潮解,应采用干法制备。如果吸潮的卤化物将水分或氧带入放电管中,氧会腐蚀电极,氢将使灯的启动和再启动电压升高,严重影响灯的寿命。因此,必须采用特殊的装置合成卤化物,以保证卤化物中 $H_2O$ 和氢氧化物的摩尔分数不超过 $2×10^{-6}$。在包装和运输过程中,应将卤化物颗粒置于充有氩气的、带有去除水和氧的循环系统的干燥箱中,使 $H_2O$ 和 $O_2$ 的摩尔分数在 $1×10^{-6}$ 以下。金属卤化物除了不应含水外,还要求其总的金属杂质的质量分数低于 $10×10^{-6}$。制备时尽可能采用高纯度原料。

　　为避免在制灯过程中充填卤化物时将水蒸气带入放电管,应预先在低温(约120℃)和真空条件下对卤化物进行热处理。如果先在高温下进行除水蒸气处理,卤化物将会和水发生反应,生成分解温度很高的碘氧化物,充入放电管的碘氧化物在电弧的高温下会分解产生氧,对灯是不利的。排气时对金属卤化物进行低温除气的时间越长越好。对于吸潮性极强的卤化物,可将其溶解在无水乙醚中,按浓度将一定体积的溶液倒入石英支管,接着将石英支管熔接到石英放电管上,然后加热支管,减压除去乙醚,在支管内剩下的就是所需定量的金属卤化物。

　　金属卤化物在高温下对石英仍有一定的腐蚀作用,例如,$DyI_3$ 与石英管壁发生反应,其原因目前尚不清楚。金属卤化物与阴极材料也应相适应,一般放电灯阴极使用的 BaO 不能用于卤化物灯,因为它们会发生反应。$DyI_3$ 汞灯不能用氧化钍作发射阴极,$ScI_3$ 汞灯要用 $Sc_2O_3$。金属卤化物的形态是影响光源参数和制灯的重要因素,颗粒状卤化物适用于目前制灯的工艺。

**5. 稀土金属卤化物灯的分类**

　　稀土卤化物灯可以制成单端、双端、球形、管状、交流、直流等多种形式、几种灯的结构示于图 3-55 中。表 3-19 列出 1000W/220V 双端交流球形稀土金属卤化物灯的光电参数,从中可见稀土卤化物灯可以获得较高的光效和显色指数。

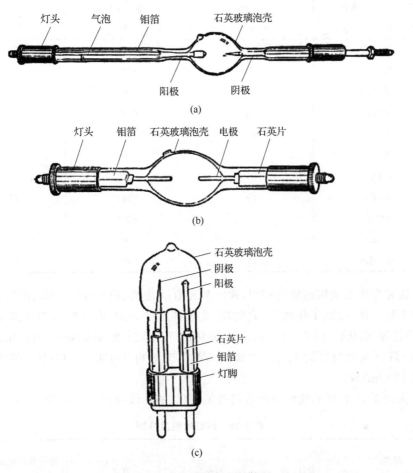

图 3-55　几种镝灯的结构图

**表 3-19　1000W/220V 双端交流球形稀土金属卤化物灯的光电参数**

| 参数<br>元　素 | 光　效<br>/(lm/W) | 色　温<br>/K | 显色指数 |
|---|---|---|---|
| 镧(La) | 51 | 6300 | 65 |
| 铈(Ce) | 78 | 6400 | 76 |
| 镨(Pr) | 62 | 5600 | 53 |
| 钕(Nd) | 70 | 5600 | 80 |
| 钐(Sm) | 70 | 6500 | 79 |
| 铕(Eu) | 53 | 6800 | 73 |

续表

| 参数 元素 | 光效 /(lm/W) | 色温 /K | 显色指数 |
|---|---|---|---|
| 钆（Gd） | 61 | 7000 | 69 |
| 铽（Tb） | 66 | 6800 | 50 |
| 镝（Dy） | 75 | 5300 | 86 |
| 钬（Ho） | 73 | 4600 | 83 |
| 铒（Er） | 76 | 5400 | 92 |
| 铥（Tm） | 72 | 5500 | 87 |
| 镱（Yb） | 81 | 5100 | 70 |
| 镥（Lu） | 69 | 7000 | 77 |
| 钇（Y） | 60 | 6400 | 64 |
| 钪（Sc） | 54 | 5800 | 90 |
| 汞（Hg） | 51 | 6900 | 29 |

在充有稀土或钪的碘化物中，通常都充有碘化钠、碘化铊等，用以改善收缩电弧的不稳定性，得到工作稳定、光效高、显色性好的光源，常见的有碘化镝-碘化铊灯，碘化镝-碘化钬-碘化钠灯，碘化钪-碘化钠灯。当选取 NaI/ScI 的最佳化比值时 Sc-Na 灯可获得很高的光效。例如，400W 灯光效可达 100 lm/W；1000W 灯光效可达 130 lm/W。

从表 3-20 镝灯的能量分配数据可见，镝灯的光效可达 80 lm/W 左右。

表 3-20　镝灯的能量分配

| 灯类 | 辐射 | | | 传导和对流损失/% |
|---|---|---|---|---|
| | 紫外/% | 可见/% | 红外/% | |
| 镝灯（400W） | 3.4 | 34 | 54 | 8.6 |
| 球形镝钬灯 | 11 | 44 | 42 | 3 |

目前应用的稀土金属卤化物灯主要有充入钪、钠碘化物的钪钠灯和充入镝、铊、铟碘化物的镝铊灯两个系列。这两个系列灯的光谱能量分布如图 3-56 所示。

这两种灯在 500～600nm 波长范围内都有较大的光输出，而这一波段光谱的光效率最高，所以这两种灯有较高的发光效率，一般高于高压汞灯，接近或略高于荧光灯。这两种灯的色温均较高，属于冷色调。镝灯有较多的连续光谱，显色指数较高。钪钠灯和镝灯的光效、色温和显色指数参见表 3-21。

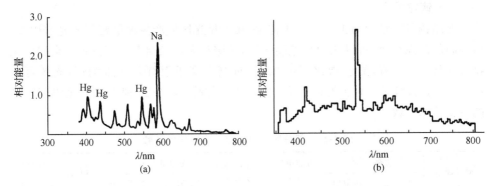

图 3-56　照明用钪钠灯(a)和镝铊灯(b)的光谱能量分布

**表 3-21　普通照明用金属卤化物灯的发光性能**

| 系列 | 光效/(lm/W) | 色温/K | 平均显示指数 Ra |
|---|---|---|---|
| 钪钠系列 | 80 | 3800～4200 | 60～70 |
| 镝铊系列 | 75 | 5000～7000 | 75～90 |
| 钠铊系列 | 80 | 4200～6000 | 60～70 |
| 锡系列 | 60～80 | 4500～5500 | 58～95 |

（1）钪钠系列

钪钠系列稀土金属卤化物灯在点燃过程中,钠发出强谱线,而钪发出许多连续的弱谱线。也就是说,钪钠灯在 500～600nm 波长范围内虽然有多个峰,但均不大,故在表 2-11 中 4 个系列金属卤化物灯中,钪钠灯光效相对较高,显色指数最低,但其显色性仍远远优于高压汞灯和高压钠灯,可与荧光灯媲美。由于灯是几种金属复合而成,它的光谱并非单一谱线的辐射,只要光谱稍有不平滑,就会使灯与灯之间在视觉上产生色表差异,即使在同一批灯中也会存在这种差异,这是钪钠系列金属卤化物灯的缺陷。尽管如此,灯的显色指数仍保持相同的数值。我国和美国等国家广泛使用钪钠灯作为大面积照明用灯。表 3-22 列出部分照明用钪钠灯的主要技术参数。

**表 3-22　部分照明用钪钠灯的主要技术参数**

| 型号规格 | 功率/W | 工作电压/V | 光通量/lm | 平均寿命/h | 色温/K | 显色指数 Ra |
|---|---|---|---|---|---|---|
| KNG150 | 150 | 115 | 11 500 | | | |
| KNG175 | 175 | 130 | 14 000 | | | |
| KNG250 | 250 | 135 | 20 500 | 10000 | 3000～4500 | 60～70 |
| KNG400 | 400 | 135 | 36 000 | | | |
| KNG1000 | 1000 | 265 | 110 000 | | | |
| KNG1500 | 1500 | 170 | 155 000 | 3000 | | |

（2）镝铊系列

使用镝、钬、铥等稀土金属卤化物，可在可见光区域产生大量密集的光谱谱线，谱线间的间隙很小，可以认为是连续光谱，光谱与太阳光相近。镝铊系列金属卤化物灯的显色性很好，显色指数可达 90，远远高于高压汞灯和高压钠灯，光效可达 75 lm/W。镝灯是一种极好的电影、电视拍摄光源。表 3-23 列出部分照明用镝灯的主要技术参数。

**表 3-23　部分照明用镝灯的主要技术参数**

| 型号规格 | 功率 / W | | 电源电压 / V | 工作电压 / W | 光通量/lm | | 色温/K | 显色指数 Ra |
|---|---|---|---|---|---|---|---|---|
| | 额定值 | 极限值 | | | 额定值 | 极限值 | | |
| DDG125-1 | 125 | 135 | 220 | 130±20 | 6500 | 5500 | | |
| DDG250-1 | 250 | 275 | 220 | 130±20 | 16 000 | 13 500 | | |
| DDG400-1 | 400 | 440 | 220 | 130±20 | 28 000 | 24 000 | 5000～7000 | ≥70 |
| DDG1000-1 | 1000 | 1100 | 220 | 130±20 | 70 000 | 59 500 | | |
| DDG2000-1 | 2000 | 2200 | 380 | 220±25 | 150 000 | 127 500 | | |
| DDG3500-1 | 3500 | 3800 | 380 | 220±25 | 280 000 | 238 000 | | |

### 6. 稀土金属卤化物灯的存在问题

#### （1）电弧收缩现象

稀土卤化物灯存在一个普遍的问题是电弧收缩现象。稀土碘化物加入汞弧中，电弧要产生收缩，电弧由管壁稳定型变为非稳定型，对灯的光电特性造成很大影响。与此同时，灯的管压也上升，容易造成熄弧。电弧收缩是由于当加入灯内的金属原子的平均激发电位与其电离电位相差很大时，电离主要发生在电弧轴心附近，在外围区域电离难于发生；而激发比较容易发生，受激的原子向外大量辐射能量，使外围区域的温度进一步降低，以致电离更难以发生，这样导电区域便集中在中心，形成了电弧收缩。稀土金属卤化物灯为解决电弧收缩而普遍采用的措施是加一些碱金属（如钠）碘化物或碘化铊到电弧中以稳定电弧。由于钠的 689.0nm 和 589.6nm 处的共振辐射很强，可提高灯的输出；当钠的谱线因压力加宽、碰撞加宽等向红光区域延伸时，可适当降低灯的色温。

#### （2）管壁负载

稀土金属及其卤化物的蒸气压都比较低，从图 3-57 可以看到[1]，碘化镝、碘化钬的蒸气压比同温下的碘化铊低得多。较高的蒸气压有利于灯的显色性的改善，为了在灯内建立足够高的稀土金属蒸气压，灯的管壁温度和管壁负载也必须相应增大。

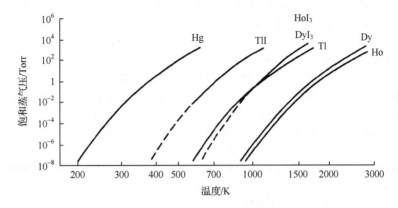

图 3-57　镝、钬等金属碘化物的蒸气压曲线

（3）电源电压

稀土金属卤化物灯对电源电压的要求比较高，电压波动在 5% 以内为宜。这是由于在灯的点燃过程中，碘化物的蒸气压处于饱和状态，电源电压发生变化，导致灯的光电参数随壁温、蒸气压的较大变化。

（4）稀土金属氧化物电极

稀土金属氧化物的逸出功较低，约为 $2\sim2.4\mathrm{eV}$，它们与卤化物的作用小，在高温下（1500～1700℃）工作稳定，蒸发速率较小。因此，氧化镝、氧化钇等常被用作金属卤化物灯的电子发射材料，尤其是氧化镝特别适用于镝灯，因为电极中蒸发的镝可在灯内参与放电。

灯的电极结构形状要很好地设计，使灯在关闭后冷却过程中，电极要比其他部分冷却得慢，减少碘化物在电极上的沉积，否则将影响灯的启动。

## 参 考 文 献

[1] 丁有生，郑继雨. 电光源原理概论. 上海：上海科技技术文献出版社，1994

[2] 徐叙瑢，苏勉曾. 发光学与发光材料. 北京：化学工业出版社，2004

[3] 洪广言. 功能材料，1991，22(2)：100

[4] 洪广言，尤洪鹏. 稀土，1998，19(1 增刊)：58

[5] 李建宇. 稀土发光材料及其应用. 北京：化学工业出版社，2003

[6] 洪广言. 稀土发光材料进展// 洪茂椿等. 21 世纪的无机化学. 北京：科学出版社，2005. 243-280

[7] Koedam M，Opstellen J. Lighting Res Tech，1971，3：205

[8] Thornton W A. J Opt Soc Am，1972，62(2)：191

[9] Verstegen J M P J，Radieloic D，Vrenken L E. J Electochem Soc，1974，121：1627

[10] 洪广言. 发光快报，1990，增刊：14

[11] 徐燕，黄锦斐，王惠琴. 发光与显示，1981，(1)：52

[12] 李有谟，李继文，刘书珍. 发光与显示，1981，(1)：47

[13] Buijs M，Meijerink J G，Blasse G．J Lumin，1987，37：9

[14] Struck C W，Fonger W H．J Lumin，1970，182：456

[15] 于德才，崔洪涛，洪元佳，吴琼，洪广言．功能材料，2001，32(增刊)：248

[16] 黄京法等．发光学报，1986，7：375

[17] 洪广言，李有谟，贾庆新，刘书珍，于德才，彭桂芳，董相廷．灯与照明，1995，1：16

[18] 许武亮，刘行仁，申玉福，王晓君．第二届中国稀土年会会议文集，北京：1990，第四册：170

[19] Guanyan Hong，Qienlin Jia，Youmo Li．J Luminescence，1988，40 & 41：661

[20] Van Schaik W，Lizzo S，Smit W，Blasse G．J Electrochem Soc，1993，140(1)：216

[21] Chauchard M，Denis J P，Langat B B．Mat Res Ball，1989，24：1303

[22] Jianhua Lin，Guangqing Yao，Yi Dong Byiongho Parkand Mianzengsu．J Alloys Compounds，1995，225：124

[23] 洪广言，姚国庆．稀土，1990，11(5)：58

[24] De Hair J T W，van Kemenade J T C．3rd Inter Conf．Science and Technology of Light Source，Toulouse．France，1983，April：54

[25] Ding Xiyi．J Lecs-Common Metals，1989，148：393

[26] 洪广言，贾庆新，杨永清．发光学报，1989，10(4)：304

[27] Smets B M J，Verlijsdonk J G．Mat Res Bull，1986，21：1305

[28] Ronda C R，Smets B M．J Electrochem Soc，1989，136(2)：570

[29] Smets B，Rutten J，Hoeks G，Verlijsdonk J．J Eelctrochem．Soc．，1989，136：2119

[30] 吴乐琦，张建兵，张锦芳，等．发光学报，1998，19(3)：251

[31] 胡爱平，曾冬铭，舒万艮．稀土，2005，26(1)：22

[32] 王惠琴，胡建国，马林，徐燕．中国稀土学报，1999，17(supp)：668

[33] 马林，胡建国，王惠琴，刘兰花，徐燕．发光学报，2002，23(4)：409

[34] 孙加平，沈建莉，吴乐琦，发光学报，1996，17(1)：11-13

[35] 王彦吉．发光学报，1990，11(2)：122

[36] 日本萤光体同学会编．萤光体ハソドブック．东京：オーム社，1987

[37] 黄京根，胡建国，余光海，徐燕．上海电真空，1989，(1)：25

[38] 洪广言，关中素，刘书珍，唐明道，贾庆新，于宝贵，李有谟．发光快报，1995，(4)：1

[39] 关中素，唐明道，于宝贵．发光快报，1995，(4)：4

[40] 关中素，唐明道，于宝贵．发光快报，1995，(4)：7

[41] 刘书珍，洪广言．发光快报，1995，(4)：10

[42] 洪广言，李有谟，贾庆馨．发光快报，1995，(4)：15

[43] 洪广言，刘书珍．发光快报，1995，(4)：18

[44] 林世宪，郭太良，林志贤．国外电子最新测量技术，2006，25(5)：1

[45] Engelsenl Daniel den，童林凤．光电子技术，2006，26(3)：146

[46] Riwotzki K，Haase M．J Phys Chem，2001，(B 105)：12709

[47] Roger B，Medfield Hunt，Lawrence L，Hope Maynard，William J Roche．1998，US：5714836

[48] 曾少波．中国照明电器，2001(1)：10

[49] Takashi hase，Shigeru Kamiya，Eiichiro Nakazawa，et al．Phosphor Handbook．New York：The CRC Press，1998：391

[50] 五十岚崇裕，楠木常夫，大野胜利．2006，CN：1873506A

［51］Opstelten J J, et al. J Electrochem Soc, 1973, 120 (10): 1400

［52］Soules T F, et al. J Electrochem Soc, 1974, 121: 407

［53］粟津键三ほか. 照明学会誌, 1976, 60 (1): 8

［54］神谷明宏ほか. 东芝评论, 1977, 32 (9): 722

［55］Levine A K, et al. Applied Physics, 1964, 5 (6): 118

［56］Aia Michael A. J Electrochem Soc, 1967, 114: 367

［57］中国科学院吉林物理所, 中国科学技术大学. 固体发光. 合肥: 中国科学技术大学出版社, 1976

［58］Butler K H. Fluorescent Lamp Phosphors-Technology and Theory. University Park, PA: The Pennsylvaina State University Press, 1980

［59］Hoffman M V. J Electrochem Soc, 1968, 115: 560

［60］Koelmans H, Cox A P M. J Electrochem Soc, 1957, 104: 422

［61］于德才, 李有谟, 洪广言, 朱艺兵, 董相廷. 发光学报, 1996, 17(增刊): 25

［62］洪广言, 李红军. 发光学报, 1990, 11(1): 29

［63］Lammers M J J, Verhoar H C G, Blasse G. Mat Chem and Phys, 1987, 16 (1): 63

［64］尤洪鹏, 洪广言, 曾小青, Kim C H, Pyun C H, Park C H. 发光学报, 2000, 21(4): 349

［65］刘行仁, 张晓, 鲁淑华, 张英兰. 发光学报, 1989, 10(2): 177

［66］张晓, 刘行仁. 中国稀土学报, 1991, 9 (4): 324

［67］宋桂兰, 尤洪鹏, 洪广言, 曾小青, 甘树才, 金昌洪, 卞锺洪等. 发光学报, 2000, 21(2): 145

［68］Barry T L. J Electrochem Soc, 1970, 117: 381

［69］Yao G Q, Lin J H, Zhang L, Lu G X, Gong M L, Su M Z. J Mater Chem, 1998, 8(3): 585

［70］黄立辉, 刘行仁, 王晓君, 郑著宏. 无机材料学报, 1999, 14 (2): 317

［71］Huang Lihui, Zhang Xiao, Liu Xingren. J Alloys and Compounds, 2000, 23: 189

［72］Burrus H L, Nicholson K P, Rooksby H P. J Lumin, 1971, 3: 467

［73］黄竹坡, 荆西平. 高等学校化学学报, 1986, 7(7): 559

［74］Schetters C W A, van Kemenade J T C. Studies Inorg Chem, 1983, 3(Solid State Chem): 543

［75］Sommerdijk J L. J Eleetrochem Soc, 1975, 122: 952

［76］Qiang Su, Zhiwu Pei, Lishong Chi, et al. J Alloys Compd 1993, 192: 25

［77］裴蔼丽, 沈联芳, 程建华, 欧阳远珠, 黄本立, 张定钊. 混合稀土元素光谱图. 北京: 科学出版社, 1964

［78］杨桂林, 何华强. 中国照明电器, 2000, (12): 4

# 第4章　稀土长余辉发光材料

## 4.1　引　言[1-3]

### 4.1.1　余辉

发光是物体内部以某种方式吸收的能量转化为光辐射的过程。更确切地说，发光是物质除热辐射之外以光辐射形式发射出多余的能量，而这种多余能量的发射过程具有一定的持续时间。

光辐射的特征一般可用亮度、光谱、相干性、偏振度和辐射时间 5 个宏观光学参量来描述，其中辐射时间是一个可以直接测量的宏观参量，它是一个反映发光过程本质的实际的物理判据，也是发光与热辐射之间本质的区别。

发光的辐射时间是指去掉激发后光辐射还将延续的时间。表示光辐射延续的时间常用发光衰减、荧光寿命和余辉等专业术语，它们虽然均反映去掉激发后光辐射的延续时间，但表示的概念有一定区别。发光的衰减（decay）是指激发停止后，光辐射强度随时间而降低的现象。衰减过程的规律很复杂，最简单、最基本的是指数式衰减 $I = I_0 e^{-t/\tau}$ 和双曲线衰减 $I = I_0/(1-bt)^2$。式中，$I_0$ 为激发停止时的发光强度（cd）；$t$ 为从激发停止时算起的时间（s）；$I$ 为 $t$ 时刻的发光强度（cd）；$\tau$ 为荧光寿命（s）；$b$ 为常数。

荧光寿命（fluorescence lifetime）表示处于荧光发射的高能级的粒子，在一段时间内向低能级跃迁而发射荧光，这段时间是随机的，它的平均值称为荧光寿命。一般荧光寿命指当激发停止后，荧光衰减到起始发光强度的 $1/e$ 所经历的时间。

余辉（after glow）是指激发停止后，发光的延续或发光材料在激发停止后持续发出的光。一般认为发光亮度衰弱到初始亮度 10% 的时间为余辉时间。有时余辉时间也可以指发光衰减到发光停止的时间。

发光衰减过程呈现出余辉，不过并非是其全部，发光衰减往往是强调发光过程及其衰减变化的规律，而余辉则指衰减过程所呈现的发光亮度。由于发光衰减和余辉在时间尺度上有一定的差异，发光衰减一般指激发停止后立即测量的发光延续的规律，而余辉的计量与激发之间可以相隔较短，也可以相隔很长的时间。因此，发光衰减和余辉还应当作为两个概念来理解。

研究发光的时间效应时可以发现不同的发光阶段，其发光行为不同。在非稳态的情况下，利用时间分辨技术，可以发现发光都有一个上升和衰减过程，即当激发开始时,发光强度并不是立刻达到最大值,而是经过一个上升过程;同样当激发停止后,发光也不是立即衰减到零,而是经过一个衰减过程。发光的上升和衰减的时间有的很短,皮秒甚至飞秒的量级;有的发光衰减时间很长,可达到毫秒甚至以小时计,衰减时间很长的发光称为长余辉发光。

发光的上升和衰减过程与材料的结构、掺杂以及激发方式有关,并遵循一定的规律,如单分子与双分子衰减规律、单分子复合衰减规律、双分子复合衰减规律等。

早期人们曾根据发光时间的长短,将发光分为两种:磷光(phosphorescence)和荧光(fluorescence)。磷光是指激发停止后持续较长时间发光的现象,而荧光则是指余辉时间较短(一般$\leqslant 10^{-8}$s)的发光。目前人们一般已不对荧光和磷光的名词做严格区分,往往将余辉时间短至人眼难以分辨的发光称作荧光。本章所述的长余辉发光材料属于典型的磷光。

长余辉指发光材料的激发停止后,发光尚能够在一个较长的时间延续下来。到底延续多长时间称为长余辉,不同的应用场合有不同的规定,没有一个严格的定义。

对于长余辉发光材料而言,人们已习惯把激发停止后到持续发光亮度人眼可辨认的这段时间称作余辉时间,而人眼可辨认的发光亮度值为 0.32mcd/m²,也就是说余辉亮度达到 0.32 mcd/m² 的时间为余辉时间。

对于不同应用领域的发光材料,要求的余辉时间不同,对余辉时间的规定也不同。

对于阴极射线发光材料而言,常把衰减到初始亮度 10% 的时间称为余辉时间,余辉时间小于 $1\mu s$ 的称为超短余辉,$1\sim 10\mu s$ 的称为短余辉,$10\mu s\sim 1ms$ 的称为中短余辉,$1\sim 100ms$ 的称为中余辉,$100ms\sim 1s$ 的称为长余辉,大于 1s 的称为超长余辉。

另外,通常荧光灯的寿命规定为当荧光灯的亮度下降到初始亮度的 70% 时的时间。

发光材料的余辉时间长短在某些应用场合很重要,在一些应用场合需要较短的余辉,例如,显示器件需要较短的余辉,以免图像重叠;而在另一些特殊应用场合长余辉则是一个很大的优点,例如,长余辉发光材料在较长时间内仍能保持一定可视度,可用于应急照明和指示。

### 4.1.2　长余辉发光材料的发展

长余辉发光材料简称为长余辉材料,又称为蓄光型发光材料、夜光材料。本章所述的长余辉发光材料属于光致发光材料。它是一类吸收太阳能或人工光源,并在激发停止后仍可继续发出可见光的物质。由于它能将日光或灯光储存起来,在夜晚或黑暗处发光,具有照明功能,是一种储能、节能的发光材料,也是一种"绿色"

发光材料。特别是稀土激活的碱土铝酸盐长余辉材料的余辉时间可达 12h 以上，能在白昼蓄光、夜间发光，具有广泛的应用前景。

长余辉材料是研究与应用最早的发光材料之一。许多天然矿石本身具有长余辉发光特性，并用于制作各种制品，如"夜光杯""夜明珠"等。真正有文字记载的可能是在我国宋朝的宋太宗时期（公元 976～997 年）所记载的用"长余辉颜料"绘制的"牛画"，画中的牛到夜晚还能见到。其原因是此画中的牛是用牡蛎制成的发光颜料所画。西方最早记载此类发光材料是在 1600 年左右，意大利人焙烧当地矿石炼金时，得到了一些在黑夜中发红光的产物，以后经分析得知，该矿石内含有硫酸钡，经还原焙烧后部分变成硫化钡长余辉发光材料。此后，1764 年英国人用牡蛎和硫黄混合烧制出蓝白色发光材料，即硫化钙长余辉发光材料。

长余辉发光材料的生产和应用始于 20 世纪初，距今约有 100 年的历史，它主要用于隐蔽照明和安全标识等。第二次世界大战军事和防空的需要促进了这类材料的研究和应用的发展。

自 20 世纪初以来，人们发现了不少以硫化物为基质的长余辉材料。传统的长余辉材料主要是碱土金属硫化物如 CaS：Bi,(Ca,Sr)S：Bi 等，和过渡金属元素硫化物如(Zn,Cd)S：Cu, ZnS：Cu 等。最有代表性的硫化物长余辉材料是 ZnS：Cu，它是一个具有实际应用价值的长余辉材料，曾用于钟表、仪表和特殊军事部门等应用。以硫化物为基质的长余辉材料的发光可覆盖从蓝光到红光的整个可见光范围。但硫化物长余辉材料化学稳定性差，在紫外光照射或潮湿空气的作用下易分解，体色变黑、发光减弱，以致丧失发光功能，不宜用于户外和直接暴露在太阳光下。另外其余辉时间较短，一般只有几十分钟或几个小时，因此不能完全满足实际需求。为了提高发光亮度和延长余辉时间，人们曾将放射性同位素如超重氢（氚 H-3）、钷（Pm-147）加到制备的发光涂料中，以维持延续发光，并将含有放射性同位素的发光涂料应用于诸多方面，如发光钟表，但由此造成对人体和环境的危害，也给应用带来了局限。以稀土离子掺杂的硫化物长余辉发光材料，使硫化物长余辉材料提高到一个新的层次。它们的亮度和余辉时间为传统硫化物材料的几倍，但仍存在着传统硫化物长余辉发光材料耐候性差、化学稳定性差的缺点。

20 世纪 90 年代以前尽管长余辉发光材料取得长足的进步，性能最好的长余辉发光材料仍是金属硫化物。直到 90 年代以后推出新型掺稀土的铝酸盐长余辉发光材料，其发光强度、余辉时间和化学稳定性都优于第一代硫化物长余辉发光材料。90 年代中期又开发出稀土硅酸盐体系长余辉发光材料。稀土长余辉发光材料的开发与应用，不仅促使长余辉材料的发展进入了一个新阶段，使其成为长余辉材料研究的重点，使长余辉材料的应用获得迅速的拓展，同时也标志着稀土在发光材料中又占领了一个重要的领域。

## 4.2　稀土激活的硫化物长余辉发光材料

稀土掺杂的硫化物长余辉材料比传统的碱土金属或过渡金属元素硫化物材料的性能明显提高。稀土掺杂硫化物长余辉材料主要是掺杂 $Eu^{2+}$ 为主的稀土离子作为激活剂,添加 $Dy^{3+}$,$Er^{3+}$ 等稀土离子作为辅助激活剂。目前主要有 $ZnS$：$Eu^{2+}$,$Ca_{1-x}Sr_xS$：$Eu^{2+}$,$Ca_{1-x}Sr_xS$：$Eu^{2+}$,$Dy^{3+}$,$Ca_{1-x}Sr_xS$：$Eu^{2+}$,$Dy^{3+}$,$Er^{3+}$ 等,它们的亮度和余辉时间为传统硫化物的几倍,但仍存在硫化物长余辉材料化学稳定性差、耐候性差等缺点。稀土激活的硫化物体系的显著特点是发光颜色可以从蓝色到红色,甚为丰富,这是目前其他长余辉材料所无法比拟的。尤其是红色发光材料比其他基质长余辉材料更有优势。

1. $ZnS$：$Eu^{2+}$ 荧光粉

$ZnS$ 是很多发光材料的高效基质,李文连等[4]在研究稀土离子激活的光致发光和阴极射线发光材料的过程中,观察到 $ZnS$：$Eu^{2+}$ 的长余辉发光特性。$ZnS$：$Eu^{2+}$ 的发光颜色为亮黄色。图 4-1 示出其激发光谱和发射光谱,发射光谱源自 $Eu^{2+}$ 的 5d-4f 宽带跃迁,发射带不对称,主峰位于 550nm,在长波部分有拖尾,经解析是由 550nm 和 650nm 两个峰叠加而成。在室温下主要表现 550nm 的长余辉发光,在低温呈现 650nm 余辉较短的发光。作者认为这两个激发带可能是由两类 $Eu^{2+}$ 中心引起的,余辉较短的 650nm 的发射带起源于和 $ZnS$ 基质中某种浅陷阱有关的缔合 $Eu^{2+}$ 中心。从图 4-2 的 $ZnS$：$Eu^{2+}$ 热释发光曲线可以看到,在 288～379K 的温度范围内有强的热释发光谱带,这与深陷阱中的电子被活化有关,它导致了较长余辉的发光;在 82～170K 还有一个热释发光峰,它与浅陷阱中的电子的活化有关,相应于余辉较短的 650nm 的发射。

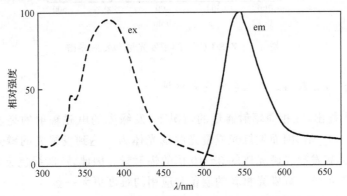

图 4-1　$ZnS$：$Eu^{2+}$ 的激发光谱和发射光谱(室温)

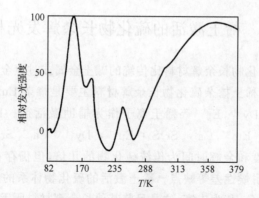

图 4-2　ZnS：Eu²⁺ 的热释光谱

研究发现少量 Cd²⁺ 的引入会使 ZnS：Eu²⁺ 的发射光谱发生变化，550nm 的发射带强度降低，而 650nm 的发射带强度增高，而且红光发射带的位置明显移向更长的波长。

ZnS：Ce³⁺[5] 在紫外灯照射下能观察到短暂的绿色余辉，目测余辉为数秒，其激发光谱和发射光谱如图 4-3 所示。

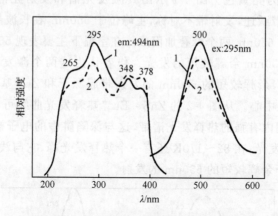

图 4-3　ZnS：Ce³⁺ 的激发光谱和发射光谱

## 2. CaS：Eu 系列红色长余辉发光材料

Sears[6] 指出，在相同辐射通量的情况下，发绿光的电磁辐射的亮度是发红光或橙光的 3～10 倍，因而发红光或橙光的磷光体为了达到发绿光的磷光体的相同亮度，必须具有发绿光磷光体的 3～10 倍的辐射量。因此，一般绿色荧光粉最先得到应用，而红色长余辉发光材料的制备和应用的难度更大一些。

掺入稀土离子能使 CaS：Eu²⁺ 红色长余辉发光材料的发光亮度和余辉时间

有了很大提高,余辉时间已达到 90min 以上,其中共掺 Tm 的长余辉发光材料已能使其达到实用化程度。

　　CaS：Eu²⁺ 的激发光谱和发射光谱在不同文献中有显著差别。图 4-4 列出了 CaS：Eu²⁺ 的激发光谱和发射光谱[7]。激发光谱由两个激发带 274nm 和 580nm 组成,对绿光的吸收效率高于对紫外光的吸收效率,分别用这两个波段的光激发荧光粉,用 274nm 的光激发时,发光光谱在 630nm 有一强窄带和在 385nm 处有弱宽带。用 580nm 的光激发时更有利于红区发射。

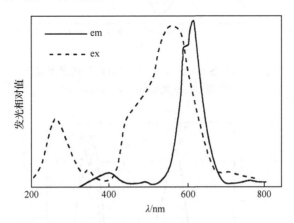

图 4-4　CaS：Eu²⁺ 的激发光谱和发射光谱

　　CaS：Eu²⁺,Cl 是一类有实用价值的发光材料,它的稳定性相对提高,发光效率较高,余辉较长。其发射峰与 CaS：Eu²⁺ 相同,仍为 630nm。CaS：Eu²⁺,Cl 的衰减曲线基本上符合 $I = Ae^{-n}$ 的规律。Eu²⁺ 含量对材料的余辉有影响,Eu²⁺ 量在 0.1% 时余辉最长,大于 0.1% 时发生浓度猝灭,余辉缩短,低于 0.1% 时形成发光中心不足,导致余辉也缩短。CaS：Eu²⁺,Cl 体色为红色,其体色也随 Eu 含量的改变而异,低浓度至 0.001% 时,体色为白色;Eu²⁺ 浓度增大,体色渐渐变为淡红色、桃红色,以致深红色[7]。

　　CaS：Cu⁺,Eu²⁺[8] 分别用 430nm 和 630nm 监控的激发光谱示于图 4-5。由曲线(1)可见,用 430nm 监控 Cu⁺ 的激发光谱中激发带主峰位于 323nm 和 362nm,与单掺 Cu⁺ 的激发光谱相比(Cu⁺ 的激发带 268nm,307nm 和 400nm,其中 307nm 最强)向长波方向移动。曲线(2)代表用 Eu²⁺ 的 630nm 监控的激发光谱,与单 Eu²⁺ 的激发光谱相比较(图 4-4),两者绿区激发带峰形一致,紫区激发带不同;共掺 Cu⁺ 和 Eu²⁺ 时紫外区激发光谱带增宽,强度增高,峰值波长在 300nm 附近,与单掺 Eu²⁺ 紫外激发峰相比,也向长波移动。用 300nm 光激发时 CaS：Cu⁺,Eu²⁺ 的发射光谱(图 4-6)同时具有 Cu⁺ 位于 431nm 的蓝区发射和 Eu²⁺ 的 605nm 和 630nm 红区发射。

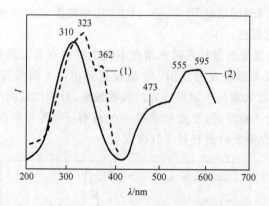

图 4-5　CaS∶0.005Cu$^+$,0.0001Eu$^{2+}$ 的激发光谱

(1) 用 430nm 监控；(2) 用 630nm 监控

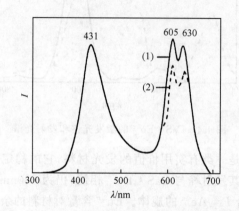

图 4-6　CaS∶0.005Cu$^+$,0.0001Eu$^{2+}$ 的发射光谱

(1) $\lambda_{ex}=300$nm；(2) $\lambda_{ex}=570$nm

图 4-7 是 CaS∶Tm 的光谱图。Tm$^{3+}$ 在紫外光区有强宽窄的吸收,激发峰位于 256nm。当用 256nm 激发时,Tm$^{3+}$ 的发射光谱中呈现 409nm、486nm 和 569nm 3 个宽的发射带,其中 486nm 发射带最强。CaS∶Eu$^{2+}$,Tm$^{3+}$ 作为共激活剂可有效地提高其余辉寿命。

图 4-8 是 CaS∶Er$^{3+}$ 的光谱图,在此基质中,Er$^{3+}$ 离子呈宽带吸收,激发峰位于 242nm。用 242nm 激发时,在 Er$^{3+}$ 的发射光谱中除在 400nm 有宽带发射外,在 470nm 处有一肩峰,567nm 处有一弱发射峰。

CaS∶Tm$^{3+}$ 和 CaS∶Er$^{3+}$ 的发射光谱与 CaS∶Bi 的激发光谱部分重叠。在合成的 CaS∶Bi$^{3+}$,Tm$^{3+}$ 和 CaS∶Bi$^{3+}$,Er$^{3+}$ 荧光粉中,Tm$^{3+}$ 和 Er$^{3+}$ 可将激发能量传递给 Bi$^{3+}$ 离子,使 Bi$^{3+}$ 离子的特征发射增强。掺 Tm$^{3+}$、Er$^{3+}$ 离子的 CaS∶Bi 荧光粉能明显延长余辉。

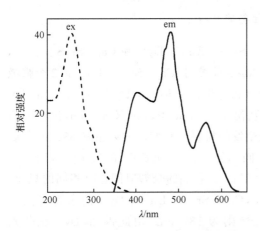

图 4-7　CaS：Tm 的激发光谱和发射光谱　　　图 4-8　CaS：Er$^{3+}$ 的激发光谱和发射光谱

### 3. SrS：Eu$^{2+}$,Er$^{3+}$ 红色荧光粉

由于 Eu$^{2+}$ 的 5d 能级易受晶体场的影响,使能级发生劈裂,可使发射光谱落在从红区到蓝区的任何位置。戴国瑞等[9]以碳酸锶和硫黄为原料,添加一定量的 Eu、Er 激活剂和助熔剂 LiCO$_3$,在还原气氛中,于 1000~1050℃灼烧 30min,制备出晶体结构为立方晶型的 SrS：Eu$^{2+}$,Er$^{3+}$ 红色荧光粉。

图 4-9 为 SrS：Eu$^{2+}$,Er$^{3+}$ 的发射光谱($\lambda_{ex}=365$nm),主峰位于 620nm 左右,发射光谱相应于 Eu$^{2+}$ 离子的 5d→4f 跃迁。作者认为,Er$^{3+}$ 的作用在于增加光能的吸收,并转移给激活中心 Eu$^{2+}$,从而延长荧光粉的余辉时间,改善发光亮度。测定 SrS：Eu$^{2+}$,Er$^{3+}$ 的发光衰减曲线,得知其余辉时间为 185min,这是目前余辉时间最长的硫化物红色长余辉材料之一。

为了提高硫化物荧光粉的稳定性,对 SrS：Eu$^{2+}$,Er$^{3+}$ 荧光粉进行包膜后处理。实验发现,在控制有机乳胶溶液的浓度时,SiO$_2$ 薄膜的厚度能与匀胶的旋转速度呈线性关系,于是可以用匀胶的转速来控制 SiO$_2$

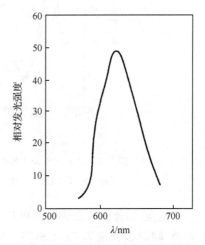

图 4-9　SrS：Eu$^{2+}$,Er$^{3+}$ 的发射光谱

膜的厚度。薄膜的形成温度为 600℃,SiO$_2$ 的包膜厚度为 0.1~0.3$\mu$m。采用包膜技术后,SrS：Eu$^{2+}$,Er$^{3+}$ 荧光粉的稳定性得到很大提高,达到了实际应用的水平。

4. $Ca_{1-x}Sr_xS$：$Eu^{2+}$，$Dy^{3+}$，$Er^{3+}$ 红色荧光粉

在室温下，$Ca_{1-x}Sr_xS$：$Eu^{2+}$，$Ca_{1-x}Sr_xS$：$Eu^{2+}$，$Dy^{3+}$ 和 $Ca_{1-x}Sr_xS$：$Eu^{2+}$，$Dy^{3+}$，$Er^{3+}$ 的光谱示于图 4-10。当用 630nm 监控时，$Ca_{1-x}Sr_xS$：$Eu^{2+}$ 有 2 个强激发带分别位于 280nm 和 455nm 处，而 $Ca_{1-x}Sr_xS$：$Eu^{2+}$，$Dy^{3+}$ 和 $Ca_{1-x}Sr_xS$：$Eu^{2+}$，$Dy^{3+}$，$Er^{3+}$ 则有 3 个强谱带，分别位于 280nm，365nm 及 455nm，谱带分布于可见和紫外区，将是一种很好的日光激发的材料。它们的发射主峰 630nm 归属于 $Eu^{2+}$ 的 5d→4f 跃迁，但相对强度不同，其中 $Ca_{1-x}Sr_xS$：$Eu^{2+}$，$Dy^{3+}$，$Er^{3+}$ ＞ $Ca_{1-x}Sr_xS$：$Eu^{2+}$，$Dy^{3+}$ ＞ $Ca_{1-x}Sr_xS$：$Eu^{2+}$。它们的余辉时间也有相同的规律：$Ca_{1-x}Sr_xS$：$Eu^{2+}$ 的余辉时间为 20min，$Ca_{1-x}Sr_xS$：$Eu^{2+}$，$Dy^{3+}$ 的余辉时间为 150min，而 $Ca_{1-x}Sr_xS$：$Eu^{2+}$，$Dy^{3+}$，$Er^{3+}$ 则为 187min。由此得知，$Dy^{3+}$ 在荧光粉中起着很显著的作用，同时 $Er^{3+}$ 的加入也使荧光粉的发光强度得到提高，余辉时间得到延长。因此，$Ca_{1-x}Sr_xS$：$Eu^{2+}$，$Dy^{3+}$，$Er^{3+}$ 将是一种有应用前景的红色长余辉发光材料。

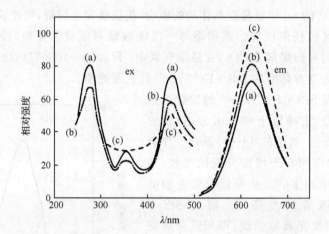

图 4-10　$Ca_{1-x}Sr_xS$：$Eu^{2+}$（a），$Ca_{1-x}Sr_xS$：$Eu^{2+}$，$Dy^{3+}$（b）和
$Ca_{1-x}Sr_xS$：$Eu^{2+}$，$Dy^{3+}$，$Er^{3+}$（c）的激发光谱和发射光谱

张兰英[10]合成了余辉时间可达 187min 的 $Ca_{1-x}Sr_xS$：$Eu^{2+}$，$Dy^{3+}$，$Er^{3+}$ 红色荧光粉，同时也合成了 $Ca_{1-x}Sr_xS$：$Eu^{2+}$ 和 $Ca_{1-x}Sr_xS$：$Eu^{2+}$，$Dy^{3+}$ 荧光粉。合成工艺为将 $SrCO_3$、$CaCO_3$ 和硫黄按一定比例混合，然后滴加一定浓度的 $Eu^{3+}$、$Dy^{3+}$ 和 $Er^{3+}$ 溶液（浓度一般分别为 0.1mmol/L、0.1mmol/L 和 0.1μmol/L）。烘干，研磨均匀，将样品装入石英管，在还原气氛中于 1000～1100℃灼烧 2h。

图 4-11 中列出 $Ca_{1-x}Sr_xS$：$Eu^{2+}$，$Ca_{1-x}Sr_xS$：$Eu^{2+}$，$Dy^{3+}$ 和 $Ca_{1-x}Sr_xS$：

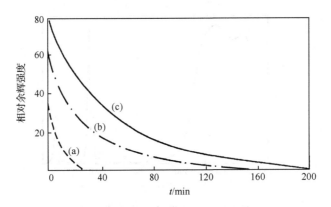

图 4-11　$Ca_{1-x}Sr_xS$：$Eu^{2+}$（a），$Ca_{1-x}Sr_xS$：$Eu^{2+}$，$Dy^{3+}$（b），
$Ca_{1-x}Sr_xS$：$Eu^{2+}$，$Dy^{3+}$，$Er^{3+}$（c）的衰减曲线

$Eu^{2+}$，$Dy^{3+}$，$Er^{3+}$ 的衰减曲线。其中 $Ca_{1-x}Sr_xS$：$Eu^{2+}$，$Dy^{3+}$，$Er^{3+}$ 的余辉强度和余辉时间均较优，表明辅助激活剂 $Dy^{3+}$ 和 $Er^{3+}$ 均对余辉起重要作用。

$Ce^{3+}$、$Eu^{2+}$ 主要表现为 5d-4f 跃迁宽带发射，因 5d 电子裸露在外，受基质的影响显著，表 4-1 列出在碱土硫化物中 $Eu^{2+}$、$Ce^{3+}$、$Mn^{2+}$ 发射峰受碱土金属离子变化的影响规律，即随着 Ca、Sr、Ba 的离子半径增大，在 MS 中 $Eu^{2+}$、$Ce^{3+}$ 和 $Mn^{2+}$ 的发射波长向短波移动。

表 4-1　在不同碱土金属硫化物基质中 $Eu^{2+}$、$Ce^{3+}$、$Mn^{3+}$ 发射峰的变化迁移[11]

| 基　质 | 峰值波长/nm | | | 最邻近离子距离/nm |
|---|---|---|---|---|
| | $Eu^{2+}$ | $Ce^{3+}$ | $Mn^{2+}$ | |
| | 0.1% | 0.04% | 0.2% | |
| CaS | 651 | 520 | 585 | 0.285 |
| SrS | 616 | 503 | ～550 | 0.301 |
| BaS | 572 | 482 | ～541 | 0.319 |

目前已使用的 CaS：Eu 或 CaS：Eu,Tm 红色荧光粉的余辉时间仅 45min，其中化学稳定性差，难以满足应用需要。文献[12,13]研制出 $Y_2O_2S$ 为基质的红色长余辉材料 $Y_2O_2S$：Eu,Ln，其余辉时间可达 300min。$Y_2O_2S$：Eu,Ln 的光谱列于图4-12。由图可见，在 260nm 和 330nm 处有 2 个宽带吸收，可有效地吸收 240～400nm 的紫外光。其发射光谱为 $Eu^{3+}$ 的 f-f 跃迁，最强发射峰在 625nm 处，呈鲜红色发光。表 4-2 列出主要的稀土激活的硫化物长余辉发光材料的发光性能，以资比较。

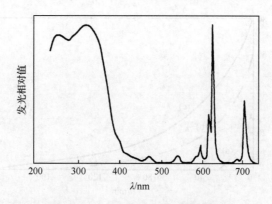

图 4-12　$Y_2O_2S：Eu,Ln$ 的光谱图

表 4-2　主要的稀土激活的硫化物荧光粉的发光性能

| 长余辉测量的组成 | 发光颜色 | 发射波长/nm | 余辉时间/min |
|---|---|---|---|
| $ZnS：Eu^{2+}$ | 亮黄色 | 550 | >10 |
| $CaS：Eu^{3+}$ | 红 | 630 | 15 |
| $CaS：Eu^{2+},Cl$ | 红色 | 630 | |
| $CaS：Cu^{+},Eu^{2+}$ | 红色 | 630 | |
| $CaS：Eu^{2+},Tm^{3+}$ | 红 | 650 | ~45 |
| $SrS：Eu^{2+}$ | 橙 | — | 4 |
| $SrS：Eu^{2+},Er^{2+}$ | 红色 | 620 | 185 |
| $Ca_{1-x}Sr_xS：Eu^{2+}$ | 红 | 630 | ~20 |
| $Ca_{1-x}Sr_xS：Eu^{2+},Dy^{3+}$ | 红 | 630 | ~150 |
| $Ca_{1-x}Sr_xS：Eu^{2+},Dy^{3+},Er^{3+}$ | 红 | 630 | ~187 |
| $(Mg,Sr)S：Eu^{2+}$ | 橙红 | 596 | 15 |
| $Ca_{1-x}Mg_xS：Eu^{2+}$ | 橙 | — | 11 |
| $Y_2O_2S：Eu,Ln$ | 红 | 625 | ~300 |

# 4.3　稀土激活的碱土铝酸盐长余辉发光材料

## 4.3.1　稀土激活的碱土铝酸盐长余辉发光材料的发展

稀土激活的碱土铝酸盐是近年来研究最多和应用最广的一类长余辉发光材料。早在 1946 年 Froelich 观察到 $SrAl_2O_4：Eu$ 经太阳光的照射后,可发出波长

为 400～520nm 的可见光。60～70 年代人们对 $Eu^{2+}$ 激活的碱土铝酸盐作为灯用和阴极射线管用发光材料进行了广泛的研究[14]。1968 年 Palilla 等[15]首次观察到 $SrAl_2O_4：Eu^{3+}$ 的高亮度的长余辉发光。1971 年 Abbruscato[16]对铝酸盐基质长余辉现象做过分析。1975 年 Бланк[17]报道了 $MAl_2O_4：Eu^{2+}$（M＝Ca，Sr，Ba）的长余辉特性。20 世纪 90 年代以后人们对稀土激活的长余辉材料进行了大量深入的研究，在合成、性能、余辉、机理和应用等方面均有大量报道。1991 年宋庆梅等[18]对铝酸锶铕长余辉发光材料的合成与发光特性进行了详细的研究，为开拓新的长余辉材料及其应用奠定基础。1993 年松尺隆嗣等[19]较详细地研究了铝酸锶铕（$SrAl_2O_4：Eu^{2+}$）的长余辉特性，得到其衰减规律为 $I = ct^{-n}（n = 1.10）$，衰减时间在 2000min 以上时仍可达到人眼能辨认的水平（0.32mcd/$m^2$）。1995 年唐明道[20]等又对 $SrAl_2O_4：Eu^{2+}$ 长余辉发光特性进行研究。1995 年宋庆梅[21]等又在原有的基础上得到了发光更强的掺镁 $SrAl_2O_4：Eu^{2+}$ 长余辉发光材料，其衰减规律呈双曲线式衰减（$I = ct^{-n}，n = 1.10$）。20 世纪 90 年代中期肖志国等[2]开发了一系列稀土激活的硅酸盐长余辉发光材料。人们研制成功的以稀土离子为激活剂、碱土铝酸盐为基质的新一代高效长余辉稀土发光材料，这类材料的发光强度和余辉时间是传统硫化物发光材料的 10 倍以上。

利用稀土激活的碱土铝酸盐长余辉发光材料，白天吸收太阳光或其他自然光，储存起来，在夜间或应急时发光的特性，已广泛地应用于工农业生产及人们生活的许多方面，如在建筑装潢、交通运输、军事设施、消防应急、日用消费品等。

通常，作为产生长余辉发光的激活离子主要是那些具有相对较低的 4f→5d 跃迁能量或具有很高的电荷迁移带能量的稀土和非稀土离子，如 $Eu^{2+}$，$Tm^{2+}$，$Yb^{2+}$，$Ce^{3+}$，$Pr^{3+}$，$Tb^{3+}$，$Mn^{2+}$ 等；对于低价态激活离子通常需要添加辅助激活剂，辅助激活剂一般是那些可能转换为较稳定的＋4 价氧化态的离子，如 $Pr^{3+}$，$Nd^{3+}$，$Dy^{3+}$ 等，或具有较复杂的能级结构的稀土离子，如 $Ho^{3+}$、$Er^{3+}$ 等，以及虽没有能级跃迁但具有较合适的离子半径和电荷的离子，如 $Y^{3+}$，$La^{3+}$，$Mg^{2+}$、$Zn^{2+}$ 等；同时还要求基质中存在的陷阱深度要合适，以及具有合适的禁带宽度。

$Eu^{2+}$ 在碱土铝酸盐体系中主要表现为 5d→4f 宽带跃迁发射，5d 电子裸露在外因而发射波长随基质组成和结构的变化而变化，发射波长主要集中在蓝绿光波段。由于 $Eu^{2+}$ 在紫外到可见区在比较宽的波段内具有较强的吸收能力，所以 $Eu^{2+}$ 激活的材料在太阳光、日光灯或白炽灯等光源的激发下就可产生由蓝到绿的长余辉发光。

需要指出的是，当激活离子为 $Eu^{2+}$ 时添加的辅助激活剂（auxiliary activator）在基质中本身不发光或存在微弱的发光，但可以对 $Eu^{2+}$ 的发光强度特别是余辉寿命产生极其重要的影响。现已发现的一些有效的辅助激活剂主要是 $Dy^{3+}$、$Nd^{3+}$、$Er^{3+}$、$Ho^{3+}$、$Pr^{3+}$、$Y^{3+}$ 及 $La^{3+}$ 等稀土离子和 $Mg^{3+}$、$Zn^{2+}$ 等非稀土离子。这些辅助激活剂在基质中成为捕获电子或空穴的陷阱能级。电子和空穴的捕获、迁移及复合对材料的长余辉发光产生至关重要的作用。

相对于其他三价稀土离子，$Ce^{3+}$、$Tb^{3+}$ 和 $Pr^{3+}$ 离子的 5d→4f 跃迁能量较低，而且这三种离子容易形成 +4 价氧化态。它们的余辉发光需用 254nm、365nm 紫外光或飞秒激光进行激发。用 254nm 或 365nm 紫外光激发，一般余辉时间较短，大约 1~2h[22-26]，而用飞秒激光诱导激发，其余辉时间甚至可达 10h 以上[27]。

$Mn^{2+}$ 是迄今在氧化物体系中作为激活离子具有长余辉发光的唯一过渡金属离子，在基质中一般表现为绿色发射，也可观察到红色发射，或者可同时观察到绿色和红色发射[28]。这与 $Mn^{2+}$ 在基质中所处的格位有关。

稀土激活的碱土铝酸盐长余辉材料主要有 $SrAl_2O_4$：$Eu^{2+}$、$SrAl_2O_4$：$Eu^{2+}$，$Dy^{3+}$、$Sr_4Al_{14}O_{25}$：$Eu^{2+}$，$Dy^{3+}$ 和 $CaAl_2O_4$：$Eu^{2+}$，$Nd^{3+}$ 等。它们发射从蓝色到绿色的光，峰值分布在 400~520nm，亮度高，余辉时间长，据报道样品在暗室中放置 50h 后仍可见清晰的发光。表 4-3 列出主要的铝酸盐长余辉材料的发光性能，同时也给出了典型的硫化物长余辉材料的相应数据，以资对照。

**表 4-3 主要的掺稀土长余辉发光材料性能比较**

| 长余辉材料的组成 | 发光颜色 | 发射波长 /nm | 余辉强度/(mcd/m²) | | 余辉时间 /min |
|---|---|---|---|---|---|
| | | | 10min | 60min | |
| $CaAl_2O_4$：$Eu^{2+}$，$Nd^{3+}$ | 青紫 | 440 | 20 | 6 | ＞1000 |
| $SrAl_2O_4$：$Eu^{2+}$ | 黄绿 | 520 | 30 | 6 | ＞2000 |
| $SrAl_2O_4$：$Eu^{2+}$，$Dy^{3+}$ | 黄绿 | 520 | 400 | 60 | ＞2000 |
| $Sr_4Al_{14}O_{25}$：$Eu^{2+}$，$Dy^{3+}$ | 蓝绿 | 490 | 350 | 50 | ＞2000 |
| $SrAl_4O_7$：$Eu^{2+}$，$Dy^{3+}$ | 蓝绿 | 480 | | | ~80 |
| $SrAl_{12}O_{19}$：$Eu^{2+}$，$Dy^{3+}$ | 蓝紫 | 400 | | | ~140 |
| $BaAl_2O_4$：$Eu^{2+}$，$Dy^{3+}$ | 蓝绿 | 496 | | | ~120 |
| $ZnS$：$Cu$ | 黄绿 | 530 | 45 | 2 | ~200 |
| $ZnS$：$Cu$，$Co$ | 黄绿 | 530 | 40 | 5 | ~500 |
| $CaS$：$Eu^{2+}$，$Tm^{3+}$ | 赤 | 650 | 1.2 | | ~45 |

在铝酸盐材料中，研究最多、应用最普遍的是黄绿色荧光粉 $SrAl_2O_4$：$Eu^{2+}$，$Dy^{3+}$ 和蓝绿色荧光粉 $Sr_4Al_{14}O_{25}$：$Eu^{2+}$，$Dy^{3+}$。$Sr_4Al_{14}O^{25}$：$Eu^{2+}$，$Dy^{3+}$ 发射峰在 490nm，与人眼暗视觉峰值接近（图 4-13），它是目前所报道的余辉时间最长的铝酸盐长余辉材料，为黄绿色荧光粉 $SrAl_2O_4$：$Eu^{2+}$，$Dy^{3+}$ 的 2 倍（图 4-14）。并且由于含氧量较高，Al—O 之间的配位数大，在 600℃时的耐热性能比 $SrAl_2O_4$：$Eu^{2+}$，$Dy^{3+}$ 高 20%[29]。

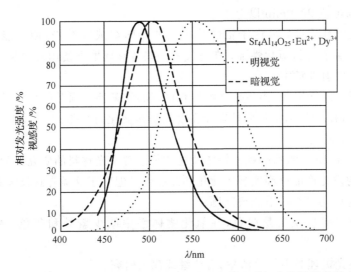

图 4-13　长余辉材料 $Sr_4Al_{14}O_{25}$：$Eu^{2+}$，$Dy^{3+}$ 的发射光谱与人眼视觉灵敏度曲线

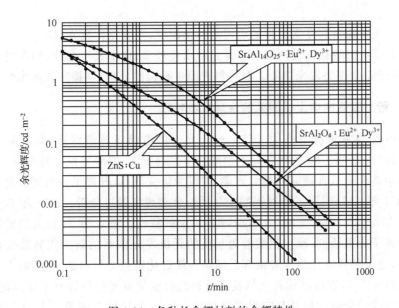

图 4-14　各种长余辉材料的余辉特性

由表 4-3 可见，同硫化物体系相比，氧化物体系长余辉发光材料具有如下特点：

(1) 发光效率高：铝酸盐发光材料在可见光区具有较高的量子效率。

(2) 余辉时间长：氧化物体系的余辉时间普遍大于硫化物体系。目前氧化物体系中磷光体余辉最长的是 $Eu^{2+}$ 激活的碱土铝酸盐，其发光亮度达到人眼可辨认水平的时间可达 2000min 以上。

（3）化学性质稳定：由于铝酸盐体系的特殊组成和结构，使其能够耐酸、耐碱、耐候、耐辐射和抗氧化性强，在空气和一些特殊环境下使用寿命长。

（4）无放射性危害。

（5）耐紫外线辐照：铝酸盐材料具有良好的耐紫外线辐照的稳定性，可在户外长期使用，经阳光暴晒 1 年后其发光亮度无明显变化，而 ZnS：Cu，Co 在光照 300 h 后丧失发光功能。

目前对于 $Eu^{2+}$ 激活的碱土铝酸盐光致长余辉发光材料的研究甚为活跃，其材料及相关的发光产品已经实现工业化和商业化。但对于这类光致长余辉发光材料的研究和应用还存在以下主要问题。

（1）发光颜色主要是绿色，在氧化物体系中缺少紫外和蓝色，特别是缺乏红色。

（2）发光机理尚不十分清楚，有待继续深入研究。

（3）发光激活离子主要是 $Eu^{2+}$，对其他一些稀土离子和过渡金属离子的研究很少。

（4）光致长余辉发光材料的应用范围仍较窄，主要是作夜光材料。

（5）碱土铝酸盐材料的最大不足是耐水性较差，遇水发生分解，导致发光性能下降，甚至完全丧失发光功能。对材料表面进行包膜处理，可提高其耐水性。

### 4.3.2 稀土激活的碱土铝酸盐的余辉衰减特性

$Eu^{2+}$ 在通常情况下产生 $4f^6 5d \rightarrow 4f^7$ 允许的电偶极宽带跃迁，其寿命一般在 $10^{-8} \sim 10^{-5}s$ 之间。90 年代在碱土铝酸盐中发现 $Eu^{2+}$ 的异常长余辉现象，引起人们对其余辉发光机理研究的极大兴趣，并成为研究热点，开展了一系列研究。

1971 年 Abbruscato[16] 对铝酸盐基质长余辉现象做过分析。1975 年 Бланк[17] 报道了 $MAl_2O_4$：$Eu^{2+}$（M＝Ca，Sr，Ba）长余辉特性。进入 90 年代人们研制成功以稀土离子为激活剂，碱土铝酸盐为基质的无机发光体系的新一代高效长余辉发光材料，这类材料发光强度和余辉时间是传统硫化物发光材料的 10 倍以上。1991 年宋庆梅等[18] 对铝酸锶铕长余辉发光材料的合成与发光特性进行了详细的研究，为开拓新的长余辉材料及其应用奠定基础。1993 年松尺隆嗣等[19] 较详细地研究了铝酸锶铕（$SrAl_2O_4$：$Eu^{2+}$）的长余辉特性，得到其衰减规律为 $I = ct^{-n}$（$I$ 为余辉强度，$t$ 为衰减时间，$n = 1.10$），不同衰减时间内的发光亮度比 ZnS：Cu 高 5～10 倍以上，衰减时间在 2000min 以上时仍可达到人眼能辨认的水平（$0.32mcd/m^2$）。1995 年唐明道等[20] 也对 $SrAl_2O_4$：$Eu^{2+}$ 的长余辉特性进行了研究，观察到材料的发光衰减符合 $I = ct^{-n}$ 的规律，并且由初始的 1～5min 的较快衰减和 5min 以后的缓慢衰减两个过程组成（两个过程的 $n$ 不同）。稀土激活的碱土铝酸盐长余辉材料的长余辉特性是由这个缓慢过程引起的。

　　1995 年宋庆梅[21] 等又在原有的基础上得到了余辉更强的掺镁 $SrAl_2O_4$ :
$Eu^{2+}$ 磷光体,呈双曲线式衰减($I = ct^{-n}, n = 1.10$)的长余辉发光特性,并指出掺
钙的 $SrAl_2O_4$ : $Eu^{2+}$ 无任何长余辉效应。

　　图 4-15 为铝酸锶铕 $4(Sr, Eu)O \cdot 7Al_2O_3$(即 $Sr_4Al_{14}O_{25}$ : $Eu^{2+}$ )衰减曲
线[18],首先是在激发光停止后的一个 e 指数曲线拟合的快速衰减过程。这个过程
主要是由 $Eu^{2+}$ 激发态引起的。在一个迅速衰减后,余辉仍持续很长时间,人眼能
辨的亮光长达数小时,余辉衰减过程非指数型,为平坦的缓慢变化的曲线。

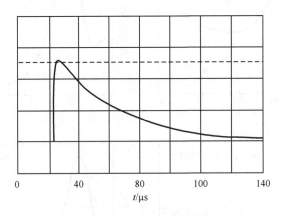

图 4-15　$4 (Sr, Eu)O \cdot 7Al_2O_3$ 的衰减曲线

　　长余辉材料必须具备一定的陷阱能级,陷阱能级中的电子获得能量后能重新
激发到 $Eu^{2+}$ 的激发态能级,跃迁到低能级产生发光。要产生长余辉发光,陷阱能
级的深度还必须合适。能级太浅,陷阱中的电子易于受激而返回 $Eu^{2+}$ 的激发态能
级,余辉时间短;陷阱过深,则需要较高的能量才能使陷阱中的电子返回 $Eu^{2+}$ 的激
发态能级,可能致使电子只能留在陷阱中而无法返回 $Eu^{2+}$ 的激发态能级。在具备
长余辉的能级范围内,陷阱越深,激发所需的能级越高,电子重新激发而产生发
射的速率越慢,则余辉时间越长。以三价稀土离子 $RE^{3+}$ 不等价取代 $MAl_2O_4$ 中的
碱土金属离子时,产生的陷阱能级的深度与基质和结构密切相关,因而随基质材料
的不同,材料表现出不同的余辉持续时间,如余辉时间 $SrAl_2O_4$ : $Eu^{2+}$ , $RE^{3+}$ >
$CaAl_2O_4$ : $Eu^{2+}$ , $RE^{3+}$ > $BaAl_2O_4$ : $Eu^{2+}$ , $RE^{3+}$ 。

　　通过测定热释光谱可以研究长余辉材料陷阱能级深度,长余辉材料的热释光
谱峰值温度越高,表示陷阱越深,电子激发所需要的能量越高,电子返回 $Eu^{2+}$ 的激
发态能级而产生发光的速率越慢,余辉时间越长。图 4-16 为苏锵等[30] 测定的
$MgAl_2O_4$ : $Eu^{2+}$ , $Dy^{3+}$ , $CaAl_2O_4$ : $Eu^{2+}$ , $Dy^{3+}$ , $SrAl_2O_4$ : $Eu^{2+}$ , $Dy^{3+}$ 和 $BaAl_2O_4$ :
$Eu^{2+}$ , $Dy^{3+}$ 的热释光谱,4 种不同基质的长余辉材料热释光谱的峰值温度依次为

59℃、40℃、46℃和38℃，其中 $MgAl_2O_4$：$Eu^{2+}$，$Dy^{3+}$的峰值温度为59℃，表明其陷阱能级可能较深，电子不容易返回 $Eu^{2+}$的激发态能级，而且发光很弱，肉眼观察不到长余辉现象。而其余3种材料中，可能以 $SrAl_2O_4$：$Eu^{2+}$，$Dy^{3+}$的陷阱能级深度最为适当，故有余辉时间为 $SrAl_2O_4$：$Eu^{2+}$，$Dy^{3+}$ ＞ $CaAl_2O_4$：$Eu^{2+}$，$Dy^{3+}$ ＞ $BaAl_2O_4$：$Eu^{2+}$，$Dy^{3+}$的递变趋势。

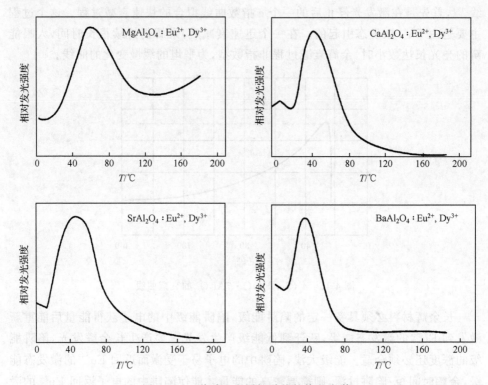

图 4-16　4 种碱土金属铝酸盐的热释光谱

　　文献[30,31]认为不同碱土金属的铝酸盐余辉时间不同的原因，也与它们各自的晶体结构不同，掺杂辅助激活离子后所产生的陷阱能级深度不同有关。其中 $SrAl_2O_4$：$Eu^{2+}$，$RE^{3+}$和 $CaAl_2O_4$：$Eu^{2+}$，$RE^{3+}$属于单斜晶系，可以产生合适深度的陷阱；$BaAl_2O_4$：$Eu^{2+}$，$RE^{3+}$属于六角晶系，陷阱深度太浅；而 $MgAl_2O_4$：$Eu^{2+}$，$RE^{3+}$则因为属于立方晶系，产生的缺陷能级过深，在室温下观察不到长余辉现象。

### 4.3.3　$Eu^{2+}$的长余辉材料发光机理

　　光致长余辉发光材料的发光原理是在紫外光等激发时，电子跃迁到激发态，有一定能量深度的陷阱能级从激发态捕获了足够数量的电子，并储存起来。当紫外光停止激发后，储存在陷阱能级的电子在室温的热扰动下逐渐地释放出来，释放出的电子再跃迁到激发态,电子从激发态返回基态时产生特征的发光。由于电子的释放是一个持续过程,因而材料的发光表现出长余辉的特征。

对稀土激活碱土铝酸盐长余辉材料发光机理的研究,从 20 世纪 90 年代初至今一直是一个热点课题,针对目前最有发展前途的、共掺辅助稀土激活离子的碱土铝酸盐长余辉材料 $MAl_2O_4：Eu^{2+}$,$RE^{3+}$ (M 为碱土金属,$RE^{3+}$ 为起辅助激活作用的稀土离子)的长余辉发光存在多种解释[32-34],比较一致的看法是,由于 $Dy^{3+}$ 的引入,在基质中产生了一种新的能级。围绕这个观点,又存在各种不同的理论模型。

### 1. 空穴转移模型

Matsuzawa 等[35]认为,在 $SrAl_2O_4：Eu^{2+}$ 磷光体中,当用 365nm 紫外光激发时,$Eu^{2+}$ 产生 4f→5d 跃迁。光电导测量表明,在 4f 基态产生的空穴,通过热激活释放到价带,与此同时假设 $Eu^{2+}$ 转换成 $Eu^{1+}$,光照停止后,空穴与 $Eu^{2+}$ 复合,电子跃迁回低能级释出能量,此复合过程发光。当掺杂 $Dy^{3+}$ 后 $Eu^{2+}$ 所产生的空穴通过价带迁移,被 $Dy^{3+}$ 俘获,$Dy^{3+}$ 转变为 $Dy^{4+}$。当紫外激发停止后,由于热激发,被 $Dy^{3+}$ 俘获的空穴又释放到价带,空穴在价带中迁移至激发态的 $Eu^{1+}$ 附近被 $Eu^{1+}$ 俘获,这样电子和空穴复合,于是产生了长余辉发光。这个过程如图 4-17 所示。

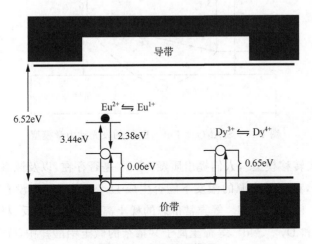

图 4-17　空穴转移模型

Jia 等[36]研究了 $SrAl_2O_4：Eu^{2+}$ 和 $SrAl_2O_4：Eu^{2+}$,$Dy^{3+}$ 单晶的发光动力学和光激励过程后,提出了如图 4-18 的 $SrAl_2O_4：Eu^{2+}$,$Dy^{3+}$ 的发光动力学模型。他们认为,在基质晶体中作为激活剂的 $Eu^{2+}$ 的 $4f^6 5d→8S_{1/2}$ 的态间跃迁是发光的主要原因,$Dy^{3+}$ 充当陷阱中心。当 $Eu^{2+}$ 被激发到 4f5d 状态(跃迁 1)后,迅速弛豫到介稳态(跃迁 2)。然后,电子返回基态(跃迁 3),或者从价带中俘获 1 个电子而

成为 $Eu^{1+}$，这个过程在价带中产生 1 个空穴，该空穴被 $Dy^{3+}$ 俘获，$Dy^{3+}$ 变为 $Dy^{4+}$（跃迁 4）。空穴的产生和其后的被俘获过程，可能被认为是一个简单的通过价带电子从 $Dy^{3+}$ 到 $Eu^{2+}$ 的转移过程。俘获过程极其迅速，与 $Eu^{2+}$ 的激发态寿命相近。也可以说，由于在 $Eu^{2+}$ 的寿命时间内空穴被 $Dy^{3+}$ 俘获，因而大量的被激发的 $Eu^{2+}$ 可以变成介稳态；这个过程将使 $Eu^{2+}$ 的寿命变短。从 $Eu^{2+}$ 的介稳态到 $Dy^{3+}$ 的能量转移（跃迁 5）可以忽略不计。光照停止后，通过热激活而发生脱离陷阱的过程，$Dy^{4+}$ 释放其俘获的空穴成为 $Dy^{3+}$；或者说，$Eu^{1+}$ 释放它所俘获的电子而恢复为 $Eu^{2+}$，空穴与电子复合从而产生长余辉发光。被俘获的空穴脱离陷阱的过程是一个热激活和空穴传递的组合过程，可归纳为 3 个状态：(1)被俘获的空穴通过热激活从 $Dy^{4+}$ 释放到价带；(2)空穴在价带中转移；(3)空穴与 $Eu^{1+}$ 发生复合。空穴的迁移速率会影响余辉的衰减过程。

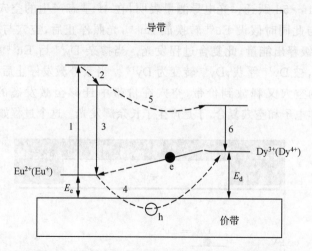

图 4-18　$SrAl_2O_4：Eu^{2+}，Dy^{3+}$ 的发光动力学模型

按照"空穴转移模型"，人们提出质疑：$Eu^{1+}$ 是否存在，以及镧系元素的三价离子态比较稳定，在可见光源的激发下能否生成 $Dy^{4+}$，因为至今没有证据证明在基质中存在 $Eu^{1+}$ 和 $Dy^{4+}$、$Nd^{4+}$ 等异常价态的稀土离子。恰恰相反，材料的吸收光谱证实，在 $Eu^{2+}$ 和 $Dy^{3+}$、$Nd^{3+}$ 等稀土离子共掺杂的碱土铝酸盐中，在 X 射线和激光辐照前后 Eu 离子和 Dy、Nd 等离子的吸收光谱没有差别，这些离子的价态并未发生变化[37-39]。同时应该考虑，在氧化物中 $Eu^{3+}$ 的电荷迁移带虽然随基质的不同而变化，但其数值都在 $30 \times 10^3 \, cm^{-1}$ 之上，因此，由 $Eu^{2+} \rightarrow Eu^{1+}$ 所需能量会更高，这与用可见光的激发可使 $SrAl_2O_4：Eu^{2+}，Dy^{3+}$ 产生长余辉现象的事实相矛盾[40]。

Aitasalo 等[41]试图用双光子吸收来解释 $SrAl_2O_4：Eu^{2+}，Dy^{3+}$ 的长余辉发光机理，但 $SrAl_2O_4：Eu^{2+}，Dy^{3+}$ 在使用白炽灯的激发下即可产生长余辉，而在此条件下双光子吸收几乎是不可能的。

### 2. 位形坐标模型

刘应亮等利用位形坐标来描述出 $Eu^{2+}$ 长余辉发光的过程。图 4-19 是所谓的"位形坐标模型"示意图。A 与 B 分别为 $Eu^{2+}$ 基态和激发态能级，位于 A 与 B 之间的 C 能级为陷阱能级。陷阱能级 C 可以是掺入的杂质离子如一些三价稀土离子引起[40]；C 可以捕获电子或空穴，长余辉发光就是被捕获在陷阱能级 C 中的电子或空穴在热激活下与空穴或电子复合而产生；苏锵等[30]认为 C 仅捕获电子，当电子受激发从基态到激发后，一部分电子跃迁回低能级发光，另一部分电子通过弛豫 2 过程储存在陷阱能级 C 中，当 C 中的电子吸收能量时，重新受激发回到激发态能级 B，跃迁回基态而发光，长余辉时间的长短与储存在陷阱能级 C 中的电子数量及吸收能量（热能）有关。此种描述回避了空穴模型所出现的疑问，但过于简单、笼统，未反映长余辉发光的实质，同时，对未掺杂辅助激活离子如 $SrAl_2O_4$ ：$Eu^{2+}$ 的长余辉发光缺乏合理的解释。

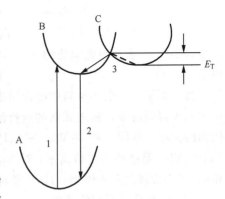

图 4-19　空位坐标模型

对于 $Ce^{3+}$、$Pr^{3+}$、$Tb^{3+}$ 等长余辉材料发光机理也有一些报道：文献[22,23,27]认为对于 $Ce^{3+}$、$Pr^{3+}$、$Tb^{3+}$ 等三价稀土离子，容易形成＋4 价氧化态，因此在晶体或玻璃体系中 3 种元素可以分别以＋3 和＋4 两种氧化态在体系中共存，这样，$RE^{4+}$ 能够成为电子陷阱中心，$RE^{3+}$ 可以作为空穴陷阱中心，这些被缺陷中心所捕获的空穴和电子在热扰动下进行复合，释放出的能量传递给三价稀土离子，激发其基态电子到激发态，最终导致三价稀土离子的特征长余辉发光。

但是在还原气氛中，这些稀土离子的＋4 价氧化态是不易形成的，这时样品在紫外光或激光激发下，产生电子和空穴，并可分别被不同的缺陷所捕获。激发停止后，缺陷中的电子和空穴复合产生的能量传递给稀土离子。由于 $Ce^{3+}$、$Pr^{3+}$、$Tb^{3+}$ 相对其他离子来说具有较低的 5d→4f 跃迁能量，因此电子和空穴复合释放出的能量与 $Ce^{3+}$、$Pr^{3+}$、$Tb^{3+}$ 离子的相应能级匹配，又由于电子和空穴陷阱的深度比较合适，所以在室温下就可以观察到这些离子的长余辉发光。需要指出的是，以碱土离子作为组分的晶体和玻璃体系中，氧离子空位起了至关重要的作用，因为氧离子空位可以捕获电子成为电子陷阱，至于空穴陷阱，可以是体系中存在 $Al^{3+}$ 离子空位或其他缺陷甚至是 $Ce^{3+}$ 等稀土离子。这些体系中氧离子空位的存在已经被电子顺磁共振波谱（EPR）所证实。

文献[24-26]认为,在 $Tb^{3+}$ 等稀土离子激活的晶体或玻璃体系中,电子转移对其长余辉发光起了关键作用,即在紫外光作用下,一部分 $Tb^{3+}$ 被氧化为 $(Tb^{3+})^+$,释放的电子由氧离子空位捕获,在热扰动下,电子再从氧离子空位中释放出来与光电离的 $(Tb^{3+})^+$ 复合产生特征的长余辉发光[26]。发光过程表示如下[30]:

当紫外光照射时

$$Tb^{3+} + UV \rightarrow (Tb^{3+})^+ + e^*$$
$$e^* + 氧离子空位 \rightarrow F^+心$$

当紫外光停止照射后

$$F^+心 + 声子 \rightarrow 氧离子空位 + e^*$$
$$e^* + (Tb^{3+})^+ \rightarrow Tb^{3+} + {}^5D_i \rightarrow {}^7F_j 跃迁发射$$

式中,$(Tb^{3+})^+$ 表示被光氧化的 $Tb^{3+}$,以示与一般的 $Tb^{4+}$ 的区别;$e^*$ 表示激发态电子。

稀土离子在长余辉材料中的作用机理还不十分清楚,其行为可从稀土元素变价倾向中得到启发。稀土元素的变价倾向见图 4-20,图中线的长短表示价态变化倾向的大小。从图 4-20 可知, $Ce^{3+}$、$Pr^{3+}$、$Tb^{3+}$ 易氧化为四价离子;$Sm^{3+}$、$Eu^{3+}$、$Tm^{3+}$、$Yb^{3+}$ 易还原为二价离子;对 $Nd^{3+}$、$Dy^{3+}$ 来说,形成四价和二价离子的倾向相同,且变价倾向并不强烈;$Ho^{3+}$ 稍微具有二价倾向;$Er^{3+}$ 变价倾向极弱,$La^{3+}$、$Gd^{3+}$、$Lu^{3+}$ 几乎没有变价倾向。

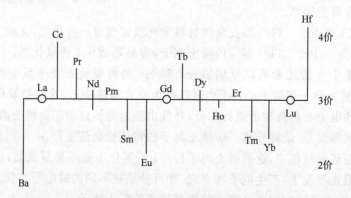

图 4-20　稀土元素的价态变化倾向

易变价的稀土离子中,$Ce^{3+}$、$Pr^{3+}$、$Tb^{3+}$、$Eu^{2+}$、$Eu^{3+}$、$Sm^{3+}$ 均已发现长余辉发光,最近掺 $Tm^{3+}$ 的材料也发现了长余辉发光现象。$Yb^{3+}$ 的长余辉发光现象尚未见报道,这主要是因为 $Yb^{3+}$ 的发光位于红外波段。根据大部分易变价稀土元素都实现了长余辉发光的事实,文献[40]认为,$Sm^{2+}({}^5D_0 \rightarrow {}^7F_0)$、$Tm^{2+}(5d \rightarrow {}^2F_{7/2})$、$Tm^{3+}({}^1G_4 \rightarrow {}^3H_6)$ 是潜在的红色和蓝色长余辉发光离子。到目前为止,$Eu^{2+}$ 是报道最多的稀土长余辉发光离子,$Tb^{3+}$、$Pr^{3+}$ 其次,$Ce^{3+}$、$Sm^{3+}$、$Eu^{3+}$ 较少。$Pr^{3+}$、

$Eu^{3+}$、$Sm^{3+}$ 的特征发射波长均在红区，均可充当红色长余辉材料的激活离子。在 $Eu^{2+}$ 激活的碱土铝酸盐长余辉材料中，共掺杂 $Dy^{3+}$、$Nd^{3+}$、$Pr^{3+}$、$Ho^{3+}$、$Er^{3+}$ 均能提高余辉的亮度和寿命，其中以同时具有四价和二价倾向的 $Dy^{3+}$、$Nd^{3+}$ 效果最佳。有趣的是，$CaAl_2O_4$ 和 $SrAl_2O_4$ 同属于单斜晶系，但 $Dy^{3+}$ 对于 $SrAl_2O_4$：$Eu^{2+}$ 是最佳共激活离子，而 $Nd^{3+}$ 对于 $CaAl_2O_4$：$Eu^{2+}$ 则最佳，这种差异可能是 $Dy^{3+}$，$Nd^{3+}$ 分别取代 $Sr^{2+}$、$Ca^{2+}$ 时所生成的缺陷的能级深度不同所致。因此，对于稀土离子在长余辉材料中的共激活作用，具体材料要作具体分析。从稀土离子发光的量子效率来考虑，$Ce^{3+}$、$Eu^{2+}$、$Eu^{3+}$、$Pr^{3+}$、$Tb^{3+}$ 较适合作为激活离子。从理论上而言，当存在深度合适的陷阱，并且陷阱能与发光离子发生有效的能量传递时，任何一种发光材料都可成为长余辉材料。长余辉材料的核心问题是缺陷和能量传递，而易变价镧系元素更适于充当长余辉发光离子。

对于长余辉材料，缺陷的能级深度十分重要。能级较浅，电子在室温时较易从陷阱中热致逃逸，从而导致余辉时间过短或观察不到长余辉；能级较深，则室温下从陷阱中逃逸出的电子数量较少或不存在，同样不利于长余辉现象的产生。文献报道[30,35]热释光曲线中峰值位置对应于 $50\sim110$℃ 的陷阱较适于长余辉的产生。对于碱土铝酸盐长余辉体系，文献报道[40]当稀土共激活离子为光学电负性在 $1.21\sim1.09$ 的 $Dy^{3+}$（1.21），$Nd^{3+}$（1.21），$Ho^{3+}$（1.14），$Pr^{3+}$（1.18）和 $Er^{3+}$（1.09）时，可观察到样品的长余辉发光。

### 4.3.4　影响碱土铝酸盐长余辉发光材料的因素

长余辉发光材料的发光行为，不仅取决于激活离子自身的特性，而且也受到周围环境的影响。$Eu^{2+}$ 在碱土铝酸盐中的发光是 $4f^65d\rightarrow4f^7$ 的宽带允许跃迁，由于 $Eu^{2+}$ 的 5d 电子处于无屏蔽的裸露状态，受周围晶体场环境的影响较为明显，其影响因素主要是晶体场强度、共价性和阳离子半径的大小等，通过选择一定的化学组成，添加适当的阳离子或阴离子等，可改变晶体场对激活离子的影响。另外，改变激活离子和辅助激活离子、材料的粒度、形态等对长余辉材料的发光也有影响。现将各种影响简介如下。

#### 1. 基质中不同碱土金属阳离子的影响

稀土离子激活的碱土铝酸盐长余辉材料 $MAl_2O_4$：$Eu^{2+}$，$RE^{3+}$（M＝Mg、Ca、Sr、Ba）均属于磷石英结构，但是不同碱土金属的基质，其晶体结构又存在显著差别，其中 $MgAl_2O_4$：$Eu^{2+}$，$RE^{3+}$ 属于立方晶系，$CaAl_2O_4$：$Eu^{2+}$，$RE^{3+}$ 和 $SrAl_2O_4$：$Eu^{2+}$，$RE^{3+}$ 属于单斜晶系，$BaAl_2O_4$：$Eu^{2+}$，$RE^{3+}$ 属于六方晶系。由于基质晶体结构和晶胞参数不同，$Eu^{2+}$ 的发射波长、发光强度和余辉特性等不同[36,42]。苏锵等[30]根据实验总结了不同碱土铝酸盐基质对材料发光性能影响的规律。

（1）对发射波长的影响：对于碱土铝酸盐体系，由于碱金属阳离子不同、晶体结构不同，导致 $Eu^{2+}$ 的光谱不同。文献报道[31]在 $MgAl_2O_4$：$Eu^{2+}$ 基质中，$Eu^{2+}$ 的发射峰主要集中在蓝绿光波段，这是 $Eu^{2+}$ 的 5d→4f 宽带跃迁产生的，发射波长 $SrAl_2O_4$：$Eu^{2+}$＞$BaAl_2O_4$：$Eu^{2+}$＞$CaAl_2O_4$：$Eu^{2+}$；而余辉时间 $SrAl_2O_4$：$Eu^{2+}$＞$CaAl_2O_4$：$Eu^{2+}$＞$BaAl_2O_4$：$Eu^{2+}$。

$MAl_2O_4$：$Eu^{2+}$，$Dy^{3+}$ 发射峰也在蓝绿光波段，而且不同辅助激活离子的加入并未造成荧光光谱波长的变化。然而，构成基质晶体的不同碱土金属对长余辉材料的发射波长产生不同的影响。从 $MAl_2O_4$：$Eu^{2+}$，$Dy^{3+}$（M＝Mg、Ca、Sr、Ba）的激发光谱和发射光谱图 4-21 可知，激发波长按 Mg、Ca、Sr、Ba 的顺序分别为 335nm、344nm、355nm 和 348nm。发射波长随着基质结构中碱土金属的不同而变化的规律为 Sr(516nm)＞Ba(500nm)＞Mg(480nm)＞Ca(438nm)，其原因在于晶体结构不同，$Eu^{2+}$ 离子取代碱土金属离子 $M^{2+}$ 后所受的晶体场的作用不同，$Sr^{2+}$ 与 $Eu^{2+}$ 半径相近，价态相同，$Eu^{2+}$ 取代 $Sr^{2+}$ 时，对铝酸盐晶体结构影响不大。而 $Eu^{2+}$ 与 $Mg^{2+}$、$Ca^{2+}$、$Ba^{2+}$ 的离子半径相差较大，当分别取代它们时，半径的差异使铝酸盐的晶体结构发生畸变，致使 $Eu^{2+}$ 所受的晶场的作用发生变化，致使发射光谱变化。$Eu^{2+}$ 的离子半径大于 $Mg^{2+}$，进入晶格后，晶格膨胀，减小了相互排斥的力，发射波长相对向长波方向移动；$Eu^{2+}$ 的半径小于 $Ba^{2+}$，进入六角结构的晶格后，晶格收缩，缓解吸引力的作用，发射波长相对向短波方向移动。

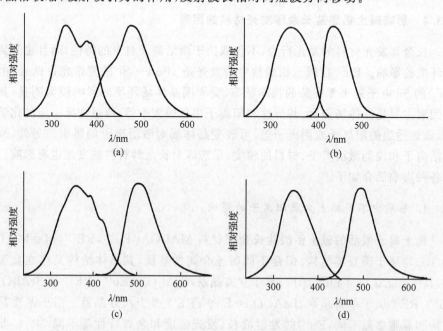

图 4-21　$MAl_2O_4$：$Eu^{2+}$，$Dy^{3+}$（M＝Mg、Ca、Sr、Ba）的激发光谱和发射光谱

（2）对发光强度的影响：影响荧光体的发光强度有诸多因素，如组成、结构、形态等。材料的发光效率与 Stocks 位移（即化合物发射波长与激发波长的差值）密切相关，Stocks 位移小，则发光效率高。各种发光材料 $MAl_2O_4$：$Eu^{2+}$，$Dy^{3+}$（M＝Mg、Ca、Sr、Ba）的发射波长和激发波长差值的计算值分别为 $9017.4cm^{-1}$、$6238.7cm^{-1}$、$8789.2cm^{-1}$ 和 $8735.6cm^{-1}$。按照 Stocks 位移的大小，发光强度的递变顺序为 Ca＞Sr≈Ba＞Mg，而实际上是 Sr＞Ca＞Ba＞Mg，这可能与 $Eu^{2+}$ 取代后晶格畸变有关。

（3）余辉时间：以三价稀土离子 $RE^{3+}$ 不等价取代 $MAl_2O_4$ 中的碱土金属离子时，产生的陷阱能级的深度与基质和结构密切相关，因而随基质材料中的碱土金属离子的不同，材料表现出不同的余辉持续时间：余辉时间 $SrAl_2O_4$：$Eu^{2+}$，$RE^{3+}$＞$CaAl_2O_4$：$Eu^{2+}$，$RE^{3+}$＞$BaAl_2O_4$：$Eu^{2+}$，$RE^{3+}$。文献[31]认为不同碱土金属的铝酸盐余辉时间不同的原因在于它们各自的晶体结构不同，掺杂辅助激活离子后所产生的陷阱能级深度不同，$SrAl_2O_4$：$Eu^{2+}$，$RE^{3+}$ 和 $CaAl_2O_4$：$Eu^{2+}$，$RE^{3+}$ 属于单斜晶系，可以产生合适深度的陷阱；$BaAl_2O_4$：$Eu^{2+}$，$RE^{3+}$ 属于六角晶系，陷阱深度太浅；而 $MgAl_2O_4$：$Eu^{2+}$，$RE^{3+}$ 则因为属于立方晶系，产生的缺陷能级过深，在室温下观察不到长余辉现象。

**2. 基质中碱土金属与铝组成比例的影响**

基质中碱土金属与铝组成比例对材料的发光性能存在明显影响，同一种类型的碱土铝酸盐基质，当其组成比例改变时，发光材料的余辉特性、发射波长和发光亮度都可能发生变化。典型的例子是，$Sr_4Al_{14}O_{25}$：$Eu^{2+}$，$Dy^{3+}$ 的余辉时间是 $SrAl_2O_4$：$Eu^{2+}$，$Dy^{3+}$ 的 2 倍。

在以碱土铝酸盐为基质的长余辉材料中，保持反应条件和其他成分的比例不变，改变铝与锶之间的比例，会使晶体的主要结构发生较大变化，从而改变了 $Eu^{2+}$ 的格位环境，导致发光结构的变化。因而铝与锶之间的比例的变化，对荧光粉的发光颜色也产生非常明显的影响。

王惠琴等[43]研究了 $nSrO·7Al_2O_3$：$0.03Eu^{2+}＋0.15B_2O_3$ 中 Sr 含量对发光峰波长的影响时，观察到随着 $n$ 的增大，发射光谱主峰发生不同程度的红移（表 4-4）。

**表 4-4　SrO 含量对 $nSrO·7Al_2O_3$：$0.03Eu^{2+}＋0.15B_2O_3$ 发射峰波长的影响**

| $n$ | 1 | 2 | 3 | 4 | 5 | 6 | 7 | 8 | 9 | 10 |
|---|---|---|---|---|---|---|---|---|---|---|
| 发射波长 | 394 | 398 | 490 | 490 | 500 | 517 | 517 | 520 | 520 | 590 |
| /nm | 520 | 410 | — | — | — | — | — | — | 590 | 520 |

林元华等[44]研究认为，根据 $SrO-Al_2O_3$ 系列相图，只要控制一定的 $Al_2O_3$/$SrO$ 摩尔比和烧成温度，即可合成多种 $xSrO·yAl_2O_3$ 相。在不同相中，$Eu^{2+}$ 所

处的环境不同,因而 5d 能级会产生不同的劈裂,其劈裂能级的高低会影响 $Eu^{2+}$ 发射波长的位置,从而获得发光颜色从紫色到绿色的多种发光材料(表 4-5)。

**表 4-5　$xSrO \cdot yAl_2O_3$ 系发光材料的主发射峰波长**

| 荧光体 | $Al_2O_3/SrO$(摩尔比) | $\lambda_{em}/nm$ | 发光颜色 |
|---|---|---|---|
| $SrO \cdot Al_2O_3 : Eu^{2+}, Dy^{3+}$ | 1 | 520 | 黄绿 |
| $4SrO \cdot 7Al_2O_3 : Eu^{2+}, Dy^{3+}$ | 1.75 | 486 | 蓝绿 |
| $SrO \cdot 2Al_2O_3 : Eu^{2+}, Dy^{3+}$ | 2 | 480 | 蓝绿 |
| $SrO \cdot 6Al_2O_3 : Eu^{2+}, Dy^{3+}$ | 6 | 395 | 紫 |

**3. 基质成分中掺杂的影响**

宋庆梅等[21]首次观察到在 $SrAl_2O_4 : Eu^{2+}$ 基质中掺镁的长余辉现象,在 $Al_2O_3$、$SrCO_3$ 和 $Eu_2O_3$ 的混合物中,掺杂少量 MgO,混合磨匀,先在 1500℃高温电炉中灼烧 3h,然后在还原气氛中与 1200℃灼烧 2h,冷却,研磨,得到掺 Mg 的 $SrAl_2O_4 : Eu^{2+}$。Mg 作为杂质掺入后,对发射光谱并无影响,唯使强度增强(图 4-22)。$Mg^{2+}$ 作为杂质掺入基质中,置换了 $Sr^{2+}$。由于价电子数相同,两者为等电子杂质。对于等电子杂质,只有当杂质离子与被置换的基质离子半径差别较大时,才可能导致较显著的晶体缺陷,从而形成杂质陷阱。$Mg^{2+}$ 的离子半径为 60pm,$Sr^{2+}$ 离子半径为 112pm,两者相差较大,更有利于满足形成杂质陷阱的条件。

$Eu^{2+}$ 的 $4f^6 5d \rightarrow 4f^7$ 跃迁是允许跃迁,其荧光寿命很短,通常发光衰减很快,而掺 Mg 的 $SrAl_2O_4 : Eu^{2+}$ 材料呈现长余辉发光,说明必然存在着电子陷阱能级,通过热释光谱证实其电子陷阱的存在。图 4-23 为掺 Mg 的 $SrAl_2O_4 : Eu^{2+}$ 的热释

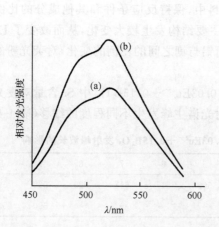

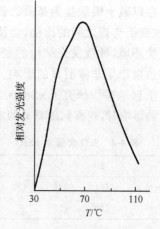

图 4-22　$SrAl_2O_4 : Eu^{2+}$ (a) 和掺杂 Mg 的 $SrAl_2O_4 : Eu^{2+}$ (b) 的发射光谱($\lambda_{ex} = 320nm$)

图 4-23　掺 Mg 的 $SrAl_2O_4 : Eu^{2+}$ 的热释光谱

光谱,其峰值 343K,以半宽法公式 $E = 2kT_m^2/(T_2 - T_1)$ 可求得电子陷阱的深度为 0.311eV。式中,$k$ 为玻尔兹曼常数;$T_m$ 为峰值温度;$T_1$、$T_2$ 分别为曲线上升与下降阶段半高处所对应的温度。

他们又测定了掺 Mg 的 $SrAl_2O_4$:$Eu^{2+}$ 发光材料的光电导,发现当材料受近紫外光照射时,表现明显的光电流,此时的电导率比无光照时大 2 倍以上,表明在光照时基质中的电子被激发到导带。综合这些结果,他们认为,在近紫外光的激发下,$Eu^{2+}$ 及基质均被激活,在 $Eu^{2+}$ 进行 5d→4f 允许跃迁发光的同时,许多导带中的电子被陷阱能级俘获,在激发停止后,陷阱中的电子在热扰动下缓慢地释放到导带,然后与空穴复合激发 $Eu^{2+}$,导致 $Eu^{2+}$ 发光,形成了长余辉。

张新等[45]发现,在添加成分镁的存在下,$Eu^{3+}$ 更易于被还原为 $Eu^{2+}$,在 $N_2$ 气氛中就可以将 $Eu^{3+}$ 还原为 $Eu^{2+}$。这样,如果能保证弱的还原气氛就可将原料中的大部分 $Eu^{3+}$ 还原。为了证实这一推断,他们进行以下验证实验:将装有原料的刚玉坩埚置于石墨坩埚中,加石墨盖,在 1150℃ 灼烧 3h 得到 $(Mg, Sr)Al_2O_4$:$Eu^{2+}$ 荧光粉,发光性能与在氢气气氛中制备的荧光粉基本一致。X 射线衍射实验表明,铕以 EuO 形式存在,未验出 $Eu^{3+}$ 的化合物。

1991 年宋庆梅等[18]对 $4(Sr_{1-x}Eu_x)O \cdot 7Al_2O_3$ 的合成研究时发现,加入少量 $(NH_4)_2HPO_4$ 可以显著增强磷光体的发射;当 $P_2O_5$ 的摩尔分数为 0.075 时,磷光体的发射强度最高,相对发光强度为未加磷的 150%;摩尔分数超过 0.1 时,发光强度趋于下降。X 射线衍射分析结果表明,磷进入了晶格,而且随着 $P_2O_5$ 含量的增加,发射光谱的主峰发生蓝移。研究者认为,这个现象与阴离子基团的电负性有关,磷的电负性(2.1)比铝的电负性(1.5)大,在阴离子基团加入磷,可以更多地与 $O^{2-}$ 离子共享电子,使整个阴离子基团的相对电负性增大,它与 $Eu^{2+}$ 离子之间化学键的离子性增强,共价性减弱,导致能级差加大,从而使 $Eu^{2+}$ 离子的发射向短波方向移动。

### 4. 激活剂的影响

一般来说,长余辉发光材料的激活剂主要是 4f→5d 跃迁能级相对较低或具有很高的电荷迁移带能量的稀土离子(迄今为止,所发现的在氧化物体系中具有长余辉特性的过渡元素离子主要是 $Mn^{2+}$),研究最多且目前效果最好的是 $Eu^{2+}$,此外还有 $Ce^{3+}$、$Pr^{3+}$、$Tb^{3+}$、$Tm^{2+}$、$Yb^{2+}$ 等。不同稀土离子由于其原子序数、电负性、电离能等方面的差别,使它们取代 $Sr^{2+}$ 后的情况有所不同,它们的发光特性各不相同。不同的激活离子的发光波长、余辉时间等均有不同,激活剂的不同价态对余辉效果的影响很大,低价态激活离子一般需要添加辅助激活剂。

在碱土铝酸盐长余辉材料中,$Eu^{2+}$ 表现为 5d→4f 的宽带跃迁发射,发射波长主要集中在蓝绿光区,但由于 $Eu^{2+}$ 的 5d 的电子处于没有屏蔽的裸露状态,会受到晶场的显著影响,发射波长随基质组成和结构的变化而发生变化。从理论上,通过改变基质,可以改变 $Eu^{2+}$ 的基态 $4f^7$ 与最低激发态 $4f^6 5d$ 之间的能级差,从而使 $Eu^{2+}$ 发出从紫到红的各种不同颜色的光,同时激发光谱也会相应发生变化。$Eu^{2+}$ 在紫外光到可见光区较宽的范围内都具有较强的吸收能力,因而 $Eu^{2+}$ 激活的长余辉材料在太阳光、荧光灯和白炽灯等光源的激发下就可产生从蓝到绿的长余辉发光。以 $Eu^{2+}$ 作为激活离子,添加适当的辅助激活离子后会导致余辉时间显著地增长。

$Ce^{3+}$、$Pr^{3+}$ 和 $Tb^{3+}$ 的 5d→4f 跃迁能量较低,且它们易于氧化为 +4 价态。需要采用 254nm、365nm 的紫外光或飞秒激光进行激发,才能使它们产生余辉发光。激发方式对材料的余辉特性有显著影响,如用紫外光激发,余辉时间一般在 1~2 h左右;用飞秒激光激发,余辉时间可达 10 h 以上。

此外,激活离子的浓度也是一个重要的影响因素,添加量过小,激活剂的作用不明显;添加量过高,可能引起浓度猝灭。激活离子浓度对材料发射光谱的形状和荧光寿命也存在明显的影响。

宋庆梅等[18]研究了 $Eu^{2+}$ 浓度对 $4(Sr_{1-x}Eu_x)O \cdot 7Al_2O_3$(即 $Sr_4 Al_{14} O_{25}$:$Eu^{2+}$)发光性能的影响,得知:

(1) $4(Sr_{1-x}Eu_x)O \cdot 7Al_2O_3$ 的发射光谱包含 410nm 和 520nm 两个峰,随着 $x$ 的增加,410nm 峰逐渐减弱,520nm 峰显著增强;

(2) 当 0.002~0.03 时,荧光体的发光强度较高;

(3) $x$ 在 0.005~0.03,材料的荧光寿命较长;当 $x$ 大于 0.1 时,超过了浓度猝灭的临界浓度,$Eu^{2+}$ 离子的相互作用增强,能量转移加速,导致荧光寿命缩短。

### 5. 辅助激活离子对材料发光的影响

利用三价稀土离子 $RE^{3+}$($Eu$ 和 $Pm$ 除外)作为辅助激活离子,可以有效地延长碱土铝酸盐 $MAl_2O_4$:$Eu$ 的寿命,但其本身在基质中并不发光,即使用其特征波长进行激发,在 $MAl_2O_4$:$Eu^{2+}$,$RE^{3+}$ 的光谱中也观察不到 $RE^{3+}$ 的发光。这是由于 $Eu^{2+}$ 与 $RE^{3+}$ 之间发生有效的能量传递,$RE^{3+}$ 能级中的电子通过弛豫过程传递到 $Eu^{2+}$ 的能级中,导致 $Eu^{2+}$ 的发射,因而观察不到 $RE^{3+}$ 的发光。而且,不同辅助激活离子的加入不会引起材料荧光光谱波长的变化[36,33]。但它却可以对 $Eu^{2+}$ 的发光特性,尤其是余辉持续时间产生极其重要的影响,在长余辉材料的研究中起了关键作用。当 $RE^{3+}$ 作为辅助激活剂掺入碱土铝酸盐 $MAl_2O_4$:$Eu^{2+}$,由于 $RE^{3+}$ 对 $M^{2+}$ 的不等价取代,在基质中形成陷阱能级,可以俘获和储存电子(或空穴)。为了产生长余辉发光,要求陷阱的深度必须适当,能级太浅,陷阱能级中的电子很快释放,很容易受激回到激发态能级,导致余辉时间短;能级太深,储存在陷阱中的电子受激回到激发态能级需要较高的能量,导致电子只能留在陷阱能级中,而

不能释放返回 $Eu^{2+}$ 的激发态能级[33]。

目前有报道的辅助激活剂有 $Y^{3+}$、$La^{3+}$、$Ce^{3+}$、$Pr^{3+}$、$Nd^{3+}$、$Sm^{3+}$、$Gd^{3+}$、$Tb^{3+}$、$Dy^{3+}$、$Ho^{3+}$、$Er^{3+}$、$Tm^{3+}$、$Yb^{3+}$ 和 $Lu^{3+}$，其中比较有效的是有可能转换为稳定的 +4 价氧化态的离子，如 $Dy^{3+}$、$Nd^{3+}$、$Pr^{3+}$，或者是具有较复杂的能级结构的离子，如 $Ho^{3+}$、$Er^{3+}$，这 5 种离子的作用比较显著，余辉时间可达数小时；也可以是那些虽然没有能级跃迁但具有较合适的离子半径和电荷的离子，如 $Y^{3+}$、$La^{3+}$。$Eu^{2+}$ 发光的余辉及其亮度与辅助激活离子的半径大小、电荷高低、能级结构和价态变化密切相关。不同的辅助激活离子取代 $Sr^{2+}$ 后，产生的杂质能级的位置及有效性都不同[32,34]。由此，以易变价稀土离子作为激活离子，从其他稀土离子中选择共激活剂对寻找新的稀土长余辉材料具有一定的参考作用。

辅助激活剂的含量对材料的余辉时间及亮度有一定的影响。张中太等[46]对 $SrAl_2O_4$：$Eu^{2+}$，$Dy^{3+}$ 中 $Dy^{3+}$ 的含量与荧光亮度和持续时间的关系作了较为系统的研究，他们发现，在一定范围内增加 $Dy^{3+}$ 的含量，会使初始荧光亮度较低，而荧光持续时间延长，亮度稳定性好。这是因为 $Dy^{4+}$ 释放空穴需要热扰动，相当于减少了价带中存在的空穴数，故在起始状态是荧光强度较低；而当荧光持续一段时间后，$Dy^{4+}$ 离子仍不断释放空穴，使得在相当长的时间里，价带中始终维持较高的空穴数量，亮度维持恒定。他们发现，当样品中 $Dy^{3+}$ 的摩尔分数达到 0.2% 时，$Dy^{3+}$ 离子的作用明显增强；当 $Dy^{3+}$ 的含量较低时（摩尔分数 $\leqslant$ 0.1%），其作用不明显。

6. 粒度对长余辉材料 $Sr_4Al_{14}O_{25}$：$Eu^{2+}$，$Dy^{3+}$ 余辉强度的影响

高温固相反应法的灼烧温度高，反应时间长，产物晶粒大，密度高，硬度大。尽管从提高发光亮度的角度出发，产物粒径越大，发光亮度越高。然而，实际应用需要粉末状材料的粒度较小，这就必须经过球磨工艺过程，而研磨有可能破坏部分长余辉材料晶体的完整性，从而影响材料的发光亮度和余辉特性，甚至会使发光性能大幅度下降。

图 4-24 表示粒度对长余辉材料 $Sr_4Al_{14}O_{25}$：$Eu^{2+}$，$Dy^{3+}$ 余辉强度的影响[47]，平均粒径 $30\mu m$ 的材料的余辉强度仅为 $60\mu m$ 的材料的 65%。

7. 材料的形态对发光性能的影响[48]

目前对 $Eu^{2+}$ 激活的碱土铝酸盐的多晶粉末的研究最多，此外，关于 $Eu^{2+}$ 碱土铝酸盐的单晶、单晶纤维、玻璃、薄膜和陶瓷等不同形态长余辉材料也有报道，它们也具有长余辉发光的特性。单晶同粉末多晶相比较，光谱相同，但余辉时间有所变化。例如，$SrAl_2O_4$：$Eu^{2+}$ 单晶余辉时间变短，而 $CaAl_2O_4$：$Eu^{2+}$ 单晶的余辉时间与粉末状的相同。薄膜长余辉发光材料的余辉时间比粉末大大缩短。例如，对于 $SrAl_2O_4$：$Eu^{2+}$ 晶态薄膜其余辉时间由粉末状的数十小时缩短到约 2 小时[49]。这

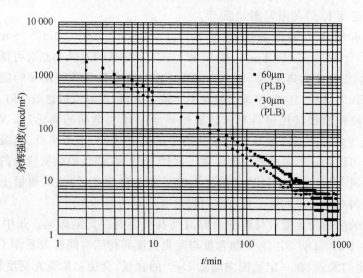

图 4-24  粒度对余辉特性的影响

是因为材料的形态的改变,可能会导致陷阱数量和深度的发生变化,热释发光也有变化。例如,$SrAl_2O_4$：$Eu^{2+}$ 粉末的热释发光峰 348K[35],薄膜有 200K 和 350K 两个峰[49],单晶则有 280K、310K 和 370K 3 个峰[50]。多个热释发光峰的出现与基质中存在多个陷阱中心有关。

### 4.3.5  碱土铝酸盐长余辉发光材料的制备

稀土激活的碱土铝酸盐长余辉材料可用不同的方法制备,各有特点。

高温固相反应法合成长余辉材料是应用最早和最多的方法,也是目前主要和唯一能真正实现工业化生产的方法。其主要过程是,将所要求纯度的原料按一定比例称重,加入一定量的助熔剂充分混合、磨匀,然后在一定温度、气氛和时间条件下进行灼烧。一般来讲,灼烧的最佳温度和时间要由实验确定,而灼烧的环境气氛则要由具体材料而定,现以 $SrAl_2O_4$：$Eu^{2+}$,$Dy^{3+}$ 的制备为例加以说明。将 $SrCO_3$、$Eu_2O_3$、$Dy_2O_3$ 和 $Al_2O_3$ 以及助熔剂(如 $B_2O_3$)按化学计量准确称量,混合,在还原气氛(碳粉或氢气)中于 1300℃ 以上的温度灼烧。然后经粉碎、过筛,即制得 $SrAl_2O_4$：$Eu^{2+}$,$Dy^{3+}$ 发光粉体。

烧结方式有两种,既可在 1300℃ 以上的温度条件下于弱还原气氛中一次烧成;也可采用二次烧成的方法,即首先在 1300℃ 以上于空气中灼烧数小时,使 $Eu^{3+}$ 进入铝酸锶晶格,然后再在低于 1300℃ 的温度下于弱还原气氛中灼烧几小时,使进入铝酸锶晶格的 $Eu^{3+}$ 还原为 $Eu^{2+}$。弱还原气氛或保护性气氛主要有以下几种:(1)一定比例的 $N_2$ 和 $H_2$ 气流;(2)适当流量的 $NH_3$ 气流;(3)在碳粉存在下灼烧还原;(4)一定比例的 $N_2$ 和 Ar 气流;(5)不加任何还原剂,直接在 $N_2$ 中灼烧,使部分 $Eu^{3+}$ 还原为 $Eu^{2+}$。目前采用较多的是以 $H_2$ 作为还原气氛或用碳粉还原。以 $H_2$ 作为还原气氛,通常采用二次烧成工艺,以节约 $H_2$ 的用量和节能。采用碳粉还原,无需专门的供气设备,操作简便、安全,易于实现,采用一次烧成,可降低成本。

以碱土铝酸盐为基质的长余辉材料的烧成温度一般为 1300～1600℃,甚至1700℃。为此在合成过程中需要添加适量的 $B_2O_3$ 等助熔剂降低灼烧温度。$B_2O_3$ 的添加量可能对材料的发射峰的位置和发光强度产生影响。宋庆梅等[18] 在对 $4(Sr_{1-x}Eu_x)O \cdot 7Al_2O_3$(即 $Sr_4Al_{14}O_{25}$：$Eu^{2+}$)的研究中发现,不添加 $B_2O_3$ 时,在290nm 紫外光的激发下,发射光谱包括 410nm 处和 520nm 处的两个谱带;随着 $B_2O_3$ 添加量的增加,520nm 发射峰向短波方向移动。添加一定量的 $B_2O_3$ 有利于提高发射强度,当 $B_2O_3$ 的摩尔分数为 0.15～0.20 时,荧光体发射强度最高。

高温固相反应法的固有的缺点是灼烧温度高,都在 1300℃以上;反应时间长,大约在 6～8h 左右。由于需要经历数小时高温下的晶体缓慢生长过程,产物晶粒大,密度高,硬度大。尽管从提高发光亮度的角度出发,产物粒径越大,发光亮度越高。但是,实际应用需要的粉末状材料,这就要必须经过球磨过程,而球磨会破坏部分长余辉材料晶体的完整性,从而影响材料的发光亮度和余辉特性,甚至会使发光性能大幅度下降。

人们在进一步完善高温固相法的同时,致力于寻求各种温和、快速而有效的软化学合成方法来取代它,目前报道的比较多的方法有溶胶-凝胶法[51,52]、燃烧法[43]、水热法[53]、微波法[54]、沉淀法[55] 等。各种方法的原理、特点将在相关章节介绍。

张中太等[55] 采用缓冲溶液沉淀法制备出了性能较好的 $SrAl_2O_4$：$Eu^{2+}$,$Dy^{3+}$。采用这种方法最重要的是沉淀条件的控制,要使不同的金属离子尽可能同时生成沉淀,以保证复合粉料化学组分的均匀性。

1997 年王惠琴等[43] 采用燃烧法在 900℃下快速合成产物,时间 3～5min,再经 $N_2/H_2$ 气氛于 1150℃二次还原,得到发光材料。

孙文周等[54] 采用微波等离子法合成 $SrAl_2O_4$：$Eu^{2+}$,$Dy^{3+}$ 长余辉发光材料,研究了硼酸添加量的不同对产物性能的影响规律,适量地添加助熔剂 $H_3BO_3$,有利于增强发光强度,延长余辉时间,但过量的添加反而会导致发光性能下降,其工艺中硼酸最佳添加量为 10%。其原因一方面 $H_3BO_3$ 作为助熔剂,在高温下形成液相,可促进晶体生长,提高结晶度;同时有利于稀土离子扩散进入晶格,使其分布更均匀;另一方面加 $H_3BO_3$,出现 $[BO_4]$ 的吸收带,表明 $B^{3+}$ 取代 $Al^{3+}$ 进入晶格。由于 $B^{3+}$ 半径比 $Al^{3+}$ 小,会引起晶格收缩,晶格畸变,从而提高长余辉性能。

张希艳等[52] 采用溶胶-凝胶法制备了 $SrAl_2O_4$：$Eu^{2+}$,$Dy^{3+}$ 纳米长余辉发光材料,结果表明,在 800℃时 $SrAl_2O_4$ 晶相开始形成但没有发光,而在 1100℃烧结的样品则具有很好的发光性能。样品平均晶粒尺寸随灼烧温度升高而增加,平均晶粒尺寸为 20～40nm。样品的激发光谱是峰值在 240nm,330nm,378nm 和 425nm 的连续宽带谱,发光光谱是峰值在 523nm 的宽带谱,与 $SrAl_2O_4$:$Eu^{2+}$,$Dy^{3+}$ 块晶材料相比,发光光谱发生"红移"现象。样品的热释光峰值位于 157℃,与 $SrAl_2O_4$:$Eu^{2+}$,$Dy^{3+}$ 块晶材料相比,峰值向低温移动 13℃。

不同合成方法各有其优缺点,将各种合成技术综合运用可以扬长避短,互相补充,这是目前合成长余辉材料的一个发展方向。尽管不同的制备方法各有不同特点,但是长余辉材料的制备属于高纯物质制备的范畴,它们的共同特点是对原料纯度的要求很高。即使含量极低的杂质也会严重损害材料的发光性能,如 Fe、Co、Ni 等,这类杂质称为猝灭剂。此外,长余辉材料的制备对器皿的清洁程度、溶剂的纯度和操作环境都有比较高的要求。

## 4.4　新型稀土长余辉发光材料的探索

### 1. 稀土激活的硅酸盐长余辉材料

以硅酸盐为基质的长余辉材料是近年来发展起来的新型长余辉发光材料[56-58]。它是以硅酸盐为基质,采用稀土离子等作为激活剂。通常还需要加入一定量的硼或磷的化合物,以提高材料的长余辉性能。

硅酸盐体系的长余辉材料又分为二元硅酸盐体系和三元硅酸盐体系。二元硅酸盐体系主要包括正硅酸盐和偏硅酸盐。在正硅酸盐体系中研究最多的是 $Zn_2SiO_4$,但正硅酸盐的余辉性能目前也不能满足实际需要。

偏硅酸盐研究较多的是偏硅酸镉($CdSiO_3$)。偏硅酸镉是一种单链型的一维晶体结构。这种单链的结构特点是每个硅氧四面体共用两个顶点,连成一维无限长链。在低维化合物中更容易形成为发光材料进行能量传递的媒介体。因此可以通过在样品中掺杂不同的离子而获得不同光色的发光材料。同时由于其容易传递能量的特性,使得 $CdSiO_3$ 中的激活离子的激发态寿命相对变得长一些,而这是作为长余辉材料所必备的条件。雷炳富等[59]分别报道了 $Sm^{3+}$,$Mn^{2+}$ 在 $CdSiO_3$ 中的红色长余辉发光。$CdSiO_3$:$Sm^{3+}$ 的发射光谱是由一个峰值为 400nm 的宽带发射和分别位于 566nm,603nm 和 650nm 的 3 个锐峰发射所构成。前者是 $CdSiO_3$ 基质的自激活发光,后者是 $Sm^{3+}$ 特性的跃迁发射。其余辉形成的机理在于 $CdSiO_3$ 基质中 $Sm^{3+}$ 对 $Cd^{2+}$ 的不等价电荷取代,使基质晶格产生过量正电荷,必须通过某种方式来补偿,从而可能会在晶格中形成了一定数量带部分电荷缺陷中心。这些缺陷中心是一类可以俘获能量的空穴或电子陷阱,它能够在材料受激发过程中将能量储存下来,而停止激发后由于电子和空穴的辐射再复合实现长余辉发光。

Wang 等[60]报道了一种组成为 $MgSiO_3$：$Mn^{2+}$，$Eu^{2+}$，$Dy^{3+}$ 的红色长余辉发光材料。在这种材料中，$Mn^{2+}$ 作为红色发光中心，其发射峰值位于 660nm，有效余辉可达 4h。其可能的发光机理为 $Mn^{2+}$ 处于一种较弱的晶体场中而产生红色发射，另外 $Eu^{2+}$ 和 $Dy^{3+}$ 两种离子的共掺杂，有助于能量的吸收与储存，并且能通过有效的无辐射能量传递，持续地将所存储的能量转移到 $Mn^{2+}$，形成红色长余辉发光。

作为发光材料的三元硅酸盐体系的研究主要集中在焦硅酸盐和含镁正硅酸盐。肖志国等[2]报道了 Eu，Dy 共激活的碱土金属焦硅酸盐和含镁正硅酸盐的发光和性能。碱土金属焦硅酸盐的一般通式为 $Me_2MSi_2O_7$（Me ＝ Ca，Sr，Ba；M＝Mg，Zn）[61-63]，晶体结构属于镁黄长石型。典型代表为 $Sr_2MgSi_2O_7$：$Eu^{2+}$，$Dy^{3+}$。$Sr_2MgSi_2O_7$：$Eu^{2+}$，$Dy^{3+}$ 和 $Ca_2MgSi_2O_7$：$Eu^{2+}$，$Dy^{3+}$ 的激发光谱由250～450nm 范围内两个谱峰的宽带谱组成，两个激发带分别位于～320nm 和～375nm，属于 $Eu^{2+}$ 的典型激发光谱，250～400nm 的紫外光和 450nm 以下的蓝光均可有效地激发材料发光。$Sr_2MgSi_2O_7$：$Eu^{2+}$，$Dy^{3+}$ 的发光带峰值在 469nm，半宽带约 50nm。$Ca_2MgSi_2O_7$：$Eu^{2+}$，$Dy^{3+}$ 的发光带峰值在 535m，半宽带约为 85nm。这两种材料的发光带都是由 $Eu^{2+}$ 的 4f-5d 跃迁所产生。无论是 $Sr_2MgSi_2O_7$：$Eu^{2+}$，$Dy^{3+}$ 还是 $Ca_2MgSi_2O_7$：$Eu^{2+}$，$Dy^{3+}$，它们的余辉亮度远远超过传统的 ZnS：Cu 长余辉发光材料。$Sr_2MgSi_2O_7$：$Eu^{2+}$，$Dy^{3+}$ 的余辉特性更是优异，在 60min 后的相对余辉亮度比 $Ca_2MgSi_2O_7$：$Eu^{2+}$，$Dy^{3+}$ 高出 2 倍以上。

Jiang 等[64]采用溶胶-凝胶法合成出了一种新型的锌黄长石长余辉材料，制备过程较为复杂，制备出的 $Sr_2ZnSi_2O_7$：$Eu^{2+}$，$Dy^{3+}$ 有 2 个发射波带，分别在 385nm 和 457nm，但余辉特性没有 $Sr_2MgSi_2O_7$：$Eu^{2+}$，$Dy^{3+}$ 和 $Ca_2MgSi_2O_7$：$Eu^{2+}$，$Dy^{3+}$ 好，这与 Zn 替代 Mg 造成不同的发光中心有关。图 4-25 和图 4-26 分别为 $Sr_2MgSi_2O_7$：$Eu^{2+}$，$Dy^{3+}$ 和 $Ca_2MgSi_2O_7$：$Eu^{2+}$，$Dy^{3+}$ 的激发光谱和发射光谱。

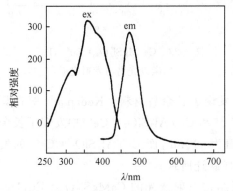

图 4-25　$Sr_2MgSi_2O_7$：$Eu^{2+}$，$Dy^{3+}$
的激发光谱与发射光谱

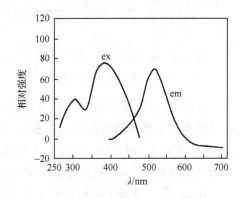

图 4-26　$Ca_2MgSi_2O_7$：$Eu^{2+}$，$Dy^{3+}$
的激发光谱与发射光谱

翟永清等[65]采用凝胶-燃烧法合成了系列蓝色长余辉发光材料 $Sr_2MgSi_2O_7$：$Eu_{0.02}^{2+}$，$Ln_{0.04}^{3+}$。发射光谱峰值在 468nm 宽带，主激发峰位于 402nm，次激发峰位于 415nm，与高温固相法制得的 $Sr_2MgSi_2O_7$：$Eu^{2+}$ 的激发峰相比，出现明显红移，其中掺入 $Dy^{3+}$ 的亮度高，余辉长达 5h 以上。

毛大立等[66]用溶胶-凝胶法合成了纳米 $Sr_2MgSi_2O_7$：$Eu^{2+}$，$Dy^{3+}$，并研究了它的长余辉发光行为。结果表明，纳米 $Sr_2MgSi_2O_7$：$Eu^{2+}$，$Dy^{3+}$ 的发射主峰位于 465nm，而固相反应合成则有 2 个发射峰，分别位于 404nm 和 459nm。产生差别的原因，作者认为是由 $Eu^{2+}$ 在晶格中配位情况所致。

含镁正硅酸盐的通式为 $R_3MgSi_2O_8$（$R = Ca$，$Sr$，$Ba$），研究较多的是 $Sr_3MgSi_2O_8$：$Eu^{2+}$，$Dy^{3+}$ 和 $Ca_3MgSi_2O_8$：$Eu^{2+}$，$Dy^{3+}$[67-69]。两种材料的激发光谱都是宽带谱，为典型的 $Eu^{2+}$ 激发谱，$Sr_3MgSi_2O_8$：$Eu^{2+}$，$Dy^{3+}$ 的短波范围扩展到约 260nm，长波到 450nm，而 $Ca_3MgSi_2O_8$：$Eu^{2+}$，$Dy^{3+}$ 的波长范围为 275～480nm。$Sr_3MgSi_2O_8$：$Eu^{2+}$，$Dy^{3+}$ 的发光带峰值在 460nm，半宽带约 40nm，$Ca_3MgSi_2O_8$：$Eu^{2+}$，$Dy^{3+}$ 的发光带峰值在 480nm，半宽带约 52nm。

含镁正硅酸盐材料主要有 $Sr_3MgSi_2O_8$：$Eu^{2+}$，$Dy^{3+}$ 和 $Ca_3MgSi_2O_8$：$Eu^{2+}$，$Dy^{3+}$，其激发光谱和发射光谱[2]见图 4-27 和图 4-28。

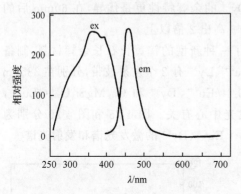 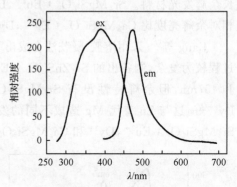

图 4-27　$Sr_3MgSi_2O_8$：$Eu^{2+}$，$Dy^{3+}$　　　图 4-28　$Ca_3MgSi_2O_8$：$Eu^{2+}$，$Dy^{3+}$
的激发光谱与发射光谱　　　　　　　　　　　的激发光谱与发射光谱

近年来，人们又在其他硅酸盐体系中发现了长余辉材料。Kodama[70]等在具有钙铝黄长石晶体结构的 $Ca_2Al_2SiO_7$：$Ce^{3+}$ 和 $CaYAl_3SiO_7$：$Ce^{3+}$ 中发现了长余辉现象。$Ca_2Al_2SiO_7$：$Ce^{3+}$ 的发光带峰值为 410nm，而 $CaYAl_3SiO_7$：$Ce^{3+}$ 的发光带峰值移至 420nm，这都是 $Ce^{3+}$ 的 5d-4f 跃迁所致。

Jiang 等[71]制备了单相具有顽火辉石结构发射蓝光的 $CaMgSi_2O_6$：$Eu$，$Dy$，$Nd$ 长余辉材料，其发射峰为 447nm。

Wang 等[72,73]采用固相法在 1300℃合成了钙长石结构（$CaAl_2Si_2O_8$：$Eu^{2+}$，

$Dy^{3+}$）的硅酸盐长余辉材料，该发光材料在紫外光激发后有蓝色余辉，暗视场中余辉可持续 1h 左右。该磷光体发射谱的峰值在 440nm，属于典型的 $Eu^{2+}$ $4f^7$-$4f^6$ 5d 跃迁发射。

研究发现，对于 $(M_{0.98}Eu_{0.01}Dy_{0.02})Al_2Si_2O_{8.005}$（M ＝ Ca，Sr，Ba）系列磷光体，三者均属碱土长石结构，一样的硅氧网络结构，但由于碱土离子半径的变化使得磷光体结构的空间对称性有很大的差别，进而造成三种磷光体光学性能的差异。在三类磷光体的荧光光谱中随着碱土离子半径的增大，发射峰位和激发峰位均发生蓝移，发光强度也随之递减，余辉性能也是越来越差。表 4-6 列出几种典型硅酸盐长余辉材料的特性。

表 4-6　几种典型硅酸盐长余辉材料的特性比较

| 组成 | 颜色 | 发射波长/nm | 余辉时间/min | 参考文献 |
|---|---|---|---|---|
| $ZnS$：$Cu$,$Co$ | 黄绿 | 530 | ～200 | |
| $CdSiO_3$：$Sm^{3+}$ | 红 | 400,566,603,650 | | [59] |
| $MgSiO_3$：$Mn^{2+}$，$Eu^{2+}$，$Dy^{3+}$ | 红 | 660 | 240 | [60] |
| $Sr_2MgSi_2O_7$：$Eu^{2+}$，$Dy^{3+}$ | 蓝 | 465,470 | ≥800 | [57,66] |
| $Ca_2MgSi_2O_7$：$Eu^{2+}$，$Dy^{3+}$ | 绿 | 520 | ≥200 | [61,62] |
| $Ca_3MgSi_2O_8$：$Eu^{2+}$，$Dy^{3+}$ | 蓝 | 475 | ≥300 | [56,57] |
| $Sr_3MgSi_2O_8$：$Eu^{2+}$，$Dy^{3+}$ | 蓝 | 465 | ≥300 | |
| $Ba_3MgSi_2O_8$：$Eu^{2+}$，$Dy^{3+}$ | 蓝 | 439 | ≥300 | |
| $BaMgSi_2O_8$：$Eu^{2+}$,$Mn^{2+}$ | 蓝,绿,红 | 440.505,620 | 15 | |
| $CaMgSi_2O_6$：$Eu$ | 蓝 | 450 | 200 | [71,72] |
| $CaAl_2Si_2O_8$：$Eu$,$Dy$ | 蓝 | 440 | ≥60 | [73] |

硅酸盐体系长余辉发光材料具有多方面的优点，弥补了铝酸盐体系的一些缺陷，其特点如下：

（1）化学稳定性好、耐水性强。对铝酸盐体系发光材料和 $Sr_2MgSi_2O_7$：$Eu^{2+}$，$Dy^{3+}$ 进行了化学稳定性的对比实验说明，室温下 $SrAl_2O_4$：$Eu^{2+}$，$Dy^{3+}$ 放入 5％的 NaOH 溶液中浸泡 2～3h，发光消失，而 $Sr_2MgSi_2O_7$：$Eu^{2+}$，$Dy^{3+}$ 浸泡了 20 天后仍保持发光性能不变。

（2）硅酸盐体系扩展了材料发光颜色范围，材料发射光谱分布在 420～650nm 范围内，峰值位于 450～580nm，通过改变材料的组成，发射光谱峰值在 470～540nm 范围内可连续变化，从而获得蓝、蓝绿、绿、绿黄和黄等颜色的长余辉发光[47]。特别是蓝色材料 $Sr_2MgSi_2O_7$：$Eu^{2+}$，$Dy^{3+}$ 不仅应用特性优异，而且余辉亮度高，时间长，为长余辉发光材料增加了新的品种。

（3）应用于陶瓷行业，好于铝酸盐长余辉材料。

目前，已发现稀土激活的其他基质，如磷酸盐、钛酸盐的发光材料也具有长余辉特性，但尚未达到应用水平。

**2. 研究新型的高效、稳定的红色长余辉材料**

目前，达到应用水平的稀土长余辉材料发光颜色较为单调，以绿色为主，缺少蓝色，尤其缺少红色发光品种。而目前所用的掺稀土硫化物红色长余辉材料的余辉时间不超过 1h，化学性质不稳定，迫切需要开发新型的高效稳定的红色长余辉材料，为此人们进行了许多研究。

Chai 等[74]用溶胶-凝胶法在还原气氛下合成了 $Sr_3Al_2O_6$：$Eu^{2+}$，$Dy^{3+}$ 的红色长余辉荧光粉。结果表明，$Sr_3Al_2O_6$：$xEu^{2+}$，$yDy^{3+}$（$x=$ 4%，8%，10%，20%，$y=10\%$，摩尔分数）在 1200℃，灼烧 2 h 得到单一立方相的 $Sr_3Al_2O_6$ 结构，其形貌为花状，$Sr_3Al_2O_6$：$Eu^{2+}$，$Dy^{3+}$ 激发和发射光谱均为宽带分别位于 472nm 和 612nm，当 $Eu^{2+}$ 为 8% 时发光最强。

$Eu^{3+}$ 是最常用的红色发光材料的激活离子，然而关于 $Eu^{3+}$ 作为激活离子的长余辉材料的报道很少。Murazaki[75]通过在传统的红色发光材料 $Y_2O_2S$：Eu 中掺杂 Mg，Ti 获得了发光时间较长的红色长余辉材料，其发射峰位于 613nm，归属于 $Eu^{3+}$ 的 $^5D_0 \rightarrow {}^7F_2$ 特征发射。其重要的启示在于通过掺杂的办法从现有发光材料中得到相应发光颜色的长余辉材料。

王育华等[76]在研制 $Y_2O_2S$：$Eu^{3+}$，$Mg^{2+}$，$Ti^{4+}$ 红色长余辉荧光粉时，观察到随着 $Eu_2O_3$ 含量增加，晶胞参数增大，最强发射峰从 540nm 改变到 626nm。

苏锵研究组[77]将红色长余辉材料的研究拓展到稳定的氧化物体系，他们以碱金属离子（$Li^+$、$Na^+$、$K^+$）和碱土金属离子（$Mg^{2+}$、$Ca^{2+}$、$Sr^{2+}$、$Ba^{2+}$）掺杂于 $Y_2O_3$：$Eu^{3+}$ 中观察其余辉特性，其中 $Y_2O_3$：$Eu^{3+}$，$Ca^{2+}$ 以 254nm 紫外光（3300 lx）激发 10min，在黑暗中肉眼可辨余辉时间为 4min，这对红色长余辉材料的研究提供了新的尝试。

Hong Zhanglian 等[78]合成了 $Y_2O_3$：Ti，Eu，结果表明，$Y_2O_3$：Ti，Eu 呈现橙红色长余辉，余辉时间超过 5h。浅红长余辉颜色相当于 $Eu^{3+}$ 在低能级（540～630nm）的发射，表明其能量传递过程是来自于黄色 Ti 余辉发射。

发红光的 $CaTiO_3$：$Pr^{3+}$ 的色纯度好，余辉较长，激发波长 323nm，发射波长 613nm，相应于 $Pr^{3+}$ 的 $^1D_2 \rightarrow {}^3H_4$ 跃迁。但余辉特性未能符合应用要求，尚有待提高。

Yin Shengyu[79]利用乙醇做溶剂，柠檬酸为络合剂的溶胶-凝胶法合成了 $CaTiO_3$：Pr，Al 红色长余辉荧光粉。Yin Shengyu[80]以尿素作为燃烧剂，硼酸作为助熔剂，用燃烧法合成红色长余辉 $CaTiO_3$：Pr，Al。结果表明，硼酸能改善

$CaTiO_3$：Pr，Al 的发光性能。Zhang Xianmin 等[81] 研究了纳米尺寸 $CaTiO_3$：$Pr^{3+}$ 发红光的荧光粉性能，观察到发射强度和余辉时间得到改进，并进行了讨论。

Abe S 等[82] 利用常规的固相反应法制备了 $BaMg_2Si_2O_7$：$Eu^{2+}$，$Mn^{2+}$ 的红色长余辉材料。荧光粉单掺 $Eu^{2+}$ 发射 400nm 紫罗兰光，单掺 $Mn^{2+}$ 时发射红光；$Eu^{2+}$ 和 $Mn^{2+}$ 共掺时 $Eu^{2+}$ 将能量传递给 $Mn^{2+}$ 发射红光。当 Ba 不足时的非化学计量比共掺时，呈现微红色长余辉发光。

### 3. 长余辉玻璃、陶瓷

与多晶粉末相比，玻璃易于加工成各种不同形状的产品。长余辉玻璃和陶瓷有可能在信息产业中获得其更有价值的应用。

林元华等[83] 以低熔点硼硅酸盐玻璃为载体，掺杂 $SrAl_2O_4$：$Eu^{2+}$，$Dy^{3+}$ 荧光粉，制备了外观和性能良好的光致发光玻璃。低熔点硼硅酸盐玻璃以二氧化硅、硼酸、钾盐、钠盐及其他添加剂为原料，经球磨混匀，在一定条件下烧成。

由于荧光粉是在还原气氛下合成的，在空气中加热将导致其发光性能下降，因此温度是影响发光玻璃的发光性能的重要因素。温度越高，荧光粉中的 $Eu^{2+}$ 越容易被氧化为 $Eu^{3+}$，$Eu^{3+}$ 在 $SrAl_2O_4$ 基质晶格环境中不具备长余辉发光功能，从而使发光玻璃的初始亮度降低；然而，温度越低，玻璃态越不易形成。因此，必须严格控制烧成温度，一般烧成温度在 750～800℃左右。

李成宇等[84] 首次研制了 $Eu^{2+}$，$Dy^{3+}$ 共掺杂硼铝锶长余辉玻璃陶瓷。基质原料的用量（摩尔分数）为 20％$B_2O_3$、28％$Al_2O_3$ 和 43％$SrCO_3$，激活剂成分 $Eu_2O_3$ 和 $Dy_2O_3$ 用量均为 0.05（摩尔分数），经混合、磨匀后，在 CO 气氛中于 1550℃熔化，形成黄绿色透明的 $Eu^{2+}$，$Dy^{3+}$ 共掺杂硼铝锶玻璃陶瓷。然后经热处理得到黄绿色不透明的 $Eu^{2+}$，$Dy^{3+}$ 共掺杂硼铝锶玻璃陶瓷。长余辉玻璃陶瓷以日光和紫外灯等光源均可激发，发射峰位于 516nm 处，为黄绿色。用 12000 lx 的荧光灯照射 20 min，停止激发 10 s 后，余辉亮度为 3.53 $cd/m^2$。停止激发 30 h 后，在黑暗中仍可观察到余辉。

尽管透明的 $Eu^{2+}$ 和 $Dy^{3+}$ 共掺杂硼铝锶玻璃与经热处理后的玻璃陶瓷组成相同，但前者并没有长余辉现象。研究者认为，热处理后在玻璃中产生的 $SrAl_2O_4$ 微晶对玻璃陶瓷的发光性质具有显著影响，极有可能在 $SrAl_2O_4$ 微晶的形成过程中，玻璃中的 $Eu^{2+}$ 和 $Dy^{3+}$ 也同时掺杂进去，形成了 $SrAl_2O_4$：$Eu^{2+}$，$Dy^{3+}$ 微晶，导致玻璃陶瓷的长余辉发光。X 射线粉末衍射分析结果表明，长余辉玻璃陶瓷中的主微晶相是 $SrAl_2O_4$。

长余辉玻璃陶瓷的激发光谱在 366 nm 处有一宽的激发峰（监控波长 516nm），发射峰（激发波长 366 nm）均位于 516 nm，归属于 $Eu^{2+}$ 的 $5d \rightarrow S_{7/2}$ 跃迁（图 4-29）。

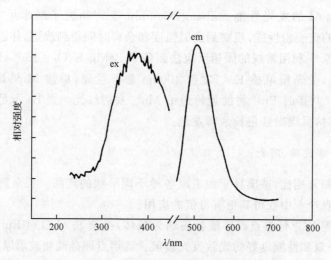

图 4-29　长余辉玻璃陶瓷的光谱

$Eu^{2+}$,$Dy^{3+}$ 共掺杂硼铝锶长余辉玻璃陶瓷的热释光谱(图 4-30)的谱峰跨度较大,从 186℃一直延续到室温,这与样品具有明亮而持久的余辉密切相关。经高斯分峰拟合,得到 67℃(a)、131℃(b)和 190℃(c)3 个峰,说明长余辉玻璃陶瓷可能存在 3 种陷阱能级。

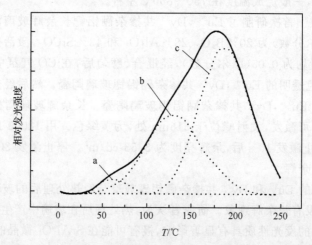

图 4-30　$Eu^{2+}$,$Dy^{3+}$ 共掺杂硼铝锶长余辉玻璃陶瓷的热释光谱

### 4. 对长余辉发光机理的深入研究

到目前为止,一般认为 $Eu^{2+}$ 离子的掺杂引起基质晶格产生缺陷,形成陷阱,导致材料呈现长余辉现象。而掺杂(如 $Mg^{2+}$、$Dy^{3+}$ 和 $Nd^{3+}$ 等)的铕激活的铝酸盐材料的发光机理基本上被认为是由于杂质离子取代了基质晶体中 $Sr^{2+}$ 的位置,造成

基质晶格较大的畸变,从而形成较深的陷阱能级,导致材料的余辉增长。至于陷阱能级的结构、性质以及对材料长余辉特性影响的研究都不够充分,有些解释难以自圆其说,有待深入探讨。对发光机理的深入研究 将对进一步开发新型的长余辉材料具有指导意义。

吕兴栋等[85]采用高温固相法合成了具有不同特点缺陷的发光粉样品。光致发光和热释发光分析表明,$Dy_{Sr}$对长余辉发光性能有很大的影响,可以作为具有合适深度的电子陷阱,氧离子空位($V_O^{\cdot\cdot}$)不能作为具有合适深度的电子陷阱,但可增加电子陷阱 $Dy^{3+}$ 的深度;掺入晶格的 $Dy^{3+}$ 与 $Eu^{2+}$ 之间存在相互作用,而且只有当 $Dy_{Sr}$ 和 $Eu_{Sr}$ 之间的距离足够接近时,$Dy_{Sr}$ 才能起到有意义的电子陷阱的作用,$V''_{Sr}$可作为空穴陷阱,但 $V''_{Sr}$ 浓度的变化不会引起长余辉发光性能的明显变化。

值得重视的是,李亚栋等[86]利用水热沉淀法,在一定的温度(180℃)和不同的pH 条件下反应 24 h,获取前驱物;然后,经过较短时间(2h)的高温(1100℃)固相反应获得了铝酸锶系列化合物 $SrAl_2O_4$、$Sr_3Al_2O_6$ 通过对其纯相粉末的荧光性质的研究,发现 $Sr_3Al_2O_6$ 在不需要任何掺杂的条件下可激发出红光(发射峰在 655nm),这一现象对进一步探索其荧光发光机理,开发新型高效的荧光粉具有重要意义。

### 5. 拓宽稀土长余辉材料的应用领域

以稀土激活的碱土铝酸盐和硫化物为主体的长余辉发光材料具有优异的余辉特性、高的发光亮度,显现出广阔的应用前景,目前这方面的研究十分活跃。

长余辉材料具有将吸收的光能储存起来,在夜晚或较暗的环境中呈现出明亮可辨的可见光的功能,可以起到指示照明和装饰照明的作用。将长余辉材料制成发光涂料、发光油墨、发光塑料、发光纤维、发光纸张、发光玻璃、发光陶瓷、发光搪瓷和发光混凝土等,可用于安全应急、交通运输、建筑装潢、仪表、电器开关显示以及日用消费品装饰等诸多方面。

长余辉材料及其制品用于安全应急方面,如消防安全设施、器材的标志,救生器材标志、紧急疏散标志、应急指示照明和军事设施的隐蔽照明。例如,日本将发光涂料用于某些特殊场合的应急指示照明。据报道,在美国"9·11"事件中长余辉发光标志在人员疏散过程中起了重要的作用。利用含长余辉材料的纤维制造的发光织物,可以制成消防服、救生衣等,用于紧急情况。

在交通运输领域,长余辉材料用于道路交通标志,如路标、护栏、地铁出口、临时防护线等;在飞机、船舶、火车及汽车上涂以长余辉标志,目标明显,可减少意外事故的发生。美国利用发光纤维制造发光织物,制成夜间在道路上执勤人员的衣服。

长余辉材料用在建筑装潢方面,可以装饰、美化室内外环境,简便醒目,节约电能,英国一家公司将发光油漆涂于楼道,白昼储光,夜间释放光能,长期循环以节省照明用电。还可用于广告装饰、夜间或黑暗环境需要显示部位的指示,如暗室座位号码、电源开关显示。

　　长余辉材料还可以用于仪器仪表、钟表盘的指示,日用消费品装饰,如发光工艺品、发光玩具、发光渔具等。德国利用发光油墨印刷报纸,在无照明的情况下仍可以阅读。

　　长余辉材料的应用中,其制品的种类很多,不同制品的工艺不同,因此,需考虑材料的应用的特性。其中发光涂料、油墨、塑料、纤维等制品的制备方法主要是将长余辉材料作为添加成分掺杂于聚合物基体材料中,工艺比较简单,长余辉材料不经受高温处理。而长余辉发光陶瓷、搪瓷和玻璃制品的制造工艺较为复杂,在这些制品的制造过程中需要进行高温处理,尽管长余辉材料本身就是一种功能陶瓷材料,但它的热稳定性是有一定限度的,温度对长余辉材料的发光性能的影响很大,随着灼烧温度的升高,发光亮度急剧下降,甚至发生荧光猝灭。表 4-7 列出 $SrAl_2O_4：Eu^{2+}$,$Dy^{3+}$ 荧光粉经不同温度灼烧后发光亮度的变化。

**表 4-7　温度对荧光粉发光亮度的影响[87]**

| 灼烧温度/℃ | 亮度初始值/(cd/m²) | 灼烧温度/℃ | 亮度初始值/(cd/m²) |
|---|---|---|---|
| — | 7.72 | 800 | 1.35 |
| 600 | 4.98 | 900 | 0.58 |
| 700 | 3.46 | 1000 | 0.13 |

　　长余辉材料的应用性能尚需改善,如铝酸盐材料多晶粉末受潮后发光强度显著下降的问题等。为了消除外部环境对长余辉材料的影响,可对粉体进行包膜处理,使其在表面形成一层透光的保护膜,以改善材料的耐光和耐候性。表 4-8 列出按发光中心排列的主要长余辉荧光粉。

**表 4-8　按发光中心排列的主要长余辉荧光粉**

| 基质 | 发光(射)中心 | 共掺离子 | 发射波长/nm | 余辉时间/h | 基质 | 发光(射)中心 | 共掺离子 | 发射波长/nm | 余辉时间/h |
|---|---|---|---|---|---|---|---|---|---|
| $SrAl_{1.7}B_{0.3}O_4$ | $Eu^{2+}$ | | 520 | 2 | $Sr_2MgSi_2O_7$ | $Eu^{2+}$ | $Dy^{3+}$ | 466 | 5 |
| $CaAl_2B_2O_7$ | $Eu^{2+}$ | | 510 | 8 | $Ca_2MgSi_2O_7$ | $Eu^{2+}$ | $Dy^{3+}$ | 447,516 | 5 |
| $SrAl_2SiO_6$ | $Eu^{2+}$ | | 510 | 24 | $Ba_2MgSi_2O_7$ | $Eu^{2+}$ | $Dy^{3+}$ | 505 | 5 |
| $CaMgSi_2O_6$ | $Eu^{2+}$ | | 438 | >4 | $CaMgSi_2O_6$ | $Eu^{2+}$ | $Dy^{3+}$ | 438 | >4 |
| $SrAl_2O_4$ | $Eu^{2+}$ | $Dy^{3+}$ | 520 | >10 | $Sr_2MgSi_2O_7$ | $Eu^{2+}$ | $Dy^{3+}$ | 469 | 10 |
| $BaAl_2O_4$ | $Eu^{2+}$ | $Dy^{3+}$ | 500 | >10 | $Sr_3MgSi_2O_8$ | $Eu^{2+}$ | $Dy^{3+}$ | 475 | 5 |
| $SrAl_4O_7$ | $Eu^{2+}$ | $Dy^{3+}$ | 475 | | $(Sr,Ca)MgSi_2O_7$ | $Eu^{2+}$ | $Dy^{3+}$ | 490 | 20 |
| $Sr_4Al_{14}O_{25}$ | $Eu^{2+}$ | $Dy^{3+}$ | 424,486 | 15 | $CaAl_2Si_2O_8$ | $Eu^{2+}$ | $Dy^{3+}$ | 440 | |
| $Sr_4Al_{14}BO_{25}$ | $Eu^{2+}$ | $Dy^{3+}$ | 490 | >1 | $Ca_3MgSi_2O_8$ | $Eu^{2+}$ | $Dy^{3+}$ | 475 | 5 |
| $Sr_2ZnSi_2O_7$ | $Eu^{2+}$ | $Dy^{3+}$ | 457 | | $Sr_3Al_{10}SiO_{20}$ | $Eu^{2+}$ | $Ho^{3+}$ | 466 | 6 |

续表

| 基质 | 发光(射)中心 | 共掺离子 | 发射波长/nm | 余辉时间/h | 基质 | 发光(射)中心 | 共掺离子 | 发射波长/nm | 余辉时间/h |
|---|---|---|---|---|---|---|---|---|---|
| $CaGaS_4$ | $Eu^{2+}$ | $Ho^{3+}$ | 560 | 0.5 | $SrSiO_3$ | $Dy^{3+}$ | | 白光 | 1 |
| $BaMg_2Si_2O_7$ | $Eu^{2+}$ | $Mn^{2+}$ | 440,660 | | $CdSiO_3$ | $Sm^{3+}$ | | 400,603 | 5 |
| $CaMgSi_2O_6$ | $Eu^{2+}$ | $Nd^{3+}$ | 438,477 | >4 | $Y_2O_3S$ | $Sm^{3+}$ | | 606 | >1 |
| $(Sr,Ca)Al_2O_4$ | $Eu^{2+}$ | $Nd^{3+}$ | 450 | >10 | $Gd_2O_2S$ | $Er^{3+}$ | $Ti^{4+}$ | 555,675 | 1.2 |
| $Ca_{12}Al_{14}O_{33}$ | $Eu^{2+}$ | $Nd^{3+}$ | 440 | 1 | $Y_2O_2S$ | $Tm^{3+}$ | | 588,626 | 1 |
| $CaS$ | $Eu^{2+}$ | $Tm^{3+}$ | 650 | 1 | $CdSiO_3$ | $Mn^{2+}$ | | 580 | 1 |
| $CaS$ | $Eu^{2+}$ | $Y^{3+}$ | 650 | 1 | $Zn_{11}Bi_{14}B_{10}O_{34}$ | $Mn^{2+}$ | | 590 | 12 |
| $CaS$ | $Eu^{2+}$ | $Al^{3+}$ | 650 | 1 | $Zn_2GeO_4$ | $Mn^{2+}$ | | | |
| $CaS$ | $Eu^{2+}$ | $Cl^-$ | 670 | 0.8 | $ZnAl_2O_4$ | $Mn^{2+}$ | | 512 | 2 |
| $CaAl_2O_4$ | $Tb^{3+}$ | | 543 | 1 | $ZnGa_2O_4$ | $Mn^{2+}$ | | 504 | >2 |
| $CaO$ | $Tb^{3+}$ | | 543 | >1 | $Mg_2SnO_4$ | $Mn^{2+}$ | | 499 | 5 |
| $SrO$ | $Tb^{3+}$ | | 543 | >1 | $MgSiO_3$ | $Mn^{2+}$ | $Eu^{2+},Dy^{3+}$ | 660 | 4 |
| $CaSnO_3$ | $Tb^{3+}$ | | 543 | 4 | $\beta\text{-}Zn_3(PO_4)_2$ | $Mn^{2+}$ | $Sm^{3+}$ | 616 | 2 |
| $YTaO_4$ | $Tb^{3+}$ | | 543 | 2 | $\beta\text{-}Zn_3(PO_4)_2$ | $Mn^{2+}$ | $Zn^{2+}$ | 616 | 2 |
| $CaAl_2O_4$ | $Tb^{3+}$ | $Ce^{3+}$ | 543 | 10 | $\beta\text{-}Zn_3(PO_4)_2$ | $Mn^{2+}$ | $Al^{3+}$ | 616 | 2.5 |
| $CaAl_4O_7$ | $Tb^{3+}$ | $Ce^{3+}$ | 543 | 10 | $\beta\text{-}Zn_3(PO_4)_2$ | $Mn^{2+}$ | $Ga^{3+}$ | 616 | 2.5 |
| $Ca_{0.5}Sr_{1.5}Al_2SiO_7$ | $Tb^{3+}$ | $Ce^{3+}$ | 542 | | $\beta\text{-}Zn_3(PO_4)_2$ | $Mn^{2+}$ | $Zr^{4+}$ | 616,475 | 2.5 |
| $Na_2CaGa_2SiO_7$ | $Tb^{3+}$ | $Yb^{3+}$ | 543 | 1 | $GdSiO_3$ | $Mn^{2+}$ | $Gd^{3+}$ | 580 | 2 |
| $SrAl_2O_4$ | $Ce^{3+}$ | | 385,427 | >12 | $Ca_2Al_2SiO_7$ | $Mn^{2+}$ | $Ce^{3+}$ | 550 | 10 |
| $CaAl_2O_4$ | $Ce^{3+}$ | | 413 | >12 | $CaAl_2O_4$ | $Mn^{2+}$ | $Ce^{3+}$ | 525 | 10 |
| $BaAl_2O_4$ | $Ce^{3+}$ | | 450,412 | >12 | $Y_2O_3S$ | $Ti^{4+}$ | | 565 | 5 |
| $Ca_2Al_2SiO_7$ | $Ce^{3+}$ | | 417 | >10 | $Gd_2O_2S$ | $Ti^{4+}$ | | 590 | 1.5 |
| $CaYAl_2O_7$ | $Ce^{3+}$ | | 425 | >1 | $Y_2O_2S$ | $Ti^{4+}$ | $Mg^{2+}$ | 594 | |
| $CaS$ | $Ce^{3+}$ | | 507 | 0.2 | $CaS$ | $Bi^{3+}$ | | 447 | 0.6 |
| $CaO$ | $Eu^{3+}$ | | 626 | 1 | $CaS$ | $Bi^{3+}$ | $Tm^{3+}$ | 447 | 1 |
| $SrO$ | $Eu^{3+}$ | | 626 | 1 | $Ca_xSr_{1-x}S$ | $Bi^{3+}$ | $Tm^{3+}$ | 453 | 1 |
| $BaO$ | $Eu^{3+}$ | | 626 | 1 | $ZnS$ | $Cu^+$ | | 530 | 0.6 |
| $Y_2O_3$ | $Eu^{3+}$ | $Ti^{4+},Mg^{2+}$ | 612 | 1.5 | $ZnS$ | $Cu^+$ | $Co^{2+}$ | 530 | 1.5 |
| $Y_2O_3S$ | $Eu^{3+}$ | $Ti^{4+},Mg^{2+}$ | 627 | 1 | $CdSiO_3$ | $Pb^{2+}$ | | 498 | 2 |
| $CaTiO_3$ | $Pr^{3+}$ | | 612 | 0.1 | $SrO$ | $Pb^{2+}$ | | 390 | 1 |
| $CaTiO_3$ | $Pr^{3+}$ | $Al^{3+}$ | 612 | 0.2 | $MgAl_2O_4$ | $V^{3+}$ | | 520 | 1 |
| $CaZrO_3$ | $Pr^{3+}$ | $Li^+$ | 494 | 3 | $MgAl_2O_4$ | $V^{3+}$ | $Ce^{3+}$ | 520 | 10 |
| $CdSiO_3$ | $Dy^{3+}$ | | 白光 | 5 | $Na_4CaSi_7O_{17}$ | $Cu^{2+}$ | $Sm^{2+}$ | 510 | >1 |
| $Sr_2SiO_4$ | $Dy^{3+}$ | | 白光 | 1 | $CdSiO_3$ | $In^{3+}$ | | 435 | 2 |

# 参 考 文 献

[1] 李建宇. 稀土发光材料及其应用. 北京：化学工业出版社，2003

[2] 肖志国. 蓄光型发光材料及其制品. 北京：化学工业出版社，2002

[3] 徐叙瑢，苏勉曾. 发光学与发光材料. 北京：化学工业出版社，2004

[4] 李文连，王庆荣，张季冬. 发光学报，1989，10 (4)：311

[5] 邓春林，邱克辉. 成都理工学院学报，2000，27 (4)：425

[6] Sears F W. Optics. Addison-Wesley, 1958, (Chapler 13)：322

[7] 毛向辉，廉世勋，吴振国. 发光研究及应用. 合肥：中国科学技术大学出版社，1992

[8] 廉世勋，毛向辉，吴振国，李承志. 发光学报，1997，18 (2)：166

[9] 戴国瑞，郑雁，张兰英. 吉林大学自然科学学报，1993，(1)：97

[10] 张兰英，赵绪义，葛中久. 吉林大学自然科学学报，1997，(4)：52

[11] Kasano H, Megumi K, Yamamoto H. Abstr. Jpn. Soc. Appl. Phys. 42nd Meeting, 1981, 8, P-Q-11

[12] 村崎嘉典等. 照明学会誌，1999，83 (7)：445

[13] 肖志国，罗昔贤. 中国专利：CN 00118437

[14] Blasse G, Bril A. Philips Research Repores, 1968, 23：201

[15] Palilla F C, Levine A K, Tomkus M R. J Electrochem Soc, 1968, 115：642

[16] Abbruscato V. J Elactrochem Soc, 1971, 118：930-932

[17] Бланк Ю С, Завьялова ид. Журнал Прикладной Слектроскоий, 1975, Т22 (В2)：263

[18] 宋庆梅，黄锦斐，吴茂钧，陈暨耀. 发光学报，1991，12 (2)：144

[19] 松尺隆嗣等. 第 248 回荧光体学会讲演手稿，1993，7-13

[20] 唐明道，许少鸿. 发光学报，1995，16 (1)：51

[21] 宋庆梅，陈暨耀，吴中亚. 复旦学报(自然科学版)，1995，34 (11)：103

[22] Kodama N, Takahashi T, Yamaga M et al. Applied Physics Letters, 1999, 75：1715

[23] Qiu J, Miura K, Inouye H, et al. Applied Physics Letters, 1998, 73：1763

[24] Hosono H, Kinoshita T, Kawazoe H, et al. J Phys Condens Mater, 1998, 10：9541

[25] Yamazaki M, Yamamoto Y, Nagahama S, et al. J Non-Crystalline Solids, 1998, 241：71

[26] Kinoshita T, Yamazaki M, Kawazoe H, et al. J. Applied Physics, 1999, 86：37

[27] Qiu J, Kodama N, Yamaga M, et al, Applied Optics, 1999, 38：7202

[28] Uheda S, Maruyama T, Takizawa H, et al. J Alloys and Compounds, 1997, 60：262

[29] 郑慕周. 中国照明电器. 2000，(4)：9

[30] 张天之，苏锵，王淑彬. 发光学报，1999，20 (2)：170

[31] 刘应亮，冯德雄，杨培慧. 中国稀土学报，1999，17：462

[32] Katsumata T, Nabae T, Sasajime K, et al. J Crystal Growth, 1998, 183：361

[33] Yamamoto H, Matsuzawa T. J Luminescence, 1997, 72-74：287

[34] Katsumata T, Sakai R, Komuro S, et al. J Crystal Crowth, 1999, 198-199：869

[35] Matsuzawa T, Aoki Y, Takeuchi N, et al. J Electrochem Soc, 1996, 143：2670

[36] Jia Weiyi, Yuan Huabiao, Lu Lizhu, et al. J Luminescence, 1998, 76&77：424

[37] Qiu J, Miura K, Inouye, et al. J Non-crystallin Solids, 1999, 244：185

[38] Qiu J, Kawasaki M, Tanaka K, et al. J Phys Chem Solids, 1998, 59：1521

[39] Qiu J, Hirao K. Solid State Communications, 1998, 106：795

[40] 李成宇，苏锵，邱建荣. 发光学报，2003，24（1）：19

[41] Aitasalo T，Holsa J，Jungner H，et al. J Lumin. ，2001，94-95：59

[42] Sakai R，Kalsumata T，Komuro S，et al. J Lumincscerce，1999，85：149

[43] 王惠琴，邓红梅. 复旦大学学报（自然科学版），1997，36(1)：65

[44] 林元华，张中太，张枫等. 功能材料，2001，32（3）：325

[45] 张新，翟玉香，吴顺亭. 化工冶金，1998，19（2）：109

[46] 张中太，张枫，唐于龙等. 功能材料，1999，30（3）：295

[47] 罗昔贤，于晶杰，林广旭等. 发光学报，2002，23（5）：497

[48] 刘应亮，丁红. 无机化学学报，2001，27（2）：181

[49] Kato K，Tsutai I，Kamimura T，et al. J Luminesecne，1999，82：213

[50] Jia W，Yuan H，Lu L，et al. J Crystal Crowth，1999，200：179

[51] 陈一诚，陈登铭，詹益松. 中国稀土学报，2001，19（6）：503

[52] 张希艳，姜微微，卢利平，柏朝晖，王晓春，曹志峰. 无机化学学报，2004，20（12）：1397

[53] Kutty T R N，Jannathan R. Mater Res Bull，1990，25：1355

[54] 孙文周，王兵，王玉乾. 中国稀土学报，2008，26(3)：324

[55] 林元华，张中太，张枫等. 材料导报，2000，14（1）：35

[56] Lin Yuanhua，Zhang Zhongtai，Tang Zilong，et al. J Alloy Coompd，2003，348(1-2)：76

[57] 罗昔贤，段锦霞，林广旭等. 发光学报，2003，24（2）：165

[58] Yamga M，Tannii Y，Honda M. Phys Rev B，2002，65：5108

[59] Lei Bingfu，Liu Yingliang，Liu Jie，et al. J Solid State Chem，2004，177：1333

[60] Wang Xiao-jun，Jia Dongdong，Yen W M. J Lumines，2003，102-103：34

[61] Fei Qin，Chang Chengkang，Mao Dali. J Alloy Compd，2005，390：133

[62] Jiang Ling，Chang Chengkang，Dali Mao，et al，Opt Mater，2004，27：51-55

[63] Sabbagh Alvania A. A，Moztarzadehb F，Sarabi A. A. J Lumines，2005，115：147

[64] Jiang Ling，Chang Chengkang，Mao Dali. Mater Lett，2004，58：1825

[65] 翟永清，孟媛，曹丽利，周建. 材料导报，2007，21（8）：125

[66] 毛大立，赵莉，常成康等. 无机材料学报，2005，20（1）：220

[67] Lin Yuanhua，Zhang Zhongtai，Tang Zilong，et al. J Alloy Compd，2003，348 (1-2)：76

[68] Kim Jong Su，Lim Kwon Taek，Jeong Yong Seok，et al. Solid State Commun，2005，35：21

[69] Sabbagh Alvani A A，Moztarzadeh F，Sarabi A A. J Lumines，2005，114：131

[70] Kodama N，Tanii Y，Yamaga M. J Lumines，2000，87-89：1076

[71] Jiang Ling，Chang Chengkang，Mao Dali. J Alloy Compd，2003，360：193

[72] Kim Yong-ll，Nahm Seung-Honn，Im Won Bin，et al. J Lumines，2005，115：1

[73] Wang Yinhai，Wang Zhiyu，Zhang Pengyue，et al. Journal of rare earths，2005，23(5)：625

[74] Chai Yuesheng，Zhang Ping，Zheng Zhentai，Physica B-Condensed Matter，2008，403(21-22)：4120

[75] Murazaki Y，Arai K，Ichinomiya K. Jpn. Rare Earth，1999，35：41

[76] Wang Yuhua，Wang Zhilong. J Rare Earths，2008，24（1）：25

[77] 王静，苏锵，王淑彬. 功能材料，2002，33（5）：558

[78] Hong Zhanglian，Zhang Pengyue，Fan Xianping，Wang Minguan，J. Lurninescence 2007，124(1)：127

[79] Yin Sheng，Chen Donghua，Tang Wanjun，Yuan Yuhong，J Materials Science. 2007，42(8)：2886

[80] Yin Shengyu，Che Donghua，Tang Wanjun. J Alloys and Compounds，2007，411(1-2)：327

[81] Zhang Xianmin, Zhang Jiahua, Wei Yuan, Zheng X Zhao, Wang Xiaojun, J. Luminescence. 2008, 128(5-6)：818

[82] Abe S, Uematsu K, Toda K, Sato M. J Alloys and Compounds, 2006, 408：911

[83] 林元华，张中太，陈清明等. 材料科学与工艺，2000, 8(1)：1

[84] 李成宇，王淑彬，于英宁等. 发光学报，2002, 23(3)：233

[85] 吕兴栋，舒万艮. 无机化学学报，2006, 22 (5)：808

[86] 刘阁，梁家和，邓兆祥，李亚栋. 无机化学学报，2002, 18 (11)：1135

[87] 张希艳，郭瑜，柏朝晖等. 材料科学与工艺，2002, 10 (3)：314

[88] Chen Y. J Lumin, 2006, 118：70

[89] Jia D. Appl Phys Lett, 2002, 80：1535

[90] Jia D, Wang X J, Yen W M. Phys Rev B, 2004, 69：235113

[91] Li C. J Non-cryst Solidas, 2003, 321：191

[92] Wang X J. J Lumin, 2003, 102 /103：34

[93] Jia D, Yen W M. J Lumin, 2003, 101：115

附：北宋·文莹所编《湘山野录》中记载的长余辉发光现象

江南徐知諤爲潤州節度使溫之少子也美姿度喜畜奇玩蠻商得一鳳頭乃飛禽之枯骨也彩翠奪目朱冠紺毛金嘴如生正類大雄雞廣五寸其腦平正可爲枕金諤償錢五十萬又得畫牛一軸畫則嚙草欄外夜則歸臥欄中諤獻後主煜煜持貢闕下太宗張後苑以示羣臣俱無知者惟僧錄贊寧曰南倭（反烏和海）水或減則灘磧微露倭人拾方諸蚌胎中有餘淚數滴者得之和色著物則畫隱而夜顯沃焦山時或風挑飄擊忽有石落海岸得之滴水磨色染物則畫顯而夜晦諸學士皆以爲無稽寧曰見張騫海外異記後杜鎬撿三館書目果見於六朝舊本書中載之眞宗深念稼穡聞占城稻耐旱西天菉豆子多而粒大各遣使以珍貨求其種占城得種二十石至今在處播之西天中印土得菉豆種二石不知今之菉豆是否始植於後苑秋成日宣近臣嘗之仍賜占稻及西天菉豆御詩

欽定四庫全書　湘山野錄　卷下

# 第 5 章  白光 LED 用稀土荧光粉

## 5.1  白 光 LED

### 5.1.1  白光 LED 的发展

白光 LED 是由发光二极管(light emitting diode,简称 LED)芯片和可被 LED 有效激发的荧光粉组合而成,能获得各种室温发白光的器件。白光 LED 的发展取决于发光二极管的发展。

从 20 世纪 60 年代第一只发光二极管问世以来,LED 经历了 40 多年的发展。早期所用的材料 GaAsP 发红光($\lambda_p$＝650nm),在驱动电流 20mA 时,光通量只有千分之几流明,发光效率只有 0.1 lm/W,只能做指示灯。20 世纪 70 年代,随着材料研究不断深入,LED 产生绿光($\lambda_p$＝555nm)、黄光($\lambda_p$＝ 590nm)和橙红光($\lambda_p$＝ 610 nm),光效提高到 1 lm/W,可用于显示领域。80 年代以后,出现了 GaAlAs 的 LED,同时封装技术也逐步提高,红、黄色 LED 光效可达 10 lm/W。90 年代初,发红光、黄光的 GaAlInP 和发绿光、蓝光的 GaInN 两种新材料开发成功,使 LED 光效得到大幅度提高。1993 年日本日亚化学公司率先在发蓝光的氮化镓 LED 技术上突破[1]并很快产业化,进而于 1996 年实现白光发光二极管(white light emitting diodes,简称白光 LED),1998 年推向市场,为照明产业提供了一种新光源。

白光 LED 作为一种新型全固态照明光源,深受人们的重视[2]。由于其具有众多的优点,广阔的应用前景和潜在的市场,它被视为 21 世纪的绿色照明光源,已获得各国政府的大力支持,并寄予厚望。有人认为,白光 LED 将像爱迪生发明白炽灯一样,将引起照明工业的一场革命,并带动一大批相关产业的飞速发展。

白光 LED 照明光源主要优点(或特点)在于:

(1) 寿命长:LED 光源的寿命在所有光源中是最长的,可达 100000h。

(2) 效率高:目前商品白光 LED 的效率是普通白炽灯的 2～3 倍。

(3) 抗恶劣环境:抗冲击和抗震动性能远优于其他传统光源。

(4) 光谱范围宽:LED 光源发光的光谱可覆盖整个可见光区。

(5) 可视距离远:由于发光二极管的发射光谱半宽度窄,因此可视距离远。

(6) 环保、无污染:白光 LED 在生产和使用过程中不产生对环境有害的物质,特别是能消除汞对人体和环境的污染。

（7）节能：具有良好的节能效果，理论上光效可达 300 lm/W。因此，白光 LED 照明是一种新型的绿色照明光源。

（8）安全：低电压工作，温升较低。

（9）显色性好：显色指数可大于 80。

（10）响应时间短：由于 YAG：Ce 荧光粉的余辉时间很短，其响应时间为 120ns，仅为白炽灯的 $10^{-3}$。

（11）无频闪，无红外和紫外辐射。

（12）体积小：外形小巧，便于造型设计。

表 5-1 列出各种光源的技术指标，从表中可见，白光 LED 具有许多特点。

**表 5-1　主要光源的技术指标**

| 光源种类 | 发光机理 | 光效/lm/W | 显色指数（Ra） | 色温/K | 平均寿命/h |
|---|---|---|---|---|---|
| 白炽灯 | 热发光 | 15 | 100 | 2800 | 1000 |
| 卤钨灯 | | 25 | 100 | 3000 | 2000～5000 |
| 普通荧光灯 | 气体放电灯 | 70 | 70 | 全系列 | 10000 |
| 三基色荧光灯 | | 93 | 80～98 | 全系列 | 12000 |
| 紧凑型荧光灯 | | 60 | 85 | 全系列 | 8000 |
| 高压汞灯 | | 50 | 45 | 3300～4300 | 6000 |
| 金属卤化物灯 | | 75～95 | 65～92 | 3300 /4500/ 5600 | 6000～20000 |
| 高压钠灯 | | 100～120 | 23/60/85 | 1950 /2200 /2500 | 24000 |
| 低压钠灯 | | 200 | 85 | 1750 | 28000 |
| 高频无极灯 | | 50～70 | 85 | 3000～4000 | 40000～80000 |
| 白光 LED | 电子复合发光 | 30～50 | ＜ 85 | 5000～10000 | 100000 |

当前白光 LED 的水平，无论在性能还是在制造成本上与普通照明光源尚存在一定差距，为使白光 LED 进入普通照明市场，尚需要进一步的努力。人们曾对白光 LED 的发展制定了两个战略目标：第一个目标为 2005 年白光 LED 的光效达到 50 lm/W，开始进入商业照明应用；第二个目标为 2010 年光效达到或超过 100 lm/W，价格降到 1 美分/lm，实现普通照明，进入家庭应用。

白光 LED 用于照明有三个最为重要的优点：节能，环保，绿色照明。白光 LED 照明耗电量低，耗电量是同等照明亮度的白炽灯的 20％，日光灯的 50％。据统计在 1998 年，全球照明消耗 2300 亿美元，在发电过程中，产生 4.1 亿吨 $CO_2$ 气体，美国照明用电消耗 630 亿美元，占能源的 20％，在发电过程中产生 1.12 亿吨 $CO_2$ 气体。1997 年京都协议书确定的联合国气候变化纲要公约要求各国承诺在

2008～2012 年,$CO_2$ 的排放量减到 1990 年的 95％,美国减到 1990 年的 93％,日本减到 1990 年的 94％,欧盟减到 1990 年的 92％。因此 $CO_2$ 排放权将成为限制和影响各国能源分配、产业结构、经济发展的重要因素。白光 LED 照明可以节能,少建电厂,减少 $CO_2$ 排放量,防止温室效应,而绿色照明的概念源于健康的原因,白光 LED 没有频闪,无红外和紫外辐射,光色度纯以及无污染等,这些都是白炽灯和日光灯无法达到的。

由于白光 LED 在照明方面的发展潜力,一些先进国家与地区对 LED 的发展均制订了国家级的发展计划。日本从 1998 年开始实施"21 世纪光计划",预计 2010 年白光 LED 的发光效率达到 120 lm/W,到 2020 年希望能取代 50％的白炽灯及全部荧光灯市场。美国也启动了名为"下一代照明光源计划"的"半导体照明国家研究规划",共 10 年,总计耗资 5 亿美元,旨在未来 400 亿美元的照明光源市场的竞争中能领先于日本、欧洲与韩国。美国预测到 2010 年,将有 50％的白炽灯和荧光灯被半导体灯所替代,每年可节电 350 亿美元。美国权威人士预计到 2020 年美国将减少照明用电 50％,减少能源消费 1000 亿美元,减少向大气中排放含碳化合物 2800 万吨。韩国于 1999 年起由产业资源部牵头,启动了"GaN 光半导体"开发计划,该计划持续 5 年,分二个阶段进行,企图 10 年后将固体白光的光效提升至 100 lm/W 以上。同样,欧洲也正在开展名为"彩虹计划"的固态白光发展计划,由欧盟补助基金给予全力资助。台湾是世界生产 LED 重要地区,由台湾经济技术处牵头,推动华兴电子等 11 家厂家,于 2002 年 9 月 9 日建立了"次时代照明光源研发联盟",以图整合世界各方面的研发能力以及台湾地区的相关产业,共同开发新时代白光 LED 照明光源,计划利用 5 年左右的时间,能生产光效达 50 lm/W 的固态白光器件。中国政府于 2003 年 6 月 19 日成立了跨部门、跨行业、跨地区的"国家半导体照明工程"协调领导小组,并由科技部拨出专款,作为引导经费,大力推进半导体照明事业的发展。

为开拓白光 LED 产品,抢占世界固态光源市场,欧美一些照明公司纷纷与 LED 制造商结合成立合资的白光 LED 专业公司,例如,美国的飞利浦照明公司(Pilips)和 HP 发起合资组建 Lumileds 照明公司;美国的通用电器照明公司(GE)和 Emcore 发起合资组建 GEcore 公司;德国的欧斯朗照明公司(Osram)和 Siemens 半导体分公司发起合资组建 Osram Opta Somiconductors 公司等。

根据美国能源部的预测,LED 的发光效率将在今后几年中得到很快的增长,到 2025 年以后增加的幅度变慢,在 2020 年左右达到最高值,那时的实验室样品的光效为 200 lm/W 左右,商业产品的光效为 165 lm/W 左右(图 5-1)。

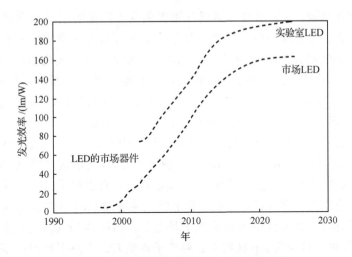

图 5-1　美国能源部预测的 LED 的光效走势

## 5.1.2　白光 LED 的基本原理和结构

LED,顾名思义,是一种具有二极管电子特性且能发光的半导体组件。LED 既具有二极管整流的功能,也具有发光特性,在白光 LED 中则利用其发光特性。

发光二极管是结构型发光器件,图 5-2 是发光二极管的基本结构图,其核心部分为 LED 的芯片。商品发光二极管一般用环氧树脂封装外壳,芯片的直径一般为 $200\sim350\mu m$,主要结构是 p-n 结结构。一般要包含 n 型层和 p 型层,并在 p 层和 n

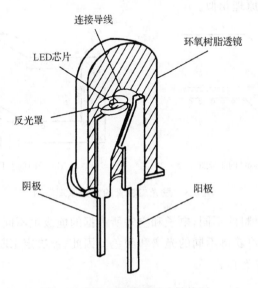

图 5-2　发光二极管的基本结构图

层上分别制作电极。n 型层和 p 型层分别提供发光所需的电子和空穴,它们在发光层复合发光。发光层一般选取比 p 型层和 n 型层禁带宽度更窄的材料,这样 p 型层和 n 型层能起势垒作用,将有更多的电子和空穴限制在发光层,增加复合发光的概率。同时,由于 n 型层和 p 型层的禁带宽度越大,发光层所发出的光越容易通过,能减少对所发出光的吸收。为了提高 LED 的发光效率,人们设计了不同的发光层结构,如单量子阱、多量子阱、异质结构等,以增加复合发光的概率。

图 5-3 显示了发光二极管的发光原理简图。图 5-3(a)表示在热平衡状态下 p-n 结的能带图,其中 V 表示价带,$E_F$ 表示费米能级,D 表示施主能级,A 表示受主能级,$E_g$ 表示禁带宽度。在 n 区导带上,实心点表示自由电子。在 p 区价带上,空心点表示自由空穴。在 n 区导带底附近有浅施主能级 D,由于施主电离,向导带提供大量电子,因此,在 n 区中多数载流子是电子。同样,在 p 区,浅受主能级 A 电离,向价带提供大量空穴。p 区的多数载流子是空穴。在热平衡时,n 区和 p 区的费米能级是一致的。图 5-3(b)表示在 p-n 结上加正向电压(即电池的负极接到 n 区,正电极连接到 p 区)时,p-n 结势垒降低,结果出现了 n 区的电子注入 p 区,p 区的空穴注入 n 区的非平衡状态。被注入的电子和空穴成为非平衡载流子(又称少数载流子)。在 p-n 结附近,当非平衡载流子和多数载流子复合时,便把多余的能量以光的形式释放出来,这就可观察到 p-n 结发光,也称为注入发光。此外,一些电子被俘获到无辐射复合中心,能量以热能形式散发,这个过程被称为无辐射过程。为提高发光效率,应尽量减少与无辐射中心有关的缺陷和杂质浓度,减少无辐射过程。实际情况下,不同材料制备的发光二极管的芯片结构有所不同。发光情况也各异,而基本原理相似。

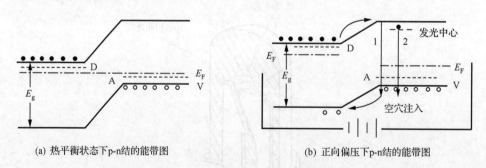

(a) 热平衡状态下p-n结的能带图　　　　　(b) 正向偏压下p-n结的能带图

图 5-3　发光二极管的发光原理简图

半导体依据材料的不同,电子和空穴所占据的能级也不同,则复合所产生的光子能量不同,也就可获得不同的光谱和颜色。因此,欲决定 LED 所发出光的颜色,可由材料的结构来选择。

### 5.1.3　白光 LED 的技术方案

目前实现照明用白光 LED 主要有如下三种方案,且各有其优缺点。

1. 蓝光 LED 和 YAG 荧光粉合成白光

白光 LED 是由蓝光 LED 芯片和可被蓝光有效激发的发黄光的 YAG∶Ce 荧光粉组合,其中蓝光 LED 的一部分蓝光被荧光粉吸收,激发荧光粉发射黄光,而剩余的蓝光与黄光混合,调控它们的强度比,即可得到各种室温的白光。

此种组合方式是目前最常用的白光 LED 制作方式,其优点是此种组合制作简单,在所有白光 LED 的组合方式中成本最低而效率最高,大部分白光 LED 都以此种方式制成。目前,实验室的白光 LED 已突破 100 lm/W,与日光灯的发光效率属同一水准,而一般白光 LED 商品的发光效率为 30~50 lm/W,为传统灯泡的 2~3倍。这种白光 LED 的效率同时受蓝光 LED 和荧光粉两者的影响。

2. 紫外 LED 激发红、绿、蓝荧光粉合成白光

白光 LED 可由紫外 LED 与多种颜色的荧光粉组合而成,其原理与三基色荧光灯相似。采用紫外 LED 泵浦红、绿、蓝三色荧光粉,产生红、绿、蓝三基色光,通过调整三色荧光粉的配比可以形成白光。由于紫外光子的能量较蓝光高,可激发的荧光粉选择性增加,同时,无论哪种颜色的荧光粉的效率大都随激发光源波长的缩短而增加,尤其是红色荧光粉。

这种白光 LED 的封装方式与蓝光 LED 和黄色荧光粉的组合完全相同,成本接近,但因为所有白光都来自于荧光粉本身,紫外光本身未参与白光的组成,因此颜色的控制较蓝光 LED 容易得多,色彩均匀度较好,显色性可根据所混合的荧光粉数量和种类而定,通常控制在 90 左右。

目前,此种组合的白光 LED 最大的问题在于效率偏低,主要原因在于所使用的紫外 LED 效率偏低。许多研究结果表明,GaN LED 的效率随波长变化而变化,在 400nm 时效率达到最大值,低于 400nm 急剧下降;此外,因为激发和发射的两个光子的能量差为自然能量损失,由于紫外光转换为红光时,其能量损失比从蓝光转换时高 10%~20%,这也会影响整体效率。目前这种白光 LED 商品比较少。

3. 红、绿、蓝 三色 LED 合成白光[3]

将红色 LED、绿色 LED 和蓝色 LED 芯片或发光管组成一个像素(pixel)实现白光。从目前报道的数据来看,各种颜色 LED 的发光效率分别为蓝光 LED 30 lm/W、绿光 LED 43 lm/W、红光 LED 100 lm/W,组成白光后的平均效率大于 80 lm/W,而显色性可达 90 以上。此种白光 LED 的最大优势是,只要配合适当的

控制器个别操控各色 LED,很容易让使用者随意调整出所需要的颜色,这是其他光源无法做到的。

由红、绿、蓝三色 LED 组合的白光的色纯度很高,逐渐受到大型 LCD 、TV 背光源需求的重视,各国相继开发 LED 背光源的 LCD 、TV,其具有 CCFL 无法达到的优异性能和新功能,预计随 LCD 、TV 进入家庭市场潜力极大。

用红、绿、蓝三色 LED 合成白光的缺点是,生产成本最高,由于三种颜色的 LED 量子效率不同,而且随着温度和驱动电流的变化不一致,随时间的衰减速度也各不相同,红、绿、蓝 LED 的衰减速率依次上升。因此,为了保持颜色的稳定,需要对三种颜色分别加反馈电路进行补偿,导致电路复杂,而且会造成效率损失。

### 5.1.4　目前白光 LED 存在的问题

目前的白光 LED 以蓝光 LED 和 YAG:Ce 组合为主,近年来在质和量方面均取得可喜的进展,但也暴露出一些关键问题。

(1)要使白光 LED 进入照明光源市场,达到节能效果,必须进一步提高光效与光通。同时还必须与白炽灯和荧光灯相抗衡,必须大大降低成本。

人们寄希望于大功率和 UV 白光 LED,大功率白光 LED 能有助于大幅度地提高光通。经过计算分析认为,在白光 LED 中由电转变为激发光的电光转换效率和激发光激发荧光粉的光光转换效率相比较,更重要的是提高电光转换效率。目前国际上最高水平的 GaN 基 LED 电光转换效率只有 26%~30%,尚有较大发展空间,如果蓝光 LED 的出光功率效率再提高一倍,达 52%,则蓝光激发荧光粉获得的白光 LED 的流明效率将达到甚至超过目前日光灯的最好水平 100 lm/W。与此同时,若能提高荧光粉的光光转换效率,则有利于获得更高的光通与光效。

(2)人们对照明光源色品质有着严格要求,主要体现在相关色温、色坐标($x$, $y$)、显色指数 Ra 以及白光的均匀性等。而目前所用的白光 LED 的色品质存在一些问题,例如,低色温进色圈的白光 LED 国内外很难达到;"炮弹型"白光 LED 存在白光光色不均匀;若荧光粉涂敷工艺不合理会产生"色圈"和"色斑";通过加入光散射剂(扩散剂)有助于改变均匀性但导致光强和光通的损失。

(3)由蓝光 LED + YAG:Ce 组合的白光 LED 的最大不足是显色性偏低,最大仅为 85 左右。经研究表明,主要是由荧光粉在红光区域的光度太弱所致。而目前在光转换效率高和热稳定性优良的荧光粉中,又特别是缺少可被蓝光和近 UV 光有效激发的高效红色荧光粉。

提高显色性的方案有①可以在黄色荧光粉 YAG:Ce 中掺入适量的红色荧光粉以提高显色性;②也可以通过掺杂改性使原来的黄色荧光粉发射波长红移,以增加红色成分,然而,YAG:Ce 为宽发射,当其发生红移的时候,与可见度曲线的交叠就越来越少,发光功效将会随之降低。

（4）LED 工作是电流型，在恒定直流驱动下长期工作时，相当部分能量转变为热能，芯片的温度升高，甚至可达 100℃ 以上。随着白光 LED 器件温度升高，还将发生色漂移。白色 LED 的发光光谱的温度相关性如图 5-4 所示，位于 460nm 附近的 InGaN 的电致发光光谱随温度升高逐渐红移，发射逐渐减弱。虽然 YAG：Ce 的吸收峰位置并不随温度发生明显改变，但 YAG：Ce 在 570nm 附近的发射强度却随温度升高而逐渐减弱。因此，在该白光发射体系中存在随温度升高发光强度降低、色坐标移动的问题。同时还会产生器件相关材料劣化如封装树脂变黄以及 LED 器件使用寿命缩短等问题。

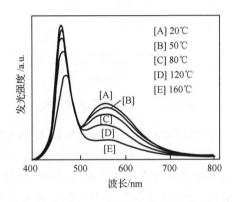

图 5-4　白色 LED 的发光光谱的温度相关性

（5）与温度的影响相似，随工作电流增大，InGaN 的蓝光发射产生红移，从而白光发射的色坐标产生移动。在高的电流下，蓝光光谱的电光强度要比长波长的光即黄光增加得快。而且蓝光 LED 的电光谱的位置和电流强度有关。因此随着电流的改变就会导致光谱的不匹配从而很容易导致色温和显色指数发生改变。

（6）当前所用的 Φ5mm 和大功率单个 LED 实际上是点光源，光束的方向性强，每个 LED 犹如一个光学透镜，用于照明将是多个 LED 点阵组合，彼此间如何正确配光分布最佳，改善光学结构，减少光损失，也是一个不可忽视的问题。

## 5.2　白光 LED 用 YAG：Ce 荧光粉

目前，国际上比较成熟和研究得最多的是由蓝光 LED 和可被蓝光有效激发的荧光粉组成的白光 LED。日本、美国等多家公司现已推出这种发白光的 LED 产品。典型的产品是用蓝色 InGaN 的 LED 芯片和能被其有效激发的发黄光的铈激活石榴石 $(Y,Gd)_3(Al,Ga)_5O_{12}$：Ce（简称 YAG：Ce）荧光粉组合的白光 LED。

图 5-5 列出 6400K 白光 LED 的发射光谱，它是由 InGaN 芯片的蓝光光谱和

$(Y,Gd)_3(Al,Ga)_5O_{12}$：Ce 荧光粉的黄光光谱所组成,其色坐标值 $x=0.313$, $y=0.337$, Ra=85。

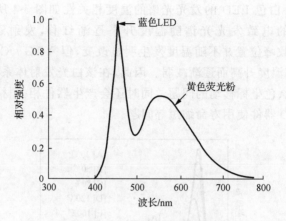

图 5-5　白光 LED 的光谱分布

图 5-6 给出白光 LED 的结构示意图。InGaN LED 基片安装在导线上的杯形座中, 荧光粉 YAG：Ce 涂在基片上,荧光粉层约为 $100\mu m$ 厚,白光是由 LED 基片发出的蓝光和荧光粉发出的黄色荧光混合而成,用环氧树脂将 LED 基片和荧光粉封装成光学透镜的形状。从 LED 基片发出的蓝光在荧光粉层中多次反射并被荧光粉部分吸收,荧光粉被蓝光激发并发出黄色荧光。白光是由上述蓝光和黄光混合而成,根据颜色的相加原理,这种混合光给人眼的感觉为白光,并通过环氧树脂封装或透镜聚焦,均匀发射。

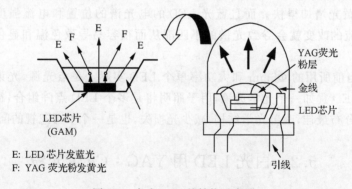

E: LED 芯片发蓝光
F: YAG 荧光粉发黄光

图 5-6　白光 LED 的结构示意图

因此,影响白光 LED 寿命的三大因素为:芯片、封装工艺和荧光粉。其中芯片质量是第一位,第二位是封装工艺,而荧光粉对寿命影响位居第三。

### 5.2.1　白光 LED 用 YAG：Ce 研究进展

YAG 的结构示于图 5-7。它属于石榴石型的立方晶系结构[4]。其中 $Al^{IV}$ 和 $Al^{VI}$ 分别位于正四面体和正八面体的中心,氧与之配位。这些八面体和四面体占据的空间形成十二面体,其中心位置上被 $Y^{3+}$ 占据着,由氧配位。由于稀土离子的半径与 $Y^{3+}$ 的半径相近,所以当 YAG 中掺杂稀土离子时,稀土离子取代 $Y^{3+}$。

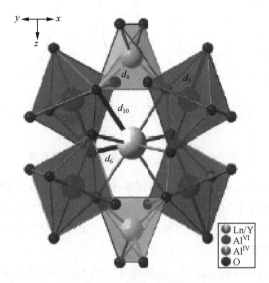

图 5-7　YAG 的结构

$Ce^{3+}$ 离子激活的稀土石榴石荧光粉的发光源于 $Ce^{3+}$ 的激发电子从 5d 激发态辐射跃迁至 4f 组态的 $^7F_{7/2}$ 和 $^7F_{5/2}$ 的基态。$^7F_{7/2}$ 和 $^7F_{5/2}$ 两能级的能量间距约为 $2000cm^{-1}$。YAG：Ce 的激发光谱和发射光谱示于图 5-8。在 $Ce^{3+}$ 掺杂的稀土石榴石 $(Y_{1-x}Ln_x)_3(Al_{1-y}Ga)_5O_{12}$：$Ce(Ln = La, Gd, Lu$ 等稀土元素)体系中,在蓝光激发下,发射强的黄绿光,发射光谱覆盖从 470nm 延至 700nm 附近很宽的可见光谱范围。发射光谱的结构不仅与 $Ce^{3+}$ 密切相关,而且与 $La^{3+}$、$Gd^{3+}$、$Lu^{3+}$ 和 $Ga^{3+}$ 的含量有关。从不同组成的 $(Y, Gd)_3(Al, Ga)_5O_{12}$：Ce 石榴石在 460nm 蓝光激发下的发射光谱中可知,随着 $Gd^{3+}$ 取代量的增加,发射光谱中主要发射峰有规律地向长波移动,而随着 $Ga^{3+}$ 取代 $Al^{3+}$ 的量增加,则向短波移动。这类荧光粉在 300～540nm 范围内出现 2 个激发峰。在石榴石中,$Ce^{3+}$ 离子的最低能量的激发光谱覆盖整个蓝光区,能被 460nm 蓝光高效地激发,发射黄光。

洪广言等[5]系统地研究了在 $(Y_{0.96-x}Ln_xCe_{0.04})_3Al_5O_{12}$ 体系中掺杂 $La^{3+}$、$Gd^{3+}$、$Lu^{3+}$ 离子对 $(Y_{0.96}Ce_{0.04})_3Al_5O_{12}$ 的结构与光谱的影响,得到一些规律性的结果。

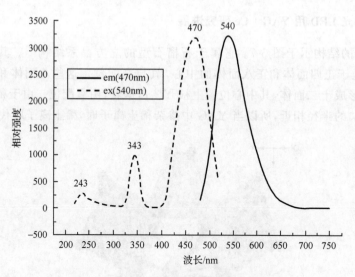

图 5-8　YAG：Ce 的激发光谱和发射光谱

1) 在 $(Y_{0.96-x}La_xCe_{0.04})_3Al_5O_{12}$ 的体系中，当 $La^{3+}$ 的掺入量不大于 0.3 时，样品的主相是立方相的 YAG，而当 $x$ 为 0.5 时，主相是斜方相的 $LaAlO_3$。随着结构的变化，其光谱也发生了变化。当掺入量超过 0.3 时，由于两种化合物的光谱共存使光谱发生明显的变化。

2) 在 $(Y_{0.96-x}Gd_xCe_{0.04})_3Al_5O_{12}$ 体系中，当 $Gd^{3+}$ 的掺入量不大于 0.7 时，主相是立方相的 YAG；当 $x$ 达到 0.9 时，正交相的 $GdAlO_3$ 为主相。由光谱结果可知随着 $Gd^{3+}$ 的浓度增加，$Ce^{3+}$ 的发射峰出现十几个纳米的红移，发光强度有一定程度的减弱。当 $Gd^{3+}$ 的掺杂量大于 0.9 时，其主要光谱是由 YAG：$Ce^{3+}$ 的特征光谱转变为 $GdAlO_3$：$Ce^{3+}$ 的特征光谱。

3) 在 $(Y_{0.96-x}Lu_xCe_{0.04})_3Al_5O_{12}$ 体系中，由于 $Lu^{3+}$ 的离子半径和 $Y^{3+}$ 的离子半径相差不大，因此即使 $Lu^{3+}$ 全部取代 $Y^{3+}$，仍是立方相。由光谱可知，其发射光谱发生了 20nm 左右蓝移。

总之，在 $(Y_{0.96-x}Ln_xCe_{0.04})_3Al_5O_{12}$ 体系中观察到，用离子半径较大的 La(0.106nm)、$Gd^{3+}$(0.094nm) 取代 $Y^{3+}$(0.088nm) 时，随着掺杂量的增加，晶胞体积增大；$Gd^{3+}$ 取代 $Y^{3+}$ 时，$Ce^{3+}$ 的发射峰红移，而以离子半径较小的 $Lu^{3+}$(0.085nm) 取代时，则发射峰蓝移。在 $(Y_{0.96-x}Ln_xCe_{0.04})_3Al_5O_{12}$ 体系中，引起基质相变的掺入量随着稀土离子半径的增加而减小。

在实际应用中，需要不同色温、色坐标的白光发射。由于荧光材料的发射峰位置与色坐标和色温有直接联系，因此调节 YAG：$Ce^{3+}$ 发射峰位置的研究具有十分重要的意义。在不改变 YAG 的结构，通过 $La^{3+}$、$Gd^{3+}$、$Lu^{3+}$ 或 $Ga^{3+}$ 部分取代

YAG 中的 $Y^{3+}$ 或 $Al^{3+}$ 可以调节发射峰的位置[6,7]。在 YAG：Ce,Gd 的体系中掺杂 $Tb^{3+}$ 可以使其光谱产生红移[8]。

在 YAG：Ce 中共掺其他离子,如 $Pr^{3+}$、$Sm^{3+}$ 或 $Eu^{3+}$ 等,增加 YAG：Ce 的红色或绿色发射成分,可以在一定程度上改善白光 LED 的显色性[9]。

文献[10]报道在 $Ce^{3+}$ 和 $Eu^{3+}$ 共掺杂的 YAG 荧光粉的发射光谱中,在 $Ce^{3+}$ 宽发射带的橙红区内增加了一个很弱的 $Eu^{3+}$ 发射峰,该发射峰位于 590nm 附近,属于 $Eu^{3+}$ 的 $^5D_0 \rightarrow {^7F_1}$ 跃迁,该发射峰很弱,其原因是 $Eu^{3+}$ 没有很强的吸收。

洪广言等[11]研究了 $Pr^{3+}$,$Sm^{3+}$ 掺杂对 YAG：Ce 光谱及其荧光寿命的影响。当掺杂 $Pr^{3+}$ 时,观察到在 609nm 处出现 $Pr^{3+}$ 的发射峰,该线发射属于 $Pr^{3+}$ 的 $^3H_4 \rightarrow {^1D_2}$ 跃迁,因为 $Pr^{3+}$ 在 $450\sim470$nm 区域内有一系列较强的激发峰,$Pr^{3+}$ 的红光发射强度稍强,可以和 LED 的蓝光发射很好地匹配(图 5-9)。当掺杂 $Sm^{3+}$ 时,在 616nm 处呈现 $Sm^{3+}$ 的发射峰,属于 $Sm^{3+}$ 的 $^4G_{5/2} \rightarrow {^6H_{7/2}}$ 跃迁,由于 $Sm^{3+}$ 在 470nm 附近蓝光区域有较强的吸收,故 $Sm^{3+}$ 的红光发射也较强。掺杂 $Pr^{3+}$ 或 $Sm^{3+}$ 能够增加红光区的发射峰,将有利于 YAG：Ce 提高荧光粉的显色性。

测定了 $(Y_{0.95}Sm_{0.01}Ce_{0.04})_3Al_5O_{12}$、$(Y_{0.95}Pr_{0.01}Ce_{0.04})_3Al_5O_{12}$、$(Y_{0.96}Ce_{0.04})_3Al_5O_{12}$ 的荧光寿命($\tau$),观察到在 YAG：Ce 中掺入 $Pr^{3+}$ 或 $Sm^{3+}$ 能使 $Ce^{3+}$ 的荧光寿命减小。实验结果表明,少量掺杂 $Pr^{3+}$ 或 $Sm^{3+}$ 并未引起基质的结构发生变化。

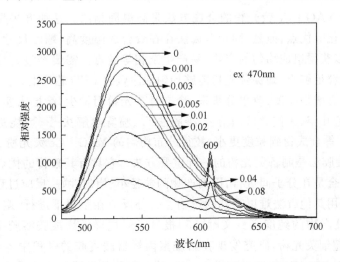

图 5-9　在 470nm 激发下 $(Y_{0.96-x}Pr_xCe_{0.04})_3Al_5O_{12}$ 的发射光谱

洪广言等[12]采用高温固相法合成了一系列的 $(Y_{0.95}Ln_{0.01}Ce_{0.04})_3Al_5O_{12}$(YAG：Ce,Ln),系统地研究了此体系中 $Ln^{3+}$ 对 $Ce^{3+}$ 的发光强度的影响。所得结果(图 5-10)表明,在 YAG：Ce 的体系中,$La^{3+}$、$Gd^{3+}$、$Lu^{3+}$ 等光学透明离子的少量掺杂对 $Ce^{3+}$ 的发光强度的影响不大;掺入少量的 $Pr^{3+}$、$Sm^{3+}$、$Tb^{3+}$、$Dy^{3+}$、

Ho$^{3+}$、Er$^{3+}$、Tm$^{3+}$等稀土离子,由于它们的能级与 Ce$^{3+}$ 的能级有交叠,它们之间存在着竞争吸收或能量转移,使 Ce$^{3+}$ 的发光有较明显的变化,其中,Pr$^{3+}$、Sm$^{3+}$ 的掺入使在红光区增添发射峰,可以增加 YAG∶Ce 的红色成分以提高显色性;观察到 Nd$^{3+}$、Eu$^{3+}$ 和 Yb$^{3+}$ 的掺入对 Ce$^{3+}$ 的发光有严重的猝灭作用。

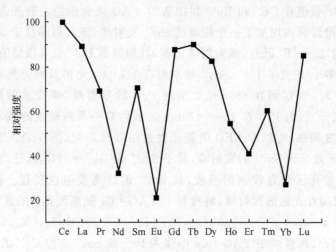

图 5-10　Ln$^{3+}$ 对 Ce$^{3+}$ 的发光强度的影响

　　传统的 YAG∶Ce 荧光粉的合成方法是高温固相法。这种方法具有简单、容易实现工业化等优点,但是,固相合成法存在着合成温度高、颗粒尺寸大且粒度分布不均、难以获得组成均匀的产物、易产生杂相等缺点。需要经过充分研磨,才能使荧光粉颗粒足够小,确保荧光粉能够均匀地涂敷在 LED 芯片上。由于球形小颗粒荧光粉具有增强亮度、改善分辨率、涂屏时荧光粉用量少,涂层密实一致性好等优点,故最近几年,人们尝试用溶胶-凝胶法[13]、喷雾热解法[14]、燃烧法、水热法和溶剂热法[10]等合成得到粒度更小、粒径分布均匀的 YAG∶Ce 荧光粉。

　　溶胶-凝胶法是制备荧光粉的一种重要方法。它具有其独特的优点,其反应中各组分的混合是在分子间进行,因而产物的粒径小、均匀性好、反应过程易于控制,可得到一些用其他方法难以得到的产物。另外反应在室温下进行,避免了高温杂相的出现,使产物的纯度高。文献[15]报道了通过聚丙烯酰胺溶胶-凝胶法合成 YAG∶Ce 超细荧光粉,研究发现在焙烧聚丙烯酰胺凝胶的过程中容易形成多种杂相,影响 YAG∶Ce 的发光效果。而在溶胶-凝胶的形成过程中采用 α-Al$_2$O$_3$ 做晶种,有利于在随后的焙烧过程中抑制 β-Al$_2$O$_3$ 等杂相的形成,加速了 YAG 相的形成。采用这种方法不仅降低了焙烧温度,而且合成的 YAG∶Ce 荧光粉颗粒形貌规则、结晶度高、粒度分布均匀。夏国栋等[13]采用溶胶-凝胶法、燃烧法和高温固相法结合制备出高品质的 YAG∶Ce 荧光粉。他们首先通过溶胶-凝胶和燃烧法得到前驱体,然后在 900~1100℃ 的还原气氛焙烧 2h,得到 YAG∶Ce 的平均粒度为 40nm,和传统的高温固相法合成的 YAG：Ce 比较,其发射光谱有一定的蓝移,发射强度明显提高。主要原因就在于,这种合成方法从分子水平上促进了 $Ce^{3+}$ 离子在 YAG 基质中的分布。潘越晓等[10]通过燃烧法得到前驱体,在 1000℃ 还原气氛焙烧 5h 得到颗粒细小的 YAG：$Ce^{3+}$ 荧光粉。

　　喷雾热分解法是通过气流将前驱体溶液或溶胶喷入高温的管状反应器中,微液滴利用高温瞬时凝聚成球形固体颗粒。文献[14]采用喷雾热分解法合成了粒径分布范围窄的球状纳米 YAG：Ce 荧光粉颗粒,注意到提高前驱体溶液的浓度和氮气流的速度有利于提高 YAG：Ce 荧光粉的产率。喷雾裂解的工艺过程有利于 $Ce^{3+}$ 离子在基质中的分散,因而 YAG：Ce 荧光粉的发光强度显著提高。

　　Kasuya[16]报道了通过溶剂热法合成 YAG：Ce 纳米粒子。以醋酸钇、醋酸铈和异丙酸铝为原料,乙二醇为溶剂,300℃ 水热反应数小时,用乙醇洗涤数次后得到 YAG：Ce 纳米粒子。他们报道的合成方法与其他的已报道的软化学方法不同,没有随后的高温处理过程,仅通过软化学方法将稀土离子掺杂到 YAG 纳米粒子中。YAG：Ce 纳米粒子的平均粒度为 10nm,吸附在纳米粒子表面的 1,4-丁烯乙二醇和醋酸盐对 YAG：Ce 的发光性质有很大的促进作用。Kasuya[17]还报道了乙二醇(PEG)对 YAG：Ce 纳米粒子的发光性质的影响。通过 PEG 对 YAG：Ce 的表面修饰,$Ce^{3+}$ 的发光的内量子效率从 21.3％ 提高到了 37.9％,其原因可能是,PEG 钝化了纳米粒子的表面,降低了表面空位的浓度;抑制了 $Ce^{3+}$ 的氧化;促进了 $Ce^{3+}$ 占据 $Y^{3+}$ 的格位;缓解了 $Ce^{3+}$ 占据格位处基质的空间结构的扭曲。

　　Nieu 等[18]报道了通过以 HMDS 为沉淀剂的共沉淀法制备 YAG：Ce,通过热分析和 XRD 分析得知在 900℃ 得到纯的 YAG 相,并通过 TEM 观察到其粒径为 33nm,共沉淀法制备的光谱性能比固相法制得的样品好。

### 5.2.2　YAG：Ce 荧光粉存在的问题

　　采用 460nm 蓝光芯片和发黄光的 YAG：Ce 荧光粉组合成的白光 LED,由于 $Y_3Al_5O_{12}$ 具有良好的物理和化学稳定性、耐电子辐射、稳定的色坐标、高的量子产率,以及 YAG：Ce 是迄今发现为数不多的能用蓝光激发发射出黄光的荧光粉,此种组合制作简单,在所有白光 LED 的组合方式中成本最低而效率最高,易产业化。但也存在下列问题：

　　(1) 蓝光 LED ＋ YAG：Ce 组合的白光 LED 的最大不足是显色性偏低,最大仅为 85 左右。经精密测试发现,主要是由荧光粉在红光区域的光度太弱所致。虽然目前白光 LED 商品的发光效率为传统灯泡的 2~3 倍,但若要取代灯泡,除了价格之外,其显色性和色温仍有待改善。目前,使用白炽灯的最大原因在于其优异的显色性和色温。因此,改善现有荧光粉以提高显色性,是研发白光 LED 的主要课题之一。人们试图研制发红光的辅助荧光粉或通过多种荧光粉的组合来改善

YAG：Ce 的性能，例如用稀土激活的硫化物红色荧光粉（CaS：$Eu^{2+}$；$Ca_{1-x}Sr_xS$：$Eu^{2+}$ 等）来弥补红光的不足，但这些硫化物的稳定性较差[19,20]。

（2）随 LED 工作器件温度上升，荧光粉的发光亮度下降和发生色漂移。

（3）荧光粉的粒度相对较大，涂敷的均匀性不好，从而产生"色圈"和"色斑"，并导致光强和光通的损失[21,22]。

（4）在此组合中，荧光粉的厚度对颜色输出非常敏感，故制作过程中必须严格控制荧光粉中 $Ce^{3+}$ 离子的浓度和涂敷荧光粉的厚度。

（5）YAG：Ce 荧光粉的发光效率仍较低。

（6）YAG：Ce 为宽发射，当荧光粉发生红移的时候，与可见度曲线的交叠就越来越少，发光功效会随之降低。

因此，改善 YAG：Ce 荧光粉的性能，提高显色性，或通过多种荧光粉的组合来改善显色性能和探索粒度小、低色温、高显色指数的蓝光 LED 用新的高效荧光粉就成为研究的主要目标。特别是，新的蓝光 LED 用荧光粉正在被积极地探索之中，如 $Sr_3SiO_5$：$Eu^{2+}$、$CaMoO_4$：$Eu^{3+}$ 等[23,24]。

另外，由于视觉对紫外和近紫外光的不敏感性，使得用紫外和近紫外光 LED 激发三基色荧光粉产生的白光 LED 的颜色只由荧光粉决定，用紫外和近紫外光 LED 激发三基色荧光粉产生的白光 LED 器件的颜色稳定、显色性好和显色指数高，因此，这一方案被认为是新一代白光 LED 照明的主导方案。

## 5.3　新型白光 LED 用荧光粉

目前研究与应用得最多的白光 LED 由蓝色 LED 和黄色荧光粉 YAG：Ce 组成。但是 YAG：Ce 荧光粉存在一系列问题。针对这些问题，目前主要的工作集中于改善 YAG：Ce 荧光粉的性能、提高显色性，探索新的蓝光 LED 用高效荧光粉以及研制紫外和近紫外的荧光粉。由于紫外和近紫外 LED 体系不存在显色性和色温问题，且这两种体系的荧光粉相对品种较多、效率较高，所以人们对紫外和近紫外体系寄予厚望。如日本的"21 世纪照明"计划就将紫外和近紫外 LED 体系材料作为白光发射固态光源的研究重点，近年来已有许多相关的报道。

在寻找新型荧光粉过程中，由于硅酸盐具有种类多、良好的化学稳定性和热稳定性以及光谱覆盖范围广等优点，已被广泛地研究；氮化物在近紫外和可见光区域有很好的吸收，且发射光谱通常都在红光区或黄光区，可取代蓝光 LED 用 YAG：Ce，同时也能解决红色荧光粉缺乏的问题；硫化物由于其大的晶体场能，使掺杂稀土离子的发射光谱在红光区，已成为白光 LED 的红色荧光粉。

### 5.3.1　白光 LED 用硅酸盐荧光粉

以硅酸盐为基质的荧光粉由于具有良好的化学稳定性和热稳定性，而且高纯硅原料易得、价廉、烧结温度比铝酸盐体系低 100℃ 以上等,为此,长期以来人们都重视对硅酸盐荧光粉的研究和开发,并已在灯用三基色荧光粉、长余辉荧光粉、X射线增屏等方面获得应用。最近几年,多种硅酸盐类荧光粉由于具有与蓝光 LED发射和近紫外 LED 发射相匹配的激发光谱,因此它们在固态照明领域的应用受到了更广泛的关注和深入的研究[25-35]。现将主要荧光粉简述如下。

1. $M_2SiO_4$ ：$Eu^{2+}$ (M＝Mg,Ca,Sr,Ba) 荧光粉

$Sr_2SiO_4$ 基质在低温为 α 相,高温为 β 相。实用荧光粉 $Sr_2SiO_4$ ：$Eu^{2+}$ 为正交晶系的 α 相。在 α-$Sr_2SiO_4$ 中有两种 Sr 格位,$Eu^{2+}$ 占据晶体场较弱的 Sr(Ⅰ)格位,产生蓝绿光发射;$Eu^{2+}$ 占据晶体场较强的 Sr(Ⅱ)格位,产生黄光发射。随着 $Eu^{2+}$ 的掺杂浓度的增大,处于 Sr(Ⅰ)格位的 $Eu^{2+}$ 向处于 Sr(Ⅱ)格位的 $Eu^{2+}$ 进行能量传递,占据主导作用,即 $Sr_2SiO_4$ ：$Eu^{2+}$ 的蓝绿光发射逐渐降低,黄光发射逐渐增大[32]。

Park 等[36]研究了 $Sr_2SiO_4$ ：$Eu^{2+}$ 的荧光粉的光谱性质,发现它有两个明显的发光峰分别位于 400nm 和 ~550nm。这两个发光峰与 400nm 的 GaN 基芯片可以组合发出很好的全色单一白光,即 $Sr_2SiO_4$ ：$Eu^{2+}$ 吸收 LED 部分近紫外发射产生黄色发射(图 5-11),该黄色发射和 LED 的近紫外光复合产生白光。其 CIE 色坐标为 $x$＝0.39 和 $y$＝0.41,显色指数为 68,稍逊于传统的蓝光 LED＋YAG：Ce 复合产生的白光。但是近紫外 LED ＋ $Sr_2SiO_4$ ：$Eu^{2+}$ 发光的流明效率明显高于蓝光 LED＋YAG：Ce。他们的研究发现,增大 $Sr_2SiO_4$ 基质中 $SiO_2$ 的组分,可以使 $Eu^{2+}$ 的激发和发射光谱向长波位移。从近紫外 LED ＋ $Sr_2SiO_4$ ：$Eu^{2+}$ 组合的发光光谱中可以看到,该白光 LED 的白光发射的显色性低于传统的蓝光 LED＋YAG：Ce 白光 LED,主要原因在于它缺少了蓝绿光发射成分。

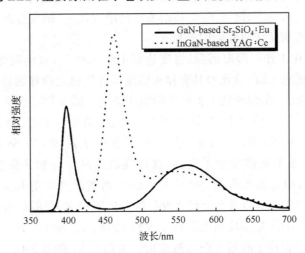

图 5-11　近紫外 LED＋$Sr_2SiO_4$ ：$Eu^{2+}$ 与蓝光 LED＋YAG：Ce 光谱图

　　Kim 等[37]研究了$(Sr_{1-x}Ba_x)_2SiO_4$：$Eu^{2+}$荧光体的光谱性质和温度猝灭效应。随着 Ba 取代量的增大，基质的晶格参数变大，$Eu^{2+}$占据格位的晶体场劈裂强度变小，因而 $Eu^{2+}$的发射光谱产生蓝移。在 Ba 取代量逐渐增大的过程中（$x=0$，0.25，0.50，0.75，1），$Eu^{2+}$的发射光谱主峰从 550nm 逐渐蓝移到 500nm 左右。另外，随着 $Eu^{2+}$的取代量的增大，$Eu^{2+}$的猝灭温度显著升高。这种 $Eu^{2+}$掺杂的锶钡正硅酸盐荧光体，可以用作与近紫外 LED 匹配的黄绿色发射荧光粉。

　　$Sr_2SiO_4$：$Eu^{2+}$荧光体对 LED 的 400nm 附近的近紫外发射有很好的吸收，但是对发光效率更高的蓝光 LED 的 460nm 附近的发射吸收效率不高。Park 等[38]通过共掺杂一定量的 Ba、Mg 对 $Sr_2SiO_4$：$Eu^{2+}$荧光体的基质组分进行调整后，发现该荧光体对 460nm 的蓝光的吸收效率显著提高。和组分未作调整的 $Sr_2SiO_4$：$Eu^{2+}$荧光体相比，Ba、Mg 共掺杂的 $Sr_2SiO_4$：$Eu^{2+}$荧光体在 405nm、455nm、465nm 波段的激发下所产生的黄绿光的发射强度都提高 40% 左右。在 465nm 激发下，Ba、Mg 共掺杂的 $Sr_2SiO_4$：$Eu^{2+}$比 YAG：Ce 提高 20%。另外，基质组分的改变对发射光谱没有显著的影响。Ba、Mg 共掺杂对荧光强度的提高的具体原因，现在尚不清楚，但是可以看到由于在荧光体中共掺杂了 Ba、Mg，$Sr_2SiO_4$：$Eu^{2+}$荧光体的 Stokes 位移从 5439cm$^{-1}$降到了 3404cm$^{-1}$。另外 Park 等[39]还通过组合化学的方法对$(Sr,Ba,Ca,Mg)_2SiO_4$：$Eu^{2+}$体系进行了详细研究，找到了数种可以和蓝光 LED 匹配的黄绿光发射荧光体。

　　Lakshminarasimhan 等[40]报道了共掺杂 $Ce^{3+}$离子对 $Sr_2SiO_4$：$Eu^{2+}$荧光体发光效果的影响。$Sr_2SiO_4$：$Ce^{3+}$样品在 354nm 紫外光的激发下产生主峰位于 410nm 附近的蓝紫光发射，$Ce^{3+}$的最佳掺杂浓度为 0.01。该发射处于 $Eu^{2+}$的激发带覆盖范围之内，因此在紫外光激发下 $Ce^{3+}$与 $Eu^{2+}$之间可以发生有效的能量传递。在紫外光激发下，随着 $Eu^{2+}$掺杂浓度的增大，$Ce^{3+}$的发射强度逐渐降低，样品的发射光色逐渐从蓝白光趋向于白光。

　　LED 芯片在工作一段时间后，温度达到 100～200℃，致使荧光粉产生温度猝灭效应。这就要求 LED 荧光粉具有猝灭温度高及热稳定性好的特性。Kim 等[41]系统地研究了 $Eu^{2+}$掺杂的碱土正硅酸的温度特性。图 5-12～图 5-14 分别列出了 $Sr_2SiO_4$：$Eu^{2+}$、$Ca_2SiO_4$：$Eu^{2+}$和 $Ba_2SiO_4$：$Eu^{2+}$的不同温度下的发射光谱。从 $Ba_2SiO_4$：$Eu^{2+}$到 $Sr_2SiO_4$：$Eu^{2+}$发射光谱发生了红移，从 $Sr_2SiO_4$：$Eu^{2+}$到 $Ca_2SiO_4$：$Eu^{2+}$发射光谱发生了蓝移，这种现象是晶体场和共价性竞争的结果。从图 5-12 可知，随着温度升高，$Sr_2SiO_4$：$Eu^{2+}$的蓝绿光发射和黄光发射产生红移，最大半峰宽（FWHM）增大。黄光发射的温度猝灭尤其明显，在 400K 时，其发光强度和室温下的发光强度相比降低了大约 30%。$Sr_2SiO_4$：$Eu^{2+}$的温度效应是由于高温下电子和声子的相互作用造成的。由图 5-13 和图 5-14 可知，$Ca_2SiO_4$：$Eu^{2+}$和 $Ba_2SiO_4$：$Eu^{2+}$的发射峰随着温度的升高，它们的发射峰发生不规律的蓝移,FWHM 增大。$Ca_2SiO_4$：$Eu^{2+}$ 和 $Ba_2SiO_4$：$Eu^{2+}$ 的发光强度的猝灭温度分别是 400K、340K,在 400K 时,$Ca_2SiO_4$：$Eu^{2+}$ 的发光强度和室温下的发光强度相比降低了大约 20%,$Ba_2SiO_4$：$Eu^{2+}$ 的发光强度和室温下发光强度相比降低了大约 50%。

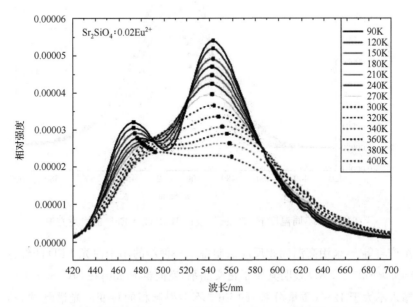

图 5-12　不同温度下 370nm 激发的 $Sr_2SiO_4$：$Eu^{2+}$ 的发射光谱

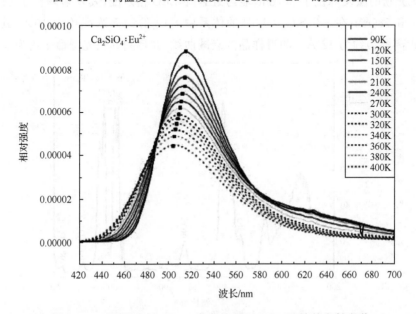

图 5-13　不同温度下 370nm 激发的 $Ca_2SiO_4$：$Eu^{2+}$ 的发射光谱

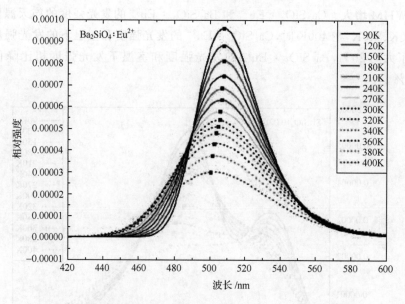

图 5-14　不同温度下 370nm 激发的 $Ba_2SiO_4$：$Eu^{2+}$ 的发射光谱

　　洪广言等[42]采用高温固相反应法制备了一种新的用于白光 LED 的红色荧光粉 $SrCaSiO_4$：$Eu^{3+}$。XRD 表明其属于正交晶系,空间群 Pmnb;在 $SrCaSiO_4$：$Eu^{3+}$ 的体系中掺入不大于 12%(质量分数)的 $Eu^{3+}$ 不会引起相的转变。光谱测试表明(图 5-15),荧光粉的激发峰位于 397nm,能与近紫外 LED 相匹配,其发射峰位于 611nm、592nm 和 586nm;在 $SrCaSiO_4$：$Eu^{3+}$ 的体系中 $Eu^{3+}$ 的猝灭浓度约为 10%,其临界传递距离($R_c$)约为 12 Å。测得样品的衰减曲线,并得到其荧光寿命 $\tau$ 约为 3ms。

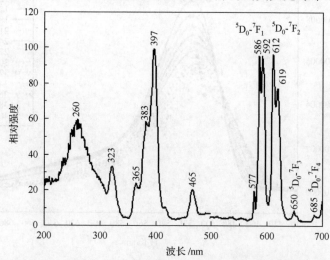

图 5-15　$SrCaSiO_4$：$0.1Eu^{3+}$ 的激发光谱和发射光谱

　　Jie Liu 等[43]报道了发 480nm 蓝绿光的 $Li_2Ca_{0.99}SiO_4$：$0.01Eu^{2+}$ 荧光粉,它的色坐标为($x=0.06$, $y=0.44$)。源于 $Eu^{2+}$ 的晶场作用,这个荧光粉从 220～470nm 有很宽的激发光谱,激发峰位于 290nm,380nm 和 456nm。

　　Yan 等[44]合成了掺杂 $Eu^{3+}$ 或 $Tb^{3+}$ 的 $Mg_2SiO_4$ 纳米颗粒,其中 $Mg_2SiO_4$：$Tb^{3+}$,$Li^+$ 的绿光发射可用作三基色粉的成分。

### 2. $Sr_3SiO_5$：$Eu^{2+}$ 荧光粉

　　Park 等[23]报道了 $Sr_3SiO_5$：$Eu^{2+}$ 黄光发射体系,并与 $Sr_2SiO_4$：$Eu^{2+}$ 体系相比较,该体系的激发光谱进一步向可见光区域延伸。$Sr_3SiO_5$：$0.07Eu^{2+}$ 荧光体在蓝光区域的吸收强度是其在 365nm 处吸收强度的 93% 左右,因此 $Sr_3SiO_5$：$Eu^{2+}$ 荧光体可以有效地吸收蓝光 LED 的蓝光发射。图 5-16 是 $Sr_3SiO_5$：$Eu^{2+}$ 和蓝光 LED 组合的发光光谱图,$Sr_3SiO_5$：$Eu^{2+}$ 吸收 LED 芯片的蓝光发射产生位于 575nm 的黄光发射,二者复合产生白光发射。该白光发射的色坐标为($x=0.37$, $y=0.32$),流明功效为 20～32 lm/W。从图 5-16 中可以看到,$Sr_3SiO_5$：$Eu^{2+}$ 的黄光发射强度明显优于 YAG：Ce。另外,与 YAG：Ce 相比,$Sr_3SiO_5$：$Eu^{2+}$ 具有更好的温度特性,随温度的升高,YAG：Ce 的发射强度明显降低,而 $Sr_3SiO_5$：$Eu^{2+}$ 的发射强度却逐渐增强。通过共掺 Ba,形成 $(Sr,Ba)_3SiO_5$：$Eu^{2+}$ 固熔体,可以有效地调节 $Sr_3SiO_5$：$Eu^{2+}$ 的发射光谱[45]。从图 5-17 可以看到,随着 $Ba^{2+}$ 取代量从 0 增加到 0.2,$Eu^{2+}$ 的发射光谱主峰从 570nm 位移到 585nm,发射光谱覆盖了更多的红色区域。发射光谱的变化是因为 Ba 的部分取代改变了 $Eu^{2+}$ 的配位的

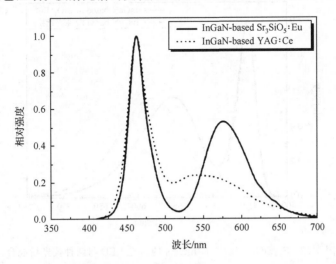

图 5-16　$Sr_3SiO_5$：$Eu^{2+}$ ＋ InGaN 和 YAG：$Ce^{3+}$ ＋ InGaN 的发射光谱

空间结构。当 Ba 的取代量继续增大,超过 0.5 时,出现 $BaSi_4O_9$ 杂相;再继续增大 Ba 组分,则对 $Eu^{2+}$ 的发射没有更大的影响。$Sr_2SiO_4$:$Eu^{2+}$ + InGaN 芯片的白光 LED 与两种荧光粉($Sr_2SiO_4$:Eu+$(Ba,Sr)_3SiO_5$:Eu)+ InGaN 芯片的白光 LED 的发射光谱如图 5-18 所示。由图知由两种荧光粉与 InGaN 芯片复合的白光 LED 发射暖白光,具有高的显色指数 85。而 $Sr_2SiO_4$:$Eu^{2+}$ 与 InGaN 芯片复合的白光 LED 的显色指数只有 68。

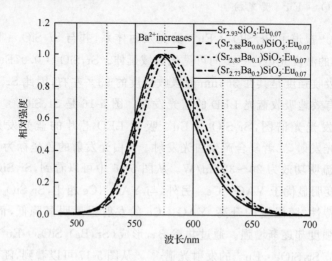

图 5-17　$Sr_3SiO_5$:Eu 中掺杂不同浓度的 Ba 的发射光谱

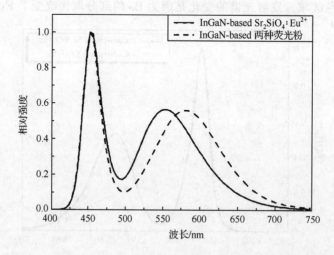

图 5-18　$Sr_2SiO_4$:$Eu^{2+}$ + InGaN 的白光 LED 与两种荧光粉混合
($Sr_2SiO_4$:Eu+$(Ba,Sr)_3SiO_5$:Eu)+ InGaN 的白光 LED 的发射光谱

孙晓园等[46]报道了由 470 nm,570 nm 两个发射带(对应的激发光谱均分布在 250～450 nm)组成的 $Sr_2MgSiO_5$：$Eu^{2+}$ 全色单一白光荧光粉。荧光粉的蓝、黄光的荧光寿命差别不大,分别为 560 ns,730 ns,说明蓝光中心向黄光中心的能量传递不发生或不有效,这种情况有利于不同激发密度下色度参数的稳定。该荧光粉和具有 400 nm 近紫外光发射的 InGaN 芯片制成的白光 LED,当正向驱动电流为 20 mA 时,色温为 5 664 K,发光色坐标为 $x = 0.33$,$y = 0.34$,显色指数为 85。并且,器件的色坐标和显色指数等参数随正向驱动电流的变化起伏量小于 5%。

### 3. $Eu^{2+}$ 激活的 $M_3MgSi_2O_8$(M＝Ca,Sr,Ba)

$M_3MgSi_2O_8$(M＝Ca, Sr, Ba)属于正交晶系。T. L. Barry 等 1968 年报道了这种硅酸盐荧光粉的光谱特性[47]。$Eu^{2+}$ 激活的 $M_3MgSi_2O_8$(M＝Ca, Sr, Ba),当 M ＝ Ca 时,$\lambda_{em}$ ＝ 475nm;当 M ＝ Sr 时,$\lambda_{em}$ ＝ 460nm;当 M ＝ Ba 时,$\lambda_{em}$ ＝ 440nm,即随着 $M^{2+}$ 离子半径的增大,$Eu^{2+}$ 的发射最大中心向短波移动。$Eu^{2+}$ 在这种三元硅酸盐体系中的激发光谱覆盖了从紫外到可见光很宽的区域,可以与 LED 的紫外或者蓝光发射很好的匹配。尤其是 $Ba_3MgSi_2O_8$：$Eu^{2+}$ 的激发波长从 200nm 延伸到 460nm。另外,在 $M_3MgSi_2O_8$ 基质中 $Mg^{2+}$ 格位适合 $Mn^{2+}$ 取代,研究发现,通过在 $Eu^{2+}$ 激活的 $M_3MgSi_2O_8$ 体系中适当共掺 $Mn^{2+}$ 离子,可以在单一基质中在紫外或者近紫外 LED 的激发下实现白光发射[48-51]。

Kim 等[32,52]报道了适于近紫外光激发的 $Ba_3MgSi_2O_8$：$Eu^{2+}$,$Mn^{2+}$,$Sr_3MgSi_2O_8$：$Eu^{2+}$ 和 $Sr_3MgSi_2O_8$：$Eu^{2+}$,$Mn^{2+}$ 全色单一白光荧光粉。$Sr_3MgSi_2O_8$：$Eu^{2+}$ 荧光粉的 470nm,570 nm 发射带的荧光寿命分别为 580 ns,1400 ns,这种蓝光寿命明显短于黄光寿命现象被认为是蓝光中心向黄光中心进行了能量传递。

Kim 等[53,54]报道了 $Eu^{2+}$,$Mn^{2+}$ 共激活的 $Ba_3MgSi_2O_8$ 和近紫外 LED 匹配的白光发射组合,如图 5-19 所示。在近紫外光的激发下,$Ba_3MgSi_2O_8$：$Eu^{2+}$,$Mn^{2+}$ 有 3 个发射峰,分别为 442nm,505nm,620nm。其中 442nm 发射来自于占据弱晶体场强度 $Ba^{2+}$(Ⅰ)格位的 $Eu^{2+}$ 离子;505nm 发射来自于占据强晶体场强度 $Ba^{2+}$(Ⅱ)和 $Ba^{2+}$(Ⅲ)格位的 $Eu^{2+}$ 离子;由于 $Ba^{2+}$(Ⅱ)和 $Ba^{2+}$(Ⅲ)格位的晶体场环境相差不大,$Eu^{2+}$ 离子的 505nm 发射不可分辨;620nm 来自于 $Mn^{2+}$,由 EPR 测试知 $Mn^{2+}$ 的激发能来自于氧空位对 $Mn^{2+}$ 的能量传递。从图 5-20 光谱图中可以看到 LED 的近紫外发射和 $Eu^{2+}$ 的蓝、绿发射以及 $Mn^{2+}$ 的红光发射共同复合成暖白光发射,显色指数为 85。与传统的蓝光 LED＋YAG：Ce 白光发射组合相比,这种组合输出的白光质量更加稳定,发射白光的色坐标随着工作电流改变的变化不大。

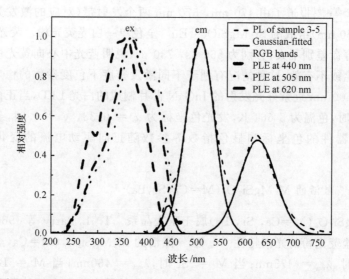

图 5-19　Ba₃MgSi₂O₈：0.03Eu²⁺,0.05Mn²⁺在 440nm、505nm、620nm
监控的激发光谱及用高斯拟合的在 375nm 激发下的发射光谱图

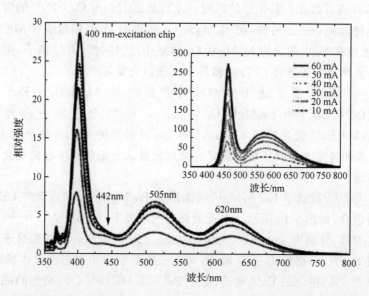

图 5-20　近紫外 ED ＋ Ba₃MgSi₂O₈：Eu²⁺,Mn²⁺与 YAG：Ce＋蓝光 LED 发光光谱图

　　Kim 等[51,52]报道在紫外 UV LED 的激发下,Sr₃MgSi₂O₈：Eu²⁺,Mn²⁺有 3
个发射峰,分别为 470nm、570nm 和 680nm(图 5-21)。其中 470nm 发射来自于占
据弱晶体场强度 Sr²⁺(Ⅰ)格位的 Eu²⁺离子;570nm 发射来自于占据强晶体场强
度 Sr²⁺(Ⅱ)和 Sr²⁺(Ⅲ)格位的 Eu²⁺离子;由于 Sr²⁺(Ⅱ)和 Sr²⁺(Ⅲ)格位的晶体

场环境相差不大，$Eu^{2+}$ 离子的 570nm 发射不可分辨；680nm 来自于 $Mn^{2+}$，$Mn^{2+}$ 的激发能主要来自于 $Sr^{2+}$（Ⅰ）格位的 $Eu^{2+}$ 对 $Mn^{2+}$ 的能量传递。由于该白光 LED 组合的白光发射完全来自于 $Sr_3MgSi_2O_8$：$Eu^{2+}$，$Mn^{2+}$ 荧光粉，紫外 LED 的发射位于 375nm，对白光的形成没有贡献，故 UV LED 的紫外发射虽然由于电流改变产生变化，但对白光 LED 输出的白光没有影响，所以该白光 LED 产生的白光比近紫外 LED ＋ $Ba_3MgSi_2O_8$：$Eu^{2+}$，$Mn^{2+}$ 白光 LED 产生的白光更加稳定。该白光 LED 输出的白光的色坐标、色温、显色指数分别为（$x=0.35$，$y=0.33$），$T_c=4494K$，CRI$=92\%$。

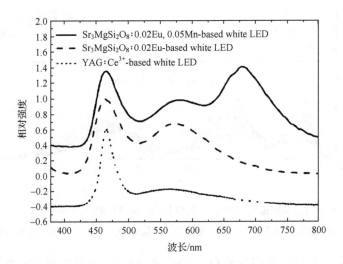

图 5-21　紫外 LED ＋ $Sr_3MgSi_2O_8$：$Eu^{2+}$ 组装的白光 LED
与紫外 LED ＋$Sr_3MgSi_2O_8$：$Eu^{2+}$，$Mn^{2+}$ 的发射光谱

　　Kim 等[34]系统地研究了 $Eu^{2+}$、$Mn^{2+}$ 共掺杂的 $M_3MgSi_2O_8$（M＝ Ca，Sr，Ba）荧光体的温度特性（图 5-22）。随着温度的升高，$Eu^{2+}$ 和 $Mn^{2+}$ 的发射表现出不规律的蓝移、半峰宽加宽、发光强度降低，输出白光的色坐标更接近于纯的白光。另外 $Mn^{2+}$ 的红光发射的温度猝灭效应比 $Eu^{2+}$ 的蓝绿光发射的温度猝灭效应更加明显。

　　文献[55]报道在近紫外 UV LED 的激发下，2SrO・MgO・$x$SiO$_2$（0.8≤$x$≤1.2）有 2 个发射峰，分别为 460nm 和 550nm，并且其相对强度随着 $x$ 的变化而变化。当 $x=1$ 时，在近紫外光的激发下发射的蓝光和黄光可以组合成白光，XRD 测试发现荧光粉是由 $Sr_3MgSi_2O_8$ 和 $Sr_2SiO_4$ 两相组成。用 GaN 芯片（400nm）和此荧光粉组合成的白光 LED，其色坐标、显色指数和流明效率分别是（$x=0.33$，$y=0.34$）、85 和 6 lm/W。

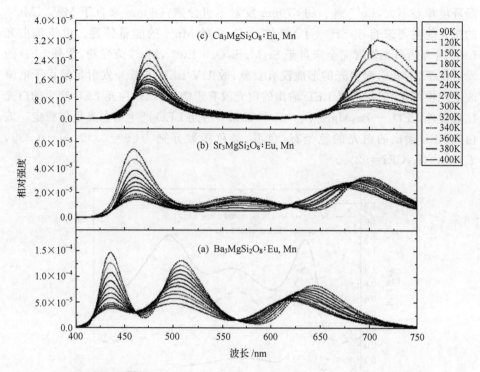

图 5-22　不同温度下 370nm 激发的(a) $Ba_3MgSi_2O_8$：$Eu^{2+}$，$Mn^{2+}$，
(b) $Sr_3MgSi_2O_8$：$Eu^{2+}$，$Mn^{2+}$ 和(c) $Ca_3MgSi_2O_8$：$Eu^{2+}$，$Mn^{2+}$ 的发射光谱

Kim 等[32] 报道了 $Ba_3MgSi_2O_8$：$Eu^{2+}$ 在 430nm 紫光的激发下可以产生主要发射峰分别位于 440nm 和 505nm 的蓝光和绿光发射，将 $Ba_3MgSi_2O_8$：$Eu^{2+}$ 应用到白光 LED 中，增加了白光发射中的蓝光和绿光成分，可明显改善白光 LED 的显色性和色坐标。由 430nm LED ＋ $Sr_2SiO_4$：$Eu^{2+}$ ＋ $Ba_3MgSi_2O_8$：$Eu^{2+}$ 组成白光 LED 的色坐标和显色指数分别为($x= 0.3371$，$y = 0.3108$)、85。

**4. $CaAl_2Si_2O_8$：$Eu^{2+}$ 硅酸盐荧光粉**

$CaAl_2Si_2O_8$ 是三斜晶系，空间群为 $I\bar{1}$[56]。$CaAl_2Si_2O_8$：$Eu^{2+}$ 的激发主峰和发射主峰分别位于 354nm、425nm。在 $CaAl_2Si_2O_8$：$Mn^{2+}$ 中，$Mn^{2+}$ 取代 $Ca^{2+}$ 格位，产生黄橙光发射主峰位于 570～580nm，其激发光谱在长波紫外到蓝光区域 300～470nm，主激发峰位于 400nm，和 $Eu^{2+}$ 的发射峰有很好的交叠。$Eu^{2+} \rightarrow Mn^{2+}$ 的无辐射能量传递可以有效地提高 $Mn^{2+}$ 的发射强度(图 5-23)，另外 $Eu^{2+}$ 的蓝紫光发射和 $Mn^{2+}$ 的黄橙光发射可以复合产生白光。$Eu^{2+}$、$Mn^{2+}$ 掺杂的 $CaAl_2Si_2O_8$ 可以和紫外 LED 匹配产生更加稳定的白光发射。

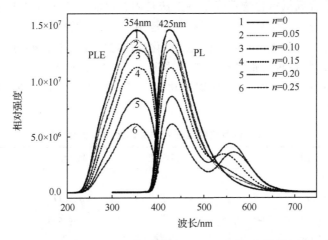

图 5-23　$(Ca_{0.99-n}Eu_{0.01}Mn_n)Al_2Si_2O_8$ 的激发（425nm 监控）和发射光谱（354nm 激发）

5. $Ca(Eu_{1-x}La_x)_4Si_3O_{13}$

2004 年，山田健一[57] 报道了在 395nm 近紫外光的激发下，发射 613nm 的 $Ca(Eu_{1-x}La_x)_4Si_3O_{13}$ 红色荧光粉。用表观量子效率为 0.40 的近紫外 LED 激发、由红色 $Ca(Eu_{1-x}La_x)_4Si_3O_{13}$、绿色 $ZnS：Cu^+$，$Al^{3+}$ 和蓝色 $(Sr，Ca，Ba，Mg)_{10}$ $(PO_4)_6C_{12}：Eu^{2+}$ 荧光粉组合的三基色白光 LED，其白光光效和平均显色指数分别达到了 21.6 lm/ W 和 83.9。

### 5.3.2　白光 LED 用氮化物荧光粉

随着全固态发光技术的飞速发展，许多传统的荧光粉已不能满足需要，特别是不能满足白光 LED 需要，例如（1）缺乏用近紫外或可见光激发的荧光粉；（2）缺乏具有高效发射及合适发光颜色的荧光粉；（3）缺乏能经受恶劣环境使用的荧光粉等。因此，探求新的基质材料，研制具有优异性质的新型发光材料成为必要。其中氮化物和氮氧化物为基质材料的荧光粉的优异荧光性质受到广泛地重视。

目前已经合成了一系列掺杂稀土元素的氮化物和氮氧化物荧光粉。掺杂的稀土元素在基质中通常处于间隙位置，并与处于不同距离的(O，N)离子配位，所用的这些稀土离子通常是具有 5d 激发态发射的稀土离子，如 $Eu^{3+}$ 和 $Ce^{3+}$。在晶场的作用下，它们的发光性质有很多变化，由此也增加了应用范围。

表 5-2 中列出近年来报道的氮化物和氮氧化物荧光粉，它们的基质主要是氮硅化物，氮氧硅化合物或氮氧铝化合物。它们基质结构是由(Si，Al)—(O，N)共角四面体所构成的高凝聚网络，并且在这种网络结构中 Si：X >1：2(X = O，N)，这种高凝聚材料展示出好的化学和热稳定性。

　　通常用于合成氮氧化物荧光粉的方法是固相反应法和气体氮化（或称为渗氮）（gas-reduction-nitridation）。固相反应法是用金属、氮氧化物和氧化物粉末在高温（1400～2000℃）和 $N_2$ 气氛中反应。氮化反应通常是在氧化铝舟中放置氧化物的前驱体粉末，放在氧化铝管或石英管中通 $N_2$ 或 $NH_3$-$CH_4$ 气体，在合适的气流比例下，高温（600～1500℃）下灼烧。其中 $NH_3$ 或 $NH_3$-$CH_4$ 气体同时起着还原和氮化的作用。

**表 5-2　氮氧化物荧光粉的晶体结构和发射颜色**

| 荧光粉 | 发射颜色 | 晶体结构 | 文献 |
|---|---|---|---|
| Y-Si-O-N：$Ce^{3+}$ | 蓝 | | [58] |
| $BaAl_{11}O_{16}N$：$Eu^{2+}$ | 蓝 | $\beta$-$Al_2O_3$ | [59] |
| $LaAl(Si_{6-z}Al_z)N_{10-z}O_z$：Ce | 蓝 | 正交 | [60] |
| $SrSiAl_2O_3N_2$：$Eu^{2+}$ | 蓝-绿 | 正交 | [61] |
| $SrSi_5AlO_2N_7$：$Eu^{2+}$ | 蓝-绿 | 正交 | [61] |
| $\alpha$-SiAlON：$Yb^{2+}$ | 绿 | 六方 | [62] |
| $\beta$-SiAlON：$Yb^{2+}$ | 绿 | 六方 | [63] |
| $\alpha$-SiAlON：$Eu^{2+}$ | 黄-橙 | 六方 | [64-67] |
| $BaSi_2O_2N_2$：$Eu^{2+}$ | 蓝-绿 | 单斜 | [68] |
| $MSi_2O_2N_2$：$Eu^{2+}$（M=Ca,Sr） | 绿-黄 | 单斜 | [68] |
| $MYSi_4N_7$：$Eu^{2+}$（M=Sr,Ba） | 绿 | 六方 | [69] |
| $LaEuSi_2N_3O_2$ | 红 | 正交 | [70] |
| $LaSi_3N_5$：$Eu^{2+}$ | 红 | 正交 | [70] |
| $Ca_2Si_5N_8$：$Eu^{2+}$ | 红 | 单斜 | [71] |
| $M_2Si_5N_8$：$Eu^{2+}$（M=Sr,Ba） | 红 | 正交 | [71] |
| $Ca_2AlSiN_3$：$Eu^{2+}$ | 红 | 正交 | [72] |

　　在最近几年中有许多关于氮化物荧光粉的报道和专利。用于 LED 光转换材料的氮化物荧光粉主要有四个系列，一个系列为稀土离子掺杂的硅铝氧氮化合物 SiAlON：RE（RE 为稀土离子）和 MSiAlON：RE（M 为碱金属离子、碱土金属离子）[59-67,73,74]；第二系列为稀土离子掺杂的硅氮氧化合物 $MSi_2O_2N_2$：RE（M 为碱金属离子，RE 为稀土离子）[68,75]；第三系列为稀土离子掺杂的碱土硅氮化合物 $M_2Si_5N_8$：RE（M 为碱土金属离子，RE 为稀土离子）[76,77]；第四系列为稀土离子掺杂的碱土钇硅氮化合物 $MYSi_4N_7$：RE（M 为碱土金属离子，RE 为稀土离子）[69,78,79]。现举例分述如下。

**1. $\alpha$-SiAlON：$Eu^{2+}$**

　　$\alpha$-SiAlON 是畸变的 $\alpha$-$Si_3N_4$，属于六方结构，P3/c 空间群，$\alpha$-SiAlON 晶胞中

含有 4 个"$\alpha$-$Si_3N_4$"单胞,其通式为 $M_xSi_{12-m-n}Al_{m+n}O_nN_{16-m}$($x$ 是金属 M 的含量)[66]。在 $\alpha$-SiAlON 结构中 $m+n$(Si—N)键被 $m$(Al—N)键和 $n$(Al—O)键所取代;电荷差异通过引入 M 离子如 $Li^+$,$Mg^{2+}$,$Ca^{2+}$,$Y^{3+}$ 和镧系化合物平衡。M 阳离子占据 $\alpha$-SiAlON 基质的间隙位置,与(N—O)形成七配位,并存在着 3 种不同的 M—(N,O)键距离。

$\alpha$-SiAlON:$Eu^{2+}$ 荧光粉发黄-绿,黄或黄-橙光,发射峰位于 $656\sim603nm$(图 5-24)[65,66]。该宽带发射覆盖着 $500\sim750nm$,半宽度为 94nm。$\alpha$-SiAlON:$Eu^{2+}$ 的激发峰有 2 个,分别位于 300nm 和 420nm。$\alpha$-SiAlON:$Eu^{2+}$ 荧光粉的表观量子效率当在用 450nm 激发时约 58%。随着基质组成和 $Eu^{2+}$ 浓度的改变,$\alpha$-SiAlON 的发射颜色变化。在 $\alpha$-SiAlON 中,Eu 浓度可从 0.5% 到 10% 变化。

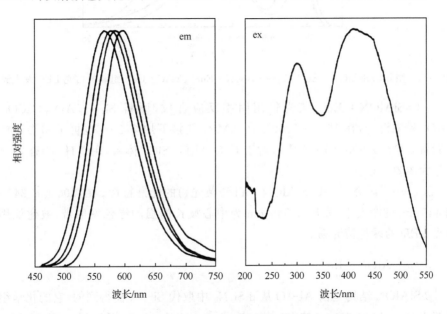

图 5-24　$\alpha$-SiAlON:$Eu^{2+}$ 的发射光谱和激发光谱

### 2. $\alpha$-CaSiAlON:$Eu^{2+}$($Ca$-$\alpha$-SiAlON:$Eu^{2+}$)

Xie 等[67,73,80]对 $Eu^{2+}$ 掺杂 $\alpha$-CaSiAlON 荧光粉的发光性质和基质组分的改变对发光的影响进行了系统研究。$\alpha$-CaSiAlON:$Eu^{2+}$ 荧光粉的组成式为 $Ca_{0.625}Eu_xSi_{0.75-3x}Al_{1.25+3x}O_xN_{16-x}$,$x$ 的取值范围为 $0\sim0.25$。$\alpha$-CaSiAlON:$Eu^{2+}$ 有效地吸收紫外光、蓝光,发射 $583\sim603nm$ 的橙黄光,其光谱归属于 $Eu^{2+}$ 的 $4f^65d^1$—$4f^7$ 跃迁。此荧光粉可以弥补 YAG:Ce 的黄色荧光粉的红色不足的缺陷,成为蓝光 LED 用的黄色荧光粉。与 $\alpha$-CaSiAlON:$Eu^{2+}$ 相比,Li-$\alpha$-SiAlON:$Eu^{2+}$ 用 460nm 激发具有较短的发射($573\sim577nm$)和较小的 Stokes 位移。用此

荧光粉与蓝光 LED 组成的白光 LED 发射出明亮的白光(图 5-25)。

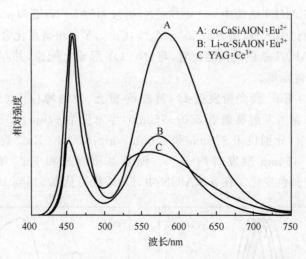

图 5-25　用 α-CaSiAlON：Eu²⁺、Li-α-SiAlON：Eu²⁺、YAG：Ce³⁺组装的白光 LED 发光光谱

α-CaSiAlON：Eu²⁺ 荧光粉用固相反应合成，原料 Si₃N₄，AlN，CaCO₃ 和 Eu₂O₃ 粉末混合，在 1600～1800℃，0.5MPa 气氛下灼烧 2h。也可采用渗氮的方法制备 α-CaSiAlON：Eu²⁺[73]。对于 CaO-Al₂O₃-SiO₂ 体系，用 NH₃-CH₄ 混合气体作为渗氮试剂。

Xie 等[62]研究了 α-CaSiAlON：Yb²⁺ 荧光粉的光谱特性。在 300 nm、342 nm 和 445 nm 的激发下，发出以 549 nm 为中心波长的强的绿色发射带，被建议用作白光 LED 的绿色荧光粉。

3. β-SiAlON：Eu²⁺

β-SiAlON 结构是由 Al—O 从 β-Si₃N₄ 中取代 Si—N 而得到的，它的化学组成可写为 Si₆₋ᵤAlᵤOᵤN₈₋ᵤ，其中 z 代表取代 Si—N 的 Al—O 的数目，0<z≤4.2。β-SiAlON具有六方晶体结构，空间群 P6₃，在结构中含有沿着 C 方向的平行管道。

β-SiAlON：Eu²⁺ 发出鲜艳的绿光，其发射峰位于 538nm[63,81]（图 5-26），宽的发射带的半宽度为 55nm。在激发光谱中观察到 2 个可分辨的宽带，分别位于 303nm 和 400nm。β-SiAlON：Eu²⁺ 荧光粉强的发射将有可能用于近紫外(390～410nm)或蓝光(450～470nm) 激发，该绿色荧光粉的色坐标 $x=0.31, y=0.60$。当用 405nm 激发时，表观量子效率约 41%。

β-SiAlON：Eu²⁺ 的制备是以 Si₃N₄，Al₂O₃ 和 Eu₂O₃ 为原料，在 1.0MPa N₂ 压力下、1800～2000℃ 灼烧 2h 得到。Eu 浓度<1.0%。

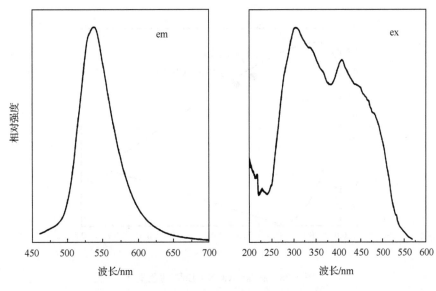

图 5-26　$\beta$-SiAlON：$Eu^{2+}$ 的发射光谱和激发光谱

**4. $\beta$-CaSiAlON：$Eu^{2+}$**

$\beta$-CaSiAlON：$Eu^{2+}$ 组成式为 $Eu_{0.00296}\,Si_{0.41395}\,Al_{0.01334}\,O_{0.0044}\,N_{0.56528}$，是一种绿色荧光粉[63,82]。如图 5-27 所示，$\beta$-CaSiAlON：$Eu^{2+}$ 绿色荧光粉可以被 $280\sim480nm$ 的光有效激发，其发射主峰位于 535nm 附近，FWHM 为 55nm。$\beta$-CaSiAlON：$Eu^{2+}$ 的色坐标为 $x=0.32$，$y=0.64$（图 5-28）。该荧光粉在 303nm 激发时的内、外量子效率分别为 70%、60%。

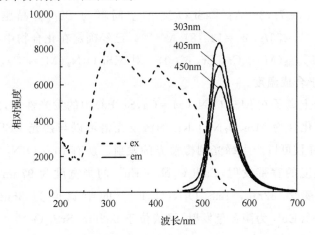

图 5-27　$\beta$-CaSiAlON：$Eu^{2+}$ 的激发光谱和发射光谱

$\lambda_{em}=535\ nm$，$\lambda_{ex}=303\ nm$，$405\ nm$ 和 $450\ nm$

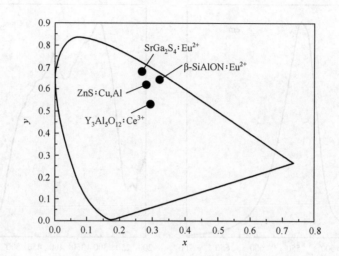

图 5-28　$\beta$-CaSiAlON：Eu$^{2+}$ 的色坐标

5. MSi$_2$O$_2$N$_2$：Eu$^{2+}$（M = Ca，Sr，Ba）

　　碱土硅氧氮化合物 MSi$_2$O$_2$N$_2$（M＝Ca，Sr，Ba）是最早报道的体系之一。2004年[75,68] 确定了 MSi$_2$O$_2$N$_2$（M= Ca，Sr）的单晶结构。

　　所有的 MSi$_2$O$_2$N$_2$（M = Ca，Sr，Ba）化合物均属于单斜晶系，具有不同的空间群和晶胞参数。CaSi$_2$O$_2$N$_2$ 的空间群为 P2$_{1/m}$，晶胞参数为 $a = 15.036$Å，$b = 15.450$Å，$c = 6.85$Å；SrSi$_2$O$_2$N$_2$ 的空间群为 P2$_{1/m}$，晶胞参数为 $a=11.320$Å，$b=14.107$Å，$c=7.736$ Å；BaSi$_2$O$_2$N$_2$ 的空间群为 P2$_{1/m}$，晶胞参数为 $a = 14.070$Å，$b = 7.276$Å，$c =13.181$ Å[68,83]。已经确定在化合物中存在一个富氮相 MSi$_2$O$_{2-\delta}$N$_{2+2/3\delta}$（M = Ca，Sr，$\delta>0$）。对 MSi$_2$O$_2$N$_2$（M = Ca，Sr）进行的一些改进，取决于合成温度。

　　研究了稀土离子在 MSi$_2$O$_2$N$_2$（M＝Ca，Sr，Ba）中的发光性能，发现稀土离子掺杂的硅氧氮化合物 MSi$_2$O$_2$N$_2$：RE 的激发光谱可以与蓝光 LED 和紫外 LED 很好地匹配，并且可以产生绿光到橙黄光的发射。所有 MSi$_2$O$_2$N$_2$：Eu$^{2+}$ 荧光粉均具有不同宽度的宽带发射，CaSi$_2$O$_2$N$_2$：Eu$^{2+}$ 的半宽度为 97nm，SrSi$_2$O$_2$N$_2$：Eu$^{2+}$ 的半宽度为 82nm，BaSi$_2$O$_2$N$_2$：Eu$^{2+}$ 的半宽度为 35nm（图 5-29）。CaSi$_2$O$_2$N$_2$：6％Eu$^{2+}$ 为淡黄色发射，峰值位于 562nm，SrSi$_2$O$_2$N$_2$：6％Eu$^{2+}$ 发绿色光，峰值位于 543nm（530～570 nm），BaSi$_2$O$_2$N$_2$：6％Eu$^{2+}$ 产生蓝-绿色发射，峰值在 491nm（490～500 nm）。CaSi$_2$O$_2$N$_2$：6％Eu$^{2+}$ 呈现 1 个平而宽的激发带，位于

300～450nm，SrSi$_2$O$_2$N$_2$：6％Eu$^{2+}$ 和 BaSi$_2$O$_2$N$_2$：6％Eu$^{2+}$ 均具有 2 个可分辨的宽带，分别位于 300nm 和 450nm。

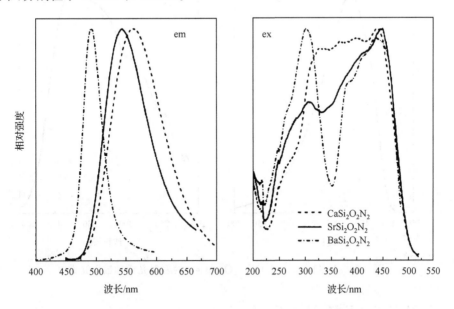

图 5-29　MSi$_2$O$_2$N$_2$(M = Ca，Sr，Ba)的发射光谱和激发光谱

MSi$_2$O$_2$N$_2$：Eu$^{2+}$ 荧光粉可用加热 Si$_3$N$_4$，SiO$_2$ 和碱土碳酸盐在 1600℃，0.5MPa N$_2$ 气氛下合成。

**6. LaAl(Si$_{6-z}$Al$_z$)N$_{10-z}$O$_z$：Ce$^{3+}$ ($z=1$)（简称 JEM）**

JEM 相是在制备 La 稳定的 X-SiAlON 时确定的，它属于正交结构（空间群 Pb$_{cn}$），$a = 9.4303$Å，$b = 9.7689$Å，$c = 8.9386$Å；其中 Al 原子和(Si，Al)原子与(N，O)原子四配位结合，形成 Al(Si，Al)$_6$(N，O)$_{10}^{3-}$ 网络，La 原子处于沿着[001]方向旋转延伸，与 7 个(N，O)原子无规则的配位，其平均距离约 2.70Å。

图 5-30 中列出 JEM：Ce$^{3+}$ 发射光谱，在 368nm 激发下显示出宽带发射，峰值位于 475nm[60]，当用 368nm 激发时发射效率（表观量子效率）约 55％，该蓝色荧光粉具有一个宽的从紫外到可见范围激发带。Ce$^{3+}$ 浓度或 $z$ 值的增加，将使激发和发射光谱红移。

JEM 的制备所用的原材料是 Si$_3$N$_4$，AlN，Al$_2$O$_3$，La$_2$O$_3$ 和 CeO$_2$，混合后，在 1.0MPa N$_2$ 气压下，1800～1900℃加热 2h，即可制得粉末荧光粉。

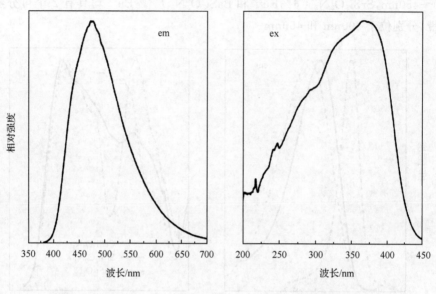

图 5-30　LaAl$(Si_{6-z}Al_z)N_{10-z}O_z$：$Ce^{3+}$ 的发射光谱和激发光谱

**7. $M_2Si_5N_8$：$Eu^{2+}$（M ＝ Ca，Sr，Ba）**

$Ca_2Si_5N_8$ 属单斜晶系，空间群 $C_{C1}$，而 $Sr_2Si_5N_8$ 和 $Ba_2Si_5N_8$ 属正交晶系，空间群 Pmn2[84]，这些三元碱土硅氮化物在结构中配位情况相当相似，一半氮原子连接 2 个相邻的 Si，而另外一半氮原子有 3 个相邻的 Si。在 $Ca_2Si_5N_8$ 中 Ca 原子与 7 个氮原子配位，而在 $Sr_2Si_5N_8$ 中的 Sr 和在 $Ba_2Si_5N_8$ 中的 Ba 是与 8 个或 9 个氮原子配位。

$M_2Si_5N_8$：$Eu^{2+}$（M ＝ Ca，Sr，Ba）荧光粉发射橙红或红色的光，见图 5-31。$Ca_2Si_5N_8$，$Sr_2Si_5N_8$ 和 $Ba_2Si_5N_8$ 单个宽的发射带分别位于 623nm，640nm 和 650nm，能够观察到随着碱土金属离子半径的增加，发射峰红移。它们的激发光谱十分类似，这表明 $Eu^{2+}$ 的化学环境十分相似。激发峰呈现向长波方向增宽，所有样品的峰值位于 450nm。

由于 $M_2Si_5N_8$ 比 $MSi_2O_2N_2$ 和 MSiALON 具有高含量的 N，使其共价性更强，当稀土离子掺杂到 $M_2Si_5N_8$ 时，稀土离子的配位环境就更强，因此其光谱会产生红移。

Li 等[76]报道了 $M_2Si_5N_8$：$Ce^{3+}$（M ＝ Ca，Sr，Ba）荧光粉。由于 $Ce^{3+}$ 的 5d-4f 跃迁，对于 M ＝ Ca，Sr，Ba 来说，分别展示出位于 470nm、553nm 和 452nm 的宽带发光峰。其中 $M_2Si_5N_8$：Ce，Li（Na）（M ＝ Ca，Sr）荧光粉具有 370～450 nm 宽的吸收和激发带，被认为是有前途的白光 LED 荧光粉。$Ca_{2-2x}Ce_xLi_xSi_5N_8$ 的光谱图如图 5-32 所示，$Ce^{3+}$ 的主激发峰在 395nm 附近，发射峰为主峰位于 470nm 的宽带。当 M＝Ba，Sr 时，其发射峰分别位于 520nm、490nm。

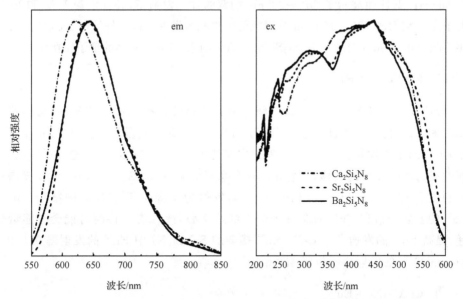

图 5-31　$M_2Si_5N_8$：$Eu^{2+}$（M ＝ Ca，Sr，Ba）的发射光谱和激发光谱

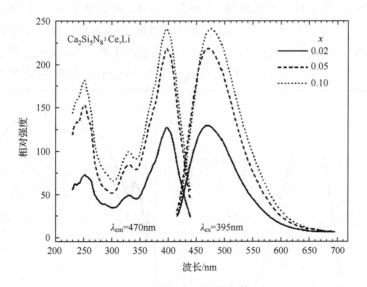

图 5-32　$Ca_{2-2x}Ce_xLi_xSi_5N_8$ 的激发和发射光谱（$x＝0.02$，$0.05$，$0.1$）

　　碱土硅氮化物 $M_2Si_5N_8$：$Eu^{2+}$（M ＝ Ca，Sr，Ba）既可以用 $Si_3N_4$，$M_3N_2$ 和 EuN 混合粉体，在 0.5MPa $N_2$ 气氛下 1600～1800℃条件下灼烧制备，也可用碱土金属与硅二亚胺（silicon diimide）在 1550～1650℃，氮气氛下反应合成[84]。

　　Y. Q. Li 等[80]采用高温固相法，在 1300～1400℃下，$N_2$-$H_2$（10％）的气氛中，制备了同构的 $M_2Si_5N_8$：$Eu^{2+}$（M ＝ Ca，Sr，Ba）荧光粉。该荧光粉由于 $Eu^{2+}$ 的

$4f^6 5d \rightarrow 4f^7$ 跃迁而展示了 $600 \sim 680nm$ 的宽的红色发射带,并且依赖于 M 和 $Eu^{2+}$ 的浓度。它们的 $370 \sim 460 nm$ 的很宽的吸收和激发带可以很好地与 InGaN 基 LED 相匹配。在 465nm 的激发下,$Sr_2Si_5N_8$:$Eu^{2+}$ 有着 75%～80% 的量子转换效率。

8. $MYSi_4N_7$:RE

$MYSi_4N_7$:RE 由于既有二价碱土金属的格位又有三价钇的格位,这样就为 $Eu^{2+}$ 和 $Ce^{3+}$ 提供了各自的格位[79]。$BaYSi_4N_7$:$Eu^{2+}$ 的激发光谱从 220nm 延伸 至 440nm,主激发峰位于 385nm,发射主峰位于 $500 \sim 520nm$。光谱随 $Eu^{2+}$ 掺杂浓 度的提高产生较大的红移,发射光谱的半峰宽变大。$BaYSi_4N_7$:$Ce^{3+}$ 激发光谱峰 分别位于 285nm、297nm、318nm、338nm,发射为主峰位于 417nm 的窄带。由于 $Ce^{3+}$ 的发射光谱和 $Eu^{2+}$ 的激发光谱很好地交叠,故二者共掺时可能会有能量传 递,提高 $Eu^{2+}$ 的发射[78]。$Ce^{3+}$、$Eu^{2+}$ 掺杂的 $SrYSi_4N_7$ 中 $Eu^{2+}$ 的发射峰在 $548 \sim 570nm$,$Ce^{3+}$ 的发射主峰位于 450nm[69]。

9. $CaAlSiN_3$:$Eu^{2+}$

$CaAlSiN_3$ 属于单斜晶系结构,空间群 $Cmc2_1$,晶胞参数 $a = 9.8007$Å,$b = 5.6497$Å,$c = 5.0627$Å[72]。Ca 原子处于六角形 $(Al,Si)N_4$ 四配位的通道中。

$CaAlSiN_3$:$Eu^{2+}$ 是发红光的荧光粉,其光谱示于图 5-33,其激发带是相当宽, 从 250nm 到 550nm。发射带也相当宽,当用 450nm 激发时发射峰中心位于

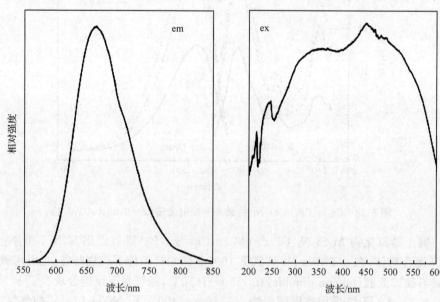

图 5-33　$CaAlSiN_3$:$Eu^{2+}$ 的发射光谱和激发光谱

650nm。色坐标是 $x = 0.66$，$y = 0.33$，该荧光粉有较高的量子效率，在 450nm 激发下约为 86%。当 $Eu^{2+}$ 浓度增加时，发射光谱红移。

由上述介绍可知，氮化物荧光粉在紫外和可见光辐照下，能有效地发射，并与 UV 芯片蓝光发射的 LED 芯片匹配得较好，可以用作白光 LED 光转换的荧光粉。

### 5.3.3　白光 LED 用硫化物荧光粉

$SrGa_2S_4$：$Eu^{2+}$ 也是一种新的蓝光光转换材料，其吸收带位于 $330\sim480nm$，发射峰位于 536nm 附近，半高宽为 $2000cm^{-1}$。Tardy 等[85]首次报道了采用有机染料（香豆素，DCM）、有机荧光粉（Alq3）和无机荧光粉（$SrGa_2S_4$：$Eu^{2+}$）作为光转换材料的白光发射体系，采用发射 430nm 光的 InGaN 作为激发源，可以通过调节各种光转换材料的组成在一定范围内调节白光的色温。其中有机荧光粉为红光光转换材料，这些有机荧光粉虽然吸收效率高，但是抵抗二极管高辐射的能力差，导致白光发射体系的寿命降低。Huh 等[86]采用分解法合成了 $SrGa_2S_4$：$Eu^{2+}$，没有使用有毒的 $H_2S$ 气体。他们采用 $SrGa_2S_4$：$Eu^{2+}$ 和 ZnCdS：Ag,Cl 作为光转换材料。在 InGaN 发射的蓝光激发下，这两种材料分别发射黄绿光和红光，然后与未吸收的蓝光复合成白光。

$Eu^{2+}$ 掺杂的 CaS 是传统的 LED 灯用红光发射光转换材料。$Sr^{2+}$ 和 $Ca^{2+}$ 的半径相差不大，$(Ca_{1-x}Sr_x)S$：$Eu^{2+}$ 可以形成固熔体。通过改变基质的组分，在基质中增加 Sr 的含量，$Eu^{2+}$ 的发射主峰从 650nm 蓝移到 600nm[19]。将 65∶35 的 $CaS$：$Ga_2S_3$ 与 1%EuS 混合充分，1000℃密闭加热数小时，得到 $CaGa_2S_4$：$Eu^{2+}$、CaS：$Eu^{2+}$ 混合荧光粉，将该混合荧光粉在 700℃再次密闭加热 1h，所得荧光粉的混合物结晶度显著提高。在蓝光激发下，$CaGa_2S_4$：$Eu^{2+}$ 产生绿色发射，CaS：$Eu^{2+}$ 产生红色发射，首次加热得到的荧光粉混合物的红光发射比红、绿二种机械混合物的发射强度相比增强了很多，混合荧光粉再次加热后，其绿光发射和红光发射得到了进一步提高[87]。稀土激活的硫化物红色荧光粉，如 CaS：$Eu^{2+}$，$Ca_{1-x}Sr_xS$：$Eu^{2+}$ 等，虽然可以弥补红光不足的弱点，但这些硫化物在环境中稳定性差[19,20]。

### 5.3.4　紫外-近紫外 LED 用荧光粉

由于视觉对紫外和近紫外光（$380\sim410nm$）不敏感性，紫外和近紫外光 LED 激发三基色荧光粉产生的白光 LED 的颜色仅由荧光粉决定，所以，用紫外和近紫外光 LED 激发三基色荧光粉产生的白光 LED 的方案颜色稳定、显色性好和显色指数高。因此，这一方案被认为是新一代白光 LED 照明的主导方案。

相对而言，紫外和近紫外光 LED 激发的荧光粉品种相对较多，所以人们对其寄予厚望。传统的灯用荧光粉大多只能有效地吸收 $200\sim350nm$ 的紫外光，不能与 LED 很好地匹配。由于紫外线光子的能量较蓝光高,可激发的荧光粉选择性增加,同时无论哪种颜色的荧光粉的效率大都随激发光源波长的缩短而增加,尤其是红色荧光粉。紫外和近紫外体系的封装方式和蓝光 LED 与黄色荧光粉的组合完全相同,成本相同,但因为所有白光都来自于荧光粉本身,紫外光本身未参与混光,因此颜色的控制较蓝光 LED 容易得多,色彩均匀度极佳,显色性可根据所混合的荧光粉数量和种类而定,通常可控制在 90 左右。目前这种白光 LED 商品比较少,并使用的近紫外 LED 在 380~400nm 左右,其最终效率只有白光 LED 的一半。因此,研究与紫外 LED、蓝光 LED 匹配的能产生高效的各种光色发射的新的荧光粉具有很大的理论和实际意义。

### 1. 近紫外 LED 用荧光粉

由于蓝色 LED 所用的荧光粉比较少,而紫外 LED 电转换效率较低,因此人们开始探索近紫外 LED 激发的新的白光 LED,目前对此研究得比较活跃。近紫外 LED 激发的白光 LED 可分为两种类型。

近紫外 LED 激发的白光 LED 所采用的荧光粉能在近紫外到蓝光范围(315~480nm)的激发下发出绿色到黄色的宽范围波长的光(490~770nm),LED 的光与荧光粉的光进行混合得到白光。目前,能用在此体系的荧光粉主要为基于 $Y_3Al_5O_{12}$:Ce 的荧光粉。

另外,可以利用近紫外 LED 和蓝、黄色荧光粉,其中蓝色荧光粉目前开发的主要为 $Ca_{10}(PO_4)_6Cl_2$:$Eu^{2+}$,黄色荧光粉主要为 $(Y_{1-a}Gd_a)_3(Al_{1-b}Ga_b)_5O_{12}$:$Ce^{3+}$,或者是由近紫外 LED 与红、绿、蓝三色荧光粉(或者橙、黄、绿、蓝色荧光粉)一起得到白光。对于该种组合来说,红色、绿色、蓝色荧光粉主要分别采用 $Y_2O_3$:Eu,$SrGa_2S_4$:Eu,$BaMgAl_{14}O_{23}$:Eu。

Setlur[88] 报道的 $Ca_2NaMg_2V_3O_{12}$:Eu 白光荧光粉,利用 $VO_4^{3-}$ 位于 530nm 处宽幅发射和 $Eu^{3+}$ 位于 611nm 处的发射谱混合成白光,在 360nm 紫外线激发下其显色指数达到 89。

刘应亮[25] 报道的 $CdSiO_3$:Dy,在 420nm 左右有一个源于 $CdSiO_3$ 带隙(243nm)缺陷产生的宽带发射,其与 $Dy^{3+}$ 离子位于 580nm 和 486nm 处的特征发射复合可产生白色发射,但是发射谱中仍缺少红色成分。

文献[89]报道的一个典型的在 382nm LED 激发下高显色指数 Ra 的白光 LED 三基色荧光粉组成为:红色荧光粉 $La_2O_2S$:$Eu^{3+}$($\lambda_{em}=626nm$);绿色荧光粉 ZnS:Cu,Al($\lambda_{em}=528nm$);蓝色荧光粉 $(Sr,Ca,Ba,Mg)_{10}(PO_4)_6Cl$:$Eu^{2+}$($\lambda_{em}=447nm$),但这些三基色荧光粉的吸收波长仍与其 LED 的发射波长不十分匹配(红、绿、蓝荧光粉相应的吸收峰分别在 350nm,~400nm 和 330nm、380nm),

因而发光效率仍不高。

文献[57]报道用 394nm 近紫外光激发的 $SrEu_{0.18}La_{0.12}Ga_3O_7$ 和 $LiEuW_2O_8$ 红色荧光粉的转换效率都在 $Y_2O_2S$：$Eu^{3+}$ 红色荧光粉的 6 倍以上,可应用于三基色白光 LED 上。Yunsheng Hua 等[24]对 $CaMoO_4$：$Eu^{3+}$ 荧光粉进行分析,发现该荧光粉在 394nm 近紫外光或 464nm 蓝光激发下可以发出 616nm 的红光。

上述这些与近紫外 LED 组合使用的红、绿、蓝三基色荧光粉将可能使人们获得颜色更稳定、显色性更好和显色指数更高的白光 LED,但由于混合物之间存在颜色再吸收和配比调控,以及难以使三基色荧光粉的吸收波长同时与其 LED 的发射波长相匹配等问题,仍然对流明效率和显色性的提高有较大的影响。

### 2. 紫外 LED 用荧光粉

利用紫外 LED 激发产生白光的机理与蓝光 LED 类同,即通过紫外 LED 所发出的紫外光激发荧光粉发光,各种荧光粉所发出的光进行混合就得到所需的白光。通过以下几种方法均可以产生白光：①紫外 LED＋(黄、蓝绿、蓝色荧光粉)；②紫外 LED＋(橙色、蓝绿色荧光粉)；③紫外 LED＋(红、绿、蓝色荧光粉)。由于利用紫外光 LED 激发红、绿、蓝色荧光粉具有较佳的显色性且荧光粉材料易找到等优点,因此,此类型的荧光粉的研究非常具有吸引力。

#### (1) 紫外 LED 用黄色荧光粉

对于这类荧光粉来说,最合适的为 Eu 和 Mn 掺杂的碱土金属的焦磷酸盐荧光粉 $M_2P_2O_7$：$Eu^{2+}$,$Mn^{2+}$,其中 M 至少为 Sr,Ca,Ba,Mg 中的一种[90]。在 $M_2P_2O_7$：$Eu^{2+}$,$Mn^{2+}$ 中,Eu 和 Mn 占据的是 M 位置,因此这种荧光粉可以写成 $(M_{1-x-y}Eu_xMn_y)_2P_2O_7$,$0<x\leqslant0.2,0<y\leqslant0.2$。其中 M 通常为 Sr,$Eu^{2+}$ 作为敏化剂,$Mn^{2+}$ 作为激活剂。由 $Eu^{2+}$ 吸收紫外 LED 发出光的能量,然后将吸收到的能量转移给 $Mn^{2+}$。$Mn^{2+}$ 通过吸收转移的能量而被提升到激发态,再释放光能回到基态。当 M 为 $Sr^{2+}$ 的时候,荧光粉为宽发射带,波长范围为 575～595nm,当 Sr 和 Mg 的摩尔含量相同时,此荧光粉的发射峰波长为 615nm。另外,这类荧光粉还有 $M_3P_2O_8$：$Eu^{2+}$,$Mn^{2+}$,其中 M 至少包括 Sr,Ca,Ba,Mg 中的一种。

#### (2) 紫外 LED 用蓝绿色荧光粉

第一种为 $Eu^{2+}$ 掺杂的碱土金属的硅酸盐荧光粉。通常情况下这种荧光粉的组成为 $M_2SiO_4$：$Eu^{2+}$,M 为 Mg,Ca,Sr 或 Ba。最合适的成分含量为 [Ba]≥ 60％、[Sr]≤30％、[Ca]≤10％。如果 M 为 Ba 或 Ca,那么荧光粉的发射峰约为 505nm;如果为 Sr,其发射峰约为 580nm。因此,较合适的荧光粉组成为 $Ba_2SiO_4$：$Eu^{2+}$、$(Ba,Sr)_2SiO_4$：$Eu^{2+}$ 或者 $(Ba,Ca,Sr)_2SiO_4$：$Eu^{2+}$。在这种荧光粉中,$Eu^{2+}$ 占据的是碱土金属的格位,因此该荧光粉可以写为 $(M_{1-x}Eu_x)_2SiO_4$,$0<x\leqslant0.2$。

第二种荧光粉为 $Eu^{2+}$ 激活的碱土金属硅酸盐荧光粉。最合适的荧光粉组成为 $M_2M'Si_2O_7：Eu^{2+}$（其中 M 为 Ca,Sr 或 Ba，M' 为 Zn,Mg）。

第三种为 $Eu^{2+}$ 激活的碱土金属铝酸盐荧光粉。这种荧光粉的最合适组成为 $MAl_2O_4：Eu^{2+}$ 其中 M 为 Ca,Sr,Ba,M 中[Sr]≥50%，较合适的组成为[Sr]≥80%，[Ba]≤20%。如果 M 为 Ba，荧光粉的峰约为 505nm；如果 M 为 Sr，那么荧光粉的峰值约为 520nm；如果 M 为 Ca，那么荧光粉的峰值约为 440nm。于是，最合适的应该为 Sr 或者 Sr 和 Ca。在此荧光粉中，$Eu^{2+}$ 依然占据的是碱土金属的位置，这种荧光粉可以写为 $(M_{1-x}Eu_x)Al_2O_4$，$0 < x ≤ 0.2$。

为了优化此类荧光粉的颜色和性能，通常需要多种硅酸盐和铝酸盐的组合。

（3）紫外 LED 用蓝色荧光粉

这类荧光粉的发射峰要求在 420~480nm，主要为掺 $Eu^{2+}$ 的碱土金属卤磷酸盐。少量的磷酸盐可以被少量的硼酸盐所替代以增加发射强度。荧光粉的发射峰的位置随着锶与其他碱土金属离子比例的变化而变化。当 M 仅仅为锶一种元素时，发射波长为 447nm。用 Ba 离子代替 Sr 离子会导致发射峰蓝移；当用 Ca 离子代替 Sr 离子时，发射峰又会发生红移。这类荧光粉研究得较成熟的组成为 $(Sr_{1-y-z}Ba_yCa_x)_{5-x}Eu_x(PO_4)_3Cl$。其中，$0.01 ≤ x ≤ 0.2$，$0 ≤ y ≤ 0.1$，$0 ≤ z ≤ 0.1$。

对于 $Eu^{2+}$ 激活的碱土金属的铝酸盐荧光粉，已经商业化的有"BAM"，其组成为 $BaMgAl_{10}O_{17}：Eu^{2+}$。$Eu^{2+}$ 处在 M 位置上，这种荧光粉的发射波长约为 450nm。随着 $Ba^{2+}$ 被 $Sr^{2+}$ 替代的量增加，荧光粉的发射波长就会发生红移。

能用作此类荧光粉的还有 $Eu^{2+}$ 激活的铝酸盐，如组成为 $n(BaO) \cdot 6Al_2O_3：Eu^{2+}$ 或 $n(Ba_{1-x}Eu_x)O \cdot 6Al_2O_3$，其中 $1 ≤ n ≤ 1.8$，$0 ≤ x ≤ 0.2$。$BaAl_{12}O_{19}：Eu^{2+}$ 或者 $(Ba_{1-x}Eu_x)Al_{12}O_{19}$，$0 < x ≤ 0.2$。

（4）紫外 LED 用其他荧光粉

紫外 LED 用的橙色荧光粉目前通常为 $M_2P_2O_7：Eu^{2+},Mn^{2+}$，其中 M 至少为 Sr，Ca，Ba，Mg 中的一种，如已经产业化的 $(Sr_{0.8}Eu_{0.1}Mn_{0.1})_2P_2O_7$。红粉主要为 $Y_2O_3S：Eu^{2+},Gd^{3+}$，绿粉目前主要有 $ZnS：Cu,Al$ 和 $Ca_2MgSi_2O_7：Eu^{2+}$ 两种。为了提高紫外 LED＋荧光粉体系所发白光的显色指数，通常添加发射波长为 620~670nm 红色荧光粉，主要为 $3.5MgO \cdot 0.5MgF_2 \cdot GeO_2：Mn^{4+}$。另外，要使这几类荧光粉的混合得到优化，就要考虑到所用荧光粉的数量、设计的显色指数和功效、荧光粉的组成和所用 LED 发射峰的位置。例如，为了降低混合荧光粉的色温，增加发射强度，荧光粉的蓝色和绿色成分就要减少。为了提高混合荧光粉的色温，就要加入第四种荧光粉，即红色荧光粉。

现将主要的白光 LED 用荧光粉的化学组成和发光颜色列于表 5-3 和表 5-4。

表 5-3　部分 LED 用荧光粉的化学组成和发光颜色

| 类型 | 化学组成 | 发光颜色 |
|---|---|---|
| 硫化物 | $(Ca,Sr)S:Eu$ | 红 |
| | $ZnS:Cu,Al$ | 绿 |
| 硫镓酸盐 | $CaGa_2S_4:Eu$ | 黄 |
| | $SrGa_2S_4:Eu$ | 绿 |
| 氮化物 | $(Ca,Sr)_2Si_5N_8:Eu$ | 红 |
| | $CaSiAlN_3:Eu$ | 红 |
| | $CaSiN_2:Eu$ | 红 |
| 氮氧化物 | $BaSi_2O_2N_2:Eu$ | 蓝绿 |
| | $(Sr,Ca)Si_2O_2N_2:Eu$ | 黄绿 |
| | $Ca(Si,Al)_{12}(O,N)_{16}:Eu$ | 橙 |
| 硅酸盐 | $(Ba,Sr)_2SiO_4:Eu$ | 绿 |
| | $Sr_2SiO_4:Eu$ | 黄 |
| | $Ca_3Sc_2Si_3O_{12}:Ce$ | 绿 |
| 铝酸盐 | $SrAl_2O_4:Eu$ | 绿 |
| | $Sr_4Al_{14}O_{25}:Eu$ | 蓝绿 |

表 5-4　紫外和近紫外 LED 用荧光粉的化学组成与发光颜色

| 类型 | 化学组成 | 发光颜色 |
|---|---|---|
| 磷灰石 | $(Ca,Sr)_5(PO_4)_3Cl:Eu$ | 蓝 |
| | $(Ca,Sr)_5(PO_4)_3Cl:Eu,Mn$ | 蓝-橙 |
| 铝酸盐 | $BaMgAl_{10}O_{17}:Eu$ | 蓝 |
| | $BaMgAl_{10}O_{17}:Eu,Mn$ | 蓝绿 |
| 硫氧化物 | $Y_2O_2S:Eu$ | 红 |
| | $Gd_2O_2S:Eu$ | 红 |
| | $La_2O_2S:Eu$ | 红 |
| 硅酸盐 | $(Sr,Ba)_3MgSi_2O_8:Eu$ | 红 |
| | $Ba_3MgSi_2O_8:Eu,Mn$ | 红 |
| 其他 | $Zn_2GeO_4:Mn$ | 黄绿 |
| | $LiEuW_2O_8$ | 红 |

## 5.3.5　白光 LED 荧光粉的探索

白光 LED 以其优异的特点,将成为新一代的照明光源,已被广泛地研究与应用。用荧光粉转化成为白光 LED 是发展的主流,由此给荧光粉的发展带来了新的空间。若用白光 LED 取代荧光灯成为新一代室内照明光源,则需要具有更高的流明效率、更高的显色指数、更好的色温可调节性以及更低的价格。因此,白光 LED 进一步的发展,尚需进行更艰巨的工作。

白光 LED 荧光粉须满足如下要求:

(1) 在蓝光、长波紫外光激发下,荧光粉能产生高效的可见光发射,其发射光谱满足白光要求,光能转换效率高、流明效率高。

(2) 荧光粉的激发光谱应与 LED 芯片的蓝光或紫外光发射相匹配。

(3) 荧光粉的发光应具备优良的抗温度猝灭特性。

(4) 荧光粉的物理、化学性能稳定,抗潮,不与封装材料、半导体芯片等发生不良作用。

(5) 荧光体可承受紫外光子的长期轰击,性能稳定。

(6) 荧光粉颗粒分布均匀,粒度在 $8\mu m$ 以下。

目前最成熟的是采用 460nm 蓝光 InGaN 芯片和发黄光的 YAG:Ce 荧光粉组合成白光 LED,最主要是 YAG 具有良好的物理和化学稳定性、耐电子辐射,以及 YAG:Ce 的吸收带处在蓝光范围而发射波段在黄光范围。同时也由于这种组合制作简单,在所有白光 LED 的组合方式中成本最低而效率最高,易于产业化,故大部分白光 LED 都以此种方式制成。这种白光 LED 的效率同时受蓝光 LED 和荧光粉两者的影响。针对这种组合存在的问题,改善现有荧光粉以提高显色性和积极地探索新的荧光粉来代替 YAG:Ce 荧光粉是当前研发白光 LED 的主要课题之一。

为提高显色性,人们通过多种荧光粉的组合来改善 YAG:Ce 荧光粉的性能,开展研制发红光的辅助荧光粉。同时,研制粒度小、低色温、高显色指数的蓝光 LED 用新的高效荧光粉就成了科研人员重要的目标。

由于视觉对紫外和近紫外光的不敏感性,使得紫外(200~350nm)和近紫外光(380~410nm) LED 激发三基色荧光粉产生的白光 LED 的颜色只由荧光粉决定,所以,这一方案颜色稳定、显色性好和显色指数高,因此,该方案被认为是新一代白光 LED 照明的主导方案。

必须指出,目前广泛使用的 253.7nm 紫外光激发的紧凑型节能荧光灯高效三基色荧光粉由于激发能量高而不适用于这种白光 LED,因此,必须开发新的白光 LED 专用的三基色或多色荧光粉。

虽然,紫外和近紫外 LED 组合使用的红、绿、蓝三基色荧光粉将能使人们得到颜色更稳定、显色性更好和显色指数更高的白光 LED,以及这类荧光粉的品种较多,但这类荧光粉的搭配和选用存在很多问题,如各种荧光粉的状态会对紫外转换的蓝色荧光粉色坐标的 $y$ 值产生较明显的影响;不同荧光粉组成的混合物之间存在颜色再吸收,以及难以使三基色荧光粉的吸收波长同时与其 LED 的发射波长相匹配等,将会对流明效率和显色性等有较大的影响;荧光粉晶粒尺寸和比重的不均一,也成为降低荧光粉的转换效率的重要因素。混在环氧树脂中的荧光粉的颗粒尺寸不均一将会导致整个系统光线的不均一。当荧光粉与环氧树脂的浆料进行混合时,大颗粒尺寸的荧光粉比小颗粒荧光粉沉降的速度要快,那么一旦体系固化,在环氧树脂中的荧光粉的空间分布也存在不均一性。尺寸和空间分布的不均一都将影响到整个体系光的颜色及强度分布等。然而,目前要真正地做到尺寸和比重均一的荧光粉还不可能,如何使得荧光粉的颗粒尺寸更均一已引起白光 LED 用荧光粉的研究者们的极大兴趣。

为此,人们期待着与紫外光和紫光有着更好匹配的全色单一白光荧光粉和新型红、绿、蓝三基色荧光粉出现。

随着高效率大功率 365~420nm 紫外光和紫光 LED 的研发成功和商品化程度的加大,尤其在近紫外光 400nm 附近 InGaN 系的 LED 效率很高,人们发现在 405nm 时,表观量子效率高达 43%。因此,用此类 LED 芯片的发光激发红、绿、蓝三基色荧光粉或多种荧光粉可以获得发光效率在 30~40 lm/W,平均显色指数在 90 以上的三基色白光 LED[84]。

2006 年,Hiroki Iwanaga 等[91]研究了铕的 β-二酮和氧化磷配合物的分子结构和光谱性质关系。利用 β-二酮等配体对近紫外光的间接激发机理可以增强 $Eu^{3+}$ 的荧光强度,并认为可以应用于新一代的白光 LED。

纳米荧光粉是白光 LED 用荧光粉发展的趋势。特别是对于紫外和近紫外系统中所用的半导体荧光粉来说,纳米效应将使得荧光粉的性能得到巨大的改善。颗粒形状也是影响荧光粉性能的一个非常重要的因素。目前科学家们已经开始研究基于薄膜的组合化学法来寻找新型的纳米荧光粉。

## 参 考 文 献

[1] Nakamura S, Mukai T, SenohM. Appl Phys Lett, 1994, 64 (13): 1687

[2] 刘行仁, 薛胜薛, 黄德森, 林秀华. 光源与照明, 2003, (3): 4

[3] Muthu S, Pashley M. Issues and Control IEEE J Selected Topics in Quantum Electronics, 2002, 8(2): 327

[4] Dobrzycki L, Bulska E, Pawlak D A, Frukacz Z, Wozmiak K. Inorg Chem, 2004, 43: 7656

[5] Li Kong, Shucai Gan, Guangyan Hong, Jilin Zhang. J Rare Earths, 2007, 25(6): 692

[6] Moriga T, Sakanaka Y, Miki Y, et al. International J Modern Physics B, 2006, 20 (25-27): 4159

[7] Zhang S S, Zhuang W D, Zhao C L, et al. J. Rare Earths, 2004, 22 (1): 118

[8] Lin Y S, Lin R S, Cheng B M. J Electrochem Soc, 2005, 152(6): J41

[9] Ho Seong Jang, Won Bin Im, Dong Chin Lee, Duk Young Jeon, Shi Surk Kim. J Lumin, 2007, 126(2): 371

[10] Yuexiao Pan, Mingmei Wu, Qiang Su. J Phys Chem Solids, 2004, 65 (5): 845

[11] 孔丽，甘树才，洪广言，张吉林. 发光学报，2007，28(3)：393

[12] 孔丽，甘树才，洪广言，尤洪鹏，张吉林. 高等学校化学报，2008，29 (4)：673

[13] Guodong Xia, Shengming Zhou, Junji Zhang, Jun Xu. J Crystal Growth, 2005, 279 (3-4)：357

[14] Qi F X, Wang H B, Zhu X Z. J Rare Earths, 2005, 23(4)：397

[15] Li Y X, Li Y Y, Min Y L, Wu Y L, Cheng C M, Zhou X Z, Gu Z Y. J Rare Earths, 2005, 23(5)：517

[16] Kasuya R, Isobe T, Kuma H. J Alloys and Compounds, 2006, 408-412：820

[17] Kasuya R, Isobe T, Kuma H, Katano J. J Phys Chem B, 2005, 109(47)：22126

[18] Yung Tang Nien, Yu Lin Chen, et al. Materials Chemistry and Physics, 2005, 93(1)：79

[19] Hu Y S, Zhuang W D, Ye H Q, Zhang S S, Y Fang, Huang X W. J Luminescence, 2005, 111(3)：139

[20] Lowery C H, Mueller G, Mueller R. 2002. US Patent 6351069B1

[21] 王尔镇. 照明工程学报，2003，14(4)：23

[22] Narendran N, Gu Y, Freyssinier J P, Yu H, Deng L. Journal of Crystal Growth, 2004, 268：449

[23] Park J K, Kim C H, Park S H, Park H D, Choi S Y. Applied Physics Letters, 2004, 84(10)：1647

[24] Yunsheng Hua, Weidong Zhuanga, Hongqi Ye, et al. J. Alloys and Compounds, 2005, 390 (1-2)：226

[25] Yingliang Liu, Bingfu Lei, Chunshan Shi. Chem Mater, 2005, 17：2108

[26] Park J K, Choi K J, Kang H G, Kim J M, Kim C H. Electrochemical and Solid State Letters, 2007, 10 (2)：J15

[27] Yang Zhiping, Lu Yufeng, Wang Liwei, Yu Quanmao, Xiong Zhijun, Xu Xiaoling. Acta Physica Sinica, 2007, 56 (1)：546

[28] Xiaoyuan Sun, Jiahua Zhang, Xia Zhang, Shaozhe Lu, Xiaojun Wang. J Luminescence, 2007, 122-123：955

[29] Kawakami Toda Kenji, Kousaka Yoshitaka, Ito Shin-ichiro, Komeno Yutaka, Uematsu Akira, Kazuyoshi Sato Mineo. Ieice Transactions on Electronics, 2006, E89C (10)：1406

[30] Ding Weijia, Wang Jing, Zhang Mei, Zhang Qiuhong, Su Qiang. J Solid State Chemistry, 2006, 179 (11)：3582

[31] Kim Sang Hyeon, Lee Hyo Jin, Kim Kyeong Phil, Yoo Jae Soo. Korean J Chemical Engineering, 2006, 23 (4)：669

[32] Kim J S, Kang J Y, Jeon P E, Choi J C, Park H L, Kim T W. Japanese J Applied Physics Part 1, 2004, 43 (3)：989

[33] Mei Zhang, Jing Wang, Qiuhong Zhang, Weijia Ding, Qiang Su. Materials research bulletin, 2007, 42(1)：33

[34] Kim J S, Kwon A K, Park Y H, Choi J C, Park H L, Kim G C. J. Luminescence, 2007, 122-123：583

[35] Yoo J S, Kim S H, Yoo W T, Hong G Y, Kim K P, Rowland J, Holloway P H. J Electrochemical Society, 2005, 152(5)：G382

[36] Park J K, Lim M A, Kim C H, Park H D, Park J T, Choi S Y. Applied Physics Letters, 2003, 82(5)：683

[37] Kim J S, Park Y H, Choi J C, Park H L. J Electrochemical Society, 2005, 152(8)：H121

[38] Park J K, Choi K J, Park S H, Kim C H, Kim H K. J Electrochemical Society, 2005, 152 (8)：H124

[39] Park J K, Choi K N, Kim K N, Kim C H. Appled Physics Letters, 2005, 87：031108

［40］Lakshminarasimhan N，Varadaraju U V. J Electrochemical Society，2005，152(9)：H152

［41］Kim J S，Park Y H，Kim S M，Choi J C，Park H L. Solid State Communications，2005，133 (7)：445

［42］孔丽，甘树才，洪广言，尤洪鹏. 功能材料，2007，38 (增刊)：197

［43］Jie Liu，Jiayue Sun，Chunshan Shi. Materials Letters，2006，available online at www. sciencedirect. com

［44］Hongmei Yang，Jianxin Shi，Menglian Gong，K W Cheah. J Luminescence，2006，118(2)：257

［45］Park J K，Choi K J，Yeon J H，Lee S J，Kim C H. Applied Physics Letters，2006，88 (4)：043511

［46］孙晓园，张家骅，张霞，刘慎薪，蒋大鹏，王笑军. 发光学报，2005，26(3)：404

［47］Barry L. J Electrochem Soc，1968，115 (7)：733

［48］Barry L. J Electrochem Soc，1968，117 (3)：381

［49］Kim J S，Mho S W，Park Y H，Choi J C，Park H L，Kim G S. Solid State Communications，2005，136 (9-10)：504

［50］Kim J S，Park Y H，Choi J C，Park H L. Electrochemical And Solid State Letters，2005，8 (8)：H65

［51］Kim J S，Jeon P E，Park Y H，Choi J C，Park H L. J Electrochemical Society，2005，152 (2)：H29

［52］Kim J S，Jeon P E，Park Y H，Choi J C，Park H L，Kim G C，Kim T W. Applied Physics Letters，2004，85 (17)：3696

［53］Kim J S，Jeon P E，Choi J C，Park H L，Mho S I，Kim G C. Applied Physics Letters，2004，84 (15)：2931

［54］Kim J S，Lim K T，Jeong Y S，Jeon P E，Choi J C，Park H L. Solid State Communications，2005，135 (1-2)：21

［55］Xiaoyuan Suna，Jiahua Zhang，Xia Zhang，Shaozhe Lu，Xiaojun Wang. J Luminescence，2007，122：955

［56］Yang W J，Luo L Y，Chen T M，Wang N S. Chemistry of Materials，2005，17 (15)：3883

［57］山田健一著，姜伟译. 中国照明电器，2005，(8)：24

［58］Krevel van，Hintzen J W H，Metselaar R H T，Meijerink A. J Alloy Compd，1998，268：272

［59］Jansen S R，Migchel J M，Hintzen H T，Metselaar R. J Electrochem Soc，1999，146：800

［60］Hirosaki N，Xie R J，Yamamoto Y，Suehiro T，Presented at the 66th Autumn Annual Meeting of the Japan Society of Applied Physics (Abstract No. 7ak6)，Tokusima，Sept. 7-11：2005

［61］Xie R J，Hirosaki N，Yamamoto Y，Suehiro T，Mitomo M，and Sakuma K. J the ceramic society of Japan，2005，113(1319)：462

［62］Xie R J，Hirosaki N，Mitomo M，Uheda K，Suehiro T，Xu X，Yamamoto Y，Sekiguchi T. J Physical Chemistry B，2005，109(19)：9490

［63］Hirosaki N，Xie R J，Kimoto K，Sekiguchi T，Yamamoto Y，Suehiro T，Mitomo M. Applied Physics Letters，2005，86(21)：211905

［64］Xie R J，Hirosaki N，Mitomo M，Takahashi K，Sakuma K. Applied Physics Letters，2006，88(10)：101104

［65］Sakuma K，Omichi K，Kimura N，Ohashi M，Tanka D，Hirosaki N，Yamamoto Y，Xie R J，Suehiro T. Optics Letters，2004，29(17)，2001

［66］Xie R J，Hirosaki Naoto，Mitomo Mamoru，Yamamoto Yoshinobu，Suehiro Takayuki，Sakuma Ken. J Physical Chemistry B，2004，108(32)：12027

［67］Xie R J，Hirosaki Naoto，Sakuma Ken，Yamamoto Yoshinobu，Mitomo Mamoru. Applied Physics Letters, 2004, 84(26): 5404

[68] Li Y Q, Delsing C A, de With G, Hintzen H T. Chemistry of Materials, 2005, 17(12): 3242

[69] Li Y Q, Fang C M, de With G, Hintzen H T. J Solid State Chemistry, 2004, 177(12): 4687

[70] Uheda K, Takizawa H, Endo T, Yamane H, Shimada M, Wanf C M, Mitomo M. J Lum, 2000, 87-89: 867

[71] Hoppe H A, Lutz H, Morys P, Schnick W, Seilmeier A. J Phys Chem Solids, 2000, 61: 2001

[72] Uheda K, Hirosaki N, Yamamoto H, Yamane H, Yamamoto Y, Inami W, Tsuda K. Presented at the 206th Annual Meeting of the Electrochemical Society (Abstract No. 2073), Honolulu, Oct. 3-8, 2004

[73] Suehiro T, Hirosaki N, Xie R J, Mitomo M. Chemistry of Materials, 2005, 17: 308

[74] Li Y Q, de With G, Hintzen H T. J Electrochemical Society, 2006, 153(4): G278

[75] Henning A Hppe, Florian Stadler, Oliver Oeckler, Wolfgang Schnick. Angewandte Chemie International Edition, 2004, 43(41): 5540

[76] Li Y Q, de With G, Hintzen H T. J. Luminescence, 2006, 116 (1-2): 107

[77] Li Y Q, van Steena J E J, van Krevel J W H, et al. J Alloys and Compounds, 2005, 390, 1

[78] Li Y Q, de With G, Hintzen H T. J Alloys and Compounds, 2004, 385 ( 1-2): 1

[79] Fang C M, Li Y Q, Hintzen H T, de With G. J Materials Chemistry, 2003, 13(6): 1480

[80] Xie R J, Mitomo M, Xu F F, Uheda K, Bando Y. Zeitschrift Fur Metallkunde, 2001, 92(8): 931

[81] Xie R J, Mitomo M, Kim W, Kim Y W, Zhang G D. J Materials Research, 2001, 16(2): 590

[82] Xie R J, Mitomo M, Xu F F, Zhan G D, Bando Y, Akimune Y. J European Ceramic Society, 2002, 22(6): 963

[83] Hoppe H A, Stadler F, Oeckler O, Schnick W. Angew. Chem. Int. Ed, 2004, 43: 5540

[84] Schieper T, Schnick W Z. Anorg. Allg. Chem, 1995, 621: 1380

[85] Jacques B L Tardy. Proceedings of Spie-The International Society for Optical Engineering, 1999, 3797: 398

[86] Huh Y D, Shim J H, Kim Y, Do Y R. J Electrochemical Society, 2003, 150(2): H57

[87] Zhang J, Takahashi M, Tokuda Y, Yoko T. J Ceramic Society of Japan, 2004, 112(1309): 511

[88] Setlur A, Comanzo H A, Srivastava A M, Beers W W. J Electrochem Soc, 2005, 152: H205

[89] Taguchi T, Uchida Y, Kobashi K. Phys Stat. Sol (a), 2004, 201(12): 2730

[90] 周太明. 照明工程学报, 2004, 15(2): 1

[91] Iwanaga Hiroki, Amanoa Akio, Aiga Fumihiko, et al. J Alloys and Compounds, 2006, 408-412 (9): 921

# 第6章 真空紫外激发的稀土发光材料[1,2]

## 6.1 真空紫外光与等离子体平板显示

### 6.1.1 真空紫外光(vacuum ultraviolet)

紫外辐射相当于在 4~400nm 波长范围内的电磁辐射。紫外区从可见光的短波长(紫光)端延伸到 X 射线的长波端。紫外区可大致分为近紫外(400~300nm)、远紫外(300~200nm)和深紫外(低于 200nm)三个区。因为波长小于 200nm 的紫外光会被空气强烈地吸收,只有在真空环境中才能观察到,故这个区又称为真空紫外区。因此,真空紫外光一般指小于 200nm 的紫外光。为获得真空紫外光一般需要较高的激发态能级作为产生真空紫外光的上能级(例如,原子较内层电子的激发态、某些惰性气体电离后的激发态等)。产生真空紫外光的方法有多种,某些惰性气体电离后复合时辐射出真空紫外光是一种重要的手段。

等离子体(plasma)是区别于固体、液体和气体的另一种聚集状态。当物质的温度从低到高时,它将依次经过固体、液体和气体三种聚集状态。当温度再升高时变成电离气体,即电子从原子中剥离出来,成为带电粒子(电子和离子)组成的气体。电离气体只有在满足一定条件时才称为等离子体。

一般说来,等离子体可作如下定义:它是由大量的接近自由运动的带电粒子所组成的体系,在整体上是准中性的,粒子的运动主要由粒子间的电磁相互作用决定,由于这是一种长程的相互作用,从而导致其显示出在各种振荡与波、不稳定性等方面的集体行为。

等离子体发射的辐射,一般包括受激离子、原子、分子的跃迁引起的辐射、复合辐射,加速粒子引起的辐射,以及等离子体的集体效应引起的辐射等,如当电子从某一高束缚态向另一低束缚态跃迁、自由电子复合到束缚态、自由电子在离子的库仑场作用下等都将产生电磁辐射。辐射的形式包括线状谱、带状谱和连续谱。

等离子体概念的形成与气体放电的研究及天文学的发展密切相关。除闪电时形成的瞬时等离子体外,地球表面上几乎没有自然存在的等离子体,但在宇宙的深处,物质几乎都是以等离子体的状态存在着。有人估计,宇宙中 99% 以上的物质都是处于等离子状态。

航天技术的飞速发展使人们的活动范围从地表扩展到空间,在高空中不仅有较高的真空度,而且具有强的辐射。为了利用和开发空间资源,就需要研究高真空和强辐射状态下物质的性质;在高技术的发展中,人们不断扩展对各种电磁波的研究利用,如根据光刻技术应用的需要,正在对真空紫外光如 193nm 和 157nm 等所用的新材料开展研究;在信息显示方面,高清晰度大屏幕平板显示应运而生,其中发展最迅速的是彩色等离子体平板显示(简称 PDP),它不仅具有屏幕大、机体薄、像质好等多种特点,更使挂壁彩电成为现实。为减少荧光灯中汞的污染,人们正在研发用真空紫外光激发的无汞荧光灯,目前已制出样机。

另外,通过对高激发态能级的研究已导致新现象的发现,如 A. Meijerink 提出[3],高能光子下转换(downconversion),即吸收高能光子通过合适的途径剪裁成两个或两个以上的可见光子,称为量子剪裁(quantum cutting),这一现象的发现将有助于提高 PDP 和无汞荧光灯的效率。

### 6.1.2　等离子体平板显示(PDP)

等离子体平板显示器(plasma display panel,简称 PDP)是一种气体放电的平板显示器。等离子体显示技术是 1964 年美国 Bitzer 及 Slottow 发明的,其结构原理示于图 6-1。等离子体显像屏由上百万个发光池组成,每个发光池相互隔开成为一个单元,池内涂有红、绿、蓝三色荧光粉,小池内部充有惰性气体,在电压的作用下发生气体放电,使惰性气体变为等离子体状态,辐射紫外线,紫外线激发荧光粉,发出各种颜色的光。控制电路中的电压和时间就可以得到各种彩色的画面。在 PDP 中惰性气体发射的波长位于真空紫外区(VUV),不同惰性气体的发射波长不同(图 6-2)。考虑多种因素,通常采用 Xe 或 Xe-He 混合气体,其主要发射波长为 147nm,还有 130nm 和 172nm。不同气体组分、压力对发光亮度均有显著影响,随着 Xe 气压的增大,172nm 增强[4](图 6-3、图 6-4)。

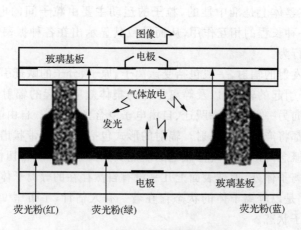

图 6-1　PDP 显示屏原理结构图

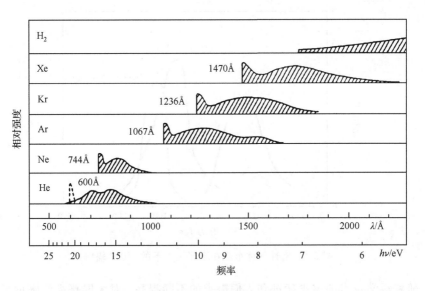

图 6-2　不同惰性气体的真空紫外发射波长

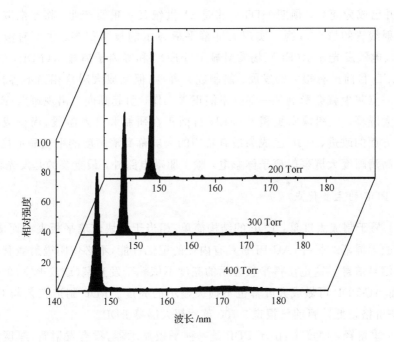

图 6-3　不同压力下 Xe(3％)-Ne(15％)的发射光谱

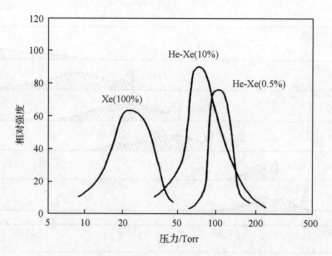

图 6-4　惰性气体组成在不同压力下的 VUV 辐射

随着科学技术的突飞猛进和人们需求的不断提高,对大屏幕高清晰度平板电视(HDTV)的需要越来越迫切,美国、日本、欧洲均已开展了大量的研究与开发工作,并已成为商品,预期 HDTV 将是 21 世纪又一重要产业,将逐渐取代目前的阴极射线管的彩色电视。实现大屏幕平板显示的技术很多,主要有液晶显示(LCD)、电致发光显示(EL)、场发射显示(FED)和等离子体显示(PDP)等技术。但是,LCD 目前虽有很大的发展,能制成大屏幕,但制成大屏幕相当不容易,因为稍微进一点灰尘就会影响某一部分不能正常工作,引起画面上出现斑点;EL 也可以制成大屏幕,但图像质量稍差;FED 目前正在研制和开发阶段,尚待成熟。由于电路方面的改进,PDP 已成为最有希望的大屏幕高清晰度的平板显示技术。为了获得高清晰度大屏幕等离子体彩电,除了驱动电路外,最重要的是发光材料。

1. PDP 的主要优点

(1)易于制成大屏幕:PDP 的结构简单,相当于两块玻璃平板夹心而成,使它容易制成大屏幕。另外,AC-PDP 具有内在的记忆性能,不必像阴极射线管那样不断更新信号信息。这也使得平板显示的亮度不依赖于发光室(或放电室)的数量大小,因而 AC-PDP 可做成大屏幕也不损失显示的亮度。PDP 制造工艺与 CRT 接近,设备价格较低。目前已报道＞100 英寸超大屏幕 PDP。

(2)重量轻,厚度小:由于 PDP 是一种平板显示器,没有发射管,厚度大大减小,与 CRT 相比,PDP 非常薄。另外,PDP 简单的结构也使它的厚度变小。即使与其他相当尺寸的平板显示(FPD)相比,PDP 也是厚度小、体积小、质量轻。与相当尺寸的 CRT 相比,PDP 的质量是 CRT 质量的 1/10。

（3）显示亮度高、图像清晰：PDP 属于主动发光，显示所用的光是 PDP 自发射的，不需要外来光的照明，因而显示的信息清晰可见。即使在一定的光照环境下，图像也清晰可见。

（4）可用各种荧光粉使色彩丰富，且颜色稳定，无失真：PDP 是纯平的，显示的图像在任何区域都非常逼真，即使在平面角端也一样。另外，PDP 有固定的图像元素，这也使得图像不至于失真。

（5）信号响应快：由于 PDP 具有内在的记忆性能，发光室的开和关没有必要每一次都更新信号，因而响应非常迅速。

（6）结构整体性能好，抗震能力强：由于 PDP 中的电极之间必须有一定的空隙，该空隙一般为 0.08 mm。同时，发光室内充的是低压的惰性气体。这些都要求 PDP 具有良好的抗震性能，这将允许它在极端条件下工作。

（7）分辨率高、对比度高、图像无闪烁：PDP 具有内在的记忆功能，显示的图像不必每次都信号更新，这使得图像稳定无闪烁。PDP 彩色显示的图像可达到 16.7 百万色素，相当于阴极射线管（CRT）计算机终端显示所具有的色素。随着 PDP 荧光粉性能的提高，PDP 图像显示的色素将进一步提高。

（8）视角大：PDP 的视角可达 160°。

（9）不产生有害的辐射，显示图像不受磁场及 X 射线的影响：由于 PDP 的显示图像是通过数字信号调节，而不像 CRT 通过电子束流调节，因而 PDP 显示的图像不受磁场的影响。这一特征可以使 PDP 应用在受磁场干扰强的地方，如军事设施、海军、空军及雷达系统，以及地铁和地下系统。同时，PDP 不受 X 射线干扰，可用于一些特殊的医疗领域。工作温度范围也宽。

（10）寿命长：可达 5 万 h。

### 2. PDP 存在的问题

（1）电压要求高：PDP 的工作电压高，AC-PDP 要求的电压达 50～150 V，DC-PDP 则高达 180～250 V。相比之下，液晶显示的工作电压只需要 2～5 V。

（2）电路系统复杂：由于 PDP 要求的工作电压高，标准的 TTL 电路和基本的金属氧化物半导体（CMOS）电路不能在如此高的电压下工作。高电压的要求使得 PDP 的驱动电路非常复杂。目前所采用的集成（IC）电路技术是使用双扩散金属氧化物半导体（DMOS）的高电压驱动技术和低电压金属氧化物半导体的转换技术，这样使高电压的驱动转换成低电压下工作。

另一个问题是驱动电路所需的空间。一般来说，每一行和每一列都需要有自己的驱动电路。随着显示清晰度的提高，在有限的空间需要更多的驱动电路。最近，开发芯片沉积在玻璃上的成功给解决这个问题带来了希望。这项技术可以使行电路和列电路直接镶嵌在玻璃上，从而使行列电路交叉问题得以解决并使 PDP

的质量减小。

(3) 成本高：目前 PDP 的市场价格还比较高。高成本的一个原因来自驱动电路，人们正在开发的新技术将使这个成本下降。

(4) 荧光粉的性能有待改进：荧光粉是 PDP 显示的关键，它直接影响 PDP 显示的亮度、色彩、图像质量和 PDP 寿命。现用的 PDP 荧光粉还存在色纯度低、衰减时间长、稳定性差等问题，因此，荧光粉性能的提高是 PDP 发展的一个关键因素。

### 6.1.3　PDP 的发光过程和机理[5]

PDP 的工作原理和荧光灯(FL)相同都是光致发光器件(photoluminescence)，PDP 主要用于显示，而 FL 主要用于照明。两者都是由气体放电产生的紫外光作为激发源，激发荧光粉，以获得所需颜色的发光。两者的主要差别在于荧光灯中的气体是 Hg 蒸气，利用(Ar+0.1‰Hg 蒸气)的气体放电发射波长为 254nm 的紫外线(UV)激发荧光粉而发光；而 PDP 中的则是用惰性气体 Xe，如利用 Ne+ (3‰~5‰)Xe 或 He+(5‰~7‰)Xe 的混合气体(充气压力为 40~80kPa)的放电来发射波长为 147nm 的真空紫外线(VUV)激发荧光粉而发光。使用混合惰性气体放电的彭宁效应(Penning effect)以降低着火电压和提高电离雪崩效应的效率，如 Ne + Xe。使 Ne 的亚稳态在与 Xe 的碰撞中产生彭宁电离反应，使 Xe 电离成 $Xe^+$，然后经内部能量弛豫到 Xe 的 1s 激发态，它跃迁到基态时发出 147nm 的真空紫外光。

所谓彭宁效应是利用长寿命的亚稳定状态的 $Ne^m$(1~10ms)，增加 $Ne^m$ 与 Xe 的碰撞几率，从而降低着火电压，其过程如下：

电子在极间电场加速后能量达到 16.6eV，它们与中性原子进行非弹性碰撞产生亚稳原子。

$$e^- + Ne \rightarrow Ne^m + e^-$$

$Ne^m$ 的寿命长，为 1~10ms，与其他原子碰撞的几率增加。Xe 原子的电离电位为 12.1eV，$Ne^m$ 与 Xe 原子进行非弹性碰撞，使 Xe 电离。

$$Ne^m + Xe \rightarrow Xe^+ + Ne + e^-$$

加速后的电子亦会与 $Xe^+$ 相碰撞

$$e^- + Xe^+ \rightarrow Xe^* + h\nu$$

被激发的 $Xe^*$ 极不稳定，极易跃迁到 $Xe^r$(谐振态)。从 $Xe^r$ 跃迁 Xe 到基态时，

$$Xe^r \rightarrow Xe(基态) + h\nu \ (147nm)$$

产生 147nm 的真空紫外线。图 6-5 是 Ne+3‰~5‰Xe 混合气体电离和光子放射能级的跃迁的过程。

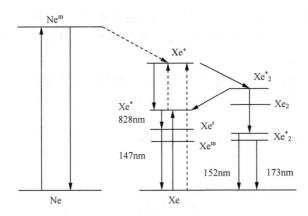

图 6-5　Ne＋3‰～5‰Xe 彭宁混合气体放电的能级示意图

m 亚稳定态；＋ 电离能态；* 激发态；r 谐振态

　　PDP 和 FL 的不同之处在于 PDP 是辉光放电，而 FL 是弧光放电。前者工作电压高(阴极电位降一般 75～200V)，工作电流小；而后者工作电压低(阴极电位降一般小于 25V)，工作电流大。造成二者重大差别的根源在于放电区域内轴向的电位分布，主要是阴极的电位降。该阴极电位降决定于阴极表面的材料和气体的组成；具体来说，辉光放电用的是冷阴极，阴极电子发射是依靠正离子激发而发射二次电子，并在惰性气体(如 He、Ne)中进行；FL 用的是热阴极，它是依靠正离子轰击 Ba-Sr-Ca 阴极形成热点而发射电子(thermionic emission)。

　　单色 PDP 的发展迄今已有 30 多年的历史，主要应用于计算机、医疗及军事方面，直到 80 年代末期，彩色 PDP 才有较大的进展，但其荧光粉主要都沿用荧光灯的发光材料，由于用 147nm 真空紫外线(VUV)激发荧光粉的研究较少，所以报道的 PDP 荧光粉的发光效率都是相对的，故难以确定 PDP 用的荧光粉在同样条件(充气压力、灯管长度等)以 147nm 激发的发光效率(lm/W)。从文献中得知，$Y_2O_3$：Eu 在 147nm 或 254nm 单色光激发下的相对量子效率分别为 0.4 及 0.9，$Zn_2SiO_4$：Mn 以 147nm 或 254nm 单色光激发下的相对量子效率分别为 0.6 及 0.65，在 He＋Xe(2%)气体放电发出的 147nmVUV 激发下 $Zn_2SiO_4$：Mn 相对发光率效为 1.0，而 $Y_2O_3$：Eu 的相对发光效率为 0.67。

　　比较 PDP 的效率与荧光灯的效率(表 6-1)，发现 PDP 的效率比荧光灯差百倍。从表 6-1 可知，要提高 PDP 的发光效率及亮度可从下列五个方面着手。

**表 6-1　彩色 PDP 及荧光灯发光效率分析[6]**

| 项目 | 光效率 | 放电效率 | 可用紫外光 | 量子/能量效率 | 可见光 | 总效率 |
|------|--------|----------|-----------|--------------|--------|--------|
| PDP | 80% | 2.5% | 60% | 15% | 80% | 0.15% |
| PL | 90% | 60% | 95% | 35% | 90% | 15% |

（1）放电效率：从表 6-1 可见，PDP 的放电效率只是 PL 的 1/25，所以要提高 PDP 的发光效率首先要提高放电效率；为此首先要降低阴极电位降，这不仅需要选择合适的阴极表面的材料，而且需要选择放电气体的最佳组成。

（2）荧光粉发光效率：伴随 CRT 的发展，阴极射线管发光材料的研究和开发至今，材料发光效率提高了 4～5 倍，但荧光灯用的光致发光材料的发光效率仅提高了 2 倍。彩色 PDP 的发展迄今只有 30 多年，大都采用荧光灯的发光材料，现在普遍使用的是红色荧光粉 $(Y,Gd)BO_3$ ：Eu；绿色荧光粉 $Zn_2SiO_4$ ：Mn；蓝色荧光粉 $BaMgAl_{14}O_{23}$ ：Eu。

在 PDP 中的白场发光效率为 0.7～1 lm/W。在相同条件下，147nm 激发的发光材料的发光效率与 254nm 激发的发光材料的效率之比为 1：2.5。按照阴极射线发光材料和光致发光材料发展的比较，光致发光材料的发光效率的提高潜力是有限的，充其量为 30%～60%，除非能发现气体放电中有新的谱线或波段和相匹配的新发光材料。

（3）放电单元的形貌或结构对发光效率和亮度有影响：一般来说，单元的窗口开口率越大，VUV 与荧光粉的接触面积越大，发光效率越高。

（4）提高亮度：参考 CRT 荧光屏蒸铝膜提高了光的反射的原理，在 PDP 荧光粉层底部及障壁表面涂上白色的釉料，可以提高光的反射率，亦即提高了亮度。荧光层的厚度也与发光效率和亮度有密切的关系。所以要严格地控制荧光粉的涂层厚度，一般为荧光粉颗粒直径的 4～5 倍。

（5）PDP 的存储特性：在电子电器设计上配合 PDP 显示板的结构提高各子场的维持期或将原来的寻址、显示分离技术改为寻址并显示技术，从而提高其亮度，这对提高 PDP 的亮度起着决定性的作用。

总之，要使 PDP 的发光效率达到 2～5 lm/W，PDP 亮度达到 500～700 cd/m²，应该提高放电效率，尤其是降低阴极电位降；探索充气的组成和压力；改进放电单元的形貌和结构；探索新型发光材料及其保护层。

## 6.2　真空紫外用稀土荧光粉

### 6.2.1　PDP 荧光粉的性能与要求

PDP 荧光粉的发光是在 Xe 气体放电产生的真空紫外线的激发下产生的。由于真空紫外线波长位于深紫外区，能量较高。因此在 PDP 中所用的荧光粉既要能忍受能量较高的真空紫外光的辐射，又要对 147nm 和 172nm 波长的真空紫外线有好的吸收，并能将所吸收的能量有效地转移给激活离子以提高发光效率。它与过去研究的在紫外激发下发光的灯用荧光粉有相当大的差别。同时由于汞在室温是液态,它放电时首先得变成气态,因而启动慢,故灯用荧光粉并不适用于 PDP 中。另外,由于测试条件的限制,过去在真空紫外区对荧光粉的研究报道比较少。

PDP 荧光粉应具备以下要求:

(1) 荧光粉在真空紫外区有较强的吸收,荧光粉基质应具有宽禁带

由于 PDP 荧光粉的激发波长位于真空紫外区,这就要求荧光粉在真空紫外区有较强的吸收。在 PDP 荧光粉的真空紫外激发光谱中,通常见到的较强的激发带来自基质的吸收带。因此,PDP 荧光粉的基质需要选择基质吸收在真空紫外区的材料。在不同基质中,可以看到不同的位置基质吸收带。在 $YBO_3$：$Eu^{3+}$、$GdBO_3$：$Eu^{3+}$、$GdBO_3$：$Tb^{3+}$、$ScBO_3$：$Tb^{3+}$ [7]、$YAl_3(BO_3)_4$：$Eu^{3+}$、$LaMgB_5O_{10}$：$Eu^{3+}$ [8] 中观察到硼氧阴离子基团的吸收带中心位于 $150\sim160$ nm;在 $YPO_4$：$Eu^{3+}$、$GdPO_4$：$Eu^{3+}$、$LaPO_4$：$Eu^{3+}$ [9]、$YPO_4$：$Tb^{3+}$ [10] 中 $PO_4^{3-}$ 的吸收带中心位于 $150\sim160$ nm;在 $Sr_3(PO_4)_2$：$Eu^{2+}$、$Ba_3(PO_4)_2$：$Eu^{2+}$ [11] 中磷氧阴离子基团的吸收带中心位于 125 nm;在 $TbP_5O_{14}$ 中 $P_5O_{10}^{3-}$ 的吸收带中心位于 135 nm [10];在 $BaAl_{12}O_{19}$：$Mn^{2+}$、$BaMgAl_{14}O_{23}$：$Mn^{2+}$、$BaMgAl_{14}O_{23}$：$Eu^{2+}$ 中观察到 $AlO_4$、$AlO_5$ 或 $AlO_6$ 的吸收带中心位于 $140\sim175$ nm(图 6-6);据报道 $Eu^{3+}$ 离子在 $LiYF_4$、$LaF_3$、$YF_3$ 中的基质吸收带中心位于 $\sim120$ nm [12-17]。

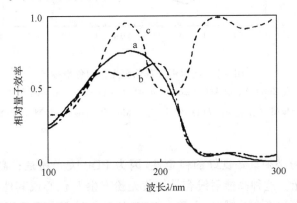

图 6-6　$BaAl_{12}O_{19}$：$Mn(a)$,$BaMgAl_{14}O_{23}$：$Mn(b)$和 $BaMgAl_{14}O_{23}$：$Eu(c)$的激发光谱

(2) 高发光效率

为了清晰地显示图像,等离子体显示平板必须具有一定的光发射亮度。目前 PDP 的显示亮度还较弱,只有 1 lm/W 左右,而 CRT 的显示亮度为 5 lm/W 左右。尽管 PDP 的显示亮度不仅仅由荧光粉的发光效率决定,但荧光粉高的发光效率无疑会提高 PDP 的显示亮度以及节约能源。就目前使用的 PDP 荧光粉来说,它们在真空紫外线的激发下发光的能量效率较低[18]。如果将 1 个 VUV 光子能通过量子剪裁发射 2 个可见光子,则 PDP 荧光粉的发光的能量效率将得到大大提高。

（3）色纯度好

要实现 PDP 的全色显示，要求三基色荧光粉都具有较好的色纯度。目前的 PDP 显示的色域与 CRT 的显示色域比较见图 6-7。由于 PDP 绿粉的色纯度较好，使得 PDP 的显示色域比 CRT 大，但 PDP 蓝粉以及 PDP 红粉的色纯度仍比相应的 CRT 荧光粉稍差。只有提高 PDP 蓝粉，特别是红粉的色纯度，才能进一步改善 PDP 的全色显示。

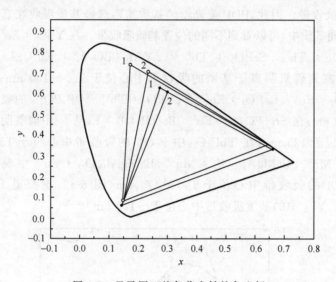

图 6-7　显示用三基色荧光粉的色坐标

CRT(•)：蓝 ZnS：Ag,Cl，绿(1) ZnS：Cu,Al；(2) ZnS：Cu,Au,Al，红 $Y_2O_2S$：Eu

PDP(○)：蓝 $BaMgAl_{10}O_{17}$：Eu，绿(1) $BaAl_{12}O_{19}$：Mn；(2) $Zn_2SiO_4$：Mn，红$(Y,Gd)BO_3$：Eu

（4）稳定性好

PDP 荧光粉必须具备良好的稳定性，因为 PDP 荧光粉是在高能的真空紫外线的激发下发光。这种高能射线容易使荧光粉产生 F 色心或其他缺陷，从而影响荧光粉的色纯度和寿命。同时，由于在 PDP 的涂粉过程中需要用到高达 600℃ 的烘烤温度，所以 PDP 荧光粉还必须具有较高的热稳定性。

（5）衰减时间短

用于显示用的荧光粉的 $1/e$ 值一般要求小于 5ms 或 $1/10$ 值小于 10ms，否则容易引起前后显示图像的重叠。

## 6.2.2　PDP 荧光粉的现状

当单色 PDP 在 1973 年成功地显示图像后，便开始了彩色 PDP 的研究，同时，也开始寻找 PDP 三基色荧光粉。研究工作主要是对现有的 CRT 荧光粉和灯用荧光粉进行了考查,对可能被采用的荧光粉总结于表 6-2。从表 6-2 中可看出,尽管在 PDP 中发光材料受到比荧光灯中更强的 VUV 的激发,要求性能更好的荧光粉,但是,目前无奈地仍沿用通常的灯用发光材料。表 6-3 列出目前所使用 PDP 荧光粉的光输出效率(LO)和量子效率(QE)。

**表 6-2　PDP 用各种荧光粉的特性[1]**

| 荧光粉 | 颜色 | 色坐标 | | 相对辐射效率 | 荧光寿命/ms | 亮度/(cd/m²) |
|---|---|---|---|---|---|---|
| | | $x$ | $y$ | | | |
| NTSC | 红 | **0.67** | **0.33** | | | |
| $Y_2O_3$ : Eu | 红 | 0.648 | 0.347 | 0.67 | 1.3 | 62 |
| (Y,Gd)$BO_3$ : Eu | 红 | 0.641 | 0.356 | 1.2 | 4.3 | |
| $YBO_3$ : Eu | 红 | 0.65 | 0.35 | 1.0 | | |
| $GdBO_3$ : Eu | 红 | 0.64 | 0.36 | 0.94 | | |
| $LuBO_3$ : Eu | 红 | 0.63 | 0.37 | 0.94 | | |
| $ScBO_3$ : Eu | 红 | 0.61 | 0.39 | 0.94 | | |
| $Y_2SiO_5$ : Eu | 红 | 0.66 | 0.34 | 0.67 | | |
| $Y_3Al_5O_{12}$ : Eu | 红 | 0.63 | 0.37 | 0.47 | | |
| $Zn_3(PO_4)_2$ : Mn | 红 | 0.67 | 0.33 | 0.34 | 15.1 | |
| NTSC | 绿 | **0.21** | **0.71** | | | |
| $Zn_2SiO_4$ : Mn | 绿 | 0.342 | 0.708 | 1.0 | 11.9 | 365 |
| $BaAl_{12}O_{19}$ : Mn | 绿 | 0.182 | 0.708 | 1.1 | 7.1 | |
| $SrAl_{12}O_{19}$ : Mn | 绿 | 0.16 | 0.75 | 0.62 | | |
| $CaAl_{12}O_{19}$ : Mn | 绿 | 0.15 | 0.75 | 0.34 | | |
| $ZnAl_{12}O_{19}$ : Mn | 绿 | 0.17 | 0.74 | 0.54 | | |
| $BaMgAl_{14}O_{23}$ : Mn | 绿 | 0.15 | 0.73 | 0.92 | | |
| $YBO_3$ : Tb | 绿 | 0.33 | 0.61 | 1.1 | | |
| $LuBO_3$ : Tb | 绿 | 0.33 | 0.61 | 1.1 | | |
| $GdBO_3$ : Tb | 绿 | 0.33 | 0.61 | 0.53 | | |
| $ScBO_3$ : Tb | 绿 | 0.35 | 0.60 | 0.36 | | |
| $Sr_4Si_8O_6Cl_4$ : Eu | 绿 | 0.14 | 0.33 | 1.3 | | |
| NTSC | 蓝 | **0.14** | **0.08** | | | |
| $BaMgAl_{10}O_{17}$ : Eu | 蓝 | 0.147 | 0.067 | | < 1 | |
| $BaMgAl_{14}O_{23}$ : Eu | 蓝 | 0.142 | 0.087 | 1.6 | < 1 | |
| $Y_2SiO_5$ : Ce | 蓝 | 0.16 | 0.09 | 1.1 | | 51 |
| $CaWO_4$ : Pb | 蓝 | 0.17 | 0.17 | 0.74 | | |

注:上述荧光粉是在 He-Xe (2%) 混合放电产生的真空紫外线(147nm)激发下测量的。

(a) 相当于 $Zn_2SiO_4$ : Mn (3mol%) 发光亮度。

(b) NTSC:National Television Standard Committee,国家电视标准委员会。

**表 6-3 目前所使用的 PDP 荧光粉的光输出效率(LO)和量子效率(QE)**

| 荧光粉 | 发光颜色 | $LO_{147}$ | $LO_{172}$ | $LO_{254}$ | $QE_{147}$ | $QE_{172}$ | $QE_{254}$ |
|---|---|---|---|---|---|---|---|
| $BaMgAl_{10}O_{17}:Eu$ | 蓝 | 0.93 | 0.96 | 0.81 | 0.96 | 0.99 | 0.88 |
| $LaPO_4:CeTb$ | 绿 | 0.69 | 0.87 | 0.84 | 0.71 | 0.92 | 0.87 |
| $CeMgAl_{11}O_{19}:Tb$ | 绿 | 0.47 | 0.85 | 0.86 | 0.48 | 0.87 | 0.89 |
| $GdMgB_5O_{10}:CeTb$ | 绿 | 0.65 | 0.76 | 0.89 | 0.67 | 0.82 | 0.95 |
| $Zn_2SiO_4:Mn$ | 绿 | 0.74 | 0.78 | 0.75 | 0.77 | 0.82 | 0.80 |
| $(Y,Gd)BO_3:Eu$ | 红 | 0.78 | 0.75 | 0.26 | 0.84 | 0.82 | 0.77 |
| $Y_2O_3:Eu$ | 红 | 0.52 | 0.60 | 0.70 | 0.56 | 0.65 | 0.85 |
| $Y(V,P)O_4:Eu$ | 红 | 0.68 | 0.74 | 0.78 | 0.71 | 0.78 | 0.81 |

通过对各种基质如氧化物、硼酸盐、磷酸盐、硅酸盐等的研究，目前认为相对发光效率较高和色纯度较好的荧光粉主要是红色 $Y_2O_3:Eu$、$(Y,Gd)BO_3:Eu$，绿色 $Zn_2SiO_4:Mn$、$BaAl_{12}O_{19}:Mn$ 和蓝色 $BaMgAl_{14}O_{23}:Eu$，$BaMgAl_{10}O_{17}:Eu$，其中主要的激活离子为稀土离子和 $Mn^{2+}$。它们的发射光谱人们比较熟悉，一般仅列出这些荧光粉的激发光谱。

## 1. 红粉

在可用的 PDP 红粉列于图 6-8 中，$(Y,Gd)BO_3:Eu^{3+}$ 在真空紫外区激发的发光效率最高[19]。它的发射光谱中，最强的发射峰位于 593 nm，其次在 612 nm 和 627 nm。前者来自 $Eu^{3+}$ 的磁偶跃迁 $^5D_0 \rightarrow ^7F_1$，而后者则来自 $Eu^{3+}$ 的电偶跃迁 $^5D_0 \rightarrow ^7F_2$。该荧光粉具有假碳酸钙矿型结构，$Eu^{3+}$ 离子在该物质中占据两种不同的格位，一种具有对称中心，另一种则没有。由于 $Eu^{3+}$ 的磁偶跃迁是一种允许跃迁，几乎不受格位对称性的影响。而 $Eu^{3+}$ 的电偶跃迁是一种禁阻跃迁，受格位对称性的影响较大，只有在非对称格位的情况下，跃迁几率才能超过磁偶跃迁。因此，593nm 发射线被认为主要来自对称格位的 $Eu^{3+}$ 的发射，而 612 nm 和 627 nm 的发射线则主要来自非对称格位的 $Eu^{3+}$ 的发射。

由于 $(Y,Gd)BO_3:Eu^{3+}$ 的最强发射在 593 nm，比 $Y_2O_3:Eu$ 的偏短波，作为彩色显示中红粉成分来说波长稍短。就色纯度而言，$(Y,Gd)BO_3:Eu^{3+}$ 不太适宜作为彩色显示用红粉。但由于 $(Y,Gd)BO_3:Eu$ 在 130～170nm 处有一个较强的基质敏化带(图 6-8)，因此其效率高于 $Y_2O_3:Eu$(表 6-2)。由于 $(Y,Gd)BO_3:Eu^{3+}$ 在 VUV 区激发的发光强度比其他荧光粉高得多，它仍是最常用的 PDP 红粉。$Y_2O_3:Eu^{3+}$ 红粉的最强发射峰在 611 nm，其色纯度比 $(Y,Gd)BO_3:Eu^{3+}$ 好，但它在真空紫外区激发的发光不太强。为了扩大图像的显色区域，$Y_2O_3:Eu^{3+}$ 有时作为 PDP 红粉使用，但 PDP 的显示亮度会降低。在 CRT 中使用的红粉

$Y_2O_2S$：$Eu^{3+}$,色纯度好,但在 VUV 的激发下发光较弱。因此,对于 PDP 荧光粉而言,基质敏化是一个十分重要的问题。

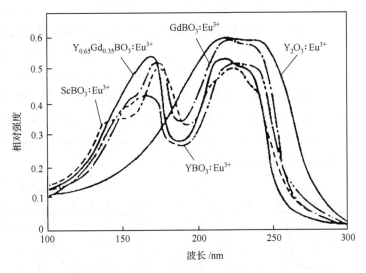

图 6-8 PDP 红粉的真空紫外光谱

### 2. 绿粉

通常使用的 PDP 绿粉有 $Zn_2SiO_4$：$Mn^{2+}$ 和 $BaAl_{12}O_{19}$：$Mn^{2+}$ 两种,它们在 VUV 激发下都具有较强的发光以及较好的色纯度(图 6-9)。

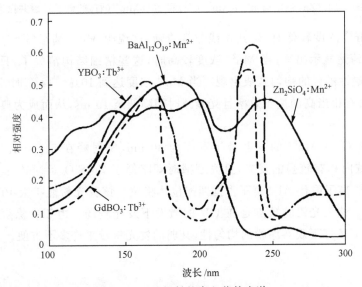

图 6-9 PDP 绿粉的真空紫外光谱

$Zn_2SiO_4$：$Mn^{2+}$ 具有带状发射，其中心发射峰在 525 nm，其色纯度和发光效率都较高，但该荧光粉的衰减时间较长。衰减时间较长将会使显示的前后图像重叠。一般来说，作为显示用荧光粉，要求其光衰减时间 $\tau_{1/e} \leqslant$ 5 ms 或 $\tau_{1/10} \leqslant$ 10 ms[20]。$Zn_2SiO_4$：$Mn^{2+}$（3 %）的衰减时间（$\tau_{1/10}$）高达 30 ms，这是由于 $Mn^{2+}$ 的发射跃迁 $^4T_1 \rightarrow {}^6A_1$ 是自旋禁阻的[21]。该自旋跃迁的禁阻性可以通过 $Mn^{2+}$ 之间的交换作用给以解除，因此随着 $Mn^{2+}$ 离子浓度的增加，$Zn_2SiO_4$：$Mn^{2+}$ 的衰减时间将缩短。当掺杂的 $Mn^{2+}$ 浓度较低时，$Mn^{2+}$ 以单个离子的形式存在，随着 $Mn^{2+}$ 浓度的提高，$Mn^{2+}$ 离子将形成离子对，由于浓度猝灭效应，此时 $Mn^{2+}$ 离子的发光减弱。由于单个 $Mn^{2+}$ 离子的磁性与 $Mn^{2+}$-$Mn^{2+}$ 离子对的磁性不同，因而可以通过电子顺磁共振谱将它们区分开来（图 6-10）。

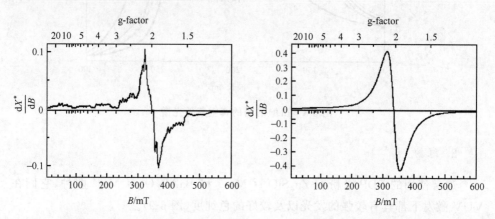

图 6-10　$Zn_2SiO_4$ 掺杂 1 % $Mn^{2+}$（左）和 20 % $Mn^{2+}$（右）的电子顺磁共振谱

当 $Mn^{2+}$ 浓度较低时，磁共振线非常清晰，这说明 $Mn^{2+}$ 基态（$s=5/2$）的精细分裂可以清楚显示出来；当 $Mn^{2+}$ 浓度较高时，这些精细结构消失了，只有一条典型的反铁磁性耦合的均匀宽线出现。当 $Mn^{2+}$ 浓度达到 10 %～12 % 时，$Zn_2SiO_4$：$Mn^{2+}$ 还具有相当高的量子效率且光衰减时间降低至 10 ms，从而成为典型的 PDP 绿粉。

$BaAl_{12}O_{19}$：$Mn^{2+}$ 的发射带半宽度为 30 nm，发射峰在 515 nm。它同样在 VUV 区域内具有较强的发光，且光衰减时间略低于 $Zn_2SiO_4$：$Mn^{2+}$。在该荧光粉中，$Mn^{2+}$ 离子取代 $Al^{3+}$ 离子占据四配位体格位。该荧光粉能扩大 PDP 彩色显示的色域。该荧光粉的缺点是在 UV 的激发下发光较弱。由于在涂屏工艺过程中需要在 UV 灯下观察涂粉的均匀性，其弱的发光将带来许多不方便。

3. 蓝粉

PDP 荧光粉的蓝粉一般使用 $BaMgAl_{10}O_{17}$：$Eu^{2+}$，但也有报道使用 $BaMg_2Al_{16}O_{27}$：$Eu^{2+}$ 和 $BaMgAl_{14}O_{23}$：$Eu^{2+}$。它们的发射主波长位于 $445\sim455$ nm，在 VUV 激发均有较强的发光，一些曾经作为 PDP 蓝粉的真空紫外光谱示于图 6-11，其中以 $BaMgAl_{10}O_{17}$：$Eu^{2+}$ 为最好。

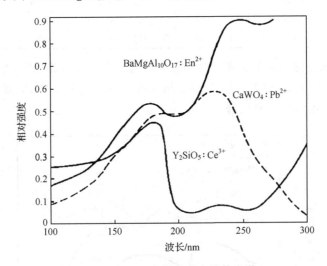

图 6-11　PDP 蓝粉的真空紫外光谱

$BaMgAl_{10}O_{17}$：$Eu^{2+}$ 是灯用三基色荧光粉中蓝粉的一种，在一般 UV 的激发下稳定性较好。但是在 VUV 的激发下光衰较大，这主要是 VUV 能量高，容易使物质的结构发生破坏。$BaMgAl_{10}O_{17}$：$Eu^{2+}$ 的光衰也与 $Eu^{2+}$ 的稳定性有关。$Eu^{2+}$ 离子容易氧化成 $Eu^{3+}$ 离子，从而使 $Eu^{2+}$ 离子的发光降低。Oshio 等[22] 通过 XANES、电子顺磁共振（EPR）以及 X 射线衍射（XRD）等手段观察到，当 $BaMgAl_{10}O_{17}$：$Eu^{2+}$ 在空气中高温处理时，$Eu^{2+}$ 氧化成 $Eu^{3+}$ 产生第二相 $EuMgAl_{11}O_{19}$。Oshio 等还在合成 $BaMgAl_{10}O_{17}$：$Eu^{2+}$ 荧光粉的粒度控制方面作了不少工作[23]。

4. 三基色荧光粉的组合[24,25]

目前由于 PDP 中放电发射的 VUV 的效率较低以及荧光粉将 VUV 转换成可见光的效率很低，因此，在选用 PDP 三基色荧光粉时，还主要考虑 PDP 荧光粉的发光效率是否高。当然，随着 PDP 技术和荧光粉发光效率的提高，荧光粉的其他性质如色纯度、衰减寿命、稳定性等将会得到重视。表 6-4 列出了按时间顺序发展的 PDP 三基色荧光粉的组合以及它们的色坐标和与色坐标图中白光点 C（$x=0.3101$，$y=0.3161$）比较的相对亮度。

表 6-4　PDP 使用的三基色荧光粉组合的比较

| No. | 组合的三基色荧光粉 | | | 色坐标 | | 相对亮度 |
| | B | G | R | $x$ | $y$ | |
| --- | --- | --- | --- | --- | --- | --- |
| 1 | $CaWO_4 : Pb^{2+}$ | $Zn_2SiO_4 : Mn^{2+}$ | $Y_2O_3 : Eu^{3+}$ | 0.34 | 0.44 | 58 |
| 2 | $Y_2SiO_5 : Ce^{3+}$ | $Zn_2SiO_4 : Mn^{2+}$ | $Y_2O_3 : Eu^{3+}$ | 0.31 | 0.38 | 100 |
| 3 | $YP_{0.85}V_{0.15}O_4$ | $Zn_2SiO_4 : Mn^{2+}$ | $YP_{0.65}V_{0.35}O_4 : Eu^{3+}$ | 0.31 | 0.38 | 83 |
| 4 | $BaMgAl_{14}O_{23} : Eu^{2+}$ | $Zn_2SiO_4 : Mn^{2+}$ | $YBO_3 : Eu^{3+}$ | 0.29 | 0.31 | 150 |
| 5 | $BaMgAl_{10}O_{17} : Eu^{2+}$ | $Zn_2SiO_4 : Mn^{2+}$ | $Y_{0.65}Gd_{0.35}BO_3 : Eu^{3+}$ | 0.31 | 0.31 | 182 |
| 6 | $BaMgAl_{14}O_{23} : Eu^{2+}$ | $BaAl_{12}O_{19} : Mn^{2+}$ | $Y_{0.65}Gd_{0.35}BO_3 : Eu^{3+}$ | 0.30 | 0.31 | 172 |

　　PDP 所采用的三基色荧光粉最常见的组合为第 5 或 6 组,因为它们具有较高的相对亮度。图 6-12 和图 6-13 分别是第 5 或 6 组荧光粉的 VUV 激发谱,而图 6-14 是荧光粉组合的发射光谱。

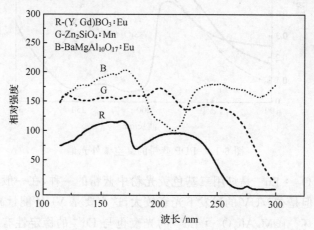

图 6-12　彩色 PDP 所用的典型的三基色荧光粉组合(5)的真空紫外光谱

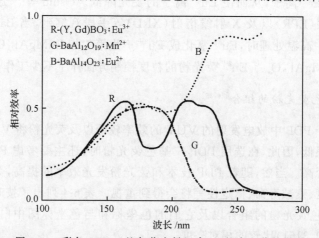

图 6-13　彩色 PDP 三基色荧光粉组合(6)的真空紫外光谱

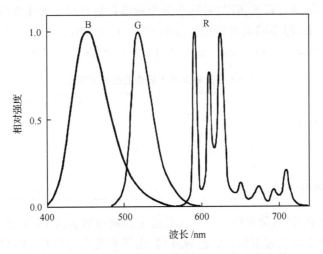

图 6-14　彩色 PDP 三基色荧光粉组合的发射光谱

**5. 荧光粉的稳定性**

在 PDP 的制作过程中，需要进行热处理，因此，荧光粉的热稳定性是选用材料的重要参数。某些荧光粉的发光亮度受温度影响的结果列于图 6-15 和表 6-5。

从图 6-15 可见，在实验温度的范围内，荧光粉的温度特性（Y,Gd）BO$_3$：Eu$^{3+}$优于 BaAl$_{12}$O$_{19}$：Mn，更优于 BaMgAl$_{14}$O$_{23}$：Eu$^{3+}$，而 Zn$_2$SiO$_4$：Mn 较差。其中（Y,Gd）BO$_3$：Eu$^{3+}$具有良好的发光热稳定性，即使在 400℃ 的情况下发光衰减很小，其次是 BaAl$_{12}$O$_{19}$：Mn$^{2+}$，但其他荧光粉表现较大的温度衰减[26]。

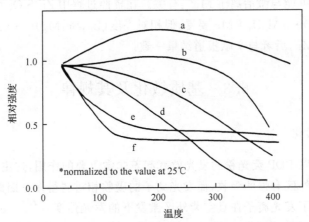

图 6-15　几种荧光粉发光的温度特性

(a) (Y,Gd)BO$_3$：Eu$^{3+}$ (b) BaAl$_{12}$O$_{19}$：Mn$^{2+}$ (c) BaMgAl$_{14}$O$_{23}$：Eu$^{2+}$

(d) Zn$_2$SiO$_4$：Mn$^{2+}$(e) CaWO$_4$(f) ZnS：Ag$^+$

模仿实际制屏过程的情况,对某些荧光粉焙烧后亮度的变化进行观察,以焙烧前的亮度作为 1,将不同荧光粉在空气中 460℃灼烧 20min 的结果列于表 6-5。从表 6-5 可见,$(Y,Gd)BO_3$：$Eu^{3+}$ 和 $BaMgAl_{14}O_{23}$：$Eu^{2+}$ 的亮度均下降约 10%。

**表 6-5　某些荧光粉焙烧后亮度的变化**

| 荧光粉 | 焙烧后相对亮度/% |
|---|---|
| $(Y,Gd)BO_3$：$Eu$ | 0.91 |
| $BaAl_{12}O_{19}$：$Mn$ | 0.99 |
| $ZnSiO_4$：$Mn$ | 0.96 |
| $BaMgAl_{14}O_{23}$：$Eu$ | 0.88 |

由于用于 PDP 的荧光粉需经受较高能量和较强辐射的 VUV 激发,因此荧光粉辐照稳定性也应引起重视。已经观察到,由于荧光粉的色心、表面缺陷而导致发光性能降低,而这些色心和表面缺陷是由 VUV 辐射所造成的。也注意到由于辐照而造成荧光粉中 $Eu^{2+}$ 的不稳定,易于变成 $Eu^{3+}$,并使光色发生变化。

文献[27]用 147nm 真空紫外光对 PDP 荧光粉进行较长时间(6h)的照射,

(1) 观察到在辐射过程中$(Y,Gd)BO_3$：$Eu^{3+}$ 红粉的发光强度的衰减最小。

(2) 观察到$(Ba,Mg)O·nAl_2O_3$：$Eu^{2+}$ 蓝粉在 147nm 的紫外灯辐照下,初始阶段相对亮度有较快降低,然后比较平缓,但总的相对亮度衰减在三种颜色粉中是最大。

(3) 观察到无论是 $Zn_2SiO_4$：$Mn$ 或$(Ba,Sr,Mg)O·nAl_2O_3$：$Mn$ 绿粉,在真空紫外辐照下,均呈现在 147nm 辐照最初期相对短时间(约 30min)升到一定值后开始下降。这可能与激活离子 $Mn^{2+}$ 有关。在辐照过程中 $Zn_2SiO_4$：$Mn$ 的衰减较$(Ba,Sr,Mg)O·nAl_2O_3$：$Mn$ 要慢,但相对亮度$(Ba,Sr,Mg)O·nAl_2O_3$：$Mn$ 高于 $Zn_2SiO_4$：$Mn$,后者与文献报道结果一致。

# 6.3　基质敏化及其规律

## 6.3.1　基质敏化

基质敏化对 PDP 荧光粉的发光效率起着非常重要的作用,这主要因为荧光粉基质在真空紫外区有强的吸收,而发光离子的吸收相对弱得多。因此,基质敏化的效率几乎决定了发光离子在真空紫外区激发下的发光强度。

基质敏化有两种情况:一种是基质阳离子将吸收的能量通过共振方式传递给发光离子;另一种是基质发生能带跃迁,产生激子,激子再通过共振方式将能量传递给发光离子。现对这两种能量传递情况介绍如下。

## 1. 离子间的共振无辐射能量传递[28]

这种能量传递的过程可以简单用图 6-16 表示。图中画出敏化剂 S 和 S 简单的能级,当激发时 S 从能级 1(基态能级)跃迁至能级 2(激发态能级),接着能级 2 的能量共振传递给激活剂 A,引起 A 从能级 1′(基态能级)跃迁至能级 4′(激发态能级),同时 S 从能级 2 回到能级 1。经过两步无辐射跃迁(4′→3′ 和 3′→2′),最后 A 以辐射的形式从能级 2′ 跃迁至能级 1′。要使能量从 S 传递给 A,A 必须有与 S 的激发态 2 相近或相等的能级,即产生共振。如果 A 没有与 S 的激发态能级 2 相近的能级,将不可能有能量传递。

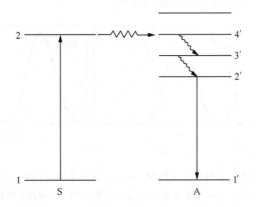

图 6-16　从敏化剂 S 向激活剂 A 的能量传递

S 和 A 之间的共振无辐射能量传递是由两种作用力引起的,一种是库仑引力(Coulomb interaction),存在于所有带电粒子之间;另一种是交换作用力(exchange interaction),是 S 和 A 的电子云相互叠加的结果。

(1) 通过库仑引力作用的能量传递

库仑引力作用又可分为电偶极子之间、磁偶极子之间以及多极子之间的相互作用,其中电偶极子之间的作用比其他极子的作用大得多,所以一般只考虑电偶极子之间的作用。由此,从 S 至 A 的能量传递几率便可以通过以下关系式得到:

$$P_{SA}(dd) = \frac{3\hbar^4 c^4}{4\pi K} \frac{Q_A}{\tau_s r_{SA}{}^6} \int f_S f_A \frac{dE}{E^4} \tag{1}$$

式中,$\hbar = h/2\pi$,$h$ 为普朗克常量(Planck's constant);$c$ 为光速;$K$ 为基质的介电常数;$\tau_s$ 为在没有 A 存在的情况下 S 发射的衰减时间;$r_{SA}$ 为 S 和 A 之间的距离;$\int f_S f_A dE/E^4$ 表示归一化的 S 的发射带 $\int f_S(E)$ 和归一化的 A 的吸收带 $\int f_A(E)$ 的叠加,它们都以光子能量的函数形式表示;$Q_A$ 为 A 的能量吸收的积分。

在方程(1),能量传递的几率是由 $Q_A/\tau_s r_{SA}{}^6$ 和 $\int f_S f_A dE/E^4$ 两部分决定。如

果 A 吸收的电偶跃迁是禁阻的,则 $Q_A$ 等于 0,此时没有通过电偶相互作用的能量传递,但通过多极子作用的能量传递可能存在,如电偶四极子之间的作用。如果 A 吸收的电偶跃迁是允许的,则 $Q_A$ 相对较大,此时在第一部分中能量传递的几率主要决定于 S 和 A 之间的距离。对于 $\int f_S f_A \mathrm{d}E / E^4$,如果 S 的发射带与 A 的吸收带的叠加大,则意味着能量传递的几率也大。在图 6-16 中也提到,从 S 的能量传递至 A 包含一组共振跃迁,即 S 的 2→1 跃迁和 A 的 $1' \to 4'$ 跃迁。如果 S 的发射带和 A 的吸收带的叠加越大,则共振条件满足越好,能量传递几率也就越大。如果 S 的发射带和 A 的吸收带没有叠加,则 S 和 A 之间没有能量传递发生。图 6-17 显示了 S 的发射带和 A 的吸收带的叠加情况。

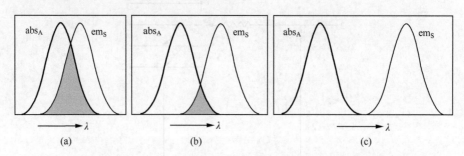

图 6-17　能量传递几率与 S 的发射带($\mathrm{em}_S$)与 A 的吸收带($\mathrm{abs}_A$)重叠的依赖关系:
(a) 较大的重叠;(b) 少量重叠;(c) 没有重叠;此时 S 不可能将能量传递给 A

在大多数情况下,我们希望了解能量传递的距离。如果 $Q_A$ 取值为允许的电偶跃迁,$\int f_S f_A \mathrm{d}E / E^4$ 取值为相当高的叠加,则方程(1)可写为

$$P_{SA}(\mathrm{dd}) = (27/r_{SA})^6 \tau_s^{-1} \tag{2}$$

式中,S 和 A 之间的距离 $r_{SA}$ 的单位为埃(Å),$\tau_s^{-1} = P_S^r$(在 A 不存在时的 S 的辐射几率)。在 A 不存在的情况下,如果 $P_S^r = P_{SA}$,则 $r_{SA} = 27$。该距离称为能量传递的临界距离,可表示为 $r_{SA}^\circ$。当 $r_{SA} > r_{SA}^\circ$ 时,几乎只有 S 发射;当 $r_{SA} < r_{SA}^\circ$ 时,以能量传递为主。

(2) 通过交换作用的能量传递

通过交换作用的能量传递的几率可以表示如下:

$$P_{SA}(\mathrm{ex}) = 2\pi/Z^2 \int f_S f_A \mathrm{d}E \tag{3}$$

式中,$\int f_S f_A \mathrm{d}E$ 为交换积分;$Z$ 为交换因子。

这个交换积分的物理意义比较复杂。但从该表达式可以看出,如果 S 的电子云和 A 的电子云没有叠加,则 $Z$ 等于 0,$P_{SA}(\mathrm{ex})$ 也就为 0。如果有一些叠加,交换作用就可发生。在晶格中两个阳离子出现较大的电子云重叠只有在最近邻的两离子间(间距为 3～4 Å)发生,因而交换作用仅局限于晶格中相邻离子。通过交换作用的能量传递的临界距离不超过 4 Å。

2. 激子与发光离子的能量传递[29]

当荧光粉受到高能量激发时,可以使荧光粉基质中电子发生带间跃迁,即电子从价带跃迁至导带,在价带留下空穴,从而形成自由激子(电子-空穴对)。自由激子可以通过扩散运动至发光中心(激活离子),在发光中心形成一种非弹性分布,然后通过共振传递或再吸收方式将能量交给发光中心,使发光中心进入激发态,激子消失。自由激子也可能由于晶格的热振动变成能量稍低的激子态,束缚于发光中心或其他晶格位置,形成束缚激子。束缚激子同样可以通过共振传递或再吸收方式将能量交给发光中心,也可以通过热猝灭,从而无辐射回到基态,而且还可以通过热激发获得能量重新变成自由激子,参加扩散运动。

荧光粉主要是由基质和激活离子组成,激活离子的性质有两种情况:一种是激活离子在基质禁带内没有原子内跃迁;另一种激活离子在基质禁带内存在原子内跃迁,如具有开放壳层的过渡金属离子的 d-d 跃迁、稀土离子的 f-f 跃迁和 f-d 跃迁以及它的 6s-6p 跃迁。对稀土离子而言,在真空紫外线激发下,荧光粉基质将会产生带间跃迁,同时将能量传递给稀土离子从而产生发射,该过程示意图如图 6-18所示。整个过程可分为三步:(1)受真空紫外线的激发,基质的价带电子跃迁至导带形成自由电子,同时在价带形成空穴,从而产生许许多多的电子-空穴对(激子);

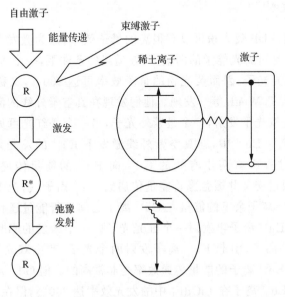

图 6-18　在真空紫外线的激发下稀土离子掺杂的荧光粉发光的过程

（2）自由激子通过扩散非弹性分布在稀土离子周围，或者激子被稀土离子捕俘形成束缚激子；（3）这两种激子都有可能将能量传递给稀土离子，稀土离子产生光子发射。束缚激子或局限分布的自由激子将能量传递给稀土离子的效率取决于稀土离子的势能。稀土离子在基质中的势能来自两个方面：一方面来自稀土的氧化-还原势能 ($V_{red/ox}$)，这决定于它的电子构型。氧化-还原势能反映了稀土捕俘电子或空穴的能力，如 $Ce^{3+}$，$Tb^{3+}$ 离子，通常出现 $4f \rightarrow 5d$ 跃迁吸收带，容易捕俘空穴；$Eu^{3+}$ 离子通常显示电荷迁移吸收带，容易捕俘电子；而 $Gd^{3+}$ 离子只显示弱的 4f-4f 跃迁吸收，氧化-还原势能很弱，既不容易捕俘空穴也不容易捕俘电子。另一方面来自稀土离子的极化势能 ($V_{pol}$)。这种弱的范德华势能（wan der Waals potential）可能增加稀土离子捕俘激子的横截面积。

Robbins 和 Dean 建立了如上所述的激子能量传递模型，并提出了要使激子向稀土离子发生有效的能量传递，必须满足下列两个条件：（1）稀土离子应有准共振的电偶跃迁与基质的吸收边带相对应；（2）这些准共振的电偶跃迁应与基质声子有相当强的耦合。如果稀土离子的准共振的电偶跃迁与基质声子有相当强的耦合，那么电偶跃迁与基质吸收边带能级的不匹配可以通过声子的吸收或发射达到匹配，但是电偶跃迁与基质声子耦合太强容易导致激发了的稀土离子在弛豫过程中发生多声子发射而使发光猝灭。稀土离子如 $Ce^{3+}$、$Tb^{3+}$ 和 $Eu^{3+}$，在与激子相互作用中显示出快的弛豫，有可能得到激子有效的能量传递，而 $Gd^{3+}$ 在与激子的相互作用中则显示慢的弛豫，因而得不到激子有效的能量传递。

### 3. 双光子发射[12-17]

从理论上说，PDP 荧光粉可以有很高的量子效率，因为激发 PDP 荧光粉的真空紫外线的能量是可见光能量的两倍多，在适当的条件下，一个 VUV 光子激发可以产生两个可见光光子，因而荧光粉的量子效率可达 200%，又称为双光子效应。这个现象已被 R. T. Wegh 等[3]发现。他们发现在真空紫外线的激发下 $Gd^{3+}$ 离子在 $LiYF_4$ 中产生双光子发射，一个是紫外光子，另一个是红光可见光子。接着，他们发现在 $LiGdF_4$：$Eu^{3+}$ 中，在真空紫外线激发下 $Eu^{3+}$ 的发光效率接近 200%。在 $Eu^{3+}$ 的发光过程中有两步有效的 $Gd^{3+}$ 向 $Eu^{3+}$ 的能量传递：一个受激发的 $Gd^{3+}$ 离子首先通过交叉共振弛豫将能量传递给 $Eu^{3+}$ 离子，引起 $Eu^{3+}$ 离子发射一个红光光子，$Gd^{3+}$ 离子余下的能量在 $Gd^{3+}$ 离子之间进行能量迁移，然后再传递给 $Eu^{3+}$ 离子，导致 $Eu^{3+}$ 离子再发射一个红光光子。一个激发的 $Gd^{3+}$ 离子分两步将能量传递给 $Eu^{3+}$ 离子，引起 $Eu^{3+}$ 离子发射两个光子，产生双光子发射。由此可见，$Gd^{3+}$ 离子对 $Eu^{3+}$ 离子的能量传递效率是非常高的。但 $Gd^{3+}$ 离子的 4f-4f 跃迁强度较弱，尽管 $Eu^{3+}$ 离子在 $LiGdF_4$ 中的发光效率达 200%，但在真空紫外线的激发下 $Eu^{3+}$ 离子的发射强度依然较弱，不适宜作为 PDP 荧光粉。

只有当 $Gd^{3+}$ 离子将吸收的能量传递给 $Eu^{3+}$ 离子时, $Eu^{3+}$ 离子在 $LiGdF_4$ 中的发光效率达 200%。但是,当激发基质敏化带引起基质带间跃迁(~120 nm)或 $Eu^{3+}$ 离子电荷迁移带引起 2p(F)→4f(Eu) 电荷跃迁(156 nm)时,均观察不到双光子发射效应。这与在真空紫外线激发下引起基质的带间跃迁时存在的内在的发光猝灭机理有关。M. A. Terekhin[30] 报道了真空紫外线激发发光物质时至少有三种发光猝灭机理:(1) 对于真空紫外区激发来说,是一种典型的发光猝灭机理,即真空紫外线穿透固体表面的深度很浅,只有~10 nm,因而会导致激发能量的表面损失;(2) 当激子以共振方式将能量传递给发光离子,也可能传递给其他非发光离子时产生的能量损失;(3) 当激发能量大于基质价带和导带能量间隔的 2 倍时,容易产生二次激发电子(受到第二次激发的电子),邻近二次激发电子之间的无辐射能量传递也使激发能量损失。另外,氟化物的带间吸收波长偏短(~120 nm),与 PDP 荧光粉的激发主波长 147 nm 偏差较大,不适宜作为 PDP 荧光粉基质。含氧化合物在真空紫外区有较强的吸收,但含氧化合物复杂的能级结构使得基质的能量传递给激活离子的效率较低。同时,基质中还存在许多能量猝灭的因素,如色心、陷阱能级和表面缺陷[31],这些因素都会影响基质敏化发光的效率。

由于 $Eu^{3+}$ 离子本身在真空紫外区几乎没有吸收,因此 $Eu^{3+}$ 离子在真空紫外激发下的发光取决于基质敏化,这有利于基质敏化的相关规律的研究。

### 6.3.2　基质晶体的真空紫外光谱及其规律[32]

对光的吸收是材料的本征特性。在一般情况下红外吸收光谱反映着材料中基团的振动特性,紫外可见吸收光谱往往反映组成材料的离子本身能级间的电子跃迁,而我们研究的真空紫外光谱则反映材料分子之间或基团之间的电子跃迁。例如在 PDP 器件中采用 147nm 和 172nm 真空紫外光激发,这些真空紫外光被材料的分子或基团所吸收使电子处于较高的能级,然后将其能量由基质传递给激活离子产生发光,因此,在 PDP 中材料的发光性能与其基质的吸收特性密切相关,基质吸收性能好,发光效率就高。

由于在空气中真空紫外光被吸收,常用的荧光分光光度计无法检测,而需采用高能加速器或价格昂贵的真空紫外光光谱仪,由此给材料的真空紫外光谱的研究带来困难。目前有关基质晶体的真空紫外光谱鲜见报道,也更未对基质晶体的规律性进行研究。本节结合探索新型 PDP 用发光材料和深紫外新晶体、对基质晶体的真空紫外光谱进行研究,总结相关规律。

1. 简单化合物基质的真空紫外吸收光谱[32]

基质晶体的真空紫外吸收光谱是与其化学键强度有关,特别是在简单化合物基质中体现得更为明显。文献[33]用同步辐射研究了 $CaO：Eu^{3+}$ (图 6-19)和

LaF$_3$：Eu$^{3+}$（图 6-20）的激发光谱。从图 6-19 可见，在 250nm 附近出现一个宽的吸收带，属于 Eu—O 的电荷迁移带，而出现在 205nm 附近的吸收带则为 CaO：Eu$^{3+}$ 的基质吸收带，与我们测得 Y$_2$O$_3$：Eu 的基质吸收带中心位置在 208nm，Eu—O 的电荷迁移带中心位于 240nm 附近相一致。从图 6-20 可见，由于 Eu—F 键的强度比 Eu—O 键的强，导致 Eu—F 的电荷转移带向短波移动，呈现在 170nm 附近，而 LaF$_3$：Eu$^{3+}$ 的基质吸收带则位于 120nm 附近。类似结果，在稀土离子激活的 YF$_3$，LiYF$_4$ 中，也观察到基质吸收带位于 120nm 附近[12,13]。

从上述例子可知，简单化合物晶体基质的真空紫外吸收光谱的位置与化合物的键强度有关，键能越大，越往短波移动。

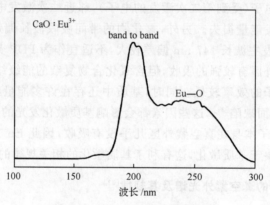

图 6-19　CaO：Eu$^{3+}$ 的激发光谱

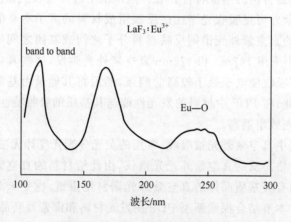

图 6-20　LaF$_3$：Eu$^{3+}$ 的激发光谱

**2. 复杂晶体基质的真空紫外吸收光谱**

对于铝酸盐如 BaAl$_8$O$_{13}$：Eu，BaAl$_{10}$O$_{17}$：Eu 和 BaAl$_{12}$O$_{19}$：Eu 均呈现强而宽的基质吸收带，位于～175nm 附近（图 6-21）。用凝胶-溶胶法制备的 Y$_5$Al$_5$O$_{12}$：

Tb,其基质吸收带中心位置位于 173nm[34]。

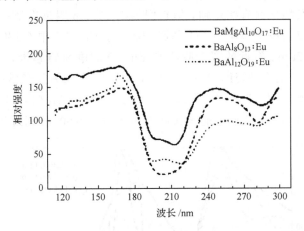

图 6-21　BaAl₁₀O₁₇ ：Eu,BaAl₈O₁₃ ：Eu 和 BaMgAl₁₂O₁₉ ：Eu 的激发光谱

一系列硅酸盐的真空紫外吸收光谱示于图 6-22,它们的基质吸收带位于～170nm 附近。大部分硅酸盐基质是由硅氧四面体构成,一般情况下,硅氧四面体的吸收带的波长小于 190 nm,也就是说,$O^{2-}$ 的 2p 价带到 $Si^{4+}$ 的 3p 导带的跃迁产生的吸收带的波长小于 190nm[35]。但在不同的基质中硅氧四面体的吸收带的位置因其连接方式的不同而不同,如在 $Y_2SiO_5$：Ce 中硅氧四面体的吸收带位于 175nm 附近,在 $Sr_4Si_3O_8Cl_4$：Eu 中硅氧四面体的吸收带位于 160nm。

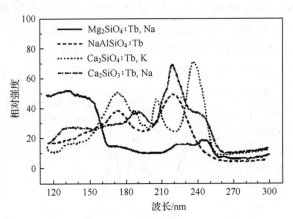

图 6-22　Tb 激活的硅酸盐的激发光谱

作为优质深紫外非线性晶体和 PDP 等荧光粉的基质,人们对硼酸盐体系颇有兴趣,也开展了许多研究。在硼酸盐体系中硼氧主要以三配位的 $BO_3$ 和四配位的 $BO_4$ 的方式形成配位多面体,可以是三方的或四面体的。有时 $BO_3$ 和 $BO_4$ 共存,这将引起基质吸收带在一定范围内移动。

比较掺 $Eu^{3+}$ 或 $Tb^{3+}$ 的 Y、Gd、Sc 的硼酸盐的激发光谱（图 6-23）[7]，能够观察到，尽管激发峰顶部有些差别，但它们均在 160nm 附近出现一个较宽的激发峰，该吸收带应归属于基质中 $BO_3$ 基团的吸收。图 6-23 中 $GdBO_3$：Eu 的激发光谱中，位于 220nm 附近的宽带吸收是 Eu—O 的电荷转移带，大于 270nm 的吸收峰则为 $Eu^{3+}$ 的 f-f 跃迁；图 6-23 中 $GdBO_3$：Tb 的激发光谱中，位于 230nm 附近的宽带吸收为 $Tb^{3+}$ 离子的 f-d 跃迁。在 $YAl_3(BO_3)_4$：1％ Tb 和 $Eu_{0.70}La_{0.30}MgB_5O_{10}$[8] 中我们也能观察到 $BO_3$ 基团在 160nm 附近的基质敏化带。

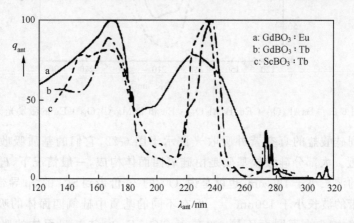

图 6-23  $GdBO_3$：Eu(a)，$GdBO_3$：Tb(b) 和 $ScBO_3$：Tb(c) 的激发光谱

在 $YBO_3$ 和 $GdBO_3$ 结构中，B—O 是四配位，根据对基质吸收带的研究结果[36]，140～170nm 是 $BO_4$ 的阴离子基团的吸收带。作为实用的 PDP 红色荧光粉 $(Y,Gd)BO_3$：Eu 的基质吸收带是位于～160nm 的宽带。

$GdB_3O_6$：Tb 的基质吸收带的中心位置出现在 155nm 附近（图 6-24）。

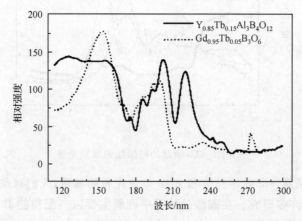

图 6-24  $Y_{0.85}Tb_{0.15}Al_3B_4O_{12}$ 和 $Gd_{0.95}Tb_{0.05}B_3O_6$ 的激发光谱

$MgLa_{0.95}Tb_{0.05}B_5O_{10}$ 和 $BaLa_{0.9}Tb_{0.1}B_9O_{16}$ 的 $BO_3$ 吸收带位于 150nm（图 6-25）。在对 $BaLnB_9O_{16}$：RE（Ln＝La,Gd, RE＝Eu,Tb）的 VUV 光谱研究中,也观察到 $BaLa_{0.8}Eu_{0.2}B_9O_{16}$ 等的基质吸收带位于 150nm 附近[37,38]。

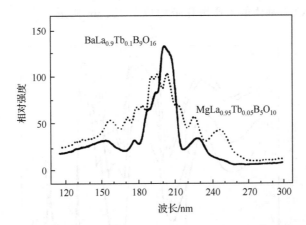

图 6-25　$BaLa_{0.9}Tb_{0.1}B_9O_{16}$ 和 $MgLa_{0.95}Tb_{0.05}B_5O_{10}$ 的激发光谱

测得的 $LnAl_3B_4O_{12}$：RE（Ln＝La,Gd, RE＝Eu,Tb）的真空紫外光谱[39]与图 6-24中的基质吸收带位置相同,均位于 160nm 左右。

四配位的 $PO_4^{3-}$ 阴离子最低分子内跃迁（$2t_2 \rightarrow 2a,3t_2$）,经计算位于 $7 \sim 10eV$[40]。所观察到的吸收带在 7.8eV（160nm）到 8.6eV（145nm）[41,42]。$YPO_4$：$RE^{3+}$（RE＝ Sm,Eu ,Gd）的真空紫外吸收光谱（图 6-26）表明,尽管掺杂不同的稀土离子,但它们的基质吸收带均呈现 $140 \sim 160nm$ 的宽带,峰值位置位于 $\sim 150nm$,我们测得的 $(La_{1-x}Gd_x)PO_4$：RE 基质吸收带位置位于 $\sim 155nm$[43],同时

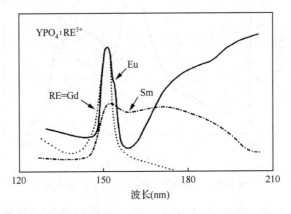

图 6-26　$YPO_4$：$RE^{3+}$（0.5％～2％）真空紫外吸收光谱,
RE＝Gd（310nm 发射）,Sm（610nm 发射）和 Eu（620nm 发射）

观察到在$(La_{1-x}Gd_x)PO_4$：RE中随着Gd浓度增加,基质吸收带增强。图6-27列出$Tb_xY_{1-x}PO_4$的激发光谱[44],其中A和C吸收峰是$Tb^{3+}$的自旋禁戒的4f-5d跃迁,而B和D吸收峰则属于自旋允许的4f-5d跃迁。从图6-27可见,尽管$Tb^{3+}$浓度不同,但$PO_4^{3-}$基团的基质敏化带均位于150nm附近。

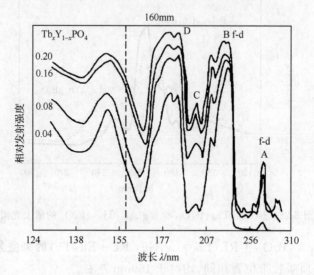

图6-27　$Tb_xY_{1-x}PO_4$的激发光谱

从测得的$Gd_3PO_7$：Eu真空紫外光谱[45]（图6-28）观察到,其他基质吸收带位于155nm附近。

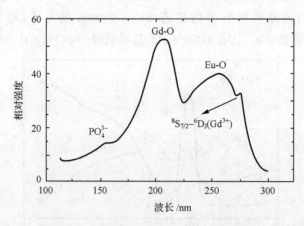

图6-28　$Gd_3PO_7$：Eu的VUV激发光谱

磷酸根的聚合度和键合方式显著地影响多聚磷酸盐基质敏化带位置,测得$TbP_5O_{14}$的晶体的真空紫外光谱[46]（图6-29）,观察到在VUV光谱中呈现若干激发峰,其中~260nm的峰是$Tb^{3+}$的4f-5d自旋禁戒跃迁,215nm和205nm的峰是

Tb$^{3+}$ 的 4f-5d 自旋允许跃迁，～190nm 也是 4f-5d 自旋禁戒跃迁，165nm，170nm，180nm 附近也是 4f-5d 自旋允许跃迁，而基质吸收带较弱，位于～135nm。而从所列出的 Sr$_3$(PO$_4$)$_2$∶Eu 和 Ba$_3$(PO$_4$)$_2$∶Eu 的真空紫外光谱（图 6-30）可知，(PO$_4$)$_2^{6-}$ 的基质吸收带位于 125nm。用 K$_3$Tb(PO$_4$)$_2$ 晶体测得其真空紫外光谱也出现在 125nm 左右[47]。

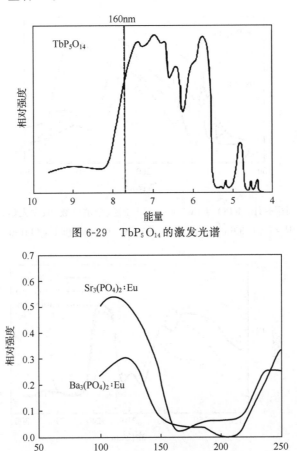

图 6-29　TbP$_5$O$_{14}$ 的激发光谱

图 6-30　Sr$_3$(PO$_4$)$_2$∶Eu 和 Ba$_3$(PO$_4$)$_2$∶Eu 的激发光谱

在研究 YP$_{1-x}$V$_x$O$_4$∶Eu$^{3+}$ 真空紫外光谱时[48]，观察到 YVO$_4$∶Eu 和 YPO$_4$∶Eu 具有相近的基质吸收带位置，均位于 155nm 左右。

**3. 阳离子对基质吸收带的影响**

对于基质敏化带的位置主要取决于基质阴离子或阴离子基团，与基团的结构和键合强度有关，但改变基质中阳离子也能使基质敏化带产生一定范围内的位移。图 6-31 列出 $LnPO_4$：$Eu^{3+}$（Ln＝ La、Gd、Y 或 Lu）的激发光谱[9]，从图 6-31 可知，$LaPO_4$：$Eu^{3+}$ 的基质敏化带位于 159nm，$GdPO_4$：$Eu^{3+}$ 的位于 160nm，$YPO_4$：$Eu^{3+}$ 的位于 152nm，$LuPO_4$：$Eu^{3+}$ 的位于 145nm。又如在 $LnBO_3$：$Tb^{3+}$（Ln＝La，Gd，Y 或 Lu）中基质吸收带位置（图 6-32），$LaBO_3$：$Tb$ ＞ $GdBO_3$：$Tb$＞$YBO_3$：$Tb$。

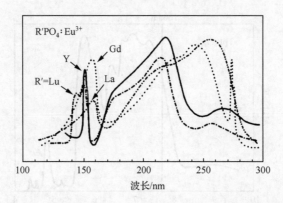

图 6-31　$RPO_4$：$Eu^{3+}$（0.5％～2％，摩尔分数）激发光谱，
R＝La（159nm），Gd（160nm），Y（152nm）和 Lu（145nm）

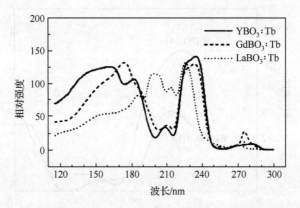

图 6-32　$YBO_3$：$Tb$，$GdBO_3$：$Tb$ 和 $LaBO_3$：$Tb$ 的激发光谱

由此可知，随着阳离子的离子半径减小，络合能力增强，基质吸收带有往短波方向移动的趋势，这一结果将可用于对基质吸收位置进行微调。

通过对一系列基质晶体的真空紫外光谱的研究、分析得知，材料的基质吸收带位置主要取决于阴离子。阴离子基团与基团的组成、结构、键能有关，也受到基质中阳离子的影响。所获得的基质晶体的基质吸收带次序的基本规律如下：

氧化物（CaO：Eu，$Y_2O_3$：Eu，～200nm）＞多铝酸盐（$BaMgAl_{10}O_{17}$：Eu，～175nm）≥ 硅酸盐（$Ca_2SiO_4$：Tb，～160～170nm）＞硼酸盐（（Y，Gd）$BO_3$：Eu，

$150\sim160$nm)$\geqslant$钒酸盐(YVO$_4$：Eu，$\sim155$nm)$\approx$正磷酸盐(La,Gd)PO$_4$：Eu，
$\sim155$nm)$>$五磷酸盐(TbP$_5$O$_{14}$：Eu，$\sim135$nm)$>$焦磷酸盐(Sr$_3$(PO$_4$)$_2$：Eu 或
K$_3$Tb(PO$_4$)$_2$：Eu，$\sim125$nm)$>$氟化物(LaF$_3$：Eu 或 LiYF$_4$：Eu，$\sim120$nm)。

利用这一基本规律,将可根据应用的需求,选择合适的基质晶体。所提出的有
关基质敏化带的规律将有可能为新材料设计提供理论基础,可以预见稀土发光材
料将是最有价值的 PDP 发光材料,为此,除广泛地合成稀土发光化合物外,应深
入开展稀土元素的高激发态的研究和能量转移机理的研究。

# 6.4　新型 PDP 荧光粉的探索

彩色等离子体平板显示技术迅猛突起,但至今尚未研制出完全适用于 PDP 用
的荧光粉,目前所使用的荧光粉主要是沿用已有灯用荧光粉,而这些荧光粉在
PDP 器件中的高能量真空紫外射线的激发下存在着明显的不足。如红色荧光粉
(Y,Gd)BO$_3$：Eu$^{3+}$的效率较高,但色纯度较差;绿色荧光粉 Zn$_2$SiO$_4$：Mn 的余辉
时间偏长,从而影响图像质量;蓝色荧光粉掺 Eu$^{2+}$的多铝酸盐的稳定性较差等。

三价稀土离子的第一 f-d 跃迁(The first f-d transition)的能量和 3 种氟化物
的带隙能量列于表 6-6[49]。表 6-6 表明,若三价稀土离子的能级扩展到 VUV 范
围,这些基质的荧光粉可以用 VUV 激发。

表 6-6　氟化物中稀土离子的 f-d 跃迁的能级和能隙的能量

| 元素 | 4f 电子数 | 三价稀土离子在不同基质中的最低 f-d 跃迁能量 | | | | | |
|------|-----------|------------------|--------|------|--------|------|--------|
| | | LiYF$_4$ | | YF$_3$ | | LaF$_3$ | |
| | | /eV | /nm | /eV | /nm | /eV | /nm |
| Ce | 1 | 4.19 | 296 | 4.90 | 253 | 4.96 | 250 |
| Pr | 2 | 5.85 | 212 | 6.59 | 188 | 6.59 | 188 |
| Nd | 3 | 7.1 | 175 | 7.33 | 169 | 7.65 | 162 |
| Pm | 4 | — | — | — | — | — | — |
| Sm | 5 | — | — | — | — | — | — |
| Eu | 6 | 8.67 | 143 | 9.31 | 133 | 9.5 | 130.5 |
| Gd | 7 | — | — | — | — | — | — |
| Tb | 8 | 4.86 | 255 | 5.82 | 213 | 6.13 | 202 |
| Dy | 9 | 6.48 | 191 | 8 | 155 | 8 | 155 |
| Ho | 10 | 8.05 | 154 | 8.85 | 140 | 9.2 | 135 |
| Er | 11 | 8.05 | 154 | 8.38 | 148 | 8.65 | 143 |
| Tm | 12 | 7.95 | 156 | 8.33 | 149 | 8.65 | 143 |
| Yb | 13 | — | — | — | — | — | — |
| 基质带跃迁能量 | | 10.5 | 117.5 | 10.53 | 118 | 10.51 | 118 |
| 基质电荷迁移态能量 | | 7.9 | 157 | 7.88 | 157 | 7 | 177 |

在 PDP 中所用的荧光粉既要能忍受能量较高的真空紫外光的辐射,又要对 147nm 和 172nm 波长的真空紫外光有好的吸收,并能将所吸收的能量有效地转移给激活离子以提高发光效率。

由于真空紫外线穿透固体表面的能力较差,一般只能穿透 $0.1\sim1~\mu m^{[50]}$。因而真空紫外荧光粉的表面性质对其发光有较大的影响。荧光粉粒度的大小、表面的完整性都影响其发光。特别是对于高清晰度的显示用的 PDP 荧光粉需要有均匀的粒度分布。采用精确的合成手段和不同的制备方法可以控制荧光粉粒度的大小以及其表面的完美性。制备荧光粉除了传统的高温固相法外,还可采用沉淀法、溶胶-凝胶法、水热法以及低温固相法,这些方法各有特点,而目前产业化中生产荧光粉主要采用高温固相法。关于稀土发光材料的制备,在相关章节将作专门介绍,此处仅举例说明。

### 1. 水热法合成 $(Y,Gd)BO_3$：$RE^{3+}$ $(RE＝Eu，Tb)$ 荧光粉

吴雪艳等[51]比较了采用高温固相法、水热法和共沉淀法等三种制备方法对 $(Y,Gd)BO_3$：$RE^{3+}$ $(RE＝Eu，Tb)$ 荧光粉性质的影响,发现采用三种方法制备的荧光粉光谱特性基本一致,但高温固相法和共沉淀法制备的荧光粉的粒度较大,且形貌不规则。

采用水热法合成 $(Y,Gd)BO_3$：$RE^{3+}$ $(RE＝Eu，Tb)$ 荧光粉时,发现以稀土氧化物、氢氧化物和硝酸盐都可以制备出 $(Y,Gd)BO_3$：$Eu^{3+}$ 荧光粉,但荧光粉的形貌因原料的不同而不同,采用稀土氢氧化物和硝酸盐制备的荧光粉形貌比较相似,略呈针状,且粒度较小,约为 $100\sim200nm$。通过分析认为,以硝酸盐为原料制备 $(Y,Gd)BO_3$：$Eu^{3+}$ 荧光粉的过程中经历了一个稀土硝酸盐转变为氢氧化物的过程。

对合成的 $(Y,Gd)BO_3$：$RE^{3+}$ $(RE＝Eu，Tb)$ 的真空紫外光谱性质进行了研究,如图 6-33 和图 6-34 所示,发现 $(Y,Gd)BO_3$：$Eu^{3+}$ 的真空紫外光谱在 $120\sim180nm$ 由两个激发宽带组成,峰值波长分别为 150nm 和 170nm,存在基质硼酸根的吸收带。紫外区 $180\sim250nm$ 是 $O^{2-}$ —$Eu^{3+}$ 电荷迁移带,峰值波长位于 220nm。比较不同 $Gd^{3+}$ 浓度的真空紫外光谱(图 6-33),发现 $YBO_3$：$RE^{3+}$ 中掺入 $Gd^{3+}$ 后,基质吸收带随 $Gd^{3+}$ 浓度的增大而增强,说明 $Gd^{3+}$ 的加入有利于基质吸收能量,使硼酸根阴离子基团对 $Eu^{3+}$ 或 $Tb^{3+}$ 离子的敏化增强,$Gd^{3+}$ 起到能量传递中间体的作用,使基质对激活剂的敏化效率随 $Gd^{3+}$ 浓度的增大而提高。并且基质吸收带重心发生了红移,这是由于 $YBO_3$：$Eu$ 中掺入 $Gd^{3+}$ 后 $GdBO_3$ 的贡献增大,基质中阳离子半径变大,使 5d 轨道与硼酸根离子的相互作用相对于 $Y^{3+}$ 更强,导致基质中 B—O 反键轨道能量降低更明显。基质吸收带随 $Gd^{3+}$ 的增多而增强,说明作为 PDP 荧光粉 $Eu^{3+}$ 或 $Tb^{3+}$ 在 $GdBO_3$ 基质中发光性能更好。

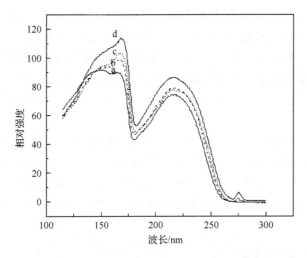

图 6-33　（$Y_{0.95}$，$Gd_x$）$BO_3$：$Eu_{0.05}$ 的真空紫外光谱

$x=$ a：0；b：0.1；c：0.2；d：0.3

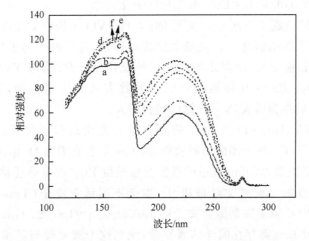

图 6-34　（$Y_{0.7}$，$Gd_{0.3}$）$_{1-x}BO_3$：$Eu_x$ 的真空紫外光谱

$x=$a：0.01；b：0.02；c：0.03；d：0.04；e：0.05；f：0.06

　　另外，由于 $GdBO_3$ 的基质吸收带相对于 $YBO_3$ 处于低能区，与 $Gd^{3+}$ 高能级（或 Eu 的电荷迁移带、$Tb^{3+}$ 的高能级）之间的重叠更大，因此 $Gd^{3+}$（或 $Eu^{3+}$、$Tb^{3+}$）更容易从 $GdBO_3$ 相对含量高的基质中获得能量，这可能也是（Y，Gd）$BO_3$：$RE^{3+}$（RE＝Eu，Tb）中基质吸收带随 $Gd^{3+}$ 浓度的增大而增强的原因。

　　对水热合成的（Y，Gd）$BO_3$：$Eu^{3+}$ 荧光粉进行热处理发现，焙烧后荧光粉的结构没有改变，但结晶度有所提高，且各晶面取向发生变化。通过比较热处理前后荧光粉的光谱性质发现，焙烧前及焙烧温度低于 900℃ 时发射光谱中 $^5D_0 \rightarrow {}^7F_1$ 跃迁与$^5D_0 \rightarrow {}^7F_2$跃迁的强度相差不大,而焙烧温度为 1000℃和 1100℃时$^5D_0 \rightarrow {}^7F_1$跃迁明显强于$^5D_0 \rightarrow {}^7F_2$跃迁,这可能是由于焙烧温度过高使得 $Eu^{3+}$ 离子在 2 个格位上的分配发生了明显的变化。比较不同温度热处理后荧光粉亮度发现,亮度随焙烧温度的提高而明显增强,900℃焙烧后亮度约是焙烧前的 2 倍,说明一定温度下热处理有利于提高荧光粉的发光性能,这可能与热处理后荧光粉晶体发育更好,缺陷减少有关。

荧光体$(Y_{0.70}, Gd_{0.30})_{1-x}BO_3 : Eu_x$ 的真空紫外激发光谱如图 6-34。可以看出,固定 Y 与 Gd 的浓度比,改变 $Eu^{3+}$ 的浓度,在 $x_{Eu} \leqslant 0.04$ 时,基质吸收带随$x_{Eu}$ 的增大而增强,$x_{Eu}$ 为 0.05 和 0.06 的强度接近,但都弱于 $x_{Eu} = 0.04$ 的强度,即 $x_{Eu} = 0.04$ 时 147nm 处的吸收强度最大;在 170nm 处 $x_{Eu} = 0.04$、0.05 与 0.06 的强度接近。

## 2. $(Y, Gd)VO_4 : Eu^{3+}$

$Gd^{3+}$ 的加入往往起到能量传递的中间体作用,有利于提高荧光粉的发光效率,为此开展$(Y, Gd)VO_4 : Eu^{3+}$ 荧光粉的研究。

采用水热法合成了不同 $Gd^{3+}$ 浓度的$(Y, Gd)VO_4 : Eu^{3+}$,XRD 分析发现随着 $Gd^{3+}$ 浓度的增大各衍射峰向 $d$ 值增大的方向移动,这是由于离子半径大的 $Gd^{3+}$ 取代 $Y^{3+}$ 后使晶胞变大,面间距增大。红外光谱分析发现,与 $YVO_4 : Eu$ 相比,$(Y, Gd_{0.20})VO_4 : Eu$ 的红外振动峰向低波数方向发生了移动,这同样是由于 $Gd^{3+}$ 取代 $Y^{3+}$ 后晶胞增大,V—O 键的键长增大。

对合成的$(Y, Gd)VO_4 : Eu^{3+}$ 的真空紫外光谱进行了研究,观察到 120~170nm 存在着 $VO_4^{3-}$ 离子团的弱吸收带,200nm 处存在着来自 $2p(O) \rightarrow 4f(Y)$ 或 $5d(Y)$ 跃迁的激发带,200nm 以后的激发宽带是由 $Eu^{3+}$ 的电荷迁移带与 $VO_4^{3-}$ 的吸收带重叠而成的。根据文献报道[52],掺杂不同稀土离子(Tm, Ho, Er, Dy, Sm, Eu)的 $YVO_4$ 及未掺杂激活离子的 $LnVO_4$(Ln=La, Y, Gd, Lu)的激发光谱中在 240~380nm 都存在同样的激发带,说明这个激发带与基质阳离子及激活离子关系不大,为 $VO_4^{3-}$ 由基态$^1A_2$($^1T_1$)跃迁到激发态$^1A_1$($^1A_1$)、$^1B_1$($^1E$)、$^1A_1$($^1E$)、$^1E$($^1T_2$)和$^1E$($^1T_2$)的吸收带[53]。

比较不同 $Gd^{3+}$ 浓度的$(Y, Gd)VO_4 : Eu^{3+}$ 的真空紫外激发光谱发现,在一定 $Gd^{3+}$ 浓度范围内,光谱中 120~300nm 区域内的谱带随 $Gd^{3+}$ 浓度的增大呈增强趋势,说明 $Gd^{3+}$ 的加入使基质 $VO_4^{3-}$ 对 $Eu^{3+}$ 的敏化效率提高。

仔细分析$(Y, Gd)VO_4 : Eu^{3+}$ 中不同 $Gd^{3+}$ 含量的荧光粉的发射光谱,观察到荧光粉中 $Gd^{3+}$ 含量不同,$Eu^{3+}$ 的$^5D_0 \rightarrow {}^7F_2$ 跃迁峰与$^5D_0 \rightarrow {}^7F_1$ 跃迁峰的强度比值也不同,以 273nm 紫外光激发,发射光谱中 $I(^5D_0 \rightarrow {}^7F_2) / I(^5D_0 \rightarrow {}^7F_1)$ 的比值列于表 6-7 中。从表中可以发现,在一定 $Gd^{3+}$ 浓度范围内随着荧光粉中 $Gd^{3+}$ 离子

掺入量的增多，$I(^5D_0 \rightarrow {}^7F_2) / I(^5D_0 \rightarrow {}^7F_1)$ 的比值逐渐减小，这是由于 $^5D_0 \rightarrow {}^7F_2$ 为超灵敏跃迁，对周围环境的变化非常敏感，离子半径大的 $Gd^{3+}$ 取代 $Y^{3+}$ 后使得基质中 Eu—O 的距离越大，导致 $Eu^{3+}$ 周围的场环境减弱，从而表现为 $I(^5D_0 \rightarrow {}^7F_2) / I(^5D_0 \rightarrow {}^7F_1)$ 的比值减小[54]。

表 6-7　$(Y,Gd)VO_4：Eu^{3+}$ 中 $I(^5D_0 \rightarrow {}^7F_2) / I(^5D_0 \rightarrow {}^7F_1)$ 的比值

| | $I(^5D_0 \rightarrow {}^7F_2) / I(^5D_0 \rightarrow {}^7F_1)$ |
| --- | --- |
| $Y_{0.95}VO_4：Eu^{3+}_{0.05}$ | 5.814 |
| $(Y_{0.85}，Gd_{0.10})VO_4：Eu^{3+}_{0.05}$ | 5.729 |
| $(Y_{0.75}，Gd_{0.20})VO_4：Eu^{3+}_{0.05}$ | 4.791 |
| $(Y_{0.45}，Gd_{0.50})VO_4：Eu^{3+}_{0.05}$ | 4.135 |

对 $(Y,Gd)VO_4：Eu^{3+}$ 中的能量传递过程进行分析认为，$(Y,Gd)VO_4：Eu^{3+}$ 中可能存在着以下几种能量传递方式：$VO_4^{3-}$ 和稀土离子 $Eu^{3+}$ 之间通过交换作用传递能量（$VO_4^{3-} \rightarrow Eu^{3+}$）；位于真空紫外区的 $VO_4^{3-}$ 离子团将吸收的能量传递给 $Gd^{3+}$，$Gd^{3+}$ 将其吸收的能量传递给处于紫外区的 $VO_4^{3-}$，$VO_4^{3-}$ 再将能量传递给 $Eu^{3+}$（即 $VO_4^{3-}$（VUV）$\rightarrow Gd^{3+} \rightarrow VO_4^{3-}$（UV）$\rightarrow Eu^{3+}$）。$Gd^{3+}$ 在 $(Y,Gd)VO_4：Eu^{3+}$ 的能量传递过程中起着中间体的作用。

3. $Y(P,V)O_4：Eu^{3+}$

根据基质吸收带位置规律，有助于我们开发新的 PDP 荧光粉和其他真空紫外光学材料。从上述的规律可知，与 147 nm 激发相匹配的吸收基质为硼酸盐、磷酸盐和钒酸盐。在硼酸盐基质中，如 $(Y,Gd)BO_3：Eu^{3+}$，其发射主峰位于 593nm，色纯度较差；在磷酸盐基质[9]，如 $LnPO_4：Eu^{3+}$ 中，其发射主峰也位于 593nm 附近，而正钒酸盐，如 $YVO_4：Eu^{3+}$ 的发射主峰位于 619nm，具有较好的色纯度。考虑到 $YPO_4$ 和 $YVO_4$ 具有相同的结构类型，均为四方晶系，空间群 I41/amd(141)，能够形成固熔体，为此，合成一系列 $YP_{1-x}V_xO_4：Eu^{3+}$ 的化合物固熔体，再根据固熔体的发射波长（图 6-35），克服 $VO_4^{3-}$ 离子在 430nm 附近的基团发射，并测定了 $YP_{1-x}V_xO_4：Eu^{3+}$ 的真空紫外光谱，得到 $YP_{0.70}V_{0.30}O_4：Eu^{3+}$ 为较好的 PDP 荧光粉[48]。

对比水热法和高温固相法合成的 $YP_{1-x}V_xO_4：Eu^{3+}$ 的 VUV 光谱，发现各谱带的位置是一致的，但谱带强度存在一些差别，水热法制备的 $Y(P,V)O_4：Eu^{3+}$ 荧光粉真空紫外区的吸收较弱，说明采用水热法制备 $Y(P,V)O_4：Eu^{3+}$ PDP 荧光粉虽然粒度较小，形貌规则，但发光性能不如高温固相法制备的 $Y(P,V)O_4：Eu^{3+}$ 荧光粉。

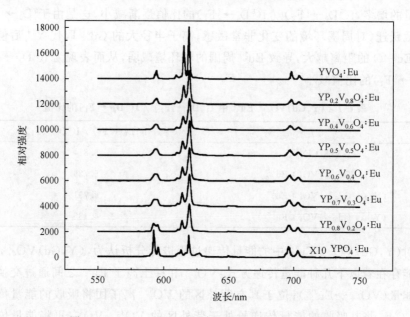

图 6-35　YP$_{1-x}$V$_x$O$_4$：Eu$^{3+}$ 的发射光谱（250nm 激发）

通过对水热法合成 Y(P,V)O$_4$：Eu$^{3+}$ 荧光粉的合成条件的探索，发现水热合成 Y(P,V)O$_4$：Eu$^{3+}$ 的最佳条件为体系初始 pH 为 12.5，在 240℃下反应 6 天。结合 XRD 和扫描电镜研究发现 Y(P$_{1-x}$,V$_x$)O$_4$：Eu$^{3+}_{0.05}$ 的粒径随着 x 的增大而增大，YPO$_4$：Eu$^{3+}$ 的粒径为 100～150nm，而 YVO$_4$：Eu$^{3+}$ 的粒径则为 400～450nm。

详细考查了 Eu$^{3+}$ 离子在 Y(P$_{1-x}$,V$_x$)O$_4$：Eu$^{3+}$ 体系中的发光情况，发现当 $x \geqslant 0.6$ 时，VO$_4^{3-}$ 的蓝色带状发射基本消失，此时 VO$_4^{3-}$ 离子团几乎将它吸收的能量全部传递给 Eu$^{3+}$ 离子。通过比较 $^5D_0 \rightarrow ^7F_2$ 与 $^5D_0 \rightarrow ^7F_1$ 跃迁发现二者强度之比随 x 的增大而增大，说明荧光粉的色纯度随 VO$_4^{3-}$ 含量的增多而更好。

合成的 Y(P$_{1-x}$,V$_x$)O$_4$：5mol％Eu$^{3+}$ 的真空紫外（VUV）激发光谱见图 6-36。从图 6-36 中可以看出，YPO$_4$：Eu$^{3+}$ 的 VUV 光谱在 120～170nm 处存在着一个激发窄带（位于 153 nm），归属于 PO$_4^{3-}$ 的基质吸收带[50]，而 Y(P,V)O$_4$：Eu$^{3+}$ 在 120～170nm 的 VUV 区的激发带则为宽带，这个激发宽带在 YVO$_4$：Eu$^{3+}$ 中也观察到了，因此可以将 Y(P,V)O$_4$：Eu$^{3+}$ 中的激发宽带归属于 VO$_4^{3-}$ 与 (P$_{1-x}$,V$_x$)O$_4^{3-}$ 离子团的基质吸收带。从图 6-36 中还可以看到，Y(P$_{1-x}$,V$_x$)O$_4$：Eu$^{3+}$ 的 VUV 光谱中在 170～270nm 处还存在着一个宽带，该宽带是由几个激发带重叠而成，其中 200nm 处的激发带与 Y$_2$O$_3$ 的吸收带很接近[55]，可认为来自 2p(O) →4f(Y) 或 5d(Y)跃迁；对 $x=0$、0.2～0.8 和 1.0 来说，200～300nm 的宽带分别是 Eu—O 的电荷迁移带及其与 VO$_4^{3-}$ 吸收带的重叠。合成的 Y(P$_{1-x}$,V$_x$)O$_4$：Eu$^{3+}$ 基质吸收

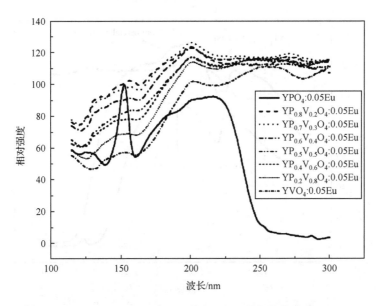

图 6-36　$YP_{1-x}V_xO_4$：$Eu^{3+}$ 的真空紫外激发光谱

带随 $VO_4^{3-}$ 含量的增多而增强,说明基质对发光离子 $Eu^{3+}$ 的敏化效率随 $VO_4^{3-}$ 含量的增多而提高。由于 $Y(P_{1-x},V_x)O_4$：$Eu^{3+}$ 是固溶体,合成的荧光粉中 $YVO_4$ 比 $YPO_4$ 的基质吸收带强,因此 $YVO_4$ 含量增多($x$ 增大)使固溶体基质吸收带增强。

在 $YP_{1-x}V_xO_4$：$5mol\%Eu^{3+}$ 中,尽管 $YP_{0.8}V_{0.2}O_4$：$5mol\%Eu^{3+}$ 在真空紫外激发下具有最高的发光效率,但该荧光粉除了 $Eu^{3+}$ 离子的发射外,还能观察到弱的 $VO_4^{3-}$ 的蓝光发射,不利于它作为一种红色 PDP 荧光粉。不过,在 $YP_{0.7}V_{0.3}O_4$：$5mol\%Eu^{3+}$ 中,$VO_4^{3-}$ 的蓝光发射受到抑制,基本观察不到其发射。因而可以认为 $YP_{0.7}V_{0.3}O_4$：$Eu^{3+}$ 是 $YP_{1-x}V_xO_4$：$Eu^{3+}$ 中较适宜作为 PDP 红粉的组成。与商用的 PDP 红粉($Y$, $Gd$)$BO_3$：$Eu$ 相比,$YP_{0.7}V_{0.3}O_4$：$Eu^{3+}$ 在真空紫外激发下的发光效率仍低,但却高于 $Y_2O_3$：$Eu$ 红粉,且其发射峰位于 619nm,色纯度比 $Y_2O_3$：$Eu$ 好。图 6-37 是 $YP_{0.7}V_{0.3}O_4$：$Eu^{3+}$、($Y$, $Gd$)$BO_3$：$Eu$ 和 $Y_2O_3$：$Eu$ 的真空紫外激发光谱。作为 PDP 荧光粉,最关心的是荧光粉在 147 nm 和 172 nm 激发下的发光强度,见图 6-37 中的两条虚线。从图 6-37 的分析可知,与($Y$, $Gd$)$BO_3$：$Eu$ 比较,$YP_{0.7}V_{0.3}O_4$：$Eu^{3+}$ 在 147 nm 的激发下的发光强度低 ~17.6%,在 172 nm 的激发下低 ~8%;与 $Y_2O_3$：$Eu$ 比较,在 147 nm 的激发下的发光强度高~30%,在172 nm 的激发下高 ~12.5%。因此,$YP_{0.7}V_{0.3}O_4$：$Eu^{3+}$ 可作为一种新型的 PDP 荧光粉。

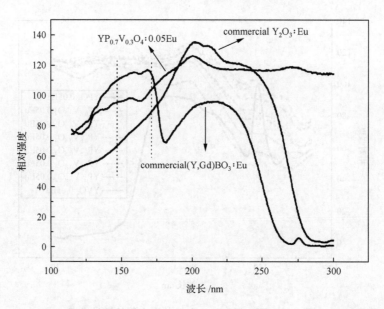

图 6-37　$YP_{1-x}V_xO_4 : Eu^{3+}$、商用$(Y,Gd)BO_3 : Eu^{3+}$和商用$Y_2O_3 : Eu^{3+}$的真空紫外激发光谱

**4. 高色纯度稀土硼钒酸盐体系红色荧光粉**

目前所用的 PDP 红粉是$(Y,Gd)BO_3 : Eu$,其发射主峰位于 593nm,色纯度低于 NTSC 标准。红色荧光粉的色纯度是影响图像全色显示的主要指标,因此,提高红色荧光粉的色纯度就成为改善 PDP 质量的关键之一。人们为此作了许多努力,有人采用$Y_2O_3 : Eu$来代替$(Y,Gd)BO_3 : Eu$,尽管主发射波长移至 612nm,但由于$Y_2O_3 : Eu$对 147nm 真空紫外的吸收较差,致使发光效率下降 40%。日本公开特许公报,特开 2001-49252 中提出在稀土氧化物$(Y_aGd_bR_cEu_d)_2O_3$中加入一定量的三氧化二硼,生成$(Y_aGd_bR_cEu_d)_2O_3 : mB_2O_3$,以提高发光效率。根据基质吸收带位置规律,即$VO_4^{3-}$和$BO_3^{3-}$的基质吸收带均位于 150nm 左右,而$BO_3^{3-}$的基质吸收带强于$VO_4^{3-}$以及$YVO_4 : Eu$的发射峰位于 619nm,可知它的色纯度优于$(Y,Gd)BO_3 : Eu$。综合各自优点,文献[56]发明了一种新型真空紫外激发的高色纯度稀土硼钒酸盐体系红色荧光粉,具有更高的发光亮度。该发明所制备的红色荧光粉的组分为$(Y_{1-x-y}Gd_x Eu_y)(VO_4)_{1-a}(BO_3)_a$,其中$0 \leqslant x \leqslant 0.3$,$0.04 \leqslant y \leqslant 0.08$,$0.3 \leqslant a \leqslant 0.7$。

**5. $Y_{1-x-y}Eu_xGd_yTaO_4$ 荧光粉**

胡冰等[57]采用高温固相反应合成了$Y_{1-x-y}Eu_xGd_yTaO_4$荧光。XRD 证明产物为纯相的$M'$型 $YTaO_4$结构。光谱测试表明,$TaO_4^{3-}$将吸收的能量传递给

$Eu^{3+}$,起着敏化作用。掺入少量 $Gd^{3+}$ 对 $YTaO_4$：Eu 的发光有一定的增强作用。用 147nm 的真空紫外光激发样品时,样品具有较强的荧光发射,其主发射峰位于 612nm(图 6-38),具有较好的色纯度,将可能成为一种具有竞争力的 PDP 用发光材料。

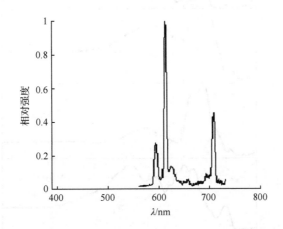

图 6-38　用 147nm 激发的 $Y_{0.84}Gd_{0.10}Eu_{0.06}TaO_4$ 的发射光谱

**6. 含 Tb 的荧光粉**

目前所用的荧光粉,特别是 $Mn^{2+}$ 激活的绿粉如 $Zn_2SiO_4$：$Mn^{2+}$ 和 $BaAl_{12}O_{19}$：$Mn^{2+}$ 都存在着余辉过长的缺陷,这将影响图像的质量,若采用稀土发光材料将能有根本的改善。

A. Mayolet 等[58]测量了掺 $Tb^{3+}$ 的含钇化合物在真空紫外区的量子效率(图 6-39),发现 $YBO_3$：$Tb^{3+}$、$Y_2SiO_5$：$Tb^{3+}$、$Y_2Si_2O_7$：$Tb^{3+}$、$YAlO_3$：$Tb^{3+}$、$Y_3Al_5O_{12}$：$Tb^{3+}$ 中 $YAlO_3$：$Tb^{3+}$ 的量子效率最高。

PDP 的其他优点也使它成为未来的主要显示器。由于 PDP 不像 CRT 显示那样需要将模拟信号转换成数字信号或将数字信号转换成模拟信号,PDP 内在的数字处理性能非常适合与数字电视高清晰度画面相配合。

PDP 另一个发展方向是个人计算机显示器。除了体积小、质量轻和纯平面外,PDP 使用数字调控。在不需要模拟信号和数字信号相互转换的情况下,图像更新快而清晰。

PDP 也着眼于挂壁彩电、军事上以及调控系统的大屏幕显示设备,但就目前来说,PDP 在图像显示质量及费用方面与 CRT 相比还存在一些问题。将来的工作将集中在降低电压、扩大平板面积和提高发光亮度,降低成本。为提高显示亮度和降低费用,材料与工艺技术、发光室的气体组成将需要投入大量研究。

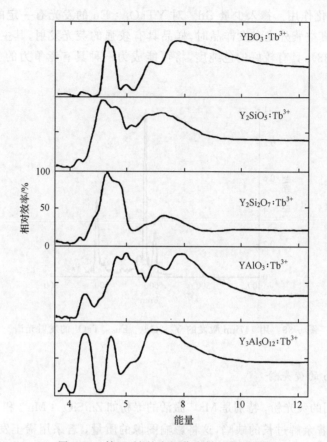

图 6-39　掺 $Tb^{3+}$ 的含钇荧光粉的量子效率

作为 PDP 信息显示的关键部分之一,荧光粉性能的优劣直接影响 PDP 的显示质量,因此荧光粉性能的研究是 PDP 发展中一个非常重要的方面。而目前 PDP 所用的发光材料均沿用灯用发光材料,存在许多问题,如效率低、稳定性差,三种颜色不匹配等,急需改进和研制新的发光材料。

## 参 考 文 献

[1] 洪广言,曾小青. 功能材料, 1999, 30(3): 225

[2] Kim Chang-Hong, Kwon Il-Eok, Pyun Chong-Hong, et al. J Alloys and Compounds, 2000, 311: 33

[3] Rene T Weigh, Harry Donker, Koenraad D Oskam, Andries Meijerink. Scinece, 1999, 283(3): 663

[4] Fukushima M, Murayama S, Kaji T. IEEE Trans. On Electron Devices, 1975, ED-22 (9): 657

[5] 吴祖垲,钱懋宗,姚宗熙. 自然杂志, 1999, 20 (6): 309

[6] 徐叙瑢,苏勉曾. 发光与发光材料. 北京: 化学工业出版社, 2004, 368

[7] Veenis A W, Bril A. Philips J Res, 1978, 33 (3/4): 124

[8] Saubat B, Fouassier C, Hagenmuller P, Bourcet J C. Mat Res Bull, 1981, 16 (2): 193

[9] Nakazawa E, Shiga F. J Lumin, 1977, 15(3)：255

[10] Fukuzawa T, Tanimizu S. J Luminescence, 1978, 16(4)：447

[11] Ohishi I, Kojima T, Ikeda H, et al. IEEE Trans. On Eletron Devices, 1975, ED-22(9)：650

[12] Kollia Z, Sarantopoulou E, Cefalas A C, et al. J Opt Soc Am B, 1995, 12(5)：782

[13] Sarantopoulou E, Cefalas A C, Dubinskii M A, et al. J Modern Optics, 1994, 41(4)：767

[14] Sarantopoulou E, Cefalas A C, Dubinskii M A, et al. Optics Letters, 1994, 19(7)：499

[15] Sarantopoulou E, Cefalas A C, Dubinskii M A, et al. Optics Communications, 1994, 107：104

[16] Szczurek T, Schlesinger M. Phys Rev B, 1986, 34(9)：6109

[17] Yang K H, Deluca J A. Appl Phys Lett, 1976, 29(8)：499

[18] Ronda C R. J Luminescence, 1997, 72-74：49

[19] Struck C W, Mishra K C, Dibartolo B. Proceeding of the seven international symposium on Physics and Chemistry of Luminescent Materials, The Elcectrochemical Society, Inc. , USA, 1999：103-119.

[20] Morell A, El Khiati N. J Electrochem Soc, 1993, 140(7)：2019

[21] Ronda C R, Amrein T A. J Luminescence, 1996, 69(5-6)：245

[22] Oshio S, Matsuoka T, Tanaka S, et al. J Electrochem Soc, 1998, 145(11)：3898

[23] Oshio S, Kitamura K, Shigeta T, et al. J Electrochem Soc. 1999, 146(1)：392

[24] Shigeo Shionoya, William M Yen. Phosphor Handbook. 2nd edition. New York：CRC Press, 1999, 628

[25] Junro Koike, Takehiro Korjina, Ryuya Toyonaga. J Electrochem Soc, 1979, 126(6)：1008

[26] Junro Korike, Takehiro Kojima, Ryuya Toyonage, et al. SID 80 DIGEST, 1980：150-151.

[27] 牟同升, 洪广言. 发光学报, 2002, 23(4)：403

[28] Blasse G. Philips Tech. Rev. 1970, 31(10)：324

[29] Robbins D J, Dean P J. Adv Phys, 1978, 27：499

[30] Terekhin M A, Kamenskikh I A, Makhov V N, et al. J Phys. ：Condens Matter, 1996, 8：497

[31] Berkowitz J K, Olsen J A. J Luminescence, 1991, 50(2)：111

[32] 洪广言, 曾小青, 尤洪鹏, 吴雪艳. 硅酸盐学报, 2004, 32 (3)：233

[33] Mayalet A, Krupa J C, Gerarol L, et al. Mater Chem Phys, 1992, 31(1/2)：107

[34] Cheolhee Park, Sojung Park, Changhong Kim, Guangyan Hong. J Mater Sci Lett, 2000, 19：335

[35] Briem W L O, Jia J, Dong Q Y, et al. Phys Rev B, 1991, 44(3)：1013

[36] Laperches J P, Tarte P. Spectrochem Aate, 1966, 22(7)：1201

[37] 尤洪鹏, 吴雪艳, 洪广言等. 中国稀土学报, 2001, 19(6)：609

[38] You Hongpeng, Wu Xueyan, Zeng Xiaoqing, et al. Mater Sci Eng B, 2001, 86：11

[39] You Hongpeng, Hong Guangyan, Zeng Xiaoqing, et al. J Physics and Chemistry of Solids, 2000, 61：1985

[40] Saito S, Wada K, Onaka R. J Phys Soc Jpn, 1974, 37：711

[41] Nakazawa E, Shiga F. J Lumin, 1977, 15(3)：255

[42] Fukuzawa T, Tanimizu S. J Lumin, 1978, 16(4)：447

[43] Wu Xueyan, You Hongpeng, Cui Hongtao, et al. Materials Research Bulletin, 2002, 37：1531

[44] Fukuzawa T, Tanimizu S. J Luminescence, 1978, 16：447

[45] Zeng Xiaoqing, Hong Guangyan, You Hongpeng, et al. Chin Phys Lett, 2001, 18(5)：690

[46] Hong Guangyan, Zeng Xiaoqing, Kim Changhong, et al. 人工晶体学报, 2000, 29(5)：183

[47] 洪广言，曾小青，吴雪艳，金昌洪，卞锺洪等. 武汉大学学报（自然科学版），2000，46（化学专利）：207

[48] 曾小青，洪广言，尤洪鹏等. 发光学报，2001，22（1）：55

[49] Krupa J C，Queffelec M，J. Alloys and Compounds，1997，250：287

[50] Dexter D L. J Chem Phys，1953，21（5）：836

[51] 吴雪艳，洪广言，曾小青等. 高等学校化学学报，2000，21（11）：1658

[52] Rank C Palilla，Albert K Levine and Maija Rinkevics. J Elctrochem Soc，1965，112（8）：776

[53] Chang Hsu，Richard C Powell. J Lumin，1975，10：273

[54] Capobianco J A，Proulx P P. Phys Rev B，1990，42（10）：5936

[55] Chang-Hong Kim，Hyun-Sook Bae，Chong-Hong Pyun，Guang-Yan Hong. J Korea Chem Soc，1998，42（5）：588

[56] 洪广言，彭桂芳，韩彦红，张吉林. 真空紫外激发的稀土硼钒酸盐体系红色荧光粉及制法，中国发明专利 ZL 2004 1 001131. 3

[57] 胡冰，洪广言，甘树才，孔丽. 发光学报，2009，30（5）：601-605

[58] Mayolet A，Krupa J C. Journal of the SID，1996，4/3：173

# 第7章　阴极射线用稀土发光材料

## 7.1　阴极射线发光与阴极射线管

### 7.1.1　阴极射线发光

阴极射线发光是电子束激发材料的发光,其名称来源于19世纪末在研究低压气体放电时观察到从阴极发出一种射线,在玻璃上产生荧光,该射线被称为阴极射线。不久发现这种射线是由微小的带负电粒子——电子组成。以后人们沿用这个古老的名称,将电子束激发发光称为阴极射线发光。

通常使用电子束激发发光材料时,电子的能量在几千至几万电子伏特。与光致发光相比,这个能量是巨大的,常用的紫外光子能量不过$3\sim6eV$,真空紫外光光子能量也只有十几电子伏特。因此,阴极射线发光的激发过程与光致发光不同,在光致发光中,一个光子被发光材料吸收后,通常只能产生一个光子,而一个高速电子的能量是可见光子的几千倍,从能量的观点来看,它足以产生千百个光子,事实上也是如此,但其过程是很复杂的。高速电子将使原子的电子离化,并使它们获得很大的动能,也成为高速电子,通常把这些电子称为次级电子。这些次级电子又可以产生次级电子,由此,产生的次级电子密度很大,这些次级电子最终将激发材料发光。因此,阴极射线激发和光致激发的另一个重要差别是激发密度大。

由于激发过程的差异,同一发光材料的阴极射线发光与光致发光有如下的不同:

(1) 不同的发光谱带的相对强度不同。即有时对具有2个或2个以上谱带的发光材料,它们的谱带的光谱强度比例不同。例如,ZnS：Cu的蓝带在电子束激发下可以变得较强。

(2) 发光效率不同。阴极射线发光的功率效率一般在$5\%\sim25\%$,而有些光致发光材料的功率效率可达$40\%\sim50\%$,甚至更高。

(3) 余辉不同。阴极射线发光的余辉明显变短,以致光致发光的长余辉材料在电子束激发下不再显现出长的余辉。

(4) 在电子束激发下,许多材料容易有发光。因此,有些材料观察不到光致发光,却可以有阴极射线发光。

高速电子打到固体上时,只有一部分进入固体内部,而有相当一部分被反射,称为反向散射。被反射的电子尚有相当大的能量,且对发光是无用的,故影响发光效率。反向散射的电子所占的比例 $\zeta$ 只与物质的原子序数 $Z$ 有关(如果是化合物可取 $Z$ 的平均值),而与电子能量关系不大。

进入发光材料的电子产生次级电子,或者激发晶格离子(原子),逐渐丧失能量,它们的方向因碰撞而不断改变,整个过程非常复杂。有关带电粒子和物质的相互作用的关系式是

$$-\frac{\mathrm{d}E_x}{\mathrm{d}x} = \frac{2\pi NZe^4}{E_x}\ln\frac{E_x}{E_j}$$

式中,$E_x$ 为电子穿入物质深度为 $x$ 时所剩余的能量;$E_j$ 为平均离化能;$N$ 为每立方厘米的束缚电子数。该式说明电子每单位长度损失的能量。

电子束激发发光的过程大致是,入射电子产生次级电子,与此同时,也可以激发(不产生自由电子)发光中心。次级电子又产生次级电子,所有这些电子都可以激发、离化各种中心,直至最后一批能量很低的次级电子,它们没有能力再离化晶格离子或发光中心,只能和空穴复合或激发发光中心(不离化),或者将剩余的功能变成热。能够离化晶格离子的最低限度的能量,Garlick 估计是 3 倍于禁带宽度 $E_g$[9]。也就是说,要产生一对电子和空穴,所需的电子能量至少应为 $3E_g$。能量小于 $3E_g$ 的电子就不能离化晶格离子。

根据上述的分析,可以考虑以下主要因素估算最大可能的发光效率:①反向散射系数 $\zeta$;②产生电子空穴对的最低能量 $E$;③发光中心和猝灭中心浓度的比例,它们复合几率的比例;④发光中心本身的发光效率。

阴极射线发光的亮度 $B$ 和电子束加速电压 $V$ 及电子束电流密度 $i$ 的关系,可以用下式表示:

$$B = f(i)(V - V_0)^n$$

$n$ 通常是等于或大于 1 的常数,取决于材料性能和发光屏的情况,而与 $V$ 无关,也不随 $i$ 而变。$f(i)$ 是电流密度的函数。$V_0$ 称为"死"电压,它和发光体的表面性能密切相关,可以低到几百伏,对有的材料甚至只有几伏,但在一般的应用中,可高达 $1\sim2\mathrm{kV}$。由于 $n$ 常常是大于 1 的常数,电压增加,亮度增加得比电压快,而输入功率 $P_i$ 随 $V$ 线性地增加,因此,效率 $\eta$ 将随着 $V$ 的增大而增大。

从原则上讲,即使电子的能量接近于 0,也有可能激发发光体而发光,其条件是,材料对电子的亲和能 $E_e$ 大于激发发光中心所需的能量 $E_{ex}$。例如,用很小的电子能量(小于发光光子的能量)就可以使 ZnO 发光。利用 ZnO 的这种性质,可以制成低压荧光管。这种荧光管所需的电子加速电压只有几伏到几十伏。

当使用很低电压时,必须注意不使电荷积累在发光层上,否则发光层将有一个负电位,排斥入射电子。发光层用铝层覆盖可以达到这个目的。

当电压固定时,发光亮度 $B$ 和电流 $i$ 的关系也较复杂。当电流较小时(小于 $1\mu A$ 到几十 $\mu A$)$f(i)$ 基本上是线性的,即亮度与电流密度成正比,但这种关系还

要看 $V$ 是多少而定。在通常使用的加速电压下，即 $V$ 为几千伏到上万伏时，随着 $i$ 的增大，$B$ 要比线性关系增加得慢，呈现饱和的趋势。在高电压下（如 50kV），饱和趋势就在大得多的电流密度下才出现。

亮度和电流的关系，可称为电流特性，在应用上有重要的意义。在黑白或彩色电视中所用二种或三种材料的电流特性必须合适，否则电视图像就会略变和失真。

除了加速电压和电流对发光效率有一定影响，影响荧光粉在阴极射线激发下的总效率 $\eta$ 与几个因素有关：

$$\eta = (E/E_e)\eta_a\eta_b\eta_c$$

即荧光粉的总效率由几部分组成，包括发光光子的平均能量 $E$ 与入射粒子能量 $E_e$ 之比；入射粒子进入晶体后产生了电子空穴对，电子空穴对的能量被输运到发光中心的效率 $\eta_a$；发光中心接受到的能量转换为发光光子的效率 $\eta_b$；以及光子在晶体内部经反射、折射、界面等处损耗后逸出晶体的效率 $\eta_c$。在不同的荧光粉中造成效率降低的主导因素不同，效率损失环节也不同。有的可以是由于发光中心过早饱和，在高电压或高电流时效率迅速下降；有的可能是高密度激发下发光材料的基质损伤，造成电子空穴对传输困难，导致发光效率下降。总之寻求合适的发光材料，对提高效率十分重要。

阴极射线发光在国防和生产上占有重要的地位，利用阴极射线发光的原理制成阴极射线管已广泛地应用于电视、雷达、示波器、计算机、照相排版、医学电子仪器、飞机驾驶船表盘等。而目前人们最熟悉的是电视显示屏和计算机显示屏。

### 7.1.2　CRT 与显示器件

阴极射线管（cathode ray tube，简称 CRT）是将电信号转换为光学图像的一类真空型电子束管的总称。在显示技术中泛指阴极射线显像管、显示管、示波管、雷达管、存储管、飞点扫描管等。

阴极射线管主要由电子枪（包含灯丝、阴极、控制栅极组成的电子发射系统和起聚焦透镜作用的几个阴极）、偏转系统（偏转线圈或导向板）和荧光屏组成（图 7-1）。

当灯丝通电、加热氧化物阴极，大量电子从阴极发射，由阴极、控制栅极和加速极共同控制阴极电子的发射。电子在加速极附近形成交叉点，该交叉点的截面将影响图像的分辨率，电子束再经偏转系统后轰击在荧光屏上，使荧光粉产生光输出，完成电信号向光信号的转换。

若不加偏转系统（磁场）时，从电子枪射出的三条电子束集中在荧光屏上一点，当加上偏转磁场时，三条电子束同时在水平或垂直方向偏转，偏转时要使电子束以正确的角度穿过荫罩，才能使三条电子束分别打到正确颜色的荧光粉上。

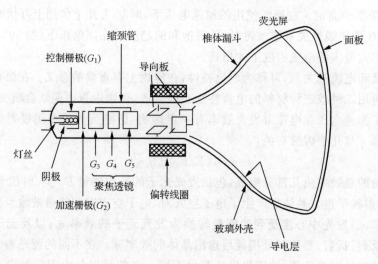

图 7-1　阴极射线管的结构

各种 CRT 显示器有其各自的特点：

显示管——可作字符、图形和图像的显示。用于计算机终端等方面，与普通彩色电视管相比，这类 CRT 具有更高的分辨率，如 14 英寸高分辨率 CRT 的荧光粉点间距在 $0.2\sim0.3$ mm，而亮度和对比度都比较低，普通电视亮度为 $300$ cd/m²，对比度为 $30\sim100$，而这类 CRT 在高亮度时为 $100$ cd/m²，对比度为 $3\sim10$，而且对偏转线圈要求更严。

示波管——仪器中显示电学信号的 CRT 通常称为示波管。其基本结构与单色 CRT 一样，但有更高的束偏转灵敏度、线性和高频响应。

雷达管——雷达发射机经天线向空中发射一系列方向性很强的脉冲电波，这些电波遇到目标时，一部分电波被反射回来，由天线接收，在显示器上显示目标的方向、距离、高度和速度。平面位置显示器同时显示目标的距离和方位，采取磁偏转、长余辉、亮度调制的显示管。

存储管——具有一种可以记忆建立在 CRT 内的电子信息功能的显示器。存储图像与文字的原理是在荧光屏前端放置一个介电靶，管内有两支电子枪，一支是写入枪，一支是读出枪。写入枪上的扫描电子束经电子信息的调制，在介电靶上形成不同的电势，相当于一个控制栅，读出枪的电子束经过这个控制栅到达荧光层，产生的信息与写入的相同。

飞点扫描管——扫描胶片图像，使之转换成电子信息，从而可以再现到显示器上。这种 CRT 要求荧光粉的衰减时间小于 $10^{-7}$ s，束斑很小。由 CRT 产生一个窄束扫描光源，扫描光透过被扫描的彩色胶片被光电探测器探测，用扫描信号和对应的透过光强，可以得到电子学影像信号。

在科研、生产及日常生活中,各种信息大量产生、传递、显示,其中显示技术是必不可少的重要环节。信息以图像形式表现和传递,无疑比其他方式(如语言、文字)更为直观和有效。计算机技术、电子技术、传感器技术与显示技术相结合,将极大地从空间和时间上延伸和扩展人类的视觉能力。特别是电视已能使亿万人同时目睹世界上任何一个角落正在发生的事件,已成为人们生活中不可缺少的一部分,显示技术赋予人类无与伦比的洞察客观世界的视觉能力,在科技发展、国民经济、社会活动和日常生活中发挥着越来越重要的作用。

信息显示技术是将图像、图形、数据和文字等各种形式的信息作用于人的视觉而使人们感知的手段。该技术是通过光电显示器件和发光材料来实现的,发光材料是信息显示系统的核心,发光材料的功能是将电信号转换为光信号,因此,发光材料不仅是信息显示技术的基础,它的发现和发展也推动信息显示技术的发展。稀土发光材料,在显示技术中占据着极其重要的地位。

世界上第一台电子显示器是 1907 年德国人 K. F. Braum 发明的示波管,该管采用气体放电产生电子束,在真空容器的另一端安置涂有荧光粉的云母板,从背面观看。首次实现了由电信号向光输出的转换。

近百年来,显示技术发展很快,从第一支阴极射线管的问世至今,已出现了上千个品种的电子显示器件,而且其原理不同于阴极射线管的新型显示器也相继出现,有些已达到实用化,显示技术已形成一个庞大的产业。

显示技术可以根据不同的方法进行分类,但每一种分类都不十分完善。

若按显示器件分类,可分为真空型显示器件和非真空型显示器件,前者指发展历史最长的阴极射线管显示;后者泛指非真空型的各种显示。

如按显示器件是否自动发光,又可分自发光型(或称为主动发光型)和非自发光型(或称被动发光型)两类。前者将电信号在显示器件屏幕上发光显示,如阴极射线管(CRT)、等离子体显示(PDP)、电致发光显示(ELD)、发光二极管显示(LED)、真空荧光显示(VFD)、投影显示、激光显示、场发射显示(FED)等;而后者是显示器件的工作媒质由于反射、散射、干涉等现象而控制环境光束显示信息,如液晶显示(LCD)、电致变色显示(ECD)、电泳显示(EPID)、铁电陶瓷显示(PLZT)和光阀显示等。

根据观看的方式,显示器件可分为投影式、直视式和虚拟式(无屏幕式)。投影显示主要包括阴极射线管型、反射镜阵列和 LCD;虚拟显示包括头盔显示和全息显示;直视式显示分为阴极射线管显示和 PDP、LCD、FED 等平板显示。

也可根据不同的激励方式进行分类,如电子束激发(包括阴极射线显示、真空荧光显示、场发射显示等),光激发(如等离子体显示等),电场激发(电致发光显示和发光二极管显示等)。尽管各种显示器的原理不同,并且各有特点,但作为图像显示,它们有着共同的性能要求。

(1) 亮度　亮度是指显示器在垂直于光束传播方向的单位面积上的发光强度,单位 $cd/m^2$。在室内照度下,70 $cd/m^2$ 的亮度图像清晰可见,而室外观看,则要求 $300cd/m^2$ 以上。

(2) 对比度　对比度为图像中最亮处与最暗处亮度之比值。对比度通常是 30∶1。

在阴极射线显示中借助"滤光技术"提高显示器件的对比度,主要有两种方法[12]。一种是在荧光粉表面"着色",例如在 $Y_2O_2S∶Eu^{3+}$ 表面涂覆红色颜料 $α-Fe_2O_3$,此法将牺牲荧光粉的亮度;另一种是用微滤光膜(microfilter)。

(3) 灰度　灰度是眼睛视觉范围特性所确定图像的亮度等级,它是指从亮到暗之间的亮度层次,亮暗之间的过渡色称为灰色。灰度用以表征显示屏上亮度的等级,应有 8 级左右。灰度越高,图像的层次越分明,在彩色显示中色彩也越丰富和柔和。灰度等级用亮度的 $2^{0.5}$ 倍的发光强度来划分。

在显示技术中,重现图像的相对明暗层次即对比度和灰度,是十分重要的。对比度的减小会使显示图像的灰度减小。

(4) 分辨率　分辨率是指显示器的像素密度(单位长度或单位面积内像元电极数或像素数量)和器件包含的像元总数(显示器含有像元电极数或像元数量)。一般比较大的直视电视显像管的光点直径约 $0.2\sim0.5mm$,这可以由光栅高度除以扫描线数得出。

(5) 颜色　显示色彩是衡量显示器性能的重要参数。显示颜色分为黑白、单色、多色、全色。发光显示以红、绿、蓝三基色加法混色得到 CIE 色度图舌形曲线上的任意颜色。复合光光谱丰富程度取决于三基色光光谱纯度和饱和度以及三基色发光像元的灰度级别。

红、绿、蓝三种基色在 CIE 色坐标图中构成一个三角形。红、绿、蓝三点越接近曲线顶角,颜色越纯(即颜色越正),饱和度越好。

(6) 余辉时间　余辉时间是指切断电源后到显示消失所需的时间。它主要由荧光粉决定,根据不同的需要,余辉时间从几十纳秒到几十秒。

(7) 响应时间　响应时间是指从施加电压到显示图像所需要的时间。

(8) 发光效率　发光效率是指显示器件单位能量(W)所辐射出的光通量,单位 $lm/W$。

(9) 寿命　发光型显示器的寿命一般是指半寿命,即其初始亮度衰减为原来的一半所需要的时间,受光型显示器的寿命是指使用寿命,即器件的主要显示指标保持正常的时间。

此外,视角、工作电压、功耗等也是衡量显示器性能的重要参数。

## 7.2　阴极射线管用稀土发光材料

稀土元素及其化合物具有吸收能力强、转换效率高,在可见区有很强的发射、色纯度高、物理化学性质稳定等特点,已在阴极射线发光材料中获得重要的应用,并已部分取代非稀土元素,特别是在彩色电视的发展进程中,稀土发光材料曾起着举足轻重的历史作用。

阴极射线用荧光粉是应用最广泛的发光材料之一,除发光材料通常的技术要求如激发和发射波长、发光强度、效率、余辉等之外,对其作为图像显示在性能上还有特殊的要求。

(1) 色调　为了满足图像颜色重现范围宽的需要,红、绿、蓝三基色粉应具有良好的饱和度,使其在 CIE 色坐标图中的范围更大,色彩丰富、图像逼真。为实现所要求的色调,需要调整荧光粉的组成和改进荧光粉的着色颜料。例如,$Y_2O_2S$:Eu 红粉可以通过增加蓝色颜料的附着量来提高色饱和度。

(2) 亮度-电流饱和特性　亮度-电流饱和效应是指荧光粉的发光效率当电流密度超过一定值后,随电子束电流密度的增加而下降的现象,简称电流饱和效应。导致电流饱和效应的因素包括(a)基态电子的耗尽;(b)更高能级复合作用增强;(c)荧光粉的温度猝灭效应;(d)荧光粉颗粒表面的电荷积累等。目前所采用的三基色荧光粉中,红粉电流饱和特性较好;而蓝粉、绿粉电流饱和特性较差,由此造成高亮度图像中三基色失衡,白场略显粉红,画面出现色差。

(3) 温度猝灭特性　温度对 CRT 荧光粉的影响很大,特别是大功率显示器件要求高亮度时,温度的影响就更为显著。荧光粉层在高负载下因温度猝灭使亮度下降,而且红、绿、蓝三种粉的亮度损失程度各有不同,使得白场发生偏高,图像质量变差。

(4) 耐老化特性　荧光粉在长期的电子束轰击下,发光亮度逐渐下降的现象称为老化。老化现象阻碍了 CRT 在大功率条件下长期工作。导致荧光粉老化的主要原因是荧光粉表面存在或产生的缺陷和化学成分变化(被分解或还原)及形成色心。

荧光粉的耐老化性能与其寿命密切相关。荧光粉寿命指发光强度下降到一半时所受到电子束的辐照量,通常以 $C/cm^2$ 表示。若荧光屏电流密度为 $1\mu A/cm^2$,则 $1 C/cm^2$ 相当于工作 280h。目前雷达用的长余辉荧光粉寿命最差。

(5) 荧光粉的粒径　荧光粉的粒径关系着图像的清晰度,一般说来,荧光粉粒径越小,显示的清晰度越高,但又会造成发光效率降低。晶体表面的变化也影响发光效率,提高晶体质量,减少晶体缺陷,有助于改善荧光粉的细颗粒性能。

由于各种 CRT 器件的使用要求和荧光粉均不同,现将一些主要 CRT 器件使用稀土发光材料的情况分述如下。

### 7.2.1　电视显像管用荧光粉

#### 1. 黑白电视显像管用荧光粉

20 世纪 30～50 年代初是黑白电视的全盛时代。黑白电视显像管用的荧光粉可以分成三种。第一种是由单一组分化合物来实现白光，例如，$(Zn, Cd)S：Ag, Au, Al$ 的颜色可以用改变锌镉比来调节，也可用改变激活剂 Ag、Au 比来实现，但要达到理想的色坐标有一定难度。第二种是由两种颜色荧光粉混合来达到，主要由发蓝光和发黄绿光两种荧光粉混合形成白光荧光粉（称为白场粉），蓝与黄绿的混合比在 55：45 左右。发蓝光的荧光粉发光光谱峰值通常在 450nm 左右，通常选用的荧光粉为 $ZnS：Ag$，而发黄的荧光粉发光峰值在 550～650nm 可调，实用的荧光粉为 $(Zn, Cd)S：Cu, Al$ 或 $(Zn, Cd)S：Ag$，可以调节锌镉比，也可以调节蓝粉和黄绿粉的混合比例来改变颜色。第三方案则用三种荧光粉混合来配成白光，通常采用彩色电视三基色荧光粉，即 $ZnS：Ag$（蓝）＋$ZnS：Cu, Al$（绿）＋$Y_2O_2S：Eu^{3+}$（红）。

黑白电视显像管涂屏的方法通常采用沉积法，以水玻璃为胶黏剂，以乙酸钡或硝酸钡为电解质。将电解质以适当比例加入到含有荧光粉的水玻璃悬浮液中，使荧光粉沉积在玻璃基板表面上形成牢固的荧光粉层，当用两种以上荧光粉时由于不同荧光粉的比重、粒径不同而沉积速率不同，易于造成不同荧光粉的偏析，导致屏幕不均匀。所以用两种以上荧光粉混合制备高质量、无缺陷屏就要求在细微的工艺上下工夫。

#### 2. 彩色电视显像管用荧光粉

20 世纪初就发现了 $Gd_2O_3：Eu^{3+}$ 的阴极射线发光，由于当时分离、提纯的技术水平有限，得不到高纯度的单一稀土氧化物，而且生产成本高，致使稀土发光材料研究进展缓慢。20 世纪 50 年代末解决了高纯稀土的制备工艺，促进了稀土发光材料的研究。60 年代期间，随着 $YVO_4：Eu^{3+}$[10,11]，$Y_2O_3：Eu^{3+}$[12,13] 和 $Y_2O_2S：Eu^{3+}$[14] 等高效稀土红色 CRT 荧光粉的相继问世，突破了彩色电视红粉亮度上不去的障碍，使图像亮度提高 1 倍以上，亮度-电流饱和特性得到改善，画面彩色失真减小，而且由于 $Eu^{3+}$ 的窄带发射，使色纯度得到很大提高，很快便取代了非稀土红粉，使彩色电视显示技术发生了一次巨大的飞跃。正是由于稀土红色荧光粉的发现与应用，20 世纪 70 年代初期彩色显像管进入大规模生产时期。表 7-1 中列出稀土红色荧光粉与 $(Zn, Cd)S：Ag$ 的性能比较。

**表 7-1　几种稀土红色发光材料与(Zn,Cd)S：Ag 的性能比较**

| 发光材料 | 能量效率 /(W/W) | 流明效率 /(lm/W) | 色坐标 | |
| --- | --- | --- | --- | --- |
| | | | $x$ | $y$ |
| $Cd_{0.8}Zn_{0.2}S：Ag$ | 0.17 | 13.6 | 0.66 | 0.34 |
| $YVO_4：Eu$ | 0.062 | 15.5 | 0.67 | 0.33 |
| $Y_2O_3：Eu$ | 0.071 | 21.6 | 0.64 | 0.36 |
| $Y_2O_2S：Eu$ | 0.073 | 18.6 | 0.66 | 0.34 |

　　从表 7-1 可见,虽然稀土材料的能量效率较低,但它们的光度效率(流明效率)都超过硫化物,色坐标也符合要求,且化学稳定性好。

　　彩色电视显像管用荧光粉由红、绿和蓝三基色荧光粉组成。目前采用的蓝粉为 ZnS：Ag,绿粉有 ZnS：Cu,Al,ZnS：Au,Cu,Al,而红粉则是稀土荧光粉 $Y_2O_2S：Eu^{3+}$,$Y_2O_3：Eu^{3+}$ 或 $YVO_4：Eu^{3+}$。三种稀土荧光粉的阴极射线发射光谱分别示于图 7-2,图 7-3 和图 7-4。它们都呈现出三价铕的特征发射,但由于基质的不同而呈现一定的差别。

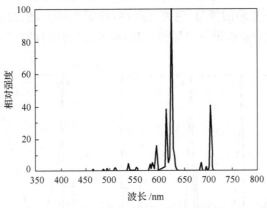

图 7-2　$Y_2O_2S：Eu^{3+}$ 的发射光谱

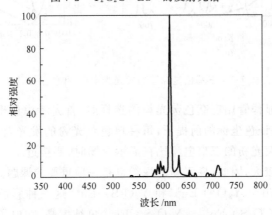

图 7-3　$Y_2O_3：Eu^{3+}$ 的发射光谱

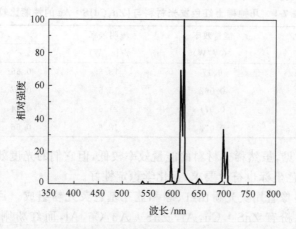

图 7-4  YVO$_4$：Eu$^{3+}$ 的发射光谱

按适当比例混合红、绿、蓝三种颜色荧光粉，基本上可以获得自然界中的各种颜色。这三种基色在 CIE 色坐标图中构成一个三角形（图 7-5）。红、绿、蓝三种材料的基色越接近三角形的顶角，色纯度越高，即颜色越正，色饱和度越好。从图 7-5 中可见，红、蓝荧光粉接近三角形的顶角，而绿色荧光粉尚有差距。

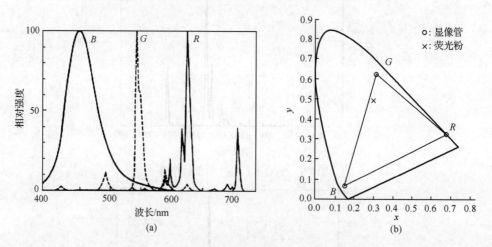

图 7-5  三基色显像管的发光光谱（a）和色坐标（b）

在彩色电视显像管用三基色荧光粉的选择时，首先考虑色坐标必须符合相关要求；其次是在保证色坐标的前提下，每种单色荧光粉的发光效率要高；第三激发红、绿、蓝三基色荧光粉的三束电流比在显示白场时，要接近 1∶1∶1，但目前绿粉需要的电流强度较大，因此，探索新的绿粉也是一项重要的课题。

在 YVO$_3$：Eu$^{3+}$，Y$_2$O$_3$：Eu$^{3+}$ 和 Y$_2$O$_2$S：Eu$^{3+}$ 这三种彩色电视用红色荧光粉中，普遍采用 Y$_2$O$_2$S：Eu$^{3+}$。Y$_2$O$_2$S：Eu$^{3+}$ 色纯度高，在电子束激发下发出鲜

艳的红色荧光,色彩不失真,亮度高,使当时的彩色电视亮度提高一倍,亮度-电流饱和特性好,稳定性高。$Y_2O_2S$：$Eu^{3+}$ 的亮度要比以 $YVO_4$：$Eu^{3+}$ 荧光粉高 40%。尽管 $Y_2O_2S$：$Eu^{3+}$ 价格稍贵,但综合各种因素,$Y_2O_2S$：$Eu^{3+}$ 在彩色电视显像管和显示器中均得到广泛使用,仍是 CRT 中不可替代的红色发光材料。

$Y_2O_2S$：$Eu^{3+}$ 发现于 1966 年,$Y_2O_2S$：$Eu^{3+}$ 为白色晶体,具有六方晶体结构,不溶于水,熔点高(2000℃以上),化学性质稳定。图 7-2 为 $Y_2O_2S$：$Eu^{3+}$ 的阴极射线发射光谱[5],主峰位于 626nm,为 $Eu^{3+}$ 的 $^5D_0 \rightarrow {}^7F_2$ 跃迁。尽管 $Eu^{3+}$ 较高能级 $^5D_1$ 和 $^5D_2$ 到基态的跃迁能发射蓝光和绿光,将会影响荧光粉的色度,但采取较高的 $Eu^{3+}$ 浓度,产生 $Eu^{3+}$ 交叉弛豫,致使 $Eu^{3+}$ 较高能级发射发生猝灭,从而得到较纯的红色和较高的发光强度。

关于 $Y_2O_2S$：Eu 的制备方法报道甚多[15],可采用多种反应途径。

① 以 $H_2$ 和 CO 还原稀土硫酸盐;

② 以 CO 还原稀土亚硫酸盐;

③ 使 $H_2S$ 或 $CS_2$ 与稀土氧化物发生硫化反应;

④ 稀土氧化物在 $N_2 + H_2O + H_2S$ 气氛中的硫化;

⑤ 稀土氧化物与硫酸盐反应;

⑥ 稀土氧化物在 $S + Na_2CO_3 + K_3PO_4$ 的混合熔盐体系中硫化(简称硫熔法)

目前一般采用硫熔法,将 $Y_2O_3$、$Eu_2O_3$ 与硫黄、$Na_2CO_3$ 按一定比例混合,加入适量助熔剂 $K_3PO_4$,研磨混匀后在大约 1200℃ 下灼烧而成,其反应如下:

$$Na_2CO_3 + S \longrightarrow Na_2S + Na_2S_x + CO_2$$

$$Y_2O_3 + Eu_2O_3 + Na_2S_x + Na_2S \longrightarrow (Y,Eu)_2O_2S + Na_2O$$

在反应过程中为了防止 $Y_2O_2S$：Eu 进一步被氧化成 $Y_2O_2SO_4$,需要向反应管中通入氮气将空气赶掉,当反应达到设定温度后将管的两端封住,此时管内气压稍高于大气压。在反应初始阶段形成大量晶格缺陷,接着 $Eu^{3+}$ 离子迅速扩散,当 1180℃ 时 10min 反应完全,晶体开始加速生长。硫化反应在 700℃ 时即可进行,但反应速率慢,产物发光效率低,随着反应温度的提高,硫化反应速率加快,发光效率也提高,适宜的反应条件是 1200℃,2h。若反应时间过长将导致 $Y_2O_3$ 的产生。

当稀土氧化物、$Na_2CO_3$ 与硫黄的摩尔比为 1：1.5：4 时,产物的粒径为 3～50μm。用 $Y_2O_3$ 和 $Eu_2O_3$ 机械混合物,与用共沉淀 $(Y,Eu)_2O_3$ 作原料合成时产物粒度分布会有所不同。添加助熔剂 $K_3PO_4$ 有助于反应进行,也会改变产物的粒度分布。加助熔剂时,各组分的摩尔比为 $Na_2CO_3$：S：$K_3PO_4$ = 1：2.97：$x$,$x$ = 0～0.192。

在荧光粉的制备过程中,必须严格控制杂质的含量,如 Fe、Co、Ni、Mn 含量不得超过 0.1mg/kg,Cu 的含量不得超过 0.01mg/kg。即使含量很低的其他稀土杂质和非稀土杂质也会引起猝灭作用,例如,当 Ce 的含量为 1mg/kg 时,对 $Y_2O_2S$：

$Eu^{3+}$ 的发光会有明显的猝灭作用。Ti、Zr、Hf 和 Th 的含量为 1mg/kg 时也会对发光有猝灭作用。尽管有些杂质,如碱金属、碱土金属、硅酸盐、硫酸盐及卤素等对材料的发光性能影响较小,但会影响颗粒的生长与分布[4]。

人们发现加入痕量 $Tb^{3+}$ 和 $Pr^{3+}$ 时,可使 $Y_2O_2S$:$Eu^{3+}$ 的阴极射线发光的效率成倍增加,因此,采用高纯 $Y_2O_3$ 作原料时,一般额外加入 0.001%～0.1% 的铽。目前,此增强作用仅在稀土硫氧化物中观察到,其机理尚不清楚。

文献报道[16]适当浓度的 $Gd^{3+}$ 引入 $Y_2O_2S$:$Eu^{3+}$ 中会明显提高荧光粉的相对亮度(约 5%),同时可在一定程度上改善其电压特性。研究表明,低浓度的 $Gd^{3+}$ 对 $Y_2O_2S$:$Eu^{3+}$ 的发射光谱不产生影响,而引入 $Gd^{3+}$ 浓度较大时,会造成亮度降低和色坐标偏离。文献认为适当浓度的 $Gd^{3+}$ 对 $Y_2O_2S$:$Eu^{3+}$ 的发光增强作用的原因在于 $Gd^{3+}$ 对 $Y^{3+}$ 的置换,减小了 $Eu^{3+}$ 取代 $Y^{3+}$ 所造成的晶格畸变,$Gd^{3+}$ 起到改善晶格完整性的作用。

人们一直致力探索温和而高效的制备 $Y_2O_2S$:$Eu^{3+}$ 的方法,以取代传统的高温固相法。虽已有许多报道,如微波辐射法,溶胶-凝胶法等,但均未实用。

对于彩色电视的蓝粉尽管出现了 $ZnS$:$Tm^{3+}$ 和 $Sr_5(PO_4)_3Cl$:$Eu^{2+}$ 的稀土蓝粉,但其发光效率和价格成本都不及 $ZnS$:$Ag$,故未能实际应用。

硫化锌型绿粉 $(Zn,Cd)S$:$Cu,Al$ 的光衰比蓝粉和红粉快,是彩色电视荧光粉所面临的另一个课题。因此,亟待开发新型绿粉,研制的稀土绿粉的光谱特性优于传统硫化物荧光粉,电流饱和特性也较好,但仍存在一些问题。例如,$La_2O_2S$:$Tb^{3+}$ 的性能较好,但发光效率偏低;而 $CaS$:$Ce^{3+}$ 的发光效率高,但色饱和度较差,且材料性能不稳定。

随着电视技术的普及和发展,人们对图像的质量提出更高的要求,彩色显像管向大屏幕、超大屏幕与高分辨方向发展。日本广播协会(NHK)在 20 世纪 70 年代提出高清晰度电视(high definition television, HDTV)的概念。HDTV 的定义是当观看距离为屏面高度的 3 倍时,HDTV 系统的垂直与水平方向的分辨率为现行电视的 2 倍(水平扫描线数,日本 HDTV 为 1125 行),电视画面宽高比为 16∶9(而普通电视是 4∶3),并配有多声道的优质伴音。普通电视的视角为 10°,而人眼的水平清晰度范围是 17°,比电视视角大不少。因此,难以产生逼真感。为了适应HDTV 的要求,众多企业进行了大量的工作,为提高分辨率已将荧光粉三色节距减小,从原来的 0.6～0.7mm 减小到～0.4mm,电子枪的电压和电流也相应提高,HDTV 的电子枪的峰值电流要达到 6mA 以上,阴极电压超过 35kV,这对荧光粉提出了更高的要求。

由于直观式 CRT 屏的扩展有限,进一步增大屏幕只能通过投影 CRT 来实现。

### 7.2.2　投影电视用荧光粉

与普通直观式彩色电视相比,投影电视屏幕大、信息容量大、图像清晰。CRT投影显示系统是将投影管屏面上高亮度、高分辨率,但尺寸较小(一般 12.7~17.8cm,即 5~7 英寸)的图像通过透镜系统放大投影到屏幕上,从而获得大屏幕显示。投影显示适应了大屏幕显示的要求,特别是 HDTV 的要求,是实现 102cm(40 英寸)以上高分辨率大屏幕显示的最佳选择,彩色投影电视的图像质量已可与 35mm 电影胶片相媲美。目前投影电视大多采用三管投影方式,红、绿、蓝三只单色投影管的三基色图像经光学透镜投影在屏上,组合成精确的彩色图像。为了获得清晰的高亮度图像显示,投影管必须具有足够高的亮度和分辨率,具有相当于普通彩色显像管峰值亮度的数十倍。为此,除了在投影管的结构上有所改变外,其电子束激发功率比普通电视要大得多,其特点是大电子束流和高屏压,一般显像管的阳极电压为 20kV,而高清晰投影管的阳极电压高达 35kV,而且电子束直径又比前者小 10 多倍,发光材料所承受的激发密度最大约为 2W/cm²,比在普通直观式彩电显像管内大 100 倍左右,外屏面温度较高可达 100℃以上,会引起荧光粉严重的温度猝灭。

制备彩色投影屏时,要求荧光粉层致密,粉层厚度也比一般显像管发光粉层厚 1 倍左右,约 7mg/cm²。涂屏后,再涂上一层铝膜,以防止屏在工作时多余电荷的积累。

与彩电荧光粉相比,投影管荧光粉又有下列要求:

① 在高密度电子束激发下,具有良好的亮度—电流饱和特性,在高激发强度下,光输出的线性好;

② 具有良好的温度猝灭特性,大的电子束功率会使屏面温度升高,要求荧光粉在高温(100℃)时亮度不衰减;

③ 可耐大功率电子束长时间轰击,而保持性能稳定,有尽可能高的能量转换效率;

④ 分辨率高,色纯度高。

#### 1. $Y_2O_3$:Eu 红色荧光粉

$Y_2O_3$:Eu 红色荧光粉,由于其良好的温度猝灭性能和电流饱和特性,已成为投影管首选的红粉。图 7-6 示出 $Y_2O_3$:$Eu^{3+}$,$Y_2O_2S$:$Eu^{3+}$ 和 ZnS:Ag,Cl 等红粉的亮度与阴极电流的关系。从图 7-6 可见 $Y_2O_3$:$Eu^{3+}$ 具有较好的亮度-电流饱和特性。

$Y_2O_3$:$Eu^{3+}$ 是一种性能优良的灯用荧光粉,也是较为理想的投影电视和计算机终端显示用红色荧光粉。关于 $Y_2O_3$:$Eu^{3+}$ 的制备报道很多,前面也作过阐述,

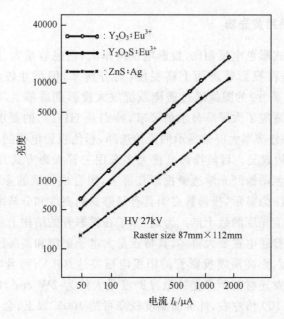

图 7-6　$Y_2O_3$：$Eu^{3+}$，$Y_2O_2S$：$Eu^{3+}$ 和 $ZnS$：$Ag$，$Cl$ 的亮度-电流饱和特性

典型的制备过程如下：将摩尔比为 24：1 的 $Y_2O_3$ 和 $Eu_2O_3$ 与适量的助熔剂（$NH_4Cl$ 和 $Li_2SO_4$ 等）混合，研磨，于 1340℃ 左右高温灼烧 1～2h，温度可视助熔剂的种类和加入量进行适当调整，反应时间根据投料量而定。出炉后冷却到室温，研磨，在 254nm 紫外灯下选粉，以去离子水洗至中性。

　　为防止 $Y_2O_3$：$Eu^{3+}$ 在涂屏时与聚乙烯醇和（$NH_4$）$_2Cr_2O_7$ 涂敷液在混合时发生水解，对其进行包膜处理。即将荧光粉置于 $K_2SiO_3$ 和 $Al_2$（$SO_4$）$_2$ 混合溶液中，搅拌数分钟，$SiO_3^{2-}$ 和 $Al^{3+}$ 发生强烈水解而生成 $Al_2$（$SiO_3$）$_3$ 沉淀，附着于 $Y_2O_3$：$Eu^{3+}$ 颗粒表面，静置，待其澄清后，将颗粒水洗 2～3 次。于搅拌下加入 $CeO_2$ 饱和溶液，$CeO_2$ 附着于颗粒表面，可以防止 $Y_2O_3$：$Eu^{3+}$ 在感光胶中水解。

　　研究发现，采用高温（1500～2000℃）、高压（不低于 10.1Pa）条件烧结 $Y_2O_3$：$Eu^{3+}$，可改善亮度-电流饱和特性。当 $Y_2O_3$：$Eu^{3+}$ 粒子呈球形，而且颗粒为正态分布，有利于提高其发光强度。

　　碱金属和碱土金属离子是有害的，它们的不等价掺杂将使 $Y_2O_3$：$Eu^{3+}$ 红粉余辉延长。

　　刘行仁等[17]报道了以尿素溶液法制备球形、超细（120～250nm）$Y_2O_3$：$Eu^{3+}$ 荧光粉，颗粒分布均匀。颗粒尺寸随着灼烧温度（900～1300℃）升高和灼烧时间延长而增大。此超细 $Y_2O_3$：$Eu$ 的阴极射线发射光谱，与传统工艺制备的相同，发光强度也随灼烧温度升高而增强。当加速电压为 10kV，在电流密度 0.5～2.0μA/

$cm^2$ 范围内,超细 $Y_2O_3$：$Eu^{3+}$ 的亮度与电流密度呈线性关系。这种接近纳米级的颗粒呈现出明显的表面效应,具有特殊的阴极射线发光亮度-电压特性,当束电压＜12kV 时其发光亮度超过传统的微米级商用荧光粉;但当束电压≥12kV,发光亮度低于微米级荧光粉;20kV 后,亮度偏离线性,可能是被电子束"烧伤"所致。

国内外生产 $Y_2O_3$：$Eu^{3+}$ 大都采用高温固相法合成,产物粒径较大,在涂屏前需要球磨粉碎以减小其粒径,为了消除球磨粉碎造成的晶粒劣化所引起的光衰,球磨后又需在 600℃ 焙烧以使晶形完整性增加。由此不仅费时耗能,而且球磨中又易引入杂质而影响发光性能。为此,人们提出"非球磨粉"的设想,并做了大量的工作。

### 2. $Y_3Al_5O_{12}$：Tb 和 $Y_3(Al,Ga)_5O_{12}$：Tb 等绿色荧光粉

在全色视频显示中,绿光对亮度的贡献最大,约占 60％ 左右。因此对绿粉的选择尤为重要。曾研制过多种稀土绿粉,都存在不同程度的缺点,例如 $Y_2O_2S$：$Tb^{3+}$ 和 $Gd_2O_2S$：$Tb^{3+}$ 的温度特性不好,$Y_2SiO_4$：$Tb^{3+}$ 的色纯度不高,$Zn_2SiO_4$：$Mn^{2+}$ 和 $InBO_4$：$Tb^{3+}$ 的余辉太长,$LaOCl$：$Tb^{3+}$ 化学稳定性不好,通过比较认定 $Y_3Al_5O_{12}$：$Tb^{3+}$ 在彩色直视电子束管及投影管中呈现出较好的性能。

$Tb^{3+}$ 激活的钇铝石榴石 $Y_3Al_5O_{12}$：$Tb^{3+}$(简称 YAG：Tb)是投影电视普遍使用的绿色荧光粉,它表现出良好的电流饱和特性(图 7-7)、温度猝灭特性(图 7-8)和老化特性[18]。

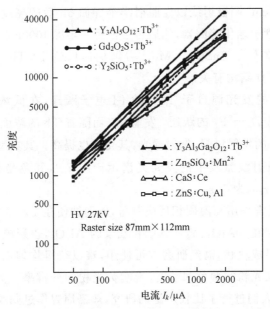

图 7-7　YAG：$Tb^{3+}$ 和各种绿色荧光粉的亮度-电流关系

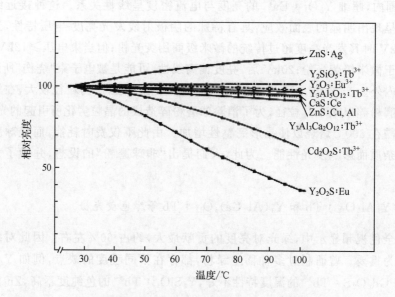

图 7-8　各种荧光粉的温度对发光强度的影响

　　YAG：Tb 的猝灭温度较高，在 200℃ 时亮度只下降约 5％，如此微小的变化不会对白场造成不良影响。在 30kV，50μA/cm² 时，YAG：0.05Tb，只出现轻微的亮度饱和。YAG：Tb 的老化特性好。Sony 公司在 8 英寸涂有 YAG：Tb 的投影管中用 5μA/cm² 阴极射线以先照射半个屏面 5h 后的亮度作为基准，以排除屏的温度效应和管子老化等因素，然后再轰击另一半屏 1000h。YAG：Tb 的劣化不超过 5％，同样条件下 ZnSiO₄：Mn²⁺ 劣化 9％，LaOCl：Tb³⁺ 为 16％。其原因可能与 YAG 的晶体结构有关。

　　YAG：Tb³⁺ 的发光源自于 Tb³⁺ 的 f-f 电子跃迁，在低浓度时，如 YAG：0.001Tb³⁺ 时出现 $^5D_3 \rightarrow {}^7F_J$ 的跃迁，发蓝光，而随着 Tb 的浓度增加，由于浓度猝灭效应，$^5D_4 \rightarrow {}^7F_J$ 的发射增强，发射绿光，其亮度也提高。其典型的组分为 YAG：0.05Tb³⁺，在阴极射线激发下的发光光谱示于图 7-9，其色坐标 $x = 0.365$，$y = 0.539$；余辉时间 $\tau_{1/10}$ 为 7μs。

　　YAG：Tb 通常采用高温固相反应制备，然而即使在 1500℃ 的高温下，晶体中仍然不可避免地存在 YAlO₃、Y₃Al₂O₉ 和残余的 Al₂O₃，也影响荧光粉的纯度，而且所得到的产物易成块状，需经研磨方可使用，难以获得均匀而分布合理的粒度。这些都直接影响荧光粉的颜色和密度，影响荧光粉的分辨率。为获得发光性能优良的 YAG：Tb，人们进行了比较广泛的研究，郑慕周曾作过归纳[18]。

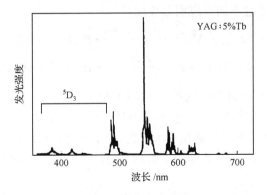

图 7-9　$Y_3Al_5O_{12}$：$Tb^{3+}$ 的阴极射线发光光谱

（1）高温固相反应法：按照 $Y_3Al_5O_{12}$：0.05Tb 的化学计量比，将 $Y_2O_3$（99.99%）、$Al_2O_3$（99.9%）和 $Tb_4O_7$（99.99%）混合均匀（为提高混料的均匀性，也可采用共沉淀法），装入刚玉坩埚，在炭还原气氛中灼烧至 1500℃，保温 2h，冷却后取出，粉碎、过筛，用 254nm 紫外灯检查发光情况，如此反复烧几次，直到相对亮度达到最高。将产物粉碎，过 350 目筛，最后用 20% 硝酸洗涤一次，再用去离子水洗至中性，干燥后即得产品。

用 $BaF_2$ 作助熔剂可以促进固相反应，在 1500℃ 只烧一次，就可得到单一立方相的 YAG：Tb。在 $BaF_3$ 存在下，在低于 1000℃ 时就生成部分 YAG，而不添加 $BaF_2$ 则先生成杂相，直到 1400℃ 才出现 YAG 相。$BaF_2$ 能使杂相在 1500℃ 时全部转变为 YAG，残余的 $BaF_2$ 可用酸洗掉，获得纯单相产物。从图 7-10 可见，无 $BaF_2$ 助熔剂时产物的相对亮度也较低。

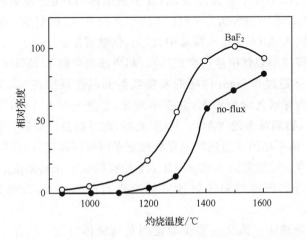

图 7-10　以 $BaF_2$ 为助熔剂时灼烧温度对 YAG：$Tb^{3+}$ 相对亮度的影响

$BaF_2$ 可能是通过下列反应而起作用：

$$BaF_2 + Al_2O_3 \xrightarrow{900 \sim 1300℃} BaAl_2O_4 + F_2$$

$$BaAl_2O_4 + 3YAlO_3 + F_2 \xrightarrow{> 1300℃} BaF_2 + Y_3Al_5O_{12} + \frac{1}{2}O_2$$

此法也适用于 Ga 部分取代的 YAGG：Tb。

(2) 燃烧法 该法是利用反应物之间的氧化还原反应引起燃烧放热而进行制备的工艺。该方法需要提供氧化剂和燃料，为了避免对最终产物造成污染，氧化剂一般选用相应阳离子的硝酸盐；燃料多为有机物。用燃烧法合成 YAG：$0.05Tb^{3+}$ 的工艺如下。

将 6.126g Y(NO$_3$)$_3$ · 6H$_2$O（99.99％）、0.11g Tb(NO$_3$)$_3$ · 6H$_2$O（99.99％）、10.0g Al(NO$_3$)$_3$ · 9H$_2$O（99.9％）和 5.76g 卡巴肼[(NH$_2$-NH)$_2$CO] 溶于尽可能少的去离子水中，混合均匀，置于直径 10cm、高 5cm、容积约 400mL 的石英或耐热玻璃器皿中，放入预热到 500℃ 的马弗炉中，随着水分的蒸发，反应物突然燃烧，放出大量气体，3～5min 反应结束，取出。产物为白色泡沫状粉末。其晶体结构为立方钇铝石榴石，无杂相，相对密度仅为理论值的 70％～80％，比表面积约为 25m$^2$/g，团聚粒径约 60nm，可直接使用。涂屏后，阴极射线发射光谱主峰在 545nm，与固相法相同。加速电压低于 600V 时，发光效率与固相法样品相似，但在高电压下亮度仅为商品 YAG：Tb 的 70％ 左右，主要是由于颗粒太细、结晶欠完整。再将这些粉末在 1500℃ 处理 2h，颗粒尺寸可增大到 2～3μm，亮度可接近商品值。

(3) 喷雾热分解法 该法首先制备前驱体，其过程如下：①使适量的异丙醇铝在 85℃ 水解成 Al(OH)$_3$ 胶体溶液，滴加少量硝酸，以促进胶溶；②将相应量的 Y(NO$_3$)$_3$ · 6H$_2$O 和 Tb(NO$_3$)$_3$ · 6H$_2$O 溶于去离子水，配制成一定浓度的溶液；然后将此溶液倒入 Al(OH)$_3$ 水溶液中，混匀，供喷雾用。

在超声喷雾热解装置中进行合成反应，超声波频率约 1.7MHz，载体氮气流速 1L/min。前驱体通过 0.5mm 内径的喷嘴喷射到温度保持在 900℃ 的反应室中。收集到的产物为球状无定形粉末，几乎不发光，需进一步在 1400℃ 处理 1h，或在 1200℃ 处理 3h，得到球形的 YAG：Tb 荧光粉，此时结晶已完善，呈单相钇铝石榴石立方结构，粉体不结团。当热解温度和热室滞留时间固定时，颗粒尺寸取决于前驱体溶液的浓度。总浓度为 0.02mol/L，平均粒径 0.45μm；浓度为 1.2mol/L，平均粒径为 1.0μm。产物的阴极射线发射光谱与商品相近，发光效率可达商品水平。

(4) 溶胶-凝胶法 该法主要步骤是制备前驱体溶胶—混合—蒸发—凝胶形成—去除溶剂—热处理。首先使浓度均为 0.01mol/L 的 Y(NO$_3$)$_3$、Tb(NO$_3$)$_3$ 和 AlCl$_3$ 水溶液分别流过 Dewexl x4（50～100 目）强碱性离子交换树脂柱，流速以保持流出液的 pH＝11.0 为宜,这样得到的溶胶稳定性好,可保存数月不变质。若将溶液浓度提高到 0.1mol/L,流出液不稳定,易变成半透明的混浊液。然后按 $(Y^{3+}+Tb^{3+})$ 与 $Al^{3+}$ 的摩尔比 3∶5,取 3 种溶胶,混合均匀,置于 40～45℃ 烘箱或真空干燥管中蒸发。变成透明的凝胶后,继续在室温下放置多天,干燥后压碎,在 200℃ 炉中保温 10h,最后进行灼烧,灼烧温度在 600℃ 以下,得到无定形结构,温度高于 650℃,向立方结构转变。在 1200～1400℃ 灼烧 2h,绝大部分为立方相,仅含可忽略的痕量 $Y_4Al_2O_9$ 杂相。平均粒径为 $1.67\mu m$,颗粒尺寸在 $1\sim1.67\mu m$ 的占 50％。发射光谱和发光效率与商品的水平相当。

以 Ga 部分取代 $Y_3Al_5O_{12}$ 中的 Al,得到 $Y_3(Al,Ga)_5O_{12}$∶$Tb^{3+}$(简称 YAGG∶Tb),可以改善电流饱和特性。在 YAGG∶Tb 中,$Tb^{3+}$ 离子 $^5D_4\rightarrow{}^7F_6$ 跃迁的 490nm 发射猝灭,使 545nm 发射的光色更纯。YAGG∶Tb 的电流饱和特性十分优越,在 $30kV,50\mu A/cm^2$ 时 YAG∶0.05Tb 出现饱和,而 YAGG∶0.05Tb 的饱和点超过了 $100\mu A/cm^2$。YAGG∶Tb 是一种耐高能量密度激发的材料,当 2/5 的 Al 被 Ga 取代后,在 $5\mu A/cm^2$ 电子束的激发下,YAGG∶0.05Tb 的亮度是 YAG∶0.05Tb 的 1.2 倍。但 YAGG∶Tb 在老化特性方面比 YAG∶Tb 稍差,在相同条件下,Sony 公司的对比结果是 YAG∶Tb 的劣化不超过 5％,而 YAGG∶Tb 的劣化不超过 14％。

熊光楠等[19]发现,掺杂稀土离子 $Gd^{3+}$,$Ce^{3+}$,$Tm^{3+}$,$Nd^{3+}$,$Pr^{3+}$ 对 YAGG∶Tb 的发光性能有明显的影响,共掺前后激发与发射光谱形状相似,但强弱有所不同,其中掺 $Gd^{3+}$ 对发光有增强作用,其原因可能是 $Gd^{3+}$ 的 $^6P_{7/2}$ 能级与 $Tb^{3+}$ 的 $^5D_4$ 能级有重叠,因而产生 $Gd^{3+}\rightarrow Tb^{3+}$ 的能量传递。

对 YAGG∶Tb 进行着色,并混以 7％ 的 $Zn_2SiO_4$∶$Mn^{2+}$ 作为 18cm 投影管的绿色成分,可使管子的亮度在高分辨率下得到提高[20]。有报道在 YAGG∶Tb 中混入少量纯度高的其他绿粉可以改善其色度,如将 0.65YAGG∶$Tb^{3+}$ ＋ 0.30$InBO_3$∶$Tb^{3+}$ ＋0.05$Zn_2SiO_4$∶$Mn^{2+}$ 混合成绿色荧光粉。

$Y_2SiO_5$∶$Tb^{3+}$ 的亮度优于 YAG∶Tb,而且能承受大功率激发,温度猝灭特性好,能量效率高达 10％ 也被用作投影电视绿色荧光粉,但其合成温度高于 1600℃。

LaOBr∶$Tb^{3+}$ 和 LaOCl∶$Tb^{3+}$ 具有良好的温度猝灭特性,能量效率达 10％,其缺点是化学稳定性差,遇水易分解,片状晶体,使用困难。

$InBO_3$∶$Tb^{3+}$ 具有很高的发光效率和良好的温度猝灭特性,常与 YAGG∶Tb 混合用于绿色荧光粉。

### 3. 投影电视蓝色荧光粉

目前投影电视用的蓝色荧光粉是 ZnS∶Ag,但它受高密度电子束激发时产生强的亮度饱和,呈现明显的非线性,尽管采用 $Al^{3+}$ 共激活的 ZnS∶Ag,Al 可在一定程度上有所改善，但 ZnS：Ag 的亮度饱和仍然是限制投影电视亮度的主要因素。而且 ZnS：Ag 的发射为带谱，经光学系统投影后，易于出现色差，影响图像质量。由于大多数稀土为窄带发射，引起人们重视，其中 $Tm^{3+}$ 是最为理想的蓝色荧光粉激活剂。但目前 $ZnS：Tm^{3+}$ 的能量效率低于 ZnS：Ag。人们也在研制 $Eu^{2+}$ 和 $Ce^{3+}$ 激活的蓝色荧光粉，如 $M_5(PO_4)_3Cl，Eu^{2+}(M=Sr,Ca,Ba)、M_3MgSi_2O_8：Eu^{2+}(M=Sr,Ca,Ba)$ 和 $LaOB：Ce^{3+}$，尽管它们在大电流密度的激发下几乎不产生电流饱和现象，温度猝灭特性较好，其图像具有良好的平衡特性，但发光效率低于 ZnS：Ag，在电子束长时间轰击下都不够稳定，颗粒呈片状也是宽带发射，而 $LaOB：Ce^{3+}$ 尽管能量效率高，约 5%，通过掺 Y 或 Gd 能使能量效率更大地提高，但其缺点是化学性质不稳定，遇水分解。

　　近百年来 CRT 材料的种类不断增多、性能不断完善、技术不断改进，到 20 世纪 80 年代已经相当成熟。这种显示器具备性能好（如发光效率高、色彩丰富、亮度高、分辨高、工作可靠、寿命长、响应速度快等）和工艺成熟、制作比较简单、廉价等优点，至今 CRT 的性能价格比要比其他显示器高得多，并广泛地应用于电视、示波器、雷达和计算机监视器等领域。但由于 CRT 工作电压高、功耗高、体积大且笨重，100cm 以上 CRT 重量超过 100kg，以及辐射 X 射线等不足又限制了它的更广泛应用。特别是集成电路技术问世以来，CRT 已远远不能适应电子产品小型化、低功耗和高信息密度的发展趋势。从大屏幕显示的要求，也不能适应高清晰度和大屏幕显示器的要求。早在 70 年代人们就在努力探索新的显示技术以克服其缺点，已研发了一系列新的显示技术，如 PDP、LCD、FED 等，这样从 90 年代中期开始，显示技术就朝着高清晰度、大屏幕平板显示方向发展。

### 7.2.3　超短余辉发光材料

　　根据余辉的长短可以将阴极射线发光材料分为下列几类：

　　(1) 极长余辉材料　余辉 $\tau > 1\ s$

　　(2) 长余辉材料　$100ms \leqslant \tau < 1\ s$

　　(3) 中余辉材料　$1ms \leqslant \tau < 100\ ms$

　　(4) 中短余辉材料　$10\mu s \leqslant \tau < 1000\ \mu s(1ms)$

　　(5) 超短余辉材料　$\tau < 1\ \mu s$

　　对于某些特殊应用的发光器件而言，余辉（即衰减时间）显得特别重要，如彩色电视飞点扫描管、束电子引示管、电子计算机终端显示系统、扫描电子显微镜探测镜等都需要超短余辉发光材料（$\tau < 1\ \mu s$）。目前主要的超短余辉荧光粉都是 $Ce^{3+}$ 激活的发光材料（表 7-2）。$Ce^{3+}$ 的发光属于 4f-5d 允许跃迁，其寿命非常短，一般为 $30 \sim 100ns$。有关内容详见本书的相关部分。图 7-11 示出发绿光的飞点扫描管的发射光谱。

**表 7-2　超短余辉荧光粉**

| 荧光体 | 能量效率 $\eta/\%$ | 衰减时间 $\tau/ns^*$ | 余辉水平 $\delta/\%^{**}$ | 光谱峰值波长 $\lambda/nm$ | 备　注 |
|---|---|---|---|---|---|
| $(Y,Ce)_3Al_5O_{12}$ | 4.5 | 70 | 6 | 550 | 新的飞点扫描材料 |
| $(Y,Ce)_2SiO_5$ | 6.0 | 30 | 0.1 | 415 | 与$(Y,Ce)_3Al_5O_{12}$合用 |
| $\beta$-$(Y,Ce)_2SiO_7$ | 8.0 | 40 | 0.1 | 380 | 新的电子束引示管材料 |
| $\gamma$-$(Y,Ce)_2SiO_7$ | 6.5 | 40 | 0.1 | 375 | |
| $(Ca,Ce)_2Al_2SiO_7$ | 4.5 | 50 | 5～10 | 400 | |
| $(Ca,Ce)_2MgSi_2O_7$ | 4.0 | 80 | 3 | 370 | |
| $(Y,Ce)PO_4$ | 2.5 | 25 | 1.5 | 330 | |
| $(Y,Ce)OCl$ | 3.5 | 25 | 1.5 | 380,400 | |
| $LaBO_3:Ce$ | 0.2 | 25 | | 310,355,380 | |
| $ScBO_3:Ce$ | 2 | 40 | | 385,415 | |
| $ZnO:Zn$ | 2.5 | ～1000 | | 505 | |

\* $\tau$—发光强度衰减到 $1/e$ 时所需的时间。

\*\* $\delta$—在 $20\mu s$ 间隔脉冲结束后,$80\mu s$ 时剩余发光强度所占的百分比,又称"余辉水平"。

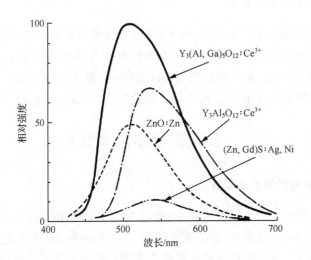

图 7-11　部分发绿光的飞点扫描管的发射光谱

　　彩色电视飞点扫描荧光粉的发展很快。最初是使用发绿光的 $ZnO:Zn$,它的发射带很宽,也可以产生少量红色和蓝色信号,但衰减时间较长一些,约 $1\mu s$。已研制出性能更好的荧光粉 $(Y,Ce)_3Al_5O_{12}$ 和 $(Y,Ce)_2SiO_5$,把它们组合起来使用可满足彩电飞点扫描管的要求。这两种荧光粉的制备工艺如下:

**1. 发黄光的$(Y, Ce)_3Al_5O_{12}$荧光粉**

$(Y, Ce)_3Al_5O_{12}$也可以写成$Y_3Al_5O_{12}$∶Ce,即Ce激活的钇铝石榴石。它的通式为$[Y_{3-x}Ce_x]Al_5O_{12}$,Y还可以用Gd取代,写成$Y_{3-x-y}Gd_yCe_xAl_5O_{12}$,含量一般为$y$的2％(摩尔分数)左右。也可用Ga取代Al,写成$Y_3(Al, Ga)_5O_{12}$∶$Ce^{3+}$。

用共沉淀法制备$Y_3Al_5O_{12}$∶Ce,其原料纯度都在99.9％以上。按物质的量比计算$Y_2O_3$,$Ce(NO_3)_3 \cdot 6H_2O$和$Al(NO_3)_3$的比例称量后,把它们溶于0.4mol/L的硝酸溶液,再将它们加到0.4mol/L的$NH_4OH$溶液中使其生成氢氧化物沉淀,控制pH略高于9,过滤,使沉淀干燥,装入氧化铝舟,放进管式炉里,于1400～1500℃的高温下,还原气氛中灼烧1～2h,烧好后在253.7nm紫外光下选粉。

**2. 发蓝光的$Y_2SiO_5$∶Ce荧光粉**

按其分子式中物质的量比计算所需的$Y_2O_3$和$SiO_2$。以$Li_2CO_3$作助熔剂,$Ce_2O_3$作激活剂(占基质的1.5％～2％),把这些原料充分混合研磨均匀,压成片状。在1500～1650℃多次长时间灼烧,烧好后,水洗,干燥,紫外灯下选粉。

**3. 其他飞点扫描荧光粉**

Ce激活的硅酸铝钙$Ca_2Al_2SiO_7$∶Ce可以代替发蓝光的$Y_2SiO_5$∶Ce。它的阴极射线发射光谱峰在400nm左右,基本部分在光谱的紫外区。而$Y_3Al_5O_{12}$∶Ce的发射峰在520nm,基本部分在光谱的黄区,少部分延到红区。一般把25％左右的硅酸铝钙和75％左右的钇铝石榴石混合使用,可以获得近白色的发光。

# 7.3　场发射显示用发光材料

## 7.3.1　场发射显示的基本原理

阴极射线管(CRT)显示技术在20世纪80年代已经相当成熟,由于CRT显示质量好(如色彩丰富、亮度高、响应速度快等)和工艺成熟、廉价等优点,已广泛地应用于电视、示波器、雷达监视器和计算机监视器。但由于其工作电压高、功耗高、体积大且笨重,又限制了它的更广泛应用。尽管如此,在各种显示器中从性能/价格比来看,CRT是最高的。因此,在显示市场中,CRT仍占有最大份额,并预见在今后的10～20年内它还不会被完全取代。然而早在20世纪70年代人们就在努力探索新的显示技术以克服CRT的缺点,并出现PDP、LCD等新的平板显示技术。如何将阴极射线管平板化一直是人们努力的方向,场发射显示就是最可能的方案之一。

　　电子从固体表面逸出,称为电子发射。由于固体表面有一势垒,在没有外界作用时(如光、热、电场等),电子是不能从固体表面逸出的。把固体加热,使电子获得足够高的能量,从固体表面逸出,这就是热电子发射;用光照射固体,固体中的电子吸收光子的能量从固体表面逸出,称为光电子发射;用具有一定能量的电子轰击固体而产生的电子发射,称为二次电子发射;当加上一个很强的电场,固体表面势垒变低、变薄,电子穿透势垒的概率大大增加,使电子从固体表面逸出,就形成场致电子发射,简称为场发射。能够实现场发射的材料有许多种,如难熔金属(钼、钨等)和半导体(硅、金刚石等)。

　　场发射显示(field emission display, FED)就是利用能够实现场发射的冷阴极替代 CRT 的热阴极作电子源,用 $x$-$y$ 驱动代替电子束扫描,从而使 CRT 平板化的一种显示手段。

　　图 7-12 给出场发射显示器件的原理图。图示的是一个显示单元,它包括阴极、阳极和隔离柱三部分,图中未画出隔离柱。图中的阴极为微尖(nicrotip),也可以用其他阴极,如碳纳米管。阴极的作用是在外电场的作用下发射电子。阳极上有发光单元,它在电子流的激发下发出荧光。隔离柱(specer)起着把阳极与阴极隔离开来避免短路和支撑的作用。在场发射显示器件中使用的是 X-Y 交叉电极,假如 X 电极在阳极的 ITO(透明电极)上,而 Y 电极在阴极,当我们在选择的某一组 $x$,$y$ 坐标加上电压时,它们的交叉点处的微尖就会发射电子,所发射的电子汇成电子流向阳极运动,打在阳极的单元上,引起荧光粉发出荧光。当我们输入不同的图像信号时,阴极上不同的部位发射电子,阳极上相应的部位在电子流的激发下发出荧光,我们则看到不同的图像。图中还示出栅极,它与真空管中的栅极起完全相同的作用。

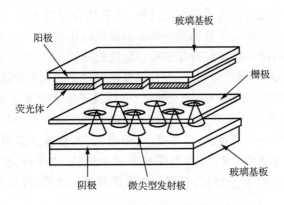

图 7-12　场发射显示器件的原理图

　　从场发射器件的结构与原理可知,它的阳极几乎可以把 CRT 的阳极工艺搬过来。关于阴极与阳极的隔离,可参考液晶屏的制作。而栅极的引进是器件研究的重点,可参考真空管的一些结果。阴极则是场发射显示独有的。对于荧光粉也有其特点,在 CRT 中荧光粉都是高压激发的,而在场发射中荧光粉是在较低的电子能量下激发。

(1) 场发射阴极　作为场发射阴极材料不仅要有好的电子发射特性,而且材料的物理、化学性质要稳定,这样才能获得高效的、稳定的电子发射。

从场发射现象可知,场发射电流主要取决于两个因素,一是阴极材料应有小的功函数,另一个是要有高的表面场强。有些材料(如金刚石)具有负电子亲和势,即电子的真空能级低于固体的导带底,因此只要在固体上加一个电场,电子就可以从固体中逸出,形成电子的场发射。一般地说,应该选取功函数小的材料作为场发射阴极。

为了获得高的电场,人们利用微尖结构的场增强效应,也就是人们熟知的"尖端放电"现象。如果一微尖的高度为 $1\mu m$,顶端的曲率半径为 1nm,则在顶端处电场可增强 1000 倍(场增强因子 $\rho = h/r$, $h$ 为微尖的高度,$r$ 是微尖顶端的曲率半径)。

1991 年 Iijima 发现碳纳米管,1995 年 Walt A, de Heer 等和 A. G. Rinzler 等同时利用碳纳米管作为场发射阴极,其特点是,第一,它有很大的长度/端口曲率半径比(约大于 1000),因而有很大的场增强因子;第二,它有很高的化学稳定性和力学稳定性;第三,在适度的、实用的电场下,可产生大的发射电流密度。

(2) 场发射阳极　场发射阳极与阴极射线管的阳极是很相似的,在导电的衬底上沉积荧光粉即成。在器件工作时,由阴极发出的电子在电场的加速下打到阳极上,引起荧光粉发光。

由于阴极射线荧光粉已经发展得十分完善和成熟,加之目前场发射显示器件的工作电压还比较高,因而目前场发射显示阳极上的荧光粉通常用阴极射线荧光粉替代。但是随着场发射显示研究的进展,研究适合于场发射显示用的荧光粉是必要的。对场发射显示用荧光粉的特殊要求是低电压 300V～10kV,大电流(10～100$\mu A/cm^2$)激发;应具有较好的导热和导电性能;同时电子容易穿透;荧光粉的放气量要小,其原因在于器件空间小,而且阴极需要较高的真空和清洁的表面。

FED 与 CRT 和 VFD(真空荧光显示)等均属于电子束激发发光,但是它们的电子束加速电压不同,CRT 为 15～30kV,FED 为 300V～10kV,VED 为 20～100V。FED 兼备 CRT 亮度高、清晰度高、视角宽、工作温度范围大,响应速度快,图像质量可接近和达到 CRT 水平和平板显示质量轻、体积小、超薄、工作电压低、功耗小的优点。FED 易于拼接,可能制成大屏幕显示器件,成品率高,被认为是理想的显示器件。

FED 的工作电压一般只有 300～2000V,这就要求 FED 器件荧光屏的发光层厚度更薄,一般在 2～6$\mu m$,而构成发光层的荧光粉应具有更小的粒径(1～3$\mu m$),以最大限度地利用电子束能量。

FED 常用的制屏工艺有涂浆法、撒粉法和电泳法,新技术之一是光刻结合电泳法。

### 7.3.2　FED 荧光粉

由于 FED 与 CRT 的工作环境不同,将 CRT 用的高压荧光粉用于 FED 时效果并不理想。在 FED 的工作条件下,使用高压荧光粉会导致严重的电流饱和现象,并且使荧光粉严重劣化。

由于 FED 工作时屏的电压限制在 1000V 以内,因此,多使用低压荧光粉。但与用于 CRT 的高压荧光粉相比,低压荧光粉目前存在饱和度差、转换效率低、寿命短等问题。研制在低于 500eV 的电子轰击下仍然具有足够高的发光亮度的荧光粉是 FED 的一个努力方向[21]。图 7-13 是低压荧光粉 SnO：$Eu^{3+}$ 的阴极射线发光谱,与 $Y_2O_3$：$Eu^{3+}$ 相似,但发光效率不及 $Y_2O_3$：$Eu^{3+}$[22]。

荧光粉在不同的工作电压下表现不同的性能。图 7-14 示出几种荧光粉发光效率与电压的关系[22]。

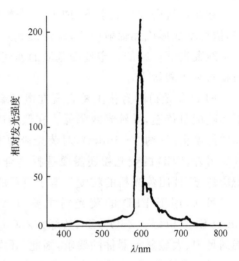

图 7-13　SnO：$Eu^{3+}$ 的阴极射线

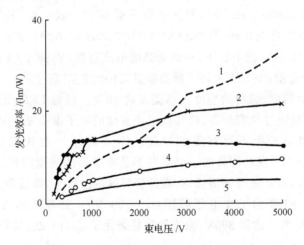

图 7-14　荧光粉发光效率与电压的关系

1—(Zn,Cd)S：Cu,Al；2—$Gd_2O_2S$：Tb；3—ZnO：Zn；4—$Y_2O_3$：Eu；5—$ZnGa_2O_4$：Mn

在 FED 显示器中使用的高压荧光粉时,在荧光粉中掺入导电粉末或掺入一定的杂质以降低其电阻率是一种提高发光亮度的非常有效的方法。例如,在 $Y_2O_2S$：$Eu^{3+}$ 中掺入导电性物质 $In_2O_3$ 粉末,可使亮度提高,能使高压 $Y_2O_2S$：$Eu^{3+}$ 荧光粉用于低压场合。在 $SrTiO_3$：$Pr^{3+}$ 及与之相似的荧光粉中添加铝可显著提高荧光粉的光效,适用于 FED。对铝离子的作用有两种解释,其一 $Al^{3+}$ 取代 $Ti^{4+}$ 后,$Sr^{2+}$ 格位上的 $Pr^{3+}$ 起电荷补偿作用;其二形成铝酸锶,使 $SrTiO_3$ 晶格中的 SrO 层消失[31]。

在高电流密度的轰击下,FED 荧光粉的劣化问题比较突出,发光层表面变粗糙,散射增加形成无辐射中心,致使发光效率降低。在荧光粉的劣化方面,低压阴极射线轰击下材料的稳定性随基质的递变规律是氟化物＜硫化物＜硅酸盐＜钇铝石榴石和铝酸盐[23]。

FED 荧光粉的劣化主要表现在电子轰击荧光粉表面形成非发光层。非发光层影响能量传递,导致光效降低。在低加速电压下,电子在非弹性散射后射入荧光粉的深度很浅(约 2～10nm),对荧光粉的表面变化相当敏感。

另外,FED 的荧光粉还需要选择适合于高分辨显示的荧光粉粒度,通常高分辨彩色 FED 用荧光粉的粒度为电子束径的 1/10[21]。

目前,用于 FED 的荧光粉主要有 $Y_2O_2S$：Eu(红)、$ZnGa_2O_4$：Mn(绿)、$Gd_2O_2S$：Tb(绿)、ZnO：Zn(蓝绿)、$ZnGa_2O_4$(蓝)。这些荧光粉的亮度都偏低,不能满足中、大型显示器件的要求,因此,开发新型 FED 发光材料是当务之急。稀土发光材料在 FED 荧光粉中占有很大的比例。表 7-3 列出常用彩色 FED 荧光粉的性能数据[33],其中 $Y_2O_3$：$Eu^{3+}$ 是当前发光性能最好的荧光粉之一,当电流密度由 $10mA/cm^2$ 增至 $100mA/cm^2$ 时,发光效率降低 60%;$SrGa_2S$：$Eu^{2+}$ 是一种很好的低压阴极射线绿色荧光粉,与 $Gd_2O_2S$：$Tb^{3+}$、ZnS：Cu,Al 相比,其色度和电流饱和特性最好,在 1kV 的电压下,可承受高的电流密度;$Y_2SiO_5$：$Ce^{3+}$ 是人们熟知的 CRT 蓝色荧光粉;$SrTiO_3$：$Pr^{3+}$ 则是新开发的红色荧光粉。

在多色显示器中,绿粉的亮度占总亮度的 40%。目前 FED 所用的 ZnO：Zn 亮度、色纯度和导电性能都较好,但在高电流密度的电子束激发下易发生电流饱和现象,长期使用会产生不可恢复的损伤。熊光楠等[24]利用投影电视荧光粉 YAGG：$Tb^{3+}$,$Gd^{3+}$ 在高能量电子束激发下具有很好的亮度和色纯度,针对其激发阈值高的缺点,对其进行表面修饰,在保证亮度的条件下,降低发光阈值,扩大激发范围,适合于 FED 的工作电压范围(0～3000V)。处理后的 YAGG：$Tb^{3+}$,$Gd^{3+}$ 的阈值电压可以达到 300V,发光性能显著优于 ZnO：Zn,且不存在电压和电流饱和效应。

**表 7-3　用于 FED 的荧光粉**

| 颜色 | 荧光粉 | 流明效率 $\eta/(\text{lm/W})$ | 色坐标 | | 响应时间/$\mu$s | |
|------|--------|------------------|--------|--------|----------|--------|
| | | | $x$ | $y$ | 上升 | 下降 |
| 红 | $SrTiO_3 : Pr$ | 0.4 | 0.670 | 0.329 | 105 | 200 |
| | $Y_2O_3 : Eu$ | 0.7 | 0.60 | 0.371 | 273 | 2000 |
| | $Y_2O_2S : Eu$ | 0.57 | 0.616 | 0.368 | | 900 |
| 绿 | $Zn(Ga,Al)_2O_4 : Mn$ | 1.2 | 0.118 | 0.745 | 700 | 9000 |
| | $Y_3(Al,Ga)_5O_{12} : Tb$ | 0.7 | 0.354 | 0.553 | 650 | 6500 |
| | $Y_2SiO_5 : Tb$ | 1.1 | 0.333 | 0.582 | 400 | 3900 |
| | $ZnS : Cu,Al$ | 2.6 | 0.301 | 0.614 | 27 | 35 |
| 蓝 | $Y_2SiO_5 : Ce$ | 0.4 | 0.159 | 0.118 | $<2$ | $<2$ |
| | $ZnGa_2O_4$ | 0.15 | 0.175 | 0.186 | 800 | 1200 |
| | $ZnS : Ag,Cl$ | 0.75 | 0.145 | 0.081 | 28 | 34 |
| | $GaN : Zn$ | 0.20 | 0.166 | 0.126 | 5 | 5 |

图 7-15 为 YAGG：$Tb^{3+}$，$Gd^{3+}$ 在电子束激发下的发射光谱，最大发射峰位于 544nm，窄带发射与图 7-16 的 ZnO：Zn 的发射光谱相比，色纯度明显优于后者。

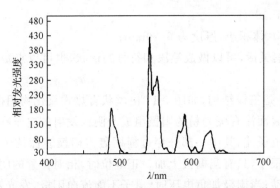

图 7-15　YAGG：$Tb^{3+}$，$Gd^{3+}$ 的阴极射线发射光谱

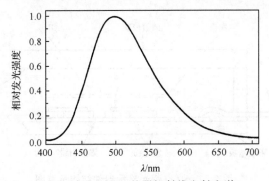

图 7-16　ZnO：Zn 的阴极射线发射光谱

FED 目前面临的主要问题是沿用 CRT 和 VFD 已有的材料,缺乏适用的新型发光材料,荧光粉效率低,尤其是蓝粉和红粉更低,而且阈值电压高。

## 7.4　低压阴极射线发光和真空荧光显示

### 7.4.1　真空荧光显示器

真空荧光显示器件(vacuum fluorescent display,VFD)是由置于密封的玻璃腔体内的阴极、栅极和表面涂覆有发光材料的阳极构成。发光材料在电子的轰击下发光。阳极电压一般为 10~20V,是一种低能电子发光,也称为荧光显示屏(fluorescent indicator panel,FIP)。它自 1967 年日本伊势(ISE)公司的中村正发明用 ZnO:Zn 为荧光粉的 VFD 以来,迅速商业化,并取得极大的成功[40]。VFD有一系列优点:

(1) 工作电压低,20V 左右,每一路的驱动电流几毫安,家电中的 IC 可以直接驱动;

(2) 亮度高,蓝绿色为 1000~2000cd/m²,红色和蓝色为几百 cd/m²;

(3) 视角大于 160°;

(4) 平板结构,体积小,厚度为 6~9mm;

(5) 显示图案灵活,可以做成笔段和符号的形状,也可以点矩阵显示和全矩阵显示。

典型的 VFD 是三极结构,如图 7-17 由丝状直热式氧化物阴极(亦称灯丝),网状或丝状栅极和表面涂有荧光粉的阳极组成。阴极发射的电子在阳极和栅极的正电位吸引下形成电子流,其中一部分穿过栅网轰击阳极表面的荧光粉发光。栅极的电子渗透系数很小,只有当栅极上加一正电位时,相对位置的阴极发出的电子才有可能向栅极移动;当栅极加负电压时,电子不能流向阳极,发光被截止,这就是栅极的选址。

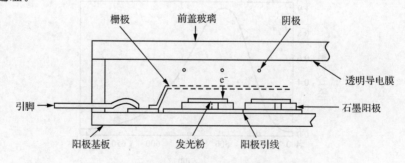

图 7-17　真空荧光显示器件结构示意图

　　低压阴极射线发光器件与 CRT 高压器件不同,被加速的电子可以穿透到荧光粉体内比较深的区域,有许多不同发光颜色的材料可选用,发光效率高。当荧光粉受到入射电子的轰击时,还会发射次级电子。次级电子的发射率 $\delta$ 随着入射电子的能量变化,典型的曲线如图 7-18 所示。一般地说,VFD 中阳极电压为 10～20V,加速后的电子能量小于 $E_{cr1}$,即次级电子的发射率 $\delta < 1$。大部分发光材料是绝缘体,电导率为 $10^{-1}$s/cm。在受电子轰击后,荧光粉表面积累电荷,电位下降,产生排斥电场,当入射电子能量大于 $E_{cr1}$ 时,荧光粉表面才能保证正电位。对绝缘体和半导体来说,$E_{cr1}$ 在 $2.0～5.0$eV。低能电子发光的另一个问题是能量太小,不能穿过铝膜层;因而 VFD 也不能像 CRT 那样,在荧光粉表面镀铝膜保护荧光粉层表面的电位,只能依赖荧光粉本身良好的导电性能,让入射电子穿过粉层,流向阳极。

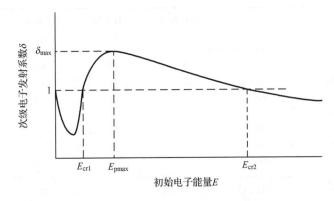

图 7-18　次级电子发射系数与初始电子能量的关系

　　在低能电子激发中,电子的穿透深度很小。如对阴极电压 12V 就正常发光的 ZnO：Zn 而言,此时的电子渗入到发光体内的深度还不到 0.005nm。500eV 的电子在 ZnO：Zn 和 ZnS 类的发光粉内的电子穿透深度也不超过 8.1nm 和 6.0nm。荧光粉的粒径一般为几微米,因而发光只限于荧光粉的表面,这要求 VFD 中使用的荧光粉有比较好的表面发光效率。对于 CRT 中使用的大部分发光粉来说,表面电子的无辐射跃迁使其在小于 2kV 的阳极电压下不发光或效率很低,这个电压称为"死电压",而 ZnO：Zn 的死电压几乎不存在或接近 0。

　　VFD 的电压低,是 CRT 的 1/100,即使在发光效率相当时,要得到相同的亮度也必须要有几百倍的平均阳极激发电流密度,属于低压大电流的发光器件。需要能提供较大电流的阴极和能耐电流轰击的发光器件。

### 7.4.2　VFD 发光材料

　　ZnO：Zn 是极少数本身导电的荧光粉之一,发蓝绿色光,色坐标 $x = 0.24$,

$y=0.48$，峰值波长 505nm，是一种 n 型半导体。在烧粉或制作显示器的过程中会吸收大量的气体，如水汽、$CO_2$、CO、$O_2$。高能量电子激发下的能量转换效率一般为 7%，流明效率为 25 lm/W；而在 VFD 中一般不超过 15 lm/W。由于 ZnO：Zn 的发光光谱几乎包含了整个可见光（图 7-16），可以用滤光片得到不同颜色的显示屏，目前常用的除本身的蓝绿色外，还有加滤色片得到绿色、黄色和白色。本身导电的发光材料还有 $SnO_2$：Eu（红）和 (Zn, Mg)O：Zn, Cl（浅黄）。

导电性差的荧光粉通常加入 $In_2O_3$、$SnO_2$ 或 ZnO 导电微粒，以改善导电性，这是获得更多的低压荧光粉的有效方法。表 7-4 列出部分加导电粉的发光材料。ZnS：Ag, ZnS：Cu, Al 和 $Y_2O_2S$：Eu 是常用的 CRT 三基色粉，加入 $In_2O_3$ 后，可以在低压下发光，起亮电压为十几伏。

表 7-4　加导电粉的发光材料

| 发光材料 | 导电粉粒 | 导电粉粒径 /μm | 阳极电压 /V | 发光亮度[①] /fL[②] | 发光颜色 |
|---|---|---|---|---|---|
| ZnS：Ag | $In_2O_3$ | 8 | 60 | 60 | |
| | $In_2O_3$ | 4.5 | 60 | 70 | 蓝 |
| | $Sn_2O_3$ | 8 | 60 | 70 | |
| $(Zn_{0.95}Cd_{0.05})S$：Cu, Al | $In_2O_3$ | 8 | 60 | 200 | |
| | $In_2O_3$ | 4.5 | 60 | 235 | 绿 |
| | $Sn_2O_3$ | 8 | 60 | 180 | |
| $Y_2O_2S$：Eu | $In_2O_3$ | 8 | 90 | 100 | |
| | $In_2O_3$ | 4.5 | 90 | 117 | 红 |
| | $Sn_2O_3$ | 8 | 90 | 90 | |
| $Zn(S_{0.75}Se_{0.25})$：Cu | $In_2O_3$ | 8 | 60 | 240 | |
| | $In_2O_3$ | 4.5 | 60 | 280 | 黄 |
| | $Sn_2O_3$ | 8 | 60 | 250 | |

① 测量条件：阴极电位 1.2V，阳极电流密度 2mA/cm²。

② 1fL=3.426cd/m²。

为降低荧光粉受电子激励放出硫化物气体，致使氧化物阴极中毒和发光效率下降，开发了非硫化物荧光粉 $ZnGa_2O_4$，其发光呈蓝色，色坐标 $x=0.18$，$y=0.17$。

目前，要求 VFD 的蓝绿光亮度为几百到 1000cd/m²。当发光材料的效率为 15 lm/W，阳极电压为 20V，可以估计出占空比为 1 时所需阳极电流密度约 1mA/cm²。

VFD 以亮度高、体积小、成本低，大量用于家用电器、仪器仪表。现已有各种产品,应用最广泛的是字符显示屏,VCD、DVD、音响的功率放大器、空调中有大量应用。

虽然低阳极电压有很多好处,但也有致命的弱点。在阴极射线发光中通常认为 2～3kV 以下属于不能发光或发光效率很低的"死电压"范围,VFD 受其基本法则的约束。目前,VFD 还是存在如下主要问题:

① 表面无辐射跃迁使得大部分发光材料在低能电子轰击下的发光效率极低,虽已开发了多种颜色 VFD 用荧光粉,但至今数量不多,对全色显示用的三基色粉还不理想。因此,开发低压、高效、长寿命的彩色荧光粉仍是今后的一个重点课题。

② 阴极的功耗大、可靠性差　　阳极电流是由阴极提供的,阳极电流越大,所需的阴极功耗也越大。一般阴极的加热功率占全屏功率的 $1/3～1/2$,而阴极的加热电源还必须常开。每平方厘米阴极耗电约 $50mW$。

③ 分辨率受限制　　阴极不是真正的平板电子源,是由相隔 3～5mm 的细丝构成,要把这些阴极上的电子聚集到一个点或一条线上都是有困难的,因而栅极的控制不能得到很高的分辨率。

ZnO：Zn 是一种极短余辉的阴极射线发光材料,用于阴极射线飞点扫描管中。由于它在低加速电压的电子束激发下就能发光,又称为低压荧光粉。它被广泛地用于低压荧光显示器件。

### 1. ZnO：Zn 粉的制备

制备 ZnO：Zn 荧光粉的方法有下列几种:①加热分解锌的盐类,如草酸锌;②在氧化气氛中加热 ZnS,并在 ZnS 加热灼烧过程中通氧气或空气;③在还原气氛中灼烧 ZnO,如在 ZnO 灼烧过程中通 $H_2$;④灼烧 ZnO＋ZnS;⑤Zn＋S 在空气中灼烧。现主要介绍在氧化气氛中加热 ZnS 和灼烧 ZnO＋ZnS 两种方法。

(1) 在氧气氛中加热 ZnS：取荧光纯 ZnS 作原料,磨细,装在石英舟里,放入石英管中,推进管式炉的恒温区里,通入净化后的空气,于 850℃ 下恒温 1.5～2h。出炉后在空气中速冷。冷至室温后,紫外灯下选粉,测试合格后备用。

灼烧中的反应过程为

$$2ZnS + 3O_2(空气) \longrightarrow 2ZnO + 2SO_2$$

$$ZnO(少量) + SO_2 \longrightarrow Zn + SO_3 \uparrow$$

因而 ZnO 中有过剩的 Zn。

(2) 用 ZnO＋ZnS 混合料制备 ZnO：Zn,这也有两种方法,一是将 ZnO＋ZnS 混合料在 $N_2$ 气中灼烧 1h。其反应过程为

$$2ZnO + ZnS \xrightarrow{N_2} 3Zn + SO_2$$

从而在晶格中产生过剩的 Zn。

另一种办法是将 ZnO+ZnS 放在空气中灼烧,这是生产中常用的方法。其反应过程同前,也是产生一些过剩的 Zn。实验表明,原料中的 ZnO:ZnS＝100:5 较好。按此比例称取 ZnO 和 ZnS(荧光纯),混磨均匀,装入石英坩埚,摇实加盖,放进马弗炉内,于 980℃下恒温 1h,出炉后自然冷却至室温,紫外灯下选粉,水洗三遍,将特细的粉(即不沉降的部分)去掉、抽滤、烘干,经测试符合要求者即为成品。

**2. ZnO:Zn 荧光粉的防老化处理**

未经防老化处理的 ZnO:Zn 荧光粉做成器件后,发光亮度随激发时间而急剧下降,而且不再恢复,材料的发光性能被破坏。为此,必须对 ZnO:Zn 荧光粉做防老化处理。方法如下:

经实验得知,用硅酸钾溶液处理较好。所用的硅酸钾溶液中含 $SiO_2$ 20%(质量分数),$K_2O$(重)/$SiO_2$(重)＝1.57

称取 3g ZnO:Zn 荧光粉,放入烧杯中。加少量的去离子水调成糊状,用玻璃棒压碎结块,然后加去离子水 250mL,搅拌均匀。逐滴加入硅酸钾溶液 0.63mL,边滴边搅拌,搅拌 0.5h 后静置 2h,过滤。于 120℃下烘干,过 180 目筛。装入坩埚中,在马弗炉里于 460℃下恒温半小时。出炉后自然冷却。放入干燥器中待用。

**3. ZnO:Zn 荧光粉的特性**

(1) 光谱特性:ZnO:Zn 具有 390nm 和 500nm 两个谱带,在低压加速的电子激发下,只有峰值在 500nm 的谱带。制成荧光管后,谱带的长波边略向长波方向扩展,相对能量 20%处从 590nm 移到 600nm。

(2) 衰减特性:ZnO:Zn 是一种衰减很快的荧光材料。室温下测量时,激发停止后 $1\mu s$ 就衰减到起始亮度的 $1/e$,由于它衰减快,故用于快速显示器件。

(3) 环境温度对发光亮度的影响:在低电压激发下,发光效率随环境温度而变,在－15℃左右时发光效率最高。一般在 40℃以下使用较为适宜。

(4) 电导率及光电导特性:ZnO:Zn 与一般发光粉相比,有较高的电导率,并且有较好的光电导性能。它可以制成光电导材料。

**4. ZnO:Zn 荧光粉的发光机理**

对于 ZnO:Zn 的发光机理已有一些学者提出了假设,认为在 ZnO 中存在着大量的 Zn 和氧空位,过量的 Zn 占据了晶格点阵或处于晶格间隙中,它们引起了晶格的畸变,破坏了晶体的周期性,在局部地区成了束缚电子状态,这些状态位于禁带中,形成定域能级,构成发光中心。随着科学技术的发展,ZnO:Zn 已不能满足低压荧光显示器件的需要,急待寻求新的和各种颜色的低压荧光材料,以满足低压彩色显示的需要。

# 参 考 文 献

[1] 中国科学院长春物理所，中国科学技术大学编. 固体发光. 合肥：中国科学技术大学出版社，1976
[2] 李建宇. 稀土发光材料及其应用. 北京：化学工业出版社，2003
[3] 徐叙瑢，苏勉曾. 发光学与发光材料. 北京：化学工业出版社，2004
[4] 徐光宪. 稀土. 第二版. 北京：冶金工业出版社，1995. 134
[5] William M Yen，Shigeo Shionoya，Hajime Yamamoto. Phosphor Handbook. 2nd Edition. New York：
　　 CRC Press，2006
[6] Blasse G，Grabmaier B C. Luminescent Materials. Berlin：Springer Verlag，1994，
[7] Willian M Yen，Marvin J Weber. Inorganic Phosphors. New York：CRC Press，2004
[8] 洪广言. 功能材料，1991，22(2)：100
[9] Garlick G. F J. Luminescence of Imrganic Solids Ed. Goldberg，1966. 698
[10] Van Uitert L C，Linares R C，Soden R R，Ballman A A. J Cham Phys，1962，36：702
[11] Levine A K，Palilla F C. Appl Phys Lett，1964，5：118
[12] Chary N C. J Appl Phys，1963，34：3500
[13] Ropp R C. J Opt Soc Am，1967，57：213
[14] Ninagawa C，Yoshida O，Ashizaki S. Japan Patent Publication (KoKoKu)，1971，46-17394
[15] 高玮，古宏晨. 稀土，1998，19 (4)：243
[16] 李灿涛，袁剑辉，张万镨 等. 发光学报，1999，20 (4)：316
[17] 裴轶慧，刘行仁. 发光学报，1996，17(1)：52
[18] 郑慕周. 光电技术，2001，42(1)：47
[19] 李岚，熊光楠，赵新丽. 发光学报，1998，19(3)：242
[20] 郑慕周. 液晶与显示，1996，11(2)：144
[21] 卢有祥. 光电技术，2001，42(3)：35
[22] 刘行仁. 液晶与显示，1996，11(1)：61
[23] 刘行仁，王晓君，谢宜华 等. 液晶与显示，1998，13(3)：155
[24] 李岚，梁翠果，谢宝森 等. 发光学报，2002，23(3)：252

# 第8章 X射线发光材料

## 8.1 X射线发光

一个高速运动的电子,到达靶面上时,因突然受阻而减速,产生极大的负加速度。此时一定会引起周围电磁场的变化,产生电磁波。可以认为当高能量的电子与靶原子整体碰撞时,电子失去自己的能量,其中一部分以光子的形式辐射出去,形成光子流,即 X 射线。由于电子的数目很大、到达靶的时间和条件不同,并且大多数电子要经过多次碰撞,能量逐步损失掉,故出现连续变化的 X 射线谱。

在连续 X 射线谱的基础上产生标识 X 射线,其叠加在连续谱之上。标识 X 射线谱产生机理与连续谱不同,它的产生与阳极物质(即靶)的原子内部结构有关。按泡利不相容原理,原子中的电子不连续地分布在 K、L、M、N 等不同能级壳层上,而且按能量最低原理首先填充在最靠近原子核的 K 壳层,再依次填充 L、M、N 等壳层。当原子中的电子由内壳层被外来的入射高速粒子(电子或光子)轰击到高能级壳层或直接轰击出原子之外时,于是在低能级上出现空位。原子的系统能量因此而升高,处于激发状态。这种激发状态是不稳定的,随后便从较高能级上的电子向低能级上的空位跃迁,使原子的体系能量重新降低而趋于稳定(图 8-1),在电子的这种跃迁过程中将以光子的形式辐射出标识 X 射线。

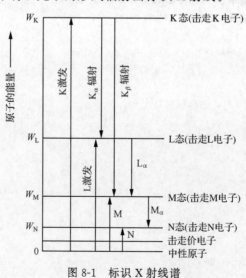

图 8-1　标识 X 射线谱

X 射线又称为伦琴射线,其本质与紫外线和 γ 射线一样,均是电磁波。不过 X 射线属于高能电磁辐射,它的能量约在 30~120keV,它的波长比紫外线短,而比 γ 射线长。虽然 X 射线、γ 射线和紫外线都是电磁辐射,但它们产生的机理各不相同。γ 射线是原子核内部能量状态的改变而产生的电磁波;X 射线是由于高速的电子流轰击某些固体材料时,引起固体中原子的内壳层电子的能量状态的改变,而产生的电磁辐射;紫外线则是由于原子外壳层电子的能量状态的改变而产生的电磁辐射(按照电磁理论,高速运动的电子流速度突然发生变化时,也会产生电磁辐射,即所谓韧致辐射,辐射波长也在 X 光源范围,为连续谱)。

实验证明,各种激发方式下的发光光谱,其基本形状是相同的,这说明一个重要的事实,即在各种激发方式下的发光的最后阶段,本质上是一样的,即各种形式的发光都是起源于某些能量之间的跃迁。从某种意义上说,X 射线和放射性激发过程与紫外线激发不同,而与阴极射线却很接近。

通常用 X 射线管产生 X 射线,即在真空的 X 射线管中热阴极(负极)产生电子通过一个 50~800kV 的强电场中加速后,撞击在阳极的金属靶上,高速电子突然被阻止就转变为 X 射线发射。高速电子转变为 X 射线的效率很低,只有百分之几的电子能量转变为 X 射线,而大部分的能量转变为热量。X 射线的能量或波长是由靶金属的原子序数和阳阴极间的电压决定。靶金属的原子序数越大,电压越高,则产生的 X 射线波长越短,能量越大,穿透力越强。

X 射线作用于固体物质上,大部分透过物质,一部分被物质吸收。当 X 射线能量大于物质中某原子的 L 层和 K 层电子的结合能量,可以激发其 L 层和 K 层的电子,在连续的吸收线上出现增强的吸收,即相应的 $L_I$、$L_{II}$、$L_{III}$ 和 K 吸收边。在选择医用 X 射线发光材料的基质和激活剂时,要考虑到它们在 30~120keV X 射线能量范围内应有 K 吸收边。例如,一些 X 射线发光材料中都包含有原子序数大的重元素如钨、钼、钒、稀土、钡、锶等,它们在 30~120keV 之间都存在有 K 吸收边。如 Ba 离子的 X 射线 K 吸收边位于 37.4keV;Ta 的 X 射线 K 吸收边位于 67.42keV。

根据发光材料组成的质量吸收系数 $\mu$、材料的密度 $\rho$、材料的厚度 $x$,可以利用下式计算出发光材料的吸收率[5]。

$$I/I_0 = e^{-\mu\rho x}$$

式中,$I_0$ 为入射的 X 射线强度;$I$ 为透过材料后的 X 射线强度。

伦琴(W. C. Roentgen)于 1895 年发现 X 射线,其后根据这种特殊的辐射线能够透过一些物质,他将 X 射线照射到人手,在胶片上得到第一张 X 射线透视图像。但由于照相胶片的感光光谱与 X 射线的波长不匹配,因此,需要照射很长时间才能使胶片感光而形成影像。1895 年伦琴提出应寻找某种发光材料,它能吸收 X 射线并能有效地发射可见光,从此开始了 X 射线发光材料的研究与应用。第一种 X

射线发光材料是钨酸钙（$CaWO_4$），是由普平（M. Pupin）在 1896 年发现的。以后又发现 $BaPt(CN)_4 \cdot 4H_2O$,1930 年开发出（Zn,Ca）S：$Ag^+$,在 60 年代又研制出许多稀土化合物 X 射线发光材料,具有很高的发光效率。

与光致发光相比,X 射线发光的特点是作用于发光材料的激发光子能量非常大,其发光机理也不同,X 射线发光不是直接由 X 射线本身引起的,主要是靠 X 射线激发产生的大量次级电子直接或间接地作用于发光中心而产生发光。与阴极射线发光机理的不同之处在于,X 射线激发概率随发光物质对 X 射线吸收系数的增大而增大,这个系数又随元素的原子序数的增大而增大。因此,X 射线发光宜采用含有重金属元素的化合物。稀土元素的原子序数大,其化合物密度高,非常适用于X 射线发光材料,因此,稀土发光材料在此领域又显示出它独特的优越性[4]。

X 射线、γ 射线激发发光材料产生发光的机理和阴极射线类似。这类电离辐射被发光材料吸收、激发晶体中发光中心原子的内层电子,同时激发价电子产生等离子体。内层电子的激发发生在较重原子中,如稀土原子和钨原子。内层电子激发需要较高能量,等离子体激发所需辐射能低。被激发出的电子在晶体中散射,又撞击诱发一系列电离过程,产生更多的次级电子。次级电子能量高,足以通过俄歇效应产生更多的次级电子。次级电子倍增的结果是激发晶体价带顶的电子到导带底,产生许多能量接近禁带宽度的自由电子和自由空穴,即所谓热激发电子和空穴。这些热激发电子-空穴对互相复合时,释放出能量传递给晶体中的发光中心,就产生发光现象。这个过程称为基质敏化过程（host sensitization）,类似于ⅡB-ⅥA和ⅢA-ⅤA 族化合物的光致发光过程。

X 射线作用于发光材料上,除了一部分透过,一部分被吸收转化为可见光发射之外,对某些具有存储发光的物质（引起缺陷产生和电离）,可以把吸收的 X 射线能量以激发态的电子和空穴的形式,暂时存储在晶体的某些陷阱中。根据陷阱深度不同,电子和空穴在室温下存储时间长短也有差别,可从几小时到几天。当晶体被加热或受到可见光的激励时,存储在陷阱中的电子和空穴就会跃出陷阱,或者发生带间复合而发光,或者在发光中心上复合而发生分立中心发光。受到加热而发光称为热释发光（thermoluminescence）,受可见光或红外线照射而发光称为 X 射线诱导光激励发光（X-ray induced photostimulated luminescence）,简称为光激励发光（photostimulated luminescence）或 X 射线存储发光（X-ray storage luminescence）。前者应用于辐射剂量检测,后者可应用于医学检测的 X 射线计算影像技术（computed radiography, CR）。

X 射线荧光屏（X-ray fluorescent screen）主要用于健康检查时 X 射线透视、机场、车站旅客的行李物品的安全检查,以及工业产品的无损伤检查。这种荧光屏的发光材料要求具有高的 X 射线吸收效率、高的发光效率,荧光屏的发光光谱应与人的视觉函数相匹配、与照相胶片或摄像机的感光光谱相匹配,以及发光的余辉时间较短,以避物体移动时产生影像重叠。

荧光屏(图 8-2)是由粉末状的 X 射线发光材料悬浮在高分子胶黏剂胶液中,再涂覆在高质量的白卡纸上面制成。干涸后的发光粉层厚度约 $200\sim300\mu m$,在发光层的上面再涂覆一层约 $2\mu m$ 厚的透明保护膜。

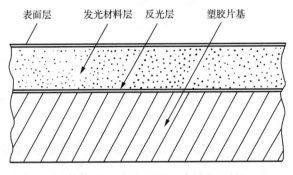

表面层　　发光材料层　　反光层　　塑胶片基

图 8-2　X 射线荧光屏的结构

20 世纪 20 年代最早使用的荧光屏中的发光材料是 $CaWO_4$ 和 $Zn_2SiO_4$：$Mn^{2+}$。从 1935 年起,一直使用$(Zn,Cd)S$：$Ag^+$,它在 X 射线激发下发射明亮的黄绿色荧光。其荧光发射波长取决于 ZnS 和 CdS 的含量比。当 ZnS/CdS 的摩尔比为 7：3 时,光谱的峰值波长为 540nm,正好与人眼的视觉函数相匹配。1977 年开始使用 $Gd_2O_2S$：$Tb^{3+}$ 作为 X 射线荧光屏的发光材料。$Gd_2O_2S$：Tb 荧光屏可以和 X 射线影像照相机或摄像机结合使用。$Gd_2O_2S$：$Tb^{3+}$ 荧光屏的吸收效率、发光效率均优于$(Zn,Cd)S$：$Ag^+$ 荧光屏(图 8-3,图 8-4)。

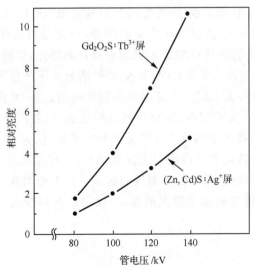

图 8-3　$Gd_2O_2S$：$Tb^{3+}$ 和$(Zn,Cd)S$：$Ag^+$ 荧光屏亮度的对比

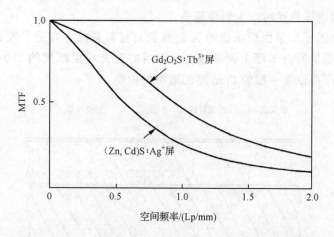

图 8-4　$Gd_2O_2S：Tb^{3+}$ 和（$Zn$，$Cd$）$S：Ag^+$ 荧光屏锐度的对比

因为荧光屏是用肉眼直接观察，所以荧光屏应具有较高的亮度，发光材料的粒度应比较大，平均粒径为 $20\sim40\mu m$。

目前，目视检测的荧光屏医学诊断技术已逐步被镜面照相、影像增强管技术所取代。用于机场的行李检查和工业产品无损检查时的 X 射线荧光探测，则采用摄像机读取荧光屏上的影像，传输到电视显示器上观察。

## 8.2　X 射线增感屏

在进行 X 射线照相时，若用 X 射线直接照射胶片，则大部分 X 射线透过，仅有少部分使胶片感光。这就是说，需要延长 X 射线的辐照时间或加大 X 射线的辐射剂量，才能拍摄一张好的 X 射线医疗诊断图像，由此将对人体产生很大的危害。利用发光材料增感的方法可以增加 X 射线对胶片的曝光，以缩短摄影时间或减少辐照剂量。1896 年麦迪生发现 $CaWO_4$ 在 X 射线激发下产生可见的蓝紫荧光，与 X 射线胶片配合使用，大大缩短了 X 射线的辐照时间。从 20 世纪初开始，医疗诊断 X 射线照相技术一直沿用由 $CaWO_4$ 制成的增感屏，其成像质量好，价格便宜，但相对增感倍数低，将 X 射线转换为可见光的效率低，仅为 $6\%$。20 世纪 70 年代初，人们研制开发出转换效率高的稀土发光材料，某些稀土发光材料不仅具有与 $CaWO_4$ 相同的照相效果，而且在 X 射线的激发下呈现相当高的发光效率，用此增感屏可以明显地降低 X 射线的辐照剂量，不仅引起人们极大的关注，并实现了商品化。

### 8.2.1　X 射线增感屏的结构与性能

#### 1. X 射线增感屏的结构

X 射线增感屏的结构(图 8-5)类似于 X 射线荧光屏,其包括:

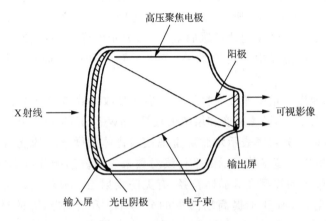

图 8-5　X 射线增感屏的结构

（1）发光材料层　由荧光粉和黏结剂(如聚甲基丙烯酸乙酯、硝酸纤维、醋酸纤维或聚醋酸乙烯等聚合物)组成,以有机溶剂混合均匀,平整地涂敷在基片上。

（2）乳胶保护层　涂在发光层之上,以防发光层受到污染或损坏。保护层很薄,为可透过 X 射线和可见光的聚合物材料,要求透光度高、光滑、耐磨、防水、防尘、防静电及强度高。

（3）片基　片基是增感屏的结构支撑部分,可由白色、强度高的硬卡纸或塑料制成,现多采用涤纶、聚酯或聚苯乙烯,可提高制屏效率和改善屏的防潮性能。

（4）底层　在片基与发光层之间涂有底层,底层有反射层和吸收层两类。反射层由反射系数高的白色颜料(如钛白粉、碳酸镁)和胶黏剂组成,或采用电镀铝膜,作用是增强屏的亮度;吸收层是为了防止背向散射荧光干扰成像,在片基与发光层之间衬一层防反射层,可增加影像锐度,提高成像质量。

X 射线增感屏通常采用流涎涂布法制作,首先选择合适的高分子胶黏剂和合适的有机溶剂将它们配制成胶液,把 X 射线发光材料的粉体置于胶液中,充分搅拌均匀形成浆液(悬浮液),减压除去浆液中的气泡,以备涂布。在流涎涂布机上,将浆液均匀地涂布在厚度约 $250\mu m$ 的塑胶片基上,浆液中发光材料粉粒逐渐沉降到底部,浆料中的有机溶剂逐渐挥发,最后在塑胶片基上形成一层由发光材料粉末和高分子胶黏剂构成的发光层。其厚度为 $50\sim500\mu m$,一般是 $200\mu m$。再在发光层表面贴上或涂布上一层很薄的透明塑胶保护膜,这样就制得 X 射线增感屏。

### 2. X 射线增感屏的性能

X 射线增感屏的主要性能：

（1）增感因数　　增感因数是指在产生同一摄影密度的情况下，不用增感屏照射所需的曝光量与用增感屏照射所需曝光量的比值。它表征增感屏的发光效率。在实际工作中一般以"相对曝光因数"代替增感因数。增感屏的发光效率受三个因素的影响：①荧光粉对 X 射线的吸收效率；②荧光粉将 X 射线转换成可见光的转换效率；③可见光在屏中的传输效率（荧光粉颗粒和胶黏剂对可见光的散射和吸收）。

（2）增感速度　　增感速度为材料的 X 射线吸收系数与发光效率的乘积。测试表明，$BaFCl：Eu^{2+}$ 的增感速度和增感因数是 $CaWO_4$ 屏的 $4\sim5$ 倍。

（3）分辨率　　分辨率表示增感屏重现被摄物体细微部分的能力，反映影像的清晰程度，一般以每毫米能显示的平行线对数来表示。影响分辨率的主要因素有发光层厚度、荧光粉类型及其晶体粒径、有无防反射层。显然发光层薄、荧光粉粒径小，有防反射层，有利于提高增感屏的分辨率。稀土增感屏的极限分辨率比 $CaWO_4$ 增感屏低，而其中以 $La_2O_2S：Tb^{3+}$ 屏的极限分辨率最低。

（4）光谱性质　　根据吸收光谱的波长范围，X 射线胶片可分为感蓝和感绿两大类型。增感屏的发射光谱必须与 X 射线胶片的吸收光谱相匹配，才能获得高的增感效果（图 8-6）。例如，感蓝胶片可采用发蓝光的 $LaOBr：Tb^{3+}$、$BaFCl：Eu^{2+}$；而对于感绿的胶片，则用发绿光的 $Gd_2O_2S：Tb^{3+}$。目前，X 射线胶片以感绿片居多。1992 年杜邦公司利用 $YTaO_4$ 荧光粉将 X 射线转换成紫外光，紫外光比可见光的分辨率高，清晰度提高 40%。

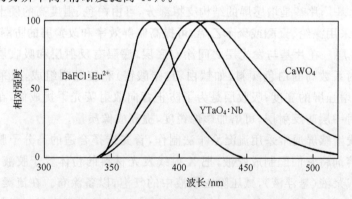

图 8-6　部分用于 X 射线增感屏的荧光粉的发射光谱

（5）余辉特性　　发光材料的余辉时间长，在照相时会影响下一张 X 射线照片的清晰度，因此，余辉时间不得超过 30s。

　　X 射线通过增感屏在胶片上形成影像的质量,是由发光材料的品质、增感屏的结构、胶片乳剂的品质等因素共同决定的,表现为影像的噪声斑(noise mottle)、分辨率(resolution)、对比度(contrast)和锐度(sharpness)等。成像的质量用影像的锐度对比表示。

### 8.2.2　X 射线增感屏用稀土发光材料

　　1. 用于 X 射线增感屏的发光材料应有的性质

　　(1) 高的 X 射线吸收效率。多数物质对 X 射线是透过的,但 X 射线发光材料需吸收 X 射线,并将其转变为可见光,只有有效地吸收 X 射线的能量,才能有效地发光。

　　一般原子序数较大的重元素(如钨、钼、钒、稀土、钡、锶等)组成相对密度较大的化合物,对 X 射线吸收较为有效。

　　(2) 对 X 射线转换可见光的效率高。这需要 X 射线的能量在晶体中能有效传输和对发光中心离子能有效激发。

　　(3) 发光材料具有高的发光效率。

　　(4) 发射光谱与 X 射线照相胶片的感光光谱灵敏度互相匹配。目前有两种胶片,一种是感蓝的胶片,其光谱灵敏度峰值在 350～430nm;另一种是全色胶片,它的感光光谱灵敏度可以扩展到绿光范围。

　　(5) 短的余辉时间　增感屏是要反复使用,如果前一次曝光使用后,增感屏上的发光影像持续存在,就会在下一次使用时使胶片上产生"重影",而且由于胶片本底密度增加也会降低影像的对比度。

　　(6) 耐 X 射线辐照　能长期反复使用,并具有较好的耐湿性。

　　(7) 发光材料应有适当的粒度(最佳成像平均粒径为 5～10μm)和形貌(球形或多面体);粒度应分布均匀,有利于紧密堆积,提高分辨率。

　　(8) 发光材料的折射率低,以减少散射。

　　(9) 价格适当,便于实际应用。

　　增感屏用发光材料的发光效率可表示为

$$\eta = \eta_a \eta_c \eta_t$$

式中,$\eta_a$ 为发光材料对 X 射线吸收效率;$\eta_c$ 为发光材料将 X 射线转变为可见光发射的效率;$\eta_t$ 为可见光从增感屏传输到照相胶片上的效率。

　　根据上述要求,某些稀土发光材料非常适合作为 X 射线发光材料。其原子序数大,化合物密度高,对 X 射线吸收效率高;将 X 射线转换为可见光辐射的效率高;稀土离子的发射光谱分布范围宽,可有利于与胶片匹配;其余辉时间短,有利于提高图像的清晰度。因此,使用稀土 X 射线增感屏具有一系列优点。

（1）由于具有高的吸收效率、转换效率和发光效率，可减少辐射剂量、缩短曝光时间，减少 X 射线对人体的辐射伤害。

（2）使乳胶感光增强、感光度提高，胶片影像清晰度高、层次丰富、改善图像的质量。

（3）可以大大降低 X 光机的管电压、管电流，且曝光时间缩短，减少设备损耗，有利于延长 X 射线管的寿命，减少电能消耗。

（4）可以配合低功率的 X 光机使用，扩大了小型 X 光机应用范围，如 50mA 机器可当 200mA 用，200mA 可当 500mA 用。

（5）由于曝光时间明显缩短，能够减少动模糊，提高动态部分影像的清晰度，可清楚地显示体内活动部分。

表 8-1 中列出不同发光材料增感屏的性能数据，从中可以看出，稀土增感屏的性能明显优于传统的 $CaWO_4$ 增感屏，但稀土增感屏目前价格比较昂贵。尽管如此，稀土增感屏推广使用正在扩大，一些医院已普遍使用。

**表 8-1　各种 X 射线发光材料的特性**[*]

| 发光材料 | 发射光谱 | | 发光效率/% | X 射线吸收 | | 密度/(g/cm³) | 晶体结构 |
| | 发光颜色 | 谱峰波长/nm | | 有效原子数 | K 吸收边/keV | | |
| --- | --- | --- | --- | --- | --- | --- | --- |
| $BaFCl：Eu^{2+}$ | 紫色 | 380 | 13 | 49.3 | 37.38 | 4.7 | 四方 |
| $BaSO_4：Eu^{2+}$ | 紫色 | 390 | 6 | 45.5 | 37.38 | 4.5 | 斜方 |
| $CaWO_4$ | 蓝色 | 420 | 5 | 61.8 | 69.48 | 6.1 | 四方 |
| $Gd_2O_2S：Tb^{3+}$ | 绿色 | 545 | 13 | 59.5 | 50.22 | 7.3 | 六方 |
| $LaOBr：Tb^{3+}$ | 蓝色 | 420 | 20 | 49.3 | 38.92 | 6.3 | 四方 |
| $LaOBr：Tm^{3+}$ | 蓝色 | 360,460 | 14 | 49.3 | 38.92 | 6.3 | 四方 |
| $La_2O_2S：Tb^{3+}$ | 绿色 | 545 | 12.5 | 52.6 | 38.92 | 6.5 | 六方 |
| $Y_2O_2S：Tb^{3+}$ | 蓝白 | 420 | 18 | 34.9 | 17.04 | 4.9 | 六方 |
| $YTaO_4$ | 紫外 | 337 | — | 59.8 | 67.42 | 7.5 | 单斜 |
| $YTaO_4：Nb^{5+}$ | 蓝色 | 410 | 11 | 59.8 | 67.42 | 7.5 | 单斜 |
| $ZnS：Ag$ | 蓝色 | 450 | 17 | 26.7 | 9.66 | 3.9 | 六方 |
| $(Zn,Cd)S：Ag$ | 绿色 | 530 | 19 | 38.4 | 9.66/26.7 | 4.8 | 六方 |

[*] 取自 Shionoya & Yen, Phosphor Handbook, CRC Press, 1999, P.528.

**2. X 射线增感屏用发光材料**

**（1）钨酸钙（$CaWO_4$）**

$CaWO_4$ 是 1896 年第一个用作 X 射线发光材料的化合物，而且经过一个多世纪后仍在使用。它含有重原子钨,密度 $6.1g/cm^3$,对 X 射线的吸收效率为 $35\%$,并不高,而且它的 X 射线发光效率也仅为 $5\%$。但是它的发光光谱是一个宽带,谱峰波长位于 420nm,和感蓝胶片的光谱灵敏度非常匹配。它的另一个优点是具有多面体形晶体,有利于涂屏时密集堆积,折射和散射均较轻微,能在胶片上产生较高分辨率的影像。另外 $CaWO_4$ 化学性质和耐辐照性非常稳定,价格便宜、容易制备。

钨酸钙是一种典型的自激活发光材料,其发光中心是 $WO_4^{2-}$ 离子。$WO_4^{2-}$ 离子具有四面体结构,$W^{6+}$ 离子位于四面体中心,4 个 $O^{2-}$ 位于四面体的 4 个顶角。在基态的 $W^{6+}$ 离子的外层轨道是充满电子的($5s^25p^6$),受激发时,$O^{2-}$ 离子($2s^22p^6$)中 1 个 2p 电子跃迁到 $W^{6+}$ 离子的 5d 空轨道,为电荷迁移态激发,形成 $W^{5+}$($5s^25p^65d^1$),随即又回到基态,产生跃迁辐射。因为钨离子的位形坐标中激发态和基态能级抛物线之间的距离 $\Delta R$ 较大,导致斯托克斯位移较大,因而钨酸钙的蓝光谱带较宽。

(2) 氟卤化钡

氟卤化钡 BaFX(X=Cl,Br 或 I)以及它们生成的二元固溶体 $BaFCl_{1-x}Br_x$、$BaFCl_{1-x}I_x(x<2)$ 和 $BaFBr_xI_{1-x}$ 等,都是良好的 X 射线发光材料基质[6,7]。$Eu^{2+}$ 在其中均产生有效的 $4f^65d \rightarrow 4f$ 跃迁的带状发射[8]。$BaFCl:Eu^{2+}$ 作为一种价廉、优良的 X 射线发光材料已经广泛地用于医用 X 射线增感屏[9]。它的发光光谱峰值波长位于 390nm,发光衰减时间 $8.0\mu s$,影像锐度较好,谱带较宽,呈蓝色,与感蓝 X 射线胶片的光谱灵敏度非常匹配。$BaFCl:Eu^{2+}$ 屏的增感因数是 $CaWO_4$ 屏的 4 倍。

由于氟卤化钡晶体结构的特点,生长的晶粒呈鳞片状,并常常叠加在一起,使得颗粒形貌很不规则,粒度分布较宽,导致制屏时发光层排列不够致密,散射增加,影响其图像的分辨率。

$BaFCl:Eu^{2+}$ 早期采用高温固相反应法合成,即称取等摩尔量的 $BaF_2$ 和 $BaCl_2 \cdot 2H_2O$ 以及 $0.1\%$(摩尔分数)的 $EuCl_3 \cdot 6H_2O$ 混合,研磨均匀,在 760℃ 和 $H_2$-$N_2$ 混合气体的还原下焙烧 2h。冷却后经过粉碎、研磨、筛分而制得。此工艺虽简单,但需要在还原气氛中进行焙烧,设备较复杂、产物颗粒粗大、存在余辉。苏勉曾等对 $BaFCl:Eu^{2+}$ 合成反应的机理进行了深入的探讨,提出两种在水溶液中预合成的方法[9]。其一是沉淀转化法,在不断搅拌下,将温热的浓 $BaCl_3$ 溶液(超过计算量 $10\%$)缓慢地加入到 $BaF_2$ 的悬浮水溶液中,继续搅拌 4h,生成 BaFCl。另一种是均相沉淀法,在不断搅拌下,将 $NH_4F$ 和 $BaCl_2$(过量 $10\%$)溶液同时缓慢地加入到少量纯水中,最初生成 $BaF_2$,然后转化为溶解度更小的 BaFCl。经过沉降、过滤和干燥,上述两种方法得到的 BaFCl 晶粒小于 $0.5\mu m$。往此细颗粒的 BaFCl 中加入约 0.005mol 的 $EuCl_2$ 和少许 KCl,研磨混匀,置于刚玉坩埚中,在箱式电炉中焙烧即可生成 BaFCl：$Eu^{2+}$。在空气中发生下列歧化反应[10]使 $Eu^{3+}$ 还原为 $Eu^{2+}$：

$$EuCl_3 \rightarrow EuCl_2 + \frac{1}{2}Cl_2$$

$$xEuCl_3 + BaFCl \rightarrow Ba_{1-x}Eu_xFCl + \frac{x}{2}Cl_2 + xBaCl_2$$

BaFCl：$Eu^{2+}$ 在 X 射线或紫外线激发下，除了发射 390nm 带状荧光外，在 362.2nm 处还有一个弱的锐线发射，其属于 $Eu^{2+}$ 的 $4f^7(^6P_{7/2})\rightarrow 4f^7(^8S_{7/2})$ 能级间的跃迁辐射。

氟卤化钡还具有 X 射线存储发光的性能，即可将 X 射线激发产生的电子和空穴俘获在晶体的某些缺陷形成的陷阱中，当再次受到红光的激励时，电子和空穴跃出陷阱在 $Eu^{2+}$ 离子上发生复合，可释出 $Eu^{2+}$ 的蓝光。例如，BaFBr： $Eu^{2+}$，$BaFBr_{0.85}I_{0.15}$： $Eu^{2+}$ 以及 BaFI：$Eu^{2+}$ 都已应用于计算 X 射线影像系统中。

（3）溴氧化镧

1984 年 Brixner[11]发现 LaOCl：Bi 是一种很有效的 X 射线发光材料，它的增感速度超过 $CaWO_4$ 的 2 倍。Rabatin[12]发现整比性的 LaOBr：Tb 是非常有效的发光材料，紫外线激发发光的量子效率达 100%。当掺 $Tb^{3+}$ 浓度<0.01mol 时，LaOBr：Tb 主要产生 $Tb^{3+}$ 的 $^5D_3 \rightarrow ^7F_J$ 跃迁辐射（图 8-7）；当掺 $Tb^{3+}$ 浓度为 0.03mol 时，主要产生 $Tb^{3+}$ 的 $^5D_4 \rightarrow ^7F_J$ 跃迁辐射，发射强的绿光。随后通用电器公司生产了 LaOBr：Tb 的 X 射线增感屏。1975 年 Rabatin 发现 LaOBr：$Tm^{3+}$ 比 LaOBr：$Tb^{3+}$ 具有更好的发光[12]，发射峰分别位于 309nm、374nm、405nm、462nm 和 483nm，其中以 462nm 和 374nm 最强，呈蓝光，如图 8-8 所示。LaOBr：$Tm^{3+}$ 增感屏的商品名称为 Quanta Ⅲ，是增感速度最快的 X 射线增感屏，是 $CaWO_4$ 增感屏的 4 倍，它的影像锐度也好。$Tm^{3+}$ 的最佳浓度为 0.002mol。

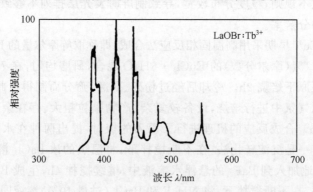

图 8-7　用于 X 射线增感屏的 LaOBr：Tb 的发射光谱（$Tb^{3+}$ 浓度<0.01mol）

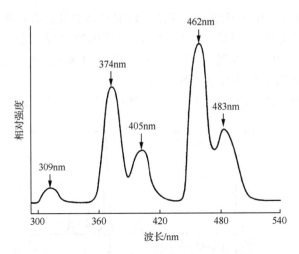

图 8-8　LaOBr：Tm$^{3+}$ X 射线激发的发光光谱

　　溴氧化镧铽的制备过程是由计算量的 La$_2$O$_3$、NH$_4$Br、0.03mol Tb$_4$O$_7$ 以及少量 KBr 混合均匀，装入带盖的 Al$_2$O$_3$ 坩埚中，于 450℃恒温 2h，再升温至 1000℃后恒温 30min，冷却后经稀盐酸浸泡、水洗和乙醇洗涤，再经真空干燥，得到 LaOBr：Tb$^{3+}$。LaOBr 晶体结构与 BaFCl 的结构相同，均属四方晶系。其晶粒的形貌也呈鳞片状，不利于制备致密的增感屏发光层。

　　LaOBr：Tb 增感屏经过长期使用，会产生发光衰减的现象，甚至部分屏面变为不发光，这是由于 LaOBr 发生潮解，即 LaOBr ＋ H$_2$O → LaOBr · H$_2$O → La(OH)$_2$Br → La(OH)$_3$。中间产物 La(OH)$_2$Br 一旦生成，进一步水解就会加速进行，发光也很快衰减。因此制备 LaOBr 时，控制其物相纯度十分重要，可用稀乙酸洗涤 LaOBr 以除去其中可能已有的水解中间产物，这样得到较纯净的 LaOBr 会更稳定[13,14]。

　　(4) 稀土硫氧化物

　　稀土硫氧化物 Y$_2$O$_2$S、La$_2$O$_2$S、Gd$_2$O$_2$S 是一类发光材料的良好基质，它们的密度分别为 4.90g/cm$^3$、5.73g/cm$^3$ 和 7.34g/cm$^3$，它们对阴极射线和 X 射线都有较高的吸收效率。Eu$^{3+}$、Tb$^{3+}$ 等稀土离子容易掺入其中，可以产生高效发光材料。例如，Gd$_2$O$_2$S：Tb$^{3+}$ 是发绿光的 X 射线发光材料。

　　稀土硫氧化物化学性质非常稳定，熔点都很高，在惰性气氛中熔点＞2000℃，不潮解，不溶于水。Gd$_2$O$_2$S：Tb$^{3+}$ 的晶粒形貌呈多面体，很适合制备增感屏，能形成致密的发光层。

　　Gd$_2$O$_2$S 的合成方法是用计算量的 Gd$_2$O$_3$ 和 Tb$_4$O$_7$ 与过量的高纯硫粉末均匀混合，并加入适量的 Na$_2$CO$_3$ 作为助熔剂，在 1100℃下加热 4～6h，硫与碳酸钠生成的多硫化钠 Na$_2$S$_x$ 和 Gd$_2$O$_3$ 发生硫化反应，硫离子取代部分的氧原子，便生成硫氧化钆。冷却后用水浸泡、分散反应物，洗去其中多余的硫化物、过滤、干燥，便制得白色的 $Gd_2O_2S$：$Tb^{3+}$。激活离子 $Tb^{3+}$ 的浓度应大于 0.03mol，以促进 $Tb^{3+}$ 的 $^5D_4 \rightarrow {}^7F_J$ 的跃迁发射，猝灭 $^5D_3 \rightarrow {}^7F_J$ 的跃迁发射，产生绿光。$Gd_2O_2S$：$Tb^{3+}$ 的 X 射线激发的发光效率高达 18%。

用于 X 射线增感屏的掺铽稀土硫氧化物的发射光谱示于图 8-9。

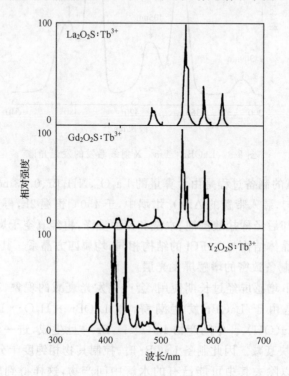

图 8-9　用于 X 射线增感屏的掺铽稀土硫氧化物的发射光谱

（5）稀土钽酸盐

稀土钽酸盐荧光粉是 20 世纪 80 年代由杜邦公司开发的，通式为 $RETaO_4$：$Ln^{3+}$（RE＝La，Gd，Y；$Ln^{3+}$＝Eu、Tb、Tm）或 $Nb^{5+}$ 离子作为激活剂。

$YTaO_4$ 有两种不同的晶体结构，一种是 M 型 $YTaO_4$，相当于畸变的白钨矿 $CaWO_4$ 结构，另一种是 $M'$ 型 $YTaO_4$。$M'$-$YTaO_4$ 中 Ta 原子被 6 个氧原子以八面体方式配位，这是和 M-$YTaO_4$ 的主要不同之处。$M'$-$YTaO_4$ 的密度为 7.55g/cm³，用 $M'$-$YTaO_4$ 作为基质的发光材料的发光效率 2 倍于 M-$YTaO_4$。值得注意的是，当温度高于 1450℃，$M'$-$YTaO_4$ 会转变为 M-$YTaO_4$，而降低温度时，不会再转变为 $M'$-$YTaO_4$。$GdTaO_4$ 和 $LuTaO_4$ 也有类似的相变，$M'$ 型→M 型转变温度分别为 1400℃和大于 1600℃。它们的密度分别为 8.81g/cm³ 和 9.75g/cm³。

$YTaO_4$ 是由 $Y_2O_5$ 和 $Ta_2O_5$ 在高温下通过固-固相之间扩散反应生成的。文献[15]先将反应物 $Y_2O_3$ 和 $Ta_2O_5$ 分别在 1000℃预烧 12h,以分解其中可能残留的草酸盐,并使晶体活化(产生缺陷),然后将计算量的 $Y_2O_3$、$Ta_2O_5$ 和 20%(质量)的 $LiSO_4$(作为助熔剂)一起研磨并混合均匀,在 1000℃温度熔烧 12h,冷却后洗掉助熔剂,可以得到纯的 $M'$-$YTaO_4$ 产物。纯的 $M'$ 型 $YTaO_4$ 在 X 射线激发下产生紫色发光(图 8-10),宽带发射峰值位于 337nm,有时在 312nm 处会见到锐线发射,主要是微量杂质 $Gd^{3+}$ 的发射。$M'$-$YTaO_4$ 的发光机理是自激活发光,是由 $TaO_4^{3+}$ 复合离子中 $2p(O^{2-}) \rightarrow 5d(Ta^{5+})$ 电荷迁移态跃迁辐射。

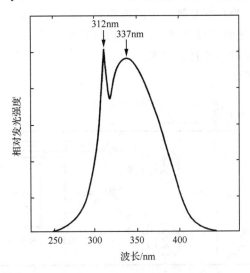

图 8-10　$M'$-$YTaO_4$ X 射线激发的发射光谱

　　如果原料 $Ta_2O_5$ 中含有 2%~5% 的 $Nb_2O_5$ 和 $Y_2O_3$ 反应,生成 $Y(Ta,Nb)O_4$,即得到 Nb 激活的 $M'$-$YTaO_4$:Nb,它的 X 射线激发发光效率是 8.9%,是一种高效的 X 射线发光材料,它的发光是由 $NbO_4^{3+}$ 离子中电荷迁移态的跃迁辐射,峰值波长位于 410nm 的宽带发射(图 8-6)。

　　如果用 $Lu_2O_3$ 与 $Ta_2O_5$ 反应可以制得 $LuTaO_4$。它的密度为 $9.75g/cm^3$,是已知非放射性化合物中密度最大的一种,它的 X 射线吸收效率更高,发光更强。但由于 $Lu_2O_3$ 的藏量少、价格昂贵,$LuTaO_4$ 不可能成为大量应用的发光材料。

　　在 $RETaO_4$(RE=Y, La, Gd, Lu)中掺入稀土离子如 Sm, Eu, Tb, Dy, Tm 等可制成多种发光材料[15]。Brixner[16] 报道的 $Y_{0.998}Tm_{0.002}TaO_4$ 是一种分辨率很好的 X 射线材料,其发射波长位于 349nm 和 450nm。$M'$-$Gd_{0.95}Tb_{0.05}TaO_4$ 在 X 射线激发下,发射很强的绿色荧光,源于 $Tb^{3+}$ 的 $^5D \rightarrow {}^7F_J$ 跃迁。

# 8.3　X 射线存储发光材料

X 射线存储发光材料(X-ray storage phosphors)又称为光激励发光材料(photostimulable phosphors 或 photostimulated luminescence,简称 PSL)。

光激励发光是指一类材料在受到 X 射线等电离辐射(包括 γ 射线、中子束等)作用时,产生大量的俘获态电子和空穴,从而将能量(光子、电离辐射能等)以亚稳态的形式存储起来。当材料受到一定的低能量的光(如长波可见光或红外光)激励时,电子或空穴又从陷阱中释放出来,存储的能量分别以一定强度的光发射出来,即存储能量又以发光的形式释放出来。

其发光机理示于图 8-11。

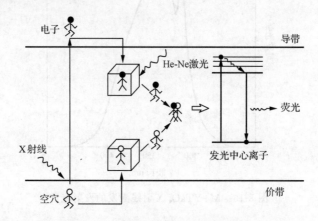

图 8-11　X 射线存储发光机理示意图

光激励发光与光致发光的本质区别在于

① 光致发光一般其激发光能量大于发射光的能量,而光激励发光的激发光能量小于发射光能量。

② 光激励发光必须预先经一定能量的电离辐射的作用,在晶体中产生可激励的发光中心,而光致发光无需此过程[17]。

光激励发光的发光强度与晶体所吸收的电离辐射剂量在很宽的范围内(5～8个量级)呈线性关系,可以利用此特性,制成电离辐射的探测器。

已经报道的具有 X 射线诱导光激励发光的化合物有 20 多种,如:$Ba_5SiO_4Br_6$:$Eu^{2+}$、$RbX$:$Tl^+$($X = Br, I$)、$LaOBr$:$Bi^{3+}$,$Tb^{3+}$,$Pr^{3+[18]}$、$Y_2SiO_5$:$Ce^{3+}$、$Y_2SiO_5$:$Ce^{3+}$,$Sm^{3+[19]}$、$Ba_5(PO_4)_3Cl$:$Eu^{2+[20]}$、$BaFCl$:$Pr^{3+}$、$BaFX$:$Eu^{2+[21]}$、$BaFCl$:$Tb^{3+[22]}$、$Sr_3Ca_2(PO_4)_3X$:$Eu^{2+}$($X=F, Cl, Br)^{[23]}$、$M_5(PO_4)_3X$:$Eu^{2+}$($M=Ca, Sr; X=F, Cl, Br)^{[24]}$。但是能够实用于计算 X 射线摄影的很少。大多

数是掺杂稀土离子或以稀土为基质的化合物。

能够实际应用的光激励发光材料必须具备以下条件：

① 组成中包含重原子,有较高的 X 射线吸收效率和光激励发光效率。

② 晶体中存在有特点的点缺陷(色心),可以作为电子和空穴的陷阱。陷阱的能级深度要适当,既要保证将俘获态载流子在室温下稳定存在,又能用红光将其激励出陷阱。

③ 晶体的激励光谱波长应位于红光或红外区,其激励发光光谱波长应在蓝绿色光区。二者峰值波长应相距较远,以避免强的激励光干扰发光的接收,同时也可以适宜选用轻便的半导体固体激光器作激励光源。

④ 发光的衰减时间应短于 $1\mu s$,以利于激励光束快速行帧扫描,避免相邻扫描点发光重叠(造成影像模糊不清)。

⑤ 晶体发光随 X 射线辐照剂量的改变呈宽的线性关系。

⑥ 具有良好的化学稳定性和热稳定性。

$BaFCl：Eu^{2+}$ 和 $BaFBr：Eu^{2+}$ 以及它们的固溶体 $BaFCl_{1-x}Br_x：Eu^{2+}$ 都可以产生强的光激励发光,其中 $BaFBr：Eu^{2+}$ 已经成为商品。

$BaFCl：Eu^{2+}$、$BaFBr：Eu^{2+}$ 和 $BaFI：Eu^{2+}$ 的发射光谱与激励光谱示于图 8-12中。

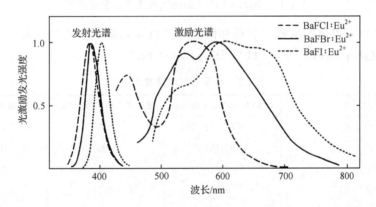

图 8-12　$BaFCl：Eu^{2+}$、$BaFBr：Eu^{2+}$ 及 $BaFI：Eu^{2+}$ 的发射光谱和激励光谱

$BaFBr：Eu^{2+}$ 光激励发光的发明者及应用者 Takahashi[25] 等众多学者,对 $BaFBr：Eu^{3+}$ 的 X 射线存储及光激励发光的机理提出不同的模型(图 8-13)。我国苏勉曾等[26]发现,$BaFBr：Eu^{2+}$ 的光激励发光的寿命和它的光致发光以及 X 射线发光的寿命都为 $0.75\mu s$,因此认为它们都属于 $Eu^{2+}$ 的 $4f^65d\rightarrow4f^7$ 壳层内电子激发跃迁;而且光激励电导(PSC)随温度的升高而增大,但光激励发光(PSL)并不受温度的影响[27]。这证明 PSL 发光过程中电子是通过隧道效应近距离地与空穴复合,而不是先经过导带后再与空穴复合。$BaFBr：Eu^{2+}$ 的 X 射线激发和光激励发

光过程机理还有待于更深入的研究探讨,这也有益于新的光激励发光材料的发现和开发应用。

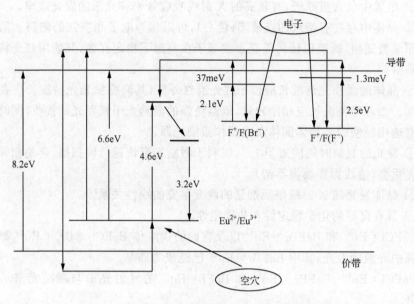

图 8-13　BaFBr：Eu$^{2+}$ 的能级和光激励发光过程

已经研究报道的多种 X 射线存储发光材料及其基本性质列于表 8-2,使用比较广泛的只有 BaFBr：Eu$^{2+}$ 和 BaFBr$_{0.85}$I$_{0.15}$：Eu$^{2+}$。

表 8-2　典型的光激励发光材料

| 发光材料 | 激励光谱峰值波长/nm | 发射光谱峰值波长/nm | PSL 发光寿命/μs |
|---|---|---|---|
| Ba$_2$B$_5$O$_9$Br：Eu$^{2+}$ | <500,620 | 430 | 1.0 |
| BaBr$_2$：Eu$^{2+}$ | 580,760 | 400 | 0.5 |
| BaFBr：Eu$^{2+}$ | 600 | 390 | 0.8 |
| BaFCl：Eu$^{2+}$ | 550 | 385 | 7.4 |
| Ba$_{12}$F$_{19}$Cl$_5$：Eu | | 440 | |
| BaFI：Eu$^{2+}$ | 610,660 | 410 | 0.6 |
| BaLiF$_3$：Eu$^{2+}$ | 660 | 360~415 | |
| Ba$_5$(PO$_4$)$_3$Cl：Eu$^{2+}$ | 680 | 435 | |
| Ba$_5$SiO$_4$Br$_6$：Eu$^{2+}$ | <500,610 | 440 | 0.7 |
| Ca$_2$B$_5$O$_9$Br：Eu$^{2+}$ | 500 | 445 | |
| CaS：Eu$^{2+}$,Sm$^{3+}$ | 1180 | 630 | 0.05 |
| CsBr：Eu$^{2+}$ | 680 | 440 | 0.7 |

| 发光材料 | 激励光谱峰值波长/nm | 发射光谱峰值波长/nm | PSL 发光寿命/μs |
|---|---|---|---|
| $CsI:Na^+$ | 720 | 338 | 0.7 |
| $KCl:Eu^{2+}$ | 560 | 420 | 1.6 |
| $LaOBr:Bi^{3+},Tb^{3+},Pr^{3+}$ | (565~650) | 360 | 10 |
| $LiYSiO_4:Ce$ | <450 | 410 | 0.038 |
| $M_5(PO_4)_3X:Eu^{2+}$ | 550~650 | 450 | |
| (M=Ca, Sr; X=F, Cl, Br) | | | |
| $RbBr:Tl^+$ | 680 | 360 | 0.3 |
| $RbI:Tl^+$ | 730 | 420 | |
| $SrAl_2O_4:Eu^{2+},Dy^{3+}$ | (532,1064) | (520) | 0.108 |
| $Sr_2B_5O_9Br:Eu^{2+}$ | <500 | 423 | |
| $SrBPO_5:Eu^{2+}$ | 640 | 390 | |
| $SrFBr:Eu^{2+}$ | 530 | 390 | 0.6 |
| $SrS:Eu^{2+},Sm^{3+}$ | 1020 | 590 | 0.05 |
| $Y_2SiO_5:Ce^{3+}$ | <500,620 | 410 | 0.035 |
| $Y_2SiO_5:Ce^{3+},Sm^{3+}$ | 670 | 410 | 0.035 |

　　$BaFX:Eu^{2+}(X=Cl,Br)$的制备是将$BaF_2$、$BaCl_2$或$BaBr_2$与$EuF_3$按化学计量比混合均匀,在氮气或氩气(含体积分数为2%的氢气)中进行常规的高温固相反应。

　　$BaFBr:Eu^{2+}$的光激励波长范围可与氩离子激光器(488nm)、He-Ne激光器(632.8nm)匹配,但这些激光器使用不太方便。半导体激光器性能良好,且价格便宜,为与之匹配,须使$BaFBr:Eu^{2+}$的光激励峰移到比650nm更长的范围。可采取两个措施:①添加碘,使形成$Ba[FBrI]_2:Eu^{2+}$;②改变电子陷阱深度[28]。

　　Schweizer对X射线存储发光材料机理的研究作了详细的回顾和综述[29],Rowlands对计算X射线影像技术的局限性和可能的改进做了长篇综述[30]。

　　利用X射线存储发光材料,制成一种影像板(image plate,IP),与计算机结合发展成一种新的计算X射线影像技术(computed radiography,CR)。其摄取X射线辐照的影像,首先在图像板中形成色心(被俘获的激发态电子和空穴)构成潜影,随后运用精密光学机械和数字成像技术,把影像板中的潜影读取出来并显示为可视图像。计算X射线影像和常规的X射线透视或照相不同之处在于:它不是用发光屏或增感屏接收X射线辐射影像及时地直接转变为可视光学影像,而是存储发光材料。存储的X射线信息再用光激励的方式释放出来,经过光/电转换以及模/数变换,在计算机显示器上构成光学图像。其具有如下优点:

① 灵敏度高,可以缩短曝光时间,降低病人接受的 X 射线辐照剂量。

② IP 对 X 射线辐照剂量响应的线性范围可达 5 个量级,例如,在 $10^{-1} \sim 10^4 \mu Gy$ 范围内,经由 IP 形成影像的密度和灰阶均呈直线性,而屏-片组合摄取在胶片上的影像响应的线性范围仅 $1 \sim 2$ 量级。IP 摄影宽的动态响应范围可以保证,即使在曝光过度或曝光不足的情况下,经过数字图像处理都可以获得清晰的影像。

③ IP 可以反复使用万次以上,每次摄取读取之后,只需将 IP 用强白光照射 $1 \sim 2s$,即可消除其残留的潜影,再次使用。这样可以大大节省 X 射线检查的费用。

④ 经过计算机处理这种数字信息,可以储存在光盘中,也可以进入医学图像存储和传输系统(PACS),便于病历存档,也利于疾病的远程诊断和多科医生同时会诊。

⑤ 除在医学诊断上的优越性之外,还可以高效地应用于 X 射线单晶结构的测定,以及应用于探测宇宙线等微弱的辐射。

光激励发光材料以及其影像板存在的问题[17]:

(1) 信号的稳定性不够:$BaLiF_3$:$Eu^{3+}$ 经 X 射线辐照后,在没有进行光激励之前可观察到一种磷光,表明有一部分存储的信号由于陷阱的深度浅而易于失掉。深陷阱的 PSL 材料的发光相对稳定。

(2) 最佳激励波长:激励光与发射光波长的差距越大,对 PSL 信号的读取和检测的干扰越小。$BaFX$:$Eu^{3+}$ 中与 F 心吸收带对应的激励光波长在 $400 \sim 580nm$,而 $Eu^{2+}$ 的发射峰在 $380 \sim 400nm$,其间隔较小,信号将受到一定程度的干扰。研究发现,$F_A$ 心的吸收波长在 $650 \sim 1000nm$,与 $Eu^{2+}$ 发射波长的距离较远。激励到 $F_A$ 的能带可以解决信号干扰问题。但 $F_A$ 比 F 心稳定,难以清除,会影响信号检测的灵敏度和影像板的重复使用。

(3) PSL 信号对 X 射线剂量的线性响应范围不够宽。PSL 材料要求 PSL 强度对 X 射线剂量的线性响应范围越宽越好,但现有 PSL 材料表现为一种复杂的非线性响应关系,信号易于饱和,从而影响成像的灵敏度和精度,有待于开发线性响应范围更宽的材料。

(4) 信息的清除。影像板能反复使用,在于可将残留信息彻底清除,一般是采用光清除。但研究发现,仅采用光清除很难把影像板中的信号(色心)擦除干净。先在 580℃ 或 650℃ 下进行热清除,然后再进行光清除,效果更好,因此要求影像板薄膜的衬底为耐热的复合材料。

此外,影像板制作工艺中的一些因素,如荧光粉的均匀性、黏结剂的选择、涂屏工艺等,都会影响信号检测的灵敏度和影像的分辨率。

## 8.4　X 射线发光玻璃

　　X 射线发光应用于探测的第二大领域是工业上的 X 射线无损检测。这种检查手段主要利用增感屏-胶片组合进行 X 射线平面摄像,近年来已开始采用 X 射线存储发光材料的计算 X 射线影像系统。但后者的影像板中的荧光粉对荧光发生散射而造成影像的分辨率不高,而且厚度仅 0.2mm 的荧光粉层的 X 射线吸收率很低,但又不能太厚,太厚的发光层由于其中晶粒的光折射和散射,导致形成的影像分辨率很低。所以这种系统只适合于低能 X 射线(100kV 以下)探测。对于高能 X 射线探测则多使用发光玻璃板或光导纤维闪烁玻璃板作为探测器,将 X 射线影像在玻璃上转换为荧光影像,通过光纤与电荷耦合器件(CCD)摄像机耦合,在电视显示器上得到可视的光学图像。

　　用发光玻璃板作为 X 射线影像的转换屏,其密度和厚度(6mm 或 12mm)均大于荧光粉制成的 X 射线增感屏或影像存储板,因此,对 X 射线的吸收大于 X 射线增感屏或影像存储板。

　　因为发光玻璃板吸收的 X 射线光子多,可以减少影像中由 X 射线量子涨落所引起的量子噪声;因为玻璃中没有荧光粉粒和胶黏剂,X 射线可以直接激发发光中心离子;产生的荧光也不发生折射和散射,可以直接传输到光电接收器中,发光玻璃板还特别耐摩擦,抗刻画、耐化学物质侵蚀。

　　但是发光玻璃作为 X 射线影像转换器也有缺点,其发光效率比 $Gd_2O_2S$:$Tb^{3+}$ 增感屏低,容易产生磷光和余辉。在被 X 射线长时间辐照后,玻璃变为棕色,其绿色发光也衰减。这是由于电离辐射在玻璃中造成了许多深的陷阱,俘获了自由电子和空穴,部分电子和空穴又不断地跃出陷阱,发生复合而产生磷光。将已着色的玻璃板在 375℃ 退火 4h 可以消除棕色。

　　X 射线无损检测系统中的主要部件是发光玻璃,这种发光玻璃应对 50keV～15MeV 能量范围内的 X 射线具有高的吸收效率,因此玻璃中必须含有原子序数大的元素,有高的密度和适当的厚度。其次玻璃中必须有某种稀土离子作为发光中心,发光玻璃也应具有高的 X 射线转换发光的效率。Berger 报道[31],掺 $Tb^{3+}$ 的硅酸盐玻璃具有很好的吸收 X 射线发射绿光的性质。其组成为 $SiO_2$ 79.8%(mol)、BaO 6.9%、$Cs_2O$ 3.7%、$Gd_2O_3$ 1.2%、$Al_2O_3$ 1.2%、$Na_2O$ 3.9%、$K_2O$ 1.2%、$Tb_2O_3$ 2.1%。其制备工艺如下:将各种组分的氧化物或其他化合物混合均匀,置于石英、铂或氧化铝的坩埚中,在 1400～1500℃ 熔融 3h,将熔融体倾倒在石墨板上,形成一块厚的圆饼,将圆饼立即置于 850℃ 的退火炉中,冷却后按照常规玻璃工艺加工成玻璃板。

　　此玻璃在 X 射线激发下产生 $Tb^{3+}$ 离子 $^5D_4 \rightarrow {}^7F_J$ 跃迁辐射,发绿光,$Tb^{3+}$ 的几

条谱线比在晶体中的谱线有所展宽(图 8-14)。

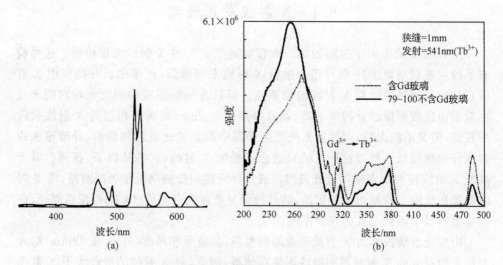

图 8-14　Tb³⁺ 激活硅酸盐玻璃的激发光谱与发射光谱(254nm 激发)

(a) 发射光谱　(b) 激发光谱

## 8.5　热释光材料

人们在 1663 年首次观察到热释光现象,Boyle 发现他随身携带的天然金刚石受体温热作用而发出微弱的光。1895 年 Wiedemnn 和 Schmidt 首次使用"热释光"一词。

发光体受射线辐照(激发)后,通过加热升温而释放出其储存能量所产生的发光称为热释光(thermoluminescence,TL)或热激励发光(thermal stimulated luminscence,TSL)。它与白炽灯灯丝的高温炽热发光(热平衡辐射)有本质区别,热释光是发光体在加热过程中以光的形式释放出激发时储存的能量(非平衡辐射)。

如图 8-15,发光体被激发时其发光强度 $I$ 随着时间 $\theta$ 逐渐增强,即 $I(\theta)$ 曲线。激发一定时间后达到饱和强度 $I_0$。"激发"给予发光体的总能量应为 OABC 矩形面积。面积 $\Phi$ 为激发时发射的能量,而面积 $S$ 是激发时储存的能量。当激发停止,发光强度 $I$ 随时间 $t$ 而衰减,即 $I(t)$ 是发光衰减曲线,面积 $S'$ 为激发停止后释放的大部分储存能。$S'$ 总是小于 $S$,其差额中的一部分损失于猝灭中心,永不发光。另一部分存储于深陷阱中,需加热升温才能释放出来,这就是热释光。

热释光(TL)的强弱直接依赖于吸收剂量的大小和陷阱储存能量的能力。热释光强度随线性升温时温度的变化关系就是热释光曲线 $I(T)$。

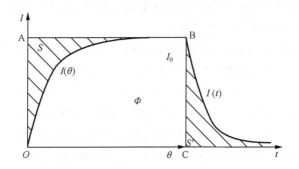

图 8-15　发光中的激发能的存储与释放

　　产生热释光的机理归纳为两类模型,即能带模型(也称为载流子传输模型)[32,33]和隧道效应模型[34],而能带模型为常用的基本模型。如图 8-16 所示,以一个发光中心和一个电子陷阱的简单模型来说明热释光产生的基本原理。发光中心与电子陷阱都是由晶体中某种结构缺陷形成的局域能级,分布于晶体能带的能隙中。电子陷阱(T)位于导带底之下,费米能级 $E_f$ 之上。发光中心(R)也可视为空穴陷阱,位于价带顶之上且靠近 $E_f$。吸收辐射 $(h\nu)_a$ 之前,陷阱是空的。吸收辐射(激发)时价带电子电离成为导带自由电子,同时在价带产生自由空穴(跃迁 1)。自由电子和自由空穴可以分别被电子陷阱和发光中心俘获(跃迁 2 和 5),也就是说,电子和空穴可以成对产生,成对被俘,在陷阱"填充"时是能量存储过程。当吸收辐射停止后,加热升温时,陷阱电子获释而重返导带(跃迁 3),并与俘获了空穴的发光中心复合(跃迁 4)而发光 $(h\nu)_e^{[32,33]}$。

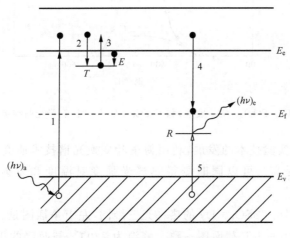

图 8-16　热释光的"二级"能带模型图

对热释光材料的激发,除用高能粒子射线辐照外,还可用紫外光甚至可见光激发材料发光中心,填充陷阱产生热释光。

利用发光现象设计的辐射剂量计有两种:一是射线发光剂量计,二是热释发光剂量计(TLD)。前者是直接利用射线辐照时产生的闪烁光强标定剂量大小,后者是在射线辐照停止后,发光体受热而产生热释光光强作剂量的标度。TLD 由于小型、简便而被广泛使用,特别是个人剂量、环境监测、生物医学、地质考古等多种领域,不同领域对热释光材料有不同的要求,但其主要特性的需求是一致的,包括热释光强正比于吸收剂的线性响应及尽量宽的剂量范围,好的能量响应,足够的灵敏度、重复性、稳定性以及尽量小的衰退等。

表 8-3 列出常用 TLD 材料的基本特性。从表中可见,$CaSO_4$:Dy、$CaF_2$:Dy 是灵敏度较高的 TLD 材料。然而近年发现 $K_2Ca_2(SO_4)_3$:Eu 是更高灵敏度的 TLD 材料,其灵敏度是 $CaSO_4$:Dy 的 5 倍,而且线性响应好,发射带在可见区,峰值 415nm (图 8-17)。不仅如此,$K_2Ca_2(SO_4)_3$:Eu 具有较好的稳定性,具有高温热释光峰,可达 620K 和 720K[35],而一般 TLD 材料的热释光峰位多在 200~300℃。

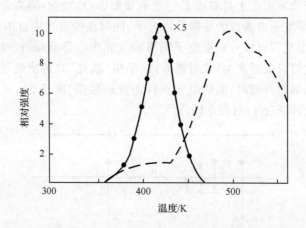

图 8-17　$K_2Ca_2(SO_4)_3$:Eu(实线)和 $CaSO_4$:Dy(虚线)热释光曲线灵敏度的比较

随着热释光实验技术的发展,利用傅里叶变换光谱技术研究热释光发射谱,其灵敏度大大提高。可以同时测得热释光强度对温度和发射波长关系的三维图[36]。

图 8-18 中列出 $CaSO_4$:Dy 的热释光三维图,左上角插图是二维热释光曲线 $I(T)$,与三维图中的 $I$-$T$ 截面图一致。峰温为 220℃,与两侧的小肩峰共有一个发光中心 $Dy^{3+}$,判据来自 $I(T,\lambda)$ 三维图中 $I(\lambda)$ 二维截面的发射谱,有两个主发峰

表 8-3　常用 TLD 材料的基本特性

| 编号 | 材料组分 | TL温度峰/℃ | TL光谱峰/nm | $Z_{eff}$ | 能量响应 $^{60}$Co-30keV | 灵敏度(相对LiF) | 剂量范围 | 应用 | 衰退 |
|---|---|---|---|---|---|---|---|---|---|
| TLD100 | LiF | 195 | 400 | 8.2 | 1.25 | 1.0 | 10mrad~$10^5$rad | 保健和医用 | 忽略(5%/年) |
| TLD100H | LiF:Mg,Cu,P | 195 | 400 | 8.2 | 1.06 | 15 | 10μrad~$10^6$rad | 环境监测 | 忽略(5%/年) |
| TLD600 | LiF:Mg,Ti | 195 | 400 | 8.2 | 1.25 | 1.0 | mrad~$10^5$rad | 中子剂量 | 忽略(5%/年) |
| TLD600H | LiF:Mg,Cu,P | 195 | 400 | 8.2 | 1.06 | 15 | 100μrad~$10^3$rad | 中子剂量,γ射线 | 忽略(5%/年) |
| TLD700 | LiF:Mg,Ti | 195 | 400 | 8.2 | 1.25 | 1.0 | mrad~$3\times10^5$rad | γ射线 | 5%/年 |
| TLD700H | LiF:Mg,Cu,P | 195 | 400 | 7.4 | 1.25 | 10 | mrad~$3\times10^5$rad | γ射线,环保 | 5%/年 |
| TLD200 | CaF$_2$:Dy | 180 | 484,577 | 16.3 | 约12.5 | 30 | 10μrad~$10^6$rad | γ射线 | 50天5% |
| TLD300 | CaF$_2$:Tm | 150,240 | 360,450,465,650 | 16.3 |  | 3 |  | 快中子,环保 |  |
| TLD400 | CaF$_2$:Mn | 260 | 440~600 | 16.3 | 约13 | 1.7~13 | 100μrad~$3\times10^5$rad | 环境监测,高剂量 | 第一天10%,两周内15% |
| TLD500 | Al$_2$O$_3$:C | 209 | 420 | 10.2 | 2.9 | 30 | 50μrad~100rad | 环境监测 | 约5%/年 |
| TLD800 | Li$_2$B$_4$O$_7$:Mn | 200 | 605 | 7.4 | 0.9 | 0.15 | 50mrad~$10^6$rad | 高剂量,中子 | 三月<5% |
| TLD900 | CaSO$_4$:Dy | 220 | 480,570 | 15.5 | 约12.5 | 20 | 100μrad~$10^5$rad | 环境监测 | 第一个月2%,半年8% |
|  | Mg$_2$SiO$_4$:Tb$^{3+}$ | 190 | 560 | 11.1 | 4.5 |  |  |  | 1%/月 |
|  | MgB$_4$O$_7$:Tb$^{3+}$ | 180 | 560 | 8.4 | 3.0 |  |  |  | 10%/月 |
|  | Li$_2$B$_4$O$_7$:Cu,In,Si | 180 | 400 | 7.4 | 1.0 |  |  |  | 10%/月 |
|  | CaSO$_4$:Tm$^{3+}$ | 200 | 452 | 15.5 | 13 |  |  |  | 15%/月 |

480nm 和 571nm，它们分别来自 $Dy^{3+}$ 的 $^4F_{9/2} \rightarrow {}^6H_{15/2}$ 和 $^4F_{9/2} \rightarrow {}^6H_{13/2}$ 跃迁。发射峰与温度峰重叠相交。峰温 220℃ 相应的陷阱为空穴陷阱，可能源于 $SO_4$、$SO_3$ 和 $O_3$ 这类基团。1974 年 Nambi 等曾对 $CaSO_4$ 中产生 TL 的机理提出这样观点，认为激发时产生自由电子和空穴，自由电子被 $RE^{3+}$ 俘获，即 $RE^{3+} + e \rightarrow RE^{2+}$。自由空穴也被陷阱所俘获，加热时被释放，与 $RE^{2+}$ 结合形成 $RE^{3+}$ 的激发态，即 $RE^{2+} + h\nu \rightarrow (RE^{3+})$，当 $(RE^{3+})$ 返回 $RE^{3+}$ 的基态时产生热释光。

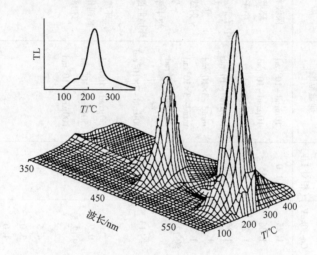

图 8-18　$CaSO_4$：Dy 热释光的 $I(\lambda, T)$ 三维图（辐照剂量 1Gy）

$CaF_2$：Dy 发光中心 $Dy^{3+}$ 的热释光温度峰为 120℃，140℃，210℃ 和 250℃，彼此重叠，发射峰峰值为 480nm 和 571nm（图 8-19）。

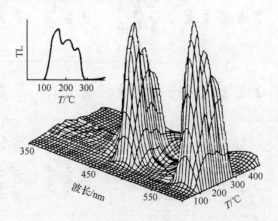

图 8-19　$CaF_2$：Dy 热释光的 $I(\lambda, T)$ 三维图（辐照剂量 1Gy）

BaSO$_4$：Eu$^{2+}$ 热释光主峰温度为 220℃，另外 180℃ 和 260℃ 肩峰可辨，发射峰峰值为 375nm，源于 Eu$^{2+}$ 的 5d→4f 跃迁（图 8-20）。

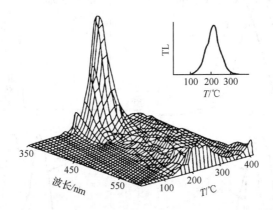

图 8-20　BaSO$_4$：Eu$^{2+}$ 热释光的 $I(\lambda, T)$ 三维图（辐照剂量 30mGy）

Mg$_2$SiO$_4$：Tb 热释光主峰温度为 200℃ 和 250℃，发射峰值为 380nm，415nm，440nm，490nm，550nm 和 590nm，它们均是 Tb$^{3+}$ 的 $^5D_3 \rightarrow {}^7F_J$ 和 $^5D_4 \rightarrow {}^7F_J$ 跃迁（见图 8-21）。

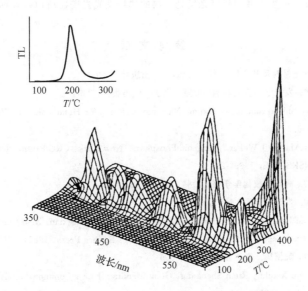

图 8-21　Mg$_2$SiO$_4$：Tb 热释光的 $I(\lambda, T)$ 三维图（辐照剂量 30mGy）

图 8-22 中列出一些典型的热释光发光材料的 Glow 曲线和热释发光光谱。

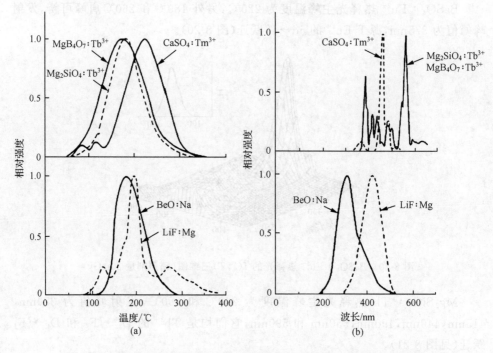

图 8-22　一些典型的热释光发光材料的热释发光光谱(a)和 Glow 曲线(b)

## 参 考 文 献

[1] 李建宇. 稀土发光材料及其应用. 北京：化学工业出版社，2003

[2] 徐叙瑢，苏勉曾. 发光学与发光材料. 北京：化学工业出版社，2004

[3] William M Yen, Shigeo Shionoya, Hajime Yamamoto. Phosphor Handbook. 2nd Edition. New York：CRC Press，2006.

[4] Willian M Yen, Marvin J Weber. Inorganic Phosphors. New York：CRC Press，2004

[5] Hubbel J H. NSRS-NBS，1969，29：7

[6] 林建华，苏勉曾. 高等学校化学学报，1985，6(11)：957

[7] 林建华，苏勉曾. 发光与显示，1985，6(4)：1

[8] Su Mianzeng, Lin Jianhua. Luminescence of MFX：Eu²⁺ ∥ Xu Guangxian, Xiao Jimei. New Frontiers in Rare Earth：Sciences and Applications. Vol. Ⅱ. Beijing：Science Press，1985，757-761

[9] 苏勉曾，龚曼玲，阮慎康. 化学通报，1980，656

[10] Su Mianzeng, Xu Xiaolin, Ruan Shenkang, Gong Manling. J Less-Common Metals，1983，93：361

[11] Brixner L H. U S 4488983，1984

[12] Rabatin J G. Electrochem. Soc. Spring Meeting, New York. 1969，Extended Abstract，189

[13] 苏勉曾，王彦吉. 高等学校化学学报，1982，3(专刊)：7

[14] Su M Z, Wang Y J, Electrochem. Soc. Spring Meeting, Tallahashi，1983，Extended Abstracts，83-1：614

[15] 李博，顾镇南，林建华，苏勉曾. 高等学校化学学报，2001，22(1)：1

[16] Brixner L H. Materials Chem Phys，1987，16(4)：277

[17] 陈伟，宋家庆，苏勉曾. 动能材料，1994，25(3)：197

[18] Rabatin J G，Brins M. 170th Electrochem Soc. Meeting，San Diego，Oct，1986，Extended Abstracts

[19] Meijerrrik A，Schipper W J，Blasse G. J Phys D：Appl Phys，1981，24：997

[20] Sato M，Tanaka T，Chta M. J Electrochem Soc，1994，141(7)：1851

[21] Zhao W，Mi Y M，Su M Z，Song Z F，Xia Z J. J Electrochem Soc，1996，143(7)：2346

[22] 林建华，苏勉曾. 高等学校化学学报，1989，10(5)：491

[23] 滕玉洁，黄竹玻. 中国稀土学报，1992，10(4)：331

[24] 滕玉洁，黄竹玻. 北京大学学报（自然科学版），1992，28(4)：469

[25] Takahashi K，Miyahara J，Shibahara Y. J Electrochem Soc，1985，132：1493

[26] Zhao W，Su M Z. Mater Res. Bull，1993，28(2)：123

[27] Dong Y，Su M Z. Lumin，1995，65：263

[28] 熊光楠，徐力，刘俊英. 中国稀土学报，2001，19(6)：494

[29] Schweizer S. Phys Stat Sol (a) Appl Res，2001，187：335

[30] Rowlands J A. Phys Med Biol. 2002，47：R123

[31] Bueno C，Buchanan R A，Berger H. SPIE，1990：1327

[32] Mckeever S W S. Thermoluminescence in Solids. Cambridge：Cambridge University Press，1985

[33] 施朝淑，戚泽明. 无机材料学报，2004：5

[34] Hoogenstraaten W. Philips Res Repts. 1958，13：515

[35] Sahare P D，Moharil S V and. Bhasin B D，J Phys. D：Appl Phys，1989，22：224

[36] Fox P J，Akber R A，Prescott J R. J Phys D：Appl Phys，1988，21：189

# 第9章　稀土闪烁材料[1-5]

## 9.1　无机闪烁体

19世纪末期，人们相继发现了放射线和X射线，以及它们的许多独特性质。其中之一就是在这些射线的激发下许多物质能发光，被称为放射线或X射线发光。

对于放射线发光，随着作用于发光体上的射线强度的不同，有时发光是不连续的闪光，这种现象称为闪烁。由此，这些发光材料成为人们发现和研究看不见的射线的重要工具之一。闪烁计数器也成为原子核物理中研究放射性同位素测量的重要探测器之一。

高能粒子包括带电粒子（如α粒子，β粒子）以及不带电的粒子（如X射线，γ射线），当它们穿过发光材料时，其能量吸收的过程也不相同。

带电粒子经过发光材料时，与材料的原子发生碰撞，引起原子（或分子）的激发和离化，同时带电粒子的能量逐渐降低，以至于经过多次碰撞之后，带电粒子的全部能量就消耗在这一过程中。与此同时，材料从带电粒子中吸收能量，当这些激发或离化状态的原子，重新回到平衡状态时，就会产生发光。

X射线和γ射线是不带电的粒子流，也称为高能光子流。高能光子入射到发光材料上，材料将吸收一部分能量。材料对高能光子的吸收与射线的能量、材料的密度、组成元素的原子序数及相对原子质量有关。高能光子与介质作用主要有三种效应：光电效应、康普顿效应和产生电子对效应。

在高能粒子（射线）作用下发出闪烁脉冲光的发光材料称为闪烁体。或者说，闪烁体是将电离辐射（ionizing radiation）能转为光发射能（主要是可见光）的物质。其种类繁多，按物态可分为固体、液体、气体闪烁体；按化学组成分为有机、无机闪烁体；按结构、形态分为单晶、微晶粉末、玻璃、陶瓷闪烁体。目前，应用最普遍的是闪烁晶体。

人们对闪烁体的研究已有100多年，大致可分为三个阶段[6]。

第一阶段从1896年～20世纪40年代末，以$CaWO_4$和ZnS为代表。最早的闪烁体是$CaWO_4$。

第二阶段从20世纪40年代末～80年代，以R. Hofstedter（1948年）发现的NaI：Tl为代表的碱卤晶体，因其高发光效率而备受重视，几十年来长盛不衰。随

后发现 $Bi_4Ge_3O_{12}$（BGO）、碱土卤化物以及 $Ce^{3+}$ 玻璃等新闪烁体。

第三阶段是 20 世纪 80 年代至今，以大力发展纳秒（ns）级快衰减、高密度、高效率和高辐照硬度闪烁体为目标，适应迅速发展的高能物理和核医学之需。1962 年发现的 $BaF_2$ 具有 0.6ns 的快发光，是最快的无机闪烁晶体。$PbWO_4$ 是具有高密度（$8.28g/cm^3$）的重闪烁体。$Ce^{3+}$ 掺杂的 $Lu_2SiO_5$ 是目前最佳的高效医用闪烁晶体。

闪烁体作为闪烁计数器的关键部件，对其要求如下：

（1）发光效率高$\left(\text{发光效率即转换效率}=\dfrac{\text{发光光子的能量}}{\text{被吸收射线的能量}}\right)$；

（2）发光的衰减时间要短；

（3）能量响应的线性要好；

（4）自吸收要少；

（5）发光光谱要能够和所用的光电倍增管的光谱灵敏度曲线相匹配；

（6）易于制造、保存、性能稳定。

无机闪烁体的电离辐射作用[7]可归纳如下：

（1）带电粒子与固体介质的作用　带电粒子进入固体介质时产生各类电磁作用，引起能量损失和不同的辐射，如电离损失、库仑散射、韧致辐射、契伦柯夫辐射和穿越辐射等。

电离损失是高能带电粒子穿越介质时与原子的电子碰撞，使原子电离而损失能量。损失的能量随粒子的速度而变，与粒子电荷数的平方成正比，而与其质量无关。

当带电粒子与介质中的原子核碰撞，因核的质量大，碰撞时入射粒子的能量损失小，但运动方向产生偏离的散射，称为库仑散射。

高能快速电子在介质原子核场中受阻损失能量而产生的辐射或者快电子在介质中做负加速运动产生的辐射（如 $\gamma$ 射线）称为韧致辐射，与 X 射线管中快电子作用于金属靶上产生 X 射线一样。

契伦科夫辐射是带电粒子在介质中的速度超过光在介质（折射率 $n$）中的速度（$V=c/n$，$c$ 为真空中的光速）时产生的辐射。

穿越辐射是带电粒子穿越两种介质的界面时（两者的介电常数不同，$\varepsilon_1 \neq \varepsilon_2$）必须重新调整介质的电磁场而损失的能量以辐射形式放出。

（2）高能光子与固体介质的作用　高能光子（$\gamma$、X 射线）入射强度（$I_0$）随着通过介质距离 $x$ 的增加而指数式地衰减（$I=I_0e^{-\mu x}$），吸收系数或衰减系数 $\mu$ 来自高能光子与介质作用的三种效应——光电效应、康普顿效应和产生电子对效应。

光电效应：高能光子与物质相互作用时被吸收，从而使原子的某一束缚电子以光电子形式发射出去的过程。通常是原子内层电子吸收入射光子能量 $E$，一部分用于克服原子束缚的电离能 $E_b$，余下部分为光电子的动能（$E_k = E - E_b$）。有时也伴有外层电子返回内层的跃迁而发射 X 射线。若入射光与原子外层电子碰撞，电子吸收部分能量而射出，成为反冲电子，入射光也被改变方向而成散射光子。

康普顿效应：高能光子和外层电子碰撞而引起的散射现象。随着入射光子的能量减小，电子获得能量脱离原子而成为反冲电子。两者的方向改变，但总能量不变。

电子对效应：光子通过核或电子附近的强电场时，转化成一对正、负电子的过程。当光子能量足够高（$E > 1.02$MeV）时，与介质原子核作用而产生正负电子（$e^+$-$e^-$）对，正负电子能量之和等于入射光子能量。当入射光的能量较低（小于 1.02MeV）时，可同时产生前两种效应。

（3）"γ 光子-电子"级联簇射　　高能光子与电子在介质中会产生"光子-电子"雪崩式级联簇射或喷淋（shower）效应。当高能 γ 光子入射于介质中时产生的"$e^+$-$e^-$"都具有足够高的能量，各自又可以产生韧致辐射，发射 γ 光子，它又产生"$e^+$-$e^-$"对，高能电子又产生 γ 光子和电子。如此重复倍增，直到穿越介质的距离足够大，簇射粒子的平均能量减小到不能再产生簇射时停止。随后的电子和光子分别以电离损失和"光子-电子"散射损失能量为主。最终簇射粒子被介质全部吸收。

高能粒子（带电或不带电的）进入闪烁体（介质）后通过各种作用而损失能量。最后阶段则因电离损失能量，沿粒子径迹使发光体的原子（分子、离子）被激发或离化。高能粒子激发有以下特点：

① 高激发密度与高量子效率　　因为入射粒子的能量高，在闪烁体内形成了级联簇射，产生了大量次级粒子（光子、电子），引起了多次激发。从而形成了高密度激发区和高量子效率。如一个 $0.2$Å 的硬 X 射线光子激发 $CaWO_4$，其发射峰值波长为 440nm（作为平均发射光子能量约 2.8eV），若其能量效率为 10%，则可发射约 2000 个可见光子，即量子效率为 2000（可见光子/X 光子）。

② 激发无选择性　　高能粒子对闪烁体所有元素的原子及其任何能态都可无选择性地激发，不像低能光子（可见光、紫外线甚至真空紫外线）可选择地激发某些能态，这必然带来分析上的复杂性。而且高能粒子可引起原子、离子位移，产生新的缺陷和发光中心，甚至改变发光体的组成、局域结构，可能引起永久性破坏。

③ 激发区的不均匀性　　高能粒子进入闪烁体后只能沿其径迹周围激发原子（分子、离子），从而在空间上形成激发区（带），随着入射粒子能量不同，激发区的直径、体积、形状以及离化浓度都不同，粒子射线的强度越大，激发区的体积越大。如 $5.3$MeV 的 α 粒子激发 ZnS 晶体的激发区直径为 $10^{-5}$cm，激发区体积为 $5 \times 10^{-3}$ $cm^3$，离化浓度为 $10^{14} \sim 10^{18}$ $cm^{-3}$。而 35keV 的 X 射线激发时激发区直径为 $9 \times 10^{-5}$cm，激发区体积为 $7 \times 10^{-12}$ $cm^3$，离化浓度为 $10^{15} \sim 10^{16}$ $cm^{-3}$。若用 3.5keV

的 X 射线激发时激发区体积为 $3 \times 10^{-13} \mathrm{cm}^3$。

在元素周期表中将原子序数相同,而相对原子质量不同的原子称为同位素。同位素有稳定和不稳定之分,不稳定同位素在无外界的作用下,会自发地放出射线,这种同位素称为放射性同位素,把这种变化称为放射性蜕变。稳定同位素在无外界作用下不会发生蜕变,但在人工的作用下,原子核也会发生蜕变,将这种同位素称为人工放射性同位素。放射性蜕变有下列几种:

(1) α蜕变 即原子核放出 α 粒子。α 粒子是氦原子核,由 2 个质子和 2 个中子组成,它带 2 个单位正电荷,质量数为 4。α 射线是由 α 粒子流组成,是带正电的粒子流。

(2) β蜕变 即原子核放出 β 粒子。β 粒子是电子或正电子,正电子的质量与电子相等,电荷的绝对值相同,但符号相反。原子核经过 β 蜕变后质量数不变,但原子序数增加或减少 1。

(3) γ蜕变 许多放射性物质在发生 α 和 β 蜕变的同时,还放出另一种射线——γ 射线,γ 射线是一种电磁辐射,不过它们的波长很短,是看不见的电磁波。实际上,γ 射线是原子核从激发态跃迁到基态时发出的电磁辐射。因此,γ 射线是不带电的射线。表 9-1 列出 α、β、γ 射线的基本性质。

**表 9-1 α、β、γ 射线的基本性质比较**

| 射线种类 | 射线的性质 | 空气中平均电离能力/cm | 在空气中的贯穿能力 |
| --- | --- | --- | --- |
| α 射线 | 氦原子核流 | 几万对离子 | 射程约几厘米 |
| β 射线 | 正、负电子流 | 约 100 对离子 | 射程约几米 |
| γ 射线 | 电磁辐射 | 几对离子 | 半衰减层约 85m |

## 9.2 高能物理用闪烁体

高能物理或者基本粒子物理正在研究物质的基本组成这个极为重大的基础问题。为研究组成物质处于原子核内的基本粒子,需要加速器的能量越来越大,目前已达 $\mathrm{TeV}(10^{12}\mathrm{eV})$ 量级。由于未来的大型加速器具有高能量($E > 10\mathrm{TeV}$)、高亮度、强束流,对闪烁晶体的要求之高是前所未有的。目前对闪烁体的基本要求如下:

(1) 高密度($> 6\mathrm{g/cm}^3$) 高密度材料对高能粒子有大的阻止本领。短的辐射长度($X_0$),高的吸收系数 ($\mu$),这些都直接与材料原子序数 $Z$ 有关,故宜选择 $Z$ 值大的重元素。辐射长度 $X_0$(radiation length)定义为,电子在闪烁体介质中因辐射能损失而使其能量降到初始值的 $1/\mathrm{e}$ 时所穿越的介质长度,是介质的特征参量。

(2) 快衰减($< 100\mathrm{ns}$) 具有纳秒级衰减的快闪烁体才能有高的时间分辨,否

则前一脉冲信号尚未结束,后一脉冲又来了,形成重叠,无法分辨。获得快发光的主要途径是①选择具有允许跃迁的发光中心,最典型的是 $Ce^{3+}$,衰减时间通常为几十 ns;②发光中心具有强猝灭(无辐射跃迁)通道,可大大加快发光衰减,如 $Ce^{3+}$ 近旁有猝灭发光的缺陷中心,$Ce^{3+}$ 的发光可短至几 ns。$PbWO_4$ 在室温下有强的温度猝灭,其发光衰减时间为几 ns 至几十 ns(纳秒),比低温(10K,几十微秒)时短;这种情况必然是低发光效率。③价带电子与芯带空穴复合,即"价带→芯带"跃迁的本征发光[8],可达亚纳秒级,如 $BaF_2$ 的 220nm 快发光带为 $0.6\sim0.8$ns。

(3)高光效(>6000 光子/MeV) 高发光效率必然有高光强,高光产额(LY)是发光材料始终追求的目标。

闪烁体发光过程是,闪烁体吸收高能粒子射线(电离辐射),产生大量的过热"电子-空穴"对,并将其能量传递给发光中心产生发射(闪烁光)。其内量子效率 $\eta=\beta SQ$,$\beta$ 为产生"电子-空穴"对的转换效率;$S$ 为传递效率;$Q$ 为发射效率,因入射粒子的能量 $E_i$ 高达 keV、MeV 甚至 GeV(基本粒子)量级,大大高于闪烁体的能级 $E_g$,所以它们产生的"电子-空穴"对以及最终激发的闪烁体光子(能量 $E_s$)数都很大,可达 $10^3\sim10^5$ 光子/MeV,具有高量子效率,但其能量效率 $\eta_E$ 则低得多,最大的能量效率为 30%~50%,实际的能量效率最佳值约 20%,如 $CaWO_4$ 为 14%。

(4)高辐照硬度(≥$10^6$ rad) 高辐照硬度指在强辐射环境中具有强抗辐射能力,要求可抗累计剂量≥$10^6$ rad(1rad=1mJ/g)。如要求能量达 kTeV 闪烁晶体在使用的剂量范围内不改变闪烁机制,光输出稳定,饱和光输出的损失小于 5%,物理损伤的恢复时间长于 1h。

其他要求还有高稳定性、低价格,光学、化学、力学性质稳定,空气中不吸潮、光照下无光化学反应、不开裂、不变形,发射波长与现有光电探测元件的光谱灵敏度曲线匹配,(一般在 300~650nm)等。表 9-2 列出高能物理实验中用闪烁体的特性。

表 9-2 高能物理实验中用闪烁晶体特性比较

| 性质 | NaI : Tl | BaF$_2$ | CsI : Tl | CeF$_3$ | BGO (Bi$_4$Ge$_3$O$_{12}$) | PWO (PbWO$_4$) |
|---|---|---|---|---|---|---|
| 辐射长度 $x$/cm | 2.59 | 2.03 | 1.86 | 1.66 | 1.12 | 0.92 |
| 密度 $\rho$/(g/cm$^3$) | 3.67 | 4.89 | 4.53 | 6.16 | 7.13 | 8.2 |
| 衰减时间 $\tau$/ns | 230 | 0.6/620 | 1050 | 30 | 340 | 15 |
| 发光波长 $\lambda$/nm | 415 | 230/310 | 550 | 310/340 | 480 | 420 |
| 光产额 LY(%NaI : Tl) | 100 | 5/16 | 85 | 5 | 10 | 0.5 |
| 吸湿性 | 吸湿 | 不吸湿 | 轻微吸湿 | 不吸湿 | 不吸湿 | 不吸湿 |

各种无机闪烁晶体(如 $BaF_2$,$PbWO_4$ 等)的发光机理各有其特点,此处仅介绍 $CeF_3$。

CeF$_3$ 和掺 Ce$^{3+}$ 的材料（BaF$_2$：Ce，GSO：Ce，LSO：Ce，YAG：Ce，YAP：Ce 等）在快闪烁体中占有极重要的位置[9-12]，其发光中心是 Ce$^{3+}$。Ce 原子失去 2 个 6s 和 1 个 4f 电子而形成 Ce$^{3+}$，Ce$^{3+}$ 激发时是 4f→5d 跃迁，而 5d 处于外层，受晶场影响大，其发射时，由最低 5d 态到 4f($^2F_{7/2}$，$^2F_{5/2}$)的跃迁，故低温(6K)下 CeF$_2$ 的发射谱为双峰(285nm 和 301nm)，结构如图 9-1。室温以上谱峰交叠为峰值在约 290nm 的宽带（源于正常格位的 Ce$^{3+}$），同时在长波端有峰值为 340nm 的弱带，源于受周围缺陷影响的 Ce$^{3+}$ 发射，可以被正常 Ce$^{3+}$ 的 290nm 发射带激发，而低温下 340nm 发射带又可激发可见区(475nm，535nm)发射带，它们来自 CeF$_3$ 晶体中的缺陷中心；室温下可见光发射被猝灭。也就是 CeF$_3$ 中 Ce$^{3+}$ 发光中存在"级联"能量传递[13]（图 9-2），即 Ce$^{3+}$ 发光→缺陷影响的 Ce$^{3+}$ 发光→缺陷发光→猝灭中心(室温)。这种级联传递可能是减弱 CeF$_3$ 发光的主要通道，使其光产额的实验值(1500～4500 光子/MeV)比理论值(7500～12000 光子/MeV)低得多。CeF$_3$ 晶体中除 Ce$^{3+}$ 的近紫外发光外，还包括各种缺陷发光(可见光)，分布很宽。

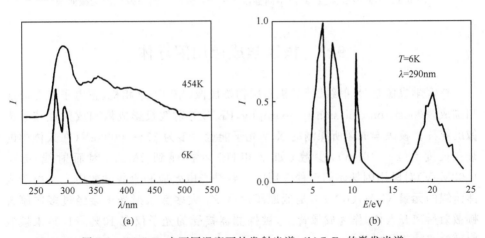

图 9-1　(a)CeF$_3$ 在不同温度下的发射光谱；(b)CeF$_3$ 的激发光谱

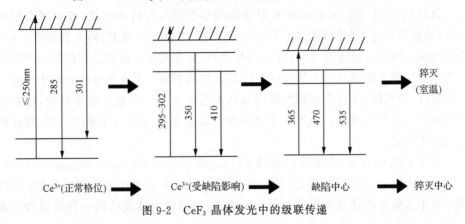

图 9-2　CeF$_3$ 晶体发光中的级联传递

Ce³⁺ 发光来自 5d→4f 宇称允许的电偶极跃迁,故发光衰减时间一般为几十ns。闪烁体的衰减时间随激发波长不同、温度不同而改变[14](见图 9-3),这表明其能量传递过程也不同。CeF₃ 晶体一般采用 Bridgman(下降法)生长。

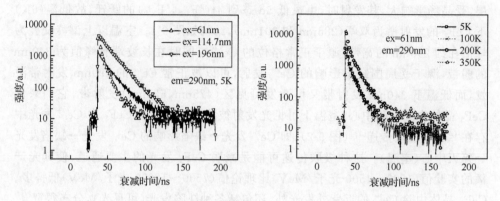

图 9-3　不同波长激发(a)与不同温度下 CeF₃ 中 Ce³⁺ 离子发光的衰减曲线

# 9.3　核医学成像用闪烁体

核医学成像是"X 射线"计算机断层扫描成像(XCT)、γ 相机、正电子发射断层扫描成像(positron emission tomography,PET)等射线投影成像和放射性核素成像的统称。核医学成像所探测的 X、γ 光子能量大多为 15～1000keV(在人体内的衰减长度为 2～10nm),少数(如 γ 相机)可扩展到 2MeV,因而射线($E <$ 1.02MeV)对医用闪烁体的三种作用中主要是光电效应和康普顿效应。又由于人体组织的元素(C,H,O,N)均是低原子序数 $Z$,大多数入射光子会经过多次康普顿散射后离开人体,作为成像背景,被探测器接受的光子仅有 10%～15% 未被散射而构成精确的成像。

典型的 XCT 系统由旋转的 X 射线和圆形探测元件阵列组成,探测器由闪烁晶体(或透明陶瓷)与相应的光电元件构成,其工作基本原理是,病人静躺着,由 X 光源绕病人旋转时从不同方向(或不同角度)观测病人上千幅的二维横截面内部结构图。经数据处理重建病人体内的三维器官结构形貌。图像的空间分辨由探测单元的宽度、X 光源、准直器和探测器的几何构型所决定。一般为毫米量级,但对比度对图像的分辨更重要。由于 X 射线的线性动态范围达 10⁶,灰度等级多,对比度必须在千分之几内。

单光子发射计算机断层扫描成像(single photo emission computed tomography,SPECT)工作原理是,由病人服用或注射含有放射性同位素的药物,此药物分布于人体不同部位并发射单个 γ 光子,通过围绕病体旋转的一台或多台高灵

敏度 γ 相机拍摄,用 XCT 方法可得到体内不同方位、不同截面的药物位置与 γ 射线强度分布图。常用的放射性药物$^{99m}$Tc,其发射的 γ 光子能量为 140keV。

PET 的工作原理与 SPECT 基本相似,只是药物类型不同,是发射正电子的放射性同位素(如$^{18}$F,$^{11}$C,$^{13}$N,$^{15}$O),这类药物发射的 e$^+$ 不会穿透人体组织,只能在几毫米内,e$^+$ 就会与人体组织中的 e 相遇而湮灭,正负电子湮灭时的能量转变为一对方向相反的 γ 光子同时射出(γ 光子能量为 511keV),被围绕病人的圆形探测器所接收。

1948 年 Hofstandfer 发明 NaI:Tl 闪烁体以来,由于它具有高发光效率,将其光产额作为以后几十年的标准,一直使用至今,但遗憾的是,它的密度太低,仅为 3.67g/cm$^3$,辐射长度大(2.59cm),限制了能量分辨率的提高,也降低了成像质量。1973 年 Weber 和 Monchamp 提出了新型高密度闪烁体 Bi$_4$Ge$_3$O$_{12}$(BGO),不仅被用于高能加速器 LEP 的电磁量能器,而且是当前医用闪烁体的主角,占有 PET 市场的 50% 以上。但 BGO 的光产额仅为 NaI:Tl 的 20%~25%,发光衰减也慢(约300ns),有碍时间分辨率的提高,也将会被新一代的医用闪烁体——Ce$^{3+}$ 掺杂的重金属氧化物如 Lu$_2$SiO$_5$(LSO),Gd$_2$SiO$_5$(GSO),LuAlO$_3$(LAP)等所替代。它们具有高密度、快衰减等诸多优点。主要的医用闪烁晶体的性质列于表 9-3。

**表 9-3 医用闪烁晶体的性质比较**

| 闪烁体 | 光产额/(光子/MeV) | 密度/(g/cm$^3$) | 衰减/ns | 波长/nm | 辐射长度/cm | 有效原子数 | 折射率 | 能量分辨率$^{137}$Cs/% | 吸湿性 |
|---|---|---|---|---|---|---|---|---|---|
| NaI(Tl) | 38000 | 3.7 | 230 | 415 | 2.59 | 51 | 1.85 | 7.0 | 强 |
| CsI(Tl) | 60000 | 4.5 | 1000 | 545 | 1.85 | 54 | 1.80 | 9.0 | 稍微 |
| BGO | 8000 | 7.13 | 300 | 480 | 1.12 | 74 | 2.15 | 9.5 | 不 |
| LSO:Ce | 25000 | 7.35 | 11/36 | 420 | 1.14 | 66 | 1.82 | 12.0 | 不 |
| GSO:Ce | 8000 | 6.7 | 56/600 | 440 | 1.38 | 59 | 1.85 | 7.8 | 不 |
| YSO:Ce | 10000 | 4.54 | 37/82 | 420 | | | | 9.0 | 不 |
| YAP:Ce | 16000 | 5.37 | 28 | 360 | 2.24 | 34 | 1.93 | 11.0 | 不 |
| LuAP:Ce | 9600 | 8.34 | 11/28 | 380 | | | | | 不 |
| Lu$_{0.3}$Y$_{0.7}$AP:Ce | 14000 | 6.19 | 25 | 360 | | 53 | | | |
| Lu$_{0.3}$Gd$_{0.7}$AP:Ce | 10800 | 7.93 | | 360 | | 63 | | | |

对医用闪烁体的基本要求是高发光效率、高密度、快发光衰减、高能量分辨、低余辉以及发射谱与探测元件匹配。由于人体可接受剂量有严格限制,因而高发光

效率最重要。现有的无机闪烁体主要是氧化物、氟化物[15]。氧化物基质的发光效率一般都高于氟化物，是其能带结构（$E_g,\Delta E_v$）所决定，氧化物的能隙 $E_g$ 较小（约为 4～7eV），价带宽度 $\Delta E_v$ 较大（约 10eV），而氟化物的 $E_g$ 约为 6～14eV，$\Delta E_v$ 约为 6eV。$E_g$ 大，在电离辐射激发时用于无辐射的损失增大，相对的能效降低。$\Delta E_v$ 大，激发能弛豫时就可能有效地激发发光中心（如 $Ce^{3+}$，4f-5d），如图 9-4 所示[16]。

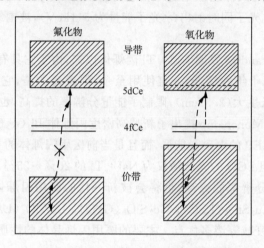

图 9-4　$Ce^{3+}$ 掺杂的氧化物与氟化物能带结构比较

　　目前用于 PET、SPECT、γ 相机中最有发展潜力的闪烁体是 $Ce^{3+}$ 掺杂的稀土硅酸盐、铝酸盐，特别是 $LuAlO_3：Ce$（LAP：Ce）和 $Lu_2SiO_5：Ce$（LSO：Ce），现分别介绍如下。

　　（1）$LuAlO_3：Ce$（LAP：Ce 或称 LuAP：Ce）　1973 年 Weber 首次报道了 $YAlO_3：Ce$，在此基础上发展了 $RE^{3+}AP：Ce$ 闪烁晶体，以 LAP：Ce 为代表具有高效率、快衰减、高密度、高阻止本领。4K 时 $Ce^{3+}$ 发射为双峰（约 350nm 和 381nm）结构，室温下为单峰发射带。为克服在生长中出现石榴石相和提高光效，采用掺 Y 或 Gd 的方法制得混晶 $Lu_xRE_{1-x}AP：Ce$，如 $Lu_{0.7}RE_{0.3}AP：Ce$，其室温下吸收谱和发射谱如图 9-5[17]。其主激发峰为 289nm，312nm（经高斯分解）。发射谱分布于 320～420nm。LAP：Ce 发光强度随温度升高而增长，室温以上更显著，主要是其结构缺陷形成的缺陷所致，与生长技术欠成熟有关。通过热释光分析可知，室温以上有丰富的热释光峰（360K，500K，600K，700K），必将导致余辉比例增高，不利使用。据最新报道，$Lu_{0.7}RE_{0.3}AP：Ce$ 混晶已用于动物 PET 成像，效果良好，并建议与 LSO：Ce 结合使用更好。$Lu_xY_{1-x}AP：Ce$ 的光效高于 $Lu_xGd_{1-x}AP$，但后者有更高的密度和更短的辐射长度，可减少单晶厚度，有利于提高空间分辨率。晶体用提拉法或坩埚下降法生长。

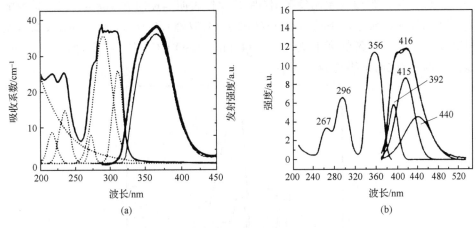

图 9-5　LuYAP∶Ce 的吸收和紫外发射谱

(a) 未经处理；(b) 经分峰处理

(2) Lu$_2$SiO$_5$∶Ce(LSO∶Ce)　1983 年由 Takagi 和 Fukazawa 提出的 Gd$_2$SiO$_5$∶Ce(GSO∶Ce)比 BGO 有更快的衰减时间,比 NaI∶Tl 有更高的密度,是很有希望用于 PET、γ 相机的闪烁体。1992 年 Melcher 和 Schweitzer[18]又首次报道了 LSO∶Ce 具有更高的光效,更高的密度与更快的衰减,因而很快成为新的研究热点。RE$^{3+}$SO∶Ce 晶体中 RE$^{3+}$ 有两种格位,发光中心 Ce$^{3+}$ 替代基质 RE$^{3+}$,也有两种格位,如图 9-6[19]。从低温 11K 到近室温 296K,在 GSO∶Ce 中两种 Ce$^{3+}$ 格位的发射谱差别显著。345nm 激发下的 Ce(Ⅰ)发射峰,在 11K 时为双峰,在室温时略向红移,强度也略有下降。而 Ce(Ⅱ)在 378nm 激发下其强度随温度升高衰减显著,且峰位蓝移,低温下无明显分裂。Ce$^{3+}$ 的格位在 LSO∶Ce 闪烁机制中有极其重要的作用[20]。

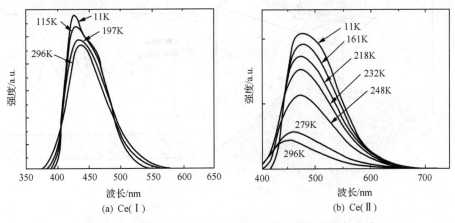

(a) Ce(Ⅰ)　　　　　　　　(b) Ce(Ⅱ)

图 9-6　不同温度下 GSO∶Ce 中两种 Ce$^{3+}$ 格位的发射光谱

　　LSO：Ce 的低温与室温发射谱（图 9-7）[20] 表明，4K 时在 188nm（接近带隙能量）激发下，发射峰为 393nm，423nm（Ce（Ⅰ）的双峰）和 460nm（Ce（Ⅱ）极弱），室温时发射峰合并为宽带，峰值为 400~440nm。LSO：Ce 中 Ce（Ⅰ）的 $\tau$ 为 28ns，Ce（Ⅱ）的 $\tau$ 为 54ns，平均为 41ns。

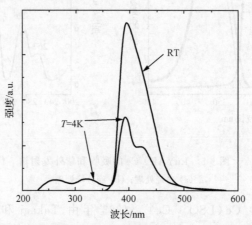

图 9-7　室温和低温下 188nm 激发时 LSO：Ce 的发射光谱

　　LSO：Ce 和 LAP：Ce 一样有丰富的深陷阱态，有若干室温（300K）以上的热释光峰，如图 9-8，它是 LSO：Ce 的热释光三维图，即 $I(\lambda, T)$ [21]。约 378K 的强峰（P-1）在"热清除"时除去了，只有 P-2,3,4,5 峰。热释光曲线的分布与晶体结构及其缺陷和对称性有关。

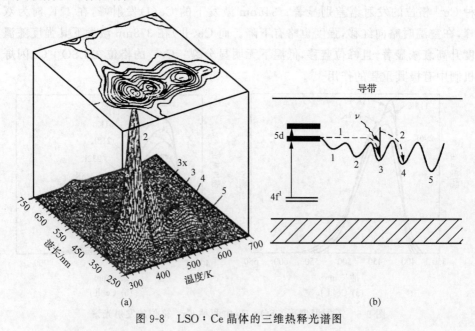

图 9-8　LSO：Ce 晶体的三维热释光谱图

最近对 LSO：Ce,LYAP：Ce 和 BGO 用于高分辨 PET 系统的性能进行比较研究[22],其激发波长分别为 359nm, 317nm 和 365nm,发射峰分别为 404nm, 367nm 和 478nm。以 $^{22}$Na(511eV)放射源激发测得的光产额和能量分辨及其温度依赖,如图 9-9。结果表明,LSO：Ce 最佳。

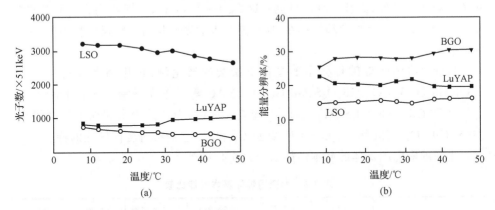

图 9-9　$Lu_{0.8}Y_{0.2}AP$：Ce 闪烁性能的温度依赖关系

理想闪烁体发射的闪烁光子数都应与入射能量成正比,即具有线性关系,但实际情况并非如此,都存在一定的非线性响应。近年来对医用闪烁体的非线性效应研究甚多,如 LSO：Ce 的光产额随入射能量呈亚线性增长[23],高于 800MeV 时,光产额趋于饱和,但 YAP：Ce 例外,几乎是线性增加,闪烁体的非线性效应与基质结构有关,而与掺杂剂无关,故 LSO、GSO、YSO 有着相似的能量响应,而 LuAP 与 YAP 有相同的结构,但能量响应却有显著不同。LuAP 无线性响应被认为可能是晶体缺陷甚多所致。

值得重视的是材料在长期经受射线粒子的轰击会发生变质和破坏,一般情况发光性能要衰减。其原因在于,在高能粒子的轰击下,有时会造成原子位移,产生间隙原子和空穴,形成缺陷,产生猝灭中心等。

## 9.4　陶瓷闪烁体

晶体闪烁体应用最早和最普遍,但要制备大尺寸的单晶,设备要求高、生成速度慢,因此成本很高。

陶瓷闪烁体是由粉末微晶经过略低于熔点的高温下烧结而成的多晶聚集体,是介于粉末与单晶之间的一种形态,其性能大大优于粉末微晶。透明陶瓷将是单晶闪烁体的替代品,有力的竞争者,不仅制备方法简单、成本低,而且各向同性,利于应用。比之粉末微晶,它可以减少光散射,使闪烁光完全透射,又便于加工成微米级且有一定间隙的小条,可提高图像的分辨率。陶瓷的透光性主要取决于其组成相的折射率之差,差值越大,二次相越多,透光性越差。最有利的晶体结构是沿光轴方向的折射率之差为 0,即各向同性的立方晶体是最佳结构。由于陶瓷结晶的多相性特点,玻璃相与气相的存在是影响透光性的主要因素,透明陶瓷的透过率必须 >40%。另外,透过波段是可见光区(0.4~0.8μm),故透明陶瓷的颗粒必须避免 0.4~0.8μm 大小的晶体存在,这是因为入射光波长与晶粒尺寸相当时,形成的散射最大。

目前已有的陶瓷闪烁体主要是稀土掺杂的氧化物,硫化物和含氧酸盐,如 $Y_2O_3$、$Gd_2O_3$、$Lu_2O_3$、$Gd_2O_2S$、$Gd_3Ga_5O_{12}$、YAG 等。正在研制中的有 $BaHfO_3$:$Ce^{3+}$[24] 和 $Gd_{3-x}Ce_xAl_ySi_zGa_{5-y}O_{12}$[26] 陶瓷闪烁体,为了减少余辉而采用共掺杂,如 $(Y,Gd)_2O_3$:Eu 和 $Gd_2O_2S$:Pr 共掺 Ce 和 F,它们都有各向同性的特点。

主要的陶瓷闪烁体的基本性能示于表 9-4 中[24,25]。

表 9-4　陶瓷闪烁体基本性能比较

| 闪烁体 | 晶体结构 | 密度 /(g/cm³) | 发射(峰) /nm | 相对光产额 /% | 衰减时间 /s | 余辉① /% |
|---|---|---|---|---|---|---|
| CsI:Tl(单晶)用于比较 | 立方 | 4.51 | 550 | 100 | $1 \times 10^{-6}$ | 0.3 |
| $Lu_2O_3$:Eu(5%) | 单斜 | 9.4 | 610 | 39 | $>1 \times 10^{-3}$ | $>0.3$ |
| YAG:Ce | 立方 | 4.68 | 520 | 20 | $85 \times 10^{-9}$ | |
| $Y_{1.34}Gd_{0.6}Eu_{0.06}O_3$ | 立方 | 5.92 | 610 | 70 | $>1 \times 10^{-3}$ | $<0.01$ |
| $Gd_2O_2S$:Pr,Ce,F | 六角 | 7.34 | 510 | 80 | $3 \times 10^{-6}$ | $<0.01$ |
| $Gd_3Ga_5O_{12}$:Cr,Ce | 立方 | 7.09 | 730 | 40 | $14 \times 10^{-5}$ | 0.01 |
| $BaHfO_3$:Ce | 立方 | 8.35 | 400 | 15 | $25 \times 10^{-9}$ | |

① X 射线脉冲激发停止后 100ms 时室温下测得。

$Gd_2O_2S$:$Pr^{3+}$,$Ce^{3+}$,$F^-$ 是比较典型的陶瓷闪烁体。该陶瓷闪烁体和硅光电二极管配合使用,探测灵敏度是 $CaWO_4$ 晶体探测器的 1.8~2.0 倍,由此可以提高低对比度的可探测性和减少 X 射线透射剂量。由于难以获得 CT 所要求的足够大的 $Gd_2O_2S$:$Pr^{3+}$,$Ce^{3+}$,$F^-$ 单晶,人们采用在 1101.325kPa 氩气中 1300℃ 的热静压技术,制备了致密的陶瓷闪烁体。助熔剂 $Li_2GeF_6$ 对这种半透明陶瓷的性质影响很大。在 $Gd_2O_2S$:$Pr^{3+}$,$Ce^{3+}$,$F^-$ 闪烁体中 $Ce^{3+}$ 和 $F^-$ 可以缩短余辉时间。

$Gd_2O_2S$:$Pr^{3+}$,$Ce^{3+}$,$F^-$ 闪烁体用于 X 射线 CT 技术具有以下优点:①有效原子序数约为 60,具有高的 X 射线衰减系数,即阻止本领高;②X 射线的转换效率高,约为 15%;③发光中心 $Pr^{3+}$ 的余辉相当短,10% 余辉为 3~6μs;④发射光谱分布宽,从 470nm 延伸到 900nm,可与硅光电二极管的光谱灵敏度较好匹配;⑤无毒、不潮解、化学性质稳定。其主要缺点是在单元闪烁体中存在晶粒边界，增加了对光的吸收，与单晶相比，光的透射率低，其光学透射率约为 60%。

另外，常用的陶瓷闪烁体还有 $(Y,Gd)_2O_3$：$Eu^{3+}$ 和 $Gd_3Ga_5O_{12}$：$Cr^{3+}$，$Ce^{3+}$，后者密度 $7.09g/cm^3$，最大发射波长 730nm。

2002 年 A. Lempicki 利用高温高压法制得了 $Lu_2O_3$：Eu 透明陶瓷闪烁体，密度高达 $9.4g/cm^3$，光产额也高（接近于 CsI：Tl），发射主峰 610nm，与 CCD 探测器的光谱灵敏度匹配良好。因而用它成像具有高对比度和高分辨率，有的基本性能超过现有闪烁晶体，但因它的衰减时间较长，$\tau=1.3ms$，不宜用于动态的快速成像而只用于静态 $\gamma$ 射线成像。根据光谱特性估算其光转换效率是 CsI：Tl 单晶的 69%，实测为 60%。

新型闪烁体研究的三大基本目标是高效率、高密度、快衰减。至今虽无非常满意的全能闪烁体，但比较而言，LSO：Ce 最好。就无机材料基质而言，目前仍是重金属（Bi，Pb，W，$RE^{3+}$ ⋯⋯），特别是重稀土的含氧酸盐或氧化物 LSO、GSO、LGSO、LAP、YAP、LYAP、YAG 等。最近又报道了 $Lu_2Si_2O_7$：Ce、LaBr：Ce 新型高效快闪烁体，掺杂 $Ce^{3+}$ 作发光中心为优。就新型闪烁体的形态结构而言，透明陶瓷闪烁体是后起之秀，包括氧化物、硫氧化物、含氧酸盐，如 $RE_2O_3$（RE：Y，Gd，Lu）、$Gd_2O_2S$、$Gd_3Ga_5O_{12}$、$Gd_3Al_2Ga_2O_{12}$。作为发光中心的掺杂离子仍为 $RE^{3+}$（$Ce^{3+}$，$Pr^{3+}$，$Eu^{3+}$ ⋯⋯），由于制备相对容易、成本低，其发展趋势是逐渐替代某些单晶闪烁体。表 9-5 列出一些典型的稀土闪烁材料性能。图 9-10，图9-11，图 9-12示出部分闪烁体的光谱（归一化），图 9-13 示出 Li 玻璃 GS20，ZnS：Ag，LTB($Li_2B_4O_7$)：$Cu^+$ 和 $LiBaF_3$：$Ce^{3+}$ 的发射光谱。

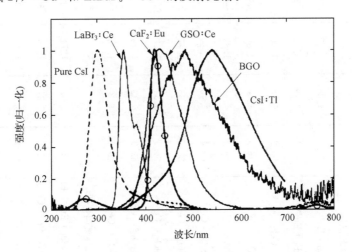

图 9-10　CsI：$Tl^+$，CsI，LaBr：$Ce^{3+}$，$CaF_2$：$Eu^{2+}$，BGO 和 GSO：$Ce^{3+}$ 等
闪烁体的发光光谱（归一化）

表 9-5　列出一些典型的稀土闪烁材料性能

| 闪烁体 | 有效原子序数($Z_{eff}$) | 密度/(g/cm³) | 辐射长度/cm | 衰减时间/ns | 发射峰/nm | 光产额/(ph/MeV) | 折射率 | 吸湿性 | 熔点/℃ | 辐照硬度/Gy | 应用 |
|---|---|---|---|---|---|---|---|---|---|---|---|
| **无机晶体** | | | | | | | | | | | |
| $LiI:Eu^{2+}$ | 52.3 | 4.08 | 2.18 | 1400 | 470~485 | 12 | 1.96 | 强 | 446 | | 中子 |
| $CaF_2:Eu^{2+}$ | 17.1 | 3.19 | 6.72 | 940 | 420 | 19 | 1.47 | 不吸湿 | 1403 | | 核医学 |
| $CeF_3$ | 53.3 | 6.16 | 1.66 | 30 | 375 | 2 | 1.68 | 不吸湿 | 1443 | $10^{3\sim4}$ | 核医学 |
| $LaBr_3:Ce^{3+}$ | 46.9 | 5.3 | 1.88 | 30(90%) | 370 | 61 | ~1.9 | 强 | 783 | | PET,核医学 |
| $Gd_2SiO_5:Ce^{3+}$ | 59.5 | 6.71 | 1.38 | 30~60/600 | 430 | 9 | 1.85 | 不吸湿 | 1900 | $>10^6$ | PET,核医学 |
| $Lu_2SiO_5:Ce^{3+}$ | 66.4 | 7.40 | 1.14 | 40 | 420 | 27 | 1.82 | 不吸湿 | 2050 | $10^6$ | PET,核医学 |
| $YAlO_3:Ce^{3+}$ | 33.5 | 5.35 | 2.77 | 28 | 370 | 16 | 1.94 | 不吸湿 | 1875 | $10^{2\sim3}$ | PET,核医学 |
| $LuAlO_3:Ce^{3+}$ | 64.9 | 8.34 | 1.08 | 18(75%) | 350 | 10 | 1.97 | 不吸湿 | 1960 | | PET,核医学 |
| $Lu_3Al_5O_{12}:Ce^{3+}$ | 62.9 | 6.73 | 1.45 | 70 | 535 | 12 | 1.84 | 不吸湿 | 2043 | | XCT,核医学,PET |
| $LuBO_3:Ce^{3+}$ | 66.0 | 6.8 | 1.28 | 21 | 375,410 | 50 | 1.59(D) | 不吸湿 | 1650 | | XCT |
| **陶瓷和玻璃闪烁体** | | | | | | | | | | | |
| $Y_{1.34}Gd_{0.6}O_3:Eu^{3+},Pr$ | 51.5 | 5.92 | 1.74 | $10^6$ | 610 | | 1.96 | 不吸湿 | ~2400 | | XCT |
| $Gd_2O_2S:Pr^{3+},Ce$ | 61.1 | 7.34 | 1.16 | 3000 | 510 | 28 | 2.2 | 不吸湿 | >2000 | $10^{2\sim3}$ | XCT |
| $SCG1:Ce^{3+}$ | 44.4 | 3.49 | 4.14 | 100 | 430 | 0.5 | 1.61 | 不吸湿 | 1200 | $10^4$ | 核医学 |
| $Li\text{-}glass:Ce^{3+}(GS20)$ | 25.2 | 2.48 | 10.9 | 100 | 395 | 6/nth | 1.55 | 不吸湿 | | | 中子 |
| $Gd_2O_3\text{-}glass:Ce^{3+}$ | 59.0 | 5.63 | 1.84 | <500 | 380 | 1 | | 不吸湿 | | | 核医学 |

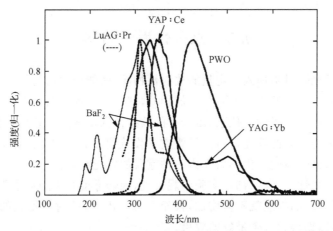

图 9-11　$BaF_2$，YAP：$Ce^{3+}$，PWO，YAG：$Yb^{3+}$ 和 LuAG：$Pr^{3+}$ 等闪烁体的发光光谱（归一化）

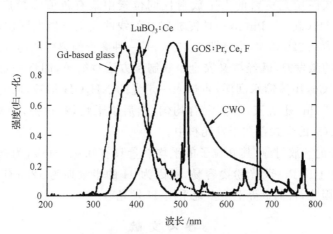

图 9-12　CWO，GOS($Gd_2O_2S$)：$Pr^{3+}$，$Ce^{3+}$，$F^-$，$LuBO_3$：$Ce^{3+}$ 和 $Gd_2O_3$
基质玻璃等闪烁体的发光光谱（归一化）

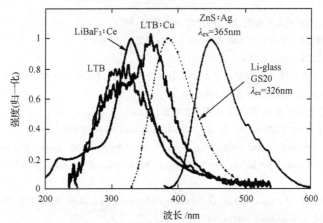

图 9-13　Li 玻璃 GS20，ZnS：Ag，LTB($Li_2B_4O_7$)：$Cu^+$ 和 $LiBaF_3$：$Ce^{3+}$ 的发射光谱

## 9.5　永久性发光材料

如果在发光材料中加入一定量的放射性物质,就能产生均匀的发光,它是由无数闪烁引起的。这种发光不需要再外加能源,就可以持续不断地发光,发光时间的长短取决于所用的放射性同位素,由于有的放射性同位素的半衰期很长,所以这种发光材料被称为永久性发光材料。尽管它的发光亮度低,并或多或少有放射性伤害,但在某些特殊的场合,仍不失作为一种重要的发光材料。

在制备永久性发光材料时,实验中观察到,闪烁强度并不随粒子强度线性地增加,而增加到一定的程度就不再增加,甚至下降。因此,放射性物质的含量要选择一个最佳值,以期得到一个最好的效果。

作为永久性发光材料的人工放射性同位素中最有价值和最广泛采用的是$^{147}$Pm(钷)和$^3$H(氚)。$^{147}$Pm是一种能放射 β 射线的人工放射性同位素,其 β 粒子的最大能量为 0.229MeV,半衰期 2.65 年,是一种廉价的裂变产物,用它制作永久性发光材料的激发源,既经济又安全。其制备方法也简单,即将一定量的发光基质,如 ZnS∶Cu,用蒸馏水润湿,再加入一定量的 $NH_4OH$ 溶液,同时在不断搅拌下慢慢加入$^{147}$Pm 盐溶液,使其混合均匀,然后烘干灼烧、过筛,即成产品,其中$^{147}$Pm以 $Pm_2O_3$ 的形式存在于发光粉中。

$^3$H 为纯的 β 放射源,其 β 粒子的平均能量只有 0.018MeV,为低毒放射性同位素,在防护上比 Pm 荧光粉要容易,又因为$^3$H 的半衰期为 12.6 年,寿命比 Pm 荧光粉长。因此,目前世界上更多地采用$^3$H 发光粉。

### 参 考 文 献

[1] William M Yen,Shigeo Shionoya,Hajime Yamamoto. Phosphor Handbook. 2nd Edition. New York:CRC Press,2006.

[2] 李建宇. 稀土发光材料及其应用. 北京:化学工业出版社,2003

[3] 徐叙瑢,苏勉曾. 发光学与发光材料. 北京:化学工业出版社,2004

[4] 徐光宪. 稀土. 二版. 北京:冶金工业出版社,1995.

[5] 中国科学院长春物理所,中国科学技术大学编. 固体发光. 合肥:中国科学技术大学出版社,1976.

[6] Wber M J. J Luminescence,2002,100:35

[7] 唐孝威. 离子物理实验方法. 北京:高等教育出版社,1982

[8] Shi Chaoshu,Koliber T,Zimmerer G. . J Luminescence,1991,48&49:597

[9] Blassl G. Heavy Scintillators for Sci&Indus Appl. Proc of "crystal 2000" Intern. Workshop,1992,85-97.

[10] Weber M J. Heavy Scintillators for Sci&Indus. Appl. Proc of "crystal 2000" Intern. Workshop,1992,99-124.

[11] Auffray E,Beckers T,Bourotte J,et al. Nucl Instr Meth,in Phys. 1996,A378:171-178.

[12] Schneegans M A. Nucl Instr Meth,1994,A 344(1):47

[13] Shi Chaoshu,Deng Jie,Wei Yaguang. Chin Phys Lett,2000,17:532

[14] Shi Chaoshu,Zhang Guobin,Wei Yaguang,et al. Surface Rev and Lett,2002,9(1) 371

[15] Rodnyi P A. Phys State Sol,1995,B 187:15

[16] Pedrini C. SCTT'99,Moscow State Univ,Russia. 1999,89

[17] Kuntner C,Auffray E,Dujardin C,et al. IEEE. Trans Nacl Sci,2003,50(5):1477

[18] Melcher C L,Schweitzer J S. IEEE. Trans Nucl Sci,1992,NS-39(4):502

[19] Suzuki H,Tombrello T A,Melcher C L,Schweitger J S. Nucl Instr Meth in Phys Res,1992,A320:263

[20] Lempicki A,Glodo J. Nucl Instr Meth in Phys Res,1998,A 416:333

[21] Dorenbos P,Van Eijk C W E,Bos A J J,et al. J Phys:Condens Matter,1994,6:4167

[22] Weber Si,Christ D,Kurzeja M,et al. IEEE Trans Nucl Sci,2003,50(5):1370

[23] Balcerzyk M,Moszynski M,Kapusta M,et al. IEEE Trans Nucl Sci,2000,47:1319

[24] Greskovich C,Duclos S. Advanced Rev Mater Sci,1997,27:69

[25] Zych E,Brecker C,Wojtowicz A J,et al. J Lumineseencl,1997,75:193

[26] Nakamura Ryouhei. 2002,US 6,479,420 B2

# 第10章 电致发光用稀土发光材料[1-4]

## 10.1 电致发光

材料在电场作用下的发光称为电致发光（electroluminescence，EL）。电致发光是将电能直接转变成光辐射的一种物理现象，实现这种电光转换时不经过任何其他（如热、紫外线或电子束等）中间物理过程，电致发光属于主动发光。

1936 年法国科学家 G. Destriau 首次发现浸在液体电介质内的粉末状荧光物质在交流电场作用下可产生明亮的持续发光。后来人们称这一物理现象为 Destriau 现象，也称为本征 EL。在此后的 10 年里，这一现象并未受到人们的重视，直到 1947 年美国人 Memasten 发明了导电玻璃，才使电致发光推向一个新阶段。

电致发光的另一种类型是半导体 p-n 结的注入式电致发光。当半导体 p-n 结正向偏置时，电子（空穴）会注入 p(n)型材料区。这样注入的少数载流子会通过直接或间接的途径与多数载流子复合，引起发光。由 Ⅲ-Ⅴ 族半导体制成的发光二极管的发光属于此类。

许多材料具有电致发光特性，这些材料可分为无机和有机两大类，特别是 20 世纪 90 年代后飞速发展的有机 EL 材料将 EL 的研究和应用推向了一个新的历史阶段。具有电致发光本领的固体材料很多，但到目前为止，达到实际应用水平的主要是化合物半导体，包括 Ⅱ-Ⅵ、Ⅲ-Ⅴ、Ⅳ-Ⅳ 族的两元或三元化合物。关于稀土配合物电致发光将在第 11 章作介绍。

无机类 EL 材料历史较久，并早已进入实用阶段。这类材料从形态上分可分为单晶型、薄膜型和粉末型；从工作方式上又可分为交流（AC）型、直流（DC）型和交直流（ADC）型 3 种；按激发条件又可分为高场型和低场型 2 种。又可以按发射光谱分为红、黄、绿、蓝多种。有关无机 EL 材料和显示器件的分类见图 10-1。

### 10.1.1 电致发光中的激发过程

任何发光过程都包括激发、能量输运和光的发射三个主要环节。在半导体中光的发射有三种类型：(1)导带中的电子和价带的空穴复合而发光；(2)载流子先被杂质或缺陷中心俘获，随后同相反符号的载流子复合而发光；(3)局限于发光中心的电子从激发态到基态的跃迁而发光。通常将激发态时电子离开原来的中心，而后与离化中心复合的发光称为复合发光，电子在激发态时也不离开发光中心的发

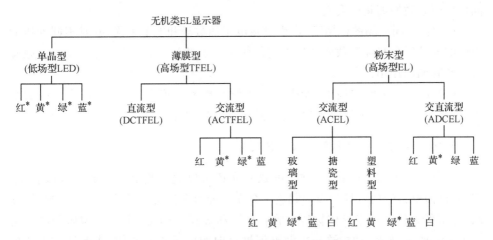

图 10-1 无机类 EL 材料和显示器分类

\* 为最好和最成熟的器件

光称为分立中心发光。

在电致发光中,激发过程是通过电场的特殊分布和在电场作用下载流子的特殊行径来实现的,主要有如下几种情况:

**1. 高场效应及体内发光**

在低电场下,电子的运动符合欧姆定律。电场逐步升高后,电子的能量也相应地升高,直至远远超过热平衡状态下的电子能量而成为过热电子,过热电子的运动已不再符合欧姆定律,此时便产生了高场效应。在高电场下,碰撞离化的几率增大,易形成激发态。过热电子对发光而言有如下特点:

(1)过热电子可以通过碰撞,使晶格离化,形成电子、空穴对;也可以碰撞离化杂质中心;还可以碰撞激发杂质中心。已证明,以稀土离子激活的 $ZnS:Tb^{3+}$ 及 $ZnS:Er^{3+}$ 薄膜电致发光都是由于过热电子直接碰撞激发发光中心而产生的分立中心发光。

(2)过热电子在多能级材料中可以随着能量的上升从导带的低能级移到高能级。如果高能级中的电子迁移率低于低能级的电子迁移率,电导将随着电子的能级转移而变小。同时,对于一般俘获中心,电子的速度减低将增大它被陷阱俘获的几率,进一步减弱电导。这两种效果就促成微分负电导的出现,并导致高场畴的形成。在畴区内电场强度很高,便引起了碰撞离化而发光。

(3)具有压电性质的晶体中,当电子在晶体中的运动速度超过了其中的声速时,运动中的电子就与声振动发生相互作用。声振动阻止电子前进,而电子则压迫声振动,这样就造成了电子积累,并形成高场畴。畴内的电场强度可达 $10^4$ V/cm,

同样可引起碰撞离化而发光。

（4）在不同电场的作用下，产生过热电子的数量和能量不同，并对不同性质的中心的电子复合与俘获截面产生不同的影响。实验证明，电场对复合发光的弛豫过程具有调制作用。

（5）在强电场的作用下，能带会发生倾斜或其他变化，将引起隧穿几率的增加，表现为穿透或场发射等现象，这对激发和发光均有影响。

**2. 少数载流子的注入效应及结区发光**

与过热电子的高场效应不同，电致发光还可以通过热电子的低场效应获得。但是，这需要特殊的电场分布和载流子分布。能符合这类要求的最简单情况是 p-n 结。p-n 结是同一块半导体材料中的 p 型区和 n 型区的交界区。n 型区的电子向 p 型区扩散，在平衡态时，这一扩散电流被反向的电子流所补偿，或者说结区产生一个势叠，阻止扩散电流。这个内在的 p 型区和 n 型区接触而产生的势叠有一定的极性和大小，使得在无外场作用时两个方向的电流相等。对空穴也有类似的情况。所以，内在势叠的作用就把电子和空穴分别限制在 n 型区和 p 型区。它的大小取决于禁带宽度、杂质浓度和温度。温度太高时，结两侧电导都将变成本征的，结也就不存在了。

在结上施加正向偏压，就改变了靠近结区的少数载流子浓度，高出其平衡态下的浓度，这些过量的少数载流子因浓度有梯度而向纵深扩散，与那里的多数载流子复合，就可产生发光。这时，正向偏压的作用就在于降低内在势叠。因而，形成电子和空穴的对向扩散，使得每一区域内少数载流子的密度都比加正向偏压前提高了，复合的几率也相应地提高。所以复合发光发生在结区附近，或者就在结区内部。通过的电流决定于和电子与空穴复合率相平衡的扩散电流的大小。

少数载流子的注入也可以在异质结上实现。这是两种能带结构不同的材料接触时所形成的结。按结区的宽窄可分为突变结和缓变结两类。突变结是指在和结面垂直的方向上两种材料的混合只限于几个原子的范围的那些结，结区的宽度大于几个原子的范围就属于缓变结。组成异质结的材料可以两类都是半导体，也可以是金属和半导体。

## 10.1.2　电致发光中的复合过程

在半导体中，光的发射主要有两类：限于发光中心内部的电子跃迁以及导带电子同价带空穴的复合。

**1. 限于发光中心内部的电子跃迁产生发光**

发光中心可以从晶体的其他杂质或从晶格间接获得能量；也可以直接受到载

流子的碰撞,使发光中心电离或者使电子从基态跃迁到激发态。处于激发态的电子在电场、热扰动或者它们的联合作用下,可以进入导带,也可使发光中心离化。反之,处于离化状态的发光中心也可以经过激发态再返回基态,产生发光。

### 2. 导带电子同价带空穴的复合产生发光

#### (1) 带间跃迁发光

材料按能带结构可分成间接带(Si, Ge)和直接带(GaAs, ZnSe 等)两种。直接跃迁的材料具有以下优点:①发光跃迁几率大,发光效率高;②即使在电流密度较高时,光输出不饱和,发光强度可以很高;③发光波长靠改变材料组成可连续地改变。

对于这类材料而言,提高发光效率的途径主要是减少无辐射跃迁过程。在半导体中的无辐射跃迁过程主要是通过猝灭中心的复合及俄歇(Auger)过程(电子及空穴复合时所释放的能量被传递给第三个载流子,使这个第三者在导带或价带内获得动能。然后,又通过发射声子将能量逐步耗散)实现的,所以提高效率的途径主要是提高材料的纯度。

#### (2) 通过中间能级的复合发光

#### ① 通过杂质中心的复合

从发光效率的角度来看,决定发光中心好坏的判据主要有三方面:(a)它在基质中的溶解度(尚未引起浓度猝灭的范围);(b)辐射寿命;(c)少数载流子的离化能。

实验证明,选择具有适当离化能的少数载流子的中心是非常重要的;其次发光中心的浓度要大,猝灭中心的浓度要小,例如,猝灭中心最好能少于每立方厘米 $10^{15} \sim 10^{16}$,如能达到这么高的纯度,发光效率就能大幅度提高。

如果发光中心还具有激发态,导带的电子先进入发光中心的激发态,然后再跃迁到基态。由于电子在激发态停留期间还有可能再受电场或温度的影响重新返回到导带或者通过无辐射过程逐步失去能量,情况将变得更复杂。但是发光中心的激发态的寿命越短,对发光亮度及效率都有好处。它可避免发光饱和及减少俄歇猝灭的机会。

总之,要得到高效率的电致发光材料要制备高纯度完整性好的晶体,还要掺进少量而又可控的杂质。

#### ② 施主-受主对的发光

施主上的电子和受主上的空穴不经过导带或价带而直接复合所产生的光。依靠这种结构获得好的发光是比较困难的,但是对它的研究将导致一类新现象的发现,这就是用等电子陷阱提高发光效率。

③ 通过等电子陷阱的复合

在半导体中一个晶格原子被同一族的另一元素的原子取代时，就属于等电子掺杂。此外，化合物半导体中，若两个不同原子同时被另外两个原子取代，但取代前后电子总数不变，这也称为等电子掺杂。等电子掺杂可能形成等电子陷阱，利用这种陷阱的特殊作用，可以形成高效率的激子复合，从而即使在间接带材料中也可能获得较高的发光亮度和发光效率。

发光二极管（light emitting diode，简称 LED），是在半导体 p-n 结或与其类似的结构上加正向电流时获得的发光。不同半导体材料的发光二极管所产生的光的波长不同。随着材料和器件制备技术的不断完善，LED 的发光效率（lm/W）提高的速度达到每 10 年提高 10 倍，30 年竟提高了 1000 多倍。

对于发光二极管材料的选择的要求是

（1）带隙宽度合适　p-n 结注入的少数载流子与多数载流子复合发光时释放的光子能量小于或等于带隙宽度。因此，发光二极管材料的带隙宽度必须大于或等于所需发光波长的光子能量。由于可见光的长波限止在约 700nm，所以可见发光二极管的 $E_g$ 必须大于 1.78eV。要得到更短波长的发光二极管，所选择的材料的 $E_g$ 要更大。

（2）可获得电导率高的 n 型和 p 型晶体　制备优良的 p-n 结要有 n 型和 p 型两种晶体，而且这两种晶体的电导率应该很高，以有效提供发光所需的电子和空穴，提高发光二极管的发光效率。

（3）发光复合概率大　发光复合概率大对提高发光效率是必要的，大多采用直接带隙材料制作发光二极管的原因就在于此，直接带隙材料的复合概率大。

（4）可获得完整性好的优质晶体　晶体中存在杂质和晶体缺陷等不完整性对发光有严重的影响。同时也需寻找合适的衬底材料。

# 10.2　粉末电致发光

自然界中的所有发光现象几乎都与电子的运动有关。要实现固体中的发光，必须对固体中的发光中心实施持续地激发，使其不断地维持电子在高能级和低能级之间的跃迁运动。固体中的电子被激发的方式主要有四种，即热激发、光激发、高能电子束（包括电子束）激发和电（场或流）激发，其中电激发方式最为复杂。

电致发光（简称 EL）的激发机理有 3 种模式：①发光中心直接被电场离化；②少数载流子注入；③发光中心的碰撞激发或离化。第一种模式，对于 ZnS 等宽禁带材料，需要的电场强度超过它们的击穿场强，可能性不大，事实上至今尚未发现这类 EL 现象；其余 2 种模式在理论和实践上都有可能，但目前大多数人倾向于发光中心的碰撞激发或离化模式。

　　粉末型 EL 的激发机理与显像管中发生的过程十分相似,也是高场下加速初级电子碰撞激发发光中心而发光。但初级电子来源、高场的形成机理和发光中心的激发和复合过程等众多问题尚难解释,因此至今尚是一个没有定论的复杂问题。

　　粉末型 EL 呈现出一系列有意义的实验现象或规律。

　　(1) 交流电致发光(ACEL)器件的发光亮度 (B) 与工作电压 (V) 之间通常存在下列关系:

$$B = Ae^{-K/\sqrt{V}}$$

式中,$A$,$K$ 为与频率和温度有关的常数。此式可在 8 个数量级亮度范围内与实验符合。由此式可知,发光不存在阈值电压。

　　(2) 在正弦电压激发下,频率较低时 EL 亮度 (B) 与频率 (f) 的关系大致呈准线性:

$$B = B_0 f^n$$

式中,$n \approx 1$;$B_0$ 为常数。

　　随着频率的提高,亮度趋于饱和,指数 $n$ 减小。工作电压越高,维持准线性关系的频率范围越大,饱和趋势出现越晚。

　　(3) 发光的延迟。外加电压的激发和光的发射并不是同步的。每一电压周期内只当外加电压减少或改变方向时才有光辐射,发光比激发存在滞后的时间间隔。

　　(4) 对于 ACEL 材料微晶颗粒的 EL 进显微观察发现,它的发光不是充满整个晶粒,而只发现在晶粒内的局部区域,而且发光区呈彗星状线对。彗星状线对的尾-尾相对,长度在 1~10μm,被称为发光线对。这些发光线对主要呈现如下特性。①发光线对两部分在交变电压下交替发光,每周期只发光一次;②外加电压方向总是从彗头指向彗尾;③发光线的长度随电压而增加,但彗头之间距离保持不变;④发光线对的长度随交变电压的频率增加而变短,但彗头间距不变;⑤老化后彗尾变暗变短,有时一个较长的发光线对断开变成较短的共线双彗星线对;⑥发光线还有许多其他多种形态如点状、片状、环状、锯齿状、串珠状等,甚至有的还看到发光线的精细结构,而低温退火后则容易看到彗星状发光线对。

　　(5) 对于粉末型 EL 材料,铜有不可替代的作用。对于 ACEL 材料必须以掺杂的形式加入过量的铜,即超过铜在材料中的溶解度的铜;对于 ADCEL 材料则必须在材料微晶颗粒表面外包覆一层硫化铜($Cu_xS$)导电相。ACEL 材料要求铜存在于微晶颗粒的内部,而 ADCEL 则要求铜存在于微晶颗粒表面。至此,才能获得好的 EL。

　　(6) 晶体缺陷的多少与发光亮度之间几乎有一致的变化规律。

### 10.2.1　无机粉末电致发光材料[5]

#### 1. 粉末交流电致发光材料

ZnS 是粉末交流电致发光的最主要、性能最优异的基质材料,激活剂除 Cu、Al、Ga、In 外,还有稀土元素,掺杂离子的种类和浓度不同发光颜色不同。ZnS 系列发光材料的发射光谱覆盖整个可见区,发光效率高,但在亮度、寿命和颜色等方面不令人满意。以稀土离子作激活剂的材料的色纯度较好,例如,$ZnS：Er^{3+}$,$Cu^+$,谱带半宽度小于 10nm。但是,稀土离子半径比锌离子大得多,在 ZnS 中溶解度小,往往得不到好的电致发光效果。稀土电致发光模拟显示器已用于计量仪器和汽车仪表盘,如以 $ZnS：TbF_3$ 为发光层,$BaTiO_3$ 为绝缘层的绿色电致发光板,交流驱动电压 80V,1kHz 时,显示亮度可达 $400 \sim 500cd/m^2$,使用寿命在 5000h 以上。

#### 2. 粉末直流电致发光材料

粉末直流电致发光的激发与粉末交流电致发光不同,直流电致发光要求有电流通过发光体颗粒,因此,发光体与电极之间必须具有良好的接触,接触状况不同,激发条件会有差异。粉末直流电致发光板的亮度与外加电压呈非线性关系。发光材料主要是以 ZnS 为基质材料,使用不同的激活剂,可以得到不同颜色的发光。它必须掺杂铜,对灼烧后的发光材料进行包膜处理,使发光颗粒表面形成 p 型高导电层。颗粒表面含有 $Cu_2S$ 的 $ZnS：Mn^{2+}$(即 $ZnS：Mn^{2+}$,$Cu^+$)在直流电流的激发下产生很强的发光,是当前最好的直流电致发光材料。开发稀土激活的碱土硫化物荧光粉,可以获得多种颜色的发光,如绿色的 $CaS：Ce^{3+}$,$Cl^-$、红色的 $CaS：Eu^{3+}$,$Cl^-$ 和蓝色的 $SrS：Ce^{3+}$,$Cl^-$ 等荧光粉。但它们在其他性能上尚有差距。

粉末直流电致发光板的制作工艺是,将粒径约 $2\mu m$ 的荧光粉与高分子基质(如聚甲基丙烯酸甲酯)混合均匀,涂布在导电玻璃上,涂层厚度大约 $100\mu m$,干燥,用防潮层将其封装,即完成发光板的制作。在第一次外加直流电压时,最初有大电流通过发光板,其后电流下降才出现发光现象,此过程结束后发光板电阻变大,电流与发光亮度下降,但发光效率从低到高趋于稳定。

粉末电致发光存在固有缺陷:①发光层对光的散射造成显示的对比度低;②发光层与电极直接接触使发光层承受大电流,器件易老化、易击穿。

主要的彩色无机电致发光荧光粉示于表 10-1。

**表 10-1　彩色无机电致发光荧光粉**

| 荧光粉材料 | 亮度/$(cd/m^2)$（激励频率 Hz） | 色坐标$(x,y)$ |
|---|---|---|
| $SrS:Ce^{3+}$ | $L_{60}=317(90)$ | $(021, 0.36)$ |
| $CaGa_2S_4:Ce^{3+}$ | $L_{40}=10(60)$ | $(0.14, 0.20)$ |
| $SrS:Cu^+$ | $L_{45}=250(240)$ | $(0.19, 0.29)$ |
| $CaS:Pb^{2+}$ | $L_{25}=80(60)$ | $(0.15, 0.10)$ |
| $BaAl_2S_4:Eu^{2+}$ | $L_{60}=1681(120)$ | $(0.12, 0.08)$ |
| $ZnS:Tb^{3+}$ | $L_{60}=3574(120)$ | $(0.320, 0.600)$ |
| $ZnMgS:Mn^{2+}$（经滤光） | $L_{60}=625(120)$ | $(0.315, 0.680)$ |
| $SrGa_2S_4:Eu^{2+}$ | $L_{60}=686(120)$ | $(0.226, 0.701)$ |
| $CaAl_2S_4:Eu^{2+}$ | $L_{60}=1700(120)$ | $(0.13, 0.73)$ |
| $ZnS:Mn^{2+}$（经滤光） | $L_{60}=830(120)$ | $(0.660, 0.340)$ |
| $MgGa_2O_4:Eu^{3+}$ | $L_{60}=203(120)$ | $(0.652, 0.348)$ |
| $(Ca,Sr)Y_2S_4:Eu^{3+}$ | | $(0.67, 0.33)$ |

### 10.2.2　无机薄膜电致发光材料和显示器件

#### 1. 无机薄膜电致发光

粉末电致发光器件中必须有有机介质作黏合剂，由于有机介质的存在必然影响发光的亮度、效率、分辨率和寿命等。薄膜电致发光（TFEL）器件中不需任何有机介质，发光物质的密度增加，有望提高发光的亮度和效率，发光薄膜均匀而致密，可以提高发光的分辨率和使用寿命。因此，研制薄膜型的电致发光则成为发展的必然。1954 年用化学沉积方法制备了 ZnS 薄膜，获得了微弱的电致发光，20 世纪 60 年代 ZnS：Mn，Cu 薄膜的直流电致发光发展到较高水平，发光亮度达到 $900cd/m^2$，但是半亮度的寿命只有数小时，能量效率约 $10^{-4}$。ZnS：Mn，Cu 薄膜电子发光为橙黄色，为获得各色的 EL 发光，20 世纪 70 年代初将稀土离子引入直流电致发光薄膜，替代 Mn 离子，如 ZnS：Er，Cu 为绿色直流电致发光，ZnS：Nd，Cu 为橙红色发光等，它们的发射光谱为三价稀土离子的特征发射，起亮电压低至 3V 左右，正常发光电压为 10V 左右，亮度可达到 $600cd/m^2$，这些结果为多色或彩色显示提供了基础。

1968 年美国贝尔实验室，首先实现了 ZnS：(RE)$F_3$ 薄膜的各色交流电致发光[6]，在钽（Ta）片上先经过阳极氧化形成一层 $Ta_2O_5$ 的氧化物薄膜，在其上真空蒸镀 ZnS：(RE)$F_3$ 薄膜，再蒸镀上透明或半透明电极，在交流电压作用下，获得三价稀土离子的特征发光。

无机薄膜的电致发光获得迅速的发展。由于不需要有机介质,薄膜材料致密并有良好的结构,所以无机薄膜的 EL 具有高亮度、长寿命、高分辨率和陡的 $B$-$V$ 特性等。在 20 世纪 80 年代形成了电致发光薄膜终端显示器商品化,在当时处于领先地位。

20 世纪 80 年代,电致发光薄膜显示屏对角线发展到 18 英寸,显示像元 1024×860 线,用于计算机终端显示器,由于它主动发光、视角宽(＞140°)、运行温度范围广(−30～85℃),抗震等优点,适合军事用途,如火炮、坦克、战车和飞机座舱等终端显示以及医疗器械和野外地质等方面。

目前,TFEL 器件一般采用交流驱动。ACTFEL 器件分辨率较高(100cm×100cm 板中可得到 20 线/cm 的分辨率),工作温度范围宽(−55～+125℃),尤其是 ACTFEL 的光写入特性在显示技术中具有重要意义,能够使用光笔来显示或擦除显示板上的信息。

但是,交流电致发光薄膜存在两个缺点:①驱动电压高,工作电压约 150V 左右,需要高压集成片,周边驱动器电压高,价格贵;②缺少蓝光,不能实现彩色显示。

进入 20 世纪 90 年代,LCD 迅速发展,特别是 TFT-LCD 在中小型平板显示器领域占据绝对地位,致使电致发光薄膜器件的应用只限于军事、野外等用途。

采用新型双绝缘层结构,$ZnS:TbF_3$ 薄膜 EL 发绿光,主要发射峰约 540mm,发光亮度也接近 $ZnS:Mn$,可以做成单色器件,也可以做彩色器件中的绿色成分,$ZnS:SmF_3$ 薄膜 EL 发粉红色光,主要发光峰位于 625nm 和 575nm,色纯度较差,发光亮度低,达不到要求。$ZnS:TmF_3$ 薄膜 EL 发蓝光,发射波长位于 488nm 附近,色坐标不能完全满足要求,更主要的是由于 $Tm^{3+}$ 离子内部的跃迁过程导致红外发射很强而蓝光发射很弱,发光亮度为 10cd/m² 左右。用溅射方法制备 CdS:$TmF_3$ 薄膜[7],使发光亮度提高到 30cd/m²,但尚未达到实用水平。

1984 年日本研制成功碱土金属硫化物薄膜的 EL[8],$SrS:Ce(K)$ 发蓝光的薄膜 EL,发射峰为 460nm 左右的宽带发射,最高发光亮度达 1700cd/m²;$CaS:Eu(K)$ 薄膜 EL 发红光,主要发射峰在 625nm,发光亮度超过 1000 cd/m²。

为实现彩色显示,三基色中绿色和红色发光基本得到解决,绿色发光可以用 $ZnS:TbF_3$ 薄膜或者用 $ZnS:Mn$ 橙色发光带分解出绿光;红色发光可以用 CaS:Eu(K)薄膜或用 $ZnS:Mn$ 橙色分解出红光。唯独蓝光尚有距离,$SrS:Ce(K)$ 薄膜蓝光亮度偏低,色纯度差以及 SrS 材料吸水性强,器件稳定性差。因此,蓝光薄膜是实现彩色化的瓶颈。由此,对蓝光薄膜的改进和探索一直在进行,20 世纪 90 年代,将 $Ga_2S_3$ 加入到 SrS 中,制成 $SrGa_2S_4:Ce$ 薄膜,EL 发射带向短波移动,色纯度得到改善,但亮度不足仍是难点。

薄膜电致发光目前可分成两大类:

(1) 注入式电致发光　半导体 p-n 结等在较低正向电压之下注入少数载流

子,然后少数载流子与多数载流子在结区附近相遇复合而发光或者通过局域中心而发光。典型的例子是发光二极管(LED)、半导体激光器(LD),以及近年来迅速发展起来的有机薄膜 EL,均是注入式发光。

(2) 高场电致发光　粉末电致发光和无机薄膜电致发光均属高场电致发光,又称本征式电致发光。

高场电致发光是由基质材料所决定,例如无机薄膜电致发光基质材料是宽禁带 Ⅱ-Ⅵ族材料,最好又最有效的是 ZnS,其禁带宽度约 3.6eV,由于本征缺陷的存在使其成为 n 型材料,很难实现 p 型,不能做成 p-n 结,而且又是高阻半导体材料,通过接触势垒容易产生高场区,进入高场区的电子被外加反向电压加速成为高能电子再碰撞激发发光中心。另外 SrS,CaS,其禁带宽度约 4.3eV 也很难实现 p 型。

无机薄膜电致发光的发光中心最有效的是分立的发光中心:二价 $Mn^{2+}$、三价稀土离子如 $Tb^{3+}$,$Er^{3+}$、$Nd^{3+}$、$Ce^{3+}$ 等,特别是以 $(RE)F_3$ 形式掺入基质,构成分子发光中心(lumocen)。

无机薄膜制备方法甚多,如化学气相沉积(CVD),MOCVD,分子束外延(MBE),原子层外延(ALE)、射频溅射(rf-溅射)、真空蒸发等,其中以真空蒸发最简单、最经济。例如 ZnS:$(RE)^{3+}$,Cu 薄膜直流 EL 器件制备。首先,在光谱纯的 ZnS 粉末原料中加入约 $1.5 \times 10^{-3}$g/g 的 CuCl 溶液,混合均匀并球磨充分,然后在 110℃下烘干,再在 S 或 $H_2S$ 气氛中 1050℃温度中灼烧 1h,制成原材料,用于制备薄膜。选择涂有 $SnO_2$ 和 ITO 层的导电玻璃为衬底,在真空室中,衬底置于蒸发源的上方,两者距离 150～200mm,为保证薄膜均匀性要转动衬底。将原材料 ZnS:Cu 放入钽舟中,并用钽丝缠绕固定。而在真空室中设一小舟放入稀土金属小颗粒(Er,Nd 等),在蒸发 ZnS:Cu 的同时蒸发稀土金属,基质 ZnS 与稀土金属的比例控制在 1:$10^{-3}$ 左右(技术的难点是在蒸发 ZnS:Cu 时如何控制稀土金属的均匀蒸发)。当真空度达到约 $10^{-3}$Pa 时就可以加热钽舟使原材料蒸发,在衬底上获得 ZnS:$RE^{3+}$,Cu 的薄膜。再利用真空蒸发方法在其上蒸镀银(Ag)或金(Au)作背电极。为延长寿命,器件还要密封防潮。

ACTFEL 器件的结构与原理:

ACTFEL 器件具有双层绝缘结构(图 10-2),由衬底玻璃板透明 ITO 电极、0.2～0.3μm 厚绝缘层,0.5～1μm 厚发光薄膜层、0.2～0.3μm 厚绝缘层和背金属层组成。使用双绝缘层的目的在于消除漏电流,减少发光层内产生的电阻损耗,同时避免发光层在电场的作用下被击穿。器件发光所需要的电场强度高达 1MV/cm 以上,在如此高的场强下,若电极与发光层直接接触,发光层上的任何缺陷都可能造成短路。将发光层夹在两绝缘层之间,绝缘层既可起限流作用,又可以存储电荷[9]。绝缘层具有高介电常数,主要是 $Si_3N_4$,$SiO_2$,$Y_2O_3$,$BaTiO_3$ 等材料。为防止潮气侵入,保证发光板的工作稳定,器件必须加以密封。

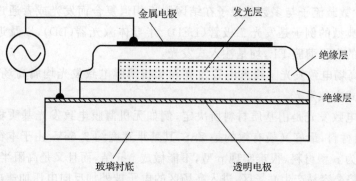

图 10-2　ACTFEL 结构示意图

ACTFEL 器件的发光过程大致如图 10-3。①在电场的作用下,发光层中的杂质、缺陷和发光层与绝缘层界面能级上束缚的电子通过隧穿进入发光层;②这些电子在电场中被加速;③当被加速电子的能量足够高时,碰撞激发发光中心产生发光;④电子在发光层与另一绝缘层的界面处被俘获。当驱动电压反向时,逆向重复上述过程,从而实现连续发光[10]。电致发光是一个非常复杂的物理过程,文献[9]作了比较深入的阐述。

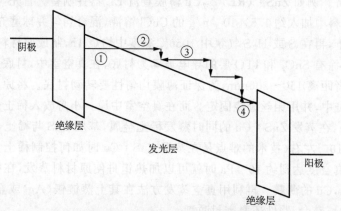

图 10-3　ACTFEL 发光机理示意图

交流电致发光之所以有高亮度和长寿命,其主要原因是用了双绝缘层,由于绝缘层的保护作用使发光层内能够承受很高的场强而又不被击穿。

无机薄膜 EL 的基质局限于Ⅱ-Ⅵ族化合物 ZnS,SrS(CaS),均属于有严重本征缺陷的高阻 n 型半导体材料,迄今无法制成 p-n 结,所以它们是高场 EL。与之相适应的是分立发光中心的 Mn 和 $RE^{3+}$ 离子。薄膜处于负电压的一端形成高场区,隧穿进入高场区的电子被迅速成为高能过热电子,当它与发光中心发生非弹性碰撞时,将能量交给发光中心并使之激发,激发态的电子返回基态时,产生电致发光。高场区中电子被加速的同时受到杂质或缺陷的散射失去能量,热电子能量分布遵从玻氏分布,高能量过热电子的数目随着能量增加越来越少,所以取得激发能的过热电子为数不多,这就是无机薄膜 EL 发光效率较低的原因(交流 EL 薄膜的能量效率约 $10^{-3}$)。

### 2. 稀土 TFEL 材料

ACTFEL 显示对发光层材料的要求是覆盖整个可见光区,禁带宽度大于 3.5eV。基质材料主要有 ZnS,SrS,CaS,$Zn_2SiO_4$ 和 $ZnGa_2O_4$ 等,它们的禁带宽度大于 3.83eV,在可见光区透明。在这些基质材料中掺杂过渡元素 Mn 或稀土元素 Eu、Tb、Ce 等构成发光中心。橙色的 ZnS:Mn 和绿色 ZnS:Tb 单色电致发光薄膜显示屏已实现商品化生产,但它们只能用于特定场合,如军事上应用。

(1) ZnS 系列材料

1968 年贝尔实验室首先研制出稀土掺杂的 ZnS 电致发光薄膜,ZnS:$TbF_3$ 已用于计算机终端显示,ZnS:$TbF_3$ 器件绿色发光亮度可达 $6000cd/m^2$,仅次于 ACTFEL 材料中发光性能最好的橙色发光材料 ZnS:$Mn^{2+}$。ZnS:$ErF_3$ 发绿光亮度超过 $1000cd/m^2$;ZnS:$SmF_3$ 和 ZnS:$TmF_3$ 发红光,其亮度尚达不到实际应用的水平。在 ZnS 或 ZnSe 基质中掺三价稀土离子氟化物的电致发光材料发射稀土离子特征光谱。图 10-4 为 ZnS:$(RE)F_3$(RE=Pr、Tb、Dy、Tm)的薄膜 EL 光谱,这些材料的发射光谱分布于整个可见光区和近红外区。掺杂各种稀土氟化物的 ZnS 电致发光薄膜的发光颜色列于表 10-2。

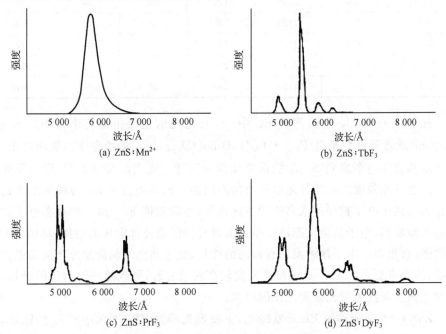

(a) ZnS:$Mn^{2+}$　　　　　　　　　(b) ZnS:$TbF_3$

(c) ZnS:$PrF_3$　　　　　　　　　(d) ZnS:$DyF_3$

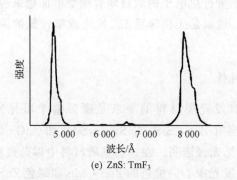

(e) ZnS: TmF₃

图 10-4　ZnS：(RE)F₃(RE＝Pr、Tb、Dy、Tm)的 TFEL 光谱

表 10-2　掺稀土氟化物的 ZnS 电致发光薄膜的发光颜色

| 掺杂的稀土 氟化物 | 蒸发温度/℃ | | 厚度 /nm | 激发电压 峰值/V | 频率 /kHz | 发光 颜色 |
|---|---|---|---|---|---|---|
| | ZnS | 稀土氟化物 | | | | |
| PrF₃ | 890 | 1020 | 100 | 40 | 47 | 绿 |
| NdF₃ | 930 | 1020 | 150 | 40 | 47 | 橙 |
| SmF₃ | 950 | 1050 | 150 | 45 | 45 | 红-橙 |
| EuF₃ | 970 | 1000 | 150 | 50 | 47 | 粉红 |
| TbF₃ | 930 | 1050 | 160 | 42 | 41 | 绿 |
| DyF₃ | 960 | 1050 | 190 | 50 | 48 | 黄 |
| HoF₃ | 970 | 1220 | 105 | 62 | 43 | 粉红 |
| ErF₃ | 970 | 1050 | 190 | 50 | 48 | 绿 |
| TmF₃ | 950 | 1010 | 200 | 60 | 47 | 蓝 |
| YbF₃ | 940 | 1100 | 300 | 60 | 48 | 弱红 |

在 ZnS：Er,Cu 直流薄膜 EL 中[11]，发光光谱主要由绿色来自$^4S_{3/2} \rightarrow {}^4I_{15/2}$ (550nm)跃迁和红色来自$^4F_{9/2} \rightarrow {}^4I_{15/2}$(650nm)跃迁。$^4S_{3/2}$ 能级在$^4F_{9/2}$ 能级之上，则电子从基态$^4I_{15/2}$激发到$^4S_{3/2}$的能量要比激发到$^4F_{9/2}$更大。实验表明，绿色发光强度与红色发光强度之比随外加电压增加而增加。这表明直流 EL 薄膜的激发过程是在高场区中电子被加速成高能的过热电子，然后碰撞 Er³⁺离子使基态电子被激发进入激发态，电子从激发态返回基态而发光。随着外加电压的增加，高场区中场强增强，有更多的电子被激发而有较高的能量，使过热电子的能量分布向高能方向移动，从而有更多的 Er³⁺离子被激发到较高的激发态，导致随外加电压的增加，绿色发光强度与红色发光强度之比的增加。

ZnS：Tb 交流薄膜 EL 是发绿光，主要发光峰为 Tb³⁺的$^5D_4 \rightarrow {}^7F_6$ 的跃迁，峰

值位于 542nm，当 $Tb^{3+}$ 离子浓度不是很高时，可以观察到 $^5D_3 \rightarrow {^7}F_6$ 跃迁的蓝光发射（420nm 附近）。实验表明，随着外电压增加，蓝光发射与绿光发射的比值也增大，这就证明外加电压增加导致高场区场强增大，过热电子的能量分布移向高能区，有更多的电子获得较高的能量，导致有更多的 $Tb^{3+}$ 离子被激发到较高的激发态，致使短波辐射随外加电压增加而增长较快，证明稀土离子发光中心是被过热电碰撞激发而发光的[12]。

　　EL 薄膜的发光亮度 $B$ 与发光中心浓度成正比，增加发光中心的数目，有利于提高发光亮度。但发光中心数目的增加，缩小了发光中心之间距离，发光中心的相互作用将导致能量传递和浓度猝灭。以 $ZnS：TbF_3$，$ZnS：ErF_3$ 和 $ZnS：HoF_3$ 薄膜为例[13-16]，它们的主要发射峰分别为 542nm、552nm 和 550nm，如图 10-5。在浓度较低的范围内，发光亮度随浓度增加而增加，并且达到一个极大值，浓度再增加，发光亮度反而下降，即出现浓度猝灭。$ZnS：TbF_3$、$ZnS：ErF_3$ 和 $ZnS：HoF_3$ 薄膜 EL 亮度的极大值分别为 2300 $cd/m^2$、1100 $cd/m^2$ 和 600 $cd/m^2$，它们对应的最佳掺杂浓度为 $1.4 \times 10^{-2}$ mol、$7 \times 10^{-3}$ mol 和 $3 \times 10^{-3}$ mol，可见发光亮度和极大值与最佳掺杂浓度密切相关。

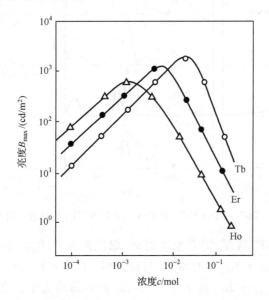

图 10-5　Tb，Er，Ho 掺杂的 ZnS ACTEEL 的亮度与掺杂浓度的关系

　　图 10-6 示出 $ZnS：TbF_3$，$ZnS：ErF_3$ 和 $ZnS：HoF_3$ 薄膜 EL 发射光谱与浓度的关系。从图 10-6 中可知，对于 $ZnS：TbF_3$ 薄膜，随浓度的增加蓝光 $^5D_3 \rightarrow {^7}F_6$ 的跃迁逐渐减小直至消失，这一现象可以用交叉弛豫过程来解释。所以 $Tb^{3+}$ 离子在 ZnS 薄膜中有很高的最佳掺杂浓度（$1.4 \times 10^{-2}$ mol），从而有最高的发光亮度的

极大值(2300cd/m²);对于 ZnS:HoF₃ 薄膜,随着浓度的增加,红色发射$^5F_5 \rightarrow {}^5I_8$ 明显增加,而绿色发光峰$^5S_2 \rightarrow {}^5I_8$ 相对减小,从能级图上看到,$^5S_2$ 与$^5I_4$ 的能级差 与基态$^5I_8$ 到$^5I_7$ 的能级差非常接近,当浓度增加时发生了交叉弛豫过程$^5S_2 \rightarrow {}^5I_4$ $\rightarrow {}^5I_8 \rightarrow {}^5I_7$,这一过程非常不利于绿色发光,当发光中心 Ho³⁺ 离子的基态电子被激 发到$^5S_2$ 激发态时,其周围有许多未被激发的 Ho³⁺ 离子,它们的电子处于基态$^5I_8$ 上,因此,交叉弛豫的概率很大,正因如此 Ho³⁺ 离子在 ZnS 薄膜中有较低的最佳 掺杂浓度($3 \times 10^{-3}$mol)和较小的发光亮度极大值(600cd/m²)。

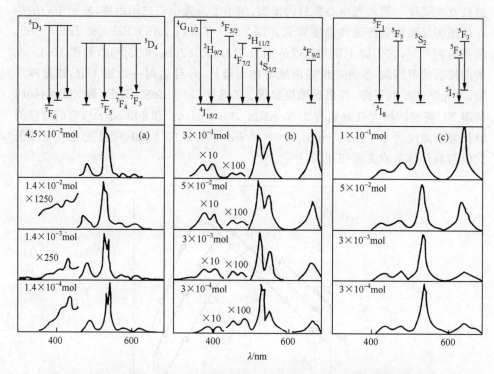

图 10-6　ZnS:TbF₃,ZnS:ErF₃ 和 ZnS:HoF₃ 薄膜 EL 发射光谱与浓度的关系

对于 ZnS:ErF₃ 薄膜,随着浓度增加,绿色发光($^2H_{11/2}$,$^4S_{3/2}$)$\rightarrow {}^4I_{15/2}$ 相对减 小,而红色发光$^4F_{9/2} \rightarrow {}^4I_{15/2}$ 相对增大,与此同时,$^4F_{5/2} \rightarrow {}^4I_{15/2}$ 和$^4F_{7/2} \rightarrow {}^4I_{15/2}$ 的发射 强度减小了,而$^4G_{11/2} \rightarrow {}^4I_{15/2}$ 和$^2H_{9/2} \rightarrow {}^4I_{15/2}$ 的发射却增大了。这一现象也可能与 能级差接近,而产生交叉弛豫有关,但这对绿光发射不利。在 Er³⁺ 离子的 ZnS 薄 膜电致发光中有中等的最佳掺杂浓度($7 \times 10^{-3}$mol)和中等的发光亮度极大值 (1100cd/m²)。

(2)碱土金属硫化物

在 CaS 基质中掺杂 Eu²⁺ 和在 SrS 中掺杂 Ce³⁺ 的薄膜器件分别发射红光和蓝 光,其 EL 是 Eu²⁺ 和 Ce³⁺ 离子 5d—4f 跃迁的结果。对于 ACTFEL 来说,红色和绿色发光材料已能满足实用化的要求,而蓝光发光材料亮度很低,是个薄弱的环节,成为实现 ACTFEL 全色显示的巨大障碍。

蓝光波长短,需要宽禁带的基质材料,ZnS 难以满足这个要求,CaS 和 SrS 与 ZnS 性质相似,但禁带比 ZnS 宽。SrS：$Ce^{3+}$ 是发现最早而且目前仍然是性能较好的蓝色 ACTFEL 材料[17],其器件在 60Hz 电压驱动下亮度 100cd/$m^2$,发蓝绿光。SrS：$Ce^{3+}$ 的缺点是色纯度差,基质 SrS 易发生潮解。早期 SrS：$Ce^{3+}$ 薄膜主要采用电子束蒸镀法制备,在制备器件时容易造成硫的流失,而在薄膜中产生大量的硫空位,这些硫空位会导致发光的猝灭。最简单的解决方法是在真空室中通硫蒸气或硫化氢来补充硫,但是,这样会使真空系统受到污染和损坏。也可以用共蒸发 Se 的方法,形成 $SrS_{1-x}Se_x$：$Ce^{3+}$ 薄膜,Se 不仅可填充硫空位,而且减少污染。随着 Se 摩尔分数 $x$ 的增加,器件的亮度提高,最高可达 10 倍左右,$x$ 增加可使发射波长蓝移到 480nm。退火处理可改善结晶质量,从而提高发光亮度,经退火处理,器件在 1kHz 电压驱动下发光亮度 800 cd/$m^2$,发光效率 0.42lm/W。在 2% $H_2S$-98% Ar 气氛中退火处理,可使器件发光亮度达 2000cd/$m^2$[10]。

SrS：$Pr^{3+}$,$K^+$ 发射白光,发射峰分别位于 490nm 和 600nm 处,相应于 $Pr^{3+}$ 的 $^3P_0$—$^3H_4$ 和 $^3P_0$—$^3F_2$ 跃迁,表 10-3 列出了典型的硫化物基质 ACTFEL 材料[10, 18]。

表 10-3　稀土发光材料薄膜器件的电致发光特性

| 发光材料 | 发光颜色 | 发射波长/nm | 色坐标 | | 亮度(60Hz)/(cd/$m^2$) | 发光效率(60Hz)/(lm/W) |
|---|---|---|---|---|---|---|
| | | | $x$ | $y$ | | |
| CaS：$Eu^{2+}$ | 红 | 650 | 0.68 | 0.31 | 12/170(1kHz) | 0.2/0.05(1kHz) |
| SrS：$Eu^{2+}$ | 橙 | 600 | 0.61 | 0.39 | 160(1kHz) | 0.06(1kHz) |
| ZnS：$Tb^{2+}$ | 绿 | 540 | 0.30 | 0.60 | 100 | 0.6~1.3 |
| SrS：$Ce^{3+}$,$K^+$ | 蓝绿 | 480 | 0.27 | 0.44 | 650(1kHz) | 0.3(1kHz) |
| SrS：$Ce^{3+}$ | 蓝 | 480~500 | 0.30 | 0.50 | 100 | 0.8~1.6 |
| $SrGa_2S_4$：$Ce^{3+}$ | 蓝 | — | 0.15 | 0.10 | 5 | 0.02 |
| ZnS：$Mn^{2+}$/SrS：$Ce^{3+}$ | 白 | — | 0.44 | 0.48 | 470 | 1.5 |
| SrS：$Ce^{3+}$,$K^+$,$Eu^{2+}$ | 白 | 480/610 | 0.28/0.40 | 0.42/0.40 | 500(1kHz) | 0.15(1kHz) |
| SrS：$Pr^{3+}$,$K^+$ | 白 | 490/660 | 0.40 | 0.40 | 500(1kHz) | 0.1(1kHz) |

在 SrS 中加入 Ga,可使禁带加宽,有利于 $Ce^{3+}$ 发射光谱蓝移。人们研究了一系列 $MGa_2S_4$：$Ce^{3+}$（M＝Ca,Sr,Ba）,在实验室得到了 60Hz 电压驱动下发光亮度 10 cd/$m^2$,发射波长为 459nm。材料的亮度、色坐标和稳定性等性能方面可以基本满足彩色化的要求,而且不易潮解。其缺点是制备困难,薄膜的结晶状态差,发光效率低[9,10]。

　　此外,人们还研究了稀土离子激活的硅酸盐(如 $Y_2SiO_5$ : $Ce^{3+}$)[19]、氟化物(如 $ZnF_2$ : $Gd^{3+}$ 、$CaF_2$ : $Eu^{2+}$)和氧化物(如 $ZnO$ : $Tm^{3+}$ ,$Ce^{3+}$)等。

　　SrS:Ce 交流 EL 薄膜制备,由于 SrS 极易吸水,在 SrS 粉末中掺入约 $5\times10^{-4}mol/mol$ 的 $CeF_3$ 粉末、研磨均匀压成圆柱体,在 $H_2S$ 气流中,1000℃左右灼烧 1h,取出后用电子束蒸发。蒸发时衬底温度要在 450℃以上,与 ZnS:Mn 蒸发相比,SrS 蒸发的功率要大得多,在蒸发时 SrS 分解相当严重,放气使真空度下降。因此,蒸发时要兼顾蒸发速率和真空度。

## 参 考 文 献

[1] William M Yen,Shigeo Shionoya,Hajime Yamamoto. Phosphor Handbook. 2nd Edition. New York:CRC Press,2006

[2] 李建宇. 稀土发光材料及其应用. 北京:化学工业出版社,2003

[3] 徐叙瑢,苏勉曾. 发光学与发光材料. 北京:化学工业出版社,2004

[4] 徐光宪主编. 稀土. 二版. 北京:冶金工业出版社,1995

[5] 张兴义. 电子显示技术. 北京:北京理工大学出版社,1995:240

[6] Kahug D. Appl Phys Lett,1968,13:210.

[7] Sun J M. J Appl Phys,1998,6(83):3374

[8] Shanker V. Appl Phys Lett,1984,45:960

[9] 衣立新,李云白,侯延冰等. 功能材料,2001,32(4):337

[10] 邓朝勇,王永生,杨胜. 功能材料. 2002,33(2):133

[11] Chong Kuochu. J Luminesecncl,1979,18-19:973

[12] Kobayashi H. J Appl Phys,1973,12:1637

[13] 李长华. 发光学报,1988,2(9):25

[14] 李长华等. 中国稀土学报,1989,1(7):23.

[15] 孟立建等. 物理学报,1988,10(37):1619

[16] 孟立建等. 中国稀土学报,1988,3(6):29

[17] Wauters D,Poelman D,Van Meirhaeghe R L,et al. J Crystal Growth,1999,204:97

[18] Christropher N K. J SID,1996,4(3):153

[19] Ouyang X,Kitai A H,Xiao T. J Appl Phys,1996,79(6):3229

# 第 11 章 稀土配合物发光材料[1-6]

## 11.1 稀土配合物

### 11.1.1 稀土配合物的特点

稀土元素最外两层的电子组态基本相似,在化学反应中表现出典型的金属性质,容易失去 3 个电子呈＋3 价,它们的金属性质仅次于碱金属和碱土金属。通常将以稀土元素为中心原子的配合物称为稀土配合物。稀土配合物有许多自身的特点和规律。

稀土元素作为一类典型的金属,它们能与周期表中大多数非金属形成化学键。在金属有机化合物或原子簇化合物中,有些低价稀土元素还能与某些金属形成金属-金属键,但作为很强的正电排斥作用的金属,至今还没有见到稀土-稀土金属键的生成。从软硬酸碱的观点看,稀土元素属于硬酸,它们更倾向与硬碱的原子形成化学键。

对稀土化合物中化学键的性质和 4f 电子是否参与成键的问题,长期以来曾有过很多的争论。目前,通过理论分析,人们观点比较一致,即稀土化合物的化学键具有一定的共价性,4f 轨道参与成键的成分不大。稀土化合物中化学键的共价性成分,主要来自稀土原子的 5d 和 6s 轨道,其 4f 轨道是定域的。

与过渡金属相比,稀土元素在配位数方面有几个突出的特点:

(1) 有较大的配位数,例如,3d 过渡金属离子的配位数常是 4 或 6,而稀土元素离子最常见的配位数为 8 或 9(其中以 8 的配合物最多),这一数值比较接近 6s,6p 和 5d 轨道的总和,它也与稀土离子具有较大的离子半径有关。例如,当配位数同为 6 时,$Fe^{3+}$ 和 $Co^{3+}$ 的离子半径分别为 55pm 和 54pm,而 $La^{3+}$、$Gd^{3+}$ 和 $Lu^{3+}$ 的离子半径则分别为 103.2pm、93.8pm 和 86.1pm。

(2) 稀土离子的 4f 组态受外层全充满的 $5s^2 5p^6$ 所屏蔽,在形成配合物中贡献小,与配体之间的成键主要是通过静电相互作用,以离子键为主,故受配位场的影响也小,配位场稳定化能只有 4.18kJ/mol;而 d 过渡金属离子的 d 电子是裸露在外的,受配位场的影响较大,配位场稳定化能 ≥4.18kJ/mol。因而稀土离子在形成配合物时,键的方向性不强,配位数可在 3～12 变动。而 d 过渡金属离子的 d 组态与配体的相互作用很强,可形成具有方向性的共价键。

(3) 在某些双核或多核配合物中,同一种中心离子可具有不同的配位环境。

如在穴状配合物$[(222)(NO_3)RE][RE(NO_3)_5(H_2O)]$中，RE＝Nd，Sm，Eu，在配阳离子中，中心离子的配位数为10，而在配阴离子中，中心离子的配位数为11。

(4) 稀土化合物的配位数既与稀土中心离子有关，也与配体有关。配位数常随稀土中心离子的原子序数的增大、离子半径的减小而减小，也随配体的体积的增大而减小。如当配位数为 8 时，$La^{3+}$ 的离子半径为 116pm，到 $Lu^{3+}$ 97.7pm，收缩约 15.8％，致使空间位阻随原子序数的增大而增大，配位数随原子序数的增大有可能减小，并发生结构的改变，也可能存在过渡区，在此区存在多晶型现象。

归纳稀土离子在不同价态和不同配位数条件下的有效离子半径的数据得知：

(1) 同一离子，配位数越大，有效离子半径越大。例如，$La^{3+}$ 离子在配位数为 6，7，8，9，10 和 12 时，其有效离子半径分别是 103.2pm，110pm，116.0pm，121.6pm，127pm 和 136pm。

(2) 稀土离子的配位数越大，稀土中心离子与配体之间的平均键长越长。

(3) 同一元素，当配位数相同时，正价越高，有效半径越小。例如，同为 6 配位的 $Ce^{3+}$ 的有效半径为 101pm，而 $Ce^{4+}$ 的有效半径为 87pm；同为 8 配位的钐，$Sm^{2+}$ 的有效半径为 127pm，而 $Sm^{3+}$ 的有效半径则为 102pm。

(4) 当配位数相同及价态相同时，原子序数越大，离子半径越小，这就是镧系收缩的结果。

决定稀土配合物配位多面体的主要因素是配位体的空间位阻，即配位体在中心离子周围成键距离范围内排布时，要使配位体间的斥力最小，从而使结构更稳定。

## 11.1.2　稀土配位化学

稀土元素是亲氧的元素。稀土配合物的特征配位原子是氧，它们与很多含氧的配体如羧酸、冠醚、$\beta$- 二酮、含氧的磷类萃取剂等生成配合物。配位原子的配位能力的顺序是 O＞N＞S，在水溶液中水分子也可作为配体进入配位，水合的热焓计算值为$-3278\sim-3722kJ/mol$，这表明 $Ln^{3+}$ 与水有较强的相互作用。因此，要合成含纯氮配体的稀土配合物，必须在非水溶剂中或在不含溶剂的情况下进行，而对于 d 过渡金属离子，配位原子的配位能力的顺序是 N＞S＞O 或 S＞N＞O。

稀土离子的半径较大，故对配体的静电吸引力较小，键强也较弱。由于镧系收缩，配合物的稳定常数一般是随着原子序的增大和离子半径的减小而增大。

在合成稀土配合物时，所选用的稀土与配体的摩尔比将影响所生成配合物的组成和配位数。介质的 pH 将决定配合反应及生成配合物的形式，特别是在水溶液中合成时，必须控制介质的 pH，使不生成难溶的稀土氢氧化物沉淀。用非水溶剂时将有如下优点：

(1) 可防止稀土及其配合物的水解，特别是使用碱度高的配体时更为适用。

例如,合成纯氮配合物需要在非水溶剂中进行。

（2）可以溶解作为配体的各种有机物和作为稀土原料的稀土有机衍生物。

（3）可利用各种方法和在较宽的温度范围内进行合成。

（4）可获得组成固定的、不含配位水分子的稀土配合物。

### 1. 稀土与无机配体生成的配合物

稀土与大部分无机配体生成离子键的配合物,但当生成含磷的配合物时,化学键具有一定的共价性。

稀土与无机配体形成配合物的稳定性顺序为

$$Cl^- \approx NO_3^- < SCN^- < S_2O_3^{2-} \approx SO_4^{2-} < F^- < CO_3^{2-} < PO_4^{3-}$$

与含磷配体形成的配合物基本是螯合型的,故稳定性较高。稀土的无机含磷配合物的稳定性的顺序为

$$H_2PO_4^- < P_3O_9^{3-} < P_4O_{10}^{4-} < P_3O_{10}^{5-} < P_2O_7^{4-} < PO_4^{3-}$$

稀土的无机含磷配合物中,当含有质子时,其稳定性低于不含质子,环状的低于直链的并随链长的增长而下降。

### 2. 稀土与有机配体通过氧生成的配合物

（1）稀土与醇的配合物

稀土与醇生成溶剂合物和醇合物。在溶剂合物中,氧仍与醇基中的氢连接;在醇合物中,稀土取代了醇基中的氢。

醇的溶剂化合物的稳定性低于水合物。因此,在水醇混合溶剂中,当水量增大时,稀土离子的溶剂化壳层中的醇逐步被水分子所取代。

稀土无水氯化物易溶于醇而溶剂化,其饱和溶液在硫酸上慢慢蒸发可析出溶剂化的晶体 $LnCl_3 \cdot nROH$,随碳链的增长和存在支链均会使 $n$ 值减小。

稀土无水氯化物在醇溶液中与碱金属醇合物之间发生交换反应可生成醇合物 $RE(OR)_3$。$pK_a > 16$ 的脂肪族一元醇与稀土形成的醇合物只能存在于非水溶剂中,在水中将分解成稀土氢氧化物沉淀析出。

（2）稀土与酮配合物

稀土与酮可形成溶剂化物。由于稀土与 $\beta$- 二酮配合物具有优良的萃取性能、发光性能、挥发性和可作为核磁共振位移试剂而为人们所重视,并对其进行了广泛的研究。

$\beta$- 二酮有两种形式:

酮式：R—C—CH$_2$—C—R′　　　醇式：R—C—CH=C—R′

　　　　　‖　　　　　‖　　　　　　　　　‖　　　　　‖

　　　　　O　　　　　O　　　　　　　　　O　　H—O

醇式脱去质子后与稀土生成螯合物。

$$Re^{3+} \begin{bmatrix} O^- \!\!-\!\!-\!\! C \!\!=\!\! R' \\ \quad\quad\quad CH \\ O \!\!=\!\! C \!\!-\!\! R \end{bmatrix}$$

由于生成螯合环,并包含电子可运动的共轭链,使 $\beta$-二酮与稀土生成的配合物在只含氧的配体中是最稳定的。

生成 $REL_3$ 后,配位数为 6,由于稀土离子的半径较大,配位数较高,故配位仍未饱和,仍可与水分子、溶剂分子、萃取剂[如三辛基氧膦(TOPO)、磷酸三丁酯(TBP)和三苯基氧膦(TPPO)等]或含有电子给予原子(N、O)的中性分子"Lewis碱"(如 $NH_3$、联吡啶)等结合,常生成配位数为 8 或 9 的配合物。例如, $\alpha$- 噻吩酰三氟丙酮 ⟨S⟩—$COCH_2COCF_3$(TTA)与 $Eu^{3+}$ 可生成 $Eu(TTA)_3(TPPO)_2$ 和 $Eu(TTA)_3 \cdot Dipy$ 等配合物。

当存在过量的 $\beta$-二酮时,也可生成配位数为 8 的配阴离子 $REL_4^-$ ,并可与无机或有机阳离子生成盐。例如,与三乙基氨阳离子可生成 $[NH(C_2H_5)_3]$ $[Eu(TTA)_4]$ 等配合物。

(3) 稀土与羧酸配合物

稀土与脂肪族一元羧酸如甲酸生成难溶的化合物。稀土与乙酸配合物的溶解度最大,其后随着碳链越长,生成的一元羧酸盐的溶解度越小,生成的 1:1 配合物的稳定性也越差。

有实用价值的是用乙酸溶液为洗脱液,钇的洗出位置在轻镧系部分 Sm-Y-Nd 之间,可利用其从钇族稀土中分离钇。

稀土与脂肪族二元羧酸生成难溶的中性盐,其中草酸是稀土分离、分析的常用而重要的试剂,其溶度积很小( $-lgK_{sp}$ 约为 25～29),在 pH=2 的酸性溶液中利用饱和的草酸可使稀土定量沉淀而与很多杂质离子(如 Fe,Al 等)分离。

随着碳链的增长(丙二酸、丁二酸、戊二酸),配合物的稳定性低于草酸。对于不饱和的二元羧酸,如顺式丁烯二酸和顺式甲基丁烯二酸,可与稀土生成可溶性配合物;但反式丁烯二酸和甲基反丁烯二酸,由于羧基的反式位置引起的空间位阻,则不能生成这种可溶性配合物。

稀土与多元羧酸,如均丙三羧酸、丙烯三羧酸、乙撑四羧酸也能生成配合物。稀土与芳香族羧酸,如苯甲酸、硝基苯甲酸、氯苯甲酸、苯乙酸等生成中性盐,与苯甲酸可形成 $REL_n^{3-n}$ 的配合物,与邻苯二甲酸、萘酸生成难溶的中性盐。

(4) 稀土与羟基羧酸如羟基一羧酸生成 $REL_n^{3-n}$ 的配合物,其中 $n \leqslant 4$ ,它们的稳定性大于相同碳键长的一元羧酸,其原因在于羟基中的氧参与稀土配位而成环。

巯基羧酸稀土配合物的稳定性小于羟基羧酸,这是由于 S 对稀土的亲和力小于 O,而且 S 的体积又大于 O,从而妨碍了生成闭合的五元环。

稀土与羟基二羧酸如苹果酸 COOHCHOHCH$_2$COOH 配合的稳定性比草酸更高,表明了它们的结构是类似的,即羧基和 $\alpha$-羟基(或酮基)的氧与稀土也形成稳定的五元环。

稀土与羟基三羧酸,如柠檬酸(H$_3$Cit)可形成稳定的配合物,最早用于离子交换分离稀土。柠檬酸与稀土在酸性介质中既可形成配阳离子[RE(H$_2$Cit)]$^{2+}$ 和 [RE(HCit)]$^+$,在 pH6~8 和 H$_3$Cit/RE=1 时又可生成中性盐 RECit 沉淀,当柠檬酸过量时还可生成配阴离子 RE$_2$Cit$_3^{3-}$ 和 RECit$_2^{3-}$。

稀土与芳香族羟基羧酸,如水杨酸 C$_6$H$_4$OHCOOH(H$_2$A)可生成 RE(HA)$_n^{3-n}$($n$=1,2,3)的配合物[7]。5-磺基水杨酸 C$_7$H$_6$O$_6$S(H$_3$SSA)与稀土生成1：1和1：2的 RE(SSA) 和 RE(SSA)$_2^{3-}$ 可溶性配合物,羟基参与配位生成五元环。

### 3. 稀土与有机配体通过氮原子或氮与氧原子生成的配合物

稀土与 N 的亲和力小于 O,在水溶液中,由于稀土与水的相互作用很强,弱碱性的氮给予体不能与水竞争取代水,而强碱性的氮给予体又与水作用生成氢氧根离子 OH$^-$,从而生成溶度积很小的稀土氢氧化物沉淀($-\lg K_{sp}$ 约为 19~24),因此很难制得稀土的含氮配合物。自 1964 年以后,利用适当的极性非水溶剂作为介质,合成出一系列含氮的配合物,配位数可达 8~9,表明 RE$^{3+}$—N 之间有明显的相互作用,其主要是静电的相互作用。如合成出具有弱碱性的氮给予体生成的配合物 RE(phen)$_3$A$_3$,RE(dipy)$_3$A$_3$(A＝SCN)、RE(phen)$_2$X$_3$,RE(dipy)$_2$X$_3$,(X＝Cl)等,又如合成出具有强碱性的氮给予体生成的配合物,RECl$_3$·(NH$_3$)$_n$ ($n$=1~8),RECl$_3$·(CH$_3$NH$_2$)$_n$($n$=1~5);无水稀土氯化物可在乙腈中与多齿的胺[(如乙二胺(en),1,2-丙二胺(pn)]作用生成粉末状的配合物[RE(en)$_4$]X$_3$ (X＝Cl,Br)、RE(pn)$_4$Cl$_3$ 等,但在空气中会很快水解。

稀土与氨基酸的配合物的研究引起人们的极大兴趣,因为氨基酸是组成蛋白质等与生命有关的化合物的单元物质,$\alpha$-氨基酸在等电点(pH≈6)时为两性,即

$$R-\overset{\overset{\displaystyle NH_3^+}{|}}{\underset{\underset{\displaystyle H}{|}}{C}}-COO^-$$

。比较稀土的一元羧酸和氨基酸的配合物表明,稀土与 N 和 O 原子同时配位,可提高配合物的稳定性。

氨羧配合剂是常用于稀土分离和分析的配合物,其中的乙二胺四乙酸(ED-TA)、氨三乙酸(NTA)、羟乙基乙二胺三乙酸(HEDTA)和二乙基三胺五乙酸(DTPA)等被人所熟知。DTPA 是 8 齿配体,但对 NdDTPA$^{2-}$ 的吸收光谱研究表明,只有 3 个 N 原子和 3 个羧基的 O 原子参与配位,另 2 个羧基不进入内界。DTPA 在医学上还可作为人体内排除放射性元素的配合剂和在核磁成像上作为造影剂等。

稀土的有色配合物在稀土分析化学中很有用,所提出的一系列稀土分析用的显色剂不仅摩尔消光系数高,可达 30000～60000,而且一系列的变色酸的双偶氮衍生物甚至在 pH＝1 时即可形成有色配合物,在此条件下,可大大减少阴离子的干扰。

为了形成稳定的有色配合物,配体必须是具有 π 电子的体系,而且具有可与稀土螯合的基因。芳香族化合物,特别是含偶氮基团的化合物,可满足第一个条件。含有多个 O 和 N 等给予原子(特别是在邻位上)的配体,可满足与稀土螯合的第二个要求。目前最常用于稀土比色和络合滴定的是二甲酚橙、偶氮胂 I 和偶氮胂 III 等。

### 4. 稀土与大环配体及其开链类似物生成的配合物

这类配体可分为

(1) 冠状配体:即含几个配体的单环分子,如冠醚和环聚胺;

(2) 穴状配体:如聚环聚醚,有 2 个胺桥头,具有三维的腔,对不同阴离子可设计大小不同的腔,有些可含两个键合的亚单元,可形成双核配合物;

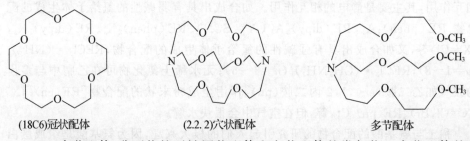

(18C6)冠状配体　　　　(2.2.2)穴状配体　　　　多节配体

(3) 多节配体:非环状的开链冠状配体和穴状配体的类似物。多节配体的配合物稳定性不如冠状或穴状的配合物。

这类配体命名规则和符号是以 C 代表冠状配体,以 P 代表多节配体,其前的数字表示环中的总原子数,其后的数字表示杂原子数,如 18C6 代表有 6 个杂原子的 18 元环,一般杂原子为氧原子;如写为 S$_6$18C6 则表示氧被杂原子 S 所代替。穴状配体以固定在 N 桥头的每个脂肪链的—CH$_2$—CH$_2$—O—单元数目表示,并写在括号内。

由于稀土与极性溶剂(如水)生成相当稳定的溶剂化物,因此,这类配合物必须在非水溶剂(如丙酮、乙腈或苯)中制备。稀土离子既可能封囊在腔内,也可能在腔外,常常还可与阴离子或溶剂分子配合。

配合物的组成可以是稀土:配体为 2∶1、3∶2、4∶3、1∶1、1∶2 等,在溶液中还可以是 1∶3。这取决于

(1) 离子直径与腔的直径比 $D_i/D_{co}$;

(2) 阴离子的性质,特别是它与稀土离子的配位能力和空间位阻;

(3) 大环的柔软性,是否能容纳稀土离子。

值得注意的是,$Ln^{3+}$ 与大环配合物的光化学还原性质,如当甲醇中存在 18C6 时,用氩离子激光的波长 351~363nm 的光辐射能使 $EuCl_3$ 被光还原,$Eu^{2+}$ 的 320nm 带增强 10 倍。在存有 18C6 和(2,2,2)时,用 KrF 准分子激光器的 248nm 的光辐照 $SmCl_3$,能使蓝色的 $Sm^{2+}$ 的寿命从几秒增至 3~4h,但用汞灯辐照时却由于多光子过程而不成功。带有配合了 $Eu^{3+}$ 的 B15C5 的金属(Zn)卟啉,当用 <500nm 的光辐照时发生从金属卟啉的三重态至 $Eu^{3+}$ 的分子内的电荷迁移,使 $Eu^{3+}$ 还原成 $Eu^{2+}$,由于 $Eu^{2+}$ 的体积较 $Eu^{3+}$ 大而从冠醚的腔内排出。$Ln^{2+}$ 的大环配合物难以制备,因易于氧化,产物中常只含 30%~60% 的 $Ln^{2+}$。

稀土也可以通过碳生成金属有机化合物,还可以通过硼或氢生成配合物,但它们的合成条件较难。

## 11.2　稀土配合物的光致发光材料及其应用

稀土配合物的光致发光现象早在 20 世纪 40~50 年代就被观察到。60~70 年代初随着激光的出现,人们为了寻找新的激光工作物质,开始对稀土光致发光配合物进行较系统的研究,几十年来随着稀土配合物研究的拓展,许多新化合物被合成,它们的结构与光谱性能被深入研究,使稀土配合物的光致发光及其应用提高到一个新的层次。

稀土配合物发光主要涉及稀土离子的发光,配体的光谱特性和配体与稀土离子之间的能量传递,其中最重要的基础是稀土离子的发光,有关稀土离子的发光特性请详见第 2 章的阐述。

根据稀土离子在可见光区的发光强度,可将稀土离子分为三类:

(1) 发光较强的稀土离子:属于这一类的稀土离子有 $Sm^{3+}(4f^5)$,$Eu^{3+}(4f^6)$,$Tb^{3+}(4f^8)$,$Dy^{3+}(4f^9)$,它们的最低激发态和基态间的 f-f 跃迁能量频率落在可见区,同时 f-f 电子跃迁能量适中,比较容易找到适合的配体,使配体的三重态能级与它们的 f-f 电子跃迁能量匹配。因此一般可观察到较强的发光。

（2）发光较弱的稀土离子：$Pr^{3+}$（$4f^2$），$Nd^{3+}$（$4f^3$），$Ho^{3+}$（$4f^{10}$），$Er^{3+}$（$4f^{11}$），$Tm^{3+}$（$4f^{12}$）和 $Yb^{3+}$（$4f^{13}$）。这些离子的最低激发态和基态间的能量差别较小，能级稠密，容易发生非辐射跃迁。因此，在可见区只能观察到较弱的发光。

（3）惰性稀土离子：$Sc^{3+}$，$Y^{3+}$，$La^{3+}$（$4f^0$）和 $Lu^{3+}$（$4f^{14}$）等它们无 4f 电子或 4f 轨道已充满，因此没有 f-f 能级跃迁，不发光，而对于 $Gd^{3+}$（$4f^7$）为半充满的稳定结构，其 f-f 跃迁的激发能级较高，因此，也归于在可见区不发光的稀土离子。

需要指出的 $Eu^{2+}$、$Yb^{2+}$、$Sm^{2+}$ 和 $Ce^{3+}$ 等低价稀土离子，由于 f-d 跃迁吸收强度较高，往往在配合物中发光性能主要由这些稀土离子的 f-d 吸收所主导。

从稀土离子的能级结构图（图 2-3）可以看出，$Tb^{3+}$ 和 $Eu^{3+}$ 的辐射跃迁都落在合适的可见区。所以在研究稀土配合物发光时，关注最多的是这两个离子。

### 11.2.1　配体的光谱特性[8,9]

稀土配合物是由稀土离子和有机配体组成，它们之间形成配位键。为深入理解稀土配合物中稀土离子发光及能量传递过程，有必要先对有机配体的电子吸收跃迁有所了解，图 11-1 示出有机配体电子跃迁的示意图。由图 11-1 可以看出，有机配体电子跃迁的电子能级顺序为 $\sigma < \pi < n < \pi^* < \sigma^*$。

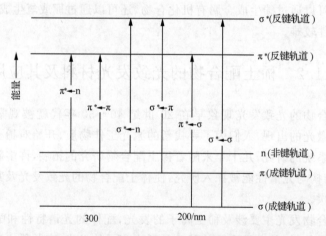

图 11-1　有机配位体分子电子跃迁示意图

各种电子跃迁对应的吸收波长为（a）$\sigma \rightarrow \sigma^*$ 跃迁吸收波长短于 150nm，由于其吸收跃迁所需能量较高，所以 σ 键的电子不容易被激发；（b）$n \rightarrow \pi^*$ 跃迁主要发生在有机分子中杂原子上孤对（未成键）的 p 电子的电子跃迁，$n \rightarrow \pi^*$ 跃迁的吸光度较小，一般吸光系数 $\varepsilon < 100$，处于 R 区；（c）$\pi \rightarrow \pi^*$ 跃迁主要是发生在不饱和双键上的 π 电子跃迁，这种跃迁是所有有机化合物中吸光度最大的，其吸光系数 $\varepsilon > 10^4$，处于 K 区。由于三价稀土（除 $Ce^{3+}$ 外）的吸收强度均较小，在稀土配合物中可依靠配体吸收能量并传递给稀土离子,提高稀土离子的发光效率与强度。

## 11.2.2　配体到稀土离子的能量传递

稀土配合物发光材料是由稀土离子与有机物配体结合而成,配合物中的配体与稀土离子存在着能量转移和发光的竞争。为提高稀土离子的发光效率与强度,期待着配体有较大的吸收和高效率的能量传递。特别是对于大多数具有 f-f 跃迁吸收的稀土离子,由于它们的吸收强度低,更需要通过分子内的能量传递将有机配体吸收的能量转移给稀土离子以获得高的发光效率。Grosby 等[10]早在 20 世纪60 年代就研究了 f-f 跃迁和惰性结构稀土配合物在紫外线激发下发光光谱的区别,数据列于表 11-1。

表 11-1　紫外线激发下稀土配合物的发光光谱结构

| 配合物 | La | Sm | Eu | Gd | Tb | Dy | Tm | Yb | Lu |
|---|---|---|---|---|---|---|---|---|---|
| $M(BA)_3$ | 带谱 | 强线谱 弱带谱 | 线谱 | 带谱 | 线谱 | 线谱 | 线谱带谱 | 强带谱 弱线谱 | 带谱 |
| $M(DBM)_3$ | 带谱 | 强线谱 弱带谱 | 线谱 | 带谱 | 线谱 | 带谱 | 带谱 | 强带谱 弱线谱 | 带谱 |
| $M(TBM)_3$ | 带谱 | 强线谱 弱带谱 | 线谱 | 带谱 | 线谱 | 线谱 | 强带谱 弱线谱 | 强带谱 弱线谱 | 带谱 |
| $M(ACAC)_3$ | 带谱 | 强线谱 弱线谱 | 线谱 | 带谱 | 强线谱 弱带谱 | 强带谱 弱线谱 | 带谱 | 强带谱 弱线谱 | 带谱 |
| $M(8HQ)_3$ | 带谱 | 带谱 | 带谱 | 带谱 | 带谱 | 带谱 | 带谱 | 强带谱 弱线谱 | 带谱 |
| $M(2Me8HQ)_3$ | 带谱 | 带谱 | 带谱 | 带谱 | 带谱 | 带谱 | 带谱 | 强带谱 弱线谱 | 带谱 |

M 为三价稀土离子;BA:苯甲酰丙酮;DBM:二苯甲酰甲烷;TBM:三苯甲酰甲烷;ACAC:乙酰丙酮;8HQ:8-羟基喹啉;2Me8HQ:二甲基-8-羟基喹啉

由表 11-1 可知,稀土离子能级与配体三重态能级不同匹配的情况,发射光谱明显不同。能合适匹配的配合物都发出 f-f 跃迁的线谱;匹配程度较低的,则 f-f 跃迁线谱与配体带谱同时出现;而惰性结构的 $La^{3+}$、$Gd^{3+}$ 和 $Lu^{3+}$ 配合物的发射及稀土能级在三重态能级上的配合物(如 $Sm(8HQ)_3$ 等)观察到的都是配体的带状发射。

关于分子中能量传递的机理,一直是光致发光稀土配合物研究中的热点,尽管提出各种观点,但大多数科学家认为其能量传递机理如图 11-2 所示。

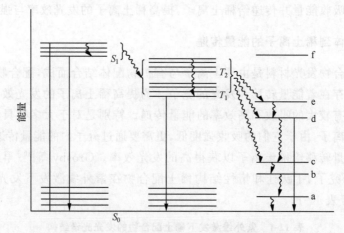

图 11-2　由配体向中心离子能量传递示意图

$S_0$ 为配体的基态；$S_1$ 为配体最低激发单重态；$T_1$，$T_2$ 为配体激发三重态；

a～f 为稀土离子能级；直线箭头表示辐射跃迁；波形箭头表示非辐射跃迁

稀土配合物分子内的能量转移的可能途径为光激发后在配体中先发生 $\pi \rightarrow \pi^*$ 跃迁，处于基态的电子被激发到第一激发单重态的能级，即由 $S_0$ 单重态到 $S_1$ 单重态，该分子经过迅速内部转移到较低的能级，处于激发态的分子可以辐射形式返回到基态，此时的电子跃迁为 $S_1 \rightarrow S_0$，产生分子荧光；或者发生从单重态向三重态的系间窜越，此过程为非辐射过程。三重态能级也可以向最低激发三重发生内部转换，并可能由三重态的 $T_1$ 向基态 $S_0$ 产生自旋禁戒跃迁，发出长寿命的磷光（一般在低温下）；如果 $T_1$ 与稀土离子能级相匹配，则就会发生 $T_1$ 与稀土能级的能量传递，最终稀土离子通过辐射跃迁回到基态能级，并辐射出特征的 f-f 线状光谱。如果稀土离子辐射能级与 $T_1$ 能级间隙过小或存在其他陷阱（如水分子振动能级），也会发生非辐射过程，它将严重地影响稀土离子的发光效率。

从图 11-2 可知，当 $T_1$ 能量传递到非发射能级 e，激发能量会以辐射形式向较低能级弛豫，直至到达发射能级为止；同时可以注意到，稀土离子能级中，a、b、c、d 能级位置均低于最低三重态 $T_1$ 能级，原则上讲，从 $T_1$ 到这些能级均有可能产生能量传递，但传递效率较高的应该是 $T_1$ 与它有最佳匹配的能级。例如，从 $T_1$ 向 d 或 c 的传递效率可能高一些，而 e 能级与 $T_1$ 太近，似乎 $T_2$ 能级更合适；如果能级高于 $T_2$ 能级，将不发生从 $T$ 能级向稀土离子能级的能量传递，则会产生有机配体的分子荧光或（低温下）磷光。

文献[11]曾总结出部分稀土配合物发光过程中的一些原则：(1)配体的三重态能级必须高于稀土离子的最低激发态能级才能发生能量传递；(2)当配位体的三重态能级远高于稀土离子的激态能级时也不能进行能量的有效传递；(3)若配体的三重态与稀土最低激发态能量差值太小，则由于三重态热去活化率大于向稀土离子的能量传递效率,致使荧光发射变弱。例如,$\alpha$- 噻吩三氟乙酰丙酮(TTA)和二苯甲烷(DBM)的三重态能量比 $Eu^{3+}$ 的最低激发态$^5D_0$ 和 $Tb^{3+}$ 的最低激发态$^5D_4$ 都高,但它们都只能与 $Eu^{3+}$ 很好匹配,配合物发出较强的红色荧光;而不能与 $Tb^{3+}$ 很好地匹配,配合物没有荧光产生。这可能是由于 TTA 与 DBM 的三重态能量虽然高于 $Tb^{3+}$ 的$^5D_4$,但其差值太小。

### 11.2.3　影响稀土配合物发光的其他因素

#### 1. 第二配体

稀土离子倾向于高配位,当稀土离子形成配合物时,由于电荷的原因,配位数往往得不到满足,此时常有溶剂分子参与配位。但如果用一种配位能力比溶剂分子强的中性配体(称为第二配体)取代溶剂分子,则可望提高配位化合物的荧光强度。例如,$Eu(TTA)_3 \cdot Phen$ 的发光强度比 $Eu(TTA)_3 \cdot 2H_2O$ 要强得多。又如 $Tb_2(C_6H_3S_2O_8)_2 \cdot (DMF)_5$ 的吸收峰和发射峰均比 $Tb_2(C_6H_3S_2O_8)_2 \cdot (H_2O)_5$ 强(图 11-3)。

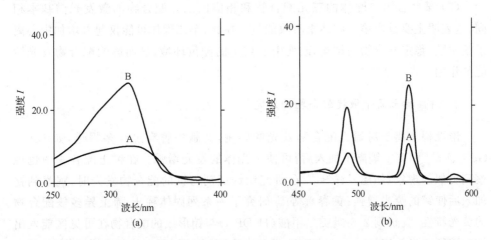

图 11-3　$Tb_2(C_6H_3S_2O_8)_2 \cdot (H_2O)_5$(A)和$[Tb_2(C_6H_3S_2O_8)_2 \cdot (DMF)_5]_n$(B)配合物的激发光谱(a)和发射光谱(b)

第二配体的主要作用在于(1)常用溶剂分子(如水分子)参加配位时,溶剂中的 O—H 基团参与配位,由于与 OH 声子的振动耦合,将使稀土离子的荧光强烈猝灭,水分子中的 O—H 高频振动使配体在吸收能量后部分地传给水分子,并以热振动的形式损耗,因此使发光的量子效率降低。第二配体引入,将部分甚至全部取代水分子的位置,减少能量损失,提高发光效率。

(2)如果第二配位体的三重态能级高于稀土离子的最低激发态能级,例如,

2,2′-联吡啶（bipy）和邻菲罗啉（Phen）的三重态能级分别为 22913cm$^{-1}$ 和 22132cm$^{-1}$，均比 Tb$^{3+}$ 离子的 $^5D_4$ 能级（20454cm$^{-1}$）高，则可能实现第二配体直接将能量转移给中心离子。

（3）第二配体也能作为能量施主。吸收的能量传递给第一配体，然后第一配体再将能量传递给中心离子，两步能量传递可能导致配合物的荧光寿命延长和荧光强度提高。如在 Sm$^{3+}$-DBM-TOPO 中存在着第二配体 TOPO 向第一配体 DBM 的能量传递。

（4）第二配体还可能起能量通道的作用，即将第一配体吸收的能量传递给中心离子。如在 Eu$^{3+}$-3,4-呋喃二甲酸-邻菲罗啉的三元配合物 EuH（FRA）$_2$·Phen·4H$_2$O 中，H$_2$FRA 的最低三重态能级高于 Phen 的最低三重态能级，存在着从 H$_2$FRA 配体向 Phen 配体的分子内能量传递，由于 Phen 的最低三重态能级与 Eu$^{3+}$ 的发射能级匹配良好，因此 Eu$^{3+}$ 三元配合物的发光性能优于相应的二元配合物。由此得知，依据能量匹配原则和配体间的分子能量传递机理，可以设计出发光性能优良的稀土配合物。

（5）某些含第二配体的三元配合物和相应的二元配合物的激发光谱基本相同，这表明主要是由第一配体来吸收能量。在此，第二配体可能仅起着增加中心离子配位数，稳定配合物的结构，改变中心离子的配位环境，进而影响配合物发光性能的作用。

### 2. 惰性稀土离子微扰配合物的发光

惰性稀土离子对稀土配合物发光的影响，文献中曾有过许多报道，如 La$^{3+}$、Gd$^{3+}$、Ln$^{3+}$ 和 Y$^{3+}$ 等离子加入后，可使荧光体的发光增强。在稀土配合物中也观察到类似的现象，如慈云祥等[12]在研究钛铁试剂与铽的配合物发光时，观察到钇加入后使铽的荧光增强；黄春辉等[13]研究了一系列固体稀土-稀土异多核配合物的荧光特性，观察到 2,6-吡啶二甲酸（H$_2$DPA）与铕形成的配合物在可见区能发出铕的特征荧光。当加入 La$^{3+}$，Gd$^{3+}$ 或 Y$^{3+}$ 后，都有不同程度的荧光增强作用，其中以 La$^{3+}$ 的影响为最显著。

惰性稀土离子的加入对稀土配合的发光影响的可能原因为：（1）加入惰性稀土离子后，由于惰性稀土离子的半径与发光稀土离子的半径不同，造成微小的结构畸变，这种结构畸变将会改变稀土离子与配体三重态的相互位置，引起波长位移，及影响能量传递的有效性；（2）由于惰性稀土离子的加入，稀释了发光稀土离子的浓度，将减小发光离子的相互作用，减小了激活离子的浓度猝灭；（3）惰性离子形成的稀土配合物与激活离子配合物分子发生三重态到三重态的分子间能量传递，增强发光离子的能量来源；（4）惰性稀土离子的加入使得配体的刚性增强，共轭体系加大,导致发光增强。(5)由于形成了桥联的异核配合物,其中存在向发光离子的分子的能量传递。

### 11.2.4　某些稀土配合物发光材料

1. 稀土与 β- 二酮合物发光材料

早在 20 世纪 60 年代,人们就开始研究三价稀土与 β- 二酮合物的发光特性,最初作为激光材料而引起人们的关注。由于在这类配合物中存在着 β- 二酮配体的高的吸收系数,以及到 $Eu^{3+}$、$Tb^{3+}$ 等稀土离子高的能量传递效率,使它们成为在所有稀土有机配合物中发光效率最高的一类稀土配合物,引起人们的极大兴趣,开展了许多研究,并得到一些规律。

(1)发光效率与配合物的结构的关系密切相关,即配合物体系共轭平面和刚性结构程度越大,配合物中稀土发光效率也就越高,因为这种结构稳定性大,可以大大降低发光的能量损失。表 11-2 中列出部分 β- 二酮配体的结构。

**表 11-2　稀土与 β 二酮配合物中配体的结构**

| 序号 | 第一配体 缩写 | 第一配体 结构 | 第二配体 缩写 | 第二配体 结构 | 最佳配位 稀土离子 |
|---|---|---|---|---|---|
| 1 | ACAC | $CH_3-C(=O)-CH_2-C(=O)-CH_3$ | Phen | (邻菲咯啉结构) | $Eu^{3+}$ |
| 2 | DBM | $C_6H_5-C(=O)-CH_2-HC(=O)-C_6H_5$ | Phen | (邻菲咯啉结构) | $Eu^{3+}$ |
| 3 | BA | $C_6H_5-C(=O)-CH_2-C(=O)-CH_3$ | Phen | (邻菲咯啉结构) | $Tb^{3+}$ |
| 4 | TTA | (噻吩基)$-C(=O)-CH_2-C(=O)-CF_3$ | Phen | (邻菲咯啉结构) | $Eu^{3+}$ |
| 5 | β NTA | (萘基)$-C(=O)-CH_2-C(=O)-CF_3$ | TPPO | $O{\leftarrow}P(C_6H_5)_3$ | $Eu^{3+}$ |

（2）配体取代基对中心稀土离子发光效率有明显的影响[14]。例如在

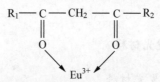

中，$R_1$、$R_2$ 的电子给予特性是影响 $Eu^{3+}$ 离子发光效率的重要因素。当 $R_2$ 固定为 $CF_3$ 时，$R_1$ 结构对 $Eu^{3+}$ 离子发光效率的影响次序为

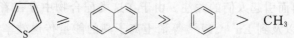

即 $R_1$ 从左到右变化时，与这类 $\beta$-二酮配位的 $Eu^{3+}$ 离子发光效率逐渐降低，含有 基团的 TTA 及含 基团的 $\beta$-NTA 与 $Eu^{3+}$ 配合后，使 $Eu^{3+}$ 的发光效率提高，这是因为这两个基团都有强的电子给予特性。

（3）稀土发光效率取决于配体最低激发三重态能级（$T_1$）位置与稀土离子振动能级的匹配情况。Tb-BFA 几乎得不到高强度的发光，其原因在于 BFA（苯甲酰三氟丙酮）的 $T_1$ 能级（$\sim 21400 cm^{-1}$）与 $Tb^{3+}$ 的 $^5D_4$（$\sim 21000 cm^{-1}$）太接近。

（4）惰性结构的稀土离子 $La^{3+}$、$Gd^{3+}$、$Y^{3+}$ 等影响 $\beta$-二酮配体的光谱性能，延长配体的磷光寿命（在 77K 下）。

（5）协同配体是影响稀土发光效率的另一个重要因素。如 Eu·TTA 配合物的发光效率比 Eu·TTA·Phen 的低得多，其原因是 Phen 对 $Eu^{3+}$ 离子也有能量传递。由于利用协同配体能提高发光效率，近年来对稀土与 $\beta$-二酮的三元配合物，甚至四元、五元等多元配合物也开展了许多研究。

鉴于稀土 $\beta$-二酮配合物的高发光效率、稳定的化学性质及可以固体或液体形式存在，具有广阔的应用前景。

作为发光稀土配合物优良配体的键状 $\beta$-二酮类化合物主要有乙酰丙酮（AA）、苯甲酰丙酮（BA）、苯甲酰三氟丙酮（BFA）、$\alpha$-噻吩甲酰三氟丙酮（TTA）和 $\beta$-苯酰三氟丙酮（$\beta$-NTA）等。其中 AA 是 $Tb^{3+}$ 绿色荧光配合物优良配体，其价格便宜。TTA 是 $Eu^{3+}$ 红色发光配合物的优异配体，在所有有机配体中它的 $Eu^{3+}$ 配合物荧光强度最高。

某些含杂环的 $\beta$-二酮，如 4-酰代吡唑啉酮与 $Eu^{3+}$、$Tb^{3+}$ 也具有良好的发光性质。

### 2. 稀土与羧酸配合物发光材料

稀土与羧酸能形成稳定的配合物，具有良好的化学性能和较好的发光性能，人们曾进行过许多研究。任慧娟等合成了一系列芳香族羧酸配合物，研究了它们的

光致发光性能,合成出组成为 $Eu_2L_3 \cdot 6H_2O$ 的邻苯二甲酸铕发光配合物,在紫外光的激发下配合物发出铕的红色荧光[15];合成了组成为 $[EuL(H_2O)_5] \cdot 7H_2O$ 的均苯三甲酸铕发光配合物,在紫外光的激发下配合物发出铕的红色荧光[16];合成出化学组成为 $Tb(HL) \cdot 5H_2O$ 的均苯四甲酸铽发光配合物,在紫外光的激发下配合物发出铽的绿色荧光[17];合成了组成为 $Eu_{4/3}L \cdot 7H_2O$ 的均苯四甲酸铕发光配合物,在紫外光的激发下配合物发出铕的特征红色荧光[18]。

任慧娟等合成了化学组成为 $Tb_2L_3 \cdot 6H_2O$ 的邻苯二甲酸铽发光配合物,在紫外光的激发下发出铽的特征荧光。将制得的发光配合物与黏胶纤维复合,制得稀土发光黏胶纤维,对所合成的发光纤维进行荧光光谱测试,实验结果表明,在紫外光 270nm 的激发下,发射峰位于 540nm 附近,它归属于 $^5D_4 \rightarrow \, ^7F_5$ 跃迁,是 $Tb^{3+}$ 的特征绿色发光[19]。

尽管羧酸类稀土配合物发光材料的发光亮度目前尚不及 $\beta$- 二酮的稀土配合物,但是其光稳定性优于后者。目前,该类稀土配合物已用于光转换农用薄膜。

另外,$\beta$- 二酮的稀土配合物作为 OEL 材料的优势在于其发光亮度高,但光稳定性差又是它难以克服的固有缺陷。近年来也出现了羧酸类的稀土配合物 OEL 材料,如邻氨基-4-十六烷基苯甲酸(AHBA)的 Tb(III) 配合物 $Tb(AHBA)_3$,其三层 OEL 器件在 20V 驱动电压下,亮度可达 $35cd/m^2$[20]。亮度还可以通过进一步设计、合成新型的羧酸类配体和改进器件结构获得改善。

### 3. 三价稀土与环状配体配合物发光

三价稀土配合物除了与 $\beta$- 二酮的配合物外,多吡啶与 $Eu^{3+}$ 配合物也有较高的发光效率。由于多吡啶是"筐状"结构,而 $Eu^{3+}$ 是被装在"筐状"结构中心,所以具有较高的化学稳定性。

许多环状配合物可以将稀土离子"包裹"起来,使稀土离子不受环境影响。特别是在水溶液中,水分子易于占据配位位置而损失稀土离子激发态能量,通过"包裹"的配体使稀土配合物形成独立存在的超分子,尽管这些孤立的超分子单元之间会有一些相互影响,这样可以保持稀土离子的发光特性。图 11-4 示出稀土与"笼形"配体-多吡啶环状化合物形成的 $[Lnbipy \cdot bipy \cdot bipy]^{3+}$,和 Ln 与 L6(枝状大环配体)形成的 $[LnL6]^{3+}$ 配合物的结构。这些配合物中,稀土发光来自于配体吸收光的能量[21-23]。

### 4. $Eu^{2+}$,$Yb^{2+}$ 与冠醚类配合物发光

三价稀土与冠醚大环配合物几乎不发光,但 $Eu^{2+}$ 和 $Yb^{2+}$ 与冠醚类配合物却能发光。文献[24,25]较早报道了在甲醇溶液中 $Eu^{2+}$-冠醚、穴醚及多醚配合物中 $Eu^{2+}$ 的发光特性,结果表明,[2.2.2]穴醚和冠醚,特别是 15C5 与 $Eu^{2+}$ 的配合物

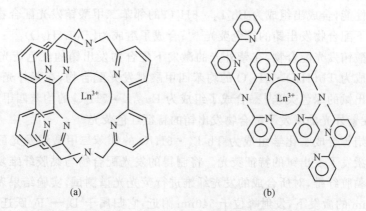

图 11-4　[Eu³⁺ 或 Tb³⁺]Ln³⁺ 的超分子配合物结构原理

(a) [Lnbipy·bipy·bipy]³⁺；(b) [LnL6]³⁺

有更高的量子效率。对于 Eu²⁺-15C5 配合物，最佳摩尔比为 1∶3，多余的 15C5 可能起到使 Eu²⁺ 与溶剂隔绝的作用，从而防止无辐射能量损失。

除了溶液配合物外，稀土与冠醚类也能形成固体配合物，但发光数据鲜见报道。日本 Adachi 等[26]研究出 Eu²⁺ 与含冠醚基络合的高分子配合物。李文连等研究了 Eu²⁺ 与穴醚基的高分子配合物，它的配体主键是一个共聚物。这种蓝光聚合物 Eu²⁺ 发光较之 Eu²⁺-穴醚高分子发光有更高的色纯度。Sabbatin 等[27]系统地研究了 Eu²⁺ 与穴醚配合物的光物理性质，穴醚 [2.2.2]和 [2.2.1]与 Eu²⁺ 的配合物，它们的吸收处于 260nm 的短波紫外区，两种配合物的发射处于蓝区。

文献研制出 Yb²⁺-18C6 配合物，并观测到它的紫外发光[28]，其吸收和发射光谱示于图 11-5。配体中 Yb²⁺ 的吸收和发射分别对应于 $4f^{14} \rightarrow 5d(e_g)4f^{13}$ 及 $4f \leftarrow 5d(t_{2g})4f^{13}$ 的电子跃迁，配体几乎不参与它的吸收与发射电子跃迁。

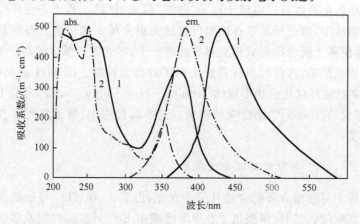

图 11-5　在甲醇溶液中 Yb³⁺-18C6 配合物(·—·)与 YbCl₂(—)的吸收光谱和发射光谱

### 11.2.5　稀土配合物光致发光材料的应用

#### 1. 光电功能材料方面的应用

稀土配合物作为固体发光材料,可用于发光涂料、发光塑料的添加剂以及农用塑料大棚薄膜。值得提出的是将稀土配合物分散在农用薄膜中,当太阳光透过膜时,可以吸收太阳光中的紫外线,辐射出农作物光合作用所需要的红光,并提高棚内温度,使作物提早定植并延长生长期,能使农作物增产,同时延长大棚膜的使用寿命。为了降低成本,将 $\beta$-二酮换成脂肪羧酸作配体制成的羧酸稀土配合物,尽管初始发光强度比不上 $\beta$-二酮稀土配合物,但光照的稳定性有很大的提高,同时还可以用价格便宜的惰性稀土离子 $Gd^{3+}$ 和 $Y^{3+}$ 部分替代昂贵的 $Eu^{3+}$ 或 $Tb^{3+}$,使成本降低。

稀土配合物还可以用于荧光防伪材料[29]。稀土配合物发光材料是吸收紫外光发出红光($Eu^{3+}$)或绿光($Tb^{3+}$),由于吸收波长与发光波长有较大的 Stokes 位移,因而发光材料的体色为白色,制成标记后不会留下痕迹,并在空气中不吸潮。将其用于防伪材料,难以被发现,而一旦用紫外光照射时就能显现出红色或绿色的斑痕。同时,由于有机配体的稀土配合物有较好的油溶性,可将其溶于印刷油墨,印制各种荧光防伪商标、有价证券。如用 $Eu(TTA)_3Phen$ 或 $(Eu, Y)(TTA)_3$ Phen 制备紫外激发、红光发射的防伪油墨。

Moleski 等[30]为提高 Eu-$\beta$-二酮配合物的发光效率,用 2,2-联吡啶(bipy)作为第二配体以增加配合物稳定性并使配位数饱和,生成 $Eu(TTA)_3(bipy)$ 配合物,并将这种配合物分散在由溶胶-凝胶制备的 Ureasil 薄膜中形成纳米结构的有机/无机凝胶。这种缩聚物的有机/无机杂化薄膜可用于硅太阳能光转换器,通过此薄膜能把紫外光转换成硅太阳能电池敏感的红光成分。

日本 Sato 等利用铕和铽的价态变化研究了多色溶液发光器件,他们把 $Eu^{3+}$ 和 $Tb^{3+}$ 与 $\beta$-二酮配合物溶解成溶液,在紫外光(365nm)照射下向其加电压,对于 $Eu^{3+}$ 的配合物,负极一侧不发光,因为在负极一侧 $Eu^{3+}$ 被还原成 $Eu^{2+}$,而 $Eu^{2+}$-$\beta$-二酮配合物不发光;对于 $Tb^{3+}$ 的配合物,$Tb^{3+}$ 在正极一侧不发光,因为 $Tb^{3+}$ 在正极一侧被氧化成 $Tb^{4+}$,它的 $\beta$-二酮配合物也不发光,这样 $Eu^{3+}$ 在正极侧发红光,$Tb^{3+}$ 在负极一侧发绿光,形成一个多色电压发光器件。

日本大阪大学町田等利用 $Eu^{3+}$ 溶液电化学变色发光原理[31]实现了电压变色的发光。这种溶液体系中含有利于 $Eu^{2+}$ 发光的环状多醚和 bipy。当电压改变导致 $Eu^{2+}$ 变为 $Eu^{3+}$ 时,会出现 $Eu^{3+}$ 配合物的红色发光,当改变电压使 $Eu^{3+}$ 变成 $Eu^{2+}$ 时,溶液会呈现 $Eu^{2+}$ 的蓝色荧光,这有可能在变色显示中获得应用。

## 2. 配合物的结构探针

稀土离子作为发光探针一般可获得配合物中心离子的配位数、中心离子的局部对称性、配位体形式电荷之和、直接与金属离子键合水的数目及两个金属离子间的距离等结构信息,通过测定荧光配合物的高分辨荧光光谱,由高分辨荧光光谱谱线分裂情况给出晶体中金属离子的格位数和局部对称性。

在这方面应用的发光离子主要是 $Eu^{3+}$,这是由于 $Eu^{3+}$ 的光谱相对简单,可以得到比较明确的结论。$Eu^{3+}$ 的电子结构为 $4f^6$,在静电场作用下,电子间排斥作用可产生 119 个谱项,由于自旋和轨道偶合作用产生 295 个光谱支项,$Eu^{3+}$ 进入分子结构后,配位场的作用使其简并的能级变成许多 Stark 能级或 J 亚能级,但 $Eu^{3+}$ 的基态 $^7F_0$ 和长寿命激发态 $^5D_0$ 是非简并的,它们不会因晶场的影响而发生分裂。而在不同的晶体场中,$^5D_0$ 能级的能量是不同的,因此在 $Eu^{3+}$ 配合物的高分辨荧光光谱中,若 $^5D_0 \rightarrow ^7F_0$ 只观察到一条跃迁谱线,则说明配合物中 $Eu^{3+}$ 只有一种格位;若观察到两条谱线则配合物中 $Eu^{3+}$ 可能有两种格位。当然,当配合物中 $Eu^{3+}$ 有两种或多种格位时,由于能量相差不多,也可能只观察到一条较宽的谱带。

此外,还可以根据高分辨荧光光谱的谱线分裂情况来确定中心离子的局部对称性,已知 $Eu^{3+}$ 的 $^5D_0 \rightarrow ^7F_J$ 跃迁按 7 个晶系,32 个点群进行分类。这样,就可以根据配合物的高分辨荧光光谱谱线数目来判断 $Eu^{3+}$ 的对称性。图 11-6 是在 77K 下,用 337.1nm 的激发配合物 $Eu(p\text{-}ABA)_3 \cdot bipy \cdot 2H_2O$ 所(其中 $p$-ABA 为对氨基苯甲酸根,bipy 为 2-2′ 联吡啶)得到的发射光谱。从图中见到 $^5D_0 \rightarrow ^7F_0$,$^5D_0 \rightarrow ^7F_1$ 和 $^5D_0 \rightarrow ^7F_2$ 跃迁分别产生 1,3(有一个肩峰)和 5 条谱线,可以认为配合物 $Eu(p\text{-}ABA)_3 \cdot bipy \cdot 2H_2O$ 中 $Eu^{3+}$ 的对称性可能是 $C_1, C_s, C_2$。该配合物的晶体结构测定结果表明,$Eu^{3+}$ 的对称性是 $C_1$。

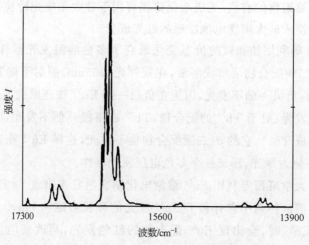

图 11-6　$Eu(p\text{-}ABA)_3 \cdot bipy \cdot 2H_2O$ 分子的高分辨荧光谱

　　由此可见,通过对稀土发光配合物高分辨荧光谱的分析,人们可以得到配合物结构的信息,它与 X 射线衍射对结构给出的信息相辅相成。

　　另外,也可以根据 $Eu^{3+}$ 的 $^5D_0 \rightarrow {}^7F_1$ 和 $^5D_0 \rightarrow {}^7F_2$ 跃迁的相对强度来简便地分析中心离子格位的对称性。$Eu^{3+}$ 离子的 $^5D_0 \rightarrow {}^7F_1$ 跃迁为磁偶极跃迁,在不同对称性下均有发射,其振子强度几乎不随 $Eu^{3+}$ 离子的配位环境而变,而 $^5D_0 \rightarrow {}^7F_2$ 属电偶极跃迁,它的发射强度受 $Eu^{3+}$ 配位环境发生明显的变化,它又称为超灵敏跃迁,$^5D_0 \rightarrow {}^7F_2$ 跃迁与 $^5D_0 \rightarrow {}^7F_1$ 跃迁谱线的相对强度比可以说明中心离子的格位的对称性高低、配合物是否具有中心对称要素。当中心离子处于反演中心时,$^5D_0 \rightarrow {}^7F_2$ 跃迁的发射强度弱于 $^5D_0 \rightarrow {}^7F_1$ 跃迁的发射强度。由图 11-7 明显地看到 $^5D_0 \rightarrow {}^7F_2$ 跃迁谱带强度远比 $^5D_0 \rightarrow {}^7F_1$ 跃迁谱带的强度强,这说明该配合物中不存在反演中心,荧光中以 610nm的成分为主,为亮红色。

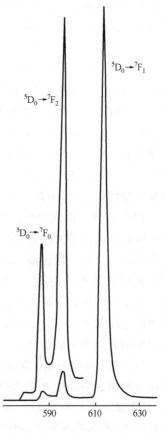

图 11-7　$Eu(TTA)_4 \cdot Epy$ 的
荧光光谱(固体)

### 3. 稀土配合物在生命科学中的应用

#### (1) 稀土生物大分子的荧光标记

　　利用稀土的荧光增强现象可作为生物大分子的荧光标记。荧光标记的主要原理是用 $Eu^{3+}$ 离子标记蛋白质(抗体或抗原),通过时间分辨荧光分析技术来检测 $Eu^{3+}$ 离子的荧光强度,由于 $Eu^{3+}$ 的荧光强度与所含抗原浓度成比例,从而可以计算出测试样品中抗原的数量(浓度)。其过程为先将 $Eu^{3+}$ 与蛋白质中羧酸形成不发光的稀土羧酸的配合物,这种络合是定量的,然后把标记的蛋白质分子溶到增效液中,其中含有表面活性剂的胶束体系,再把标记的 $Eu^{3+}$ 离子溶解下来,最后与在增效液中存在的 $\beta$ 二酮和中性配体形成发光的稀土三元配合物。在该胶束体系中的表面活性剂可以防止 $Eu^{3+}$ 离子发光的无辐射能量损失。如非离子表面活性剂 Triton 可以将水分子从 $Eu^{3+}$ 配合物周围排斥开,并使 $Eu^{3+}$ 的配合物包裹在 Triton 的胶束中,加入第二配体(即增效剂如三辛基氧膦与 $Eu^{3+}$ 离子配位,进一步增强铕配合物的发光强度),这样可使 $Eu^{3+}$ 的定量灵敏度提高到 $10^{-14} \sim 10^{-17}$ mol/L。

　　稀土配合物的许多独特优点,使它非常适用于荧光免疫分析中生物分子的荧光标记。① 窄带发射,有利于提高分辨率;② Stokes 位移大(—250nm)有利于排除非特异性荧光的干扰;③ 荧光寿命长,有利于采用分辨检测技术;④ 4f 电子受外层电子的屏蔽,f-f 跃迁受外界干扰小,配合物荧光稳定;⑤ 配合物的激发波长因配体的不同而异,但发射光谱为稀土的特征发射,发射波长不因配体的不同而异。

(2) 荧光探针:生物样品里存在的核酸、蛋白质及氨基酸等,稀土元素中的 Eu(Ⅲ) 和 Tb(Ⅲ) 作为代替放射性同位素和非同位素标记的荧光探针具有很大的潜力。特别是 $Tb^{3+}$ 已被广泛地应用于研究 DNA 与生物体内 $Mg^{2+}$ 离子的作用及其功能,使用稀土离子作为生物分子的荧光探针具有量子产率高、Stokes 位移大、发射峰窄、激发和发射波长理想及荧光寿命长等优点。$Tb^{3+}$ 对核酸的作用具有高选择性和特异性。例如,对 $Tb^{3+}$ 作为核酸和核苷酸荧光探针的研究发现只有含鸟嘌呤的核苷酸才能有效地敏化 $Tb^{3+}$ 的发光[32,33],$Tb^{3+}$ 与核酸作用时发现它只与单链核酸敏化发光,由此可提供有关核酸的结构信息[34]。

$Tb^{3+}$ 还被广泛地用作蛋白质中 $Ca^{2+}$ 结合部位的探针,$Tb^{3+}$ 与蛋白质结合后,一般可通过偶极-偶极无辐射能量转移导致 $Tb^{3+}$ 的敏化发光,结合在不同蛋白质上的 $Tb^{3+}$,或同一蛋白质的不同结合部位的 $Tb^{3+}$,会导致处于不同化学环境的 $Tb^{3+}$ 的敏化发光。正是这一特点,将有可能利用稀土荧光探针研究生物大分子金属离子结合部位和结构类型,$Tb^{3+}$ 还可用来研究在特定的物理化学条件下蛋白质具体的平衡构象。对 $Tb^{3+}$ 和 $Eu^{3+}$ 荧光寿命的测定还可以给出蛋白质大分子构象及构象动力学方面的信息。

(3) 荧光免疫分析:荧光免疫分析中的主要问题是测量过程中的高背景荧光干扰而使测试的灵敏度受到限制,这些背景荧光来自塑料、玻璃及样品中的蛋白质等,其荧光寿命一般在 1~10ns。表 11-3 中列出了一些常见荧光基团的荧光寿命。因此可见,若用荧光素作为标记物,用时间分辨技术仍不能消除干扰,必须用具有比产生背景信号组分的荧光寿命更长的荧光基团作为标记才能发挥时间分辨测量的优点。从表 11-3 中可以看到某些镧系元素,如铕(Ⅲ)的螯合物的荧光寿命比常用的荧光标记物高出 3~6 个数量级,因此很容易用时间分辨荧光计将其与背景荧光区别开来。

表 11-3　一些荧光基团的蛋白质的荧光寿命

| 物　　质 | 荧光寿命/ns |
| --- | --- |
| 人血清蛋白(HSA) | 4.1 |
| 细胞色素 C | 3.5 |
| 球蛋白(血球蛋白) | 3.0 |
| 异硫氰酸荧光素 | 4.5 |
| 丹磺酰氯 | 14 |
| 铕螯合物 | $10^3 \sim 10^6$ |

要使 Eu$^{3+}$ 与免疫活性组织之一(如抗体)牢固地结合,一般先将一种螯合剂如 EDTA 分子引入一个官能团,该官能团应能与免疫组织形成共价化合物,例如氨基苯-EDTA、异硫氰酸根合苯-EDTA,1-(p-苯二氮)-EDTA 以及 DTPA 等 (图 11-8),它们都能通过 EDTA 端螯合 Eu$^{3+}$,用另一端与蛋白质上的酪氨酸、组氨酸残基以共价结合;当免疫反应完成后,加入荧光增强液(即含有能与 Eu$^{3+}$ 络合并能发荧光的试剂),改变 pH,使 Eu$^{3+}$ 从免疫反应复合物上解离下来,在溶液中形成一个强荧光配合物,再用时间分辨方式来进行荧光强度的测量。由于 Eu$^{3+}$ 与免疫活性组织氨基酸残基数成比例,因此由 Eu$^{3+}$ 的浓度即可推算出氨基酸残基数。

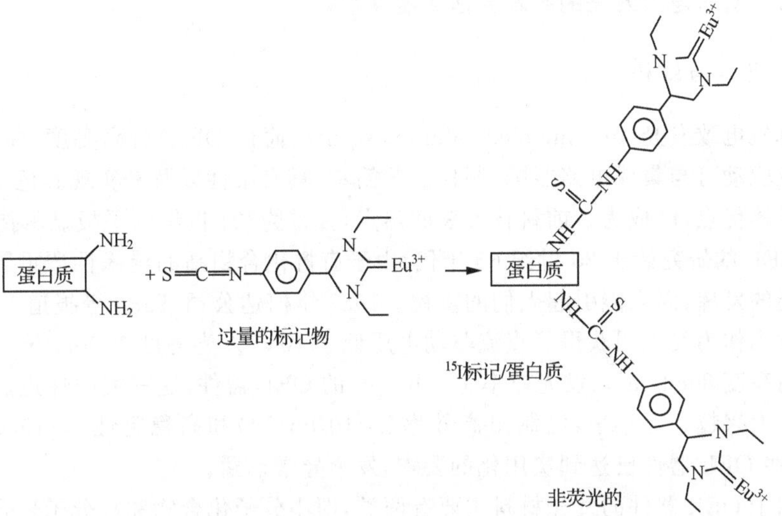

图 11-8　用异硫氰酸根合苯-EDTA-Eu 标记蛋白质的原理

蛋白质在 $+4$℃和 pH$\sim$9.3 下与 60 倍摩尔浓度过量的标记物反应过夜,标记了的蛋白质通过在 Sepharose 6B 柱上的凝胶过滤而与过量的试剂分离。结合物的偶联率可通过测量标记蛋白质上的 Eu$^{3+}$ 的荧光与 Eu$^{3+}$ 标准对照而获得。

**4. 其他应用**

利用稀土 $\beta$-二酮配合物进行矿物发光分析,用以检测矿样中稀土含量,并用惰性结构的稀土离子(La$^{3+}$、Gd$^{3+}$ 或 Y$^{3+}$ 等)提高 Eu$^{3+}$、Sm$^{3+}$ 的发光强度,从而提高稀土微量分析的灵敏度。文献[35]曾对其荧光增强机理进行探讨,认为 La$^{3+}$、Gd$^{3+}$ 及 Y$^{3+}$ 离子加入到 Eu$^{3+}$-$\beta$-二酮配合物水溶液中,形成了 La$^{3+}$、Gd$^{3+}$ 及 Y$^{3+}$ 与 $\beta$-二酮配合物的"包围圈",从而阻止 Eu$^{3+}$ 离子向水溶液的非辐射能量损失,即减少了水的 O—H 对 Eu$^{3+}$ 的发光猝灭。

在高纯稀土氧化物中可以利用发光光谱方法探测超痕量 Eu(含量低到 $1\times$

$10^{-13}$mol/L)[36]。特别是在 $La_2O_3$，$Pr_6O_{11}$ 及 $Dy_2O_3$ 中的 Eu，可以通过 Y 的配合物向 Eu 配合物的能量传递方式使 $Eu^{3+}$ 的发光增强，达到超微量分析之目的。Biju[37] 等采用 $Eu(TTA)_3(TPPO)_2$ 在 Triton x-100 表面活性剂体系中，可以排除其他稀土离子的干扰，在 10 倍其他稀土和 1000 倍 Y 和 Gd 存在下，还可检测出Eu 的含量。

# 11.3　稀土配合物有机电子发光材料[38]

## 11.3.1　有机电致发光的基本原理和器件结构

### 1. 原理与结构

有机电致发光(organic electroluminescence，简称 OEL)有高亮度、高效率、低压直流驱动可与集成电路匹配、制作工艺简单、具有柔性以及易实现彩色平板大面积显示等优点，已成为目前科技发展的热点，被誉为"21 世纪的平板显示技术"。

OEL 的研究始于 20 世纪 60 年代，由于有机化合物高的绝缘性严重影响其发光性能的发挥，而未能引起人们的重视。1987 年柯达公司 Tang 等报道[39]以 8-羟基喹啉铝作为发光层获得了直流驱动电压低于 10V、发光亮度 $1000cd/m^2$（一般视屏最高亮度 $80cd/m^2$）、发光效率 1.5 lm/W 的 OEL 器件，这一突破性进展引起人们的极大兴趣。近年来，已制出高效率（＞10 lm/W）和高稳定性（＞1000h）的器件，一些 OEL 器件已达到实用化的要求，发展异常迅猛。

用于 OEL 器件的发光材料主要有两类，即小分子化合物和高分子聚合物。小分子化合物又包括金属螯合物和有机小分子化合物，它们各具特色，互为补充。有机小分子化合物是利用共轭结构的 $\pi \to \pi^*$ 跃迁产生发射，谱带较宽（100～200nm），发光的单色性较差；而金属螯合物，特别是稀土配合物，具有发射谱带尖锐、半峰宽窄（不超过 10nm）、色纯度高等优点，这是其他发光材料无法比拟的，可用以制作高色纯度的彩色显示器。作为 OEL 器件的发光材料，稀土配合物还具有内量子效率高、荧光寿命长和熔点高等优点。1993 Kido 等[40]首次报道了具有窄带发射的稀土配合物 OEL 器件，近年来，国内在稀土 OEL 材料方面取得了令人瞩目的成果。

OEL 器件一般是由正负极、电子传输层、发光层和空穴传输层等几部分构成（图 11-9）。OEL 器件发光属于注入型发光，正负载流子从不同电极注入，在正向电压(ITO 接正)驱动下，ITO 向发光层注入空穴，同时金属电极向发光层注入电子，空穴和电子在发光层相遇，复合形成激子，激子将能量传递给发光材料，经过辐射弛豫过程而发光。

OEL 器件具有一般半导体二极管的电学性质，增大载流子的浓度和提高载流

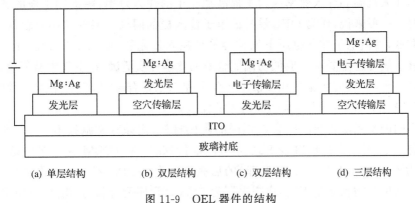

|(a) 单层结构|(b) 双层结构|(c) 双层结构|(d) 三层结构|

图 11-9　OEL 器件的结构

子的复合概率,有助于增强 OEL 器件的发光亮度,提高发光效率。由于电致发光属于注入式发光,而且只有当电子与空穴的注入速度匹配时,才能获得最大的发光亮度。一般说来,单层结构中电子和空穴的注入速度不匹配,为提高注入发光层的占少数载流子的密度,宜采用多层结构,即在阴极或阳极与发光层之间增加电子传输层或空穴传输层。具体采用何种结构应由发光材料的半导体性质决定,若所用的发光材料能够传导电子,即发光层的多数载流子是电子,就应在发光层与 ITO 之间增加一层空穴传输层,以提高空穴的注入密度;反之,则在金属电极与发光层之间增加一层电子传输层,只提高电子的注入密度。

整个器件附着在基质材料(一般为玻璃)上,实际的器件制作过程中,是先将 ITO 沉积在玻璃基质上制成导电玻璃。为控制阳极表面的电压降,要求 ITO 玻璃表面电阻小于 $50\Omega$,因此必须使用表面光洁、质地优良的玻璃基片。对于小分子 OEL 器件,一般采用真空蒸镀法将有机薄膜镀于 ITO 玻璃上,最后将阴极材料镀于有机膜。制备聚合物 OEL 器件,一般不采用真空蒸镀的方法,而是将聚合物溶解在有机溶剂(如氯仿、二氯乙烷或甲苯等)中,然后再用旋涂或浸涂方法成膜;阴极薄膜以及多层结构中的其他小分子材料仍然采用真空蒸镀的方法制备。制备过程中的工艺条件(如温度、真空度和成膜速度等)会对器件的性能产生影响。OEL 薄膜厚度和载流子传输层厚度一般大约在几十 nm,发光层的厚度对器件的 EL 光谱性质和发光效率都有着明显的影响。加大发光层厚度,将导致驱动电压升高。发光层厚度微小的不均匀或微晶物的形成都会引起电击穿,所以在成膜过程中应防止各层材料的结晶化。另外,有机材料与电极直接接触,容易与氧气或水分发生化学反应,以致影响器件的寿命,这是当前 OEL 应用中的一个难题。

2. OEL 的电极材料

载流子的注入效率决定激子的生成效率,电极-有机层之间的势垒高度决定载流子的注入机制和注入效率。为了提高载流子的注入效率,阴极和阳极的选择非常重要。一般来说,作为 OEL 器件的电子注入极的阴极材料的功函数较低为好,功函数低,可使电子在低电压下比较容易地注入发光层,如 Al、Ca、Mg、In、Ag 等金属就能满足这个要求。但低功函数金属的化学性质活泼,在空气中易氧化,往往采用合金阴极,目前普遍采用 Mg、Ag 合金和 Li、Al 合金等;也有采用层状电极,如 LiF/Al 和 Al$_2$O$_3$/Al 等来提高电子的注入效率[41]。

不同的发光层材料应配合以不同的阴极材料,例如有文献报道[42],一种稀土配合物 OEL 器件 ITO/TPD/Eu(DBM)$_3$bath/Mg:Al(DBM 为二苯甲酰甲烷,bath 为 4,7-二苯基-1,10-二氮杂菲)的启亮电压为 2.12V;若只用铝作电极,采用相同的器件结构和制备工艺,启亮电压为 2.6V。说明配合物与 Mg:Al 电极的匹配更好。

作为空穴注入极的阳极材料的功函数越高越好,高功函数材料有利于空穴注入发光层,一般采用 ITO。用可溶性聚苯胺代替 ITO 作阳极,可明显改善器件的性能,驱动电压降低 30%～50%,量子效率提高 10%～30%,而且,这种器件可以卷曲折叠,而又不影响发光。

### 3. 载流子传输材料

(1) 电子传输材料 常用有机小分子电子传输材料有 1,3,4-噁二唑的衍生物,如联苯-对叔丁苯-1,3,4-噁二唑和 1,2,4-三氮唑等;8-羟基喹啉金属螯合物既是很好的小分子发光材料,又是优良的电子传输材料,在 OEL 器件中可用作电子传输层。

8-羟基喹啉铝 Alq$_3$ 本身是荧光量子效率很高 OEL 材料,同时又是电子传输材料。文献[43]以 Alq$_3$ 作为电子传输层,制备了双层器件 ITO/Eu(TTA)$_m$(40nm)/Alq$_3$(20nm)/Al,发光效率明显提高。而且在器件的光发射中,既有稀土配合物发光材料 Eu(TTA)$_m$ 的发光(最大发射波长 616.0nm),又存在 Alq$_3$ 的发光(最大发射波长 520.0nm)。通过改变各有机层的厚度,可得到不同颜色的 OEL 器件。

(2) 空穴传输材料 芳香族胺类化合物是主要的小分子空穴传输材料,具有较高的空穴迁移率,且离子化势低,亲电子力弱,能带宽。Adachi[44]曾对作为空穴传输材料的 14 种芳香族胺类化合物进行比较,结果表明,空穴传输材料的电离能是影响 OEL 器件耐久性的主要因素,用低电离能的材料作空穴传输层,可以显著改善器件的稳定性;同时,他认为空穴传输层和阳极之间形成的势垒越低,器件越稳定。目前比较常用的空穴传输材料有 $N,N'$-二苯基-$N,N'$-双(3-甲苯基)-1,1'-联苯-4,4'-二胺(TPD)、$N,N,N',N'$-四(4-甲基苯基)-1,1'-联苯-4,4'-二胺(TTB)和 $N,N'$-双(1-萘基)-$N,N'$-二苯基-1,1'-联苯-4,4'-二胺(NPB)。

大多数聚合物发光材料本身又是良好的空穴传输材料,如聚对苯乙炔(PPV)。

聚乙烯咔唑(PVK)是一种很典型的半导体,由于咔唑基的存在,使它具备很强的空穴传输能力,而且 PVK 具有较高的抗结晶化能力和很好的稳定性。聚甲基苯基硅烷(PMPS)也是一种性能优良的空穴传输材料。

在设计、制作 OEL 器件时,必须注意空穴传输材料的热稳定性,在材料的老化过程中,它可能产生结晶,以致影响器件的寿命。通常空穴传输材料的玻璃化温度 $T_g$ 比电子传输材料低得多,如上述 3 种空穴传输材料(TPD、TTB 和 NPB)的 $T_g$ 分别为 60℃、82℃和 98℃,而最常见的电子传输材料 $Alq_3$ 的 $T_g$ 为 175℃,因此空穴传输层是器件是最薄弱的连接处。

传统的 OEL 器件对温度很敏感,温度升高,器件的稳定性下降。以有机-无机复合材料作为空穴传输层,有可能使这种情况得到改善。

对于指定的发光层材料,采用不同的空穴传输材料,器件可能表现不同的发光性质。文献[45]分别以 TPD 和 PVK 作为空穴传输层,稀土配合物 Tb(ACAC)$_3$·Phen 为发光层,制备了两种器件:ITO/TPD/Tb(ACAC)$_3$·Phen/Al(a) 和 ITO/PVK/Tb(ACAC)$_3$·Phen/Al(b)。器件(a)发射偏蓝绿的白光,图 11-10(a) 为其 EL 光谱。在此器件中电子与空穴的复合不但发生在发光层,而且也发生在空穴传输层,550nm 窄带为稀土配合物 Tb(ACAC)$_3$·Phen 中 $Tb^{3+}$ 的 $^5D_4 \rightarrow {}^7F_5$ 跃迁,蓝紫光(415nm)由空穴传输层 TPD 产生,乃是电子越过 TPD/Tb(ACAC)$_3$·Phen 界面势垒在 TPD 层中与空穴复合所导致的发光。器件(b)只呈现绿光发射,图 11-10(b)为其 EL 光谱,3 个窄发射带是 $Tb^{3+}$ 的特征光谱,说明发光只产生于发光层,载流子的复合主要发生在发光层,PVK 起传输空穴阻挡电子的作用,限制载流子的复合区域。

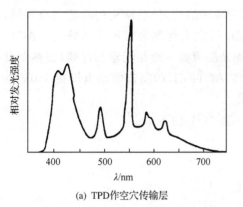

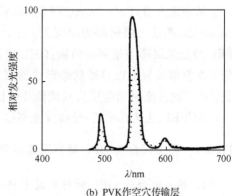

(a) TPD作空穴传输层　　　　　　　(b) PVK作空穴传输层

图 11-10　器件(a)和器件(b)的 EL 光谱

### 4. 发光层材料

发光层材料是 OEL 器件的核心,对它们的选择至关重要,应具有以下几个特点：

    (1) 高的荧光量子效率；

    (2) 良好的半导体特性，即具有较高电导率或可有效地传递电子和空穴；

    (3) 良好的成膜特性和机械加工性能；

    (4) 良好的化学稳定性和热稳定性。

    用于 OEL 器件的发光层材料可分为两种不同的类型：一种类型是主体发光材料，这种材料既具有发光能力，又具有载流子传输能力，有的可作为电子传输层，称为电子传输发光层材料；有的可作为空穴传输层，称为空穴传输发光层材料；有的则具有双极性。另一种类型是掺杂型发光材料，即为了改变器件的发光光谱，在主体发光层材料中掺杂适当的发光物质，如掺杂小分子荧光材料来改变发光颜色；它可以通过主体发光材料分子的能量传递而受到激发，从而发射不同颜色的荧光。

#### 5. 有机 EL 与无机 EL 的区别[46]

    OEL 与无机交流 EL(ACTFEL)都属于电致发光，由于它们的发光机理不同，其器件结构也不同。OEL 属于注入型发光，从阳极注入的空穴和从阴极注入的电子在发光层复合形成激子，激子经去激活而发光。ACTFEL 机理为电场激发下的碰撞离化，从金属电极一侧的绝缘层与发光层界面进入发光层的电子被加速而形成过热电子，过热电子碰撞激发发光中心而产生发光，电子在 ITO 一侧的发光层与绝缘层界面被俘获，在交变电场的作用下实现连续发光。ACTFEL 基质半导体的结晶性能对材料性能，乃至器件性能的影响显著；OEL 器件的性能主要决定于材料的发光性能和电学性能。

    从表面上看，OEL 和 ACTFEL 都采用多层结构，但层结构的功能完全不同，ACTFEL 的发光层两侧为绝缘层；而 OEL 的发光两侧为载流子传输层。ACT-FEL 的发光层薄膜是多晶薄膜；OEL 的发光层薄膜一般是无定形薄膜（经热蒸发分子在室温极板上以过冷状态形成薄膜）。ACTFEL 的交流驱动电压在 300V 以上，OEL 的直流驱动电压为几伏到几十伏。

    ACFEL 发光效率低，最高发光亮度不到 OEL 的 1/10。

### 11.3.2 稀土配合物 OEL 材料及其器件

#### 1. 稀土配合物 OEL 材料的发光机理

#### (1) 配体传递能量给稀土离子发光

    在正向偏压驱动下，由 ITO 注入的空穴和由金属阴极注入的电子在发光层复合为激子，配体吸收激子的能量，再将能量传递给稀土离子而产生发光。大多数稀土配合物 OEL 材料属于这类发光，主要是 $Sm^{3+}$、$Eu^{3+}$、$Tb^{3+}$、$Dy^{3+}$ 等稀土离子的配合物,它们发射稀土离子的特征光谱,配体的结构发生变化,或对配体结构进行化学修饰可以改善配合物的发光性能,但并不影响配合物的发射波长。这类配合物作为 OEL 材料的最显著优势是发射光谱为窄带。

属于这类发光的 OEL 材料,以 Eu(Ⅲ)和 Tb(Ⅲ)配合物为主。前者发红光,最大发射波长大约在 615nm 附近,相应于 $Eu^{3+} \, ^5D_0 \rightarrow ^7F_2$ 跃迁。在 OEL 材料中,红色发光材料最为薄弱,Eu(Ⅲ)配合物发光效率高,色纯度高,受到人们极大的重视[47]。

比较典型的 Eu(Ⅲ)配合物是 $Eu(DBM)_3Phen$,用其制备的双层 OEL 器件在 16V 电压驱动下亮度可达 $460cd/m^2$[48]。Tb(Ⅲ)配合物发绿光,最大发射波长在 545nm 附近,相应于 $Tb^{3+} \, ^5D_4 \rightarrow ^7F_5$ 跃迁。典型的配合物是 $Tb(ACAC)_3Phen$,其双层 OEL 器件的最大亮度为 $210cd/m^2$[49]。

研究者普遍认为,稀土配合物中稀土离子的发光来自配体向中心离子的能量传递。李文连研究组[42]对 $Eu(DBM)_3Bath$ 配合物电致发光的研究认为,在电致发光过程中,除了通常的配体向中心离子传递能量的解释外,还存在中心离子被电子直接激发的可能性。

除了 $Sm^{3+}$、$Eu^{3+}$、$Tb^{3+}$、$Dy^{3+}$ 4 种离子的配合物具有较强的发光现象外,$Pr^{3+}$、$Nd^{3+}$、$Ho^{3+}$、$Er^{3+}$、$Tm^{3+}$ 和 $Yb^{3+}$ 也有着丰富的 4f 能级,当稀土离子和配体的选择适当时,能够发射其他颜色的光,但强度较弱。

(2) 稀土离子微扰配体发光

$Y^{3+}$、$La^{3+}$ 没有 4f 电子;$Lu^{3+}$ 的 4f 轨道为全充满($4f^{14}$),不能发生 f-f 跃迁;$Gd^{3+}$ 的 4f 轨道为半充满($4f^7$),最低激发态能级太高(约 $32\,000cm^{-1}$),在一般所研究的配体三重态能级之上。但这类稀土离子具有稳定的惰性电子结构的配合物也可以产生很强的发光,这是稀土离子微扰配体发光的结果。在这类配合物中,由于稀土离子对配体的微扰,分子刚性增强,配合物平面结构增大,π 电子共轭范围增大,$\pi \rightarrow \pi^*$ 跃迁更容易发生(相对独立配体而言),最终导致分子发光增强。对这类配合物的 OEL 研究较少,但近年也开始出现这方面的报道,如发射黄绿光的配合物 La(N-十六烷基-8-羟基-2-喹啉甲酰胺)$_2$(H$_2$O)$_4$Cl,用该配合物的多层 LB 膜作为发光层的单层 OEL 器件,在 18V 驱动电压下亮度可达 $330cd/m^2$[50]。

2. 稀土配合物 OEL 材料的分子结构与器件性能

(1) 配体的结构

提高器件发光亮度的关键之一是改善发光材料的性能,而稀土配合物发光材料的 OEL 性能与配体的结构密切相关,理想的配体应满足以下两个条件[51,52]。

① 一般来说,配体的共轭程度越大,配合物共轭平面和刚性结构程度越大,配合物中稀土离子的发光效率就越高。因为这种结构稳定性大,可以大大降低发光

的能量损失。

②　按照稀土配合物分子内部能量传递原理,配体三重态能级必须高于稀土离子最低激发态能级,且匹配适当,才有可能进行配体-稀土离子间有效的能量传递。

作为 OEL 材料,人们研究较多的稀土配合物的配体是 $\beta$- 二酮类化合物,如乙酰丙酮（ACAC）、二苯甲酰甲烷（DBM）、$\alpha$- 噻吩甲酰三氟丙酮（TTA）等。Tb(ACAC)$_3$、Tb(ACAC)$_3$Phen、Eu(DBM)$_3$Phen、Eu(TTA)$_3$、Eu(TTA)$_3$Phen、Eu(TTA)$_3$Bath 和 Eu(DBM)$_3$Phen 等是比较常见的稀土配合物 OEL 材料。

但是,上述配合物的 EL 器件驱动电压都比较高(超过 10V),而且在使用过程中容易出现黑斑,使器件稳定性下降。

$\beta$- 二酮的稀土配合物作为 OEL 材料的优势,在于其发光亮度高;但光稳定性差又是它难以克服的固有缺陷。近年来出现了羧酸类化合物的稀土配合物 OEL 材料,如邻氨基-4-十六烷基苯甲酸(AHBA)的 Tb(Ⅲ)配合物 Tb(AHBA)$_3$,其三层 OEL 器件在 20V 驱动电压下,亮度可达 35cd/m$^2$[20]。

尽管羧酸类化合物的稀土配合物 OEL 材料的发光亮度目前尚不及 $\beta$- 二酮的稀土配合物,但是其光稳定性优于后者,亮度可以通过改进设计、合成新型的羧酸类配体和改进器件结构获得提高。

(2) 第二配体

在发光配合物的结构中引入第二配体,可以明显地提高器件的发光亮度。例如,Tb(ACAC)$_3$ 二元配合物双层 OEL 器件亮度仅为 7cd/m$^2$(驱动电压 20V),引入第二配体 Phen 构成三元配合物 Tb(ACAC)$_3$Phen,双层 OEL 器件最大亮度可达 210cd/m$^2$(驱动电压 16V)[49];Eu(DBM)$_3$ 二元配合物双层 OEL 器件亮度仅 0.3cd/m$^2$(驱动电压 18V),而三元配合物 Eu(DBM)$_3$Phen 的双层 OEL 器件亮度为 460cd/m$^2$(驱动电压 16V)[48]。从配合物的结构来看,第二配体的引入可以满足稀土离子趋向于高配位数的要求,从而提高配合物的稳定性;更主要原因是第二配体在提高配合物载流子传输特性方面起着至关重要的作用[53]。而且,第二配体的结构不同,对材料电致发光效率的影响明显不同,如 Eu(DBM)$_3$Phen 的 OEL 器件发光亮度为 460cd/m$^2$,而以 Phen 的结构改性衍生物 Bath 作为第二配体的配合物 Eu(DBM)$_3$Bath,OEL 器件的发光亮度可提高到 820cd/m$^2$[54]。一般来说,同为第二配体,共轭程度越高,所形成的配合物发光的激发能越低,EL 效率越高。黄春辉等[55]采用 ITO/TPO(40nm)/Tb(PMIP)$_3$(TPPO)$_2$(40nm)/Alq(40nm)/Al 结构研制出最大亮度可达 920cd/m$^2$ 的高亮度绿色发光器件。Christon 等[56]报道了新型 $\beta$- 二酮材料 Tb(PMIP)$_3$Ph$_3$PO,TPPO,它的最大发光亮度可达 2000cd/m$^2$。

(3) 中心离子

稀土离子最低激发态能级与配体三重态能级的匹配程度,对稀土配合物内部的能量传递效率起着极其重要的作用。因此,对于某一指定配体,必须选择适当的稀土离子与其配合,配合物才有可能产生较强发光。例如,TTA 是一种发光稀土配合物的优良配体,而 $Sm^{3+}$、$Eu^{3+}$、$Tb^{3+}$、$Dy^{3+}$ 又都是可以具有较强发光的稀土离子,但 $Tb^{3+}$、$Dy^{3+}$ 的 TTA 配合物几乎不发光。

不同稀土离子形成的配合物所表现的 OEL 性质有所不同。

张洪杰等[57]研制出结构为 ITO/PVK/Sm(HTH)$_3$Phen/PBD/Al 器件,获得最大的发光亮度为 21cd/m$^2$。

李文连研究组[58]以镝配合物 Dy(ACAC)$_3$Phen 作为发光和电子传输层,PVK 作为空穴传输层,制备双层结构白光发射器件。图 11-11 可见,镝配合物 Dy(ACAC)$_3$Phen 的 EL 光谱(实线)和 PL 光谱(虚线)十分相似,$Dy^{3+}$ 在可见光区有两个主要的发射峰均位于 480nm 处(黄)和 580nm 处(蓝),它们分别相应于 $Dy^{3+}$ 的 $^4F_{9/2} \rightarrow {}^6H_{13/2}$ 和 $^4F_{9/2} \rightarrow {}^6H_{15/2}$ 跃迁,在适当的黄、蓝光强度比条件下,$Dy^{3+}$ 可产生白光发射。

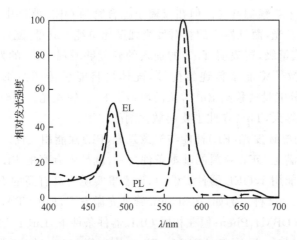

图 11-11　Dy(ACAC)$_3$Phen 的 EL 光谱和 PL 光谱

李文连等[59]发现厚度在一定范围内的铽配合物 Tb(ACAC)$_3$Phen 薄膜在 OEL 器件中具有这种激子限制作用,Tb(ACAC)$_3$Phen 的厚度对载流子复合区域和器件发光颜色有显著的影响。将载流子的复合限制在一定区域,可以人为地控制 OEL 器件的发光颜色。

除了 $Sm^{3+}$、$Eu^{3+}$、$Tb^{3+}$、$Dy^{3+}$ 4 种离子的配合物较强具有的发光外,最近关于 $Pr^{3+}$、$Nd^{3+}$、$Ho^{3+}$、$Er^{3+}$、$Tm^{3+}$ 和 $Yb^{3+}$ 等的 OEL 研究也有报道。如 Tm(ACAC)$_3$Phen 发蓝光,最大发射波长 482nm(相应于 $Tm^{3+}$ 的 $^1G_4 \rightarrow {}^3H_6$ 跃迁),OEL 器件最大亮度 6cd/m$^2$[60]。近年来发现,这几种离子的配合物还可能产生红外光发射,如 Ndq$_3$(q 为 8-羟基喹啉)配合物得到了 900nm、1064nm 和 1337nm 的

红外电致发光[61]，有望用于通讯领域。

稀土离子具有电致发光增强作用。在光致发光中引入其他稀土离子来增强某一特定稀土离子的发光，是提高配合物发光强度的常用措施，但在电致发光中很少见到这方面的报道。惰性结构的稀土离子(如 $Y^{3+}$、$La^{3+}$)，其 $\beta$ 二酮配合物不发光。然而，有文献报道，异双核稀土配合物 $EuY(TTA)_6Phen$ 的 OEL 器件的亮度比 $Eu(TTA)_3Phen$ 提高了 10 倍[62]。惰性结构的稀土离子与荧光稀土离子共同作为中心离子形成异双核配合物，提高配合物的电致发光强度，可能是由于在这种体系中除了配体向中心离子的能量转移外，还存在不同中心离子之间的能量转移。双核配合物中配体数目是单核的两倍，而能量却集中传递给一个 $Eu^{3+}$，使 $Eu^{3+}$ 获得更多的能量，从而发光强度大大提高。

李文连研究组[63]报道了在电致发光中用 $Tb^{3+}$ 增强 $Eu^{3+}$ 发光的现象。

单纯 Tb(Ⅲ)配合物 $Tb(ACAC)_3Phen$ 的 OEL 器件的驱动电压在 16V 下，亮度可达 $200cd/m^2$，而单纯 Eu(Ⅲ)配合物 $Eu(ACAC)_3Phen$ 的 OEL 器件发光微弱，只能在暗室中观察到红光。但在双稀土配合物的 OEL 器件中，$Eu^{3+}$ 的发光明显强于 $Tb^{3+}$ 的发光，而且器件的相对发光强度比单纯 Eu(Ⅲ)配合物 OEL 器件提高了将近一个数量级，这表明 $Tb^{3+}$ 的加入的确能够增强 $Eu^{3+}$ 的发光。对于这个现象的解释为激子将能量传递给配体，配体再将能量传递给 $Eu^{3+}$ 和 $Tb^{3+}$，而 $Tb^{3+}$ 又把大部分能量转移给 $Eu^{3+}$，从而增强了 $Eu^{3+}$ 的发光。同时，可以认为发生了 $Tb^{3+}$ 的荧光猝灭，$Tb^{3+}$ 在此主要起敏化剂的作用。

(4) 材料的电致发光(EL)性能与光致发光(PL)性能相关性

一般认为，满足 OEL 材料的基本条件之一，就是要有高的 PL 效率。PL 效率低的材料，不可能用于 OEL 器件。然而，许多事实说明具有高的 PL 效率，也不一定就是优良的 EL 材料。例如，在 365nm 紫外光激发下，$Eu(TTA)_3Phen$ 的 PL 亮度明显高于 $Eu(DBM)_3Phen$；但在相同 OEL 器件条件下，$Eu(TTA)_3Phen$ 的最大亮度仅 $137cd/m^{2[64]}$，远比 $Eu(DBM)_3Phen$ 的亮度($460cd/m^2$)要低。主要原因是，前者作为 OEL 材料的成膜性不好及载流子传输性差。OEL 材料对稀土配合物的要求比相应的 PL 配合物更为苛刻，除了高的荧光量子效率之外，还要考虑①载流子传输特性；②加工性能，其中包括在真空蒸镀等条件下的热稳定性，可升华性，成膜性(例如在几十纳米的薄膜中不产生针孔)，以及将其分散于特定的高分子材料中是否可以保持原有的发光性能等。

稀土配合物的窄带发射有很高的量子效率，在作为发光层制备高色纯度的全色 OEL 显示器件方面极其有利，但是，作为 OEL 器件的发光层材料，目前，在性能方面尚不及其他小分子材料和聚合物材料，尚存在许多困难，如发光强度不高，载流子传输性较差等。但相信通过对稀土配合物分子结构和发光器件结构的改进将有可能使稀土配合物成功地应用于 OEL 显示器件中。

## 11.4　稀土配合物复合材料

稀土配合物以其独特的荧光性能广泛地应用于发光与显示领域,但又因其自身固有的在材料性能方面的缺陷限制了它的应用,另一方面又随着一些新技术的发展需要改善材料的性能,为此,人们研制发光稀土配合物复合材料,其中主要是稀土配合物-高分子复合材料,也称为稀土聚合物材料。

稀土配合物的复合材料从成键与否可分为两类,即混合型和键合型。这两类的制备方法及性能有所差异。混合法实用简单,但由于稀土配合物与高分子材料结构上的差异,稀土配合物与高分子基质间相容性差,易出现相分离或存在着荧光猝灭等现象;键合法所得稀土配合物复合材料具有相容性和均匀性好,材料透明和力学性能强等优点;键合法所制备的材料有时也称为稀土配合物杂化材料,但其制备工艺相对比较复杂。

### 11.4.1　混合型稀土配合物复合发光材料

混合是最为简单和普遍的制备稀土配合物复合发光材料的方法。最典型和已获得广泛应用的是稀土配合物光转换农用塑料薄膜。

光转换农用聚乙烯(PE,PVC)薄膜是添加发光稀土配合物作为光转换剂的新型农用薄膜。当太阳光照射薄膜时可将对作物有害的紫外光转变为对植物光合作用有利的红光,并提高棚内温度和地温,使作物提早定植延长生长期,从而达到增产的目的。同时由于发光稀土配合物具有吸收紫外光的能力,又可以延长大棚膜的使用寿命。

也可以树脂作为基质制备发光稀土配合物复合材料。王则民等[65]将化学组成为 $Y_{1-x}Eu_x(C_8H_7O_2)_3$ 和 $La_{1-x}Eu_x(C_8H_7O_2)_3$ 的 $Eu^{3+}$ 配合物混于聚丙烯树脂,制备了聚丙烯荧光薄膜。它可广泛地用于商品包装,也可作为防伪包装膜和收缩膜。发光薄膜发射 $Eu^{3+}$ 的特征荧光,膜的外观与普通聚丙烯膜相同,均为无色透明,由于稀土配合物的添加量很少(质量分数仅 0.2%),不影响聚丙烯薄膜的物理和机械性能。

安保礼等[66]将 2,6-二吡啶甲酸铕配合物 $Na_3Eu(DPA)_3 \cdot 9H_2O$ 混于聚甲基丙烯酸甲酯(PMMA)树脂,制成发光树脂。在复合材料的制备过程中,除配合物脱水外,没有分解,完全可以保持配合物的发光特性。

以稀土配合物形式混入高分子材料中会产生分相、不均匀等不足,人们考虑合成发光稀土高分子配合物,以此混合在高分子基质中,可以改善稀土配合物与高分子基质的相容性。

以稀土配合物制作 OEL 发光层时一个比较主要的缺陷是真空蒸镀成膜困难,

在成膜和使用过程中易出现结晶,使层间的接触变差,而且导电性差,从而影响器件的发光性能和缩短器件的使用寿命。为此,经常采用与导电高分子混合后用旋涂的方法来制备发光层。聚乙烯咔唑(PVK)是一种性能优良的导电高分子(空穴传输材料),常用来与稀土配合物进行混合。为了保证混合均匀,必须将稀土配合物和PVK共同溶解于一种易挥发的有机溶剂(如氯仿)。Zhang等[67]以氯仿为溶剂,将Tb(AHBA)$_3$掺杂于PVK和2-(4-联苯)-5(4-叔丁基苯基)-1,3,4-噁二唑(电子传输材料)制备发光层,获得了良好的成膜性能和较为理想的发光亮度。

稀土配合物混合于导电高分子制备发光层,存在导电高分子基质与配合物竞争发光的现象,一方面减弱配合物的发光;另一方面高分子基质产生的宽带发射会影响OEL器件的色纯度。PVK-Eu(aspirin)$_3$Phen体系就是一个实例,由于Eu(aspirin)$_3$Phen的激发光谱与PVK的发射光谱几乎没有重叠,PVK不能将能量传递给Eu(aspirin)$_3$Phen,因此从PVK-Eu(aspirin)$_3$Phen体系的发光层的光致发光和电致发光光谱都可以看到PVK 408nm附近明显的发射峰,PVK的发光严重影响器件红光的色纯度,甚至会湮没了红光。

配合物与高分子混合制备发光层的主要缺点是①稀土配合物在高分子基质中分散性欠佳,导致发光分子之间发生猝灭作用,致使有效发光分子比例减少,发光强度降低;②稀土配合物与高分子基质间发生相分离,影响了材料的性能。而且,混合后高分子基质也往往不能均匀分散。稀土配合物Tb(aspirin)$_3$Phen掺杂高分子PVK的透射电镜照相表明,稀土配合物在PVK中以纳米颗粒形式分散,粒度在20～30nm;然而,经混合后高分子PVK不能完全均匀分散,被认为这可能是导致OEL器件寿命缩短的原因之一。

### 11.4.2　键合型稀土配合物复合发光材料

键合型稀土配合物发光材料是使发光稀土配合物高分子化,实质上是直接合成出稀土配合物高分子材料,使其既具有稀土配合物的发光特性,又具有高分子材料优良的材料性能与加工性能,由此,拓宽了发光稀土配合物的应用范围。目前已在激光等领域得到应用,而且也将在某些新兴领域获得应用。其主要制备方法如下:

#### 1. 稀土离子与含配位基团的聚合物发生作用

20世纪80年代初,Y. Okamoto等用键合法合成了若干系列稀土配合物复合发光材料,并进行详细讨论。(1)对于含羧基或磺酸基的聚合物,稀土配合物的掺杂量较高,如在苯乙烯-马来酸(PSM)中Eu$^{3+}$的质量分数可达15%,部分羧化或磺化的聚苯乙烯(CPS或SPS)中Eu$^{3+}$的质量分数可达8%;其余如苯乙烯-丙烯酸、甲基丙烯酸甲酯-甲基丙烯酸、1-乙烯基萘-丙烯酸、1-乙烯基-苯乙烯-丙烯酸等共聚

物中 $Eu^{3+}$ 的质量分数为 4%～5%，其发光强度在此范围内可随 $Eu^{3+}$ 含量的增加而增强，超过此值时则产生明显的减弱的趋势。其原因可能是稀土离子的配位数较高，以这种方法合成的配合物中稀土离子配位数得不到满足，便发生离子聚集，离子间距离减小，相互作用加强，造成"荧光猝灭"。(2)对于含 $\beta$- 二酮结构的聚合物中，稀土离子含量相同的条件下，其荧光强度远比相应的小分子稀土配合物低得多，其原因在于稀土离子与聚合物分子中的 $\beta$- 二酮结构基团发生反应的空间位阻大，所形成的配合物配位数低，致使荧光微弱。而且若 $\beta$- 二酮结构基团处于聚合物直链上，则比处于侧链更差。(3)对于被羧芳酰基取代的聚苯乙烯的稀土配合物，其发光强度在 $Eu^{3+}$ 的质量分数达 0.5% 以后就不再增强而趋于恒定。其原因可能是这种高分子配体的空间位阻大和键旋转自由度小，阻碍 $Eu^{3+}$ 与配位基发生作用。

稀土配合物作为 OEL 材料成膜困难的问题，有望通过合成稀土高分子配合物 OEL 材料得到解决。文献[68]报道了 Tb(Ⅲ)高分子配合物，主链为丙烯酸和甲基丙烯酸的共聚物，小分子配体为水杨酸。在暗室中可以观察到器件明显的绿色电致发光，但驱动电压很高，达 60V；文献[69]报道 Eu(Ⅲ)高分子配合物，主链也是采用丙烯酸和甲基丙烯酸甲酯的共聚物，引入 Phen 和 DBM 作为小分子配体来提高发光效率。尽管上述工作中的 OEL 材料和器件在性能方面远达不到应用的要求，但毕竟是具有探索性的尝试，为研究开发稀土高分子配合物 OEL 器件提供了有益的信息。

总之，以这种方法难以获得荧光强度较高的发光稀土配合物复合材料。

### 2. 稀土离子同时与高分子配体和小分子配体作用

针对稀土离子的配位数得不到满足而无法制备强荧光强度配合物的问题，人们采取在稀土离子与高分子配体作用的同时引入小分子第二配体。

与小分子第二配体如 8-羟基喹啉(oxin)、邻菲罗啉(Phen)和 $\alpha$- 噻吩甲酰三氟丙酮(TTA)合成了 $Eu^{3+}$ 三元配合物，这些三元配合物的荧光强度明显高于相应的稀土-聚合物二元配合物，其中 $Eu^{3+}$-PBMAS-TTA 三元配合物的荧光强度比 $Eu^{3+}$-PBMAS 二元配合物提高 610 倍。

由于小分子可以使稀土离子配位数趋于满足，用这种方法合成稀土高分子配合物不致出现浓度猝灭现象。很显然，在这类结构的配合物中，小分子配体是配合物发光主体，而高分子配体起着把荧光性能良好的小分子配体与稀土离子构成的配合物"拉"在一起。如果选择三重态能级与稀土离子最低激发态能级匹配良好，吸光系数高的小分子配体，可获得比较理想的发光效果。在选择合适的小分子配体时还能观察到小分子配体与高分子配体之间存在一定的协同作用，有利于提高发光效率。

这类反应的不足之处是难以定量地进行,在反应过程中高分子配体与离子作用的几率要比小分子配体小得多,反应体系中大量存在的是小分子配体与稀土离子的二元配合物;同时产物的组成也难以控制在预期的比例,尤其是对发光起主要作用的小分子与稀土离子之间的比例。因此,不一定能获得最佳发光效果。

### 3. 以小分子稀土配合物单体与其他单体共聚

孙照勇等[70]首先合成含丙烯酸(AA)的小分子三元配合物 $Eu^{3+}$-TTA-AA,然后与甲基丙烯酸甲酯共聚制备稀土高分子配合物。所制得的高分子配合物在较高的 $Eu^{3+}$ 离子浓度下仍然可加工成透明且柔韧的薄膜。这类高分子配合物均由小分子配体吸收激发能传递给中心离子,然后由中心离子发射特征荧光。与相应的小分子配合物相比,其荧光强度明显提高,荧光寿命大大延长。

此方法的优点是,不会出现浓度猝灭,反应可以定量控制,而且,可以根据需要进行设计,按预期的结构合成稀土配合物单体,其聚合产物荧光效果比较理想。但是,作为单体的稀土配合物体积较大,聚合时空间位阻较大,反应有一定困难。

此方法的思路是在稀土配合物单体结构中使用 $\beta$- 二酮配体,以保证配合物的发光性能,同时巧妙地利用丙烯酸与稀土离子的配位作用,引入了具有聚合活性的乙烯基结构。这种方法避开了可聚螯合剂的合成,简便易行,获得较好的荧光效果。但也存在两个缺点:①配合物单体结构中 $\beta$-- 二酮等配体的体积比丙烯酸大,这种空间效应不利于聚合反应的发生;②丙烯酸对稀土离子的发光基本不起作用,但是却要占用稀土离子的配位数。

### 11.4.3 掺杂型稀土发光配合物

通常发光稀土有机配合物中稀土含量约占 $10\% \sim 20\%$,用量较大,导致材料的成本高,价格贵。无机稀土发光材料采用掺杂的方法,稀土的用量少,但发光效果却很好。目前采用无机稀土发光材料中掺杂的方法,也可以实现以配合物为基的低浓度稀土发光。

掺杂少量 $Tb^{3+}$ 或 $Eu^{3+}$ 的 $La^{3+}$ 及碱土金属邻苯二甲酸盐具有良好的发光特性。掺杂 $Tb^{3+}$ 的邻苯二甲酸锶在紫外光激发下比 $La_2O_2S:Tb$、$Ga_2O_2S:Tb$、$LaOBr:Tb$ 及 $(Ce,Tb)MgAl_{11}O_{19}$ 等无机发光材料具有更高的发光效率。其制备工艺简单:按 $1:0.005$ 的摩尔比在 $SrCl_2$ 溶液中加入 $TbCl_3$,在 $70 \sim 80℃$ 缓慢按化学计量比加入邻苯二甲酸钾热溶液,生成结晶沉淀,抽滤、洗涤,在 $120℃$ 下干燥,得到 SrPHT:0.005Tb。在其中 $Tb^{3+}$ 离子发光的激发能主要来自酸根的单重态 $\pi \rightarrow \pi^*$ 跃迁吸收;由于三重态 $\pi \rightarrow \pi^*$ 与 $Tb^{3+}$ 的 $^5D_4$ 能级的能量相当,而且邻苯二酸二甲酸根位于金属离子所在平面的西侧。这样,激发态的能量很容易通过羧酸根与金属离子形成双齿桥式配位结构(-OCO-M-OCO-),有效地传递给稀土离子,所以在紫外光激发下可产生很强的发光。当 $Tb^{3+}$ 的摩尔分数为 $0.5\%\sim2.5\%$ 时发光强度最大,可比 $(Ce_{0.66},Tb_{0.34})MgAl_{11}O_{19}$ 发光强度高 $1.5$ 倍以上[71]。

其他羧酸盐作为基质化合物也可能得到类似的发光材料,如 $Tb^{3+}$ 掺杂的喹啉酸锶。值得注意的是羧酸结构的不同对发光材料的性能影响甚大。

也有报道在邻苯二甲酸锶基质中 $Eu^{3+}$ 与 $Mn^{2+}$、$Bi^{3+}$、$Pb^{2+}$ 或 $Y^{3+}$ 等离子共掺时,也能使发光强度显著提高。发光强度增强,可能与能量传递更有效有关[72]。

以配合物为基质的低浓度稀土发光是一种较新的方法,有可能发展价格低廉而性能优良的发光材料。

## 参 考 文 献

[1] 徐光宪.稀土.北京:冶金工业出版社,1995

[2] 黄春辉.稀土配位化学.北京:科学出版社,1997

[3] 苏锵.稀土化学.郑州:河南科技出版社,1993

[4] 倪嘉缵,洪广言.中国科学院稀土五十年.北京:科学出版社,2005

[5] 李建宇.稀土发光材料及其应用.北京:化学工业出版社,2003

[6] 洪广言.稀土配合物发光材料// 黄锐,冯嘉春,郑德.稀土在高分子工业中的应用.北京:中国轻工业出版社,2009,213-246

[7] 任玉芳,洪广言,张淑英.原子能科学技术,1965,(4):342

[8] 李文连.化学通报,1991,8:1

[9] 李文连.有机/无机光电功能材料及其应用.北京:科学出版社,2005

[10] Grosby G A,Whan R E,Freeman J. J Phys chem,1962,34:2493

[11] 胡维明,陈观铨,曾云鹗.高等学校化学学报,1990,11(8):817

[12] 慈云祥,常文保,李元宗,吕年青.分析化学前沿.北京:科学出版社,1994

[13] Dejian Zhou,Chunhui Huang,Keyhi Wang,et al. Polyhedron,1994,13(6,7):987

[14] 黄汉国,平木敬三,西川泰治.日本化学会志,1986,(1):66

[15] 任慧娟,洪广言,宋心远,刘桂霞,张学伟.吉林大学学报(理学版),2004,42(4):612

[16] 任慧娟,洪广言,宋心远,刘桂霞,张学伟.功能材料,2004,35(2):228

[17] 任慧娟,洪广言,宋心远,刘桂霞,崔振锋.稀土 2004,25(6):48

[18] 任慧娟,洪广言,宋心远,刘桂霞,鲁佳.稀有金属材料与工程,2005,34(6):943

[19] 任慧娟,洪广言,宋心远.中国稀土学报,2005,23(1):125

[20] Zhang Y X,Shi C Y,Liang Y J,et al. Synth Met,2000,114:321

[21] Bunzli J C,Wessner D. Good Chem Rev,1986,60:197

[22] Sabbatini N,Mecati A,Guardigli M,et al. J Lumen,1991,48&49:463

[23] Lehn J M. Science,1985,227:849

[24] Adachi G,Sorita K,Kawata K,et al. J Lee-Common Met,1983,93:81

[25] Adachi G,Tomokiyo K,Sorita K And Shiokawa J. J Chem Soc Ceam Commun,1980:914

[26] Adachi G,Sorita K,et al. Inorg Chem Acta,1986,121:97

[27] Sabbatini N,Ciano M,et al. Chem Phsy. Lett,1982,90(4):265

[28] Li Wenlian,Fujikawa H,Adachi G,Sbiokawa,J. Inorg Chim Acta,1986,117:87

[29] 曹瑰华,吴琳利,何喜庆.光电子・激光,1995,206:195

[30] Moleski R,Stathatos E,Bekiari V,Lianos P. Thin Solid Films,2002,46:279

[31] 町田宪一.生产技术,1992,44:34

[32] 郑晓梅,金林培,王明昭等.高等学校化学学报,1995,16 (7):1007

[33] 金林培,王明昭,蔡冠梁等.中国科学 (B辑),1994,24 (6):576

[34] Hinckley C C. J Am Chem Soc,1969,91:5160

[35] 杨景和,宋贵云,黄德义.痕量分析,1987,3(1-4):120

[36] Mahalakshmi S N,Drasada R T,Lyer C S P,Damodaram A D. Talanta,1997,44:423

[37] Biju V M,Reddy M L P,Rao T P. Anal Lett,2000,33:2271

[38] 黄春辉,李富友,黄维.有机电致发光材料与器件导论.上海:复旦大学出版社,2005

[39] Tang C W,Vanslyke S A. Appl Phys Lett,1987,51:913

[40] Kido J,Nagai K,Okaonoto Y. J Alloys Compd,1993,192:30

[41] 刘式墉,冯晶,李峰.发光学报,2002,23 (5):425

[42] 梁春军,李文连,洪自若等.发光学报,1998,19 (3):89

[43] 董金凤,杨盛谊,徐纪等.光电子.激光,2001,12 (5):480

[44] Adachi C,Nagai K,Tamoto N. Appl Phys Lett,1995,66(20):2679

[45] 邓振波,白峰,高新等.中国稀土学报,2001,19 (6):532

[46] 李文连.液晶与显示,2001,16 (1):33

[47] Adachi C,Baldo M A,Forrest S R. J Appl Phys,2000,87:8049

[48] Kido J,Hayase H,Hoggawa K. Appl Phys Lett,1994,65:2124

[49] 孙刚,赵宇,于沂等.发光学报,1995,16 (2):180

[50] 欧阳健明,郑文杰,黄宁兴等.化学学报,1999,57:333

[51] Jiang X Z,Jen Ak Y,Huang D. Y,et al. Synth Met,2002,125:331

[52] Mc Gehel M D,Bergstedt T,Zhang C,et al. Adv Mater,1999,11:1349

[53] 李文连.中国稀土学报,1999,17 (3):267

[54] Liang C J,Zhao D X,Hong Z R,et al. Appl Phys Lett,2000,76:67

[55] 黄春辉,李富友.光电功能超薄膜.北京:北京大学出版,2001

[56] Christou V,Salata O V,Ly T Q,et al. Synth Met. 2000,111:1127

[57] Zheng Y X,Fu L S,Zhou Y G,et al. J Mater Chem,2002,12:1

[58] 洪自若,李文连,赵东旭等.功能材料,2000,31 (3):335

[59] 洪自若,李文连,赵东旭等.发光学报,1998,19 (增刊):4

[60] Hong Z K,Li W L,Zhao D X,et al. Synth Met,1999,104:165

[61] Khreis O M,Curry R J,Somerton M,et al. J Appl Phys,2000,88:777

[62] 朱卫国,范同锁,卢志云等.材料学报,2000,14 (1):50

[63] 赵东旭,李文连,洪自若等.发光学报,1998,19 (4):370

[64] Sano T,Fujita M,Fujii T,et al. Jpn. J Appl Phys,1995,34:1883

[65] 温耀贤,温勇,王则民等.稀土,1998,19(2):33

[66] 安保礼,罗一帆,叶剑清等.中国稀土学报,2001,19(3):268

[67] Zhang Y X,Shi C Y,Liang Y J,et al. Synth Met,2002,125:331

[68] 赵东旭,李文连,洪自若等.发光学报,1998,19 (2):151

[69] 赵东旭,李文连,洪自若等.发光学报,1999,19 (2):1705

[70] 孙照勇,王新峰,陈建新等.发光学报,1998,19 (2):146

[71] 孙聚堂.发光学报,1994,15 (3):242

[72] 杨丽敏,闻诗甫,章菲等.光谱学与光谱分析,2000,20 (5):727

# 第 12 章 稀土多光子发光材料：上转换与量子切割

## 12.1 上转换稀土发光材料[1-4]

### 12.1.1 上转换发光

红外变可见上转换材料是一种能使看不见的红外光变成可见光的新型功能材料，其能将几个红外光子"合并"成一个可见光子，也称为多光子材料。这种材料的发现，在发光理论上是一个新的突破，被称为反斯托克斯(Stokes)效应。按照Stokes 定律，发光材料的发光波长一般应大于激发光波长，反 Stokes 发光(也称为上转换发光) 则是用较长波长的光激发样品，而发射出波长小于激发光波长的光的现象，即用小能量的光子激发而得到大能量的光子发射现象。

稀土离子的上转换发光现象的研究起始于 20 世纪 50 年代初[5]，20 世纪 60~70 年代，Auzel[6] 和 Wright[7] 等系统地研究了稀土离子掺杂的上转换特性和机制，提出由激发态吸收、能量传递以及合作敏化引起的上转换发光，而亚稳激发态是产生上转换功能的前提。80 年代后期，利用稀土离子的上转换效应，已经可获得覆盖红、绿、蓝所有可见光波长范围的上转换激光输出。近几年，Gudel 等[8] 和 Balda 等[9] 对上转换材料的组成与其上转换特性的对应关系作了系统的研究，得到了一些优质的上转换材料。

1968 年国外利用 $LaF_3$：Yb，Er 上转换效应制成发绿光的固体灯，引起广泛的兴趣，一段时间内工作十分活跃。20 世纪 70 年代中期由于直接发可见光的固体灯和液晶技术的发展，而使上转换发光的应用趋于冷落。

随着信息、通信、视频显示及表面处理等技术的发展，越来越需要高效率、低价格、高性能的可见光波长的激光光源，尤其是蓝绿光激光。在可能获得蓝绿光激光的方法中，上转换是获得该波段激光的一条途径，并具有如下优点[10,11]：(1)可以有效降低光致电离作用引起基质材料的衰退；(2)不需要严格的相位匹配，对激发波长的稳定性要求不高；(3)输出波长具有一定的可调谐性。另外，上转换发光更有利于简单、廉价及结构紧凑小型激光器系统的发展。

实现激光上转换，是上转换材料很突出的应用。最初的上转换激光只能在低温下脉冲工作，1971 年，Johnson[12] 用 $BaY_2F_8$：Yb，Ho 和 $BaY_2F_8$：Yb，Er 在77K 下用闪光灯泵浦首次实现了绿色上转换激光。利用上转换过程也可实现连续激光输出，1986 年，Silversmith[13] 用 YAlO₃：Er 首次实现了连续波上转换激光。1987 年，Antipenko[14] 用 BaY₂F₈：Er 首先实现了室温下的上转换激光。由于对短波长全固体激光器的需求促使上转换激光材料的研究，从 20 世纪 80 年代后半期以来又出现了一个上转换材料研究的高潮。

尤其是 20 世纪 80 年代末，红外激光二极管效率的提高为上转换提供了有效的泵浦源，同时新基质材料的发现也使上转换效率有了较大的提高，利用稀土离子的上转换效应，在可见光范围已获得了连续室温运转和较高效率的上转换激光输出。用包括激光二极管在内的发红光或近红外光的光源激发，上转换材料可得到蓝绿，甚至紫色荧光发射，有望取代非线性光学晶体。发光二极管的发展也促进了上转换材料的研究和应用的发展。

20 世纪 90 年代中期，在 Pr³⁺ 离子掺杂的重金属氟化物玻璃光纤中实现了室温下的上转换连续波激光输出，用 1010nm($^3H_4 \rightarrow \, ^1G_4$) 和 835nm($^1G_4 \rightarrow \, ^3P_0$, $^3P_1$, $^1I_6$) 两束光激光泵浦，获得了 635nm($^3P_0 \rightarrow \, ^3F_2$)、605nm($^3P_0 \rightarrow \, ^3H_6$)、520nm($^3P_1$, $^1I_6 \rightarrow \, ^3H_5$) 和 491nm($^3P_0 \rightarrow \, ^3H_4$) 激光，其中 635nm 激光的输出功率 100mW 以上，效率达到 16.3%[15]，在 Pr、Yb 共掺杂的光纤中，用 860nm 激光泵浦，输出功率达到 300mW，斜率效率达到 52%[16]。

1994 年斯坦福大学和 IBM 公司合作，开发了上转换新应用——双频上转换立体三维显示，被评为 1996 年物理学最新成就之一。

上转换发光材料目前的应用领域主要是在探测和防伪上。例如，人们将稀土上转换材料添加于油墨、油漆或涂料中，应用于防伪，其保密性强，不易仿制；在军事上主要应用是和红外激光器或红外发光二极管匹配使用，在红外光的激发下，上转换发光材料发射出绿色、蓝色或红色光；据报道，国外正在试图将上转换发光应用于显示领域，一旦有关工作取得突破，上转换发光材料的应用量将会得到极大的提高。

### 12.1.2 稀土离子上转换发光机制

上转换材料发光与一般材料发光不同，上转换是通过多光子机理将长波辐射转换为短波辐射。不遵循 Stokes 定律，发出光子的能量不是小于而是大于激发光的光子能量。它的发光机理是基于双光子或多光子过程，即发光中心相继吸收 2 个或多个光子，再经过无辐射弛豫达到发光能级，最终跃迁到基态放出 1 个可见光子。为有效实现双光子或多光子效应，发光中心的亚稳态需要有较长的能级寿命。稀土离子能级之间的跃迁属于禁戒的 f-f 跃迁，因而有长的寿命，符合该条件。迄今为止，几乎所有上转换材料均只限于稀土化合物。

上转换发光机理的研究主要集中于稀土离子的能级跃迁。基质材料和激活离子不同，跃迁机理也有所不同，因此，上转换发光原理的解释是伴随着新材料的出现而发展的。不同文献对上转换机理有不同的归纳方法，现将主要发光机制简介如下[17]。

### 1. 单个离子的步进多光子吸收上转换发光

单个离子的步进多光子吸收（也称为激发态吸收）过程是上转换发光的最基本过程之一。其原理是同一个离子从基态能级通过连续的多光子吸收到达能量较高的激发态能级的一个过程。单个离子的步进多光子吸收可以是两步吸收，即离子吸收一个光子跃迁到激发态，再吸收一个光子，跃迁到更高的激发态，然后产生辐射跃迁而返回基态产生上转换发光；也可以是单种离子的步进多光子吸收，即激活离子吸收一个激发光子，从基态跃迁至激发态，在此激发态又吸收一个激发光子跃迁至较高的激发态，如果满足能量匹配的要求，该激发态还有可能向更高的激发态能级跃迁而形成三光子、四光子吸收，依此类推，最终产生辐射跃迁而返回基态产生上转换发光。

如果该高能级上粒子数足够多，形成粒子数反转，就可实现上转换激光发射。单个离子的步进多光子吸收，并不依赖于材料中稀土离子的浓度。

用 Kr 离子激光器的 647.1nm 激发 $LaF_3$：$Tm^{3+}$，可以观察到来自 $^3H_4$、$^1G_4$、$^1D_2$、$^1I_6$ 的发射[18]。上转换发光是由激发态吸收引起的。激发过程为第一个光子由基态激发到 $^3F_2$ 的声子边带，由于 $^3F_2$、$^3F_3$ 和 $^3H_4$ 相距很近，电子很快弛豫到 $^3H_4$。在这里，电子可能吸收第二个光子跃迁到 $^1D_2$，也可以跃迁到基态发出红外光，或者跃迁到 $^3F_4$。这个能级上的电子吸收第二个光子跃迁到 $^1G_4$。$^1G_4$ 上的电子吸收第三个光子跃迁到 $^3P_1$，然后弛豫到 $^1I_6$（图 12-1），然后实现上转换发光。这是典型的单个离子的步进多光子吸收过程的例子。

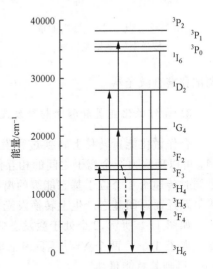

图 12-1 $LaF_3$ 中 $Tm^{3+}$ 的能级及 647.1nm 激发下的上转换发光过程

### 2. 逐次能量转移上转换发光

逐次能量转移上转换发光一般发生在不同类型的离子之间，处于激发态的施主离子通过共振能量传递把吸收的能量传递给受主离子，受主离子跃迁到激发态，施主离子本身则通过无辐射弛豫的方式返回基态；另一个受激的施主离子又把能量无辐射传递给已处于激发态的受主离子，受主离子跃迁至更高的激发态，然后以一个能量几乎是激发光子能量 2 倍的光子辐射跃迁回到基态。

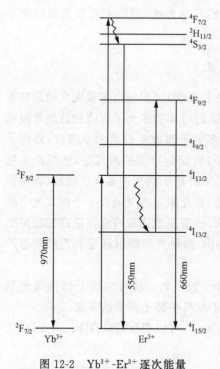

图 12-2 Yb$^{3+}$-Er$^{3+}$ 逐次能量
传递上转换发光机理

图 12-2 所示为 Yb$^{3+}$-Er$^{3+}$ 对逐次能量传递上转换发光机理的实例，Yb$^{3+}$ 在 970nm 红外光的激发下由基态 $^2F_{7/2}$ 跃迁到 $^2F_{5/2}$ 激发态，将吸收的能量传递给 Er$^{3+}$，Er$^{3+}$ 跃迁到 $^4I_{11/2}$ 激发态，Yb$^{3+}$ 返回基态；另一个 Yb$^{3+}$ 吸收第二个 970nm 光子能量，共振传递给已处于激发态的 Er$^{3+}$，被激发的 Er$^{3+}$ 跃迁至发射能级（在向高能级的跃迁过程中，Er$^{3+}$ 会以声子形式失去一部分能量），然后以一定能量的光辐射跃迁回 $^4I_{15/2}$ 基态。这个发射光子的能量几乎是激发光子能量的 2 倍。Yb$^{3+}$-Er$^{3+}$ 对可得到 550nm 绿色辐射（如将 Yb$^{3+}$ 和 Er$^{3+}$ 共掺杂于 YF$_3$、BaF$_2$、α-NaYF$_4$、BaF$_5$ 或 YAlO$_3$），也可得到 660nm 红色的发光（如 Yb$^{3+}$ 和 Er$^{3+}$ 共掺杂于 Y$_2$O$_3$、YOCl）。将相应的荧光粉与发射 970nm 红外光的 CaAs：Si 配合，可制成绿色和红色的发光二极管；这类荧光粉还可将 Y$_3$Al$_5$O$_{12}$：Nd$^{3+}$ 激光器输出的 1060nm 红外激光转换为可见光，能显示红外激光的光斑，用于调试和准直激光器。

### 3. 合作敏化能量转移上转换发光

合作敏化能量转移上转换过程发生在同时位于激发态的同一类型的离子之间，可以理解为 3 个离子之间的相互作用。首先同时处于激发态的 2 个离子将能量同时传递给 1 个位于基态能级的离子使其跃迁至更高的激发态能级，然后产生辐射跃迁而返回基态产生上转换发光，而 2 个离子则同时返回基态。

如图 12-3 所示，2 个处于激发态的 Yb$^{3+}$，将能量同时传递给 1 个处于基态的受主离子 Tm$^{3+}$，两个 Yb$^{3+}$ 返回基态时，Tm$^{3+}$ 可以通过任意一个过渡状态从 2 个 Yb$^{3+}$ 得到其总能量。

### 4. 交叉弛豫能量转移上转换发光

交叉弛豫能量转移上转换发光（亦称为多个激发态离子的共协上转换）可以发生在相同或不同类型的离子之间。其原理如图 12-4。当足够多的离子被激发到中间态时，两个物理上相当接近的激发态离子可能通过非辐射跃迁而耦合，一个返回基态或能级较低的中间能态，另一个则跃迁至上激发能级，而后产生辐射跃迁。参

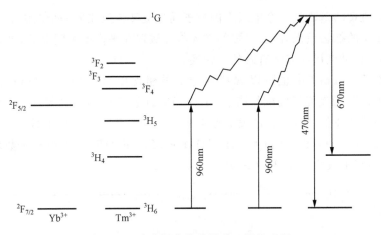

图 12-3　合作敏化能量转移上转换过程

与这个过程的离子可以是同种离子，也可以是不同种离子，掺杂敏化剂的（双掺）材料的发光属于这一类。

5. "光子雪崩"过程

1979 年，Chivian 报道了上转换发光中的"光子雪崩"现象[19]。

"光子雪崩"是激发态吸收和能量转移相结合的过程。"光子雪崩"过程原理如图 12-5 所示，泵浦光能量对应离子的 $E_2$ 和 $E_3$ 能量，$E_2$ 能级上的一个离子吸收该能量后被激发到 $E_3$ 能级，$E_3$ 能级与 $E_1$ 能级发生交叉弛豫过程，离子都被积累到 $E_2$ 能级上，使得 $E_2$ 能级上的粒子数像雪崩一样增加，因此称为"光子雪崩"过程。光子雪崩过程取决于激发态上的粒子数积累，因此在稀土离子掺杂浓度足够高时，才会发生明显的光子雪崩过程。

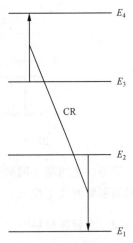

图 12-4　交叉弛豫能量转移上转换过程图解

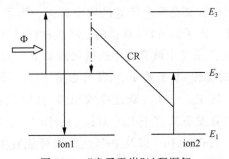

图 12-5　"光子雪崩"过程图解

　　这个机理的基础是一个能级上的粒子通过交叉弛豫在另一个能级上产生量子效率大于 1 的抽运效果,激发光强的增大将导致建立平衡的时间缩短,平衡吸收的强度变大,有可能形成非常有效的上转换。

　　在 $LaF_3$：$Tm^{3+}$ 中也可以观察到光子雪崩现象[20]。用 635.2nm 激光激发 $LaF_3$：$Tm^{3+}$,激发光子的能量高于 $^3H_6 \to {}^3F_2$ 的零声子吸收,而与 $^3F_4 \to {}^1G_4$ Stark 能级间的跃迁波长一致。在激发态吸收使 $^1G_4$ 上具有初始的粒子数后,交叉弛豫过程 $(^1G_4, {}^3H_6) \to (^3F_2, {}^3F_4)$ 和 $(^3H_4, {}^3H_6) \to (^3F_4, {}^3F_4)$ 使 $^3F_4$ 上的粒子数增加到 3 倍,从而引起了吸收雪崩(图 12-6)。

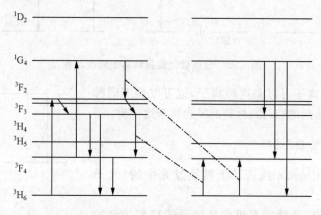

图 12-6　$LaF_3$ 中 $Tm^{3+}$ 上转换发光中的光子雪崩过程

　　值得注意的是不同的稀土离子一般具有不同的上转换发光方式,同一离子在不同的泵浦方式下也具有不同的发光机理。

### 12.1.3　上转换材料[5,21]

　　上转换材料材料已有上百种,有玻璃、陶瓷、多晶和单晶。上转换材料可分为单掺和双掺两种,在单掺材料中,由于利用的是稀土离子 f-f 禁戒跃迁,窄线的振子强度小的光谱限制了对红外光的吸收,因此这种材料效率不高。如果通过加大掺杂离子的浓度来增强吸收,又会发生荧光的浓度猝灭。为了提高材料的红外吸收能力,往往采用双掺稀土离子的方法,双掺的上转换材料以高浓度掺入一个敏化离子。例如,$Yb^{3+}$ 是上转换发光中最常应用的敏化剂离子。$Yb^{3+}$ 的 $4f^{13}$ 组态含有两个相距约 $10000cm^{-1}$ 的能级,基态是 $^2F_{7/2}$,激发态是 $^2F_{5/2}$。每个能级在晶场中又劈裂为若干 Stark 能级,其 $^2F_{7/2} \to {}^2F_{5/2}$ 跃迁吸收很强,且吸收波长与 $950 \sim 1000nm$ 激光匹配良好,而它的激发态又高于 $Er^{3+}(^4I_{11/2})$、$Ho^{3+}(^5I_6)$、$Tm^{3+}(^3H_5)$ 的亚稳激发态,$Yb^{3+}$ 和 $Er^{3+}$、$Tm^{3+}$、$Ho^{3+}$ 以及 $Pr^{3+}$ 之间都可能发生有效的能量传递,可将吸收的红外光子能量传递给这些激活离子,发生双光子或多光子发射,从而实现上转换发光，使上转换荧光明显增强，$Yb^{3+}$ 的掺杂浓度可相对较高，这使得离子之间的交叉弛豫效率很高，因此，以 $Yb^{3+}$ 作为敏化剂是提高上转换效率的重要途径之一。

实际中应用的 $Yb^{3+}$ 敏化 $Er^{3+}$ 的材料有发绿光的 $LaF_3$、$YF_3$、$BaYF_5$、$NaYF_4$，发红光的 $YOCl$、$Y_2O_3^{[17]}$，还有随着敏化剂 Yb 浓度由低变高，能分别发出黄色和红色光的 $Y_2OCl_7^{[18]}$。至今 $Yb^{3+}$-$Er^{3+}$ 离子对作为发光中心研究得最多，其次是 $Yb^{3+}$-$Tm^{3+}$，$Yb^{3+}$-$Ho^{3+}$ 等。

用 $1\mu m$ 左右的红外光激发 $Yb^{3+}$，通过 $Yb^{3+}$ 到激活剂离子的逐次能量传递使它到达能量较高的激发态，产生可见光。作为一个例子，如图 12-7 所示的 Tm 和 Yb 双掺杂的体系中，用 960nm 红外光激发 $Yb^{3+}$，出现 $Tm^{3+}$ 的 $^1G_4$ 发射。上转换激发过程包含三步能量传递：$(Yb^2F_{5/2}, Tm^3H_6) \rightarrow (Yb^2F_{7/2}, Tm^3H_5)$，$(Yb^2F_{5/2}, Tm^3F_4) \rightarrow (Yb^2F_{7/2}, Tm^3F_2)$，$(Yb^2F_{5/2}, Tm^3H_4) \rightarrow (Yb^2F_{7/2}, Tm^1G_4)^{[6]}$。在高 Tm 浓度（约 $1\%$）的样品中，通过两个激发的 Tm 间的交叉弛豫 $(^3F_3, {}^3F_3) \rightarrow (^3H_6, {}^1D_2)$，可以出现 $^1D_2$ 的上转换发光。而且，$^1D_2$ 上的电子也能再接受 Yb 传递的能量，跃迁到更高的能级。

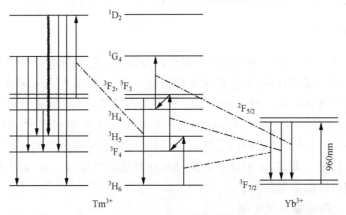

图 12-7　$Tm^{3+}$ 和 $Yb^{3+}$ 双掺杂体系中的能量传递和上转换发光

$Er^{3+}$ 也是一种有效的上转换材料激活离子，它具有丰富的可被 $800\sim1000nm$ 红外光子激发的能级。通常情况下所见到的是 $Er^{3+}$ 的强发射位于 $0.55\mu m$ 和 $0.65\mu m$，光谱测定表明在某些基质中如 $BaYF_5$，$YOCl$，$YF_3$，$Y_2O_3S$ 等，还能见到 $Er^{3+}$ 位于 $0.41\mu m$（$^2H_{9/2} \rightarrow {}^4I_{15/2}$）、$0.38\mu m$（$^4G_{11/2} \rightarrow {}^4I_{15/2}$）、$0.32\mu m$（$^2P_{3/2} \rightarrow {}^4I_{15/2}$）和 $0.35\mu m$（$^2K_{13/2} \rightarrow {}^4I_{15/2}$）的跃迁的弱发射，其中在 $Y_{0.79}Yb_{0.20}Er_{0.1}F_3$ 中，$0.41\mu m$ 发射的效率最高。

$Er^{3+}$ 作为激活离子的上转换材料还可作为应用于光纤通信的 $1.5\mu m$ 上转换材料，如在 $ZrF_4$：Er 玻璃中 $Er^{3+}$ 的质量分数为 $1\%$，同时掺杂少量的 $PbF_2$ 以增

加折射率,用 $1.13\mu m$ 和 $1.50\mu m$ 双波长激发下可产生较强的红、绿、蓝发光;Er:
$YCl_3$-$PbCl_2$-KCl 玻璃具有较高的发光效率,在 $1.5\mu m$ 激发下发出 $0.55\mu m$ 和
$0.66\mu m$ 两种波长的上转换发光,但其耐水性能较差,限制了其应用,而增加组分
中 $PbCl_2$ 和 $BaCl_2$ 的含量,则可以提高其耐水性而不影响其发光效率。又如在
$YAlO_3$ 单晶中 $Er^{3+}$ 和 $Yb^{3+}$ 共掺时,用 $1.52\sim1.56\mu m$ 波段激发,能产生 510nm、
670nm、860nm、995nm 的上转换发光。

目前,作为较成熟的泵浦源如 GaAlAs、AlGaAs 和 InGaAs 发光二极管的发
射波长分别位于 $797\sim810nm$,$670\sim690nm$,$940\sim990nm$,这些波长分别处在一些
稀土离子,如 $Er^{3+}$、$Tm^{3+}$、$Nd^{3+}$ 和 $Ho^{3+}$ 离子的主吸收带上,因此,上转换材料主
要以常见的三价稀土离子如 $Er^{3+}$、$Tm^{3+}$、$Nd^{3+}$、$Ho^{3+}$ 等作为激活剂。为了提高上
转换发光强度,在材料中常常加入作为敏化剂的 $Yb^{3+}$ 离子,而形成 $Yb^{3+}$-$Er^{3+}$,
$Yb^{3+}$-$Tm^{3+}$,$Yb^{3+}$-$Pr^{3+}$,$Yb^{3+}$-$Ho^{3+}$ 共激活的发光材料。

直到 20 世纪末,几乎所有的上转换材料都是以稀土掺杂的,过渡元素大多不
适宜用于上转换材料。进入 21 世纪,已有研究发现,过渡元素与稀土的共掺杂,尤
其是 $Yb^{3+}$-$Mn^{3+}$、$Yb^{3+}$-$Cr^{3+}$ 的共掺杂,可产生高效的上转换现象,有些上转换的
红外波长范围还超过了单纯掺杂稀土的材料[5]。

### 1. 基质材料

人们广泛地研究了掺杂不同稀土离子的晶体、玻璃、陶瓷的红外到可见光的上
转换现象。对于基质材料,不仅要求光学性能好,而且要求具有一定的强度和化学
稳定性。基质材料虽然一般不构成上转换相关的能级,但能为激活离子提供合适
的晶体场,使其产生合适的发射,对阈值功率和输出水平也有很大的影响[45]。寻
求合适的基质,以减少材料的声子能量,有利于提高上转换激光的运转效率。上转
换发光材料种类非常多,主要的上转换发光材料基质可分为 5 类,其中研究的最多
及最有应用价值的是氟化物。

### (1) 氟化物与复合氟化物

稀土离子掺杂的氟化物材料是上转换研究的重点和热点,这主要是因为氟化
物基质的声子能量低,减少了无辐射跃迁的损失,因此具有较高的上转换效率。尤
其是重金属氟化物基质的振动频率低,稀土离子激发态无辐射跃迁的概率小,可增
强辐射跃迁。研究发现,稀土离子掺杂的重金属氟化物玻璃材料是优良的激光上
转换材料,这种材料的声子能量较低,以一般在 $500\sim600cm^{-1}$,上转换效率高。

稀土离子掺杂上转换材料的研究主要集中在氟化物材料中[17],例如,1987 年
Antipenko 等[22]报道了 $BaF_2$:$Yb^{3+}$,$Er^{3+}$ 晶体在室温下采用双波长 1540nm 和
1054nm 泵浦方式获得了 670nm 的上转换红光输出。1994 年 Heine 等[23]报道了
$LiYF_4$:$Er^{3+}$ 晶体在室温下采用 810nm 泵浦方式获得了 551nm 的上转换绿光输

出。对于上转换激（发）光效率来讲，仅从材料的声子能量方面来考虑，一般认为氟化物 > 氧化物。

氟化物玻璃具有从紫外到红外光区（300～700nm）均呈透明、激活离子易于在其中掺杂和声子能量低等优点，可以用于上转换光纤激光器。玻璃的优势在于能够较大量地掺杂稀土离子；可制备均匀的大尺寸样品；可制成多种形态。氟化物玻璃已先后在微珠、光纤和块状形态获得激光振荡，尤其是光纤具有独特的优势。

虽然稀土掺杂的氟化物晶体和玻璃的上转换效率较高，但其化学稳定性和强度差，抗激光损伤阈值低，制作工艺难度大，在一定程度上限制了它的应用。稀土掺杂的氟化物薄膜可以克服晶体和玻璃制备困难、成本高、环境条件要求高等缺点，例如在 $CaF_2$（Ⅲ）基片上形成 $Er^{3+}$ 掺杂的 $LaF_3$ 薄膜，可将 800nm 的光高效地转换为 538nm 的可见光。

稀土氟化物材料制备方法（表 12-1）：通常是把稀土氧化物溶于硝酸和盐酸中，以过量的氢氟酸共沉淀先得到稀土水合氟化物。由于微量的氧或氢氟根的存在会增加声子的截止频率，改变材料的发光光谱，降低发光效率。为获得不含微量的氧或氢氟根的稀土氟化物结晶，一般可通过三个途径来制备出无水稀土氟化物。

（1）使用助熔剂，如 $NH_4F$，$AlF_2$，$BeF_2$，$BeF_4$ 以及 $MgF_2$ 等。

（2）在高温下使用氟化氢气体。

（3）在高温下，高真空脱去结晶水。

**表 12-1　某些掺杂 $Yb^{3+}$-$Er^{3+}$ 发绿光的氟化物上转换材料制备方法**

$$La_2O_3 \xrightarrow{900\sim1100℃\ HF\ 气氛中} LaF_3$$

$$YF_3,BaF_2 \xrightarrow{950\sim1000℃\ HF\ 气氛中} BaYF_5$$

$$YF_3,BeF,NH_4F \xrightarrow{1000℃\ 氮气中} YF_3(BeF_2)$$

$$YF_3,Na_2Si_2F_6 \xrightarrow{630℃\ 氩气中} NaYF_4(NaF)$$

改变制备条件（如温度、气氛等），将对发光效率有很大影响。

李艳红等[24]采用水热法制备了 $Er^{3+}$ 离子浓度为 3％，$Yb^{3+}$ 离子浓度分别为 10％和 20％的 $GdF_3$：$Er^{3+}$，$Yb^{3+}$ 样品。X 射线衍射的研究结果表明，合成的样品均为正交结构的 $GdF_3$，由于 $Yb^{3+}$ 的离子半径小于 $Gd^{3+}$ 的离子半径，晶格常数随着掺入 $Yb^{3+}$ 离子浓度的增加而减小。在 980nm 红外光激发下可以看见明亮的上转换荧光。上转换发射光谱研究表明，它们来自于 $Er^{3+}$ 离子的 $^2H_{11/2}$，$^4S_{3/2} \rightarrow {}^4I_{15/2}$ 和 $^4F_{9/2} \rightarrow {}^4I_{15/2}$ 跃迁。样品中的绿光发射较强，这主要是 $GdF_3$ 基质声子能量小，$^2H_{11/2}$，$^4S_{3/2}$ 能级上的电子居多的原因。$Yb^{3+}$ 离子浓度较高时，红光发射强度的相对比例增强，这主要是交叉弛豫过程，$^4F_{7/2}$（Er）$+ {}^2F_{7/2}$（Yb）$\rightarrow {}^4I_{11/2}$（Er）

$+^2F_{5/2}$(Yb)和晶格畸变共同影响,使$^4F_{9/2}$能级上的电子数增加所致。

李有谟等[25]对稀土红外上转换材料 BaYF$_5$:Yb,Er 的制备工艺作了较广泛的探讨。(1)观察到添加少量 LiF 于灼烧原料中可以提高产物的发光亮度,并可以降低灼烧所需温度。(2)在 Na$_2$SiF$_6$ 分解气氛中灼烧有利于提高产物的发光亮度,并且可允许引入少量空气。(3)所制得的 BaYF$_5$:Yb,Er 在二极管$(0.94\mu m)$激发下发光亮度超过 α-NaYF$_4$ 体系;这表明它在 $1.06\mu m$ 激发的显示上优于 α-NaYF$_4$。

洪广言等[26]将 BaYF$_5$:Yb,Er 上转换材料与聚乙烯共混制成一种透光性好、不会脱落、使用和携带方便的高效红外变可见上转换薄膜,已用于钕激光器和 $0.9\mu m$ 半导体激光器的显示。

蔡正华等[27]采用坩埚下降法,研制一种氟化物体系的陶瓷上转换材料,可用于 $1.06\mu m$ 的连续激光显示,直观简便。

(2) 稀土氧化物与复合氧化物

氧化物上转换材料声子能量较高,因此上转换效率低。但它的优点是制备工艺简单,环境条件要求较低,形成玻璃相的组分范围大,稀土离子的溶解度高,强度和化学稳定性好。比较典型的氧化物上转换材料有 Nd$_2$(WO$_4$)$_3$,室温下可将 808nm 的激光转换为 457nm 和 657nm 的可见光;Er$^{3+}$ 掺杂的 YVO$_4$ 可将 808nm 的激光转换为 505nm 的可见光。以溶胶-凝胶法制备的 Eu$^{3+}$、Yb$^{3+}$ 共掺杂的多组分硅酸盐玻璃可将 973nm 的光转换为橘黄色光。

近些年来稀土氧化物与复合氧化物上转换材料的研究也较广泛。如李艳红等[28]采用均相沉淀法制备了不同浓度的 Gd$_2$O$_3$:Er$^{3+}$,Yb$^{3+}$,测定了样品在 980nm 激发下的上转换光谱,观察到较强的绿色和红色上转换发光,它们分别属于 Er$^{3+}$ 的 $^2H_{11/2}$、$^4S_{3/2} \rightarrow {}^4I_{15/2}$ 和 $^4F_{9/2} \rightarrow {}^4I_{15/2}$ 跃迁。

人们还对许多基质材料进行了研究。例如,谭浩等[29]研究了 Er$^{3+}$,Em$^{3+}$ 共掺的 NaY(WO$_4$)$_2$ 晶体上转换发光,陈晓波等[30]研究了 YVO$_4$:Ho,Yb 的上转换发光,J. Silve 等[31]研究了 Y$_2$O$_3$:Er,Yb 的上转换发光性能等。发现在稀土五磷酸盐非晶玻璃中可获得紫外上转换发光和蓝绿波段的上转换发光。

有些氧化物基质的声子能量也比较低,如 TeO$_2$。在复合氧化物单晶中也有一些低声子能量的材料,如 YAl$_3$(BO$_3$)$_4$$(192.9cm^{-1})$、ZnWO$_4$$(199.5cm^{-1})$,可以作为激光上转换材料的基质。由于上转换激光器主要针对中、小功率场合的应用,对激光束质量的要求较高,单晶中激活离子荧光谱线较窄,增益较高,且硬度、机械强度和热导性能优于玻璃,故物化性能稳定的氧化物单晶常作为上转换材料的基质。

(3) 氟氧化物

作为上转换材料,氟化物的声子能量小,上转换效率高,但其最大缺点是强度和化学稳定性差,给实际应用带来了很大的困难。在诸多基质材料中,氧化物基质的强度和化学稳定性好,但声子能量大;综合了二者优点的氟氧化物引起了人们极大的研究兴趣。1975 年法国 Auzel 率先报道了一种可实现上转换的氟氧化物玻璃陶瓷;1993 年 Wang 和 Ohwaki 发现 $Er^{3+}$、$Yb^{3+}$ 共掺杂的 $SiO_2$-$Al_2O_3$-$PbF_2$-$CdF_2$ 透明玻璃陶瓷可将 980nm 的光转换为可见光,其效率远高于氟化物。近来,徐叙瑢研究组[32]制备了一种单掺 $Er^{3+}$,而不使用敏化剂的氟氧化物陶瓷,在 980nm 光的激发下,可有效地发射红光和绿光,红光强度大于绿光,且红光强度随 $Er^{3+}$ 浓度的增加而减弱,红光发射为双光子过程或双光子和三光子混合过程,绿光发射为三光子过程。

与氟化物玻璃相比,氟氧化物玻璃的激光损伤阈值、化学稳定性和机械强度等指标要优异得多。氟氧化物玻璃陶瓷(微晶玻璃)上转换材料是将稀土离子掺杂的氟化物微晶镶嵌于氧化物微晶基质中,以它作为基体是一种便利而有效的方法。氟氧化物玻璃陶瓷利用成核剂诱发氟化物形成微小的晶粒,并使稀土离子先富集到氟化物微晶中,稀土离子被氟化物微晶所屏蔽,而不与包在外面的氧化物玻璃发生作用,这样掺杂的氟氧化物微晶玻璃既具有氟化物基质的高转换效率,又具有氧化物玻璃较好的机械强度和稳定性,热处理后包埋于氧化物中的氟化物微晶颗粒为几十纳米,避免了散射引起的能量损失,含纳米微晶的氟氧化物玻璃陶瓷呈透明状。

人们开展的一系列的研究在于希望找到既有氧化物,氟化物那样高的上转换效率,又兼有类似氧化物结构稳定性的新基质材料,从而达到实际应用的目的。

(4) 卤化物与卤氧化物

卤化物上转换材料主要是以稀土离子掺杂的重金属卤化物,由于它们具有较低的振动能,减少了多声子弛豫的影响,能够提高转换效率。例如,$Er^{3+}$ 掺杂的 $Cs_3Lu_2Br_9$ 可将 900nm 的激发光有效地转换为 500nm 的蓝绿光。氯化物玻璃对空气中的水分极其敏感,氯化物在空气中发生潮解,因而不可能在空气中制备玻璃和测量光谱。就上转换发光效率而言,一般认为氯化物＞氟化物＞氧化物,这是单纯从材料的声子能量方面来考虑的,这个顺序恰与材料的结构稳定性顺序相反。研究人员一直在探索,希望能发现既具有氯化物、氟化物那样高的上转换效率,又具有氧化物那样好的稳定性的新型基质材料。

稀土卤氧化物,如 $YOCl_3$ 等的制备通常是将稀土氧化物溶于硝酸,加草酸沉淀为草酸盐,烧结成稀土氧化物,在合适的无水卤化氢气氛中加热转换成稀土卤氧化物。草酸盐沉淀的目的是为了纯化稀土氧化物,并使其较易与卤化氢起作用。同时要在不同的时间间隔测量重量变化,以便确定稀土氧化物转换成卤氧化物的程度。

另一种方法是将稀土氧化物溶解在适当的氢卤酸中,慢慢地蒸干,在一定的卤化氢气氛中加热到熔点进一步脱水,然后将稀土三卤化物在石英管里于潮湿氮气中 400～700℃水解。

（5）含硫化合物

含硫体系上转换材料具有较低的声子能量。稀土硫氧化物，如 $La_2O_2S$，$Y_2O_2S$ 等也是一类较好的上转换材料基质。但制备时不能与氧和水接触，须在密封条件下进行。以 $Pr^{3+}$ 为激活离子、$Yb^{3+}$ 为敏化剂的 $Ca_2O_3$-$La_2S_3$ 玻璃在室温下可将 1046nm 转换为 480～680nm 的可见光。

上转换发光研究在最近十多年得到高速的发展，相应的应用技术也取得了很大的进展。但是对上转换波长、上转换效率与材料的结构、组成以及制备条件的关系，尚缺乏系统的研究，在性能方面还面临着需要进一步完善和提高的问题。虽然已获得一些重要的应用，但应用领域尚需拓展。

### 12.1.4　影响上转换发光性能的因素

上转换发光材料的发光强度和颜色不仅强烈地依赖于基质晶格、所选择的离子对及其浓度，而且与材料的制备方法有关。当然，原料的纯度也有很大的影响。

#### 1. 基质晶格的影响

上转换发光材料的发光性质随着基质晶格的不同，有很大的变化。从表 12-2 中可知，在强度方面，最大的变化有 3 个数量级，而绿色对红色强度比变化为 2 个数量级。

**表 12-2　掺 $Yb^{3+}$-$Er^{3+}$ 氟化物发光的某些数据**

| 晶格 | 阳离子(S) | 发光颜色 | 相对强度 | 绿、红强度比 |
|---|---|---|---|---|
| $Me^{III}F_3$ | $Me^{III}$＝La，Y，Gd，Lu | 绿色 | 25～100 | 1.0～3.0 |
| $BaYF_5$ | | 绿色 | 50 | 2.0 |
| $\alpha$-$NaYF_4$ | | 绿色 | 100 | 6.0 |
| $\beta$-$NaYF_4$ | | 黄色 | 10 | 0.3 |
| $Me^{II}F_2$ | $Me^{II}$＝Cd，Ca，Sr | 黄色 | 1～15 | 0.3～0.5 |
| $Me^IMe^{II}F_3$ | $Me^I$＝K，Rb，Cs<br>$Me^{II}$＝Cd，Ca | 黄色 | 0.5～1 | 0.3～0.5 |
| $Me^{II}F_2$ | $Me^{II}$＝Mg，Zn | 红色 | 0.1～1 | 0.05～0.1 |
| $Me^IMe^{II}F_3$ | $Me^I$＝K，Rb，Cs<br>$Me^{II}$＝Mg，Zn | 红色 | 0.1～1 | 0.05～0.1 |

$NaYF_4$ 存在两个相，即低温为六角相（$\alpha$-$NaYF_4$），高温为立方相（$\beta$-$NaYF_4$）。相转变温度为 691℃。$\alpha$-相的结构类似 $\beta$-$Na_3ThF_6$。而 $\beta$-$NaYF_4$ 是 $CaF_2$ 的异构体。结构上的不同，对其发光有很大的影响。$\beta$-$NaYF_4$ 发光光谱比 $\alpha$-$NaYF_4$ 的光

谱宽很多。

表 12-3 列出掺 $Yb^{3+}$-$Er^{3+}$ 在各种基质中用 $7.5mW$，$0.94\mu m$ 红外光激发时发光效率的比较。从表 12-3 可见，总体看来发光效率大小顺序为稀土氟化物和复合氟化物＞稀土卤化物＞稀土氧化物和复合氧化物。同时，可以看到稀土氟化物和复合氟化物主要发绿光，而稀土氧化物和复合氧化物主要发红光。其本质在于稀土离子与氟离子以强的离子键相结合，而稀土离子与氧离子相结合的离子键稍弱。

**表 12-3　掺 $Yb^{3+}$-$Er^{3+}$ 的各种基质发光效率的比较**

| 基质 | 发红光效率 $\eta_R$‰($\times10^4$) | 发绿光效率 $\eta_G$‰($\times10^4$) | $\eta_R/\eta_G$ | 发光颜色 | 基质 | 发红光效率 $\eta_R$‰($\times10^4$) | 发绿光效率 $\eta_G$‰($\times10^4$) | $\eta_R/\eta_G$ | 发光颜色 |
|---|---|---|---|---|---|---|---|---|---|
| 稀土氟化物 | | | | | 稀土氧化物和复合氧化物 | | | | |
| $YF_3$ | 230 | 540 | 0.43 | 绿 | $Y_2O_3$ | 9.6 | 0.02 | 480 | 红 |
| $LaF_3$ | 90 | 150 | 0.60 | 绿 | $La_2O_3$ | 8.3 | 0.05 | 166 | 红 |
| $GdF_3$ | 90 | 160 | 0.56 | 绿 | $YBO_3$ | 0.7 | <0.01 | >70 | |
| $LuF_3$ | 100 | 200 | 0.50 | 绿 | $LaBO_3$ | 4.8 | 0.01 | 480 | 红 |
| $LiYF_4$ | 10 | 60 | 0.16 | 绿 | $YAlO_3$ | 4.0 | 2.7 | 1.48 | |
| $LiLaF_4$ | 3 | 7 | 0.42 | | $YGaO_3$ | 34.0 | 0.7 | 48.6 | |
| $NaYF_4$ | 10 | 280 | 0.04 | 绿 | $Y_3Al_5O_{12}$ | 2.6 | 0.8 | 3.25 | |
| $NaLaF_4$ | 20 | 30 | 0.67 | | $Y_3Ge_5O_{12}$ | 14.2 | 2.0 | 7.1 | |
| $BaYF_5$ | 140 | 210 | 0.67 | 绿 | $Y_2GeO_5$ | 8.3 | 0.2 | 41.5 | |
| $BaLaF_5$ | 90 | 100 | 0.90 | | $YTiO_5$ | 2.3 | 0.01 | 230 | 红 |
| 稀土卤氧化物 | | | | | $Y_2Ti_2O_7$ | 4.8 | 0.06 | 80 | |
| YOF | 666 | 10 | 6.6 | | $YPO_4$ | <0.01 | <0.01 | | |
| YOCl | 85 | 10 | 8.5 | | $YAsO_4$ | <0.01 | <0.01 | | |
| YOBr | 20 | <10 | >2 | | $YVO_4$ | <0.01 | <0.01 | | |
| | | | | | $YTaO_4$ | 6.4 | 1.4 | 4.57 | |
| | | | | | $YNbO_4$ | 5.1 | 7.0 | 0.73 | |
| | | | | | $LaNbO_4$ | 1.9 | 5.6 | 0.34 | 黄色 |
| | | | | | $Y_2TeO_6$ | 0.1 | 0.06 | 1.67 | |
| | | | | | $Y_2WO_6$ | 0.6 | 0.2 | 3.00 | |

表 12-4 给出了在 $Yb^{3+}$-$Er^{3+}$ 掺杂的氟化物中，$RE^{3+}$ 的环境与红外激发下发光的颜色和相对强度之间关系。从表 12-4 可知，在 $RE^{3+}$ 离子附近具有高对称性和强的 $RE^{3+}$-$F^-$ 相互作用的晶格时，上转换发光强度一定很低。

**表 12-4　掺杂 $Yb^{3+}$-$Er^{3+}$ 氟化物中 $RE^{3+}$ 的环境和发光的关系**

| 对称性 | 相互作用 | 发光颜色 | 相对强度 |
|--------|----------|----------|----------|
| 低 | 弱 | 绿色 | $25\sim100$ |
| 高 | 中 | 黄色 | $0.1\sim15$ |
| 高 | 强 | 红色 | $0.1\sim1$ |

　　在氧化物中,发光颜色和强度强烈地依赖晶格中阳离子的电荷和半径的大小,发光颜色主要由阳离子最高电荷决定。

　　从表 12-5 中可以看出,当阳离子最高电荷从 $+3$ 增加到 $+6$ 时,发光颜色从红色经橙黄色到绿色的。同样的理由,绿色和红色发光强度比值的增加,是由于高价电荷的阳离子存在时,$O^{2-}$ 和 $Er^{3+}$ 之间的相互作用减弱。因为在增加阳离子电荷的过程中,$O^{2-}$ 和这些阳离子产生的键比 $O^{2-}$ 和 $Er^{3+}$ 之间的键更强,所以 $^4I_{11/2} \rightarrow {}^4I_{13/2}$ 的跃迁几率减少,红色发光的强度相对低于绿色发光强度。同理可知,氟化物的发光强度要比氧化物的发光强度高很多(表 12-6)。

**表 12-5　掺 $Yb^{3+}$-$Er^{3+}$ 氧化物发光颜色和阳离子最高电荷的关系**

| 最高价阳离子电荷 | 例子 | 发光颜色 | 绿/红的比值 |
|------------------|------|----------|-------------|
| $+3$ | $\underline{Y}_2O_3$ | 红色 | $0.0\sim0.1$ |
| $+4$ | $LiY\underline{Si}O_4$ | 橙黄色 | $0.2\sim0.4$ |
| $+5$ | $La\underline{Nb}O_4$ | 黄色 | |
| $+6$ | $NaY\underline{W}_2O_8$ | 绿色 | $0.5\sim5$ |

**表 12-6　氟化物和氧化物上转换材料的比较**

| 基质 | 发光强度 | 基质 | 发光强度 |
|------|----------|------|----------|
| $\alpha$-$NaYF_4$ | 100 | $La_3MoO_6$ | 15 |
| $YF_3$ | 60 | $LaNbO_4$ | 10 |
| $NaYF_5$ | 50 | $NaGdO_2$ | 5 |
| $NaLaF_4$ | 40 | $La_2O_3$ | 5 |
| $LaF_3$ | 30 | $NaYW_2O_8$ | 5 |

　　氟化物和氧化物特性上的差别,是由 $O^{2-}$ 离子和 $F^-$ 离子性质上的差别造成的。因为 $O^{2-}$ 稳定性比 $F^-$ 离子差得多,所以 $O^{2-}$ 离子把电荷传递到邻近阳离子容易得多,离子之间的键微呈共价性,而氟化物中发生这种传递的机会就少得多,离子之间的键呈现出很强的离子键性质。因此,氧化物中 $RE^{3+}$ 离子和基质晶格间相互作用要比氟化物强得多,从而导致两类材料在发光强度上的较大差别。

　　在氧化物基质类型材料中,可见光发光强度随下列因素增加:

（1）$Er^{3+}$-$O^{2-}$ 间距离增大；

（2）基质晶格中阳离子价态变高；

（3）$Er^{3+}$ 离子周围对称性降低。

这些条件既适于绿色发光，也适于红色发光。

在氟化物类型材料中，使晶格中的稀土离子处于对称性很低的位置，而且 $RE^{3+}$-$F^{-}$ 的相互作用很弱时，有利于发光强度增强。因为晶场对称性低，解除了稀土离子中一次禁戒跃迁；相互作用弱则降低了声子频率，这些对发光都是有利的。

### 2. 稀土离子浓度的影响

如果加到基质晶格中 $Yb^{3+}$ 离子的浓度增加的话，那么传递给 $Er^{3+}$ 离子的红外量子的数量就增加，从而引起绿色发光强度的增加。在某一些浓度下，发光强度到达最大值。然后随着浓度的增加，发光强度逐渐下降，这是由于 $Er^{3+}$ 又把大部分能量交给 $Yb^{3+}$ 离子而减弱了发光，这种相互作用随邻近的 $Er^{3+}$ 和 $Yb^{3+}$ 离子浓度的增加而加强，结果使绿色发射强度迅速下降。

若 $Er^{3+}$ 浓度从 0 起逐渐增加，那么发光中心的数量相应增多，自然发光强度随之增加。但在 $Er^{3+}$ 浓度不大的时候（2％～4％），发光就达到最大值，随后明显地下降，这是由邻近的 $Er^{3+}$ 离子之间的相互作用引起的。这种相互作用的强度随 $Er^{3+}$ 离子之间的距离的缩短而明显地加强。当 $Er^{3+}$ 离子浓度提高的情况下，衰减时间显著降低，可以证明这个问题。对于 $Yb^{3+}$-$Er^{3+}$ 离子对的红色发光来说，使发光强度降低的相互作用要弱得多。因此，在较高 $Yb^{3+}$-$Er^{3+}$ 浓度时，红色和绿色发光强度比显著地增加。

对于 $Yb^{3+}$-$Tm^{3+}$ 和 $Yb^{3+}$-$Ho^{3+}$ 离子对来说，$Yb^{3+}$ 的最佳浓度仍是 20％～40％，与 $Yb^{3+}$-$Er^{3+}$ 离子对的情况一样。但另一方面，激活离子 $Tm^{3+}$ 和 $Ho^{3+}$ 的浓度仅为 0.1％～0.3％，这比 $Yb^{3+}$-$Er^{3+}$ 离子对中 $Er^{3+}$ 的浓度低的很多，这是因为邻近 $Tm^{3+}$ 离子之间和邻近 $Ho^{3+}$ 之间的相互作用比邻近 $Er^{3+}$ 之间的相互作用要强得多。

### 3. 原料纯度的影响

合成上转换材料一般原料纯度要达到 5～6 个 9 才能制得高效率的材料。

李有谟等[25]研究了 9 种稀土杂质对 $BaYF_5$：$Yb$，$Er$ 发光亮度的影响，结果列于表 12-7。由表 12-7 可见在 $BaYF_5$：$Yb$，$Er$ 中掺入 La 或 Gd 对产物发光的影响不显著；Tm 和 Ho 掺入质量分数在 0.01％影响不明显，而 Pr、Nd、Sm、Eu 和 Tb 的掺入，使产物发光明显转劣，其中尤以 Sm 最甚。这种影响似与这些离子的能级结构有关。La 和 Gd 的最低激发态位于很高的能量处，Pr、Nd、Sm、Eu 和 Tb 在基态到 $5000cm^{-1}$ 的间隔至少有 2 个或更多的能级，密集的能级为无辐射弛豫提供了通道；Ho 和 Tm 的最低激发态位于 5000cm$^{-1}$ 以上处，能级之间的间隔也较大，故它们的影响不显著。

**表 12-7 一些稀土杂质对 BaYF$_5$∶Yb，Er 发光的影响**

| 杂质元素 | 掺入量 /at% | 相对亮度 /% | 杂质元素 | 掺入量 /at% | 相对亮度 /% | 杂质元素 | 掺入量 /at% | 相对亮度 % |
|---|---|---|---|---|---|---|---|---|
| La | 1 | 80.0 | Sm | 0.01 | 5.0 | Tm | 0.005 | 95.0 |
|  | 5 | 72.5 | Eu | 0.01 | 28.3 |  | 0.01 | 98.3 |
| Gd | 1 | 66.7 | Tb | 0.01 | 10.8 |  | 0.2 | 70.0 |
|  | 5 | 38.3 | Ho | 0.01 | 70.0 |  |  |  |
| Pr | 0.01 | 28.3 |  | 0.05 | 70.0 | 对照 |  | 91.7～108.8 |
| Nd | 0.01 | 55.0 |  | 0.5 | 43.3 |  |  |  |

## 12.2 量子切割的研究

### 12.2.1 量子切割

量子切割是由一个高能光子转化成两个低能光子的效应，量子切割是一种"下转换"过程。量子切割不同于一般的下转换发光，而是通过稀土离子之间的部分能量传递，使发光材料吸收一个高能光子而放出两个或更多的低能光子的过程，在实际应用中是使发光材料吸收一个真空紫外光子而放出两个或更多的可见光子的过程，从而使量子效率高于 100%，这种现象被称为量子切割或量子剪裁（quantum cutting）或量子劈裂（quantum splitting），也曾称为光子倍增。出于实际应用的需求，量子切割材料不但要求量子效率大于 1，而且发光集中于可见光区。量子切割实现了高效下转换发光，为制备高效发光材料提供了新思路。

大多数发光材料的量子效率 $\eta_q$ 都小于 1。20 世纪 50 年代末 Dexter 曾提出 $\eta_q$ 大于 1 的可能性，后来在实验中也观察到这种现象，但其发光主要集中在红外光谱区。Parter 等测得 LaCl$_3$∶Ho$^{3+}$ 体系的发光，量子效率约为 2.1，但有一半以上的发光在 $2\mu m$ 的红外区，可见光谱区的发光强度仅为全部发射的 1/60，故不能达到应用要求。

稀土离子激活的荧光粉在荧光灯中具有很高的效率，最高的效率接近于 100%。稀土三基色荧光灯用的荧光粉量子效率可以到达 90%，也就是说每吸收 100 个 UV 光子，在可见光区输出 90 个光子。然而，在真空紫外（VUV）（$\lambda <$ 200nm）区域，如在 PDP 中其激发波长为 147nm 和 172nm 时，荧光粉的发光效率

较低,约 65% 的能量以非辐射跃迁的形式损耗掉。为了减小能量损失,必须寻找一种量子效率高于 100% 的荧光粉,也就是说,使每一个 VUV 光子能量在可见区产生两个光子。这种设想在理论上是可行的,因为 He+Xe 气体放电产生的每一个 VUV 光子能量允许在可见光区产生两个光子,即发生“量子切割”。实际上这种现象已经在某些单个稀土离子如 $Pr^{3+}$ 和 $Tm^{3+}$ 激活的荧光粉中出现过。20 世纪 70 年代,$Pr^{3+}$ 的 $^1S_0$ 能级引起人们的注意[33-35]。在某些基质中,$^1S_0$ 处于 4f5d 带之下,激发 4f5d 后电子弛豫到 $^1S_0$ 能级,分步发射两个或多个光子。具有这种发射的发光材料量子效率可能大于 1,如对于 $LiYF_3$:$Pr^{3+}$ 荧光粉,当在 $Pr^{3+}$ 离子的 5d 带进行激发时,其量子效率为 140%。但是,由于 $Pr^{3+}$ 的主要发射人眼不敏感的紫光(~407nm),而且不能通过改变基质来改变 $Pr^{3+}$ 发射光谱中特征线的位置。而对于 $Tm^{3+}$ 来说,相当一部分能量损失在红外和紫外光区,所以发射可见光的量子效率不超过 50%。因此 $Pr^{3+}$ 和 $Tm^{3+}$ 离子作为量子切割材料的应用受到局限。

若要解决 Pr 量子切割发射在人眼不敏感紫光的问题,可采用共掺杂另外一种离子,通过能量传递把 $Pr^{3+}$ 的紫外和深紫发光转化为人眼灵敏度高的可见光,但目前还没有很好的结果。

为了寻找高效的可见光量子切割材料,Wegh 等[36,37] 深入研究了三价稀土离子在 VUV 区的能级,以图发现从这些能级上产生两个光子跃迁的可能性。对不同的 VUV 能级的发光进行了观察,发现单个稀土离子不可能实现有效的量子切割,而采用两个稀土离子相结合,并通过两个离子之间的部分能量传递实现量子切割,可以获得接近 200% 量子效率。

20 世纪 90 年代,人们转向探索新的材料体系和深入研究量子切割的机理。在三价稀土离子 Gd 和另外一种稀土离子(如 $Eu^{3+}$)共掺杂的体系中,发现被真空紫外光激发到 $4f^7$ 组态高能级的 Gd 离子通过两步能量传递,把能量再次传递给 $Eu^{3+}$,发射两个可见光光子[37]。

Wegh 等[38-41] 详细研究了氟化物中 $Gd^{3+}$ 的能级图,尤其是 50000cm$^{-1}$ 以上的真空紫外线区的 4f 能级,发现 $Gd^{3+}$-$Eu^{3+}$ 离子相结合可以出现量子切割。图 12-8 是掺杂 $Gd^{3+}$ 和 $Eu^{3+}$ 的荧光粉内量子切割的两步能量转换示意图。用真空紫外线激发,$Gd^{3+}$ 离子从基态被激发到 $^6G_J$ 态。然后 $Gd^{3+}$ 从 $^6G_J$ 态弛豫到 $^6P_J$ 态,放出能量使 $Eu^{3+}$ 从基态跃迁到 $D_0$ 激发态(①),处于激发态的 $Eu^{3+}$ 跃迁回基态,发生 $^5D_0 \rightarrow ^7F_J$ 可见光发射。处于 $^6P_J$ 态的 $Gd^{3+}$ 离子把剩余能量传递到第二个 $Eu^{3+}$ 的高激发态(②),然后发生 $^5D_J \rightarrow ^7F_J$ 可见光发射。由于 $Gd^{3+}$ 的 $^6G_J \rightarrow ^6P_J$ 跃迁与 $Eu^{3+}$ 的 $^7F_J \rightarrow ^5D_0$ 跃迁光谱能很好地重叠,这种量子切割是很可能发生的。

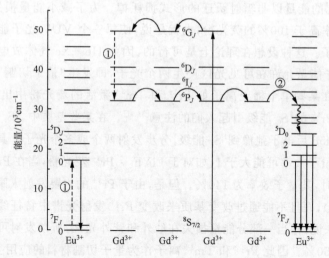

图 12-8　Gd³⁺-Eu³⁺ 体系的量子切割效应示意图

## 12.2.2　量子切割的可能途径

Wegh 等[42]提出实现"量子切割"的可能途径,如图 12-9 所示。

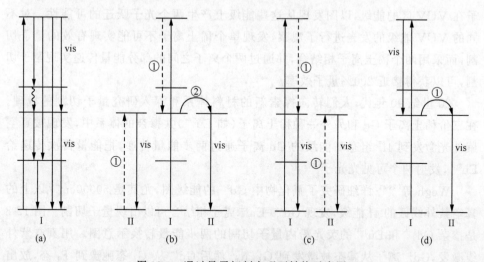

图 12-9　通过量子切割实现下转换示意图

(a) 单个离子的"量子切割";(b)~(d)两个离子之间通过能量传递实现"量子切割"

图 12-9(a)是通过一个离子实现可见光量子切割的情况。由于高强度的红外和紫外光的发射,单个离子不能将吸收的紫外光全部转化成可见光子输出,从而不能有效地实现可见光的量子切割。

图 12-9(b)~(d)表示利用第二个离子,使部分激发能从第一个离子传递到第

二个离子,从而发射可见光。

图 12-9(b)描述的是只由一个离子发光的过程。首先,离子Ⅰ吸收真空紫外光被激发到高激发态。第一步(①),离子Ⅰ的一部分能量通过交叉弛豫传给离子Ⅱ,离子Ⅱ被激发到激发态,当返回基态时发出一个光子可见光。第二步(②),仍处于激发态的离子I把剩余能量传递给离子Ⅱ,离子Ⅱ返回基态,同时发出可见光。

图 12-9(c)和图 12-9(d)是两个离子都发光的情况。图 12-9(c)中,首先离子Ⅰ从高激发态弛豫到中间激发态,能量传递给离子Ⅱ,离子Ⅱ从基态被激发到激发态。最后两个离子都从激发态跃迁回基态,发出两个可见光子。而图 12-9(d)中,离子Ⅰ从高激发态跃迁到中间激发态,同时发出一个可见光子。然后离子Ⅰ将剩余能量传递给离子Ⅱ,最后离子Ⅱ跃迁回基态,又发出一个可见光子。

因此,对于图 12-9(b)～图 12-9(d)的情况,理论上讲,吸收一个光子 VUV,可以放出两个可见光子,实现了量子切割,量子效率可能达到 200%。

由上可知,发光物质在激发与发射这两个过程之间存在着一系列的中间过程,这些过程在很大程度上决定于发光物质内在的能级结构,并集中表现在发光的衰减特性上。研究发光衰减过程的规律,对于掌握发光物质的发光机理有重要的理论意义。

目前主要有两种量子切割过程,即光子分步发射和逐次能量传递。现分别介绍如下。

### 1. 光子分步发射

在 $Pr^{3+}$ 掺杂的材料中,$Pr^{3+}$ 最低 4f5d 能级相对于 $4f^2$ 组态 $^1S_0$ 能级位置依赖于 4f5d 组态的重心和能级劈裂范围。通常,在离子晶体中,4f5d 组态重心位于真空紫外区域,随共价性增加,电子云膨胀效应(nephelauxetic effect)使其下降。劈裂范围则依赖于晶体场强度。迄今为止研究过的 $^1S_0$ 能级位于 4f5d 之下的多数材料都是氟化物,是典型的离子晶体。近年来发现在 $LaMgB_5O_{10}$ 和 $SrAl_{12}O_{19}$ 中 $Pr^{3+}$ 离子占据有高配位数的格位,受到的晶体场作用较弱,使 $^1S_0$ 也处于 4f5d 之下,已报道了这类材料中的光子分步发射[43,44]。如在室温下 $SrAl_{12}O_{19}$ ：Pr,Mg 用 204nm 激发的发射光谱中,在 220～500nm 有 5 组发射。从短波侧起,分别对应于 $Pr^{3+}$ 的 $^1S_0 \rightarrow ^3F_4$、$^1S_0 \rightarrow ^1G_4$、$^1S_0 \rightarrow ^1D_2$、$^1S_0 \rightarrow ^1I_6$ 和 $^3P_0 \rightarrow ^3H_4$ 跃迁。而样品的激发光谱中明显地出现了位于 215.1nm 的 $^3H_4 \rightarrow ^1S_0$ 峰。

对于 $YF_3$：$Pr^{3+}$ 荧光粉[33],量子切割过程如图 12-10 所示。当对 $Pr^{3+}$ 离子的 5d 带进行激发时,$Pr^{3+}$ 的电子被激发到 4f5d 能级并弛豫到 $^1S_0$ 能级,分步发射两个光子。首先从 $^1S_0$ 能级向下跃迁到 $^1I_6$,发出 405nm 深紫区可见光,然后到达 $^1I_6$ 的电子弛豫到发光能级 $^3P_1$,向基态能级发射出第二个光子,这一步发射 95% 以上都在可见光区。显然只有 $^1S_0$ 到 $^1I_6$ 跃迁分支比大的材料才可能有高的可见光发

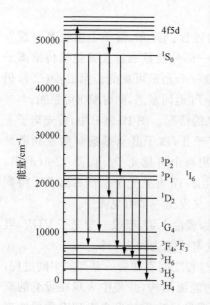

图 12-10 真空紫外激发下
YF₃：Pr 的发光

射量子效率。$Pr^{3+}$ 掺杂的 $YF_3$ 具有这样的性质。在这种材料中，用真空紫外激发，可见光发射量子效率到达 140％。尽管其量子效率超过 100％，但由于从 $^1S_0$ 到 $^1I_6$ 的 405nm 的发射处于可见区域的边缘，而不能作为一种好的照明或显示材料。

### 2. 逐次能量传递[37]

$LiGdF_4$：Eu 是逐次能量传递的一个例子。在这种材料中，被真空紫外光激发到 $4f^7$ 组态高能级 $^6G$ 的 Gd 离子第一步通过（Gd $^6G$，Eu $^7F_1$）→（Gd $^6P$，Eu $^5D_0$）的能量传递过程把一部分能量传递给 Eu[图 12-11（2）]，使 Eu 发射一个红光光子[图 12-11（3）]。$^6P$ 激发在 Gd 间迁移，（Gd $^6P$，Gd $^8S_{7/2}$）→（Gd $^8S_{7/2}$，Gd $^6P$）[图 12-11（6）（7）]，在某个位置上再和 Eu 相互作用，发生第二步能量传递（Gd $^6P$，Eu $^7F_0$）→（Gd $^8S_{7/2}$，Eu $^5D_4$）[图 12-11（4）]。上升到 $^5D_4$ 的 Eu 弛豫到 $^5D_3$，$^5D_2$，$^5D_1$ 或 $^5D_0$，发射第二个光子[图 12-11（5）]。这里发生的过程和逐次能量传递引起的上转换过程恰好相反，通过逐次能量传递，是一个光子变成了两个。

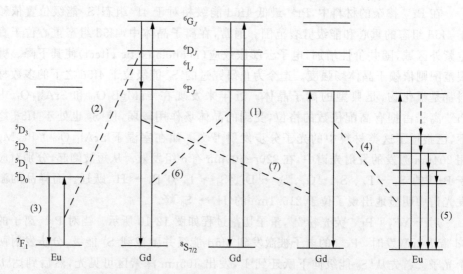

图 12-11　真空紫外激发下 $LiGdF_4$：Eu 中两步能量传递引起的量子切割发光

（1）真空紫外激发，Gd 跃迁到 $^6G$ 能级；（2）第一步能量传递，Gd 把部分的能量传递给 Eu；（3）Eu $^5D_0$ 发射一个光子；（4）第二步能量传递，Gd 把剩余的能量传递给 Eu；（5）Eu $^5D_J$ 能级发射光子；（6）、（7）能量在 Gd 间的迁移

　　有一部分处于激发态 $^6G$ 的 Gd 直接把能量传递给了 Eu 的高能级，不参与两步能量传递，这种过程只产生一个可见光光子。在两步能量传递中，第一步导致 Eu 的 $^5D_0$ 发射；第二步传递后，Eu 既有 $^5D_0$ 发射，也有 $^5D_1$ 等能级的发射，和激发传递到 Eu 的高能级类似。文献[37]测量激发 Gd 的 $^6G$(202nm)和 $^6I$(273nm，只有到 Eu 高能级的一步传递)时的 $^5D_0$ 发光和 $^5D_{1,2,3}$ 发光之比，估计了这种材料两步传递相对于一步传递的量子效率，如果第一步传递的量子效率为 100%，则两步传递的量子切割过程的量子效率可达 190%。

　　Wegh 等[37,45-48]研究了 $LiGdF_4$：$Eu^{3+}$ 粉末和单晶样品的荧光现象。图 12-12 和图 12-13 分别示出 $LiGdF_4$：$Eu^{3+}$(0.5%mol)荧光粉的激发和发射光谱。监测 $Eu^{3+}$ 的发光，可以看出激发光谱主要是由 $Gd^{3+}$ 离子的激发光谱组成的，这证明了 $Gd^{3+}$ 和 $Eu^{3+}$ 之间存在能量传递。用 202nm 的紫外光激发，$Gd^{3+}$ 离子被激发到 $^6G_J$ 态，继而在 $Gd^{3+}$ 和 $Eu^{3+}$ 之间发生量子切割。由图 12-8 可知，第二步，$Eu^{3+}$ 离子被激发到较高的 $^5D_J$ 态，所以可能有 $D_{1,2,3}$ 和 $D_0$ 到基态跃迁的共存，而导致颜色不纯，实验证明，用 202nm 紫外线激发，$Eu^{3+}$ 离子的 $^5D_0$/$D_{1,2,3}$ 发光强度比为 7.4，而用 273nm 紫外线激发，$Gd^{3+}$ 离子被激发到 $^6I_J$ 态，则 $Eu^{3+}$ 离子的 $^5D_0$/$D_{1,2,3}$ 发光强度比为 3.4。通过实验证明，$Gd^{3+}$ 将 90% 的能量从 $^6G_J$ 态传递给 $Eu^{3+}$，因此，如果没有非辐射能量损失的话，量子效率可达到 190%。

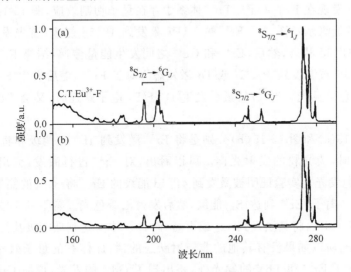

图 12-12　$LiGdF_4$：$Eu^{3+}$ 的激发光谱

(a) 监测 $Eu^{3+}$ 的 $^5D_0 \rightarrow {}^7F_2$(614nm)发射；(b) 监测 $Eu^{3+}$ 的 $^5D_1 \rightarrow {}^7F_2$(554nm)发射

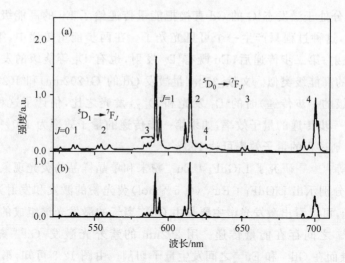

图 12-13　LiGdF$_4$：Eu$^{3+}$ 发射光谱

(a) 202nm 激发时 Gd$^{3+}$ 的 $^6S_{7/2} \rightarrow {}^6G_J$ 跃迁；(b) 273nm 激发时 Gd$^{3+}$ 的 $^6S_{7/2} \rightarrow {}^6I_J$ 跃迁

### 12.2.3　Er$^{3+}$-Gd$^{3+}$-Tb$^{3+}$ 体系中的量子切割效应

R. T. Wegh 等合成了 LiGdF$_4$：Er$^{3+}$，Tb$^{3+}$，深入研究了各种稀土离子之间的能量传递。发现在 Er$^{3+}$-Gd$^{3+}$-Tb$^{3+}$ 体系中存在量子切割效应，图 12-14 是这三种稀土离子的能级示意图[49]。Er$^{3+}$ 被 VUV 激发到 4f$^{10}$5d 能级，首先发生弛豫，到达最低的 4f$^{10}$5d 状态，然后，Er$^{3+}$ 和 Gd$^{3+}$ 之间发生能量传递，结果 Er$^{3+}$ 到达 $^4S_{3/2}$ 能级，而 Gd$^{3+}$ 被激发到 $^6P_J$、$^6I_J$ 或 $^6D_J$ 激发态。对于 Er$^{3+}$，随后发生 $^4S_{3/2} \rightarrow {}^4I_{15/2}$ 跃迁，发出绿色可见光。当 Tb$^{3+}$ 最后发生 $^5D_J \rightarrow {}^7F_J$ 电子跃迁时，又会放出一个绿色光子。

图 12-15(a) 和图 12-15(b) 分别是将 Er$^{3+}$ 激发到 4f$^{10}$5d 能级和将 Gd$^{3+}$ 激发到 $^6J$ 能级时，荧光粉的发射光谱。可以看出，对 Er$^{3+}$ 进行激发，会出现 Er$^{3+}$ 和 Tb$^{3+}$ 的绿色发光。实验证明被激发到 4f$^{10}$5d 能级的 Er$^{3+}$ 将 30% 的能量通过弛豫传递给 Gd$^{3+}$ 离子，Er$^{3+}$ 到达 $^4S_{3/2}$ 能级，然后发射出绿色光。剩下的 70% 的能量大部分传递给 Gd$^{3+}$，将其激发到 $^6J$ 或更高，而 Er$^{3+}$ 本身达到低能级甚至基态，不发射可见光子，所以如果没有其他的非辐射跃迁的话，此体系的量子效率可以达到 130%，但除了 Er$^{3+}$ 和 Tb$^{3+}$ 的发光外，还出现了 Gd$^{3+}$ 的发光，说明 Gd$^{3+}$-Tb$^{3+}$ 的能量传递不完全，另外 Tb$^{3+}$ 有部分发射位于紫外区，所以初步计算其量子效率约为 110%。

魏亚光等[50] 研究了 Gd$_2$O$_3$（Ce$^{3+}$，Eu$^{3+}$）微晶中稀土离子间的级联能量传递，实验表明，除了 Gd$_2$O$_3$ 基质与 Ce$^{3+}$，Eu$^{3+}$ 有能量传递之外，还存在着 Gd$^{3+}$-Ce$^{3+}$-

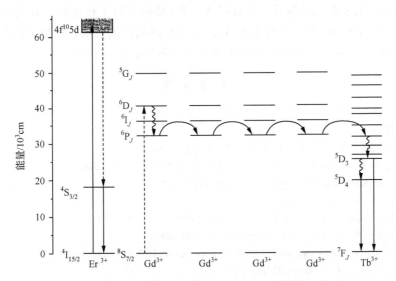

图 12-14　Er$^{3+}$-Gd$^{3+}$-Tb$^{3+}$ 体系的"量子切割"效应示意图

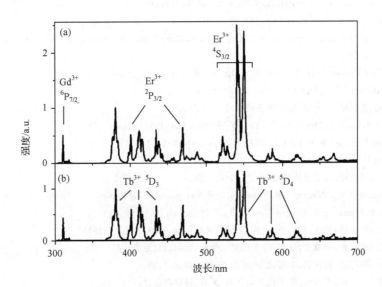

图 12-15　LiGdF$_4$：Er$^{3+}$,Tb$^{3+}$ 的发射光谱

（a）145nm 激发时 Er$^{3+}$ 的 4f$^{11}$($^4$I$_{15/2}$)→4f$^{10}$5d 跃迁；（b）273nm 激发时 Gd$^{3+}$ 的 $^8$S$_{7/2}$→$^6$I$_J$ 跃迁

Eu$^{3+}$ 三种稀土离子间的能量传递。

　　量子切割效应能使发光材料的量子效率大于 100％，成为发光研究的新领域，开辟了高效发光材料研究的新思路，已引起人们的广泛的重视。需要注意的是，到目前为止量子切割效应的研究仍处于研究探索阶段。而且只有在某些稀土离子中的基质中发现，尚有待于进一步深入。目前，此种效应也仅仅出现在稀土离子中，反映出稀土离子的光谱特征也有待深入发掘,特别是对于稀土离子在高激发态能级跃迁行为的研究,相信经过不断努力,能获得高效可见光发射的量子切割发光材料,有望首先应用于无汞荧光灯和等离子体显示的发光材料中。

## 参 考 文 献

[1] 徐叙瑢,苏勉曾.发光学与发光材料.北京:化学工业出版社,2004

[2] 徐光宪.稀土.北京:冶金工业出版社,1995

[3] 李建宇.稀土发光材料及其应用.北京:化学工业出版社,2003

[4] 洪广言.稀土发光材料进展// 洪茂椿等.21世纪的无机化学.北京:科学出版社,2005,243

[5] 何捍卫,周科朝,熊翔,等.中国稀土学报,2003,21(2):123

[6] Auzel F E. Proc. IEEE,1973,61(6):758

[7] Wright J C,Zalucha D J,Lauer H V,et al. J Appl Phys,1973,44(2):781

[8] Gudel H U,Pollnau M. J Alloys Compd,2000,303-304:307

[9] Balda R,Lacha L M,Mendiorooz A,et al. J Alloys Compd,2001,323-324:255

[10] Marie-France J. Optic Mater,1999,11:181

[11] 赵谡玲,侯延冰,董金凤.半导体光电,2000,20(4):241

[12] Johnson L F,Cuggenheim H. Appl Phys Lett,1971,19:44

[13] Silversmith A J. Appl Phys Lett,1987,51:1977

[14] Antipenko B M,Dumbravyanu R V,Perlin Yu E,Raba O B,Sukhareva L K. Opt Spectrose (USSR), 1985,59:377

[15] Shikida A,Yanagita H,Toratani H. J Opt Soc Am,1994,B11:928

[16] Xie P,Gosnell T R. Opt Lett,1995,20:1014

[17] 杨建虎,戴世勋,姜中宏.物理学进展,2003,23(3):284

[18] Huang S,Lai S T,Lou L,Jia W,Yen W M. Phys. Rev,1981,B24:59

[19] Chivian J S,Case W E,Eden D D,Appl Phys Lett,1979,35:124

[20] Colling B C,Silversmith A,J Lumin,1994,62:271

[21] 徐东勇,臧竞存.人工晶体学报,2001,30(2):203

[22] Antipenko B M,Voronin S P,Privalova. Opt Spectrosc,1987,63:768

[23] Heine F,Heumann E,Danger T,et al. Appl. Phys. Lett,1994,65:383

[24] 李艳红,张永明,张扬,洪广言,于英宁.无机化学学报,2008,24(10):1675

[25] 李有谟,贾庆新,李继文,洪广言.中国稀土学报,1994,12(专辑):421

[26] 彭桂芳,洪广言,贾庆新,李有谟.中国激光,1994,21(1):36

[27] 蔡正华,贾庆新,李有谟.稀土化学论文集.北京:科学出版社,1982,164

[28] Yanhong Li,GuangYan Hong,Youming Zhang,Yingning Yu. J Alloys and Compounds,2008 456:247

[29] 谭浩,宋峰,苏静,等.物理学报,2004,53(2):631

[30] 陈晓波,刘凯,庄健,等.物理学报,2002,51(3):690

[31] Silver J,Martinez-Rubio M I,Ireland T G,et al. J Phys Chem B,2001,105:948

[32] 赵谡玲,侯延冰,孙力,等.功能材料,2001,32(1):98

[33] Piper W W,DeLuca J A,Ham F S. J Lumin,1974,8:344

[34] Sommerdijk J L,Bril A,de Jager A W. J lumin,1974,8:341

[35] Bhola V P. J Lumin,1976,14(2):115

[36] Wegh R T，Donker H，Meijerink A. Physica Rev B，1997，56(21)：13841

[37] Wegh RT，Donker H，Osham K D，Mejjierink A. Science，1999，298，663

[38] Van Vliet J P M，van der Voort D，Blasse G. J Lumin，1989，42：305

[39] Smit W M A，Blasse G. J Solid State Chem，1986，63 (2)：308

[40] G Blasse，H S Kiliaan，de Vries A J. J Less-Common Met，1986，126：139

[41] De Vries A J，Minks B P，Blasse G. J Lumin，1988，39 (3)：153

[42] Wegh R T，Donker H，van Loef E V D，et al. J Lumin，2000，87-89：1017

[43] Srivastava A M，Doughty D A，Beers W W. J Electrochem Soc，1996，143：4113

[44] Doughty D A，Beers W W. J Electrochem Soc，1996，143：4133

[45] Wegh R T，Donker H，Osksam K D，et al. J Lumin，1999，82：93

[46] Feldmann C，Justel T，Ronda C R，et al. J Lumin，2001，92：245

[47] Oskam K D，Wegh R T，Donker H，et al. J Alloys Compd，2000，300-301：421

[48] Donker H，Wegh R T，Meijerink A，et al. J SID，1998，6/1：73-76.

[49] Wegh R T，van Loef E V D，Meijerink A. J Lumin，2000，90：111

[50] 魏亚光，施朝淑，戚泽明等. 发光学报，2001，22(3)：243

# 第13章 低维稀土发光材料

常用的固体材料都是三维体系,而所谓低维固体是指仅在一维或二维方向上以较强的化学键结合,在其余维度上以较弱的分子间力结合的材料,如云母、石墨等。由于这类低维固体材料具有特殊的结构与性能,不但激发了化学家的工作热忱,而且引起物理学家的巨大兴趣。特别是具有低维结构的纳米材料的出现及其所呈现的特异性质更引起人们的重视,并将会引起一次新的科学技术革命。因此对低维材料的研究已成为当前科学技术的前沿热点。

## 13.1 一维结构的稀土发光材料与能量传递[1,2]

理论物理学家 Peierls[3] 阐述这样的观点:在低温下,等距点阵结构的一维晶体在能量上是不稳定的。由于电子与晶格原子间的作用,必将发生晶格结构畸变,使其能带在 $K_F$ 附近出现能隙,从而导致体系性质由导体向绝缘体转化。具体到发光材料,可以看到,由于低维结构的存在,发光体的能带结构发生变化,从而对其发光性能产生了重要的影响。

关于一维发光的工作已经有人做过,但是由于当时合成的材料都是在很低的温度下(4.2K 左右)才能发光,影响了对其理论研究和应用前景的探讨。最近几年,这方面的工作逐渐引起人们的重视,并在应用方面有了一定突破,例如,稀土五硼酸盐已作为灯用绿色荧光粉获得应用。特别是最新发现的一维结构的发光体——$Sr_2CeO_4$[4],其发光性质引人注目。

### 13.1.1 一维结构中铈离子的发光——$Sr_2CeO_4$

$Sr_2CeO_4$ 是一种新型的一维结构材料[5],属于正交晶系,空间群为 Pbam,晶胞各参数为 $a=6.11897$Å,$b=10.3495$Å,$c=3.5970$Å,其结构可以描述为 $CeO_6$ 正八面体通过共用边形成一维链状结构,平行于[110]方向。两个反式终端氧离子 $O^{2-}$ 与 $Sr^{2+}$ 配位。同一链中相邻的 $Ce^{4+}$ 距离为 3.597Å,在正八面体 $CeO_6$ 中存在两种铈氧键:Ce—O 和 Ce—O—Ce,由于终端氧电子密度较高,所以前者的键长比后者短 0.1Å。也有研究人员[6]认为其属于三斜晶系。造成这一偏差的原因是一些较弱但十分关键的衍射峰被忽略了,这些分歧有待进一步分析研究。

在 $Sr_2CeO_4$ 中铈以 $Ce^{4+}$ 的形式存在,而 $Ce^{4+}$ 无 4f 电子不能跃迁发光。但在室温下该发光体在 254nm 或 365nm 的紫外光激发下都可发出明亮的蓝白色光

（色坐标为 $x=0.198, y=0.292$）。对这种发光现象的解释是该物质的一维结构导致其发光。其结构如图 13-1 所示：每个 $Ce^{4+}$ 与 6 个 $O^{2-}$ 成键构成铈氧正八面体，每个八面体通过共用 2 个 O 彼此连接形成链状结构。在链状结构中，存在两种铈氧键，Ce—O—Ce 和 Ce—O，后者比前者短 0.01nm。Ce—O 键的存在导致电荷迁移的发生，即 $O^{2-}$ 的外层 1 个电子进入 $Ce^{4+}$ 的外层轨道形成亚稳态的 $O^{-}$ —$Ce^{3+}$ 离子对，引起跃迁发光。当 Sr∶Ce=1∶1 时，如 $SrCeO_3$，该物质的结构变为三维网状，Ce—O 键消失，从而不发光。

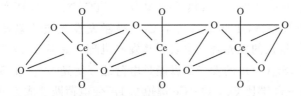

图 13-1　$Sr_2CeO_4$ 的晶体结构

$Sr_2CeO_4$ 发光体的激发光谱与发射光谱也很有特点，该发光体具有明显的宽带激发与发射，最大激发峰和发射峰分别位于 310nm 和 485nm 附近，合成的工艺不同，发射峰位置有所移动，作者[1]测得的发射峰位于 461nm，如图 13-2 所示，光谱类似 $Ce^{3+}$ 的 4f-5d 跃迁。$Sr_2CeO_4$ 的激发光谱是宽带双峰结构，发射光谱是位于 400～600nm 的宽带，有明显的 Stokes 位移（～150nm），荧光寿命长达几十微秒。Danielson 等[4]首次报道 $Sr_2CeO_4$ 在 254nmUV 激发下发出蓝白光，激发峰、发射峰分别位于 310nm、485nm 附近，色坐标为 $x=0.198, y=0.292$，其荧光寿命为 $(51.3\pm2.4)\mu s$，较 $Ce^{3+}$ 的 d-f 跃迁的寿命（～30ns）长，量子产率为 $0.48\pm0.02$。Pieterson 等[7]研究了 $Sr_2CeO_4$ 的发光寿命与温度的关系，观察到温度在 6K 时，发光寿命为 $(65\pm5)\mu s$；在 4～500K，发光强度和发光寿命都迅速衰减；当温度到达 300K 时，发光强度和发光寿命都减小到 6K 时的 50%。

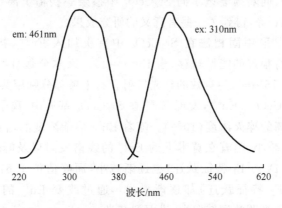

图 13-2　$Sr_2CeO_4$ 的激发与发射光谱

关于 $Ce^{3+}$ 的发光人们已经做了很多研究[8],绝大多数 $Ce^{3+}$ 发光来自 4f-5d 跃迁,而 $Sr_2CeO_4$ 的发光完全不同于 $Ce^{3+}$ 的 4f-5d 跃迁。Pieterson 研究小组[7]和 Park 课题组[9]对 $Sr_2CeO_4$ 的发光机理做了大量工作。大多数报道的 $Sr_2CeO_4$ 的电荷迁移吸收带位于 302nm,而 Park 等观察到的吸收带出现在 344nm 处的低能级位置。

在 $Sr_2CeO_4$ 中 $Ce^{4+}$ 无 4f 电子(电子构型为 $5s^2 5p^6 4f^0 5d6s^0$),不能跃迁发光。$Sr_2CeO_4$ 的磁化系数测定表明,在 4~300K,其为抗磁性;电子顺磁共振(ESR)测定证实 $Sr_2CeO_4$ 中不存在 $Ce^{3+}$;热重-差热实验(TG-DTA)也证实 $Sr_2CeO_4$ 中不存在高度缺陷的氧晶格,由此即否认了 $Ce^{3+}$ 被激发发光或缺陷发光的可能[4,7]。另外,$Sr_2CeO_4$ 的较长的发光寿命也表明其发光机理不是基于 $Ce^{3+}$。综合各方面的实验数据认为,$Sr_2CeO_4$ 的发光只可能是电荷迁移发光[4,7]。在 $Sr_2CeO_4$ 的一维结构中,由于 Ce—O 键比 Ce—O—Ce 键短 0.1Å 使电荷跃迁成为可能。当外界能量被 $Sr_2CeO_4$ 吸收后,Ce—O 键中终端氧的外层一个 p 电子迁移至 $Ce^{4+}$ 的外层空轨道,形成所谓的电荷迁移态(CT),而后电子跃迁回基态,以光子的形式辐射能量,即 $Sr_2CeO_4$ 的发光起源于 $Ce^{4+}$ 的 $t_{2g}$—f 之间的跃迁。其中 $t_{2g}$ 是六重配位氧配位体的轨道,f 是最低的电荷转移激发态。$Sr_2CeO_4$ 的结构中存在两种不同 $Ce^{4+}$—$O^{2-}$ 键,所以应有两个谱带[7]。

对于 $Sr_2CeO_4$ 较长的激发态寿命,不同文献报道的数值有所差异,Pieterson 研究小组[7]和 Tang 课题组[10]进行了推测认为 $Sr_2CeO_4$ 的发光为配体到金属的电荷迁移跃迁,$Ce^{4+}$ 没有 4f 层电子,当电子从氧配体转移到 $Ce^{4+}$ 的 4f 壳层时,借助自旋禁阻跃迁就形成了一个高自旋的三重激发态,$Sr_2CeO_4$ 的电荷转移跃迁就带有自旋禁阻的成分。因此,激发态寿命较长。

一维链状结构的 $Sr_2CeO_4$ 具有特征宽带吸收,有利于向其他激活剂离子进行能量传递,如果以其作为基质,选择合适的离子掺杂,将可能得到高效发光材料。基于这一观点,人们陆续尝试了向 $Sr_2CeO_4$ 中掺杂一些稀土离子如 Eu、Sm、Yb、Dy、Er、Tm 和 Ho 等,得到了一些有意义的研究成果。

Sankar 等[11]采用固相法在 $Sr_2CeO_4$ 中首次加入 $Eu^{3+}$,指出 $Ce^{4+}$—$O^2$ 的 CT→$Eu^{3+}$ 之间有很好的能量转移,当 $Eu^{3+}$ =4%(摩尔分数)时,为蓝白-红白光;当 $Eu^{3+}$ 在 5%~15% 时,为有效的红光发射。石士考等分别用共沉淀法[12]和燃烧法[13]合成了 $Sr_2CeO_4$：$Eu^{3+}$,发现 $Eu^{3+}$ 在 $Sr_2CeO_4$ 基质中,离子之间的交叉弛豫作用较小,有很高的猝灭浓度(10%)。随着 $Eu^{3+}$ 掺杂浓度的增加,基质材料的宽带发射强度逐渐减小,附着在宽带上的 $Eu^{3+}$ 的线谱发射以及峰值位于 586nm 线谱发射($Eu^{3+}$ 的 $^5D_0 \rightarrow {}^7F_1$ 特征跃迁)也逐渐减小,而峰值位于 616nm 的线谱发射($Eu^{3+}$ 的 $^5D_0 \rightarrow {}^7F_2$ 特征跃迁)却逐渐增强。通过改变 $Eu^{3+}$ 的掺杂浓度(1%~10%)可以使蓝白光调整到红白光,进而到红光。

石士考等[14]采用共沉淀法合成了白色荧光材料 $Sr_2CeO_4$：$Sm^{3+}$，$Sm^{3+}$ 的猝灭浓度很低。在烧结温度为 1050℃ 以及 $Sm^{3+}$ 的掺杂浓度为 1‰时，峰值为 470nm 的宽带以及 $Sm^{3+}$ 在 608nm（$Sm^{3+}$ 的 $^4G_{5/2} \rightarrow {}^6H_{7/2}$ 跃迁）和 654nm（$Sm^{3+}$ 的 $^4G_{5/2} \rightarrow {}^6H_{9/2}$ 跃迁）的线谱发射最强。$Sm^{3+}$ 的发射通过 $Ce^{4+}$—$O^{2-}$ 的 CT→$Sm^{3+}$ 的能量传递引起，基质 $Sr_2CeO_4$ 起敏化剂的作用。用 470nm 激发，$Sr_{1.99}Sm_{0.01}CeO_{4.005}$ 样品具有较强的红色荧光。

Nag 等[15]也报道了一些稀土离子掺杂的结果，并指出掺杂 $Yb^{3+}$、$Nd^{3+}$ 和 $Gd^{3+}$ 在可见区不发光。当掺入 $Ho^{3+}$、$Tm^{3+}$ 或 $Er^{3+}$ 时[16]，用 280nm 激发，其发光性质各有不同，$Ho^{3+}$ 为绿光发射，属于 $^5S_2 \rightarrow {}^5I_8$、$^5F_4 \rightarrow {}^5I_8$ 跃迁；$Tm^{3+}$ 为蓝光发射，属于 $^1G_4 \rightarrow {}^3H_6$ 跃迁；$Er^{3+}$ 也为绿光发射，但属于 $^2H_{11/2} \rightarrow {}^4H_{15/2}$、$^4S_{3/2} \rightarrow {}^4H_{15/2}$ 跃迁。对于共掺杂体系，Hirai 等[17]研究了发白光的 $Sr_2CeO_4$：$Eu^{3+}$，$Dy^{3+}$。

洪广言等[18]用高温固相法合成了 $M_2CeO_4$（M = Ca，Sr，Ba），发现与 $Sr_2CeO_4$ 具有类似结构的 $Ba_2CeO_4$ 也可以发光，而结构完全发生了变化的 $Ca_2CeO_4$ 则不发光。

通过对 $M_2CeO_4$（M = Ca，Sr，Ba）的结构和发光特性的分析可以得出一维发光体共有的特点是，在一维结构中，一般是由不对称导致相对较短的 M—O 键才可形成电荷迁移发光；一般存在高价的可变价元素，而低价态具有发光性质，在这种一维结构中才可能产生发光；一维结构中的电荷迁移发光光谱往往为宽带激发和发射，有利于能量的吸收；同时还可以注意到在一维结构中电荷迁移发光变得容易，使一些原本不可能发光的物质具备了发光特性。在一维结构中实现电荷迁移发光所要求的化合物结构是十分严格的，找到一个合适的化合物需要进行大量而且艰苦的实验工作。

关于 $Sr_2CeO_4$ 的制备已有许多报道，不同制备方法得到的 $Sr_2CeO_4$ 的发光性能略有不同。

高温固相法：首先将 $SrCO_3$ 与 $CeO_2$ 按摩尔比 2:1 混合，经过研磨、高温灼烧、球磨和筛选，得到 $Sr_2CeO_4$ 粉末。存在的固有缺陷有煅烧温度高（1000℃ 以上），反应时间长（45～60h）。此外，产物硬度大，高温时易结团，粒径较大（7～27μm），且粒径分布宽，要得到适宜的粉末状材料，必须进行球磨处理，而机械球磨破坏部分晶体结构，从而降低材料的发光性能。

石士考等[19]用化学共沉淀法制备 $Sr_2CeO_4$，以 $Sr(NO_3)_2$，$Ce(NO_3)_3 \cdot 6H_2O$ 为起始物，分别以 $(NH_4)_2CO_3$ 和 $(NH_4)_2C_2O_4$ 作沉淀剂，加入到 $Sr^{3+}$，$Ce^{3+}$ 的盐溶液中形成沉淀，然后经离心分离、洗涤、干燥、高温灼烧等步骤制备出 $Sr_2CeO_4$，并比较了产物的发光性能，实验结果表明：以 $(NH_4)_2CO_3$ 作沉淀剂，烧结温度为 1250℃ 条件下，能得到发光性能优良的产品，其发射峰位于 470nm。

燃烧法制备 $Sr_2CeO_4$ 的过程是将 $Sr(NO_3)_2$ 和 $Ce(NO_3)_3 \cdot 6H_2O$ 以一定比

例混合,并加水溶解,加热至沸腾后,迅速加入适量尿素作燃料,燃烧过程仅维持几十秒,燃烧产物在一定温度下焙烧 6h,自然冷却至室温即得样品。文献[20]用此方法,在 $1050 \sim 1150 ℃$ 烧结 6h 后制得的 $Sr_2CeO_4$ 样品粒径在 $2\mu m$ 左右,具有很好的应用价值。

Tang 等[10]将 $Sr(NO_3)_2$ 和 $CeO_2$ 按摩尔比 2∶1 混合均匀,在 $160kg/cm^2$ 压力下压片(F13mm),然后用 2.45GHz 的家用微波炉,以 $\beta$-$MnO_2$ 为填充剂,在空气气氛中进行微波加热,得到 $Sr_2CeO_4$ 粉末。

Kang[21]采用喷雾热解法以 $Sr(NO_3)_2$ 和 $Ce(NO_3)_3 \cdot 6H_2O$ 作为原料,并加入 $NH_4NO_3$ 以便生成的 $Sr_2CeO_4$ 颗粒均匀。当全部浓度在 $0.005 \sim 1.5mol/L$ 范围内变化时,粒径为 $0.19 \sim 1.52\mu m$,粒径分布窄,产物纯度高。

Hirai 等[16]采用微乳液法,以 D2EHPA 为提取剂,1273K 温度下煅烧后,得到形状不规则的和椭球形的样品,粒径为 $1.5\mu m$,比均相溶液法得到的粒径($20\mu m$)小得多。

也有用溶胶-凝胶法[22,23]制备 $Sr_2CeO_4$ 的报道。

与 $Sr_2CeO_4$ 类似的是 $CaTiSiO_5$[24],它的结构中包含由 Ti—O 多面体通过共用 1 个 O 原子形成的线型链状结构。这个公用的 O 原子不属于硅氧四面体,因此它的分子式应写作 $CaTiOSiO_4$。在该链状结构中公用的 O 原子与 Ti 形成的 Ti—O 键较短(只有 0.1776nm,其他钛氧键为 0.1974nm),这个较短的 Ti—O 键的存在导致电荷迁移形成 $Ti^{3+}$—$O^{2-}$ 的亚稳态离子对,从而引起发光。$CaTiSiO_5$ 在紫外光激发下发出绿色光,最大发射 520nm,最大激发 290nm,斯托克斯位移 $15000cm^{-1}$。室温下它的发射被部分猝灭,但真正的猝灭温度要比 300K 高得多,250K 时的发射强度只有 4.2K 的 50%。

这一类钛酸盐发光体如 $NaLnTiO_4$(Ln=La,Gd,Y,Lu)[25]和 $Ba_2TiOSi_2O_7$[26]都具有一个较短的 Ti—O 键,这个较短的 Ti—O 键的存在导致电荷迁移形成 $Ti^{3+}$—$O^{2-}$ 的亚稳态离子对,从而引起发光。在外界能量激发下 O 的外层电子可以迁移到 Ti 的外层轨道,形成 $Ti^{3+}$—$O^{2-}$ 离子对从而导致发光。

张雷[27]观察到一维链状结构的 $Sr_2ZrO_4$ 在室温下呈现出电荷迁移态发光,其激发峰与发射峰分别位于 345nm 和 386nm,它们均为宽带。

### 13.1.2 一维结构中的能量传输

在低维发光材料中,有一类已经被广泛应用的发光材料 $LnMgB_5O_{10}$(Ln=La,…,Er)[28],它们的结构属于单斜的空间群 $P2_1/c$。以 $LaMgB_5O_{10}$ 为例,它的结构可以描述为由 $(B_5O_{10}^{5-})_n$ 构成的二维层,层与层之间通过 $La^{3+}$,$Mg^{2+}$ 连接起来。在二维结构中又存在着沿 b 轴的 $La^{3+}$—$La^{3+}$ 的一维锯齿型链。$La^{3+}$—$La^{3+}$ 的链中距为 0.4nm,链间距为 0.6nm,这使得能量传输在链中比链间要容易得多(10

倍)。因此,它的发光过程中的能量传输是以一维形式,即在 $La^{3+}$—$La^{3+}$ 的链中进行。

$EuMgB_5O_{10}$[29] 的结构类似于 $LaMgB_5O_{10}$,也存在由 $Eu^{3+}$—$Eu^{3+}$ 组成的一维锯齿型链,$Eu^{3+}$—$Eu^{3+}$ 的链中距为 0.4nm,链间距 0.64nm。为了研究它的能量传输情况,对样品 $Gd_{1-x}Eu_xMgB_5O_{12}$ 的余辉寿命和 $Eu^{3+}$ 浓度的关系作了研究,发现当 $x > 0.85$ 时发生浓度猝灭。Fouassier[30] 指出这种猝灭只能是能量传输所致。在二维或三维体系中,如 $NaGd_{1-x}Eu_xTiO_4$[31] 和 $Gd_{1-x}Eu_xAl_3B_4O_{12}$[32],浓度猝灭在 $x \geqslant 0.3$ 时发生。因为在纯的样品中也总是随机分布着缺陷陷阱,而由于维度的降低,传输的能量被缺陷捕获的概率将大大减小。因此,较高的猝灭浓度表明在 $Gd_{1-x}Eu_xMgB_5O_{10}$ 中能量的传输是严格的以一维形式进行的[33]。

$GdMgB_5O_{10}$ 的情况略有不同[34],它的结构中也存在着 $Gd^{3+}$—$Gd^{3+}$ 的一维链。$Gd^{3+}$—$Gd^{3+}$ 的链中距为 0.393nm,链间距为 0.598nm。对室温下纯的 $GdMgB_5O_{10}$ 的样品的光谱进行研究,发现在 274nm 激发下,该样品在 307nm 有一尖峰,在 312nm 有一个很强的尖峰。它们分别对应于 $Gd^{3+}$ 的 $^6P_{5/2} \rightarrow {}^8S$ 和 $^6P_{7/2} \rightarrow {}^8S$。在零声子线的低能量一侧还可以观测到电子振动态。若在原料中含有微量的 $Tb^{3+}$,$Mn^{2+}$,可以观察到在 485nm 和 544nm 的弱发射线,对应于 $Tb^{3+}$ 的 $^5D_4 \rightarrow {}^7F_6$ 和 $^5D_4 \rightarrow {}^7F_5$;一个最大位置在 620nm 的发射带,对应于 $Mn^{2+}$ 的 $^4T_1 \rightarrow {}^6A_1$。因为室温下 $Tb^{3+}$、$Mn^{2+}$ 的激发光谱中它们的激发线和 $Gd^{3+}$ 的激发态相符,所以可以得出结论,$Gd^{3+}$ 和 $Tb^{3+}$,尤其是和 $Mn^{2+}$ 之间的能量传输效率很高。为了进一步研究其能量传输形式,又测量了样品 $(La_xGd_{1-x})MgB_5O_{10}$:$Tb^{3+}$ 的荧光光谱,对 $Tb^{3+}$ 的发光强度和 $Gd^{3+}$ 的发光强度之比(光强比 $I_{Tb}/I_{Gd}$)与 $Gd^{3+}$ 浓度的关系的进行研究,参照余辉寿命与 $Gd^{3+}$ 浓度的关系,发现 $GdMgB_5O_{10}$ 的能量传输在 $x_{Gd} > 0.9$ 时为一维,即在 $Gd^{3+}$—$Gd^{3+}$ 链中进行。而当 $x_{Gd} < 0.9$ 时,由于 $La^{3+}$ 破坏了 $Gd^{3+}$—$Gd^{3+}$ 链,链间传输的概率大为增加,使得能量传输具有三维特性。

在 $GdMgB_5O_{10}$ 中掺杂其他一些离子得到一些有意义的结果,如掺 $Mn^{2+}$、$Bi^{3+}$、$Ce^{3+}$ 和 $Tb^{3+}$,其中 $Ce^{3+}$ 被发现是个好的敏化离子,如果选择合适的激活剂如 $Tb^{3+}$ 或 $Mn^{3+}$ 能得到效率很高的发光。共掺杂 $Ce^{3+}$,$Tb^{3+}$ 两种离子得到 $Gd_{0.977}Ce_{0.02}Tb_{0.003}MgB_5O_{10}$,在它的激发光谱中发现弱的 $Gd^{3+}$,$Tb^{3+}$ 的谱线和强的 $Ce^{3+}$ 的谱带,能量传输过程为 $Ce^{3+}$-$Gd^{3+}$-$Tb^{3+}$[35]。关于 $Ce^{3+}$,$Tb^{3+}$ 之间的能量传输已经有人作过研究[36]。由于 $Ce^{3+}$ 的能量向 $Tb^{3+}$ 传递的过程中 $Tb^{3+}$ 总是回传给 $Ce^{3+}$ 使得传递效率降低。但在 $Gb_{0.977}Ce_{0.02}Tb_{0.003}MgB_5O_{10}$ 中,因为能量的一维传输,Gd 只允许能量从 Ce 向 Tb,隔绝了回传的发生,因此使传递效率大大增加。

$TbMgB_5O_{10}$[37] 类似 $GdMgB_5O_{10}$,在 $TbMgB_5O_{10}$ 中 $Tb^{3+}$ 的发光不仅与 $Eu^{3+}$ 或 $Mn^{3+}$ 或其他某些未知缺陷的浓度有关,而且与它们的位置和性质有关,这与

$EuMgB_5O_{10}$ 的不同,后者只与位置有关。另外,在 $TbMgB_5O_{10}$ 中,双偶极子作用较强,这会导致链间能量传输,从而使 $TbMgB_5O_{10}$ 发光的能量传输具有准一维特征。但是在 $TbMgB_5O_{10}$ 中,能量传输仍以链中传输为主(链中传输的概率比链间传输的概率要大 $10^3$ 倍)。除稀土五硼酸盐以外,具有一维结构能量传递特征的发光材料还有许多。

与上述五硼酸盐类似 $CaLnO(BO_3)_3$(Ln=La,Nd,Sm,Gd,Y,Er)[38]。它们往往可以作为发光材料的基质,在其晶体结构中,$Ln^{3+}$ 位于扭曲的八面体中,它处于 $C_s$ 对称中心,该空间群属于 Cm 群,在该基质中存在由 $Ln^{3+}$ 组成的沿 c 轴的一维链状结构,链中最短的 Ln—Ln 距离等于 c 参数(0.355nm,Ln=Gd)。由于最短的链间 Ln—Ln 距离也比链中的 Ln—Ln 距离长一倍,这表明在该物质中会有沿 c 轴的一维能量传输。在这一类物质中,$Ca_4GdO(BO_3)_3$ 的性质比较突出。在 $Ca_4GdO(BO_3)_3$ 中掺杂其他稀土离子可发出可见光,而且可以观察到沿 Gd 链的能量传输。$Ca_4GdO(BO_3)_3$ 的结构包含 $BO_3$ 基团,但是一个 O 原子未与硼成键。这个自由的 O 原子对与它相连的发光离子的发光性质有很大影响,往往可以导致发光离子的能级降低(在应用中,这种影响具有积极和消极的作用)。在其结构中存在由 $Gd^{3+}$—$Gd^{3+}$ 组成的沿 c 轴的一维链,$Gd^{3+}$—$Gd^{3+}$ 的链中距为 0.355nm,链间距 0.811nm。它的光谱在 309nm 有一尖峰,314nm 有一个强的尖峰,分别相应于 $Gd^{3+}$ 的 $^6P_{5/2} \rightarrow {}^8S$ 和 $^6P_{7/2} \rightarrow {}^8S$ 发射。若原料中含有 $Tb^{3+}$,$Mn^{2+}$ 的杂质,可以观察到在 485nm 和 544nm 的弱峰,相应于 $Tb^{3+}$ 的 $^5D_4 \rightarrow {}^7F_6$,$^5D_4 \rightarrow {}^7F_5$ 发射,610nm 的弱峰相应于 $Mn^{2+}$ 的 $^4T_1 \rightarrow {}^6A_1$ 发射。对其光谱和光衰曲线与 $Gd^{3+}$ 浓度关系的研究发现,它的能量传输是严格的以一维形式进行的。

此外,$Ca_4GdO(BO_3)_3$ 也是一种优异的基质[39]。分别 $Gd^{3+}$,$Dy^{3+}$,$Tb^{3+}$,$Eu^{3+}$,$Ce^{3+}$,$Bi^{3+}$ 作为掺杂离子,在 254nm 激发下,$Bi^{3+}$,$Eu^{3+}$,$Tb^{3+}$ 有效率很高的发光。$Ca_4GdO(BO_3)_3$:$Eu^{3+}$ 是一种潜在的优异的红色发光粉。

$Li_6Eu(BO_3)_3$[40]结构与 $Ca_4GdO(BO_3)_3$ 类似,但无自由氧。晶体中也存在由 $Eu^{3+}$—$Eu^{3+}$ 构成的一维链,$Eu^{3+}$—$Eu^{3+}$ 的链中距为 0.39nm,链间距为 0.67nm。通过对掺杂 $Gd^{3+}$ 的样品余辉寿命与 $Eu^{3+}$ 浓度的关系的研究发现其猝灭浓度达到 0.85。如前面在 $EuMgB_5O_{10}$ 中所阐述的,它的能量传输也是以严格的一维形式进行的。

另一类具有一维线性结构的发光材料 $AMnX_3$(A=Cs,Rb,X=Br,I)掺杂 $Er^{3+}$ 的发光行为和能量传输也值得研究[41]。在 $AMnX_3$ 中 $MnX_6^{4-}$ 八面体共用相对的面形成链状。在这一类物质中,能量传输严格以一维形式进行。在不同的几种盐中 $Er^{3+}$ 的发射在 660～830nm。所有掺杂 $Er^{3+}$ 的锰盐都有很强的发光。但是只有在低温下(11K)才可观察到基质的发光。在 $CsMnBr_3$ 和 $RbMnBr_3$ 掺杂 $Er^{3+}$ 的样品中,40K 以上,$Er^{3+}$ 在 670nm 有强的发射峰($^4F_9 \rightarrow {}^4I_{15/2}$);超过 110K,

670nm 的发射消失,而 820nm 的发射增强。CsMnI$_3$ 在 70K 以下才能观察到 670nm 和 820nm 的发射。很明显高温时 Er$^{3+}$ 的发射能量从 Mn$^{2+}$ 向 Er$^{3+}$ 迁移所致,而且迁移的效率很高。即使在相对高的温度($>$250K),Mn$^{2+}$-Er$^{3+}$ 的能量传输效率仍达到 75%,低温时效率甚至更高。

洪广言等[1]总结出如下一些关于一维发光的基本规律:

(1) 在一维结构中,一般只有存在相对较短的 M—O 键才可能导致电荷迁移从而发光。

(2) 一般只有高价的可变价元素且其低价态具有发光性质,在一维结构中才可能发光。

一维结构中的能量传输具有以下特征:

(1) 一维的能量传输使发光体往往具有很高的猝灭浓度。

(2) 在一维的能量传输情况下,存在发光中间体(如 Ce$^{3+}$-Gd$^{3+}$-Tb$^{3+}$ 中的 Gd$^{3+}$),使能量回传的概率降低,提高了传输效率。这些可以作为寻找低维发光材料的依据。

由此可以看到,一维结构的发光的确具有比较独特的性质和规律,如果在材料研究设计中充分考虑这些,有可能得到好的结果,对一维结构发光的研究可以帮助人们更深刻地了解发光的本质和规律,对研制新的发光材料也会开辟出一条新路。这些基本规律可以作为设计低维发光材料的依据。

## 13.2 稀土纳米发光材料[42]

纳米发光材料是指颗粒尺寸在 1~100 nm 的发光材料,它包括纯的和掺杂的纳米半导体发光材料和具有分立发光中心的掺杂稀土离子或过渡金属离子的纳米氧化物、氟化物、硫化物和各种复盐等纳米发光材料。纳米发光材料中,半导体纳米材料以其独特的物理性质,如量子尺寸效应、非线性光学行为、异常的发光现象等而引起国内外广大学者的关注,而其他纳米发光材料的研究也成为当前发光材料研究的热点。

1994 年,Bhargava 等[43]首次报道将纳米 ZnS:Mn 的发光寿命缩短了 5 个数量级,而外量子效率高达 18%,尽管这是一个有争议的实验结果[44],但预示了纳米发光材料可能有高的发光效率和短的荧光寿命,引起了人们对半导体纳米发光材料研究的极大兴趣。纳米粒子的尺寸变小可使能隙变大,并表现为光谱蓝移,同时由于它引起表面原子数加大,比表面积增大,导致大量的悬键,对于发光而言,这些悬键会引起发光猝灭,在这方面的研究已成为 20 世纪末新材料的研究热点。目前,这方面正在进行大量的、较深入的研究。

稀土发光材料是一类重要的发光材料,纳米稀土发光材料与纳米半导体发光材料完全不同,它们从能量的传递机理到材料的发光中心都有区别。因此,纳米稀土发光材料的能级结构、能量传递和光谱性质是令人感兴趣的一个研究领域,随着高分辨率、大屏幕平板电视、特别是场发射技术的发展,要求荧光材料具有低电压大电流下的高亮度、高效率、高稳定性及粒度均匀、分布窄等特点,而许多研究工作已预示了纳米发光材料具有这些优点[45],而纳米上转换发光材料在免疫测定和DNA测定中可做荧光标记[46]。因此近年来,对纳米稀土发光材料的研究已经成为新的热点。

### 13.2.1　零维稀土纳米粒子发光特性

与半导体复合材料发光中心的发光机理不同,稀土纳米材料具有分立发光中心,发光源于各能级之间的跃迁。

稀土纳米发光粒子的研究重点是表面界面效应和小尺寸效应对光谱结构及其性质的影响,因为与体相材料相比,稀土纳米发光材料出现了一些新现象,如电荷迁移带红移、发射峰谱线宽化、猝灭浓度升高、荧光寿命和量子效率改变等(表 13-1)。

**表 13-1　不同粒径的 $Y_2O_3:Eu^{3+}$ 的光谱性质[47,48]**

| 样品 | A | B | C | D | E |
|---|---|---|---|---|---|
| 粒径 | $3\mu m$ | 80nm | 40nm | 10nm | 5nm |
| 表面积/体积 | <0.01 | 0.07 | 0.14 | 0.49 | 0.78 |
| 电荷迁移带位置 | 239nm | 239nm | 242nm | 243nm | 250nm |
| 611nm 的 HWFM | 0.8nm | 0.9nm | 1.1nm | 1.3nm | — |
| $^5D_0$ 荧光寿命(RT) | 1.7ms | 1.39ms | 1.28ms | 1.08ms | 1.04ms,0.35ms |
| 猝灭浓度 | ~6% | | 12%~14% | | ~18% |

为了研究稀土纳米发光材料的能级结构和光谱特性,在制备上,大量的工作集中在两个方面:一是获得尽可能小的纳米粒子,使材料充分显示出纳米尺寸对材料结构及其性能的影响;二是对纳米粒子的粒径控制,制备出一系列不同粒径的纳米粒子,从而寻找出粒径的变化与材料性能之间关系。在实验技术上,主要采用SEM、TEM 和 HRTEM 观察形貌和微观结构;利用激光格位选择激发或同步辐射研究激活离子的光谱能级结构和格位对称性以及高能量范围的稀土离子发光的激发光谱;使用时间分辨光谱技术探索荧光寿命、荧光衰减、能量转移等动力学特性。在研究对象的选择上,主要是选择对微环境比较敏感荧光探针离子,如 $Eu^{3+}$ 和 $Tb^{3+}$ 离子。目前,这方面研究最多的是 $Y_2O_3:Eu^{3+}$。下面主要以 $Y_2O_3:Eu^{3+}$ 为例,介绍稀土纳米发光材料的光谱特性。

1. 谱线位移

纳米粒子的光谱峰值波长向短波方向移动的现象称为蓝移；而光谱峰值波长向长波方向移动的现象称为红移。普遍认为蓝移主要是由于载流子、激子或发光粒子（如金属和半导体粒子等）受量子尺寸效应影响而导致其量子化能级分裂显著或带隙加宽引起的；而红移是由于表面与界面效应引起纳米粒子的表面张力增大，使发光粒子所处的环境发生变化（如周围晶体场的增大等）致使粒子的能级发生变化或带隙变窄所引起的。因此，只有粒径小到一定的尺度，才可能发生红移或蓝移现象。

在已研究的纳米稀土发光材料光谱中，发现随着粒径的减小，在吸收光谱和激发光谱中，出现了电荷迁移带（CTB）的红移或蓝移和基质吸收带变化等现象。

Lgarashi 等[49]在研究 $Y_2O_3$：$Eu^{3+}$ 纳米晶的光谱中，发现了纳米粒子与微米级粒子的电荷迁移态相比向高能量方向移动。他们认为电荷迁移态与 $O^{2-}$ 到 $Eu^{3+}$ 之间共价键程度有关，电子从 $O^{2-}-Eu^{3+}$ 所需能量降低，表示 $O^{2-}$ 到 $Eu^{3+}$ 之间的共价键程度升高，离子键程度降低。但是实验结果是电荷迁移态发生了蓝移现象，则表明在纳米粒子中离子键程度增多，由于 $Y_2O_3$：$Eu^{3+}$ 为立方结构，晶格常数可以认为是平均化学键的距离，而相对较长的键长则表示离子键，此结果又与实验测得晶格常数变大一致。文献出现某些相互矛盾的结论时，需要仔细分析、解释，也表明在此方面有待深入研究。

随着 $Y_2O_3$：$Eu^{3+}$ 粒径的减小，在吸收和激发光谱中，出现了基质吸收带的蓝移和电荷迁移带（CTB）的红移，这种现象是由表面界面效应和小尺寸效应所引起的晶格畸变造成的，而不是量子限域效应引起的。张慰萍等[50-55]采用甘氨酸-硝酸盐燃烧法合成了不同粒径的 $Y_2O_3$：$Eu^{3+}$ 和 $Gd_2O_3$：$Eu^{3+}$ 纳米晶，光谱实验结果表明，从 80 nm 到 5 nm，在 $Y_2O_3$：$Eu^{3+}$ 样品中，$Eu^{3+}$ 的 CTB 的峰值波长红移了 11 nm（表 13-1）；而在 $Gd_2O_3$：$Eu^{3+}$ 样品中，$Eu^{3+}$ 的 CTB 峰值波长从 255 nm 红移至 269 nm[54]，但未观察到 $Eu^{3+}$ 的 $^5D_0 \rightarrow {}^7F_2$ 特征发射峰出现位移。通过 XRD、TEM、EXAFS（扩展 X 射线吸收精细结构）和激光格位选择激发高分辨光谱对样品的粒径、形貌、结构和光谱特性测试表征发现，$Y_2O_3$：$Eu^{3+}$ 纳米晶是由有序的晶核和无序的晶界网络构成的，并且粒径越小缺陷越多。EXAFS 的实验结果表明，粒径越小，Eu—O 键长越大（如 80nm、40nm 和 5 nm 大小的晶粒所对应的 Eu—O 键长分别是 0.233 nm、0.235 nm 和 0.244 nm）；晶格越无序，畸变也越严重；Eu 的局部环境也随之变化，其配位数由 6 变到 8。

在纳米材料中 Eu—O 间的电子云较常规体相材料中 Eu—O 电子云更偏向 $Eu^{3+}$，当受到激发时，电子从 $O^{2-}$ 到 $Eu^{3+}$ 的迁移更容易发生。同时，文献[56]的结论进行了说明，即 8 和 12 配位的 $Eu^{3+}$ 离子的电荷迁移态随着 Eu—O 键长的增加发生红移。

Konrad 等[57]采用 CVD 法合成了不同粒径大小的 $Y_2O_3$：$Eu^{3+}$ 发光材料（表 13-2），其粒径大小是通过 Scherrer 公式计算和 TEM 直接观察确定的，并通过 XRD 和光谱结构特性分析证明 $Y_2O_3$：$Eu^{3+}$ 为立方晶相。漫反射和激发光谱表明，基质晶格吸收，10nm 样品的吸收带边比 $10\mu m$ 样品的吸收带边蓝移了大约 5 nm，但电荷迁移带没有移动；在同一温度下，随着粒径降低吸收带增宽，样品的带宽增大的顺序是 300 K 时带宽大于 80 K 的带宽；同时，由于束缚激子的发射能量不依赖于粒径大小。因此，这种基质吸收带边的蓝移和宽化依赖于粒径大小而束缚激子的发射能量不依赖于粒径大小的现象说明不是量子限域效应或声子限域效应引起的。

表 13-2　不同粒径的 $Y_2O_3$：$Eu^{3+}$ 的光谱性质

| 在 300K 温度下的实验结果[64] | | | |
|---|---|---|---|
| 粒径 | 10nm | 20nm | 50nm | $10\mu m$ |
| 激子能量/eV | 6.05±0.02 | 6.02±0.01 | 5.94±0.01 | 5.85±0.01 |
| 吸收带宽度/eV | 0.2±0.02 | 0.18±0.01 | 0.14±0.01 | 0.12±0.01 |
| 发射峰能量/eV | — | 3.66±0.02 | 3.70±0.02 | 3.68±0.01 |
| 发射峰宽度/eV | — | 0.35±0.03 | 0.38±0.02 | 0.39±0.01 |
| 在 80K 温度下的实验结果 | | | |
| 粒径 | 10nm | 20nm | 50nm | $10\mu m$ |
| 激子能量/eV | 6.05±0.02 | 6.02±0.01 | 5.94±0.01 | 5.85±0.01 |
| 吸收带宽度/eV | 0.17±0.04 | 0.12±0.03 | 0.08±0.01 | 0.08±0.01 |
| 发射峰能量/eV | 3.50±0.06 | 3.58±0.04 | 3.60±0.02 | 3.58±0.01 |
| 发射峰宽度/eV | 0.34±0.03 | 0.30±0.02 | 0.31±0.02 | 0.30±0.01 |

马多多等[58]在研究立方 $Gd_2O_3$：Eu 的纳米晶与体材料光谱性质时，也发现两者激发光谱的差异，在纳米晶中，电荷迁移带强度相对强，而基质激发带相对较弱，而对于体材料来说，基质吸收较强，而电荷迁移带则较弱，如图 13-3 所示。

对电荷迁移态位移和基质吸收变化这些现象的解释，普遍认为是由表面界面效应和小尺寸效应引起的晶格畸变造成的，而不是量子尺寸效应引起的。

Murase 等[59]在研究 Eu 掺杂的纳米氯化锶样品中，发现电荷迁移激发带和 $^5D_0 \rightarrow {}^7F_2$ 的发射峰有蓝移，XRD 测试了纳米样品和体材料的结构，结果表明在纳米粒子中晶格常数比体材料的要小。同时计算了 $^5D_0 \rightarrow {}^7F_2$ 和 $^5D_0 \rightarrow {}^7F_1$ 发光强度的比值，其结果表明，在纳米粒子中，$^5D_0 \rightarrow {}^7F_2$ 的相对强度要高，他们认为此结果与表面态有关。

另外,在纳米 $Y_2O_3$：$Eu^{3+}$ 样品中,$Eu^{3+}$ 的 $^7F_2 \rightarrow {}^5D_0$ 激发峰蓝移的现象也有报道。Sharma 等[60]以吐温-80 和乳化剂-OG 为修饰剂,湿法合成了不同粒径的 $Y_2O_3$：$Eu^{3+}$ 样品。发现随着修饰剂质量分数从 0 增加到 10%,粒径从 $6\mu m$ 降低到 10 nm,$^5D_0 \rightarrow {}^7F_2$ 激发峰波长从 395 nm 蓝移至 382 nm。他们认为所得到的这个初步结果是量子限域效应引起的。

李强等[61,62] 的研究结果表明,在纳米 $Y_2O_3$：$Eu^{3+}$ 粉末中,$Eu^{3+}$ 的 $^5D_0 \rightarrow {}^7F_2$ 跃迁的峰值波长由 614 nm(粒径为 71 nm)蓝移至 610 nm (粒径为 43 nm),他们认为是纳米材料巨大的表面张力导致的晶格畸变所致。

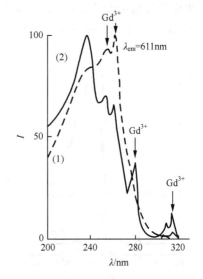

图 13-3　立方 $Gd_2O_3$：Eu 的激发光谱
(1) 纳米晶;(2) 体材料

然而,在上述文献中,有关 $Eu^{3+}$ 的谱峰的蓝移数据均不是采用高分辨光谱得到的,也没有其他的实验数据对此加以说明,因此,$Eu^{3+}$ 谱峰的蓝移现象需要进行更深入地研究。

宋宏伟等[78]深入研究了纳米 $Y_2O_3$：Eu 中紫外光诱导的电荷迁移态变化现象,并给出了微观物理模型,从而在纳米尺度下对稀土离子、表面态和基质之间的相互作用问题有了更进一步的认识。他们在变温实验中,通过荧光动力学研究确定了立方相纳米 $Y_2O_3$：Eu 中辐射跃迁速率随尺寸的变化关系,得出尺寸越小电子跃迁速率越大的结论,并将跃迁速率增大归因于晶格畸变。

### 2. 谱线宽化和新位置发光峰

在不同粒径的 $Y_2O_3$：$Eu^{3+}$ 纳米晶中,随着粒径的减小,$Eu^{3+}$ 的 $^5D_0 \rightarrow {}^7F_2$ 谱线有明显的宽化现象,同时,在小粒径样品发射光谱中出现新峰。张慰萍等[51,52]观察到,当立方相 $Y_2O_3$：$Eu^{3+}$ 的颗粒尺寸小于 10 nm 时,发射光谱不仅谱线加宽(表 13-1),而且光谱基本结构也发生变化,在 622 nm 处还出现了发光峰,如图 13-4所示。Williams 等[63]采用气相冷凝法合成了 7~15 nm 的 $Y_2O_3$：$Eu^{3+}$ 纳米晶。激光格位选择激发测试表明,$^7F_0 \rightarrow {}^5D_0$ 跃迁的激发峰随着粒径的减小而明显宽化。Peng 等[64]在高分辨光谱上观察到 5 nm 的 $Y_2O_3$：$Eu^{3+}$ 纳米晶在 579.9 nm 处出现新的宽化的激发峰。李丹等[65,66]采用燃烧法合成的 5 nm 的 $Y_2O_3$：$Eu^{3+}$ 立方相纳米晶,在 10K 的低温下也看到了 $^5D_0 \rightarrow {}^7F_2$ 跃迁发射峰的宽化。另外,Goldburt[67]发现 $Y_2O_3$：$Tb^{3+}$ 纳米晶 $Tb^{3+}$ 的 $^5D_4 \rightarrow {}^7F_n$ 跃迁的发射峰比体相材料相应的发射峰宽化。R. Bazzi 等[68]采用聚醇法合成了 $2\sim5nm$ 的 $Y_2O_3$：$Eu^{3+}$ 和 $Gd_2O_3$：$Ln^{3+}$（Ln＝Eu、Tb、Nd）等纳米晶，也发现发射谱线宽化和新峰出现。

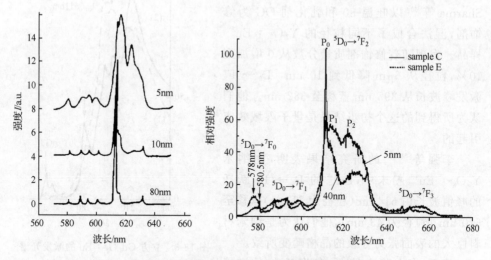

图 13-4　不同粒径 $Y_2O_3$：$Eu^{3+}$ 样品的发射光谱

左：低分辨光谱；右：高分辨光谱

可见，谱线宽化和新位置出现的发光峰确实与基质的晶粒大小密切相关。

Wang[69]研究了在 $LaPO_4$ 纳米晶中 $Eu^{3+}$ 离子的分布，当用电荷迁移态激发时，荧光发射光谱显示锐的发射峰，而直接激发 $Eu^{3+}$ 的 4f 能级时，发现发射光谱增宽，强度有所变化。

对于这种现象，普遍认为发射峰宽化是非均匀宽化，可能是纳米晶中的无序相造成的；而新峰则主要来源于 $Eu^{3+}$ 的新格位，如处于表面或杂相的 $Eu^{3+}$ 所形成的发光中心。张慰萍研究组[51,53]使用激光格位选择激发光谱（10ns，$0.1cm^{-1}$ 光谱宽度）进行了仔细的研究（图 13-5(a)），发现 5nm 和 40nm 样品的红色发射峰是由 611.4nm（$P_0$）和 612～630nm 的 $P_1$ 和 $P_2$ 两个肩峰组成的；其 $P_1$、$P_2$ 发射峰对应的在 $^7F_0\rightarrow{}^5D_0$ 激发峰（580.15nm，$C_2$ 格位）的高能带边出现了一个新的激发带，其中心波长约在 578.5nm，并且用此波长激发，出现了 $P_1$、$P_2$ 发射峰强度大大地增加现象（图 13-5(b)）。因此，他们把宽化现象归结于表面效应，出现的新峰归结于处于样品中的无序相和表面的 $Eu^{3+}$ 形成的发光中心。Peng 等[64]也将 579.9nm 的新激发峰归因于纳米晶近表面的 $Eu^{3+}$ 的发光。

**3. 荧光寿命改变**

张慰萍等[51,52]在研究时发现，随着纳米晶粒的变小，荧光寿命缩短（表 13-1），立方相 $Y_2O_3$：$Eu^{3+}$ 样品的粒径依次为 $3\mu m$、80nm、40nm 和 10nm，其 $^5D_0$ 的荧光

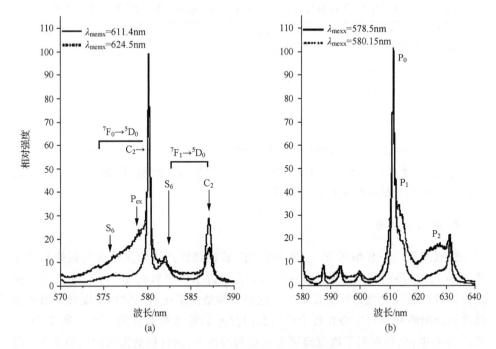

图 13-5　40nm 粒径 $Y_2O_3$：$Eu^{3+}$ 样品的激光格位选择激发光谱和发射光谱

寿命分别为 1.7ms、1.39ms、1.28ms 和 1.08ms。而 5 nm 样品衰减得更快，且无法用单指数形式拟合，可以用双指数很好地拟合，其结果为 1.04ms 和 0.35 ms。这被认为是表面缺陷增加引起的，即量子尺寸效应导致了发光离子能级在弛豫中自旋禁戒进一步的解除，从而辐射跃迁几率提高或无辐射弛豫增强。

李丹等[65,66,70]研究的结果表明，在 30nm 和 5nm 的 $Y_2O_3$：$Eu^{3+}$ 立方相纳米晶样品中，$Eu^{3+}$ 的 $^5D_0 \rightarrow {}^7F_2$ 跃迁的荧光寿命与体材料（1.7ms）相比都明显缩短。在相同掺杂浓度下，颗粒越小发光寿命越短；在较低的掺杂浓度下，寿命变化不大；当掺杂浓度超过某一值时，$Eu^{3+}$ 的发光寿命明显变短，如 5nm 纳米样品中 Eu 的浓度低于 15% 时，寿命大约为 0.77ms，超过 15% 后，$Eu^{3+}$ 的寿命明显变短；而 30nm 的纳米样品中 $Eu^{3+}$ 的寿命在掺杂浓度超过 20% 时才开始明显变短。他们认为颗粒尺寸减小引起的发光寿命变短是表面猝灭中心作用的结果；发光寿命随掺杂浓度增大而变短，说明较高掺杂浓度的 $Eu^{3+}$ 离子之间的能量传递将加速通过表面的能量猝灭。然而 Williams 等[63,71]在纳米 $Y_2O_3$：0.1% $Eu^{3+}$ 荧光寿命研究中却得到了相反的结果，单斜晶系 A、B、C 三种格位以及立方晶系 $C_2$ 格位上 $Eu^{3+}$ 离子 $^5D_0$ 衰减时间与体相材料相比均有所增加（表 13-3）。他们认为造成 $Eu^{3+}$ 离子 $^5D_0$ 衰减时间延长的原因是由于辐射跃迁比率减小引起的。

表 13-3　在约 13K 下,不同粒径的 $Y_2O_3$:0.1% $Eu^{3+}$ 单斜相纳米晶的 $^5D_0$ 荧光寿命[71]

| 样品 | 粒径范围/nm | 格位 A/ms | 格位 B/ms | 格位 C /ms | 立方相 $C_2$ /ms |
|------|-----------|-----------|-----------|-----------|-----------|
| 体相 | — | 1.6 | 0.8 | 0.8 | 1.0 |
| 23nm | 7～30 | 1.8 | 1.3 | 1.3 | — |
| 15nm | 7～23 | 1.8 | 1.3 | 1.3 | — |
| 13nm | 8～17 | 4.2 | 2.8 | 3.2 | — |
| 7nm | 4～10 | 4.6 | 2.9 | 3.0 | 3.0 |

总之,荧光寿命的变化与纳米粒子的大小和掺杂粒子的浓度密切相关,并决定于稀土纳米发光材料的表面界面效应。

### 4. 猝灭浓度增大

张慰萍等[52,55]在纳米 $Y_{2-x}Eu_xSiO_5$ 中,首次观察到了浓度猝灭受到抑制的现象。50 nm 样品的猝灭浓度为 $x=0.6$,大大超过了体材料的 $x=0.2$,并且发光亮度是体材料最大发光亮度的 2 倍多。这被认为是由于在纳米材料中能量共振传递被界面所阻断和猝灭中心在各个纳米晶内分布的涨落所造成的。在纳米 $Y_2O_3$:$Eu^{3+}$ 样品中,也观察到了浓度猝灭受到抑制的现象:体材料的猝灭浓度约 6 %,而纳米 $Y_2O_3$:$Eu^{3+}$ 样品的猝灭浓度高达 12%～14%,但纳米发光亮度低于体材料,70 nm 样品的发光亮度约为商用 $Y_2O_3$:$Eu^{3+}$ 的 80 %,而且随粒径变小而下降。这被认为是纳米晶所具有的表面界面效应使发光中心 Eu-Eu 之间的频繁能量传递受阻,能量从发光中心到猝灭中心传递的几率减小,非辐射跃迁减小,从而使猝灭浓度升高。

近年来的一些研究结果表明,掺杂 $Eu^{3+}$ 的纳米稀土发光材料具有比体材料高的猝灭浓度,纳米粒子的尺寸限域作用和表面态可以影响稀土离子到发光猝灭中心的能量传递过程。李丹等[65,66,70]对 $Eu^{3+}$ 离子掺杂的纳米氧化物材料具有比体材料高的猝灭浓度的原因进行了更具体的分析:引起发光猝灭的中心有两种,一种是表面猝灭中心,主要是三叉晶界、空位或空洞;另一种是体猝灭中心,有杂质和晶体缺陷两种。当颗粒尺寸减小时,表面猝灭中心增多而使猝灭浓度降低;相反,稳态的纳米晶位错密度不断降低而纳米晶中的发光猝灭浓度提高;杂质与颗粒尺寸无关,纳米晶与体材料相比,体猝灭中心的数目很少,因此,对发光起猝灭作用的主要是表面猝灭中心。纳米晶的表面猝灭中心增多了,那为什么猝灭浓度反而升高了呢?他们通过浓度猝灭曲线的分析,确定了引起 $Y_2O_3$ 纳米晶中 $Eu^{3+}$ 发光浓度猝灭的是交换相互作用。因为在立方 $Y_2O_3$ 纳米晶中存在 $S_6$ 和 $C_2$ 两种格位的 $Eu^{3+}$ 离子之间的能量传递,而相邻格位的能量传递速率比孤立的能量传递速率快很多,所以只有当 $Eu^{3+}$ 的掺杂浓度提高,使 $Eu^{3+}$ 处于相邻格位的概率增大到足以形成连接到表面的能量传递网时,发光猝灭才发生,从而导致纳米 $Y_2O_3$ : $Eu^{3+}$ 与体材料相比具有更高的猝灭浓度。他们还报道了 $Y_2O_2S$ : $Tb^{3+}$ 纳米晶中 $Tb^{3+}$ 发光浓度猝灭的机理[72]: $^5D_3$ 的浓度猝灭是电偶极-电偶极相互作用引起的,而 $^5D_4$ 浓度猝灭是交换相互作用引起的。与体材料相比,在 $Y_2O_2S$ : $Tb^{3+}$ 纳米晶中, $^5D_4$ 更容易出现浓度猝灭;而由交叉弛豫引起的 $^5D_3$ 发光的猝灭浓度提高。这是因为在体材料的 $Y_2O_2S$ : $Tb^{3+}$ 中, $^5D_4$ 发光在 10% 浓度范围以内还没有观察到浓度猝灭现象,而 $^5D_3 \rightarrow ^7F_2$ 跃迁产生最强的发光时的浓度值只有 0.2%。$^5D_3$ 的浓度猝灭是由于交叉弛豫 $(^5D_3, ^7F_6) \rightarrow (^5D_4, ^7F_0)$ 在猝灭 $^5D_3$ 发光的同时增加了 $^5D_4$ 能级的布居,而 $Tb^{3+}$ 离子的能级结构表明 $^5D_4$ 没有能量匹配的交叉弛豫途径,这些因素决定了 $^5D_4$ 能级上的发光难以被猝灭。在纳米晶中,由于表面猝灭中心的影响,随 $Tb^{3+}$ 离子浓度增加,能量在 $Tb^{3+}$ 离子之间的迁移很容易到达表面而猝灭。

由此可见,稀土纳米发光材料的浓度猝灭增加的机理是很复杂的,但它取决于纳米颗粒的表面界面效应所引起的能量传递机理的改变。

5. 发光强度变化

张慰萍等[54]采用燃烧法制备出了不同粒径的 $Y_2O_3$ : $Eu^{3+}$ 和 $Gd_2O_3$ : $Eu^{3+}$ 纳米晶,其同一掺杂浓度的 $Eu^{3+}$ 的 $^5D_0 \rightarrow ^7F_2$ 跃迁的发射峰强度随着粒径的减小而逐渐降低。其原因是纳米粒子的强散射减少了对紫外激发光的吸收,从而使亮度下降。另外,因粒径减小形成的无辐射弛豫中心增强了无辐射跃迁也是发射光强急剧减小的原因。李强等[61,62]也得到了类似的结果,并认为与缺陷有关。然而,Sharma 等[60]采用表面活性剂化学控制法合成的 $Y_2O_3$ : $Eu^{3+}$ 纳米晶,其 $Eu^{3+}$ 的 $^5D_0 \rightarrow ^7F_2$ 跃迁的发射峰强度随着粒径从 6 $\mu m$ 减小至 10 nm 非但发光强度没有减小,反而增大了 5 倍,被认为是粒子尺寸的减小使非辐射跃迁几率减小造成的。Goldburt 等[67]采用溶胶-凝胶法制备的 $10 \sim 4$ nm 粒径大小的 $Y_2O_3$ : $Tb^{3+}$ 纳米晶的发光效率增加。他们提出了量子限域原子(quantum-confined atom)模型加以解释[73],即掺杂的纳米晶发光材料振子强度的变化是基质边界的局域原子的量子限域导致的,简言之,局域杂质可看作量子点。裴轶慧等[74]以 $Y_2O_3$ : $Eu^{3+}$ 荧光粉中 $Eu^{3+}$ 的 $S_6$ 格位的发光强度作为内部标准与 $C_2$ 格位的发光强度进行比较研究了两种格位上 Eu 的分布,结果表明,纳米 $Y_2O_3$ : $Eu^{3+}$ 的发光强度低并不是因为占据 $C_2$ 格位上 Eu 原子数目少而引起的。总之,稀土纳米发光材料的发光强度的改变,与粒径大小、基质和制备方法等有关,其机理众说纷纭,因此,需要进行更深入、更细致的研究工作。

张慰萍研究组[52]制备的平均粒径为 50nm 的 $Y_{2-x}Eu_xSiO_5$ 比常规微米级的体材料有更高的发光亮度,他们通过同一掺杂浓度的样品的逐步退火实验认为,发光几率的提高是可能的原因。另外,发光强度随粒径减小的变化可能与制备方法有关,例如,用溶胶-凝胶法合成的 $40\sim50nm$ 的 $LnBO_3$：Eu（Ln＝Y,Gd）的发光亮度均高于固相反应法制得的体材料 $LnBO_3$：Eu,这可能是因为溶胶-凝胶法制备的样品掺杂更均匀、晶格更完善,从而降低了能量在传递过程中向猝灭中心的传递几率。

目前,发光强度随粒径减小的变化在改变色纯度实用方面也有了研究。如由于等离子体平板显示和新一代无汞荧光灯的发展,许多工作集中在真空紫外荧光粉的研究上,$YBO_3$ 在真空紫外有较好的吸收,而有望成为荧光材料的候选材料。然而,由于 $YBO_3$ 在 $^5D_0\to{}^7F_1$ 和 $^5D_0\to{}^7F_2$ 几乎等同强度的发射,使得该材料在色纯度方面存有问题。严纯华小组[75-77]考虑到 $^5D_0\to{}^7F_2$ 的跃迁属于超灵敏跃迁,此类跃迁受晶体场的对称性的影响。如果结构对称性降低,$^5D_0\to{}^7F_2$ 的相对跃迁强度将被提高,从而达到提高色纯度的要求。通过纳米材料与体材料的对比,发现来自于 $^5D_0\to{}^7F_2$ 的相对跃迁强度随着纳米粒径的减少而增强,由此认为这种现象与纳米粒子的微观结构有关。在纳米粒子表面,晶格周期性受到了破坏,同时在表面缺少氧原子,这些将造成 $Eu^{3+}$ 的局域对称性降低,从而处于无序的状态,因此,导致 $^5D_0\to{}^7F_2$ 的相对跃迁强度将被提高,从而达到提高色纯度的要求。

总之,稀土纳米发光材料的发光强度的改变,与粒径大小、不同的基质和制备方法等有关,其机理也是众说纷纭,因此,有待于更深入、更细致的工作。

### 6. 纳米化对上转换发光性能的影响

纳米化后上转换发光材料的发光性能也有相应的变化。Capobianco 小组[79]研究了纳米的 $Y_2O_3$：Er,Yb 的上转换发射,在以 978nm 为激发波长测得的反Stokes 发射光谱中,发现在纳米和体材料中红光的发射强度比在 488nm 为激发波长测得的 Stokes 发射光谱中有所提高,但在纳米粒子中红光发射强度提高的程度要大,其原因一方面可能来自于交叉弛豫过程（$^4F_{7/2}$,$^4I_{11/2}$）→（$^4F_{9/2}$,$^4F_{9/2}$）,使位于 $^4F_{9/2}$ 能级上的电子数增加,但研究者认为这并不是影响这一现象的主要原因,主要影响因素为声子的作用使得在 $^4F_{9/2}$ 能级上的电子数增加,因为在纳米颗粒中附加了大量的碳酸根和氢氧根基团,声子能量较体材料的要大,而大的声子能量刚好与 $^4I_{11/2}$ 与 $^4I_{13/2}$ 之间的能量差相近,因此导致红光发射相对强。

Patra 等[80]研究了 $Er^{3+}$：$ZrO_2$ 纳米材料的上转换发光,由于在高温时 $ZrO_2$ 属于单斜晶系,对称性较低,因此,随着温度的提高,晶粒的长大和晶相的转变,不对称的结构导致上转换发射强度随温度的升高而增强,从而也说明上转换发光强度与纳米粒子的晶相和尺寸有一定的关系。

Yi 等[81]研究了纳米 $La_2(MoO_4)_3$：Er,Yb 的上转换发光,虽然体材料和纳米材料结构相同,但以 980nm 为激发波长测得的发射光谱中,发现纳米材料中绿光发射强度要强于红光,而在体材料中现象刚好相反,其研究者认为,随着粒子的减小,更多的发光中心处在表面上,而 519nm 的发射来自于表面的发光中心,而 653nm 的发射来自于内部发光中心,因此,绿光发射更易受纳米尺寸的影响。

### 7. 不同合成方法对光谱性能的影响

随着对纳米材料研究的深入,合成纳米材料的方法有许多,对于同一样品,可采用不同方法来合成,目前的一些研究表明,合成方法的不同会影响结构和形貌,甚至进一步影响光学性能。Nedelec 等[82]采用不同方法合成了 $YPO_4$,研究了样品的结构、形貌、发光强度,并在 15K 条件测量了下以 $^5D_0$ 和 $^5D_2$ 为激发能级的 $^5D_0 \rightarrow ^7F_2$ 的荧光寿命,研究结果表明,溶胶-凝胶方法合成的样品粒度最小,发光寿命最短,其主要原因是在液相合成的样品存在残余的 $OH^-$ 基团。而对于发光效率,则采用共沉淀法合成的样品发光效率最高。

Zych 和 Strek 等[83,84]采用燃烧法和溶胶-凝胶两种方法合成纳米 $Lu_2O_3$:Eu,并对样品的结构和发光性质进行了研究,其研究结果表明,两种方法合成的样品结构相同,但发光性能却有很大的不同,从相对发光效率和猝灭浓度两方面来看,燃烧法合成样品的发光效率和猝灭浓度均低。他们认为,这些现象与燃烧法合成的样品中,$Eu^{3+}$ 离子的分布不均匀有关。

形貌不同对光谱也有一定的影响。Haase 等[85]在碱性和酸性条件下分别合成了纳米颗粒和一维的 $LaPO_4$:$Eu^{3+}$ 样品。样品中来自于 $^5D_0 \rightarrow ^7F_2$ 和 $^5D_0 \rightarrow ^7F_4$ 的发射强度模式有所不同,其光谱变化主要与在一维纳米颗粒中,存在着晶面定向生长,从而使 $Eu^{3+}$ 离子具有不同的局域环境有关。

## 13.2.2 一维、二维稀土纳米材料的发光

### 1 一维稀土纳米线、纳米管和纳米带等的制备与光谱特性

最近几年,纳米线、纳米管和纳米带等一维稀土纳米发光材料成为了研究的热点,研究其的目的之一是进一步组装出纳米结构体系材料,最终实现纳米器件的制作。Wu 等[86]利用表面活性剂合成了直径为 20～30 nm 的 $Y_2O_3$:$Eu^{3+}$ 纳米管,并且发现 $Y_2O_3$:$Eu^{3+}$ 纳米管展示了与纳米晶不同的光谱结构,其发射峰不仅宽化,而且在 618 nm 出现了新的发射峰,同时,590 nm 的发射峰变得宽而强。激光格位选择激发测试结果表明,$Eu^{3+}$ 在纳米管中占据 3 个不同的格位,其中有 2 个格位位于纳米管壁。Haase 等[87]则报道了 $LaPO_4$:$Eu^{3+}$ 纳米纤维的光谱特性。目前,水热法合成一维稀土纳米发光材料相当引人注目,例如,Meyssamy 等[88]合成出了 $LaPO_4$:$Eu^{3+}$ 纳米纤维;Fang 等[89,90]则合成了 $LnPO_4$(Ln＝La,Ce,Pr,Nd,Sm,Eu,Gd,Tb,Dy)系列化合物和一些稀土离子共掺杂化合物的纳米线或纳米棒,探讨了纳米线或管形成的可能机理及其发光特性;He 等[91]采用该法制备出

了 $Y_2O_3$：$Eu^{3+}$ 纳米带，发现 $Eu^{3+}$ 的发射峰不仅宽化，而且出现了 625 nm 的新峰；李亚栋等[92,93]采用水热法系统地制备出了稀土氧化物、硫氧化物和氢氧化物等化合物的纳米线和纳米管，探索了纳米管和纳米线的形成机理及相关的光谱性质，同时发现 $Y_2O_3S$：$Yb^{3+}$，$Er^{3+}$ 具有上转换的性质。但这方面的工作才刚刚开始，而有关纳米线、纳米棒、纳米带和纳米管等一维稀土纳米发光材料的形成机理还不清楚，它们所展示出奇特的发光性质还有待于探索和深入研究。

　　2. 二维稀土纳米发光薄膜的图案化和介孔组装

　　由于场发射显示（FED）和等离子体显示（PDP）等下一代发光显示技术要求具有超薄、高分辨率和轻便等特点，因此，二维纳米发光薄膜的图案化和无序、有序纳米发光材料的介孔组装成为研究的热点课题。同传统的发光粉显示屏相比，发光薄膜在对比度、分辨率、热传导和涂屏等方面显示出较强的优越性，其应用上最大的缺点是发光亮度和发光效率不高，工艺上主要是容易出现裂纹[94]。Gaponenko等[95]采用在多孔硅和阳极氧化铝表面的制膜技术来克服膜的裂纹，同时，研究了 Er 和 Tb 的薄膜发光特性并期望应用于光纤放大方面。

　　通过研究介孔组装体系的发光特性来理解主客体间的相互作用和介观的理化特性是发光材料介孔组装方面研究的动力之一，但这方面的工作才刚刚开始。Chen 等[96]组装的单斜晶系 $Eu_2O_3$/MCM-41 体系具有与体相材料明显不同的发光特性：$^5D_0 \rightarrow {}^7F_2$ 跃迁的发射峰主要为 615 nm 和 625 nm；发光寿命出现一短一长，短的小于 1$\mu$s，归因于纳米粒子的表面态或能量到 MCM-41 迁移产生的猝灭，而长的从微秒到毫秒为浓度猝灭的结果；在 140℃ 显示出比立方晶相或体相材料高的发光效率。这种在高温高压下才能稳定存在的高发高效率的单斜相 $Eu_2O_3$/MCM-41 组装材料将在发光和显示具有重要的潜在应用。Schmechel 等[97]将 $Y_2O_3$：$Eu^{3+}$ 分别组装在 2.7 nm 孔洞的 MCM-41、约 15 nm 的介孔二氧化硅和约 80 nm 的阳极氧化铝（AAO）模板阵列孔中，研究了它们的发光性质，并与 5$\mu$m 的体相材料进行了比较。发现填充在 $SiO_2$ 和 AAO 模板孔道中的电荷迁移带和 $^5D_0 \rightarrow {}^7F_2$ 跃迁的发射峰显著地宽化，并用发光材料的结构缺陷及非晶态加以解释。最近，张吉林等[98]将 $Y_2O_3$：$Eu^{3+}$ 组装进 AAO 模板中形成纳米线阵列，其 $Eu^{3+}$ 的特征红色发射峰与纳米晶粉末样品类似，也出现了明显的宽化现象。

　　综上所述，稀土纳米发光材料的光谱特性与纳米半导体发光材料有着根本不同的发光机理。谱线的位移与宽化、新峰的出现与猝灭浓度升高、荧光寿命与量子效率改变等与体相材料不同的性质，普遍被认为是由于粒径小至纳米级后，其巨大的表面界面效应改变了纳米晶的结构、键参数和掺杂离子格位等因素造成的，但这方面工作还有许多争议的地方，实验数据还不全面，有的结果甚至相互矛盾。在一维纳米材料的制备与二维纳米发光薄膜的图案化和阵列组装方面的工作才刚刚开始,有关一维纳米材料的形成机理、二维纳米发光薄膜图案化的多样化控制和纳米发光阵列的组装及它们所显示出的发光特性方面尚需进行大量深入的研究和探索。

### 13.2.3　纳米稀土发光材料的制备方法

众多稀土纳米材料的制备方法可用于合成纳米稀土发光材料[99]。早期纳米稀土发光材料的主要工作集中在纳米颗粒的制备上,到目前为止,已有多种方法用于制备纳米稀土发光材料。在纳米材料的合成过程中主要需解决两方面的问题:其一是获得尽可能小的、单分散纳米粒子,充分体现了纳米尺寸对材料结构和性能的影响;其二是掌握控制形貌的方法,为今后人为操纵原子体系,进行人工纳米结构组装提供条件。目前用于合成纳米稀土发光材料的方法很多,现就溶胶-凝胶法、沉淀法、燃烧法、微乳液法、水热法、微波法进行简要介绍。

#### 1. 溶胶-凝胶法

溶胶-凝胶法(sol-gel)是指从金属的有机物或无机物的溶液出发,在低温下,通过溶液中的水解、聚合等化学反应,首先生成溶胶,进而生成具有一定空间结构的凝胶,然后经过热处理或减压干燥,在较低的温度下制备出各种无机材料或复合材料的方法。溶胶-凝胶法因反应条件温和、产品纯度高、结构的介观尺寸可以控制、操作简单引起众多研究者的兴趣。Hreniak 和 Strek 采用溶胶-凝胶法合成了 $Nd:Y_3Al_5O_{12}$ 纳米晶[100],在合成过程中,有时还在溶液中加一些分散剂或络合剂等,如 Zhai 等采用 EDTA 为络合剂合成纳米 $Y_2O_3:Eu$[101]。

#### 2. 沉淀法

沉淀法包括直接沉淀法、共沉淀法和均匀沉淀法等。直接沉淀法是仅用沉淀操作从溶液中制备氢氧化物或氧化物的方法;共沉淀法是将沉淀剂加入到混合金属盐溶液中,促使各组分均匀混合沉淀,然后加热分解以获得产物的方法。在用上述两种方法时,沉淀剂的加入可能会使局部沉淀剂浓度过高,因此,可以采用能逐渐释放 $NH_4OH$ 的沉淀剂尿素的均匀沉淀法。Lgarashi 等采用碳酸盐沉淀合成了 $Y_2O_3:Eu$ 纳米颗粒[102],Bazzi 等采用沉淀法在高沸点有机溶液中合成 2~5nm $Y_2O_3:Eu$、$Gd_2O_3:Eu$ 和 $Eu_2O_3$ 纳米粒子[103]。

#### 3. 燃烧法

燃烧法是将相应金属硝酸盐(氧化剂)和尿素或甘氨酸的混合物放入一定温度的环境下,使之发生燃烧反应,制备氧化物或其他发光材料的一种方法。燃烧法具有反应时间短、制得的产物相对发光亮度高、粒度小且分布均匀及比表面积大等特点,在实验研究中应用较为普遍。Zych 等采用燃烧法合成了纳米 $Lu_2O_3$:$Tb^{[104]}$,Peng 等采用燃烧法合成了 $Y_2O_3$:Eu 纳米晶[105]。

### 4. 微乳液法

该法是利用在微乳液的液滴中的化学反应生成固体以制备所需的纳米粒子。该法可以通过控制微乳液的液滴中水体积及各种反应物浓度来控制成核、生长,以获得各种粒径的单分散纳米粒子。洪广言等[106]利用大豆卵磷脂在水中自发形成的囊泡作模版,先制备出含有 $Eu^{3+}$ 的卵磷脂乳液,经用 $NH_4F$ 沉淀后制得前躯体,该前躯体在 600℃灼烧,得到 $EuF_3$ 纳米线,其直径约为 $10\sim20$ nm。通过对各阶段产物的荧光光谱、红外光谱(FTIR)、XRD 和热分析等的对比分析,得知在纳米粒子的制备过程中 $Eu^{3+}$ 与大豆卵磷脂的亲水头部有一定的络合作用即形成了 $Eu-O-P$ 键,并确认所得到的纳米线是多晶相 $EuF_3$。

### 5. 水热法

该法是在特定的反应器(高压釜)中,采用水溶液作为反应体系,通过将反应体系加热至临界温度或接近临界温度,在反应体系中产生高压环境而进行无机合成和材料制备的一种有效方法。水热反应包括水热氧化、水热分解、水热沉淀、水热合成等,用水热法制备稀土纳米粉具有纯度高、晶形好、单分散性好等特点。Riwotzki 和 Haase 在水热条件下合成粒子尺寸 $10\sim30$nm 的 $YVO_4$:Ln (Ln=Eu,Sm,Dy)[107]。

除了上述方法外还有微波辐射合成法、化学气相反应法、喷雾热解法等。如Y.Tao 等采用化学气相反应法合成了 10nm 的 $Y_2O_3$:$Eu^{[108]}$。许多方法能够制备出纳米稀土发光材料,但大多只能制备出少量样品仅供基础研究使用,而真正具有产业化价值的方法不多。

纳米发光材料在形态和性质上的特点使其在应用上有着体相材料不可比拟的优势,使它能成为一类极有希望的新型发光材料。纳米稀土发光材料可能广泛应用于发光、显示、光信息传输、生物标记等领域,特别是在 FED,PDP,CRT 和各种平板显示器的重要材料。

但目前关于纳米稀土发光材料的研究还存在一些问题,主要集中在两方面:在理论方面,探索和建立纳米稀土发光材料的理论体系,并期待着在能级结构、能量传递理论、电子-声子的相互作用等方面获得重大突破;需在纳米稀土发光材料的研究过程中利用 $Eu^{3+}$ 为探针,采用高分辨率光谱研究,以提供更为精确的数据来分析纳米结构对发光性能的影响。在应用方面,由于大量的表面态的存在,使其发光效率远远低于体相材料,因此纳米稀土发光材料走向实用首当其冲的课题就是研究和控制表面态;同时应提高制备工艺的稳定性。但可以预计纳米稀土发光材料会在光电子学和光子学的发展中发挥重要的作用。

## 参 考 文 献

[1] 张雷,洪广言. 人工晶体学报,1999,28(2):204

[2] 洪广言. 稀土发光材料进展//洪茂椿等. 21 世纪的无机化学. 北京:科学出版社,2005,243-280

[3] 赵成大. 固体量子化学. 北京:高等教育出版社,1997,115

[4] Danielson E,Devenney M,Giaquinta D M,et al. Science,1998,279:837

[5] Danielson E,Devenney M,Giaquinta D M,et al. J Mol Stuct,1998,470:299

[6] Serra O A,Severino V P,Calefi P S,et al. J Alloys Comps,2001,323-324:667

[7] Pieterson L,Soverna S,Meijerink A. J Electrochem Soc,2000,147(12):4688

[8] 洪广言,李有谟. 发光与显示. 1984,5(2):82

[9] Park C H,Kim C H,Pyum C H,et al. J Lumin,2000,87-89:1062

[10] Tang Y X,Guo H P,Qin Q Z. Solid State Commun,2002,121:351-356

[11] Sankar R,Subba Rao G V. J Electrochem Soc,2000,147:2773

[12] Shi S K,Li J M,Zhou J. Mater Science Forum,2005,475-479:1181

[13] 石士考,王继业,栗俊敏等. 中国稀土学报,2004,22:859

[14] 石士考,栗俊敏,周济. 光谱与光谱分析,2005,25:1739

[15] Nag A,Narayanan Kutty T R. J Mater Chem,2003,13:370

[16] Hirai T,Kawamura Y. J Phys Chem B,2004,108:12763

[17] Hirai T,Kawamura Y. J Phys Chem B,2005,109:5569

[18] 洪广言,张雷,孙小琳. 发光学报,2002,23:381

[19] Shi S K,Li J M,Wang J Y,et al. J Rare Earths,2004,22:833

[20] Shi S K,Wang J Y,Li J M,et al. Key Engi Mater,2005,280-283:639

[21] Kang M J,Choi S Y. J Mater Science,2002,37:2721

[22] Yu X B,He X H,Yang S P,et al. Mater Lett,2003.58:48

[23] Zhai Y Q,Zhou X L,Yang G Z,et al. J Rare Earths,2006,24:281

[24] Blasse G,Dirksen G J. Mat Res Bull,1988,22:1727

[25] Blasse G,Bril A. J Chem Phys,1968,48:3652

[26] Blasse G,M van den Heuvel G P. J Solid State Chem,1974,10:206

[27] Lei Zhang,Guang Yan Hong,Xiao Lin Sun. Chinese Chemical Letters,1999,10(9):799

[28] Bernadette Saubat,Marcus Vlasse,Claude Fouassier. J Solid State Chem,1980,34:271

[29] Buijs M,Blasse G. Chem Phys Letters,1985,134:384

[30] Fouassier C,Saubat B,Blasse G. J Lumin,1981,23:405

[31] Berdowski P A M,Blasse G. J Lumin,1984,29:243

[32] Kellendonk F,Blasse G. J Chem Phys,1981,75:561

[33] Buijs M,Blasse G. J Lumin,1986,34:263

[34] van Schaik W,Blasse G. J Lumin,1994,62:2032

[35] Leskel M,Saakes M,Blasse G. Mat Res Bull,1984,19:151

[36] 洪广言,贾庆馨,杨永清. 发光学报,1989,10(4):304

[37] Buijs M,van Vliet J P M,Blasse G. J Lumin,1986,35:213

[38] van Schaik W,van Heek M M E,Middle W,et al. J Lumin,1995,65:103

[39] Dirksen G J,Blasse G. J Alloys and Compds,1993,191:121

[40] Buijs M,Vree J I,Blasse G. Chem Phys Letts,1993,137:381

[41] Talluto K F,Trautmann F,Mcpherson G L. Chem Phys,1984,88:299

[42] 张吉林,洪广言. 发光学报,2005,26(3):285

[43] Bhargava R N,Gallagher D,Hong X,Nurmikko A. Phys Rev Lett,1994,72(3):416

[44] Bol A A,Beek R V,Meijerink A. Chem Mater,2002,14(3):1121

[45] Sun Y,Qi L,Lee M,et al. J Lumin,2004,109:85

[46] Hirai T,Orikoshi T. J Colloid Interface Sci,2004,269:103

[47] Zhang W W,Xu M,Zhang W W,et al. Chem Phys Lett,2003,376(3-4):318

[48] Zhang W W,Xie P B,Zhang W W,et al. J Colloid Interface Sci,2003,262:588

[49] Lgarashi T,Lhara M,Kusunoki T,et al. Appl Phys Lett,2000,76(12):1549

[50] Zhang W W,Zhang W P,Xie P B,et al. J Colloid Interface Sci,2003,262:588

[51] Zhang W W,Xu M,Zhang W P,et al. Chem Phys Lett,2003,376:318

[52] Zhang W P,Yin M. 发光学报,2000,21(4):314

[53] Tao Y,Zhao G,Zhang W,et al. Mater Res Bull,1997,32(5):501

[54] Xie P,Zhang W,Yin M,et al. Chin J Inorg Mater,1998,13(1):53

[55] Zhang W,Xie P,Duan C,et al. Chem Phys Lett,1998,292:133

[56] Hoefdraad H E. J Solid State Chem,1975,15(2):175

[57] Konrad A,Herr U,Tidecks R,et al. J Appl Phys,2001,90(7):3516

[58] 马多多,刘行仁,孔祥贵. 中国稀土学报,1999,17(2):88

[59] Murase N,Jagannathan R,Kanematsu Y,et al. J Lumen,2000,87-89:488

[60] Sharma P K,Jilavi M H,Nass R,et al. J Lumin,1999,82:187

[61] Li Q,Gao L,Yan D S. Chin J Inorg Mater,2001,16(1):17

[62] Li Q,Gao L,Yan D S. Chin J Inorg Mater,1997,12(2):237

[63] Williams D K,Bihari B,Tissue B M,et al. J Appl Phys,1998,102(6):916

[64] Peng H S,Song H W,Chen B J,et al. Chem Phys Lett,2003,370(3-4):485

[65] 吕少哲,李丹,黄世华. 光学学报,2001,21(9):1084

[66] 李丹,吕少哲,陈宝玖等. 物理学报,2001,50(5):933

[67] Goldburt E T,Kulkarni B,Bhargava R N,et al. J Lumin,1997,72-74:190

[68] Bazzi R,Flores-Gonzalez M,Louis A,Lebbou K,et al. J Lumin,2003,102-103:445

[69] Wang R Y. J Lumin,2004,106:211

[70] 李丹,吕少哲,张继业等. 发光学报,2000,21(2):134

[71] Williams D,Yuan H,Tissue B M. J Lumin,1999,83-84:297

[72] 李丹,吕少哲,王海宇等. 发光学报,2000,22(3):227

[73] Bhargava R N. J Cryst Growth,2000,214/215:926

[74] Song H W,Chen B J,Zhang J,et al. Chem Phys Lett,2003,(372):368

[75] Jiang X C,Yan C H,Sun L D,et al. J Solid State Chem,2003,175:245

[76] Wei Z G,Sun L D,Liao C S,et al. J Phys Chem B,2002,106:10610

[77] Wei Z G,Sun L D,Liao C S,et al. Appl Phys Lett,2002,80(8):1447

[78] Peng H S,Song H W,Chen B J,et al. Acta Physica Sinica,2002,51(12):2875

[79] Vetrone F,Christopher Boyer J,Capobianco J A,et al. J Phys Chem B,2003,107(5):1107

[80] Patra A,Friend C S,Kapoor R,et al. Appl Phys Lett,2003,83(2):284

[81] Yi G S ,Sun B,Yang F Z,et al. Chem Mater,2002,14:2910

[82] Nedelec J M,Avignant D,Mahiou R. Chem Mater,2002,14:651

[83] Strek W,Zych E,Hreniak D. J Alloys Compd,2002,344:332

[84] Trojan-Piegza J,Zych E,Hreniak D,et al. J Alloys Compd,2004,380:123

[85] Meyssamy H,Riwotzk K,Kornowski A,et al. Adv Mater,1999,11(10):840

[86] Wu C F,Qin W P,Qin G S,et al. Appl Phys Lett,2003,82(4):520

[87] Haase M,Riwotzki K ,Meyssamy H,et al. J Alloy Compd,2000,303-304:191

[88] Meyssamy H,Riwotzki K. Adv Mater,1999,11(10):840

[89] Fang Y P,Xu A W,You L P,et al. Adv Funct Mater,2003,13(12):955

[90] Fang Y P,Xu A W,Song R Q,et al. J Am Chem Soc,2003,125 (51):16025

[91] He Y,Tian Y,Zhu Y F. Chem Lett,2003,32(9):862

[92] Wang X,Sun X M,Yu D P,et al. Adv Mater,2003,15(17):1442

[93] Wang X,Li Y D. Angew Chem Int Ed,2002,41(24):4790

[94] Lin J,Pang M L,Han Y H,et al. Chin J Inorg Chem,2001,17(2):154

[95] Gaponenko N V,Sergeev O V,Borisenko V E,et al. Mater Sci Eng B,2001,81:191

[96] Chen W,Sammynaiken R,Huang Y N. J Appl Phys,2000,88(3):1424

[97] Schmechel R,Kennedy M,Seggern H Von,et al. J Appl Phys,2001,89(3):1679

[98] Zhang J L,Hong G Y. J Solid State Chemistry,2004,177:1292

[99] 洪广言. 中国稀土学报,2006,24 (6):641

[100] Hreniak D,Strek W. J Alloys Compd,2002,341:183

[101] Zhai Y Q,Yao Z H,Ding S W,et al. Mater Lett,2003,57:2901

[102] Lgarashi T,Ihara M,Kusunoki T,et al. Appl Phys Lett,2000,76(12):1549

[103] Bazzi R,Flores M A,Louis C,et al. J Colloid Interface Sci,2004,273:91

[104] Zych E,Deren P J,Strek W,et al. J Alloy Compd,2001,323-324:8

[105] Peng H S,Song H W,Chen B J,et al. Chem Phys Lett,2003,370:485

[106] 洪广言,张吉林,高倩. 无机化学学报,2010,26 (3):695

[107] Riwotzki K,Haase M. J Phys Chem B,1998,102:10129

[108] Tao Y,Zhao G,Ju X,et al. Mater Lett,1996,28:137

# 第14章 稀土发光材料的制备化学

## 14.1 稀土化学简介[1-4]

### 14.1.1 稀土元素及其化合物的基本性质

#### 1. 稀土元素

稀土(rare earth)是历史遗留的名称,于18世纪得名。"稀"原指稀少,"土"是指其氧化物难溶于水的"土"性,其实稀土元素在地壳中的含量并不稀少,性质也不像土,而是一组活泼金属。

稀土元素是指周期表ⅢB族元素,包含原子序数21的钪(Sc),39的钇(Y)和57的镧(La)至71的镥(Lu)等共17种元素。由于原子序数57~71的15种元素中,只有镧原子不含有f电子,其余14种元素均含有f电子。国际纯粹与应用化学联合会(IUPAC)在1968年统一规定把镧以后原子序数58~71的铈至镥等14种具有f电子的元素命名为镧系(族)元素,通常在许多文献和著作中将从原子序数57的镧至71的镥等15种元素称为镧系元素。

镧系元素:镧(La)、铈(Ce)、镨(Pr)、钕(Nd)、钷(Pm)、钐(Sm)、铕(Eu)、钆(Gd)、铽(Tb)、镝(Dy)、钬(Ho)、铒(Er)、铥(Tm)、镱(Yb)、镥(Lu),它们位于周期表中第六周期的57号位置上。

镧系元素在周期表中的特殊地位导致镧系元素的性质十分相近,但又不完全相同。这就造成了元素彼此之间的分离很困难,只有充分利用它们之间的微小差别,才能分离它们。它们之间存在的差别很小,表现出几乎具有连续性,例如离子半径和电子能级等,这可供人们的需要加以选择应用,这也是稀土有许多优异性能和特殊用途的主要原因之一。

钇和镧系元素在化学性质上极为相似,具有共同的特征氧化态(Ⅲ)。钇的离子(Ⅲ)半径在镧系元素钬与铒的离子(Ⅲ)半径之间,在天然矿物中,它们相互共生,具有相似的化学性质,因此,自然地把它们放在一起作为稀土元素。钪和镧系元素也有共同的特征氧化态,在地壳中原生稀土矿也发现有钪矿物伴生,例如白云鄂博稀土矿就存在钪矿物,因此把它也划入稀土元素。但由于钪离子半径和稀土相差较大,其化学性质不像钇那样与镧系元素相似,再加上钪极为分散,所以在一般生产工艺中往往需作特例处理。

　　根据钇和镧元素的化学性质,物理性质和地球化学性质的相似性和差异性,以及稀土元素在矿物中的分布和矿物处理的需要,以钆为界,把它们划分为轻稀土和重稀土两组,其中轻稀土又称铈组元素,包括 La、Ce、Pr、Nd、Pm、Sm、Eu;重稀土又称为钇组元素,包括 Gd、Tb、Dy、Ho、Er、Tm、Yb、Lu 和 Y。根据稀土硫酸盐的溶解性及某些稀土化合物的性质,常常把稀土分为轻、中和重稀土三组。轻稀土为 La、Ce、Pr、Nd;中稀土为 Sm、Eu、Gd、Tb、Dy;重稀土为 Ho、Er、Tm、Yb、Lu 和 Y。在分离稀土工艺中和研究稀土化合物性质变化规律时,又得出了"四分组效应"关系,即将稀土分为四组;铈组 La、Ce、Pr;钐组 Nd、Sm、Eu;铽组 Gd、Tb、Dy;铒组 Ho、Er、Tm、Yb、Lu 和 Y。

　　61 号元素钷是放射性元素,它是铀的裂变产物,寿命最长的同位素[147]Pm 的半衰期也只有 2.64 年,在天然矿物中较难找到。

　　由于稀土元素的化学性质十分相似,要分离出纯的单一稀土化合物很困难,再加上其化学性质十分活泼,不容易还原为金属,所以稀土元素的发现比较晚,且发现 15 种元素的历史很长。自 1794 年首先分离出新"土"(氧化物)时起,一直到 1972 年从沥青铀矿中提取稀土的最后一种元素 Pm 为止,从自然界中得到全部稀土元素经历了一个半世纪之久。

　　稀土元素在自然界中广泛存在,在地壳中储量约占地壳的 0.16%,约 153ppm,但由于十分分散,导致矿物中稀土元素含量并不高。稀土元素在地壳中分布有以下几个特点:

　　(1) 稀土并不稀少,只是分散而已。稀土元素在地壳中丰度和一般常见元素相当,例如,铈接近于锌、锡;钇、钕和镧接近于钴和铅;甚至丰度较低的铥也比锑和铋丰度大。整个稀土元素在地壳中丰度则比一些常见元素要高,如比锌大 3 倍,比铅大 9 倍,比金大 3 万倍。

　　(2) 在地壳中铈组元素丰度比钇组元素要大。铈组在地壳中的含量为 101ppm,钇组为 47ppm。

　　(3) 稀土元素的分布不均,一般服从 Oddo-Harkins 规则,即原子序数为偶数的元素丰度较相邻的奇数元素的丰度大。但有些矿物例外,例如,离子型稀土矿产品中镧的含量就大于相邻的原子序数为偶数的铈。

　　(4) 在地壳中稀土元素主要集中于岩石圈,主要在花岗岩、伟晶岩、正长岩、火山岩中富集。

　　2. 稀土元素的物理性质

　　稀土元素的某些性质列于表 14-1。

表 14-1 稀土金属的某些性质

| 元素 | 原子序数 | 原子量 | 原子半径/pm | 密度/(g/cm³) | 熔点/℃ | 沸点/℃ | 热中子捕获截(巴/原子) | 三价离子半径/pm | 三价离子颜色 | 氧化电位 $E_{298}^{\ominus}$ (R$\rightleftharpoons$ R$^{3+}$+3e) | Ln$^{3+}$ 磁矩 $\mu_m$ |
|---|---|---|---|---|---|---|---|---|---|---|---|
| Sc | 21 | 44.956 | 1.641 | 2.99 | 1539 | 2730 | 24.0 | 0.68 | 无色 | 2.08 | 0.00 |
| Y | 39 | 88.906 | 1.801 | 4.47 | 1509 | 3337 | 1.38 | 0.88 | 无色 | 2.372 | 0.00 |
| La | 57 | 138.906 | 1.877 | 6.19 | 920 | 3454 | 9.3 | 1.061 | 无色 | 2.522 | 0.00 |
| Ce | 58 | 140.12 | 1.824 | 6.77 | 793 | 3257 | 0.73 | 1.034 | 无色 | 2.483 | 2.56 |
| Pr | 59 | 140.908 | 1.828 | 6.78 | 935 | 3212 | 11.6 | 1.013 | 黄绿 | 2.462 | 3.62 |
| Nd | 60 | 144.24 | 1.821 | 7.00 | 1024 | 3127 | 46 | 0.995 | 紫红 | 2.431 | 3.68 |
| Pm | 61 | (145) | 1.810 | 7.2 | 1035 | 3200 | | (0.98) | 粉红 | 2.423 | 2.83 |
| Sm | 62 | 150.36 | 1.802 | 7.54 | 1072 | 1778 | 5600 | 0.964 | 淡黄 | 2.414 | 1.50 |
| Eu | 63 | 151.96 | 2.402 | 5.26 | 826 | 1597 | 4300 | 0.950 | 淡粉红 | 2.407 | 3.45 |
| Gd | 64 | 157.25 | 1.802 | 7.88 | 1312 | 3233 | 46000 | 0.938 | 无色 | 2.397 | 7.94 |
| Tb | 65 | 158.925 | 1.782 | 8.27 | 1356 | 3041 | 46 | 0.923 | 淡粉红 | 2.391 | 9.7 |
| Dy | 66 | 162.50 | 1.773 | 8.54 | 1407 | 2335 | 950 | 0.908 | 淡黄绿 | 2.353 | 10.6 |
| Ho | 67 | 164.930 | 1.766 | 8.80 | 1461 | 2720 | 65 | 0.894 | 淡黄 | 2.319 | 10.6 |
| Er | 68 | 167.26 | 1.757 | 9.05 | 1497 | 2510 | 173 | 0.881 | 淡红 | 2.296 | 9.6 |
| Tm | 69 | 168.934 | 1.746 | 9.33 | 1545 | 1727 | 127 | 0.869 | 微绿 | 2.278 | 7.6 |
| Yb | 70 | 173.04 | 1.940 | 6.98 | 824 | 1193 | 37 | 0.858 | 无色 | 2.267 | 4.5 |
| Lu | 71 | 174.967 | 1.734 | 9.84 | 1652 | 3315 | 115 | 0.848 | 无色 | 2.255 | 0.00 |

稀土金属除镨和钕为淡黄色外,其余均具有银白和银灰色的金属光泽,稀土的金属性由镧到镥递减,这是因为随着原子序数增加,原子半径减小,失去电子的倾向变小。钪的相对密度为 2.99,钇为 4.47,镧系金属在 6～10,而且随原子序数的增加而增大。稀土元素的熔点很高,也随原子序数的增加而增大。值得注意的是铕和镱两种元素,它们非常特别,原子体积不仅不随原子序数增加而增加,反而减小,熔点也特别低,这是由于它们原子的电子构型分别处于 4f 的半充满和全充满状况,致使原子核对 6s 电子的吸引力减小,熔点降低的反常现象,这种现象称为"双峰效应"。

稀土金属的硬度不大,且随原子序数增加而加大,镧和铈与锡相似。稀土金属具有良好的延展性,而以铈、钐和镱为最好,例如铈可拉成金属丝,又可压成金属箔。

稀土金属的导电性并不好,如以汞的导电性为 1 时,镧为 1.6,铈为 1.2,铜却为 56.9。稀土金属之间导电性能也有较大差异,其中镧和镱较好,钆和铽最差。

基本上是随着温度升高,轻稀土金属导电性能逐渐下降,而重稀土金属则略有增加。稀土元素的化合物大多数是离子键型,它们导电性能好,可以用电解法制备稀土金属。

稀土金属及其化合物的磁性决定于钪的 3d 电子,钇的 4d 电子和镧系元素的 5d 及 4f 电子。大多数三价稀土离子和 $Eu^{2+}$、$Sm^{2+}$,它们由于在 4f 轨道上都有未偶合的电子,它们显示出顺磁性,而没有未偶合电子的离子,如 $Sc^{3+}$、$Y^{3+}$、$La^{3+}$ 和 $Lu^{3+}$ 就显示出抗磁性,但总的来说,钪、钇、镧、铈、镱、镥都属于抗磁性物质,铈($Ce^{4+}$)、镨、钕、钐、铕、镱($Yb^{2+}$)均为顺磁性物质,而钆、铽、镝、铒、铥均为铁磁性物质。

### 3. 稀土元素化学性质

(1) 稀土元素的价态:稀土元素的正常氧化态是正三价,即电离掉 $(ns)^2$ $(n-1)d^1$ 或者 $(4f)^1$,但对个别稀土元素正好电离失去 2 个或者 4 个电子可使 4f 轨道呈现或者接近于全空或半充满或全充满的稳定结构时,它们可能出现正二价或者正四价。例如,铈、镨和铽可呈现正四价态,而钐、铕和镱可呈现正二价态,其中四价铈和二价铕具有一定的稳定性,可在水溶液中存在。在稀土分离时就利用它们氧化还原特性分离它们。

(2) 稀土元素原子半径、离子半径及镧系收缩:金属的原子半径是金属晶体中两个原子的核间距的一半。除铕和镱反常外,镧系元素金属原子半径从镧(1.877pm)到镥(1.734pm)呈略有缩小的趋势,金属原子半径要比离子半径大,其原因在于金属原子比离子多一层的缘故。

三价稀土离子的半径,从正三价钪到正三价镧依次增大,这由于电子层增多了,半径相应增加。三价稀土离子的半径与同价的其他金属离子相比是比较大的,如 $Al^{3+}$、$Fe^{3+}$、$Co^{3+}$ 等。

在镧到镥 15 种元素的离子半径随着原子序数增加而减小。这一现象称为"镧系收缩"。镧系收缩的原因是有效核电荷增加的作用,在镧系元素中,原子序数加 1,就增加 1 个核电荷和 1 个电子,其中这个电子填充到 4f 轨道上,由于核电荷增加,导致核电荷对外层的电子吸引作用更大,所以离子半径相应减小,这样原子序数越大,半径就越小,并且有规律地减小。

镧系收缩效应不但影响镧系元素的离子半径,而且也影响镧系后面几种元素 $Hf^{4+}$、$Ta^{5+}$、和 $W^{6+}$ 的离子半径,使得 Zr 和 Hf、Nb 和 Ta、Mo 和 W 的离子半径相差不多,化学性质相近,造成铪和锆,铌和钽及钼和钨三对元素之间在分离上的困难。

镧系收缩导致,三价稀土元素离子半径从 1.061pm($La^{3+}$)缩小到 0.848pm($Lu^{3+}$),其缩小 0.213pm,平均两个相邻元素之间缩小 0.015pm。在稀土化合物中大多数都是稀土与氧结合,离子键是主要的,结合力的强弱与核间距的平方成反比,因此,稀土离子半径的大小是决定稀土离子络合能力强弱的主要因素之一。稀土离子半径随原子序数增加而减小,它的络合能力则随原子序数增加而增强,可以利用络合能力的强弱来分离稀土元素。

由于离子半径相似,晶体中的稀土离子彼此可以相互取代而呈类质同晶现象,钇的离子半径 0.88pm,和重稀土差不多,介于镝铒之间,所以常与重稀土元素共存于矿物中。钪的离子半径 0.68pm 相差较远,故一般不与稀土矿共存。

(3) 稀土离子的颜色:稀土元素中的钇、钪和镧的三价态是无色的,具有 4f 电子镧系元素呈三价态时,全空 $4f^0$($La^{3+}$)和全满 $4f^{14}$($Lu^{3+}$)是无色的,由于 $f^7$ 特别稳定,不易激发电子,所以 $Gd^{3+}$ 也是无色,此外接近 $f^0$ 的 $f^1$ 和接近 $f^{14}$ 的 $f^{13}$ 的元素也是无色的。归纳稀土离子的颜色有下述规律性,即 $f^x$ 和 $f^{14-x}$ 结构的离子颜色都大致相似。一般来说,稀土元素变价离子都有颜色,例如,$Ce^{4+}$ 橘红色、$Sm^{2+}$ 红棕色、$Eu^{2+}$ 浅黄色、$Yb^{2+}$ 绿色。

(4) 稀土金属的活泼性:稀土金属的化学活泼性很强,它们的电极电位由镧的 $-2.52V$ 增至镥的 $-2.30V$。稀土金属在空气中的稳定性,随着原子序数的增加而稳定。镧和铈在空气中很快被氧化,在潮湿空气中逐渐转化为白色氢氧化物。铈则先氧化成氧化铈,随即继续被氧化成二氧化铈,放出大量的热而自燃,钕和钐的作用就较缓慢。钇在空气中即使加热至 900℃,也仅仅表面产生氧化物。

稀土金属是强还原剂,它们的氧化物生成热($La_2O_3$ 为 457kcal/mol)比氧化铝的生成热(378kcal/mol)还大,因此混合稀土金属是比铝更强的还原剂。

稀土金属溶于盐酸、硫酸、硝酸,难溶于浓硫酸,微溶于氢氟酸和磷酸,这是由于反应生成了难溶的氟化物和磷酸盐覆盖在金属表面,阻止它们继续作用。

(5) 稀土元素的氧化还原性质:在 1mol/L 的高氯酸、硝酸和硫酸的酸性介质中,$Ce^{4+}/Ce^{3+}$ 的标准氧化还原电位分别为 1.70V、1.01V 和 1.44V,表明 $Ce^{4+}$ 是一个强氧化剂,可用来氧化 $Fe^{2+}$、$Sn^{2+}$、$I^-$ 和有机化合物等,可用于氧化还原分析。

二价销相对比较稳定,在隔绝空气的条件下能稳定存在。四价的镨和铽通常只能以固体状态存在,溶于酸便被还原成三价化合物,它们的氧化还原电位虽高,却极不稳定。

(6) 稀土元素的酸碱性质:镧系元素的碱性是随原子序数的增大而逐渐减弱的。由于离子半径逐渐减小,对阳离子的吸引力逐渐增强,氢氧化物离解度也逐渐减小,镧的碱性最强,轻稀土金属氢氧化物的碱性比碱土金属氢氧化物的碱性稍弱,氢氧化钇的碱性介于镝铕之间。钪是碱性最弱的一个,当 pH 为 4.90 时,即开始生成氢氧化钪,它呈两性,能溶于强碱。四价稀土氧化物的碱性较三价的氢氧化物弱,二价稀土的氢氧化物的碱性最强。

#### 4．稀土化合物

##### （1）稀土不溶化合物

稀土的不溶化合物很多，主要有氟化物、氧化物、复合氧化物、氢氧化物、碳酸盐、氟碳酸盐、磷酸盐、硅酸盐和草酸盐。除草酸盐外，其他化合物都在自然界中组成稀土矿物，如磷酸盐的独居石（$REPO_4$）和磷钇矿（$YPO_4$）、氟碳酸盐的氟碳酸铈矿（$CeFCO_3$）。

**氧化物**　由于稀土的特征氧化态是三价，因此稀土氧化物的化学式为 $RE_2O_3$。混合氧化稀土呈棕褐色。它们可从煅烧草酸盐和碳酸盐及氢氧化物中得到。

$$RE_2(C_2O_4)_3 \cdot 2H_2O = RE_2O_3 + 3CO_2 + 3CO + 2H_2O$$

此时铈是以 $CeO_2$ 存在，镨和铽都是以四价和三价共存形式存在，分别为 $Pr_6O_{11}$ 和 $Tb_4O_7$。$CeO_2$ 的溶解比较困难，其他氧化物能很容易地溶解在盐酸中。

**氢氧化物**　稀土溶液中加入氨水或氢氧化钠溶液，立即形成颗粒细小的氢氧化稀土沉淀，它是一个胶状体，使其固液分离很艰难。沉淀中 $OH^-/Lu^{3+}$ 的摩尔比并不是正好等于 3，而是随着金属离子的不同，在 2.48～2.88 变化，说明沉淀并非化学计量的 $Ln(OH)_3$，而是组成不同的碱式盐，在过量碱或者长期与碱接触时才转化为 $Ln(OH)_3$。稀土氢氧化物是难溶于水的，它们溶解度表见表 14-2。

**表 14-2　氢氧化物溶解度**

| $RE(OH)_3$ | 溶解度/(mol/L) | $RE(OH)_3$ | 溶解度/(mol/L) |
| --- | --- | --- | --- |
| $La(OH)_3$ | $13.2\times10^{-6}$ | $Dy(OH)_3$ | $2.8\times10^{-6}$ |
| $Ce(OH)_3$ | $3.1\times10^{-6}$ | $Ho(OH)_3$ | $1.9\times10^{-6}$ |
| $Pr(OH)_3$ | $5.5\times10^{-6}$ | $Er(OH)_3$ | $2.1\times10^{-6}$ |
| $Nd(OH)_3$ | $5.3\times10^{-6}$ | $Tm(OH)_3$ | $1.9\times10^{-6}$ |
| $Sm(OH)_3$ | $3.0\times10^{-6}$ | $Yb(OH)_3$ | $2.1\times10^{-6}$ |
| $Eu(OH)_3$ | $2.7\times10^{-6}$ | $Lu(OH)_3$ | $1.6\times10^{-6}$ |
| $Gd(OH)_3$ | $2.8\times10^{-6}$ | $Y(OH)_3$ | $3.1\times10^{-6}$ |
| $Tb(OH)_3$ | $1.9\times10^{-6}$ | | |

**氟化物**　稀土溶液中加入氢氟酸或氟化铵，均可获得含水氟化稀土的胶状沉淀，加热后转化为细小颗粒状的沉淀。在过量氟离子中，可导致部分稀土形成络合物而溶解。

稀土氟化物溶解度比草酸盐溶解度小，因此，可用于稀土沉淀和其他杂质分离,但由于沉淀为胶体,不易过滤洗涤,因此在生产和分析中应用较少。

**碳酸盐**　往稀土溶液中加入碳酸氢铵、碳酸铵或者可溶碳酸盐,就可能形成碳酸稀土沉淀。碳酸稀土沉淀是胶体沉淀,固液分离较难。稀土碳酸盐可溶于盐酸、硝酸和硫酸。稀土碳酸盐受热分解生成氧化稀土。稀土碳酸盐溶解度很小表14-3。

**表 14-3　碳酸盐在水中的溶解度**

| $RE_2(CO_3)_3$ | 溶解度(25℃)/(mol/L) | $RE_2(CO_3)_3$ | 溶解度(25℃)/(mol/L) |
|---|---|---|---|
| $La_2(CO_3)_3$ | $2.38 \times 10^{-6}$ | $Gd_2(CO_3)_3$ | $7.4 \times 10^{-6}$ |
| $Ce_2(CO_3)_3$ | $1.0 \times 10^{-6}$ | $Dy_2(CO_3)_3$ | $6.0 \times 10^{-6}$ |
| $Pr_2(CO_3)_3$ | $1.99 \times 10^{-6}$ | $Y_2(CO_3)_3$ | $1.54 \times 10^{-6}$ |
| $Nd_2(CO_3)_3$ | $3.46 \times 10^{-6}$ | $Er_2(CO_3)_3$ | $2.10 \times 10^{-6}$ |
| $Sm_2(CO_3)_3$ | $1.89 \times 10^{-6}$ | $Yb_2(CO_3)_3$ | $5.0 \times 10^{-6}$ |
| $Eu_2(CO_3)_3$ | $1.94 \times 10^{-6}$ | | |

**磷酸盐**　稀土磷酸盐是重要的稀土盐类,它是矿物存在的主要形式之一,具有很大工业意义。在 pH 为 4.5 的稀土溶液中加入磷酸钠可得到稀土磷酸盐沉淀,磷酸盐在水中溶解度很小,$LaPO_4$ 的溶解度为 0.017g/L,$GdPO_4$ 为 0.0092g/L,$LuPO_4$ 为 0.013g/L。磷酸盐矿物属于难风化矿物,硬度大,难以磨蚀。稀土磷酸盐可用氢氧化钠溶液高温分解制得氢氧化物和磷酸钠,氢氧化稀土进一步用盐酸溶液的方法制得氯化稀土。

**硅酸盐**　稀土硅酸盐化合物在自然界存在的形态已发现有 36 种之多,但具有工业意义的矿物很少,仅有硅铍钇矿。但以离子状态吸附在铝硅酸盐黏土矿物上的风化壳淋积型稀土矿,工业意义很大,是目前主要中重稀土的来源之一。

**草酸盐**　在自然界中没有稀土草酸盐矿物存在,但在提取及分离过程中,往往要把稀土转变成草酸盐和杂质进行分离,因此,它有特别重要意义。

可用均相沉淀的方法制备稀土草酸盐。在工业生产上则采用草酸或草酸铵作为稀土沉淀剂。如果稀土溶液酸度过大,草酸沉淀稀土不完全,应该用氨水调节 pH 为 2,可使稀土沉淀完全。轻稀土和钇形成正草酸盐,而重稀土则生成正草酸盐或草酸铵复盐。在含钠盐的溶液中,草酸沉淀稀土会形成草酸钠复盐,灼烧后影响混合氧化稀土纯度。

轻稀土草酸盐和草酸钇带 10 个结晶水,草酸钪和铒以后的稀土草酸盐带 6 个结晶水。所有的轻稀土在草酸盐溶液中都能定量地沉淀出来,草酸稀土在水中溶解度列于表 14-4。

表 14-4　草酸盐在水中溶解度

| RE$_2$(C$_2$O$_4$)$_3$·10H$_2$O | 溶解度(按无水盐计)/(g/L) | RE$_2$(C$_2$O$_4$)$_3$·10H$_2$O | 溶解度(按无水盐计)/(g/L) |
|---|---|---|---|
| La | 0.62 | Sm | 0.69 |
| Ce | 0.41 | Gd | 0.55 |
| Pr | 0.74 | Y | 3.34 |
| Nd | 0.74 | | |

在一定酸度下,草酸盐的溶解度随镧系原子序数的增大而增加,一般来说重稀土的溶解度比轻稀土高,特别在碱金属存在的条件下,由于形成草酸复盐的络合物,稀土草酸盐溶解度明显增加。

稀土草酸盐可用氢氧化钠溶液一起煮沸而将它转化为氢氧化物沉淀,然后用酸溶解。

稀土草酸盐灼烧分解时,依分解温度的不同产物差别很大,一般先脱水,生成碱式碳酸盐,最后在 800～900℃ 转化为氧化物。但不同稀土的草酸盐灼烧分解时,中间产物不都一样(表 14-5)。

表 14-5　稀土草酸盐的分解过程和温度

| RE$_2$(C$_2$O$_4$)$_3$·$n$H$_2$O | 分解过程和温度 |
|---|---|
| La$_2$(C$_2$O$_4$)$_3$·10H$_2$O | $\xrightarrow{45\sim380℃}$La$_2$(C$_2$O$_4$)$_3$ $\xrightarrow{380\sim550℃}$La$_2$O$_2$·CO$_3$ $\xrightarrow{735\sim800℃}$La$_2$O$_3$ |
| Ce$_2$(C$_2$O$_4$)$_3$·10H$_2$O | $\xrightarrow{50\sim360℃}$CeO$_2$ |
| Pr$_2$(C$_2$O$_4$)$_3$·10H$_2$O | $\xrightarrow{40\sim400℃}$Pr$_2$(C$_2$O$_4$)$_3$ $\xrightarrow{420\sim790℃}$Pr$_6$O$_{11}$ |
| Nd$_2$(C$_2$O$_4$)$_3$·10H$_2$O | $\xrightarrow{50\sim445℃}$Nd(C$_2$O$_4$)$_3$ $\xrightarrow{445\sim735℃}$Nd$_2$O$_3$ |
| Sm$_2$(C$_2$O$_4$)$_3$·10H$_2$O | $\xrightarrow{45\sim300℃}$Sm$_2$(C$_2$O$_4$)$_3$ $\xrightarrow{410\sim735℃}$Sm$_2$O$_3$ |
| Eu$_2$(C$_2$O$_4$)$_3$·10H$_2$O | $\xrightarrow{60\sim320℃}$Eu$_2$(C$_2$O$_4$)$_3$ $\xrightarrow{320\sim620℃}$Eu$_2$O$_3$ |
| Gd$_2$(C$_2$O$_4$)$_3$·10H$_2$O | $\xrightarrow{45\sim120℃}$Gd(C$_2$O$_4$)$_3$·6H$_2$O $\xrightarrow{120\sim375℃}$Gd$_2$(C$_2$O$_4$)$_3$ $\xrightarrow{375\sim700℃}$Gd$_2$O$_3$ |
| Tb$_2$(C$_2$O$_4$)$_3$·10H$_2$O | $\xrightarrow{45\sim120℃}$Tb$_2$(C$_2$O$_4$)$_3$·5H$_2$O $\xrightarrow{140\sim265℃}$Tb$_2$(C$_2$O$_4$)$_3$·H$_2$O $\xrightarrow{295\sim415℃}$Tb$_2$(C$_2$O$_4$)$_3$ $\xrightarrow{435\sim600℃}$TbOCO$_3$ $\xrightarrow{600\sim725℃}$Tb$_4$O$_7$ |
| Dy$_2$(C$_2$O$_4$)$_3$·10H$_2$O | $\xrightarrow{45\sim140℃}$Dy$_2$(C$_2$O$_4$)$_3$·4H$_2$O $\xrightarrow{140\sim220℃}$Dy$_2$(C$_2$O$_4$)$_3$·2H$_2$O $\xrightarrow{295\sim415℃}$Dy$_2$(C$_2$O$_4$)$_3$ $\xrightarrow{415\sim750℃}$Dy$_2$O$_2$CO$_3$ $\xrightarrow{745℃}$Dy$_2$O$_3$ |
| Ho$_2$(C$_2$O$_4$)$_3$·10H$_2$O | $\xrightarrow{40\sim200℃}$Ho(C$_2$O$_4$)$_3$·2H$_2$O $\xrightarrow{240\sim400℃}$Ho$_2$(C$_2$O$_4$)$_3$ $\xrightarrow{400\sim575℃}$Ho$_2$O$_2$CO$_3$ $\xrightarrow{735℃}$Ho$_2$O$_3$ |
| Er$_2$(C$_2$O$_4$)$_3$·6H$_2$O | $\xrightarrow{40\sim175℃}$Er$_2$(C$_2$O$_4$)$_3$·2H$_2$O $\xrightarrow{265\sim395℃}$Er$_2$(C$_2$O$_4$)$_3$ $\xrightarrow{395\sim565℃}$Er$_2$O$_2$CO$_3$ $\xrightarrow{720℃}$Er$_2$O$_3$ |
| Tm$_2$(C$_2$O$_4$)$_3$·5H$_2$O | $\xrightarrow{55\sim195℃}$Tm$_2$(C$_2$O$_4$)$_3$·2H$_2$O $\xrightarrow{335\sim600℃}$Tm$_2$O$_2$CO$_3$ $\xrightarrow{730℃}$Tm$_2$O$_3$ |
| Yb$_2$(C$_2$O$_4$)$_3$·5H$_2$O | $\xrightarrow{60\sim175℃}$Yb$_2$(C$_2$O$_4$)$_3$·2H$_2$O $\xrightarrow{325\sim600℃}$Yb$_2$O$_2$CO$_3$ $\xrightarrow{730℃}$Yb$_2$O$_3$ |
| Lu$_2$(C$_2$O$_4$)$_3$·6H$_2$O | $\xrightarrow{55\sim190℃}$Lu$_2$(C$_2$O$_4$)$_3$·2H$_2$O $\xrightarrow{315\sim715℃}$Lu$_2$O$_3$ |
| Y$_2$(C$_2$O$_4$)$_3$·9H$_2$O | $\xrightarrow{45\sim180℃}$Y$_2$(C$_2$O$_4$)$_3$·2H$_2$O $\xrightarrow{260\sim410℃}$Y$_2$(C$_2$O$_4$)$_3$ $\xrightarrow{420\sim650℃}$Y$_2$O$_2$CO$_3$ $\xrightarrow{735℃}$Y$_2$O$_3$ |

稀土草酸盐在二氧化硅器皿中灼烧时生成的氧化稀土会和二氧化硅作用生成硅酸盐,因此应使用铂器皿。

(2)稀土可溶盐

最重要的稀土可溶盐是氯化物、硝酸盐和硫酸盐。

**氯化物**　无水氯化物可用金属直接和氯气反应,或者在氯化氢气氛中对带结晶水的氯化稀土脱水及稀土氧化物在还原剂存在下直接氯化制得。第一种方法可制备高纯度的无水氯化稀土,但反应激烈,工业上较难控制。

水合氯化物的制备则可用碳酸盐、氧化物和氢氧化物用盐酸溶解制得。直接从盐酸溶液中浓缩结晶得到的氯化稀土带有结晶水,La~Eu 带 7 个结晶水,Gd~Lu 和 Y 带 6 个结晶水。水合氯化物直接脱水会发生水解反应形成 REOCl,难以得到纯净的无水氯化稀土。在稀溶液中,氯化稀土是典型的 1:3 电解质,说明它是离子化合物。氯化稀土在水中溶解度列于表 14-6。

**表 14-6　氯化稀土在水中溶解度(25℃)**

| $RECl_3 \cdot 7H_2O$ | 溶解度/(mol/L) | $RECl_3 \cdot 6H_2O$ | 溶解度/(mol/L) |
|:---:|:---:|:---:|:---:|
| La | 3.8944 | Tb | 3.5795 |
| Ce | 3.748 | Dy | 3.6302 |
| Pr | 3.795 | Ho | 3.739 |
| Nd | 3.9307 | Er | 3.7840 |
| Sm | 3.6414 | Yb | 4.0028 |
| Eu | 3.619 | Lu | 4.136 |
| Gd | 3.5898 | Y | 3.948 |

**硫酸盐**　硫酸与稀土元素的氧化物、氢氧化物以及碳酸盐作用则能生成硫酸盐化合物 $RE_2(SO_4)_3 \cdot nH_2O$,通常对于 La 和 Ce,$n=9$;其他稀土 $n=8$,但也有 $n=3,5,6$ 的。把水合硫酸盐加热则先生成无水盐,温度升高则进一步分解为碱式盐,最后产生氧化物。无水的稀土硫酸盐是吸湿性的粉末,它可很好地溶解于水中并放热,溶解度随温度升高而减小。

水合硫酸盐在水中的溶解度一般比相应的无水盐要小,与无水盐一样,它们的溶解度也随温度的升高而减小。

稀土硫酸盐和碱金属离子等一价阳离子的硫酸盐,在溶液中形成复盐结晶析出。复盐通式为 $xRE_2(SO_4)_3 \cdot yM_2SO_4 \cdot zH_2O$,这里 $M=Na^+$、$K^+$、$Rb^+$、$Cs^+$、$NH_4^+$、$Tl^+$,其中 $x$、$y$、$z$ 随稀土和一价阳离子的不同而变化。

复盐的组分变化很大,和形成复盐时溶液组成有关。随着原子序数的增加,复盐的溶解度也依次增大。温度升高溶解度减小,复盐的一价离子种类对溶解度也有影响,按 $NH_4^+$、$Na^+$、$K^+$ 的次序溶解度逐渐降低。利用硫酸复盐的溶解度性

质,可将稀土分为三组:

难溶的铈组:La、Ce、Pr、Nd、Sm

微溶的铽组:Eu、Gd、Tb、Dy

可溶的钇组:Ho、Er、Tm、Yb、Lu、Y

稀土硫酸复盐溶解度的差异曾经用来分组稀土。在冷却的条件下铈组析出沉淀,过滤后把母液温度升高则使溶解度下降而析出铽组,而钇组留在母液中。由于铵复盐溶解度比钠复盐大,所以也可先用铵盐使稀土铈组析出,然后再补加钠盐使铽组析出,达到初步分离的目的。

在以轻稀土为主的包头矿处理时,浓硫酸焙烧产物用水浸出后得到复杂的硫酸盐溶液,就是利用形成硫酸钠复盐,把稀土沉淀下来,少量重稀土硫酸盐可被带下来,达到与杂质分离的目的,但硫酸复盐不能用于以重稀土为主的焙烧浸取液中的稀土与杂质的分离。

稀土硫酸盐溶于浓的硫酸中生成酸式硫酸盐 $M(HSO_4)_3$,该盐随溶液中酸度加大而溶解度减少。

**硝酸盐** 稀土氧化物、氢氧化物及碳酸盐溶解于 1:1 的硝酸中,蒸发结晶就可得到水合硝酸盐。水合硝酸盐的组成为 $RE_2(NO_3)_3 \cdot nH_2O$,其中 $n=3,4,5,6$,轻稀土的结晶水都是 6。稀土硝酸盐在水中溶解度很大,在 25℃时大于 2mol/L,且随温度的升高而增大(表 14-7)。

表 14-7 硝酸盐在水中的溶解度

| La(NO₃)₃ | | Pr(NO₃)₃ | | Sm(NO₃)₃ | |
|---|---|---|---|---|---|
| 温度/℃ | 溶解度/% | 温度/℃ | 溶解度/% | 温度/℃ | 溶解度/% |
| 5.3 | 55.3 | 8.3 | 58.8 | 13.6 | 56.4 |
| 15.8 | 57.9 | 21.3 | 61.0 | 30.3 | 60.2 |
| 27.7 | 61.0 | 31.9 | 63.2 | 41.1 | 63.4 |
| 36.3 | 62.6 | 42.5 | 65.9 | 63.8 | 71.4 |
| 48.6 | 65.3 | 51.3 | 69.9 | 71.2 | 75.0 |
| 55.4 | 67.6 | 64.7 | 72.2 | 82.8 | 76.8 |
| 69.9 | 73.4 | 76.4 | 76.1 | 86.9 | 83.4 |
| 79.9 | 76.6 | 92.8 | 84.0 | 135.0 | 86.3 |
| 98.4 | 78.8 | 127.0 | 85.0 | | |

稀土硝酸盐的稀溶液和稀土氯化物一样都是 1:3 电解质,是典型的离子化合物。稀土硝酸盐易溶于乙醇、丙酮、乙醚和乙腈等极性溶剂中。

稀土硝酸盐可与碱金属离子及铊和铵离子硝酸盐形成复盐,其通式:

$M_2RE(NO_3)_5 \cdot xH_2O$, $RE =$ La、Ce、Pr、Nd; $M =$ Na⁺、K⁺、Rb⁺、Cs⁺、Tl⁺、

$NH_4^+$；$x=1(Na^+，K^+)，2(K^+，Cs^+)，4(Rb^+,Cs^+,NH_4^+)$。稀土硝酸盐也可以和二价的金属离子形成复盐。其通式为 $M_3RE_2(NO_3)_{12} \cdot 24H_2O$，$RE=La$、$Ce$、$Pr$、$Nd$、$Sm$ 、$Eu$、$Gd$、$Er$；$M=Mn$、$Fe$、$Co$、$Ni$、$Cu$、$Zn$、$Mg$、$Cd$。这些稀土复盐之间的溶解度差异较大，所以可用复盐的分级结晶法分离单个稀土元素，但重结晶的次数很多，甚至要上千次，不利于工业生产，现在已不用了，但在稀土分离的历史上曾起到过重要的作用。温度升高复盐的溶解度加大。

稀土硝酸盐分解时放出氧气和氧化氮，最后转变为氧化物。稀土硝酸盐转变为氧化物的最低温度列于表 14-8。

表 14-8　部分稀土硝酸盐分解成氧化物的最低温度

| 硝酸盐 | 氧化物 | 温度/℃ |
|---|---|---|
| $Sc(NO_3)_3$ | $Sc_2O_3$ | 510 |
| $Y(NO_3)_3$ | $Y_2O_3$ | 480 |
| $La(NO_3)_3$ | $La_2O_3$ | 780 |
| $Ce(NO_3)_3$ | $CeO_2$ | 450 |
| $Pr(NO_3)_3$ | $Pr_6O_{11}$ | 505 |
| $Nd(NO_3)_3$ | $Nd_2O_3$ | 830 |
| $Sm(NO_3)_3$ | $Sm_2O_3$ | 750 |

（3）稀土配合物

由于稀土元素除 钪、钇、镧外，大部分稀土离子都含有未充满的 4f 电子。4f 的电子特性就决定了稀土离子的配位特征：(1)4f 轨道不参与成键，故配合物的键型都是离子键，极少是共价键，因此配合物中配体的几何分布将主要决定于空间因素。(2)稀土离子体积较大，配合物将要求有较高的配位数。(3)从金属离子的酸碱性出发，稀土离子属于硬酸型，它们与硬碱的配位原子如氧、氟、氮等都有较强的配位能力，而与属于弱碱的配位原子如硫、磷等的配位能力则较弱。(4)在溶液中，稀土离子与配体的反应一般是相当快的，异构现象较少。

稀土离子配合物是多种多样的，配位数从 3～12 都有报道，一般来说稀土元素的配位数大于 6，其中配位数 7、8、9 和 10 较常见，尤其是 8 和 9。稀土离子具有高配位数的原因有两个：一方面稀土有较高的正电荷，特征氧化态为正三价，从满足电中性角度来说有利于生成高配位数的配合物；另一方面稀土离子半径大，因为只形成离子键配合物，空间因素也有利于形成高配位数的配合物。

稀土配合物的稳定性可用稳定常数来表征。从大量的数据中发现，稀土元素配合物稳定常数不是简单地随原子序数增加而有规律地变化。一般来说，三价轻稀土元素随原子序数递增离子半径减小，同类型配合物的稳定常数平行地递增；而重稀土元素(Ⅲ)稳定常数则依赖于配体。大致可分为三种类型：(1)随原子序数增加,同类型配合物的稳定常数递增;(2)随原子序数增加 Gd 和 Lu 的同类型配合物几乎是不变或变化很小;(3)随原子序数增加,在 Dy 附近,同类型配合物先有最大值然后又下降。

有关稀土配合物及其发光已在第 11 章作了描述。

### 14.1.2　稀土分离

1　稀土分离的基本原理[2]

(1)利用被分离元素在两相之间分配系数的差异

在分离过程中,一般是被分离的元素在两相之间进行分配,如在固-液两相之间进行分配(分级结晶法、分级沉淀法和离子交换法),或在液-液两相之间进行分配(溶剂萃取法),利用被分离元素 A 和 B 在两相之间的分配系数 $D$ 的差别来进行分离,为了表征元素 A 和 B 在两相之间进行一次分配后的分离效果,通常以 A 和 B 两元素的分配系数 $D_A$ 和 $D_B$ 的比值 $\beta$ 来表示,$\beta$ 称为分离因数。

$$\beta_{A/B} = D_A/D_B$$

当 $\beta=1$ 时表明 A 和 B 在两相之间的分配系数相同,因此,无法彼此分离或富集。$\beta$ 越偏离 1,分离效果越好。

由于稀土元素之间的化学性质非常近似,在两相之间只经一次分配达不到彼此分离的目的,而只起到一些富集的作用。为了使三价稀土元素彼此分离。除了要寻找分离因数 $\beta$ 偏离 1 的体系外,还要求进行多次的反复操作,使被分离元素在两相之间进行多次分配,才可能达到目的。

(2)利用被分离元素价态的差异

利用氧化还原的方法使被分离三价稀土元素变成四价或二价,其性质明显地不同于三价稀土元素,导致在两相间的分配系数的差别较大,分离因素远大于或小于 1,即可达到彼此分离的目的。此法对可变价态的稀土如 Ce、Eu、Yb、Sm 等最有效。

(3)利用钇在镧系元素中的位置变化分离钇

钇在镧系元素中的位置随着体系与条件的改变,可处于五种不同的位置。为了分离钇 ,可选择适当的体系,先令钇处于重稀土元素部分或处于镥后面,使钇与轻稀土元素分离;然后再选择另一个体系,使钇处于轻稀土元素部分或处于镧以前,从而使钇与重稀土元素分离而获得纯钇。也可利用相反的过程,经过二次分离而获得纯钇。

(4)利用镧的特性分离镧

由于镧的性质不同于具有 4f 电子的其他镧系离子,具有它的特性,它又处于镧系的首位,不必考虑其左侧元素的分离;其右侧的铈又是一个易于通过氧化而变为四价先被分离除去的稀土,当铈被除去后,镧的右侧留一空缺,而较易与非相邻的镨分离,因此,在稀土分离中镧的分离相对较容易。

同样原理也可用于分离镥。镥位于镧系元素的末端,将镥左侧的镱先用还原法除去,使镥和钇之间留一空缺,再使镥与非相邻的钇分离。由于镥具有 4f 电子,不像镧那样具有特性,因此,镥-钇的分离将比镧-镨的分离要困难。

(5) 利用加入隔离元素

为了分离 2 个相邻的稀土元素 A 和 B,加入一个在该分离体系中性质介于 A 和 B 之间的另一个非稀土元素 C(称隔离元素),经分离后从 A-C-B 中获得 A-C 和 C-B 两部分,由于 C 不是稀土元素,易于设法从 A 和 B 中除去,从而达到分离 A 和 B 的目的。例如,用硝酸镁复盐分级结晶法分离 Sm-Eu 时,可以加入 Bi 作为隔离元素。此方法目前已很少应用。

**2. 稀土元素的分离方法**

稀土元素的分离方法甚多,主要有分级结晶法、沉淀法、离子交换色层法、萃取法和氧化还原法等。各种方法均有其特点,分别简介如下。

(1) 分级结晶法

分级结晶法基于不同稀土化合物具有不同的溶解度和分配系数,当稀土从溶液中析出结晶时,一部分进入晶体,一部分留在母液中,对于不同稀土析出结晶的先后和在晶体与母液中的分配不同,溶解度小的稀土先结晶析出,而富集在晶体部分,溶解度大的稀土则富集在母液中。因此,分级结晶法要求所处理的晶体有大的溶解度和温度系数,相邻元素之间的溶解度差别要大,且在加热浓缩过程中要稳定和不分解。

由于不同稀土的溶解度差别不大,不同稀土之间还易生成异质同晶,因此,此法达到分离稀土的目的必须进行多次反复地操作。由于分级结晶法目前还不能连续自动进行,溶液的浓缩—冷却—析晶的过程又很慢,因此,本法的缺点是很费时间,效率很低,为获得纯稀土要耗费几个月,甚至几年,而且效率很低。但在稀土的发展史中,分级结晶法曾发挥过很大的作用。分级结晶法的优点是设备简单,单位设备体积的处理量大,结晶过程中不需另加试剂,晶体与母液两相分离又比较容易,不必过滤。

1972 年,长春应用化学研究所承担国家重大国防科研任务,采用镧硝酸铵复盐重结晶法,经几十级重结晶制备出纯度为 99.995％的高纯氧化镧,其中铈、镨、钕、铁、铬、钙等杂质元素均小于 5μg/g。

(2) 分级沉淀法

分级沉淀是利用溶解度不同的分离方法。用于稀土分离时,往往在稀土溶液中加入不足量的沉淀剂,使不同的稀土按溶解度、溶度积或沉淀的 pH 的不同进行分级沉淀。溶解度小的稀土先从溶液中析出，过滤后获得沉淀和滤液两相。由于不同三价稀土的分配系数差别不大，而且不同稀土之间还易生成异质同晶，在沉淀时会发生载带与共沉淀，因此，用此法分离稀土时，必须反复进行沉淀和过滤等操作。每次加沉淀剂沉淀后，进行过滤，滤液中回收稀土，而沉淀又需溶解，再沉淀。多次循环，耗费沉淀剂较多，也费时间，更需要沉淀、过滤和溶解的设备。这些缺点限制了分级沉淀在稀土分离中的应用。

在稀土分族方面，目前仍有使用硫酸钠复盐沉淀法或碳酸钠复盐沉淀法。在上述两种方法中铈族稀土沉淀析出，而钇族稀土留在滤液中。由于这两种方法所用的沉淀剂较便宜，仅需一次沉淀便可把稀土粗分为铈族和钇族，比较简便，形成的沉淀还易于过滤。硫酸钠复盐沉淀可用氢氧化钠转化为稀土氧化物，溶于酸后可进一步作稀土分离或制成混合稀土氧化物或氯化物产品。

随着原子序数的增大，稀土的碱度减小，开始生成氢氧化物沉淀的 pH 也减小。镧的碱度最大，在较大的 pH 才开始形成氢氧化物沉淀，而其他稀土先行沉淀析出，因此，曾有使用稀土氢氧化物的分级沉淀法分离和富集其他稀土元素。可以通过改变稀土浓度，将钇的位置移至轻镧系部分，可自钇族稀土中用分级沉淀法分离和富集钇。

沉淀法用于稀土元素之间的分离相当困难，难以获得纯度较高的单一稀土。但用沉淀法用于稀土与非稀土元素的分离相当有效，以至于已广泛地用于高纯稀土工业，特别是激光级 $Y_2O_3$ 的制备。稀土的沉淀分离通常采用草酸盐、氢氧化物和氟化物形式。将这三种方法进行适当的配合，可将稀土与除钍以外的常见伴随元素加以分离。这三种常用的方法中，氢氧化物沉淀的分离选择性最差，主要用来分离碱金属及碱土金属。氟化物沉淀主要能使稀土与铌、钽及大量的磷酸盐加以分离；由于氟化物的溶解度小，它特别适用于富集微量稀土。从实用的角度，草酸盐沉淀是最有效的方法，在一般的情况下，可以分离除去钍和碱土金属以外的常见共存元素。

（3）离子交换色层分离技术

离子交换色层分离技术引入单一稀土分离纯制始于 20 世纪 40～50 年代。1958 年国内曾以采用离子交换法分离出除 Pm 以外的纯稀土元素。自 20 世纪 80 年代后国内已经能用高温、高压离子交换法及萃取色层法生产所有的高纯稀土[3]。

离子交换是利用离子交换树脂与溶液中离子的复杂的多相化学反应进行分离的。当某种溶液与离子交换树脂接触时，溶液中的离子就与树脂中相同电荷的某种离子发生交换作用。在交换过程中，首先是溶液中的离子扩散到离子交换树脂的表面，接着又扩散到交换树脂颗粒的内部，并与树脂中的离子进行交换。交换出来的离子又扩散到树脂表面，再进入溶液中；如此反复循环，达到分离的目的。

不同离子之间的差别在于它们对离子交换树脂的亲和力，而这种亲和力主要取决于离子的电荷数及离子在水合状态下的半径。阳离子对阳离子交换树脂的亲和力是随着价态的增加而增大。对于相同价的阳离子而言,吸附亲和力则是随着水合离子半径的增大(即碱性的增强)而增大。离子的水合作用会降低亲和力。

稀土元素的亲和力是随着相对原子质量的增加而递减。但它们之间的性质非常相似,亲和力的差别并不大。如单独靠这些微小差别来进行相互分离,相当困难,因此,必须同时利用络合剂,即利用稀土络合离子的形成及其络合离子性质的差别来实现相互分离。

稀土元素的离子交换层析分离过程可分为两步:(1)吸附,(2)淋洗(或解吸)。首先将待分离的阳离子混合物吸附在交换柱中的离子交换树脂床的上半部,然后往柱中加入含有一种吸附力更强的离子或浓度较高的其他离子的溶液解吸置换或用一种适当的络合剂解吸淋洗。在淋洗过程中,混合物中的离子随着它们对离子交换树脂的亲和力和稀土络合物稳定性的不同,就会形成以一定速度沿着交换柱移动的若干吸附带。这种吸附带的形成是由于淋洗剂沿交换柱移动时所发生的反复吸附-解吸作用的结果。每一个单元都因离子间的上述差异而产生一定程度的分离作用,这样的作用经多次重复后分离效率就逐渐提高。

离子交换树脂是一类复杂的高子分子材料,它具有网状结构以组成树脂的骨架,一般都很稳定,对于酸、碱和普通溶剂均不易发生作用。骨架上"挂"有许多能与溶液中离子发生交换作用的活性基团。稀土分离中常用的是聚苯乙烯磺酸型阳离子交换树脂,常用的络合剂有氨三乙酸(NTA),乙二胺四乙酸(EDTA),二乙基三胺五乙酸(DTPA)和 $N$-羟乙基乙二胺三乙酸(HEDTA)等。

1954 年,Spedding 提出以 Cu 作延缓剂,EDTA 作淋洗剂的分离单一稀土的离子交换法,但在分离过程中,当酸度增加时会析出 EDTA 结晶,从而堵塞或是严重障碍交换柱中的溶液流通。李有谟等提出添加少量乙酸铵于 EDTA 淋洗剂中可以克服分离过程中 EDTA 结晶析出的问题,并于 1958 年 7 月首次在国内完成全部 15 种单一纯稀土的制备(其中 Ce 用氧化萃取法,Eu 和 Yb 用还原分离法)。所分离出的 15 种纯稀土的纯度均达到光谱纯,为国内生产高纯稀土创造了条件。

1959 年,李有谟首先提出了用乙酸铵作淋洗剂分离钇的方法[4]。在室温条件下,与 EDTA 淋洗剂的方法比较,该方法具有下列特点:(1)钇与其他钇族元素的分离效率较好,特别是铒和镝与钇在本法中有较大分离因数,但镥对钇的分离有影响;(2)稀土洗出浓度高达 10g/L,比 EDTA 分离周期短;(3)工艺稳定,无结晶析出等问题;(4)产品后处理简单,成本低。1970 年,长春应用化学研究所用该方法将纯度为~99%的 $Y_2O_3$ 提纯到 99.99%左右,1.4kg 单柱规模可顺利达到指标。

长春应用化学研究所张珏等采用以氨三乙酸(NTA)为分离淋洗剂的离子交换方法制备高纯氧化镧。用 2kg 离子交换柱进行生产高纯氧化镧产品,其纯度大于 99.995%,其中 Ce、Pr、Nd、Fe、Cr 等主要杂质元素含量均小于 0.0005%

（5μg/g）。

随着新技术的发展,对高纯氧化钇的需求增加,对其纯度也要求越高。张珏、于德才、牛春吉等研究了以乙酸铵作淋洗液淋洗钇时,温度与钇的洗出位置的关系,观察到随着温度的升高,钇的洗出位置由轻稀土向重稀土移动这一特性。1974年,采用室温-升温联用乙酸铵的离子交换法,以纯度99.95%氧化钇为原料一次处理制备出纯度为99.9999%的氧化钇,其总收率达到75%～80%。实践表明该法产品纯度高,质量稳定,淋洗剂成本低。产品供长春物理研究所进行彩色电视红色荧光粉烧制试验,取得较好结果,从而解决了红色荧光粉的生产问题。

离子交换分离稀土元素十分有效,已能获得高纯或超高纯（如99.9999%）的单一稀土,但其存在的缺点是批式操作,不能连续生产,限制了它的处理量;另外相对的分离速度较慢,较大量处理时如kg级,需要几天或几十天。

中国科学院长春应用化学研究所成功地运用萃取色层法制备出12种超纯单一稀土氧化物[3]。将2-乙基己基磷酸单（2-乙基己酯）（HEH［EHP］,商品名P507）萃取剂涂渍在80～200目的树脂上,做成兼有溶剂萃取和离子交换性能的萃淋树脂。采用柱比（$h/\phi$）为20:1的有机玻璃柱,填充以这种萃淋树脂组成的萃淋色谱柱,柱外装配恒温50℃的循环水套。将稀土纯度为99.99%的单一稀土氧化物10～18g用盐酸溶解,蒸至近干,再用纯水溶解稀释至10～80mg/mL,调pH1～5。将溶液加入到平衡后的色层柱中。用0.1～2.0mol/L的盐酸洗脱,待流出液出现稀土离子后,分步收集,截留头部的0.5%～3%。而后收集主体,最后再截留0.5%～3%的尾部。再换用1:3～1:4盐酸洗脱滞留在柱上的稀土元素,用于下次的分离。将头尾部合并的收集液和主体收集液分别用草酸沉淀,在900℃灼烧为稀土氧化物。从头尾收集液中得到的氧化物用于再次分离,从主体收集液中得到单一稀土高纯氧化物。用此方法提纯了12种稀土氧化物,产物纯度可以达到99.9999%～99.99998%,收率分别可达93%～99%。

萃取色层法具有反应速度快、周期短、分离效果好,单一的盐酸淋洗液,易于后处理,但是吸附容量比离子交换小。

（4）溶剂萃取分离

溶剂萃取法具有处理量大、反应速度快、分离效果好等优点,它可以克服沉淀分离法中对痕量元素的吸附或沉淀现象,是一种最简便最有效的方法之一,目前它已成为国内外稀土工业生产中分离提取稀土元素的主要手段,也是分离制备高纯单一稀土的主要方法之一。

萃取分离的基本原理是当某一溶质A同时接触到两种互不相溶的溶液（如水和有机溶剂）,则溶质A会按一定的比例分配于两种溶液中。如果A在两种溶液中分配的平衡浓度分别为[A]$_水$、[A]$_有$,则根据Nernst分配定律:

$$\frac{[A]_{有}}{[A]_{水}} = K_d$$

式中, $K_d$ 称为分配系数。溶质或溶剂种类不同时, $K_d$ 值也随之不同。两种金属的分配系数之比称为分离因素" $\beta$ ", $\beta$ 能描述两种金属离子在任何一个萃取体系中的相互行为。

有机溶剂(相)对某一物质 A 的萃取情况常用萃取效率( $E$ )来表示:

$$E = \frac{A\,在有机相中的总量}{A\,在两相中的总量} \times 100\% = \frac{[A]_{有} \times V_{有}}{[A]_{有} \times V_{有} + [A]_{水} \times V_{水}} \times 100\%$$

$$= \frac{K_d}{K_d + \dfrac{V_{水}}{V_{有}}} \times 100\%$$

由上式可知, $E$ 的大小取决于分配系数 $K_d$ 和 $V_{水}/V_{有}$ 的体积比。即 $K_d$ 越大, 体积比越小, 则萃取效率越高。

值得注意的是, 有机相可以是单一的萃取剂, 也可以是萃取剂的溶液。

在溶剂萃取分离的过程中, 当含有被分离物质的水溶液与互不相溶的有机溶剂充分接触后, 使被分离物质进入有机相, 与其他物质分离, 虽然仍有部分留在水相, 经多次反复处理达到完全分离的目的。

用溶剂萃取法研究稀土的分配规律始于 1937 年。1949 年 J. C. Warf 成功地用磷酸三丁酯(TBP)从硝酸溶液中萃取分离 $Ce^{3+}$ ;1953 年有人用 TBP-HNO$_3$ 体系进行稀土元素的分离, 该体系平均分离系数约为 1.5;1957 年 D. F. Peppard 首次报道用二(2-乙基己基)磷酸(HDEHP,P204)萃取分离稀土元素, 相邻稀土离子的平均分离系数在 HCl 介质中为 2.5。60 年代初 D. F. Peppard 曾用 2-乙基己基磷酸单 2-乙基己基酯(HEH[EHP],P507)萃取分离锕系元素和钷;70 年代初中国科学院上海有机所成功地在工业规模上合成出 P507, 长春应用化学研究所进行了深入研究并提出氨化-P507 萃取体系, 大大提高了萃取容量和分离系数, 使该工艺在单一稀土分离上获得广泛应用。

常用于稀土分离和纯化的萃取剂可分为磷(膦)型萃取剂 TBP、P350、P204、P507;羧酸型萃取剂, 环烷酸, CA-12;胺类萃取剂, 季铵盐(如 N263, Aliquat-336)、伯胺 N1923 等。萃取剂也可以分为酸性萃取剂如 P204、环烷酸、HTTA 等;中性萃取剂如 TBP、P350、亚砜等;离子缔合萃取剂如胺类、季铵盐萃取剂、N263 等。

萃取和精馏、干燥、吸收、结晶等过程一样, 都是属于两相的传质过程, 即物质从一相转入另一相的过程。就广义而言, 萃取可以包括从液相到液相。

1971 年, 根据钇在镧系元素中相互之间的位置关系, 利用 Y 在 N$_{263}$-LiNO$_3$-R(NO$_3$)$_3$ 体系中位于 Er 与 Tm 之间, 可分离轻稀土元素, 而在 N$_{263}$-NH$_4$SCN-RCl$_3$ 体系中 Sm 附近, 可以分离重稀土。将两个萃取体系相结合, 长春应用化学研究所金凤鸣、洪广言、庄文德、张珏等完成了以 ~99% Y$_2$O$_3$ 为原料, 制备

99.9999% 高纯 $Y_2O_3$；和从含 $Y_2O_3$ 40% 的混合稀土中制得纯度为 99.999% 的高纯 $Y_2O_3$，收率 48%。

## 14.2　稀土发光材料的制备方法[5-8]

发光材料的制备方法甚多，尽管在实验室可采取各种方法制备稀土发光材料，但真正用于产业化时，必须考虑所生产的荧光粉的产量和质量、工艺的可行性与稳定性、生产成本和技术经济效益等因素。尽管有许多方法在实验室能制备出高质量稀土荧光粉，但从技术经济的角度产业化是不可行的。目前产业化中主要采用高温固相反应合成，近些年来为改善材料的性能，采用沉淀法或其他方法先制备均一的前驱体，然后再以高温固相反应合成荧光粉。

制备发光材料的方法很多，现仅对一些主要的方法作一些简单的介绍。

### 1. 高温固相合成法

稀土发光材料的制备，一般采用高温固相合成法。该方法是选择符合要求纯度、粒度的原料按一定比例称量，并加入适量的助熔剂充分球磨、混合均匀，然后在所要求的气氛（氧化、惰性或还原性气氛）中，在 1000～1600℃ 高温煅烧反应数小时，随后粉碎研磨得到产品。对某些材料灼烧之后，还需经洗粉、筛选、表面处理等工艺才可得到所需的发光材料。

由于固相反应合成不使用溶剂，具有高选择性、产率高、工艺过程简单、成本较低等优点，已成为人们制备固体材料的主要手段之一。

对于固相反应来说，因为参与反应各组的原子或离子受到晶体内聚力的限制，不可能像在液相反应中那样可以自由地迁移，因此，它们参与反应的机会不能用简单的统计规律来描述，而且对于多相的固态反应，反应物质浓度的概念没有意义，无需加以考虑。一个固相反应能否进行和反应进行的速度快慢，是由许多因素决定的。内部的因素有各反应物组分的能量状态（化学势、电化学势）、晶体结构、缺陷、形貌（包括粒度、孔隙度、比表面积等）。外部的因素有反应物之间充分接触的状况、反应物受到的温度、压力以及预处理的情况（如辐照、研磨、预烧、淬火等）、反应物的蒸气压或分解压、液态或气态物质的介入等。

固相反应一般经历四个阶段：扩散—反应—成核—生长。影响固相反应速率的主要因素是：①反应物固体的表面积和反应物间的接触面积；②生成物相的成核速度；③相界面间特别是通过生成物相层的离子扩散速度。

由于固相反应是复相反应，反应主要在界面间进行，反应的控制步骤的离子在相间扩散，又受到不少未定因素的制约，因而此类反应生成物的组成和结构往往呈现非计量性和非均匀性。这种现象几乎普遍存在于高温固相反应的产物中。

对高温固相法合成荧光粉来讲,灼烧的温度、环境气氛、灼烧的时间以及后处理过程都会影响发光材料的发光性质。不同的灼烧温度可能导致不同的物相产生,从而影响发光;灼烧时炉料周围的环境气氛对发光性能的影响也很大,如炉丝金属蒸气有可能引入杂质,空气中的氧气有可能使材料氧化变质,因此根据基质和激活剂离子的性质选择灼烧气氛是很重要的;灼烧时间取决于反应速度和反应物量的多少,因此灼烧工艺是保证良好发光性质的重要条件。另外,后处理过程能够除去所用的助熔剂、过量的激活剂和其他杂质,从而改善发光粉的性质。

到目前为止,高温固相法具有工艺流程简单、成本低等优点,仍是荧光粉工业生产中应用最广泛的一种合成方法。但高温固相法也存在一些不足之处。例如,反应温度太高,耗时又耗能,反应条件苛刻;温度分布不均匀,难以获得组成均匀的产物;产物易烧结,晶粒较粗,颗粒尺寸大且分布不均匀,难以获得球形颗粒,需要球磨粉碎,而球磨粉碎一定程度上破坏了荧光粉的结晶形态,影响发光性能;高温下容易从反应容器引入杂质离子;高温下有些激活剂离子具有挥发性(如 $Pb^{2+}$ 离子),造成发光亮度降低;反应物的使用种类也受到一定程度的限制。

为了促进高温固相反应容易进行,通常采用在反应物中添加助熔剂,即选择某些熔点比较低、对产物发光性能无害的碱金属或碱土金属卤化物、硼酸等添加在反应物中。助熔剂在高温下熔融,可以提供一个半流动态的环境,有利于反应物离子间的相互扩散,有利于产物的晶化。一般硼酸盐类和磷酸盐的熔点比较低,合成时不需要在添加助熔剂。

固体反应一般要在高温下进行数小时甚至数周,因而选择适当的反应容器材料是至关重要的。所选的材料在加热时对反应物应该是化学惰性和难熔的。常用石英坩埚、刚玉坩埚(氧化铝)以及用玻璃碳、碳化硅做成的坩埚等。

令人感兴趣的是利用目前正在发展的室温固相反应法已经合成了由液相合成方法不易得到的原子簇化合物、新的配合物、发光材料及纳米材料。王丽萍等[9,10]采用低温固相法制备 ZnS：Mn 发光材料。该法是一个成本低、过程简单、污染小、方便工业生产的很有潜力的材料合成新方法。

### 2. 沉淀法

沉淀法在的制备发光材料中也占有重要地位。沉淀法是在金属盐类的水溶液中控制适当的条件使沉淀剂与金属离子反应,产生水合氧化物或难溶化合物,使溶质转化成前驱沉淀物,然后经过分离、干燥、热处理而得到产物的方法。该方法在湿化学方法制备粉体材料中是一种具有产率高、设备简单、工艺过程易控制、易于商业化、粉体性能良好的方法,在工业生产中应用范围很广,也是工业或半工业制备发光材料的主要方法。

根据沉淀方式的不同,沉淀法可分为直接沉淀法、均相沉淀法和共沉淀法等。

(1) 直接沉淀法是在溶液中某一金属离子直接与沉淀剂作用形成沉淀物,但直接沉淀法一般制备的样品粒度分布不很均匀。

(2) 为了避免由于直接加沉淀剂而产生局部浓度过高,一般可以采用均相沉淀法。均相沉淀法是向溶液中加入某种物质,使之通过溶液中的化学反应缓慢地生成沉淀剂,只要控制好沉淀剂的生成速度,就可避免浓度不均,使溶液中过饱和度控制在适当的范围内,从而控制晶核的生长速度,获得粒度均匀、纯度高的产物。

(3) 共沉淀法是把沉淀剂加入混合后的金属盐溶液中,促使各组分均匀混合沉淀,然后再进行热处理。目前共沉淀法已被广泛应用于制备钙钛矿型、尖晶石型等发光材料。采用共沉淀法反应时反应物需充分混合,使反应两相间扩散距离缩短,利于晶核形成,且粒径小。但共沉淀法存在以下一些问题:沉淀物通常为胶状物,水洗、过滤比较困难;沉淀剂作为杂质易引入;沉淀过程中各种成分可能发生偏析;水洗使部分沉淀物发生溶解。此外由于某些金属不容易发生沉淀反应,这种方法的适用面相对较窄,但在稀土发光材料的制备中应用很广。如吴雪艳等[11]用共沉淀法合成了稀土正磷酸盐$(La, Gd)PO_4 : RE^{3+} (RE = Eu, Tb)$并研究了它们的光谱特性。

沉淀法在发光材料尤其是纳米级发光材料的制备中已获得了广泛的应用,如采用 EDTA 络合草酸盐沉淀,可得到 $Y_2O_3$:Eu 纳米荧光粉,其平均粒径为 $40\sim 100nm$,属立方晶系[12]。而以草酸作为沉淀剂,并添加表面活性剂合成的纳米晶 $Y_2O_3$:$Eu^{3+}$,一次粒径为 $20\sim 30$ nm,团聚尺寸 $D_{50} = 0.53\mu m$,粉体细且分布均匀,与微米晶比较,该纳米晶的发射光谱发生明显蓝移。

与其他一些传统无机材料制备方法相比,沉淀法具有如下优点:(1) 工艺与设备较为简单,有利于工业化;(2) 能使不同组分之间实现分子/原子水平的均匀混合;(3) 在沉淀过程中,可以通过控制沉淀条件及沉淀物的煅烧工艺来控制所得粉体的纯度、颗粒大小、分散性和相组成;(4) 样品煅烧温度低,性能稳定,重现性好。但沉淀法也存在着一些缺点,如所制备的粉体可能形成严重的团聚结构,从而破坏粉体的特性。一般认为沉淀、干燥及煅烧处理过程都有可能形成团聚体,因此欲制备均匀的粉体必须对其制备的全过程进行严格的控制。

### 3. 溶胶-凝胶（sol-gel）法

溶胶-凝胶法是一种新兴的湿化学合成方法,能代替高温固相法制备陶瓷、玻璃和许多固体材料的方法。通过溶胶-凝胶过程合成无机玻璃态材料可以避免传统高温合成方法所采用的高温(高于 1400℃),同时还可以得到某些用传统方法得不到的均匀的多组分体系。

溶胶-凝胶法是指从金属的有机物或无机物的溶液出发,在低温下,通过溶液中的水解、聚合等化学反应,首先生成溶胶,进而生成具有一定空间结构的凝胶,然后经过热处理或减压干燥,在较低的温度下制备出各种无机材料或复合材料的方法。

其工艺过程是首先将原料分散在溶剂中,然后经过水解反应生成活性单体,活性单体进行聚合先形成溶胶,进而形成具有一定空间结构的凝胶,最后经过干燥和热处理制备出所需要的材料。

溶胶-凝胶法最基本的反应有

(1) 水解反应:$M(OR)_n + H_2O \longrightarrow M(OH)_x(OR)_{n-x} + xROH$

(2) 缩合反应:$-M-OH + HO-M \longrightarrow M-O-M- + H_2O$

$$-M-OR + HO-M \longrightarrow M-O-M- + ROH$$

在较高的温度下也可以发生如下的聚合反应:

$$-M-OR + RO-M \longrightarrow M-O-M- + R-OR$$

在反应过程中这些反应可能同时进行,从而也就可能存在多种中间产物,因此反应过程是非常复杂,多元体系的水解和聚合则更为复杂。

凝胶的结构随着反应条件的变化而变化,作花济夫指出[13],在不同的反应条件下 $Si(OC_2H_5)_4$ 可以分别生成链状聚合物和网状聚合物,其中链状聚合物可用于制备纤维。

溶胶-凝胶法中的反应一般通过实验来发现影响反应的各种因素。可采取如下办法控制水解和聚合反应速度:(1)选择原料的组成;(2)控制水的加入量和生成量;(3)控制缓慢反应组分的水解;(4)选择合适的溶剂。

溶胶-凝胶法对原料的要求是,原料必须能够溶解在反应介质中,原料本身应该有足够的反应活性来参与凝胶形成过程。最常用的原料是金属醇盐,也可以用某些盐类、氢氧化物、配合物等。

凝胶干燥过程中有大量液体溶剂、水的挥发,将引起体积收缩。对于制备材料一般需要热处理。大量的实验结果表明:随着热处理温度升高,粒子迅速长大,而同一温度下热处理随时间增加尽管也能使粒子长大,但并非主要因素。

目前采用溶胶-凝胶法制备材料的具体工艺或技术相当多,但按其产生溶胶-凝胶过程不外乎三种类型,即传统胶体型、无机聚合物型和络合物型。

溶胶-凝胶法与其他化学合成法相比具有许多独特的优点:

(1) 由于溶胶-凝胶法中所用的原料首先被分散在溶剂中而形成低黏度的溶液,因此就可以在很短的时间内获得分子水平上的均匀性,在形成凝胶时,反应物之间很可能是在分子水平上被均匀地混合,产品均匀性好。

(2) 由于经过溶液反应步骤,那么就很容易均匀定量地掺入一些痕量元素,实现分子水平上的均匀掺杂。激活离子可以均匀地分布在基质晶格中。

(3) 与固相反应相比,化学反应将容易进行,而且仅需在较低的温度下合成纯度高的发光材料,可节省能源。一般认为,溶胶-凝胶体系中组分的扩散是在纳米范围内,而固相反应时组分的扩散是在微米范围内,因此反应温度较低,容易进行。

（4）选择合适的条件可以制备出各种新型材料。

溶胶-凝胶法也存在某些问题:

（1）目前所使用的原料价格比较昂贵,有些原料为有机物,对健康有害。

（2）整个溶胶-凝胶过程所需时间很长,常需要以周、月计。

（3）凝胶中存在大量微孔,在干燥过程中又将除去许多气体、有机物,故干燥时产生收缩。

（4）工序繁琐,不易控制。

采用溶胶-凝胶法制备发光材料是在 1987 年,当时 E. M. Rabinovich 等[14]以稀土硝酸盐 $Y(NO_3)_3$ 和正硅酸乙酯（TEOS）为原料在石英玻璃基底上镀制了 $Y_2SiO_5$：$Tb^{3+}$ 阴极射线发光薄膜;1990 年吉林大学的李彬等[15]合成了 $SrO-Al_2O_3-SiO_2$：$Eu^{3+}$,$Bi^{3+}$ 发光体;溶胶-凝胶法还被用来合成发光薄膜,如 CdS：Mn/Eu 掺杂的 $ZrO_2$ 发光薄膜[16]。刘桂霞等[17]用溶胶-冷冻法制备纳米 $Gd_2O_3$：$Eu^{3+}$ 发光材料。

### 4. 燃烧法

燃烧法是针对高温固相法制备中的材料粒径较大,经球磨后晶形遭受破坏而使发光亮度大幅度下降的缺点提出的。1990 年印度学者首次报道了用该法合成的长余辉发光材料。在燃烧合成反应中,反应物达到放热反应的点火温度时,以某种方法点燃,随后依靠原料燃烧释放出的热量来维持反应系统处于高温状态,使合成过程独自维持下去直至反应结束,燃烧产物即为目的产物。

燃烧法的反应过程主要是将反应物按化学计量比混合,再加入水和适量的尿素,加热待试样溶解后,将其放入电炉中燃烧即可。用此方法可以大大节约能源,由于燃烧产生的气体可以保护易被氧化的离子,不需要额外通入还原性保护气氛,但是该方法制备的产物的纯度及发光性能有待提高。用此方法已成功合成了 $4SrO \cdot 7Al_2O_3$：$Eu^{2+}$[18]、$BaMgAl_{10}O_{17}$：$Eu^{2+}$ 和 $Ce_{0.67}Tb_{0.33}MgAl_{12}O_{20.5}$[19]等荧光体。

燃烧法的优点是不需要复杂的外部加热设备,工艺过程简便,反应迅速,产品纯度高,发光亮度不易受损,节省能源,是一种较有前途的制备方法。

### 5. 微波法

微波法是近十余年来迅速发展的新兴制备方法。微波合成法是在按一定比例混合好的原料和激活剂中加入掺杂剂,然后在一定的条件下利用微波提供反应所需的能量,使其发生反应来制备发光材料的方法。

微波法是利用频率为 2450MHz 的微波辐射所产生的微波热效应作用在固相反应混合物的组分中,使其分子中的偶极子作高速振动,由于受到周围分子的阻碍和干扰而获得能量,并以热的形式表现出来,使介质温度迅速上升,驱动化学反应进行。但并非所有的物质都能使用微波法来合成,反应起始物的化学形式必须是偶极分子。$CaWO_4$[20]、$Y_2O_3$:$Eu^{3+}$[21]等荧光粉都已被成功利用微波法合成出来。

微波合成法显著优点是快速、省时,耗能少、操作简便,只需家用微波炉即可制得产品。产品经分析,各种发光性能和指标都不低于常规方法,产品疏松且粒度小,分布均匀,色泽纯正,发光效率高,有较好的应用价值。

### 6. 水热合成方法

水热合成法是以液态水或气态水作为传递压力的介质,利用在高压下绝大多数的反应物均能部分溶于水而使反应在液相或气相中进行。水热合成是无机合成化学的一个重要分支,水热合成已经历了 100 多年的历史。与溶液化学不同,水热合成化学是研究物质在高温和密闭或高压条件下溶液中的行为与规律,是指在一定的温度(100~1000℃)和压力(10~100 MPa)条件下利用溶液中物质化学反应进行的合成,侧重于研究水热条件下物质的反应性、合成规律以及合成产物的结构与性质。

水热合成与固相合成研究的差别主要反映在反应机理上,固相反应的机理主要以界面扩散为特点,而水热反应主要以液相反应为特点。显然,不同的反应机理将可能导致不同产物的生成,水热化学侧重于特殊化合物与材料的制备、合成和组装,另外,通过水热反应可以制得固相反应无法制得的物相或物种,或者使反应在相对温和的条件下进行。

水热合成化学有以下特点:

(1)由于在水热条件下反应物反应性能的改变、活性的提高,水热合成方法有可能替代固相反应以及难以进行的合成反应,并产生一系列新的合成方法。

(2)由于在水热条件下,中间态、介稳态以及特殊物相易于生成,因此能合成与开发一系列特种介稳结构、特种凝聚态的新合成产物。

(3)能够使低熔点化合物、高蒸气压且不能在熔体中生成的物质、高温分解相在水热低温条件下晶化生成。

(4)水热的低温、等压、溶液条件,有利于生长缺陷少、取向好、晶形完美的晶体,且合成产物结晶度高,易于控制产物晶体粒度。

(5)由于易于调节水热条件下的环境气氛,因而有利于低价态、中间价态与特殊价态化合物的生成,并能均匀地进行掺杂。

水热合成被应用到发光材料的制备是在 20 世纪末。1990 年,Kutty[22]等在 60~70℃左右从铝和铕的硫酸盐混合溶液中制备 $Al_2O_3 \cdot xH_2O$ 凝胶,洗去凝胶中的硫酸根离子,将 SrO 粉体与此凝胶充分混合,该混合液同含有游离 $CO_2$ 的蒸馏水一起装入反应釜,在 250℃反应 6～8h,将分离出的产品水洗、干燥,将所得粉体在 850 ～ 1150 ℃ 于 $N_2$＋ $H_2$ 气流中处理,得到结构通式为 $Sr_nAl_2O_{3+n}$ 的产品。水热体系由于自身的特点,合成出的产物与高温固相法合成的产物结构上有一定的差别,可能由于结构上的细微差别导致了产物发光性质的改变。1998 年,K. Riwotzki 和 M. Haase[23] 用水热方法在 200°C 左右合成了 $YVO_4$：Ln(Ln＝Eu,Sm,Dy)纳米发光材料,透射电镜表明产物是结晶度较好的 10～30nm 的颗粒,发现纳米微粒同高温固相法得到的块体材料结构一样,观察到紫外激发下掺杂的稀土离子具有很强的发光性质,掺杂离子在晶体中占据的格位与在高温固相法制备的块体材料中相同。

作为一种反应温和的合成路线,水热合成十分引人瞩目。与高温固相反应相比,水热法合成发光材料具有以下优点:

(1)明显降低反应温度(水热反应通常在 100～200°C 下进行);

(2)能够以单一反应步骤完成(不需研磨和焙烧步骤);

(3)很好地控制产物的理想配比及结构形态;

(4)水热体系合成发光物质对原材料的要求较高温固相反应低,所用的原材料范围变宽了。

从以上可知,水热法是合成发光材料的一种有效方法,但这方面的研究工作开展得还不够充分。

### 7. 喷雾热分解法

喷雾热分解法是通过气流将前驱体溶液或溶胶喷入高温的管状反应器中,微液滴在高温瞬时凝聚成球形固体颗粒。

喷雾热分解法先以水-乙醇或其他溶剂将原料配制成溶液,通过喷雾装置将反应液雾化并导入反应器内,在其中溶液迅速挥发,反应物发生热分解,或者同时发生燃烧和其他化学反应,生成与初始反应物完全不同的具有新化学组成的化合物。此法起源于喷雾干燥法,也派生出火焰喷雾法,即把金属硝酸盐的乙醇溶液通过压缩空气进行喷雾的同时,点火使雾化液燃烧并发生分解,这样可以省去加温区。

当前驱体溶液通过超声雾化器雾化,由载气送入反应管中,则称为超声喷雾法。而通过等离子体引发反应发展成等离子喷雾热解工艺,雾状反应物送入等离子体尾焰中,使其发生热分解反应而生成所需材料。热等离子体的超高温、高电离度大大促进了反应室中的各种物理化学反应。

用喷雾热分解法制备发光材料时,溶液浓度、反应温度、喷雾液流量、雾化条件、雾滴的粒径等都影响到粉末的性能。

文献[24]采用喷雾热分解法合成了粒径分布范围窄的球状纳米 YAG：Ce 荧

光粉颗粒。提高前驱体溶液的浓度和氮气流的速度有利于提高 YAG：Ce 荧光粉的产率。喷雾热解的工艺过程有利于 $Ce^{3+}$ 离子在基质中的分散，因而 YAG：Ce 荧光粉的发光强度显著提高。

喷雾热分解法的优点在于：

（1）干燥所需的时间极短，因此每一颗多组分细微液滴在反应过程中来不及发生偏析，从而可以获得组分均匀的颗粒。

（2）由于出发原料是在溶液状态下均匀混合，所以可以精确地控制所合成化合物的组成。

（3）易于通过控制不同的工艺条件来制得各种具有不同形态和性能的粉末。此法制得的颗粒表观密度小，比表面积大，粉体烧结性能好。

（4）操作过程简单，反应一次完成，并且可以连续进行，有利于生产。

### 8. 超声化学法

超声化学法被认为是一种十分有效的制备新材料的技术。超声波所产生的化学作用来自于超声波的气穴效应，即液体中微气泡的形成、长大和内爆性的崩溃。气泡内爆性的崩溃所产生的绝热压缩或崩溃气泡内气相中振动波的形成作用使液体局部点过热，瞬间可达到 5000 K，1800 atm，冷却速率超过 108 K/s。这些极端的反应条件已经被用来合成各种各样的材料，同时由于超声化学的作用，增加了壳层材料与被包覆的核芯颗粒表面的相互作用，有利于形成化学键的连接，也是一种有效的制备核-壳型粒子的方法。朱玲、曹学强等采用超声化学法合成了稀土磷酸盐、稀土氟化物和稀土钒酸盐纳米发光材料[25-27]。采用超声化学法成功制备出 $CePO_4$：Tb 和 $CePO_4$：Tb/$LaPO_4$（核/壳）纳米棒；$CePO_4$：Tb 纳米棒直径为 $10\sim30nm$，长度为 200nm，$CePO_4$：Tb/$LaPO_4$（核/壳）纳米棒的 $LaPO_4$ 的厚度为 $2\sim10nm$；$CePO_4$：Tb 和 $CePO_4$：Tb/$LaPO_4$（核/壳）纳米棒均具有 $Ce^{3+}$（5d4f）和 $Tb^{3+}\,^5D_4\rightarrow{}^7F_J$（$J = 6\sim3$）的特征发射；与 $CePO_4$：Tb 纳米棒相比，$CePO_4$：Tb/$LaPO_4$（核/壳）纳米棒的光谱强度及荧光寿命均有较大的提高。作者认为这是由于形成核/壳结构后发光中心镧系金属离子与表面猝灭中心的距离增大，减少了能量传递过程中非辐射复合的路径，并且使能量猝灭受到抑制；$CePO_4$：Tb 和 $CePO_4$：Tb/$LaPO_4$（核/壳）纳米粒子中 $Tb^{3+}$ 强的绿光发射是 $Ce^{3+}$ 向 $Tb^{3+}$ 发生了有效能量传递的结果；$CePO_4$：Tb/$LaPO_4$（核/壳）纳米棒的发射光谱的强度还受到 $LaPO_4$ 壳厚度的影响，而 $LaPO_4$ 壳厚度可由超声辐射的时间来控制。

采用超声化学法得到具有四方相锆石结构的纺锤状的 $YVO_4$：$Eu^{3+}$ 纳米粒子，其直径为 $90\sim150nm$，长度为 $250\sim300nm$；超声辐射对样品的形貌起着关键性作用，在其他反应条件相同的情况下，未采用超声辐射的情况下只能得到团聚严重的纳米颗粒；荧光测试表明纺锤状 $YVO_4$：Eu 样品表现为 $Eu^{3+}\,^5D_0\rightarrow{}^7F_J$（$J =$

1～4)的特征跃迁,以 $^5D_0 \rightarrow {}^7F_2$ 电偶极跃迁(614nm)为最强峰,属于红光发射。

### 9. 微乳液法

微乳液法是近 20 年来发展起来的新方法,与其他制备方法相比,微乳液法具有装置简单、操作容易、粒子尺寸可控、易于实现连续工业化生产等诸多优点。微乳液制备超细颗粒的特点在于粒子表面往往包有一层表面活性剂分子,使粒子间不易聚结;通过选择不同的表面活性剂分子可对粒子表面进行修饰,并控制微粒的大小。

微乳液法是利用在微乳液的乳滴中的化学反应生成固体,以制得所需的材料。由于微乳滴中水体积及反应物浓度可以控制,分散性好,可控制成核,控制生长,因而可获得各种粒径的单分散的纳米粒子。另外如不除去表面活性剂,可均匀分散在多种有机溶剂中形成分散体系,以利于研究其光学特性及表面活性剂等介质的影响。

微乳液是由油、水、乳化剂和助乳化剂在适当比例下组成的各向同性、热力学稳定的透明或半透明胶体分散体系。根据连续相的不同,可分为正相(O／W)微乳液、反相(W／O)微乳液和双连续相微乳液。由于微乳液法具有所合成的微粒及壳厚可控性,所以它是制备核-壳型纳米材料行之有效的方法之一。洪广言等[28,29]在卵磷脂有序体中合成 Eu 化合物,并利用 $Eu^{3+}$ 作为荧光探针,对其形成过程进行了探讨。

### 10. 气相法制备发光材料

#### (1) 气固反应法

气固反应法是一种有效的制备方法,在制备氟化物、氟氧化物、氮化物、氮氧化物、硫化物等方面已获得应用,同时是一种制备发光材料的很有潜力的方法。如采用此法制备出 $Y_2O_2S:Cd,Eu,Ti,Mg$ 红色长余辉发光材料,得到的红色长余辉发光材料亮度很高,最长时间可达 2 h。该法首先在一个含有石墨粉的密封石墨坩埚中加入硫黄,煅烧坩埚使硫黄和石墨充分反应,直到硫黄完全被石墨吸收,然后将球磨均匀的原料 $Y_2O_3$、$Eu_2O_3$、$Gd_2O_3$、$TiO_2$ 和 MgO 放到刚刚吸收了硫的密封石墨坩埚中用 $H_3BO_3$ 作助熔剂并煅烧,得到 $Y_2O_2S:Cd,Eu,Ti,Mg$ 红色长余辉发光材料,最后将煅烧得到的红色长余辉发光材料用去离子水洗涤,以除去粉末中未反应的助熔剂。同样,可以利用该法制备蓝色发光材料。

用气固反应法制备氮化物、氮氧化物等发光材料,请见第 5 章相关部分。

#### (2) 化学气相沉积法(CVD)

化学气相沉积法(CVD)也称气相化学反应法,是利用挥发性金属化合物蒸气的化学反应来合成所需物质的方法。在气相化学反应中有单一化合物的热分解反应：

$$A(G) \longrightarrow B(S) + C(G)$$

或两种以上的单质或化合物的反应：

$$A(G) + B(G) \longrightarrow C(S) + D(C)$$

气相化学沉积法的特点是：(1)原料金属化合物因具有挥发性、容易精制，而且生成物不需要粉碎、纯化，因此所得材料纯度高。(2)生成的微粒子的分散性好。(3)控制反应条件易获得粒径分布狭窄的粒子。(4)有利于合成高熔点无机化合物材料。(5)除制备氧化物外，只要改变介质气体，还可以适用于直接合成难以制备的金属、氮化物、碳化物和硼化物等非氧化物。气相化学反应常用的原料有金属氯化物、氯氧化物($MO_nCl_m$)、烷氧化物($M(OR)_n$)和烷基化合物($MR_n$)等。

气相中颗粒的形成是在气相条件下的均匀成核及其生长的结果。用气相化学反应生成的粒子，有单晶和多晶，即使在同一反应体系中，由于反应条件不同，可能形成单晶粒子，也可能形成多晶粒子，多晶粒子的外形通常呈球状。在许多体系中生成的单晶粒子虽有棱角，但整体上近似球状。由于各晶面的生长速度不同，粒子具有各相异性，但难以生长成各向异性的较大晶体。

由挥发性金属化合物(如氯化物)与氧或水蒸气，在数百至一千几百摄氏度条件下的气相反应，可合成氧化物粉末。

氮化物和碳化物等微粒的合成方法已有相当多的专利。由金属氯化物和$NH_3$生成氮化物的反应，有较大的平衡常数，故在较低温度下可以合成 BN、AlN、ZrN、TiN、VN 等微粉末。而用金属化合物蒸气和碳氢化合物(如 $CH_4$ 等)合成碳化物超微粉末时，对平衡常数较大的体系，在 1500℃ 以下便能合成，但因它们往往在低温下平衡常数较小，需要高温合成，为此采用等离子体法和电弧法较多。

激光气相合成法是利用定向高能激光器光束作为加热源制备材料的方法。

激光诱导化学气相沉积(LICVD)的基本原理是利用反应气体分子(或光敏剂分子)对特定波长激光的吸收，引起反应气体分子激光光解(紫外光解或红外多光子光解)、激光热解、激光光敏化和激光诱导化学合成反应，在一定的工艺条件下(激光功率密度、反应池压力、反应气体配比、反应气体流速、反应温度等)获得所需产物。由于 LICVD 具有粒子大小可控、粒度分布窄、无硬团聚、分散性好、产物纯度高等优点，尽管 80 年代才兴起，但已建成年产几十吨的生产装置。

除上述几种方法外，还有高分子网络凝胶法、电弧法、溶剂法等。目前，为了提高荧光粉的质量可将几种方法组合在一起，如沉淀-高温固相法、乳液-水热法、凝胶-微波法等，在众多的合成方法中高温固相合成法仍在工业化生产中具有不可替代的地位。在探索新型稀土发光材料时，为了提高效率也采用组合化学的方法[30]。

# 14.3　稀土发光材料制备的影响因素

发光材料针对各种应用,可以是晶体、薄膜、粉体以及液体等多种形态,但目前绝大多数应用的发光材料是粉体,例如灯用发光材料以粉体配成浆料涂覆在玻璃管的内壁;电视用发光材料是以其荧光粉配成浆料涂覆在荧光屏上。

制备稀土发光材料的目的是获得特定化学组分(或缺陷)、良好的晶体结构、所需颗粒形态以及指定发光性能的材料。在合成时有其不同一般的特定工艺要求,例如,

(1) 使用的稀土发光材料通常为粉体,粉体应具有合适的粒度和形貌,因此,在制备过程中需考虑粉体的合成工艺技术。

(2) 通常发光材料应为白色、黄色等浅色粉体,若粉体颜色过深,将产生自吸收影响发光效率。

(3) 发光材料对杂质十分敏感,在原料选择、制备过程等环节应防止杂质的进入。

(4) 特定的发光材料对激活离子价态具有一定要求,为获得所需价态的发光离子,制备时需要选择一定的气氛。

(5) 在制备过程中,不仅考虑到实验室的少量合成,而应该考虑到产业化的规模生产。

不同体系的荧光粉合成工艺均不相同,且各有其特点和窍门。合成工艺对荧光粉的影响也极为严重。目前发光材料生产中主要是采用高温固相反应合成,即计算量基质的原料和少量的激活离子混合,在适当高温下反应,生成所需的发光材料。现对稀土发光材料制备中的各种影响因素作扼要的讨论。

## 14.3.1　原材料纯度与晶形的影响

稀土发光材料作为一类特殊的功能材料,在制备过程中需要高纯度的原料。由于极微量的杂质,工艺条件的微细变化都将会影响稀土发光材料的质量和性能。特别是对于难以分离的稀土元素,往往在所用的原料中带有微量的其他稀土元素杂质,将会严重影响材料的发光性能,例如在合成 Eu 激活的发光材料时,微量 Sm 就有很大的影响。

需要指出的是,目前我们通常所用的稀土氧化物商品的纯度是指总稀土氧化物中所含的其他稀土杂质的含量。通常在高纯的单一稀土氧化物中,往往也会含有微量的原子序数与其相邻近的其他稀土元素。例如,4N 商品的 $Eu_2O_3$ 是指总的稀土氧化物中 $Eu_2O_3$ 含量为 99.99%,其他稀土杂质为 0.01%,用这种纯度的标识时非稀土杂质尚未计算在内,若加上 Si、Ca、Fe 等非稀土元素,“4N” 的 $Eu_2O_3$

纯净度,可能只有将近 2N。因此,必要时需要把这种高纯(99.99%)单一稀土氧化物进一步提纯。稀土元素的提取和分离,以及单一的不含其他稀土和非稀土杂质的高纯稀土氧化物的制备是合成稀土发光材料的关键问题之一。

稀土三基色荧光粉作为一种高技术的发光材料,对其原材料应有严格的要求。无论选择制备哪一种体系的荧光粉,选择合适的原材料是头等重要的问题。国内某些稀土三基色荧光粉产品的质量不稳定,往往与原材料的质量与来源不能保证有关。例如,制备 $Y_2O_3$:Eu 红粉时,非稀土杂质(Fe、Co、Ni、Mn、Zn 等)均会降低红粉的发光亮度,微量的 Ce 对红粉的影响也极为明显。有些原料对一种荧光粉可用,但对另一种荧光粉则影响较大,例如,含有微量的 Pb 的 $Eu_2O_3$ 对制备红粉的影响并不明显,但在制备多铝酸盐蓝粉时则影响很大。又如合成绿粉和蓝粉时,$Al_2O_3$ 中杂质影响也很明显,通常采用硫酸铝铵重结晶法制备得的 $Al_2O_3$ 杂质较少,但此法繁琐而成本较高。

化学试剂纯度的标识方法众多,一般化学试剂分为化学纯(C.P)、分析纯(A.R)和保证试剂(G.R)。纯度更高的化学试剂称为高纯(high purity)、超纯(extra-pure)或优级纯(super pure),使用时应该注意其标识中列出的所含杂质的种类和数量是否对特定的用途有影响。

实验室对所用的化学品的纯度有时是以其中主要组分含量或杂质总量来表示;还有按照物质的各种技术用途所要求杂质的含量极限来分类高纯物质的。如所谓核纯物质(nuclear pure),规定它所含有的中子俘获截面大的元素杂质的含量必须低于 $10^{-6}$;而发光或光学材料所要求的化学试剂的纯度都属于高纯度,即所谓荧光纯,其中有害元素的含量均应减少到 $10^{-6}$ 以下;而半导体材料要求的纯度更高,例如高纯硅中硅的纯度要达到 99.99999999%,即所谓 10 个 9 的纯度(ten nine 或 10N)。即使在这样高纯的硅中,每立方厘米中仍含有 300 万个非硅的杂质原子。因此可以说化学物质的纯度的含意是相对的。随着科学技术的进步,分析方法的日益精确,对物质性质测试手段更加完善,人们对物质中所含杂质对物质性质的影响的认识,就越来越深入、越具体,因此对物质纯度的要求也越高。

对于稀土发光材料所用的稀土元素需保证纯度为 99.9%~99.99%。对各种杂质的指标,目前尚未不能完全明确,但一般过渡金属杂质含量应小于 10ppm 或 5ppm。

原材料晶型对制备荧光粉也有明显影响,最常见的是 $Al_2O_3$,它通常有二种晶型,$\gamma$ 型和 $\alpha$ 型,前者密度为 3.95~4.02g/cm³(其相转变温度为 1150℃)。由于两种 $Al_2O_3$ 的密度相差较大,配料时体积差别很大,对工艺要求不同。为保证 $Al_2O_3$ 晶型的同一性可采用在 1300℃ 下预烧后再用于配料。

与此同时,在发光材料制备过程中,始终都应注意物质的纯净和保持环境,包括各种器皿、用具、高纯去离子水、各种原料以及工作场所(包括空气)的洁净。

### 14.3.2　原料的选择和配比

通常制备氧化物类发光材料可直接选择氧化物作为原料,如合成 $Y_2O_3$ ：Eu 红粉,可用 $Y_2O_3$ 和 $Eu_2O_3$ 作为原料,并按其化学计量比配料。但需注意稀土氧化物在空气中吸潮,造成配料时的误差,最好能将稀土氧化物在 800℃灼烧后再使用。

在制备含氧酸类发光材料,如 $LaPO_4$ ：Ce,Tb, $MgAl_{11}O_{19}$ ：Ce,Tb, $YVO_4$ ：Eu 等可选用与酸根相应的氧化物或化合物（$NH_4$）$HPO_4$,$Al_2O_3$,$SiO_2$,$V_2O_5$ 等作为发光材料组成中酸根的来源,发光材料组成中的金属离子大多选用相应金属的碳酸盐作为原料,其原因在于碳酸盐分解时 $CO_2$ 逸出,而不会留下其他元素。

通常认为激活剂是置换形成基质材料晶体结构的阳离子中的一个。如果有两种或更多的阳离子,则被置换的离子可能是与激活剂半径相近。例如,在 $Eu^{2+}$ 激活的 $CaMgSiO_4$ 中,离子半径数据：$Eu^{2+}$ 1.17 pm；$Ca^{2+}$ 1.00 pm；$Mg^{2+}$ 0.72 pm；$Si^{4+}$ 0.26pm。很可能 $Eu^{2+}$ 将置换一部分的 $Ca^{2+}$,典型的荧光粉通常被写作 $CaMgSiO_4$ ：Eu。

对某一特定的化合物,称量成分需要几种量程的天平,精度至少 0.1%,因为偏离最佳组成 1%以上就可能对荧光粉的亮度产生很大的影响。

所用的激活剂的量必须通过反复试验来确定。作为开始,我们可以采用一系列浓度,如从每个基质的阳离子有 0.005%激活剂原子的浓度出发,然后成倍增加,即浓度为 0.01%、0.02%、0.04%、0.08%和 0.16%。

荧光粉的发光效率取决于基质,人们为寻求高效稀土荧光粉曾进行过大量的探索。根据基质的组成确定原材料的配比。但由于原材料在高温下挥发,原材料在空气中吸湿等原因往往不能按照化学计量比配料。如对硼酸盐或磷酸盐体系,由于高温下产物分解及 $B_2O_3$ 和 $P_2O_5$ 的挥发,使 B 和 P 的量减少,这往往需要根据不同工艺的情况,在配料时适当过量,这样才能保证获得纯相的荧光粉。在目前国内合成多铝酸盐绿粉时,有时为了增加反应速度和降低成本,在原料配比中使用过量的 $Al_2O_3$,因此产物中除了有效的荧光粉外,过量的 $Al_2O_3$ 也混于其中,$Al_2O_3$ 能吸附空气中的水分,形成 $Al_2O_3 \cdot xH_2O$,在制灯过程中会造成一定的影响,使灯的性能下降。

在制备 $CaMgSiO_4$ ：Eu 时,原料是 $CaCO_3$,$4MgCO_3 \cdot Mg(OH)_2 \cdot 5H_5O$,$SiO_2 \cdot xH_2O$ 和 $Eu_2O_3$。有时采用过量的 $SiO_2$ 有两个原因,一是 Mg 和 Ca 离子缓慢地扩散到二氧化硅中,它可称之为低反应性的混合物。这产生了一个未起反应的 $SiO_2$ 的中心核,被有正确组成成分的荧光材料所包围。第二个原因是单位体积的荧光粉混合物的成分的统计几率。该单位体积将足以给出 1~10 个荧光粉粒子。单位体积的组成将受到混合过程的效率和各种成分的粒度的影响。

在按一定配比配料后为加速反应,降低反应温度往往都添加少量的助熔剂,助熔剂种类很多,所得效果也不同,如在制备 $Y_2O_3$:Eu 红粉时,若使用 $B_2O_3$ 或 $H_3BO_3$ 作助熔剂,则产物亮度较高,但产物较硬,而用 $NH_4Cl$ 作助熔剂,$NH_4Cl$ 分解为 $NH_3$ 和 HCl,也不尽如人意,故在合成中经常采用混合助熔剂 $B_2O_3+NH_4Cl$ 等。

在取代方面人们希望通过对基质取代以降低成本,如已报道在 $Y_2O_3$:Eu 中用 $La_2O_3$ 部分代替 $Y_2O_3$,或添加一定量的 $SiO_2$ 以降低成本,提高亮度。

稀土发光材料目前尚有往复盐发展的趋势,如用磷硅酸盐、硼铝酸盐等。

对于激活离子的取代或掺杂,主要希望提高发光效率,使敏化作用更加有效,如我们曾根据多元体系中发光增强的设想,合成掺 Ce、Tb、Mn 的多铝酸盐绿粉,具有较高的发光亮度[31]。

原料的颗粒度对材料制备和性能也有一定影响。利用纳米级稀土氧化为原料制备 $Y_2O_3$:$Eu^{3+}$ 红色荧光粉,能获得颗粒度较细的、较均匀的亚球形 $Y_2O_3$:$Eu^{3+}$ 荧光粉[32]。其亮度稍优于微米级 $Y_2O_3$:$Eu^{3+}$ 制备的红色荧光粉,其能混合均匀,涂敷性能好,光衰较小,并使成本降低。所制备的细颗粒 $Y_2O_3$:$Eu^{3+}$ 红色荧光粉进行涂管和二次特性测试,结果表明,其光通量稍高于市售优质 $Y_2O_3$:$Eu^{3+}$,而光衰小于市售优质 $Y_2O_3$:$Eu^{3+}$,色坐标基本相同,其总体性能达到实用水平。经过制灯观察到如下优点:

(1) 用纳米级稀土氧化物制备的细颗粒 $Y_2O_3$:$Eu^{3+}$ 红色荧光粉与绿粉、蓝粉的粒度接近,能很好地均匀混合。

(2) 涂敷性能好。

(3) 由于所研制的 $Y_2O_3$:$Eu^{3+}$ 粒度小,比表面增大,发光颗粒增加,从而可以减少稀土三基色荧光粉中红粉的用量,致使成本降低。

### 14.3.3　助熔剂的影响

为了促进高温固相反应,使之容易进行,可采用在反应物中添加助熔剂的办法,即选择某些熔点比较低、对产物发光性能无害的碱金属或碱土金属卤化物、硼酸等添加在反应物中,助熔剂在高温下熔融,可以提供一个半流动态的环境,有利于反应物离子间的相互扩散,有利于产物的晶化。例如在用 $BaCl_2$ 和 $BaF_2$ 及少量 $EuCl_3$ 在 760℃反应制备 BaFCl:$Eu^{2+}$ 时,总是加入过量的 $BaCl_2$ 作为助熔剂,在反应结束后再将多余的 $BaCl_2$ 洗去。又如在合成 $Y_2O_3$:$Eu^{3+}$ 发光材料时,先将计算量的 $Y_2O_3$ 和 $Eu_2O_3$ 溶解在盐酸溶液中,再将钇和铕共沉淀为草酸盐,再加入 NaCl 助熔剂一起焙烧,反应温度可以从 1400℃降低到 1200℃。

助熔剂的加入对提高反应速率很有效。助熔剂一般是一些低熔点的物质,常用的有 LiF、NaF、$B_2O_3$ 等。当百分之几的助熔剂加入样品中,在加热反应时,助熔剂熔化在反应物颗粒表面形成一层液膜,这层膜可以帮助反应物离子的传递,从而加快了反应速率。

由于硼酸盐类和磷酸盐的熔点比较低,合成时通常不需要再添加助熔剂。但是制备 $3Sr_3(PO_4)_2 \cdot SrCl_2 : Eu^{2+}$(即 $Sr_5(PO_4)_3Cl : Eu^{2+}$)是个例外。它的组成是 $Sr_3(PO_4)_2 : SrCl_2 = 3 : 1$,实验发现合成时使用 $3 : 1.5$ 或 $3 : 2$ 的配比时,即过量的 $SrCl_2$ 作为助熔剂时,所制得的产物的发光效率要高一些,晶体也大一些。反应结束后很容易将过量的 $SrCl_2$ 洗去。

加入助熔剂,有利于降低固相反应的灼烧温度。然而使用助熔剂也会给荧光粉带来一些问题,其一是由于助熔剂的存在,灼烧后得到荧光粉中含有一定量残余的助熔剂会影响发光性能,通过水洗或溶液洗涤除去助熔剂可以保证荧光粉的纯净,其二,由于助熔剂的存在荧光粉易于烧结,而影响荧光粉晶体的完整性;其三,某些助熔剂有可能与反应物或生成物进行反应生成杂相,故有部分专家认为不使用助熔剂可能更好。因此,使用助熔剂品种和用量需要特别注意。

洪广言等[33]研究了助熔剂对发光体 $BaAl_{12}O_{19} : Mn$ 结构及发光的影响。在几种不同的助熔剂的作用下合成了 $BaAl_{12}O_{19} : Mn$ 发光体,XRD 谱显示助熔剂不仅有利于基质的结晶成核,而且对基质的不同晶面的生长也有影响,其光谱分析表明不同的助熔剂对其发光的影响不同,$H_3BO_3$ 不利于其发光,$AlF_3$ 对其发光的提高不大,$BaF_2$ 则可以较大地增加其发光强度,其 VUV 光谱显著在 150nm 附近有较强的激发,证实了其可成为用于 PDP 的荧光粉之一。

一个有趣的结果是李有谟等[34]采用固相反应法合成了一系列 $LnBO_3 : Ce^{3+}$ 荧光粉磷光体。添加 $NH_4X$ 进行灼烧,能够使 $LnBO_3 : Ce^{3+}$ 磷光体的发光亮度和发射强度显著增加,而激发和发射峰的位置保持不变;产物的激发和发射光谱表明是 $LnBO_3 : Ce^{3+}$。添加 $NH_4X$ 前后的产物质量并无变化,而发光亮度增加,说明 $NH_4X$ 在灼烧过程中挥发,对于 $NH_4X$ 作用的可能解释是 $NH_4X$ 在一定的温度范围内是很活泼的卤化剂,卤离子进入晶格,而在高温时又不稳定,并升华或分解离开晶格,这一过程使发光中心($Ce^{3+}$)处于更有利的环境,使发光增强。与此同时,随着 $Ln^{3+}$ 离子半径的减小,$LnBO_3 : Ce^{3+}$ 的晶体结构从单斜晶系变为六方晶系,$LnBO_3 : Ce^{3+}$ 的激发和发射峰向长波方向移动。

### 14.3.4 混合

原料混合是合成荧光粉的关键,特别是采用高温固相法反应合成时更为重要。如何保证反应物充分而紧密地接触,是完成固相反应的关键所在,未充分混合将导致产物纯度不高,并有杂相生成。在实验室中原料按比例准确称量后,要使其混合均匀,因为在固相反应中只有不同反应原料的颗粒相接触反应才能进行,对于少量样品($<20g$),可以在玛瑙研钵中用手工混合。玛瑙质地坚硬,表面平滑,不易污染原料,也易于清洗,故优于瓷研钵。一般研磨的颗粒越细越好,以利反应进行。

研磨混合时可在样品中加入少量可以挥发的有机液体(丙酮或乙醇较为适宜),使其成为糊状有助于混合均匀。研磨过程中有机液体逐渐挥发,经过约 5～10min 研磨,液体挥发完全,研磨完成。

在工业生产中往往采用球磨机进行混合,达到充分混合需要考虑所装原料的量;所用球的品质、数量和不同大小之间的比例;原料的物性如硬度、晶形;原料的含水量也很值得注意,原料的含水量不仅影响研磨的效果,而且可能造成原料挂壁;有时环境温度、空气的湿度等也会对混合造成影响,从而影响产品质量。

采用直接的固相反应虽然有操作简便等优点,但也有明显的缺点。在该方法中,反应物颗粒较大,为了使扩散反应能够进行,就得提高反应温度;并且用混料机、研磨机等机械方法混合原料,也很难达到十分均匀的程度,因而得到纯物相样品较为困难。如果能使反应原料在高温反应前就已达到原子水平的混合,将会大大加速反应的进行。利用共沉淀方法获得反应前驱体是实现这一目的的重要途径之一,目前已获得广泛地认可。

在制备稀土荧光粉材料时,通常用共沉淀法使基质离子与激活剂离子均匀地混合,如在 $Y^{3+}$ 和 $Eu^{3+}$ 离子的硝酸盐溶液中加入草酸,使 $Y^{3+}$ 和 $Eu^{3+}$ 形成草酸盐共沉淀,沉淀物进一步高温反应生成 $Y_2O_3$:$Eu^{3+}$ 荧光材料。在制备 $LaPO_4$:Ce,Tb 绿粉时有时也采用液相反应,溶液法的优点在于混合均匀,颗粒均匀,能获得较纯的相,但操作相对繁杂一些,许多生产厂不习惯于使用溶液法,但为提高质量已开始广泛采用共沉淀的 $Y_2O_3 + Eu_2O_3$ 为原料制备 $Y_2O_3$:Eu 红粉。

### 14.3.5　温度的影响

一般说来,提高温度有利于提高反应速率,但主要有些产物温度过高会分解,有些组分(如碱金属氧化物和卤化物)在高温下易挥发,因此,在合成中反应温度是关键因素之一,反应温度与产物形成,荧光粉的粒径大小等有关。对于 $Y_2O_3$:Eu 红粉,众所周知温度在 1400℃以上 $Eu^{3+}$ 才能进入适当格位,能获得亮度较高的荧光粉,而温度较低时亮度明显降低。

根据 Tammann 所提出的定律(只是粗略近似的)若要在通常的实验时间之内使反应达到比较可观的程度(反应的数量达到 1%～100%,时间为 0.1～100h),则至少须将固体反应物之一加热到它熔点的热力学温度的 2/3 以上。例如,$Al_2O_3$ 熔点为 2320 K,要使 $Al_2O_3$ 迅速起反应,至少加热到约 1550 K,或约相当于 1300℃以上才行。经验表明,加热温度一般为反应物熔点的 70%～80%,反应进行数小时甚至数周才可能得到最终产物。

经验证明,在高温合成发光材料时,升降温度的速度、恒温焙烧的时间长短对发光材料的性质也有显著的影响。有的合成反应需要缓慢地升温到所需的反应温度,在反应温度下恒温加热一定时间,然后停止加热,让产物在加热炉中缓慢冷却下来,这就是所谓的"冷进冷出"。也有所谓"冷进热出",是在加热反应完成后立即将产物从加热炉中取出冷却，以保持该高温度下产物的晶体结构。有的制备反应必须将反应物在较低的温度下保温一段时间，然后再升温至反应温度进行反应。例如在使用 $La_2O_3$、$Tb_4O_7$、$NH_4Br$ 以及少量助熔剂 KBr 合成 LaOBr：$Tb^{3+}$ 时，需首先在 400℃带盖的坩埚中焙烧 2h，使溴化反应缓慢进行，生成 LaOBr：$Tb^{3+}$，然后再升温至 1000℃，恒温 30min，使其晶化。而不能直接快速地升至高温，以避免 $NH_4Br$ 未完全反应就快速分解挥发掉。又如用 $BaF_2$ 和 $BaBr_2 \cdot 2H_2O$ 以及 $EuCl_3 \cdot 6H_2O$ 合成 BaFCl：$Eu^{2+}$ 时，需要在 200℃下加热一段时间，为的是将反应物中的结晶水充分地除去，然后再升温至 760℃加热 1～2h 使合成反应完成。因此应根据对反应机理的认识和实验经验来制定每一种高温固相反应的升降温度工艺。

一定温度下灼烧已混合好的原料或许是荧光粉制备最关键性的工作，灼烧需要各种炉子和容器。

### 1. 容器材料

固体反应一般要在高温下反应数小时甚至数周，因而选择适当的反应容器材料是至关重要的。所选材料在加热时对反应物应该是化学惰性和难熔的材料做成的。各种惰性、耐熔的无机材料可以用作反应容器，如 $\alpha$-$Al_2O_3$、$SiO_2$ 和稳定化的 $ZrO_2$ 等。常用石英坩埚、刚玉坩埚（氧化铝）以及玻璃碳、碳化硅做成的坩埚，最为常用的是 $\alpha$-$Al_2O_3$，坩埚都应配备有坩埚盖。使用中要注意，碱金属氧化物对这类无机材料有腐蚀作用，特别是 $SiO_2$。容器可以做成坩埚状，也可以制成舟型。

有时我们也选择热稳定性好的金属，如铂、金或镍等做容器，其中铂最为常用，虽然它价格昂贵，但稳定性好，使用铂时要注意 Ba 元素对其有腐蚀作用。另外注意铂可以用各种酸来洗涤，但绝不能用王水浸泡。

表 14-9 中列出主要容器材料的性质，可供选择使用。

**表 14-9　容器材料的性质**

| 容器材料 | 可使用温度/℃ | 熔点/℃ | 气密性 | 稳定性 | 膨胀系数 | 密度 |
|---|---|---|---|---|---|---|
| 石英 | 1500 | 1725 | 很好 | 很好 | $10^{-6}$ | 2.1 |
| 硬质瓷　有釉 | 1100 | | 很好 | | | |
| 硬质瓷 | | 1680 | | 足够 | $10^{-6}$ | 2.46 |
| 硬质瓷　无釉 | 1300 | | | | | |
| 刚玉（$Al_2O_3 + 5\% SiO_2$） | 1800 | ＜2000 | 多孔性 | 良好 | | 3.5 |
| 熔结氧化铝 $Al_2O_3$ | ≥1850 | 2050 | 良好 | 很好 | $10^{-7} \sim 10^{-6}$ | 3.4～3.9 |
| 熔结氧化铍 BeO | ＞2200 | 2550 | 良好 | 很好 | | 2.9 |
| 熔结氧化镁 MgO | 2200 | 2700 | 多孔性 | 中等 | $10^{-5}$ | 2.8 |
| 白金 | | 1670 | 很好 | 好 | | |

石英:在1150℃以上有失透现象。能抗酸类侵蚀(除 $H_3PO_4$,HF),不耐碱类和碱性氧化物。可用于熔化金属、合金及酸性氧化物,在高温时会被 Al、Te、Mg、Mn 侵蚀。

硬质瓷:化学稳定性好,特别能耐大多数酸性的熔融物质的侵蚀(除 HF,$H_3PO_4$ 外),强碱性稍有侵蚀。可用于熔化金属、合金、盐类,可达1250℃。

刚玉或氧化铝:对碱类、碱金属或其他金属、玻璃、炉渣、助溶剂等都有抵抗能力;在高温时也不会被 $Cl_2$、C、CO、$H_2$、王水等侵蚀;强的无机酸,如 HF 及 $H_2SO_4$ 也几乎不侵蚀。用于熔化高熔点的金属及合金。目前制备稀土发光材料中最普遍的是用刚玉或氧化铝坩埚。

**2. 加热设备与元件**

箱式炉有一个严重的缺点。它们通常是用多孔的耐火砖做成的,在使用过程中要吸收和放出一些在荧光粉灼烧过程中逐渐积累易挥发的成分。因此,必定存在有害的离子污染的问题。而在具有控制气氛的管式炉中这些问题大可避免。

加热炉有小型或大型的箱式电炉,大量生产发光材料的工厂都装备有隧道窑炉,它可以有三段加热温区:预热温区、长的恒温加热区和退火温区。盛有反应物的坩埚装载在链带上,从预热温区进炉,在恒温区发生反应,最后到达退火区的出口。窑炉的温度、链带的移动速度可根据需要加以设定和调整。

在制备发光材料时最普遍使用的加热方式是电热加热,多种电热元件,其所能承受的温度不同,可根据实际需要作选择。现分别介绍如下:

(1) 电热丝加热:通常是将电热丝缠绕在陶瓷管上,若温度要求不十分高时,可用玻璃制的炉管。常用的马弗炉是 Ni-Cr 丝加热,其最高使用温度约950℃,Ni-Cr 丝加粗,可稍提高一些使用温度;用 Pt 丝作发热元件具有无污染的优点,温度可高于 Ni-Cr 丝,但需要注意 Pt 丝做发热元件时,随温度的改变,其电阻率变化很大,如在1000℃时 Pt 丝电阻为室温的3～4倍,故使用 Pt 丝炉时必须串接电阻和缓慢升温;用铁铬铝合金电热丝作发热元件温度可高于1350℃;钼丝和钨丝均可作为电热丝,但在高温下容易氧化,故必须用于惰性和还原气氛中,其使用温度更高,可达1500℃上。

(2) 硅碳棒(管)加热

用硅碳棒(管)作为发热元件的电炉,虽然不好调节,但它们是各种电炉中最耐用的。这类炉子大多数可以用到1350℃,短时间可使用到1450℃。硅碳发热元件两端须有良好的接触点。使用此种炉子时应注意 SiC 是一种非金属导体,它的电阻在热时比冷时小,要缓慢加热,随着温度升高应降低电压,以免电流超过容许值。

(3) 二硅化钼棒加热

二硅化钼棒作为加热元件是目前生产、制备发光材料中最普遍的炉子,其优点是在空气中使用温度高可达 1600℃以上,长期在 1500℃使用没有问题,这样的温度范围已基本满足合成荧光粉的要求,因此,使用相当普遍。需要注意的是,二硅化钼加热元件在 400～700℃易于氧化,因此,在此温度范围切勿打开炉门,以免空气进入使发热元件损坏。

（4）碳管炉和钨管炉

碳管炉是用石墨作为加热元件,它的电阻很小,所以也称为"短路电炉",但其电流很大,对变压器有较高的要求。用碳管炉能很容易地到达 2000℃的高温。在碳管内总是还原气氛。如果需要避免还原气氛则可用衬管,如烧结氧化铝,插在碳管里面。

钨管炉最高温度可达 3000℃。由于钨易被氧化,故钨管炉需要在真空条件下使用（一般需在 $10^{-5}\sim10^{-6}$ mmHg 的真空下使用）。当电压为 10 V,电流为 1000A 则温度可达到 3000℃。

（5）高频炉

高频加热是利用套在坩埚外的高频线圈,产生高频磁场而感应坩埚或原料发热而获得所需的高温,可达 2800℃以上。但高频电磁场发射的电磁波对人体及周围环境会产生较大的影响,目前不少改为中频或低频加热。

（6）微波加热

微波加热及制备发光材料是近年里发展起来的新手段,目前已有许多报道。微波合成已在有关章节中介绍。

随着科学技术的进步,新的加热方式不断涌出。如激光加热,即利用激光能量高度集中的特点,用来加热,甚至可气化各种金属和非金属,其特点是温度高、纯净,特别适用于制备各种发光薄膜和某些半导体材料;太阳能加热是利用光学元件将太阳能聚焦于一点,利用太阳能的热量达到加热的目的,目前已在制备晶体材料中使用。

## 14.3.6　灼烧时间

灼烧时间取决于装料的尺寸和形状。装进坩埚或小舟的细粉末应尽量压紧,因为疏松而细的粉末往往是很好的绝热体,使热不能很快传导到原料的中心。对 10～50ml 的原料,灼烧 0.5h 通常已足够;对大的坩埚,当原料超过 1000ml 时,可能需要灼烧几小时。

如果有一种或几种反应物是含氧酸盐（常常是碳酸盐、草酸盐或硝酸盐）,如 $MgCO_3$,在进行高温反应以前样品应在适当的温度下预热数小时,使含氧酸盐在有控制的情况下分解。若将反应物直接加热到高温,分解反应会很剧烈,以致样品会从容器中溢出,对反应缓慢需长时间加热的样品,常常定时将试样冷却下来并加以研磨。因为在加热期间,除了发生我们希望的反应外,反应物和产物还会发生烧结和颗粒长大而使反应混合物表面积降低。研磨可以保持一个大的表面积,并产生新的表面相互接触。为了使反应速率加快,高温加热前,反应物应尽量压紧,以增加颗粒之间的接触面积,有时需要样品在高压下压成小片。

在稀土发光材料的合成和测试过程中有时会用到低温环境,在实验中一些能获得的低温情况列于:

用冰作冷冻剂获得低温时必须先将冰破碎。按如下比例:

用 3 份冰＋1 份食盐　　　可获得温度 $-21℃$

用 3 份冰＋2 份 $MgCl_2 \cdot 6H_2O$　可获得温度 $-27 \sim -30℃$

用 2 份冰＋3 份 $CaCl_3 \cdot 6H_2O$　可获得温度 $-40℃$

用 2 份冰＋1 份浓 $HNO_3$　　　可获得温度 $-56℃$

用 $NH_4NO_3$＋水(1:1)　　　　可获得温度由＋10℃冷却到 $-20℃$

$CO_2$(干冰)可获得温度 $-78℃$,因为干冰的导热能力很差,须将它混合在一种适当的液体中应用,可用丙酮、乙醇等。

液态空气　　$-190℃$

液氮　　　　$-195.8℃$

液氦　　　　$-272℃$

### 14.3.7　气氛的影响

一般说来,提高温度有利于提高反应速率,但会造成有些产物温度过高而分解,有些组分(如碱金属氧化物和卤化物)在高温下易挥发,有些组分有各种氧化态,而我们希望产物相是某一种确定的氧化态,这时需要控制反应的气氛。如我们要保持 Eu 为二价,就要在高温反应时在反应体中通入惰性(如 $N_2$,Ar)或还原气氛(如 $CO$,$N_2$＋5%$H_2$ 混合气)。

对于蓝粉、绿粉的合成的过程中 $Ce^{4+}$ 需还原成 $Ce^{3+}$(或不使 $Ce^{3+}$ 氧化),$Eu^{3+}$ 需还原成 $Eu^{2+}$,其中 $Eu^{3+}$ 的还原较 $Ce^{4+}$ 的还原难。还原进行得是否完全,直接影响荧光粉的质量(包括其亮度、光度和光色),通常还原的方式有 $H_2$ 还原和碳还原,前者较为繁琐,时间长,后者较为简便。对绿粉中 $Ce^{4+}$ 的还原两种方式均问题不大,但对蓝粉的还原尚有一些区别。在用 C 还原的过程中需要注意在取出坩埚冷却时又重新被氧化的问题。无论 $H_2$ 还原或 C 还原对于蓝粉有时一次不能完成,则需要二次灼烧、还原,这样将会使晶粒大、质量降低。国内目前蓝粉质量不稳定主要与合成工艺中还原问题有关。

许多制备发光材料的反应需要在还原性气氛下进行,可以在密封式的箱式电炉中通入 5%$H_2$-$N_2$ 混合气,或在坩埚中反应物上覆盖炭块,或活性炭粒。为了避免活性炭的灰分掺入反应物中,可以在坩埚外再套一大坩埚,在两个坩埚之间填充以炭粒。碳可以清除反应物周围空气中的氧,生成的一氧化碳也可以起还原作用。

不同的材料合成需要不同的气氛。设备不同也要求不同气氛。如对 $Eu^{2+}$ 激发的荧光粉还原条件的选择和控制是关键。固相反应中 $Eu^{3+} \rightarrow Eu^{2+}$ 的还原气氛方式主要有

(1) 产物合成过程中本身还原,如 $BaFCl：Eu^{2+}$,$Sr_3(PO_4)_2：Eu^{2+}$;

(2) 在适当的 $NH_3$ 灼烧,如 $(Sr,Mg)_3(PO_4)_3：Eu^{2+}$;

(3) 在适当的 $H_2/N_2$ 气流中灼烧,如铝酸盐、磷酸盐;

(4) 在 CO 气流中灼烧;

(5) 在活性炭存在下于空气中灼烧,如 $Ba(PO_4)_2：Eu^{2+}$;

(6) 以金属作还原剂,Ar 气流中灼烧,如 $BaMgF_4：Eu^{2+}$。

还原能力强弱直接影响 Eu 磷光体的发光行为和价态。例如 $NH_3$ 气流中 1300℃ 灼烧 $(Sr,Mg)_3(PO_4)_2：Eu^{2+}$,流速为 400mL/min(强气流)时,样品在 365nm 激发下发黄光。流速为 130mL/min(弱气流)时,样品在 365nm 激发下发紫光。

氧如果渗入硫化物发光体中生成 $O^{2-}$ 杂质缺陷,对发光非常有害,可以降低发光效率并增长余辉,甚至可能猝灭硫化物的发光。因此在制备硫化物发光粉时应在硫化物中混入硫黄粉,使其在加热时产生硫蒸气以保护硫化物不被氧化。硫化物发光材料的制备多应将反应物置于较深的石英坩埚中进行,这也是为了使反应物与空气的接触面尽可能小一些。

气体压力对所制备的材料也有明显的影响,众所周知,不同的温度和压力可得到不同产物,如石墨在高压下变为金刚石。又如 $SrB_2O_4：Eu^{2+}$ 在高压时形成高压相,发射峰位置从 367nm 移到 395nm,并随着高压相的形成量子效率由 1% 以下提高到 39%。

苏锵、裴治武等[35]以三价稀土氧化物 $RE_2O_3(RE = Eu, Sm, Yb)$ 为原料在空气下合成掺杂稀土的四硼酸锶 $SrB_4O_7$ 中观测到了相应的两价稀土离子 $RE^{2+}$ 的发射。在此工作的基础上,得到了发生此类现象的基质必须满足的条件:(1)基质中没有氧化性离子;(2)掺杂的 $Eu^{3+}$ 离子必须取代基质中的两价阳离子;(3)被取代的阳离子具有与两价离子 $Eu^{2+}$ 类似的半径;(4)基质必须具有合适的结构,这种结构必须是由四面体阴离子基团如 $BO_4$,$SO_4$,$PO_4$ 等参与围成。小组又系统地研究了在空气下制备的其他硼酸盐,硼磷酸盐基质中的稀土离子的还原现象。他们报道了基于电荷补偿基础上的不等价取代缺陷模型[36],具体过程如下:当三价的 $Eu^{3+}$ 掺入硼酸锶 $SrB_4O_7$ 基质时,这些三价的 $Eu^{3+}$ 将取代基质中的 $Sr^{2+}$。为了保持电荷平衡,2 个三价的 $Eu^{3+}$ 应该取代 3 个两价的 $Sr^{2+}$(2 个三价的 $Eu^{3+}$ 所带的电荷量等于 3 个两价的 $Sr^{2+}$ 所带的电荷量)。于是 1 个带两个负电荷的空位缺陷($V_{Sr}''$)和 2 个带一个正电荷的杂质缺陷($Eu_{Sr}^{·}$)将会由于 2 个三价 $Eu^{3+}$ 应该取

代基质中的 3 个两价的 $Sr^{2+}$ 而产生。因此,空缺陷 $V_{Sr}''$ 将会成为电子的施主,杂质缺陷就会成为电子的受体,在高温下,空位缺陷 $V_{Sr}''$ 的电子由于热激励的作用下将会从空位缺陷 $V_{Sr}''$ 转移到缺陷 $Eu_{Sr}^{·}$ 附近而被其俘获,三价的 $Eu^{3+}$ 将被还原为两价的 $Eu^{2+}$,整个过程可以用下列的方程式表示:

$$2 \, Eu_{Sr}^{·} + V_{Sr}'' \Longrightarrow 2 \, Eu_{Sr}^{X} + V_{Sr}^{X}$$

彭明营等研究了在空气中 $Sr_4Al_{14}O_{25}$:Eu 和 $BaMgSiO_4$:Eu 化合物中低价稀土的形成[37-39]。

需要指出的是采用空气中还原的手段,往往只能使变价稀土离子(如 $Eu^{3+}$)部分还原,而难以实现全部还原,这对于制备实用的低价稀土发光材料仍将是一个问题。

### 14.3.8　粉体粒度控制

用于制作各种发光器件时,如荧光灯、阴极射线管荧光屏、X 射线增感屏等,其发光材料的粉体均需涂覆成薄而密的发光层。不同发光器件对荧光粉的粒度有不同要求。如在荧光灯中要求所产生的荧光尽可能多而均匀地辐射出来,因此发光层的厚度应该比较薄,比较致密,要求荧光粉的颗粒比较细,特别是对稀土三基色节能灯用的荧光粉,由于其价格较贵,所用粉体粒子更细一些,约为 $3\mu m$ 较好,这样发光层可以涂得薄而均匀,也节省发光材料,若粉体粒子过细,会降低发光效率。为了获得较高的发光效率,阴极射线管荧光屏中要求的荧光粉的粒度稍大一些,约为 $5\sim7\mu m$,其荧光屏的发光层厚度约为粒子平行直径的 1.4 倍。对于电视显像管荧光粉的粒度介于 $5\sim8\mu m$。不同分辨率的 X 射线增感屏所要求的荧光粉粒度可介于 $1\sim10\mu m$,分辨率越高的屏要求的粒度越小,曝光速度快的屏需要粒度较大的荧光粉。

影响荧光粉粒度的因素如下:

(1)原料的粒度和形貌。

(2)一些低熔点的碱金属或碱土金属卤化物作为助熔剂的加入,虽有利于反应物离子扩散输运,促进反应进行,但同时也使荧光粉的晶粒长大。

(3)一般灼烧温度越高,时间越长,生成物的粒度越大。

(4)经灼烧后的产物是一些细小微晶的烧结体,需要将其破碎成小块。然后再研磨成粉体,研磨会使晶体的完整性破坏,而降低材料的发光效率。因此在研磨时,应选择适当的研磨条件,包括球磨时球的材质,球与粉体的质量比,球磨的转速、时间。为了减少研磨所造成的发光效率下降,人们采用改进合成工艺,制备出非球磨的荧光粉。

(5)针对各种发光器件对荧光粉的颗粒度要求,需要进行筛分,已获得产品具有合适的粒度分布。通常希望粒度分布窄一些好,故通过筛分除去荧光粉中过粗和过细的粒子。通常的筛分方法是将粉体过筛。

过筛是将荧光粉通过不同孔径的筛网,筛网是由合成纤维或金属细丝编织而成,筛孔成正方形,筛孔的尺寸以筛目号数区分。一般筛网的目数与孔径的对照表示于表 14-10 中。需要注意的是,有些荧光粉的粒度较大,在用金属丝编织的筛网时会出现金属丝的细颗粒,而影响荧光粉的体色,而采用合成纤维则无此问题。

**表 14-10  各种标准筛的筛孔比较表**

| 标准筛 | | 日本标准筛(JIS) | | 美国标准筛(ASTM) | | |
|---|---|---|---|---|---|---|
| 筛目 | 孔径/mm | 尺寸/μm | 孔径大小/mm | 筛号 | 筛孔尺寸/in | 筛网丝的直径/in |
| 4 | 4.750 | 4760 | 4.76 | 4 | 0.187 | 0.050 |
| 10 | 2.000 | 2000 | 2.00 | 10 | 0.0787 | 0.0299 |
| 18 | 1.000 | 1000 | 1.00 | 18 | 0.0394 | 0.0189 |
| 35 | 0.580 | 500 | 0.50 | 35 | 0.0197 | 0.0114 |
| 60 | 0.250 | 250 | 0.250 | 60 | 0.0098 | 0.0064 |
| 80 | 0.177 | 177 | 0.177 | 800 | 0.0070 | 0.0047 |
| 100 | 0.149 | 149 | 0.149 | 100 | 0.0059 | 0.0040 |
| 120 | 0.125 | 125 | 0.125 | 120 | 0.0049 | 0.0034 |
| 200 | 0.074 | 74 | 0.074 | 200 | 0.0029 | 0.0021 |
| 250 | 0.061 | 62 | 0.062 | 230 | 0.0024 | 0.0018 |
| 320 | 0.044 | 44 | 0.044 | 325 | 0.0017 | 0.0014 |
| 400 | 0.037 | | | | | |
| 500 | 0.025 | | | | | |
| 1000 | 0.0127 | | | | | |
| 2000 | 0.006 | | | | | |

对于很细的粉体可用沉降法分离,即将粉体置于水或溶剂,如乙醇中搅拌分散,然后让悬浮液静置,是较大的粉粒沉降,将悬浮在水或溶剂中的细粉倾取出来,进行过滤,使固液分离,沉降分离法不适用于遇水或溶液会变质的发光材料。目前有些企业已采用旋风分离来高效地将粒度分级。

粉体粒度的测定有多种方法。其原理各不相同,由此造成采用不同方法测得粒度的数据有一定的差别,难以对比。粒度的影像分析可使用光学显微镜、电子显微镜等直接观察,然后计算其粒度分布。在影像分析的测定中需要特别注意样品的代表性。可利用颗粒的体积分析来测定粒度,如筛分法、库尔特计数法;可利用颗粒度大小在液体介质中运动速度的差别来测定粒度;也可利用重力沉降法和离心沉降法来测定粒度,这些方法均有相应的仪器。由于各种方法测定的原理不同,同一样品的测试结果会有不同,且各种方法的适应范围、样品的要求会有不同,需对此引起足够重视。

对荧光粉而言,人们不仅关心其粒度和粒度分析,目前更关心荧光粉的形貌,荧光粉的形貌也会严重影响其应用特性。欲制得合适的形貌荧光粉往往在制备工艺上下工夫。例如,对荧光灯用所需荧光粉一般希望为球形,对 X 射线增感屏所用的荧光粉以片状为好。

### 14.3.9　后处理与表面包覆

为保证合成稀土荧光粉的质量,去除合成过程中的杂质、过量的助溶剂,特别是保持荧光粉中性和合适的颗粒度,往往采用水洗或酸洗。为提高荧光粉分散性,以及在调浆时提高荧光粉对有机溶剂的相容性,往往也进行表面处理。这种后处理对提高发光器件的质量有利,但增加成本。

我们注意到某些稀土荧光粉长期放置后会吸潮,并使亮度降低。为此需要密封保存或对荧光粉进行包膜。

在荧光粉的表面包覆无机或有机材料,可以改善或提高荧光粉的物理性能,也可以提高荧光粉的发光性能[40]。实际上,表面包覆有机或无机材料的荧光粉已获得广泛应用。

由于外界因素和发光材料本身的因素,未经处理的发光材料往往存在粉末团聚、表面电性能与化学性能不稳定等现象。例如,由于表面电性的原因,荧光粉在水中或制浆时,其分散性很差。为了提高荧光粉的分散性,一般在荧光粉表面包覆上硅类的物质。荧光粉表面包覆一层硅膜显示出明显的优势性,一方面可以降低荧光粉的 $\xi$ 电位等电点,提高荧光粉的分散性及由此带来的荧光粉亮度的提高,另一方面也可保护荧光粉,减少外界因素(如烤管)对荧光粉的影响[41]。

荧光粉的使用寿命受到外界和荧光粉本身因素的影响,例如,在荧光粉中,有阴极沉积到荧光粉上的杂质和汞的化合物等因素使荧光粉的亮度逐渐减弱[42];硫化锌为基质的荧光粉对水分比较敏感,暴露在水的气氛下,其发光效率会很快地下降[43];一般来说,在荧光粉的表面包覆上铝、硅等无机材料,使荧光粉和外界隔离开来,可以有效地减少外界对荧光粉的影响,延长荧光粉的使用寿命[42-44]。由于氧化铝易于包覆和具有良好的光、电、抗湿性,比较适合于包覆对水比较敏感的荧光粉,但无定形氧化铝或在低温下包覆的氧化铝的化学活性较高,为了提高氧化铝膜的抗腐蚀性,可以利用化学气相沉积法在包覆氧化铝膜的同时,包覆其他的耐腐蚀的金属氧化物(氧化硅、氧化硼、氧化钛、氧化锡、氧化锆等)形成氧化物混合膜,或在氧化铝膜外再包覆另一层金属氧化物膜,在 95%湿度的条件下测试结果表明,其寿命要比单纯包覆氧化铝的荧光粉长得多[45]。

用于等离子显示器中的荧光粉,由于真空紫外线的影响,荧光粉发生降解,使其发光效率随着时间而下降。在此荧光粉表面包覆一个或多个金属(碱土金属、锌、镉、镁等)的聚磷酸盐,此聚磷酸盐链长度在 3～90,对真空紫外线是透明的,且在真空紫外线照射不降解,因而提高了荧光粉的寿命[46]。

在等离子体显示器中,大部分由气体放电产生的光处于紫外区,其中一些通过屏幕上的荧光粉转换成可见光。很多入射到荧光粉上的紫外光反射掉了,由此造成发光效率的下降。当入射光的波长接近吸收边缘时,反射率将会很高,例如,紫外线的波长在 200nm 时,掺杂铕的氧化钇的折射率大于 5,导致其反射率大于0.5,从而造成荧光粉发光效率的下降。在荧光粉表面包覆上一层 0.5～5μm 的无机绝缘材料(dielectric material),入射光在无机材料-荧光粉界面和真空-无机材料界面部位发生反射,使荧光粉的反射率下降[47]。

荧光灯的水基涂管技术有几个问题,如料浆长期放置使荧光粉降解、由于再分散问题造成的荧光粉的损失、氧化铝粉末的团聚等。静电涂管工艺可以有效地解决这些问题。文献[28]提到在静电涂管之前,在荧光粉包覆上一层热塑性高分子材料(聚氯乙烯、尼龙、碳氟化合物、线型聚乙烯、聚苯乙烯、丙烯酸树脂等),其熔点应在 60～110℃,然后表面包覆高分子的荧光粉随载气通过静电针头使荧光粉表面带静电,再通入荧光灯管中,由于静电吸引,荧光粉吸附在荧光灯管上,由于灯管玻璃保持在使高分子处于黏附状态的温度,使荧光粉黏附在管上,最好在高温下除去高分子。

制作高清晰电视显示屏时,当混合使用不同厂家生产的荧光粉、新使用的荧光粉和回收的荧光粉,由于它们的表面状态不是一样的,它们的涂屏参数也是不一样的,可以将不同的荧光粉表面包覆高分子,使它们的表面状态趋向一致,实现表面状态的均匀性,从而不用改变荧光粉的涂屏参数[48]。

彩色显像管的屏幕经常在明亮的环境下使用,为了提高在此环境下的可视性和减少视觉疲劳,荧光屏必须防炫目,它的反射系数必须小,对比度必须高。对比度的提高可通过在荧光粉表面包覆一层无机染料,此染料的颜色和它所包覆的荧光粉发出的光的颜色相一致,它可以让从荧光粉发出大部分所需波长的光通过,而滤掉大部分其余波长的光,从而提高荧光粉的色纯度。但是在荧光粉表面包覆无机染料往往以损失亮度为代价,因为染料消耗了部分电子束的能量并且挡住了部分发光。例如,在彩色显像管用红粉颗粒表面包覆 $Fe_2O_3$,可以吸收掉不需要的波长的光,从而提高红粉的色纯度[49];在蓝粉上包覆钴蓝[50];尽管有使用绿色钴盐为绿粉表面包覆的报道,但是大多数的绿粉不包覆无机染料。

稀有气体作为光源的无汞荧光灯。但是传统的汞灯中使用的荧光粉,例如 $Y_2O_3$:$Eu^{3+}$ 在 254nm 紫外线激发下的量子效率约为 95%,但是在真空紫外区 172nm 紫外线激发下,其量子效率显著下降,只有 65%。据报道在 $Y_2O_3$:$Eu^{3+}$ 表面包覆一层氧化硼[51],可以提高其在 172nm 紫外线激发下的量子效率和亮度。

据称在 172nm 紫外线的激发下，表面包覆氧化硼的 $Y_2O_3$：$Eu^{3+}$ 的亮度可以提高 15%。

荧光粉主要的表面包覆技术简介如下：

（1）物理蒸气沉积法：在真空室中，将无机绝缘材料加热，使蒸发并在荧光粉颗粒表面沉积，在沉积过程中，不断地翻动荧光粉以使无机绝缘材料均匀地包覆在每一个荧光粉颗粒上，当达到所需的厚度时，包覆过程即可结束。此方法比较精确地控制膜层的厚度，控制范围在 $0.1\sim1\mu m$。

（2）胶体包覆法：最简便的包覆方法是将钇、铝、铈、锡、锑、锆等金属氧化物或二氧化硅的胶体直接喷在滚动干燥机中的荧光粉表面上[52]。例如将球磨分散后的 $Y_2O_2S$：Eu 荧光粉投入滚动干燥机，把浓度为 0.1%～5% 的 $Y_2O_3$ 胶体溶液按每千克荧光粉 50～200mL 的比例在 150℃ 下边干燥边喷入，喷完后继续搅拌 1h 即可得到表面包覆的荧光粉。

通常包覆二氧化硅的方法是在包覆之前，先将荧光粉分散在 pH 调到大于 9.2、含有粒径在 4～30nm 二氧化硅胶体颗粒[53]或硅酸盐[54]等分散剂的水溶液中配成浆液，在球磨后，在浆液中加入 50～150nm 的二氧化硅胶体溶液，搅匀后加锌或铝、钙、镁等金属元素的盐溶液，再搅拌一段时间后，用稀氨水调 pH，生成氢氧化物，分离、烘干即可得到表面包覆二氧化硅与金属氧化物的荧光粉。

由此方法在荧光粉表面包覆的二氧化硅颗粒是靠静电吸附于荧光粉表面。

（3）表面成膜包覆法：此方法一般是在荧光粉的浆液中加入包膜物质的前驱物或在包膜物质前驱物的溶液中加入荧光粉，然后调节溶液的 pH 使包膜物质沉淀到荧光粉表面。

根据不同的包覆目的，包膜的物质多种多样。例如，在荧光粉表面包覆碱土金属、锌、镉、锰中的一种或多种金属的聚磷酸盐的工艺[46]是先将荧光粉分散在含有有机四元铵离子的聚磷酸盐（如聚磷酸四甲基铵、聚磷酸四丁基铵等）的溶液中，10～30min 后将溶有金属盐的溶液加入荧光粉的浆液中，同时调节 pH 使之保持在 9.5～11.5，使金属的聚磷酸盐沉积在荧光粉的表面，搅拌 1～5h 后，分离烘干即可完成包膜。

与此类似，可在荧光粉表面包覆氧化物，例如，将二氧化硅溶于有机碱（胆碱、氢氧化四甲基铵、氢氧化四乙基铵等）的水溶液中，然后将此溶液加入荧光粉的浆液中，充分搅拌后，将 pH 调到 7 或者把浆液在 120～150℃ 下干燥使二氧化硅沉积到荧光粉表面[50]。

利用凝胶进行包覆，例如将异丙醇铝的悬浮液在 80℃ 下搅拌 30min，然后加入少量硝酸（硝酸是形成凝胶的催化剂），煮沸 24h 后形成稍混浊的溶液，再加入荧光粉，在搅拌和蒸发 30min 后，悬浮液形成凝胶，将此凝胶在 110℃ 下干燥 24h，即可形成表面包覆氧化铝的荧光粉[55]。

也可利用高分子键合成的方法进行包覆,例如将荧光粉加入水溶性的乙烯基甲醚和顺式丁烯二酸酐的共聚物溶液中,此高分子溶液的 pH 调到 9,然后球磨 1h 使高分子键合到荧光粉表面,固液分离后干燥,在荧光粉表面形成高分子层,再将此高分子包覆的荧光粉分散在溶有磷酸氢钡的溶液中,pH 调到 9,使钡离子和荧光粉表面的高分子键合。如此包覆的荧光粉用于荧光灯中,在烤管过程中,高分子被烧掉,膜层中剩下的无机物化学吸附到荧光粉表面,无机物在荧光粉表面进行晶体生长,最终形成连续的无机物膜层[56]。

在荧光粉表面包覆有机高分子,关键在于提高有机-无机两相之间的亲和性。目前有三种作用机理:化学键作用机理、静电相互作用机理及吸附层媒介机理。化学键作用机理是利用高分子上的一些官能团和无机粒子表面的羟基或金属离子发生键合作用,使有机高分子和无机粒子键合;静电相互作用机理是利用在一定的条件下,无机粒子和有机物所带电荷相反,由静电作用使无机和有机能复合在一起;吸附层媒介作用机理是用有机表面活性剂对无机粒子进行表面吸附处理,使其表面包覆一种有机吸附层。以经过这样处理的粒子作核,进行有机单体的乳液聚合,可以获得表面包膜的无机粒子。

(4) 有机高分子直接在荧光粉上包覆

此方法可以分成两种。一种是单纯地将有机高分子直接沉积在荧光粉表面,两者之间是物理吸附作用。例如,将 2kg 荧光粉加入 1L 2.5% 的高分子 polyox (聚甲基丙烯酸、聚乙烯嘧啶及衍生物、聚乙烯亚胺、聚环氧乙烷等也可作为包覆物)的溶液中(可以在其中加入非离子型表面活性剂进行分散,但发现所得到的包覆的荧光粉有些团聚),将混合物搅拌 30min,并滚动 20min 以确保后荧光粉被润湿,然后过滤,滤饼随后在 140℃ 下干燥一段时间后即得到表面包覆高分子的荧光粉[57]。

另一种是利用有机高分子上的官能团(如羟基)和荧光粉表面形成化学键。例如,将荧光粉加入水溶性的乙烯基甲醚和顺式丁烯二酸酐的共聚物溶液中,此高分子溶液的 pH 调到 9,然后球磨 1h 使高分子键合到荧光粉表面,固液分离干燥,在荧光粉表面即可形成高分子层[56]。

(5) 单体在荧光粉表面聚合包覆

利用单体在荧光粉表面进行聚合显然要比高分子直接在荧光粉上包覆应用范围广泛,因为可以根据使用目的选择单体进行聚合包覆荧光粉,得到所需功能的高分子包覆的荧光粉。在荧光粉表面进行单体聚合的一个例子为将 2mL 二乙烯苯和 0.1mL 丙烯酸缩水甘油酯加入 5g 荧光粉和引发剂中,混匀使单体能润湿荧光粉,然后加入 18mL 正己烷,在搅拌的情况下用氮气吹扫,并进行聚合反应 4h 即可得到高分子包覆的荧光粉[23]。但在此情况下高分子和荧光粉表面是物理吸附作用结合的,如果想使高分子和荧光粉表面以化学键结合,可使用耦合剂。此耦合剂含有路易斯碱元素(硼、铝等),和无机粒子表面有亲和性;此元素上连有有机官能团,和有机相有亲和性,比较理想的是含有乙烯基官能团,可以和单体进行聚合[56]。崔洪涛等[58,59]利用乳液聚合的方法成功地在 $Y_2O_3$:Eu 表面包覆上聚苯乙烯,提高有机和无机两相之间的相容性。先对 $Y_2O_3$:Eu 颗粒用柠檬酸进行表面修饰,然后再用聚苯乙烯包覆。做法是将红粉加入蒸馏水中分散,再加入柠檬酸,在 110℃下反应 1h 使柠檬酸键合在红粉表面,提高了红粉表面和有机相的亲和性,然后将之过滤,再将沉淀分散在蒸馏水中,再加入溶有引发剂的苯乙烯单体,搅拌一段时间后,形成了包覆着红粉颗粒的苯乙烯乳液结构,然后在 85～95℃下进行聚合反应 4h 后,分离烘干即可得到表面包覆聚苯乙烯的红粉。经光电子能谱测定表明,由于柠檬酸和钇、铕之间形成了化学键,使电子结合能发生位移,用能量色散谱测定表明,聚苯乙烯均匀地分布在 $Y_2O_3$:Eu 颗粒表面,经分析认为该表面包覆过程符合吸附层媒介作用机理。

$Y_2O_3$:Eu 是一种重要的红色荧光粉,已在彩色电视和灯用三基色荧光灯上获得广泛的应用,但 $Y_2O_3$:Eu 性质接近碱土金属氧化物,稍呈碱性,在进行涂屏和制管过程中又需进行一系列化学与物理处理,导致性能下降。崔洪涛等[60]首次采用室温湿固相法在 $Y_2O_3$:Eu 颗粒表面包覆 $Al_2O_3$,其制备过程为将一定量的 $Y_2O_3$:Eu 和经过研磨的 $Al_2(SO_4)_2 \cdot 18H_2O$ 混合,其比例为 Al/Y=0.1,然后研磨此混合物一段时间,使它们均匀混合,再加入一定量的 NaOH,研磨 40min,将混合物放置 2h,然后用蒸馏水洗涤样品三次后,在 80℃烘干,再在 700℃下煅烧半小时即可。经电镜、能量色散谱、X 射线光电子能谱测定表明,$Al_2O_3$ 包覆在 $Y_2O_3$:Eu 的表面,包覆层的厚度为纳米量级。光谱分析结果表明,包覆纳米级 $Al_2O_3$ 对荧光粉的光谱没有影响。

类似的研究,刘桂霞等[61]以 $Gd_2O_3$:Eu,$Na_2SiO_3 \cdot 9H_2O$ 和 NaCl 为原料,也采用室温固相法在 $Gd_2O_3$:Eu 荧光粉表面包覆一层纳米 $SiO_2$,以增加荧光粉的化学稳定性,而不影响荧光粉的亮度。同时观察到,在包覆过程中能使 $Gd_2O_3$:Eu 颗粒的大的团聚体打开成为小的粒子,包覆 $SiO_2$ 后降低颗粒表面活性,防止团聚发生。

## 14.3.10　荧光粉的优化

在荧光粉制备过程中还有许多值得研究的问题,特别是结构、晶形、粒度等与合成的关系。用大多数方法制备的荧光粉一般为粉末或烧结体,因而分析产物结构的主要方法是 X 射线粉末衍射。各种物相的化学组成可以用化学分析和电子探针微区分析等来进行。样品的微观形貌(如粒度大小、晶粒完整性、分散状况或烧结体密度等)用粒度分析仪、金相显微镜、扫描或透射电子显微镜等观察。荧光粉的发光性能可用发光亮度仪、荧光分光光度计等测定。

　　通过光谱的测量后,可初步提出这些荧光粉是否可用于器件,一旦具有应用价值,则需进行漫长的优化过程。

　　优化的第一步是制备或购买具有合适质量的各种原料,并对杂质进行仔细地分析。第二步是制备一系列灼烧时间、灼烧温度以及混合原料的组成不同的实验室样品。荧光粉的精确的化学计量可能对荧光粉的效率有重大的影响,而混合原料的组成不可能总是十分精确。其中,研究激活剂浓度变化的影响是尤其重要的。

　　在完成这两步之后,开始制备较大量的荧光粉以供所制器件试用。这又对较多数量的材料重新确定最佳的灼烧时间和温度,也要对混合物的组成做一些小的改变。这种优化所产生的效果常常可以提高 25%～50% 荧光粉亮度。

　　倘若决定生产这种荧光粉,必须采用生产规模的数量和生产所用的炉子,再重复进行优化过程。在生产已入常轨之后,仍需要进行很多综合性的研究才能得到最佳的性能。

　　对荧光粉的初步评估,一般需用 5～10g 荧光粉,若为了对荧光粉的潜在的实用价值做出适当的评价,即必须准备若干批 100～500g 荧光粉。

## 参 考 文 献

[1] 徐光宪. 稀土. 北京:冶金工业出版社,1995:124

[2] 苏锵. 稀土化学. 郑州:河南科学技术出版社,1993:261-333

[3] 倪嘉缵,洪广言. 稀土新材料及新流程进展. 北京:科学出版社,1998

[4] 倪嘉缵,洪广言. 中国科学院稀土五十年. 北京:科学出版社,2005

[5] 徐叙瑢,苏勉曾. 发光学与发光材料. 北京:化学工业出版社,2004

[6] 徐如人,庞文琴. 无机合成与制备化学. 北京:高等教育出版社,2001:59

[7] 洪广言. 无机固体化学. 北京:科学出版社,2002

[8] 洪广言,李有谟,贾庆新,刘书珍,于德才,彭桂芳,董相廷. 灯与照明,1995,1:16

[9] L P Wang,G Y Hong. Mater Res Bull,2000,35:695

[10] 王丽萍,洪广言. 武汉大学学报（自然科学版),2000,46(化学专刊):243

[11] 吴雪艳,尤洪鹏,曾小青,洪广言,金昌弘,卞锺洪,庚炳容,朴哲熙. 高等学校化学学报,2003,24(1):1

[12] 刘南生,孙日圣,陈达. 化学世界,2001,42(11):566

[13] 作花济夫. 溶胶-凝聚法的科学. 东京:承风社,1988

[14] Rabinovich M. Ceram Bull,1987,66(10):1505

[15] 李彬,肖红,张桂琴,白玉白. 应用化学,1990,7(1):76

[16] Morita M,Rau D,Fuji H,Minami Y. J Lumin,2000,87-89:478

[17] 刘桂霞,王进贤,董相廷,洪广言. 无机材料学报,2007,22(5):803

[18] 王惠琴,邓红梅,张磊,马林,胡建国,徐燕. 发光学报,1996,17(增刊):72

[19] 林君,刘胜利. 发光学报,1996,17(增刊):1

[20] 李沅英,王旻,蔡少华. 无机化学学报,1996,12(2):189

[21] 李沅英,戴得昌,蔡少华. 高等学校化学学报,1995,16(6):844

[22] Kutty R N,Jannathan R,Rao R P. Mater Res Bull,1990,25:1355

[23] Riwotzki K,Haase M. J. Phys Chem B,1998,102:10129

[24] Qi F X,Wang H B,Zhu X Z. J Rare Earths,2005,23(4):397

[25] Ling Zhu,Jiayan Li,Qin Li,Xiangdong Liu,Jian Meng,Xueqing Cao. Nanotechnology,2007,18:055604

[26] Ling Zhu,Xiaoming Liu,Jian Meng,Xueqiang Cao. Cryst Growth Des,2007,7:2505

[27] Ling Zhu,Xiaoming Liu,Xiangdong Liu,Qin Li,Jiayan Li. Nanotechnology,2006,17:4217

[28] 洪广言,张吉林,陈风华,韩彦红. 应用化学,2009,26（增刊）:287

[29] 洪广言,张吉林,高倩. 物理化学学报,2010,26(3):695

[30] 孙小琳,洪广言. 化学进展,2001,13(5):398

[31] Guangyan Hong,Qienxin Jia,Youmo Li. J Luminescence,1988,40&41:661

[32] 于德才,崔洪涛,洪元佳,吴琼,洪广言. 功能材料,2001,32(增刊):248

[33] 洪广言,曾小青,尤洪鹏,Kim Chang-Hong,卞钟洪. 发光学报,1999,20(4):311

[34] 李有谟,贾庆新,洪广言,卢洪德. 应用化学,1984,1(5):17

[35] Pei Z W,Su Q,Zhang J Y. J Alloy Compd,1993,198:51

[36] Pei Z W,Zeng Q H,Su Q. J Phys Chem Solids,2000,61:9

[37] Mingying Peng,Zhiwu Pei,Guangyan Hong,Qiang Su. Chemical Physics Letters,2003,371(1-2):1

[38] Mingying Peng,Zhiwu Pei,Guangyan Hong,Qiang Su. J Materials Chemistry,2003,13:1202

[39] Mingying Peng,Zhiwu Pei,Guangyan Hong. Chinese J Luminescence,2003,24(2):185

[40] 崔洪涛,张耀文,洪广言. 功能材料,2001,32(6):564

[41] Minoru W,Mitsuhir O,Toshio N,et al. US Patent,No 4287229

[42] Nin C C,Paul S W,Tracy S V. EP Patent,No 0852255

[43] Keitha K,Richard G A,Silvia L E. US Patent,No 5080928

[44] Akio K,Naoki N,Yasuki K. US Patent,No 5856009

[45] Kenton B D. US Patent,No 5958591

[46] Woleram C,Walter M,Helmut B,et al. US Patent,No 5998047

[47] Chie-Ching Lin,Lung T,Lyuji O,et al. US Patent,No 5792509

[48] Heinz B,Peter G. EP Patent,No 0031124

[49] Eeter W,Michael B,Irmgard K,et al. US Patent,No 6013314

[50] Kiyoshi I,Minoru W. US Patent,No 4339501

[51] Franz K,Richard G G W,Dale B E,et al. US Patent,No5985175

[52] 玉置. 特开平 4-236294

[53] Joachim O,Han-Otto J,Jacqueline M,et al. US Patent,No 6010779

[54] Joachim O,Michael B,Rfiederike P,et al. US Patent,No 6013979

[55] Chung C N. US Patent,No 5196229

[56] Nin C C,Paul S W,Tracy S V. EP Patent,No 0852255

[57] Josepii B F,Steven B P,Richard P E. EP Patent,No 0754745

[58] Hongtao Cui,Guangyan Hong. J Materials Science Letters,2002,21:81

[59] 崔洪涛,洪广言. 应用化学,2001,18(3):208

[60] Hongtao Cui,Guangyan Hong,Hongpeng You,Xueyan Wu. J Colloid and Interface Science,2002, 252:184

[61] Guixia Liu,Guangyan Hong,Duoxian Sun. Power Technology,2004,145:149

# 附　　录

稀土发光材料应用面广、品种繁多难以收集齐全,本附录主要参考了 Willian M. Yen 和 Marvin J Weber 的 *Inorganic, Phosphors*[1] 和余先恩编著的《实用发光材料与光致发光机理》[2],以及对一些所收集到的稀土发光材料文献进行编辑,分别摘录列于表内。1 节是按材料基质分类编写;2 节是按发射波长排序的稀土发光材料。需要说明的是发射峰和激发峰的峰值位置会有一定的误差,特别是对那些具有宽带发射和激发的材料,其发射峰和激发峰位置更会产生较大的偏差。在按发射波长排序的稀土发光材料中其峰值位置除了最强发射峰以外,也有列出一些次强发射波长。另外有些数据已在各章作了详细介绍,在此不做重复,例如有关稀土氮化物和氮氧化物发光材料尚未列在表中,请查阅各章的相关结果。

## 1　主要稀土发光材料的组成与发光性质[1-4]

附表 1　卤化物和卤氧化物基质的稀土发光材料

| 化学式 | 结构 | 发射峰位置<br>(半峰宽)/nm | 激发峰位置<br>/nm | 备注 | 文献 |
|---|---|---|---|---|---|
| $CaF_2 : Ce^{3+}$ | 立方 | 337,320 | 300,254 | 可用电子束激发 | [5] |
| $CaF_2 : Eu^{2+}$ | 立方 | 423 (28) | $400\sim380,254,365$ | 可用电子束激发 | [6] |
| $CaF_2 : Ce^{3+}, Mn^{2+}$ | 立方 | 496 (44) | 310,260,254 | 可用电子束激发 | [7] |
| $CaF_2 : Ce^{3+}, Tb^{3+}$ | 立方 | $544\sim549$ | $\sim310,270,254$ | 可用电子束激发 | [6] |
| $SrF_2 : Eu^{2+}$ | 立方 | 420 (38) | 254,365 | | |
| $Ba_xSr_{1-x}F_2 : Eu^{2+}$ | 立方 | $408\sim608$ | 390,310,230,<br>254,365 | 不同配比<br>发射峰位移 | [8] |
| $GdF_3 : Er^{3+}, Yb^{3+}$ | 正交 | $545\sim560,$<br>$640\sim680$ | 980 | 上转换材料 | [9] |
| $YF_3 : Pr^{3+}$ | | 215,405,484,<br>532,610,704 | 185 | 量子效率(QE)<br>$=140\%$ | [2] |
| $YF_3 : Mn^{2+}$ | 正交 | 521,477 | 阴极发射 | | |
| $YF_3 : Mn^{2+}, Th^{4+}$ | 正交 | 477(36) | 阴极发射 | | |
| $YF_3 : Er^{3+}, Yb^{3+}$ | 正交 | $\sim650,\sim550$ | 970 | 上转换材料 | [10] |

| 化学式 | 结构 | 发射峰位置（半峰宽）/nm | 激发峰位置/nm | 备注 | 文献 |
|---|---|---|---|---|---|
| $Y_{0.78}Yb_{0.2}Er_{0.02}F_3$ | | 524,547,655 | 980 | 上转换材料 | [2] |
| $YF_3:Tm^{3+},Yb^{3+}$ | 正交 | ~480,~650 | 970 | 上转换材料 | [10] |
| $KMgF_3:Ce$ | 立方 | 351,366 | 273,297 | | [11] |
| $KCaF_3:Ce$ | 立方 | 356 | 301 | | [11] |
| $KSrF_3:Ce$ | 立方 | 326（307） | 297 | | [11] |
| $KBaF_3:Ce$ | 立方 | 321 | 291 | | [11] |
| $KMgF_3:Eu^{2+}$ | 立方 | 363 | 254 | | [12] |
| $NaYF_4:Ce^{3+}$ | 六方 | 298 | 250 | | [13] |
| $NaLaF_4:Ce^{3+}$ | 六方 | 300 | 247 | | [13] |
| $NaGdF_4:Ce^{3+}$ | 六方 | 420 | 374 | | [13] |
| $NaGdF_4:Tb^{3+}$ | 六方 | 541 | 234 | | [13] |
| $KAlF_4:Ce^{3+}$ | 四方 | 303 | 253 | | [14] |
| $\alpha-NaYF_4:Pr^{3+}$ | | 400~700 | 213 | QE≥1 | [2] |
| $NaYF_4:Er^{3+},Yb^{3+}$ | 四方 | 550 | 970 | 上转换材料 | [15] |
| $BaYF_5:Yb,Er$ | | 542,650 | 980 | 上转换材料 | [16] |
| $CaAlF_5:Ce$ | 四方 | 314,332 | 263,301 | | [17] |
| $SrAlF_5:Ce$ 单晶 | | 332.5,325 | 286,271 | | [18] |
| $K_2NaAlF_6:Ce^{3+}$ | 立方 | 351 | 301 | | [14] |
| $LiMgAlF_6:Gd^{3+}$ | | 310 | 276 | | [19] |
| $LiMgAlF_6:Tb^{3+}$ | | 543 | 371 | | [19] |
| $LiMgAlF_6:Ce,Tb$ | | 543 | 260 | | [19] |
| $LiMgAlF_6:Eu$ | | 593 | 396 | | [19] |
| $LiMgAlF_6:Ce$ | | 330 | 260 | | [19] |
| $LiCaAlF_6:Ce$ | 三方 | 290 | 276 | | [20] |
| $LiSrAlF_6:Ce$ | 三方 | 310 | 276 | | [20] |
| $LiCaAlF_6:Eu^{3+}$ | | 592,586,614,695 | 396 | | [20] |
| $LiSrAlF_6:Eu^{3+}$ | | 592 | 396 | | [20] |
| $LiCaAlF_6:Tb^{3+}$ | | 541 | 223 | | [20] |
| $BaCeAlF_8$ | 正交 | 324 | 292 | | [21] |
| $BaMg_3F_8:$ $Eu^{2+},Mn^{2+}$ | | 410（$Eu^{2+}$） 610（$Mn^{2+}$）(80) | 330,电子束激发 | | [22] |

| 化学式 | 结构 | 发射峰位置（半峰宽）/nm | 激发峰位置/nm | 备注 | 文献 |
|---|---|---|---|---|---|
| $BaY_2F_8 : Eu^{3+}, Yb^{3+}$ | 单斜 | $\sim 550$ | 970 | 上转换材料 | [23] |
| $(BaCl_2)_{0.75} \cdot CErCl_3)_{0.25}$ | | 550 | 800,1000,1500 | | |
| $K_5CeLi_2F_{10}$ | 正交 | 319 | 240 | | [24] |
| $Ba_2Mg_3F_{10} : Eu^{2+}$ | | 415 | 330 | X 射线激发有效 | [22] |
| $CaCl_2 : Eu^{2+}$ (in $SiO_2$) | 正交 | 418 (25) | $<400,254,365$ | | [25] |
| $CaCl_2 : Eu^{2+}, Mn^{2+}$ (in $SiO_2$) | 正交 | 593($Mn^{2+}$)(38) 420($Eu^{2+}$) | $<400,$ 254,365 | | [25] |
| $SrCl_2 : Eu^{2+}$ (in $SiO_2$) | 正交 | 405 (15) | $370\sim320,254,365$ | | [25] |
| $CaBr_2 : Eu^{2+}$ (in $SiO_2$) | 正交 | 433 (23) | $390\sim320,365,$ $<270,254$ | | [25] |
| $Sr Br_2 : Eu^{2+}$ (in $SiO_2$) | | 411(20) | 254,365 | | [25] |
| $CaI_2 : Eu^{2+}$ (in $SiO_2$) | | 464 (26) | $410\sim350,365,254$ | | [25] |
| $CaI_2 : Eu^{2+}, Mn^{2+}$ (in $SiO_2$) | | 636 ($Mn^{2+}$) 459($Eu^{2+}$)(36) | $410\sim350,365,254$ | | [25] |
| $SrI_2 : Eu^{2+}$ (in $SiO_2$) | | 433(15) | 254,365 | | [25] |
| $BaFX : Eu^{2+}$ (X=Br,Cl) | | 390 | X 射线照射后，用 633nm 照射 | 光激励发光材料 | [2] |
| $BaFBr : Eu^{2+}$ | | $\sim 390$ | 280,电子束 | | [26] |
| $BaFCl : Eu^{2+}$ | | 380 | 254 | $\tau_{1/e}=5.7\mu s$ | [26] |
| $BaFCl : Eu^{2+}, Pb^{2+}$ ($Ba_{0.9989}Eu_{0.01}Pb_{0.0001}FCl$) | | $\sim 385$ (35) | X 射线 | 用于 X 射线发光 | [27] |
| $Ba_{1-x}M_xFX : Eu^{2+}, Ce^{3+}$ (M=Be,Mg,Ca, Sr,Zn,Cd;X=Cl,Br,I) | | 330($Ce^{3+}$) 390($Eu^{2+}$) | $450\sim800$ | 经 X 射线,电子束,紫外照射后 | [2] |
| $MX_2 \cdot M'X' : Eu^{2+}$ (M=Ba,Sr,Ca; $M'$=Li,Rb,Cs; X,$X'$=Cl,Br,I,F) | | 紫外 | $450\sim900$ | 经 X 射线,电子束,紫外照射后 | [2] |

| 化学式 | 结构 | 发射峰位置<br>（半峰宽）/nm | 激发峰位置<br>/nm | 备注 | 文献 |
|---|---|---|---|---|---|
| $CsX \cdot RbX : Eu^{2+}$<br>$(X=F,Cl,Br,I)$ | | | 450～900 | 经 X 射线,电子<br>束,紫外照射后 | [2] |
| $YOF : Eu^{3+}$ | | 608,627,589 | 254 | | |
| $YOF : Tb^{3+}$ | | ～545,625～414 | 电子束 | | |
| $LaOF : Eu^{3+}$ | | 626,626～578 | 254 | | |
| $YOCl : Ce^{3+}$ | 正交 | 383 (59) | 254 | | [28] |
| $YOCl : Eu^{3+}$ | 正交 | 620,629～579 | 254 | 易水解 | |
| $LaOCl : Bi^{3+}$ | 正交 | 348 (72) | 275,<220 | | [29] |
| $LaOCl : Eu^{3+}$ | 正交 | 614 | 254 | | |
| $LaOCl : Tb^{3+}$ | 四方 | 545,489,441,437 | X 射线,253.7 | | [2] |
| $La_{0.98}Sm_{0.02}OCl$ | | 566 | | | [2] |
| $La_{0.98}Dy_{0.02}OCl$ | | 573 | | | [2] |
| $Gd_{0.98}Tb_{0.02}OCl$ | | 430,440 | 276 | | [2] |
| $YOCl : Ce^{3+}$ | | 380,400 | 阴极射线,紫外 | $\tau_{1/10}=25ns$ | [2] |
| $LaOCl : Eu^{3+}$ | | 619,580 | 304 | | [2] |
| $GdOCl : Eu_{0.02}$ | | 620 | 300 | | [2] |
| $NdOCl : Ce^{3+}$ | | 450 | 633nmHe-Ne<br>激光激励 | 用 X 射线,电子<br>束,紫外照射后 | [2] |
| $LaOBr : Ce^{3+}$ | | 422 | 阴极射线,<br>X 射线,紫外 | | [2] |
| $YOBr : Eu^{2+}$ | 正交 | 621,630～577 | <300 | | |
| $LaOBr : Tb^{3+}$ | 四方 | 440,380,415 | 254 | | [30] |
| $LaOBr : Tm^{3+}$ | 四方 | 460,300,370,<br>400,480,500 | 350,<220 | | [31] |
| $LaOI : Ce^{3+}$ | 四方 | 439 | 385 | | [32] |
| $LaOI : Pr^{3+}$ | 四方 | 350,497,505 | 270 | | [32] |
| $LaOI : Sm^{3+}$ | 四方 | 564,612 | 272 | | [32] |
| $LaOI : Eu^{3+}$ | 四方 | 618 | 327 | | [32] |
| $LaOI : Tb^{3+}$ | 四方 | 350,414,439<br>485,543,586 | 267 | | [32] |
| $LaOI : Dy^{3+}$ | 四方 | 479,569 | 246 | | [32] |

续表

| 化学式 | 结构 | 发射峰位置<br>(半峰宽)/nm | 激发峰位置<br>/nm | 备注 | 文献 |
|---|---|---|---|---|---|
| LaOI：$Ho^{3+}$ | 四方 | 536,543 | 246 | | [32] |
| LaOI：$Er^{3+}$ | 四方 | 560 | 246 | | [32] |
| LaOI：$Tm^{3+}$ | 四方 | 461 | 244 | | [32] |
| $[0.9(Y_{0.95}Eu_{0.05})_2O_3 \cdot$ <br> $0.2YF_3] \cdot GeO_2$ | | 619 | 365 | 高压汞灯荧光粉 | [2] |
| $3.5MgO \cdot 0.5MgF_2 \cdot$ <br> $GeO_2$：$Mn^{4+}$ | | 650 | 253.7,365 | 最高工作温度<br>可达320℃,高压<br>汞灯用 | [2] |

**附表 2　氧化物基质的稀土发光材料**

| 化学式 | 结构 | 发射峰位置<br>(半峰宽)/nm | 激发峰位置<br>/nm | 备注 | 文献 |
|---|---|---|---|---|---|
| CaO：$Eu^{3+}$ | 立方 | 615 | ＜260 | | [33] |
| CaO：$Eu^{3+}$,Na | 立方 | 595 | ＜270 | | [33] |
| CaO：$Sm^{3+}$ | 立方 | 574,566,620 | 300,340 | | [33] |
| CaO：$Tb^{3+}$ | 立方 | 543~549 | 276 | | [33] |
| $La_2O_3$：$Bi^{3+}$ | 立方 | 464(61) | ~310,~254 | $\tau_{1/e}$<br>$=0.27\mu s$ | [34] |
| $La_2O_3$：$Eu^{3+}$ | 立方 | 625 | ＜300,280 | | [35] |
| $La_2O_3$：$Pb^{2+}$ | 立方 | 546 | 254,300,350 | | |
| $La_2O_3$：$Yb^{3+}$,$Er^{3+}$ | | 660 | 940 | | [2] |
| $Gd_2O_3$：$Eu^{3+}$ | 立方 | 611 | 253.7 | QE＝88%,三基<br>色,彩色显像管 | [36,2] |
| $Gd_2O_3$：$Er^{3+}$,$Yb^{3+}$ | | 546~563,<br>652~683 | 980 | 上转换材料 | [37] |
| $Y_2O_3$：$Bi^{3+}$ | 立方 | 528(103) | 330,260 | $\tau_{1/10}=1\mu s$ | [29] |
| $Y_2O_3$：$Er^{3+}$ | 立方 | 562 | ~260,~380 | | |
| $Y_2O_3$：$Eu^{3+}$(YOE) | 立方 | 611<br>610 | 253.7,240<br>阴极射线 | QE＝84%<br>$\tau_{1/10}=1~3ms$ | [2,38] |
| $Y_2O_3$：$Ho^{3+}$ | 立方 | 547,539 | ~460 | | [38] |
| $Y_2O_3$：$Dy^{3+}$ | | 572,~450 | 352 | | [38] |

| 化学式 | 结构 | 发射峰位置<br>（半峰宽）/nm | 激发峰位置<br>/nm | 备注 | 文献 |
|---|---|---|---|---|---|
| $Y_2O_3 : Tb^{3+}$ | 立方 | 542,550 | 250~310,274 | | [35] |
| $Y_2O_3 : Er^{3+}, Yb^{3+}$ | | 546~563,<br>652~683 | 980 | | [39] |
| $Y_2O_3 : Ce^{3+}$ (in $SiO_2$) | 立方 | 375 (30) | 258,254,365 | | [40] |
| $Y_2O_3 : Eu^{3+}$ (in $SiO_2$) | | 612 (30) | 396,470,360<br>320 | | [41] |
| $Y_2O_3 : Tb^{3+}$ (in $SiO_2$) | | 543,495,585,<br>621(30) | ~240,254,365 | | [40] |
| $Y_2O_3 : Ce^{3+}, Tb^{3+}$ (in $SiO_2$) | | 543 (30) | 320,230 | | [40] |
| $(Y,Gd)_2O_3 : Eu^{3+}$ | 立方 | 610 | <280,254 | $\tau_{1/e}=1ms$ | |
| $2Y_2O_3 \cdot GeO_2 : Eu^{3+}$ | | 620 | 阴极射线激发 | 用于彩色显像管 | [2] |
| $2Y_2O_3 \cdot 3BaO : Eu^{3+}$ | | 614 | 阴极射线激发 | | [2] |
| $Y_2O_3 \cdot Ta_2O_5 : Eu^{3+}$ | | 612 | 阴极射线激发 | | [2] |
| $Y_2O_3 \cdot Nb_2O_5 : Eu^{3+}$ | | 614 | 阴极射线激发 | | [2] |
| $9Y_2O_3 \cdot 4WO_3 : Eu^{3+}$ | | 604 | 阴极射线激发 | | [2] |
| $ThO_2 : Eu^{3+}$ | 金红石 | 592,608,629 | ~260 | 用于 X 射线激发 | [42] |
| $ThO_2 : Pr^{3+}$ | 金红石 | 500,492,656 | ~275 | | [42] |
| $ThO_2 : Tb^{3+}$ | 金红石 | 543 | ~254 | | [42] |

附表 3　硫化物、硫氧化物和硫酸盐基质的稀土发光材料

| 化学式 | 结构 | 发射峰位置<br>（半峰宽）/nm | 激发峰位置<br>/nm | 备注 | 文献 |
|---|---|---|---|---|---|
| $ZnS : Eu^{2+}$ | | 551,636 (30) | <330,254,365 | 电致发光 | [2] |
| $ZnS : Eu^{3+}$ | | 590,616 | 396 | | [43] |
| $ZnS : Ce,Li$ | | 480 | 电致发光 | | [2] |
| $ZnS : PrF_3$ | | 510,490 | 电致发光 | | [2] |
| $ZnS : NdF_3$ | | 橙 | 电致发光 | | [2] |
| $ZnS : SmF_3$ | | 红-橙 | 电致发光 | | [2] |
| $ZnS : EuF_3$ | | 粉红 | 电致发光 | | [2] |
| $ZnS : TbF_3$ | | 550 | 电致发光 | | [2] |

| 化学式 | 结构 | 发射峰位置<br>(半峰宽)/nm | 激发峰位置<br>/nm | 备注 | 文献 |
|---|---|---|---|---|---|
| ZnS：DyF$_3$ | | 黄光 | 电致发光 | 薄膜 | [2] |
| ZnS：HoF$_3$ | | 红光 | 电致发光 | 薄膜 | [2] |
| ZnS：ErF$_3$ | | 绿光 | 电致发光 | 薄膜 | [2] |
| ZnS：YbF$_3$ | | 弱,弱红光 | 电致发光 | 薄膜 | [2] |
| ZnS：TmF$_3$ | | 蓝光 | 电致发光 | 薄膜 | [2] |
| ZnS：(La$_{1.4}$Tm$_{0.6}$O$_2$S) | | 480 | 电致发光 | | [2] |
| ZnS：(La$_{1.4}$Tb$_{0.6}$O$_2$S) | | 540 | 电致发光 | | [2] |
| ZnS：(Y$_{1.4}$Eu$_{0.6}$O$_2$S) | | 610 | 电致发光 | | [2] |
| MgS：Eu$^{2+}$ | 立方 | 588 (19) | 254,电子束 | | [44] |
| CaS：Ce$^{3+}$ | 立方 | 521,582 | 450,<270,电子束 | 电致发光 | [45] |
| CaS：Eu$^{2+}$ | 立方 | 649～655(25)<br>630 | 560～460,280,<br>532,电子束 | 寿命短(μs级) | [45,46] |
| CaS：La$^{3+}$ | 立方 | 486 (52) | 254 | | [47] |
| CaS,Pr$^{3+}$,Pb$^{2+}$,Cl | 立方 | 496,670,1181 | 325,<290,<br>254,365 | $\tau_{1/10}=0.5$ms | [47] |
| CaS：Sm$^{3+}$ | 立方 | 608,599,564,566,<br>898,925 | <300,254 | $\tau_{1/10}=\sim10$ms | [47] |
| CaS：Sm$^{2+}$ | | 570,606,650 | 530,580 | | [48] |
| CaS：Tb$^{3+}$ | 立方 | 549,541 | <300,254 | | [47] |
| CaS：Tb$^{3+}$,Cl | 立方 | 549,541 | <360,254 | $\tau_{1/10}=\sim3.6$ms | [47] |
| CaS：Tb | | 400,550,发绿光 | 电致发光 | 薄膜 | [2] |
| CaS：Eu$^{2+}$ | | 650 | 电致发光 | 薄膜 | [2] |
| CaS：Y$^{3+}$ | 立方 | 443 (97) | 254 | | [47] |
| CaS：Yb$^{2+}$ | 立方 | 747 (38) | 590,370,254,365 | | [47] |
| CaS：Yb$^{2+}$,Cl | 立方 | 747 (38) | 600,380,254,365 | | [47] |
| SrS：Ce$^{3+}$ | 立方 | 502,563,<br>484,539 | 254,<br>阴极射线 | 电致发光与阴极<br>射线发射波长不同 | [2,49] |
| SrS：Eu$^{2+}$ | 立方 | 620 (33),570 | 510～400,254,365 | 电致发光薄膜 | [2] |
| SrS：Ce,Li | | 510,570 | 电致发光 | | [2] |

续表

| 化学式 | 结构 | 发射峰位置<br>（半峰宽）/nm | 激发峰位置<br>/nm | 备注 | 文献 |
|---|---|---|---|---|---|
| SrS：Ce，F | | 480，535 | 电致发光 | | [2] |
| SrS：Ce，K，Eu | | 白色 | 电致发光 | 薄膜 | [2] |
| SrS：CeF$_3$ | | 蓝色 | 电致发光 | 薄膜 | [2] |
| SrS：PrF$_3$ | | 白光 | 电致发光 | 薄膜 | [2] |
| MgS：Eu$^{2+}$，Sm$^{3+}$ | | 590 | $^{60}$Co 辐照后，<br>再用 1.06$\mu$m | 放射线激励<br>计量材料 | [2] |
| CaGa$_2$S$_4$：Ce$^{3+}$ | 正交 | 464，512 | 254，365 | 衰减时间 0.08$\mu$s | [2,50] |
| CaGa$_2$S$_4$：Eu$^{2+}$ | 正交 | 559（30） | 400，350，254，365 | | [50] |
| SrAl$_2$S$_4$：Eu$^{2+}$ | | 496（26） | 254，电子束 | | [51] |
| BaAl$_2$S$_4$：Eu$^{2+}$ | | 475（39） | 365，电子束 | | [51] |
| SrGa$_2$S$_4$：Ce$^{3+}$ | | 454，490 | 410，310，365 | 衰减时间 0.08$\mu$s | [2,50] |
| SrGa$_2$S$_4$：Eu$^{2+}$ | | 537（25） | 470～350，365，<br>电子束 | $\tau_{1/10}=0.42\mu$s | [2,50] |
| SrNaGa$_2$S$_4$：Ce$^{3+}$ | | 455 | 阴极射线 | 衰减时间 0.08$\mu$s | [2] |
| BaGa$_2$S$_4$：Ce$^{3+}$ | | 454，490 | 390，300，365 | 衰减时间 0.07$\mu$s | [2,50] |
| BaGa$_2$S$_4$：Eu$^{2+}$ | | 492 | 420，430～340，<br>365，电子束 | | [50] |
| MgY$_2$S$_4$：Ce$^{3+}$ | | 740 | 电子束 | | [2] |
| CaLa$_2$S$_4$：Ce | 立方 | 554 | 380，460 | | [52] |
| SrLa$_2$S$_4$：Ce | 立方 | 560 | 370，490 | | [52] |
| BaLa$_2$S$_4$：Ce | 立方 | 570 | 378，470 | | [52] |
| CaGd$_2$S$_4$：Ce | 立方 | 576 | 380，478 | | [52] |
| SrGd$_2$S$_4$：Ce | 立方 | 574 | 363，480 | | [52] |
| BaLu$_2$S$_4$：Ce | 正交 | 668 | 350，460 | | [52] |
| CaY$_2$S$_4$：Ce | | 586 | 316，490 | | [52] |
| BaY$_2$S$_4$：Ce | 正交 | 664 | 360，472 | | [52] |
| Lu$_2$S$_3$：Ce | | 576 | 480 | | [52] |
| $\alpha$-La$_2$S$_3$：Ce | 正交 | 630 | 440 | | [52] |
| SrAl$_2$S$_4$：Ce | | 462 | 397 | | [52] |
| BaAl$_2$S$_4$：Ce | | 444 | 385 | | [52] |

| 化学式 | 结构 | 发射峰位置<br>(半峰宽)/nm | 激发峰位置<br>/nm | 备注 | 文献 |
|---|---|---|---|---|---|
| $CaAl_2S_4$：Ce | | 440 | 396 | | [52] |
| $Y_2O_2S$：$Eu^{3+}$ | 六角 | 626,～590 | 254,365,<br>X 射线,电子束 | 衰减时间<br>0.5～2ms | [2] |
| $Y_2O_2S$：$Tb^{3+}$ | 六方 | 418<br>540 | 254,365<br>电子束 | $Tb^{3+}$低浓度：<br>衰减时间 1.8ms | [2] |
| $Y_2O_2S$：$Eu^{3+}$,$Tb^{3+}$ | | 420～440,540,<br>620 | 阴极射线,紫外 | 当 0.1mol%Tb,<br>0.05mol%Eu<br>均发白光 | [2] |
| $Y_2O_2S$：$Pr^{3+}$ | | 516(绿光) | 阴极射线,紫外 | | [2] |
| $Gd_2O_2S$：$Eu^{3+}$ | | | X 射线 | | [2] |
| $Gd_2O_2S$：$Tb^{3+}$ | | 545 | 254,电子束 | | |
| $Gd_2O_2S$：$Pr^{3+}$ | | 510 | 254,电子束 | $\tau_{1/e}=3\mu s$<br>X 射线闪烁体 | [2,54] |
| $(Y,Gd)_2O_2S$：$Tb^{3+}$,$Yb^{3+}$ | | 黄绿光 | 阴极射线,X 射线,<br>紫外,253.7 | | |
| $Gd_2O_2S$：Pr,Ce | 六方 | 520 | X 射线 | 衰减时间 $3\mu s$,余辉<br>强度≤0.1%,3ms | [2] |
| $Gd_2O_2S$：Pr,Ce,F | | 520 | X 射线 | X 射线断层扫描,<br>陶瓷闪烁体 | [2] |
| $MgSO_4$：$Eu^{2+}$ | 正交 | 375 (30) | <330,254 | | |
| $CaSO_4$：$Eu^{2+}$ | 正交 | 388 (15) | 365,320,270,<br>254,电子束 | $\tau_{1/10}=1.1\mu s$,<br>水中稳定 | [55] |
| $CaSO_4$：$Eu^{2+}$,$Mn^{2+}$ | 正交 | 512(38)($Mn^{2+}$)<br>388($Eu^{2+}$) | <360,254,<br>365 | | |
| $CaSO_4$：$Ce^{3+}$ | 正交 | 327,309 | 290,254 | | |
| $CaSO_4$：$Ce^{3+}$,$Mn^{2+}$ | 正交 | 528 (45) | 290,254,365 | | |
| $SrSO_4$：$Ce^{3+}$ | 正交 | 301,319 | 280,240,254 | | |
| $SrSO_4$：$Eu^{2+}$ | 正交 | 378 (30) | 254,365,电子束 | $\tau_{1/10}=5\mu s$ | [55] |
| $SrSO_4$：$Eu^{2+}$,$Mn^{2+}$ | 正交 | 566,(36) | 254,365 | | |
| $BaSO_4$：$Ce^{3+}$ | 正交 | 301,319 | 280,254,240 | | |

续表

| 化学式 | 结构 | 发射峰位置<br>(半峰宽)/nm | 激发峰位置<br>/nm | 备注 | 文献 |
|---|---|---|---|---|---|
| $BaSO_4 : Eu^{2+}$ | 正交 | 378 (26) | 254,365,电子束 | $\tau_{1/10}=5\mu s$ | |
| $BaSO_4 : Eu^{2+}$ | | 750,376 | $^{60}Co\ \gamma$ 射线照射<br>后,加热发光 | 热释光材料 | [2] |
| $BaSO_4 : Sm^{3+}$ | | 600(在 420K 测定) | $^{60}Co\ \gamma$ 射线照射<br>后,加热发光 | 热释光材料 | [2] |
| $SrSO_4 : Tm^{2+}$ | | 425(在 415K 测定) | $^{60}Co\ \gamma$ 射线照射<br>后,加热发光 | 热释光材料 | [2] |
| $CaSO_4 : Tm^{3+}$ | | 425(在 480K 测定) | 253.7 照射后,加热 | 热释光材料 | [2] |
| $CaSO_4 : Bi : Tm$ | | 425(在 200K 测定) | 253.7 照射后,加热 | 热释光材料 | [2] |
| $MgBa(SO_4)_2 : Eu^{2+}$ | | 359 | <320,254 | | [56,57] |
| $Mg_2Ca(SO_4)_3 : Eu^{2+}$ | | 405 (35) | 254,365 | 保持干燥 | |
| $Mg_2Ca(SO_4)_3 :$<br>$Eu^{2+},Mn^{2+}$ | | $617(Mn^{2+})$<br>$405(Eu^{2+})$ | 254,365 | 保持干燥 | |
| $Mg_2Sr(SO_4)_3 : Eu^{2+}$ | | 386 (29) | 254,365 | | |
| $Ba_aCe_bTb_cLi_d(PO_4)_x$<br>$(BO_3)_y(SO_4)_z.$ | 正交 | 543,580,620 | 254 | | [58] |

### 附表 4　磷酸盐和卤磷酸盐基质的稀土发光材料

| 化学式 | 结构 | 发射峰位置<br>(半峰宽)/nm | 激发峰位置<br>/nm | 备注 | 文献 |
|---|---|---|---|---|---|
| $YPO_4 : Ce^{3+}$ | 四方 | 355,334<br>330 | 254,320,<br>阴极射线 | $\tau_{1/10}\sim 80ns$<br>$\tau_{1/10}25ns$ | [2,59] |
| $(La_{0.7}Y_{0.3})PO_4 : Ce$ | | 330 | 253.7 | | [2] |
| $YPO_4 : Ce^{3+},Th^{4+}$ | | 360,300 | 253.7 | 发光强度提高 4 倍 | [2] |
| $YPO_4 : Tb^{3+}$ | | 544 | 阴极射线,紫外 | $\tau_{1/10}= 5ms$ | [2] |
| $YPO_4 : Ce^{3+},Tb^{3+}$ | 四方 | 544 | <254,320,电子束 | | |
| $YPO_4 : Eu^{3+}$ | 四方 | 593 | 电子束 | | [60] |
| $YPO_4 : Mn^{3+},Th^{4+}$ | 四方 | 479 (29) | 电子束 | | |
| $YPO_4 , V^{5+}$ | 四方 | 415 (70) | 254 | | |

| 化学式 | 结构 | 发射峰位置<br>（半峰宽）/nm | 激发峰位置<br>/nm | 备注 | 文献 |
|---|---|---|---|---|---|
| $LaPO_4 : Ce^{3+}$ | 单斜 | 338,315 | $\sim$270,254,230 | | [61] |
| $LaPO_4 : Ce^{3+}, Tb^{3+}$ (LAP) | 单斜 | 543(6) | 254 | QE = 91%,<br>三基色绿粉 | [2] |
| $LaPO_4 : Ce^{3+}, Gd^{3+}, Tb^{3+}$ | | 541,487,580,617 | 282,377 | | [62] |
| $(La,Gd)PO_4 : Eu^{3+}$ | | 593 | 256 | | [63] |
| $(La,Gd)PO_4 : Tb^{3+}$ | | 543 | | | [63] |
| $GdPO_4 : Eu^{3+}$ | | 593 | 254 | | [64] |
| $LaPO_4 : Eu^{3+}$ | 单斜 | 591,695,683,586 | $\sim$254 | | [65] |
| $LaPO_4 \cdot AlPO_4 : Eu^{3+}$ | | 590 | 254 | | [2] |
| $(Al_{0.25}La_{0.3}Ce_{0.3}Tb_{0.15})PO_4$ | | 544 | | | [2] |
| $YPO_4 : Sb^{3+}$ | | 295(46),395(143) | 155,177$\sim$<br>202,230,244 | $<1\mu s$ | |
| $YPO_4 : Bi$ | | 241 | 156,180,220 | 0.7s | |
| $2SrO \cdot 0.84P_2O_5 \cdot$<br>$0.16B_2O_3 : Eu^{2+}$ ($SrBPO_5$) | | 480(85) | 253.7 | QE = 87% | [2] |
| $Gd_2O_3 \cdot 0.3P_2O_5 \cdot$<br>$0.75B_2O_3 : Eu^{3+}$ | | 590,610,625 | 253.7 | 相对亮度比<br>$Y_2O_3 : Eu$ 高 9% | [2] |
| $(La_{0.94}Eu_{0.06})_2O_3 \cdot$<br>$0.9P_2O_5 \cdot 0.2SiO_2$ | | 590 | 253.7 | 相对亮度比<br>$Y_2O_3 : Eu$ 高 10% | [2] |
| $La_2O_3 \cdot 0.9P_2O_5 \cdot$<br>$0.2SiO_2 : Ce^{3+}, Tb^{3+}$ | | 543(9) | | 三基色绿粉 | |
| $(Gd_{0.94}Eu_{0.06})_2O_3 \cdot$<br>$0.9P_2O_5 \cdot 0.2SiO_2$ | | | | 相对亮度比<br>$Y_2O_3 : Eu$ 高 6% | |
| $Gd_3PO_7 : Eu$ | | 618.5 | 270 | | [66] |
| $Ca_2P_2O_7 : Ce^{3+}$ | 四方 | 344,324 | 254 | | |
| $Ca_2P_2O_7 : Eu^{2+}, Mn^{2+}$ | 四方 | 601(35) ($Mn^{2+}$),<br>416($Eu^{2+}$) | 254,365 | | [67] |
| $Ca_2P_2O_7 : Eu^{2+}$ | 四方 | 419 (24) | 254,365 | | [68] |
| $Li_2CaP_2O_7 : Ce^{3+}, Mn^{2+}$ | | 574 (35) | 254 | | |
| $MgSrP_2O_7 : Eu^{2+}$ | 单斜 | 392 (25) | 254,365 | | [69] |
| $MgBaP_2O_7 : Eu^{2+}$ | 单斜 | 408 (44) | 254,365 | | [70] |

| 化学式 | 结构 | 发射峰位置（半峰宽）/nm | 激发峰位置/nm | 备注 | 文献 |
|---|---|---|---|---|---|
| $MgBaP_2O_7 : Eu^{2+}, Mn^{2+}$ | 单斜 | $599(Mn^{2+})(23),$ $405(Eu^{2+})$ | 365,254 | | |
| $Sr_2P_2O_7 : Eu^{2+}$ | | 421(29) | 253.7,365 | 光化学和复印灯 | [2] |
| $Ba_2P_2O_7 : Eu^{2+}$ | | 480(80) | 253.7 | QE＝80% | [2] |
| $Ca_2P_2O_7 : Ce$ | | 350 | 253.7 | 用于黑光灯 | [2] |
| $(Sr,Mg)_2P_2O_7 : Eu^{2+}$ | | 392(25) | 253.7 | | [2] |
| $Ba_{1.25}Ca_{0.75}P_2O_7 : Eu^{2+}$ | | 460(97) | | | [2] |
| $Ba_{1.0}Ca_{1.0}P_2O_7 : Eu^{2+}$ | | 456(94) | | | [2] |
| $(SrCa_{0.9}Ba_{0.06}Eu_{0.04})P_2O_7$ | | 438 | 253.7 | | [2] |
| $\beta\text{-}Ca_2P_2O_7 : Eu^{2+}$ | | 424(39) | 253.7 | | [2] |
| $\alpha\text{-}Ca_2P_2O_7 : Eu^{2+}$ | | 419(30) | 253.7 | | [2] |
| $Ca_{1.75}Sr_{0.25}P_2O_7 : Eu^{2+}$ | | 423(40) | 253.7 | | [2] |
| $Ca_{1.50}Sr_{0.50}P_2O_7 : Eu^{2+}$ | | 430(45) | 253.7 | | [2] |
| $Ca_{1.0}Sr_{1.0}P_2O_7 : Eu^{2+}$ | | 440(39) | 253.7 | | [2] |
| $Ca_{0.9}SrBa_{0.05}Eu_{0.04}$ $P_2O_7$ | | 438 | 253.7 | | [2] |
| $K_3Nd(PO_4)_2$ | 单斜 | 1055 | ～800,～740 | $\tau\sim20\mu s$ | [71] |
| $K_3Sm(PO_4)_2$ | 单斜 | 600,570,640,710 | 404,375,346 | | [72] |
| $K_3Gd(PO_4)_2$ | 单斜 | 312 | 237 | | [72] |
| $K_3Nd_{1-x}La_x(PO_4)_2$ | 单斜 | 1055 | | 随着 $x$ 增加荧光寿命增大,当 $x＝$ 0.9 时增至 $200\mu s$ | |
| $K_3Tb(PO_4)_2$ | | 544,490,587,622 | 250,210,186 | | [73] |
| $Ca_3(PO_4)_2 : Ce$ | | 360 | 254 | | [74] |
| $Ba_3(PO_4)_2 : Eu^{2+}$ | | 415(34) | | | [2] |
| $\alpha\text{-}Ca_3(PO_4)_2 : Eu^{2+}$ | | 488(122) | | | [2] |
| $Ba_3Ca(PO_4)_2 : Eu^{2+}$ | | 463,520 | | | [2] |
| $Na_{0.2}Mg_{2.6}Ce_{0.2}(PO_4)_2$ | 单斜 | 318,338 | 290 | | [75] |
| $Na_{0.2}Ca_{2.6}Ce_{0.2}(PO_4)_2$ | 六方 | 354,364 | 316 | | [75] |
| $Na_{0.2}Sr_{2.6}Ce_{0.2}(PO_4)_2$ | 六方 | 330,364 | 296 | | [75] |
| $Na_{0.2}Ba_{2.6}Ce_{0.2}(PO_4)_2$ | 六方 | 390 | 322 | | [75] |

续表

| 化学式 | 结构 | 发射峰位置（半峰宽）/nm | 激发峰位置/nm | 备注 | 文献 |
|---|---|---|---|---|---|
| $\beta\text{-}Ca_3(PO_4)_2 : Ce^{3+}$ | 四方 | ～350 | 254 | | |
| $\beta\text{-}Ca_3(PO_4)_2 : Ce^{3+}, Mn^{2+}$ | | ～650(Mn)，～370(Ce) | 254 | | [76] |
| $\alpha\text{-}Ca_3(PO_4)_2 : Ce^{3+}$ | 单斜 | 347,376 | 300,270,254 | | [76] |
| $\alpha\text{-}Ca_3(PO_4)_2 : Eu^{2+}$ | 单斜 | 492(66) | 254,365 | | [77] |
| $\beta\text{-}Ca_3(PO_4)_2 : Eu^{2+}$ | 四方 | 411(41) | 254,365 | | |
| $\beta\text{-}Ca_3(PO_4)_2 : Eu^{2+}, Mn^{2+}$ | 四方 | 649($Mn^{2+}$)(30)，412($Eu^{2+}$) | ＜320,254,365 | | |
| $\alpha\text{-}Sr_3(PO_4)_2 : Eu^{2+}$ | | 405(30) | 253.7 | 用于光化学反应 | [2] |
| $\beta\text{-}Sr_3(PO_4)_2 : Eu^{2+}$ | 四方 | 422(28) | 254,320,365 | | [77] |
| $Ba_3(PO_4)_2 : Eu^{2+}$ | | 415(31) | 254,365 | | [77] |
| $(BaSr)_3(PO_4)_2 : Eu^{2+}$ | | 405～415 | 253.7 | | [2] |
| $Na_3Ce(PO_4)_2 : Tb^{3+}$ | | 546 | 254 | | [78] |
| $Ca_2B_2P_2O_9 : Eu^{2+}$ | | 403(26) | 254,300,360 | | [76] |
| $La_4(P_2O_7)_3 : Ce,Gd,Tb$ | | 541,485,588,619 | 274, | | [79] |
| $(La_{0.7}Ce_{0.3})_4(P_2O_7)_3$ | | 320 | 291,274 | | [79] |
| $(La_{0.94}Gd_{0.06})_4(P_2O_7)_3$ | | 311 | 274 | | [79] |
| $(La_{0.86}Tb_{0.14})_4(P_2O_7)_3$ | | 541 | 274 | | [79] |
| $(La_{0.54}Ce_{0.3}Tb_{0.14})_4(P_2O_7)_3$ | | 541 | 274 | | [79] |
| $La_{0.56}Ce_{0.3}Tb_{0.14}P_3O_9$ | | 542 | 278 | | [80] |
| $KNdP_4O_{12}$ | 单斜 | 1052.7 | 885.7 | $\tau\approx100\mu s$ | [81] |
| $KTbP_4O_{12}$ | 单斜 | 544 | 278 | | [82] |
| $KPrP_4O_{12}$ | 单斜 | 606,634 | 445,465 | | [83] |
| $Mg_3Ca_3(PO_4)_4 : Eu^{2+}$ | 单斜 | 433(60) | | | [84] |
| $La_4(P_2O_5)_3 : Eu$ | | 593 | 397,270 | | [85] |
| $EuP_5O_{14}$(单晶) | 单斜 | 611 | | $\tau=4.0～4.3ms$ | [86] |
| $NdP_5O_{14}$ | | 1046 | | | [87] |
| $TbP_5O_4$ | 单斜 | 544 | | $\tau\approx3.4ms$ | [88] |
| $PrP_5O_{14}$ | 单斜 | 608 | 445～480 | | [89] |
| $CeP_5O_{14} : Mn^{2+}$ | 单斜 | 545,331 | 304 | | [90,91] |
| $CeP_5O_{14}$ | 单斜 | 322 | 302 | | [90,91] |

续表

| 化学式 | 结构 | 发射峰位置<br>（半峰宽）/nm | 激发峰位置<br>/nm | 备注 | 文献 |
|---|---|---|---|---|---|
| $Eu_x Bi_{1-x} P_5 O_4$ | 单斜 | 611 | 240,394 | | [92] |
| $Ce_x Tb_{1-x} P_5 O_{14} : Mn$ | 单斜 | 542 | 302 | | [93] |
| $Ce_x Gd_y Tb_{1-x-y} P_5 O_{14}$ | | 542 | 302,332,315 | | [94] |
| $Sr_6 P_5 BO_{20} : Eu^{2+}$ | | 蓝绿光 | VUV | | [2] |
| $3Ca_3(PO_4)_2 \cdot CaF_2 :$<br>$Ce^{3+}, Mn^{2+}$ | 六方 | 570 | 253.7 | | [2] |
| $Ca_5(PO_4)_3 F : Pb, Gd$ | 六方 | 312 | 253.7 | | [2] |
| $Na_2 Ca_6 La_2(PO_4)_6 F_2 : Eu^{3+}$ | 六方 | 618,610,625,580,<br>590,593,596,578 | 275,393 | | [95] |
| $Sr_5(PO_4)_3 Cl : Eu^{2+}$ (SCAP) | 六方 | 447(32) | 253.7 | QE = 85% | [2] |
| $(Sr,Ca)_5(PO_4)_3 Cl : Eu^{2+}$ | 六方 | 451(40) | 253.7 | QE = 78%<br>三基色蓝粉 | [2] |
| $(Sr,Ca)_{10}(PO_4)_6$<br>$Cl_2 \cdot B_2 O_3 : Eu^{2+}$ | | 452(42) | | 三基色蓝粉 | |
| $Ca_5(PO_4)_3 Cl : Eu^{2+}$ | 六方 | 456 (29) | 254,365 | | [96] |
| $Sr_5(PO_4)_3 Cl : Eu^{2+}$ | 六方 | 451 (24) | 254,365 | | [96] |
| $Ca_5(PO_4)_3 Cl : Eu^{2+}, Pr^{3+}$ | 六方 | $\sim 450(Eu^{2+})$<br>$\sim 600 (Pr^{3+})$ | $<380,270$ | | |
| $Ba_5(PO_4)_3 Cl : Eu^{2+}$ | 六方 | 437 (35) | 254,365 | | [96] |
| $Ca_2 Ba_3(PO_4)_3 Cl : Eu^{2+}$ | 六方 | 504 (61) | 254,365 | | [96] |
| $(Ba,Ca,Mg)_5(PO_4)_3 Cl :$<br>$Eu^{2+}$ | 六方 | 470~500,486 | 253.7 | QE = 83% | [2] |

**附表5　硅酸盐基质的稀土发光材料**

| 化学式 | 结构 | 发射峰位置<br>（半峰宽）/nm | 激发峰位置<br>/nm | 备注 | 文献 |
|---|---|---|---|---|---|
| $CaSiO_3 : Ce^{3+}$ | 三斜 | 413,363 | $\sim 320,254$,电子束 | | [97] |
| $CaSiO_3 : Eu^{2+}$ | 三斜 | 423(31) | $\sim 330$ | | [97] |
| $LaSiO_3 Cl : Ce^{3+}$ | | 348,370 | $<320,254$ | QE=90% | [98] |
| $LaSiO_3 Cl : Ce^{3+}, Tb^{3+}$ | | 541 | 254,365 | QE=80%~90% | [98] |

| 化学式 | 结构 | 发射峰位置<br>（半峰宽）/nm | 激发峰位置<br>/nm | 备注 | 文献 |
|---|---|---|---|---|---|
| $ZnSiO_4：Mn^{2+}$ | 三方 | 525（42） | 253.7,147,185,<br>阴极射线 | $QE=85\%$,<br>$\tau_{1/10}=24ms$ | [2] |
| $Sr_2SiO_4：Eu^{2+}$ | 正交 | 556（75） | 254,电子束 | | [99] |
| $SrBaSiO_4：Eu^{2+}$ | | 525（40） | 254,~275,370,<br>电子束 | | [99] |
| $Ba_2SiO_4：Eu^{2+}$ | 正交 | 508（35） | 254,365,电子束 | | [99] |
| $Mg_2SiO_4：Tb^{3+}，Li^+$ | 六方 | 550 | 253.7 | $QE=43\%$ | [2] |
| $BaMgSiO_4：Eu^{2+}$ | | 500 | 350 | | [100] |
| $BaSiO_4：Ce^{3+}，Li^+，Mn^{2+}$ | 正交 | 615（30） | 254,365 | | [101] |
| $Ca_3SiO_4Cl_2：Eu^{2+}$ | | 515（39） | 365,254 | | [102] |
| $Ba_5SiO_4Cl_6：Eu^{2+}$ | | 440（24） | 254,365 | | [103] |
| $Y_{1.95}Eu_{0.05}SiO_5$ | | 612 | 396 | | [104] |
| $Y_2SiO_5：Ce^{3+}$ | | 410 | 253.7,365,<br>阴极射线 | $\tau_{1/10}=0.08\mu s$ | [2] |
| $Y_2SiO_5：Tb^{3+}$ | | 545 | 阴极射线 | $\tau_{1/10}=5ms$ | [2] |
| $Y_2SiO_5：Ce^{3+}，Tb^{3+}$ | | 543 | 253.7 | $QE=88\%$ | [2] |
| $Y_3Si_2O_5Cl：Ce，Tb$ | | 542 | 328 | | |
| $BaSi_2O_5：Eu^{2+}$ | 正交 | 504（62） | 254 | | |
| $(Ba,Ca,Mg)Si_2O_5：Eu^{2+}$ | | 470~505（100） | 253.7 | | [2] |
| $CaMgSi_2O_6：Eu^{2+}$ | 单斜 | 488（31） | 254,380,320 | | [105] |
| $CaMgSi_2O_6：Eu^{2+}，Mn^{2+}$ | 单斜 | 680,585（$Mn^{2+}$）,<br>488（$Eu^{2+}$） | 254,365,320 | | |
| $SrMgSi_2O_6：Eu^{2+}$ | | 470 | 240~450,370,280 | | |
| $La_2Si_2O_7：Tb^{3+}$ | | 545 | 阴极射线 | $\tau_{1/10}=7ms$ | [2] |
| $In_2Si_2O_7：Tb^{3+}$ | 单斜 | 545 | 阴极射线 | | [2] |
| $Ca_2MgSi_2O_7（纯）$ | 四方 | 391（46） | 254,365,电子束 | | |
| $Ca_2MgSi_2O_7：Ce^{3+}$ | | 370 | 阴极射线 | 衰减时间 80ns | [2] |
| $Ca_2Al_2SiO_7：Ce^{3+}$ | | 405 | 阴极射线 | 衰减时间 50ms | [2] |
| $Ca_2MgSi_2O_7：Eu^{2+}$ | 四角 | 514 | 254,365 | | |
| $Ca_2MgSi_2O_7：Eu^{2+}，Mn^{2+}$ | 四方 | 689（$Mn^{2+}$）（26）,<br>541（$Eu^{2+}$） | 260~400 | $Eu_2O_3=2\%$,<br>$MnCO_3=8\%$ | |

| 化学式 | 结构 | 发射峰位置（半峰宽）/nm | 激发峰位置/nm | 备注 | 文献 |
|---|---|---|---|---|---|
| $Ca_2MgSi_2O_7$：$Eu^{2+}$，$Mn^{2+}$ | 四方 | 490（$Eu^{2+}$）680（$Mn^{2+}$） | 260~420，280，350 | $Eu_2O_3$=0.4%，MnO=0.4% | |
| $Sr_2MgSi_2O_7$：$Eu^{2+}$ | 四方 | 470(34) | 250~450，370，254 | | |
| $Ba_2MgSi_2O_7$：$Eu^{2+}$ | 四方 | 515(51) | 240~440，254，365 | | |
| $Ba_2MgSi_2O_7$：$Eu^{2+}$ | | 400 | 253.7 | 重氮复印，光化学 | [2] |
| $BaMg_2Si_2O_7$：$Eu^{2+}$ | 四方 | 400(24) | 254，365 | | |
| $BaSrMgSi_2O_7$：$Eu^{2+}$ | | 440(34) | 254，365，电子束 | | [106] |
| $Ba_2Li_2Si_2O_7$：$Eu^{2+}$ | | 508(38) | 254，365 | | |
| $MgBa_3Si_2O_8$：$Eu^{2+}$ | | 440(28) | 254 | | [107] |
| $MgSr_3Si_2O_8$：$Eu^{2+}$，$Mn^{2+}$ | | 681 | 254 | | |
| $Sr_3MgSi_2O_8$：$Eu^{2+}$ | | 459(29)，470 | 254，365 | QE=45%，$\tau_{1/e}$=0.2$\mu$s | [99] |
| $Ca_3MgSi_2O_8$：$Eu^{2+}$ | | 480 | 250~440 | | |
| $BaAl_2Si_2O_8$：$Eu^{2+}$ | 六方 | 445(85) | 253.7 | 三基色蓝粉 | [2] |
| $CaAl_2Si_2O_8$：$Eu^{2+}$ | | 444(96) | | QE=73% | [2] |
| $SrAl_2Si_2O_8$：$Eu^{2+}$ | | 444(96) | | 三基色蓝粉 | [2] |
| $(Ba,Mg)Al_2Si_2O_8$：$Eu^{2+}$ | | 444(96) | 253.7 | QE=73% | [2] |
| $(Sr,Ba)Al_2Si_2O_8$：$Eu^{2+}$ | | 400(25) | | | |
| $Sr_3MgSi_2O_8$ | 斜方 | 458(39) | 253.7 | | [2] |
| $Ca_3MgSi_2O_8$：0.04$Eu^{2+}$ | | 475(52) | | | [2] |
| $Ba_3MgSi_2O_8$：0.04$Eu^{2+}$ | | 437(31) | | | [2] |
| $(Sr_{2.25}Ba_{0.375}Ca_{0.375})MgSi_2O_8$：$Eu^{2+}$ | | 458(39) | | | [2] |
| $(Ca,Sr,Ba)MgSi_2O_8$：$Eu^{2+}$ | | 443(53) | | | [2] |
| $(Ba_{1.5}Sr_{0.75}Ca_{0.75})MgSi_2O$：$Eu^{2+}$ | | 440(48) | | | [2] |
| $Y_3Si_2O_8Cl$：Ce | | 356，376 | 328，278 | | [108] |
| $Y_3Si_2O_8Cl$：Tb | | 542 | 234 | | |
| $Y_3Si_2O_8Cl$：Ce，Tb | | 542 | 328 | | |
| $Ca_5B_2Si_2O_{10}$：$Eu^{2+}$ | | 611 | <260，254 | QE=50%~60% | [99] |

续表

| 化学式 | 结构 | 发射峰位置<br>（半峰宽）/nm | 激发峰位置<br>/nm | 备注 | 文献 |
|---|---|---|---|---|---|
| $Na_2Mg_3Al_2Si_2O_{10}F_2$ ： Tb | 层状<br>插入 | 380,415,440,540 | 254,365 | | [109] |
| $Sr_2Si_3O_8 \cdot 2SrCl_2$ ： $Eu^{2+}$ | | 490 (70) | | | |
| $Ca_3Al_2Si_3O_{12}$ ： $Eu^{2+}$ | | 515 (59) | | QE＝20％ | |
| $Ca_3Al_2Si_3O_{12}$ ： $2\%Ce^{3+}$ | 立方 | 410 | 355,280,254,365 | | |
| $BaZrSi_3O_9$ ： $Eu^{2+}$ | 六方 | 475(74) | 253.7 | QE ＝ 68％ | [2] |
| $Ba_2Zr_2Si_3O_{12}$ ： $Eu^{2+}$ | | 490(80) | | | [2] |
| $BaZr_2Si_3O_{12}$ | | 330,285 | 190,阴极射线 | | [2] |
| $Sr_4Si_3O_8Cl_4$ ： $Eu^{2+}$ | | 487(65) | 253.7,365 | QE ＝ 90％ | [2] |
| $Sr_5Si_4O_{10}Cl_6$ ： $Eu^{2+}$ | | 492 (48) | 254,365 | | [110] |
| $Na_{1.23}K_{0.42}Eu_{0.12}TiSi_4O_{11}$ | 四方 | 611 (0.3) | 465,394 | $\tau_{1/e}=\sim1.11ms$<br>$\sim3.63ms$ | [111] |
| $Na_{1.29}K_{0.46}Er_{0.08}TiSi_4O_{11}$ | 四方 | $\sim1540$ | 520,488 | $\tau_{1/e}=7.8\pm0.2ms$ | [112] |
| $LiCeBa_4Si_4O_{14}$ ： $Mn^{2+}$ | | 614 (30) | 254,365 | | |
| $LiCeSrBa_3Si_4O_{14}$ ： $Mn^{2+}$ | | 623 (29) | 254,365 | | |
| $Na_{1.23}K_{0.42}Eu_{0.12}$<br>$TiSi_5O_{13} \cdot xH_2O$ | 四方 | 620 (5.5) | $394nm\,(^7F_0-^5L_6)$<br>$465nm\,(^7F_0-^5L_2)$ | $\tau_{1/e}=\sim1.11ms$<br>$\sim3.63ms$ | [111] |

附表 6　硼酸盐和硼铝酸盐基质的稀土发光材料

| 化学式 | 结构 | 发射峰位置<br>（半峰宽）/nm | 激发峰位置<br>/nm | 备注 | 文献 |
|---|---|---|---|---|---|
| $LaBO_3$ ： Ce | 正交 | 380,356,310 | 331,280,电子束 | 衰减时间 25ns | [113] |
| $GdBO_3$ ： Ce | 六方 | 410,383 | 362 | | [113] |
| $YBO_3$ ： Ce | 六方 | 451,390 | 365 | | [113] |
| $YBO_3$ ： $Ce^{3+}$ | | 385,413 | 254,电子束 | | [114] |
| $YBO_3$ ： $Eu^{3+}$ | | 593,626 | 254,147 | | [114] |
| $LaBO_3$ ： $Eu^{3+}$ | 正交 | 590,614,622 | 285,254 | | [114] |
| $(Y,Gd)BO_3$ ： $Tb^{3+}$ | | 544 | 148,254,＜230 | | [2,115] |
| $(Y,Gd)BO_3$ ： $Eu^{3+}$ | 六方 | 593,612,619 | 148,185,254 | VUV | [2,116] |

续表

| 化学式 | 结构 | 发射峰位置<br>（半峰宽）/nm | 激发峰位置<br>/nm | 备注 | 文献 |
|---|---|---|---|---|---|
| $InBO_3 : Eu^{3+}$ | 六方 | 590 | 阴极射线,253.7 | 衰减时间 10ms | [2,117] |
| $InBO_3 : Tb^{3+}$ | | 550,543 | 阴极射线,<br>253.7,240 | $\tau_{1/10} = 15ms$ | [2,117] |
| $CaNaBO_3 : Tb^{3+}$ | | 545(12) | 253.7 | QE = 80% | [2] |
| $(Y_{0.8}Ca_{0.1}Tb_{0.1})_2O_3$<br>$\cdot 2B_2O_3$ | | 543 | 370 | | [118] |
| $MgYBO_4 : Eu^{3+}$ | | 591,625,528 | 254 | QE=25%～30% | |
| $CaYBO_4 : Bi^{3+}$ | | 415<br>411 | 254,275 激发<br>365 激发 | 发射峰位置<br>取决于激发波长 | |
| $CaYBO_4 : Eu^{3+}$ | | 608,625,590 | 254,314,210 | | [119] |
| $CaYBO_4 : Eu^{2+}$ | | 408 | 290 | | |
| $CaLaBO_4 : Eu^{3+}$ | | 611 | 254 | | [120] |
| $(Gd,Tb)_3BO_6$ | | 550 | 阴极射线 | | [2] |
| $Ca_2La_2BO_{6.5} : Pb^{2+}$ | | 543（～60） | 350,365,254 | | |
| $MgO \cdot B_2O_3 : Ce^{3+},Tb^{3+}$ | | 544 | 253.7 | | [2] |
| $Mg_{1.98}Ce_{0.01}Na_{0.01}B_2O_5$ | 单斜 | 385(50) | 245,273,337 | | [121] |
| $Ca_{1.98}Ce_{0.01}Na_{0.01}B_2O_5$ | $P2_1/C$ | 403(62) | 259,320,347 | | [121] |
| $Sr_{1.98}Ce_{0.01}Na_{0.01}B_2O_5$ | $P2_1/C$ | 432(40) | 255,285,355 | | [121] |
| $Ba_{1.98}Ce_{0.01}Na_{0.01}B_2O_5$ | $P2_1/m$ | 429(85) | 252,298,356 | | [121] |
| $La_{0.59}Gd_{0.4}Bi_{0.01}B_3O_6$ | | 330 | 253.7 | 诱杀昆虫 | [2] |
| $Gd(BO_2)_3 : Ce^{3+},Tb^{3+}$ | | 545 | 253.7 | | [2] |
| $CaLaB_3O_7 : Ce^{3+},Mn^{3+}$ | | 517 (36) | 254 | | |
| $SrB_4O_7 : Eu^{2+}(F,Cl,Br)$ | | 368 (20) | 254,300 | | [122] |
| $SrFB_4O_7 : Eu^{2+}$ | | 368(20) | 253.7 | 黑光灯 | [2] |
| $YAl_3B_4O_{12} : Tb^{3+}$ | | 541 | 阴极射线 | | [2] |
| $Ca_3Y_{2-x}Ce_x(BO_3)_4$ | | 412,386 | 360,309 | | [123] |
| $Sr_3Y_{2-x}Ce_x(BO_3)_4$ | | 415 | 345 | | [123] |
| $Sr_3Y_{1.6}Tb_{0.4}(BO_3)_4$ | | 542 | 240 | | [123] |
| $Ca_3Y_{1.4}Ce_{0.4}Tb_{0.2}(BO_3)_4$ | | 542 | 353 | | [123] |
| $SrF_xB_4O_{6.5} : Eu^{2+}$ | | 370 (20) | 250～360,310 | | [124] |

| 化学式 | 结构 | 发射峰位置<br>（半峰宽）/nm | 激发峰位置<br>/nm | 备注 | 文献 |
|---|---|---|---|---|---|
| $Sr_wF_xB_yO_2 : Eu^{2+}Sm^{3+}$ | | 684,693,697,<br>703,723,725,732 | 250～280,<br>330～395,<br>420,520($Sm^{2+}$) | | [124] |
| $Ca_2B_5O_9Cl : Eu^{2+}$ | | 453(30) | 340,280,240,<br>254,365 | | |
| $Ca_2B_5O_9Cl : Eu^{2+}$ | | 445(42) | 253.7 | 蓝粉 | [2] |
| $Ca_2B_5O_9Br : Eu^{2+}$ | | 453（25） | 340,280,230,<br>254,365 | | |
| $Sr_2B_5O_9Cl : Eu^{2+}$ | 四方 | 425（30） | 340,280,230,<br>254,365 | | [125,126] |
| $Ca_2B_5O_9Cl : Eu^{2+}$ | | 456 | 250,160 | | |
| $Sr_2B_5O_9Cl : Eu^{2+}$ | | 424 | 240,160 | | |
| $Ba_2B_5O_9Cl : Eu^{2+}$ | | 416 | 230,160 | | |
| $(Ce_{0.2}Gd_{0.75}Mn_{0.05})$<br>$MgB_5O_{10}$ | 单斜 | 626 | 274 | | [127] |
| $(Ce_{0.2}Mn_{0.05}La_{0.75})$<br>$MgB_5O_{10}$ | 单斜 | 620,310 | 274 | | [127] |
| $GdMgB_5O_{10} :$<br>$Ce^{3+},Tb^{3+}(CBT)$ | | 542 | 253.7 | 三基色绿粉 | [2] |
| $GdMgB_5O_{10} :$<br>$Ce^{3+},Tb^{3+},Mn^{2+}$ | | 543,630 | | | |
| $GdMgB_5O_{10} :$<br>$Ce^{3+},Mn^{2+}$ | | 630(80) | 253.7 | $QE = 90\%$ | [2] |
| $SrO \cdot 3B_2O_3 : Eu^{2+},Cl$ | | 368（20） | 300,254 | Cl 可用 F,Br 取代 | |
| $\alpha\text{-}SrO \cdot 3B_2O_3 : Sm$ | | 684 | 365,510,380,320 | $QE=60\%$ | |
| $CaLa_{1-x}Ce_xB_7O_{13}$ | 单斜 | 333,355 | 317,275 | | [128] |
| $CaLa_{1-x}Tb_xB_7O_{13}$ | | 541 | 226,370 | | [128] |
| $CaLa_{0.4}Ce_{0.4}Tb_{0.2}B_7O_{13}$ | | 542 | 275,317 | | [128] |
| $BaB_8O_{13} : Eu^{2+}$ | | 400（35） | 254 | | [129] |
| $SrB_8O_{13} : Sm^{3+}$ | | 685 | 365,500,300,254 | | [130] |

续表

| 化学式 | 结构 | 发射峰位置<br>（半峰宽）/nm | 激发峰位置<br>/nm | 备注 | 文献 |
|---|---|---|---|---|---|
| $Ba_5La_4(BO_3)_9$：Ce | | 450,378 | 360,330 | | [131] |
| $Ba_5La_4(BO_3)_9$：Tb | | 541,484,583,620 | 245,392 | | [131] |
| $BaLaB_9O_{16}$：Tb | | 540 | | VUV | [132] |
| $BaLaB_9O_{16}$：Eu | | 614 | | VUV | [132] |
| $BaGdB_9O_{16}$：Eu | | 614,589,599 | 238,150 | | [133] |
| $BaGdB_9O_{16}$：Tb | | 540,485,588 | 275,200,150 | | |
| $CaAl_3BO_7$：0.01Ce | | 400 | 340 | | [134] |
| $CaAl_3BO_7$：0.01Gd | | 312 | 277 | | [134] |
| $CaAl_3BO_7$：0.03Tb | | 486,543,587,620 | 245 | | [134] |
| $CaAl_3BO_7$：0.01Ce,0.01Tb | | 543 | 340 | | [134] |
| $LaAlB_2O_6$：$Eu^{3+}$ | | 618,615,590 | 254 | | |
| $\beta$-$CaAl_2B_2O_7$：Eu | | 612,622 | 396 | | [135] |
| $\beta$-$CaAl_2B_2O_7$：$0.01Ce^{3+}$ | | 384 | 320 | | [136] |
| $\beta$-$CaAl_2B_2O_7$：$0.03Gd^{3+}$ | | 312 | 277 | | |
| $\beta$-$CaAl_2B_2O_7$：$0.01Tb^{3+}$ | | 543 | 244 | | |
| $\beta$-$CaAl_2B_2O_7$：<br>0.01Ce,0.01Tb | | 543 | 320 | | |
| $Al_4B_2O_9$：Ce | 正交 | 376 | 286 | | [137] |
| $Al_4B_2O_9$：Tb | 正交 | 544 | 240,288,304,<br>318,352 | | [137] |
| $Al_4B_2O_9$：Ce,Tb | 正交 | 544 | 280,320 | | [137] |
| $Al_2O_3$-$B_2O_3$：Ce,Tb | | 543 | 320 | | [138,139] |
| $Al_{18}B_4O_{33}$：Ce | 正交 | 365,383 | 305,294 | | [140] |
| $Al_{18}B_4O_{33}$：Eu | 正交 | 612 | 391 | | [140] |
| $Al_{18}B_4O_{33}$：Gd | 正交 | 314 | 277 | | [140] |
| $Al_{18}B_4O_{33}$：Tb | 正交 | 544 | 225 | | [140] |
| $Al_{18}B_4O_{33}$：Ce,Mn | | 640 | 310 | | [141] |
| $YAl_3B_4O_{12}$：$Ce^{3+}$ | 四方 | 388,347 | 325,280,254 | | [142] |
| $YAl_3(BO_3)_4$：Ce | 三方 | 366 | 327 | | [143,145] |
| $YAl_3(BO_3)_4$：Tb | 三方 | 541 | 376 | | [143,144] |
| $Y_{0.9-x}Ce_xTb_{0.1}Al_3(BO_3)_4$ | 三方 | 541 | 327 | | [143] |

| 化学式 | 结构 | 发射峰位置<br>(半峰宽)/nm | 激发峰位置<br>/nm | 备注 | 文献 |
|---|---|---|---|---|---|
| $YAl_3B_4O_{12}：Ce^{3+}，Tb^{3+}$ | 四方 | 541 | ～370,325,275,254 | | [142] |
| $YAl_3B_4O_{12}：Bi^{3+}$ | 四方 | 295 (41) | ～270,254 | | [142] |
| $YAl_3B_4O_{12}：Eu^{3+}$ | 四方 | 617,609 | 254 | | [142] |
| $YAl_3B_4O_{12}：Eu^{3+}，Cr^{3+}$ | 四方 | 701 | 254 | | [146] |
| $YAl_3B_4O_{12}：Th^{4+}，$<br>$Ce^{3+}，Mn^{2+}$ | 四方 | 537 (29) | 254 | | |
| $YAl_3B_4O_{12}：Ce^{3+}，Mn^{2+}$ | | 545 | 370,330,275,250 | | |
| $LaAl_3B_4O_{12}：Eu^{3+}$ | | 614,618 | 254 | | |
| $8.75Al_2O_3-5B_2O_3$<br>$· 0.25 Tb_2O_3$ | | 541 | 233 | | [138,139] |
| $8.4Al_2O_3-5B_2O_3 · 0.35$<br>$Ce_2O_3 · 0.25Tb_2O_3$ | | 541 | 288 | | [138,139] |

**附表 7　铝酸盐基质的稀土发光材料**

| 化学式 | 结构 | 发射峰位置<br>(半峰宽)/nm | 激发峰位置<br>/nm | 备注 | 文献 |
|---|---|---|---|---|---|
| $YAlO_3：Ce^{3+}$ | 正交 | 365 (62) | <310,254,<br>阴极射线 | | [147] |
| $GdAlO_3：Tb^{3+}$ | | 544 | 277,235,222 | | [148] |
| $LaAlO_3：Ce,Tb^{3+}$ | | 544 | 320 | | [148] |
| $GdAlO_3：Ce,Tb^{3+}$ | | 544 | 310 | | [148] |
| $YAlO_3：Ce,Tb^{3+}$ | | 544 | 310 | | [148] |
| $LaAlO_3：Dy^{3+}$ | | 570,485 | 355 | | [148] |
| $GdAlO_3：Dy^{3+}$ | | 570,480 | 355 | | [148] |
| $YAlO_3：Dy^{3+}$ | | 570,480 | 355 | | [148] |
| $YAlO_3：Eu^{3+}$ | 正交 | 695～615 | 254,阴极射线 | 用 UV 激发,量子<br>率相当于 YOE | |
| $YAlO_3：Sm^{3+}$ | 正交 | 601,564,<br>618～405 | 470,400,375,<br>阴极射线 | | |
| $YAlO_3：Tb^{3+}$ | 正交 | 543 | 276,254,阴极射线 | | |

| 化学式 | 结构 | 发射峰位置<br>（半峰宽）/nm | 激发峰位置<br>/nm | 备注 | 文献 |
|---|---|---|---|---|---|
| $LaAlO_3$：$Eu^{3+}$ | 正交 | 618,617～590 | <320,254 | 用紫外激发，量子产率～75%YOE | |
| $LaAlO_3$：$Sm^{3+}$ | 四方 | 600,644～564 | 254 | | |
| $LaAlO_3$：$Tb^{3+}$ | | 545 | 阴极射线，紫外 | | [2] |
| $LaAlO_3$：$Ce^{3+}$ | 六方 | 405 | 270,320 | | [148] |
| $GdAlO_3$：$Ce^{3+}$ | 正交 | 360 | 245,290,310 | | [148] |
| $CaYAlO_4$：$Eu^{3+}$ | 四方 | 621,588,702 | 280,395 | | [149] |
| $CaAl_2O_4$：$Eu^{2+}$ | 单斜 | 442（～42） | 330,254,365 | $\tau_{1/10}=\sim1\mu s$ | |
| $SrAl_2O_4$：$Eu^{2+}$ | 单斜 | 523（～42） | 350,260,254,365,阴极射线 | 长余辉荧光粉 | [150] |
| $BaAl_2O_4$：$Eu^{2+}$ | 六方 | 502（～44） | 340,254,365阴极射线 | | [150,151] |
| $BaAl_2O_4$：$Eu^{3+}$ | | 610 | 254 | | [151] |
| $CaAl_2O_4$：$Tb^{3+}$ | | 543(60),590,620 | 240,365,阴极射线 | | [149] |
| $Sr_xBa_yCl_zAl_2O_{4-z/2}$：$Mn^{2+}$,$Ce^{3+}$ | | 512（32） | 254,365,X射线 | | |
| $Y_4Al_2O_9$：$Eu^{3+}$ | 单斜 | 611,628,590 | 254 | | |
| $Sr_{0.9775}Eu_{0.0225}Al_{3.5}O_{6.25}$ | | 490(61) | | QE=77% | [2] |
| $CaAl_4O_7$：$Ce^{3+}$ | | 407(56) | 360,280,254 | | |
| $SrAl_4O_7$：$Eu^{3+}$ | 单斜 | 612 | 254,365 | | [152] |
| $Y_3Al_5O_{12}$：$Ce^{3+}$（YAG：Ce） | 立方 | 535（～56） | 460,365,253.7,阴极射线 | $\tau_{1/10}=0.16\mu s$ | [2] |
| $Y_3Al_5O_{12}$：$Eu^{3+}$ | 立方 | 590,470 | 400,254 | | |
| $Y_3Al_5O_{12}$：$Ce^{3+}$,$Tb^{3+}$ | | 540 | 阴极射线，紫外,436 | | [2] |
| $Y_3Al_5O_{12}$：$Tm^{3+}$ | | 460 | 阴极射线 | | [2] |
| $Y_3Al_5O_{12}$：Tb | 立方 | 540 | VUV | $Tb^{3+}$为0.13%时呈蓝色,0.1%时呈蓝色,3%～5%时呈绿色 | [2,153] |

续表

| 化学式 | 结构 | 发射峰位置（半峰宽）/nm | 激发峰位置/nm | 备注 | 文献 |
|---|---|---|---|---|---|
| $Y_3(Ga,Al)_5O_{12}$：$Tb^{3+}$ | | 544 | 阴极射线,254 | 衰减时间 3ns 投影电视绿粉 | |
| $Y_3Al_5O_{12}$：$Mn^{4+}$ | | 667($\sim$56),640 | 254,310,365,490 | | |
| $Y_3Al_5O_{12}$：$Cr^{3+}$ | | 707(9),668,725 | 435 | | [154] |
| $Sr_2Al_6O_{11}$：$Eu^{2+}$(SAL) | | 460 | 253.7 | QE＝90% | [2] |
| $BaAl_8O_{13}$：$Eu^{2+}$(BAE) | | 480 | 253.7 | QE＝90% | [2] |
| $BaMgAl_{10}O_{17}$：$Ce^{3+}$ | $\beta$-$Al_2O_3$ | 364(81) | 310,270,254,阴极射线 | | [155] |
| $BaMgAl_{10}O_{17}$：$Eu^{2+}$(BAM) | $\beta$-$Al_2O_3$ | 448(42) 450(50) | 320,254,365,阴极射线 | QE＝90% 三基色蓝粉 | [2,156] |
| $BaMgAl_{10}O_{17}$：$Eu^{2+}$,$Mn^{2+}$(BAM：Mn) | $\beta$-$Al_2O_3$ | 517(16) | 254,320,365 | | [157] |
| $SrMgAl_{10}O_{17}$：$Eu^{2+}$ | | 465(65) | | | |
| $Sr_2MgAl_{10}O_{18}$：$Eu^{2+}$ | | 480 | 253.7 | | [2] |
| $CeAl_{11}O_{18}$：$Ce$ | | 450(110) | 253.7 | | [2] |
| $MgCeAl_{11}O_{19}$：$Tb^{3+}$ | 六方 | 543(9.8) | 254 | | [158] |
| $LaMgAl_{11}O_{19}$：$Ce^{3+}$ | | 340$\sim$630 | 253.7 | QE＞65% | [2] |
| $(Ce_{0.65}Tb_{0.35})MgAl_{11}O_{19}$(CAT) | 六角 | 542(8) | 253.7 | QE＝93% 三基色绿粉 | [2] |
| $SrAl_{12}O_{19}$：$Eu^{2+}$,$Mn^{2+}$ | | $\sim$520 | 254 | | |
| $SrAl_{12}O_{19}$：$Ce^{3+}$,$Mn^{2+}$ | | 519(18) | 254,阴极射线 | | [159] |
| $Ca_{0.5}Ba_{0.5}Al_{12}O_{19}$：$Ce^{3+}$,$Mn^{2+}$ | | 515(16) | 254,270,300 | ＞100℃仍有高效率,十分稳定 | [159] |
| $CaAl_{12}O_{19}$：$Eu^{2+}$ | | 410 | | | [2] |
| $(Ca,Mg)Al_{12}O_{19}$：$Eu^{2+}$ | | 425 | | | [2] |
| $Sr_4Al_{14}O_{25}$：$Ce^{3+}$ | | 385 | 335,265 | | [160] |
| $Sr_4Al_{14}O_{25}$：$Tb^{3+}$ | | 545 | 235,241 | | |
| $Sr_4Al_{14}O_{25}$：$Ce^{3+}$,$Tb^{3+}$ | | 545 | 267 | | |
| $Sr_4Al_{14}O_{25}$：$Eu^{3+}$ | | 613 | 305 | | |
| $Sr_4Al_{14}O_{25}$：$Eu^{2+}$ | | 493(65) | | | [161] |

| 化学式 | 结构 | 发射峰位置<br>(半峰宽)/nm | 激发峰位置<br>/nm | 备注 | 文献 |
|---|---|---|---|---|---|
| $Sr_4Al_{14}O_{25}:Eu^{2+}$(SAE) | 正交 | 490 | 253.7 | QE = 90%,<br>长余辉材料 | [2] |
| $BaMgAl_{14}O_{25}:Eu^{2+}$ | | 454 | 147,253.7 | | [2] |
| $(Ce,Tb,Mn)MgAl_mO_n$ | 六方 | 543,516 | 281 | | [162] |
| $BaMg_2Al_{16}O_{27}:Eu^{2+}$ | 六方 | 451(56) | 253.7 | QE = 90%<br>三基色蓝粉 | [2] |
| $BaMg_2Al_{16}O_{27}:Eu^{2+},Mn^{2+}$ | | 450,515 | | 双峰蓝粉 | |
| $Sr_2Eu_{0.5}Mg_6Al_{55}O_{94}$ | | 465(65) | | QE = 95% | [2] |

**附表 8　金属含氧酸盐基质的稀土发光材料**

| 化学式 | 结构 | 发射峰位置<br>(半峰宽)/nm | 激发峰位置<br>/nm | 备注 | 文献 |
|---|---|---|---|---|---|
| $SrY_2O_4:Eu^{3+}$ | 正交 | 611,616 | 250,254,270 | | [163] |
| $SrCeO_4$ | 三斜 | 461,485 | 310 | | [164] |
| $LiYO_2:Eu^{3+}$ | 单斜 | 613 | 阴极射线,紫外 | | [2] |
| $LiLaO_2:Eu^{3+}$ | 四方 | 614 | 254 | | [165] |
| $NaYO_2:Eu^{3+}$ | 单斜 | 612 | 254 | | [165] |
| $YVO_4:Dy^{3+}$ | | 570,480,610 | 254,365 | | [166] |
| $YVO_4:Eu^{3+}$ | 四方,<br>立方 | 620 | 254,365,293,486 | QE = ～100%,<br>高压汞灯 | [167,168,<br>2] |
| $LaVO_4:Eu^{3+}$ | 单斜 | 615,586 | 254,365 | | [169] |
| $Y(P,V)O_4:Eu^{3+}$ | 立方 | 619(2) | 147,254,365 | QE = 88% | [2,170] |
| $YP_{1-x}V_xO_4:Eu$ | 四方 | 619 | 147,320 | | [171] |
| $Y(P,V)O_4:Dy^{3+}$ | 立方 | 575,475 | 253.7,365 | | [2] |
| $Gd(P_{0.75}V_{0.25})O_4$ | | 443 | 253.7 | | [2] |
| $Y(B,V)O_4:Eu^{3+}$ | | 619 | | | [172] |
| $GdVO_4:Eu^{3+}$ | | 617 | 288 | | [173] |
| $CaTiO_3:Pr^{3+}$ | 正交 | 612(7) | 380,254,365 | | [174] |

| 化学式 | 结构 | 发射峰位置<br>（半峰宽）/nm | 激发峰位置<br>/nm | 备注 | 文献 |
|---|---|---|---|---|---|
| $CaTiO_3 : Eu^{3+}$ | 正交 | 612 | 465,395,365 | | [1] |
| $SrTiO_3 : Pr^{3+}, Al^{3+}$ | | 617 (7.9) | 254,365 | $\tau_{1/e} = \sim 100\mu s$ | [175] |
| $SrTiO_3 : Pr^3$ | | 615 | <370,254,365 | | |
| $K_2LaTi_3O_{10} : Eu^{3+}$ | | 594,617,302 | 254,365 | | [176] |
| $CaY_2ZrO_6 : Eu^{3+}$ | | 617 | 254 | | |
| $GdNbO_4 : Bi^{3+}$ | 四方 | 430 | 254 | | |
| $LaNbO_4 : Yb^{3+}, Er^{3+}$ | | 545,660 | 970 | | [2] |
| $YTaO_4$ | | 330 | 280 | | [177] |
| $(Y_{0.956}Eu_{0.044})TaO_4$ | | 611 | 200～275<br>VUV,X 射线 | 等离子显示时<br>比 $Y_2O_3 : Eu$ 高 | [2] |
| $LuTaO_4 : Nb^{5+}$ | 单斜 | 394 | 270,254 | | [177] |
| $YTaO_4 : Nb^{5+}$ | | 410,300～500 | 260,X 射线 | QE = 70% | [2,177] |
| $YTaO_4 : Tb^{3+}$ | | 545 | X 射线,阴极<br>射线,253.7 | QE = 70% | [2] |
| $Gd_3Ga_5O_{12} : Cr^{3+}$ | 立方 | 730 | 530,490,254 | $\tau_{1/e} = 0.17ms$ | |
| $SrIn_2O_4 : Pr^{3+}, Al^{3+}$ | 正交 | 493 (0.8) | 254 | $\tau_{1/e} = \sim 10\mu s$ | |
| $LiInO_2 : Eu^{3+}$ | 四方 | 611,596 | <310 | | [178] |
| $LiInO_2 : Sm^{3+}$ | 四方 | 660,670～577 | 254 | | |
| $CaMoO_4 : Eu^{3+}$ | 四方 | 614,611 | 254 | <300nm<br>$MoO_4$ 吸收 | |
| $La_2MoO_6 : Yb^{3+}, Er^{3+}$ | | 660 | 970 | | [2] |
| $CaWO_4$ | 正方 | 423(120),<br>415 | 253.7,<br>阴极射线 | $\tau_{1/10} \sim 1ms$ | [2] |
| $CaWO_4 : Eu^{2+}$ | 正方 | 420 | X 射线,电子<br>束,紫外线 | | [2] |
| $SrWO_4 : Tb^{3+}, Na^+$ | | 545(12) | 253.7 | QE = 76% | [2] |
| $NaPr(WO_4)_2$ | | 648 | 254,450,474,486 | | |
| $La_2W_3O_{12} : Eu^{3+}$ | | 614 | <340,254 | | [179] |
| $YAsO_4 : Eu^{3+}$ | 四方 | 615,704～593 | 阴极射线 | | |
| $LaAsO_4 : Eu^{3+}$ | | 610,695～577 | 254 | | |

# 2　按发射波长排序稀土发光材料[1]

### 附表 9　按稀土发光材料发射波长排序

| 波长/nm | 化学式（缩写或简称） | 备注 |
|---|---|---|
| 254 | $BaMgAl_{10}O_{17} : Ce^{3+}$ | |
| 254 | $YAlO_3 : Ce^{3+}$ | |
| 280,355 | $Ca_3Al_2Si_3O_{12} : 2\%Ce^{3+}$ | |
| 295 | $YAl_3B_4O_{12} : Bi^{3+}$ | |
| 300,370,400,460 | $LaOBr : Tm^{3+}$ | |
| 302,319 | $BaSO_4 : Ce^{3+}$ | |
| 302,319 | $SrSO_4 : Ce^{3+}$ | |
| 305 | $CeF_3$ | |
| 307 | $MgSrAl_{10}O_{17} : Ce^{3+}$ | |
| 309,327 | $CaSO_4 : Ce^{3+}$ | |
| 315 | $LuTaO_4 : Nb^{5+}$ | |
| 320,337 | $CaF_2 : Ce^{3+}$ | |
| 320,344 | $Ca_2P_2O_7 : Ce^{3+}$ | |
| 320,345 | $LaPO_4 : Ce^{3+}$ | |
| 330 | $YTaO_4$ | |
| 330～352 | $LaCl_3 : Ce^{3+}$ | 单晶闪烁体 |
| 334,355 | $YPO_4 : Ce^{3+}$ | |
| 338 | $(Ce,Mg)SrAl_{11}O_{18} : Ce^{3+}$ | |
| 342～347 | $(Ce,Mg)BaAl_{11}O_{18} : Ce^{3+}$ | |
| 347,388 | $YAl_3B_4O_{12} : Ce^{3+}$ | |
| 348 | $LaOCl : Bi^{3+}$ | |
| 348,370 | $LaSiO_3Cl : Ce^{3+}$ | |
| 350 | $YAlO_3 : Ce^{3+}$（YAP） | 单晶闪烁体 |
| 352,371 | $\alpha\text{-}Ca_3(PO_4)_2 : Ce^{3+}$ | |
| 358～385 | $LaBr_3 : Ce^{3+}$ | |
| 359 | $MgBa(SO_4)_2 : Eu^{2+}$ | |
| 360,660 | $\beta\text{-}Ca_3(PO_4)_2 : Ce^{3+}$ | |
| 363 | $KMgF_3 : Eu^{2+}$ | |
| 363,413 | $CaSiO_3 : Ce^{3+}$ | |

| 波长/nm | 化学式（缩写或简称） | 备注 |
|---|---|---|
| 365 | $LuAlO_3 : Ce^{3+} (LuAP)$ | 单晶闪烁体 |
| 368 | $SrO \cdot 3B_2O_3 : Eu^{2+}, Cl^-$ | |
| 370 | $Sr_w F_x B_4 O_{6.5} : Eu^{2+}$ | |
| 370 | $SrB_4O_7 : Eu^{2+} (F, Cl, Br)$ | |
| 370 | $YAl_3B_4O_{12} : Eu^{2+}, Cr^{3+}$ | |
| 371 | $SrB_4O_7 : Eu^{2+}$ | |
| 375 | $MgSO_4 : Eu^{2+}$ | |
| 375 | $Y_2O_3 : Ce^{3+} (in\ SiO_2)$ | |
| 376 | $BaSO_4 : Eu^{2+}$ | |
| 376 | $SrSO_4 : Eu^{2+}$ | |
| 380 | $BaFCl : Eu^{2+}$ | |
| 380 | $Lu_2Si_2O_7 : Ce^{3+} (LPS)$ | 单晶闪烁体 |
| 380,415,440,540 | $Na_2Mg_3Al_2Si_2O_{10} : Tb^{3+}$ | |
| 385 | $BaFBr : Eu^{2+}$ | |
| 385 | $BaFCl : Eu^{2+}, Pb^{2+}$ | |
| 385 | $Ca_2MgSi_2O_7 : Ce^{3+}$ | P16 |
| 385,410,440 | $LaOBr : Tb^{3+}$ | |
| 385,413 | $YBO_3 : Ce^{3+}$ | |
| 386 | $Mg_2Sr(SO_4)_3 : Eu^{2+}$ | |
| 388 | $CaSO_4 : Eu^{2+}$ | |
| 388,512 | $CaSO_4 : Eu^{2+}, Mn^{2+}$ | |
| 390 | $MgSrP_2O_7 : Eu^{2+}$ | |
| 394 | $BaF_2 : Eu^{2+}$ | |
| 400 | $BaB_8O_{13} : Eu^{2+}$ | |
| 400 | $BaMg_2Si_2O_7 : Eu^{2+}$ | |
| 400 | $Y_2SiO_5 : Ce$ | P47 |
| 400,525 | $Y_3Al_5O_{12} : Ce^{3+}$ | P46 |
| 403 | $CaBa_2P_2O_9 : Eu^{2+}$ | |
| 405 | $Mg_2Ca(SO_4)_3 : Eu^{2+}$ | |
| 405 | $SrCl_2 : Eu^{2+} (in\ SiO_2)$ | |
| 405,617 | $Mg_2Ca(SO_4)_3 : Eu^{2+}, Mn^{2+}$ | |
| 405,620 | $MgBaP_2O_7 : Eu^{2+}, Mn^{2+}$ | |

| 波长/nm | 化学式（缩写或简称） | 备注 |
|---|---|---|
| $405 \sim 432$ | $Sr(Cl, Br, I)_2 : Eu^{2+}$ | |
| 407 | $CaAl_4O_7 : Ce^{3+}$ | |
| 407 | $CaAl_2O_4 : Ce^{3+}$ | |
| 410 | $Y_2SiO_5 : Ce^{3+} (YSO : Ce)$ | 单晶闪烁体 |
| 410 | $Ba_3(PO_4)_2 : Eu^{2+}$ | |
| 410 | $Ca_3Al_2Si_3O_{12} : Ce^{3+}$ | |
| 410 | $MgBaP_2O_7 : Eu^{2+}$ | |
| 410 | $YTaO_4 : Nb^{5+}$ | |
| 410,610 | $BaMg_3F_8 : Eu^{2+}, Mn^{2+}$ | |
| 411 | $YOCl : Ce^{3+}$ | |
| 412 | $\beta\text{-}Ca_3(PO_4)_2 : Eu^{2+}$ | |
| 412,660 | $\beta\text{-}Ca_3(PO_4)_2 : Eu^{2+}, Mn^{2+}$ | |
| 413 | $CaYBO_4 : Bi^{3+}$ | |
| 413,528 | $Y_2O_3 : Bi^{3+}$ | |
| 414,626 | $YOF : Tb^{3+}$ | |
| 415 | $Ba_2Mg_3F_{10} : Eu^{2+}$ | |
| 415 | $Ca_3Al_2Si_3O_{12} : Eu^{2+}$ | |
| 415 | $Lu_{1-x}Y_xAlO_3 : Ce^{3+} (LuYAP)$ | 单晶闪烁体 |
| 415 | $Y_2SiO_5 : Ce^{3+}$ | |
| 415 | $YPO_4 : V^{5+}$ | |
| 416 | $CaP_2O_7 : Eu^{2+}$ | |
| 416,643 | $Ca_2P_2O_7 : Eu^{2+}, Mn^{2+}$ | |
| 418 | $CaCl_2 : Eu^{2+} (in\ SiO_2)$ | |
| 420 | $Lu\ SiO_5 : Ce^{3+} (LSO)$ | |
| 420 | $Sr_2P_2O_7 : Eu^{2+}$ | |
| 420 | $SrF_2 : Eu^{2+}$ | |
| 422 | $\beta\text{-}Sr_3(PO_4)_2 : Eu^{2+}$ | |
| 423 | $CaF_2 : Eu^{2+}$ | |
| 423 | $CaSiO_3 : Eu^{2+}$ | |
| 425 | $\beta\text{-}Sr_3(PO_4)_2 : Eu^{2+}$ | |
| 425 | $Sr_2B_5O_9Cl : Eu^{2+}$ | |
| $425 \sim 430$ | $(Lu, Gd)_2SiO_5 : Ce^{3+} (LGSO)$ | |

| 波长/nm | 化学式（缩写或简称） | 备注 |
|---------|---------------------|------|
| 430 | $GdNbO_4$ ： $Bi^{3+}$ | |
| 433 | $CaBr_2$ ： $Eu^{2+}$ (in $SiO_2$) | |
| 435 | $CaF_2$ ： $Eu^{2+}$ | |
| 437 | $Ba_5(PO_4)_3Cl$ ： $Eu^{2+}$ | |
| 440 | $BaSrMgSi_2O_7$ ： $Eu^{2+}$ | |
| 440 | $Gd_2SiO_5$ ： $Ce^{3+}$ (GSO) | 单晶闪烁体 |
| 440 | $MgBa_3Si_2O_8$ ： $Eu^{2+}$ | |
| 440 | $MgSrBa_2Si_2O_8$ ： $Eu^{2+}$ | |
| 443 | $CaAl_2O_4$ ： $Eu^{2+}$ | |
| 445 | $Ba_5SiO_4Cl_6$ ： $Eu^{2+}$ | |
| 446 | $Sr_5(PO_4)_3Cl$ ： $Eu^{2+}$ | |
| 448 | $CaMgSi_2O_6$ ： $Eu^{2+}$ | |
| 450 | $BaMgAl_{10}O_{17}$ ： $Eu^{2+}$ (BAM) | 三基色蓝粉 |
| 450 | $Mg_3Ca_3(PO_4)_4$ ： $Eu^{2+}$ | |
| 453 | $Ca_2B_5O_9Cl$ ： $Eu^{2+}$ | |
| 453 | $Ca_2B_5O_9Br$ ： $Eu^{2+}$ | |
| 454,490 | $BaGa_2S_4$ ： $Ce^{3+}$ | |
| 454,490 | $SrGa_2S_4$ ： $Ce^{3+}$ | |
| 456 | $Ca_5(PO_4)_3Cl$ ： $Eu^{2+}$ | |
| 456,514 | $BaMgAl_{10}O_{17}$ ： $Eu^{2+}$ , $Mn^{2+}$ (BAM：Eu,Mn) | 双峰蓝粉 |
| 459 | $Sr_3MgSi_2O_8$ ： $Eu^{2+}$ | |
| 463,512 | $CaGa_2S_4$ ： $Ce^{3+}$ | |
| 464 | $La_2O_3$ ： $Bi^{3+}$ | |
| 467 | $CaI_2$ ： $Eu^{2+}$ (in $SiO_2$) | |
| 467 | $Sr_2MgSi_2O_7$ ： $Eu^{2+}$ | |
| 470 | $SrMgSi_2O_6$ ： $Eu^{2+}$ | |
| 475 | $BaAl_2S_4$ ： $Eu^{2+}$ | |
| 477 | $YF_3$ ： $Mn^{2+}$ , $Th^{4+}$ | |
| 477,521 | $YF_3$ ： $Mn^{2+}$ | |
| 479 | $YPO_4$ ： $Mn^{2+}$ , $Th^{4+}$ | |
| 480 | $Ca_3MgSi_2O_8$ ： $Eu^{2+}$ | |
| 480 | $Sr_6P_5BO_{20}$ ： $Eu^{2+}$ | |

续表

| 波长/nm | 化学式（缩写或简称） | 备注 |
|---|---|---|
| 480,570 | $YVO_4 : Dy^{3+}$ | |
| 485 | $YF_3 : Tm^{3+}, Yb^{3+}$ | |
| 486 | $CaS : La^{3+}$ | |
| 490,680 | $(ErCl_3)_{0.25}(BaCl_2)_{0.75}$ | |
| 490,630 | $Y_2O_2S : Eu^{3+}$ | |
| 492 | $\alpha\text{-}Ca_3(PO_4)_2 : Eu^{2+}$ | |
| 492 | $BaGa_2S_4 : Eu^{2+}$ | |
| 492 | $Sr_5Si_4O_{10}Cl_6 : Eu^{2+}$ | |
| 492,500,656 | $ThO_2 : Pr^{3+}$ | |
| 493 | $SrIn_2O_4 : Pr^{3+}, Al^{3+}$ | |
| 496 | $CaF_2 : Ce^{3+}, Mn^{2+}$ | |
| 496 | $SrAl_2S_4 : Eu^{3+}$ | |
| 496,670 | $CaS : Pr^{3+}, Pb^{2+}, Cl$ | |
| 502 | $BaAl_2O_4 : Eu^{2+}$ | |
| 502,564 | $SrS : Ce^{3+}$ | |
| 504 | $BaSi_2O_5 : Eu^{2+}$ | |
| 504 | $Ca_2Ba_3(PO_4)_3Cl : Eu^{2+}$ | |
| 508 | $Ba_2Li_2Si_2O_7 : Eu^{2+}$ | |
| 508 | $Ba_2SiO_4 : Eu^{2+}$ | |
| 510 | $Gd_2O_2S : Pr^{3+}$ | 透明陶瓷 |
| 510 | $Gd_2O_2S : Pr, Ce, F$ | 透明陶瓷 |
| 512 | $Ba_2MgSi_2O_7 : Eu^{2+}$ | |
| 512 | $Sr_xBa_yCl_zAl_2O_{4-z/2} : Mn^{2+}, Ce^{3+}$ | |
| 513 | $Y_2O_2S : Pr^{3+}$ | |
| 514 | $Ca_{0.5}Ba_{0.5}Al_{12}O_{19} : Ce^{3+}, Mn^{2+}$ | |
| 514 | $Ca_3SiO_4Cl_2 : Eu^{2+}$ | |
| 517 | $CaLaB_3O_7 : Ce^{3+}, Mn^{2+}$ | |
| 519 | $SrAl_{12}O_{19} : Ce^{3+}, Mn^{2+}$ | |
| 520 | $SrAl_{12}O_{19} : Eu^{2+}, Mn^{2+}$ | |
| 521,528 | $CaS : Ce^{3+}$ | |
| 523 | $SrAl_2O_4 : Eu^{2+}$ | |
| 525 | $SrBaSiO_4 : Eu^{2+}$ | |

| 波长/nm | 化学式（缩写或简称） | 备注 |
|---|---|---|
| 528 | $CaSO_4 : Ce^{3+}, Mn^{2+}$ | |
| 530,550 | $Y_3Al_5O_{12} : Ce^{3+}$ | 单晶闪烁体,P46 |
| 537 | $SrGa_2S_4 : Eu^{2+}$ | |
| 537 | $YAl_3B_4O_{12} : Th^{4+}, Ce^{3+}, Mn^{2+}$ | |
| 542 | $Ca_2MgSi_2O_7 : Eu^{2+}$ | |
| 542 | $LaSiO_3Cl : Ce^{3+}, Tb^{3+}$ | |
| 542 | $YAl_3B_4O_{12} : Ce^{3+}, Tb^{3+}$ | |
| 542,550 | $Y_2O_3 : Tb^{3+}$ | |
| 542,689 | $Ca_2MgSi_2O_7 : Eu^{2+}, Mn^{2+}$ | |
| 542~549 | $CaS : Tb^{3+}$ | |
| 542~549 | $Gd_2O_2S : Tb^{3+}$ | |
| 542~549 | $Y_2O_2S : Tb^{3+}$ | |
| 543 | $CaAl_2O_4 : Tb^{3+}$ | |
| 543 | $MgCeAl_{11}O_{19} : Tb^{3+}$ | |
| 543 | $ThO_2 : Tb^{3+}$ | |
| 543 | $Y_2O_3 : Ce^{3+}, Tb^{3+}$ | |
| 543 | $Y_2O_3 : Tb^{3+} (in\ SiO_2)$ | |
| 543 | $YAlO_3 : Tb^{3+}$ | |
| 544 | $(Y,Gd)BO_3 : Tb^{3+}$ | |
| 544 | $Gd_2O_2S : Tb^{3+} (GOS)$ | P43 |
| 544 | $La_2O_2S : Tb^{3+}$ | P44 |
| 544 | $Y_2O_2S : Tb^{3+}$ | P45 |
| 544 | $Y_2O_3 : Ho^{3+}$ | |
| 544 | $Y_3Al_5O_{12} : Tb^{3+}$ | P53 |
| 544~549 | $CaO : Tb^{3+}$ | |
| 545 | $YAl_3B_4O_{12} : Ce^{3+}, Mn^{2+}$ | |
| 545 | $YPO_4 : Ce^{3+}, Tb^{3+}$ | |
| 546 | $(Ce,Tb)MgAl_{11}O_{19}$ | |
| 546 | $LaPO_4 : Ce, Tb$ | |
| 546 | $CaF_2 : Ce^{3+}, Tb^{3+}$ | |
| 546 | $CaS : Tb^{3+}, Cl$ | |
| 546 | $La_2O_3 : Pb^{2+}$ | |

续表

| 波长/nm | 化学式（缩写或简称） | 备注 |
|---|---|---|
| 550 | $Na_3Ce(PO_4)_2 ： Tb^{3+}$ | |
| 550 | $NaYF_4 ： Er^{3+}, Yb^{3+}$ | 上转换材料 |
| 550 | $Y_3Al_5O_{12} ： Ce^{3+}（YAG ： Ce）$ | 单晶闪烁体 |
| 550,665 | $YF_3 ： Er^{3+}, Yb^{3+}$ | |
| 550,670 | $BaY_2F_8 ： Er^{3+}, Yb^{3+}$ | |
| 551,636 | $ZnS ： Eu^{2+}$ | |
| 556 | $Sr_2SiO_4 ： Eu^{2+}$ | |
| 556,608 | $CaS ： Sm^{3+}$ | |
| 559 | $CaGa_2S_4 ： Eu^{2+}$ | |
| 562 | $Y_2O_3 ： Er^{3+}$ | |
| 564～644 | $LaAlO_3 ： Sm^{3+}$ | |
| 566 | $SrSO_4 ： Eu^{2+}, Mn^{2+}$ | |
| 566～620 | $CaO ： Sm^{3+}$ | |
| 574 | $Li_2CaP_2O_7 ： Ce^{3+}, Mn^{2+}$ | |
| 577～630 | $YOBr ： Eu^{3+}$ | |
| 577～670 | $LiInO_2 ： Sm^{3+}$ | |
| 577～695 | $LaAsO_4 ： Eu^{3+}$ | |
| 580 | $Y_3Al_5O_{12} ： Eu^{3+}$ | |
| 585,689 | $CaMgSi_2O_6 ： Eu^{2+}, Mn^{2+}$ | |
| 586 | $LaAlB_2O_6 ： Eu^{2+}$ | |
| 586,591,683,695 | $LaPO_4 ： Eu^{3+}$ | |
| 586～699 | $LaVO_4 ： Eu^{3+}$ | |
| 588 | $MgS ： Eu^{2+}$ | |
| 589～627 | $YOF ： Eu^{3+}$ | |
| 590 | $CaO ： Eu^{3+}, Na^+$ | |
| 590 | $Sr_5(PO_4)_3Cl ： Eu^{2+}, Pr^{3+}$ | |
| 590 | $Y_4Al_2O_9 ： Eu^{3+}$ | |
| 592,608,629 | $ThO_2 ： Eu^{3+}$ | |
| 593 | $CaCl_2 ： Eu^{2+}, Mn^{2+}（in\ SiO_2）$ | |
| 593,619,696 | $YVO_4 ： Eu^{3+}$ | |
| 593,611,629 | $(Y,Gd)BO_3 ： Eu^{3+}$ | |
| 593,619,696 | $Y(P,V)O_4 ： Eu^{3+}$ | |

| 波长/nm | 化学式（缩写或简称） | 备注 |
|---|---|---|
| 594,617,702 | $K_2La_2Ti_3O_{10}$ ： $Eu^{3+}$ | |
| 595,620,710 | $YPO_4$ ： $Eu^{3+}$ | |
| 602 | $YAlO_3$ ： $Sm^{3+}$ | |
| 605 | $LaAlO_3$ ： $Eu^{3+}$ | |
| 605 | $LiInO_2$ ： $Eu^{3+}$ | |
| 608 | $YBO_3$ ： $Eu^{3+}$ | |
| 609 | $CaYBO_4$ ： $Eu^{3+}$ | |
| 610 | $(Y,Gd)_2O_3$ ： $Eu^{3+}$ | 单晶闪烁体,透明陶瓷 |
| 610 | $Y_{1.34}Gd_{0.60}(Eu,Pr)_{0.06}O_3$ (YGO) | 透明陶瓷 |
| 611 | $Ca_5B_2SiO_{10}$ ： $Eu^{3+}$ | |
| 611 | $CaLaBO_4$ ： $Eu^{3+}$ | |
| 611 | $CaYB_{0.8}O_{3.7}$ ： $Eu^{3+}$ | |
| 611 | $Na_{1.23}K_{0.42}Eu_{0.12}TiSi_4O_{11}$ ： $Eu^{3+}$ | |
| 611 | $SrY_2O_4$ ： $Eu^{3+}$ | |
| 611 | $Y_2O_3$ ： $Eu^{3+}$ (YOE) | P56 |
| 612 | $CaTiO_3$ ： $Eu^{3+}$ | |
| 612 | $CaTiO_3$ ： $Pr^{3+}$ | |
| 612 | $NaYO_2$ ： $Eu^{3+}$ | |
| 612 | $SrAl_4O_7$ ： $Eu^{3+}$ | |
| 612 | $Y_2O_3$ ： $Eu^{3+}$ (in $SiO_2$) | |
| 614 | $CaMoO_4$ ： $Eu^{3+}$ | |
| 614 | $LaBO_3$ ： $Eu^{3+}$ | |
| 614 | $LaOCl$ ： $Eu^{3+}$ | |
| 614 | $YAl_3B_4O_{12}$ ： $Eu^{3+}$ | |
| 614~699 | $LiLaO_2$ ： $Eu^{3+}$ | |
| 615 | $Ba_2SiO_4$ ： $Ce^{3+}$, $Li^+$, $Mn^{2+}$ | |
| 615 | $CaO$ ： $Eu^{3+}$ | |
| 615 | $SrTiO_3$ ： $Pr^{3+}$ | |
| 615 | $YAsO_4$ ： $Eu^{3+}$ | |
| 615 | $LiCeBa_4Si_4O_{14}$ ： $Mn^{2+}$ | |
| 615 | $LiCeSrBa_3Si_4O_{14}$ ： $Mn^{2+}$ | |
| 615~695 | $YAlO_3$ ： $Eu^{3+}$ | |

| 波长/nm | 化学式（缩写或简称） | 备注 |
|---|---|---|
| 617 | $CaY_2ZrO_6 : Eu^{3+}$ | |
| 617 | $SrTiO_3 : Pr^{3+}, Al^{3+}$ | |
| 619 | $YVO_4 : Eu^{3+}$ | P49 |
| 620 | $La_2W_3O_{12} : Eu^{3+}$ | |
| 620 | $LaAl_3B_4O_{12} : Eu^{3+}$ | |
| 620 | $MgYBO_4 : Eu^{3+}$ | |
| 620 | $Na_{1.23}K_{0.42}Eu_{0.12}TiSi_5O_{13} \cdot xH_2O : Eu^{3+}$ | |
| 620 | $SrS : Eu^{3+}$ | |
| 620 | $YOCl : Eu^{3+}$ | |
| 621 | $CaYAlO_4 : Eu^{3+}$ | |
| 625 | $La_2O_3 : Eu^{3+}$ | |
| 626 | $LaOF : Eu^{3+}$ | |
| 626 | $Y_2O_2S : Eu^{3+}$ | P54 |
| 627 | $Gd_2O_2S : Eu^{3+}$ | |
| 630 | $\alpha\text{-}La_2S_3 : Ce^{3+}$ | |
| 636 | $CaI_2 : Eu^{2+}, Mn^{2+} (in\ SiO_2)$ | |
| 640,667 | $Y_3Al_5O_{12} : Mn^{4+}$ | |
| 649 | $CaS : Eu^{2+}$ | |
| 664 | $BaY_2S_4 : Ce^{3+}$ | |
| 667 | $Y_3Al_5O_{12} : Mn^{4+}$ | |
| 668 | $BaLu_2S_4 : Ce^{3+}$ | |
| 680 | $\alpha\text{-}SrO \cdot 3B_2O_3 : Sm^{2+}$ | |
| 681 | $MgSr_3Si_2O_8 : Eu^{2+}, Mn^{2+}$ | |
| 684~732 | $Sr_wF_xB_yO_z : Eu^{2+}, Sm^{2+}$ | |
| 685 | $SrB_8O_{13} : Sm^{2+}$ | |
| 688,707,725 | $Y_3Al_5O_{12} : Cr^{3+}$ | |
| 730 | $Gd_3Ga_5O_{12} : Cr, Ce(GGG : Cr, Ce)$单晶 | 激光晶体 |
| 730 | $Gd_3Ga_5O_{12} : Cr^{3+}$ | |
| 747 | $CaS : Yb^{2+}$ | |
| 747 | $CaS : Yb^{2+}, Cl$ | |
| 1046 | $NdP_5O_{14}$ | |
| 1053 | $KNdP_4O_{12}$ | |

续表

| 波长/nm | 化学式（缩写或简称） | 备注 |
|---|---|---|
| 1055 | $K_3Nd(PO_4)_2$ | |
| 1064 | $Y_3Al_5O_{12} : Nd$ | 激光晶体 |
| 1540 | $Na_{1.29}K_{0.46}Er_{0.08}TiSi_4O_{11}$ | |

## 参 考 文 献

[1] Willian M Yen and Marvin J Weber. Inorganic Phosphors. New York：CRC Press，2004

[2] 余先恩. 实用发光材料与光致发光机理. 北京：中国轻工业出版社，1997

[3] William M. Yen，Shigeo Shionoya，Hajime Yamamoto. Phosphor Handbook. 2nd Edition. New York：CRC Press，2006

[4] 徐叙瑢，苏勉曾. 发光学与发光材料. 北京：化学工业出版社，2004

[5] Loh E. Phys Rev，1967，154：270

[6] Amster R L. J Electrochem Soc，1970，117：791

[7] Kroger F A，Bakker，J Physica，1944，8：826

[8] Chenot C F，Can Pat 896 453(1972)

[9] 李艳红，张永明，张扬，洪广言，于英宁. 无机化学学报，2008，24(10)：1675

[10] Johnson L F. Appl Phys Lett，1969，15：48

[11] 张吉林，洪广言. 中国稀土学报，1996，14(4)：360

[12] Sommerdijk J L，Bril A. J Lumin，1967，11：363

[13] 张吉林，洪广言. 发光学报，1991，12(3)：224

[14] 那镓，李有谟. 发光学报，1987，8(1)：18

[15] Kano T，Yamamoto H，Otomo Y，J Electrochem Soc，1972，119：1561

[16] 彭桂芳，洪广言，贾庆新，李有谟. 中国激光，1994，21(1)：36

[17] 张吉林，洪广言. 辽阳石油化专学报，1990，12(1)：30

[18] 张吉林，洪广言. 人工晶体学报，1997，26(3-4)：227

[19] 陶丰，尤洪鹏，洪广言. 稀土，1998，19(5)：29

[20] 洪广言，李金贵，尤洪鹏. 发光学报，1998，19(2)：117

[21] 张吉林、洪广言. 人工晶体学报，1989，18(3)：183.

[22] Wolfe R W，Messier R F. 1978，U S Pat. 4 112 328

[23] Kaminski A A，et al. Opt Quant Electeon，1990，22：S95

[24] 张吉林，洪广言，李有谟. 化学学报，1989，47：958

[25] Lehmann W. J Electrohem Soc，1975，122：748

[26] Radzhabov E，Kurobori T. J Phys Condens Matter，2001，13：1169

[27] Wolfe R W，Messier R F. 1977，U S Pat. 4 057 508

[28] Blasse G，Bril A，Poorter J A D，J Electrochem Soc，1970，117：346

[29] Blasse G，Bril A，J Chem Phys，1968，48：217

[30] Holsa J. Mater Res Bull，1979，14：1403

[31] Isslet S L，Torardi C C. J Alloys Ingredients，1995，229：54

[32] 李有谟，卢洪德，李继文，苗秀琴. 发光与显示，1985，6(3)：1-6

[33] Lehmann W. J Lumin,1973,6:455

[34] Datta R K. J Electrochem Soc,1967,114:1137

[35] Ropp R C. J Eleoctrochem Soc,1964,111:311

[36] Yanhong Li,GuangYan Hong,Youming Zhang,Yingning Yu. J Alloys and Compounds,2008,456:247-250

[37] Blasse G,Bril A. J. Chem. Phys,1968,48:217

[38] Wickersheim K A,Lefever R A. J Electrochem Soc,1964,111:47

[39] Yanhong Li,Youming Zhang,Guangyan Hong,Yingning Yu. J Rare Earths,2008 ,2(3):450

[40] Jia W. Mster Sci Eng,2001,C 572:55

[41] Jia W,Liu H,Feofilov S P,Meltger R,Jiao J. J Alloys Ingredients,2000,11:311

[42] Borchard H J. 1968 U S Pat. 3408 303

[43] 孙小琳,肖东,汤国庆,张桂兰,陈文驹,洪广言,尤洪鹏.中国稀土学报,1999,17(增刊):457

[44] Kasano H,Megumi K,Yamamoto H,J Electrochem Soc,1953,131

[45] Lehmann W. J Electrochem Soc,1971,188: 1164

[46] Tia D D,Jia W Y,Evans D R,et al. J Appl Phys,2000,88:3402

[47] Lehmann W. J Lumin,1972,5:87

[48] Xiao Lin Sun,Gui Lan Zhang,Guo Qing Tang,Wen Ju Chen,Guang Yan Hong,Hong Peng You. Chinese Chemical Letters,1999,10(2):185

[49] Okamoto F,Kato K. J Electrochem Soc,1983,130:432

[50] Peters T E,Baglio J A. J Electrochem Soc,1972,119:230

[51] Donohue P C,Hanlon J E. J Electrochom Soc,1974,121:137

[52] 那镓,李有谟.中国稀土学报,1986,4(4):31

[53] Ozawa L. J Electrochem Soc,1977,124:413

[54] Yamada H,Suzuki A,Uchida Y,Yoshida M,Yamamoto H. J Electrochem Soc,1989,36:2713

[55] Dixon R L,Ekstrand K E. J. Lumiu. ,1974,8:383

[56] Ryan F M. J Electrochem Soc,1974,121:1475

[57] Blasse G,VanDenHourel G. P. M,Stegenga J. J Solid State Chem,1976,17:439

[58] 李有谟,李继文,刘淑珍. 发光学报,1981,(1):47

[59] Blasse G,Bril A. Philips Tech Rev,1970,31:304

[60] Ropp R. C. J Electrochem Soc,1968,115:841

[61] Mandel G,Bauman R P,Banks E. J Chem Phys,1970,33:192

[62] 张桂兰,陈亭,陈文驹,洪广言. 物理学报,1988,37(12):2004

[63] Xueyan Wu,Hongpeng You,Hongtao Cui,Xiaoqing Zeng,Guangyan Hong,Chang-Hong Kim,Chong-Hong Pyun,Byung-Yong Yu,Cheol-Hee Park. Materials Research Bulletin,2002,37:1531

[64] 李艳红,洪广言. 发光学报,2005,26(5):587

[65] Wanmaker W L,Philips Tech. Rev,1966,21:270

[66] Zeng Xiao-Qing, Hong Guang-Yan, You Hong-Peng, Wu Xue-Yan, Kim Chang-Hong, Pyun Chong-Hong,Yu Byung-Yong. Chinese Physics Letters,2001,18(5):690

[67] Kroger F A. J Electrochem Soc,1949,96:132

[68] Kinnoy D E. J Electrochem Soc. 1955,102:676

[69] Hoffman M V. J Electrochem Soc,1968,115:560

[70] Lagos C C. J Electrochem Soc,1968,115:1271

[71] 洪广言,张庆环.中国激光,1985,12(1):51

[72] 洪广言,越淑英,王树东.人工晶体,1986,15(2):99.

[73] 洪广言,曾小青,吴雪艳,金昌洪,卞钟洪,庾炳容,裴贤淑,朴哲熙,权一亿.武汉大学学报(自然科学版),2000,46(化学专刊):207

[74] 于德才,李有谟,洪广言,朱艺兵,董相廷.发光学报,1996,17(增刊):25

[75] 洪广言,李红军.发光学报,1990,11(1):29

[76] Froelich H C,Margolis J M.J Electrochem Soc,1951,98:400

[77] Lagos C C.J Electrochem Soc,1970,117:1189

[78] Fava J.J Lumin,1979,18/19,389

[79] 高信,洪广言,王文韵,崔海宁,李有谟.发光学报,1993,14(1):25

[80] 高信,洪广言,刘书珍,李有谟.应用化学,1993,10(2):70

[81] 洪广言,刘跃森.中国激光,1983,10(2):826

[82] 洪广言,越淑英,赵志伟.应用化学,1986,3(2):53

[83] 洪广言,越淑英,李红军,兰淑琴.中国激光,1987,14(4):229

[84] McCauley R A,Hummel F A,Hoffman M V.J Electrochem Soc,1971,118:755

[85] 扈庆,甘树才,洪广言.应用化学.2002,19(8):804

[86] 王庆元,程广金,孙长英,越淑英,洪广言.激光与红外,1981,(7):46

[87] 王庆元,程广金,刘玉珍,苗秀琴,洪广言,越淑英.激光与红外,1981,(9):55

[88] 洪广言,越淑英,王庆元,程广金.仪表材料,1982,13(5):51

[89] 白云起,洪广言.激光,1982,9(6):409

[90] Hong Guang-yan,Li You-mo,Yue Shu-ying.Inorganica Chimica Acta,1986,(118):81

[91] 洪广言,李有谟,越淑英,姚益民.发光与显示,1983,(1):28

[92] 洪广言,越淑英.稀土,1985,(4):42

[93] 洪广言,李红军,范铭.应用化学 1988,5(6):15

[94] 洪广言,白卫.$Ce_xGd_yTb_{1-x-y}P_5O_{14}$晶体生长及其光谱.发光学报,1991,12(1):73

[95] 王本根,李有谟.发光学报,1988,9(3):235

[96] Wachtel A.Bloomfield Report,BL-R-6-90102-29(1968)

[97] Kroger F A.Some Aspects of the Luminescence of solids.Amsterdam:Elsevier,1948

[98] Lehmann W,Isaaks T H J.J Electrochem Soc,1978,125:445

[99] Blasse G.Philips Res Rep,1968,23:189

[100] Mingying Peng,Zhiwu Pei,Guangyan Hong,and Qiang Su.J Materials Chemistry,2003,13:1202

[101] Barry T L.J Electrochem. soc,1968,115:1181

[102] Wenmaker W L,Verriet J G.Philips Res Rep,1973,28:80

[103] Garcia A,Latourette B,Fouassier C.J Electrochem Soc,1979,126:1734

[104] 宋桂兰,尤洪鹏,洪广言,曾小青,甘树才,金昌洪,卞锺洪等.发光学报,2000,21(2):145

[105] Smith A L.J Electrochem. Soc,1949,96:287

[106] Blasse G,Wanmaker and Tervrugt J W.J Electrochem Soc,1968,115:673

[107] Barry T L.J Electrochem Soc,1968,115:773

[108] Hongpeng You,XueyanWu,Hongtao Cui,Guangyan Hong.J luminescence,2003,104:223

[109] Cox J R,Karam R E.1997,U S Pat.5 656 199

[110] Burrus H L,Nichalson K P,Roakshy H P. J Lumin,1971,3:467

[111] Rainho J P,Carlos L D,Rocha J. J Lumin,2000,87:1083

[112] Rainho J P. J Mater Chem,2002,12:1162

[113] 李有谟,贾庆新,洪广言,卢洪德. 应用化学,1984,1(5):17

[114] Avella F J,Sovers O J,Wiggins C S. J Electrochem Soc,1967,114:613

[115] Il-Eok Kwon,Chang-Hong Kim,Chong-Hong Pyun,Sung-Jin Kim,Guangyan Hong. 中国稀土学报,1998,16(专辑):1045

[116] 吴雪艳,洪广言,曾小青,尤洪鹏,金昌弘,卞锺洪,裴淑贤,庾炳容,权一亿,朴哲熙. 高等学校化学学报,2000,21(11):1658

[117] 洪广言,尤洪鹏,陈四海. 功能材料,2001,32(增刊):120

[118] 洪广言,贾庆新,李有谟. 稀土,1986,(1):26

[119] 曾小青,洪广言,尤洪鹏,金昌洪,卞锺洪. 中国稀土学报,2000,18(12):102

[120] Bleasse G. J Solid State Chem,1972 4:52

[121] Guangyan Hong,Youmo Li,Fouassier C,Guillen F,Hagenmuller P. J Rare Earths(special Issue),1995,1:278

[122] Machida K,Adachi G,Shiokawa J. J Lumin,1979,21:101

[123] 洪广言,岳青峰. 发光学报,1994,15(2):94

[124] Chenot C F. 1972,U S Pat. 3 649 550

[125] Peters T E,Baglio J. J Inorg Nucl Chem,1970,32:1089

[126] 尤洪鹏,洪广言,曾小青,吴雪艳. 中国稀土科技进展. 北京:冶金工业出版社,2000,425~427

[127] 洪广言,贾庆新,杨永清. 发光学报,1989,10(4):304

[128] 张宝颖,陈铁民,陈春荣,洪广言,李有谟. 发光学报,1995,16(2):139

[129] Blasse G,Bril A,Devries J. J Electrochem Soc,1968,115:977

[130] Chenot C F. 1972,U S Pat. 3 657 141

[131] 张宝颖,洪广言,李有谟. 光电子·激光,1995,6(增刊):225

[132] 尤洪鹏,吴雪艳,洪广言,金昌洪,卞钟洪,庾炳容. 中国稀土学报,2001,19(6):609

[133] 尤洪鹏,洪广言,曾小青,吴雪艳,金昌洪,卞钟洪,庾炳容,裴贤淑. 武汉大学学报(自然科学版),2000,46(化学专刊):115

[134] 尤洪鹏,洪广言. 发光学报,1997,18(3):191

[135] 尤洪鹏,洪广言. 中国稀土学报,1999,17(1):12

[136] Hongpeng You and Guangyan Hong. Materials Research Bulletin,1997,32(6):785

[137] 洪广言,刘春霞,徐锐峰,尤洪鹏. 功能材料,1996,27(4):305

[138] 尤洪鹏,洪广言. 中国稀土学报,1998,16(专辑):1053

[139] Hongpeng You,Guangyan Hong,Xueyan Wu,Jinke Tang and Huiping. Chem Mater,2003,15:2000

[140] 尤洪鹏,洪广言,张以洁,贾庆馨. 光电子·激光,1995,6(增刊):235

[141] 尤洪鹏,洪广言,陶明辉. 发光学报,1996,17(增刊):109

[142] Blasse G,Bril A. Philips Tech Rev,1970,31:304

[143] 洪广言,张以洁,李有谟,王文韵. 稀土,1994,15(6):31

[144] Youhong Peng,Guangyan Hong,Xiaoqing Zeng,C-H Kim,C-H Pyun,B-Y Yu,H-S Bae. J Physics and Chemistry of Solids,2000,61:1985

[145] 尤洪鹏,洪广言,曾小青. 中国稀土学报,1999,17(专辑):656

[146] Blasse G, Bril A. Phys Status Solidi, 1967, 20：511

[147] Weber M J. J Appl Phys, 1973, 44：3205

[148] 王瑞萍, 李有谟. 发光学报, 1990, 11(1)：35

[149] Jia D, Meltyer R S, Yen W M, et al. Appl Phys Lett, 2002, 80：1535

[150] Palilla F C, Levine A K, Tomkus M R. J Electrochem Soc, 1968, 155：642

[151] Mingying Peng, Guangyan Hong. J Lumin, 2007, 127：735

[152] Chenot C F. 1972, U S Pat. 3 649 550

[153] Cheol-Hel Park, So-Jung Park, Byung-yong Yu, Hyum-sook Bae, Chang-Hong Pyun, Guang-yan Hong.
J Materials Science Letters, 2000, 19：335

[154] Hess N J. J Mater Sci, 1994, 29：1873

[155] Stevels A L N. J. Electrochem Soc, 1978, 125：588

[156] Smets B M J, Verlijsdonk J G. . Mater Res Bull, 1983, 21：1305

[157] Stevels A L N, Schrama A D M. J Electrochem Soc, 1974, (123)：691

[158] Oshio S, Shigeta T, Matsuoka T. U S Pat, 2001, 6(290)：875

[159] Stevels A L N, Verstegen J M P J. J Lumin, 1967, 14：207

[160] 彭明营, 裴治武, 洪广言. 发光学报, 2003, 24(2)：185

[161] Mingying Peng, Zhiwu Pei, Guangyan Hong, Qiang Su. Chemical Physics Letters, 2003, 371：1

[162] Guangyan Hong, Qienxin Jia and Youmo Li. J Luminescence, 1988, 40&41：661

[163] Park S J, Park C H, Yu B Y. J Electrochem Soc, 1999, 146：3903

[164] 洪广言, 张雷, 孙小琳. 发光学报, 2002, 23(4)：381

[165] Blasse G, Bril A. J Chem Phys, 1966, 45：3327

[166] Faria S, Palumbo D T. 1968, U S Pat, 3 555 337

[167] Levine A K, Palilla F C. Appl Phys Lett, 1964, 5：118

[168] Yanhong Li, Guangyan Hong. J Solid State Chemistry, 2005, 178：645

[169] Aia M A. J. Electrochem Soc, 1967, 114：367

[170] Wanmaker W L, Verlijsdok J G, Bres G. C M. 1972, U S Pat, 3 647 708

[171] 曾小青, 洪广言, 尤洪鹏, 吴雪艳, 金昌弘, 卞钟洪, 庾炳容, 裴贤淑, 朴哲熙, 权一亿. 发光学报, 2001,
22 (1)：55

[172] 洪广言, 彭桂芳, 韩彦红. ZL 2004 1 0011313. 3

[173] Guixia Liu, Guangyan Hong, Jinxian Wang, Xiangting Dong. Nanotechnology, 2006, 17：3134

[174] Jia W, Xu W, Rivera I, et al. Solid State Commun, 2003, 126：153

[175] Okamoto S, Yamamoto H. Appl Phys Lett, 2001, 78：655

[176] Qi R Y, Karam R E, 1997, U S Pat, 5 658 495

[177] Brixner L H, Chen H. Y. J Electrooham Soc, 1983, 130：2435

[178] Greskovich C, Duclos S. Annu Rev Mater Sci, 1977, 27：69

[179] 李红军, 洪广言, 越淑英. 中国稀土学报, 1990, 8(1)：37